Strassenatlas mit
Ortsverzeichnis und
45 Stadtübersichtspläne

Atlas routier avec index et
45 plans de villes synoptiques

Road Atlas with index and
45 synoptical city maps

Atlante stradale con indice
alfabetico delle località e
45 piante di città sinottiche

Atlas automovilistas
con registro y
45 planos de ciudades sinópticos

Wegenatlas met index en
45 overzichtsplattegrond

Vägatlas med index och
45 stadsöversiktsplaner

Vejatlas med index og
45 byoversigtsplaner

Distanzen Distancias
Distances Distantien
Distanze Distancer

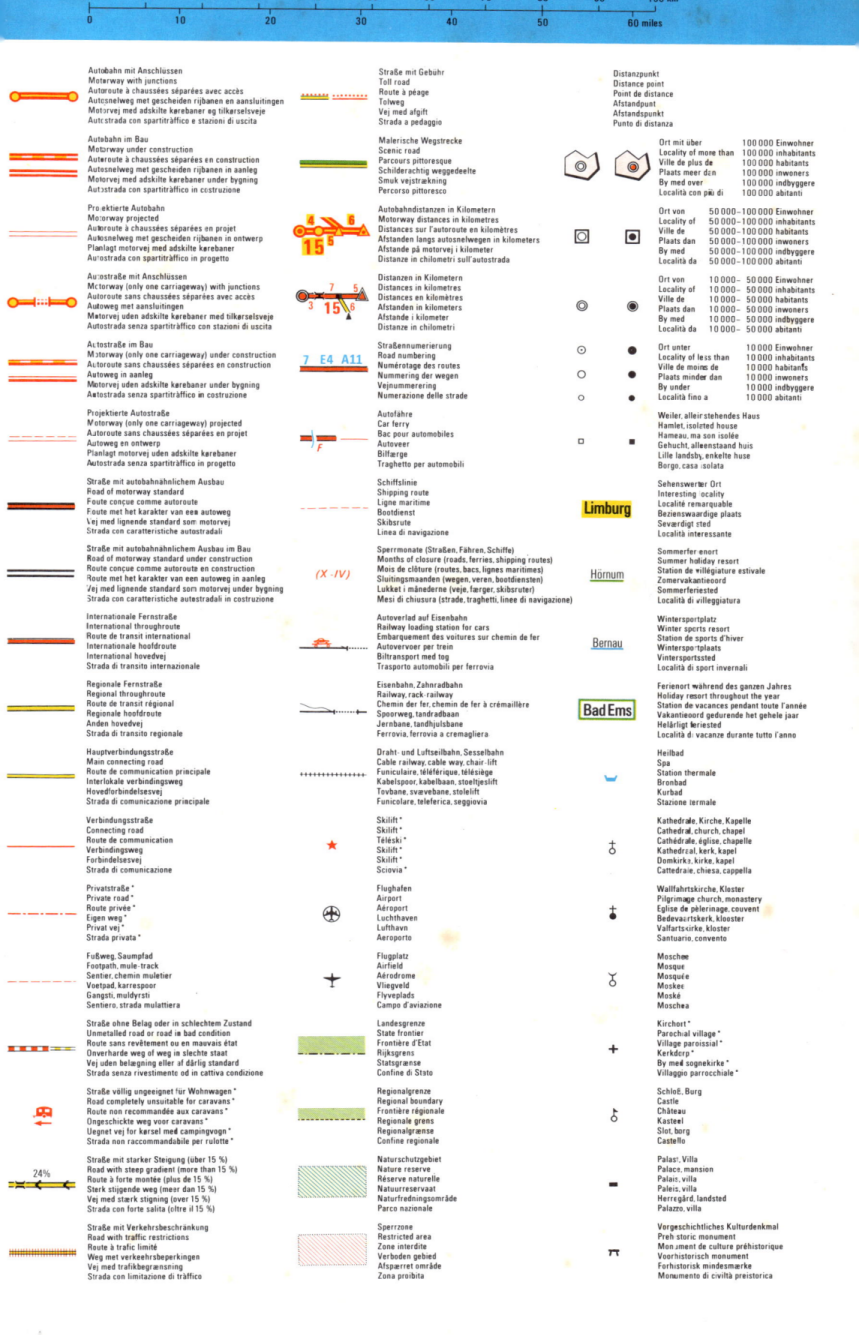

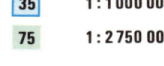

1:1 000 000

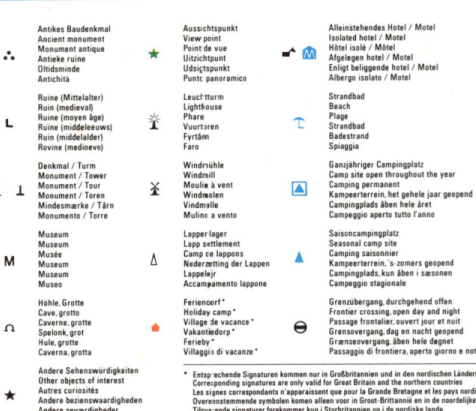

Antikes Baudenkmal	Aussichtspunkt	Alleinstehendes Hotel / Motel
Ancient monument	View point	Isolated hotel / Motel
Monument antique	Point de vue	Hôtel isolé / Môtel
Antieke ruïne	Uitzichtpunt	Afgelegen hotel / Motel
Oldtidsminde	Udsigtspunkt	Enkelt beliggende Hotel / Motel
Antichità	Punto panoramico	Albergo isolato / Motel
Ruine (Mittelalter)	Leuchtturm	Strandbad
Ruin (medieval)	Lighthouse	Beach
Ruine (moyen âge)	Phare	Plage
Ruïne (middeleeuws)	Vuurtoren	Strandbad
Ruin (middelalder)	Fyrtårn	Badestrand
Rovine (medioevo)	Faro	Spiaggia
Denkmal / Turm	Windmühle	Ganzjähriger Campingplatz
Monument / Tower	Windmill	Camp site open throughout the year
Monument / Tour	Moulin à vent	Camping permanent
Monument / Toren	Windmolen	Kampeerterrein, het gehele jaar geopend
Mindesmærke / Tårn	Vindmølle	Campingplads åben hele året
Monumento / Torre	Mulino a vento	Campeggio aperto tutto l'anno
Museum	Lapperlager	Saisoncampingplatz
Museum	Lapp settlement	Seasonal camp site
Musée	Camp re lappons	Camping saisonnier
Museum	Nederzetting der Lappen	Kampeerterrein, 's zomers geopend
Museum	Lappeleir	Campingplads, kun åben i sæsonen
Museo	Accampamento lappone	Campeggio stagionale
Höhle, Grotte	Ferienort *	Grenzübergang, durchgehend offen
Cave, grotto	Holiday camp *	Frontier crossing, open day and night
Caverne, grotte	Village de vacances *	Passage frontalier, ouvert jour et nuit
Spelonk, grot	Vakantiedorp *	Grensovergang, dag en nacht geopend
Hule, grotte	Ferieby *	Grænseovergang, åben hele døgnet
Caverna, grotta	Villaggio di vacanze *	Passaggio di frontiera, aperto giorno e notte
Andere Sehenswürdigkeiten	* Entsp. schende Signaturen kommen nur in Großbritannien und in den nordischen Ländern vor
Other objects of interest	Corresponding signatures are only valid for Great Britain and the northern countries
Autres curiosités	Les signes correspondants n'apparaissent que pour la Grande Bretagne et les pays nordiques
Andere bezienswaardigheden	Overeenkomende symbolen komen alleen voor in Groot-Brittannië en in de noordelijke landen
Andre seværdigheder	Tilsv. ende signaturer forekommer kun i Storbritannien og i de nordiske lande
Altre curiosità	I corrispondenti simboli appaiono solamente in Gran Bretagna e nei paesi nordici

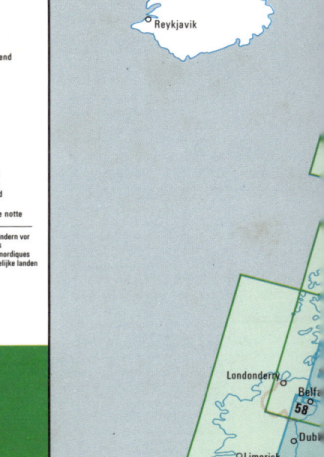

1:2 750 000

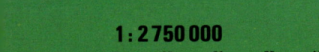

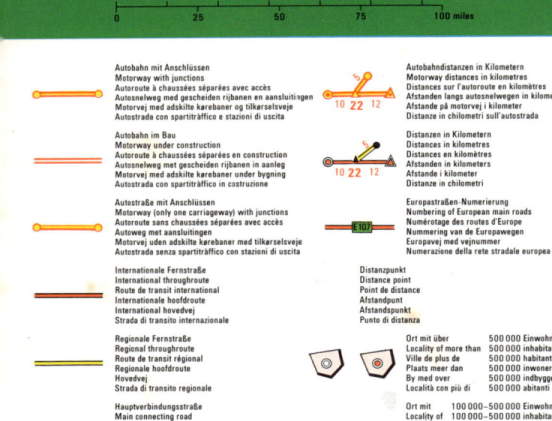

Autobahn mit Anschlüssen	Autobahndistanzen in Kilometern
Motorway with junctions	Motorway distances in kilometres
Autoroute à chaussées séparées avec accès	Distances sur l'autoroute en kilomètres
Autosnelweg med gescheiden rijbanen en aansluitingen	Afstanden langs autosnelwegen in kilometers
Motorvej med adskillte kørebaner og tilkørselsveie	Afstande på motorvej i kilometer
Autostrada con spartitrafico e stazioni di uscita	Distanze in chilometri sull'autostrada
Autobahn im Bau	Distanzen in Kilometern
Motorway under construction	Distances in kilometres
Autoroute à chaussées séparées en construction	Distances en kilomètres
Autosnelweg met gescheiden rijbanen in aanleg	Afstanden in kilometers
Motorvej med adskillte kørebaner under bygning	Afstande i kilometer
Autostrada con spartitrafico in costruzione	Distanze in chilometri
Autostraße mit Anschlüssen	Europastraßen-Numerierung
Motorway (only one carriageway) with junctions	Numbering of European main roads
Autoroute sans chaussées séparées avec accès	Numérotage des routes d'Europe
Autoweg met aansluitingen	Nummering van de Europawegen
Motorvej uden adskillte kørebaner med tilkørselsveie	Europavej med vejnummer
Autostrada senza spartitrafico con stazioni di uscita	Numerazione della rete stradale europea
Internationale Fernstraße	Distanzpunkt
International throughroute	Distance point
Route de transit international	Point de distance
Internationale hoofdroute	Afstandpunt
International hovedvej	Afstandspunkt
Strada di transito internazionale	Punto di distanza
Regionale Fernstraße	Ort mit über 500 000 Einwohner
Regional throughroute	Locality of more than 500 000 inhabitants
Route de transit régional	Ville de plus de 500 000 habitants
Regionale hoofdroute	Plaats meer dan 500 000 inwoners
Hovedvej	By med over 500 000 indbyggere
Strada di transito regionale	Località con più di 500 000 abitanti
Hauptverbindungsstraße	Ort mit 100 000–500 000 Einwohner
Main connecting road	Locality of 100 000–500 000 inhabitants
Route de communication principale	Ville de 100 000–500 000 habitants
Interlokale verbindingsweg	Plaats dan 100 000–500 000 inwoners
Hovedforbindelsesvej	By med 100 000–500 000 indbyggere
Strada di comunicazione principale	Località da 100 000–500 000 abitanti
Verbindungsstraße	Ort von 50 000–100 000 Einwohner
Connecting road	Locality of 50 000–100 000 inhabitants
Route de communication	Ville de 50 000–100 000 habitants
Verbindingsweg	Plaats dan 50 000–100 000 inwoners
Forbindelsesvej	By med 50 000–100 000 indbyggere
Strada di comunicazione	Località da 50 000–100 000 abitanti
Eisenbahn	Ort von 10 000– 50 000 Einwohner
Railway	Locality of 10 000– 50 000 inhabitants
Chemin de fer	Ville de 10 000– 50 000 habitants
Spoorweg	Plaats dan 10 000– 50 000 inwoners
Jernbane	By med 10 000– 50 000 indbyggere
Ferrovia	Località da 10 000– 50 000 abitanti
Autofähre	Ort unter 10 000 Einwohner
Car ferry	Locality of less than 10 000 inhabitants
Bac pour automobiles	Ville de moins de 10 000 habitants
Autoveer	Plaats minder dan 10 000 inwoners
Bilfærge	By under 10 000 indbyggere
Traghetto per automobili	Località fino a 10 000 abitanti

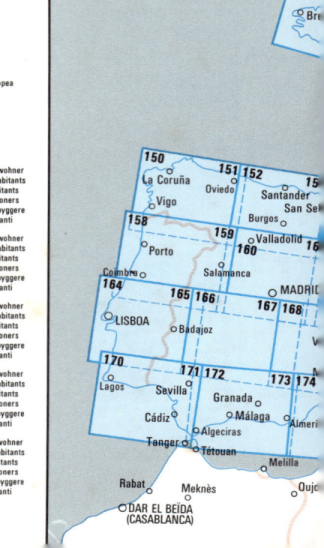

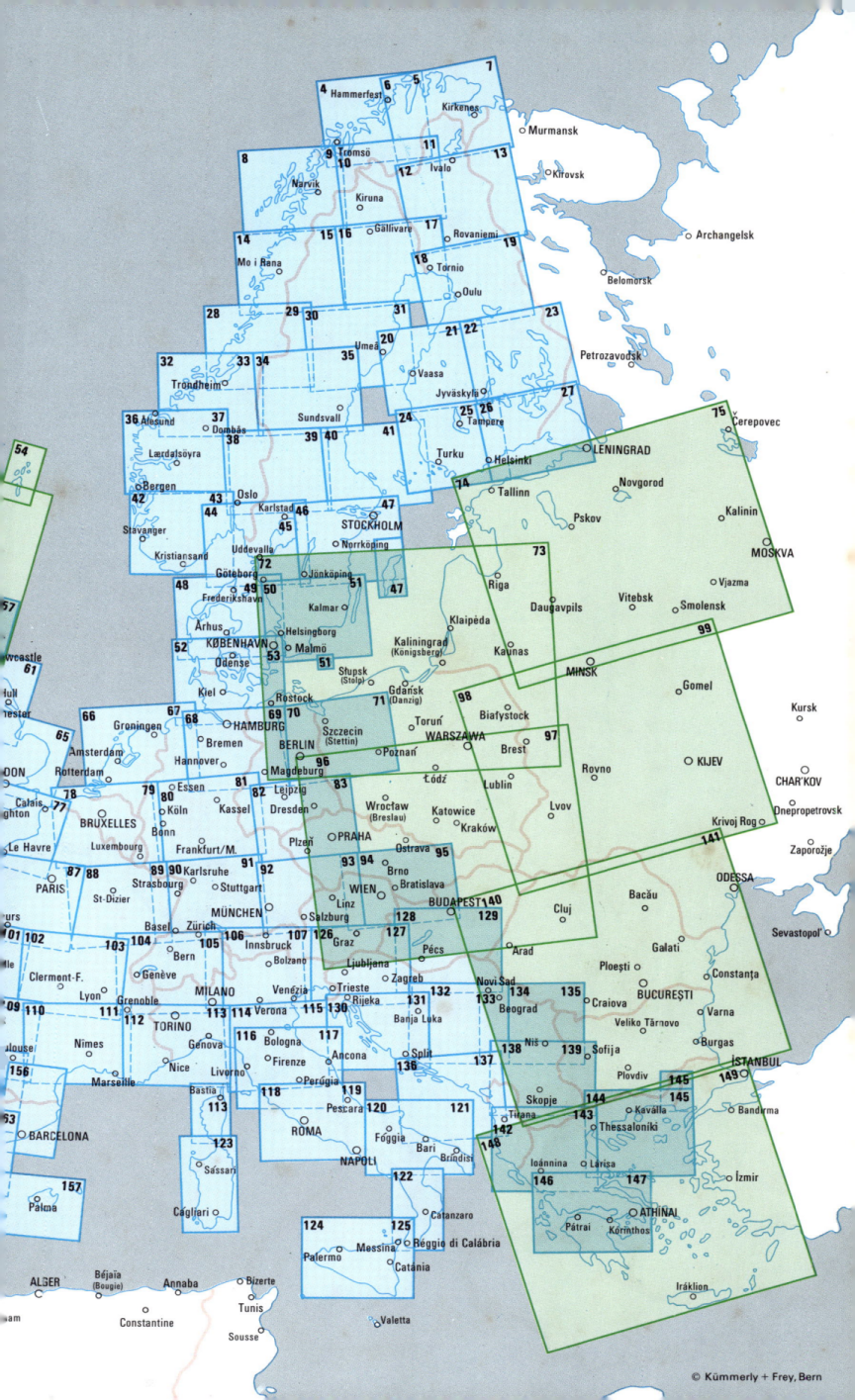

© Kümmerly + Frey, Bern

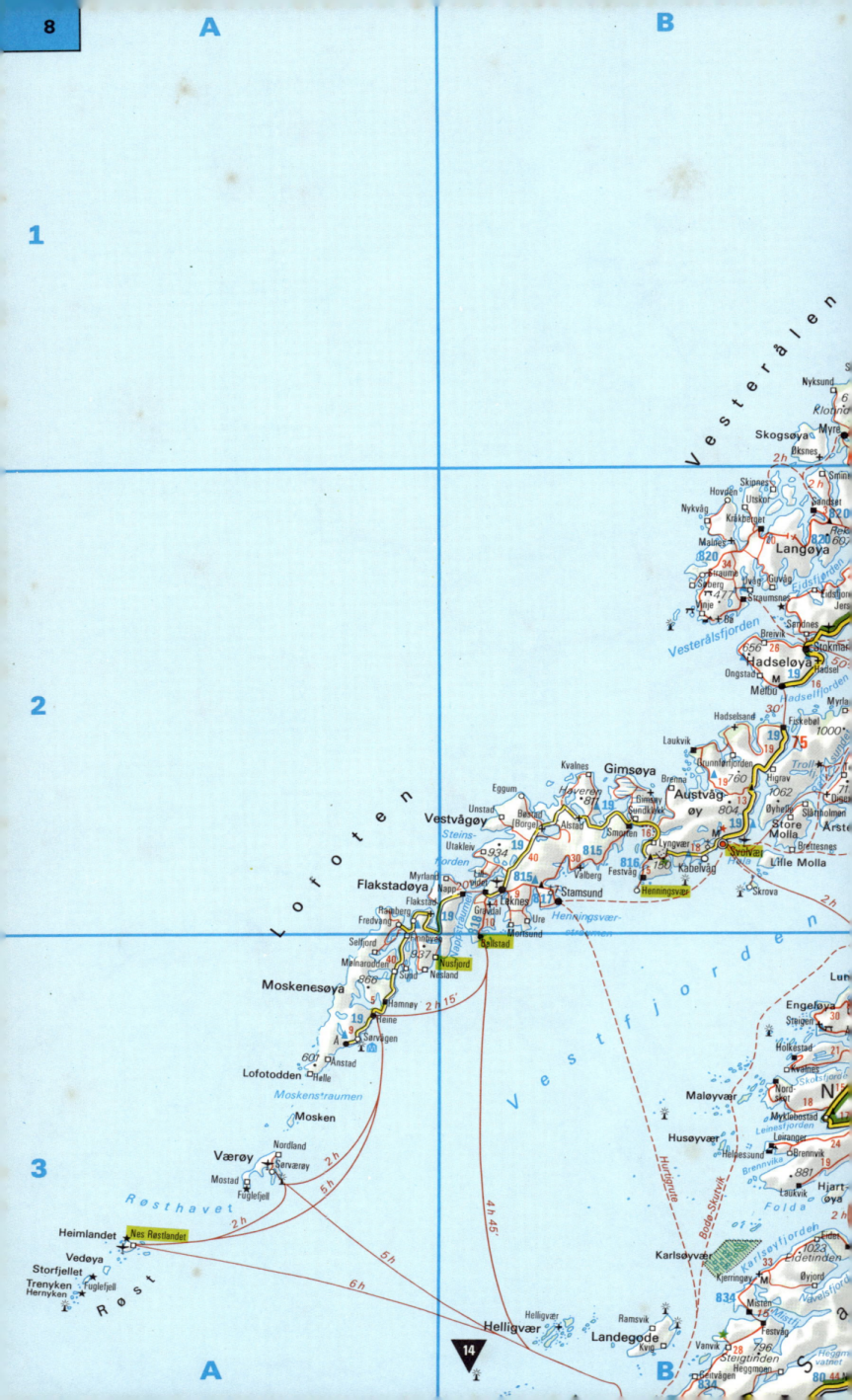

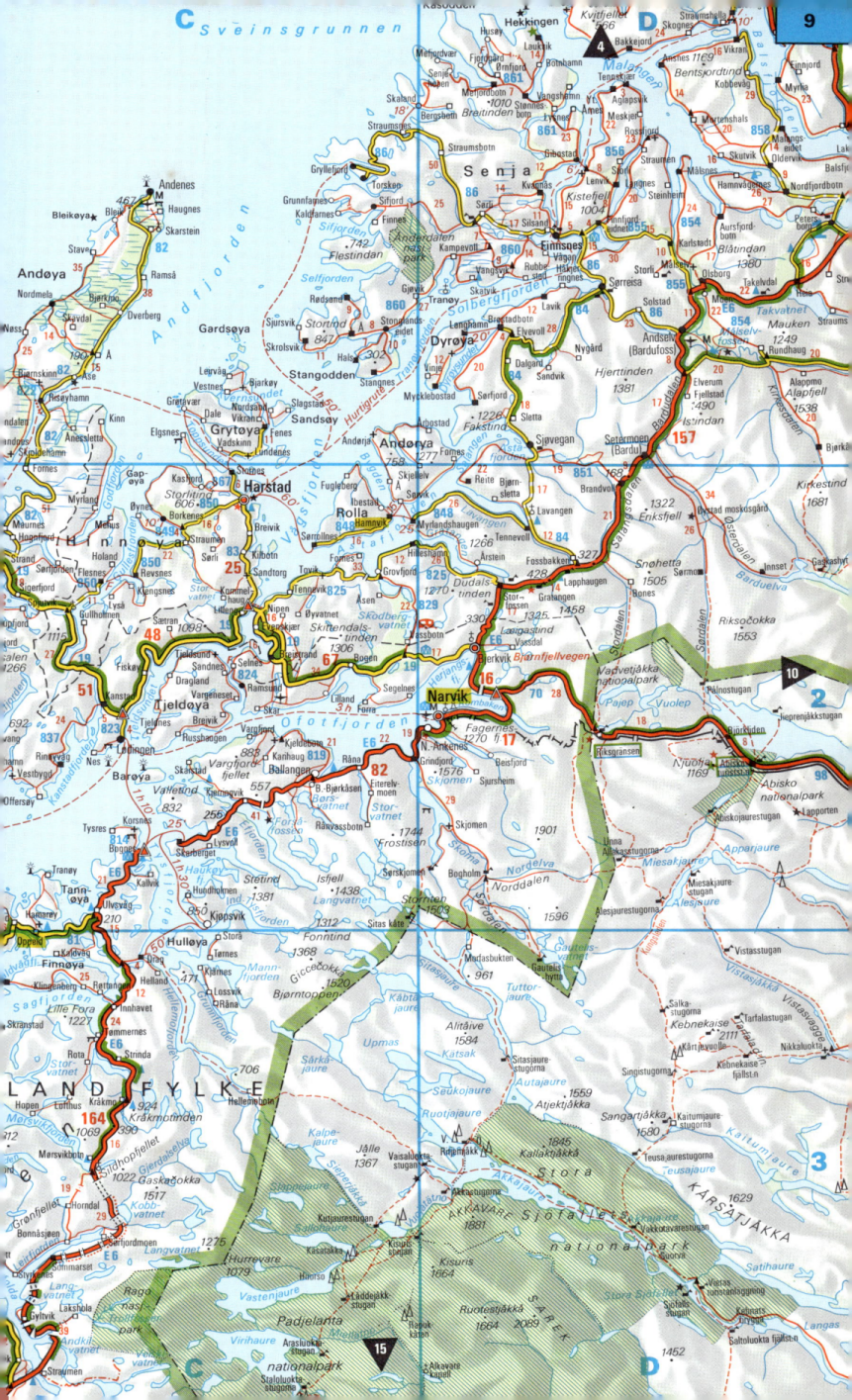

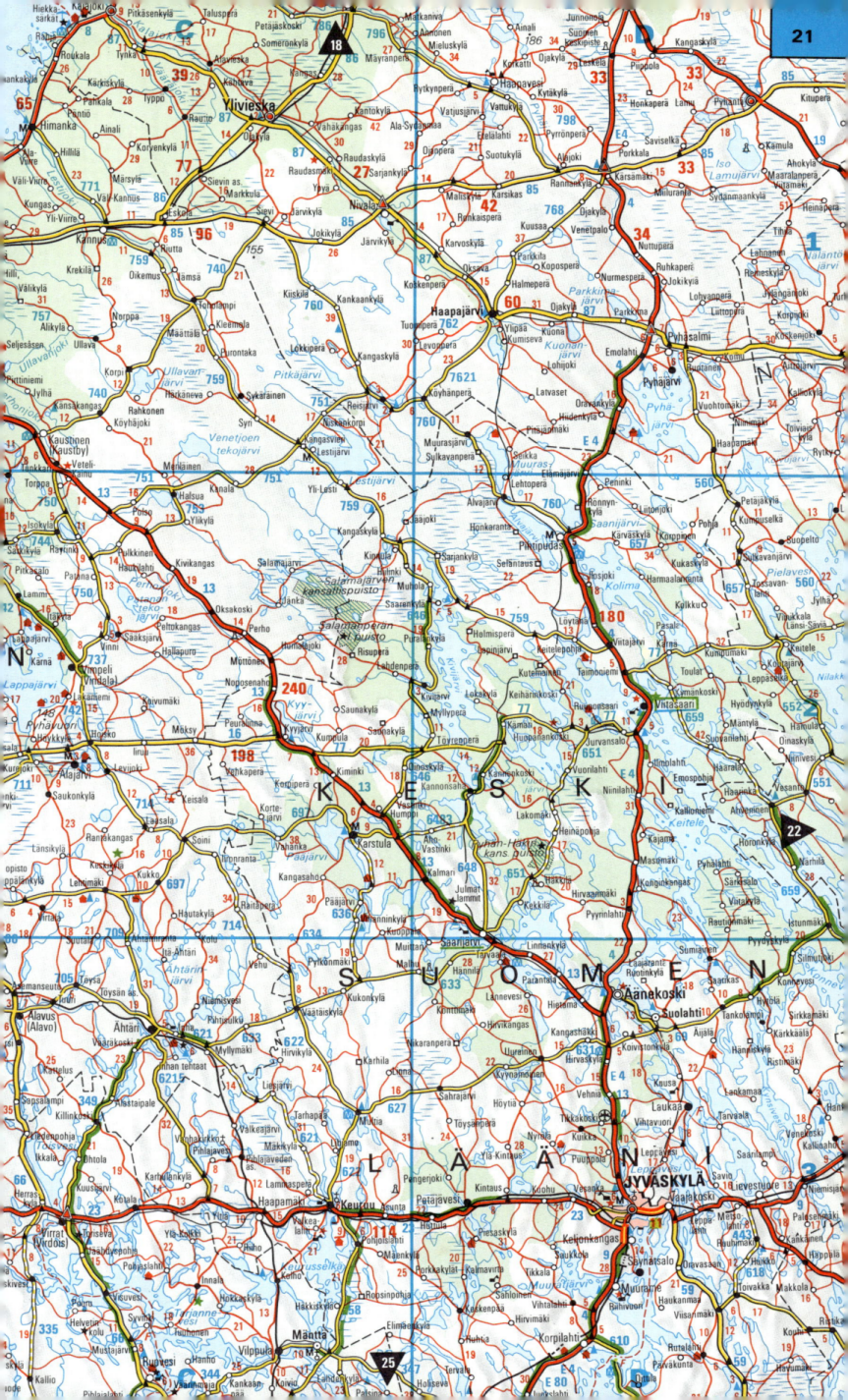

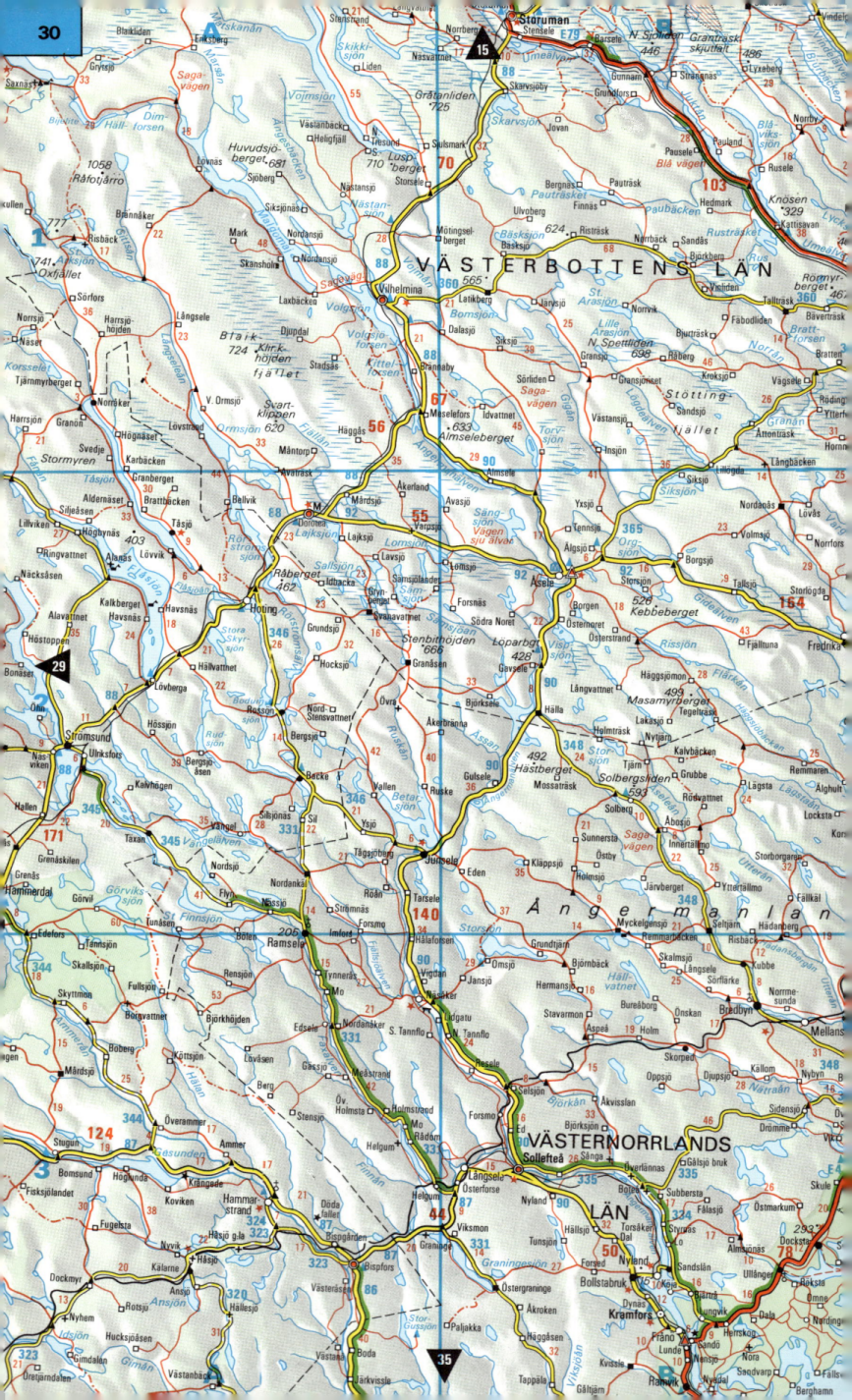

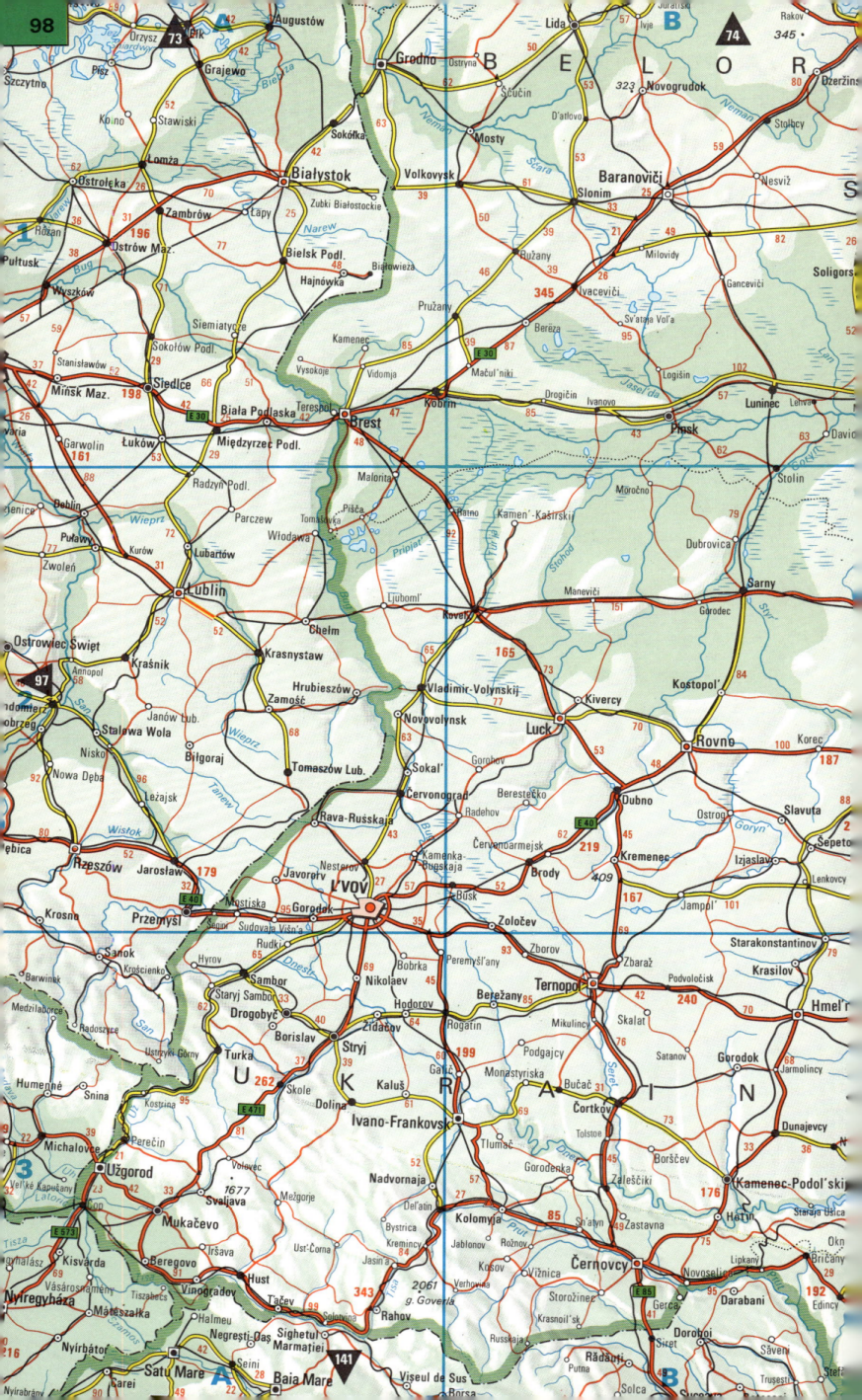

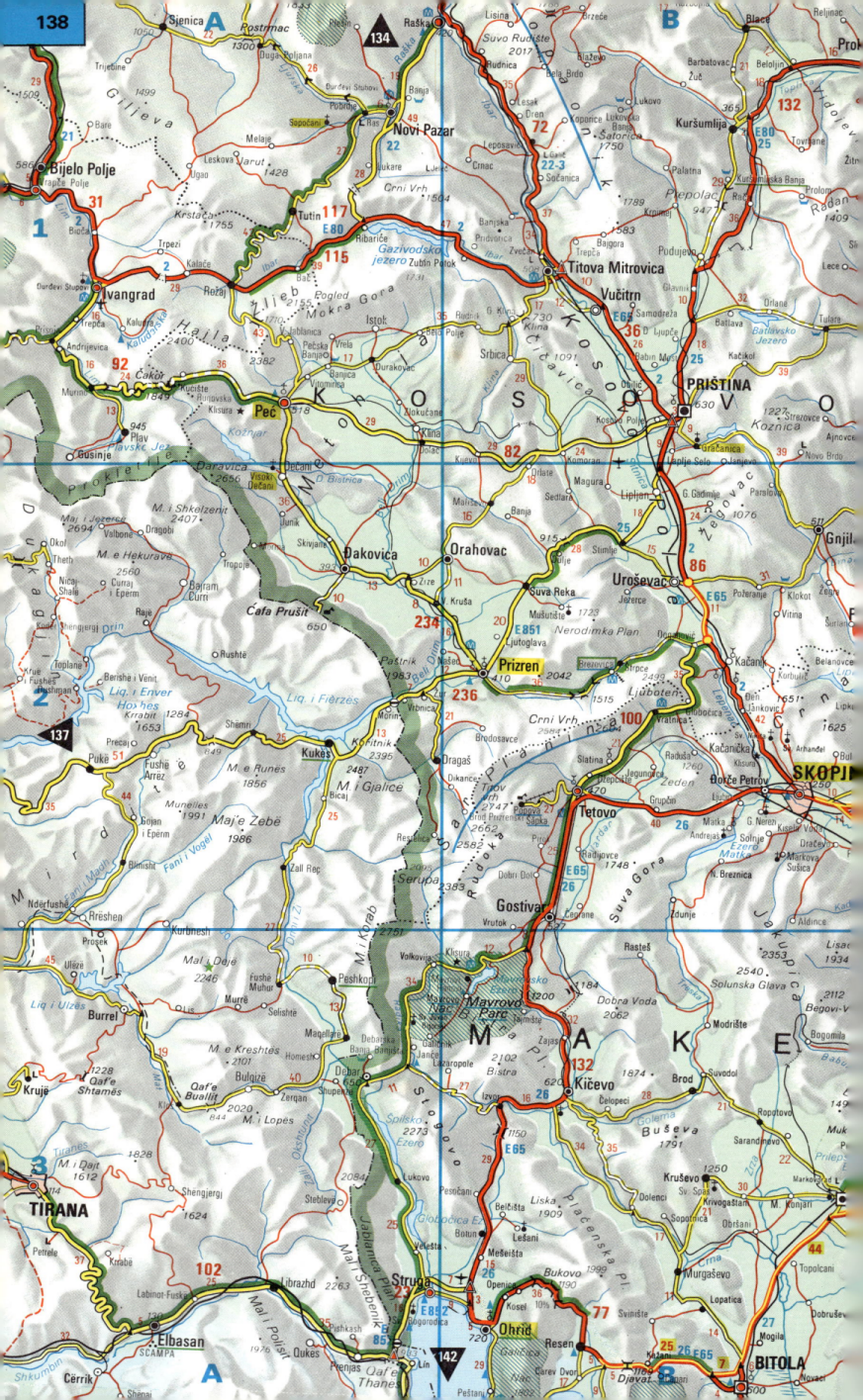

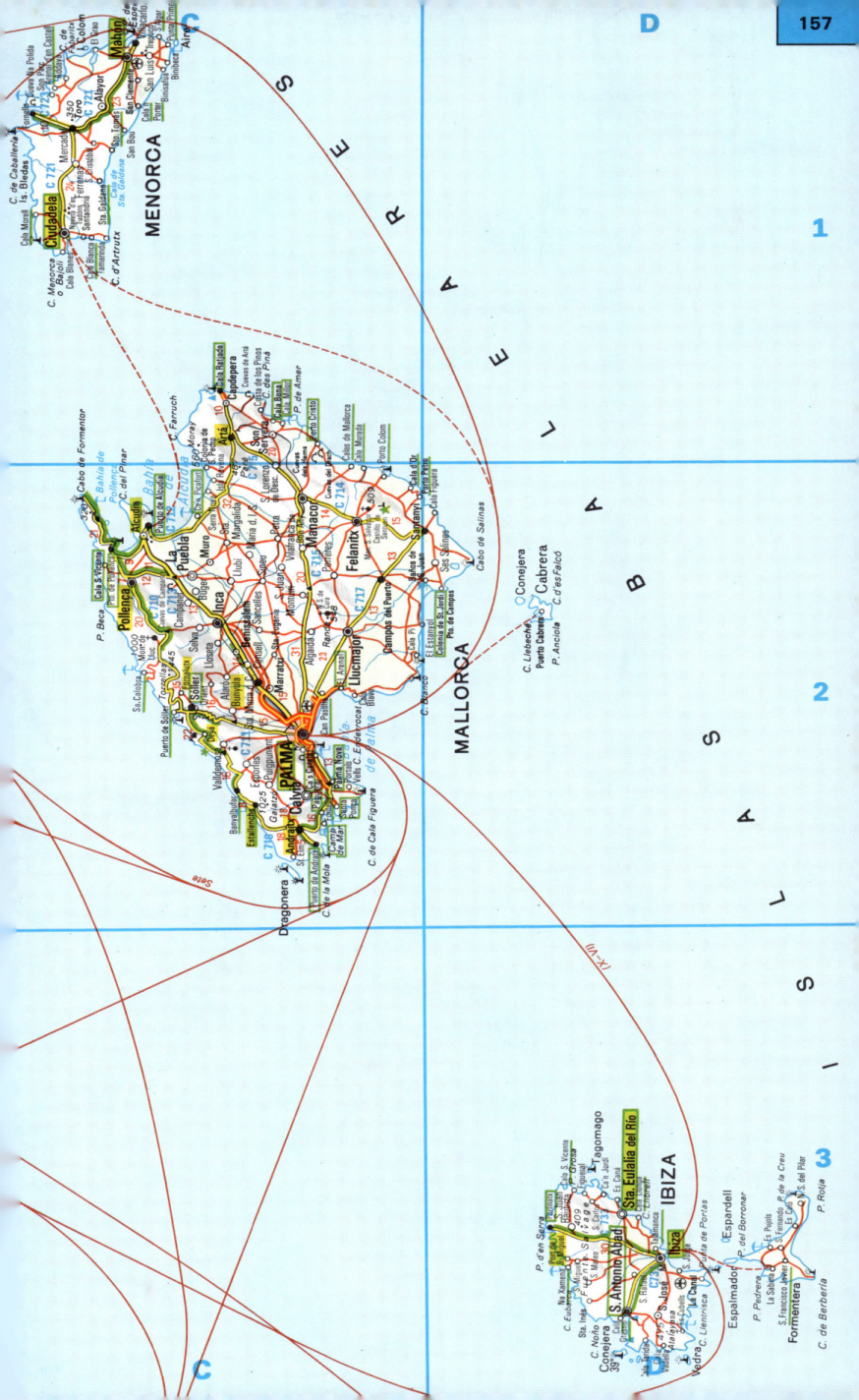

Notizen

Notizen

Stadtübersichtspläne
Plans de villes synoptiques
Synoptical City Maps
Piante di città sinottiche
Planos de ciudades sinópticos
Overzichtsplattegronden
Stadsöversiktsplaner
Byoversigtsplaner

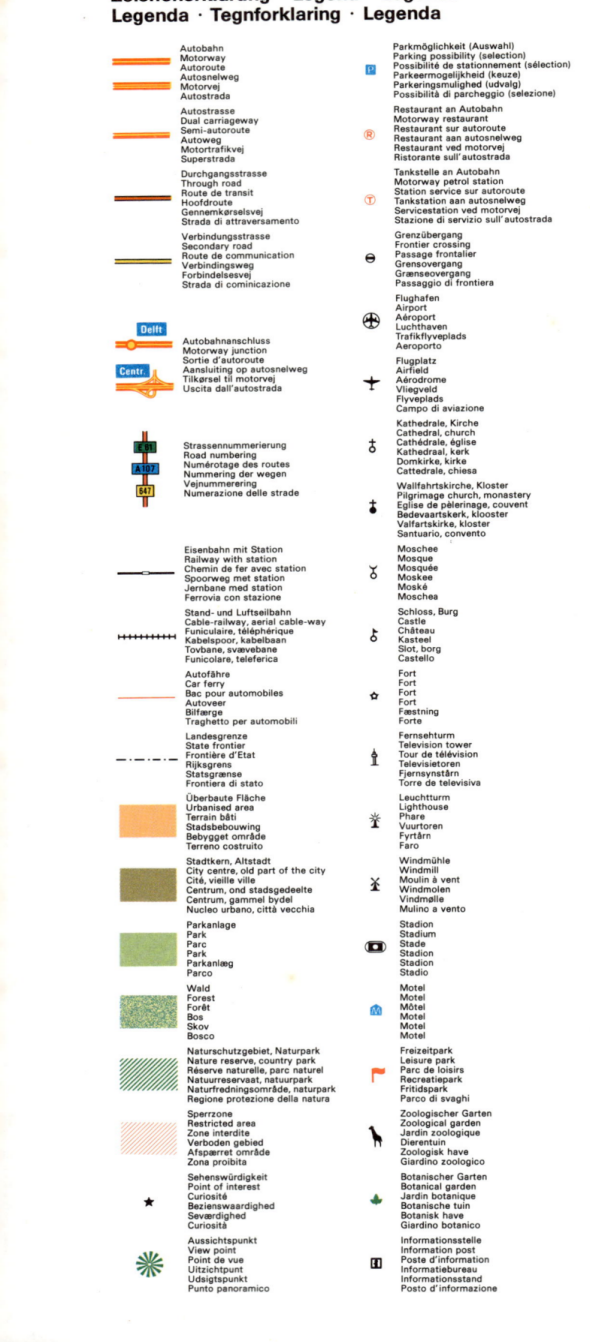

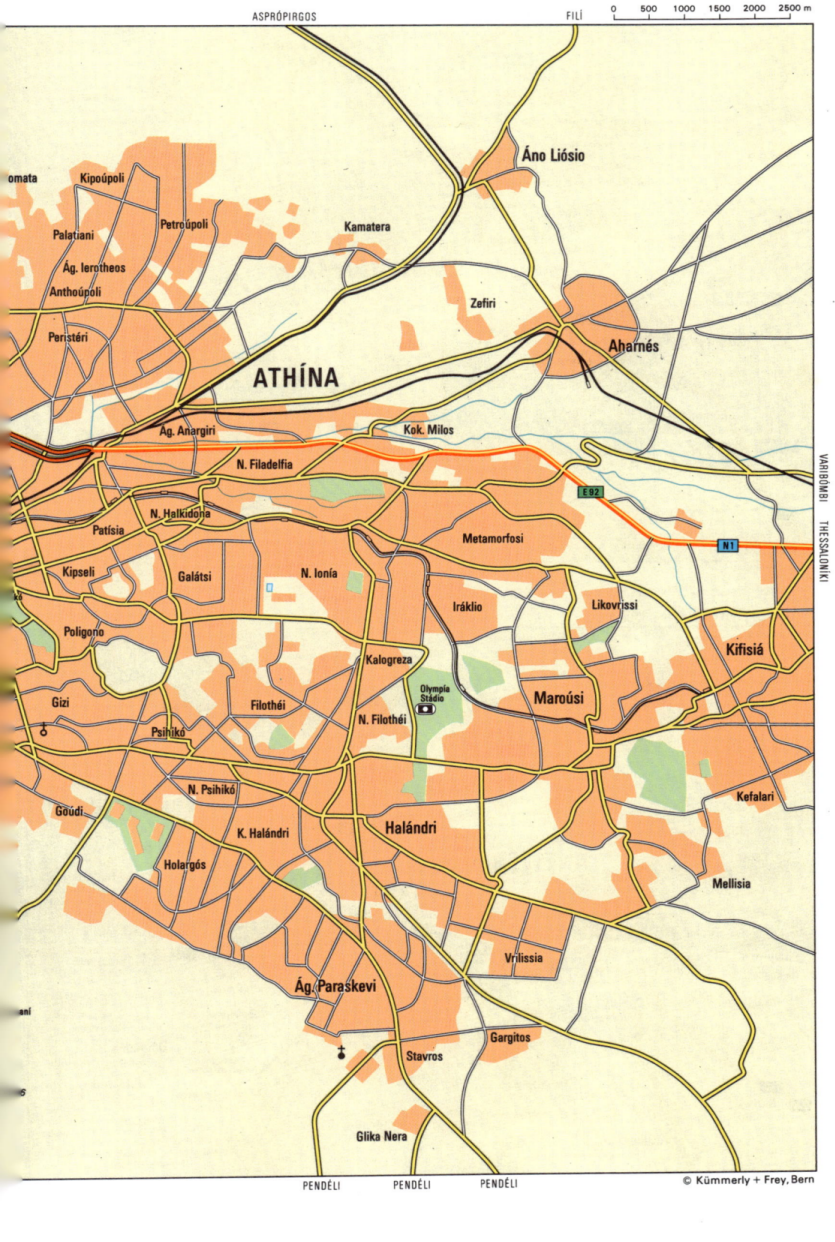

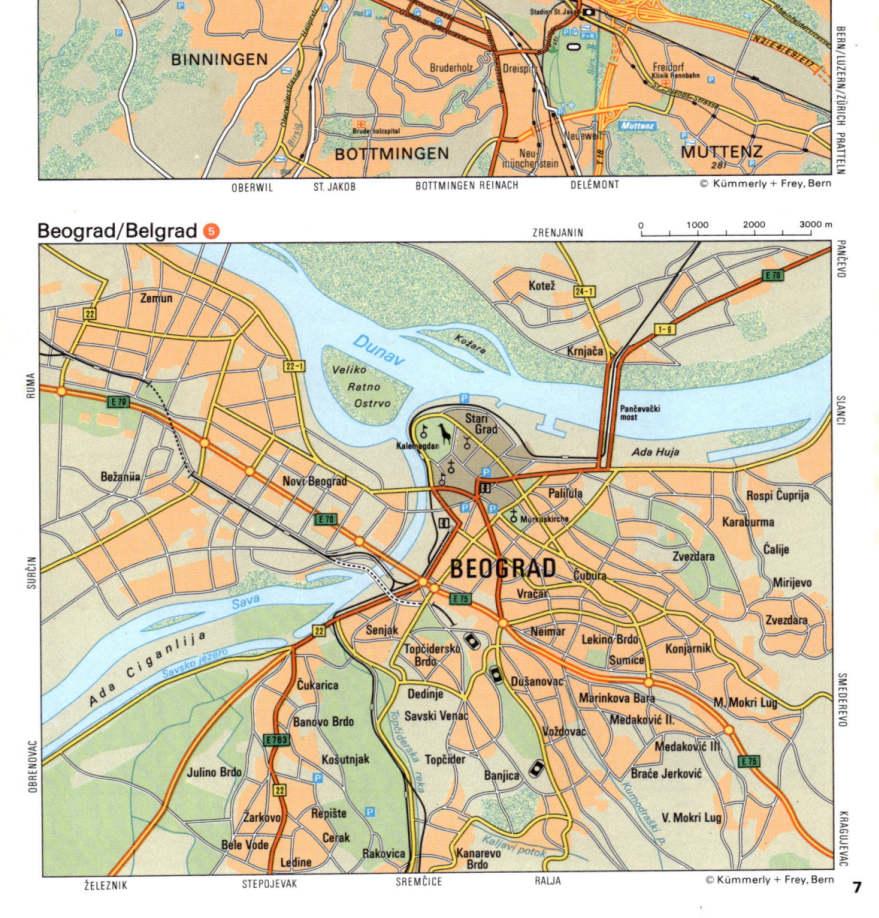

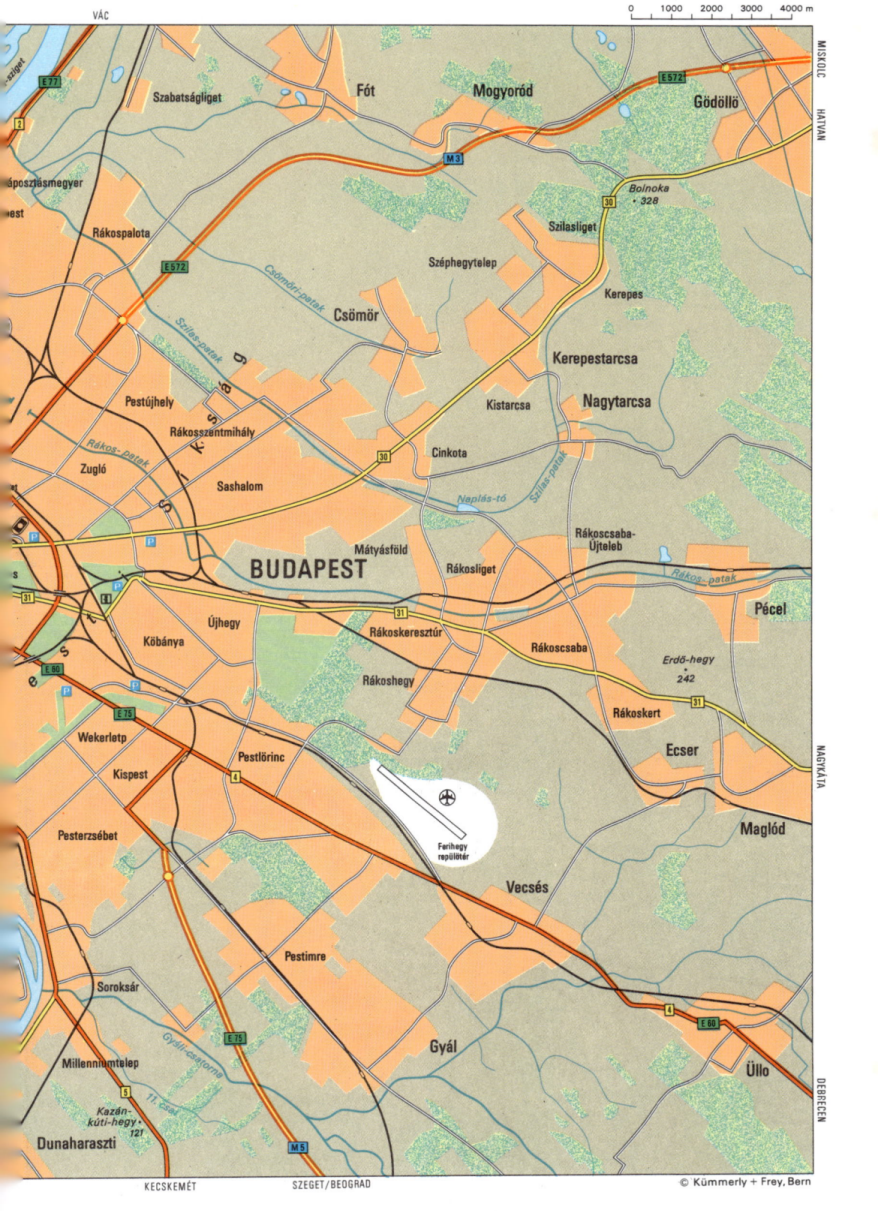

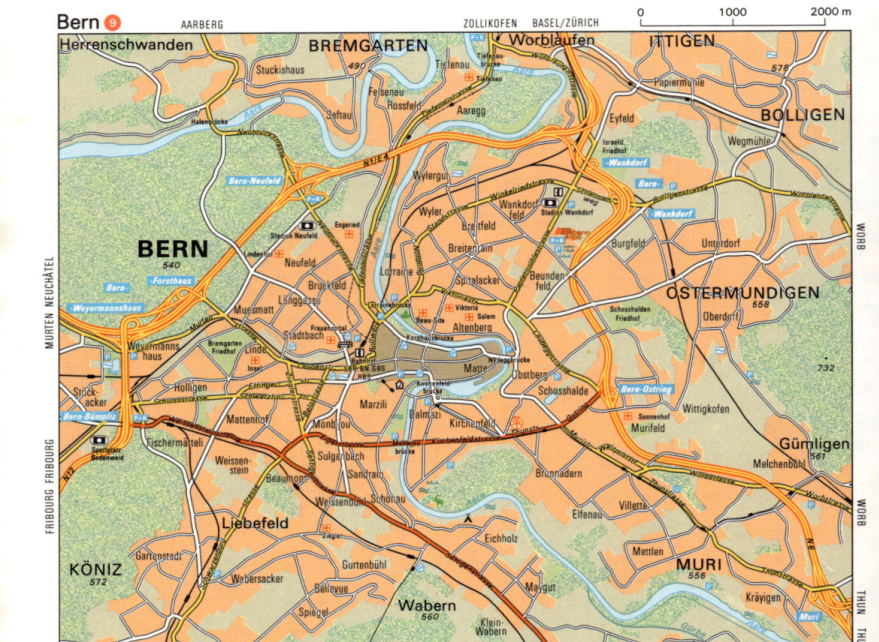

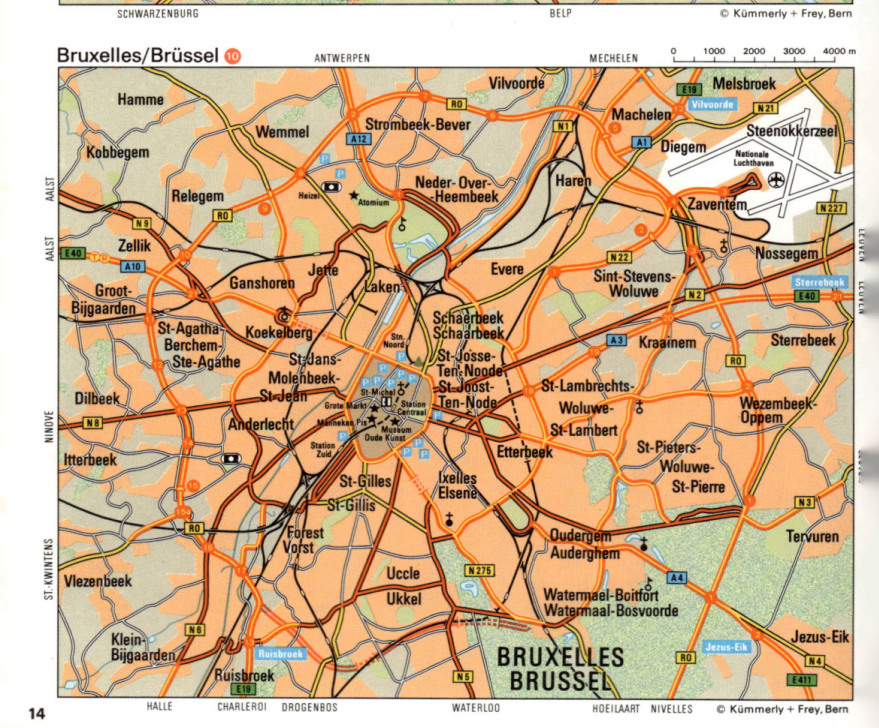

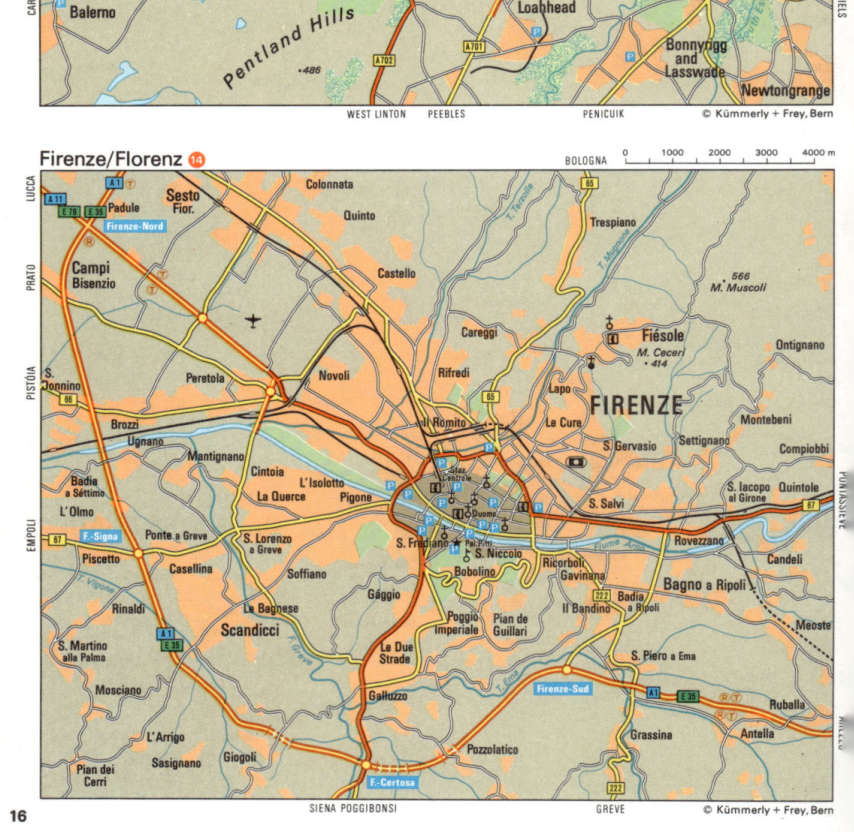

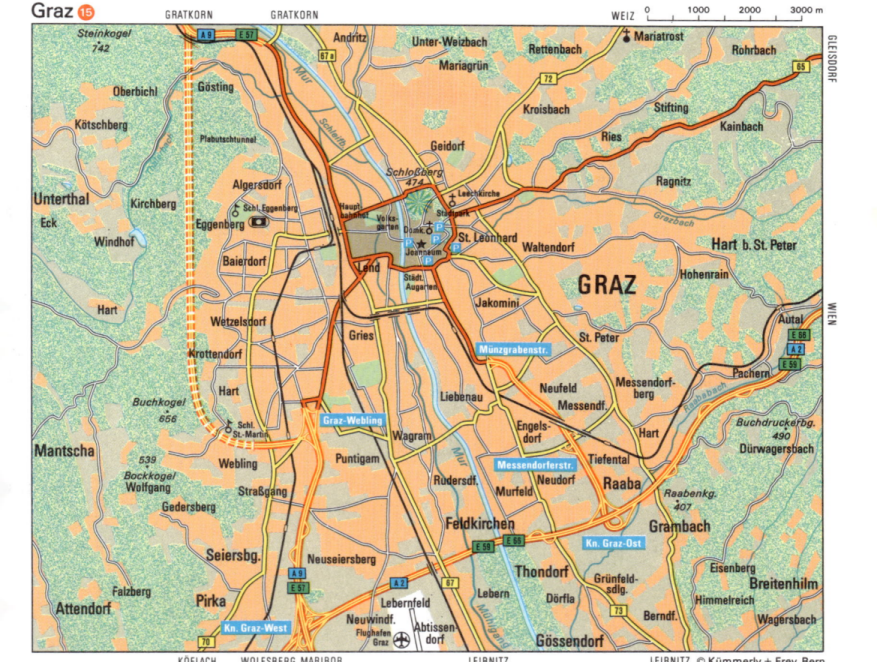

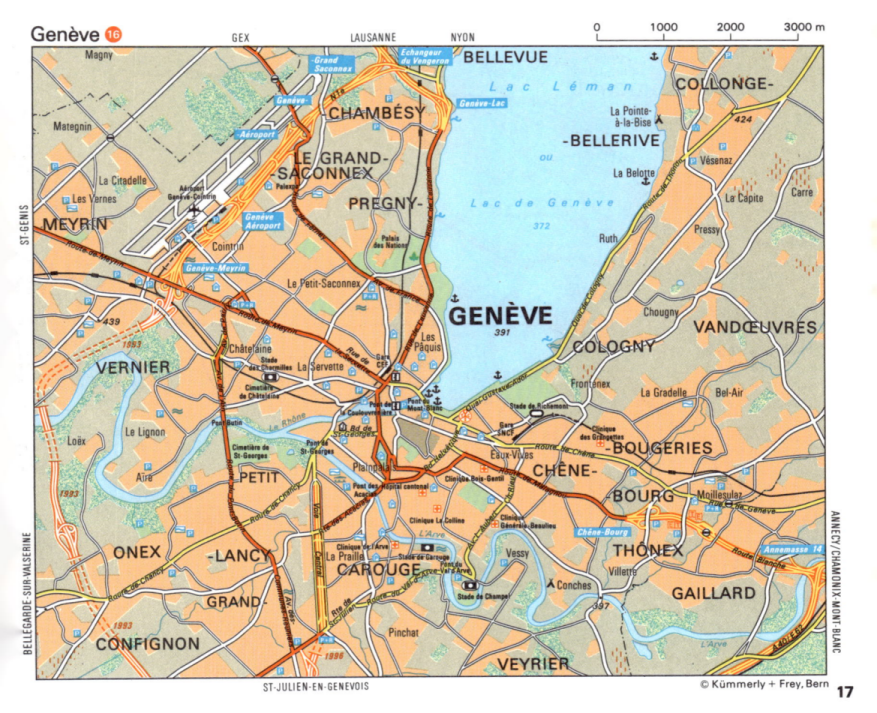

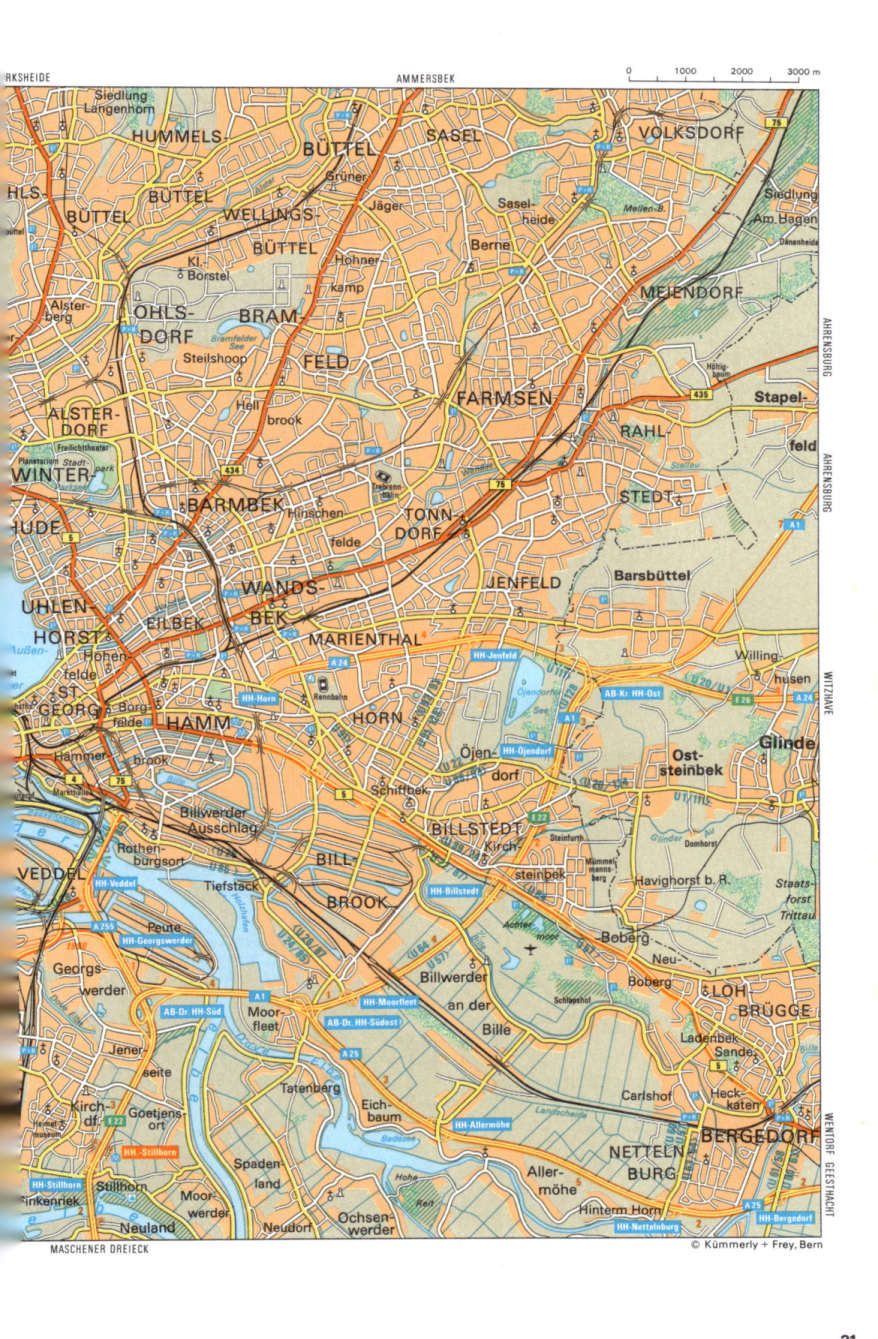

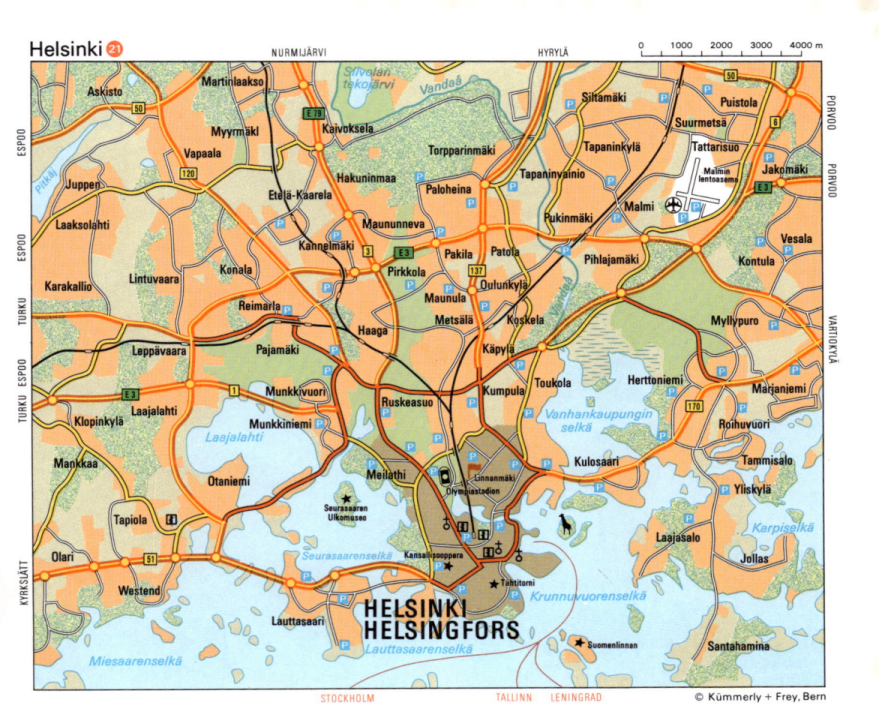

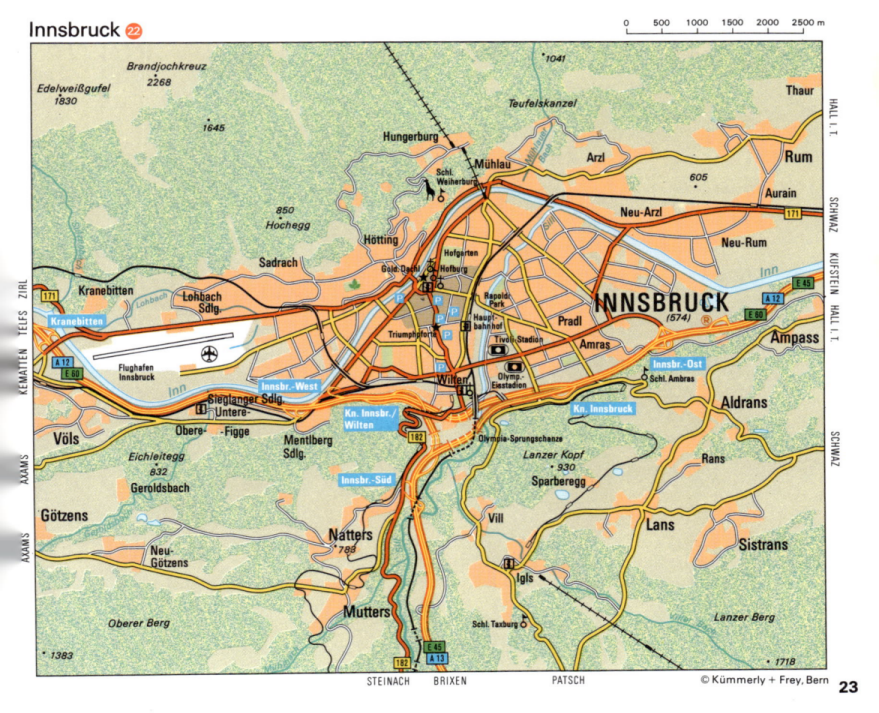

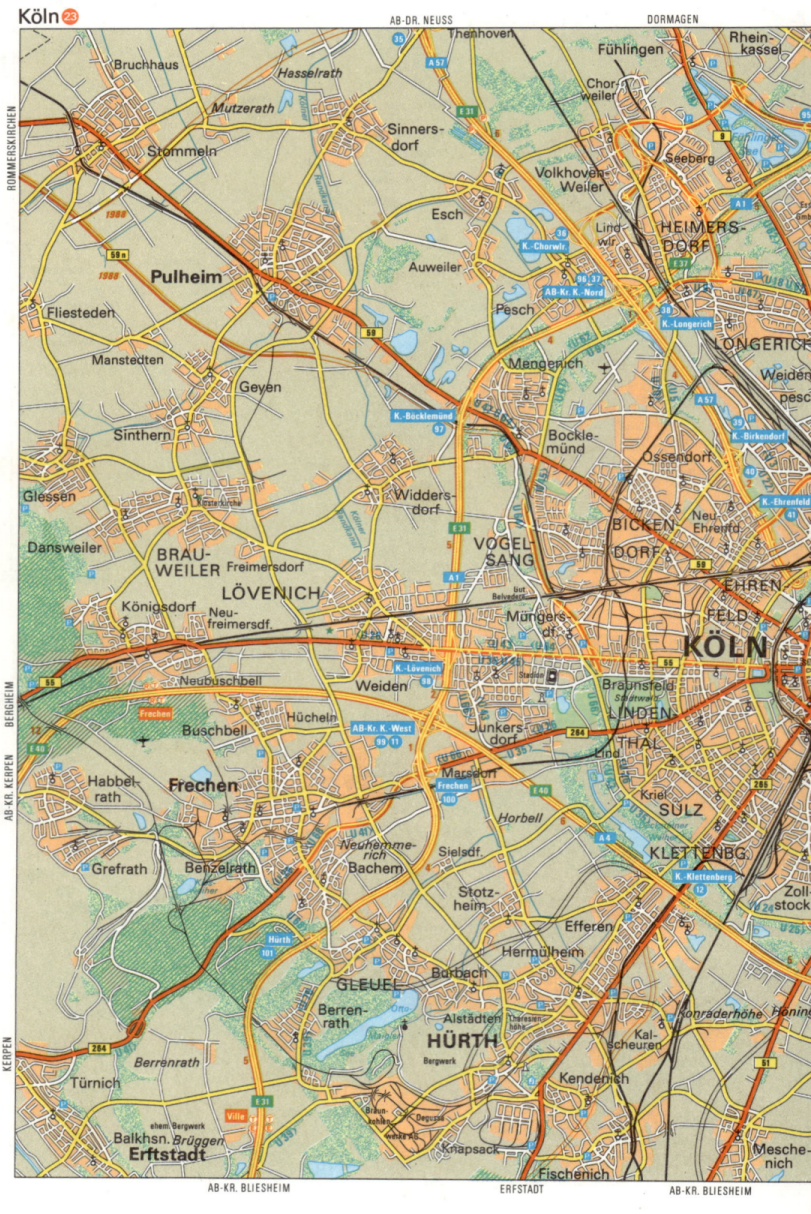

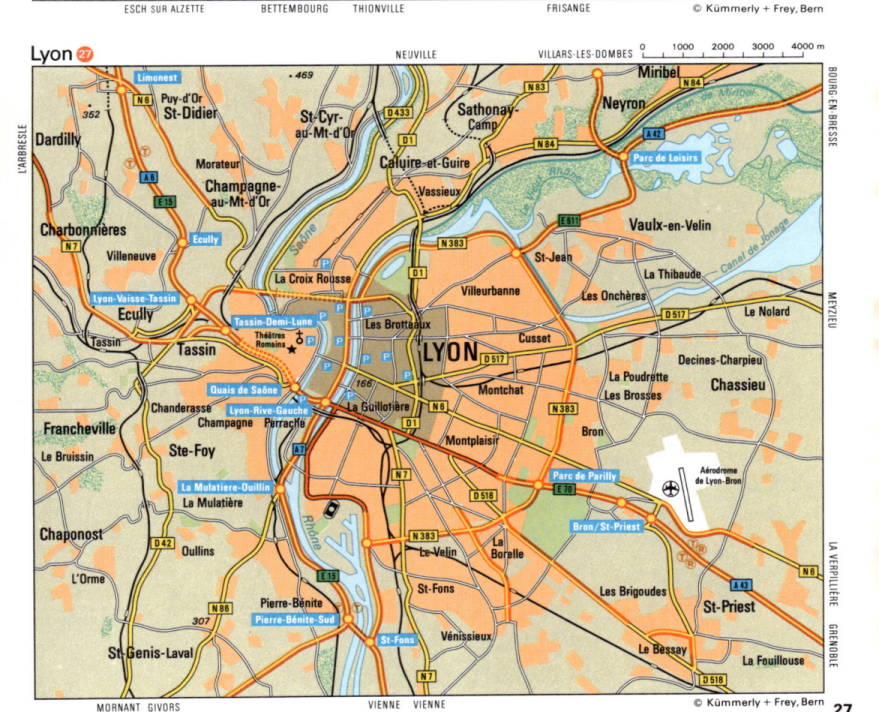

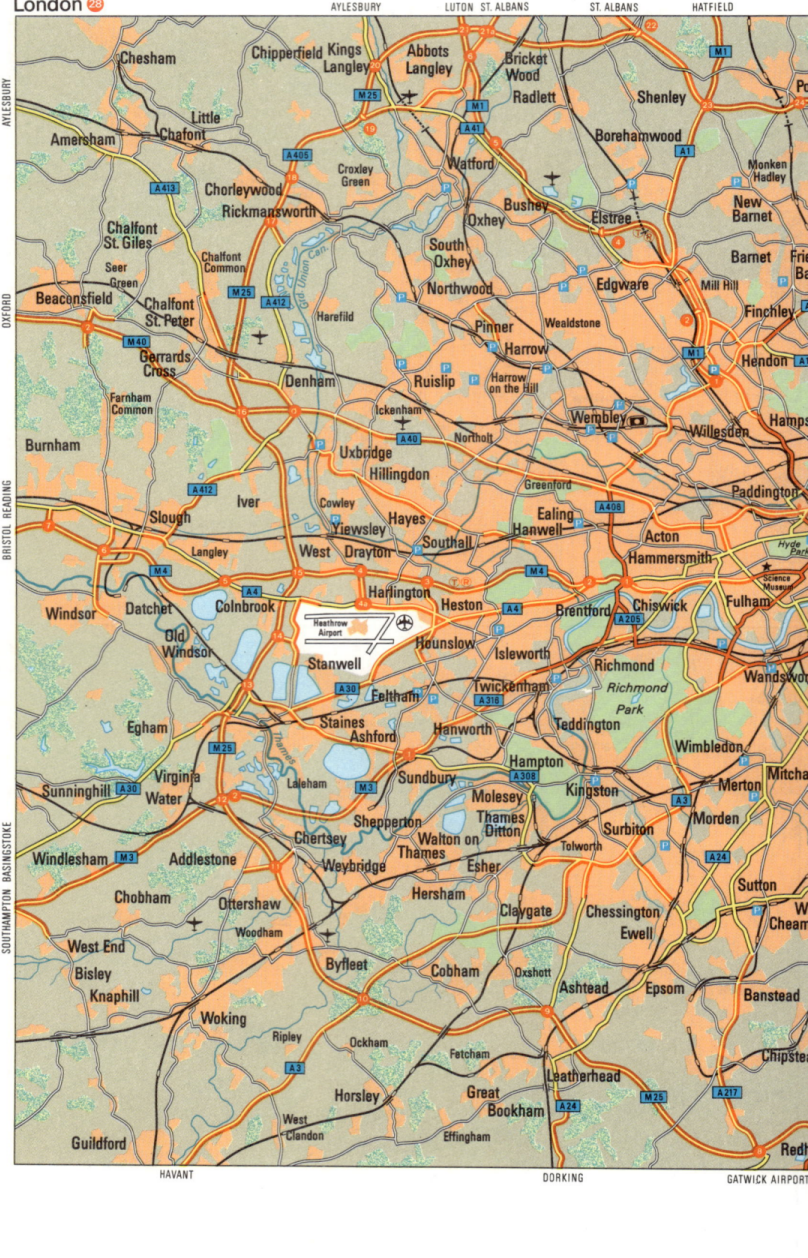

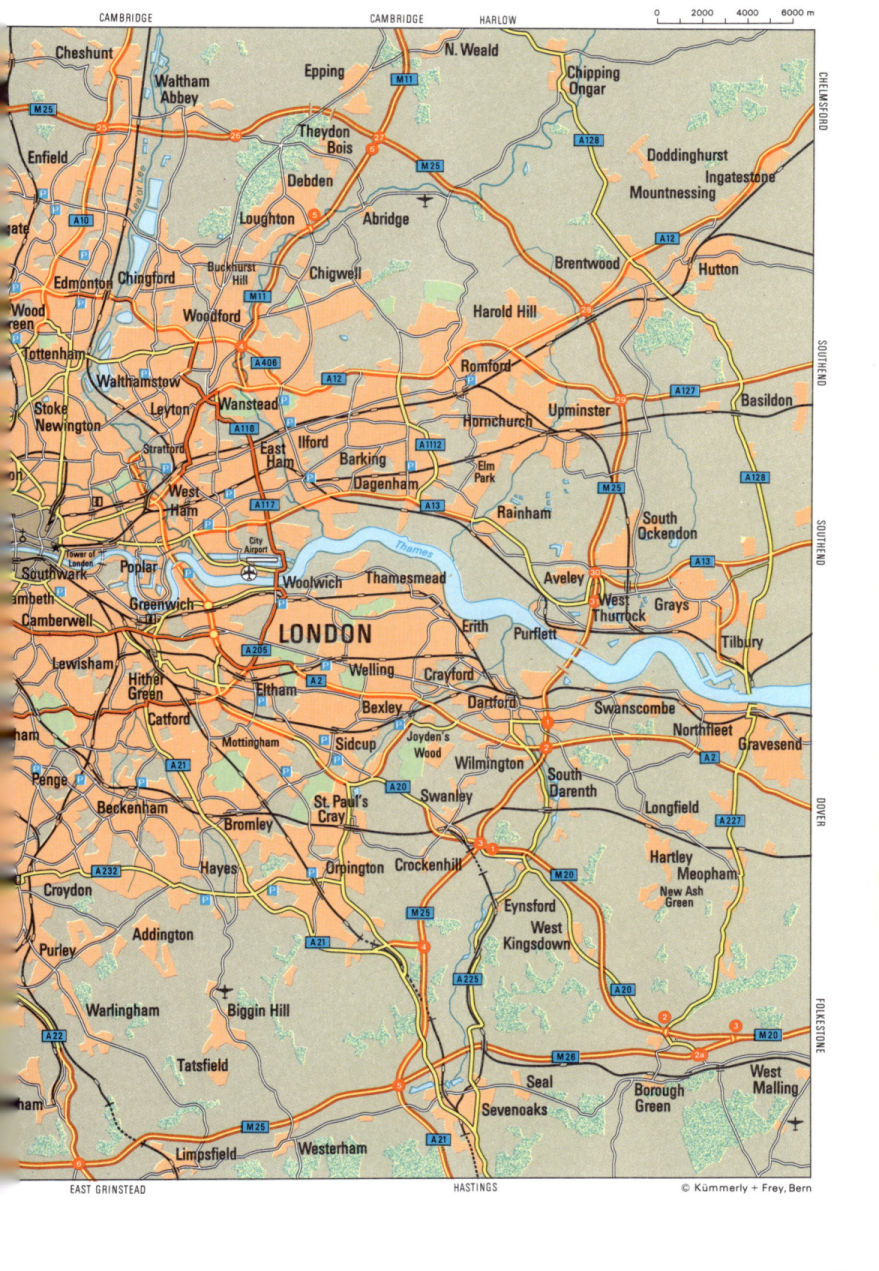

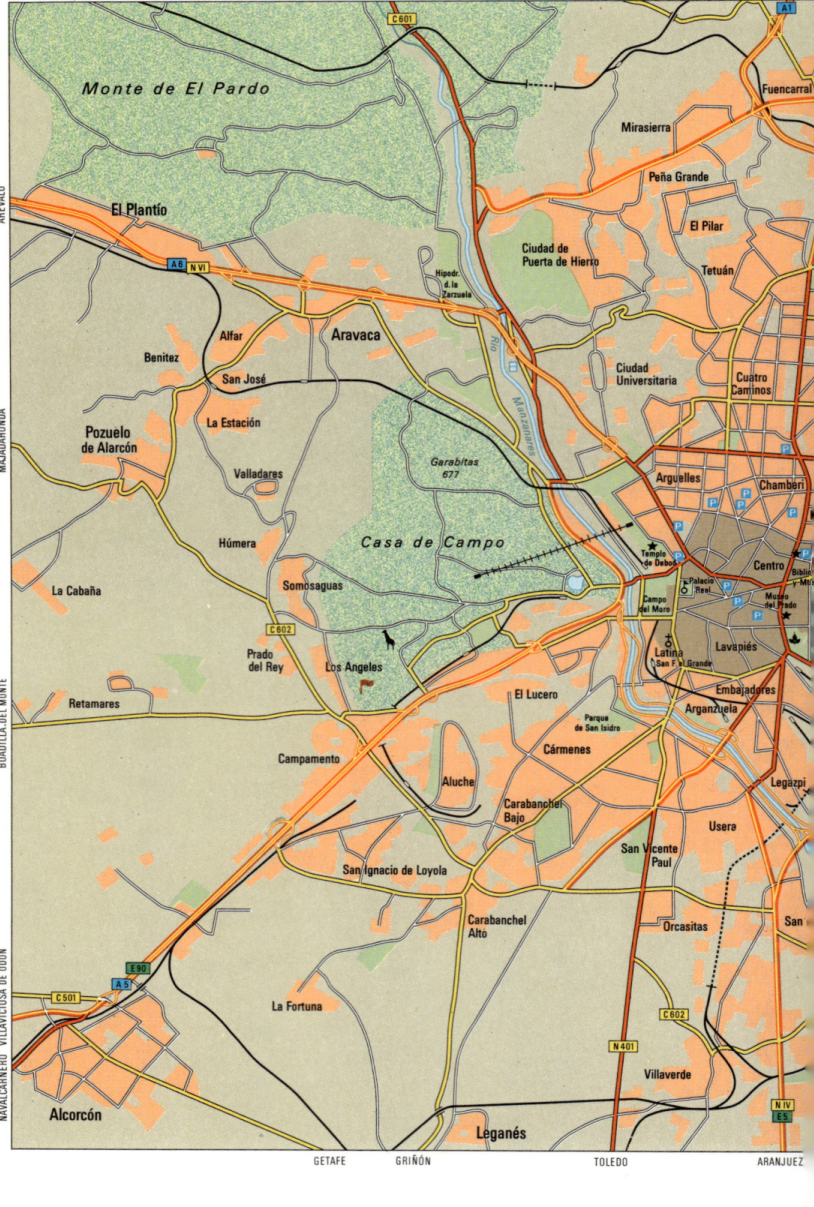

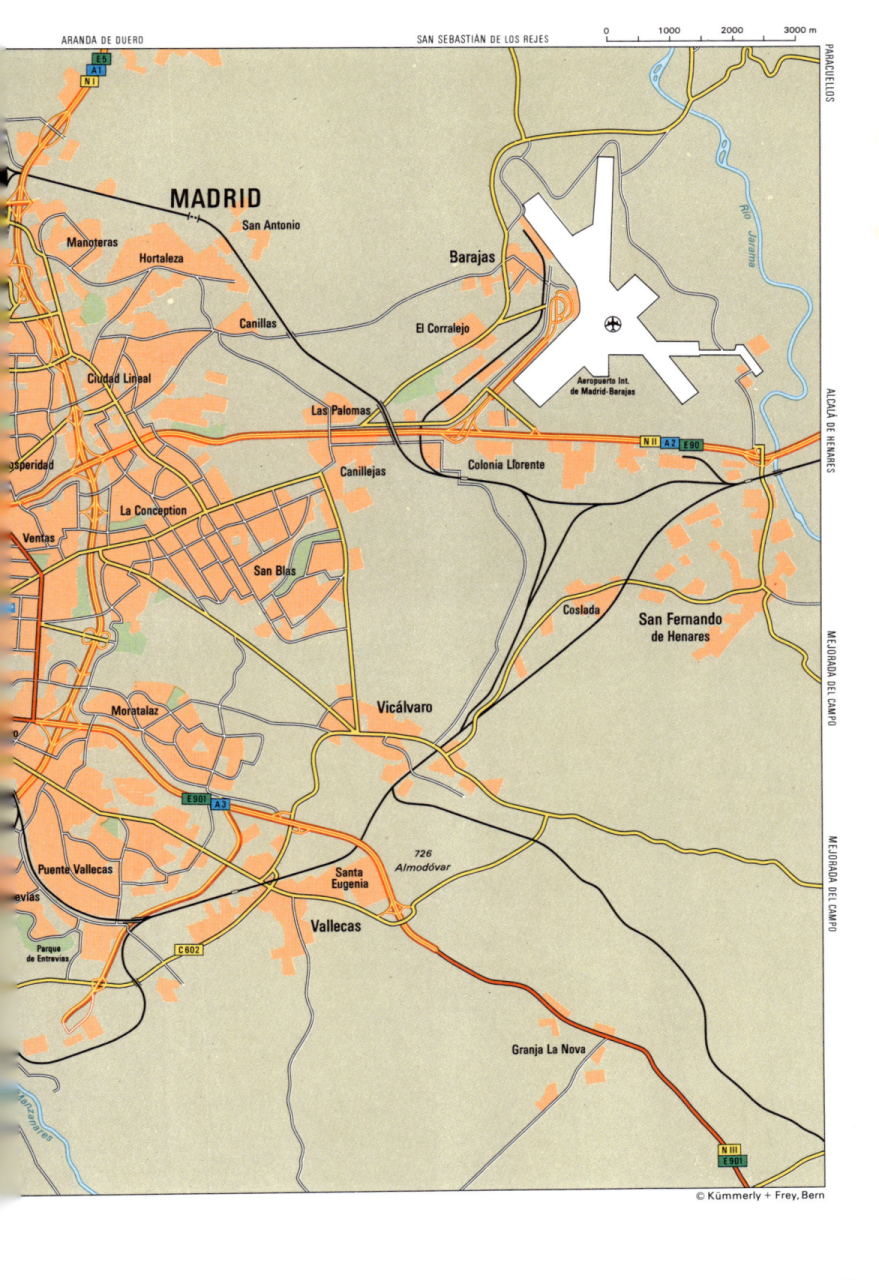

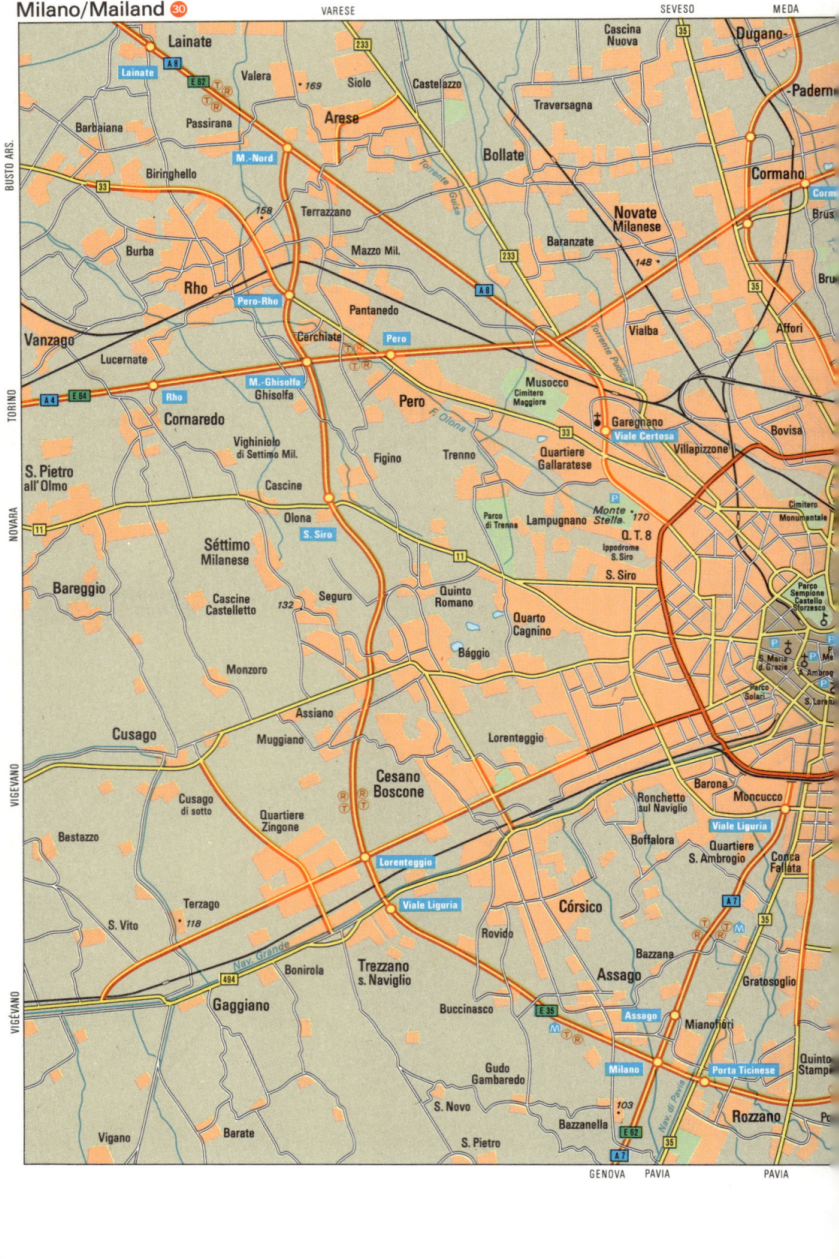

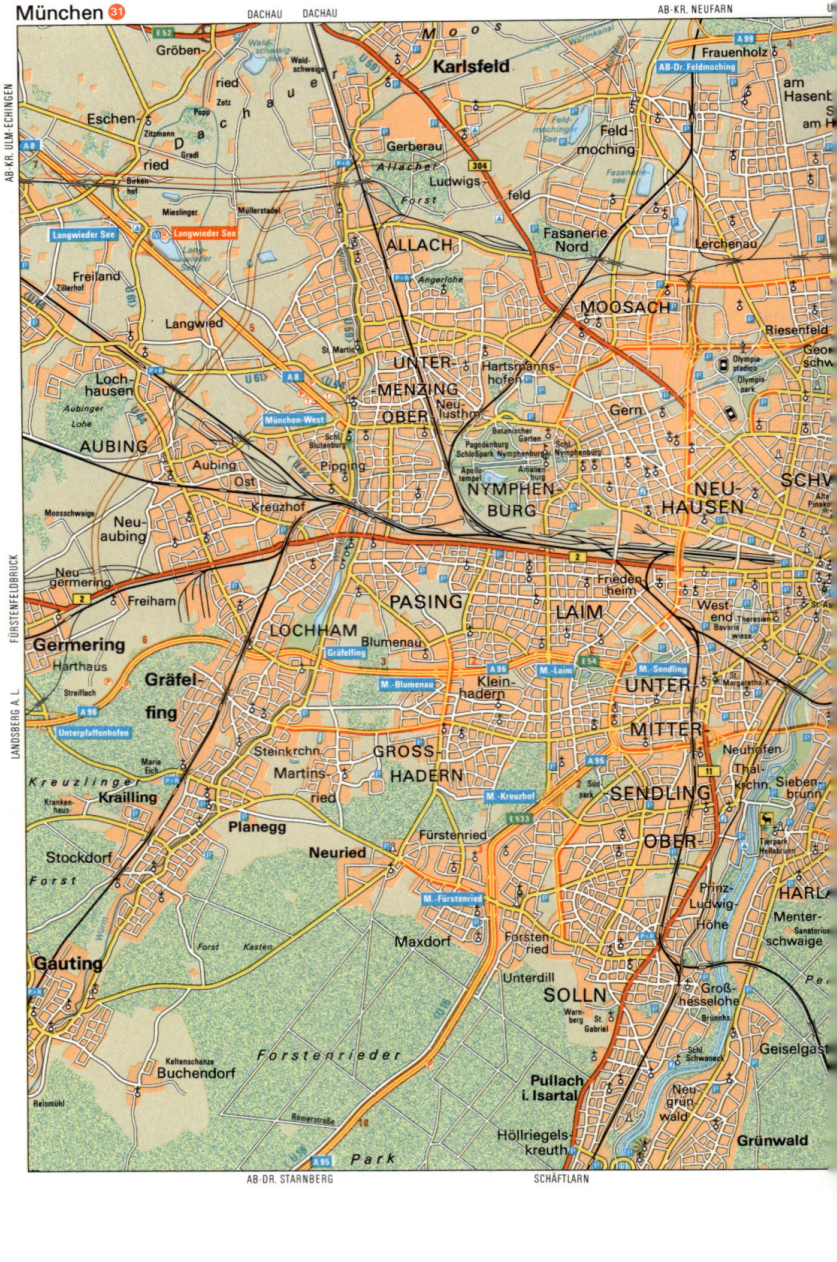

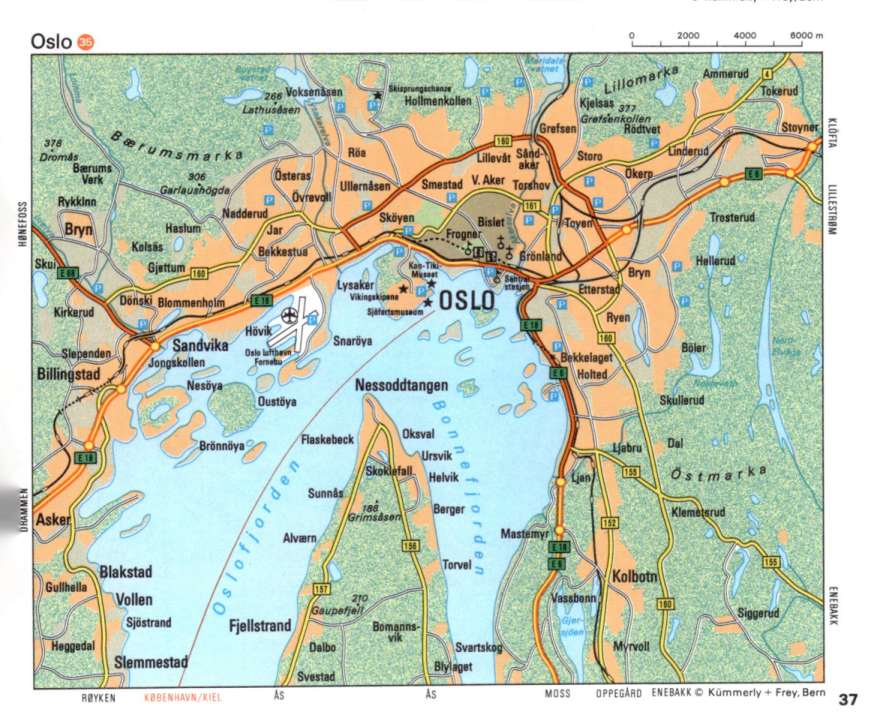

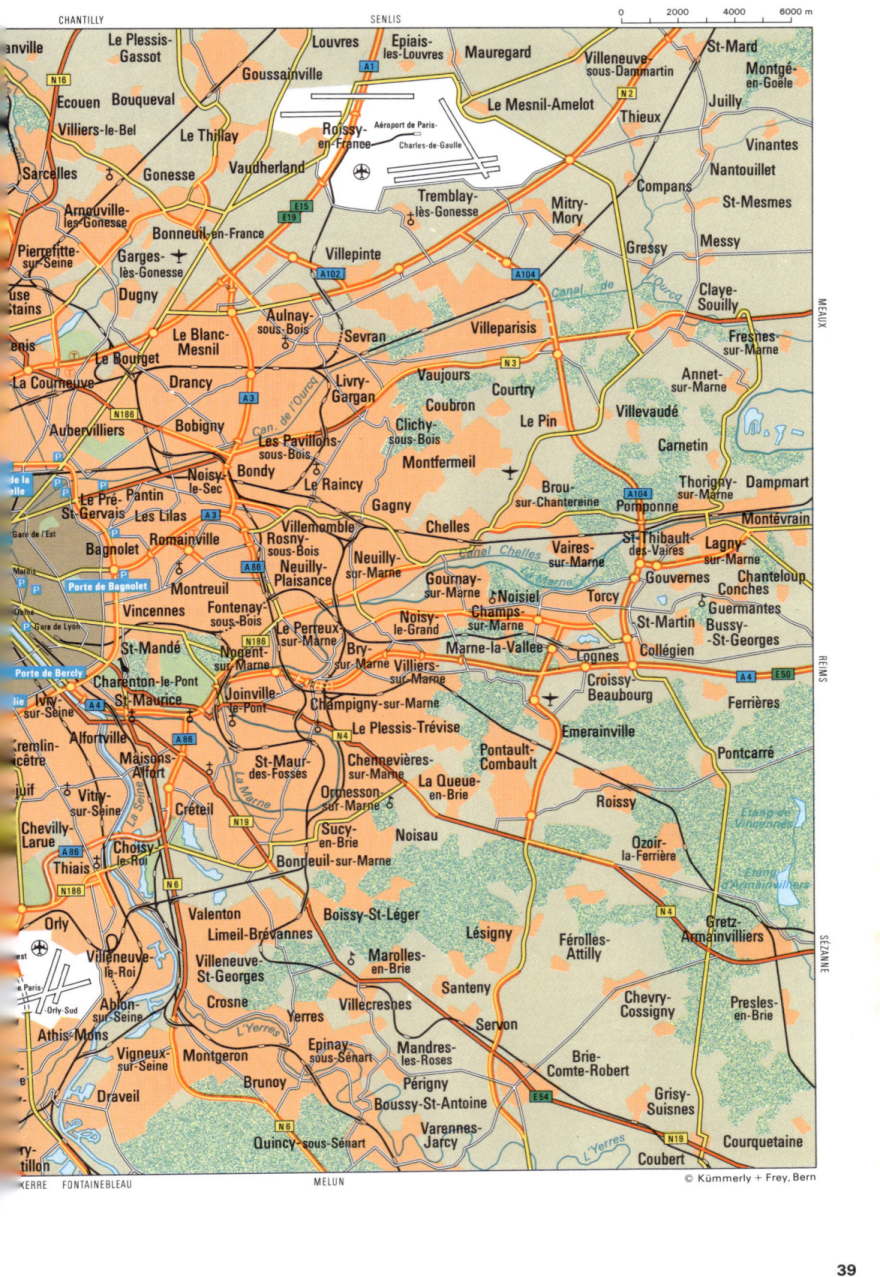

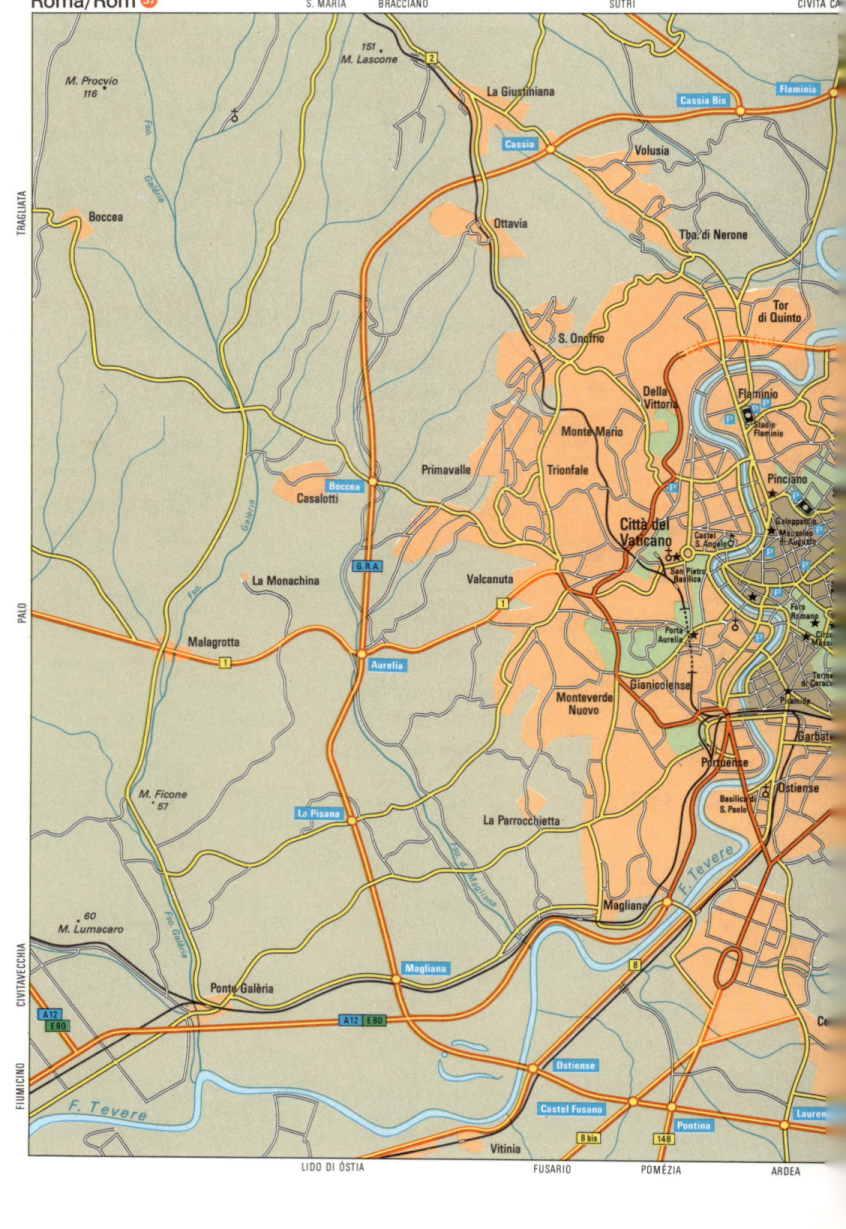

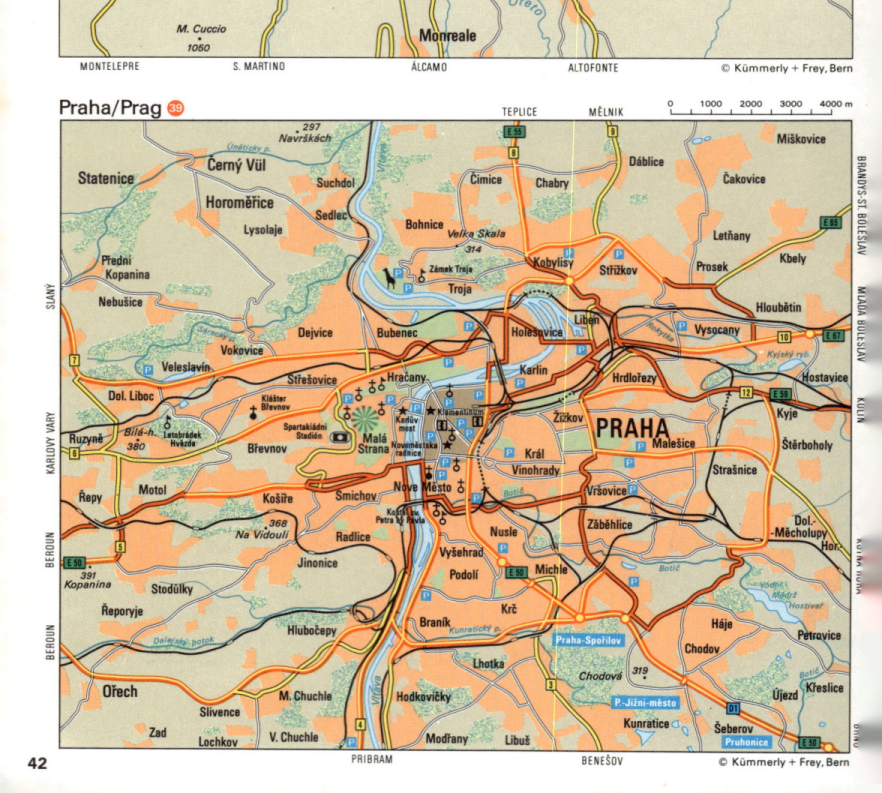

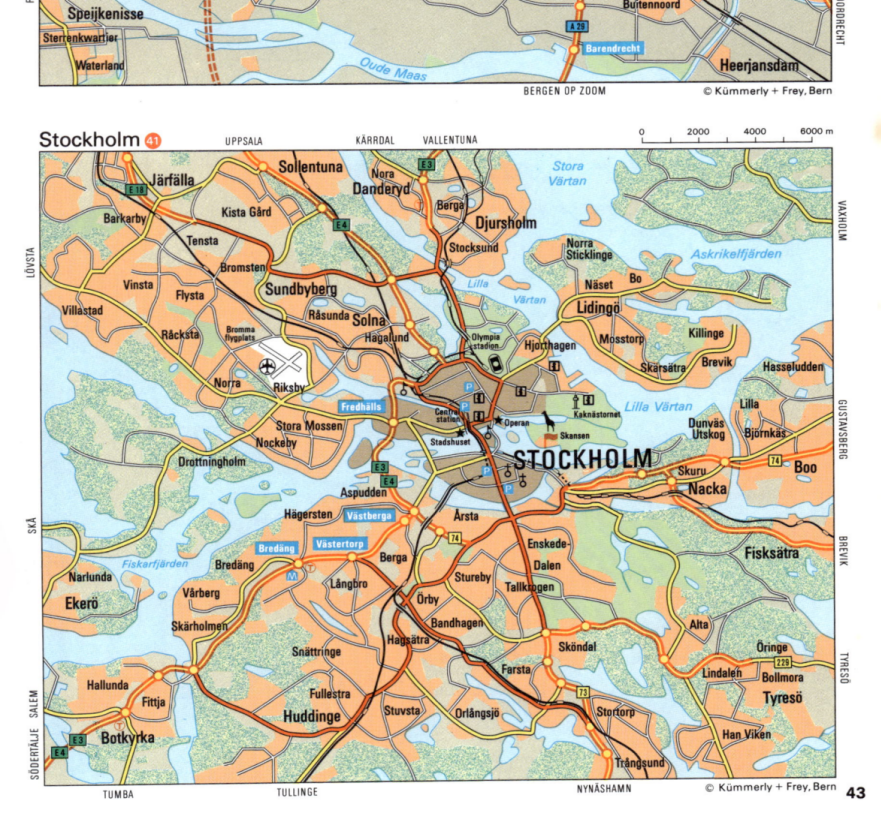

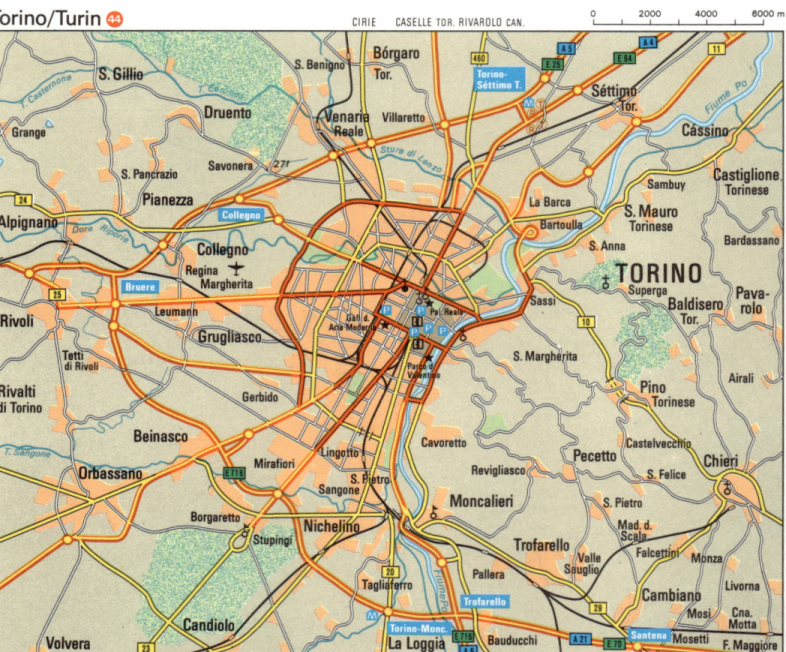

Ortsverzeichnis

Alphabetische Reihenfolge von Ortsnamen und Sehenswürdigkeiten. Nach dem Namen folgt die Seitenzahl mit Buchstabe und Ziffer des blauen Netzquadrates, in welchem sich der gesuchte Name befindet. Beispiel: Lausanne 74 B2 = Seite 74, Quadrat B2.

Località citate

Località e curiosità per ordine alfabetico. Il nome è seguito dal numero di pagina e dalla lettera e cifra che indicano il quadrato blu nel quale si trova la località cercata. Esempio: Lausanne 74 B2 = pagina 74, quadrato B2.

Ortsförteckning

Ortnamn och sevärdheter i alfabetisk ordning. Efter namnet anges sidonummer med bokstav och siffra för den blå ruta inom vilken den sökta orten återfinns. Exempel: Lausanne 74 B2 = sida 74, rute B2.

Localités citées

Localités et curiosités dans l'ordre alphabéthique. Le nom est suivi du numéro de la page, ainsi que de la lettre et du chiffre indiquant le carré bleu qui renferme la localité recherchée. Exemple: Lausanne 74 B2 = page 74, carré B2.

Localidades citadas

Localidades y curiosidades en orden alfabético. El nombre va seguido del número de la página y de una letra y una cifra que indican el recuadro azul donde se encuentra la localidad buscada. Por ejemplo: Lausanne 74 B2 = página 74, recuadro B2.

Fortegnelse over stedsangivelser

Stedsangivelser og seværdigheder i alfabetisk rækkefølge. Efter stedsbetegnelsen følger sidetal, dernæst bogstav og tal, som angiver den blå firkant, i hvilken det pågældende sted findes. Eksempel: Lausanne 74 B2 = side 74, firkant B2.

Locality Index

Localities and places of interest in alphabetical order. The name is followed by the page number, as well as by the letter and number of the blue grid in which the place looked for is situated. Example: Lausanne 74 B2 = page 74, grid B2.

Plaatsnamenregister

Alfabetische lijst van plaatsnamen en bezienswaardigheden. Achter de naam het nummer van de bladzijde, vervolgens letter en cijfer van het blauwe vierkant met de gezochte plaats. Bijvoorbeeld: Lausanne 74 B2 = bladzijde 74, vierkant B2.

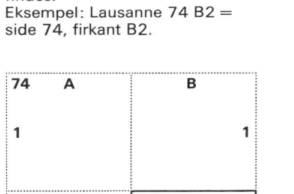

A	Österreich/Austria	**DK**	Danmark/Denmark	**NL**	Nederland/Netherlands
AL	Shqipëria/Albania	**E**	España/Spain	**P**	Portugal
B	Belgique/Belgium	**F**	France	**PL**	Polska/Poland
BG	Bălgarija/Bulgaria	**GB**	Great Britain	**R**	România/Romania
CH	Schweiz/Switzerland	**GR**	Hellás/Greece	**S**	Sverige/Sweden
CS	Ceskoslovensko/Czechoslovakia	**H**	Magyarország/Hungary	**SF**	Suomi/Finland
D	Bundesrepublik Deutschland/ Federal Republic of Germany	**I**	Itália/Italy	**SU**	Sojuz Sovetskich Socialističeskich Republik/ Union of Soviet Socialist Republics
DDR	Deutsche Demokratische Republik/ German Democratic Republic	**IRL**	Ireland	**TR**	Türkiye/Turkey
		MA	Maroc/Morocco	**YU**	Jugoslavija/Yugoslavia
		N	Norge/Norway		

Å

A

Å 9 C1
Å 8 A3
Å 9 C/D1/2
Å 33 C2
Å 46 B2
Aach 91 B/C3
Aachen 79 D2
Aachen-Eilendorf 79 D2
Aadorf 91 B/C3
Aakoinen 24 B3
Aalen 91 D2
Aalen-Ebnat 91 D2
Aalen-Wasseralfingen 91 D1/2
Aalsmeer 66 A/B3
Aalst 78 B1/2
Aalten 67 C3
Aalter 78 A/B1
Åan 37 C3
Åanekoski 21 D3, 22 A3
Aapajärvi 12 B2
Aapajärvi 17 D2, 18 A1
Aapua 17 D1
Aarau 90 B3, 105 C1
Aarberg 104 B1
Aarbergen 80 B2/3
Aarburg 105 C1
Aardenburg 78 A/B1
Aareavaara 11 C3
Aareschlucht 105 C1/2
Aarschot 79 C1/2
Aatsinki 13 C3
Abvassaksa 17 D2
Aba 128 B1
Ababuj 162 B2
Abades 160 B2
Abadiano 153 D1
Abadín 150 B1
Abadino 153 D1
Abaliget 128 B2
Abalos 153 D2
A Baña 150 A2
Abánades 161 D2
Abanilla 169 C3
Abanto 162 A1/2
Abanto 153 C1
Abarán 169 D3
Abárzuza 153 D2, 154 A2
Abaurrea Alta 108 B3, 155 C2
Abbadia San Salvatore 116 B3
Abbasanta 123 C2
Abbaye 79 B/C2
Abbaye de Chaalis 87 D1
Abbaye de la Réau 101 C2
Abbaye de Montmajour 111 C2
Abbaye de Senanque 111 D2
Abbaye d'Orval 79 C3
Abbaye du Thoronet 112 A3
Abbazia Casamari 119 C2
Abbazia di Fossanova 118 B2
Abbazia di Monte Oliveto Maggiore 115 C3, 116 B2
Abbazia di Montecassino 119 C2
Abbazia di Piona 105 D2, 106 A2
Abbazia di Praglia 107 C3
Abbazia di Valvisciolo 118 B2
Abbazia San Vincenzo al Volturno 119 C2
Abbekås 50 B3
Abbendorf 69 D2
Abbeville 77 D2
Abbey 59 D1, 61 C2
Abbeyfeale 55 C3
Abbey Town 57 C3, 60 A/B1
Abbiategrasso 105 D3
Abborberg 15 C/D3
Abborrträsk 16 A3
Abborrträsk 31 C1
Abbots Bromley 59 D3, 61 C3, 64 A1
Abbotsbury 63 D3
Abbotsford 57 C2

Abbotts Ann 64 A3, 76 A1
Abegondo 150 B1
Abejar 153 C/D3, 161 C1
Abela 164 B3, 170 A1
Abella de la Conca 155 D2/3
Abelines 42 B3
Abelvær 28 B1
Abenberg 91 D1, 92 A1
Abenberg-Wassermungenau 91 D1, 92 A1
Abengibre 169 B/C2
Abenójar 167 C2
Åbenrå 52 B2
Abensberg 92 A/B2
Abensberg-Offenstetten 92 A/B2
Aberaeron 59 B/C3
Aberargie 57 C1
Aberdare 63 C1
Aberdarón 58 B3
Aberdeen 54 B2
Aberdovey 59 C3
Aberdur 57 C1
Aberfeldy 56 B1
Aberffraw 58 B2
Aberfoyle 56 B1
Abergavenny 63 C1
Abergele 59 C2, 60 A3
Åberget 16 A2
Abergynolwyn 59 C3
Aberlady 57 C1/2
Abernethy 57 C1
Aberporth 62 B1
Abersoch 58 B3
Abersoch 55 D3
Abertillery 63 C1
Abertura 166 A1/2
Aberystwyth 59 C3
Abetone 114 B2, 116 A1
Abiada 152 B1/2
Abia de la Obispalía 161 D3
Abia de las Torres 152 B2
Abide 149 C1
Abiego 155 C3
Abild 49 D2, 50 A1
Abîme du Bramabiau 110 B2
Abingdon 65 C3
Abington 57 B/C2
Abington 54 B3
Abiskojaurestúgan 9 D2
Abiskoturiststation 9 D2
Abiúl 158 A3, 164 B1
Abla 173 D2
Ablagão 158 A1/2
Ablanque 161 D2
Ablis 87 C2
Ablitas 154 A3
Abmelaseter 4 B3, 10 A/B1
Åbo 28 B3, 33 D1, 34 A1
Åbo 39 D1, 40 A1
Abobreira 164 B1
Aboim 150 A3
A Bola 150 B3
Abondance 104 B2
Abony 129 D1
Åbosjo 30 B2, 35 D1
Åbranna 29 C3, 34 A1
Abrantes 164 B1
Abraur 16 A2
Abraveses 158 B2
Abreiro 158 B1
Abreschwiller 89 D2, 90 A2
Abriès 112 B1
Abrigada 164 A2
Abrigos 162 A2/3
Abrucena 173 D2
Abrud 97 D3, 140 B1
Abtenau 93 C3
Abtsgmund 91 C/D1/2
Abtsgmünd-Untergröningen 91 C1/2
Abusejo 159 D2
Åby 46 B2
Åbybro 48 B1
Åbyggeby 40 A/B2
Abytorp 46 A1
A Caniza 150 B3
Acate 125 C3
Accadia 120 A2
Accéglio 112 B2
Accettura 120 B3
Acciarella 118 B2
Acciaroli 120 A3
Accous 108 B3, 154 B1/2
Accrington 59 D1/2, 60 B2

Accúmoli 117 D3, 119 B/C1
Acebo 159 C3
Acebuche 171 C2
Acedera 166 A2
Acehuche 159 C3, 165 D1
Acered 162 A1/2
Acerenza 120 B2
Acerno 119 D3, 120 A2
Acerra 119 D3
Aceuchal 165 D2
Ach 92 B2
Acharnai 147 D2
Achenkirch 92 A3
Achenwald 92 A3
Achern 90 B2
Achern-Wagshurst 90 B2
Acheux-en-Amiénois 78 A3
Achillion 143 D3
Achillion 142 A3
Achím 68 A2
Achinós 147 C1
Achladochórion 144 A/B1
Achladókambos 147 C3
Achnacroish 56 A1
Achnasheen 54 A2
Achstetten 91 C2
Aci Castello 125 D2
Aci Catena 125 D2
Acireale 125 D2
Acle 65 D1/2
A Coruña 150 A/B1
Acquacadda 123 C3
Acquacalda 125 C/D1
Acqua-Doria 113 D3
Acquafredda 106 B3
Acqualagna 115 D3, 117 C2
Acquanegra Cremonese 106 A3, 114 A1
Acquanegra sul Chiese 106 B3
Acquapendente 116 B3, 118 A1
Acquarossa [Biasca] 105 D2
Acquasanta Terme 117 D3, 119 C1
Acquasparta 117 C3, 118 B1
Acquaviva 115 C3, 116 B2
Acquaviva delle Fonti 121 C2
Acquaviva Picena 117 D2/3
Acquedolci 125 C2
Acquigny 76 B3, 86 A/B1
Acqui Terme 113 C1
Acri 122 B1
Acs 95 C3
Acsád 94 B3, 127 D1, 128 A1
Ada 129 D3
Ada 140 A1
Adahuesca 155 C2/3
Adak 16 A3
Adakgruvan 16 A3
Adalsbruk 38 A2
Ådalsvollen 28 B3, 33 D1, 34 A1
Adamuz 167 C3, 172 B1
Adanero 160 A/B2
Adaševci 133 C1
Adbodarna 39 C1
Addaya 157 C1
Adé 108 B3, 155 C1
Adelboden [Frutigen] 105 C2
Adelebsen 81 C1
Adelfia 121 C2
Adelfors 51 C1
Adelmannsfelden 91 C/D1
Adelöv 46 A3
Adelsdorf 81 D3
Adelsheim 91 C1
Adelshofen-Tauberzell 91 D1
Adelsö 47 C1
Adelslried 91 D2
Ademuz 163 C3
Adenau 80 A2
Aderstedt 69 C3
Adinkerke 78 A1
Adjud 141 C1
Adiswil 105 C/D1
Admont 93 D3

Ådnekvam 36 A3
Ådneram 42 B2
Adolfsberg (Örebro) 46 A1
Adolfsstön 15 C/D2
Adony 129 C1
Adorf 82 B2
A dos Cunhados 164 A2
Adra 173 C/D2
Adradas 161 D1
Adrall 155 C2
Adrano 125 C2
Adria 115 C1
Aduanas 169 D2
Aduard 67 C1
Adzaneta 162 B3
Aerzen 68 A/B3
Aesch 90 A3
A Estrada 150 A2
Aetós 146 A1
Aetós 146 B3
Aetós 143 C2
Aetsá 24 B1
Åfar 32 B2
Åfarnes 32 A2
Afferden 67 B/C3, 79 D1
Affing 91 D2, 92 A2
Affoltern am Albis 105 C/D1
Afídnai 147 D2
Afife 150 A3, 158 A1
Afíssos 144 A3
Afítos 144 A2
Afítos 148 B1
Aflenz Kurort 94 A3
A Fonsagrada 151 C1
Afors 16 B3
Afragola 119 D3
Åfritz 126 B1/2
Afsluitdijk 66 B2
Aftraet 28 B3, 33 D2
Aga 36 B3
Aga 82 B2
Agallas 159 C2
Ågård 29 C2
Ågård 129 B/C1
Agasegyháza 129 C1
Agay 112 B3
Agazzano 113 D1, 114 A1
Agde 110 B3
Agdenes 28 A3, 33 C1
Agen 109 C2
Agerboek 48 A3, 52 A1
Agérola 119 D3
Agerskov 52 B1/2
Agger 48 A2
Aggersund 48 B1/2
Aggius 123 D1
Aggösundet 31 C3
Aggsbach Markt 94 A2
Aggstein 94 A2
Agiá 143 D3, 144 A3
Agiá 148 B1
Agía Ánna 147 D1
Agía Marina 147 D3
Agía Marina 147 D2
Agía Marina 147 C1
Agía Paraskeví 142 B2
Agía Pelagía 148 B3
Agía Sofía 147 D1
Agiássos 149 C2
Agía Triás 146 B2
Agía Triás 147 C2
Agicí 131 C1
Agighiol 141 D2
Agii Anárgiiri 143 D3
Agii Apóstoli 147 D2
Agii Apóstoli 147 D2
Agii Theódori 147 C2
Agiófilion 143 C3
Agiórkambos 143 D3, 144 A3
Ágios Achíllios 142 B1/2
Ágios Andréas 147 C3
Ágios Athanásios 145 C1
Ágios Athanásios 143 C1
Ágios Charálampos 145 C/D1
Ágios Dimítrios 147 C2
Ágios Dimítrios 143 D2
Ágios Efstrátios 145 C3
Ágios Efstrátios 149 C1
Ágios Geórgios 146 B1
Ágios Geórgios 147 D3
Ágios Germanós 143 B/C1
Ágios Harálampos 143 D3

Ágios Ioánnis 144 A3
Ágios Ioánnis 148 B1
Ágios Kírkos 149 C2
Ágios Konstantínos 147 C1
Ágios Loukás 147 D2
Ágios Matthéos 142 A3
Ágios Nikólaos 147 C3
Ágios Nikólaos 142 B3
Ágios Nikólaos 146 A1
Ágios Nikólaos 144 B2
Ágios Nikólaos 147 D1
Ágios Nikoláos 146 B2
Ágios Pandeleímon 143 C1/2
Ágios Pétros 143 D1
Ágios Pétros 147 C3
Ágios Pródromos 144 A2
Ágios Stéfanos 147 D2
Ágios Thomás 147 D2
Ágios Vasílios 147 C3
Ágios Vlásios 146 B1
Ágios Zacharías 142 B2
Agira 125 C2
Aglaipsvik 4 A3
Aglasterhausen 91 C1
Aglen 28 B1/2
Agliana 114 B2, 116 A/B1
Agliano 113 C1
Aglié 105 C3
Aglientu 123 D1
Agnana Cálabra 122 A/B3
Agnanda 142 B3
Agnanda 148 A1
Agnanderón 143 C3
Agnás 31 C2
Agnita 140 B1
Agnone 119 D2
Agnone Bagni 125 D3
Agon 85 D1
Agonac 101 D3
Agoncillo 153 D2
Agordo 107 C2
Agost 169 C3
Ågotnes 36 A3
Agrafa 146 B1
Agramón 168 B3
Agramunt 155 D3, 163 D1
Agras 143 C1
Agreda 153 D3, 154 A3, 162 A1
Agreliá 143 C3
Agri 49 C2/3
Agriá 144 A3
Agrigenio 124 B3
Agriníon 146 A1
Agriníon 148 A/B2
Agriovótanon 148 B2
Agriovótanon 147 C/D1
Agrochão 151 C3, 159 C1
Agrón 173 C2
Agrópoli 120 A3
Ågskaret 14 B1
Agua Amarga 174 A2
Aguada de Baixo 158 A2
Aguadulce 173 D2
Aguadulce 172 A2
Agualva 164 A2
A Guarda 150 A3
Aguarón 163 C1
Aguas 154 B2
Aguas Belas 158 A3, 164 B1
Aguas Cándidas 153 C2
Aguas de Busot 169 D2/3
Aguaviva 162 B2
Aguaviva de la Vega 161 D1
A Gudiña 151 C3
Agudo 166 B2
Agueda 158 A2
Aguero 154 B2
Aguesssac 110 B2
Aguiar 164 B3
Aguiar da Beira 158 B2
Aguilafuente 160 B1
Aguilar 172 B1
Aguilar de Anguita 161 D2
Aguilar de Bureba 153 C2
Aguilar de Campóo 152 B2
Aguilar de Campos 152 A3
Aguilar de Codés 153 D2
Aguilar del Alfambra 162 B2
Aguilar del Río Alhama 153 D3, 154 A3
Aguilas 174 A1
Aguilón 162 A/B1

Aguinaliu — Alcolea

Aguinaliu 155 C3
Agullent 169 D2
Agunnaryd 50 B2
Agurain 156 A/B1
Aha 15 B/C3
Aha 15 D3
Ahaus 67 C3
Ahaus-Alstätte 67 C3
Ahaus-Ottenstein 67 C3
Ahaus-Wessum 67 C3
Åheim 36 A1
Ahigal 159 D3
Ahigal de Villarino 159 C1/2
Ahillones 166 A3
Ahjola 19 C2
Ahkiolahti 22 B2
Ahlbeck 70 B1
Ahlen 67 D3
Ahlerstedt 68 B1
Ahmas 18 B3
Ahmoo 25 C2
Ahmovaara 23 C/D2
Ahmovaara 23 D1/2
Aho 13 C3
Ahoinen 25 C2
Ahokylä 21 D1, 22 A/B1
Ahola 19 D1
Ahola 19 D2
Ahola 19 D3
Aholahti 27 C1
Aholanvaara 13 C3
Aholming 92 B2
Aho-Nikki 26 B2
Ahonperä 18 A3
Ahorn 81 D2/3, 82 A2
Ahorntal 82 A3
Aho-Västinki 21 D2, 22 A2
Ahrbrück 80 A2
Ahrensbök 53 C3
Ahrensburg 52 B3, 68 B1
Ahrensdorf 70 B3
Ahrenshagen 53 D3
Ahtari 21 C3
Ahtarinranta 21 C2/3
Ahtava 20 B1
Ahtlala 25 D2, 26 A2
Ahtopol 141 C/D3
Ahun 102 A2
Åhus 50 B3
Åhus 72 A1/2
Ahvemnen 23 D2
Ahveninen 21 D2, 22 A2
Ahvenisto 26 B1
Ahvensalmi 23 C3
Ahvenselkä 13 C3
Ahvio 26 B2
Å i Åfjord 28 A2, 33 C1
Aibar 155 C2
Aich 93 C3
Aicha 93 C2
Aichach 92 A2
Aichach-Griesbeckerzell 91 D2, 92 A2
Aichstetten 91 D3
Aichtal 91 C2
Aichwald 91 C2
Aiddejavvre 11 C2
Aidenbach 93 C2
Aidone 125 C2
Aidonochórion 144 B1
Aiello Càlabro 122 A2
Aiffres 101 B/C2
Aigen im Mühlkreis 93 C2
Aigle 104 B2
Aignan 108 B2
Aignay-le-Duc 88 B3
Aigre 101 C2
Aigrefeuille-sur-Maine 101 C1
Aigrefeuille-d'Aunis 100 B2
Aiguablava 156 B2
Aiguafreda 156 A3
Aiguebelle 104 A3
Aigueblanche 104 A/B3
Aigueperse 102 B2
Aigues-Mortes 111 C3
Aigues-Vives 110 A3, 156 B1
Aiguilles de Port Colon 84 B3
Aiguilles-en-Queyras 112 B1
Aiguillon 109 C2
Aiguines 112 A2/3

Aigurande-sur-Bouzanne 102 A2
Aijäjoki 11 C2
Aijälä 21 D3, 22 A3
Aijälä 24 B3
Äijävaarä 17 C1
Åike 15 C2
Ailefroide 112 A1
Aillant-sur-Tholon 88 A2/3
Aillas 108 B1/2
Aillevillers-et-Lyaumont 89 C/D2/3
Ailly-le-Haut-Clocher 77 D2
Ailly-sur-Noye 77 D3
Aimé 104 B3
Ainali 18 A3
Ainali 21 C1
Aindling 91 D2, 92 A2
Ainhoa 108 A3, 154 A1
Ainring 92 B3
Ainsa 155 C2
Aintala 22 B2
Ainzón 154 A3, 162 A1
Airaines 77 D2
Airaksela 22 B2/3
Airasca 112 B1
Airdrie 56 B2
Aire-sur-l'Adour 108 B2
Aire-sur-la-Lys 77 D2, 78 A2
Airola 119 D3
Airolo 105 D2
Airvault 101 C1
Aisa 154 B2
Aisey-sur-Seine 88 B3
Aissey 89 C/D3, 104 A/B1
Aisy-sur-Armançon 88 B3
Aitakumpu 18 B1
Aitamanikko 12 A2/3, 17 D1
Aiterhofen 92 B1/2
Aitolahti 25 C1
Aitona 155 C3, 163 C1
Aitoniemi 25 C1
Aitoo 25 C1
Aitrach 91 D3
Aitrang 91 D3
Aittaniemi 13 C3
Aittojärvi 18 B2
Aittojärvi 21 D1, 22 A1
Aittokoski 22 B1
Aittokylä 19 C2
Aittokylä 18 B2
Aittolahtl 27 D1
Aittovaara 19 D2
Aittovaara 23 C2
Aiud 97 D3, 140 B1
Aix-en-Othe 88 A2
Aix-en-Provence 111 D3
Aixe-sur-Vienne 101 C2/3
Aix-les-Bains 104 A3
Aix-Noulette 78 A2
Aizarnazabal 153 D1
Aizenay 100 A1
Aizpute 73 C1
Ajac 110 A3, 156 A1
Ajaccio 113 D3
Ajain 102 A2
Ajalvi 161 C2
Ajanki 12 A3, 17 D1/2
Ajankijärvi 12 A3, 17 D1/2
Ajaur 31 C1
Ajaureforsen 15 C3
Ajdovac 134 B3
Ajdovščina 126 B2/3
Ajka 96 B3
Ajnäži 74 A1/2
Ajnovce 138 B1
Ajo 153 C1
Ajofrin 160 B3, 167 C1
Ajos 17 D3, 18 A1
Ajtos 141 C3
Åkarp 50 A3
Åkaspoonsuu 11 C3
Åkäskero 11 C3, 12 A2
Åkäslompolo 11 C3, 12 A2
Akasztó 129 C2
Aken 69 D3
Åker 50 B1
Åkerbäk 20 A1, 31 D2
Åkerbrånna 30 A/B2, 35 D1
Åkerby 40 B2
Åkerby 16 B2
Åkerholmen 16 B2
Åkerland 30 A1/2

Åkernäs 15 C3
Åkersberga 47 D1
Åkersjon 29 C/D3, 34 B1
Åkers styckebruk 47 C1
Åkervik 14 B3
Akhrisan 149 D2
Akirkeby 72 A2
Åkirkeby 51 D3
Akkala 23 D3
Akkarfjord 5 C1
Akkarvik 4 B2
Akkastugorna 9 D3
Akkavare 16 A3
Akköy 149 D2
Akkrum 66 B2
Akland 43 C2/3, 44 A2
Akmačići 133 D3, 134 A3
Åknes 42 B2
Akonpohja 27 D1
Åkra 42 A1
Åkra 39 C2
Akrai 125 C3
Åkran 28 B2/3, 33 D1
Akráta 146 B2
Åkrefnion 147 C2
Åkrehamn 42 A2
Akrogiali 144 B1/2
Åkroken 30 B3, 35 D2
Åkroken 16 B3
Akropótamos 144 B1
Aksla 36 A/B2
Aksnes 32 B2
Aktion 146 A1
Aktsestugorna 15 D1, 16 A1
Åkulla 49 D1, 50 A1
Åkullsjon 31 D2
Åkväg 43 C/D2/3, 44 A2
Åkvisslan 30 B3, 35 D2
Al 37 C3
Ala 47 D3
Ala 107 B/C3
Ålabodarna 49 D3, 50 A3
Alacón 162 B2
Alà dei Sardi 123 D1/2
Ala di Stura 104 B3
Alaejos 160 A1
Alafors 45 C3
Alagna Valsèsia 105 C3
Alagón 154 A/B3, 162 A1
Alahärma 20 B2
Ala-Honkajoki 24 B1
Aläinenjoki 24 B2
Ålajar 165 D3, 171 C1
Alajarvi 21 C2
Alajarvi 23 C1
Alajoki 21 D1, 22 A1
Alakóngas 6 B2
Ala-Kuona 23 C3
Alakylä 12 A2
Alakylä 18 B2
Alakylä 19 C2
Alakylä 24 A/B3
Alakylä 24 A1
Ala-Livo 18 B2
Alalkomenai 146 A2
Alaló 161 C1
A Lama 150 A2
Alameda 172 B2
Alameda de Cervera 167 D1/2, 168 A1/2
Alamedilla 173 C1
Alamillo 166 B2
Alamo 171 C1
Alan 130 B1
Ala-Näljänkä 19 C2
Ala-Nampa 12 B3
Alanäs 30 A2
Alandroal 165 C2
Alandsbro 35 D2
Alange 165 D2, 166 A2
Alaniemi 18 A1
Alanis 166 A3, 171 C1
Ala-Paakkola 17 D2, 18 A1
Ala-Pitkä 22 B2
Ala-Postojoki 12 B2
Alaraz 160 A2
Alarcón 168 B1
Alar del Rey 152 B2
Alarilla 161 C2
Alaró 157 C2
Alasehir 149 D2
Åläsen 29 D2/3, 34 B1
Ala-Siurua 18 B2
Alàssio 113 C2
Alastaipale 21 C3
Alastaro 24 B2

Ala-Sydänmaa 18 A3, 21 D1, 22 A1
Ala-Temmes 18 A/B3
Alatoz 169 D2
Alatri 119 C2
Ala-Valli 20 B3
Alavattnet 29 D2, 30 A2, 35 C1
Ala-Vieksi 19 D3
Alavieska 18 A3, 21 C1
Ala-Viirre 21 C1
Alavo 21 C3
Ala-Vuokki 19 D3
Ala-Vuotato 18 B2
Alavus (Alavo) 21 C3
Alayor 157 C1
Alba 163 C2
Alba 113 C1
Alba Adriàtica 117 D3
Albacete 168 B2
Albacken 35 C2
Alba de Tormes 159 D2
Alba Fucensis 119 C1/2
Albaida 169 D2
Albaina 153 D2
Alba lulia 140 B1
Albäek 44 A/B3, 49 C1
Albala 165 D1/2, 166 A1/2
Albaladejo 167 D2, 168 A2
Albalat dels Sorélls 169 D1
Albalate de las Nogueras 161 D2/3
Albalate de Cinca 155 C3, 163 C1
Albalate de Zorita 161 C3
Albalate del Arzobispo 162 B2
Albalatillo 155 B/C3, 162 B1
Albani 110 A2
Albànchez 173 D2, 174 A2
Albanchez de Úbeda 167 D3, 173 C1
Albanella 120 A3
Albano Laziale 118 B2
Albanyà 156 B2
Albaredo d'Adige 107 C3
Albarellos 150 B3
Albares 161 C3
Albaron 111 C3
Albarracin 162 A2
Albarreal de Tajo 160 B3, 167 C1
Albas 108 B1/2
Albatana 169 B/C2
Albatàrrec 155 C3, 163 C1
Albatera 169 C3
Albbruck 90 B3
Albedin 172 B1
Albelda 153 D2
Albelda 155 C3
Albendea 161 D2
Albendiego 161 C1
Albenga 113 C2
Albens 104 A3
Albentosa 162 B3
Alberga 46 B2
Albergaria-a-Nova 158 A2
Albergaria-a-Velha 158 A2
Albergo Val Martello 106 B2
Alberique 169 D2
Alberite 153 D2
Albernoa 164 B3, 170 B1
Albero Alto 154 B3
Albero Bajo 154 B3
Alberobello 121 C2
Alberona 119 D2, 120 A1
Albersdorf 52 B3
Albert 78 A3
Albertacce 113 D3
Albertirsa 129 C1
Albertikázmérguszta 94 B3
Albertville 104 A/B3
Alberuela de Tubo 155 B/C3
Albesa 155 C3, 163 C1
Albestroff 89 D1, 90 A1
Albi 109 D2, 110 A2
Albias 109 D2
Albidona 120 B3, 122 B1
Albinia 116 B3
Albino 106 A3
Albires 152 A2/3
Albisola Marina 113 C2
Albisola Superiore 113 C2
Alblasserdam 66 A3

Albocácer 163 C2/3
Alboke 51 D1
Albolodúy 173 D2
Albolote 173 C2
Albondón 173 C2
Alborache 169 C1
Alboraya 169 D1
Alborea 169 D1/2
Ålborg 48 B1
Alborge 162 B1
Albosàggia 106 C2
Albox 174 A1/2
Albrechtice nad Vltavou 93 D1
Albstadt 91 C2
Albstadt-Ebingen 91 C2
Albstadt-Lautlingen 91 B/C2
Albstadt-Onstmettingen 91 C2
Albstadt-Tailfingen 91 C2
Åibu 33 C2/3
Albúdeite 169 D3
Albufeira 170 A2
Albufera 169 D3
Albujón 174 B1
Albuñol 173 C2
Albuñuelas 173 C2
Alburquerque 165 C2
Alby 51 D2
Alby 35 C3
Alby-sur-Chéran 104 A3
Alcabideche 164 A2
Alcácer do Sal 164 B3
Alcaçovas 164 B3
Alcadozo 168 B2
Alcafozes 159 C3, 165 C1
Alcaine 162 B2
Alcains 158 B3, 165 C1
Alcalá De Chivert 163 C3
Alcalá de Guadaira 171 D1/2
Alcalá de Gurrea 154 B3
Alcalá de Henares 161 C2
Alcalá del Júcar 169 C2
Alcalá de la Selva 162 B2/3
Alcalá de la Vega 162 A3
Alcalá del Rio 171 D1
Alcalá del Valle 172 A2
Alcalá del Obispo 154 B3
Alcalá de los Gazules 171 D3
Alcalá de Moncayo 154 A3, 162 A1
Alcalá la Real 173 B/C1
Alcamo 124 A2
Alcampel 155 C3
Alcanadre 153 D2
Alcanar 163 C2
Alcanede 164 A1
Alcanena 164 A/B1
Alcañices 151 D3, 159 C1
Alcañiz 163 B/C2
Alcañizo 160 A3, 166 B1
Alcanó 155 C3, 163 C1
Alcántara 159 C3, 165 C1
Alcántara de Júcar 169 C/D2
Alcantarilha 170 A2
Alcantarilla 169 D3
Alcantud 161 D2
Alcaracejos 166 B3
Alcaraz 168 A2
Alcaria Ruiva 170 B1
Alcarràs 155 C3, 163 C1
Alcaucín 172 B2
Alcaudete 172 B1
Alcaudete de la Jara 160 A3, 166 B1
Alcay 108 A3, 154 B1
Alcázar de San Juan 167 D1, 168 A1
Alcázar del Rey 161 C3
Alcazarén 160 A/B1
Alceda 152 B1
Alcester 64 A2
Alcira 169 D2
Alcoba 167 C1/2
Alcobaça 164 A1
Alcobendas 161 C2
Alcobertas 164 A1
Alcocéber 163 C3
Alcocer 161 D2
Alcochete 164 A2
Alcocentre 164 A2
Alcofra 158 A/B2
Alcolea 166 B3, 172 B1

Alcolea 173 D2
Alcolea de Calatrava **167** C2
Alcolea de Cinca 155 C3, **163** C1
Alcolea del Río 171 D1
Alcolea del Pinar **161** D2
Alcolea de las Peñas **161** C1
Alcolea de Tajo 160 A3, **166** B1
Alcollarin 166 A1/2
Alconaba 153 D3, 161 D1
Alconchel 165 C2/3
Alconchel de Ariza 161 D1
Alconchel de la Estrella **161** D3, 168 A1
Alconera 165 D3
Alcóntar 173 D2
Alcora 162 B3
Alcorcón 160 B2/3
Alcorisa 162 B2
Alcorlo 161 C2
Alcoroches 162 A2
Alcoutim 170 B1
Acoover 163 C1
Alcoy 169 D2
Alcsútdoboz 95 D3, 128 B1
Alcubierre 154 B3, 162 B1
Alcubilla de Avellaneda 153 C3, 161 C1
Alcubillas 167 D2, 168 A2
Alcubillas de las Peñas **161** D1
Alcublas 162 B3, 169 C1
Alcudia 157 C2
Alcudia de Carlet 169 D2
Alcudia de Guadix 173 C2
Alcudia de Veo 162 B3, **169** D1
Alcuéscar 165 D2, 166 A2
Alcuneza 161 D2
Aldbrough 61 D2
Aldeacentenera 166 A1
Aldeadávila de la Ribera **159** C1
Aldeade la Torre 163 C3, **169** D1
Aldea del Cano 165 D1/2, **166** A1/2
Aldea del Fresno 160 B3
Aldea del Rey 167 C2
Aldea de San Esteban **153** C3, 161 C1
Aldea de Trujillo 166 A1
Aldealafuente 153 D3, **161** D1
Aldealpozo 153 D3, **161** D1
Aldeanueva de Atienza **161** C1/2
Aldeanueva de Barbarroya **160** A3, 166 B1
Aldeanueva de Guadalajara **161** C2
Aldeanueva de la Serrezuela **160** B1
Aldeanueva del Camino **159** D3
Aldeanueva de San Bartolomé 160 A3, 166 B1
Aldeanueva de Ebro **153** D2/3, 154 A2
Aldeanueva de la Vera **159** D3
Aldeanueva de Figueroa **159** D1/2, 160 A1/2
Aldeanueva del Codonal **160** B2
Aldeaquemada 167 D3
Aldea Real 160 B1/2
Aldearrodrigo 159 D2
Aldeaseca de la Frontera **160** A2
Aldeavieja 160 B2
Aldeburgh 65 D2
Aldehuela 162 A/B3
Aldehuela de Yeltes **159** C/D2
Aldehuela del Jerte **159** C/D3
Aldehuela de la Bóveda **159** D2
Aldehuela de Liestos **162** A2
Aldeia da Mata 165 B/C1/2

Aldeia da Ponte 159 C2/3
Aldeia do Bispo 159 C3
Aldeia do Maio 164 A2/3
Aldeia dos Palheiros **170** A1
Aldeia Nova de São Bento **165** C3, 170 B1
Aldeire 173 C2
Aldenhoven 79 D2
Aldeno 107 B/C2
Aldernäset 30 A2
Aldersbach 93 C2
Aldershot 64 B3, 76 B1
Aldince 138 B2/3
Aldudes 108 A3, 154 A1
Ale 17 B/C3
Åled 50 A2
Aledo 168 B3, 174 A1
Alegia 153 D1/2
Alegrete 165 C1/2
Aleko 139 D1/2
Aleksandrija 99 D3
Aleksandrija 99 D3
Aleksandrovac 134 B2
Aleksandrovac 134 B3
Aleksin 75 D3
Aleksinac 140 A2/3
Aleksinac 135 C3
Ålem 51 D1
Ålem 72 B1
Ålen 33 D2
Alençon 86 B2
Alenquer 164 A2
Alentisque 161 D1
Aleria 113 D3
Åles 111 C2
Åles 123 C2/3
Aleşd 97 D3, 140 B1
Alesjaurestugorna 9 D2
Alessàndria della Rocca **124** B2
Alessàndria 113 C1
Alessàndria del Carretto **120** B3, 122 B1
Alessano 121 D3
Alesso 107 D2, 126 A2
Ålestrup 48 B2
Ålesund 36 B1
Alet-les-Bains 110 A3, **156** A1
Alevráda 146 A/B1
Alexain 86 A2
Alexàndria 143 D2
Alexandria 141 C2
Alexandroúpolis 149 C1
Alexandroúpolis 145 D1, **145** D3
Alf 80 A3
Alfacar 173 C2
Alfajarín 154 B3, 162 B1
Alfambra 162 A/B2
Alfambras 170 A2
Alfamén 155 C3, 163 C1
Alfândega da Fé 159 C1
Alfántega 155 C3, 163 C1
Alfara de Carles dels Ports **163** C2
Alfarela 158 B1
Alfarnate 172 B2
Alfaro 154 A2/3
Alfarràs 155 C3, 163 C1
Alfatar 141 C2
Alfaz del Pi 169 D2
Alfdorf 91 C1/2
Alfedena 119 C2
Alfeizerão 164 A1
Alfeld 92 A1
Alfeld 68 B3
Alfena 158 A1
Alferce 170 A2
Alfés 155 C3, 163 C1
Alfhausen 67 D2
Alfonsine 115 C1/2
Alford 61 D3, 65 C1
Alforja 163 D1
Alfoton 36 A1
Alfoz 151 B/C1
Alfreites 159 C2/3
Alfreton 61 D3, 65 C1
Alfta 40 A1
Alfundão 164 B3
Algaida 157 C2
Algajola 113 D2
Algalé 165 C2
Algámitas 172 A2
Algar 171 D2
Algar 174 B1

Algar 162 B3, 169 D1
Algarås 45 D2, 46 A2
Ålgård 42 A2
Algarinejo 172 B2
Algarra 162 A3
Algarrobo 172 B2
Algatocín 172 A3
Algeciras 172 A3
Algemesí 169 D2
Algenstedt 69 C2
Ålgered 35 D3
Algerri 155 C3, 163 C1
Alges 164 A2
Algete 161 C2
Alghero 123 C2
Alghult 51 C1
Alghult 30 B2
Algimia de Alfara 162 B3, **169** D1
Algimia de Almonacid **162** B3, 169 D1
Alginet 169 D1/2
Algodonales 172 A2
Algora 161 D2
Algorta 153 C1
Algoso 159 C1
Algoz 170 A2
Algsjö 30 B2
Alguaire 155 C3, 163 C1
Alguazas 169 D3
Algueña 169 C3
Algutsrum 51 D2
Algyó 129 D2
Alhadas 158 A3
Alhama de Almería 173 D2
Alhama de Aragón 161 D1, **162** A1
Alhama de Granada 172 B2
Alhama de Murcia 169 C3, **174** B1
Alhambra 167 D2, 168 A2
Alhamin 17 C3
Alhandra 164 A2
Alhaurin de la Torre 172 B2
Alhaurin el Grande **172** B2/3
Alhendín 173 C2
Alhojärvi 25 D1, 26 A1
Ålholm 53 D2
Alhóndiga 161 C2
Ålhus 36 B2
Alia 124 B2
Alia 166 B1
Aliaga 162 B2
Aliaguilla 163 C3, 169 D1
Aliano 120 B3
Aliantos 147 C2
Alibunar 134 B1
Alibunar 140 A2
Alicante 169 D3
Alicún de Ortega 173 C1
Alife 119 D2
Alifira 146 B3
Alijó 158 B1
Alikai 146 A2
Alikai 143 D2
Aliki 145 C2
Aliki 146 A1
Alikyilä 21 C1
Almena 125 C2
Alinqsås 45 C3
Alins 155 C2
Alinya 155 D2/3
Aliseda 165 D1
Ališići 131 D1
Alistráti 144 B1
Ali Terme 125 D2
Aliud 153 D3, 161 D1
Alivérion 147 D2
Alixan 111 C/D1
Aljaraque 171 C2
Aljaževdom 126 B2
Aljezur 170 A2
Aljubarrota 164 A1
Aljucén 165 D2, 166 A2
Aljustrel 164 B3, 170 A/B1
Alkia 20 B3
Alkmaar 66 A/B2
Alkoven 93 C/D2
Allagi 146 B3
Allai 123 C2
Allaines 87 C2
Allaire 85 C3
Allanche 102 B3
Alland 94 A2/3
Allariz 150 B3
Allarmont 89 D2, 90 A2

Alleen 42 B3
Alleghe 107 C2
Allègre 103 C3
Allemagne-de-Provence **112** A2/3
Allemalehto 12 B2
Allemont 112 A1
Allendale Town 57 D3, **60** B1
Allendorf 80 B1/2
Allendorf (Dillkreis) 80 B2
Allentsteig 94 A2
Allepuz 162 B2
Aller 151 D1, 152 A1
Allersberg 92 A1
Allershausen 92 A2
Alleuze 110 B1
Allevard 104 A3
Allex 111 C1
Allgunnen 51 D1
Allingåbro 49 B/C2
Allinge 51 D3
Allinge 72 A2
Allmendingen 91 C2
Allo 153 D2, 154 A2
Alloa 57 B/C1
Allogny 87 D3, 102 A1
Alloluokta kapell 16 A1
Allonnes 87 C2
Allos 112 A2
Aloue 101 C2
Alloway 56 B2
Alloza 162 B2
Allsän 17 C2
Allschwil [Basel SBB] **90** A3
Allstakan 38 B3
Allstedt 82 A1
Allumiere 118 A1
Ally 102 A3
Almacelles 155 C3, 163 C1
Almáchar 172 B2
Almada 164 A2
Almadén 166 B2
Almadén de la Plata **165** D3, 166 A3, 171 D1
Almadenejos 166 B2
Almagro 167 C2
Almajano 153 D3
Almaluez 161 D1
Almansa 169 C2
Almansil 170 B2
Almanza 152 A2
Almarail 153 D3, 161 D1
Almaraz 159 D3, 166 A1
Almargem do Bispo 164 A2
Almargen 172 A2
Almarza 153 D3
Almásfüzitó 95 C3
Almásneszmély 95 C/D3
Almatret 163 C1
Almazán 161 D1
Almazora 163 C3, 169 D1
Almedijar 162 B3, 169 D1
Almedina 167 D2, 168 A2
Almedinilla 172 B1/2
Almeida 159 D1
Almeida 159 C2
Almeirim 164 A/B2
Amelo 67 C2/3
Almenar 155 C3, 163 C1
Almenara 162 B3, 169 D1
Almenar de Soria 153 D3, **161** D1
Almendra 159 C1
Almendra 159 C2
Almendral 165 C/D2
Almendral de la Cañada **160** A3
Almendralejo 165 D2
Almendros 161 C3, **167** D1, 168 A1
Almería 173 D2
Almesåkra 46 A3
Almhult 50 B2
Almhult 72 A1
Almindés 148 B1/2
Almirós 147 C1
Almkerk 66 B3
Almodóvar 170 B1
Almodóvar del Río 166 B3, **172** A1
Almodóvar del Campo **167** C2
Almodóvar del Pinar **161** D3, 162 A3, 168 B1
Almofala 159 C2

Almogía 172 B2
Almoguera 161 C3
Almoharin 165 D2, 166 A2
Almonacid de Toledo **160** B3, 167 C1
Almonacid del Marquesado **161** C/D3, 168 A1
Almonacid de la Sierra **163** B/C1
Almonacid de Zorita **161** C3
Almonaster 165 D3, **171** C1
Almondsbury 63 D1
Almonte 171 C2
Almoradi 169 C3
Almorchón 166 B2
Almorox 160 B3
Almoster 164 A1/2
Almourol 164 B1
Almsele 30 B1/2
Almsjönäs 30 B3, 35 D2
Almsta 41 C3
Almudévar 154 B3
Almundsryd 51 C2
Almundsryd 72 A1
Almuñécar 173 C2
Almunge 40 B3
Almunia de San Juan **155** C3
Almuniente 154 B3
Almuradiel 167 D2/3
Almurfe 151 D1
Almvik 46 B3
Alnaryd 51 C2
Alnmouth 57 D2
Alnwick 57 D2
Alnwick 54 B3
Alocén 161 C/D2
Aloja 73 D1, 74 A2
Alónia 149 C1
Alónia 145 D2
Alónnisos 147 D1
Alora 172 B2
Alós de Gil 155 D2
Alosno 171 C1
Alozaina 172 A2
Alpalhão 165 C1
Alpandeire 172 A2/3
Alpanseque 161 D1
Alpas 16 B2
Alpbach 92 A/B3, 107 C1
Alpe del Trucco 105 B/C3
Alpe Dévero 105 C2
Alpe di Mera 105 C3
Alpedrinha 158 B3
Alpedriz 164 A1
Alpedroches 161 C1
Alpen 67 C3, 79 D1
Alpens 156 A2
Alpera 169 D2
Alphen aan de Rijn 66 A3
Alpiarca 164 B1/2
Alpignano 112 B1
Alpirsbach 90 B2
Alpua 18 A3
Alpuente 162 A/B3, **169** C1
Alqueva 165 C3
Alquézar 155 C2/3
Alquife 173 C2
Als 49 B/C2
Alssua 153 D2
Alsdorf 79 D2
Alsdorf-Höngen 79 D2
Alsen 29 C3, 34 B1/2
Alseno 114 A1
Alsenz 80 B3
Alset 28 A3, 33 C1
Alsfeld 81 C2
Alsfeld-Eifa 81 C2
Alsheim 80 B3
Ålshult 51 C2
Alsleben 69 C/D3, 82 A1
Alsódabas 129 C1
Alsónémedi 95 D3, 129 C1
Alsónemesapáti 128 A1
Alsóörs 128 B1
Alsószölönök 127 D1
Alstad 50 A/B3
Alstad 8 B2
Ålstad 9 B/C3
Alstadhaug 28 B3, 33 D1
Alstahaug 14 A2
Ålstäket 47 D1
Alsterbro 51 D1
Alsterbro 72 B1

Alstermo — Ankarvatnet

Alstermo 51 C1
Alston 57 C/D3, 60 B1
Alsvik 14 B1
Alta 5 C2
Alta 47 C/D1
Altamura 120 B2
Altare 113 C2
Altarejos 161 D3, 168 B1
Altaussee 93 C3
Altavilla Irpina 119 D3
Altavilla Silentina 120 A2/3
Altdöbern 70 B3, 83 C1
Altdorf 92 A1
Altdorf 105 D1
Altdorf (Landshut) 92 B2
Alt Duvenstedt 52 B2/3
Alte 170 A/B2
Altea 169 D2
Alte Ceccato 107 C3
Altedo 115 B/C1
Alteidet 5 C2
Altena 80 A/B1
Altenahr 80 A2
Altenau 69 B/C3
Altenbeken 68 A3
Altenberge 67 D3
Altenbuch (Marktheiden-feld) 81 C3
Altenburg 82 B1/2
Altenburg 94 A2
Altenglan 80 A3, 90 A1
Altenhagen 70 A1
Altenholz 52 B2/3
Altenkirchen 80 A/B2
Altenmarkt 92 B3
Altenmarkt an der Triesting 94 A2/3
Altenmarkt bei Sankt Gallen 93 D3
Altenmarkt im Yspertal 93 D2
Altenmedingen·Bostelwie-beck 69 C2
Altenmünster-Zusamzell 91 D2
Altenriet 91 C2
Altenstadt 91 D2
Altenstadt 81 C2
Altensteig 90 B2
Altensteig-Berneck 90 B2
Altentreptow 70 A1
Alter do Chão 165 C2
Altfraunhofen 92 B2
Altfriedland 70 B2
Altheim 91 C/D2
Altheim 93 C2
Althofen 126 B1
Althorpe 61 C/D2/3
Althütte 91 C1/2
Altin 28 B2
Altinoluk 149 D1
Altipiani di Arcinazzo 118 B2
Altkirch 89 D3, 90 A3
Altkünkendorf 70 B2
Altlandsberg 70 A/B2
Altlengbach 94 A2
Altlewin 70 B2
Altmannstein 92 A1/2
Altmannstein-Mendorf 92 A1/2
Altmannstein-Pondorf 92 A1
Alt-Meteln 53 C3, 69 C1
Altmünster 93 C3
Altnes 5 C2
Altofonte 124 B2
Altomonte 122 A1
Altomünster 92 A2
Altomünster-Wollomoos · 92 A2
Alton 64 B3, 76 A1
Altopáscio 114 B2, 116 A1
Altorricón 155 C3, 163 C1
Altötting 92 B2
Altranft 70 B2
Altrincham 59 D2, 60 B3
Altrip 90 B1
Altruppin 70 A2
Alt Schadow 70 B3
Altscheid 79 D3
Alt-Schönau 69 D1, 70 A1
Altshausen 91 C3
Altstätten 91 C3
Altuna 40 A3
Altura 162 B3, 169 D1
Altusried 91 D3

Altusried-Kimratshofen 91 D3
Altusried-Krugzell 91 D3
Altwarp 70 B1
Altwigshagen 70 B1
Alunda 40 B3
Ålundsby 16 B3
Aluskije 74 A/B2
Alustante 162 A2
Alva 56 B1
Alvaiázere 158 A3, 164 B1
Alvajärvi 21 D1/2, 22 A1/2
Alvalade 164 B3, 170 A1
Alvaneu Bad 106 A1/2
Alvängen 45 C3
Alvarenga 158 A/B2
Alvares 158 A/B3
Alvaro 158 B3
Alvastra 46 A2
Alvdal 33 C3
Alvdalen 39 C1
Alvega 164 B1
Alverca do Ribatejo 164 A2
Alversund 36 A3
Alvesta 51 B/C1
Alvesta 72 A1
Alvettula 25 C2
Alvho 39 D1
Alviano 117 C3, 118 A/B1
Alvignac 109 D1
Alvik 17 C3
Älvik 36 B3
Alvikstråsk 17 C3
Alvito 119 C2
Alvito 164 B3
Alvkarleby 40 B2
Alvkarleö bruk 40 B2
Alvkarlhed 39 D1, 40 A1
Alvnes 15 C1
Alvnes 9 C3
Alvøen 36 A3
Alvör 170 A2
Alvøy 36 A3
Alvros 38 B1
Alvros 34 B3
Älvsbacka 39 C3, 45 D1
Alvsbacka 16 A2
Älvsbyn 16 B3
Alvsered 49 D1, 50 A1
Älvsnäs 41 B/C3
Alvundeid 32 B2
Älvundfoss 32 B2
Alwalton 64 B2
Alwinton 57 D2
Alyth 57 C1
Alytus 73 D2, 74 A3
Alzano Lombardo 106 A3
Alzenau in Unterfranken 81 C3
Alzey 80 B3
Alzo 105 C3
Alzon 110 B2
Alzonne 110 A3, 156 A1
Amadora 164 A2
Amailloux 101 C1
Åmål 45 C1/2
Amalfi 119 D3
Amaliápolis 147 C1
Amaliás 146 A2/3
Amaliás 148 A2
Amance 89 C3
Amancey 104 A1
Amândola 115 D3, 117 D2/3
Amantea 122 A2
Amantia 142 A2
Amarandon 143 C3
Amarandos 142 B2
Amarante 158 B1
Amareleja 165 C3
Amares 150 A/B3, 158 A1
Amarinthos 147 D2
Amaseno 119 C2
Amatrice 117 D3, 119 B/C1
Amaxádes 145 C1
Amayas 161 D2
Ambarès 108 B1
Ambasaguas 152 A2
Ambazac 101 C2
Ambel 154 A3, 162 A1
Ambelákia 143 D3
Ambelákia 147 D2
Ambelakiótissa 146 B1
Ambelón 143 D3
Amberg 82 A3, 92 A/B1

Ambérieu-en-Bugey 103 D2
Ambérieux-en-Dombes 103 D2
Ambert 103 C3
Ambiate 110 A2
Ambierle 103 C2
Ambjörby 39 C2
Amblainville 77 D3, 87 C1
Amble-by-the-Sea 57 D2
Ambleside 59 C/D1, 60 B1
Amblève 79 D2
Ambleville 77 D3, 87 C1
Amboise 86 B3
Ambra 115 C3, 116 B2
Ambrault 102 A1
Ambrières-le-Grand 86 A2
Ambrógio 115 C1
Ambrona 161 D1/2
Ambronay 103 D2
Amdal 28 A/B3, 33 C/D2
Amdalsvek 43 C2
Amden 105 D1, 106 A1
Ameixial 170 B1/2
Ameixoeira 164 B1
Amel 79 D2
Amélia 117 C3, 118 B1
Amélie-les-Bains-Palalda 156 B2
Amelinghausen 68 B2
Amendolara 120 B3, 122 B1
Amer 156 B2
A Merca 150 B3
America 79 D1
Amerongen 66 B3
Amersfoort 66 B3
Amersham 64 B3
Ames 150 A2
Amesbury 64 A3, 76 A1
Amezketa 153 D1/2
A Mezquita 151 C3
Amfiklia 147 C1
Amfilochia 146 A1
Amfilochia 148 A2
Amfípolis 149 B/C1
Amfípolis 144 B1
Amfissa 147 B/C2
Amfissa 148 B2
Amiães de Baixo 164 A1
Amieira 164 B1
Amieira 165 C3
Amiens 77 D2/3
Amigdaléai 143 C2
Amindeon 143 C2
Åminne 50 B1
Aminne 20 B1
Amiterno 117 D3, 119 C1
Amla 36 B2
Ämli 43 C2
Åmliden 31 C1
Amlwch 58 B2, 60 A3
Ammälä 20 B3
Ammanford 63 C1
Ammansaari 19 C/D2
Ammarnäs 15 C2
Ammåsa 25 C1, 26 A1
Ammeberg 46 A2
Ammensleben 69 C3
Ammer 35 C2
Ammer 30 A3, 35 C2
Ammerbuch 91 B/C2
Ammern 81 D1
Ammerön 35 C2
Amoeiro 150 B2
Amoneburg 81 C2
Amorbach 81 C3
Amoreanes 170 B1
Amoreira 164 A1
Amorosa 150 A3, 158 A1
Amoros 119 D3
Åmot 40 A2
Åmot 38 A1/2
Åmot 37 D3
Åmot 43 C1
Åmot 36 B2
Åmot 43 D1
Åmotfors 38 B3, 45 C1
Åmotsdal 43 C1
Amotsdalshytta 33 B/C3, 37 D1
Amou 108 B3, 154 B1
Ampezzo 107 D2, 126 A2
Ampfing 92 B2
Amphiareion 147 D2
Ampiaslantta 16 B1
Amplepuis 103 C2

Amposta 163 C2
Ampthill 64 B2
Ampudia 152 A/B3
Ampuero 153 C1
Ampuis 103 D3
Amrswil 91 C3
Amroth 62 B1
Amsele 31 C1
Amsteg 105 D1
Amstelveen 66 B2/3
Amsterdam 66 B2/3
Amstetten 93 D2
Amstetten 96 A2/3
Amtzell 91 C3
Amulree 56 B1
Amurrio 153 C1/2
Amusco 152 B3
Amusquillo 152 B3, 160 B1
Åmynnet 31 B/C3
An 29 C3, 34 B2
Anacapri 119 C/D3
Anadia 158 A2
Anadón 162 B2
Anafonitrla 146 A2
Anagni 118 B2
Añana-Gesaltza 153 C2
Anan'ev 99 C3
Anarisstugan 34 A2
Ånaset 31 D2
Ånaset 31 C2
Åna-Sira 42 A/B3
Anatoli 146 B1
Anatolikón 143 C2
Anattila 19 C3
Andvissos 147 D3
Andvra 147 C1
Anaya de Alba 159 D2, 160 A2
Ançã 158 A3
Ancenis 86 A3
Ancerville-Gue 88 B2
Anché 101 C2
Anchuela del Campo 161 D2
Anchuras 166 B1
Ancin 153 D2
Ancona 117 D1
Ancroft 57 D2
Ancy-le-Franc 88 A/B3
Anda 36 B1
Andalo 107 B/C2
Andalsnes 32 A/B2/3
Andaluz 153 C/D3, 161 C1
Andau 94 B3
Andaval 165 C2
Andavias 151 D3, 159 D1
Andebol 46 B2
Andebu 43 D2, 44 A1
Andeer [Thusis] 105 D2, 106 A2
Andelfingen 90 B3
Andelot 89 C2
Andenes 9 C1
Andenne 79 C2
Anderberget 30 A3, 35 D2
Anderlues 78 B2
Andermatt 105 D2
Andernach 80 A2
Andernos-les-Bains 108 A1
Anderslöv 50 B3
Anderstorp 50 B1
Andijk 66 B2
Andilla 162 B3, 169 C1
Andlau 90 A2
Andoain 153 D1, 154 A1
Andocs 128 B2
Andolsheim 90 A2/3
Andorja 9 C1
Andorra 162 B2
Andorra la Vieja 155 D2, 156 A2
Andosilla 153 D2, 154 A2
Andover 64 A3, 76 A1
Andrä 38 A1
Andraitx 157 C2
Andravida 146 A2
Andreapol' 75 C2
Andrejáš 138 B2
Andrest 108 B3, 155 C1
Andretta 120 A2
Andrezieux 103 C3
Andria 120 B2, 136 A3
Andrijevci 132 B1
Andrijevica 137 D1, 138 A1

Andrítsena 146 B3
Andrítsena 148 B2
Androniáni 147 D1
Androúsa 146 B3
Andsely (Bardufoss) 4 A3, 8 D1
Andsnes 4 B2
Andújar 167 C3, 172 B1
Anduze 111 B/C2
Andviken 29 D3, 34 B1
Andviken 29 D3, 34 B1
Aneby 46 A3
Aneby 38 A3
Anemorrάchi 146 A1
Ænes 42 A1
Ånes 32 B2
Ånessletta 9 C1
Ånestad 38 A2
Anet 87 C1
Anetjärvi 19 C1
Anfo 106 B3
Ang 45 C2
Ang 46 A3
Anga 47 D3
Ånge 15 D2
Ånge 29 C/D3, 34 B1
Ånge 35 C3
Angebo 35 C3
Angeja 158 A2
Angelbachtal 90 B1
Angelburg-Lixfeld 80 B2
Angelholm 49 D2, 50 A2
Angelholm 72 A1
Angeli 6 A3, 11 D1
Angelniemi 24 B3
Angelókastron 142 A3
Angelókastron 147 C3
Angelókastron 146 A1/2
Angelsberg 40 A3
Angen 28 A2
Anger 127 C/D1
Angera 105 D3
Angermünde 70 B2
Angermünde 72 A3
Angern 69 D3
Angern 94 B2
Angern 107 B/C1
Angers 86 A3
Angersjo 34 B3
Angervikko 23 C1/2
Angerville 87 C2
Angesbu 17 C1
Angesbyn 17 C3
Anghiari 115 C3, 117 B/C2
Angistrion 147 D3
Angle 62 B1
Anglès 110 A3
Anglès 156 B2
Anglesola 155 D3, 163 D1
Angles-sur-l'Anglin 101 D1
Anglure 88 A2
Ango 77 C2/3
Angom 35 D3
Angoulême 101 C3
Angskar 40 B2
Angsnäs 40 A2
Angsö 47 C1
Angués 155 B/C3
Anguiano 153 C/D2/3
Anguillara Véneta 107 C3, 115 C1
Anguita 161 D2
Angvik 32 B2
Anholt 49 C2
Aniane 110 B2/3
Aniche 78 A2
Anières [Genève] 104 A2
Aniès 154 B2
Anikščiai 73 D2, 74 A3
Animskog 45 C2
Anina 135 C1
Anina 140 A2
Anizy-le-Château 78 A/B3
Anjala 26 B2
Anjalankoski-Inkeroinen 26 B2
Anjans fjällstation 29 C3, 34 A1
Anjony 102 A/B3, 110 A1
Anjum 67 C1
Ankara 126 B3
Ankarede kapell 29 D1
Ankarsrum 46 B3
Ankarsund 15 C/D3
Ankarsvik 35 D3
Ankarvatnet 29 D1

Ankele 22 B3
Ankerlia 4 B3, 10 B1
Anklam 70 A/B1
Anklam 72 A2
Ankum 67 D2
Anlezy 102 B1
Ann 29 C3, 34 A2
Annaberg 94 A3
Annaberg-Buchholz 82 B2
Annaberg im Lammertal 93 C3
Annaburg 70 A3
Annalong 58 A1
Annamoe 58 A2
Annan 57 C3, 60 A/B1
Anndalsvägen 14 A3
Anneberg 46 A3
Annecy 104 A2/3
Annefors 40 A1
Annemasse 104 A2
Annerstad 50 B2
Annevoie-Rouillon 79 C2
Anneyron 103 D3
Annonay 103 D3
Annonen 18 A3
Annone Veneto 107 D3, 126 A3
Annopol 97 C1, 98 A2
Annot 112 A/B2
Annoeulin 78 A2
Annula 25 C2
Annweiler am Trifels 90 B1
Anola 27 C2
Añón 154 A3, 162 A1
Ano Porróia 139 D3, 143 D1, 144 A1
Anor 78 B3
Añora 166 B3
Anost 103 C1
Añover de Tajo 160 B3
Anquela del Pedregal 162 A2
Anquela del Ducado 161 D2
Anröchte 80 B1
Ans 48 B2
Ansager 48 A3, 52 A1
Ansbach 91 D1
Anse 103 D2
Ansedónia 116 B3
Anserall 155 D2
Ansfelden 93 D2
Ansião 158 A3, 164 B1
Ansignan 156 B1
Ansjo 30 A3, 35 C2
Ansnes 32 B1
Ansnes 4 A3
Ansó 154 B2
Ansoain 154 A2
Anstad 8 A3
Anstruther 57 C1
Ansvar 17 C1/2
Antas 158 B2
Antas 174 A2
Antas de Ulla 150 B2
Antegnate 106 A3
Anten 45 C3
Antequera 172 B2
Anterselva/Antholz 107 C/D1
Antey-Saint-André 105 C3
Anthée 79 C2
Anthéor-Cap-Roux 112 B3
Anthering 93 B/C3
Anthótopos 147 C1
Antibes 112 B3
Anticoli Corrado 118 B2
Antiguac 102 A/B3
Antignano 114 A3, 116 A2
Antigonea 142 A2
Antigüedad 152 B3
Antillo 125 D2
Antillón 155 B/C3
Antipatra 142 A2
Antnäs 17 C3
Antoing 78 A/B2
Antoñana 153 D2
Antraigues-sur-Volane 111 C1
Antrain 85 D2
Antrefftal 81 C2
Antrim 54 A3, 55 D2
Antrodoco 117 D3, 118 B1
Antronapiana 105 C2
Anttila 6 B3
Anttila 26 B2
Anttola 27 C/D1

Antwerpen 78 B1
Antzuola 153 D1
Anundshogen 40 A3, 47 B/C1
Anutkaski 16 B2
Anversa degli Abruzzi 119 C2
Anvin 77 D2
Anya 155 D3
Anzano di Puglia 120 A2
Anzasco 105 C3
Anzat-le-Luguet 102 B3
Anzi 120 B2/3
Anzin 78 A/B2
Anzing 92 A2
Anzio 118 B2
Anzola dell'Emilia 114 B1
Aoiz 155 C2
Aosta 104 B3
Aoste 103 D3, 104 A3
Aouste-sur-Sye 111 C/D1
Aovaniemi 12 A/B3
Apahida 97 D3, 140 B1
Apaj 129 C1
Apátfalva 129 D2
Apatin 129 C3
Apatóac 127 D2
Apchon 102 B3
Ape 74 A2
Apecchio 115 C3, 117 C2
Apeldoorn 67 B/C3
Apelern 68 B3
Apen 67 D1
Apenburg 69 C2
Apensen 68 B1
A Peroxa 150 B2
Apfelstadt 81 D2, 82 A2
Aphaia 147 D2/3
Apice 119 D3, 120 A2
Apiés 154 B2
Apiro 115 D3, 117 D2
Apolda 82 A1/2
Apollonia 144 A2
Apollonia 149 C3
Apolonia 142 A1/2
A Pontenova 151 C1
A Porqueira 150 B3
Appelbo 39 C2
Appelscha 67 C2
Appen 52 B3, 68 B1
Appenweier 90 B2
Appenzell 91 C3, 105 D1, 106 A1
Appiano/Eppan 107 C2
Appignano 115 D3, 117 D2
Appingedam 67 C1
Appleby 57 C/D3, 60 B1
Appledore 62 B2
Appletreewick 59 D1, 61 C2
Appoigny 88 A2/3
Aprelevka 75 D3
Apremont-la-Forêt 89 C1
Aprica 106 B2
Apricena 120 A1
Aprilia 118 B2
Apsalos 143 C1
Apt 111 D2
Aquiléia 126 A3
Aquilónia 120 A2
Aquilué 154 B2
Aquino 119 C2
Ar 47 D2
Arabba 107 C2
Aracena 165 D3, 171 C1
Arachnéon 147 C3
Aráchova 146 B1
Aráchova 147 C2
Aračinovo 138 B2
Arad 97 C3, 140 A1
Arádalens fjällstation 34 B2
Aragona 124 B2/3
Aragoncillo 161 D2
Aragózena 146 B2
Aragüés del Solano 154 B2
Aragüés del Puerto 154 B2
Áraksbé 43 B/C2
Aram 36 A1
Aramaio 153 D1/2
Aramiñon 153 C2
Aramits 108 B3, 154 B1
Aramon 111 C2
Arana-San Bixenti 156 A/B1
Aranaz 108 A3, 154 A1
Arancón 153 D3, 161 D1

Aranda de Duero 153 C3, 161 B/C1
Aranda de Moncayo 154 A3, 162 A1
Arandelovac 133 D2, 134 A/B2
Arandelovac 140 A2
Arándiga 154 A3, 162 A1
Arandilla 153 C3, 161 C1
Aranga 150 B1
Aranjuez 161 C3
Arañuel 162 B3
Aranzueque 161 C2
Arapei 149 D2
Aras 153 D2
Aras de Alpuente 163 C3, 169 D1
Arasluoktastugan 9 C3
Aratos 145 D1
Arauzo de Miel 153 C3, 161 C1
Aravaca 160 B2
Aravissós 143 D1
Arazede 158 A3
Arbancon 161 C2
Arbas 109 C3, 155 D1
Arbatax 123 D2
Arbeca 155 D3, 163 D1
Arbesbach 93 D2
Arbesbach 96 A2
Arbeteta 161 D2
Arbneš 137 D2
Arbo 150 B3
Arboga 46 B1
Arbois 104 A1
Arboleas 174 A1/2
Arbon 91 C3
Arborea 123 C2/3
Arbório 105 C3
Arbostad 9 D1
Arbotten 38 B3
Arbú 40 A1
Arbroath 57 C1
Arbroath 54 B2
Arbúcies 156 B2/3
Arbus 123 C3
Arbyn 17 C2
Arcachon 108 B1
Arčar 135 D3
Arčar 140 B2
Arcas 161 D3
Arcas 155 C2
Arce 119 C2
Arcen 79 D1
Arc-en-Barrois 88 B2
Arces 88 A2
Arc-et-Senans 104 A1
Arcévia 115 D3, 117 C2
Archángelos 139 C3, 143 D1
Archángelos 146 A1
Archánion 146 B1
Archena 169 D3
Arches 89 D2
Archiac 101 C3
Archidona 172 B2
Archivel 168 B3, 174 A1
Arcicóllar 160 B3
Arcidosso 116 B3
Arcille 116 B3
Arcis-sur-Aube 88 A/B2
Arci 141 D1
Arco 106 B2/3
Arçon 104 A/B1
Arconada 152 B2
Arcos 153 B/C2/3
Arcos de Jalón 161 D1
Arcos de la Frontera 171 D2
Arcos de la Sierra 161 D2/3
Arcos de las Salinas 162 A/B3
Arcos de Valdevez 150 A3, 158 A1
Arc-sur-Tille 89 B/C3
Arcusa 155 C2
Arcy-sur-Cure 88 A3
Ardal 42 A2
Ardala 47 C1/2
Ardales 172 A2
Ardalstangen 37 C2
Ardara 123 C1/2
Ardaúli 123 C2
Ardbeg 56 A2
Ardea 118 B2
Ardee 58 A1
Ardee 54 A3, 55 D2
Arden 48 B2

Ardenicés 142 A1
Ardentes 102 A1
Ardes-sur-Couze 102 B3
Ardez 106 B1
Ardgay 54 A/B2
Ardglass 58 A1
Ardino 140 B3
Ardisa 154 B2
Ardlussa 56 A1
Ardlussa 54 A2, 55 D1
Adminish 56 A2
Ardón 151 D2, 152 A2
Ardon 104 A1
Ardore 122 A3
Ardre 47 D3
Ardres 77 D1
Ardrishaig 56 A1
Arduaine 56 A1
Ardvasar 54 A2, 55 D1
Áre 29 C3, 34 A1/2
Areatza 153 C/D1
Areias 158 A3, 164 B1
Aremark 45 B/C1
Arén 155 C2
Arena 122 A2/3
Arenal d'en Castel 157 C1
Arenales del Sol 169 D3
Arenas 172 B2
Arenas de Iguña 152 B1
Arenas del Rey 173 B/C2
Arenas de San Juan 167 D2
Arenas de San Pedro 160 A3
Arendal 43 C3
Arendonk 79 C1
Arendsee 69 C2
Arengosse 108 A/B2
Arenillas 161 C1
Areños 152 B1/2
Aréns de Lledó 163 C2
Arenshausen 81 C/D1
Arenys de Mar 156 B3
Arenys de Munt 156 B3
Arenzano 113 C/D2
Ares 150 B1
Arés 108 B1
Ares del Maestre 163 B/C2
Aresing 92 A2
Arespalditza 153 C1
Åresvik 32 B2
Areta 153 C1
Aréthousα 144 A/B1/2
Areti 146 A2
Arette 108 B3, 154 B1
Aretxabaleta 153 D1/2
Areu 155 C2
Arevalillo 159 D2, 160 A2
Arévalo 160 A2
Arevattnet 14 B3
Arez 165 B/C1
Arezzo 115 C3, 116 B2
Arfará 146 B3
Arfeuilles 103 C2
Arfons 110 A3
Argalastí 144 A3, 147 C1
Argallón 166 A/B3
Argamasilla de Alba 167 D2, 168 A2
Argamasilla de Calatrava 167 C2
Arganda 161 C3
Argañil 158 B3
Argañil 158 B3, 164 B1
Argantzun 153 C/D2
Arganza 151 C2
Argård 28 B2
Argásion 146 A2/3
Argecilla 161 C2
Argegno 105 D2/3, 106 A2
Argelaguér 156 B2
Argelès-Gazost 108 B3, 155 C1
Argelès-sur-Mer 156 B2
Argelita 162 B3
Argenbühl-Eglofs 91 C3
Argenschwang 80 A/B3
Argenta 115 C1
Argentan 86 A/B1
Argentat 102 A3, 109 D1
Argente 163 C2
Argentella 113 D2/3
Argentera 112 B2
Argenthal 80 A3
Argentière 104 B2
Argentière-la-Bessée 112 A1
Argentona 156 A/B3

Argenton-Château 100 B1
Argenton-sur-Creuse 101 D1/2
Argentré 86 A2
Argentré-du-Plessis 86 A2
Argent-sur-Sauldre 87 D3
Argeriz 151 B/C3, 158 B1
Argés 160 B3, 167 C1
Argetoaia 135 C3
Argérades 142 A3
Agrigopoúlion 143 D3
Argomaríz 153 D2
Argos 147 C3
Argos 148 B2
Árgos Orestikón 143 C2
Argostólion 148 A2
Arguedas 154 A2/3
Arguis 154 B2
Argujillo 159 D1
Argy 101 D1
Arhipovka 75 C3
Árhus 48 B3
Ariano Ferrarese 115 C1
Ariano Irpino 119 D3, 120 A2
Ariano nel Polésine 115 C1
Arienzo 119 D3
Arild 49 D2, 50 A2
Arilje 133 D3, 134 A3
Arinagour 54 A2, 55 D1
Áringen 14 A2
Ariñiz 153 D2
Ariño 162 B2
Arinthod 103 D2, 104 A2
Arisgotas 160 B3, 167 C1
Aristi 142 B2/3
Aritzo 123 D2
Arive 108 B3, 155 C1/2
Ariz 158 B2
Ariza 161 D1
Arjäng 45 C1
Arjeplog 15 D2
Arjona 167 C3, 172 B1
Arjonilla 167 C3, 172 B1
Arkala 18 B2
Arkelstorp 50 B2
Arkitsa 147 C1
Arkkukari 18 A3
Arklow 58 A3
Arklow 55 D3
Arkösurid 47 C2
Arla 46 B1
Arla 47 B/C1
Arlanc 103 C3
Arlanda 40 B3, 47 C1
Arlanzón 153 C2
Arlempdes 110 B1
Arles 111 C2/3
Arles 156 B2
Arleuf 103 C1
Arlon 79 D3
Armação de Pera 170 A2
Armadale 57 B/C2
Arma di Taggia 113 C2
Armagh 54 A3, 55 D2
Armallones 161 D2
Armamar 158 B2
Armasjärvi 17 D2
Arménion 143 D3
Armeno 105 D/3
Armenteros 159 D2, 160 A2
Armentières 78 A2
Armilla 173 C2
Armintza 153 C1
Armo 122 A3, 125 D2
Armutlu 149 D1
Arnáccio 114 A/B3, 116 A2
Arnac-Pompadour 101 C3
Arnafjord 36 B2/3
Arnage 86 B2/3
Arnager 51 D3
Árnas 45 D2
Arnasvall 31 C3
Arnaville 89 C1
Arnavutköy 145 D1/2
Arnay-le-Duc 103 C1
Arnbach 107 D1
Arnberg 31 C1
Arnborg 48 A/B3
Arnbruck 93 B/C1
Arnéa 144 A/B2
Arneberg 38 B2
Arneburg 69 D2
Arnedillo 153 D2/3
Arnedo 153 D2/3

Arnéguy — Audierne

Arnéguy 108 B3, 155 C1
Arnes 28 A2, 33 C1
Arnes 163 C2
Arnes 38 B2/3
Arnes 38 A3
Arnfels 127 C2
Arnhem 66 B3
Arnissa 143 C1
Arnó 47 C1
Arnoga 106 B2
Arnoia 150 B2/3
Arnoir 40 B1
Arnoyhamn 4 B2
Arnsberg 80 B1
Arnsberg-Neheim-Hüsten 80 B1
Arnschwang 92 B1
Arnsdorf 83 C1
Arnside 59 D1, 60 B2
Arnstadt 81 D2, 82 A2
Arnstein 81 D3
Arnstorf 92 B2
Arnuero 153 C1
Arnum 52 A/B1
Aroania 146 B2
Aroche 165 C3, 171 C1
Arões 158 A2
Aroffe 89 C2
Arola 7 C2
Arolla [Sion] 105 C2
Arolsen 81 C1
Arolsen-Mengeringhausen 81 C1
Aron 86 A2
Arona 105 D3
Aronkylä 20 B3
Aros 38 A3, 43 D1, 44 B1
Arosa 106 A1
Arosjäkk 10 A3
Ærøskøbing 53 C2
Åresund 52 B1
Arouca 158 A2
Arøybukt 4 B3
Aroysund 43 D2, 44 A/B1
Arpaia 119 D3
Arpajon 87 C/D2
Arpajon-sur-Cère 110 A1
Arpás 95 C3
Arpela 17 D2, 18 A1
Arpino 119 C2
Arquà Petrarca 107 C3
Arquata del Tronto 117 D3, 119 B/C1
Arquata Scrivia 113 D˙
Arques 77 D1
Arques 110 A3, 156 A˙/B1
Arques-la-Bataille 76 B2/3
Arquillos 167 D3
Arrabal 158 A3, 164 A˙/B1
Arrabal del Portillo 160 B1
Arracourt 89 D1/2
Arraiolos 164 B2
Arraiz 108 A3, 154 A1
Arrakoski 25 D1, 26 A1
Arrankorpi 25 C/D2, 26 A2
Arras 78 A2
Arrasate 153 D1
Arraute-Charrite 108 A3, 154 B1
Arrázola 153 D1
Arre 48 A3, 52 A1
Arreau 109 C3, 155 C2
Arredondo 153 C1
Arrenjarka 15 D1
Arrens 108 B3, 154 B1/2
Arrentela 164 A2
Arriate 172 A2
Arrie 50 A3
Arrifana 158 A2
Arrigorriaga 153 C1
Arrild 52 A/B1/2
Arriondas 152 A1
Arro 155 C2
Arroba 167 C2
Arrochar 56 B1
Arromanches-les-Bains 76 B3, 86 A1
Arronches 165 C2
Arróniz 153 D2
Arrós 155 C2
Arroyo de Cuéllar 160 B1
Arroyo de la Luz 165 D1
Arroyo de San Serván 165 D2
Arroyomolinos de Montánchez 165 D2, 166 A2

Arroyomolinos de León 165 D3, 171 C1
Arruda dos Vinhos 164 A2
Ars 48 B2
Årsandøy 28 B1
Årsdale 51 D3
Ars-en-Ré 100 A2
Arsié 107 C2
Arsiero 107 C3
Årslev 53 C1
Årsoli 118 B2
Ars-sur-Formans 103 D2
Ars-sur-Mozelle 89 C1
Årsta havsbad 47 C/D1
Årstein 9 D2
Årsunda 40 A2
Arsuni 123 C/D2
Arsy 78 A3
Arta 146 A1
Artá 157 C1
Arta 148 A1/2
Artajona 154 A2
Artana 162 B3, 169 D1
Arta Terme 107 D2, 126 A2
Artazu 154 A2
Arteaga 153 C/D1
Arteajo 153 D1
Artedó 155 D2, 156 A2
Artegna 126 A2
Arteixo 150 A1
Artemare 104 A2/3
Artemisia 146 B3
Artemision 147 C1
Arten 107 C2
Artena 118 B2
Artenay 87 C2
Artern 82 A1
Artés 156 A2/3
Artesa de Segre 155 D3
Arthez-d'Asson 108 B3, 154 B1
Arthez de Béarn 108 B3, 154 B1
Arthon-en-Retz 85 C/D3, 100 A1
Arthonnay 88 B2/3
Articuza 154 A1
Arties 155 C/D2
Artix 108 B3, 154 B1
Artjärvi (Artsjö) 25 D2, 26 A/B2
Artlenburg 69 B/C1
Artotina 146 B1
Artsjo 25 D2, 26 A/B2
Artziniega 153 C1
A Rúa 151 C2
Arundel 76 B1
Arundel Castle 76 B1
Årup 52 B1
Aruskila 23 C2/3
Årvåg 32 B1/2
Arvaja 25 D1, 26 A1
Arvet 39 D1/2
Avveyres 108 B1
Arvidsjaurr 16 A3
Arvidsträsk 16 B3
Årvik 36 A1
Årvík 42 A1
Arvika 38 B3, 45 C1
Årviksand 4 B2
Årvikstrand 42 A1
Åryd 51 C1/2
Arzachena 123 D1
Arzacq-Arraziguet 108 B3, 154 B1
Arzano 84 B2/3
Årzano 131 D3, 132 A3
Arzbach 80 B2
Arzberg 82 B3
Arzberg 83 C1
Arzignano 107 C3
Arzon 85 C3
Arzúa 150 B2
Ås 46 A1
Ås 82 B2/3
Ås 29 D3, 34 B2
Ås 33 D2
Ås 79 C1
Ås 38 B3
Åsa 49 D1, 50 A1
Asa 45 D3
Asá 49 C1
Asamatt 142 B1
Åsan 28 B2
Åsang 35 D2/3
Åsanja 133 D1, 134 A1
Åsarna 34 B2/3

Åsarp 45 D3
Asarum (Karlshamn) 51 C2
Asarum (Karlshamn) 72 A1
Asasp 108 B3, 154 B1
Asbach 80 A2
Åsberget 35 C2
Åsbro 46 A1/2
Asby 46 A3
Ascain 108 A3, 154 A1
Ascha 92 B1
Aschach an der Donau 93 C2
Aschaffenburg 81 C3
Aschau 92 B3
Aschau bei Kraiburg 92 B2
Aschau im Chiemgau 92 B3
Aschau-Sachrang 92 B3
Aschbach Markt 93 D2/3
Ascheberg 67 D3
Ascheberg (Holstein) 53 B/C3
Aschersleben 69 C3
Asciano 115 C3, 116 B2
Asco 113 D2/3
Ascó 163 C1/2
Ascoli Piceno 117 D3
Ascoli Satriano 120 A2
Ascona [Locarno] 105 D2
Ascot 64 B3
Ascoux 87 D2
Ascq 78 A2
Åse 9 C1
Åseá 146 B3
Åseda 51 C1
Åseda 72 B1
Åsele 30 B2
Åselet 16 B3
Asemakyla 18 A2
Asemakyla 18 A/B2
Asemanseuru 21 C3
Åsen 39 C1
Åsen 35 C2
Åsen 9 C/D2
Åsen 28 B3, 33 D1
Åsen 39 C1
Åsen 29 D3, 34 B2
Asendorf (Hoya) 68 A2
Åsenhöga 50 B1
Asenovgrad 140 B3
Åsensbruk 45 C2
Asentopalo 12 B2
Åsenvoll 33 D2/3
Aseral 42 B3
Åserud 38 B3
Asfåka 142 B3
Asfeld 78 B3
Åsgård 33 C3, 37 D1
Åsgårdstrand 43 D2, 44 B1
Åshammar 40 A2
Ashbourne 61 C3, 64 A1
Ashbourne 58 A2
Ashburton 63 C3
Ashby de la Zouch 64 A1
Ashford 65 C3, 77 C1
Ashfordby 64 B1
Ashington 57 D2/3
Ashington 54 B3
Ashkirk 57 C2
Ashton-under-Lyne 59 D2, 60 B3
Asiago 107 C2/3
Asige 49 D2, 50 A1
Asikkala 25 D1/2, 26 A1/2
Åsin 154 B2
Åsinhai 170 B1
Asini 147 C3
Ask 50 A/B3
Ask 38 A3
Aska 12 B2
Askainen 24 A2
Askanmäki 19 C2
Askeby 46 B2
Asker 38 A3, 43 D1
Askersund 46 A2
Askesta 40 A/B1
Askhult 49 D1, 50 A1
Askim 38 A3, 44 B1
Askim (Göteborg) 45 C3, 49 D1
Åskloster 49 D1, 50 A1
Åskøby 53 C/D2
Askogen 17 C2
Askolä 25 D2, 26 A2
Askøping 46 B1
Åsköls 144 A1/2
Askov 48 A/B3, 52 B1
Åskøy 36 A3

Askra 147 C2
Askrigg 59 D1, 60 B2
Åskvík 42 A2
Åskvoll 36 A2
Aslaksrud 43 D1
Aslestad 43 C2
Åsli 37 D3
Åsljunga 50 B2
Åsmark 38 A2
Åsmunt 18 B1
Åsnes 38 B2
As Neves 150 A/B3
As Nogais 151 C2
Asnæs 49 C3, 53 C/D1
Asola 106 B3
Asolo 107 C3
Asón 153 C1
Asopia 147 D2
Åsotthalom 129 D2
Aspa 32 B2
Aspach 91 C1
Aspang Markt 94 A3
Aspariegos 151 D3, 152 A3, 159 D1
Asparn an der Zaya 94 B2
Aspás 29 D3, 34 B2
Aspatria 57 C3, 60 A1
Aspberg 45 D1
Aspe 167 C3
Åspeå 30 B3, 35 D1/2
Aspeboda 39 D2
Aspenes 29 C2
Asperg 91 C1/2
Asperget 38 B2
Asperup 48 B3, 52 B1
Aspet 109 C3, 155 C/D1
Asplí 32 B2
Asplia 28 A2/3, 33 C1
Aspliden 17 B/C2
Aspnäs 35 D2
Aspö 47 C1
Åspo 24 A3
As Pontes de García Rodríguez 150 B1
Aspremont 111 D1
Aspres-sur-Buech 111 D1, 112 A1/2
Aspróchoma 146 B3
Asprogérakas 146 A2
Asprokambos 147 C2
Asprópirgos 147 D2
Asprovalta 144 B1/2
Aspsele 30 B2
Assago 105 D3, 106 A3
Assamstadt 91 C1
Asse 78 B1/2
Assebakte 5 D3, 6 A3, 11 D1
Asseiceira 164 B1
Assels 48 A2
Assémini 123 C/D3
Assen 67 C2
Assen 48 B2
Assens 52 B1
Assergi 117 D3, 119 C1
Asseria 131 C2
Assesse 79 C2
Assiros 143 D1, 144 A1
Assisi 115 D3, 117 C2
Åsskard 32 B2
Asslar 80 B2
Assling 92 B3
Asson 108 B3, 154 B1
Assoro 125 C2
Assumar 165 C2
Astafort 109 C2
Astakos 146 A1/2
Astakoś 148 A2
Åstan 28 A3, 33 C1
Åstdalseter 38 A1
Asteasu 153 D1
Åsten 79 C/D1
Asten 93 D2
Asti 113 C1
Astillero 153 B/C1
Åstipálea 149 C3
Aston 59 D2, 60 B3
Astorga 151 D2
Åstorp 49 D3, 50 A2
Åstorp 72 A1
Åstrand 39 C3
Åstrask 31 C1
Astros 147 C3
Astudillo 152 B3
Asunta 21 C/D3
Asvestopetra 143 C2
Aszófő 128 B1

Atalaia 164 B1
Atalánti 147 C1
Atalánti 148 B2
Atalaya 165 D3
Atalaya de Cañavate 168 B1
Atalho 164 B2
Atapuerca 153 C2
Ataquines 160 A1
Atarfe 173 C2
Ataun 153 D1/2
Atauta 153 C3, 161 C1
Atea 162 A1/2
Ateca 162 A1
Atei 158 B1
A Teixeira 150 B2
Ateleta 119 C/D2
Atella 120 A/B2
Atena Lucana 120 A3
Atessa 119 D1/2
Ath 78 B2
Atherstone 64 A2
Athikia 147 C2/3
Athina/Athínai 147 D2
Athina/Athínai 148 B2
Athis-Mons 87 D1/2
Athlone 55 C2
Athos 144 B2
Athy 55 D3
Atienza 161 C1
Atina 119 C2
Atnbrua 33 C3, 37 D1
Atniksstugan 14 B3, 29 D1
Atnosen 38 A1
Atostugan 14 B3
Atouguia da Baleia 164 A1
A Toxa 150 A2
Atrafors 49 D1, 50 A1
Atran 49 D1, 50 A1
Atrásk 16 B3
Atrask 31 C/D1/2
Atrå (Tinn) 43 C1
Atri 119 C1
Atripalda 119 D3, 120 A2
Attendorn 80 B1
Attenkirchen 92 A2
Attersee 93 C3
Attersee 96 A3
Attichy 78 A3
Attigliano 117 C3, 118 A/B1
Attigny 79 B/C3
Attleborough 65 C/D2
Attmar 35 D3
Attonrask 30 B1
Attn 78 B2
Attu 24 B3
Atvidaberg 46 B2/3
Atzara 123 D2
Atzendorf 69 C/D3
Au 106 A/B1
Aub 81 D3, 91 C/D1
Aubagnan 108 B2/3
Aubagne 111 D3
Aubange 79 D3
Au bei Bad Aibling 92 A/B3
Aubel 79 D2
Aubenas 111 C1
Aubenton 78 B3
Auberive 88 B3
Auberives-sur-Varèze 103 D3
Auberson, L' [Ste-Croix] 104 B1
Aubeterre-sur-Dronne 101 C3
Aubiet 109 C2/3, 155 C/D1
Aubigny 100 A/B1/2
Aubigny-au-Bac 78 A2
Aubigny-en-Artois 78 A2
Aubigny-sur-Nère 87 D3
Aubin 110 A1
Auboue 89 C1
Aubrac 110 A/B1
Aubusson 102 A2
Auce 73 D1
Auch 109 C2/3, 155 C1
Auchmithe 57 C1
Auchterarder 57 B/C1
Auchtermuchty 57 C1
Auchy-au-Bois 77 D2, 78 A2
Audenge 108 A1
Audenhain 82 B1
Audeux 89 C3, 104 A1
Audierne 84 A2

Audincourt 8 Bad Mergentheim-Herbsthausen

Audincourt 89 D3, 90 A3
Audlem 59 D2, 60 B3, 64 A1
Audnedal 42 B3
Audresselles 77 D1
Audruicq 77 D1
Audun-le-Roman 89 C1
Aue 82 B2
Auenheim 90 B2
Auerbach 82 A3
Auerbach 82 B2
Auerbach-Michelfeld 82 A3
Auffach 92 B3
Aufsess 82 A3
Aughrim 58 A3
Augsburg 91 D2
Augsburg-Göggingen 91 D2
Augsburg-Haunstetten 91 D2, 92 A2
Augusta 125 D3
Augustdorf 68 A3
Augustenborg 52 B2
Augustów 73 D2/3
Auho 19 C2
Aukra 32 A2
Aukrug 52 B3
Auktsjaur 16 A3
Aulanko 25 C2
Aulendorf 91 C3
Auletta 120 A2/3
Aulis 147 D2
Aulla 114 A2
Aullène 113 D3
Aulnay 101 B/C2
Aulnoye-Aymeries 78 B2
Ault 77 D2
Aulttbea 54 A2
Aulus-les-Bains 155 C2
Auma 82 A/B2
Aumale 77 D3
Aumetz 79 D3
Aumont-Aubrac 110 B1
Aunay-en-Bazois 103 C1
Aunay-sur-Odon 86 A1
Aune 28 A/B2
Auneau 87 C2
Auneuil 77 D3, 87 C1
Auning 49 C2
Aups 112 A3
Aura 24 B2
Aura im Sinngrund 81 C2/3
Auran 28 A/B3, 33 C1
Auran asema 24 B2
Auray 85 B/C3
Aure 32 B2
Aurejärvi 21 B/C3
Auriac-sur-Vendinelle 109 D3
Auribeau-sur-Siagne 112 B3
Aurich 67 D1
Aurich-Tannenhausen 67 D1
Aurignac 109 C3, 155 D1
Aurillac 110 A1
Aurland 36 B3
Aurolzmünster 93 C2
Auron 112 B2
Auronzo di Cadore 107 D2
Auros 108 B1
Auroux 110 B1
Aursfjordbotn 4 A3, 9 D1
Aursjøhytta 32 B3, 37 C1
Aurskog 38 A3
Aursmoen 38 A1/2
Aursnes 32 A3, 36 B1
Ausa-Corna 126 A3
Ausejo 153 D2
Ausônia 119 C2
Austad 42 B2
Austafjord 28 B1
Austefjord 32 A3, 36 B1
Austertana (Leirpollen) 7 C1
Austevoll 42 A1
Austis 123 D2
Austmarka 38 B3
Austnes 32 A2
Austrått 28 A3, 33 C1
Austrumdal 42 A/B2/3
Auterive 109 D3, 155 D1
Autheuil 86 A/B1
Authon 86 B3
Authon 112 A2
Authon-du-Perche 86 B2

Authon-la-Plaine 87 C2
Autio 18 B2/3
Autio 17 C1
Autol 153 D2/3, 154 A2
Autrèche 86 B3
Autreville 89 C2
Autrey-lès-Gray 89 C3
Autricourt 88 B2
Autry-le Châtel 87 D3
Autti 12 B3
Auttoinen 25 D1, 26 A1
Autun 103 C1
Auve 88 B1
Auvers 110 B1
Auvila 27 C1
Auvillars 109 C2
Auxerre 88 A3
Auxey-Duresses 103 D1
Auxi-le-Château 77 D2
Auxon 88 A2
Auxonne 89 C3, 103 D1, 104 A1
Auzances 102 A/B2
Auzat 155 D2
Auzon 102 B3
Åva 24 A2/3, 41 D2
Ava 31 C3
Avaborg 31 D1
Avafors 17 C2
Avaheden 17 B/C2/3
Availles-Limouzine 101 C/D2
Avala 133 D1, 134 A1/2
Avaldsnes 42 A2
Avallon 88 A3
Avan 17 C3
Avanca 158 A2
Avas 145 D1, 145 D3
Avasjo 30 A/B2
Avaträsk 30 A1/2
Avaviken 16 A3
Avdejevka 99 D1/2
Avdira 149 C1
Avdira 145 C1
Avebury Circle 63 D2, 64 A3
A Veiga 151 C2/3
Aveinte 160 A2
Aveiras de Cima 164 A2
Aveiro 158 A2
Avelãs do Caminho 158 A2
Avelengo/Hafling 107 C2
Avegem 78 A/B2
Avellaneda 153 D3
Avellino 119 D3
Aven Armand 110 B2
Avenches 104 B1
Aven de Marzal 111 C2
Aven d'Orgnac 111 C2
Avène 110 B2
Averbode 79 C1
Avernak By 53 B/C2
Aversa 119 C/D3
Avesnes-le-Comte 78 A2
Avesnes-sur-Helpe 78 B2/3
Avesta 40 A3
Avetrana 121 D3
Avezzano 119 C2
Aviano 107 D2
Avidagos 158 B1
Avigliana 112 B1
Avigliano 120 A/B2
Avignon 111 C2
Avignonet-Lauragais 109 D3, 156 A1
Åvikebruk 35 D3
Ávila 160 A2
Avilés 151 D1
Avilley 89 C/D3
Avintes 158 A2
Avinyó 156 A2
Ávio 106 B3
Avión 150 B2
Avioth 79 C3
Avist 20 B2
Aviz 164 B2
Avize 88 A1
Avlíótai 142 A3
Avlón 147 D2
Avlonárion 147 D2
Avlum 48 A2
Avó 158 B3
Avoca 58 A3
Avoine 86 B3, 101 C1
Ávola 125 D3
Avonmouth 63 D1/2

Avord 102 B1
Avoriaz 104 B2
Avoudrey 104 B1
Avradsberg 39 C2
Avranches 86 A/B1/2
Avren 145 D1
Avricourt 89 D2, 90 A2
Avrillé 100 A2
Avrillé 86 A3
Avtovac 132 B3, 137 C1
Avžže 11 C1
Axat 156 A1
Axbridge 63 D2
Axel 78 B1
Axelfors 50 A/B1
Axelsvik 17 C/D3
Axiat 155 D2, 156 A1
Axioúpolis 143 D1
Ax-les-Thermes 156 A1
Axmarby 40 A/B2
Axmarsbruk 40 A/B1/2
Axminster 63 C/D2
Axvall 45 D2
Ayamonte 170 B2
Aycliffe 57 D3, 61 C1
Aydin 149 D2
Aydius 108 B3, 154 B1
Ayegui 153 D2, 154 A2
Ayelo de Malferit 169 C/D2
Ayen 101 C3
Ayerbe 154 B2
Ayer [Sierre] 105 C2
Ayguafreda 156 A3
Aylesbury 64 B2/3
Ayllón 161 C1
Aylsham 61 D3, 65 C1
Ayna 168 B2
Aynac 109 D1
Aynho 65 C2
Ávðar 162 B3
Ayora 169 C2
Ayr 56 B2
Ayr 54 A/B3, 55 D1/2
Ayrinmäki 18 A3
Ayron 101 C1
Ayskoski 22 B2
Ay-sur-Moselle 89 C1
Ayton 57 D2
Aytré 100 B2
Ayvacık 149 C1
Ayvalık 149 D1/2
Aywaille 79 C2
Azagra 153 D2, 154 A2
Azaila 162 B1
Azambuja 164 A2
Azambujeira 164 A1/2
Azanja 134 B2
Azannes-et-Soumazannes 89 C1
Azañón 161 D2
Azanúy 155 C3
Azaruja 165 B/C2
Azay-le-Ferron 101 D1
Azay-le-Rideau 86 B3, 101 C1
Azay-sur-Cher 86 B3
Azenhas do Mar 164 A2
Azevo 159 C2
Azinhaga 164 B1
Azinhal 170 B2
Azinheira dos Barros 164 B3
Azkoitia 153 D1
Aznalcázar 171 D2
Aznalcóllar 171 D1
Azóia 158 A3, 164 A1
Azpeitia 153 D1
Azuaga 166 A3
Azuara 162 B2
Azuébar 162 B3, 169 D1
Azuqueca de Henares 161 C2
Azur 108 B2
Azurara 158 A1
Azután 160 A3, 166 B1
Azzano Dézimo 107 D2/3, 126 A2/3

B

Baad 106 B1
Baamonde 150 B1
Baar 105 C/D1

Baarle-Hertog 79 C1
Baarn 66 B3
Babadag 141 D2
Babaevo 75 D1
Babenhausen 81 C3
Babenhausen 91 D2
Babigoszez 70 B1
Babilafuente 159 D2, 160 A2
Babimost 71 C3
Babina Greda 132 B1
Babin Most 138 B1
Babino Polje 136 B1
Babin Potok 131 B/C1
Babke 70 A1
Babljak 137 D1
Babócsa 128 A2
Babušnica 139 C1
Bač 138 A1
Bač 129 C3
Bacáicoa 153 D2
Bacarés 173 D2
Bacău 141 C1
Baccarat 89 D2
Baceno 105 C2
Bach 109 D2
Bacharach 80 B3
Bačina 134 B3
Bäckan 35 C3
Bačka Palanka 129 C3, 133 C1
Bačkarna 34 B3
Backaryd 51 C2
Backaskog 50 B2
Bačka Topola 129 C3
Bačka Topola 140 A1
Backe 30 A2, 35 C1
Bäckebo 51 D1
Bäckefors 45 C2
Backgränd 25 C3
Bäckhammar 45 D1, 46 A1
Bački Breg 129 C3
Bački Brestovac 129 C3
Bački Jarak 129 D3, 134 A1
Bački Monoštor 129 C3
Bački Petrovac 129 C3
Backnang 91 C1
Backnäs 16 A3
Bačko Gradište 129 D3
Bačko Novo Selo 129 C3, 133 C1
Bačko Petrovo Selo 129 D3
Bacoli 119 C3
Bacqueville-en-Caux 77 C3
Bácsalmás 129 C2
Bácsbokod 129 C2
Bacup 59 D1/2, 60 B2
Bačvani 131 D1
Baczyna 71 C2
Bada 39 B/C3
Bad Abbach 92 B1
Badacsonytomaj 128 A1
Bad Aibling 92 B3
Badajoz 165 C2
Badalona 156 A3
Badalucco 113 C2
Badarán 153 C/D2
Bad Aussee 93 C3
Bad Bentheim 67 C/D2/3
Badbergen 67 D2
Bad Bergzabern 90 B1
Bad Berka 82 A2
Bad Berleburg 80 B1/2
Bad Berleburg-Raumland 80 B1/2
Bad Berleburg-Aue 80 B1/2
Bad Berneck 82 A3
Bad Bertrich 80 A3
Bad Bevensen 69 C2
Bad Bibra 82 A1
Bad Blankenburg 82 A2
Bad Bleiberg ob Villach 126 B2
Bad Bocklet 81 D2
Bad Brambach 82 B2
Bad Bramstedt 52 B3
Bad Breisig 80 A2
Bad Brückenau 81 C2
Bad Buchau 91 C2/3
Bad Camberg 80 B2
Badderen 5 B/C2
Bad Deutsch Altenburg 94 B2
Bad Doberan 53 D3
Bad Driburg 68 A3

Bad Driburg-Neuenheerse 68 A3, 81 C1
Bad Driburg-Dringenberg 68 A3, 81 C1
Bad Düben 82 B1
Bad Düben 72 A3
Bad Dürkheim 80 B3, 90 B1
Bad Dürrenberg 82 B1
Bad Dürrheim 90 B3
Bądecz 71 D1
Bad Eilsen 68 A3
Bad Elster 82 B2
Bad Ems 80 B2
Baden 94 B3
Baden 90 B3
Bádenas 162 A2
Baden-Baden 90 B2
Bad Endbach 80 B2
Badenweiler 90 A3
Baderna 126 B3, 130 A1
Badersleben 69 C3
Bad Essen 68 A3
Bad Feilnbach 92 B3
Bad Feilnbach-Au 92 A/B3
Bad Fischau 94 A/B3
Bad Frankenhausen 82 A1
Bad Freienwalde 70 B2
Bad Freienwalde 72 A3
Bad Friedrichshall 91 C1
Bad Füssing 93 C2
Bad Gandersheim 68 B3
Badgastein 107 D1, 126 A1
Bad Gleichenberg 127 D1
Bad Goisern 93 C3
Bad Gottleuba 83 C2
Bad Grund 68 B3
Bad Hall 93 D3
Bad Harzburg 69 C3
Bad Heilbrunn 92 A3
Bad Herrenalb 90 B2
Bad Hersfeld 81 C2
Bad Hofgastein 107 D1, 126 A1
Bad Homburg von der Höhe 80 B2/3
Bad Honnef 80 A2
Bad Hönningen 80 A2
Badia Calavena 107 C3
Badia Polésine 115 B/C1
Badia Pratàglia 115 C2, 116 B1
Badia Tedalda 115 C2/3, 117 C2
Bad Iburg 67 D3
Bad Imnau 90 B2
Bad Innerlaterns 106 A1
Bad Ischl 93 C3
Bad Ischl 96 A3
Bad Karlshafen 68 B3, 81 C1
Bad Kissingen 81 D2/3
Bad Kleinen 53 C3, 69 C1
Bad Kleinkirchheim 126 B1
Bad Klosterlausnitz 82 A/B2
Bad Kohlgrub 92 A3
Bad König 81 C3
Bad Königshofen 81 D2
Bad Kösen 82 A1
Bad Köstritz 82 B2
Bad Kreuzen 93 D2
Bad Kreuznach 80 B3
Bad Krozingen 90 A3
Bad Laasphe-Holzhausen 80 B2
Bad Laasphe 80 B2
Bad Laer 67 D3
Bad Laer-Glandorf 67 D3
Bad Langensalza 81 D1
Bad Lauchstädt 82 A/B1
Bad Lausick 82 B1
Bad Lauterberg 69 B/C3, 81 D1
Bad Lauterberg-Bartolfelde 81 D1
Bad Liebenstein 81 D2
Bad Liebenwerda 83 C1
Bad Liebenwerda 96 A1
Bad Liebenzell 90 B2
Bad Lippspringe 68 A3
Bad Marienberg 80 B2
Bad Mergentheim 81 C3, 91 C1
Bad Mergentheim-Herbsthausen 91 C1

Bad Mergentheim-Stuppach — Baños de Panticosa

Bad Mergentheim-Stuppach 91 C1
Bad Münder-Hachmühlen 68 B3
Bad Münder 68 B3
Bad Münder-Bakede 68 B3
Bad Münstereifel-Schönau 79 D2, 80 A2
Bad Münster-Ebernberg 80 B3
Bad Münstereifel 79 D2, 80 A2
Bad Münstereifel-Mutscheid 80 A2
Bad Muskau 83 D1
Bad Nauheim 81 B/C2
Bad Nenndorf 68 B3
Bad Neuenahr-Ahrweiler 80 A2
Bad Neuenahr-Ahrweiler-Ramersbach 80 A2
Bad Neustadt 81 D2
Bad Oeynhausen 68 A3
Bad Oldesloe 53 C3, 68 B1
Badonviller 89 D2, 90 A2
Bad Orb 81 C2/3
Bad Peterstal 90 B2
Bad Pirawarth 94 B2
Bad Pyrmont 68 A/B3
Bad Radkersburg 127 D1/2
Bad Ragaz 105 D1, 106 A1
Bad Rappenau 91 C·
Bad Reichenhall 92 B3
Bad Rippoldsau 90 B2
Bad Saarow-Pieskow 70 B3
Bad Sachsa 81 D1
Bad Säckingen 90 B3
Bad Salzdetfurth-Bodenburg 68 B3
Bad Salzdetfurth 68 B3
Bad Salzschlirl 81 C2
Bad Salzuflen 68 A3
Bad Salzungen 81 D2
Bad Sankt Leonhard im Lavanttal 127 C1
Bad Sassendorf 67 D3, 80 B1
Bad Schallerbach 93 C2
Bad Schandau 83 C2
Bad Schmiedeberg 69 D3, 70 A3, 82 B1
Bad Schönau 94 B3
Bad Schönborn-Langenbrücken 90 B1
Bad Schussenried 91 C3
Bad Schwalbach 80 B3
Bad Schwartau 53 C3
Bad Segeberg 53 B/C3
Bad Soden 80 B3
Bad Soden 81 C2
Bad Soden-Salmünster 81 C2
Bad Sooden-Allendorf 81 C/D1
Bad Steben 82 A2
Bad Sulza 82 A1
Bad Sülze 53 D3
Bad Tatzmannsdorf 94 A/B3, 127 D1
Bad Teinach-Zavelstein 90 B2
Bad Tennstedt 81 D1, 82 A1
Bad Tölz 92 A3
Bad Überkingen 91 C2
Badules 163 C1/2
Bad Urach 91 C2
Bad Vellach 126 B2
Bad Vilbel 81 B/C2/3
Bad Vöslau 94 B3
Bad Waldsee 91 C3
Bad Wiessee 92 A3
Bad Wildungen 81 C1
Bad Wilsnack 69 D2
Bad Wimpfen 91 C1
Bad Windsheim 81 D3, 91 D1
Bad Wörishofen 91 D3
Bad Wurzach-Arnach 91 C3
Bad Wurzach 91 C3
Bad Wurzach-Unterschwarzach 91 C3
Bad Zell 93 D2

Bad Zwischenahn 67 D1
Baëlls 155 C3
Baena 172 B1
Baesweiler 79 D2
Baeza 167 D3, 173 C1
Báfelldalein 14 B3
Bagà 156 A2
Bagadali 122 A3, 125 D2
Bägede 29 D2
Bâgé-le-Châtel 103 D2
Bagenkop 53 C2
Bagergue 155 D2
Bages 156 B1/2
Baggård 31 C2
Bagheria 124 B2
Bagn 37 D3
Bagnacavallo 115 C2, 117 B/C1
Bagnac-sur-Celé 109 D1, 110 A1
Bagnàia 117 C3, 118 A1
Bagnara Calabra 122 A3, 125 D1
Bagnasco 113 C2
Bagnères-de-Luchon 155 C2
Bagnères-de-Bigorre 109 B/C3, 155 C1
Bagni 114 A2, 116 A1
Bagni Contursi 120 A2
Bagni di Bòrmio 106 B2
Bagni di Lucca 114 B2, 116 A1
Bagni di Màsino 106 A2
Bagni di Petriolo 114 B3, 116 B2
Bagni di Rabbi 106 B2
Bagni di Tivoli 118 B2
Bagni di Vinàdio 112 B2
Bagno a Ripoli 114 B2, 116 B1/2
Bagno di Romagna 115 C2, 116 B1
Bagnoles-de-l'Orne 86 A2
Bagnoli del Trigno 119 D2
Bagnoli di Sopra 107 C3
Bagnoli Irpino 119 D3, 120 A2
Bagnolo in Piano 114 B1
Bagnolo Mella 106 B3
Bagnolo Piemonte 112 B1
Bagnolo San Vito 114 B1
Bagnols-en-Forêt 112 A/B3
Bagnols-les-Bains 110 B1
Bagnols-sur-Cèze 111 C2
Bagnone 114 A2
Bagnoregio 117 C3, 118 A1
Bagod 128 A1
Bagolino 106 B3
Bagrdan 134 B2
Bagshot 64 B3, 76 B1
Báguena 163 C2
Bagüés 154 B2
Bahabón de Esgueva 153 C3
Bahillo 152 B2
Bahmač 99 D2
Bahrendorf 69 C3
Baia 119 C3
Baia de Aramă 135 D1
Baia de Aramă 140 B2
Bàia delle Zàgare 120 B1, 136 A3
Baia Domizìa 119 C3
Baia Mare 97 D3, 98 A3
Baiano 119 D3
Baião 158 B1/2
Baiardo 113 B/C2
Baia Sardinia 123 D1
Baienfurt 91 C3
Baierbach 92 B2
Baiersbronn-Klosterreichenbach 90 B2
Baiersbronn 90 B2
Baignes-Sainte-Radegonde 101 C3
Baigneux-les-Juifs 88 B3
Bäile Herculane 135 C1
Bäile Herculane 140 A/B2
Bailen 167 C3
Bäile Olänesti 140 B2
Bäilesti 140 B2
Bäilesti 135 D2
Bailleau-le-Pin 86 A/B2
Bailleul 77 C3

Bailleul 78 A2
Bailo 154 B2
Bain-de-Bretagne 85 D2/3
Bains 110 B1
Bains de Préchacq 108 A2
Bains d'Escouloubre 156 A1
Bains-d'Huchet 108 B2
Bains-les-Bains 89 C/D2
Baio 150 A1
Baiona 150 A3
Bais 86 A2
Baisieux 78 A2
Baiso 114 B1/2
Baixas 156 B1
Baja 129 C2
Baja 96 B3
Bajánsenye 96 A/B3
Bajánsenye 127 D1
Bajgora 138 B1
Bajna Bašta 133 C2
Bajinci 131 D1, 132 A1
Bajmok 129 C2/3
Bajna 95 D3
Bajovo Polje 137 C1
Bajram Curri 138 A2
Bajram Curri 140 A3
Bajša 129 C3
Bajže 137 D2
Bak 128 A1/2
Bak 96 B3
Bakar 126 B3, 130 B1
Bakarac 126 B3, 130 B1
Bakel 79 C/D1
Bakewell 61 C3, 64 A1
Bakio 153 C/D1
Bækké 48 B3, 52 B1
Bakke 42 B3
Bakke 44 B2
Bakkefjord 4 A3
Bakken 38 B1/2
Bakken 29 C/D2
Bakken 38 B2
Bakken 32 B1
Bakketun 14 B2/3
Bakko 43 C1
Bækmarksbro 48 A2
Bákoca 128 B2
Bakonybél 128 B1
Bakonycsernyé 95 C3, 128 B1
Bakonygyepes 128 A1
Bakonyjákó 128 A/B1
Bakonykoppány 95 C3, 128 B1
Bakonypéterd 95 C3
Bakonysárkány 95 C3, 128 B1
Bakonyszentkirály 95 C3, 128 B1
Bakonyszombathely 95 C3
Bakov nad Jizerou 83 D2
Baksa 128 B2/3
Baksjölden 30 B2
Baktsjaur 16 A3
Bakum 67 D2, 68 A2
Bakvattnet 29 C/D2/3, 34 B1
Bala 59 C2/3, 60 A3
Balabankoru 145 D3
Balaci 140 B2
Bälăcița 135 D2
Balaguer 155 C/D3, 163 C1
Balaruc-les-Bains 110 B3
Balassagyarmat 95 D2
Balassagyarmat 97 C3
Balata di Baida 124 A2
Balatonakali 128 B1
Balatonalmádi 128 B1
Balatonederics 128 A1
Balatonfőkajár 128 B1
Balatonfoldvár 128 B1
Balatonfüred 128 B1
Balatonfüred 96 B3
Balatonfüzfö 128 B1
Balatonkenese 128 B1
Balatonkeresztúr 128 A2
Balatonkeresztúr 96 B3
Balatonlelle 128 B1/2
Balatonmagyaród 128 A2
Balatonszemes 128 B1
Balatonvilágos 128 B1
Bälăušeri 97 D3, 140 B1
Balazote 168 B2
Balbacil 161 D2
Balbigny 103 C2/3

Balboa 151 C2
Balbriggan 58 A2
Balčik 141 D3
Balconete 161 C2
Balcons de la Mescla 112 A2/3
Baldellou 155 C3
Balderschwang 91 D3
Baldichieri d'Asti 113 C1
Baldock 65 B/C2
Baldos 158 B2
Bale 130 A1
Baleira 151 C1/2
Baleisão 165 C3, 170 B1
Baleix 108 B3, 155 B/C1
Balen 79 C1
Balerma 173 D2
Balerno 57 C2
Balestrand 36 B2
Balestrate 124 A2
Balf 94 B3
Balfron 56 B1
Balikesir 149 D1
Balinge 50 B2
Balingen 90 B2
Balingen-Weilstetten 91 B/C2
Balizac 108 B1
Balje 52 A/B3, 68 A1
Baljom 29 C3, 34 A1
Balk 66 B2
Balkbrug 67 C2
Ballabani 142 A2
Ballachulish 56 A1
Ballangen 9 C2
Ballangen-Bjørnkåsen 9 C2
Ballan-Miré 86 B3
Ballantrae 56 A/B3
Ballao 123 D3
Ballasalla 58 B1
Ballaugh 58 B1
Ballcaire d'Urgell 155 D3, 163 D1
Balle 49 C2
Ballebro 52 B2
Ballen 49 C3, 53 C1
Ballenstedt 69 C3
Balleroy 76 A/B3, 85 D1, 86 A1
Ballerup 49 D3, 50 A3, 53 D1
Ballestar 163 C2
Ballesteros de Calatrava 167 C2
Ballina 55 C2
Ballinasloe 55 C2/3
Balling 48 A2
Ballingslöv 50 B2
Ballinluig 57 C1
Ballinluig 54 B2
Ballino 106 B2
Ballobar 155 C3, 163 C1
Balloch 56 B1/2
Ballon 86 B2
Ballószög 129 C1
Ballots 85 D2
Ballsh 142 A2
Ballstad 8 B2/3
Ballstädt 81 D1/2
Ballum 52 A2
Ballycanew 58 A3
Ballycarry 56 A3
Ballycastle 54 A3, 55 D2
Ballyclare 56 A3
Ballydonegan 55 C3
Ballygalley 56 A3
Ballygawley 54 A3, 55 D2
Ballygowan 56 A3
Ballyhalbert 56 A3
Ballyhaunis 55 C2
Ballymena 54 A3, 55 D2
Ballynahinch 58 A1
Ballynaskeagh 58 A1
Ballynure 56 A3
Ballyshannon 55 C2
Ballywalter 56 A3
Balmaseda 153 C1
Balme 104 B3
Balmúccia 105 C3
Balneario de Pozo Amargo 172 A2
Balquhidder 56 B1
Balrath 58 A2
Balsa 158 B1
Balsa de Ves 169 D1/2
Balsareny 156 A2/3
Balsby 50 B2

Balsfjord 4 A3, 10 A1
Balsicas 169 C3, 174 B1
Balsièges 110 B1/2
Balsorano 119 C2
Bålsta 40 B3, 47 C1
Balsthal 105 C1
Balta 135 C/D1
Balta 99 C3
Baltanás 152 B3
Baltar 150 B3
Baltasound 54 A1
Baltijk (Pillau) 73 C2
Baltrum 67 D1
Balugães 150 A3, 158 A1
Baelum 48 B2
Balvano 120 A2
Balve 80 B1
Balvi 74 B2
Balzers [Trübbach] 105 D1, 106 A1
Balzhausen 91 D2
Balzo 117 D3
Bambâlion 146 A1
Bamberg 81 D3, 82 A3
Bamble 43 D2, 44 A2
Bamburgh 57 D2
Bampton 63 C2
Bampton 64 A3
Bana 95 C3
Bañares 153 C2
Banatska Palanka 134 B1
Banatsk Arandelovo 129 D2
Banatski Brestovac 134 B1
Banatski Dvor 129 D3
Banatski Karlovac 134 B1
Banatsko Novo Selo 134 B1
Banbridge 58 A1
Banbury 65 C2
Banchory 54 B2
Bande 150 B3
Bandeira 150 B2
Bandelow 70 B1
Bandholm 53 C2
Bandirma 149 D1
Bando 115 C1
Bandol 111 D3
Bâneasa 141 C2
Bañeres 169 C2
Banff 54 B2
Bângbo 39 D3
Bangor 56 A3
Bangor 59 C2, 60 A3
Bangor 84 B3
Bangor 54 A3, 55 D2
Bangor Erris 55 C2
Bangsund 28 B2
Banhos da Curia 158 A2/3
Banie 70 B2
Banja 133 D3, 134 A3, 138 A1
Banja 133 D2, 134 A/B2
Banja 138 B2
Banja 133 C3
Banja Koviljača 133 C2
Banja Luka 131 D1, 132 A1
Banjani 133 D2, 134 A2
Banja Rusanda 129 D3
Banja Vrućica 132 B2
Banjica 138 A1
Banjišta 138 A3
Banjole 130 A1
Banjska 138 B1
Bánk 95 D3
Banka 95 C2
Bankeryd 45 D3, 46 A3
Bankfoot 57 C1
Bankja 139 D1
Banloc 134 B1
Bannalec 84 B2
Bannesdorf 53 C2
Bannesdorf-Puttgarden 53 C2
Bannockburn 56 B1
Bañobárez 159 C2
Banon 111 D2
Bañón 163 C2
Baños de Alicún de las Torres 173 C1
Baños de Gigonza 171 D3
Baños de Ledesma 159 D2
Baños de la Encina 167 C3
Baños de Molgas 150 B3
Baños de Montemayor 159 D3
Baños de Panticosa 154 B2

Baños de Rio Tobia — Beaumont-les-Autels

Baños de Rio Tobia 153 D2
Baños de San Juan 157 D2
Baños de Tus 168 A/B3
Baños de Valdearados 153 C3, 161 C1
Baños de Zújar 173 D1
Baños Fuensanta 174 A1
Bánov 95 C2/3
Banova Jaruga 128 A3
Bánovce nad Bebravou 95 C2
Banovići 132 B2
Banská Bystrica 95 D2
Banská Bystrica 97 B/C2
Banská Štiavnica 95 D2
Bansko 139 D3, 143 D1, 144 A1
Bansko 139 D2
Bantheville 88 B1
Bantry 55 C3
Bantzenheim 90 A3
Banyalbufar 157 C2
Banyoles 156 B2
Banyuls-sur-Mer 156 B2
Banz 120 B2
Baoratienovsk 73 C2
Bapaume 78 A2/3
Bapukkátan 9 D3
Baqueira 155 D2
Bár 129 C2
Bar 137 D2
Barahona 161 D1
Barajas 161 C2
Barajas del Melo 161 C3
Barajevo 133 D1/2, 134 A2
Barakaldo/Baracaldo 153 C1
Baralla 151 C2
Baranbio 153 C1/2
Baranjsko Petrovo Selo 128 B3
Barano d'Ischia 119 C3
Baranovići 98 B1
Barão de São Miguel 170 A2
Baraolt 141 C1
Bar-ar-Lan 84 A2
Barásoain 154 A2
Barbacena 165 C2
Barbadás 150 B2/3
Barbadillo 159 D2
Barbadillo de Herreros 153 C3
Barbadillo del Mercado 153 C3
Barbadillo del Pez 153 C3
Barban 130 A1
Bárbara 115 D3, 117 C/D2
Barbarano Romano 117 C3, 118 A1
Barbarano Vicentino 107 C3
Barbaros 149 D1
Barbaste 109 C2
Barbastro 155 C3
Barbate de Franco 171 D3
Barbatovac 134 B3, 138 B1
Barbâtre 100 A1
Barbazán 109 C3, 155 C1
Barbele 73 D1, 74 A2
Barbens 155 D3, 163 D1
Barberà de la Conca 163 C1
Barberino di Mugello 114 B2, 116 B1
Barbezieux 101 C3
Barbo 47 C2
Barbonne-Fayel 88 A2
Barbotan-les-Thermes 108 B2
Barbués 154 B3
Barbullushi 137 D2
Barbuñales 155 C3
Barby 69 D3
Barca 161 D1
Bárcabo 155 C2
Barca d'Alva 159 C2
Barcarrota 165 C/D2/3
Barcellona Pozzo di Gotto 125 D1/2
Barcelona 156 A3
Barcelonnette 112 A/B2
Barcelos 150 A3, 158 A1
Bárcena del Monasterio 151 C1
Barcheta 169 D2
Barchi 115 D2/3, 117 C2
Barcial 151 D3

Barcillonnette 111 D1/2, 112 A2
Barcina de los Montes 153 C2
Bárcis 107 D2
Barco 158 B3
Barcones 161 C1
Barcos 158 B2
Barcs 128 A2/3
Barcus 108 A/B3, 154 B1
Bard 105 C3
Bardal 14 B2
Bardallur 155 C3, 163 C1
Bardejov 97 C2
Bardi 114 A1
Bardolino 106 B3
Bardonécchia 112 A/B1
Bardowick 68 B1
Bare 133 C3
Bare 133 D2, 134 A/B2
Bare 133 C/D3, 134 A3, 137 D1, 138 A1
Barèges 108 B3, 155 C2
Barenburg 68 A2
Barendorf 69 C1
Bärenklau 70 B3
Bärenstein 83 B/C2
Barenstein 83 C2
Barentin 77 C3
Barenton 85 D2, 86 A2
Barfleur 76 B3
Barga 114 A/B2, 116 A1
Bargas 160 B3, 167 C1
Barge 112 B1
Bargemon 112 A3
Bargen [Schaffhausen] 90 B3
Barghe 106 B3
Bargoed 63 C1
Bargennan 56 B3
Bargteheide 52 B3, 68 B1
Bargum 52 A2
Barham 65 C3, 76 B1
Bari 121 C2, 136 A3
Barić Draga 130 B2
Bärig 169 D2
Barigazzo 114 B2, 116 A1
Bari Santo Spirito 121 C2, 136 A3
Bari Sardo 123 D2
Barisciano 117 D3, 119 C1
Barjac 111 C2
Barjac 110 B1
Barjols 112 A3
Barkaro 40 A3, 46 B1
Barkow 69 D1
Barkowo 71 D1
Barleben 69 C/D3
Bar-le-Duc 88 B1
Barletta 120 B1/2, 136 A3
Barlieu 87 D3
Barlinek 71 C2
Barlinek 72 A3
Barmouth 59 C3
Barmstedt 52 B3, 68 B1
Barnard Castle 57 D3, 61 C1
Barnau 82 B3
Barneveld 66 B3
Barneville-Carteret 76 A3
Barnewitz 69 D2
Barnoldswick 59 D1, 60 B2
Barnówko 70 B2
Barnsley 61 C2/3
Barnstaple 63 C2
Barnstorf 68 A2
Barntrup-Alverdissen 68 A3
Baron 87 D1
Barone Canavese 105 C3
Baronissi 119 D3
Baronville 89 D1
Barödsund 25 C3
Barovo 139 C3, 143 C/D1
Barquilla 159 C2
Barquilla de Pinares 159 D3, 160 A3
Barquinha 164 B1
Barr 56 B2/3
Barr 90 A2
Barra 158 A2
Barração 158 A3, 164 A/B1
Barracas 162 B3
Barrachina 163 C2
Barraco 160 A/B2
Barrado 159 D3

Barrafranca 125 C2/3
Barrage de Sarrans 110 A1
Barrage de Serre-Ponçon 112 A2
Barrage de Tignes 104 B3
Barrage du Chambon 112 A1
Barranco do Velho 170 B2
Barrancos 165 C3
Barranda 168 B3, 174 A1
Barraqueville 110 A2
Barrax 168 B2
Barrea 119 C2
Barre-des-Cévennes 110 B2
Barreiro 164 A2
Barreiro 158 A/B2
Barreiros 151 C1
Barrême 112 A2
Barrhead 56 B2
Barrhill 56 B3
Barrière-de-Champion 79 C3
Barrillos 152 A2
Barrio 150 A3, 158 A1
Barrio de San Pedro 165 C1
Barriomartin 153 D3
Barro 152 A1
Barro 150 A2
Barró 158 B2
Barroca 158 B3
Barrocas e Taias 150 A3
Barromán 160 A2
Barrow-in-Furness 59 C1, 60 A/B2
Barrow-in-Furness 54 B3
Barruecopardo 159 C2
Baruelo de Santullán 152 B2
Barry 63 C2
Börse 53 D2
Barsebäckshamn 50 A3
Barsinghausen 68 B3
Barssel 67 D1
Barssel-Harkebrügge 67 D1/2
Bar-sur-Aube 88 B2
Bar-sur-Seine 88 B2
Barsviken 35 D3
Bartenheim 90 A3
Barth 53 D2/3
Barth 72 A2
Bartholomä 91 C/D2
Barton 59 D1, 60 B2
Barton-upon-Humber 61 D2
Bartošova Lehôtka 95 D2
Bartoszyce (Bartenstein) 73 C2
Bartow 70 A1
Baruchella 115 B/C1
Barúmini 123 C/D3
Baruth 70 A3
Barvaux 79 C2
Barver 68 A2
Bárvik 5 C1/2
Barwice (Bärwalde) 71 D1
Barwinek 97 C2, 98 A3
Bárzana 151 D1
Bárzio 105 D2/3, 106 A2
Basagliapenta 107 D2, 126 A2
Basàld 129 D3
Basardilla 160 B2
Basauri 153 C1
Báscara 156 B2
Baschi 117 C3, 118 A1
Basconcillos del Tozo 152 B2
Basdahl 68 A1
Basedow 53 D3, 69 D1, 70 A1
Basel 90 A3
Baselga di Piné 107 C2
Basélice 119 D2, 120 A1
Basella 155 C3
Bas-en-Basset 103 C3
Basepohl 70 A1
Bäsheim 43 D1
Basiana 133 D1, 134 A1
Basicó 125 D2
Basildon 65 C3
Basingstoke 64 B3, 76 A1
Baška 130 B1
Baška Voda 131 D3, 132 A3
Baskemölla 50 B3

Baške Oštarije 130 B2
Baskjö 30 B1
Baslow 61 C3, 64 A1
Basna 39 D2
Bassacutena 123 D1
Bassar 146 B3
Bassano del Grappa 107 C3
Basse-Bodeux 79 D2
Bassecourt 89 D3, 90 A3, 104 B1
Bassignana 113 C1
Bassilly 78 B2
Bassou 88 A2/3
Bassoues 109 C3, 155 C1
Bassum 68 A2
Bassum-Bramstedt 68 A2
Bassum-Neubruchhausen 68 A2
Båstad 49 D2, 50 A2
Båstad 72 A1
Båstad (Heiàs) 38 A3, 44 B1
Bastahovine 133 C2
Bastardo 117 C3
Bastelica 113 D3
Basterud 39 C3
Bastheim 81 D2
Bastia 113 D2
Bastia 107 C3
Bastida 153 C/D2
Bastida 158 A2
Bastogne 79 C/D3
Bastunás 31 C1/2
Bastuträsk 31 C1
Batajanıca 133 D1, 134 A1
Batak 140 B3
Batalha 158 A3, 164 A1
Bátaszék 129 C2
Bátaszék 96 B3
Baté 128 B2
Batea 163 C2
Batečkij 74 B1
Batelov 94 A1
Baterno 166 B2
Bath 63 D2, 64 A3
Bathgate 57 C2
Bathmen 67 C3
Batignano 116 B3
Batina 129 C3
Batlava 138 B1
Batley 61 C2
Batnfjordsøra 32 A/B2
Batočina 134 B2
Bátovce 95 D2
Batres 160 B3
Batrina 132 A/B1
Bätsfjord 7 C1
Bätsfjord 5 C1
Bätsjäur 15 D2
Bätskar 37 C2
Bätskärsnäs 17 C/D2/3
Battaglia Terme 107 C3
Battenberg-Dodenau 80 B1/2
Battice 79 D2
Battipàglia 119 D3, 120 A2
Battle 77 C1
Battonya 97 C3, 140 A1
Batumi 99 D2
Baturino 75 C3
Bátvik 25 C3
Batz-sur-Mer 85 C3
Baud 85 B/C2/3
Baudenbach-Mönchsberg 81 D3
Baudreville 87 C2
Baugé 86 A3
Baugy 102 B1
Bauladu 123 C2
Bauma 91 B/C3, 105 D1
Baume-les-Dames 89 D3, 104 A/B1
Baumgarten 93 B/C2
Baumgarten 69 D1, 70 A1
Baumholder 80 A3
Baunach 81 D3
Baunen 123 D2
Bausendorf 80 A3
Bauska 73 D1, 74 A2
Bautzen 96 A1
Bautzen 83 D1
Bavanište 134 B1
Bavay 78 B2
Baverhult 31 C1
Baverträsk 30 B1
Båverudden 16 B2
Bavorov 93 C1

Bawdeswell 65 C/D1
Bawdsey 63 D1
Bawinkel 67 D2
Bawtry 61 C3
Bayercat 173 D2
Bayerbach bei Ergoldsbach 92 B2
Bayerdilling 91 D2, 92 A2
Bayerisch Eisenstein 93 C1
Bayeux 76 B3, 86 A1
Bayındır 149 D2
Bayon 89 C/D2
Bayonne 108 A3, 154 A1
Bayramic 149 C/D1
Bayreuth 82 A3
Bayrischzell 92 B3
Baythorn End 65 C2
Bayubas de Abajo 153 C3, 161 C1
Baza 173 D1
Bazas 108 B1/2
Bazias 134 B1
Bazias 140 A2
Baziège 109 D3, 155 D1
Bazoches 88 A1
Bazoches-les-Gallerandes 87 C2
Bazoches-sur-Hoëne 86 B2
Bazoges-en-Paillers 101 C1
Bazolles 103 B/C1
Bazouges-la-Pérouse 85 D2
Bàzovec 135 D3
Bazsi 128 A1
Bazuel 78 B3
Bazzano 114 B1/2
Beaconsfield 64 B3
Beade 150 B2
Beaminster 63 D2
Beamud 161 D3, 162 A3
Beariz 150 B2
Beas 171 C1
Beasain 153 D1/2
Beas de Segura 167 D3, 168 A3
Beateberg 45 D2, 46 A2
Beatenberg [Interlaken] 105 C1/2
Beattock 57 C2
Beattock 54 B3
Beauberry 103 C2
Beaubru 79 C3
Beaucaire 111 C2
Beaucens 108 B3, 155 C1/2
Beaufays 79 C2
Beaufort 104 B3
Beaufort-du-Jura 103 D1/2, 104 A2
Beaufort-en-Vallée 86 A3
Beaufort-sur-Gervanne 111 D1
Beaugency 87 C3
Beaujeu 103 C/D2
Beaulac 108 B2
Beaulieu 76 A1
Beaulieu Abbey 76 A1
Beaulieu-sous-la-Roche 100 A1
Beaulieu-sur-Loire 87 D3
Beaulieu-sur-Dordogne 109 D1
Beaulieu-sur-Mer 112 B3
Beaumarchés 108 B3, 155 C1
Beaumaris 59 C2, 60 A3
Beaumes-de-Venise 111 C/D2
Beaumesnil 86 B1
Beaumetz-lès-Loges 78 A2
Beaumont 109 C1
Beaumont 78 B2
Beaumont-de-Lomagne 109 C2
Beaumont-du-Gâtinais 87 D2
Beaumont-en-Argonne 79 C3
Beaumont-Hague 76 A3
Beaumont-la-Ferrière 88 A3, 102 B1
Beaumont-la-Ronce 86 B3
Beaumont-le-Roger 86 B1
Beaumont-les-Autels 86 B2

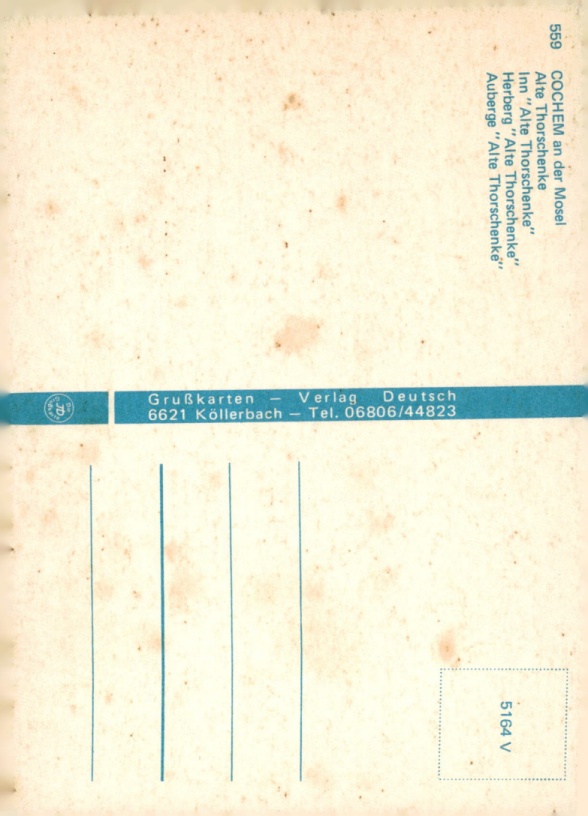

Beaumont-sur-Oise — Berežany

Beaumont-sur-Oise 77 D3, 87 D1
Beaumont-sur-Sarthe 86 B2
Beaumont-sur-Vesle 88 B1
Beaune 103 D1
Beaune-la-Rolande 87 D2
Beaupréau 85 D3, 100 B1
Beauraing 79 C3
Beauregard 86 A/B3
Beaurepaire-en-Bresse 103 D1, 104 A1/2
Beaurepaire 103 D3
Beaurières 111 D1
Beauronne 101 C3, 109 C1
Beauvais 77 D3
Beauvallon 112 A3
Beauville 109 C2
Beauvoir-sur-Niort 100 B2
Beauvoir-sur-Mer 100 A1
Beauzée-sur-Aire 89 B/C1
Beba Veche 129 D2
Bebra 81 C2
Bebra-Breitenbach 81 C2
Beccles 65 D2
Becedas 159 D2/3
Beceite 163 C2
Bécej 129 D3
Bécej 140 A1/2
Beceni 141 C2
Becerreá 151 C2
Becerril de Campos 152 B3
Bečevinka 75 D1
Bech 79 D3
Bécherel 85 C2
Bechet 140 B2
Bechhofen 91 D1
Bechhofen (Zweibrücken) 89 D1, 90 A1
Bechi 162 B3, 169 D1
Béchovice 83 D3
Bechyně 93 D1
Béčići 137 C2
Becilla de Valderaduey 152 A3
Beckenried 105 C/D1
Beckhamption 63 D2, 64 A3
Beckingen-Düppenweiler 79 D3, 90 A1
Beckov 95 C2
Beckum 67 D3
Beclean 97 D3, 140 B1
Bécon-les-Granits 86 A3
Bečov nad Teplou 82 B3
Becsehely 128 A2
Becsvölgye 127 D1, 128 A1/2
Bedale 61 C2
Bedale 112 B2
Bédar 174 A2
Bédarieux 110 B3
Bedburg 79 D1/2, 80 A1/2
Bedburg-Hau 67 C3
Bedburg-Kaster 79 D1
Beddgelert 59 C2, 60 A3
Beddingestrand 50 B3
Bédée 85 C2
Bederkesa 52 A3, 68 A1
Bedford 64 B2
Bedlington 57 D3
Bedmar 167 D3, 173 C1
Bednja 127 D2
Bedoin 111 D2
Bédole 106 B2
Bedónia 113 D2, 114 A1
Bedous 108 B3, 154 B1
Bedretto [Airolo] 105 C/D2
Bedrule 57 C2
Bedsted 48 A2
Beduido 158 A2
Bedum 67 C1
Bedworth 64 A2
Beelen 67 D3
Beelitz 70 A3
Beelitz 72 A3, 96 A1
Beendorf 69 C3
Beenz 70 A1
Beerelde 70 B2
Beerfelden 81 C3, 91 C1
Beerta 67 C1
Beeskow 70 B3
Beeskow 72 A3, 96 A1
Beesten 67 D2
Beetsterzwaag 67 C2
Beetz 70 A2

Beetzendorf 69 C2
Begaljica 133 D1/2, 134 B2
Bégard 84 B1/2
Begejci 129 D3
Begïjar 167 D3, 173 C1
Begis 162 B3, 169 C1
Beg-Meil 84 B2/3
Begna 37 D3
Begndalen 37 D3
Begoml' 74 B3
Begonte 150 B1
Begues 156 A3
Begunicy 74 B1
Begunje 126 B2
Begur 156 B2
Behlow 70 B3
Beho 79 D2
Béhobie 154 A1
Behramkale 149 C1
Behren-Lübchin 53 D3
Behringen 81 D1/2
Beian 28 A3, 33 C1
Beirarn 14 B1
Beichlingen 82 A1
Beidendorf 53 C3, 69 C1
Beijos 158 B2
Beilen 67 C2
Beilngries 92 A1
Beilngries-Paulushofen 92 A1
Beilrode 83 B/C1
Beilstein 80 B2
Beinette 112 B2
Beinwil am See 105 C1
Beire 154 A2
Beires 173 D2
Beisfjord 9 D2
Beith 56 B2
Beitostølen 37 C2
Beius 97 D3, 140 B1
Beja 164 B3, 170 B1
Béjar 159 D2/3
Bejis 162 B3, 169 C1
Béke 95 C2/3
Békéscsaba 97 C3, 140 A1
Békéssámson 129 D1
Békésszentandrás 129 D1
Bekkarfjord 6 B1
Bekkelegret 33 C3, 37 D1
Bekken 38 B1
Bekjavik 42 A1
Bekkvåg 32 B1
Bélábre 101 C2
Bela Crkva 134 B1
Bela Crkva 133 C2
Bela Crkva 140 A2
Belair 108 B3, 154 B1
Belaja Cerkov' 99 C2
Bel'ajevka 141 D1
Belalcázar 166 B2
Bělá nad Radbuzou 82 B3
Belanovce 138 B2
Belanovica 133 D2, 134 A2
Bela Palanka 135 C3, 139 C1
Bela Palanka 140 A/B3
Bělá pod Bezdězem 83 D2
Belas 164 A2
Belascoáin 154 A2
Belavàr 128 A2
Belazaima 158 A2
Belcaire 156 A1
Belchite 162 B1
Bělčice 83 C3, 93 C1
Belčin 139 D2
Belčišta 138 B3, 142 B1
Bel'cy 99 C3
Belczna 71 C1
Belebelka 75 C2
Belecska 128 B2
Beled 94 B3
Belegiš 133 D1, 134 A1
Belej 130 A1
Beleña 159 D2
Beleña 161 C2
Beleño 152 A1
Belesta 109 D3, 156 A1
Belev 75 D3
Belfast 54 A3, 55 C2
Belfast 56 A3
Belford 57 D2
Belfort 89 D3, 90 A3
Belgern 83 C1
Bélgida 169 D2

Belgioioso 105 D3, 106 A3, 113 D1
Belgirate 105 D3
Belgodère 113 D2
Belgorod Dnestrovskij 141 D1
Belhade 108 B2
Belianes 155 D3, 163 D1
Beliet 108 A/B1
Beli Iski 139 D2
Beli Manastir 128 B3
Belimel 135 D3
Belin 108 A/B1
Belinchón 161 C3
Beli Potok 135 C3
Belišče 128 B3
Beliševo 139 C1
Bel Iskŭr 139 D2
Beljakovci 139 C2
Beljina 133 D2, 134 A2
Bella 120 A2
Bellac 101 D2
Bellágio 105 D2, 106 A2
Bellano 105 D2, 106 A2
Bellaria-Igea Marina 115 C/D2, 117 C1
Belle Croix 79 D2
Bellegarde 111 C2
Bellegarde-du-Loiret 87 D2
Bellegarde-en-Marche 102 A2
Bellegarde-sur-Valserine 104 A2
Belleherbe 89 D3, 104 B1
Belle-Isle-en-Terre 84 B2
Bellême 86 B2
Bellenaves 102 B2
Bellencombre 76 B3
Bellerive-sur-Allier 102 B2
Bellevaux 104 B2
Bellevesvre 103 D1
Belleville 103 D2
Belleville-sur-Vie 100 A/B1
Bellevue 104 B2/3
Bellevue 78 B3
Bellevue-la-Montagne 103 C3
Belley 104 A3
Bellheim 90 B1
Bellicourt 78 A3
Bellingen 90 A3
Bellingham 57 D3
Bellino 112 B1/2
Bellinzona 105 D2
Bellizzi 119 D3, 120 A2
Bell-lloc d'Urgell 155 C/D3, 163 C1
Bello 162 A2
Belló 46 A/B3
Bellpuig 155 D3, 163 D1
Bellreguart 169 D2
Belluno 107 D2
Bellús 169 D2
Bellver 155 C3, 163 C1
Bellvík 30 A1/2
Bellvís 154 B3, 162 B1
Belm 67 D2/3
Belmez 166 B3
Belmez de la Moraleda 173 C1
Belmont-de-la-Loire 103 C2
Belmonte 158 B3
Belmonte 151 D1
Belmonte 168 A1
Belmonte de Tajo 161 C3
Belmonte de Mezquín 163 C2
Belmont-sur-Rance 110 A2
Belmullet 55 C2
Belo Blato 129 D3, 133 D1, 134 A1
Belo Brdo 134 B3, 138 B1
Belobresca 134 B1
Belogradčik 135 D3
Belogradčik 140 B2
Beloeil 78 B2
Belojin 134 B3, 138 B1
Belo Polje 138 A1
Belorado 153 C2
Belosavci 133 D2, 134 A2
Belotinici 135 D3
Belovo 140 B3
Belp 105 C1
Belpasso 125 C/D2
Belpech 109 D3, 155 D1, 156 A1

Belper 61 C3, 64 A1
Belsey 57 D3
Belsh 142 A1
Beltheim 80 A3
Beltinci 127 D2
Beluša 95 C/D1
Belušić 134 B3
Belvédère du Cirque 112 B1
Belvedere-Campomoro 113 D3
Belvedere Marittimo 122 A1
Belvedere Ostrense 115 D3, 117 D2
Belver 164 B1
Belver de los Montes 152 A3, 159 D1, 160 A1
Belvès 109 C1
Belvik 4 A2
Belvis de la Jara 160 A3, 166 B1
Belvis de Monroy 159 D3, 166 A1
Belvoir Castle 61 C/D3, 64 B1
Bely 75 C2/3
Belynëči 74 B3
Belz 84 B3
Belzig 69 D3
Belzig 72 A3
Bembibre 151 C/D2
Bembridge 76 A1/2
Bemmel 66 B3
Bemposta 164 B1
Bemposta 159 C1
Bempton 61 D2
Benabarre 155 C3
Benacacón 171 D1/2
Benadalid 172 A2/3
Benafigos 162 B3
Benafim 170 A/B2
Benagéber Nuevo 162 A3, 169 C1
Benaguacil 169 C/D1
Benahadux 173 D2
Benahavis 172 A3
Benalmádena 172 B2/3
Benalúa de Guadix 173 C2
Benalúa de las Villas 173 C1/2
Benalup de Sidonia 171 D3
Benamargosa 172 B2
Benamaurel 173 D1
Benameji 172 B2
Benamocarra 172 B2
Benasai 163 B/C2/3
Benasau 169 D2
Benasque 155 C2
Benátky nad Jizerou 83 D2
Benavent de la Conca 155 D3
Benavente 151 D3
Benavente 164 A2
Benavides 151 D2
Benavila 164 B2
Bencatel 165 C2
Bendeleben 81 D1, 82 A1
Bendery 141 D1
Bendorf 80 A2
Benedikt 127 D2
Benediktbeuren 92 A3
Benedita 164 A1
Benegiles 151 D3, 152 A3, 159 D1
Benejama 169 C2
Benejúzar 169 C3, 174 B1
Benesat 97 D3, 140 B1
Benešov 96 A2
Benešov 83 D3
Benešov nad Ploučnicí 83 D2
Benešov nad Černou 93 D2
Benestare 122 A3
Bénestroff 89 D1
Benet 100 B2
Benetuser 169 D1
Benetutti 123 D2
Beneuvre 88 B3
Bene Vagienna 113 C1/2
Bénévent-l'Abbaye 101 D2, 102 A2
Benevento 119 D3
Benfeld 90 A2
Benfica 164 A/B2
Bengesti 135 D1
Bengtsby 25 D3, 26 A3

Bengtsfors 45 C2
Bengtsheden 39 D2, 40 A2
Beniajan 169 C3, 174 B1
Beničanci 128 B3
Benicarlò 163 C2
Benicasim 163-C3
Benidorm 169 D2
Beniel 169 C3, 174 B1
Benifallet 163 C2
Benifallim 169 D2
Benifayó 169 D1/2
Benifla 169 D2
Beniganim 169 D2
Benilloba 169 D2
Benimarfull 169 D2
Beninar 173 C/D2
Benisa 169 D2
Benissalem 157 C2
Benitayo 169 D1/2
Benitsai 142 A3
Benizalón 173 D2, 174 A2
Benkovac 131 C2
Benllech 59 B/C2, 60 A3
Benlloch 163 C3
Bennebo 40 A3
Benneckenstein 69 C3, 81 D1
Bennekom 66 B3
Bennstadt 82 A1
Bénodet 84 A/B2/3
Bénouville 76 B3, 86 A1
Benquerença de Cima 158 B3, 165 C1
Benquerencia 165 D1, 166 A1
Benquerencia de la Serena 166 A/B2
Bensafrim 170 A2
Bensbyn 17 C3
Bensheim 80 B3
Bensheim-Auerbach 80 B3
Bensjö 35 C2
Benzo 172 A3
Beočin 129 C/D3, 133 C1, D1, 134 A1
Beograd 133 D1, 134 A1
Beograd 140 A2
Beram 126 B3, 130 A1
Beranturi 153 C2
Berasáin 154 A1/2
Berastegi 153 D1, 154 A1
Berat 142 A2
Bérat 108 B3, 155 C1
Berat 148 A1
Beratón 154 A3, 161 D1, 162 A1
Beratshausen-Oberpfraun-dorf 92 A1
Beratzhausen 92 A1
Bérbaltavár 128 A1
Berbegal 155 C3
Berberana 153 C2
Berbinzana 154 A2
Bercedo 153 C1
Berceo 153 C2
Berceto 114 A1
Bercher [Lausanne] 104 B1/2
Berchidda 123 D1
Berching 92 A1
Berching-Holnstein 92 A1
Berchtesgaden 93 B/C3
Bérchules 173 C2
Bercial de Zapardiel 160 A2
Bercimuel 161 C1
Bercimuelle 159 D2
Berck-sur-Mer 77 D2
Bercu 78 A2
Berdal 28 A2, 33 C1
Berdejo 153 D3, 154 A3, 161 D1, 162 A1
Berdičev 99 C2
Berdún 154 B2
Beregovo 97 D2/3, 98 A3
Bereguardo 105 D3, 113 D1
Berek 128 A3
Beremend 128 B3
Beremenshagen 53 D3
Bere Regis 63 D2
Berešteěko 97 D1/2, 98 B2
Beretinec 127 D2
Berettyóújfalu 97 C3, 140 A1
Berèza 73 D3, 98 B1
Brezan' 99 D2
Berežany 97 D2, 98 B2

Berezino — Birmingham

Berezino 74 B3, 99 C1
Berezna 99 D2
Berg 29 C2
Berg 14 A3
Berg 28 A3, 33 C1
Berg 29 D3, 34 B1
Berg 126 B1
Berg 34 B2
Berg 30 A3, 35 C2
Berg 51 C1
Berg 29 D3, 34 B1
Berga 51 D1
Berga 50 B1
Berga 51 D2
Berga 156 A2
Berga 81 D1, 82 A1
Berga 82 B2
Bergaland 42 A2
Bergama 149 D2
Bérgamo 106 A3
Bergantino 114 B1
Bergantzu 153 C/D2
Bergara 153 D1
Bergasa 153 D2/3
Bergatreute 91 C3
Bergatreute-Rossberg 91 C3
Bergbacka 16 B3
Bergby 40 A/B2
Berge 67 D2
Berge 34 B2
Berge 69 D2, 70 A2
Berge 162 B2
Berge 35 D3
Berge 43 C2
Bergeby 7 C2
Bergeforsen 35 D3
Bergen 66 A2
Bergen 36 A3
Bergen 69 C2
Bergen 68 B2
Bergen 72 A2
Bergen aan Zee 66 A2
Bergen-Belsen 68 B2
Bergen-Eidsvåg 36 A3
Bergen op Zoom 78 B1
Bergen-Sülze 68 B2
Bergenthein 67 C2
Bergen-Wardbohmen 68 B2
Berger 43 D1, 44 B1
Bergerac 109 C1
Bergères-lès Vertus 88 A1
Bergesserin 103 C2
Berget 38 A1
Berget 28 A3, 33 C1
Berggiesshübel 83 C2
Berghaupten 90 B2
Bergheim 79 D1/2, 80 A1/2
Bergheim-Quadrath-Ichendorf 79 D1/2, 80 A1/2
Berghülen 91 C2
Berg im Gau 92 A2
Bergisch-Gladbach 80 A1/2
Bergisch-Glattbach-Bensberg 80 A1/2
Bergkarlås 39 D2
Bergkvara 51 D2
Bergkvara 72 B1
Bergland 15 C3
Berglen 91 C1/2
Bergli 32 B1
Berglia 29 C2
Berglund 4 B2
Berglund 31 C/D1
Berglunda 31 C1
Bergnäs 30 B1
Bergnäs 15 D3
Bergnäset 17 C3
Bergneustadt 80 A/B1/2
Bergö 20 A2, 31 D3
Bergondo 150 B1
Bergsäng 39 D2
Bergsäng 39 C3
Bergsbotn 9 D1
Bergsfjord 4 B2
Bergshamra 41 C3, 47 D1
Bergsjö 35 D3
Bergsjö 30 A2, 35 C1
Bergsjö 37 C3
Bergsjöåsen 30 A2, 35 C1
Bergsmo 28 B2
Bergsnov 28 A/B1
Berg (Starnberg) 92 A3
Bergstjärn 34 B2

Bergsund 15 C3
Bergsviken 16 B3
Bergtheim 81 D3
Bergua 155 B/C2
Berguenda 153 C2
Bergues 77 D1, 78 A1
Bergün/Bravuogn 106 A2
Bergvik 40 A1
Bergwitz 69 D3
Bergzow 69 D2/3
Berhida 128 B1
Beringel 164 B3, 170 B1
Beringen 79 C1
Berisha i Venël 138 A2
Berja 173 D2
Berka 81 D2
Berkåk 33 C2
Berkatal-Frankershausen 81 C/D1
Berkeley 63 D1, 64 A3
Berkenbrück 70 B2/3
Berkenthin 53 C3, 69 C1
Berkhamsted 64 B3
Berkheim 91 D2/3
Berknes 36 A/B1
Berkön 17 C3
Berkovica 135 D3, 139 D1
Berkovica 140 B3
Berlanga 166 A3
Berlanga de Duero 161 C1
Berlevåg 7 C1
Berlin (-Ost) 70 A2
Berlin (-Ost) 72 A3
Berlin (West) 72 A3
Berlin (West) 70 A2
Berlstedt 82 A1
Bermellar 159 C2
Bermeo 153 D1
Bermillo de Sayago 159 D1
Bern 105 B/C1
Bernalda 121 C3
Bernardin 126 A/B3
Bernardos 160 B1/2
Bernatice 93 D1
Bernau 70 A2
Bernau 92 B3
Bernau 72 A3
Bernau (Hochschwarzwald) 90 B3
Bernaville 77 D2
Bernay 86 B1
Bernburg 69 D3
Berndorf 94 A3
Berndorf 96 A/B3
Berne 68 A1/2
Berneau 79 C/D2
Bernedo 153 D2
Berneval-le-Grand 76 B2
Berninches 161 C2
Bernkastel-Kues 80 A3
Bernried 92 B1/2
Bernried-Egg 92 B1/2
Bernsdorf 70 A3
Bernsdorf 83 C1
Bernstadt 83 D1
Bernstein 94 B3, 127 D1
Bernués 154 B2
Berñuy-Salinero 160 A/B2
Beromünster 105 C1
Beroun 83 C3
Beroun 96 A2
Berovo 140 B3
Berovo 139 D3
Berra 115 C1
Berre-l'Étang 111 D3
Berrien 84 B2
Berrobi 153 D1, 154 A1
Berrocal 171 C1
Berrocal de Salvatierra 159 D2
Berrocalejo 160 A3, 166 B1
Bersbo 46 B2
Bersenbrück 67 D2
Berthelming 89 D1, 90 A2
Bertincourt 78 A3
Bertinoro 115 C2, 117 C1
Bertogne 79 C3
Bertrix 79 C3
Berven 84 A/B2
Berwang 91 D3
Berwick upon Tweed 57 D2
Berwick upon Tweed 54 B2/3
Berzasca 135 C2
Berzence 128 A2
Berzocana 166 B1

Berzosa 161 C2
Berzosa 153 C3, 161 C1
Berzovia 140 A2
Beša 95 D2
Besalú 156 B2
Besançon 89 C3, 104 A1
Bescanó 156 B2
Besednice 93 D2
Bešenkovići 74 B3
Besenyszög 129 D1
Bésiny 93 C1
Beška 133 D1, 134 A1
Beskovići 132 B3, 137 C1
Besni Fok 133 D1, 134 A1
Bespén 155 B/C3
Bessaker 28 A2
Bessan 110 B3
Bessarabka 141 D1
Bessay-sur-Allier 102 B2
Bessbrook 58 A1
Besse-en-Chandesse 102 B3
Bessèges 111 C2
Bessé-sur-Braye 86 B3
Bessheim 37 C2
Bessines-sur-Gartempe 101 C2
Besson 102 B2
Best 79 C1
Bestensee 70 A3
Bestorp 46 B2
Bestul 43 D1/2, 44 A1
Bestwig-Nuttlar 80 B1
Bestwig-Ramsbeck 80 B1
Betanzos 150 B1
Bétera 169 D1
Beteta 161 D2
Bétheniville 88 B1
Bethesda 59 C2, 60 A3
Bethmale 109 C3, 155 D2
Béthune 78 A2
Betna 32 B2
Bettelainville 89 C/D1
Bettembourg 79 D3
Betten [Mörel] 105 C2
Bettignies 78 B2
Bettingen 79 D3
Bettmeralp [Mörel] 105 C2
Bettna 46 B2
Béttola 113 D1, 114 A1
Bettystown 58 A2
Betws-y-Coed 59 C2, 60 A3
Betz 87 D1
Betzdorf 80 B2
Betzenstein 82 A3
Betzenstein-Spies 82 A3
Beuil 112 B2
Beuron 91 C3
Beuvry 78 A2
Beuzeville 77 C3, 86 B1
Bevagna 115 D3, 117 C2/3
Beveren 78 B1
Beverley 61 D2
Bevern 68 B3
Bevernungen-Dalhausen 68 A/B3, 81 C1
Beverstedt 68 A1
Beverungen 68 B3, 81 C1
Beverwijk 66 A2
Bevilàcqua 107 C3
Béville-le-Comte 87 C2
Bevtoft 52 B1/2
Bewdley 59 D3, 64 A2
Bex 104 B2
Bexhill 77 C1
Beychac-et-Caillau 108 B1
Beydağ 149 D2
Beynac-et-Cazenac 108 B1
Beynat 102 A3, 109 D1
Bezas 163 C3
Bezau 91 C3
Bezdan 129 C3
Bezděz 83 D2
Bezdrużice 82 B3
Bèze 89 C3
Béžeck 75 D2
Bézenet 102 B2
Bézenye 95 B/C3
Béziers 110 B3, 156 B1
Bezmisht 142 B1
Béznar 173 C2
Bezno 83 D2
Bezvěrov 83 B/C3
Bezzecca 106 B2/3
Biała 71 C1

Biała Podlaska 73 D3, 97 D1, 98 A1
Białogard (Belgard) 72 B2
Białośliwie 71 D2
Białowąs 71 D1
Białowieża 73 D3, 98 A1
Białystok 73 D3, 98 A1
Biancavilla 125 C2
Bianco 122 A3
Biandrate 105 C/D3
Biar 169 C2
Biarritz 108 A3, 154 A1
Biarrotte 108 B3, 155 C1
Bias 108 B2
Bias 69 D3
Biasca 105 D2
Biasteri 153 D2
Biatorbágy 95 D3
Biaufond (La Chaux-de-Fonds) 89 D3, 104 B1
Bibbiena 115 C2/3, 116 B2
Bibbona 114 B3, 116 A2
Biberach 90 B2
Biberach 91 C2/3
Biberbach 91 D2
Bibinje 130 B2
Bibione 107 D3, 126 A3
Biblis 80 B3
Biblis-Nordheim 80 B3
Bibury 63 D1, 64 A3
Bicaj 138 A2
Bicaz 141 C1
Biccari 120 A1
Bicester 65 C2
Bichĺ 92 A3
Bichlbach 91 D3
Bicorp 169 C2
Bičske 95 D3
Bidache 108 B3, 155 C1
Bidania 153 D1
Bidarray 108 B3, 155 C1
Bidart 108 A3, 154 A1
Bideford 62 B2
Bidjovagge 5 C3, 11 B/C1
Bie 46 B1
Biebergmünd-Bieber 81 C3
Biebersdorf 70 B3
Biebertal 80 B2
Biebertal-Frankenbach 80 B2
Biebesheim 80 B3
Biedenkopf 80 B2
Biedenkopf-Wallau 80 B2
Biedrusko 71 D2
Biegen 70 B3
Biel 154 B2
Biel/Bienne 89 D3, 104 B1
Bielefeld 68 A3
Bielefeld-Senne 68 A3
Bielefeld-Sennestadt 68 A3
Biella 105 C3
Bielle 108 B3, 154 B1
Biellojaure 15 C2/3
Bielmonte 105 C3
Bielsa 155 C2
Bielsko-Biała 97 B/C2
Bielsk Podlaski 73 D3, 98 A1
Bienenbüttel 69 B/C2
Bieniów 71 C3
Bienno 106 B2
Bienservida 168 A2
Biéntina 114 B2/3, 116 A2
Bienvenida 165 D3, 166 A3
Bière 104 A/B2
Bière 89 C/D3
Bierge 155 C2/3
Bierné 86 A3
Bierwart 79 C2
Bierzwnica 71 C1
Bierzwnik 71 C2
Biescas 154 B2
Biesenthal 70 A2
Biessenhofen 91 D3
Bietigheim 90 B1/2
Bietigheim-Bissingen 91 C1
Bièvre 79 C3
Biga 149 D1
Bigadić 149 D1
Biganos 108 A1
Bigastro 169 C3, 174 B1
Biggar 57 C2
Biggleswade 64 B2
Bignasco (Ponte Brolla) 105 D2

Bigorne 158 B2
Bihać 131 C1
Bijela 132 B1
Bijele Poljane 137 C1/2
Bijeljina 133 C1
Bijelo Polje 137 D1, 138 A1
Bijornik 25 D3, 26 B3
Bijuesca 153 D3, 154 A3, 161 D1, 162 A1
Bikova 74 A/B2
Bilă 95 D1
Bilalovac 132 B2
Bilbilis 162 A1
Bilbo/Bilbao 153 C1
Bileća 137 C1
Bilgoraj 97 D1, 98 A2
Bilina 83 C2
Bilisht 142 B2
Bilisht 148 A1
Biljača 139 C2
Biljanovac 134 B3
Bilje 129 C3
Billabona 153 D1, 154 A1
Billdal 45 C3, 49 D1
Billerbeck 67 D3
Billesdon 64 B1/2
Billesholm 50 A2/3
Billiat 104 A2
Billigheim 91 C1
Billinge 50 B3
Billingen 32 B3, 37 C1
Billingsfors 45 C2
Billingshurst 76 B1
Billom 102 B3
Billsta 30 B3
Billund 48 B3, 52 B1
Billy 102 B2
Bilovice 95 C1
Bilshausen 81 D1
Bilston 59 D3, 64 A2
Bilto 4 B3, 10 B1
Bílý Kostel nad Nisou 83 D2
Bilzen 79 C2
Biña 95 D3
Binaced 155 C3, 163 C1
Binas 87 C2/3
Binasco 105 D3, 106 A3
Binbrook 61 D3
Binche 78 B2
Bindalseídet 14 A3, 28 B1
Bindlach 82 A3
Bindslev 44 A3, 48 B1
Binéfar 155 C3, 163 C1
Bingen 43 D1
Bingen 91 C2/3
Bingen am Rhein 80 B3
Bingham 61 C3, 64 B1
Bingley 59 D1, 61 C2
Bingsjo 39 D2
Binibeca 157 C1
Binic 85 C2
Biniés 154 B2
Binisafúa 157 C1
Binisalem 157 C2
Binn [Fiesch] 105 C2
Binsfeld 79 D3, 80 A3
Binswangen 91 D2
Bioča 137 D1, 138 A1
Bioče 137 D2
Biograd 130 B2/3
Biol 103 D3
Bionaz 105 B/C3
Biosca 155 C3, 163 C1
Bioska 133 C2
Biota 155 C2
Bippen 67 D2
Birchington 65 C3, 76 B1
Birdlip 63 D1, 64 A2/3
Birgel 79 D2, 80 A2
Birgi 124 A2
Birí 38 A2
Birka 47 C1
Birkeland 43 C3
Birkenfeld (Calw) 90 B1/2
Birkenfeld 80 A3
Birkenhain 81 C2/3
Birkenhead 59 C/D2, 60 B3
Birkenwerder 70 A2
Birkeröd 49 D3, 50 A3
63 D1
Birkestrand 7 C1
Birkfeld 94 A3, 127 C/D1
Birlad 141 C1
Birmingham 59 D3, 64 A2

Birnbach — Bognelv

Birnbach 93 C2
Biron 109 C1
Birr 55 C3
Birresborn 79 D2/3, 80 A2/3
Birsay 54 B1
Birsesti 135 D1
Birstein 81 C2
Biržai 73 D1, 74 A2
Bisáccia 120 A2
Bisacquino 124 B2
Bisaurri 155 C2
Biscarrosse 108 B2
Biscarrués 154 B2
Biscéglie 120 B2, 136 A3
Bischoffen-Niederweidbach 80 B2
Bischofsgrün 82 A3
Bischofsheim 81 D2
Bischofshofen 93 C3
Bischofsmais-Hochdorf 93 C1/2
Bischofswerde 83 C1
Bischofswerde 96 A1
Bischofswiesen 92 B3
Bischofszell 91 C3
Bischwiller 90 B2
Bisegna 119 C2
Bisenti 117 D3, 119 C1
Bishop Auckland 57 D3, 61 C1
Bishop's Castle 59 C/D3
Bishop's Stortford 65 C2/3
Bishops Waltham 76 B1
Bisignano 122 A/B1
Bisingen 91 B/C2
Bisko 131 D3
Biskupiec (Bischofsburg) 73 C2/3
Bismark 89 C2
Bismo 32 B3, 37 C1
Bispberg 39 D2, 40 A2
Bispfors 30 A3, 35 C2
Bispgården 30 A3, 35 C2
Bispingen 68 B2
Bispingen-Wilsede 68 B1/2
Bissendorf 67 D3, 68 A3
Bissingen-Diemantstein 91 D2
Bistagno 113 C1
Bistarac 132 B2
Bistret 135 D2/3
Bistret 140 B2
Bistrica 139 D1/2
Bistrica 133 C/D3
Bistrica 139 D2
Bistrica 137 D1
Bistrica 127 C/D2
Bistričak 132 B2
Bistrita 97 D3, 140 B1
Bitburg 79 D3
Bitche 90 A1
Bitem 163 C2
Bitetto 121 C2
Bitola 143 C1
Bitola 148 A/B1
Bitonto 121 C2, 136 A3
Bitschwiller-lès-Thann 89 D3, 90 A3
Bitterfeld 82 B1
Bitti 123 D2
Bivo [St. Moritz] 106 A2
Bivona 124 B2
Bize-Minervois 110 A3, 156 B1
Bizovac 128 B3
Bjåen 42 B1
Bjala 141 C/D3
Bjala 141 C3
Bjännfors 31 D2
Bjærangen 14 B1
Bjaresjö 50 B3
Bjarges 47 D3
Bjärka-Säby 46 B2
Bjarkøy 9 C1
Bjärlöv 50 B2
Bjärnå 24 B3
Bjärnum 50 B2
Bjarred 50 A3
Bjärsjölagard 50 B3
Bjärström 41 C3
Bjärten 31 C2
Bjärtrå 30 B3, 35 D2
Bjästa 30 B3
Bjæverskov 49 D3, 50 A3, 53 D1

Bjelland 42 B3
Bjelovar 128 A3
Bjergby 48 B1
Bjerkreim 42 A3
Bjerkvik 9 D2
Bjernede Kirke 53 C/D1
Bjerre 48 B3, 52 B1
Bjerregard 48 A3
Bjerringbro 48 B2
Bjøberg 37 C3
Bjolderup 52 B2
Bjøllånes 15 C2
Bjølstad 37 D1/2
Bjønnes 43 D2, 44 A1/2
Bjørbo 39 D2
Bjørboholm 45 C3
Bjordal 42 B2/3
Bjordal 36 A2
Bjøreidalshytta 37 B/C3
Bjørholmen 44 B3
Bjørk 37 C2
Bjorkås 10 A1
Bjorkås 15 C3
Bjørkbacken 15 C3
Bjorkberg 39 D1
Bjorkberg 16 B2
Bjorkberg 30 B1
Bjorkboda 24 B3
Bjørke 40 B2
Bjørke 32 A3, 36 B1
Bjørkelangen 38 A/B3
Bjørketorp 49 D1, 50 A1
Bjorkfors 46 B3
Bjorkfors 15 C2/3
Bjorkfors 17 C/D2
Bjørkhöjden 30 A3, 35 C1/2
Bjørkholmen 16 A1
Bjørkliden 16 A3
Bjørkliden 9 D2
Bjørklinge 40 B3
Bjørklinge 40 A/B3
Bjørklund 16 A3
Bjørkmo 9 C1
Bjørkneset 28 B1
Bjørkö 24 A3, 41 D2
Bjørkö 46 A3, 51 C1
Bjørkö 45 B/C3
Bjørkö-Arholma 41 C3
Bjørköby 20 A2, 31 D3
Bjørkon 35 D3
Bjørksele 31 B/C1
Bjørksele 30 B2, 35 D1
Bjørksjön 39 D3
Bjørkvattnet 29 C2
Bjørkvik 46 B2
Bjørlanda 45 C3, 49 D1
Bjørli 32 B3, 37 C1
Bjørn 14 A2
Bjørna 31 B/C3
Bjørnånge 29 C3, 34 A1/2
Bjørnås 32 B2
Bjørnåsbrua 38 A1
Bjørnbäck 30 B3, 35 D1
Bjørnbäck 30 B3, 35 D1
Bjørnberg 35 B/C3
Bjørnböle 30 B3, 35 D2
Bjørneborg 45 D1, 46 A1
Bjørneborg 24 A1
Bjørnes 14 B2
Bjørnestad 42 B3
Bjørnevasshytta 42 B2
Bjørnevatn 7 C2
Bjørnhollia 33 C3, 37 D1
Bjørnlunda 47 C1
Bjørnset 5 C2
Bjørnset 36 A2
Bjørnsholm 46 B3
Bjørnsjo 30 B3
Bjørnskar 4 A2
Bjørnskinn 9 C1
Bjørnsletta 9 D1/2
Bjørsarv 35 C3
Bjørsäter 46 B2
Bjørsjö 39 D3
Bjørsvik 36 A3
Bjuränäs 17 C2
Bjurbekkdalen 14 B2
Bjurberget 38 B2
Bjurfors 31 D1
Bjurholm 31 C2
Bjuroklubb fiskeläge 31 D1
Bursås 39 D2
Bjurselefors 31 C1
Bjursund 46 B3
Bjurtjärn 45 D1, 46 A1
Bjurträsk 30 B1

Bjurvattnet 31 C2
Bjuv 50 A2
Blace 134 B3
Blackbo 40 A3
Black Bull 58 A2
Blackburn 59 D1/2, 60 B2
Blacke 31 D1
Black Mount 56 B1
Blackpool 59 C1, 60 B2
Blackpool 54 B3
Blackrock 58 A1
Blacksnäs 20 A2/3
Blackstad 46 B3
Blackwater 58 A3
Blackwaterfoot 56 A2
Bladåker 40 B3
Bladon 65 C2/3
Blaenau Ffestiniog 59 C2, 60 A3
Blaenavon 63 C1
Blåfjellhytta 42 B2
Blagaj 131 C1
Blagaj 132 B3, 136 B1
Blagdon 63 D2
Blagnac 108 B2/3, 155 C1
Blagodatnoe 99 D3
Blagoevgrad 140 B3
Blagoevgrad 139 D2
Blagojev Kamen 135 C2
Blåhammaren 28 B3, 33 D2, 34 A2
Blaiken 15 D3
Blain 85 D3
Blairgowrie 57 C1
Blairgowrie 54 B2
Blaise 88 B2
Blaj 97 D3, 140 B1
Blajan 109 C3, 155 C1
Blakeney 65 C/D1
Blakeney 63 D1
Blaker 38 A3
Blaksæter 32 A3, 36 B1
Blakstad 38 A3, 43 D1
Blåmont 89 D2, 90 A2
Blanca 169 D3
Blancas 162 A2
Blancos 150 B3
Blandford Forum 63 D2
Blanes 156 B3
Blangy-sur-Bresle 77 D2
Blankaholm 46 B3
Blankenberge 78 A1
Blankenburg 69 C3
Blankenfelde 82 A3
Blankenhain 82 A2
Blankenheim 79 D2, 80 A2
Blankensee 70 A1
Blansko 94 B1
Blansko 96 B2
Blanzac 101 C3
Blanzy 103 C1
Blascomillán 160 A2
Blascosancho 160 A/B2
Bläse 47 D2
Blåsmark 16 B3
Blatná 93 C1
Blatná na Ostrove 95 C3
Blatné 95 C2
Blatnice 95 C1
Blato 131 D3, 132 A3
Blato 136 A1
Blatten b. Naters [Naters] 105 C2
Blatten (Lötschen) [Goppenstein] 105 C2
Blattnicksele 15 D3
Blaubeuren 91 C2
Blaufelden 91 C1
Blaufelden-Wiesenbach 91 C/D1
Blaustein 91 C2
Blåvand 48 A3, 52 A1
Blävik 46 A3
Blaye-et-Sainte-Lucie 100 B3, 108 B1
Blaye-les-Mines 109 D2, 110 A2
Blažejovice 93 C1
Blaževac 132 B1
Blaževo 134 B3, 138 B1
Blázquez 166 B3
Bleckede 69 C1
Blecua 155 B/C3
Bled 126 B2
Bledzew 71 C2
Bléharies 78 A/B2
Bleiaif 79 D2

Bleibach 90 B2/3
Bleiburg 127 C2
Bleicherode 81 D1
Bleik 9 C1
Bleikvasslì 14 B2
Blekendorf 53 C3
Bleket 44 B3
Blendija 135 C3
Bléneau 87 D3
Blenheim Palace 65 C2/3
Blénod-lès-Toul 89 C2
Blera 117 B/C3, 118 A1
Blérancourt 78 A3
Bléré 86 B3
Blerikstugan 15 C3, 29 D1
Blesa 162 B2
Blesje stadmoen 42 B1
Blesle 102 B3
Blesme 88 B1/2
Blessington 58 A2
Blestua 43 D1
Blet 102 B1
Bletchley 64 B2
Bletterans 103 D1, 104 A1
Blickling Hall 61 D3, 65 C1
Blidö 41 C3, 47 D1
Blidsberg 45 D3
Bliecos 153 D3, 161 D1
Blieskastel 89 D1, 90 A1
Blieskastel-Breitfurt 89 D1, 90 A1
Bligny-sur-Ouche 103 C/D1
Blinisht 138 A2
Blinja 127 D3, 131 C1
Blodelsheim 90 A3
Bloemendaal 66 A2
Blois 86 A/B3
Blokhus 33 C2/3
Blokhus 48 B1
Blokzijl 67 B/C2
Blomberg 67 D1
Blomberg 68 A3
Blomberg-Grossenmarpe 68 A3
Blomhöjden 29 D1/2
Blomsholm 44 B2
Blomstermåla 51 D1
Blomvåg 36 A3
Blönsdorf 70 A3
Blonville-sur-Mer 76 B3, 86 A/B1
Blosenberg 82 B2
Bloška Polica 126 B3
Blötberget 39 D3
Blotno 71 C1
Blotzheim 90 A3
Blovice 83 C3, 93 C1
Blowatz 53 C/D3
Blšany 83 C2/3
Bludenz 106 A1
Blumberg 90 B3
Blumberg 70 A2
Blyberg 39 C1/2
Blyth 61 C3
Blyth 57 D3
Blyth 54 B3
Bnin 71 D3
Bo 46 B2
Bo 43 C2
Bo 8 B2
Bo 43 D2, 44 A1
Boada 159 C2
Boadilla 159 C/D2
Boadilla de Rioseco 152 A3
Boadilla del Monte 160 B2
Boal 151 C1
Boalhosa 150 A3, 158 A1
Boan 137 D1
Bobadilla 153 D2
Bobadilla 172 B2
Bobadilla del Campo 160 A1
Bóbbio 113 D1
Bóbbio Pellice 112 B1
Boberg 30 A3, 35 C2
Bobing 91 D3, 92 A3
Bobingen 91 D2
Bobingen 91 C2
Bobolice 72 B2
Boborás 150 B2
Boboševo 139 D2
Bobota 129 C3
Bobova 133 C/D2, 134 A2
Bobovdol 139 D2
Bobovdol 140 B3
Böbrach 93 B/C1

Bobrinec 99 D3
Bobrka 97 D2, 98 A2/3
Bobrowice 71 C3
Bobrówko 71 C2
Bobrujsk 99 C1
Bočac 131 D2, 132 A2
Boca do Inferno 164 A2
Bocarente 169 C/D2
Bočar 129 D3
Bocchígliero 122 B1
Boceguillas 161 C1
Bochnia 97 C2
Bocholt 67 C3
Bochov 83 B/C3
Bochum 80 A1
Bocigas de Perales 153 C3, 161 C1
Bockara 51 D1
Bockenem 68 B3
Bockfliess 94 B2
Bockhorn 67 D1
Bockhorn 92 A/B2
Bockhorst 67 D2
Bockstein 107 D1, 126 A1
Bockswiese 68 B3
Bocognano 113 D3
Bocsa 135 C1
Boczów 71 B/C3
Boda 40 A1
Boda 30 A3, 35 C/D2
Boda 45 C1
Boda 39 D2
Boda 51 D1
Boda 72 B1
Bodafors 72 A1
Bodafors 46 A3, 51 C1
Bodajk 95 C3, 128 B1
Bodal 36 B1/2
Bodani 129 C3
Bodasgruvan 40 A2
Bodbacka 20 A2/3
Bodbyn 20 A1, 31 D2
Bodén 69 C1
Boden 17 B/C2/3
Boden 31 C1
Bodenburg 68 B3
Bodenkirchen 92 B2
Bodenkirchen-Aich 92 B2
Bodenmais 93 C1
Bodenteich 69 C2
Bodenwerder 68 B3
Bodenwöhr 92 B1
Bodiam Castle 77 C1
Bodilis 84 A/B2
Bodin 14 B1
Bodiosa Queirã 158 B2
Bodman 91 C3
Bodmin 62 B3
Bode 14 B1
Bodom 28 B2, 33 D1
Bodon 17 C3
Bodonal de la Sierra 165 D3
Bodrost 139 D2
Bodrum 149 D2/3
Bodsjö 34 B2
Bodträskfors 16 B2
Boechout 78 B1
Boecillo 152 A/B3, 160 A1
Boek 69 D1, 70 A1
Boën-sur-Lignon 103 C3
Boëza 151 D2
Bofors 46 A1
Bogádmindszent 128 B3
Bogajo 159 C2
Bogan 28 B1
Bogarra 168 B2
Bogatić 133 C1
Bogatynia 83 D2
Bogatynia 96 A1
Boğaz 149 D1
Bogdanci 139 C/D3, 143 D1
Bogdaniec 71 C2
Bogdanovo 75 C3
Boge 137 D2
Bogen 92 B1/2
Bogen 9 C2
Bogen 38 B3
Bogense 48 B3, 52 B1
Bogetići 137 C/D1
Boggsjo 35 C2
Bogholm 9 D2
Boglärlelle 128 B1/2
Boglärlelle 96 B3
Bognanco Fonti 105 C2
Bognelv 5 C2

Bognes — Botn

Bognes 9 C2
Bogno [Lugano] 105 D2, 106 A2
Bognor Regis 76 B1
Bogodol 132 A3
Bogojevo 129 C3
Bogomila 138 B3
Bogomolje 132 A3, 136 A/B1
Bogorojca 139 C/D3, 143 D1
Bogòte 128 A1
Bogovina 135 C2/3
Bogøy 8 B3
Boguestéran 29 C2
Boguševsk 74 B3
Boguslav 99 D3
Bogutovac 133 D3, 134 A3
Bogutovačka Banja 133 D3, 134 A3
Bogyoszló 94 B3
Bohain-en-Vermandois 78 A/B3
Bohdalice 94 B1
Bohdalov 94 A1
Böheimkirchen 94 A2
Bohinjska Bistrica 126 B2
Böhl-Iggelheim 90 B1
Böhlitz-Ehrenberg 82 B1
Böhmenkirch 91 C2
Bohmfeld 92 A1/2
Bohmte 67 D2, 68 A2/3
Bohmte-Hunteburg 67 D2, 68 A2
Bohonal 166 B1
Bohonal de Ibor 159 D3, 166 A/B1
Böhönye 128 A2
Böhönye 96 B3
Bohunice 95 D2
Bohuslavice u Gottwaldova 95 C1
Bol 155 C/D2
Boiano 119 D2
Boimorto 150 B2
Boiro 150 A2
Bois-d'Amont 104 A2
Boismont 89 C1
Bois Sir Amé 102 A/B1
Boissy-Saint-Léger 87 D1
Boitzenburg 70 A1
Bóixols 155 C2/3
Boizenburg 69 C1
Bojadla 71 C3
Bojana 139 D1
Bojanowo 71 D3
Bojar 163 C2
Bojarka 99 C2
Bojčinovi 135 D3
Bojden 52 B2
Bojkovice 95 C1
Bojnica 135 C2
Bojtiken 15 C3
Boka 134 B1
Bokel 52 B3, 68 B1
Bokel 68 A1
Bökemäla 51 C2
Bokenäs 44 B2/3
Böklund 52 B2
Bokn 42 A2
Bokod 95 C3
Boksel 16 A3
Böksholm 51 C1
Boksitogorsk 75 C1
Bol 131 D3, 136 A1
Bolan 40 A1
Bolaños de Campos 152 A3
Bolaños de Calatrava 167 C/D2
Bolbec 77 C3
Bölcske 129 C1/2
Bolderslev 52 B2
Böle 17 C2
Böle 29 D3, 34 B2
Böle 34 B3
Bolea 154 B2
Bölebyn 16 B3
Bolemin 71 C2
Bolen 30 A2/3, 35 C1
Boleseter 28 A2
Bolesławiec (Bunzlau) 96 A1
Boleszkowice 70 B2
Bölghen 114 B3, 116 A2
Bolgrad 141 D1/2
Boliden 31 D1
Boliqueime 170 A/B2

Boljanići 133 C3
Boljetin 135 C2
Boljevac 135 C3
Boljevac 140 A2
Boljevci 133 D1, 134 A1/2
Bolkesjø 43 C/D1, 44 A1
Bölkow 53 D3
Boll 91 C2
Bollate 105 D3, 106 A3
Bollebygd 45 C3, 49 D1
Bollendorf 79 D3
Bollène 111 C2
Bollensdorf 70 A3
Bollerup 50 B3
Bollesetra 5 C2
Bólliga 161 D3
Bollmora 47 D1
Bollnäs 40 A1
Bollstabruk 30 B3, 35 D2
Bollstanäs (Upplands-Väsby) 47 C1
Bollullos de la Mitación 171 D1/2
Bollullos par del Condado 171 C1/2
Bolman 128 B3
Bolmen 50 B1/2
Bolmsö 50 B1
Bolmstad 50 B1
Bologna 114 B1/2
Bologne 88 B2
Bolognetta 124 B2
Bolognola 115 D3, 117 D2/3
Bologoe 75 C1/2
Bologovo 75 C2
Bol'šaja Novinka 75 D1
Bol'šakovo 73 C2
Bolsena 117 B/C3, 118 A1
Bolsover 61 D3, 65 C1
Bolstad 45 C2
Bolsward 66 B2
Boltaña 155 C2
Boltigen 105 B/C2
Bolton 59 D2, 60 B2/3
Bolton Bridge 59 D1, 61 C2
Bolventor 62 B3
Bolvir 156 A2
Bóly 128 B2/3
Bolzaneto 113 D2
Bolzano/Bozen 107 C2
Bomarsund 41 D3
Bomba 119 D2
Bombarón 173 C2
Bombarral 164 A1/2
Bömenzien 69 C2
Bom Jesus 150 A/B3, 158 A1
Bomlitz 68 B2
Bomlitz-Bommelsen 68 B2
Bømlo 42 A1
Bompart 111 D3
Bomsdorf 70 A3
Bomsund 30 A3, 35 C2
Bona 102 B1
Bonaduz 105 D1, 106 A1
Bonaguil 109 C1
Bönan 40 B2
Bonansa 155 C2
Bonanza 171 C/D2
Boñar 152 A2
Bonárcado 123 C2
Bonares 171 C2
Bonäs 39 C/D1/2
Bonäset 29 D2, 35 C1
Bonassola 113 D2, 114 A2
Bonastre 163 D1
Bonboillon 89 C3, 104 A1
Boncourt 89 D3, 90 A3
Bondal 43 C1
Bondalseidet 32 A3, 36 B1
Bondeno 114 B1
Bonderup 48 B1
Bondstorp 45 D3
Bondues 78 A2
Bonefro 119 D2, 120 A1
Bönen 67 D3, 80 B1
Bones 9 D2
Bo'ness 57 C1/2
Bonete 169 D2
Bönhamn 30 B3
Boniches 162 A3
Bonifacio 123 D1
Boniswil 105 C1
Bonn 80 A2
Bonnåsjøen 9 C3

Bonnat 102 A2
Bonn-Bad Godesberg 80 A2
Bonndorf 90 B3
Bønnerup Strand 49 C2
Bonne-sur-Ménoge 104 A/B2
Bonnétable 86 B2
Bonneuil-Matours 101 C1
Bonneval 86 A/B2
Bonnevall-sur-Arc 104 B3
Bonneville 104 A/B2
Bonnières-sur-Seine 87 C1
Bonnieux 111 D2
Bonny-sur-Loire 87 D3
Bono 123 D2
Bono 155 C2
Bonorva 123 C2
Bonrepos 109 D2
Bon Secours 78 B2
Bon Secours 79 C2/3
Bønsnes 43 D1
Bønsvig 53 D2
Bontveit 36 A3
Bonyhád 128 B2
Bónyrétalap 95 C3
Boock 70 B1
Boolzheim 90 A2
Booschot 79 C1
Boom 78 B1
Boos 76 B3, 86 A/B1
Boossen 70 B2/3
Boostedt 52 B3
Boothby Graffoe 61 D3, 64 B1
Bootle 59 C/D2, 60 B3
Bootle 59 C1, 60 A2
Bopfingen 91 D1/2
Boppard 80 A/B2
Boqueijón 150 A2
Boquiñeni 155 C3, 163 C1
Bor 135 C2
Bor 50 B1
Bor 82 B3
Bor 140 A2
Borač 133 D2, 134 A/B2
Boraja 131 C3
Borås 45 C3
Borås 72 A1
Borba 165 C2
Borbela 158 B1
Borbona 117 D3, 118 B1
Borča 133 D1, 134 A1
Borchen 68 A3, 81 B/C1
Borci 131 D2, 132 A2
Borculo 67 C3
Bordalba 161 D1
Bordány 129 D2
Bordeaux 108 B1
Bordeira 170 A2
Bordères-Louron 155 C2
Bordes 109 C3, 155 C1
Bordesholm 52 B3
Bordighera 112 B2/3
Bording Stationsby 48 B3
Bordón 162 B2
Bordvedaven 14 B2
Borek Wielkopolski 71 D3
Borello 115 C2, 117 C1
Borelva 15 B/C1
Borensberg 46 A/B2
Borgafjall (Avasjo) 29 D1
Borgan 28 B1
Bórgaro Torinese 105 C3, 113 B/C1
Borge 44 B1
Borgen 30 B2
Borgentreich 81 C1
Borgentreich-Bühne 81 C1
Börger 67 D2
Borger 67 C2
Borgestad 43 D2, 44 A1
Borggård 46 B2
Borghamn 46 A2
Borghetto 117 C3, 118 B1
Borghetto di Vara 114 A2
Borghetto Santo Spirito 113 C2
Borgholm 51 D1
Borgholm 72 B1
Borgholzhausen 67 D3, 68 A3
Borgia 122 B2
Borgilon 79 C2
Borglum kloster 48 B1
Borgo alla Collina 115 C2, 116 B1/2

Borgo a Mozzano 114 B2, 116 A1
Borgoforte 114 B1
Borgofranco 105 C3
Borgo Grappa 118 B2
Borgo le Taverne 120 A2
Borgo Libertà 120 A/B2
Borgomanero 105 C/D3
Borgonovo Ligure 113 D2
Borgonovo Val Tidone 113 D1
Borgo Pace 115 C2/3, 117 C2
Borgo Piave 118 B2
Borgoricco 107 C3
Borgorose 119 B/C1
Borgo San Dalmazzo 112 B2
Borgo San Lorenzo 114 B2, 116 B1
Borgosèsia 105 C3
Borgo Tùfico 115 D3, 117 C/D2
Borgo Val di Taro 114 A1/2
Borgo Valsugana 107 C2
Borgo Vercelli 105 C/D3
Borgsjö 35 C3
Borgsjö 30 B2
Borgstena 45 C/D3
Borgund 37 C2
Borgvattnet 30 A3, 35 C1/2
Borgvik 45 C1
Borhaug 42 B3
Borić 137 D2
Boričevac 131 C2
Borines 152 A1
Borislav 83 C2
Borislav 97 D2, 98 A3
Borisov 74 B3
Borispol' 99 D2
Borja 155 A3, 162 A1
Börjelsbyn 17 C2
Börjeslandet 17 C3
Borkan 15 C3, 29 D1
Borken 67 C3
Borken 81 C1/2
Borkenes 9 C2
Borken-Kleinenglis 81 C1
Borken-Weseke 67 C3
Borkheide 70 A3
Borkhusseter 33 C3, 37 D1
Berkop 48 B3, 52 B1
Borkum 67 C1
Börlange 39 D2
Borlaug 37 C2
Berlin 33 C2
Borlova 135 C1
Borlu 149 D2
Bormes-les-Mimosas 112 A3
Börmio 106 B2
Born 53 D2/3
Born 69 C2/3
Borna 82 B1
Borne 67 C2/3
Borne 69 C3
Borne 103 C3, 110 B1
Bornem 78 B1
Bornes 159 C1
Bornheim (Bonn) 80 A2
Bornhöved 52 B3
Bornicke 70 A2
Borno 106 B2
Bornos 171 D2
Bornova 149 D2
Bornstedt 82 A1
Borobia 153 D3, 154 A3, 161 D1, 162 A1
Borodjanka 99 C2
Borojević 127 D3, 131 C1
Borotin 83 D3, 93 D1
Boroughbridge 61 D2
Borovan 140 B2/3
Borovaný 93 D1/2
Borovci 135 C3
Borovići 75 C1
Borovnica 126 B2/3
Borovo 129 C3
Borovo Selo 129 C3
Borovsk 75 D3
Borowe 83 D1
Borowina 71 C3
Borby 50 B3
Borrby 72 A2
Borby strandbad 50 B3
Borre 53 D2

Borre 43 D2, 44 B1
Borreby 53 C1/2
Borredá 156 A2
Borrentin 70 A1
Börringe 50 B3
Borriol 163 C3
Borris 48 A3
Borrum 46 B2
Borsa 28 A3, 33 C2
Boršćev 98 B3
Bärselv 5 D2, 6 A2
Borsfa 128 A2
Borsh 142 A2
Borsh 148 A1
Borssele 78 B1
Börssum 69 C3
Borstel 69 D2
Borth 59 C3
Borthwick Castle 57 C2
Bortigali 123 C2
Bort-les-Orgues 102 A/B3
Börtnan 34 B2
Bortnen 36 A1
Borum 48 B2/3
Borup 49 D3, 53 D1
Boruszyn 71 D2
Boryszyn 71 C3
Borzna 99 D2
Borzonasca 113 D2
Bosa 123 C2
Bosa Marina 123 C2
Bosanci 127 C3
Bosanska Dubica 131 D1, 132 A1
Bosanska Gradiška 131 D1, 132 A1
Bosanska Kostajnica 127 D3, 131 C/D1
Bosanska Krupa 131 C1
Bosanska Mezgraja 133 C1/2
Bosanska Rača 133 C1
Bosanski Aleksandrovac 131 D1, 132 A1
Bosanski Brod 132 B1
Bosanski Dubočac 132 B1
Bosanski Kobaš 132 A/B1
Bosanski Novi 131 C1
Bosanski Petrovac 131 C2
Bosanski Šamac 132 B1
Bosansko Grahovo 131 C2
Bosansk Rača 133 C1
Bósárkány 95 B/C3
Bosau 53 C3
Boscastle 62 B2/3
Bosco 116 C/D3, 117 C2
Bosco Chiesanuova 107 B/C3
Bosco/Gurin [Ponte Brolla] 105 C/D2
Bösel 67 D2
Bösel-Petersdorf 67 D2
Beseter 38 A1
Bosetrene 32 B3, 37 C1
Bosilegrad 139 C2
Bosiljevo 127 C3, 130 B1
Bosjökloster 50 B3
Bosjön 39 C3
Boskoop 66 A3
Boskovice 94 B1
Boskovice 96 B2
Bosnek 139 C3
Bošnjace 139 C1
Bošnjaci 133 B/C1
Bosost 155 C2
Bössbo 39 C1
Bossbü 42 B2
Bossolasco 113 C1/2
Bestad (Borge) 8 B2
Bostan 131 D3, 132 A3
Bostanj 127 C2
Böste 50 B3
Boston 61 D3, 65 C1
Bostrak 43 C2
Bosut 133 C1
Böszénfa 128 B2
Bot 163 C2
Boteå 30 B3, 35 D2
Botesdale 65 C/D2
Botevgrad 140 B3
Bothel 57 C3, 60 A/B1
Boticas 150 B3, 158 B1
Botija 165 D1, 166 A1
Botley 76 B1
Botn 5 B/C2
Botn 4 A/B2/3
Botn 14 A2

Botn 15 Brežice

Botn 4 A2
Botngård 28 A3, 33 C1
Botnlia 33 D2
Bötom 20 A3
Botorrita 154 B3, 162 A/B1
Botoš 129 D3, 133 D1, 134 B1
Botosani 98 B3
Botsmark 31 C/D2
Bottarvegården 47 D3
Bottesford 61 C3, 64 B1
Böttingen (Tuttlingen) 90 B2/3
Bottnaryd 45 D3
Botun 138 B3, 142 B1
Bouayé 85 D3, 100 A1
Boubínský prales (Urwald) 93 C1
Boucau 108 A3, 154 A1
Boucé 86 A2
Bouchain 78 A2
Bouchoir 78 A3
Boucoran 111 C2
Boucq 89 C1
Boudrac 109 C3, 155 C1
Bouessay 86 A2/3
Bouesse 101 D1/2, 102 A1/2
Bouillon 79 C3
Bouilly 88 B2
Bouin 100 A1
Boujailles 104 A1
Boulay-Moselle 89 D1
Bouleterneŕe 156 B1/2
Bouloc 110 A2
Boulogne-sur-Gesse 109 C3, 155 C1
Boulogne-sur-Mer 77 D1/2
Bouloire 86 B2
Boulouris-sur-Mer 112 B3
Boulzicourt 79 C3
Boumois 86 A3
Bourbon-Lancy 103 C1/2
Bourbonne-les-Bains 89 C2
Bourbourg 77 D1
Bourbriac 84 B2
Bourdeaux 111 D1
Bouresse 101 C2
Bourg-Achard 77 C3, 86 B1
Bourganeuf 102 A2
Bourg-Argental 103 C3
Bourg-de-Péage 111 C/D1
Bourg-de-Visa 109 C2
Bourg-d'Oueil 155 C2
Bourg-en-Bresse 103 D2
Bourges 102 A1
Bourg-et-Comin 78 B3, 88 A1
Bourg-Lastic 102 A/B3
Bourg-Madame 156 A2
Bourgneuf-en-Retz 100 A1
Bourgneuf-en-Mauges 86 A3
Bourgoin-Jallieu 103 D3
Bourg-Saint-Maurice 104 B3
Bourg-Saint-Andéol 111 C2
Bourg-St-Pierre [Orsières] 104 B2
Bourg-sur-Gironde 108 B1
Bourgtheroulde 77 C3, 86 B1
Bourgueil 86 B3, 101 C1
Bourmont 89 C2
Bournazel 110 A1
Bourne 64 B1
Bournemouth 63 D2/3, 76 A1
Bournezeau 101 C1/2
Bouro 150 B3, 158 A1
Bourret 108 B2
Boussac 102 A2
Bousse 89 C1
Bouttencourt 77 D2
Bouvellemont 79 B/C3
Bouvières 111 D1
Bouvron 85 D3
Bouxwiller 90 A2
Bouzonville 89 D1
Bova 122 A3
Bovalino 122 A3
Bovalino Marina 122 A3

Bovallstrand 44 B2
Bova Marina 122 A3
Bovan 135 C3
Bovec 126 A/B2
Bóveda 150 B2
Bövegno 106 B3
Bovenden 81 C/D1
Bovense 53 C1
Beverdal 37 C2
Bøverfjord 32 B2
Böves 112 B2
Boves 77 D2/3
Bovey Tracey 63 C3
Bovik 41 C2/3
Bovino 120 A2
Bøvlingbjerg 48 A2
Bovolenta 107 C3
Bovolone 107 C3
Bovrup 52 B2
Bowes 57 D3, 61 B/C1
Box 63 D2, 64 A3
Box 25 C3
Box 25 D3, 26 A3
Boxberg 81 C3, 91 C1
Boxholm 46 A2/3
Boxmeer 67 B/C3, 79 D1
Boxtel 66 B3, 79 C1
Boyardville 101 C2
Boyle 55 C2
Boynes 87 D2
Božaj 137 D2
Božava 130 B2
Bozcaada 149 C1
Bozdoğan 149 D2
Božejov 93 D1, 94 A1
Bozel 104 B3
Boževac 134 B2
Bozhigradi 142 B2
Božica 139 C1
Božice 94 B1/2
Boži Dar 82 B2
Bozouls 110 A1/2
Bozovici 135 C1
Bozsok 94 B3, 127 D1
Božurište 139 D1
Bózzolo 114 A/B1
Bra 113 C1
Braås 51 C1
Brábo 51 D1
Brabova 135 D2
Braccagni 116 B3
Bracciano 118 A1/2
Bračevac 135 C2
Bračevci 128 B3
Bracieux 87 C3
Bräcke 35 C2
Brackel 68 B1
Brackenheim 91 C1
Brackley 65 C2
Bracknell 64 B3
Braco 56 B1
Brad 97 D3, 140 B1
Bradford 54 B3
Bradford 61 C2
Bradford on Avon 63 D2, 64 A3
Brädikow 69 D2, 70 A2
Brading 76 B1/2
Brädland 42 A/B2
Bradninch 63 C2
Bradstrup 48 B3
Bradwell Waterside 65 C3
Bradworthy 62 B2
Braemar 54 B2
Bráfim 163 C1
Braga 150 A3, 158 A1
Bragada 150 B3, 158 B1
Bragança 151 C3, 159 C1
Brager 37 D3, 38 A2
Bragin 99 C2
Brahestad 18 A3
Brahetrolleborg 53 C2
Brahmenau 82 B2
Bräila 141 C/D2
Braine-l'Alleud 78 B2
Braine-le-Comte 78 B2
Braintree 65 C2
Brajkovići 132 B2
Brake 68 A1
Brakel 68 A3, 81 C1
Brakel-Bökendorf 68 A3
Brakkstad 28 B1/2
Bräkne-Hoby 51 C2
Brälanda 45 C2
Bralitz 70 B2
Brallo 113 D1
Brálos 147 C1

Brálos 148 B2
Bralostita 135 D2
Bramminge 48 A3, 52 A1
Brampton 57 C3, 60 B1
Bramsche 67 D2
Bramsche-Achmer 67 D2
Bramsche-Engter 67 D2
Bramsche-Hesepe 67 D2
Bramsche-Ueffeln 67 D2
Bränäberg 15 C3
Branäs 38 B2
Branca 15 D3, 117 C2
Brancaleone 122 A3
Branchwinda 81 D2, 82 A2
Brand 82 A/B3
Brand 106 A1
Brandal 36 A/B1
Brandåsen 34 A3
Brändberg 16 B2
Brändbo 35 C3
Brandbu 38 A2
Brande 31 C1/2
Brande 48 B3
Brandenberg 92 A3
Brandenburg 69 D2
Brandenburg 72 A3
Brand-Erbisdorf 83 C2
Brandis 82 B1
Brandizzo 105 C3, 113 C1
Brandö 24 A2/3, 41 D2
Brandomil 150 A1/2
Brandón 17 C3
Brandon 65 C2
Brandovik 20 A2, 31 D3
Brandstad 32 B2
Brandstorp 45 D3, 46 A3
Brandval 38 B2/3
Brandvoll 9 D1/2
Brandýsek 83 C2/3
Brandýs nad Labem-Stará Boleslav 83 D2/3
Brandýs nad Labem-Stará Boleslav 96 A2
Braničevo 134 B1/2
Braniewo (Braunsberg) 73 C2
Branišovice 94 B1
Brankovice 94 B1
Brankovina 133 D2, 134 A2
Brännäby 30 A1
Brännåker 30 A1
Brännän 31 D1
Brännas 16 B3
Brännaü 16 A3
Brännberg 16 A3
Branne 108 B1
Brännforsliden 31 C1
Brännland 31 C2
Bränno 45 C3, 49 D1
Brännvattnet 31 D1
Brañosera 152 B2
Branston 61 D3, 64 B1
Brantevík 50 B3
Brantôme 101 C/D3
Branzi 106 A2
Braojos 161 C2
Braskereidfoss 38 B2
Braslav 74 A/B3
Brasov 141 C1/2
Brassparts 84 B2
Brassac 110 A2/3
Brasschaat 78 B1
Bras-sur-Meuse 89 C1
Brassus, Le 104 A2
Brassy 88 A3, 103 C1
Brastad 44 B2
Brataj 142 A2
Bräte 38 A3, 44 B1
Brätesti 135 D1/2
Bratina 127 D3
Bratislava 94 B2
Bratislava 96 B2/3
Bratronice 83 C3
Brattåker 15 C/D3
Brattås 15 C3, 29 D1
Brattås 14 A3
Brattbacken 30 A2
Bratten 30 B1
Bratteng 14 B3
Brattfjell 4 A2/3
Brattfjord 94 A3
Brattfors 39 C3, 45 D1
Brattfors 31 C2
Bratthøvollseter 33 C/D2/3
Brattknabben 16 B3

Brattland 14 A/B2
Brättö 41 D3
Brattsbacka 31 C2
Brattset 32 B2
Brattväg 32 A2/3
Brattvar 32 B1
Bratunac 133 C2
Brätveit 42 B1
Braubach 80 A/B2
Braunau am Inn 93 B/C2
Braunlage 69 C3
Braunlage-Hohengeiss 69 C3, 81 D1
Bräunlingen 90 B3
Braunsbach 91 C1
Braunsbedra 82 A/B1
Braunschweig-Waggum 69 C3
Braunschweig 69 C3
Braunsdorf 83 C2
Braunton 63 B/C2
Braunwald [Linthal] 105 D1, 106 A1
Brauron 147 D2
Braváes 150 A3, 158 A1
Bravsko 131 D2
Bray 58 A2
Bray 55 D2/3
Brave 63 D3
Bray-sur-Seine 87 D2, 88 A2
Bray-sur-Somme 78 A3
Brazatortas 167 C2
Brazey-en-Plaine 103 D1
Brazuelo 151 D2
Brbinj 130 B2
Brčko 133 C1
Brea 154 A3, 162 A1
Brea de Tajo 161 C3
Breared 50 A/B2
Breaza 141 C2
Bréban 88 B2
Brebu Nou 135 C1
Brécey 86 A1
Brechin 54 B2
Breckerfeld 80 A1
Břeclav 94 B2
Břeclav 96 B2
Brecon 63 C1
Brécy 102 B1
Breda 66 A/B3, 79 C1
Bredåker 16 B2
Bredåkra 51 C2
Bredared 45 C3
Bredaryd 50 B1
Bredballe 48 B3, 52 B1
Bredbyn 30 B3, 35 D1
Breddin 69 D2
Bredebro 52 A2
Bredenfelde 70 A1
Bredereiché 70 A1/2
Bredestad 46 A3
Bredevad 52 B2
Bredevoort 67 C3
Bredkälen 29 D2/3, 35 D1
Bredsätra 51 D1/2
Bredsel 16 B2/3
Bredsjö 39 D3
Bredstedt 52 A/B2
Bredsten 48 B3, 52 B1
Bredstrup 48 B3, 52 B1
Bredträsk 31 B/C2
Bredvik 31 C2/3
Bree 79 C1
Breganze 107 C3
Bregenz 91 C3
Breginj 126 A2
Bregovo 135 C/D2
Bregovo 140 B2
Breguzzo 106 B2
Bréhal-Plage 85 D1
Brehna 82 B1
Breidablikk 42 A/B1
Breidenbach 80 B2
Breifonn 42 B1
Breil-sur-Roya 112 B2
Breim 36 B2
Breisach 90 A3
Breistein 36 A3
Breistølen 37 C2/3
Breistrand 9 C2
Breitenbach 81 C2
Breitenbrunn 94 B3
Breitenbrunn 91 D2
Breitenbrunn 92 A1
Breitenfelde 69 C1
Breitengüssbach 81 D3

Breitenworbis 81 D1
Breitscheid 80 B2
Breitstetten 94 B2
Breitungen 81 D2
Breive 42 B1
Breivik 7 C1
Breivik 9 C2
Breivik 8 B2
Breivik 15 C1
Breivik 9 C2
Breivikbotn 5 C1
Breivikeidet 4 A3
Brejning 48 B3, 52 B1
Brejtovo 75 D1
Brekke 36 A2/3
Brekken 14 B2
Brekkestø 43 C3
Brekkhus 36 B3
Brekksillan 28 B1/2
Breklum 52 A/B2
Brekstad 28 A3, 33 C1
Breles 84 A2
Bremanger 36 A1
Bremen 68 A2
Bremerhaven 68 A1
Bremervörde 68 A1
Bremervörde-Elm 68 A/B1
Bremervörde-Hesedorf 68 A/B1
Bremgarten 90 B3, 105 C1
Bremnes 42 A1
Bremsdorf 70 B3
Bremsnes 32 A/B2
Brenderup 48 B3, 52 B1
Brenes 171 D1
Brenets, Les [Le Locle] 104 B1
Brenna 8 B2
Brenna 33 D2
Brenna 38 A1
Brennberg-Frauenzell 92 B1
Brennero/Brenner 107 C1
Brennes 4 B3, 10 A1
Brennfjell 4 B3, 10 A1
Brenngam 6 B1
Brennhaug 33 C3, 37 D1
Brennseter 32 B3, 37 C1
Brennvik 8 B3
Breno 106 B2
Brénod 103 D2, 104 A2
Brensbach 81 C3
Brensvik 5 C/D1, 6 A1
Brentónico 106 B3
Brentwood 65 C3
Brescello 114 B1
Bréscia 106 B3
Bresewitz 53 D2/3
Brésimo 106 B2
Breskens 78 B1
Bresles 77 D3
Bressana Bottarone 113 D1
Bressanone/Brixen 107 C1/2
Bressuire 100 B1
Brest 84 A2
Brest 73 D3, 97 D1, 98 A1
Brestanica 127 C2
Brestovac 126 B3, 130 A1
Brestovac 135 C2
Brestovac 128 A/B3
Brestovac 139 C1
Brestovac 139 B/C1
Brestovačka Banja 135 C2
Bretenoux 109 D1
Breteuil 86 B1
Breteuil-sur-Noye 77 D3
Brétignolles-sur-Mer 100 A1/2
Bretningen 37 D1/2, 38 A1
Bretten 90 B1
Brettesnes 8 B2
Bretteville-sur-Laize 86 A1
Breuil-Barret 100 B1
Breuil-Cervinia 105 C2/3
Breuilpont 87 C1
Breuna 81 C1
Brevens bruk 46 B1/2
Brevik 47 D1
Breviken 45 C1
Brévine, La [Les Verrières] 104 B1
Breza 132 B2
Breždje 133 D2, 134 A2
Brežičani 131 D1
Brežice 127 C2/3

Březina — Bukowiec

Březina 83 B/C2/3
Brezna 133 D3, 134 B3
Breznica 127 D2
Březnice 83 C3, 93 C1
Březnice 96 A2
Breznik 140 B3
Breznik 139 D1
Březno 83 C2
Březno 97 C2
Brezoi 140 B2
Brézolles 87 B/C1/2
Brezová pod Bradlom 95 C2
Brezovica 134 B3
Brezovica 138 B2
Brezovica 127 D3
Brezovo Polje 133 C1
Briançon 112 A/B1
Briare 87 D3
Briático 122 A2
Bribir 127 C3, 130 B1
Bričany 98 B3
Bricherásio 112 B1
Bricon 88 B2
Bricquebec 76 A3
Brides 62 B1
Brides-les-Bains 104 B3
Bridgend 63 C1/2
Bridgend 54 A2/3, 55 D1
Bridge of Allan 56 B1
Bridge of Cally 57 C1
Bridge of Earn 57 C1
Bridge of Orchy 56 B1
Bridgnorth 59 D3, 64 A2
Bridgwater 63 C/D2
Bridlington 61 D2
Bridport 63 D2/3
Briec 84 B2
Brie-Comte-Robert 87 D1/2
Briedel 80 A3
Brielle 66 A3
Brienne-le-Château 88 B2
Brienon-sur-Armançon 88 A2
Brienz 105 C1
Brienza 120 A3
Brieselang 70 A2
Briesen 70 B3
Brieske 83 C1
Brieskow-Finkenheerd 70 B3
Brietlingen 69 B/C1
Brieva de Cameros 153 C/D3
Brieves 151 C/D1
Briey 89 C1
Brig 105 C2
Brody 71 C3
Brigg 61 D2/3
Brighouse 61 C2
Brightlingsea 65 C/D2/3
Brighton 76 B1
Brignais 103 D3
Brignogan-Plage 84 A1/2
Brignoles 112 A3
Brigstock 64 B2
Brihuega 161 C2
Briksdal 36 B2
Brill 64 B2/3
Brillon-en-Barrois 88 B1/2
Brilon 80 B1
Brilon-Alme 80 B1
Brilon-Messinghausen 80 B1
Brimmes 36 B3
Briñas 153 C/D2
Brinches 165 C3, 170 B1
Brincones 159 C2
Brindisi 121 D2
Bringinghaug 36 A1
Brinje 130 B1
Brinon-sur-Beuvron 88 A3, 102 B1
Brinon-sur-Sauldre 87 D3
Brintbodarne 39 C2
Brinzio 105 D2/3
Brión 150 A2
Brione (Verzasca) [Tenero] 105 D2
Brioni 130 A1
Brionne 77 C3, 86 B1
Brion-sur-Ource 88 B2/3
Brioude 102 B3
Briouze 86 A1/2
Briscous 108 B3, 155 C1
Brisighella 115 C2, 116 B1
Brissac-Quincé 86 A3

Brissago [Locarno] 105 D2
Brist 132 A3, 136 B1
Bristol 63 D2
Briton Ferry 63 C1
Brittas 58 A2
Brittas Bay 58 A3
Britvica 132 A3
Britz 70 B2
Brive-la-Gaillarde 101 D3
Briviesca 153 C2
Brixen in Tirol 92 B3
Brixham 63 C3
Brixlegg 92 A3
Bříza 83 C/D2
Brka 133 B/C1
Brlog 130 B1
Brna 136 A1
Brnjica 135 C1/2
Brno 94 B1
Brno 96 B2
Bro 72 B1
Bro 47 C1
Bro 47 D2/3
Bro 44 B2
Broadstairs 65 C3, 76 B1
Broadway 63 D1, 64 A2
Broager 52 B2
Broaryd 50 B1
Broby 50 B2
Broby 72 A1
Bročanac 131 C1
Broc [Broc-Village] 104 B2
Bröckel 68 B2
Brockenhurst 76 A1
Broczyno 71 D1
Brod 133 B/C3
Brod 138 B3
Brod 140 A3
Brodarevo 133 C/D3, 134 A3, 137 D1, 138 A1
Broddbo 40 A3
Broddebo 46 B3
Brodek u Prostějova 94 B1
Brodersby 52 B2
Brodersby-Schönhagen 52 B2
Brodica 135 C2
Brodick 56 A2
Brodick 54 A3, 55 D1
Brod Moravice 127 C3
Brod na Kupi 127 C3
Brodnica 73 C3
Brodosavce 138 B2
Brod Prizrenski 138 B2
Brod Prizrenski 140 A3
Brody 97 D2, 98 B2
Brody 70 B3
Brody 71 C3
Broek 79 D1
Broglie 86 B1
Brójce 71 C3
Brokind 46 B2/3
Brokstedt 52 B3
Brolo 125 C1/2
Bromarv 24 B3
Brome 69 C2
Bromley 65 C3, 76 B1
Bromma 47 C1
Bromma 37 D3
Brommösund 45 D2
Bromnes 4 A2
Bromölla 51 B/C2/3
Bromölla 72 A1
Brompton 61 D2
Brömsebro 51 D2
Bromsgrove 59 D3, 64 A2
Bromyard 59 D3, 63 D1
Bronchales 162 A2
Brønderslev 48 B1
Broni 113 D1
Bronikowo 71 C/D1
Bronkow 70 B3, 83 C1
Brønnøysund 14 A3
Brons 52 A1/2
Bronté 125 C2
Bronzani Majdan 131 D1, 132 A1
Broons 85 C2
Broquiès 110 A2
Brørup 48 A/B3, 52 A/B1
Brösarp 50 B3
Brösarp 72 A2
Brøske 32 B2
Brossac 101 C3
Brøstadbotn 9 D1
Brosteni 135 D1
Brosteni 140 B2

Brostrud 37 C3
Brotas 164 B2
Brötjemark 46 A3
Broto 155 C2
Brottby 40 B3, 47 D1
Brotten 28 A3, 33 C2
Brotterode 81 D2
Bröttingsväg 32 B1
Bröttum 38 A2
Brou 86 A/B2
Brough 57 D3, 60 B1
Brough 54 B3
Broughshane 56 A3
Broughton 57 C2
Broughton in Furness 59 C1, 60 A/B2
Broughty Ferry 57 C1
Broumov 82 B3
Broumov 96 B1
Brouwersdam 66 A3
Brouwershaven 66 A3
Brouzet-lès-Alès 111 C2
Brovallen 40 A3
Brovany 99 C/D2
Brovès 112 A3
Brovst 48 B1
Brownhills 59 D3, 64 A1/2
Brozas 165 D1
Brozzo 106 B3
Brtnice 94 A1
Brtonigla 126 A/B3, 130 A1
Bru 36 A2
Bru 42 A2
Brua 33 D3
Bruay-en-Artois 78 A2
Brubakk 28 B3, 33 D1
Bruce 124 A2
Bruchhausen-Vilsen 68 A2
Bruchmühlbach-Miesau 90 A1
Bruchsal 90 B1
Bruck 92 B1
Brück 69 D3, 70 A3
Bruck an der Grossglocknerstrasse 107 D1, 126 A1
Bruck an der Mur 94 A3
Bruck an der Leitha 94 B3
Bruck an der Mur 96 A3
Bruck an der Leitha 96 B3
Brücken 80 A3
Brückl 126 B1
Bruckmühl 82 A/B3
Brücoil 125 D3
Brüel 53 D3, 69 C/D1
Bruère-Allichamps 102 A1
Brués 150 B2
Bruflat 37 D3
Bruges 108 B3, 154 B1
Brugg 90 B3
Brugge 78 A1
Brüggen 79 D1
Brüggen 68 B3
Brühl 80 A2
Bruksvallarna 34 A2/3
Brülon 86 A2
Brúly 78 B3
Brumath 90 A2
Brummen 67 C3
Brumunddal 38 A2
Brumund sag 38 A2
Bruna 117 C3
Brunau 69 C2
Brunehamel 78 B3
Brunella 123 D1
Brunete 160 B2
Brunflo 34 B2
Brunheda 158 B1
Brunico/Bruneck 107 C1
Bruniqúel 109 D2
Brunkeberg 43 C2
Brunna 40 B3
Brunna 47 C1
Brunnbach 93 D3
Brunnberget 39 C2
Brunnen 105 D1
Brunnsberg 39 C1
Brunsbüttel 52 A/B3
Brunskóg 38 B3, 45 C1
Brunssum 79 D1/2
Bruntál 96 B2
Bruntveit 42 A1
Bruravik 36 B3
Brus 134 B3
Brusago 107 C2
Brusali 42 A3
Brusand 42 A3

Brušane 130 B2
Brusarci 135 D3
Brusasco 113 C1
Brusino Arsizio [Capolago-Riva s.Vitale] 105 D2/3
Brusia 106 B2
Brusnik 135 C2
Brusno 95 D1/2
Brusson 105 C3
Brüssow 70 B1
Brutelles 77 D2
Bruton 63 D2, 64 A3
Bruttig-Fankel 80 A3
Bruvik 36 A3
Bruvno 131 C2
Bruvoll 38 A2
Bruxelles/Brussel 78 B2
Bruyères 89 D2
Bruyères-et-Montbérault 78 B3
Bruzaholm 46 A3
Brvany 83 C2
Brydal 33 D3
Bryn 38 A3, 43 D1
Brynamman 63 C1
Bryne 42 A2
Bryngelhögen 34 B3
Bryn-Hoffnant 62 B1
Brynilen 4 B2
Brynje 29 D3, 34 B2
Brynjegård 29 D3, 35 C2
Brynmawr 63 C1
Bryrup 48 B3
Brzan 134 B2
Brza Palanka 135 C2
Brzéče 134 B3
Brzeg (Brieg) 96 B1
Brzezie 71 D1
Brzozowiec 71 C2
Bua 49 D1, 50 A1
Bua 72 A1
Buais 85 D2, 86 A2
Buan 33 C2
Buarcos 158 A3
Buavåg 42 A1
Bubany 128 A3
Bubari 142 A2/3
Bübbio 113 C1
Bubenreuth 82 A3
Buberget 31 C2
Buberow 70 A2
Bubierca 161 D1, 162 A1
Bubry 84 B2
Bubač 98 B3
Buçaco 158 A2/3
Buccheri 125 C3
Bucchiánico 119 C1
Buccino 120 A2
Bucelas 164 A2
Buchbach 92 B2
Buchbach-Walkersaich 92 B2
Buchboden 106 A/B1
Buchdorf 91 D2
Bücheloh 81 D2, 82 A2
Buchen 81 C3, 91 C1
Buchen 69 C1
Buchenau (Lahn) 80 B2
Buchenbach (Freiburg) 90 B3
Buchenhain 70 A1
Buchères 88 A/B2
Buchholz 70 A3
Buchholz 81 D1, 82 A1
Buchholz in der Nordheide 68 B1
Buchholz-Sprötze 68 B1
Buchloe 91 D3
Buchlov 95 C1
Buchlovice 95 C1
Buchlyvie 56 B1
Buch-Obenhausen 91 D2
Buchs 105 D1, 106 A1
Buchy 76 B3
Buçica 127 D3
Bučin prohod 139 D1
Buje 135 C3
Buje 133 C3
Buckden 65 B/C2
Bückeburg 68 A3
Bücken 68 A2
Buckfastleigh 63 C3
Buckhaven 57 C1
Buckie 54 B2
Buckingham 64 B2
Bucklers Hard 76 A1
Buckow 70 B2

Bückwitz 69 D2
Bučovice 94 B1
Bucsu 127 D1
Bucureşti 141 C2
Bucy-les-Pierrepont 78 B3
Bucz 71 D3
Bud 32 A2
Buda 83 D3
Budakalász 95 D3
Budakeszi 95 D3
Budal 33 C2
Budanovci 133 D1, 134 A1
Budaörs 95 D3, 129 C1
Budapest 95 D3
Budapest 97 B/C3
Budča 95 D2
Buddbyn 17 B/C2
Büddenstedt-Neu Büddenstedt 69 C3
Büddusò 123 D2
Budé 62 B2
Budéč 94 A1
Büdelsdorf 52 B3
Budenheim 80 B3
Budens 170 A2
Büderich 67 C3, 79 D1, 80 A1
Büderscheid 79 D3
Büdesheim 79 D2
Budeşti 141 C2
Budia 161 C/D2
Budimlić Japra 131 C1
Büdingen 81 C2
Budišov 94 A1
Budleigh Salterton 63 C3
Budmerice 95 C2
Budogošč 75 C1
Budoni 123 D1
Búdrio 115 C1
Budva 137 C2
Budyně nad Ohří 83 C2
Budzyń 71 D2
Bue 42 A2/3
Bueña 163 C2
Buenache de la Sierra 161 D3
Buenache de Alarcón 161 D3, 168 B1
Buenamadre 159 C/D2
Buenasbodas 160 A3, 166 B1
Buenaventura 160 A3
Buenavista de Valdavia 152 B2
Buendía 161 C/D2/3
Buer 45 B/C1
Bieu 150 A2
Bugarach 156 A/B1
Bugarra 169 C1
Bugeat 102 A3
Buger 157 C2
Buggerru 123 C3
Buggingen 90 A3
Buglose 108 A2
Bugnara 119 C2
Bugojno 131 D2, 132 A2
Bugøyfjord 7 C2
Bugøynes 7 C2
Bugry 129 C1
Bühl 90 B2
Bühlertall 90 B2
Bühlertann 91 C1
Bühlerzell 91 C1
Buhusi 141 C1
Búia 126 A2
Builth Wells 63 C1
Buis-les-Baronnies 111 D2
Buitenpost 67 C1
Buitrago 153 D3
Buitrago del Lozoya 161 C2
Bujalance 167 C3, 172 B1
Bujanovac 139 C2
Bujanovac 140 A3
Bujaraloz 155 B/C3, 163 B/C1
Bujarrabal 161 D2
Buje 126 B3, 130 A1
Buk 71 D2/3
Bükkös 128 B2
Bukovac 131 D1, 132 A1
Bukovac 129 C3
Bukova Gora 131 D3, 132 A3
Bukovi 133 D2, 134 A2
Bukovje 126 B3
Buków 71 C3
Bukowiec 71 D2

Bukowiec — Calais

Bukowiec 71 D3
Bulačani 138 B2
Bülach 90 B3
Bulat-Pestivien 84 B2
Bulbuente 154 A3, 162 A1
Buldan 149 D2
Bulgnéville 89 C2
Bulimac 128 A3
Bulken 36 B3
Bullas 168 B3, 174 A1
Bullay 80 A3
Bulle 104 B2
Büllingen 79 D2
Bulqize 138 A3
Bultei 123 D2
Bulwell 61 D3, 65 C1
Bumbești-Jiu 135 D1
Buna 132 B3, 136 B1
Bünde 68 A3
Bunde 67 D1
Bunessan 56 A1
Bungay 65 D2
Bunge 47 D2
Bunić 131 C2
Buniel 153 B/C2
Bunkeflostrand 50 A3
Bunkris 39 C1
Bunleix 102 A2/3
Bunnerviken 29 C3, 34 A2
Buñol 169 C1
Buntingford 65 C2
Buñuel 154 A3
Bunyola 157 C2
Buollannjargga 5 D3, 6 A3, 11 D1
Buonabitàcolo 120 A3
Buonalbergo 119 D3, 120 A2
Buonconvento 115 B/C3, 116 B2
Burbach-Niederdresselndorf 80 B2
Burbage 64 A3, 76 A1
Burbáguena 163 C2
Burcei 123 D3
Bureå 31 D1
Bureåborg 30 B3, 35 D1
Burela 151 B/C1
Büren 80 B1
Büren an der Aare 104 B1
Buren-Steinhausen 80 B1
Bures 65 C2
Bureta 154 A3, 162 A1
Burfjord 5 B/C2
Burford 64 A2/3
Burg 69 D3
Burg 70 B3
Burg 53 C2/3
Burg 52 B3
Burgas 141 C3
Burgau 170 A2
Burgau 127 D1
Burgau 91 D2
Burgbernheim 81 D3, 91 D1
Burgbrohl 80 A2
Burgdorf 68 B2
Burgdorf 105 C1
Burgdorf-Ramlingen-Eh-lershausen 68 B2
Burgebrach 81 D3
Bürgel 82 A2
Bürgeln 90 A3
Bürgeln 81 B/C2
Burgelo 153 D2
Burgess Hill 76 B1
Burgh 66 A3
Burghammer 83 D1
Burghaslach 81 D3
Burghaun 81 C2
Burghausen 92 B2
Burgheim 91 D2, 92 A2
Burgh le Marsh 61 D3, 65 C1
Burghley House 64 B1/2
Búrgio 124 B2
Burgkirchen 92 B2
Burgkunstadt 82 A3
Burglengenfeld 92 B1
Burgohondo 160 A2
Burgos 153 C2
Búrgos 123 C/D2
Burgsalach 92 A1
Burgschwalbach 80 B2
Burgsinn 81 C3
Burgstädt 82 B2
Burgstall 69 C/D2/3

Burg-Stargard 70 A1
Burgsteinfurt 67 D3
Burg Strechau 93 D3
Burgsvik 47 D3
Burgsvik 72 B1
Burguete 108 B3, 155 C1/2
Burgui 154 B2
Burguillos 171 D1
Burguillos del Cerro 165 D3
Burguillos de Toledo 160 B3, 167 C1
Burgwald-Ernsthausen 80 B1/2
Burgwedel 68 B2
Burgwedel-Wettmar 68 B2
Burgwindheim 81 D3
Burhaniye 149 D1
Buriasco 112 B1
Burie 101 B/C3
Burjasot 169 D1
Burk 91 D1
Burkardroth 81 D2
Burkardroth-Waldfenster 81 C/D2
Burkersdorf 83 C2
Burkhardsdorf 82 B2
Burlada 154 A2
Burladingen-Stetten 91 C2
Burladingen-Hausen 91 C2
Burladingen 91 C2
Burnham Market 65 C1
Burnham-on-Crouch 65 C3
Burnham-on-Sea 63 C/D2
Burnley 59 D1, 60 B2
Burnley 54 B3
Burntisland 57 C1
Burón 152 A1/2
Buronzo 105 C3
Buroy 32 B1/2
Burøysund 4 A2
Burrel 138 A3
Burriana 163 C3, 169 B1
Burry Port 62 B1
Burs 47 D3
Burscheid 80 A1
Bürserberg 106 A1
Burseryd 50 B1
Bursnäs 34 B3
Burstad 5 D1, 6 A1
Bürstadt 80 B3
Burtenbach 91 D2
Burton 59 D1, 60 B2
Burton Agnes 61 D2
Burtonport 55 C2
Burton upon Trent 61 C3, 64 A1
Burträsk 31 D1
Buru 97 D3, 140 B1
Bruen 38 A1
Burujón 160 B3, 167 C1
Burvik 31 D1
Burwell 65 C2
Burwick 54 B1
Bury 59 D2, 60 B2
Bury Saint Edmunds 65 C2
Burzet 111 C1
Busachi 123 C2
Busalla 113 D1/2
Busana 114 A2, 116 A1
Busca 112 B2
Busche 107 C2
Buseck-Beuern 81 B/C2
Busenberg 90 A/B1
Buseto Palizzolo 124 A2
Buševac 127 D3
Bushat 137 D2
Busigny 78 A/B3
Busjon 31 C1
Busk 97 D2, 98 B2
Buskhyttan 47 C2
Busko-Zdrój 97 C1/2
Bušletić 132 B1
Busot 169 D2/3
Busovača 132 B2
Bussang 89 D2/3, 90 A3
Busset 102 B2
Busseto 114 A1
Bussière-Badil 101 C3
Bussière-Poitevine 101 D2
Busso 41 D3
Bussolengo 106 B3
Bussoleno 112 B1
Büssu 128 B2
Bussum 66 B3
Bussy [Cugy FR] 104 B1

Bustares 161 C1/2
Bustarviejo 161 B/C2
Bustillo del Páramo 151 D2
Bustillo del Oro 152 A3, 159 D1, 160 A1
Bustnes 14 B2
Busto Arsizio 105 D3
Busto de Bureba 153 C2
Bustos 158 A2
Busum 52 A3
Butan 140 B2
Butera 125 C3
Bütgenbach 79 D2
Buthroton 142 A3
Butjadingen-Langwarden 52 A3, 67 D1, 68 A1
Butjadingen-Burhave
67 D1, 68 A1
Butjadingen-Eckwarden 67 D1, 68 A1
Butjadingen-Stollhamm 67 D1, 68 A1
Butrinti 142 A3
Bütschwil 91 C3, 105 D1, 106 A1
Buttapietra 107 B/C3
Buttelstedt 82 A1
Buttenheim 82 A3
Buttenwieser 91 D2
Buttermere 57 C3, 60 A/B1
Buttes 104 B1
Buttlar 81 C/D2
Buttstädt 82 A1
Butzbach 80 B2
Butzen 70 B3
Bützow 53 D3, 69 D1
Buväg 9 C2
Buvassbrenna 37 C3
Buvatn Fjellstue (Engene Fjellstue) 37 D3
Buvik 28 A3, 33 C2
Buvik 14 B2
Buvik 32 A/B2
Buvika 33 D3
Buxières-les-Mines 102 B2
Buxtehude 68 B1
Buxton 59 D2, 61 C3, 64 A1
Buxy 103 D1
Buzançais 101 D1
Buzancy 79 C3
Buzău 141 C2
Buzet 126 B3, 130 A1
Buzias 140 A1/2
Byberget 35 C3
Bybjerg 49 D3, 53 D1
Bydalen 34 B2
Bydgoszcz 72 B3
Byerum 51 D1
Byfield 65 C2
Bygd 36 B3
Bygdeå 20 A1, 31 D2
Bygdeträsk 31 D1
Bygdin 37 C2
Bygdsiljum 31 D1/2
Bygget 50 B1/2
Bygland 43 C2
Byglandsfjord 43 B/C2/3
Bygstad 36 A2
Byhleguhre 70 B3
Byholma 50 B2
Byhov 99 C1
Bykle 42 B2
Bylderup 52 B2
Bylnice 95 C1
Byn 35 D3
Byneset 28 A3, 33 C1
Byremo 42 B3
Byrkjedal 42 A/B2
Byrkjelo 36 B2
Byrknes 36 A3
Byrum 49 C1
Byšice-Liblice 83 D2
Byske 31 D1
Byškovice 95 C1
Syssträsk 31 C1/2
Bystrica 97 D2, 98 A3
Byšfice 83 D3
Bystřice nad Pernštejnem 94 B1
Bystřice pod Hostýnem 95 C1
Bytča 95 D1
Bytča 96 B2
Bytnica 71 C3
Bytom 96 B2

Bytom Odrzański (Beuthen) 71 C3
Bytów 72 B2
Bytyń 71 D2
Byvalla 40 A2
Bywell 57 D2/3
Byxelkrok 51 D1
Byxelkrok 72 B1
Bzenec 95 C1
Bzovik 95 D2

C

Cabaçāo 164 B2
Caballar 160 B1/2
Cabana 150 A1
Cabañas 150 B1
Cabañas de Yepes 161 C3, 167 D1
Cabañas de la Sagra 160 B3
Cabañas de Virtus 152 B1/2
Cabañas del Castillo 166 A/B1
Cabanes 163 C3
Cabanillas 161 C2
Cabanillas 154 A3
Cabanne 113 D2
Čabar 127 B/C3
Cabdella 155 D2
Čabdin 127 C/D3
Cabeça Gorda 164 B3, 170 B1
Cabeceiras de Basto 158 B1
Cabeco de Vide 165 C2
Cabella 113 D1
Cabeza del Buey 166 B2
Cabeza de Vaca 165 D3
Cabezamesada 161 C3, 167 D1, 168 A1
Cabezarados 167 C2
Cabezarrubias 167 C2
Cabezas del Villar 160 A2
Cabezas Rubias 171 C1
Cabezón 152 B3, 160 A/B1
Cabezón de la Sal 152 B1
Cabezuela del Valle 159 D3
Cabo de Palos 174 B1
Cabolafuente 161 D1
Cabo Roig 169 C3, 174 B1
Cabourg 76 B3, 86 A1
Cabra 172 B1
Cabra 158 B2
Cabra del Camp 163 C1
Cabra del Santo Cristo 173 C1
Cabra de Mora 162 B3
Cabras 123 C2
Cabredo 153 D2
Cabreiro 150 A3
Cabreiroa 151 B/C3
Cabreiros 150 B1
Cabrejas del Campo 153 D3, 161 D1
Cabrejas del Pinar 153 C/D3, 161 C1
Cabrela 164 B2
Cabrerets 109 D1
Cabril 158 B3
Cabril 158 A/B2
Cabrillanes 151 D2
Cabrillas 159 D2
Cabuérniga 152 B1
Cacabelos 151 C2
Čačak 133 D2, 134 A2/3
Čačak 140 A2
Caçarelhos 151 C/D3, 159 C1
Cáccamo 124 B2
Caccuri 122 B2
Cacela 170 B2
Cáceres 165 D1, 166 A1
Cachopo 170 B2
Cachorrilla 159 C3, 165 D1
Cachrov 93 C1
Cachtice 95 C2
Cacia 158 A2
Čačinci 128 B3
Cadafais 164 A2
Cadalso 159 C3

Cadalso de los Vidrios 160 B3
Cadaqués 156 B2
Cadaval 164 A1/2
Cadavedo 151 C/D1
Cadavica 131 D2, 132 A2
Cadca 95 D1
Cadca 96 B2
Cadelbosco di Sotto 114 B1
Cadelbosco di Sopra 114 B1
Cadenazzo 105 D2
Cadenberge 52 A/B3, 68 A1
Cadenet 111 D2
Cadeo 114 A1
Cadeuil 100 B3
Cádiar 173 C2
Cadillac 108 B1
Cadillon 108 B3, 155 B/C1
Cadima 158 A3
Cádiz 171 D3
Cadjavica 128 B3
Cadolzburg 81 D3, 91 D1, 92 A1
Cadouin 109 C1
Cadours 109 C2
Cadreita 154 A2
Cadrete 154 B3, 162 B1
Cadyr-Lunga 141 D1
Caen 76 B3, 86 A1
Caer 86 A/B1
Caerano di San Marco 107 C3
Caergwrle 59 C2, 60 B3
Caerlaverock Castle 57 C3, 60 A1
Caerleon 63 C/D1
Caernarfon 59 B/C2, 60 A3
Caerphilly 63 C1
Caersws 59 C3
Caestre 78 A2
Caetobriga 164 A2/3
Cagli 115 D3, 117 D1
Cagliari 123 D3
Cágliari 123 D3
Caglin 128 B3
Cagnano Varano 120 B1
Cagnes-sur-Mer 112 B3
Cagoda 75 D1
Cahir 55 C3
Cahors 109 C/D2
Cahuzac-sur-Vère 109 D2
Caiazzo 119 D3
Cain Picafort 157 C2
Caiolo 106 A2
Caión 150 A1
Cairnryan 56 A/B3
Cairnryan 54 A3, 55 D2
Càiro Montenotte 113 C2
Caister-on-Sea 65 D1/2
Caistor 61 D3
Caivano 119 D3
Cajarc 109 D1
Cajetina 133 C/D3, 134 A3
Cajić 131 D3, 132 A2/3
Cajnice 133 C3
Čakovec 127 D2
Čakovec 96 B3
Cala 165 D3, 166 A3, 171 C/D1
Calabernardo 125 D3
Cala Blanca 157 C1
Cala Blanes 157 C1
Cala Blava 157 C2
Cala Bona 157 C1
Calabor 151 C3
Calaceite 163 C2
Calacuccia 113 D3
Cala d'Oliva 123 C1
Cala d'Or 157 C/D1/2
Caladrones 155 C3
Calaf 155 D3, 156 A3, 163 D1
Calafat 135 D2
Calafat 140 B2
Calafell La Platja 156 A3, 163 D1
Cala Figuera 157 D2
Cala Gonone 123 D2
Cala Grassió 169 D2
Calahonda 172 B3
Calahonda 173 C2
Calahorra 153 D2, 154 A2
Calahorra de Boedo 152 B2
Calais 77 D1

Cala Llonga — Capo di Ponte

Cala Llonga 157 D3
Calambrone 114 A3, 116 A2
Cala Millor 157 C1
Calamita 124 A2
Calamocha 163 C2
Calamonte 165 D2
Cala Morell 157 C1
Cala Murada 157 C1/2
Calañas 171 C1
Calanda 162 B2
Calangiánus 123 D1
Cala'n Porter 157 C1
Cala Pi 157 D2
Călăraşi 141 C2
Cala Ratjada 157 C1
Cala San Vicente 157 D3
Cala San Vicente 157 C2
Calasanz 155 C3
Calascibetta 125 C2
Calas de Mallorca 157 C1/2
Calasetta 123 C3
Calasparra 168 B3
Calatafimi 124 A2
Calatafiazor 153 C/D3, 161 C1
Cala Tarida 169 D2
Calatayud 162 A1
Calatorao 155 C3, 163 C1
Calau 70 B3
Cala Vadella 169 D2
Calavino 106 B2
Calbe 69 D3
Calcena 154 A3, 162 A1
Calcinelli 115 D2, 117 C1/2
Calco 105 D3, 106 A3
Caldaro/Kaltern 107 C2
Caldarola 115 D3, 117 D2
Caldas da Felgueira 158 B2
Caldas da Rainha 164 A1
Caldas de Besaya 152 B1
Caldas de Cavaca 158 B2
Caldas de Monchique 170 A2
Caldas de Nocedo 152 A2
Caldas de Reis 150 A2
Caldas de San Adrián 152 A2
Caldas de Vizela 158 A1
Caldas do Gerez 150 B3, 158 A/B1
Caldbeck 57 C3, 60 B1
Caldelas 150 A/B3, 158 A1
Calden 81 C1
Calderari 125 C2
Calders 156 A3
Caldes de Bohí 155 C/D2
Caldes de Malavella 156 B2/3
Caldes de Montbui 156 A3
Caldetes 156 B3
Caldiero 107 C3
Caldirola 113 D1
Caldonazzo 107 C2
Calella de Mar 156 B3
Calella de Palafrugell 156 B2
Calenzana 113 D2/3
Calera de León 165 D3
Calera y Chozas 160 A3, 166 B1
Caleruega 153 C3, 161 C1
Caleruéla 160 A3, 166 B1
Calestano 114 A1
Calgary 56 A1
Càlig 163 C2
Calitri 120 A2
Calivelos 158 B2
Calizzano 113 C2
Callac 84 B2
Callander 56 B1
Calliano 113 C1
Callington 62 B3
Callione 107 B/C2
Callosa de Ensarriá 169 D2
Callosa de Segura 169 C3
Calma 133 C1
Calne 63 D2, 64 A3
Caloziocorte 105 D3, 106 A3
Calonge de les Gavarres 156 B2
Calore 119 D3, 120 A2
Calov 108 B2
Čalovo 95 C3
Calpe 169 D2

Caltabellotta 124 B2
Caltagirone 125 C3
Caltanissetta 125 B/C2
Caltavuturo 124 B2
Caltojar 161 C/D1
Caluso 105 C3
Calvaire 85 C2/3
Calvarrasa de Abajo 159 D2
Calvarrasa de Arriba 159 D2
Calvello 120 B3
Calvera 155 C2
Calvi 113 D2
Calvia 157 C2
Calvi dell'Umbria 117 C3, 118 B1
Calvinet 110 A1
Calvisson 111 C2
Calvörde 69 C2/3
Calvos de Randín 150 B3
Calw 90 B2
Calw-Hirsau 90 B2
Calw-Stammheim 90 B2
Calzada de Calatrava 167 C2
Calzada de Don Diego 159 D2
Calzada del Coto 152 A2
Calzada de los Molinos 152 B2
Calzada de Valdunciel 159 D2
Calzadilla 159 C3
Calzadilla de los Barros 165 D3, 166 A3
Calzadilla de la Cueza 152 A/B2
Camaiore 114 A2, 116 A1
Camáldoli 115 C2, 116 B1
Camañas 163 C2
Camarasa 155 D3
Camarate 164 A2
Camarenа de la Sierra 162 A/B3
Camarés 110 A2
Camaret-sur-Mer 84 A2
Camargo 152 B1
Camarillas 162 B2
Camariñas 150 A1
Camarma de Esteruelas 161 C2
Camarmeña 152 A1
Camarzana de Tera 151 D3
Camas 171 D1
Cambados 150 A2
Cambeo 150 B2
Camberley 64 B3, 76 B1
Cambil 173 C1
Cambo-les-Bains 108 B3, 155 C1
Camborne 62 A/B3
Cambra 158 A/B2
Cambrai 78 A2/3
Cambre 150 B1
Cambridge 65 C2
Cambrils de Mar 163 D2
Cambron 77 D2
Cambs 53 C/D3, 69 C1
Camburg 82 A1
Cámedo 105 D2
Camelford 62 B3
Camelle 150 A1
Camerino 115 D3, 117 D2
Camerota 120 A3
Camigliатello Silano 122 B1/2
Camin 69 C1
Caminha 150 A3
Caminomorisco 159 C3
Caminreal 163 C2
Camisano Vicentino 107 C3
Cammarata 124 B2
Cammer 69 D3, 70 A3
Cammin 53 D3
Camogli 113 D2
Camoins-les-Bains 111 D3
Camon 109 D3, 156 A1
Campagna 119 D3, 120 A2
Campagne 109 C1
Campagne 108 B2
Campan 109 B/C3, 155 C1
Campana 122 B1
Campanario 166 A2
Campanas 154 A2
Campanet 157 C2
Campano 171 D3
Campaspero 152 B3, 160 B1

Campbeltown 56 A2
Campbeltown 54 A3, 55 D1/2
Campbon 85 C3
Campdevànol 156 A2
Campeà 158 B1
Campello 169 D3
Campello Monti 105 C2/3
Campese 116 A3
Campi Bisènzio 114 B2, 116 B1
Campiglia 105 C3
Campiglia dei Fosci 114 B3, 116 B2
Campiglia Marittima 114 B3, 116 A2
Campillo 163 C3
Campillo de Deleitosa 159 D3, 166 A1
Campillo de Aragón 161 D1/2, 162 A1/2
Campillo de Altobuey 168 B1
Campillo de Llerena 166 A2/3
Campillo de Dueñas 162 A2
Campillo de Azaba 159 C2
Campillo de Aranda 153 C3, 160 B1
Campillo de Arenas 173 C1
Campillos 172 A2
Campillos-Paravientos 162 A3
Campillos-Sierra 162 A3
Campione 105 D2
Campione del Garda 106 B3
Campisábalos 161 C1
Campi Salentina 121 D3
Campitello 114 B1
Campitello Matese 119 D2
Campi 117 D3, 119 C1
Campmany 156 B2
Campo 155 C2
Campo 105 D2, 106 A2
Campo 165 C3
Campo 158 A1/2
Campobasso 119 D2
Campobecerros 151 C3
Campobello di Licata 124 B3
Campobello di Mazara 124 A2
Campocologno 106 B2
Campodàrsego 107 C3
Campo de Caso 152 A1
Campo de Criptana 167 D1, 168 A1
Campo di Giove 119 C2
Campo di Trens/Freienfeld 107 C1
Campodolcino 105 D2, 106 A2
Campodónico 115 D3, 117 C2
Campofelice di Roccella 124 B2
Campofelice di Fitàlia 124 B2
Campofiorito 124 B2
Campoformido 126 A2
Campoforogna 117 C/D3, 118 B1
Campofrio 165 D3, 171 C1
Campogalliano 114 B1
Campo Lameiro 150 A2
Campolasta/Astfeld 107 C1/2
Campolattaro 119 D2/3
Campo Ligure 113 C/D1/2
Campo Maior 165 C2
Campomanes 151 D1
Campomarino 119 D2, 120 A1
Campomarino 121 C/D3
Campo Molino 112 B2
Câmpora San Giovanni 122 A2
Campo Real 161 C3
Camporeale 124 A/B2
Camporells 155 C3
Camporredondo de Alba 152 A/B2
Camporredondo 160 B1
Camporrobles 163 C3, 169 D1
Campos 162 B2

Campos 150 B3, 158 B1
Camposampiero 107 C3
Camposanto 114 B1
Campos del Puerto 157 C2
Campos del Rio 169 D3
Campotéjar 173 C1
Campo Túres/Sand in Tirol 107 C1
Campoverde 118 B2
Camprodo 156 A/B2
Camps-en-Amiénois 77 D2/3
Camucia 115 C3, 116 B2
Camugnano 114 B2, 116 B1
Camuñas 167 D1
Can 149 D1
Canach 79 D3
Cañada de Calatrava 167 C2
Cañada de Benatanduz 162 B2
Cañada del Hoyo 161 D3, 162 A3
Cañadajuncosa 168 B1
Cañada-Rosal 172 A1
Canak 131 B/C1/2
Canakkale 149 C1
Canale 113 C1
Canalejas del Arroyo 161 D2/3
Canales de Molina 161 D2
Canals 169 C/D2
Canal San Bovo 107 C2
Cañamero 166 B1
Canas de Senhorim 158 B2
Cañaveral 159 C3, 165 D1
Cañaveral de León 165 D3, 171 C1
Cañaveras 161 D2/3
Cañaveruelas 161 D2/3
Canazei 107 C2
Cancale 85 C/D1/2
Cancellara 120 B2
Cancello Arnone 119 C3
Cancon 109 C1
Candal 158 A/B2
Candanchú 154 B2
Candansos 155 C3, 163 C1
Candé 85 D3
Candela 120 A2
Candelario 159 D2/3
Candeleda 160 A3
Candemil 158 B1
Candes-Saint-Martin 86 A/B3, 101 C1
Cándida Lomellina 105 D3, 113 C1
Candilichera 153 D3, 161 D1
Candin 151 C2
Caneças 164 A2
Canelli 113 C1
Canero 151 C1
Canet 156 B1
Canet de Mar 156 B3
Cañete 162 A3
Cañete de las Torres 167 C3, 172 B1
Cañete la Real 172 A2
Canet lo Roig 163 C2
Canet-Plage 156 B1
Canfranc 154 B2
Cangas 150 A2/3
Cangas de Narcea 151 C1
Cangas de Onís 152 A1
Canha 164 B2
Canhestros 164 B3, 170 A1
Canicattí 124 B2/3
Canicattini Bagni 125 D3
Canicosa de la Sierra 153 C3
Caniles 173 D1/2
Canillas de Aceituno 172 B2
Canillas de Esgueva 152 B3, 160 B1
Canillas de Albaida 172 B2
Canillo 155 D2, 156 A2
Canino 116 B3, 118 A1
Cañizal 159 D1/2, 160 A1
Cañizar 161 C2
Cañizar del Olivar 162 B2
Cañizares 161 D2
Cañizo 152 A3, 159 D1, 160 A1
Canj 137 D2

Canjáyar 173 D2
Ca'N Jordi 157 D3
Canna 120 B3, 122 B1
Canne 120 B2
Cánnero Riviera 105 D2
Cannes 112 B3
Canneto 125 C/D1
Canneto 114 B3, 116 A2
Canneto sul Oglio 106 B3, 114 A/B1
Canningione 123 D1
Cannóbio 105 D2
Cannock 59 D3, 64 A1
Cano 165 B/C2
Canonbie 57 C3
Canosa di Puglia 120 B2
Canósio 112 B2
Canossa 114 A/B1
Canove 107 C2/3
Canove 113 C1
Can Pastilla 157 C2
Canredondo 161 D2
Cansano 119 C2
Cantagallo 159 D2/3
Cantalapiedra 160 A1/2
Cantalejo 160 B1
Cantallops 156 B2
Cantalojas 161 C1
Cantalpino 159 D2, 160 A2
Cantanhede 158 A2/3
Cantavieja 162 B2
Cantavir 129 D3
Canterbury 65 D3, 77 C1
Cantiano 115 D3, 117 C2
Cantillana 171 D1
Cantimpalos 160 B2
Cantin 78 A2
Cantiveros 160 A2
Cantoral 152 B2
Cantoria 173 D2, 174 A1/2
Cantú 105 D3, 106 A3
Canvey 65 C3
Cany-Barville 77 C3
Canyelles 156 A3, 163 D1
Canyon 5 C2/3
Canzo 105 D3, 106 A2/3
Caoria 107 C2
Cáorle 107 D3, 126 A3
Caorso 114 A1
Caoulet 109 C2
Capaccio 120 A3
Capaci 124 B1/2
Capafóns 163 D1
Capafonts La Mussara 163 D1
Capálbio 116 B3, 118 A3
Capanne 115 C3, 117 C2
Capànnole 115 C3, 116 B2
Capànnoli 114 B3, 116 A2
Capannori 114 B2, 116 A1
Caparde 133 C2
Capareiros 150 A3, 158 A1
Capari 138 B3, 143 B/C1
Caparica 164 A2
Caparroso 154 A2
Capbreton 108 A2/3, 154 A1
Capdenac-Gare 109 D1, 110 A1
Capdepera 157 C1
Cap-de-Pin 108 A2
Capdesaso 155 B/C3, 162 B1
Capel 64 B3, 76 B1
Capela 150 B1
Capel Curig 59 C2, 60 A3
Capel'ka 74 B1/2
Capella 155 C2/3
Capellades 153 D3, 161 D1
Capellen 79 D3
Capendu 110 A3, 156 B1
Capens 108 B3, 155 C1
Capestang 110 A/B3, 156 B1
Capestrano 117 D3, 119 C1
Cap Fréhel 85 C1/2
Capileira 173 C2
Capilla 166 B2
Capillas 152 A3
Capinha 158 B3
Capistrello 119 C2
Caplje 131 D1/2
Capljina 132 A3, 136 B1
Capodimonte 116 B3, 118 A1
Capo di Ponte 106 B2

Capo d'Orlando — Castel Gandolfo

Capo d'Orlando 125 C1/2
Capolago [Capolago-Riva S. Vitale] 105 D2/3
Capoliveri 116 A3
Čapor 95 C2
Capo Rizzuto 122 B2
Capoterra 123 C/D3
Capovalle 106 B3
Cappadócia 119 B/C2
Cap Pelat 108 B2
Cappelle 119 C1/2
Cappelle sul Tavo 119 C1
Capracotta 119 C/D2
Capráia 114 A3
Capránica 117 C3, 118 A1
Caprarola 117 C3, 118 A1
Caprese Michelángelo 115 C2/3, 117 B/C2
Capri 119 C/D3
Capriati a Volturno 119 C2
Capriccioli 123 D1
Caprile 107 C2
Caprino Bergamasco 106 A3
Caprino Veronese 106 B3
Cápruta 140 A1
Captieux 108 B2
Cápua 119 C/D3
Capurso 121 C2
Capvern 109 C3, 155 C1
Carabaña 161 C3
Carabanchel 160 B2/3
Carabantes 153 D3, 154 A3, 161 D1
Caracal 140 B2
Caracena 161 C1
Caracenilla 161 D3
Caracuel 167 C2
Caradeuc 85 C2
Caráglio 112 B2
Caraman 109 D3, 155 D1
Caramánico Terme 119 C1
Caramulo 158 A/B2
Caranga 151 D1
Caranguejeira 158 A3, 164 A/B1
Caransebes 140 A/B2
Carantec 84 B1/2
Carasco 113 D2
Carasova 135 C1
Caraula 135 D2
Caravaca de la Cruz 168 B3, 174 A1
Caravággio 106 A3
Carazo 153 C3
Carbajales de Alba 151 D3, 159 D1
Carbajo 165 C1
Carballeda 151 C2
Carballeda de Avia 150 B2
Carballedo 150 B2
Carballiño 150 B2
Carballo 150 A1
Carbellino 159 D1
Carbonara di Po 114 B1
Carbonare di Folgaria 107 C2
Carbon-Blanc 108 B1
Carboneras 174 A2
Carboneras de Guadazaón 162 A3, 168 B1
Carbonero el Mayor 160 B1/2
Carboneros 167 C/D3
Carbónia 123 C3
Carbonin/Schluderbach 107 D2
Carbonne 108 B3, 155 C1
Carbuccia 113 D3
Carcaboso 159 C/D3
Carcabuey 172 B1
Carcagente 169 D2
Carcans 100 B3, 108 A1
Carcans-Plage 101 C3, 108 B1
Cárcar 153 D2, 154 A2
Cárcare 113 C2
Carcassonne 110 A3, 156 A/B1
Carcastillo 154 A2
Carcelén 169 D2
Carcés 112 A3
Carchel 173 C1
Carchelejo 173 C1
Carcóforo 105 C2/3
Cardedeu 156 A/B3
Cardejón 153 D3, 161 D1

Cardeña 167 C3
Cárdenas 153 C/D2
Cardenete 162 A3, 168 B1
Cardeñosa 160 A2
Cardesse 108 B3, 154 B1
Cardiff 63 C2
Cardigan 62 B1
Cardigan 55 D3
Cardó 163 C2
Cardona 155 D3, 156 A2
Carei 97 D3, 98 A3
Carenas 162 A1
Carennac 109 D1
Carentan 76 B3, 86 A/B1
Carentoir 85 C3
Carevdar 127 D2, 128 A2
Carev Dvor 138 B3, 142 B1
Cargèse 113 D3
Carhaix-Plouguer 84 B2
Caria 158 B3
Cariati 122 B1
Caricín Grad 139 C1
Caridade 165 C3
Carignan 79 C3
Carignano 113 B/C1
Carina 142 B1
Cariñena 163 C1
Carini 124 A/B1/2
Cariño 150 B1
Carinola 119 C3
Carisbrooke Castle 76 B1/2
Carisolo 106 B2
Carlentini 125 D3
Carlet 169 D2
Carling 89 D1
Carlingford 58 A1
Carlisle 57 C3, 60 B1
Carlisle 54 B3
Carloforte 123 C3
Carlópoli 122 B2
Carlow 53 C3, 69 C1
Carlow 55 D3
Carlsberg 80 B3, 90 B1
Carlsfeld 82 B2
Carlton-in-Lindrick 61 C3
Carluke 56 B2
Carmagnola 113 B/C1
Carmarthen 62 B1
Carmaux 109 D2, 110 A2
Carmena 160 B3, 167 C1
Cármenes 151 D2, 152 A2
Carmiano 121 D3
Carmona 171 D1, 172 A1
Carmonita 165 D2, 166 A2
Carnac 84 B3
Carnaxide 164 A2
Carnew 58 A3
Carnforth 59 D1, 60 B2
Cárnia 126 A2
Carnlough 56 A3
Carno 59 C3
Carnon-Plage 110 B3
Carnota 150 A2
Carnoules 112 A3
Carnoustie 57 C1
Carnwath 57 C2
Carolei 122 A2
Carolles 85 D1
Carona 106 A2
Caronia 125 C2
Carona Marina 125 C2
Carovigno 121 D2
Carovilli 119 D2
Carpaneto Piacentino 114 A1
Carpegna 115 C2, 117 C1/2
Carpenédolo 106 B3
Carpentras 111 C/D2
Carpi 114 B1
Carpineti 114 B1/2
Carpineto Romano 118 B2
Cárpinis 135 D1
Carpino 120 B1
Carpinone 119 D2
Carpinteiro 164 B1/2
Carpio de Azaba 159 C2
Carquefou 85 D3, 100 A/B1
Carqueiranne 112 A3
Carradale 56 A2
Carral 150 A/B1
Carrapateira 170 A2
Carrapichana 158 B2
Carrara 114 A2, 116 A1
Carrascal del Río 160 B1

Carrascalejo 160 A3, 166 B1
Carrascosa 161 D2
Carrascosa del Campo 161 C/D3
Carrascosa de Abajo 161 C1
Carrascosa de Haro 168 A1
Carratraca 172 A/B2
Carrazeda de Anciães 158 B1
Carrazedo 151 B/C3, 158 B1
Carrbridge 54 B2
Carreço 150 A3, 158 A1
Carrefour-Saint-Jean 86 A/B1
Carregado 164 A2
Carregal do Sal 158 B2
Carrega Ligure 113 D1
Carregueiros 164 B1
Carreña 152 A1
Carreño 151 D1
Carresse 108 A3, 154 B1
Carrickart 55 C/D2
Carrickfergus 56 A3
Carrión de los Condes 152 B2
Carrión de los Céspedes 171 C/D1/2
Carrión de Calatrava 167 C2
Carrizo de la Ribera 151 D2
Carrizosa 167 D2, 168 A2
Carronbridge 57 B/C2
Carrouges 86 A2
Carrú 113 C2
Carry-le-Rouet 111 D3
Carskiey 56 A2
Carsóli 118 B1/2
Carsphaírn 56 B2/3
Carstairs 57 B/C2
Carstairs 54 B3
Cartagena 174 B1
Cártama 172 B2
Cartaxo 164 A2
Cartaya 171 C2
Cartelle 150 B2/3
Carteret 76 A3
Cartoceto 115 D3, 117 C2
Carucedo 151 C2
Carúnchio 119 D2
Carvajal 172 B3
Carvalhal 158 B2
Cárvarica 139 D2
Carviçaes 159 C1/2
Carvin 78 A2
Carvoeira 164 A2
Carvoeira 164 A2
Carvoeiro 170 A2
Carvoeiro 164 B1
Caryduff 56 A3
Carzig 70 B2
Casabermeja 172 B2
Casa Branca 164 A3
Casa Branca 164 B2/3
Casa Branca 164 B2
Casacalenda 119 D2, 120 A1
Casa de Uceda 161 C2
Casaio 151 C2
Casais 170 A2
Casa l'Abate 121 D2/3
Casalánguida 119 D1/2
Casalarreina 153 C2
Casalbordino 119 D1
Casalborgone 113 C1
Casalbuono 120 A/B3
Casalbuttano 106 A/B3
Casal Cermelli 113 C1
Casal di Príncipe 119 C3
Casalécchio di Reno 114 B1/2
Casale Monferrato 113 C1
Casalgrande 114 B1
Casalgrasso 112 B1
Casalmaggiore 114 A/B1
Casalmorano 106 A3
Casalnuovo 122 A3
Casalnuovo Monterotaro 119 D2, 120 A1
Casaloldo 106 B3
Casalpusterlengo 106 A3, 113 D1
Casalromano 106 B3
Casalvécchio di Púglia 119 D2, 120 A1

Casalvieri 119 C2
Casamássima 121 C2
Casamicciola Terme 119 C3
Casamozza 113 D2
Casarabonela 172 A2
Casarano 121 D3
Casar de Cáceres 165 D1
Casar de Palomero 159 C/D3
Casar de Talavera 160 A3, 166 B1
Casares 172 A3
Casares de las Hurdes 159 C/D2
Casariche 172 A/B2
Casarrubios del Monte 160 B3
Casarsa della Delizia 107 D2, 126 A2
Casas Altas 163 C3
Casasana 161 D2
Casas Bajas 163 C3
Casasbuenas 160 B3, 167 C1
Casas de Don Antonio 165 D1/2, 166 A1/2
Casas de Don Pedro 166 B2
Casas de Fernando Alonso 168 B1
Casas de Haro 168 B1
Casas de Juan Núñez 168 B2
Casas de Lázaro 168 B2
Casas del Monte 159 D3
Casas de los Pinos 168 B1
Casas de los Muneras 168 A2
Casas del Puerto de Villatoro 160 A2
Casas de Millán 159 C3, 165 D1, 166 A1
Casas de Miravete 159 D3, 166 A1
Casas de Reina 166 A3
Casas de Ves 169 D1/2
Casaseca 159 D1
Casas-Ibáñez 169 B/C1/2
Casasimarro 168 B1
Casasola de Arión 152 A3, 160 A1
Casasuertes 152 A1
Casatejada 159 D3, 166 A1
Casavieja 160 A3
Casazza 106 A3
Casbas de Huesca 155 B/C2/3
Cascades du Hérisson 104 A2
Cascais 164 A2
Cascante 154 A3
Cascante del Río 162 A/B3
Cascata del Toce 105 C2
Ca'S Catalá 157 C2
Cáscia 117 C/D3, 118 B1
Casciana Terme 114 B3, 116 A2
Cáscina 114 B2/3, 116 A2
Cáseda 155 C2
Case della Marina 123 D3
Case di Giuseppe Garibaldi 123 D1
Casei Gerola 113 D1
Casekow 70 B1/2
Casel 70 B3, 83 C1
Caselle 113 D1/2
Caselle in Pittari 120 A3
Caselle Torinese 105 C3, 112 B1
Casemurate 115 C2, 117 C1
Case Perrone 121 C3
Caseres 163 C2
Caserío de Llanos de Don Juan 172 B1/2
Caserta 119 D3
Caserta vécchia 119 D3
Cashel 55 C3
Cashlie 56 B1
Casillas 160 A/B3
Casillas de Flores 159 C2/3
Casillas de Coria 159 C3
Casina 114 A/B1
Casinna 115 D2, 117 C1
Casinos 162 B3, 169 C1
Caskel 5 D2, 6 A2
Casla 161 B/C1/2

Cáslav 96 A2
Cášniki 74 B3
Cásola Valsenio 115 C2, 116 B1
Cásole d'Elsa 114 B3, 116 A/B2
Cásoli 119 D1
Casória 119 D3
Caspe 163 C1
Caspóggio 106 A2
Caspueñas 161 C2
Cassá de la Selva 156 B2
Cassagnes-Bégonhès 110 A2
Cassana 115 C1
Cassaniouze 110 A1
Cassano allo Iónio 122 A/B1
Cassano d'Adda 106 A3
Cassano delle Murge 121 C2
Cassano Spinola 113 D1
Cássaro 125 C/D3
Cassel 77 D1, 78 A2
Casserres 156 A2
Cassibile 125 D3
Cassine 113 C1
Cassino 119 C2
Cássio 114 A1
Cassis 111 D3
Cassúgouels 110 A1
Castagnaro 114 B1
Castagneto Carducci 114 B3, 116 A2
Castaignos-Souslens 108 B3, 154 B1
Castalla 169 C2
Castañar de Ibor 160 A3, 166 B1
Castañares de Rioja 153 C2
Castanheira 164 A2
Castanheira de Pera 158 A3
Castanheira do Vouga 158 A2
Castano Primo 105 D3
Castasegna [St. Moritz] 106 A2
Castéggio 113 D1
Castejón 154 A2/3
Castejón 161 D2/3
Castejón de Sobrarbe 155 C2
Castejón del Puente 155 C3
Castejón de las Armas 162 A1
Castejón de Valdejasa 154 B3
Castejón de Monegros 154 B3, 162 B1
Castejón de Sos 155 C2
Castejón de Tornos 162 A2
Castel Baronia 120 A2
Castelbelforte 106 B3
Castel Bolognese 115 C2, 116 B1
Castelbuono 125 C2
Castel d'Aiano 114 B2, 116 A/B1
Castel d'Ario 106 B3
Castel de Cabra 162 B2
Casteldelfino 112 B1/2
Castel del Monte 117 D3, 119 C1
Castel del Monte 120 B2, 136 A3
Castel del Piano 116 B3
Castel del Río 115 B/C2, 116 B1
Castel di Iúdica 125 C2
Castel di Lagopésole 120 A/B2
Castel di Sangro 119 C2
Casteleiro 159 B/C3
Castel Eurialo 125 D3
Castelfiorentino 114 B3, 116 A2
Castelflorite 155 C3, 163 C1
Castelforte 119 C2/3
Castelfranc 108 B1
Castelfranco Emília 114 B1
Castelfranco Véneto 107 C3
Castelfranco in Miscano 119 D2/3, 120 A1/2
Castel Fusano 118 A/B2
Castel Gandolfo 118 B2

Castelgrande

Castelgrande 120 A2
Casteljaloux 108 B2
Castellabate 120 A3
Castelladral 156 A2
Castellafiume 119 C2
Castellammare di Stàbia 119 D3
Castellammare del Golfo 124 A2
Castellamonte 105 C3
Castellana Grotte 121 C2
Castellane 112 A2
Castellaneta 121 C2
Castellanos de Moriscos 159 D2
Castellarano 114 B1
Castellar de Santisteban 167 D3, 168 A3
Castellar de la Ribera 155 C3
Castellar de la Frontera 172 A3
Castellar de Santiago 167 D2
Castellar del Vallès 156 A3
Castellar de N'Hug 156 A2
Castellar de la Muela 162 A2
Castell'Arquato 114 A1
Castell'Azzara 116 B3
Castellazzo Bormida 113 C1
Castellbó 155 C2
Castelldans 155 C/D3, 163 C1
Castell de Cabres 163 C2
Castell de Castells 169 D2
Castell de Ferro 173 C2
Castelldefels 156 A3
Castelleone 106 A3
Castelletto di Brenzone 106 B3
Castellfollit de la Roca 156 B2
Castellfort 162 B2
Castelli 117 D3, 119 C1
Castellina in Chianti 114 B3, 116 B2
Castellina Marittima 114 B3, 116 A2
Castelló d'Empúries 156 B2
Castello de Farfanya 155 C3, 163 C1
Castello di Annone 113 C1
Castello di Fiemme 107 C2
Castello di Quírra 123 D3
Castellolí 155 D3, 156 A3, 163 D1
Castellón de Rugat 169 D2
Castellón de la Plana 163 C3
Castellote 162 B2
Castello Tesino 107 C2
Castellserà 155 D3, 163 D1
Castellterçol 156 A3
Castellúcchio 106 B3, 114 B1
Castellúccio Inferiore 120 B3, 122 A1
Castellúccio de Sàuri 120 A1/2
Castellúccio Valmaggiore 120 A1/2
Castellúccio Superiore 120 B3, 122 A1
Castell'Umberto 125 C2
Castelluzzo 124 A2
Castel Maggiore 114 B1
Castelmassa 114 B1
Castelmàuro 119 D2
Castelmoron-sur-Lot 109 C2
Castelnau 108 B2
Castelnau 109 D1
Castelnau-Barbarens 109 C3, 155 C1
Castelnau-d'Estrétefonds 108 B2
Castelnaudary 109 D3, 156 A1
Castelnau-de-Médoc 108 A/B1
Castelnau-de-Montmiral 109 D2
Castelnau-Magnoac 109 C3, 155 C1

Castelnau-Montratier 108 B2
Castelnau-Rivière-Basse 108 B3, 155 C1
Castelnou 162 B1
Castelnovo di Sotto 114 B1
Castelnovo ne'Monti 114 A1/2, 116 A1
Castelnuovo di Val di Cècina 114 B3, 116 A2
Castelnuovo Scrivia 113 D1
Castelnuovo della Daùnia 119 D2, 120 A1
Castelnuovo di Garfagnana 114 A2, 116 A1
Castelnuovo Berardenga 115 B/C3, 116 B2
Castelnuovo Don Bosco 113 C1
Castelnuovo del Garda 106 B3
Castelo Branco 159 C1
Castelo Branco 158 B3, 165 C1
Castelo de Paiva 158 A2
Castelo de Vide 165 C1
Castelraimondo 115 D3, 117 D2
Castel San Giovanni 113 D1
Castel San Giorgio 119 D3
Castel San Gimignano 114 B3, 116 A/B2
Castel San Pietro Terme 115 C2, 116 B1
Castelsantàngelo 117 D3
Castelsaraceno 120 B3
Castelsardo 123 C1
Castelsarrasin 109 C2
Castelseràs 163 B/C2
Casteltérmini 124 B2
Castelvécchio 107 C3
Castelvécchio Subèquo 119 C1
Castelvétere in Valfortore 119 D2, 120 A1
Castelvetrano 124 A2
Castel Volturno 119 C3
Castenèdolo 106 B3
Castéra-Verduzan 109 C2
Castets 108 B2
Castiàdas 123 D3
Castiello de Jaca 154 B2
Castigaleu 155 C2/3
Castiglioncello 114 A3, 116 A2
Castiglione Olona 105 D3
Castiglione di Garfagnana 114 A2, 116 A1
Castiglione delle Stiviere 106 B3
Castiglione d'Orcia 115 C3, 116 B2/3
Castiglione Chiavarese 113 D2
Castiglione d'Adda 106 A3, 113 D1
Castiglione Messer Marino 119 D2
Castiglione Mantovano 106 B3
Castiglione di Sicilia 125 D2
Castiglione della Pescàia 116 A3
Castiglione dei Pèpoli 114 B2, 116 B1
Castiglione del Lago 115 C3, 117 B/C2
Castiglion Fibocchi 115 C3, 116 B2
Castiglion Fiorentino 115 C3, 116 B2
Castignano 117 D2/3
Castiblanco de los Arroyos 171 D1
Castiblanco 166 B1/2
Castildelgado 153 C2
Castil de Peones 153 C2
Castilfalé 152 A2/3
Castiliscar 155 C2
Castillazuelo 155 C3
Castilleja del Campo 171 C/D1/2
Castilleja de la Cuesta 171 D1/2
Castilléjar 173 D1

Castillejo de Iniesta 168 B1
Castillejo de Mesleón 161 C1
Castillejo del Romeral 161 D3
Castillejo de Robledo 153 C3, 161 C1
Castillo de Bayuela 160 A3
Castillo de Locubín 173 B/C1
Castillo de Villamalefa 162 B3
Castillon-en-Couserans 109 C3, 155 D1/2
Castillon-la-Bataille 108 B1
Castillonnès 109 C1
Castillonroy 155 C3
Castilnuevo 161 D2, 162 A2
Castilruiz 153 D3
Castione [Castione-Arbedo] 105 D2, 106 A2
Castione della Presolana 106 B2/3
Castions di Strada 126 A2/3
Castlebar 55 C2
Castlebay 54 A2, 55 D1
Castlebellingham 58 A1
Castleblayney 54 A3, 55 D2
Castlebridge 58 A3
Castle Cary 63 D2
Castle Douglas 56 B3, 60 A1
Castleford 61 D2
Castleton 61 C3
Castletown 58 B1
Castletown 58 A3
Castlewellan 58 A1
Casto 106 B3
Castraz 159 C2
Castrejón 160 A1
Castrelo de Miño 150 B2/3
Castrelo do Val 151 B/C3
Castrelos 151 C3, 159 C1
Castres 110 A3
Castricum 66 A2
Castril 168 A3, 173 D1
Castrillo 153 B/C3, 160 B1
Castrillo de la Reina 153 C3
Castrillo de Villavega 152 B2
Castrillo de Duero 152 B3, 160 B1
Castrillo de Murcia 152 B2
Castrillo de Don Juan 152 B3, 160 B1
Castrillo de Onielo 152 B3
Castrillo Matajudíos 152 B2
Castrillón 151 C1
Castrillón 151 D1
Castrillo-Tejeriego 152 B3, 160 B1
Castrocalbon 151 D3
Castro Caldelas 151 B/C2
Castrocaro Terme 115 C2, 116 B1
Castrocontrigo 151 D3
Castro Daire 158 B2
Castro dei Volsci 119 C2
Castro del Rio 172 B1
Castro de Rei 151 B/C1
Castrodeza 152 A3, 160 A1
Castrofilippo 124 B2/3
Castrofuerte 151 D2/3, 152 A2/3
Castrojeriz 152 B2
Castro Laboreiro 150 B3
Castro Marim 170 B2
Castromocho 152 A3
Castromonte 152 A3, 160 A1
Castronuevo 151 D3, 152 A3, 159 D1, 160 A1
Castronuño 160 A1
Castropol 151 C1
Castrop-Rauxel 80 A1
Castroreale-Terme 125 D1/2
Castro Urdiales 153 C1
Castroverde de Campos 152 A3
Castroverde 151 C1/2

Castroverde de Cerrato 152 B3, 160 B1
Castro Verde 170 B1
Castro Vicente 159 C1
Castrovillari 120 B3, 122 A1
Castuera 166 A2
Càta 95 D3
Catadau 169 C/D1/2
Catalca 149 D1
Catane 135 D2
Catània 125 D2
Catanzaro 122 B2
Catanzaro Lido 122 B2
Cataroja 169 D1
Catelrotto/Kastelruth 107 C2
Catenanuova 125 C2
Cateraggio 113 D3
Caterham 65 C3, 76 B1
Càteskè Toplice 127 C2/3
Càtez 127 C2/3
Catí 163 C2
Cà Tiepolo 115 C1
Catignano 119 C1
Catlowdy 57 C3
Catoira 150 A2
Catral 169 C3
Cattaèggio 106 A2
Cattenon 79 D3
Catterick 61 C1/2
Cattòlica 115 D2, 117 C1
Cattòlica Eraclea 124 B2
Catus 108 B1
Caudé 163 C2
Caudebec-en-Caux 77 C3
Caudete 169 C2
Caudete de las Fuentes 169 D1
Caudiel 162 B3, 169 C/D1
Caudiès-de-Fenoullèdes 156 A/B1
Caudos 108 A1
Caudry 78 A/B2/3
Caujac 109 D3, 155 D1
Caulnes 85 C2
Caulònia 122 B3
Caumont-l'Eventé 86 A1
Caunes-Minervois 110 A3, 156 B1
Caurcó 113 D3
Caussade 109 D2
Causse-de-la-Selle 110 B2
Càussy 75 C3, 99 C/D1
Cauterets 155 C2
Cauville-sur-Mer 76 B3
Caux [Montreux] 104 B2
Cavacao 164 A1
Cava d'Aliga 125 C3
Cava de Tirreni 119 D3
Cava d'Ispica 125 C3
Cavagliá 105 C3
Cavaillon 111 C/D2
Cavalaire-sur-Mer 112 A3
Cavalese 107 C2
Cavalière 112 A3
Cavallermaggiore 113 B/C1
Càvalo 106 B3
Cavan 54 A3, 55 D2
Cavareno 107 C2
Cavarèze 107 C/D3, 115 C1
Cave del Predil 126 A/B2
Ca'Venier 115 C1
Cavernàes 158 B2
Cavezzo 114 B1
Cavignac 101 B/C3, 108 B1
Càvle 126 B3, 130 A/B1
Cavo 116 A3
Cavour 112 B1
Cavtat 137 C2
Caya 165 C2
Caya 165 C2
Cayeux-sur-Mer 77 D2
Caylus 109 D2
Cayres 110 B1
Cayrols 110 A1
Cazalegas 160 A3
Cazalilla 167 C3, 173 B/C1
Cazalla de la Sierra 166 A3, 171 D1
Cazals 108 B1
Cazane 135 C2
Cazaubon 108 B2
Cazaux 108 B1

Cellino San Marco

Cazaux-Savès 109 C3, 155 D1
Cazères-sur-Garonne 109 C3, 155 D1
Cazères-sur-l'Adour 108 B2
Cazevel 164 B3, 170 A/B1
Cazin 131 C1
Cazma 127 D3
Cazorla 167 D3, 168 A3, 173 C/D1
Cazouls-lès-Béziers 110 B3
Cà Zuliani 115 C1
Cdeynia 70 B2
Cdeynia 72 A3
Cea 152 A2
Ceànuri 153 C/D1
Céaucé 86 A2
Cebanico 152 A2
Cebara 131 D3, 132 A3
Cebas 167 D3, 168 A3, 173 D1
Cebolaís de Cima 158 B3, 165 C1
Cebolla 160 A/B3, 167 B/C1
Cebrece 95 D2
Cebreros 160 B2
Cebrikovo 141 D1
Cebrones del Rio 151 D2/3
Ceccano 119 C2
Cece 129 B/C1/2
Cece 96 B3
Cècersk 99 D1
Cèceviçi 99 C1
Cechtice 83 D3
Cechtin 94 A1
Cècina 114 A/B3, 116 A2
Ceclavin 159 C3, 165 D1
Cecos 112 B3
Cedègolo 106 B2
Cedera 150 B1
Cedillo 158 B3, 165 C1
Cedillo de la Torre 161 C1
Cedovin 158 B2
Cedrillas 162 B2
Cée 150 A2
Cefalù 125 B/C2
Céggia 107 D3, 126 A3
Ceglèd 129 D1
Ceglèd 97 C3, 140 A1
Céglie Messàpico 121 C2
Cegrane 138 B2
Cehegín 168 B3, 174 A1
Cehmice 93 C1
Cehov 75 D3
Celliers-et-Rocozels 110 B2
Ceillac 112 B1
Ceinos de Campos 152 A3
Ceira 158 A3
Cejç 94 B1
Cejkovice 94 B1
Çekalin 75 D3
Çekanje 137 C2
Cela 164 A1
Celada de Roblecedo 152 B2
Celadas 163 C2
Celadnà 95 C/D1
Celàkovice 83 D2/3
Celano 119 C1/2
Celanova 150 B3
Celbridge 58 A2
Celebici 131 D2/3
Celej 135 D1
Cele Kula 135 C3
Celenza Valfortore 119 D2, 120 A1
Celić 133 C1
Celije 133 D2, 134 A2
Celije 140 A2
Celinac 131 D1/2, 132 A1
Celje 127 C2
Celje 96 A3
Cella 114 B1
Cella 163 C2
Celldomölk 128 A1
Celle 68 B2
Celle-Garssen 68 B2
Celle-Gross Hehlen 68 B2
Celle Ligure 113 C2
Celle-Scheuen 68 B2
Celles-sur-Belle 101 C2
Celles-sur-Ource 88 B2
Celliers 104 A/B3
Cellino San Marco 121 D3

Čelopeci 138 B3
Celorico da Beira 158 B2
Celorico de Basto 158 B1
Céltigos 151 B/C2
Cemaes Bay 58 B2
Cembra 107 C2
Čemerno 132 B3, 137 C1
Cenad 129 D2
Cenarth 62 B1
Cencenighe 107 C2
Cendejas de la Torre 161 C2
Cenicero 153 D2
Cenicientos 160 B3
Cenizate 168 B1/2
Cenlle 150 B2
Cenon 108 B1
Censeau 104 A1
Centa 133 D1, 134 A1
Centallo 112 B2
Centelles 156 A2/3
Cento 114 B1
Centúripe 125 C2
Cepagatti 119 C1
Čepelare 140 B3
Cépet 109 D2
Čepin 128 B3
Čepinci 145 C1
Čepinski Martinci 128 B3
Cepões 158 B2
Čepovan 126 B2
Ceppo 117 D3, 119 C1
Ceprano 119 C2
Čeralije 128 B3
Cerami 125 C2
Cérans-Foulletourte 86 A/B3
Ceravé 142 B1
Cerbàia 114 B2/3, 116 B2
Cerbère 156 B2
Cercal 164 A1/2
Cercal 164 A/B3, 170 A1
Cerceda 150 A1
Cerceda 160 B2
Cercedilla 160 B2
Cercemaggiore 119 D2
Cerchiara di Calàbria 120 B3, 122 B1
Cercs 156 A2
Cercy-la-Tour 103 C1
Cerda 124 B2
Cerdedo 150 A/B2
Cerdeira 158 B3
Cerdeira 159 C2
Cerdeira 158 B3
Cerdido 150 B1
Cérdigo 153 C1
Cerdon-du-Loiret 87 D3
Cerea 107 C3
Ceremoŝnia 135 C2
Cerenskoe 75 D1
Cerénzia 122 B2
Čerepovec 75 D1
Cères 105 B/C3
Cerese 114 B1
Ceresole Alba 113 C1
Ceresole Reale 104 B3
Čereste 111 D2
Čeret 156 B2
Čerevič 129 C/D3, 133 C1, 134 A1
Cerezo de Abajo 161 C1
Cerezo de Arriba 161 C1
Cerezo de Riotirón 153 C2
Ceriale 113 C2
Cerignola 120 B2
Čerikov 99 D1
Čérilly 102 B1/2
Čerin 95 D2
Cerisano 122 A2
Cerisiers 88 A2
Cerisy-la-Forêt 76 A3, 85 D1, 86 A1
Cerizay 100 B1
Čerkassy 99 D3
Cerklje 126 B2
Cerknica 126 B3
Čerkno 126 B2
Cerler 155 C2
Cerna 133 B/C1
Cernache do Bonjardim 158 A3, 164 B1
Cernadoi 107 C2
Černá Hora 94 B1
Černătești 135 D2
Cernavodă 141 C/D2
Černá v Pošumaví 93 C/D2
Cernay 89 D3, 90 A3

Cernay-en-Dormois 88 B1
Cerne Abbas 63 D2
Cernégula 153 C2
Černičevo 145 D1
Černigov 99 D2
Černik 95 C2
Černik 128 A3, 131 D1, 132 A1
Černjahov 99 C2
Černjahovsk (Insterburg) 73 C2
Černóbbio 105 D3, 106 A3
Černobyľ 99 C2
Černošín 82 B3
Černovcy 98 B3
Černovice 93 D1
Cernuc 83 C/D2
Cerollera 163 C2
Cérons 108 B1
Cerósimo 120 B3, 122 B1
Cerovac 127 C3, 131 C1
Cerovac 134 B2
Cerovac 133 C/D1, 134 A1/2
Cerovačke spilje 131 C2
Cerovlje 126 B3, 130 A1
Cerovo 95 D2
Cerralbo 159 C2
Cerrédolo 114 B2, 116 A1
Cerreto d'Esi 115 D3, 117 C/D2
Cerreto Sannita 119 D2/3
Čerrik 138 A3, 142 A1
Certaldo 114 B3, 116 A/B2
Certosa di Pésio 113 B/C2
Certosa di Pavia 105 D3, 106 A3, 113 D1
Certosa San Lorenzo 120 A3
Cerva 158 B1
Cervantes 151 C2
Cervarolo 114 A/B2, 116 A1
Cervatos 152 B2
Cervatos de la Cueza 152 A/B2
Cerven' 99 C1
Červen brjag 140 B3
Červený Kameň 95 C2
Cervera 155 C3, 163 C1
Cervera de Buitrago 161 C2
Cervera del Río Alhama 153 D3, 154 A3
Cervera del Maestre 163 C2
Cervera de los Montes 160 A3
Cervera del Llano 161 D3, 168 A/B1
Cervera de la Cañada 154 A3, 162 A1
Cervera de Pisuerga 152 B2
Cervéteri 118 A2
Cérvia 115 C2, 117 C1
Cervià de les Garrigues 163 C/D1
Cerviá de Ter 156 B2
Cervignano del Friuli 126 A3
Cervinara 119 D3
Cervione 113 D3
Cervo 113 C2
Cervo 151 B/C1
Cervon 88 A3, 103 C1
Červonoarmejsk 97 D2, 98 B2
Červonograd 97 D1/2, 98 A2
Červonoznamenka 141 D1
Cerzeto 122 A1
Cesana Torinese 112 B1
Cesàrica 130 B2
Cesarò 125 C2
Cesena 115 C2, 117 C1
Cesenàtico 115 C2, 117 C1
Cess 73 D1, 74 A2
Česká Kamenice 83 D2
Česká Kubice 92 B1
Česká Lípa 83 D2
Česká Lípa 96 A1
České Budějovice 96 A2
České Budějovice 93 D1
České Velenice 93 D2
Český Brod 83 D3
Český Dub 83 D2
Český Krumlov 93 D2
Český Krumlov 96 A2
Český Šternberk 83 D3

Český Těšín 96 B2
Čéšljeva Bara 134 B2
Cesme 149 C2
Cespedosa 159 D2
Cessalto 107 D3
Cessenon 110 A/B3
Čestereg 129 D3
Čestin 83 D3
Cesuras 150 B1
Cesvaine 74 A2
Cetate 135 D2
Cetina 161 D1
Cetingrad 131 C1
Cetinje 137 C2
Četirci 139 D2
Cetraro 122 A1
Ceuti 169 D3
Ceva 113 C2
Cevico de la Torre 152 B3
Cevico Navero 152 B3
Cevins 104 B3
Cevio [Ponte Brolla] 105 D2
Čevo 137 C2
Ceyrat 102 B3
Ceyzériat 103 D2
Chabanais 101 D2
Chabeuil 111 C/D1
Châble, Le 104 B2
Chablis 88 A3
Chabreloche 103 C2
Chabris 87 C3, 101 D1, 102 A1
Chacim 159 C1
Chaffois 104 A1
Chagny 103 D1
Chaillé-les-Marais 100 B2
Chailley 88 A2
Chailly-en-Brie 87 D1, 88 A1
Chailly-en-Bière 87 D2
Chalàbre 109 D3, 156 A1
Chalais 101 C3
Chalamera 155 C3, 163 C1
Chalamont 103 D2
Chalandrítsa 146 B2
Chalet de Peñalara 160 B2
Chalikion 143 B/C3
Chalindrey 89 C3
Chálki 143 D3
Chalkiádes 143 D3
Chalkidón 143 D1/2
Chalkis 147 D2
Chalkis 148 B2
Challain-la-Potherie 85 D3
Challans 100 A1
Challes-les-Eaux 104 A3
Chalmazel 103 C3
Châlonnes-sur-Loire 86 A3
Châlons-sur-Marne 88 B1
Châlons-sur-Vesle 88 A1
Chalon-sur-Saône 103 D1
Châlus 101 D3
Chalusset 101 C3
Cham 105 C/D1
Cham 92 B1
Chamalières-sur-Loire 103 C3
Chamberet 102 A3
Chambéry 104 A3
Chambilly 103 C2
Chamblet 102 B2
Chambley-Bussières 89 C1
Chambly 77 D3, 87 C/D1
Chambois 86 B1
Chambon-Sainte-Croix 102 A2
Chambon-sur-Voueize 102 A2
Chambon-sur-Lac 102 B3
Chambord 87 C3
Chamboulive 102 A3
Chamoreau 92 B1
Chamonix-Mont-Blanc 104 B2/3
Chamoux-sur-Gelon 104 A3
Champagnac-de-Belair 101 C/C3
Champagnac-le-Vieux 102 B3
Champagne-Mouton 101 C2
Champagney 89 D3
Champagnole 104 A1
Champaubert 88 A1

Champ de Bataille 77 C3, 86 B1
Champdeniers 101 B/C2
Champdieu 103 C3
Champeaux 87 D2
Champeix 102 B3
Champenoux 89 C/D1
Champéry 104 B2
Champex [Orsières] 104 B2
Champier 103 D3
Champigné 86 A3
Champignelles 87 D3
Champigny-sur-Veude 101 C1
Champillet 102 A2
Champlitte-et-le-Prélot 89 C3
Champoluc 105 C3
Champouly 103 C2
Champorcher 105 C3
Champrond-en-Gatine 87 B/C2
Champs-sur-Tarentaine 102 A/B3
Champtoceaux 86 A/B3
Chamrousse 104 A3, 112 A1
Cham-Thierlstein 92 B1
Chamusca 164 B1
Cham-Windischbergerdorf 92 B1
Chanac 110 B1/2
Chanas 103 D3
Chancy [Pougny-Chancy (Anl)] 104 A2
Chandai 86 B1
Chandrexa de Queixa 151 B/C2/3
Changy 103 C2
Chaniótis 144 A/B2
Chantada 150 B2
Chantelle 102 B2
Chantelouve 111 D1, 112 A1
Chantemerle 112 A/B1
Chantilly 87 D1
Chantonnay 100 B1
Chão de Codes 164 B1
Chaource 88 A/B2
Chapa 158 B1
Chapaize 103 D2
Chapareillan 104 A3
Chapel-en-le-Frith 59 D2, 61 C3
Chapelle-Royale 86 B2
Charavgi 143 C2
Charavines-les-Bains 103 D3, 104 A3
Charches 173 D2
Chard 63 C/D2
Charenton-du-Cher 102 B1
Charing 65 C3, 77 C1
Charlbury 64 A2/3
Charleroi 78 B2
Charlestown 55 C2
Charleville-Mézières 79 C3
Charlieu 103 C2
Charlottenberg 38 B3
Charly 87 D1, 88 A1
Charmel 102 B2
Charmes 89 C/D2
Charmes-sur-Rhône 111 C1
Charmoille 89 C3
Charny 87 D2/3
Charny-sur-Meuse 89 C1
Charolles 103 C2
Chârost 102 A1
Charquemont 89 D3, 104 B1
Charritte-de-Bas 108 A3, 154 B1
Charron 100 B2
Charroux 101 C2
Chars 77 D3, 87 C1
Chartres 87 C2
Chásia Ori 143 C3
Chasseneuil-sur-Bonnieure 101 C2/3
Chastellux 88 A3
Château-Arnoux 112 A2
Châteaubourg 86 A/B2
Châteaubriant 86 A3
Château-Chinon 103 C1
Château-d'Oex 104 B2

Château d'Ô 86 B2
Château d'If 111 D3
Château-du-Loir 86 B3
Châteaudun 86 A/B2
Châteaugay 102 B2
Châteaugiron 85 D2
Château-Gontier 86 A3
Château-l'Évêque 101 C/D3
Château-la-Vallière 86 B3
Château-Landon 87 D2
Châteaulin 84 A/B2
Châteaumeillant 102 A1/2
Châteauneuf-sur-Loire 87 C/D2/3
Châteauneuf-en-Thymerais 86 A/B2
Châteauneuf-du-Faou 84 B2
Châteauneuf-de-Chabre 111 D2, 112 A2
Châteauneuf 88 B3, 103 C/D1
Châteauneuf 103 C2
Châteauneuf-du-Pape 111 C2
Châteauneuf-sur-Charente 101 C3
Châteauneuf-les-Bains 102 B2
Châteauneuf-la-Forêt 101 D3, 102 A3
Châteauneuf-d'Ille-et-Vilaine 85 C/D2
Châteauneuf-de-Randon 110 B1
Châteauneuf-Val-de-Bargis 88 A3, 102 B1
Châteauneuf-sur-Sarthe 86 A3
Châteauneuf-sur-Cher 102 A1
Château-Porcien 78 B3
Châteauponsac 101 C2
Château-Queyras 112 B1
Château-Renault 86 B3
Châteauredon 112 A2
Châteaurenard 87 D2
Châteaurenard 111 C2
Châteauroux-les-Alpes 112 A1
Châteauroux 101 D1, 102 A1
Château-Salins 89 D1
Château-Thierry 88 A1
Châteauvert 112 A3
Châteauvilain 88 B2
Châtel 104 B2
Châtelaillon-Plage 100 B2
Châtelard, Le [Le Châtelard-Frontière] 104 B2
Châtel-Censoir 88 A3
Châtel-de-Neuvre 102 B2
Châteldon 102 B2
Châtelet 78 B2
Châtel-Guyon 102 B2
Châtelineau 78 B2
Châtellerault 101 C1
Châtel-Montagne 103 C2
Châtel-St-Denis 104 B2
Châtel-sur-Moselle 89 D2
Châtelus-Malvalaix 102 A2
Châtenois 89 C2
Chatham 65 C3, 77 C1
Châtillon-de-Michaille 104 A2
Châtillon-Coligny 87 D3
Châtillon-en-Diois 111 D1
Châtillon-sur-Seine 88 B3
Châtillon-la-Palud 103 D2
Châtillon-sur-Chalaronne 103 D2
Châtillon-sur-Sèvre 100 B1
Châtillon 105 C3
Châtillon-en-Bazois 103 C1
Châtillon-sur-Loire 87 D3
Châtillon-sur-Indre 101 C1
Châtillon-sur-Marne 88 A1
Châtre 101 C3
Chatsworth 61 C3, 64 A1
Chatteris 65 C2
Chauchina 173 C2
Chaudes-Aigues 110 A/B1
Chau de Ventadour 102 A3
Chaudieu 104 A3
Chaudrey 88 B2

Chauffailles — Cluny

Chauffailles 103 C2
Chaulnes 78 A3
Chaumercenne 89 C3, 104 A1
Chaumont 88 B2
Chaumont-en-Vexin 77 D3, 87 C1
Chaumont-sur-Loire 86 A/B3
Chaumont-sur-Tharonne 87 C3
Chaunay 101 C2
Chauny 78 A3
Chaussin 103 D1, 104 A1
Chauvency-le-Château 79 C3
Chauvigny 101 C/D2
Chaux-de-Fonds, La 104 B1
Chavanges 88 B2
Chavarion 146 A2
Chaves 150 B3, 158 B1
Chazelles-sur-Lyon 103 C3
Cheadle 59 D2, 61 B/C3, 64 A1
Cheb 82 B3
Checa 162 A2
Cheddar 63 D2
Chedgrave 65 D2
Chef-Boutonne 101 C2
Cheffois 100 B1
Chéggio 105 C2
Cheles 165 C2/3
Chella 169 C2
Chelle-Debat 109 C3, 155 C1
Chelles 87 D1
Chelm 97 D1, 98 A2
Chelmós 146 B3
Chelmsford 65 C3
Chelmza 73 B/C3
Chelst 71 C2
Cheltenham 63 D1, 64 A2
Chelva 162 B3, 169 C1
Chéméré-le-Roi 86 A2
Chémery-sur-Bar 79 C3
Chemillé 86 A3, 100 B1
Chemillé-sur-Dême 86 B3
Chemin 103 D1
Chemiré-le-Gaudin 86 A/B2/3
Chemnitz 70 A1
Chénérailles 102 A2
Cheniménil 89 D2
Chenoise 87 D2, 88 A2
Chenonceaux 87 B/C3
Chepstow 63 D1
Chequilla 161 D2, 162 A2
Chera 169 C1
Cherain 79 D2/3
Cherasco 113 C1
Cheray 101 C2
Cherbourg 76 A3
Chercos 173 D2, 174 A2
Chérisy 87 C1
Cherónia 147 C2
Chéroy 87 D2
Chert 163 C2
Chertsey 64 B3, 76 B1
Cherveix-Cubas 101 C3
Cheseaux-sur-Lausanne [Lausanne] 104 B2
Chesham 64 B3
Cheshunt 65 C3
Chéssy-les-Mines 103 C/D2
Chessy-les-Prés 88 A2
Cheste 169 C1
Chester 59 D2, 60 B3
Chesterfield 61 C3, 64 A/B1
Chester le Street 57 D3, 61 C1
Chesters 57 C2
Châtelaudren 85 B/C2
Chevagnes 103 B/C1/2
Chevanceaux 101 C3
Cheverny 87 C3
Chevillon 88 B2
Chevilly 87 C2
Chevreuse 87 C1/2
Chevron 79 C/D2
Chey 101 C2
Cheylade 102 B3
Chezal-Benoît 102 A1
Chézery-Forens 104 A2
Chialamberto 104 B3

Chiampo 107 C3
Chianale 112 B1
Chianciano Terme 115 C3, 116 B2
Chianni 114 B3, 116 A2
Chiappera 112 B2
Chiappi 112 B2
Chiaramonte Gulfi 125 C3
Chiaramonti 123 C1
Chiaravalle 115 D3, 117 D2
Chiaravalle Centrale 122 B2
Chiaréggio 106 A2
Chiari 106 A3
Chiaromonte 120 B3
Chiasso 105 D3
Chiávari 113 D2
Chiavenna 105 D2, 106 A2
Chiché 101 B/C1
Chichester 76 B1
Chiclana de la Frontera 171 D3
Chiclana de Segura 167 D3, 168 A3
Chieming 92 B3
Chieri 113 C1
Chiesa in Valmalenco 106 A2
Chiesina Uzzanese 114 B2, 116 A1
Chieti 119 C1
Chiéuti 120 A1
Chièvres 78 B2
Chigwell 65 C3
Chilbolton 64 A3, 76 A1
Chilches 162 B3, 169 D1
Chilham 65 C/D3, 77 C1
Chilia Veche 141 D2
Chilomodíon 147 C2/3
Chilivani 123 C/D1/2
Chillarón de Cuenca 161 D3
Chilleurs-aux-Bois 87 C2
Chillón 166 B2
Chillon [Villeneuve] 104 B2
Chiloeches 161 C2
Chimay 78 B3
Chimeneas 173 C2
Chinchilla de Monte Aragón 168 B2
Chinchón 161 C3
Chinon 86 B3, 101 C1
Chióggia 107 D3
Chiomonte 112 B1
Chióna 146 B2
Chipiona 171 C2
Chippenham 63 D2, 64 A3
Chipping Campden 64 A2
Chipping Norton 64 A2
Chipping Ongar 65 C3
Chipping Sodbury 63 D1/2, 64 A3
Chiprana 163 B/C1
Chirivel 173 D1, 174 A1
Chirivella 169 D1
Chirk 59 C/D2/3, 60 B3
Chirnside 57 D2
Chisa 113 D3
Chiusa di Pésio 113 B/C2
Chiusaforte 126 A2
Chiusa/Klausen 107 C2
Chiusa Sclàfani 124 B2
Chiusi 115 C3, 116 B2
Chiusi della Verna 115 C2/3, 116 B2
Chiva de Morella 163 B/C2
Chivasso 105 C3, 113 C1
Chivy-les-Étouvelles 78 B3
Chizé 101 B/C2
Chlebowo 70 B3
Chludowo 71 D2
Chlumec 83 C2
Chlum u Třeboně 93 D1
Chobienice 71 C3
Chociule 71 C3
Chociwel 71 C1
Chodos 162 B3
Chodov 82 B2
Chodová Planá 82 B3
Chodziez 71 D2
Choisy-le-Roi 87 D1
Chojna 70 B2
Chojnice 72 B2/3
Chojno 71 D3
Cholet 100 B1
Chomérac 111 C1
Chomutov 83 C2

Chomutov 96 A1
Chóra 146 B3
Choranche 103 D3, 111 D1
Chorefión 144 A3
Chorges 112 A1/2
Chorin 70 B2
Choristi 144 B1
Chorley 59 D2, 60 B2
Chortíatis 144 A2
Chospes 168 A/B2
Boszczno 71 C1/2
Choszczno 72 A/B3
Chotěšov 83 C2
Chouilly 88 A1
Choumnikon 144 A/B1
Choustiník 93 D1
Chouto 164 B1/2
Chouvigny 102 B2
Choye 89 C3, 104 A1
Chrást 83 C3
Chrastava 83 D2
Chrástská 83 D2
Chříč 83 C3
Chrisafa 147 C3
Chrisochórion 145 C1
Chrisón 147 C2
Chrisoúpolis 145 C1
Christchurch 76 A1
Christiáni 144 B1
Christianón 146 B3
Christiansfeld 52 B1
Chropyně 95 C1
Chróscina 71 D3
Chroúsou 144 B2/3
Chrudim 96 A2
Chrustowo 71 D2
Chrzypsho Wielkie 71 D2
Chudleigh 63 C3
Chueca 160 B3, 167 C1
Chulilla 162 B3, 169 C1
Chulmleigh 63 C2
Chur 106 A1
Church Stretton 59 D3
Churchtown 58 A3
Churwalden [Chur] 106 A1
Chvalovice 94 A2
Chválšiny 93 D1/2
Chyňava 83 C3
Chynoranÿ 95 C2
Chýnov 93 D1
Chyše 83 C3
Ciadoncha 152 B3
Ciadoux 109 C3, 155 C1
Cianciana 124 B2
Ciano d'Enza 114 A1
Cibanal 159 C1
Cicagna 113 D2
Cicciano 119 D3
Cičevac 134 B3
Čičevo 137 C1/2
Čičmany 95 D1
Cicognolo 106 B3
Ciconicco 107 D2, 126 A2
Cidadelhe 159 C2
Cidones 153 D3, 161 D1
Ciechanów 73 C3
Ciemník 71 C1
Ciempozuelos 161 C3
Cierp 109 C3, 155 C2
Cierznie 71 D1
Cieszyn 96 B2
Cieza 169 C3
Cifer 95 C2
Cifuentes 161 D2
Cigales 152 B3, 160 A1
Cigirín 99 D3
Cigliano 105 C3
Cigudosa 153 D3
Cihueia 154 A3, 161 D1
Čineni 140 B2
Čilipi 137 C2
Čillamayor 152 B2
Cillán 160 A2
Cilas 161 D2, 162 A2
Cilleros 159 C3
Cilleruelo de Arriba 153 C3
Cilleruelo de Abajo 153 B/C3
Cillorigo-Castro 152 B1
Cima Cogna 107 D2
Cimalmotto [Ponte Brolla] 105 C/D2
Cimanes del Tejar 151 D2
Cimballa 162 A2
Ciminna 124 B2
Čimišlija 141 D1
Cimolàis 107 D2

Cimpeni 97 D3, 140 B1
Cîmpu lui Neag 140 B2
Cîmpu lui Neag 135 D1
Cîmpulung 141 B/C2
Cîmpulung Moldovenesc 141 C1
Cinctorres 162 B2
Cinderford 63 D1
Cine 149 D2
Cinèves 83 D2
Ciney 79 C2
Cinfães 158 B2
Cingia de'Botti 114 A1
Cingoli 115 D3, 117 D2
Cinigiano 116 B3
Cinisello Balsamo 105 D3, 106 A3
Cinovec 83 C2
Cinq-Mars-la-Pile 86 B3
Cinquefrondì 122 A3
Cintegabelle 109 D3, 155 D1
Cintrey 89 C3
Cintruénigo 154 A3
Cional 151 D3
Ciordia 153 D2
Cioroiași 135 D2
Ciosaniec 71 C3
Ciovîrnășani 135 D1
Cipérez 159 C/D2
Čiprovci 135 D3
Cirák 94 B3
Cirat 162 B3
Cirauqui 153 D2, 154 A2
Cirbești 135 D1
Cirella 122 A1
Cirencentser 63 D1, 64 A3
Cirey-sur-Vezouze 89 D2, 90 A2
Ciria 153 D3, 154 A3, 161 D1
Cirié 105 C3, 112 B1
Cirigliano 120 B3
Čirilibaba 141 B/C1
Ciró 122 B1
Ciró Marina 122 B1/2
Ciron 101 C1/2
Čirpan 141 C3
Cirque d'Archiane 111 D1
Cirque de Consolation 104 B1
Cirque de Gavarnie 155 C2
Cirque de Navacelles 110 B2
Cirque de Troumouse 155 C2
Ciruelos 161 C3, 167 C/D1
Ciry-le-Noble 103 C1/2
Cismon del Grappa 107 C2/3
Cisnădie 140 B1/2
Cisneros 152 A2/3
Čistá 82 B3
Čistá 83 C3
Cisterna di Latina 118 B2
Cisternino 121 C2
Cistierna 152 A2
Ciszkowo 71 D2
Čitluk 135 C3
Čitluk 132 A/B3, 136 B1
Citov 83 D2
Città della Pieve 115 C3, 117 B/C3
Cittadella 107 C3
Cittadella del Capo 122 A1
Città del Vaticano 118 B2
Città di Castello 115 C3, 117 C2
Cittaducale 117 C3, 118 B1
Čittanova 122 A3
Čittareale 117 D3, 118 B1
Città Sant'Angelo 119 C1
City Airport 65 C3
Ciucea 97 D3, 140 B1
Ciuchesu 123 D1
Ciucurova 141 D2
Ciudadela 157 C1
Ciudad Encantada 161 D3
Ciudad Real 167 C2
Ciudad Rodrigo 159 C2
Ciupercenii-Noi 135 D2/3
Civaux 101 C/D2
Cividale del Friuli 126 A2
Cividate Camuno 106 B2
Civitacampomarano 119 D2

Civita Castellana 117 C3, 118 B1
Civitanova del Sannio 119 D2
Civitanova Marche 117 D2, 130 A3
Civitavécchia 118 A1/2
Civitella Casanova 117 D3, 119 C1
Civitella d'Agliano 117 C3, 118 A1
Civitella del Tronto 117 D3, 119 C1
Civitella di Romagna 115 C2, 116 B1
Civitella Marittima 114 B3, 116 B2/3
Civitella Roveto 119 C2
Civray 101 C2
Civrieux d'Azergues 103 D2
Cizur 154 A2
Clachan 56 A2
Clacton-on-Sea 65 C3
Clairac 109 C2
Clairvaux-les-Lacs 104 A2
Clamecy 88 A3
Clapham 59 D1, 60 B2
Clare 65 C2
Clarés 154 A3, 161 D1, 162 A1
Clausholm 48 B2
Clausnitz 83 C2
Clausthal-Zellerfeld 68 B3
Clàut 107 D2
Claviere 112 B1
Clavière 112 B1
Clavijo 153 D2
Claydon 65 D2
Claye-Souilly 87 D1
Cleanov 135 D2
Cleanov 140 B2
Clécy 86 A1
Cleethorpes 61 D2/3
Cleeve Abbey 63 C2
Clefmont 89 C2
Cléguérec 84 B2
Clelles-en-Trièves 111 D1
Clémont 87 D3
Clenze 69 C2
Cleobury Mortimer 59 D3, 64 A2
Cléon-d'Andran 111 C1
Cléré-les Pins 86 B3
Clères 77 C3
Clergoux 102 A3
Clermain 103 C/D2
Clermont 77 D3, 87 D1
Clermont-Créans 86 A/B3
Clermont-en-Argonne 88 B1
Clermont-Ferrand 102 B2/3
Clermont-l'Hérault 110 B3
Clerval 89 D3, 104 B1
Clervaux (Clerf) 79 D3
Cléry-Saint-André 87 C3
Cles 107 B/C2
Clevedon 63 D2
Cleveleys 59 C1, 60 B2
Cley 65 C/D1
Clifden 55 C2
Cliffe 65 C3
Clisson 101 C1
Clitheroe 59 D1, 60 B2
Cliveden 64 B3
Clogherhead 58 A1
Cloghy 56 A3
Clonakitty 55 C3
Clondalkin 58 A2
Clonee 58 A2
Clonmel 55 C/D3
Clophill 64 B2
Clopodia 134 B1
Cloppenburg 67 D2
Closani 135 D1
Clough 58 A1
Clough 54 A3, 55 D2
Clovelly 62 B2
Cloyes-sur-le-Loir 86 A/B2
Clue d'Aiglun 112 B2
Clugnat 102 A2
Cluis 102 A1/2
Cluj-Napoca 97 D3, 140 B1
Clun 59 C/D3
Cluny 103 C/D2

Cluses 104 B2
Clusone 106 A/B2/3
Clydebank 56 B2
Clynnog-fawr 58 B2
Coalville 65 C1
Coaña 151 C1
Coaraze 108 B3, 154 B1
Coatbridge 56 B2
Cobadin 141 D2
Cóbdar 173 D2, 174 A2
Cobertelada 161 D1
Cobeta 161 D2
Cobh 55 C3
Cobham 65 C3, 77 C1
Cobisa 160 B3, 167 C1
Cobos de Cerrato 152 B3
Coburg 81 D2, 82 A2
Coburg-Creidlitz 81 D2/3, 82 A2
Coca 160 B1
Cocaali 145 D2
Coceau 126 A/B2
Cocentaina 169 D2
Cochem 80 A3
Cockburnspath 57 D2
Cockermouth 57 C3, 60 A1
Coclois 88 B2
Coculina 152 B2
Codaruina 123 C1
Codes 161 D2
Codigoro 115 C1
Codlea 141 C1/2
Codo 162 B1
Codogné 107 D2/3
Codogno 106 A3, 113 D1, 114 A1
Codos 163 C1
Codroipo 107 D2, 126 A2
Coentral 158 A3
Coesfeld 67 C/D3
Coesfeld-Lette 67 C/D3
Coevorden 67 C2
Cofrentes 169 C2
Cogeces de Monte 152 B3, 160 B1
Coggeshall 65 C2/3
Cognac 101 C3
Cogne 104 B3
Cognin 104 A3
Cogoleto 113 C2
Cogolin 112 A3
Cogollos 153 C3
Cogollos de Guadix 173 C2
Cogollos Vega 173 C2
Cogolludo 161 C2
Cógolo 106 B2
Cohade 102 B3
Coimbra 158 A3
Coimbrão 158 A3, 164 A1
Coin 172 B2
Coirós 150 B1
Coja 158 B3
Čoka 129 D2/3
Col 126 B2/3
Cola 170 A1
Colares 164 A2
Colaret 135 D2
Colbe 81 B/C2
Colbe-Burgeln 81 B/C2
Colbe-Schonstadt 81 B/C2
Colbitz 69 C/D3
Colchester 65 C2
Coldingham 57 D2
Colditz 82 B1
Coldstream 57 D2
Coleford 63 D1
Colembert 77 D1
Colera 156 B2
Coleraine 54 A3, 55 D2
Coles 150 B2
Coleshill 64 A2
Colfiorito 115 D3, 117 C2
Cólico 105 D2, 106 A2
Coligny 103 D2
Colindres 153 C1
Collado Hermoso 160 B2
Collado Villalba 160 B2
Collagna 114 A2, 116 A1
Collanzo 151 D1, 152 A1
Collarmele 119 C1/2
Colldejou 163 D2
Coll de Nargó 155 C2/3
Collebarucci 114 B2, 116 B1
Collécchio 114 A1
Colle di Tora 117 C3, 118 B1

Colle di Val d'Elsa 114 B3, 116 B2
Colleferro 118 B2
Collegno 112 B1
Colle Isarco/Gossensass 107 C1
Collelongo 119 C2
Collenberg 81 C3
Collepardo 119 C2
Collepasso 121 D3
Collesalvetti 114 A/B3, 116 A2
Colle Sannita 119 D2, 120 A1
Collesano 124 B2
Collettorto 119 D2, 120 A1
Colli a Volturno 119 C2
Colli di Montebove 118 B1/2
Collinas 123 C3
Collinée 85 C2
Collio 106 B3
Collioure 156 B2
Collobrières 112 A3
Collon 58 A1
Collonges 104 A2
Colmar 90 A2/3
Colmars 112 A2
Colmberg 91 D1
Colmenar 172 B2
Colmenar de la Sierra 161 C2
Colmenar de Oreja 161 C3
Colmenar de Montemayor 159 D2/3
Colmenar del Arroyo 160 B2
Colmenar Viejo 160 B2
Colmonell 56 B3
Colne 59 D1, 60 B2
Colobraro 120 B3
Cologna 115 C1
Cologna Vèneta 107 C3
Cologne-du-Gers 109 C2
Cologno al Sèrio 106 A3
Cologno Monzese 105 D3, 106 A3
Colombey-les-deux-Eglises 88 B2
Colombey-les-Belles 89 C2
Colombier 104 B1
Colombiès 110 A2
Colomby 76 A3
Colomera 173 C2
Colomers 156 B2
Colonia de San Pedro 157 C1/2
Colonia de Sant Jordi 157 D2
Colonne 113 D1
Colorno 114 A1
Colos 170 A1
Colpin 70 A1
Colsey 65 C3
Colsterworth 61 D3, 64 B1
Colunga 152 A1
Colungo 155 C2/3
Colwyn Bay 58 C2, 60 A3
Colyton 63 C2
Coma 155 D2/3, 156 A2
Comacchio 115 C1
Comanesti 141 C1
Comano Terme 106 B2
Comares 172 B2
Coma-ruga 163 D1
Combarros 151 D2
Combeaufontaine 89 C3
Combe Martin 63 C2
Comber 56 A3
Combes 78 A3
Combourg 85 D2
Combres 87 B/C2
Combronde 102 B2
Comeglians 107 D2, 126 A2
Comillas 152 B1
Comiso 125 C3
Comlosou Mare 129 D3
Commana 84 B2
Commensacq 108 A/B2
Commentry 102 B2
Commequiers 100 A1
Commerau 83 D1
Commercy 89 C1
Commessaggio 114 B1
Como 105 D3, 106 A3
Comoriste 134 B1

Cómpeta 172 B2
Compiègne 78 A3
Comporta 164 A3
Compreignac 101 C2
Comps-sur-Artuby 112 A3
Comrie 56 B1
Comunanza 117 D2/3
Cona 107 C3
Conca 113 D3
Concarneau 84 B2/3
Conceição 164 B3, 170 A1
Conceição 170 B2
Conceição 170 B2
Concerviano 117 C/D3, 118 B1
Concha 161 D2
Conches-en-Ouche 86 B1
Concórdia sulla Sècchia 114 B1
Concots 109 D1/2
Condado 153 C2
Condamine-Châtelard 112 B2
Condat-en-Féniers 102 B3
Condat-lès-Monboissier
Condé-en-Brie 88 A1
Condeixa a Nova 158 A3
CONDEON 101 C3
Condé-sur-l'Escaut 78 B2
Condé-sur-Noireau 86 A1
Condé-sur-Vesgre 87 C1/2
Condino 106 B2/3
Condofuri 122 A3
Condom 109 C2
Condove 112 B1
Condrieu 103 D3
Conegliano 107 D2/3
Conflans-en-Jarnisy 89 C1
Conflans-Sainte-Honorine 87 C1
Conflans-sur-Lanterne 89 C3
Conflenti 122 A/B2
Confolens 101 C/D2
Confrides 169 D2
Congleton 59 D2, 60 B3, 64 A1
Congosto de Valdavia 152 B2
Coniale 115 B/C2, 116 B1
Conil de la Frontera 171 D3
Conimbriga 158 A3
Coniston 59 C1, 60 B1/2
Conlie 86 A/B2
Conlig 56 A3
Connah's Quay 59 C2, 60 B3
Connantre 88 A1/2
Connaux 111 C2
Connel 56 A1
Connerré 86 B2
Conoplja 129 C3
Conques 110 A1
Conques-sur-Orbiel 110 A3, 156 A/B1
Conquista 167 C3
Conquista de la Sierra 166 A1
Consélice 115 C1
Consell 157 C2
Conselve 107 C3
Consenvoye 89 C1
Consett 57 D3, 61 C1
Constancia 164 B1
Constanta 141 D2
Constanti 163 C1/2
Constantim 151 D3, 159 C/D1
Constantina 166 A3, 171 D1, 172 A1
Consuegra 167 D1
Consuma 115 C2, 116 B1/2
Contada 119 D3
Contadero 167 C3
Contarina 115 C1
Contay 78 A3
Contessa Entellina 124 A/B2
Conthil 89 D1
Contigliano 117 C3, 118 B1
Contis-Plage 108 B2
Contres 87 C3
Contrexéville 89 C2
Contrisson 88 B1

Controne 120 A2/3
Contursi 120 A2
Contwig 90 A1
Conty 77 D3
Convento de la Rábida 171 C2
Convento di Fonte Colombo 117 C3, 118 B1
Conversano 121 C2
Conweiler 90 B1/2
Conwy 59 C2, 60 A3
Cookham 64 B3
Coombe Hill 63 D1, 64 A2
Čop 97 C/D2, 98 A3
Copertino 121 D3
Copons 155 D3, 156 A3, 163 D1
Copparo 115 C1
Coppenbrügge 68 B3
Coppet 104 A2
Coppiestone 63 C2
Corabia 140 B2
Coraci 122 B2
Corato 120 B2, 136 A3
Coray 84 B2
Corbalán 162 B2/3
Corbeil-Essonnes 87 D2
Corbeilles-du-Gâtinais 87 D2
Corbera de Alcira 169 D2
Corbera d'Ebre 163 C2
Corbie 78 A3
Corbigny 88 A3, 103 C1
Corbridge 57 D3, 61 B/C1
Corby 64 B2
Corchiano 117 C3, 118 B1
Corciano 115 C3, 117 C2
Corcieux 89 D2, 90 A2
Córcoles 161 D2
Corconne 110 B2
Corconte 152 B1/2
Corcova 135 D1/2
Corcoya 172 B2
Corcubión 150 A2
Cordenóns 107 D2, 126 A2
Cordes 109 D2
Cordesse 103 C1
Cordignano 107 D2
Córdoba 166 B3, 172 B1
Córdobilla de Lácara 165 D2
Cordovado 107 D2/3, 126 A3
Corduente 161 D2
Corella 154 A3
Corera 153 D2
Coreses 151 D3, 152 A3, 159 D1
Corga 158 A2
Corgo 151 B/C2
Cori 118 B2
Coria 159 C3
Coria del Río 171 D2
Coriano 115 D2, 117 C1
Corigliano Calabro 122 B1
Cornaldo 115 D2/3, 117 C/D2
Corinium 131 C2
Coripe 172 A2
Coristanco 150 A1
Cork (Corcaigh) 55 C3
Corlätel 135 D2
Corlay 84 B2
Corleone 124 B2
Corleto Perticara 120 B3
Corlier 103 D2, 104 A2
Corlu 149 D1
Cormainville 87 C2
Cormatin 103 D2
Cormeilles 77 C3, 86 B1
Corme-Porto 150 A1
Cormery 86 B3, 101 D1
Cormons 126 A2
Cormoz 103 D2
Cornago 153 D3
Cornaredo 105 D3
Cornberg 81 C1
Cornea 135 C1
Corneliano d'Alba 113 C1
Cornella 156 A3
Cornellà del Terri 156 B2
Cornellana 151 D1
Cornereva 135 C1
Corniglio 114 A1/2
Cornimont 89 D2, 90 A3
Corniolo 115 C2, 116 B1
Cornštejn 94 A1

Cornuda 107 C3
Cornudella de Montsant 163 D1
Cornudilla 153 C2
Cornus 110 B2
Corny-sur-Moselle 89 C1
Coronado 158 A1
Corovoda 142 A/B2
Corpa 161 C2
Corps 111 D1, 112 A1
Corps Nuds 85 D2
Corral de Almaguer 161 C3, 167 D1, 168 A1
Corral de Ayllón 161 C1
Corral de Cal 167 C2
Corrales 159 D1
Corrales 171 C2
Corral-Rubio 169 C2
Corre 89 C2/3
Corredoiras 150 B1/2
Corréggio 114 B1
Corrèze 102 A3
Corridónia 117 D2
Corrie 56 A2
Corsavy 156 B2
Corsham 63 D2, 64 A3
Corsicana 113 D3
Córsico 105 D3, 106 A3
Čortanovci 133 D1, 134 A1
Corte 113 D3
Corteconcepción 165 D3, 171 C1
Corte de Peleas 165 D2
Corte do Pinto 170 B1
Cortegada 150 B3
Cortegada 150 B3
Cortegana 165 C/D3, 171 C1
Cortelazor 165 D3, 171 C1
Cortemaggiore 114 A1
Cortemilia 113 C1/2
Córteno Golgi 106 B2
Corteolona 105 D3, 106 A3, 113 D1
Corteraso/Kurzras 106 B1
Cortes 154 A3
Cortes de Aragón 162 B2
Cortes de Arenoso 162 B3
Cortes de Baza 173 D1
Cortes de la Frontera 172 A2/3
Cortes de Pallás 169 C1/2
Cortiguera 151 C2
Cortina d'Ampezzo 107 C/D2
Čortkov 98 B3
Cortona 115 C3, 117 B/C2
Coruche 164 B2
Corullón 151 C2
Coruña del Conde 153 C3, 161 C1
Corvara in Badia 107 C2
Corvera de Asturias 151 D1
Corvey 68 B3
Corwen 59 C2/3, 60 A3
Corton 65 C3
Corzu 135 D2
Cosa 116 B3
Cosa 163 C2
Cosenza 122 A/B2
Cosham 76 A1
Cosići 132 A2
Coslada 161 C2
Cosne-d'Allier 102 B2
Cosne-sur-Loire 87 D3
Cospeito 150 B1
Cossato 105 C3
Cossé-le-Vivien 85 D2, 86 A2
Cossonay 104 B2
Costa da Caparica 164 A2
Costa de los Pinos 167 D1
Costa Nova 158 A2
Costaros 110 B1
Costeán 155 C3
Costesti 140 B2
Costigliole Saluzzo 112 B1/2
Costigliole d'Asti 113 C1
Costur 163 B/C3
Cosuenda 163 C1
Coswig 69 D3
Coswig 83 C1
Cotehele House 62 B3
Cotillas 168 A3
Cotobade 150 A2
Cotronei 122 B2

Cottanello 117 C3, 118 B1
Cottbus 70 B3
Cottbus 72 A3, 96 A1
Cottendorf 81 D2, 82 A2
Coubert 87 D1/2
Couches-les-Mines 103 C1
Couço 164 B2
Coucouron 110 B1
Coucy-le-Château Auffrique 78 A3
Coudes 102 B3
Coudons 156 A1
Couflens 155 C2
Couhé 101 C2
Couilly-Pont-aux-Dames 87 D1
Couiza 110 A3, 156 A1
Coulange-la-Vineuse 88 A3
Coulanges-sur-Yonne 88 A3
Coulans-sur-Gée 86 A/B2
Coullons 87 D3
Coulmier-le-Sec 88 B3
Coulmiers 87 C2/3
Coulommiers 87 D1
Coulon 100 B2
Coulonges-en-Tardenois 88 A1
Coulonges-sur-l'Autize 100 B2
Coulport 56 B1
Coupar Angus 57 C1
Couptrain 86 A2
Coura 150 A3
Courances 87 D2
Courcelles-Chaussy 89 D1
Courcelles-sur-Nied 89 C/D1
Courchaton 89 D3
Courchevel 104 B3
Cour-Cheverny 87 C3
Courcité 86 A2
Courcôme 101 C2
Courçon 100 B2
Cour-et-Buis 103 D3
Courgains 86 B2
Courgenard 86 B2
Courgenay 89 D3, 90 A3, 104 B1
Courmangoux 103 D2
Courmayeur 104 B3
Courniou 110 A3
Courpière 103 B/C3
Cours 103 C2
Coursan 110 A/B3, 156 B1
Coursegoules 112 B2/3
Courseulles-sur-Mer 76 B3, 86 A1
Courson-les-Carrières 88 A3
Courtacon 88 A1/2
Courtalain 86 A/B2
Courteilles 86 B1
Courtenay 87 D2
Courthézon 111 C2
Courtomer 86 B2
Courtown Harbour 58 A3
Court-Saint-Étienne 79 B/C2
Courville-sur-Eure 86 A/B2
Cousolre 78 B2
Coussac-Bonneval 101 C3
Coussegrey 88 A2
Coussey 89 C2
Coustellet 111 D2
Coustouges 156 B2
Coutainville-Plage 85 D1
Coutances 85 D1
Couterne 86 A2
Couthenans 89 D3
Coutras 108 B1
Couvent de Corbara 113 D2
Couvent Sainte-Marie 113 D3
Couvet 104 B1
Couvin 78 B3
Couzan 103 C3
Couze-et-Saint-Front 109 C1
Covadonga 152 A1
Covaleda 153 C3
Covanera 153 B/C2
Covarrubias 153 C3
Covas 158 A1
Covasna 141 C1

Coveiu 135 D2
Covelães 150 B3, 158 B1
Covelo 150 A/B2/3
Coventry 64 A2
Coverack 62 B3
Covići 130 B1
Covide 150 B3, 158 A1
Covigliàio 114 B2, 116 B1
Covilhã 158 B3
Cowbridge 63 C2
Cowdenbeath 57 C1
Cowes 76 B1
Cowley 65 C3
Cox 109 C2
Coxwold 61 D2
Cózar 167 D2, 168 A2
Cozes 100 B3
Cozvijar 173 C2
Cozzano 113 D3
Craco 120 B3
Crăguești 135 D1
Craighouse 56 A2
Craighouse 54 A2/3, 55 D1
Craignure 56 A1
Crail 57 C1
Crailsheim 91 D1
Crailsheim-Jagstheim 91 C/D1
Craiova 140 B2
Cranborne 63 D2, 76 A1
Cranbrook 65 C3, 77 C1
Crançot 104 A1/2
Cranleigh 64 B3, 76 B1
Cransac 110 A1
Crans-sur-Sierre [Sierre] 105 C2
Cranwell 61 D3, 64 B1
Craon 85 D2/3, 86 A2/3
Craponne-sur-Arzon 103 C3
Crasna 141 C1
Crassier [Nyon] 104 A2
Craster 57 D2
Crato 165 C1/2
Cravant 87 C3
Craven Arms 59 D3
Crawford 57 C2
Crawinkel 81 D2
Crawley 65 B/C3, 76 B1
Creagorry 54 A2
Crecente 150 B3
Crécy-en-Brie 87 D1
Crécy-en-Ponthieu 77 D2
Crécy-sur-Serre 78 B3
Crediton 63 C2
Creertown 56 B3, 60 A1
Creglingen 81 D3, 91 C/D1
Creil 87 D1
Crema 106 A3
Crémieu 103 D3
Cremlingen 69 C3
Cremona 114 A1
Čerensovci 127 D2
Créon 108 B1
Crepaja 133 D1, 134 B1
Crépey 89 C2
Crépy-en-Laonnois 78 A/B3
Crépy-en-Valois 87 D1
Cres 130 A1
Crescentino 105 C3, 113 C1
Crespadoro 107 C3
Crespino 115 C1
Crespos 160 A2
Cressensac 109 D1
Crest 111 C/D1
Cresta, Avers- [Thusis] 106 A2
Cretas 163 C2
Creully 76 B3, 86 A1
Creussen 82 A3
Creussen-Seidwitz 82 A3
Creutzwald 89 D1
Creuzburg 81 D1
Crevalcore 114 B1
Crèvecoeur-le-Grand 77 D3
Crevedia Mare 141 C2
Crevillente 169 C3
Crevola d'Ossola 105 C2
Crewe 59 D2, 60 B3, 64 A1
Crewkerne 63 D2
Crézancy 88 A1
Crianlarich 56 B1
Crianlarich 54 A/B2, 55 D1
Criccieth 59 B/C2/3, 60 A3

Crickhowell 63 C1
Cricklade 63 D1, 64 A3
Crieff 56 B1
Crieff 54 B2
Criel-Plage 76 B2
Criel-sur-Mer 76 B2
Crikvenica 127 C3, 130 B1
Crillon 77 D3
Crimmitschau 82 B2
Crinan 56 A1
Criquetot-l'Esnéval 77 B/C3
Crišnjevo 126 B3, 130 B1
Crispiano 121 C2
Crissolo 112 B1
Cristina 165 D2, 166 A2
Cristóbal 159 D2
Cristuru Secuiesc 141 B/C1
Crivaia 135 C1
Crivillén 162 B2
Crivitz 69 C/D1
Crkvice 137 C2
Črnošnjice 127 C3
Crna 127 C2
Crna Bara 133 C1
Crnac 133 D3, 138 A/B1
Crnac 128 B3
Crna Rijeka 131 D2, 132 A2
Crna Trava 139 C1
Crne Lokve 132 A3
Crniljevo 133 C2
Crni Lug 127 C3, 130 B1
Crni Lug 131 D2
Čni Vrh nad Idrijo 126 B2/3
Črnkovči 128 B3
Črnomelj 127 C3
Črnuče 126 B2
Crock 81 D2, 82 A2
Crocketford 56 B3, 60 A1
Crock 102 A2
Crodo 105 C2
Croft 57 D3, 61 C1
Croglin 57 C3, 60 B1
Croix de Chamrousse 104 A3, 112 A1
Croix-Valmer 112 A3
Crolles 104 A3
Cromarty 54 B2
Cromer 61 D3, 65 C1
Cronat 103 C1
Crook 57 D3, 61 C1
Crookhaven 55 C3
Cropalati 122 B1
Crópani 122 B2
Crópani Marina 122 B2
Cros 102 A3
Crosby 59 C/D2, 60 B3
Crosmières 86 A3
Crosscar 58 A1
Crossmaglen 58 A1
Crossmichael 56 B3, 60 A1
Crotone 122 B2
Crottendorf 82 B2
Croutelle 101 C2
Crowborough 76 B1
Crowland 65 B/C1
Crowle 61 C2
Croxton Kerrial 61 C/D3, 64 B1
Croydon 65 C3, 76 B1
Crozant 101 D2, 102 A2
Crozon 84 A2
Cruas 111 C1
Crúcoli Torretta 122 B1
Crulai 86 B1/2
Cruseilles 104 A2
Crussol 111 C1
Cruz 158 A1
Cruzy 110 A3, 156 B1
Cruzy-le-Châtel 88 B3
Crveni Grm 132 A3, 136 B1
Crvenka 129 C3
Crvljivac 133 C3
Crymmych Arms 62 B1
Csabacsüd 129 D1
Csabrendek 128 A1
Csákánydoroszló 127 D1
Csakbandevy 95 C/D3, 128 B1
Csákvár 95 D3, 128 B1
Csanytelek 129 D2
Csapod 94 B3
Császár 95 C3
Császártöltés 129 C2
Csávoly 129 C2

Csengőd 129 C2
Csépa 129 D1
Csepreg 94 B3, 128 A1
Cserdi 128 B2
Cserebökény 129 D1/2
Cserkeszőlő 129 D1
Csesztreg 127 D1/2
Csokonyavisonta 128 A2
Csómerád 128 A2
Csongrád 129 D2
Csopak 128 B1
Csór 128 B1
Csorna 95 B/C3
Csót 95 C3, 128 A/B1
Csurgó 128 A2
Csurgó 96 B3
Cuacos 159 D3
Cuadros 151 D2, 152 A2
Cualedro 150 B3
Cuart de Poblet 169 B2
Cuatretonda 169 D2
Cuba 164 B3
Cubel 162 A2
Cubelles 156 A3, 163 D1
Cubells 155 D3
Cubières 156 B1
Cubillas de Cerrato 152 B3, 160 B1
Cubillas de los Oteros 151 D2, 152 A2
Cubillos 153 C3, 161 C1
Cubillos 151 D3, 159 D1
Cubla 162 A/B3
Cubo de Bureba 153 C2
Cubo de la Solana 153 D3, 161 D1
Cucalón 163 C2
Cucho 153 C/D2
Cuckfield 76 B1
Cudillero 151 D1
Cudovo 99 C2
Cudovo 75 C1
Cuéllar 160 B1
Cuenca 166 A3
Cuenca 161 D3
Cuenca de Campos 152 A3
Cuers 112 A3
Cuerva 160 B3, 167 C1
Cueva de Ágreda 154 A3, 161 D1, 162 A1
Cueva de Altamira 152 B1
Cueva de Canalobie 169 D2/3
Cueva de la Vieja 169 D2
Cueva de la Pileta 172 A2
Cueva del Aguila 160 A3
Cueva del Hierro 161 D2
Cueva de los Chorros 168 A/B3
Cueva dels Civils y dels Ca- valls 163 C2/3
Cueva de Minateda 168 B3
Cueva de Montesino 167 D2, 168 A2
Cueva de Valporquero 151 D2, 152 A2
Cueva Na Polida 157 C1
Cueva Remigia 163 B/C2
Cueva Rosegador 163 C2
Cueva Santa 162 B3, 169 C1
Cuevas Bajas 172 B2
Cuevas de Amaya 152 B2
Cuevas de Artá 157 C1
Cuevas de Campanet 157 C2
Cuevas del Almanzora 174 A2
Cuevas del Becerro 172 A2
Cuevas del Drach 157 C1/2
Cuevas dels Hams 157 C1/2
Cuevas del Valle 160 A3
Cuevas de Nerja 173 C2
Cuevas de San Clemente 153 C3
Cuevas de San Marcos 172 B2
Cuevas de Santimaminie 153 D1
Cuevas de Velasco 161 D3
Cuevas de Vinromá 163 C3
Cuevas Labradas 161 D2
Cuevas Labradas 162 A/B2
Cuevas Minadas 161 D2
Cuges-les-Pins 111 D3
Cùglieri 123 C2

Cugny 78 A3
Cuijk 66 B3
Cuiseaux 103 D2, 104 A2
Cuisery 103 D2
Cujmir 135 D2
Cujmir 140 B2
Cukljenik 139 C1
Culen 102 A2
Culemborg 66 B3
Culgaith 57 C3, 60 B1
Culine 133 C2
Culjković 133 C1
Culla 162 B3
Cúllar-Baza 173 D1
Cullera 169 D2
Culleredo 150 A1
Cullompton 63 C2
Cully 104 B2
Culoz 104 A3
Cuma 119 C3
Cumbernauld 56 B2
Cumbres de Enmedio 165 D3
Cumbres de San Bartolomé 165 D3
Cumbres Mayores 165 D3, 171 C1
Cumiana 112 B1
Cumieira 158 B1
Cumnock and Holmhead 56 B2
Cumrew 57 C3, 60 B1
Cumwhitton 57 C3, 60 B1
Cunault 86 A3, 101 C1
Cunchillos 154 A3
Cunéges 109 C1
Cúneo 112 B2
Cunewalde 83 D1
Cunfin 88 B2
Cunlhat 103 B/C3
Cunski 130 A2
Cuntis 150 A2
Cuorgné 105 C3
Cupar 57 C1
Cupello 119 D1/2
Cupra Marittima 117 D2
Cupramontana 115 D3, 117 D2
Cuprene 135 C/D3
Cuprija 134 B2/3
Curalha 150 B3, 158 B1
Curilovo 74 B2/3
Curinga 122 A/B2
Curon Venosta/Graun im Vinschgau 106 B1
Curraj i Epërm 138 A2
Curtarolo 107 C3
Curtatone 106 B3, 114 B1
Curtea de Arges 140 B2
Curtis 150 B1
Curtis-Estación 150 B1
Čurug 129 D3
Cusano Mutri 119 D2
Cuse-et-Adrisans 89 D3
Cushendall 56 A3
Cushendun 56 A3
Cusiano 106 B2
Cusset 102 B2
Cussy-les-Forges 88 A3
Custines 89 C1
Cusy 104 A3
Cutanda 163 C2
Cutigliano 114 B2, 116 A1
Cutro 122 B2
Cutrofiano 121 D3
Cuvilly 78 A3
Cuxac-d'Aude 110 A/B3, 156 B1
Cuxhaven 52 A3, 68 A1
Cuxhaven-Altenbruch 52 A3, 68 A1
Cuxhaven-Altenwalde 52 A3, 68 A1
Cuzzago 105 C2
Cuzzola 123 D1
Cvikov 83 D2
Čvrstec 127 D2, 128 A2
Cwmbran 63 C1
Cybinka 70 B3
Cynwyl Elfed 62 B1
Cysoing 78 A2
Czacz 71 D3
Czaplinek 71 D1
Czarne 71 D1
Czarnków 71 D2
Czarnków 72 B3
Czempín 71 D3

Czernina 25 Dichalion

Czernina 71 D3
Czersk 72 B2/3
Czerwieńsk 71 C3
Czerwona Woda 83 D1
Częstochowa 97 B/C1
Człopa 71 C/D2
Człuchów 72 B3
Czmon 71 D3

D

Daaden 80 B2
Daasdammen 39 D1
Dabar 130 B1
Dabas 129 C1
Dabel 53 D3, 69 D1
Dabie 71 C3
Dąbilja 139 D3
Dabö 89 D2, 90 A2
Dąbrowa Tarnowska 97 C2
Dąbrówka Wielkopolska 71 C3
Dachau 92 A2
Dachsenhausen 80 B2
Dačice 94 A1
Dad 95 C3
Dādesjö 51 C1
Dadiá 145 D1, 145 D3
Dåfjord 4 A2
Dåfnai 146 B2
Dåfni 144 B2
Dåfni 146 B2/3
Dåfni 149 C1
Dagali 37 C3
Daganzo de Arriba 161 C2
Dagarn 39 D3
Dagda 74 B2
Dagebüll 52 A2
Daggre 43 C1
Dagmersellen 105 C1
Dagsmark 20 A3
Dahlem 79 D2
Dahlem-Schmidtheim 79 D2
Dahlen 82 B1
Dahlen 70 A1
Dahlen 69 D2
Dahlenburg 69 C1/2
Dahlewitz 70 A3
Dahme 70 A3
Dahme 53 C3
Dahn 90 A/B1
Dähre 69 C2
Dailly 56 B2
Daimiel 167 D2
Dajkanberg 15 C3
Dajkanvik 15 C3
Đakovački Selci 128 B3, 132 B1
Dakovica 138 A2
Dakovica 140 A3
Đakovo 128 B3, 132 B1
Daksbruk (Taalintehdas) 24 B3
Dal 30 B3, 35 D2
Dal 38 A3
Dala 30 B3, 35 D2
Dala 129 D2
Dalaas 106 A/B1
Dalabojegoatte 5 D3, 6 A3, 11 D1
Dalarö 47 D1
Dalåsen 34 B2
Dalasjo 30 A/B1
Dalavardo 15 C2
Dalbeattie 56 B3, 60 A1
Dalboset 135 C1
Dalby 50 B3
Dalby 38 B2
Dalby 58 B1
Dalby 72 A2
Dalbyn 39 D1/2
Dale 62 B1
Dale 9 C1
Dale 36 A3
Dale 36 A2
Dale 43 C2
Dale 43 C2
Dale 32 A/B2
Dalen 67 C2
Dalen 43 C2
Dalen 33 C3, 37 D1

Dalen 32 B2/3
Dalešice 94 A/B1
Dalfors 39 D1
Dalfsen 67 C2
Dalgard 9 D1
Dålgopol 141 C3
Dalhem 72 B1
Dalhem 46 B3
Dalhem 47 D3
Dallas 173 D2
Dalj 129 C3
Dalkeith 57 C2
Dalkey 58 A2
Dallgow 70 A2
Dallmin 69 D1/2
Dalmally 56 B1
Dalmellington 56 B2
Dålmine 106 A3
Dalmose 53 C1
Dalry 56 B3
Dalry 56 B2
Dalry 54 B3
Dalrymple 56 B2
Dalseter 37 D2
Dalseter 33 C2
Dalsfjord 36 A/B1
Dals Högen 45 B/C2
Dalsjöfors 45 C/D3
Dals Rostock 45 C2
Dalston 57 C3, 60 B1
Dalstuga 39 D2
Dalsvallen 34 A/B3
Dalton-in-Furness 59 C1, 60 A/B2
Daluis 112 B2
Dalvangen 33 C3, 37 D1
Damásion 143 D3
Damaskinéa 143 B/C2
Damazan 109 C2
Damerow 70 B1
Damice 82 B2
Dammartin-en-Goële 87 D1
Damme 67 D2, 68 A2
Damme 78 A1
Dammatz-Landsatz 69 C2
Dampierre 104 A1
Dampierre 87 C1/2
Dampierre-en-Burly 87 D3
Dampierre-sous-Bouhy 87 D3
Dampierre-sur-Boutonne 101 B/C2
Dampierre-sur-Salon 89 C3
Damp-Zweitausend 52 B2
Damsdorf 53 B/C3
Damsdorf 69 D2/3, 70 A2/3
Damshagen 53 C3
Damüls 106 A1
Damvant [Porrentruy] 89 D3, 90 A3, 104 B1
Damville 87 B/C1
Damvillers 89 C1
Damwoude 67 B/C1
Danasjö 15 C/D3
Danby 61 C1
Dancharinea 108 A3, 154 A1
Dangé 101 C1
Dangeau 86 A/B2
Dangers 86 A/B2
Dangu 77 D3, 87 C1
Danholm 39 D2, 40 A2
Danilovgarad 137 D2
Dankōw 71 C2
Dannäs 50 B1
Dannemare 53 C2
Dannemarie 89 D3, 90 A3
Dannemora 40 B3
Dannenberg / Elbe 69 C2
Dannenberg-Schaafhausen 69 C2
Dannenwalde 70 A2
Dänschendorf-Westermar-kelsdorf 53 C2
Danzé 86 B2/3
Daon 86 A3
Daoulas 84 A2
Darabani 98 B3
Darány 128 A/B2/3
Daránypuszta 128 B1/2
Dáras 146 B2/3
Darchau 69 C1
Darda 129 B/C3
Dardha 142 B2

Darfo-Boário Terme 106 B2/3
Darlington 57 D3, 61 C1
Darlington 54 B3
Darlowo 72 B2
Darmín 145 D1
Darmstadt 80 B3
Darney 89 C2
Darnius 156 B2
Daroca 162 A2
Darque 150 A3, 158 A1
Darro 173 C2
Daertahytta 10 A1/2
Dartford 65 C3
Darthus 37 C/D1/2
Dartmouth 63 C3
Dartsel 16 B3
Daruvar 128 A3
Darvel 56 B2
Darwen 59 D2, 60 B2
Darze 69 D1
Dasburg 79 D3
Dašev 99 C3
Daskalovo 139 D1/2
Dassel 68 B3
Dassel-Lauenberg 68 B3
Dassel-Marakoldendorf 68 B3
Dassow 53 C3
Datca 149 D3
D'atlovo 98 B1
Datteln 67 D3, 80 A1
Dåttilo 124 A2
Daugärd 48 B3, 52 B1
Daugavpils 74 A2/3
Daumeray 86 A3
Daumitsch 82 A2
Daun 79 D2/3, 80 A2/3
Dautphetal-Allendorf 80 B2
Dautzschen 70 A3, 82 B1
Daventry 65 C2
Davià 146 B3
David-Gorodok 98 B1
Davle 83 D3
Dávlia 147 C2
Davor 132 A1
Davos Dorf 106 A1
Davos Platz 106 A1
Dawlish 63 C3
Dax 108 A2
Dažnica 132 B1
Deal 65 C3, 76 B1
Deão 150 A3, 158 A1
Deauville 76 B3, 86 B1
Deba 153 D1
Débanos 153 D3, 154 A3
Debar 138 A3
Debar 140 A3
Debeli Lug 135 C2
Debeljaĉa 133 D1, 134 A/B1
Debenham 65 C2
Dębica 97 C2
Dęblin 97 C1, 98 A2
Dębno 70 B2
Debrč 133 D1/2, 134 A2
Debrecen 97 C3, 140 A1
Debrznica 71 C3
Debrzno 71 D1
Dečani 138 A1/2
Decazeville 110 A1
Dechtice 95 C2
Decimomannu 123 C/D3
Děčín 83 C/D2
Děčín 96 A1
Decize 102 B1
Deckenpfronn 90 B2
De Cocksdorp 66 B1/2
Decollatura 122 B2
Decs 129 C2
Dedaj 137 D2
Deddington 65 C2
Dedeleben 69 C3
Dedeli 139 C/D3, 143 D1
Dedelow 70 B1
Dedemsvaarт 67 C2
Deetz 69 D2, 70 A2
Deetz 69 D3
Défilé de l'Inzecca 113 D3
Dég 128 B1
Degaña 151 C2
Degeberga 50 B3
Degerby 41 D3
Degerby 25 C3
Degerfors 45 D1, 46 A1
Degerfors 31 C2

Degerhamn 51 D2
Degerndorf 92 B3
Degernes 44 B1
Degerselet 17 C2
Degerträsk 16 B3
Deggendorf 92 B1/2
Deggendorf-Natternberg 92 B2
Deggenhausertal 91 C3
Degolados 165 C2
De Haan 78 A1
De Haar 66 B3
Dehesa de Campoamor 169 C3, 174 B1
Dehesas de Guadix 173 C1
Dehesas Viejas 173 C1
Deibow 69 C1/2
Deidesheim 90 B1
Deifontes 173 C2
Deining 92 A1
Deinste 68 B1
Deinze 78 B1
Déiva Marina 113 D2, 114 A2
Dej 97 D3, 140 B1
Deje 39 C3, 45 D1
Dekani 126 B3
Dekanovec 127 D2
Dekélia 147 D2
Deknepollen 36 A1
De Koog 66 A/B1/2
De Kooi 66 A/B2
De Krim 67 C2
Delary 50 B2
Del'atin 97 D2, 98 A/B3
Delbruck 68 A3
Delbrück-Boke 68 A3, 80 B1
Delbrück-Ostenland 68 A3
Delbrück-Westenholz 68 A3
Delčevo 139 D2
Delčevo 140 B3
Delébio 105 D2, 106 A2
Deleitosa 159 D3, 166 A1
Delekovec 128 A2
Délémont 90 A3, 104 B1
Delft 147 C2
Delft 148 B2
Delft 66 A3
Delfzijl 67 C1
Delgany 58 A2
Délia 124 B2/3
Delianuova 122 A3
Deliblato 134 B1
Deliceto 120 A2
Deliǵrad 134 B3
Delitzsch 82 B1
Delle 89 D3, 90 A3
Delligsen 68 B3
Delligsen-Grünenplan 68 B3
Dello 106 B3
Delme 89 D1
Delmenhorst 68 A2
Delnice 127 C3, 130 B1
Delvina 142 A2/3
Delvinakion 142 B2/3
Demandice 95 D2
Demetrias 143 D3, 144 A3
Demidov 75 C3
Demigny 103 D1
Demirci 149 D2
Demir Kapija 140 A3
Demir Kapija 139 C3, 143 D1
Demjansk 75 C2
Demmin 72 A2
Demonte 112 B2
Dému 109 B/C2
Denain 78 A2
Denbigh 59 C2, 60 A3
Den Burg 66 A/B2
Dendermonde 78 B1
Denekamp 67 C2
General Janković 138 B2
Den Haag ('s-Gravenhage) 66 A3
Den Ham 67 C2
Den Helder 66 A/B2
Den Hoorn 66 A/B2
Denia 169 D2
Denkendorf 92 A1
Denklingen (Kaufbeuren) 91 D3
Denneville 76 A3, 85 D1
Denno 107 B/C2

Denny 56 B1/2
Densow 70 A1/2
Dent 59 D1, 60 B2
Dentlein 91 D1
Denzlingen 90 B2/3
De Panne-Bad 78 A1
Peptford 63 D2, 64 A3, 76 A1
Derås 28 B2
Derbent 149 D2
Derborence [Sion] 104 B2
Derby 61 C3, 64 A1
Derenburg 69 C3
Derendingen 105 C1
Dermbach 81 D2
Dermulo 107 B/C2
Derome 49 D1, 50 A1
Deronje 129 C3
Dersenöw 69 C1
Deruta 115 C3, 117 C2/3
Dervaig 56 A1
Derval 85 D3
Dervénion 147 C2
Derventa 132 B1
Dérvio 105 D2, 106 A2
Deriviziana 142 B3
Desa 135 D2/3
Desborough 64 B2
Descargamaría 159 C3
Descartes 102 B1
Desenzano del Garda 106 B3
Desfina 147 C2
Dési 143 C3
Deslåti 143 C2/3
Dešov 94 A1
Despotovac 134 B2
Despotovac 140 A2
Despotovo 129 C3
Dessau 69 D3
Dessau-Mosigkau 69 D3
Deštnå 93 D1
Destriana 151 D2
Désulo 123 D2
Desvres 77 D1/2
Deszk 129 A2
Deta 134 A1
Deta 140 A2
Detčino 75 D3
Dettern 67 D1
Detmold 68 A3
Dettelbach 81 D3
Dettingen 91 C2
Dettingen an der Erms 91 C2
Dettmannsdorf 53 D3
Dettwiller 90 A2
Deuerling 92 A/B1
Deurne 79 D1
Deutschfeistritz 127 C1
Deutschkreutz 94 B3
Deutschlands 127 C1
Deutsch Neudorf 83 C2
Deutsch-Wagram 94 B2
Deux-Chaises 102 B2
Deva 140 B1
Devecsér 128 A1
Deventer 67 C3
Devesset 103 C3, 111 C1
Devil's Bridge 59 C3
Devin 94 B2
Devin 140 B3
Devínska Nová Ves 94 B2
Devizes 63 D2, 64 A3, 76 A1
Devojački Bunar 134 B1
Devonport 63 B/C3
Devrske 131 C2
Dewsbury 61 C2
Deyá 157 C2
Deza 161 D1
Dezzo 106 B2
Dhermiu 142 A2
Dhuizon 87 C3
Diableretsˌ Les 104 B2
Diakoptón 146 B2
Điakovce 95 C2
Diamante 122 A1
Dianalund 49 C3, 53 C/D1
Diano 113 C2
Diano d'Alba 113 C1
Diano Marina 113 C2
Diarville 89 C2
Diavatá 143 D2, 144 A2
Diavolitsion 146 B3
Dicastillo 153 D2, 154 A2
Dichalion 144 B1

Dicomano — Dormans

Dicomano 115 C2, 116 B1
Didcot 65 C3
Didima 147 C3
Didimótichon 145 D3
Die 111 D1
Dieburg 81 C3
Diekholzen 68 B3
Diekirch 79 D3
Diélette 76 A3
Dielmissen 68 B3
Dielsdorf 90 B3
Diemelsee-Adorf 81 B/C1
Diemelstadt 81 C1
Diemitz 69 D1/2, 70 A1/2
Dienne 102 B3
Dienstedt 82 A2
Dienten am Hochkönig 93 B/C3, 107 D1, 126 A1
Diepenau-Essern 68 A2
Diepenau-Lavelsloh 68 A2/3
Diepenheim 67 C3
Diepenveen 67 C3
Diepholz 68 A2
Diepholz-Aschen 68 A2
Dieppe 77 C2
Dierberg 70 A2
Dierdorf 80 A/B2
Dieren 67 C3
Diesdorf 69 C2
Diessen am Ammersee 92 A3
Diessenhofen 90 B3
Diessen-Rieden 92 A3
Diest 79 C1/2
Dietenheim 91 D2
Dietenhofen 91 D1
Dietfurt 92 A1
Dietikon 90 B3, 105 C1
Dietingen 90 B2
Dietramszell 92 A3
Dietzenbach 81 B/C3
Dietzhölztal-Ewersbach 80 B2
Dieulefit 111 C/D1
Dieulouard 89 C1
Dieuze 89 D1
Diever 67 C2
Diez 80 B2
Diezma 173 C2
Differdange 79 D3
Digerberg 34 B3
Digerberget 39 D1/2
Digermulen 8 B2
Dignac 101 C3
Dignano 107 D2, 126 A2
Digne 112 A2
Digny 86 A/B2
Digoin 103 C2
Dijon 88 B3
Dikanas 15 C3
Dikance 138 A/B2
Dikili 149 D2
Diksmuide 78 A1
Dilar 173 C2
Dillenburg 80 B2
Dillingen an der Donau 91 D2
Dillingen/Saar 89 D1
Dima 153 D1
Dimaro 106 B2
Dimbach 93 D2
Dimena 147 C3
Dimitrievka 99 D2
Dimitrovgrad 140 B3
Dimitrovgrad 141 C3
Dimitrovgrad 139 D1
Dimitsána 146 B3
Dimmelsvik 42 A1
Dimovo 135 D3
Dinami 122 A2/3
Dinan 85 C2
Dinant 79 C2
Dinard 85 C1/2
Dinas Mawddwy 59 C3
Dine 151 C3
Dingden 67 C3
Dingelstadt 81 D1
Dingle 44 B2
Dingle 55 C3
Dingolfing 92 B2
Dingtuna 40 A3, 46 B1
Dingwall 54 A/B2
Dinjiška 130 B2
Dinkelsbühl 91 D1
Dinklage 67 D2

Dinslaken-Bottrop 79 D1, 80 A1
Dio 50 B2
Dion 143 D2
Diósjенő 95 D3
Dios le Guarde 159 C2
Diou 103 C2
Dipótamos 145 B/C1
Dippen 56 A2
Dipperz 81 C2
Dippoldiswalde 83 C2
Diragusan 145 D3
Dirdal 42 A2
Dirinella 105 D2
Dirinella [Ranzo-S. Abbon-dio] 105 D2
Dirleton 57 C1
Dirlewang 91 D3
Dirmstein 80 B3, 90 B1
Dirráchion 146 B3
Dischingen 91 D2
Dischingen-Ballmertshofen 91 D2
Disemont 77 D2
Disenà 38 A/B3
Disentis/Mustér 105 D1/2
Disna 74 B3
Diso 121 D3
Dispilion 143 C2
Diss 65 D2
Dissay-sous-Courcillon 86 B3
Dissen am Teutoburger Wald 67 D3, 68 A3
Distad 36 B2
Distington 57 C3, 60 A1
Distomon 147 C2
Diston 147 D2
Distraton 142 B2
Dittelbrunn-Hambach 81 D3
Dittersbach 83 C1
Dittersdorf 82 A2
Dittrichshütte 82 A2
Ditzingen 91 C2
Diustes 153 D3
Divača 126 B3
Diva Slatina 135 D3
Divci 133 D2, 134 A2
Divčibare 133 D2, 134 A2
Dives-sur-Mer 76 B3, 86 A1
Diviakė 142 A1
Dividalshytta 10 A2
Divieto 125 D1
Divion 77 D2, 78 A2
Divišov 83 D3
Divonne-les-Bains 104 A2
Divuša 127 D3, 131 C1
Dixmont 88 A2
Dizy-le-Gros 78 B3
Dizy-Magenta 88 A1
Djaknebolė 31 C2
Djatlovo 98 B1
Djenno 36 B3
Djup 37 C3
Djupa 40 B2/3
Djupdal 30 A1
Djupfjord 9 C2
Djupfors 15 C2
Djuping 9 C3
Djupsjön 29 C3, 34 A1
Djuptjärn 31 C2
Djupvasshytta 32 A3, 36 B1
Djupvik 4 B2/3
Djupvik 9 C3
Djuramåla 51 C2
Djuras 39 D2
Djurö 47 D1
Djurpark 46 B2
Djurröd 50 B2/3
Djursholm 47 C/D1
Dloñ 71 D3
Długa Goślina 71 D2
Długoszyn 71 C2
Dmitrov 75 D2
Dno 74 B2
Doagh 56 A3
Dobanovci 133 D1, 134 A1
Dobbertin 69 D1
Dobbiaco/Toblach 107 D1
Dobele 73 D1
Döbeln 96 A1
Dobeln 83 B/C1
Doberlug-Kirchhain 83 C1
Döbern 83 D1

Dobersberg 94 A1
Doberschütz 82 B1
Dobiegniew 71 C2
Dobiegniew 72 B3
Doboj 132 B1
Dobra 135 C2
Dobra 71 C1
Dobrá Niva 95 D2
Dobřany 83 C3
Dobrá Voda 95 C2
Dobre Miasto (Guttstadt) 73 C2
Dobřen 83 D2
Dobrevo 139 C2
Dobri 127 D2
Dobrica 134 B1
Dobričevo 134 B1
Dobřichovice D3
Dobrí Dol 138 B2
Dobrinci 133 D1, 134 A1
Dobrinja 130 B1
Dobriš 83 C/D3
Dobritz 69 D3
Dobrljin 127 D3, 131 C1
Dobrna 127 C2
Dobrnič 127 C3
Dobrodzień 96 B1
Dobrököz 128 B2
Dobromirci 145 C1
Dobro Polje 132 B3
Dobroselica 133 C/D3, 134 A3
Doboro Selo 131 C2
Dobrovice 83 D2
Dobrovnik 127 D2
Dobrun 133 C3
Dobruš 99 D1
Dobruševo 138 B3, 143 C1
Dobrzany 71 C1
Dobrzyń 83 D1
Dockasberg 17 C2
Docking 65 C1
Dockmyr 30 A3, 35 C2
Docksta 30 B3
Dockweiler 79 D2, 80 A2
Doclea 137 D2
Doclin 135 B/C1
Döderhult 51 C1
Dodewaard 66 B3
Dodismoran 34 A3
Dodona 142 B3
Dodoni 142 B3
Dodre 34 B2
Dodro 150 A2
Doesburg 67 C3
Doetinchem 67 C3
Doganović 138 B2
Dogliani 113 C1/2
Dogna 126 A2
Dognecea 135 C1
Dois Portos 164 A2
Dokka 37 D3
Dokkas 16 B1
Dokkum 67 B/C1
Doksany 83 C2
Dokšicy 74 B3
Doksy 83 D2
Dolac 138 A/B1/2
Dolac 132 B2
Dol'any 95 C2
Dólar 173 C/D2
Dolceácqua 112 B2
Dol-de-Bretagne 85 D2
Dóle 103 D1, 104 A1
Dalemo 43 C2/3
Dolenci 138 B3, 142 B1
Dolenja Vas 127 C3
Dolenjske Toplice 127 C3
Dolga Vas 127 D2
Dolgellau 59 C3
Doli 136 B1
Doliană 142 B3
Dolianá 148 A1
Dolianova 123 D3
Dolice 71 C1/2
Dolina 97 D2, 98 A3
Dolinskaja 99 D3
Dolinskoe 141 D1
Doljane 131 C2
Döllach im Mölltal 107 D1, 126 A1
Dollar 57 B/C1
Dollart-Bunderhammrich 67 D1
Dolle 69 C/D2/3
Döllnitz 82 B1
Dollnstein 91 D1, 92 A1/2

Döllstädt 81 D1
Dolna dikanoa 139 D2
Dolná Poruba 95 C1
Dolné Orešany 95 C2
Dolné Saliby 95 C2
Dolné Vestenice 95 C/D2
Dolni Balvan 139 C2/3
Dolni Bělá 83 C3
Dolni Bogrov 139 D1
Dolni Bousov 83 D2
Dolní Dábník 140 B3
Dolní Dvořiště 93 D2
Dolni Kounice 94 B1
Dolni Lom 135 D3
Dolni Poustevna 83 C/D1/2
Dolní Žandov 82 B3
Dolno Cerovene 135 D3
Dolno Ujno 139 C/D2
Dolný Kubín 95 D1
Dolný Kubín 97 C2
Dolný Ohaj 95 C2/3
Dolny Turček 95 D2
Dolo 107 C/D3
Dolores 169 C3
Dolovo 134 B1
Dölsach 107 D1, 126 A1
Dolsk 71 D3
Doluje 70 B1
Dolus-d'Oléron 101 C2
Domanevka 99 D3
Dománico 122 A2
Domaníza 95 D1
Domanovići 132 B3, 136 B1
Domart-en-Ponthieu 77 D2
Domaševo 137 C1
Domasnea 135 C1
Domaso 105 D2, 106 A2
Domats 87 D2
Domažlice 92 B1
Dombás 32 B3, 37 D1
Dombasle-en-Argonne 89 B/C1
Dombóvár 128 B2
Dombóvár 96 B3
Dombrot-le-Sec 89 C2
Domburg 78 B3
Domène 104 A3, 112 A1
Doménikon 143 C/D3
Domeño 155 C2
Domeño 162 B3, 169 C1
Domévre-en-Haye 89 C1
Domévre-sur-Vezouze 89 D2, 90 A2
Domfessel 89 D1, 90 A1
Domfront 86 A2
Domiani 146 B1
Domingo Pérez 160 B3, 167 C1
Dömitz 69 C2
Dommartin 103 C1
Dommartin-Dampierre 88 B1
Dommartin-la-Planchette 88 B1
Dommartin-le-Franc 88 B2
Dommartin-sur-Yèvre 88 B1
Domme 108 B1
Dommitzsch 70 A3, 82 B1
Domnanpirtti 19 D3
Domnitsa 146 B1
Domodóssola 105 C2
Domokós 146 B1
Domoravče 139 B/C2
Dómos 95 D3
Dompaire 89 C2
Dompierre-du-Chemin 86 A2
Dompierre-sur-Besbre 103 C2
Dompierre-sur-Mer 100 B2
Dompierre-sur-Veyle 103 D2
Domptal 89 D2
Domrémy-la-Pucelle 89 C2
Dom Savica 126 B2
Domsjö 31 C3
Domsöd 129 C1
Dómus de Maria 123 C3
Domusnóvas 123 C3
Domžale 127 B/C2
Donabate 58 A2
Donado 151 D3
Donaghadee 56 A3

Don Álvaro 165 D2, 166 A2
Doña María Ocaña 173 D2
Donamaría 108 A3, 154 A1
Doña Mencía 172 B1
Donaueschingen-Wolterdingen 90 B3
Donaueschingen 90 B3
Donaustauf 92 B1
Donauwörth 91 D2
Don Benito 166 A2
Doncaster 61 C2/3
Donegal 55 C2
Dongen 66 B3, 79 C1
Dongo 105 D2, 106 A2
Donhierro 160 A1/2
Donington 61 D3, 65 B/C1
Doñinos de Salamanca 159 D2
Donja Badanja 133 C2
Donja Bekrina 132 B1
Donja Brela 131 D3, 132 A3
Donja Brezna 137 C1
Donja Bukovica 137 D1
Donja Dubravá 128 A2
Donja Grabovica 132 A/B3
Donja Kamenica 135 C3
Donja Konjščina 127 D2
Donja Ljubata 139 C2
Donja Mutnica 134 B3
Donja Omašnica 134 B3
Donja Sabanta 134 B2
Donja Stubičke Toplice 127 D2
Donja Suvaja 131 C2
Donja Trnava 135 C3
Donje Ljubače 138 B1
Donje Plananjane 131 C3
Donje Vukovije 133 B/C2
Donji Barbeš 135 C3, 139 C1
Donji Dragonožec 127 D3
Donji Dušnik 135 C3, 139 C1
Donji Krčin 134 B3
Donji Lapac 131 C2
Donji Miholjac 128 B3
Donji Milanováci 135 C2
Donji Okrug 131 D3
Donji Rujani 131 D3
Donji Skugrić 132 B1
Donji Šváj 132 B1
Donji Vakuf 131 D2, 132 A2
Donji Zemunik 130 B2
Donji Žirovac 131 C1
Donkerbroek 67 C2
Donnalucata 125 C3
Donnemarie-Dontilly 87 D2, 88 A2
Donnersbach 93 C/D3
Donnersbachwald 93 C/D3, 126 B1
Donnersdorf 81 D3
Donnes 14 A2
Donnesfjord 5 C1
Donorático 114 B3, 116 A2
Donostia/San Sebastián 153 D1, 154 A1
Donovalý 95 D1/2
Donsö 45 C3, 49 D1
Dont 107 C/D2
Dont Forno di Zoldo 107 D2
Donville-les-Bains 85 D1
Donzdorf 91 C2
Donzenac 101 D3
Donzère 111 C1/2
Donzy 87 D3
Dooagh 55 C2
Doorn 66 B3
Deråiseter 33 C3, 37 D1
Dorče Petrov 138 B2
Dorchester 63 D2/3
Dordal 43 D2, 44 A2
Dordrecht 66 A3
Dorentrup 68 A3
Dorentrup-Bega 68 A3
Dorfen 92 B2
Dorfgastein 107 D1, 126 A1
Dorgali 123 D2
Dorkas 144 A1
Dorking 64 B3, 76 B1
Dormagen 79 D1, 80 A1
Dormans 88 A1

Dornach [Dornach-Arlesheim] 27 Dymer

Dornach [Dornach-Arlesheim] 90 A3
Dornauberg 107 C1
Dornberk 126 B2/3
Dornbirn 91 C3
Dornburg 80 B2
Dornburg 82 A1/2
Dorndorf 81 D2
Dornecy 88 A3
Dornelas 150 B3, 158 B1
Dornes 102 B1
Dornoch 54 B2
Dornstadt 91 C2
Dornstetten 90 B2
Dornum 67 D1
Dorog 95 D3
Dorog 96 B3
Dorogobuž 75 C3
Dorohoi 98 B3
Dorotea 30 A2
Dorpen 67 D2
Dorrenbach 90 B1
Dorsten 67 C3, 80 A1
Dorsten-Lembeck 67 C3
Dorsten-Rhade 67 C3
Dorsten-Wulfen 67 C3
Dortan 104 A2
Dortmund 80 A1
Dorum 52 A3, 68 A1
Dörverden 68 A/B2
Dörzbach 91 C1
Dos Aguas 169 C1/2
Dosante 153 B/C1
Dosbarrios 161 C3, 167 D1
Dos Hermanas 171 D2
Dósolo 114 B1
Dospat 140 B3
Dos Torres 166 B3
Dötlingen 68 A2
Dotsikón 143 B/C2
Döttingen 80 A2
Douai 78 A2
Douarnenez 84 A2
Doubravník 94 B1
Douchy 87 D2
Doudeville 77 C3
Doué-la-Fontaine 86 A3, 101 C1
Douglas 56 B2
Douglas 58 B1
Douglas 54 A/B3, 55 D2
Doulaincourt 89 B/C2
Doulevant-le-Château 88 B2
Doullens 77 D2
Doune 56 B1
Dounreay 54 B1
Doupov 83 C2
Dourdan 87 C2
Dourgne 110 A3
Douvaine 104 A2
Douvres-la-Délivrande 76 B3, 86 A1
Douzy 79 C3
Dovádola 115 C2, 116 B1
Dover 65 C3, 76 B1
Devik 42 A2
Döviken 34 B2
Dovre 33 B/C3, 37 D1
Dowregubbens hall 33 C3, 37 D1
Dovsk 99 C1
Dowlais 63 C1
Downham Market 65 C1/2
Downpatrick 58 A1
Doxáton 144 B1
Doyet 102 B2
Dozón 150 B2
Dozulé 76 B3, 86 A/B1
Drac 137 D3
Dračevo 137 C1
Dračevo 138 B2
Drachhausen 70 B3
Drachten 67 C1/2
Drag 9 C2/3
Drag 28 B1
Dragalevci 139 D1
Drăgăneşti-Vlaşca 141 C2
Drăgăneşti-Olt 140 B2
Draganovo 141 C3
Drăgăşani 140 B2
Dragaš 138 A/B2
Draginac 133 C2
Draginje 133 C/D2, 134 A2
Dragland 9 C2
Dragobi 138 A2
Dragocvet 134 B2/3

Dragoištica 139 C/D2
Dragolovci 132 B1
Dragoman 139 D1
Dragomireşti 141 C1
Dragoni 119 D2/3
Dragor 49 D3, 50 A3, 53 D1
Dragoš 143 C1
Dragovac 134 B2
Dragovac 139 C1
Dragozetići 130 A1
Dragsfjärd 24 B3
Dragsholm 49 C3, 53 C1
Dragsvik 36 A/B2
Draguignan 112 A3
Drahnsdorf 70 A3
Drahonice 93 C1
Drahovce 95 C2
Drákia 144 A3
Drakótripa 143 C3
Drakótripa 148 B1
Draškenić 128 A3, 131 D1, 132 A1
Dráma 144 B1
Dramalj 127 B/C3, 130 B1
Drammen 43 D1, 44 A/B1
Drangedal 43 C2, 44 A1
Drängsered 50 A1
Drangstedt 52 A3, 68 A1
Dransfeld 81 C1
Draschwitz 82 B1
Drasenhofen 94 B2
Drašnice 131 D3, 132 A3, 136 B1
Dassburg 94 B3
Drassmarkt 94 B3
Dravagen 34 A/B3
Drávaszabolcs 128 B3
Drávasztára-Zaláta 128 B3
Drávasztára 128 B3
Draviskos 144 B1
Dravograd 127 C2
Dravograd 96 A3
Drawno 71 C1/2
Drawsko 71 C2
Drawsko Pomorskie 71 C1
Draž 129 C3
Draženov 82 B3, 92 B1
Draževac 133 D2, 134 A2
Drebkau 70 B3, 83 C/D1
Drée 103 C2
Dreetz 69 D2
Drégélypalánk 95 D2/3
Dreglin 73 C3
Drehna 70 A/B3
Dreieich-Sprendlingen 80 B3
Dreileben 69 C3
Dreis (Wittlich) 79 D3, 80 A3
Dreje 53 C2
Dren 138 B1
Drena 106 B2
Drénchia 126 A/B2
Drenovac 139 C1
Drenovci 133 C1
Drenovec 135 D3
Drenovo 139 C3, 143 C1
Drensteinfurt 67 D3
Drensteinfurt-Rinkerode 67 D3
Dresden 83 C1
Dresden 96 A1
Dreux 86 A/B1
Drevdalen 38 B1
Drevja 14 B2
Dřevohostice 95 C1
Drevsjo 33 D3
Drewen 69 D2
Drewitz 69 D3
Drezdenko 71 C2
Drezdenko 72 B3
Drežnica 130 B1
Drhovy 83 C/D3
Driebergen 66 B3
Driebes 161 C3
Driedorf 80 B2
Dries 78 B1/2
Drijber 67 C2
Drimnin 56 A1
Drimós 143 D1, 144 A1
Drinjača 133 C2
Drionville 77 D1/2
Drist 137 D2
Drivstua 33 C3, 37 D1
Drlače 133 C2
Drnholec 94 B1/2

Drniš 131 C3
Dró 106 B2
Drobak 38 A3, 44 B1
Drobeta-Turnu Severin 135 C/D2
Drobeta-Turnu Severin 140 B2
Drobin 73 C3
Drobrovo 126 A2
Drochtersen 52 B3, 68 B1
Drochtersen-Assel 52 B3, 68 B1
Drogeham 67 C1
Drogheda 58 A1/2
Drogheda 55 D2
Drogičin 73 D3, 97 D1, 98 B1
Drogobyč 97 D2, 98 A3
Drogomin 71 C2
Drögnäs 46 B3
Droisy 86 A/B1
Droitwich 59 D3, 64 A2
Drokija 99 C3
Dromara 58 A1
Dromme 30 B3
Dromod 55 C2
Dromore 56 A3, 58 A1
Dronero 112 B2
Dronfield 61 C3, 64 A/B1
Dronninglund 49 B/C1
Dronten 66 B2
Drosáton 139 D3, 143 D1, 144 A1
Drosendorf Stadt 94 A1/2
Drösing 94 B2
Drosopigi 143 C2
Drosopigi 143 B/C3
Drosselbjerg 49 C3, 53 C1
Drottningholm 47 C1
Drottningskär 51 C2
Droué 87 B/C2
Drozków 71 C3, 83 D1
Dr Petru Groza 97 D3, 140 B1
Drubravice 131 C2/3
Druento 112 B1
Druid 59 C2/3, 60 A3
Druja 74 B2/3
Drulingen 89 D1, 90 A1/2
Drumgoff 58 A2/3
Drummore 56 B3
Drummore 54 A3, 55 D2
Drusenheim 90 B2
Druten 66 B3
Druyes-les-Belles-Fontaines 88 A3
Družba 99 D1
Družba 141 C/D3
Družetići 133 D2, 134 A2
Druževo 139 D1
Drvenik 132 A3, 136 B1
Dryburgh Abbey 57 C2
Drymen 56 B1
Drynaholmen 32 A2
Drzonowo 71 D1
Dualchi 123 C2
Duas-Igrejas 159 C1
Dub 137 C2
Dub 133 C2
Dubá 83 D2
Dubac 137 C1/2
Dubci 133 D2, 134 A2/3
Duben 70 B3
Dübendorf 90 B3, 105 D1
Dubica 128 A3, 131 D1, 132 A1
Dubin 71 D3
Dublin (Baile Átha Cliath) 58 A2
Dublin (Baile Átha Cliath) 55 D2
Dublje 133 C1
Dubna 75 D2
Dub nad Moravou 95 B/C1
Dubňany 94 B1
Dubnica nad Váhom 95 C1
Dubno 95 D3
Dubno 98 B2
Dubočac 132 B1
Dubossary 141 D1
Duboštica 132 B2
Dubovac 134 B1
Dubovo 139 C1
Dubraja 131 C2
Dubrava 127 D3
Dubrava 131 D1/2, 132 A1
Dubrava 137 C1/2

Dubravčak 127 D3
Dubravica 134 B1/2
Dubrovica 98 B2
Dubrovka 74 B2
Dubrovka 99 B/C2
Dubrovník 137 C1/2
Ducaj 137 D2
Ducey 86 A2
Duchcov 83 C2
Ducherow 70 B1
Duči 73 D1
Duclair 77 C3
Dudar 95 C3, 128 B1
Duddington 64 B2
Dudelange 79 D3
Dudeldorf 79 D3, 80 A3
Duderstadt 81 D1
Duderstadt-Mingerode 81 D1
Dudesti Vechi 129 D2
Dudingen 104 B1
Dudley 59 D3, 64 A2
Dueñas 152 B3
Duerne 103 C3
Dueso 152 A1
Duesund 36 A3
Dueville 107 C3
Duffel 79 B/C1
Duffield 61 C3, 64 A1
Duga Poljana 133 D3, 134 A3, 138 A1
Duga Resa 127 C3
Dugenta 119 D3
Dugo Selo 127 D3
Duhovščina 75 C3
Duinbergen 78 A1
Duingen 68 B3
Duingt 104 A3
Duino-Aurisina 126 A/B3
Duisburg 79 D1, 80 A1
Duisburg-Rheinhausen 79 D1, 80 A1
Duisburg-Walsum 79 D1, 80 A1
Dukati 142 A2
Dukovany 94 A/B1
Dukštas 74 A3
Dulantzi 153 D2
Duleek 58 A2
Dulje 138 B2
Dülmen 67 D3
Dülmen-Buldern 67 D3
Dülmen-Merfeld 67 D3
Dulovo 141 C2
Dülpetorpet 38 B2
Dulverton 63 C2
Dumača 133 C/D1, 134 A1
Dumbarton 56 B2
Dumbarton 54 A/B2/3, 55 D1
Dumbrava de Sus 135 D2
Dumbria 150 A2
Dumfries 57 C3
Dumfries 54 B3
Dummer 65 C3, 76 B1
Dummer 69 C1
Dumpelfeld 80 A2
Duna 28 B2
Dunaalmás 95 C/D3
Dunafóldvár 129 C1
Dunafóldvár 96 B3
Dunaharaszti 95 D3, 129 C1
Dunajevcy 98 B3
Dunajská Streda 96 B3
Dunajská Streda 95 C3
Dunakeszi 95 D3
Dunakömlőd 129 C2
Dunapataj 129 C2
Dunaszekcsó 129 C2
Dunaszentgyörgy 129 C2
Dunaújváros 129 C1
Dunaújváros 96 B3
Dunavăţu de Jos 141 D2
Dunavci 135 D2/3
Dunbar 57 C1/2
Dunblane 56 B1
Duncombe 59 D1, 60 B2
Dundalk 58 A1
Dundalk 54 A3, 55 D2
Dundee 54 B2
Dundee 57 C1
Dundonald 56 A3
Dundrum 58 A1
Dunfermline 57 C1
Dunfermline 54 B2
Dungannon 54 A3, 55 D2

Dungarvan 55 C/D3
Dunholme 61 D3, 64 B1
Dunières 103 C3
Dunis 134 B3
Dunje 139 C3, 143 C1
Dunkel 57 C1
Dunkerque 77 D1, 78 A1
Dún Laoghaire 58 A2
Dún Laoghaire 55 D2/3
Dunleer 58 A1
Dun-le-Palestel 101 D2, 102 A2
Dunlop 56 B2
Dunmore 55 C2
Dunmurry 56 A3
Dunningen 90 B2
Dunoon 56 B1/2
Dunoon 54 A2/3, 55 D1
Duns 54 B3
Duns 57 D2
Dunshaughlin 58 A2
Dunstable 64 B2
Dunster 63 C2
Dun-sur-Auron 102 B1
Dun-sur-Meuse 89 B/C1
Dunwich 65 D2
Durakovac 138 A1
Durance 109 B/C2
Durango 153 D1
Duras 109 B/C1
Duravci 137 D2
Durban-Corbières 110 A3, 156 B1
Durbe 73 C1
Durboy 79 C2
Durcal 173 C2
Durdat-Larequille 102 B2
Durdevac 128 A2
Durdevi Stupovi 137 D1, 138 A1
Durdevića Tara 133 C3, 137 D1
Durdevo 129 D3, 134 A1
Düren 79 D2
Düren-Gürzenich 79 D2
Durfort 108 B2
Durham 57 D3, 61 C1
Durham 54 B3
Durinci 133 D2, 134 A/B2
Durmanec 127 D2
Durmanec 96 A3
Dürmentiugen 91 C2/3
Durmersheim 90 B1
Durness 54 A1
Dürnfeld 126 B1
Dürnkrut 94 B2
Dürnstein 94 A2
Durón 161 C/D2
Dürrboden [Dovos-Platz] 106 A1
Dürrenboden [Schwyz] 105 D1
Durres 137 D3, 142 A1
Durrow 55 D3
Dürrwangen 91 D1
Dursley 63 D1, 64 A3
Durston 63 C/D2
Dursunbey 149 A1
Durtal 86 A3
Duruelo de la Sierra 153 C3
Dushman 137 D2, 138 A2
Duškrava 130 B1/2
Dusina 132 B2
Dusnok 129 C2
Düsseldorf 79 D1, 80 A1
Düssnitz 70 A3
Dussoi 107 D2
Duszniki 71 D1
Dutovlje 126 B3
Duvberg 34 B3
Duved 29 C3, 34 A1/2
Duvno 131 D3, 132 A3
Duži 136 B1
Duži 137 C1
Dužica 127 D3
Dvärsätt 29 D3, 34 B2
Dverberg 9 C1
Dvor 131 C1
Dvorníky 95 C2
Dvorovi 133 C1
Dvory nad Žitavou 95 C3
Dwingeloo 67 C2
Dybbol 52 B2
Dybvad 49 B/C1
Dymchurch 77 C1
Dymer 99 C2

Dynäs — Elefthériani

Dynäs 30 B3, 35 D2
Dypfest 28 A3, 33 C1
Dyranut 37 B/C3
Dyreborg 52 B2
Dyrnesvågen 32 B1
Džanići 132 B3
Džep 139 C1
Džepčište 138 B2
Dzerzinsk 98 B1
Działdowo 73 C3
Džigolj 135 B/C3
Džurin 99 C3

E

Ea 153 D1
Éandion 147 D2
Eani 143 C2
Eardisley 63 C1
Earith 65 C2
Earls Colne 65 C2
Earlston 57 C2
Easdale 56 A1
Easington 61 D1
Easington 61 D2
Easingwold 61 D2
East Aberthaw 63 C2
Eastbourne 77 B/C1
Eastchurch 65 C3, 77 C1
East Cowes 76 B1
East Dereham 65 C1
East Grinstead 65 C3, 76 B1
East Harling 65 C2
East Kilbride 56 B2
Eastleigh 76 B1
East Linton 57 C1/2
East-Looe 62 B3
East Retford 61 C3, 64 B1
Eastry 65 C3, 76 B1
Eastwood 61 D3, 65 C1
Eaton Socon 64 B2
Eaux-Bonnes 108 B3, 154 B1/2
Eauze 108 B2
Ebbw Vale 63 C1
Ebeleben 81 D1
Ebelsbach 81 D3
Ebeltoft 49 C2/3
Ebenfurth 94 B3
Ebensee 93 C3
Ebensee 96 A3
Ebensfeld 81 D3, 82 A3
Ebenweiler 91 C3
Eberbach 81 C3, 91 C1
Ebergötzen 81 D1
Eberhardzell 91 C3
Ebermannsdorf 92 B1
Ebermannstadt 82 A3
Ebern 81 D3
Eberndorf 127 B/C2
Ebersbach 83 D1/2
Ebersbach 96 A1
Ebersbach-Musbach 91 C3
Ebersberg 92 A/B2/3
Ebersburg-Schmalnau 81 C2
Eberschwang 93 C2
Ebersdorf 68 A1
Eberstein 126 B1
Eberswalde-Finow 70 B2
Eberswalde-Finow 72 A3
Ebnat (-Kappel) [Ebnat-Kappel] 105 D1, 106 A1
Éboli 119 D3, 120 A2
Ebrach 81 D3
Ebreicbsdorf 94 B3
Ébreuil 102 B2
Ebsdorfergrund-Dreihausen 81 C2
Ebstorf 69 B/C2
Ecclefechan 57 C3, 60 A/B1
Eccleshall 59 D3, 60 B3, 64 A1
Eceabat 149 C1
Echalen 108 A3, 154 A1
Echallens [Lausanne] 104 B2
Echarren 153 D2, 154 A1/2
Echarri-Aranaz 153 D2
Échauffour 86 B1/2
Echevarría 153 D1

Eching 92 B2
Échiré 101 B/C2
Échourgnac 101 C3, 109 C1
Echt 79 D1
Echtenerbrug 66 B2
Echternach 79 D3
Echzell 81 C2
Écija 172 A1
Éčka 129 D3, 133 D1, 134 A1
Eckartsberga 82 A1
Eckental 82 A3
Eckental-Eschenau 82 A3, 92 A1
Eckernförde 52 B2
Eckerö 41 C3
Eckington 61 D3, 65 C1
Ecommoy 86 B3
Écouché 86 A1/2
Ecouen 87 D1
Écouis 77 D3, 87 C1
Écouviez 79 C3
Écs 95 C3
Écueillé 101 C1
Ed 30 B3, 35 D2
Eda 38 B3
Eda glasbruk 38 B3
Edalund Milla 46 B2
Edam 66 B2
Edane 38 B3, 45 C1
Eddelak 52 B3
Edderitz 69 D3, 82 A/B1
Eddleston 57 C2
Eddystone Lighthouse 62 B3
Ede 35 D3
Ede 29 D3, 35 C1
Ede 66 B3
Edeback 39 C3
Edefors 16 B2
Edefors 29 D3, 35 C1
Edefors Harads 16 B2
Edeköy 145 D1, 145 D3
Edelschrott 127 C1
Edelsfeld 82 A3, 92 A1
Edemissen 68 B2/3
Eden 30 A/B2, 35 D1
Edenbridge 65 C3, 76 B1
Edenkoben 90 B1
Edermünde-Besse 81 C1
Edertal 81 C1
Edertal-Gellershausen 81 C1
Edertal-Hemfurth-Edersee 81 C1
Edertal-Mehlen 81 C1
Édessa 143 C1
Édessa 148 B1
Edevik 29 C2, 34 A1
Edewecht 67 D1/2
Edinburgh 57 C2
Edinburgh 54 B2/3
Edincy 98 B3
Edincy 98 B3
Edingen 78 B2
Edipsós 147 C1
Edirne 145 D2
Edirne 141 C3
Edland 42 B1
Edlitz im Burgenland 127 D1
Edlitz Markt 94 A/B3
Édolo 106 B2
Edremit 149 D1
Edsbro 40 B3
Edsbruk 46 B3
Edsbyn 39 D1, 40 A1
Edsele 30 A3, 35 C1/2
Edshult 46 A3
Edsleskog 45 C1/2
Edsvalla 45 D1
Eefde 67 C3
Eeklo 78 B1
Eelde-Paterswolde 67 C1/2
Eemshaven 67 C1
Eferding 93 C2
Eferding 96 A2
Effeltrich 82 A3
Effiat 102 B2
Efira 146 A/B2
Efkarpia 139 D3, 143 D1, 144 A1
Eforie Sud 141 D2
Efpálion 146 B2
Efringen-Kirchen 90 A3
Eftelöt 43 D1, 44 A1

Egebjerg 49 D3, 53 D1
Egebjerg Gård 49 B/C3, 53 C1
Egeln 69 C3
Egelokke 53 C2
Egenäs 45 C1
Eger 97 C3
Egersund 52 B2
Egersund 42 A3
Egervar 128 A1
Egeskov 53 C1/2
Egestorf 68 B1/2
Egestorf-Evendorf 68 B2
Egg 91 C3
Eggan 28 A3, 33 C1/2
Eggenburg 94 A2
Eggenthal 91 D3
Eggesin 70 B1
Eggingen 90 B3
Eggkleiva 28 A3, 33 C2
Egglham 93 B/C2
Eggstätt 92 B3
Eggum 8 B2
Egham 64 B3
Eghezée 79 C2
Egina 147 D3
Egina 148 B2
Eging am See 93 C2
Eginion 143 D2
Egion 146 B2
Egion 148 B2
Egletons 102 A3
Egling 91 D2, 92 A2
Egling 92 A3
Egling-Endlhausen 92 A3
Eglisau 90 B3
Egliseneuve-d'Entraigues 102 B3
Egloffstein 82 A3
Egmond aan Zee 66 A2
Egna/Neumarkt 107 C2
Egnáza 12 C2
Egötsthena 147 C2
Egremont 57 C3, 60 A1
Égreville 87 D2
Egton 61 C/D1
Egtved 48 B3, 52 B1
Éguilly-sous-Bois 88 B2
Eguzon 101 D2, 102 A2
Egyházasrádóc 127 D1, 128 A1
Egyptinkorp 23 C1
Ehajärvi 26 B2
Ehekirchen 92 A2
Ehingen 91 C/2
Ehningen 91 B/C2
Ehra-Lessien 69 C2
Ehrenberg 81 D2
Ehrenburg 68 A2
Ehrenburg-Schweringhausen 68 A2
Ehrenfrierdersdorf 82 B2
Ehrenhain 82 B2
Ehrenhausen 127 C1/2
Ehrenkirchen-Kirchhofen 90 A3
Ehringshauser 80 B2
Ehrwald 91 D3
Ehtamo 24 B2
Eibar 153 D1
Eibau 83 D1/2
Eibenstock 82 B2
Eibergen 67 C3
Eibesbrunn 94 B2
Eibiswald 127 C1/2
Eibiswald 96 A3
Eichelsachsen 81 C2
Eichenberg 81 D2
Eichenbrunn 94 B2
Eichendorf 92 B2
Eichendorf-Kröhstorf 92 B2
Eichenzell 81 C2
Eichholz 83 C1
Eichow 70 B3
Eichstätt 92 A1/2
Eichstetten 90 A2/3
Eichwalde 70 A2/3
Eich (Worms) 80 B3
Eicklingen 68 B2
Eid 32 A2/3
Eidbuktå 14 B2
Eide 42 A/B3
Eide 32 A2
Eidem 14 A3
Eidet 28 A3, 33 C2
Eidet 125 D2
Eidfjord 36 B3

Eidhaugen 14 B2
Eidi 55 C1
Eidkjosen 4 A3
Eidsborg 43 C1/2
Eidsbotn 36 A3
Eidsbugarden 37 C2
Eidsdal 32 A3, 36 B1
Eidsfjord 8 B2
Eidsfoss 43 D1, 44 A1
Eidshaug 28 B1
Eidslandet 36 A3
Eidsøra 32 B2
Eidssund 42 A2
Eidstå 43 C2
Eidsvåg 32 B2
Eidsvoll 38 A2/3
Eidsvoll verk 38 A2/3
Eidvågeid 5 C1/2
Eigeltingen 91 B/C3
Eikanger 36 A3
Eikefjord 36 A2
Eiken 42 B3
Eikenes 36 A2
Eiksund 36 A/B1
Eilenburg 82 B1
Eimissjärvi 23 D3
Eimke 68 B2
Eina 38 A2
Einbeck 68 B3
Einbeck-Salzderhelden 68 B3
Einbeck-Wenzen 68 B3
Eindhoven 79 C1
Eines 28 B3, 33 D1
Einsiedeln 105 D1
Einvika 28 A/B2
Einville-au-Jard 89 D2
Eisdorf 68 B3
Eiselfing 92 B2/3
Eisenach 81 D1/2
Eisenbach-Schollach 90 B3
Eisenberg 80 B3, 90 B1
Eisenberg 82 A/B1/2
Eisenerz 93 D3
Eisenerz 96 A3
Eisenhüttenstadt 72 A3, 96 A1
Eisenhüttenstadt 70 B3
Eisenkappel 126 B2
Eisenkappel 96 A3
Eisenstadt 96 B3
Eisenstadt 94 B3
Eisfeld 81 D2, 82 A2
Eisgarn 93 D1/2
Eisleben 82 A1
Eisleben-Helfta 82 A1
Eislingen 91 C2
Eisriesenwelt 93 C3
Eitensheim 92 A2
Eiteråga 14 B2
Eiterelvmoen 9 C/D2
Eiterfeld 81 C2
Eitorf 80 A2
Eivik 14 B1
Eixo 158 A2
Eizeringen 78 B2
Ejby 52 B1
Ejea de los Caballeros 155 C3
Ejheden 39 D1
Ejsing 48 A2
Ejstrup 48 B3
Ejulve 162 B2
Ekäli 147 D2
Ekängen 46 B2
Ekeberg 45 D3
Ekeby 40 B3
Ekeby 50 A3
Ekebyholm 40 B3
Ekedalen 45 D3
Ekenäs 45 D2
Ekenässjön 46 A3, 51 C1
Ekenäs/Tammisaari 24 B3
Ekeren 78 B1
Ekerö 47 C1
Eketånga 49 D2, 50 A2
Ekfors 17 C/D2
Ekkeröy 7 C/D2
Eknäs 24 B3
Ekne 28 B3, 33 D1
Ekölsund 40 B3, 47 C1
Ekora 153 D2
Ekorsele 31 C1
Ekorrsjö 31 C1
Ekorrträsk 31 C1
Ekra 32 B3, 37 C1
Ekshärad 39 C3

Eksingedal 36 A3
Eksjö 46 A3
Eksjö 72 A/B1
Ekträsk 31 C1
El Abalario 171 C2
Elámpisto 18 B1
El Álamo 160 B3
El Alcornocal 166 B3
El Almendro 171 B/C1
El Almicerán 167 D3, 168 A3, 173 D1
El Alquián 173 D2
Elämäjärvi 21 D1/2, 22 A1/2
Elanec 99 D3
Elantxobe 153 D1
El Arahal 171 D2, 172 A2
El Arenal 157 C2
El Arenal 160 A3
Elassón 143 D3
Elassón 148 B1
Elateia 147 C1
Eláti 143 C3
Elátia 147 C1
Elatia 143 D3
Elatochórion 142 B3
El Ballestero 168 A/B2
El Barco de Ávila 159 D2/3
Elbasán 138 A3, 142 A1
El Berrón 151 D1, 152 A1
El Berrueco 161 C2
Elbeuf 77 C3, 86 B1
Elbingerode 69 C3
Elbiąg (Elbing) 73 C2
El Bodón 159 C2
El Bohodón 160 A2
El Bonillo 168 A2
El Bosque 172 A2
El Bruc 156 A3, 163 D1
El Brull 156 A2/3
Elburg 66 B2
El Burgo 172 A2
El Burgo de Ebro 154 B3, 162 B1
El Burgo de Osma 153 C3, 161 C1
El Burgo Ranero 152 A2
El Buste 154 A3
El Cabaco 159 D2
El Cabo de Gata 173 D2, 174 A2
El Campillo 160 A1
El Campillo 166 B1
El Campo 166 A2
El Campo de Peñaranda 160 A2
El Cañavate 168 B1
El Cardoso de la Sierra 161 C2
El Carpio 167 C3, 172 B1
El Carpio de Tajo 160 B3, 167 C1
El Casar de Talamanca 161 C2
El Casar de Escalona 160 B3
El Castellar 162 B2/3
El Castillo de las Guardas 171 D1
El Centenillo 167 C3
El Cerro de Andévalo 171 C1
Elche 169 C3
Elche de la Sierra 168 B2/3
Elcili 145 D3
Elcóaz 155 C2
El Collado 162 A/B3, 169 C1
El Collado 153 D3
El Colmenar 172 A3
El Coronil 171 D2
El Cubillo 161 C2
El Cubo de Don Sancho 159 C2
El Cubo de Tierra del Vino 159 D1
El Cuervo 171 D2
El Cuervo 163 C3
Elda 169 C2/3
Eldagsen 68 B3
Eldasosen 36 B2
Eldena 69 C1
Eldforsen 39 C2
Eléa 146 B3
Elefsis 147 D2
Elefsis 148 B2
Elefthériani 146 B1/2

Elefthérion — Érize-la-Petite

Elefthérion 143 D3
Eleftherochórion 143 C2
Eléftheron 142 B2
Eleftherοúpolis 144 B1
Eleja 73 D1, 74 A2
El Ejido 173 D2
Elektrénaі 73 D2, 74 A3
Elemir 129 D3
Elema 141 C3
Elenheimen 5 C1/2
Eleochória 144 A2
Eleoúsa 142 B3
El Escorial 160 B2
El Espinar 160 B2
El Estanyol 157 D2
Eleutherai 147 D2
El Formigal 154 B2
El Frago 154 B2
El Franco 151 C1
El Frasno 154 A3, 162 A1
Elgå 33 D3
Elgå 33 D3
El Garrobo 171 D1
El Gastor 172 A2
Elgeta 153 D1
Elgin 54 B2
Elgoibar 153 D1
El Gordo 160 A3, 166 B1
Elgormaga 108 A3, 154 A1
El Grado 155 C2/3
El Granado 170 B1
El Grao 169 D1
El Grao de Gandía 169 D2
Elgsnes 9 C1
El Herradón 160 B2
El Herrumblar 168 B1
El Higueral 172 B2
El Hito 161 C/D3, 168 A1
El Horcajo 167 C2/3
El Hornillo 160 A3
Elhovo 141 C3
El Hoyo 167 C3
El Hoyo de Pinares 160 B2
Ellaen 38 B1
Elie 57 C1
Elijärvi 17 D2/3, 18 A1
Elimäenkylä 21 C/D3
Elimäki 26 B2
Elie Pelin 140 B3
Elis 146 A2
Elisejna 139 D1
Elizondo 108 A3, 154 A1
Eljaröd 50 B3
Elk (Lyck) 73 D2/3
Elland 59 D2, 61 C2
Ellefsplass 33 D3
Ellenberg 91 D1
Ellesmere 59 D2/3, 60 B3
Ellesmere Port 59 D2, 60 B3
Elling 49 C1
Ellingen 91 D1, 92 A1
Ellinikón 147 D2
Ellmau 92 B3
Ellós 44 B3
El Losar 159 D2/3
Ellrich 81 D1
Ellwangen 91 D1
Ellwangen-Rindelbach 91 D1
Ellzee 91 D2
El Maderal 159 D1
El Madroño 171 C1
El Maíllo 159 D2
El Masnou 156 A3
El Masroig 163 C1/2
Elmelunde 53 D2
El Molar 161 C2
El Molinillo 167 C1
El Moral 168 B3, 173 D1, 174 A1
El Moralico 168 A2/3
Elmshorn 52 B3, 68 B1
Elmstein 90 B1
El Musel 151 D1, 152 A1
Elne 156 B1/2
Enesvägen 32 A2
Elorrio 153 D1
Elorz 154 A2
Élőszállás 129 C1
El Palmar 169 D3
El Palmar 169 D1/2
El Palo 172 B2
El Payo 159 C3
El Pedernoso 168 A1
El Pedroso 166 A3, 171 D1

El Pedroso de la Armuña 159 D2, 160 A2
El Peral 168 B1
El Perello 163 C2
El Perellό 169 D1/2
El Picazo 168 B1
El Piñero 159 D1
El Pla de Cabra 163 C1
El Plantío 160 B2
El Pobo 162 B2
El Pobo de Dueñas 162 A2
El Pont d'Armentera 163 C1
El Portal 171 D2/3
El Port de la Selva 156 B2
El Portil 171 C2
El Poyo 163 C2
El Pozuelo 171 C1
El Prat de Llobregat 156 A3
El Provencio 168 A1
El Puente del Arzobispo 160 A3, 166 B1
El Puerto de Santa María 171 D2/3
El Quintanar 153 C/D3
El Raposo 165 D3, 166 A3
El Rasillo 153 D3
El Real de la Jara 165 D3, 166 A3, 171 D1
El Real de San Vicente 160 A3
El Recuenco 161 D2
El Redal 153 D2
El Rocío 171 C2
El Rompido 171 C2
El Ronquillo 171 D1
El Royo 153 D3
El Rubio 172 A2
El Sabinar 168 B3
El Saler 169 D1
El Salobral 168 B2
El Saucejo 172 A2
Elsdorf 79 D2, 80 A2
Elsegårde 49 C2/3
Elsenborn 79 D2
Elsenfeld 81 C3
El Serrat 155 D2, 156 A1/2
Elsfjord 14 B2
Elsfleth 68 A1
Elsfleth-Moorriem 67 D1, 68 A1
Elsho 38 B1
Elsloo 67 C2
El Solerás 163 C1
Elspe-Cobbenrode 80 B1
Elspeet 66 B3
Els Prats de Rei 155 D3, 156 A3, 163 D1
Elsrud 37 D3
Elst 66 B3
Elster 70 A3
Elsterberg 82 B2
Elsterwerda 83 C1
Els Torms 163 C1
Elstra 83 C1
Eltdalen 38 B1
El Tejar 172 B2
Eltendorf 127 D1
El Tiemblo 160 B2
El Toboso 167 D1, 168 A1
El Tormillo 155 C3
El Torno 159 D3
El Toro 162 B3
El Tosalet 169 D2
El Tranco 168 A3
Eltrαvåg 42 A1
Eltville am Rhein 80 B3
Eltziego 153 D2
El'uja 75 C3
Elva 74 A1
Elva 112 B1/2
Elvanfoot 57 C2
Elvas 165 C2
Elvásen 28 B1
Elvdal 38 B1
Elve 42 B3
Elvebakken 6 B1
Elvekrok 6 B1
Elven 85 C3
El Vendrell 156 A3, 163 D1
Elvenes 7 C/D2
Elveng 28 A3, 33 C1
Elverum 38 A/B2
Elveseter 37 C2
Elvestad 38 A3, 44 B1
Elvevollen 4 A/B3, 10 A1
El Villar 167 C2
El Villar de Arnedo 153 D2

El Vilosell 163 D1
El Viso 169 D1/2
El Viso 166 B2/3
El Viso del Alcor 171 D1/2
Elvran 28 B3, 33 D1
Elxleben 81 D2, 82 A2
Elxleben 81 D1, 82 A1
Ely 65 C2
Elz 80 B2
Elzach 90 B2
Elzach-Prechtal 90 B2
Elze 68 B3
Emådalen 39 D1
Embesós 146 A1
Embid 162 A2
Embid de Ariza 161 D1
Embid de la Ribera 154 A3, 162 A1
Embleton 57 D2
Emborion 149 C3
Embrun 112 A1/2
Embún 154 B2
Emden 67 C/D1
Emersacker 91 D2
Emkarby 41 C3
Emkendorf 52 B3
Emlichheim 67 C2
Emmaboda 51 C2
Emmaboda 72 B1
Emmaljunga 50 B2
Emmeloord 66 B2
Emmelshausen 80 A3
Emmen 105 C1
Emmen 67 C2
Emmenbrücke 105 C1
Emmendingen 90 A/B2
Emmer-Compascuum 67 C2
Emmerich 67 C3
Emmerich-Elten 67 C3
Emmersdorf an der Donau 94 A2
Emmerthal 68 B3
Emmerthal-Emmern 68 B3
Emmerthal-Grohnde 68 B3
Emmerting 92 B2
Emolahti 21 D1, 22 A1
Emospohjα 21 D2, 22 A2
Empo 24 B3
Empoli 114 B2, 116 A2
Emptinne 79 C2
Emsbüren 67 D2
Emsbüren-Elbergen 67 D2
Emsdetten 67 D3
Emsfors 51 D1
Emskirchen 81 D3, 91 D1
Emstai 81 C1
Emstek 67 D2, 68 A2
Emsworth 76 A/B1
Ena 154 B2
Enafors 28 B3, 33 D2, 34 A2
Enånger 40 A/B1
Enanlahti 27 D1
Enare 6 B3
Enarsvedjan 29 C/D3, 34 B1
Enäsen 35 C3
Encamp 155 D2, 156 A2
Encausse-les-Thermes 109 C3, 155 C1
Encinacorba 163 C1
Encinas de Abajo 159 D2, 160 A2
Encinasola 165 C/D3
Encinas Reales 172 B2
Encío 153 C2
Enciso 153 D3
Endalsetra 33 C2
Endelave By 49 B/C3, 53 B/C1
Enden 37 D1/2, 38 A1
Enden 37 C1
Endine 106 A/B3
Endingen 90 A2
Endorf 92 B3
Endre 47 D3
Endresplass 14 B3, 29 C1
Endrinal 159 D2
Enebakk 38 A3, 44 B1
Enebakkneset 38 A3
Eneby 46 B3
Eneriz 154 A2
Enese 95 C3
Enez 145 D1/2
Enez 149 C1
Enfield 65 C3

Engan 14 A2
Engdal 32 B2
Engelberg 105 C1
Engelhartszell 93 C2
Engelhartszell 96 A2
Engelia 37 D3, 38 A2
Engeln 68 A2
Engelskirchen 80 A1/2
Engelskirchen-Runderoth 80 A1/2
Engelsviken 44 B1
Engen 90 B3
Engen-Talmühle 90 B3
Enger 68 A3
Engerda 82 A2
Engerdal 38 B1
Engerdalssetra 33 D3
Engerneset 38 B1
Enghien (Edingen) 78 B2
Engjαn 32 B2
Englefontaine 78 B2
Engstingen-Grossengstingen 91 C2
Enguera 169 C2
Enguidanos 162 A3, 168 B1
Enjuik 4 A2
Enix 173 D2
Enkenbach-Alsenborn 80 B3, 90 B1
Enkhuizen 66 B2
Enkirch 80 A3
Enklinge 24 A3, 41 D2
Enköping 40 A/B3, 47 C1
Enmoer 33 C2
Enna 125 C2
Ennepetal 80 A1
Ennezat 102 B2
Ennigerloh 67 D3
Ennigerloh-Enniger 67 D3
Ennigerloh-Westkirchen 67 D3
Enningdal 44 B2
Ennis 55 C3
Enniscorthy 55 D3
Enniskean 55 C3
Enniskerry 58 A2
Enniskillen 54 A3, 55 C/D2
Ennistimon 55 C3
Enns 96 A2/3
Enns 93 D2
Eno 23 D2
Enokunta 25 C1
Enonekio 11 C2, 12 A1
Enonkoski 23 C3
Enonkylä 18 B3
Enontahti 26 B1
Enontekiö/Hetta 11 C2, 12 A1
Ens 66 B2
Enschede 67 C3
Enscorf 92 A/B1
Ensisheim 89 D2/3, 90 A3
Enskogen 35 C3
Enstaberga 47 C2
Enter 67 C3
Entlebuch 105 C1
Entrácque 112 B2
Entradas 164 B3, 170 B1
Entraigues 111 D1, 112 A1
Entrains-sur-Nohain 88 A3
Entrambasmestas 152 B1
Entraunes 112 B2
Entraygues-sur-Truyère 110 A1
Entrechaux 111 D2
Entrena 153 D2
Entre-os-Rios 158 A2
Entrevaux 112 B2
Entrèves 104 B3
Entrimo 150 B3
Entrín Bajo 165 D2
Entroncamento 164 B1
Entzheim 90 A2
Envendos 164 B1
Envermeu 76 B2/3
Enviken 39 D2, 40 A2
Enying 128 B1
Enzersdorf im Thale 94 B2
Enzinger Boden 107 D1, 126 A1
Enzklösterle 90 B2
Eossziα 113 D3
Épaignes 77 C3, 86 B1
Épannes 100 B2
Epanomí 143 D2, 144 A2
Epanomí 148 B1

Epároz 155 C2
Epe 67 B/C2/3
Épernay 88 A1
Épernoη 87 C2
Epfig 90 A2
Ephesos 149 D2
Epidamnus 137 D3, 142 A1
Epidauros (Hieron Asklepiou) 147 C3
Epidauros (Hieron Asklepiou) 148 B2
Epidaurum 137 C2
Epiere 104 A3
Épila 155 C3, 163 C1
Épinal 89 D2
Episcopía 120 B3, 122 A1
Episkepsis 142 A3
Episkopí 147 D3
Epitálion 146 A/B3
Époisses 88 A/B3
Epoo/Ebbo 25 D3, 26 A3
Épouville 77 B/C3
Eppelborn 90 A1
Eppelheim 90 B1
Eppenbrunn 90 A1
Eppendorf 83 C2
Epping 65 C3
Eppingen 91 B/C1
Eppingen-Richen 91 B/C1
Eppishausen-Morgen 91 D2
Épreville 77 C3
Eptachórion 142 B2
Eptálofos 147 C1/2
Epworth 61 C2/3
Eques 154 A2
Equi Terme 114 A2, 116 A1
Eracléa 107 D3, 126 A3
Eraclea Mare 107 D3, 126 A3
Eraclea Minoa 124 B2/3
Erajärvi 25 C1
Erajärvi 27 C1
Érasminon 145 C1
Eratini 146 B2
Eratinón 145 C1
Erátira 143 C2
Erba 105 D3, 106 A3
Erbach 81 C3
Erbach 91 C2
Erbach-Ebersberg 81 C3
Erbalunga 113 D2
Erbendorf 82 B3
Erbendorf-Grötschenreuth 82 B3
Ercc 155 C2
Ercheu 78 A3
Erchie 121 D3
Ercolano 119 D3
Ercsi 129 C1
Ercsi 96 B3
Erd 96 B3
Erd 95 D3, 129 C1
Erdek 149 D1
Erdevik 133 C1
Erding 92 A/B2
Erding-Langengeisling 92 A/B2
Erdut 129 C3
Éréac 85 C2
Eremo del Cárceri 115 D3, 117 C2
Eresfjord 32 B2
Eretría 147 D2
Eretrία 147 D2
Erezie 79 C2
Erfde 52 B3
Erftstadt 79 D2, 80 A2
Erfurt 81 D1/2, 82 A1/2
Ergersheim-Ermetzhofen 81 D3, 91 D1
Ergersheim-Neuherberg 81 D3, 91 D1
Ergli 73 D1, 74 A2
Ergolding 92 B2
Ergoldsbach 92 B2
Ericeira 164 A2
Eriksberg 46 B2
Eriksbu 43 C/D1
Erikslund 35 C3
Eriksmåla 51 C2
Eriksvik 47 D1
Erimanthos Óros 146 B2
Eringsboda 51 C2
Erithraí 147 C/D2
Érize-la-Petite 89 B/C1

Erkelenz

Erkelenz 79 D1
Erkheim 91 D3
Erkner 70 A/B2/3
Erkrath 80 A1
Erla 154 B3
Erlangen 82 A3
Erlau 81 D2
Erlenbach(am Main) 81 C3
Erlensee 81 C3
Erli 113 C2
Erlsbach 107 D1
Ermelo 66 B2/3
Ermenoville 87 D1
Ermidas 164 B3, 170 A1
Ermión 147 C/D3
Ermióni 148 B2
Ermoúpolis 149 C2
Ermsleben 69 C3
Ermua 153 D1
Erndtebrück 80 B1/2
Ernée 85 D2, 86 A2
Ernestinovo 129 B/C3
Ernsgaden 92 A2
Ernstbrunn 94 B2
Eroles 155 C/D2/3
Erolzheim 91 D2/3
Erpfendorf 92 B3
Erquy 85 C1/2
Erra 164 B2
Errazu 108 A3, 154 A1
Erenteria 153 D1, 154 A1
Errezil 153 D1
Errindlev 53 C/D2
Erro 108 A3, 154 A1/2
Erseke 142 B2
Ersekè 148 A1
Érsekvadkert 95 D3
Ershausen 81 D1
Ersmark 31 D1
Ersnäs 17 C3
Erstein 90 A2
Erstfeld 105 D1
Ersvik 14 B1
Ertebølle 48 B2
Ertenvåg 14 B1
Ertingen 91 C2/3
Erto 107 D2
Ertsjärv 17 C1/2
Ervalla 46 A/B1
Ervas Tenras 159 B/C2
Ervasti 19 C2
Ervedal 158 B2/3
Ervedal 164 B2
Ervedosa 158 B1/2
Ervenik 131 C2
Ervidel 164 B3, 170 B1
Ervik 36 A1
Ervik 32 B2
Ervilliers 78 A2
Ervy-le-Châtel 88 A2
Erwitte 80 B1
Erwitte-Bad Westernkotten 68 A3, 80 B1
Erxleben 69 C3
Esbjerg 48 A3, 52 A1
Escalada 153 B/C2
Escalaplano 123 D3
Escalhão 159 C2
Escaló 155 C2
Escalona 160 B3
Escalonilla 160 B3, 167 C1
Escalos de Baixo 158 B3, 165 C1
Escalos de Cima 158 B3, 165 C1
Escamilla 161 D2
Es Canà 157 D3
Escañuela 167 C3, 172 B1
Escarabajosa 160 B3
Escariche 161 C2
Escároz 154 A/B2
Escarrilla 154 B2
Escatrón 162 B1
Eschach 91 C3
Eschau 81 C3
Eschede 68 B2
Eschede-Starkshorn 68 B2
Eschede-Weyhausen 68 B2
Eschenbach in der Oberpfalz 82 A3
Eschenburg-Eibelshausen 80 B2
Eschenlohe 92 A3
Eschershausen 68 B3
Esch-sur-Alzette 79 D3
Esch-sur-Sûre 79 D3
Eschwege 81 D1

Eschweiler 79 D2
Escó 154 B2
Escobosa de Almazán 161 D1
Escombreras 174 B1
Escos 108 A3, 154 B1
Escosse 109 D3, 155 D1, 156 A1
Escource 108 A2
Es Cubells 169 D2
Escucha 162 B2
Escúllar 173 D2
Escurial 166 A2
Escurial de la Sierra 159 D2
Esens 67 D1
Esens-Bensersiel 67 D1
Esfiliana 173 C2
Esgos 150 B2
Esgueira 158 A2
Esher 64 B3, 76 B1
Eskdale 59 C1, 60 A1/2
Eskeland 42 A1
Eskelinkoski 22 B2
Eskiköy 145 D3
Eskilsäter 45 C/D2
Eskilstrup 53 D2
Eskilstuna 46 B1
Eskola 21 C1
Eskon 40 B2
Eskoriatzа 153 D1/2
Eslarn 82 B3, 92 B1
Eslava 154 A2
Eslida 162 B3, 169 D1
Eslohe 80 B1
Eslohe-Reiste 80 B1
Eslöv 50 B3
Eslöv 72 A1/2
Esnandes 100 B2
Espadaña 159 C2
Espalion 110 A1
Esparragal 172 B1
Esparragalejo 165 D2
Esparragosa de Caudillo 166 B2
Esparragosa de la Serena 166 A2
Esparreguera 156 A3
Esparron 111 D3, 112 A3
Espeja 159 C2
Espejo 153 C2
Espejo 172 B1
Espejón 153 C3, 161 C1
Espeland 36 A3
Espelette 108 A3, 154 A1
Espelkamp 68 A2/3
Espelúy 167 C3, 173 C1
Espera 171 D2
Esperaza 110 A3, 156 A1
Espergærde 49 D3, 50 A2/3
Espéria 119 C2
Esperstoft 52 B2
Espiel 166 B3
Espierba 155 C2
Espinama 152 A/B1
Espinhal 158 A3
Espinho 158 A2
Espinilla 152 B1/2
Espinosa de Cerrato 152 B3
Espinosa de Cervera 153 C3
Espinosa de Villagonzalo 152 B2
Espinosa de Henares 161 C2
Espinosa de los Monteros 153 C1
Espinoso del Rey 160 A3, 166 B1
Espirito Santo 170 B1
Esplantas 110 B1
Esplegares 161 D2
Esplús 155 C3, 163 C1
Espolla 156 B2
Espondeilhan 110 B3
Esponellà 156 B2
Espoo/Esbo 25 C3
Esporles 157 C2
Esposende 150 A3, 158 A1
Espot 155 D2
Esprels 89 D3
Espronceda 153 D2
Es Pujols 157 D3
Esquedas 154 B2
Esquivias 160 B3
Estrange 10 B3
Essai 86 B2
Esse (Ahtäva) 20 B1

Essen 80 A1
Essen 78 B1
Essen-Kettwig 80 A1
Esserteaux 77 D3
Essertenne-et-Cecey 89 C3
Essing 92 A1
Essingen 91 C/D2
Esslingen 91 C2
Essômes-sur-Marne 88 A1
Essoyes 88 B2
Essvik 35 D3
Estació d'Amposta 163 C2
Estada 155 C3
Estadilla 155 C3
Estagel 156 B1
Estaing 110 A1
Estaires 78 A2
Estallenchs 157 C2
Estang 108 B2
Estavayer-le-Lac 104 B1
Este 107 C3
Estebanvela 161 C1
Estela 158 A1
Estella 153 D2, 154 A2
Estensvoll 33 C3, 37 D1
Estepa 172 A2
Estépar 152 B2/3
Estepona 172 A3
Esterasa de Medina 161 D1/2
Estercuel 162 B2
Estérençuby 108 B3, 155 C1
Esternay 88 A1
Esterri d'Àneu 155 C2
Estertal-Bösingfeld 68 A3
Esterwegen 67 D2
Esterzili 123 D2
Esthal 90 B1
Estibella 162 B3, 169 D1
Estiche 155 C3, 163 C1
Estissac 88 A2
Estivareilies 102 B2
Estói 170 B2
Estômbar 170 A2
Estopiñán 155 C3
Estorf 68 A/B1
Estoril 164 A2
Estorninos 159 C3, 165 C1
Estrées-Saint-Denis 78 A3
Estreito 158 B3, 164 B1
Estremera 161 C3
Estremoz 165 C2
Estriégana 161 D2
Estuna 41 C3
Estvad 48 A/B2
Esztergom 95 D3
Esztergom 96 B3
Étables 101 C1
Étables-sur-Mer 85 C1/2
Étagnac 101 D2
Étain 89 C1
Étais-la Sauvin 88 B3
Étalle 79 C3
Étampes 87 C2
Étang-sur-Arroux 103 C1
Étaples 77 D2
Étaules 100 B3
Étauliers 100 B3
Étel 84 B3
Ételäinen 25 C2
Etelälahti 18 A3, 21 D1, 22 A1
Ételanoa 24 A1
Etelä-Vartsala 24 A2, 41 D2
Etelhem 47 D3
Étival-Clairefontaine 89 D2, 90 A2
Etnedal 37 D2/3
Etnesjøen 42 A1
Étoges 88 A1
Etolikón 146 A2
Eton 64 B3
Étréaupont 78 B3
Étréchy 87 C/D2
Étrépagny 77 D3, 87 C1
Étretat 77 B/C3
Etropole 140 B3
Étroubles 104 B3
Ettal 92 A3
Ettelbrück 79 D3
Ettenheim 90 A/B2
Etten-Leur 79 C1
Ettenstatt 91 D1, 92 A1
Ettington 64 A2
Ettlingen 90 B1
Ettringen 91 D2

Étuz 89 C3, 104 A1
Etxebarri 153 D1
Etxebarri 110 A3, 156 B1
Etyek 95 D3, 129 C1
Etzenricht 82 B3
Eu 77 C/D2
Euerdorf 81 D3
Eugénie-les-Bains 108 B2
Eügenikon 145 D3
Eugmon 20 B1
Eugui 108 A3, 154 A1/2
Eulate 153 D2
Eupen 79 D2
Eura 24 B2
Eurajoki 24 A1/2
Eurasburg 92 A2
Eursinge 67 C2
Euskirchen 79 D2, 80 A2
Eutin 53 C3
Eutresis 147 C2
Evajärvi 25 C1, 26 A1
Evanger 36 A/B2
Évaux-les-Bains 102 A/B2
Evenesdal 15 C1
Evenos 11 D3, 112 A3
Ëvenskjer 9 C2
Evenstad 38 A1
Evergem 78 B1
Evermov 83 C3
Everöd 50 B3
Everswinkel 67 D3
Evertsberg 39 C1/2
Evesham 63 D1, 64 A2
Évians-les-Bains 104 B2
Evijärvi 21 C2
Evinochórion 146 B2
Évinos 146 B2
Évisa 113 D3
Evitskog 25 C3
Evje 43 C3
Evjen 14 B1
Évolène [Sion] 105 C2
Evora 164 B2
Évora de Alcobaça 164 A1
Evoramonte 165 C2
Évran 85 C2
Évrange 79 D3
Évrecy 86 A1
Évreux 86 B1
Évron 86 A2
Évropos 139 C3, 143 C/D1
Évrostina 147 B/C2
Évry 87 D2
Évzoni 139 C/D3, 143 D1
Ewijk 66 B3
Exaplátanos 143 C/D1
Exarhánes 145 C1
Exarchos 147 C1/2
Excideuil 101 D3
Exeter 63 C2/3
Exmes 86 B1
Exmouth 63 C3
Exochi 144 B1
Extertal 68 A3
Extremo 150 A3
Eydehamn 43 C3
Eye 65 C2
Eye 65 B/C1/2
Eyemouth 57 D2
Eyguians 111 D2, 112 A2
Eyguières 111 C/D2
Eygurande 102 A3
Eygurande-et-Gardefeuil 101 C3, 108 B1
Eylie 155 D2
Eymet 109 C1
Eymoutiers 102 A3
Eysteinkyrkja 33 C3, 37 D1
Eystrup 68 A/B2
Ézaro 150 A2
Ezcaray 153 C2
Ezcurra 154 A1
Ezeris 135 C1
Ezerišče 74 B2/3
Ezine 149 C1

F

Fabara 163 C1/2
Fabas 109 C3, 155 D1
Fåberg 37 D2, 38 A1
Fåbergstølen 36 B2
Fabero 151 C2

Fallingbostel

Fabian 155 C2
Fåbödliden 30 B1
Fåborg 53 B/C2
Fabrégues 110 B3
Fabrezan 110 A3, 156 B1
Fabriano 115 D3, 117 C2
Fabrizia 122 A/B3
Facha 150 A3, 158 A1
Facheca 169 D2
Facinas 171 D3
Facture 108 A1
Fadagosa 165 C1
Fadd 129 C2
Faédis 126 A2
Faenza 115 C2, 116 B1
Faeto 120 A1/2
Fafe 158 A/B1
Fågåras 140 B1
Fågelberget 29 D2
Fågelfors 51 C/D1
Fågelmara 51 D2
Fågelsjö 39 D1
Fågelsta 46 A2
Fågelsundet 40 B2
Fågelvik 47 B/C3
Fagerhaug 33 C2
Fagerhoi 37 D2
Fagerholt 44 B1/2
Fagerhult 44 B2
Fagerhult 51 C1
Fagernæs 4 A3
Fagernes 37 D2/3
Fagersanna 45 D2, 46 A2
Fagersta 39 D3, 40 A3
Fagerstrand 38 A3, 44 B1
Fagervik 25 C3
Fagervika 14 A2
Fåget 140 A/B1
Fåggeby 39 D2, 40 A2
Fåglavik 45 C/D3
Fagnano Castello 122 A1
Fago 154 B2
Fahrenhorst 68 A2
Fahrenzhausen-Grossno-bach 92 A2
Fahrland 70 A2
Fahy [Porrentruy] 89 D3, 90 A3
Faia 158 B1
Fai della Paganella 107 B/C2
Faido 105 D2
Faimes 79 C2
Fairford 64 A3
Fairlie 56 B2
Faissault 78 B3
Fajão 158 B3
Fakenham 65 C1
Fåker 34 B2
Fakovići 133 C2
Fakse 53 D1
Fakse Ladeplads 53 D1/2
Falaise 86 A1
Falaise d'Aval 76 B3
Fålasjo 30 B3, 35 D2
Falcade 107 C2
Falces 154 A2
Falconara Marittima 115 D3, 117 D2
Falcone 125 D1/2
Falelde 32 A3, 36 B1
Falerna 122 A2
Falerum 46 B3
Falešty 99 C3
Falešty 141 C1
Faliráktion 149 D3
Falkenberg 72 A1
Falkenberg 82 B3
Falkenberg 49 D2, 50 A1
Falkenberg 92 B2
Falkenberg 83 C1
Falkenhagen 69 D1/2
Falkenhain 82 B1
Falkenrehde 70 A2
Falkensee 70 A2
Falkenstein 82 B2
Falkenstein 92 B1
Falkenthal 70 A2
Falkirk 57 B/C1/2
Falkland 57 C1
Falköping 45 D3
Fall 37 D3, 38 A2
Fallet 34 A/B3
Fallfors 20 A1, 31 D2
Fallfors 16 B3
Fallingbostel 68 B2

Fallingbostel-Dorfmark — Fjell

Fallingbostel-Dorfmark 68 B2
Fallkai 30 B2, 35 D1
Fallkai 30 B2, 35 D1
Fallsvikshamnen 30 B3
Falltorp 38 B2
Falmouth 62 B3
Falset 163 C/D1/2
Falstone 57 C/D2/3
Fålticeni 141 C1
Fältjägarstugan 34 A2
Falträsk 31 B/C1
Falun 39 D2
Fana 36 A3
Fanano 114 B2, 116 A1
Fanári 147 C/D3
Fanárion 143 C3
Fanárion 145 C1
Fanefjord Kirke 53 D2
Fangel 53 C1
Fanghetto 112 B2
Fanjeaux 109 D3, 156 A1
Fankel 80 A3
Fanrem (Orkanger) 28 A3, 33 C2
Fano 115 D2, 117 C/D1
Fano Vesterhavsbad 52 A1
Fantoft 36 A3
Fanzara 162 B3
Fão 150 A3, 158 A1
Fara 127 C3
Faråd 95 B/C3
Fara in Sabina 118 B1
Faraján 172 A2/3
Faramontanos de Tábara 151 D3, 159 D1
Fara Novarese 105 C/D3
Fara San Martino 119 C/D1/2
Farasduës 164 B2
Färbo 51 D1
Färbo 72 B1
Farchant 92 A3
Farcheville 87 D2
Fardella 120 B3
Færder 44 B1/2
Fareham 76 B1
Farentuna 47 C1
Farevejle 49 C3, 53 C1
Fargau-Pratjau 53 C3
Fargelanda 45 C2
Faringdon 64 A3
Faringe 40 B3
Faringtofta 50 B2/3
Farini d'Olmo 113 D1, 114 A1
Färjestaden 51 D2
Färjestaden 72 B1
Farkadón 143 C3
Farlete 154 B3, 162 B1
Färlöv 50 B2/3
Farná 95 D3
Farnás 39 D2
Farnborough 65 C3, 76 B1
Farnborough 64 B3, 76 B1
Farnese 116 B3, 118 A1
Farnham 64 B3, 76 B1
Farningham 65 C3, 77 B/C1
Farnworth 59 D2, 60 B2/3
Fáro 47 D2
Faro 170 B2
Faro do Alentejo 164 B3
Färösund 47 D2
Färösund 73 C1
Farra d'Alpago 107 D2
Farrington Gurney 63 D2
Farrou 109 D1/2
Farsala 143 D3
Fársala 148 B1/2
Farsaliótis 143 C/D3
Farsø 48 B2
Farstad 32 A2
Farsund 42 B3
Farum 49 D3, 50 A3, 53 D1
Färup 48 B2
Fasano 121 C2
Fassberg 68 B2
Fassberg-Müden 68 B2
Fässjö 35 B/C3
Fasternolt 48 B3
Fastov 99 C2
Fátima 164 A/B1
Fatmomakke 29 D1
Fattjaur 15 C3
Faucogney 89 D3

Faugères 110 B3
Fauguerolles 109 C1/2
Faulenrost 69 D1, 70 A1
Faulquemont 89 D1
Faulungen 81 D1
Fauquembergues 77 D2
Fáuri 141 C1/2
Fauske 15 C1
Fauville-en-Caux 77 C3
Fauvillers 79 C3
Fåvang 37 D2, 38 A1
Favara 124 B3
Favareta 169 D2
Faverges 104 A3
Faverney 89 C3
Faverolles 87 C1/2
Faversham 65 C3, 77 C1
Favignana 124 A2
Favone 113 D3
Fawley 76 B1
Fay-aux-Loges 87 C2/3
Fay-de-Bretagne 85 D3
Fayence 112 A/B3
Fayet 110 A2
Fayl-Billot 89 C3
Fayón 163 C1
Fay-sur-Lignon 111 C1
Fazana 130 A1
Fazendas de Almeirim 164 B2
Fécamp 77 C3
Feces de Abajo 151 B/C3, 158 B1
Feda 42 B3
Fedje 36 A3
Fefor 37 D2
Fegen 50 A1
Fégréac 85 C3
Fegyvernek 129 D1
Fehérvárcsurgó 95 C3, 128 B1
Fehrbellin 69 D2, 70 A2
Fehring 127 D1
Feichten 106 B1
Feigefossen 36 B2
Feios 36 B2
Feira 158 A2
Feiring 38 A2
Feistritz am Wechsel 94 A3
Feiteira 170 B2
Feitos 150 A3, 158 A1
Feketić 129 C/D3
Fekjain 37 D3
Felanitx 157 C2
Felchow 70 B2
Feldbach 127 D1
Feldbach 96 A3
Feldberg 90 B3
Feldberg 70 A1
Felde 52 B3
Feldkirch 106 A1
Feldkirchen in Kärnten 126 B1/2
Feldkirchen-Westerham 92 A3
Feldkirchen in Kärnten 96 A3
Felgueiras 158 A/B1
Feliceto 113 D2
Felina 114 A/B1/2
Félines-Termenès 110 A3, 156 B1
Felino 114 A1
Felisio 115 C2, 116 B1
Felitto 120 A3
Félix 173 D2
Felixstowe 65 C2
Felizzano 113 C1
Fell 79 D3, 80 A3
Fellbach 91 C2
Felletin 102 A2
Fellingfors 14 B3
Fellingsbro 46 B1
Felsberg 81 C1
Felsőrajk 128 A2
Felsőszentiván 129 C2
Felsted 52 B2
Felton 57 D2
Feltre 107 C2
Femanger 42 A1
Femsjö 50 B1
Femundsenden 33 D3
Femundshytta 33 D3
Fendeille 109 D3, 156 A1
Fene 150 B1
Fenékpuszta 128 A2
Fener 107 C2/3

Fenes 9 C1
Fenestrelle 112 B1
Fénétrange 89 D1, 90 A1/2
Fengersfors 45 C2
Fenny Stratford 64 B2
Fensmark 53 D1
Feolin Ferry 56 A2
Feragen 33 D2/3
Ferchland 69 D2
Ferdinandovac 128 A2
Ferdinandshof 70 B1
Fère-Champenoise 88 A1
Fère-en-Tardenois 88 A1
Ferentillo 117 C3, 118 B1
Ferentino 119 B/C2
Férento 117 C3, 118 A1
Férez 168 B3
Feria 165 D2
Feričanci 128 B3
Ferla 125 C/D3
Ferlach 126 B2
Fermignano 115 D2/3, 117 C2
Fermo 117 D2
Fermoselle 159 C1
Fermoy 55 C3
Fernancaballero 167 C2
Fernán Núñez 172 B1
Ferney-Voltaire 104 A2
Fernhurst 76 B1
Ferns 58 A3
Ferragudo 170 A2
Férrai 145 D1, 145 D3
Férrai 149 C1
Ferrals-les-Corbières 110 A3, 156 B1
Ferrandina 120 B3
Ferrara 115 C1
Ferrara di Monte Baldo 106 B3
Ferreira do Alentejo 164 B3, 170 A/B1
Ferreira do Zêzere 158 A3, 164 B1
Ferreiros 150 A3, 158 A1
Ferreras de Abajo 151 D3
Ferreras de Arriba 151 D3
Ferreiras 157 C1
Ferreruela 163 C2
Ferret [Orsières] 104 B2/3
Ferrette 89 D3, 90 A3
Ferriêre 113 D1
Ferrière-Larçon 101 D1
Ferrières 100 B2
Ferrières 108 B3, 154 B1
Ferrières-en-Gâtinais 87 D2
Ferrières-Saint-Mary 102 B3
Ferrières-sur-Sichon 103 C2
Ferring 48 A2
Ferrol 150 B1
Fertilia 123 C1/2
Fertőd 94 B3
Fertőszentmiklós 94 B3
Fervença 158 B1
Ferwerd 66 B1
Festøy 32 A3, 36 B1
Festvåg 8 B2
Festvåg 8 B3
Fetesti 141 C/D2
Fetsund 38 A3
Feucht 92 A1
Feuchtwangen 91 D1
Feudingen 80 B2
Feugarolles 109 C2
Feurs 103 C3
Fevåg 28 A3, 33 C1
Fevik 43 C3
Flestiniog 59 C2/3, 60 A3
Fiamignano 117 D3, 118 B1
Fiane 43 C3
Fiano 105 C3, 112 B1
Fiastra 115 D3, 117 D2
Ficarolo 115 B/C1
Fichtelberg 82 A3
Fichtenau-Wildenstein 91 D1
Fichtenberg 91 C1
Fichtenwalde 70 A3
Ficuile 117 C3
Fidenza 114 A1
Fidjeland 42 B2
Fiè allo Sciliar/Vols am Schlern 107 C2

Fieberbrunn 92 B3
Fienvillers 77 D2
Fier 142 A1/2
Fier 148 A1
Fiera di Primiero 107 C2
Fierbinți Tîrg 141 C2
Fierbinți 141 C2
Fiesch 105 C2
Fiésole 114 B2, 116 B1
Figalia 146 B3
Figeac 109 D1
Figeholm 51 D1
Figline Valdarno 115 B/C3, 116 B2
Figueira da Foz 158 A3
Figueira de Castelo Rodrigo 159 C2
Figueira dos Cavaleiros 164 B3
Figueiredo de Alva 158 B2
Figueiro 158 B2
Figueiró dos Vinhos 158 A3, 164 B1
Figueiró do Campo 158 A3
Figuera 155 D3, 156 A3, 163 D1
Figueral 157 D3
Figueres 156 B2
Figuerola d'Orcau 155 D2/3
Figueruelas 155 C3, 163 B/C1
Fiholm 47 B/C1
Fiksdal 32 A2/3
Filadélfia 122 A/B2
Filadélfion 144 A1/2
Filáki 143 D3, 147 C1
Filákion 145 D2/3
Filákion 141 C3
Filakti 143 C3
Filettino 119 C2
Filey 61 D2
Fili 147 D2
Fília 146 B3
Fília 148 B2
Filiasi 140 B2
Filiași 135 D2
Filiátai 142 B3
Filiátra 146 B3
Filiátra 148 A/B2
Filipjakov 130 B2
Filipstad 39 C3, 45 D1
Filía 143 D1
Filitosa 113 D3
Fillan 32 B1
Fillingsnes 32 B1
Fillsta 29 D3, 34 B2
Filótas 143 C2
Filottrano 115 D3, 117 D2
Filskov 48 A/B3, 52 B1
Filsum 67 D1
Filton 63 D1/2
Filtvet 44 B1
Filzmoos 93 C3
Finale di Rero 115 C1
Finale Emilia 114 B1
Finale Ligure 113 C2
Fiñana 173 D2
Finbo 41 C2
Finby 41 D3
Findon 76 B1
Fines 173 D1/2, 174 A1/2
Finja 50 B2
Finnanger 28 B1/2
Finnart 56 B1
Finnås 30 B1
Finnbacka 39 D2
Finnberget 39 C1
Finnbyen 8 A2/3
Finneby 35 C3
Finneidfjord 14 B2
Finnemisj kapell 5 C/D2, 6 A2
Finnentrop 80 B1
Finnerödia 45 D2, 46 A2
Finnes 9 C/D1
Finnes 14 B1
Finnfjordeidet 9 D1
Finngruvan 39 C2
Finnhamn 47 D1
Finning 91 D2/3, 92 A3
Finnjoıd 4 A3, 10 A1
Finnkroken 4 A2
Finnmyren 16 B3
Finney 42 A2
Finney 9 C3
Finnsäter 29 C3, 34 B1

Finnset 32 B3, 37 C1
Finnskog 38 B2
Finnsnes 9 D1
Finntorp 45 C1
Finnträsk 16 B3
Finnvik 42 A1/2
Finnvik 5 C1
Finnvollan 29 C1
Fino Mornasco 105 D3, 106 A3
Fins 78 A3
Finsand 37 D3
Finse 37 B/C3
Finsjö 51 D1
Finsland 42 B3
Finspång 46 B2
Finstad 33 D3
Finstad 38 B2
Finsterwalde 70 A/B3, 83 C1
Finsterwalde 72 A3, 96 A1
Finström 41 C2/3
Fintel 68 B1/2
Fintry 56 B1
Fionnay [Le Châble] 104 B2
Fionnphort 54 A2, 55 D1
Fiorano Modenese 114 B1
Fiorenzuola d'Arda 114 A1
Fiquefleur 77 C3
Firenze 114 B2, 116 B1/2
Firenzuola 117 C3, 118 B1
Firenzuola 114 B2, 116 B1
Firminy 103 C3
Firmo 122 A1
Firovo 75 C2
Fiscal 155 C2
Fischach 91 D2
Fischament Markt 94 B2
Fischament Markt 96 B3
Fischbach 94 A3
Fischbach 90 A1
Fischbach (Birkenfeld) 80 A3
Fischen 91 D3
Fishguard 62 B1
Fishguard 55 D3
Fiskåhaugen 28 B1
Fiskarheden 39 C2
Fiskari/Fiskars 25 B/C3
Fiskbäk 48 B2
Fiskebackskil 44 B3
Fiskebøl 8 B2
Fiskeby 46 B2
Fiskefjord 9 C2
Fiskelåge 31 D1
Fiskevollen 33 D3
Fiskö 24 A2/3, 41 D2
Fiskey 9 C2
Fisksätra 47 D1
Fisksjölandet 35 C2
Fisktjønnmoen 14 B2
Fismes 88 A1
Fisterra 150 A2
Fitero 154 A3
Fitiai 146 A1
Fitjar 42 A1
Fiuggi 118 B2
Fiuggi Fonte 118 B2
Fiumalbo 114 B2, 116 A1
Fumata 117 D3, 118 B1
Fiumefreddo di Sicilia 125 D2
Fiumefreddo Brúzio 122 A2
Fivizzano 114 A2, 116 A1
Fix-Saint-Geneys 103 C3, 110 B1
Fjågesund 43 C2
Fjål 29 D3, 34 B2
Fjälbyn 31 D1
Fjälkinge 50 B2/3
Fjällandet 29 D3, 35 C2
Fjälläsen 10 A3
Fjällbacka 44 B2
Fjällbosjö 15 D3
Fjällnäs 33 D2, 34 A2/3
Fjällsjönäs 15 D3
Fjällskäfte 46 B1
Fjälltuna 30 B2, 35 D1
Fjand Gårde 48 A2
Fjæra 42 A/B1
Fjärås 49 D1, 50 A1
Fjärdhundra 40 A3
Fjære 43 C3
Fjærland 36 B2
Fjelberg 42 A1
Fjell 36 A3

Fjell — Frändefors

Fjell 28 B2
Fjellerup 49 C2
Fjellkjøsa 28 A3, 33 C1/2
Fjellsrud 38 A3
Fjellstad 9 D1
Fjellstøl 43 C1
Fjellvær 32 B1
Fjelstrup 52 B1
Fjerritslev 48 B1
Fjølvika 28 B1
Fjørtoft 32 A2
Fjugesta 46 A1
Flå 37 D3
Flå 28 A3, 33 C2
Flaach [Henggart] 90 B3
Fladungen 81 D2
Flaka 41 D3
Flakaträsk 15 D3
Flakaträsk 31 B/C2
Flakk 28 A3, 33 C1
Flakkebjerg 53 C1
Flakstad 8 A/B2/3
Flåm 36 B3
Flamatt 104 B1
Flammersfeld 80 A2
Flämseter 33 C3, 37 D1
Flarke 31 C2/3
Flarken 31 D1/2
Flassans-sur-Issole 112 A3
Flat 5 D2, 6 A2
Flatabø 42 A/B1
Flatdal 43 C1
Flåte 42 A1
Flateby 38 A3
Flateland 42 B2
Flaten 43 C3
Flåten 4 B2
Flatford Mill 65 C/D2
Flatholmen 44 B3
Flatøydegard 37 D2/3
Flatråker 42 A1
Flätt 28 B1
Flattach 107 D1, 126 A1
Flattnitz 126 B1
Flatval 32 B1
Flatvoll 37 D3
Flauenskjold 49 B/C1
Flavigny-sur-Moselle
89 C2
Flawil 91 C3
Flayat 102 A2/3
Flechtingen 69 C3
Fleckeby 52 B2
Flecken Zechlin 69 D1/2,
70 A1/2
Fleet 64 B3, 76 B1
Fleetmark 69 C2
Fleetwood 59 C/D1, 60 B2
Flekke 36 A2
Flekkefjord 42 B3
Flemløse 52 B1
Flen 39 D2/3
Flen 46 B1
Flensburg 52 B2
Flenstad 28 A2, 33 C1
Flères/Pflersch 107 C1
Flermoen 38 B1
Flers 86 A1
Flesberg 43 D1
Flesje 36 B2
Flesnes 9 C2
Flessau 69 C/D2
Flesvik 33 B/C1
Fleurance 109 C2
Fleuré 101 C2
Fleurey-lès-Faverney 89 C3
Fleurie 103 D2
Fleurier 104 B1
Fleurus 79 B/C2
Fleurville 103 D2
Fleury 77 D3, 87 C1
Fleury-en-Bière 87 D2
Fleury-sur-Andelle 76 B3,
86 B1
Flez 88 A3
Flickerbäcken 38 B1
Flieden 81 C2
Flims Dorf [Trin] 105 D1,
106 A1
Flims Waldhaus [Valendas-Sagogn] 105 D1,
106 A1
Flines-les-Râches 78 A2
Flins-sur-Seine 87 C1
Flint 59 C2, 60 B3
Flintbek 52 B3
Flirsch 106 B1

Flisa 38 B2
Flisby 46 A3
Fliseryd 51 D1
Flivik 46 B3
Flix 163 C1
Flize 79 C3
Flø 36 A1
Floby 45 D3
Floda 31 C/D1
Floda 45 C3
Floda 46 B1
Floda 39 D2
Flogny 88 A2
Floha 83 B/C2
Floirac 108 B1
Flor 34 B3
Flora 28 B3, 33 D1
Florac 110 B2
Flôr da Rosa 165 C1/2
Florejachs 155 C3, 163 C1
Florennes 79 B/C2
Florensac 110 B3
Florentin 135 D2
Florenville 79 C3
Flores de Avila 160 A2
Floridia 125 D3
Florina 143 C1/2
Florinas 123 C1/2
Flora 36 A2
Flörsbach 81 C3
Flörsbachtal 81 C3
Florstadt-Niederflorstadt
81 C2
Florvåg 36 A3
Floss 82 B3
Flossenbürg 82 B3
Flosta 43 C3
Flostrand 14 B2
Flötningen 33 D3
Flottumsetre 33 C2
Flovika 8 B2
Fluberg 37 D3, 38 A2
Flüelen 105 D1
Flüh 90 A3
Flumet 104 B3
Flúmini 123 D3
Fluminimaggiore 123 C3
Flums 105 D1, 106 A1
Fluorn-Winzeln 90 B2
Flurkmark 31 C/D2
Flyggsjo 31 C2
Flyinge 50 B3
Flykålen 29 D2/3, 34 B1
Flyn 30 A2, 35 C1
Flystveit 42 B3
Flytsåsen 39 D1
Fobello 105 C2/3
Foča 133 C3
Foca 149 D2
Fochabers 54 B2
Focsani 141 C1/2
Foeni 140 A1/2
Fogdö 47 C1
Fóggia 120 A1
Foglianise 119 D3
Föglo 41 D3
Fogueteiro 164 A2
Fohnsdorf 127 C1
Foiano della Chiana
115 C3, 116 B2
Foiano Valfortore 119 D2,
120 A1
Foix 109 D3, 155 D1/2,
156 A1
Fojnica 132 B2
Fojnica 132 B3, 137 C1
Fokovci 127 D1/2
Fokstua 33 B/C3, 37 D1
Foldereid 28 B1
Foldingbro 52 A/B1
Fole 47 D2/3
Folelli 113 D2/3
Folgaria 107 C2/3
Folgosa 158 B1/2
Folgoso de la Ribera
151 D2
Folgoso do Caurel 151 C2
Foligno 115 D3, 117 C2/3
Folkärna 40 A3
Folkestad 36 A/B1
Folkestone 65 C3, 76 B1
Folkingham 61 D3, 64 B1
Follafoss 28 B2, 33 D1
Follandsvangen 33 C3,
37 D1
Folldalsverk 33 C3, 37 D1
Follebu 37 D2, 38 A1

Follina 107 C/D2
Föllinge 29 D3, 34 B1
Follónica 116 A3
Fombelaux 101 D3
Fombellida 152 B3, 160 B1
Foncea 153 C2
Foncine-le-Bas 104 A2
Foncouverte 110 A2
Fondamente 110 B2
Fondi 119 C2
Fondo 107 C2
Fondón 173 D2
Fonelas 173 C1/2
Fonfría 162 A/B2
Fonfría 151 D3, 159 D1
Fonn 36 B2
Fonnebostsjen 36 A3
Fonnes 36 A3
Fonni 123 D2
Fonó 128 B2
Fons 111 C2
Fontainebleau 87 D2
Fontaine-Chalendray
101 C2
Fontaine-de-Vaucluse
111 D2
Fontaine-Française 89 C3
Fontaine Henry 76 B3,
86 A1
Fontaine-la-Soret 77 C3,
86 B1
Fontaine-le-Dun 77 C3
Fontaine-sur-Coole 88 B1
Fontana Liri 119 C2
Fontanarejo 167 C2
Fontane 113 C2
Fontanellato 114 A1
Fontanelle 114 A1
Fontanelle 107 D3
Fontanetto Po 105 C3,
113 C1
Fontaniva 107 C3
Fontannes 103 C3
Fontanosas 167 C2
Fonte Blanda 116 B3
Fonte Bóa 170 A1
Fontecchio 117 D3,
119 C1
Fontellas 154 A3
Fontenay-le-Comte 100 B2
Fontenay-sur-Loing 87 D2
Fontenay-Trésigny
87 D1/2
Fontet 108 B1
Fontevrault-l'Abbaye
86 A/B3, 101 C1
Fontfroide 110 A3, 156 B1
Fontgombault 101 D1
Fontibre 152 B1/2
Fonti del Clitunno 117 C3
Fontiveros 160 A2
Font Romeu 156 A2
Fontvieille 111 C2
Fonyód 128 A1/2
Fonz 155 C3
Fonzaleche 153 C2
Fonzaso 107 C2
Föppolo 106 A2
Fora 51 D1
Foradada 155 D3
Foradada de Tosca 155 C2
Foråsen 29 D3, 34 B1
Forbach 90 B2
Forbach 89 D1, 90 A1
Forbach-Schönmünzach
90 B2
Förby 24 B3
Forcall 162 B2
Forcalqueiret 112 A3
Forcalquier 111 D2,
112 A2
Forcarey 150 A/B2
Force 117 D2/3
Forchheim 82 A3
Forchheim 83 C2
Forchtenau 94 B3
Forchtenberg 91 C1
Forde 36 B2
Forde 36 A2
Forde 42 A1
Förderstedt 69 C/D3
Fordingbridge 76 A1
Fordongiánus 123 C2
Fore 14 B1
Forenza 120 B2
Foresta Búrgos 123 C/D2
Forest-Montiers 77 D2

Foresvik 42 A2
Forfar 57 C1
Forfar 54 B2
Forges-les-Eaux 77 D3
Forheim-Aufhausen 91 D2
Foria 120 A3
Forio 119 C3
Forjães 150 A3, 158 A1
Forland 42 B3
Forlì 115 C2, 117 B/C1
Forlì del Sànnio 119 C2
Forlimpópoli 115 C2,
117 C1
Formby 59 C2, 60 B2/3
Formerie 77 D3
Fòrmia 119 C3
Formiche Alto 162 B3
Formiche Bajo 162 B3
Formiche di Grosseto
116 A3
Formicola 119 C/D3
Formigal 154 B2
Formigaleso 156 C2
Formigine 114 B1
Formigliana 105 C3
Formignana 115 C1
Formiguères 156 A1/2
Fornalutx 157 C2
Fornebu 38 A3
Fornelli 123 C1
Fornells 157 C2
Fornells 157 C1
Fornells de la Muntanya
156 A2
Fornelos de Montes 150 A2
Fornes 173 C2
Fornes 9 C2
Fornes 9 C1/2
Fornes 9 D1
Fornesset 4 A3
Forni Avoltri 107 D2,
126 A2
Forni di Sopra 107 D2
Forni di Sotto 107 D2,
126 A2
Forno 112 B1
Forno Allione 106 B2
Forno Alpi Graie 104 B3
Forno di Zoldo 107 D2
Fórnoles 163 C2
Fornols 155 D2, 156 A2
Fornos de Algodres 158 B2
Fornovo di Taro 114 A1
Forradal 28 B3, 33 D1
Forraskút 129 D2
Fors 40 A3
Fors 31 B/C3
Forsa 40 A1
Forsand 42 A2
Forsbacka 15 D2/3
Forsed 30 B3, 35 D2
Forserum 46 A3
Forshaga 45 D1
Forsheda 50 B1
Forsland 14 A2
Forslövsholm 49 D2, 50 A2
Forsmark 40 B2
Forsmark 15 C3
Forsmo 30 A2/3, 35 C1
Forsmo 30 A2/3, 35 C1
Forsmo 30 B3, 35 D2
Forsnacken 15 C3
Forsnäs 30 A/B2
Forsnäs 16 A2
Forsnäs 16 B2
Forsnes 32 B1
Forsel 5 C1, 6 A1
Forssa 25 C2
Forssjö 46 B2
Forst 70 B3
Forst 72 A3, 96 A1
Forstau 93 C3, 126 A/B1
Forsvik 46 A2
Fortanete 162 B2
Fort Augustus 54 A2,
55 D1
Forte dei Marmi 114 A2,
116 A1
Forte di Bibbona 114 A/B3,
116 A2
Fortha 81 D2
Fortingall 56 B1
Fortino 120 A/B3
Fort la Latte 85 C1/2
Fort-Mahon-Plage 77 D2
Fortun 37 C2
Fortuna 169 C3

Fortuneswell 63 D3
Fort William 54 A2, 55 D1
Forvik 14 A3
Fos 155 C2
Fosdinovo 114 A2
Foskros 34 A3
Fosmark 42 A2
Fosnavåg 36 A1
Foss 33 C2
Foss 28 B2
Fossacésia 119 D1
Fossacésia Marina 119 D1
Fossano 113 B/C1/2
Fossbakken 33 C3
Fossbakken 9 D2
Fossbua 10 A2
Fosse 37 D2
Fossé 86 A/B3
Fossemagne 101 D3,
109 C1
Fosser 38 A3
Fosses-la-Ville 79 C2
Fossestølen 36 A3
Fossestrand 5 D2, 6 A2
Fosseter 33 C3, 37 D1
Fossheim 37 C/D2
Fossholt 37 D3
Fossil 36 B3
Fosso Ghiaia 115 C2,
117 C1
Fóssoli 114 B1
Fossombrone 115 D2/3,
117 C2
Fos-sur-Mer 111 C3
Fót 95 D3
Fotheringhay 64 B2
Fotolivos 144 B1
Foucarmont 77 D3
Fouesnant 84 B2/3
Fougères 86 A/B2
Fougères-sur-Bièvre
86 A/B3
Fougerolles 89 D2/3
Foulain 89 B/C2
Foulsham 65 C/D1
Fountains Abbey 61 C2
Fouras 100 B2
Fourchambault 102 B1
Fourfouras 149 C3
Fourka 142 B2
Fourmes 78 B3
Fourna 146 B1
Fournels 110 B1
Fournols 103 B/C3
Fourques 156 B1/2
Fourquet 109 C2
Fours 103 C1
Fours 112 A/B2
Fovant 63 D2, 76 A1
Foz 151 C1
Foz de Arouce 158 A3
Foz de Calanda 162 B2
Foz do Arelho 164 A1
Frabosa Soprana 113 C2
Fraddon 62 B3
Frades 150 B1/2
Frades de la Sierra 159 D2
Fraeyming-Merlebach
89 D1, 90 A1
Frafjord 42 A2
Fraga 155 C3, 163 C1
Fragagnano 121 C3
Fragneto Monforte
119 D2/3
Frahier-et-Chatebier 89 D3
Frailes 173 C1
Fraire 78 B2
Fraize 89 D2, 90 A2
Frameries 78 B2
Framlingham 65 C2
Framlingshem 40 A2
Frammersbach 81 C3
Frammestad 45 C2/3
Framnäs 16 A1
França 151 C3
Francardo 113 D3
Francavilla Fontana
121 C/D2/3
Francavilla di Sicilia 125 D2
Francavilla al Mare
119 C/D1
Francavilla in Sinni 120 B3,
122 A1
Franco 158 B1
Francofonte 125 C3
Francorchamps 79 D2
Frändefors 45 C2

Franeker — Fush Krujë

Franeker **66** B1
Frangy **104** A2
Frankenau **81** C1
Frankenberg **81** B/C1
Frankenberg **83** B/C2
Frankenburg am Hausruck **93** C2/3
Frankenfels **94** A3
Frankenfels **96** A3
Frankenhardt-Gründelhardt **91** C1
Frankenheim **81** D2
Frankenmarkt **93** C3
Frankenstein **90** B1
Frankenthal **80** B3, **90** B1
Frankershausen **81** C/D1
Frankfurtat-Markendorf **70** B3
Frankfurt **70** B3
Frankfurt **72** A3
Frankfurt am Main **80** B3
Frankrike **29** C3, **34** A/B1
Fränö **30** B3, **35** D2
Fránscia **106** A/B2
Fransta **35** C2
Františkovy Lázně **82** B3
Frascati **118** B2
Frascineto **120** B3, **122** A/B1
Fraserburgh **54** B2
Frashëri **142** B2
Frasne **104** A1
Frasnes-lez-Buissenal **78** B2
Fratel **165** B/C1
Frauenau **93** C1
Frauenfeld **91** B/C3
Frauenkirchen **94** B3
Frauenstein **83** C2
Fraugde **53** C1
Frayssinet **109** D1
Frayssinet-le-Gélat **108** B1
Frechas **159** B/C1
Frechen **79** D2, **80** A2
Frechilla **152** A3
Frechilla de Almazán **161** D1
Freden **68** B3
Fredensborg **49** D3, **50** A3
Fredericia **48** B3, **52** B1
Frederiksberg **53** C/D1
Frederikshavn **49** C1
Frederiksoord **67** C2
Frederikssund **49** D3, **50** A3, **53** D1
Frederikssund **72** A1/2
Frederiksværk **49** D3, **50** A3
Fredes **163** C2
Fredrika **30** B2
Fredriksberg **39** C3
Fredriksdal **46** A3
Fredrikshamn **26** B2
Fredrikstad **44** B1
Fredros **38** B3
Fredvang **8** A2/3
Fregenal de la Sierra **165** D3
Fregnals **163** C2
Frehina **69** D1
Frei **32** B2
Freiamt-Ottoschwanden **90** B2
Freiberg **83** C2
Freiberg **96** A1
Freiberg am Neckar **91** C1
Freiburg **52** B3, **68** A/B1
Freiburg im Breisgau **90** A/B3
Freiburg-Tiengen **90** A3
Freiensteinau **81** C2
Freigericht **81** C3
Freihung **82** A/B3
Freila **173** D1
Freiland **94** A3
Freilassing **93** B/C3
Freilingen **80** B2
Freisen **80** A3, **90** A1
Freising **92** A2
Freistadt **93** D2
Freistadt **96** A2
Freistatt **68** A2
Freital **83** C1/2
Freixedas **159** B/C2
Freixenet de Segarra **155** C3, **163** C1
Freixianda **158** A3, **164** B1

Freixiosa **158** B2
Freixo **165** C2
Freixo de Espada a Cinta **159** C2
Fréjus **112** A/B3
Frekhaug **36** A3
Freisdorf **68** A1
Fremdingen **91** D1
Frensdorf **81** D3
Frenštát pod Radhoštěm **95** C1
Freren **67** D2
Fréscano **154** A3
Freshwater **76** A1/2
Fresnay-sur-Sarthe **86** A/B2
Fresneda de Altarejos **161** D3, **168** B1
Fresneda de la Sierra **161** D2/3
Fresneda de la Sierra Tirón **153** C2
Fresnedillas **160** B2
Fresnedo **151** C2
Fresneodoso de Ibor **159** D3, **166** A/B1
Fresne-Saint-Mamès **89** C3
Fresnes-en-Woëvre **89** C1
Fresnes-sur-Apance **89** C2/3
Fresnes-sur-Escaut **78** B2
Fresnillo de las Dueñas **153** C3, **161** B/C1
Fresno-Alhandiga **159** D2
Fresno de Cantespino **161** C1
Fresno de Caracena **161** C1
Fresno de la Ribera **151** D3, **152** A3, **159** D1
Fresno de Ríotirón **153** C2
Fresno de Sayago **159** B1
Fresno de Torote **161** C2
Fresnoy-Folny **77** C/D2/3
Fressonville **77** D2
Fresvik **36** B2
Frétigny-et-Velloreille **89** C3
Frettes **89** C3
Freudenberg **82** A/B3, **92** B1
Freudenberg **80** B2
Freudenberg **81** C3
Freudenstadt **90** B2
Frévent **77** D2
Freyburg **82** A1
Freyenstein **69** D1
Freystadt **92** A1
Freystadt-Burggriesbach **92** A1
Freyung **93** C2
Frias **153** C2
Frías de Albarracín **162** A3
Fribourg/Freiburg **104** B1
Frick **90** B3
Frickenhausen **91** C2
Frickenhausen am Main **81** D3
Frickingen **91** C3
Fridafors **51** C2
Fridaythorpe **61** D2
Fridingen **91** B/C3
Fridolfing **92** B3
Frieda **81** D1
Friedberg **81** B/C2
Friedberg **91** D2, **92** A2
Friedberg **94** A3
Friedburg **93** C3
Friedeburg **82** A1
Friedeburg **67** D1
Friedeburg-Horsten **67** D1
Friedenfels **82** B3
Friedenshorst **69** D2, **70** A2
Friedersdorf **83** C1
Friedersdorf **70** A/B3
Friedewald (Bad Hersfeld) **81** C2
Friedland **81** C/D1
Friedland **70** B3
Friedland **70** A1
Friedland-Stockhausen **81** C/D1
Friedrichroda **81** D2
Friedrichsbrunn **69** C3
Friedrichshafen **91** C3
Friedrichshain **83** D1
Friedrichskoog **52** A3

Friedrichsluga **70** A3, **83** C1
Friedrichsruhe **69** D1
Friedrichstadt **52** A/B2/3
Friedrichsthal **89** D1, **90** A1
Friedrichsthal **70** B1/2
Friedrichswalde **70** A/B2
Friedrichsdorf **81** C1/2
Friesach **126** B1
Friesach **96** A3
Friesack **69** D2
Friesenheim **90** B2
Friesenried **91** D3
Friesoythe **67** D2
Friesoythe-Edewechter-damm **67** D1/2
Friesoythe-Gehlenberg **67** D2
Friesoythe-Markhausen **67** D2
Friesoythe-Neuscharrel **67** D2
Friggesby **25** C3
Friggesund **35** C3
Fritella **24** A1
Frijsenborg **48** B2
Frilandsmuseum Hjerl Hede **48** A2
Frillesås **49** D1, **50** A1
Frillesås **49** D1, **50** A1
Frillesås **72** A1
Frinnaryd **46** A3
Frinton **65** C2/3
Friockheim **57** C1
Friol **150** B1/2
Fristad **45** C/D3
Fristad **15** D3
Fritsla **45** C3, **49** D1
Fritzlar **81** C1
Froam **32** B1
Frodba **55** C1
Fröderyd **51** C1
Frödinge **46** B3
Frogner **38** A3
Frognerseteren **38** A3
Frohburg **82** B1
Frohnhausen (Dillkreis) **80** B2
Frohnleiten **127** C1
Frohnleiten **96** A3
Froidos **88** B1
Froissy **77** D3
Fröjel **47** D3
Fröjel **72** B1
Froland **43** C3
Frolame **63** D2, **64** A3
Fromentel **86** A1/2
Fromentine **100** A1
Frómista **152** B2/3
Fronäs **20** A2/3
Fronhausen-Bellnhausen **81** B/C2
Fronreute-Blitzenreute **91** C3
Fronsac **108** B1
Fronteira **165** C2
Frontenay-Rohan-Rohan **100** B2
Frontenex **104** A3
Frontenhaussen **92** B2
Frontignan **110** B3
Fronton **108** B2
Frosendal **28** B2
Frosönone **119** C2
Frosolone **119** D2
Frosta **28** A3, **33** C1
Frostavallen **50** B3
Frostkåge **31** D1
Frostup **48** A/B1
Frövi **46** B1
Frøyrak **43** B/C2
Fruges **77** D2
Frunzovka **141** D1
Frutak **137** D2
Frutigen **105** C2
Frýdek-Místek **96** B2
Frýdlant **96** A1
Frýdlant **83** D2
Fryele **50** B1
Fryksås **39** C/D1
Fryksta **45** D1
Frymmburk **93** D2
Fryšták **95** C1
Fthiotis **146** B1
Fubine **113** C1
Fucécchio **114** B2, **116** A1/2

Fuencalderas **154** B2
Fuencaliente **167** C3
Fuencaliente **167** C2
Fuencarral **161** B/C2
Fuencubierta **172** A1
Fuendejalón **154** A3, **162** A1
Fuendetodos **162** B1
Fuengirola **172** B3
Fuenlabrada **160** B3
Fuenlabrada de los Montes **166** B2
Fuenllana **167** D2, **168** A2
Fuenmayor **153** D2
Fuensalida **160** B3
Fuensanta **168** B1/2
Fuensanta de Martos **173** B/C1
Fuente-Álamo **169** C2
Fuente-Álamo de Murcia **174** B1
Fuentealbilla **168** B1/2
Fuente Amarga **171** D3
Fuentebravia **171** D2/3
Fuentecambrón **153** C3, **161** C1
Fuenteción **152** B3, **160** B1
Fuente de Cantos **165** D3, **166** A3
Fuente del Arco **166** A3
Fuente del Maestre **165** D2
Fuente de Pedro Naharro **161** C3, **167** D1, **168** A1
Fuente de Piedra **172** B2
Fuente de Santa Cruz **160** A/B1
Fuente el Fresno **167** C2
Fuente el Olmo de Iscar **160** B1
Fuente el Olmo de Fuentidu-eña **160** B1
Fuente el Saz **161** C2
Fuente el Saz de Jarama **161** C2
Fuente el Sol **160** A1
Fuenteguinaldo **159** C2
Fuente la Higuera **169** C2
Fuente la Lancha **166** B3
Fuentelarbol **153** D3, **161** C1
Fuentelespino de Haro **161** D3, **168** A1
Fuentelespino de Moya **162** A3, **169** C1
Fuentelmonje **161** D1
Fuentelsaz **161** D2, **162** A2
Fuentemanidos **160** B2
Fuentenovilla **161** C2/3
Fuente Obejuna **166** B3
Fuente Palmera **172** A1
Fuentepelayo **160** B1
Fuentepinilla **153** D3, **161** C1
Fuenterrobollo **160** B1
Fuenterroble de Salvatierra **159** D2
Fuenterrobles **169** D1
Fuentes **161** D3
Fuente Salvage **169** B/C2
Fuente Santa **151** D1, **152** A1
Fuentesaúco de Fuentidu-eña **160** B1
Fuentesaúco **159** D1, **160** A1
Fuentes Claras **163** C2
Fuentes de Andalucía **172** A1
Fuentes de Ayódar **162** B3
Fuentes de Cesna **172** B2
Fuentes de Ebro **154** B3, **162** B1
Fuentes de Jiloca **162** A1
Fuentes de León **165** D3
Fuentes de Magaña **153** D3
Fuentes de Nava **152** A/B3
Fuentes de Oñoro **159** C2
Fuentes de Ropel **151** D3, **152** A3
Fuentes de Rubielos **162** B3
Fuentes de Valdepero **152** B3
Fuentesoto **160** B1
Fuentespina **153** C3, **161** B/C1
Fuente-Tójar **172** B1

Fuentidueña de Tajo **161** C3
Fuentidueña **160** B1
Fuerte del Rey **167** C3, **173** C1
Fuertescusa **161** D2
Fugelsta **30** A3, **35** C2
Fügen **92** A3, **107** C1
Fuglafjørdhur **55** C1
Fugleberg **9** C1/2
Fuglebjerg **53** C/D1
Fuglejell **5** D1
Fuglejell **4** B2
Fuglejell **28** B1
Fuglejell **4** B2
Fuglejell **8** A3
Fuglejell **7** D1
Fuglejell **5** B/C1
Fuglejell **7** C1
Fuglejell **4** A/B2
Fuglejell **7** C/D2
Fuglejell **6** B1
Fuglejell **7** C/D1
Fuglejell **8** A3
Fuglejell **5** D1, **6** B1
Fuglejell **6** B1
Fuglejell **7** C1
Fuglejell **7** D1
Fuglefjéllet **14** A2
Fuglem **28** A/B3, **33** D2
Fuglstad **29** C1
Fuglvik **32** B2
Fulda **81** C2
Fuldera [Zernez] **106** B2
Fulleda **155** D3, **163** D1
Fullero **40** A3, **46** B1
Fullsjön **30** A3, **35** C1
Fullsjön **30** A3, **35** C1
Fülöpszállás **129** C1
Fulpmes **107** C1
Fulunas **39** B/C1
Fumay **79** C3
Fumel **109** C1
Funäs **34** B2
Funäsdalen **34** A3
Funcheira **170** A1
Fundão **158** B3
Fúndres/Pfunders **107** C1
Fundulea **141** C2
Funes **154** A2
Fünfstetten **91** D2
Funtana **126** A/B3, **130** A1
Furadouro **158** A2
Furci **119** D2
Fure **36** A2
Furenes **36** A3
Furnace **56** A1
Furnes **38** A2
Furstenau **68** A/B3
Fürstenau **67** D2
Fürstenau-Schwagstorf **67** D2
Fürstenberg **70** A1/2
Fürstenfeldbruck **92** A2
Fürstenfeld **127** D1
Fürstenfeld **96** A/B3
Furstenstein **93** C2
Fürstenwalde **70** B2/3
Fürstenwalde **72** A3
Fürstenwerder **70** A1
Fürstenzell **93** C2
Fürstenzell-Sandbach **93** C2
Fürth **81** B/C3
Fürth **82** A3, **91** D1, **92** A1
Fürth **92** B2
Furth im Wald **92** B1
Furtwangen **90** B3
Fururberg **35** C3
Furudal **39** D1
Furudalseter **28** B2
Furuflaten **4** A/B3, **10** A1
Furuhult **35** D2
Furunäs **16** B2
Furuögrund **31** D1
Furusjö **45** D3
Furusund **41** C3, **47** D1
Furutangvik **29** C1
Furuvik **40** B2
Fuscaldo **122** A1
Fusch an der Grossglock-nerstrasse **107** D1, **126** A1
Fuseta **170** B2
Fushë Arrëz **138** A2
Fushë Muhur **138** A3
Fush Krujë **137** D3

Fusine Laghi

Fusine Laghi 126 B2
Fúsio [Ponte Brolla] 105 D2
Fussen 91 D3
Fussy 87 D3, 102 A1
Fustiñana 154 A3
Futog 129 C/D3, 133 C1, 134 A1
Futrikelv 4 A2
Füzesabony 97 C3
Fužine 127 C3, 130 B1
Fynshav 52 B2
Fyns Hoved 49 C3, 53 C1
Fyrås 29 D3, 35 C1
Fyresdal 43 C2
Fyrkat 48 B2

G

Gaaldorf 127 B/C1
Gabaldón 161 D3, 168 B1
Gabarret 108 B2
Gabas 108 B3, 154 B2
Gabasa 155 C3
Gabbro 114 A/B3, 116 A2
Gabčíkovo 95 C3
Gabela 136 B1
Gabellino 114 B3, 116 A/B2
Gaber 139 D1
Gabicce Mare 115 D2, 117 C1
Gablingen 91 D2
Gabol 52 B1
Gabriac 110 A1/2
Gabrice 140 A3
Gabrovac 135 C3
Gabrovo 141 C3
Gaby 105 C3
Gacé 86 B1
Gacko 132 B3, 137 C1
Gadbjerg 48 B3, 52 B1
Gäddede 29 C/D2
Gäddträsk 31 C1
Gadebusch 53 C3, 69 C1
Gædgenjarga 6 B2
Gadmen [Meiringen] 105 C1/2
Gádor 173 D2
Gádoros 129 D2
Gadžin Han 135 C3, 139 C1
Gaël 85 C2
Gaerwen 58 B2, 60 A3
Gãesti 141 C2
Gaeta 119 C3
Gafanha da Nazaré 158 A2
Gafanhoeira 164 B2
Gåfete 165 C1
Gaflenz 93 D3
Gagarin 75 D3
Gägelow 53 C3
Gaggenau 90 B2
Gaggi 125 D2
Gaggio Montano 114 B2, 116 A1
Gagliano Castelferrato 125 C2
Gagliano del Capo 121 D3
Gagnef 39 D2
Gagsmark 16 B3
Gahro 70 A/B3
Gaibana 115 C1
Gæidno 7 B/C2
Gaienhofen-Hemmenhofen 91 C3
Gaildorf 91 C1
Gailey 59 D3, 64 A1
Gailingen 90 B3
Gaillac 109 D2
Gaillefontaine 77 D3
Gaillon 76 B3, 86 A/B1
Gainsborough 61 C/D3
Gaiole in Chianti 115 B/C3, 116 B2
Gairloch 54 A2
Gáiro 123 D2
Gáiro Scalo 123 D2
Gais 91 C3, 105 D1, 106 A1
Gaishorn 93 D3
Gaj 128 A3
Gaj 134 B1

Gajary 94 B2
Gajewo 71 D2
Gajsin 99 C3
Gajvoron 99 C3
Gakovo 129 C3
Gala 158 A3
Galambok 128 A2
Galan 109 C3, 155 C1
Galanito 11 C1
Galanta 95 C2
Galapagar 160 B2
Galápagos 161 C2
Galar 154 A2
Galaroza 165 D3, 171 C1
Galashiels 57 C2
Galashiels 54 B3
Galatás 148 B2
Galatás 147 D3
Galati 141 C/D2
Galatina 121 D3
Galatini 143 C2
Galátista 144 A2
Gálatone 121 D3
Galaxídion 147 B/C2
Galbarra 153 D2
Galdakao 153 C1
Galeata 115 C2, 116 B1
Galegos 165 C1
Galenbeck 70 A/B1
Galera 168 A3, 173 D1
Galería 113 D3
Galgojavvre 4 B3, 10 B1
Galič 97 D2, 98 B3
Galicea Mare 135 D2
Galičnik 138 A/B3
Galíndez 153 C2
Galinduste 159 D2
Galipsós 144 B1
Galísteo 159 C/D3
Gališana 130 A1
Gallarate 105 D3
Gallardon 87 C2
Gällared 49 D1, 50 A1
Gallareto 113 C1
Gallegos de Argañán 159 C2
Gallejaur 16 A3
Galliate 105 D3
Gallicano 114 A/B2, 116 A1
Gallinge 49 D1, 50 A1
Gallio 107 C2/3
Gallipienso 155 C2
Gallipoli 121 D3
Gallivare 16 B1
Gallneukirchen 93 D2
Gallo 35 C2
Gallo 115 D2, 117 C1/2
Gallspach 93 C2
Gällstad 45 D3
Gallúccio 119 C2
Gallur 155 C3
Galovac 130 B2
Gålsjö bruk 30 B3, 35 D2
Galston 56 B2
Galtabäck 49 D1, 50 A1
Galtby 24 A3
Galten 33 D3
Galten 5 C1
Galten 48 B3
Galtisjaur 15 D2
Gälttjärn 35 D2
Galtström 35 D3
Galtür 106 B1
Galugnano 121 D3
Galve 162 B2
Galve de Sorbe 161 C1
Galveias 164 B2
Galven 40 A1
Gálvez 160 B3, 167 C1
Galway (Gaillimh) 55 C2/3
Gama 153 C1
Gamaches 77 D2
Gamarde-les-Bains 108 A2
Gambach (Friedberg) 80 B2
Gambara 106 B3
Gambarana 113 C/D1
Gambárie 122 A3
Gambassi Terme 114 B3, 116 A2
Gambatesa 119 D2, 120 A1
Gamboló 105 D3, 113 D1
Gamfoss 15 C1
Gamil 150 A3, 158 A1
Gaming 93 D3
Gaming 96 A3

Gaminiz 153 C1
Gamlakarleby 20 B1
Gamleby 46 B3
Gamleby 72 B1
Gammalvallen 34 A/B3
Gammelboliden 16 B3
Gammelby 25 D2, 26 A2
Gammel Estrup 49 B/C2
Gammel Skagen 44 B3
Gammelstad (Nederluleå) 17 C3
Gammelvær 5 B/C2
Gammertingen 91 C2
Gams bei Hieflau 93 D3
Gams [Haag-Gams] 105 D1, 106 A1
Gamvik 5 C1
Gamvik 7 C1
Gamvik 5 C2
Gamzigrad 135 C2/3
Gàmzovo 135 D2
Gan 108 B3, 154 B1
Gánamo 159 D1
Gancevìčì 98 B1
Ganda di Martello/Gand 106 B2
Ganddal 42 A2
Ganderkesee-Brink 68 A2
Ganderkesee 68 A2
Gandesa 163 C2
Gandia 169 D2
Gandino 106 A3
Gandra 150 A3, 158 A1
Gándria [Lugano] 105 D2
Gandvik 7 C2
Gangelt 79 D1/2
Ganges 110 B2
Gänghester 45 C/D3
Gangi 125 C2
Gangkofen 92 B2
Gankofen-Obertrennbach 92 B2
Gan'kovo 75 C1
Gannat 102 B2
Gannay-sur-Loire 103 C1
Gänsager 52 A1
Gansdalen 38 A3
Ganserndorf 94 B2
Ganserndorf 96 B2/3
Gänsvik 35 D2/3
Gánt 95 D3, 128 B1
Ganthem 47 D3
Gantón 61 D2
Gaočíci 133 C2
Gap 112 A1/2
Gapohytta 4 B3, 10 A1
Gara 129 C2
Garaballa 163 C3, 169 D1
Garaguso 120 B2/3
Gara Hitrino 141 C3
Garaño 151 D2
Gara Pirin 139 D3
Garavan 112 B2/3
Garbagna 113 D1
Garbayuela 166 B2
Garbom 25 D2, 26 A2
Garbsen 68 B2/3
Garching 92 B2
Garching bei München 92 A2
Garcia 163 C1/2
Garciaz 166 A1
Garcihernández 159 D2, 160 A2
Garcinarro 161 C/D3
Garda 106 B3
Gardanne 111 D3
Gárdás 39 C2
Gárdby 51 D2
Gårde 29 C3, 34 B1
Garde 47 D2
Garde 154 B2
Gardelegen 69 C2
Gardermoen 38 A3
Gardikion 146 B1
Gardikion 142 B3
Gardikion 143 C3
Garding 52 A2/3
Gardinovci 129 D3, 133 D1, 134 A1
Gärdnäs 29 D2
Gardno 70 B1
Gardone Riviera 106 B3
Gardone Val Tròmpia 106 B3
Gardonne 109 C1
Gárdony 129 B/C1

Gardouch 109 D3, 155 D1
Gärdsby 51 C1
Gardsenden 32 B3, 37 D1
Gärdsjö 45 D2, 46 A2
Gärdsjonäs 15 C3
Gärdskär 40 B2
Gärdslösa 51 D1/2
Garein 108 B2
Garelochhead 56 B1
Garešnica 128 A3
Garéssio 113 C2
Gargaliáni 146 B3
Gargaliáni 148 A/B2/3
Gargallo 162 B2
Garganta El Chorro 172 A2
Garganta la Olla 159 D3
Gargantiel 166 B2
Gargantilla 166 B1
Gargellen 106 A/B1
Garggogaecce 7 B/C1
Gargia 5 C2/3
Gargilesse-Dampierre 101 D2, 102 A2
Gargjaur 15 D3
Gargnano 106 B3
Gargnàs 15 D3
Gárgoles de Abajo 161 D2
Gargüera 159 D3
Gargždai 73 C2
Garip 67 B/C1/2
Garitz 69 D3
Garkleppvollen 33 D2
Garlasco 105 D3, 113 D1
Garlieston 56 B3, 60 A1
Garlin 108 B3, 154 B1
Garlitos 166 B2
Gärljano 139 C/D2
Garlsdorf 68 B1
Garmisch-Partenkirchen 92 A3
Garmisch-Partenkirchen-Griesen 91 D3, 92 A3
Garnat-sur-Engièvre 103 C1/2
Garpenberg 40 A2
Garphytte nationalpark 46 A1
Garrafe de Torío 151 D2, 152 A2
Garralda 108 B3, 155 C1/2
Garray 153 D3, 161 D1
Garrel 67 D2
Garrígì 57 D3, 60 B1
Garriguella 156 B2
Garristown 58 A2
Garrovillas 159 C3, 165 D1
Garrow 56 B1
Garrucha 174 A2
Gars am Inn 92 B2
Gars am Kamp 94 A2
Garsäs 39 D2
Gärsnäs 50 B3
Garstang 59 D1, 60 B2
Garten 28 A3, 33 C1
Garth 63 C1
Gartow 69 C2
Gartz 70 B1/2
Garvão 170 A1
Garve 54 A/B2
Garvin 10 A3, 166 B1
Garwolin 73 C3, 97 C1, 98 A1/2
Garzyn 71 D3
Gasa 15 D3
Gäsborn 39 C3
Gäsbu 32 B3, 37 C1
Gaschurn 106 B1
Gascueña 161 D3
Gäsenstugan 34 A2
Gåsholma 40 B2
Gaskashytta 10 A2
Gaskeluokt 15 D3
Gasny 87 C1
Gaspoltshofen 93 C2
Gassano 114 A2, 116 A1
Gasselsdorf 127 C1/2
Gasselte 67 C2
Gàssino Torinese 113 C1
Gässjön 30 A3, 35 C2
Gasteiz/Vitoria 153 D2
Gasteren 67 C2
Gastoúni 146 A2
Gastoúrion 142 A3
Gata de Gorgos 169 D2
Gatčina 74 B1
Gatehouse of Fleet 56 B3, 60 A1

Geithus

Gateshead 57 D3, 61 C1
Gateshead 54 B3
Gátova 162 B3, 169 D1
Gattendorf 94 B3
Gatteo al Mare 115 C/D2, 117 C1
Gattières 112 B2/3
Gattinara 105 C3
Gau-Algesheim 80 B3
Gaucín 172 A3
Gaukheihytta 42 B2
Gau-Odernheim 80 B3
Gaupne 36 B2
Gausdal 37 D2
Gautefall 43 C2
Gautelishytta 9 D3
Gauting 92 A2/3
Gautsbu 32 B3, 37 C1
Gautsjö 32 B3, 37 C1
Gavá 156 A3
Gavalou 146 B1/2
Gavardo 106 B3
Gavarnie 155 C2
Gavi 113 D1
Gavião 164 B1
Gavirate 105 D3
Gävle 40 B2
Gavno 53 D1/2
Gavoi 123 D2
Gavorrano 114 B3, 116 A2/3
Gavrákia 146 B1
Gavray 86 A/B1
Gávrion 149 C2
Gávros 143 B/C2
Gavsele 30 B2, 35 D1
Gavunda 39 C2
Gaweinstal 94 B2
Gawroniec 71 C1
Gáxsjö 29 D3, 35 B/C1
Gazoldo degli Ippoliti 106 B3
Gázoros 144 B1
Gazzuolo 114 B1
Gbelce 95 D3
Gdańsk (Danzig) 73 B/C2
Gdov 74 B1
Gdynia 72 B2
Gea de Albarracín 163 C2
Geaune 108 B2/3, 154 B1
Geay 101 C1
Gebhardshain-Elkenroth 80 B2
Gebhardshain 80 B2
Gebra 81 D1
Gebra 81 D1
Gedern 81 C2
Gedinne 79 C3
Gedney Drove End 61 D3, 65 C1
Gèdre 155 C2
Gedser 53 D2
Gedsted 48 B2
Gedved 48 B3
Geel 79 C1
Geertruidenberg 66 B3
Geeste 67 D2
Geeste-Dalum 67 C/D2
Geeste-Gross-Hespe 67 C/D2
Geeste-Osterbrock 67 D2
Geesthacht 68 B1
Gefell 82 A2
Géfira 143 D1/2
Gefiria 143 D3
Gefrees 82 A3
Gehrden 68 B3
Gehren 81 D2, 82 A2
Geijersholm 39 C3
Geilenkirchen 79 D1/2
Geilo 37 C3
Geiranger 32 A3, 36 B1
Geisa 81 C/D2
Geiselhoering 92 B2
Geiselwind 81 D3
Geisenfeld 92 A2
Geisenhausen 92 B2
Geisenheim 80 B3
Geising 83 C2
Geisingen 90 B3
Geislingen 91 C2
Geisnes 28 B1
Geissthal 127 C1
Geitastrand 28 A3, 33 C1/2
Geiteryggyhytta 37 C3
Geithain 82 B1
Geithus 43 D1

Gejuelo del Barro 159 D2
Gela 125 C3
Geldermalsen 66 B3
Geldern 79 D1
Geldrop 79 C1
Geleen 79 D1/2
Gelenau 82 B2
Gelibolu 149 C/D1
Gelida 156 A3
Gellershausen 81 C1
Gel'm'azov 99 D2
Gelnhausen 81 C2/3
Gelsa 162 B1
Gelse 128 A2
Gelsenkirchen 80 A1
Gelsted 52 B1
Geltendorf 91 D2, 92 A2
Gelting 52 B2
Gema 159 D1
Gembloux 79 C2
Gemenc 129 C2
Gémenos 111 D3
Gemert 79 C/D1
Gémir 109 D2
Gemla 51 C1/2
Gemona del Friuli 126 A2
Gémozac 100 B3
Gemünden 81 C2
Gemünden 80 A3
Gemünden am Main 81 C3
Gemünden am Main-Wernfeld 81 C3
Gemünden-Ehringshausen 81 C2
Gemuño 160 A2
Genarp 50 B3
Génave 168 A3
Genazzano 118 B2
Gençay 101 C2
Gendrey 89 C3, 104 A1
Gendringen 67 C3
Génelard 103 C1/2
Genemuiden 67 C2
Generalski Stol 127 C3, 130 B1
General-Toševo 141 C/D2
Genestoso 151 C/D1/2
Genêts 85 D1/2
Genevad 50 A2
Genève 104 A2
Gengenbach 90 B2
Génicourt-sur-Meuse 89 C1
Genillé 87 B/C3, 101 D1
Genk 79 C1/2
Genlis 89 B/C3, 103 D1
Gennep 67 B/C3
Genner 52 B2
Gennes 86 A3
Gennes-sur-Glaize 86 A3
Genola 112 B1/2
Génolhac 110 B2
Genouilly 103 C1
Génova 113 D2
Génova-Dória 113 D2
Génova-Nervi 113 D2
Génova-Pegli 113 D2
Génova-Voltri 113 C/D2
Gensingen 80 B3
Gent 78 B1
Genthin 69 D2/3
Gentioux 102 A2/3
Genzano di Lucánia 120 B2
Genzano di Roma 118 B2
Geolooginen tutkimusasema 12 B1
Georgenthal 81 D2
Georgitsion 146 B3
Georgsheil 67 D1
Georgsmarienhütte 67 D3
Gepatschhaus 106 B1
Ger 108 B3, 155 C1
Ger 108 B3, 155 C1
Ger 86 A1/2
Ger 156 A2
Gera 82 B2
Geraardsbergen 78 B2
Gerabronn 91 C1
Gerace 122 A3
Gerakaroú 144 A2
Gerakíni 144 A2
Gerakini 148 B1
Gera Lário 105 D2, 106 A2
Gérardmer 89 D2, 90 A2/3
Geras 94 A2
Gerb 155 C/D3, 163 C1
Gerbéviller 89 D2

Gerbini 125 C2
Gerbstedt 69 C/D3, 82 A1
Gerca 98 B3
Gerdau 69 B/C2
Geremeas 123 D3
Gerena 171 D1
Geretsried 92 A3
Gérgal 173 D2
Gergei 123 D3
Gerhardshofen-Birnbaum 81 D3
Geria 158 A3
Gerichshain 82 B1
Gerindote 160 B3, 167 C1
Geringswalde 82 B1
Gerlé 109 C3, 155 C1/2
Gerlos 107 C1
Germaringen 91 D3
Germay 89 C2
Germering-Unterpfaffenhofen 92 A2
Germersheim 90 B1
Germigny-des-Prés 87 D3
Germont 79 C3
Gernay-la-Ville 87 C1/2
Gernika Lumo 153 D1
Gernrode 69 C3
Gernsbach 90 B2
Gernsheim 80 B3
Gerola Alta 106 A2
Geroldsbach-Strobenried 92 A2
Geroldsgrün 82 A2
Geroldstein 80 B3
Gerolimin 148 B3
Gerolzhofen 81 D3
Geroplátanos 142 B2/3
Gerovo 127 B/C3
Gerri de la Sal 155 D2
Gersau 105 C/D1
Gersfeld 81 C/D2
Gersheim 89 D1, 90 A1
Gersten 67 D2
Gerstetten 91 C/D2
Gersthofen 91 D2
Gerstungen 81 D2
Gerswalde 70 A/B1/2
Gerthausen 81 D2
Gerwisch 69 D3
Gerzen (Vilsbiburg) 92 B2
Gescher 67 C3
Geseke 68 A3, 80 B1
Gösera 154 B2
Geslau 91 D1
Gessertshausen 91 D2
Gestalgar 169 C1
Gesté 85 D3, 100 B1
Gesten 48 B3, 52 B1
Gesualdo 119 D3, 120 A2
Gesunda 39 C/D2
Geta 41 C2
Getafe 160 B3
Getan 29 C3, 34 A/B1
Getan 29 C3, 34 B1
Getaria 153 D1
Getbo 39 D3
Getinge 49 D2, 50 A1/2
Getinge 72 A1
Gettorf 52 B2/3
Getxo 153 C1
Gevelsberg 80 A1
Gevgelija 139 C3, 143 D1
Gevrey-Chambertin 88 B3, 103 D1
Gex 104 A2
Geyer 82 B2
Gfohl 94 A2
Ghedi 106 B3
Gheorghe Gheorghiu-Dej 141 C1
Gheorghieni 141 C1
Gherla 97 D3, 140 B1
Ghiffa 105 D2
Ghigo 112 B1
Ghilarza 123 C2
Ghirla 105 D2/3
Ghislarengo 105 C3
Ghisonaccia 113 D3
Ghisoni 113 D3
Ghyvelde 78 A1
Giàttra 147 C1
Giámos 33 D2
Giannitsá 143 D1
Giants Ring 56 A3
Giardinetto 120 A1/2
Giardini-Náxos 125 D2
Giarole 113 C1

Giarratana 125 C3
Giarre 125 D2
Giat 102 A/B2/3
Giaveno 112 B1
Giazza 107 C3
Giba 123 C3
Gibellina 124 A2
Gibostad 9 D1
Gibraleón 171 C1/2
Gibraltar 172 A3
Gic 95 C3, 128 B1
Gic 96 B3
Gideà 31 C2/3
Giebelstadt 81 C/D3
Gieboldehausen 81 D1
Giekerk 66 B1
Gielow 69 D1, 70 A1
Gien 87 D3
Giengen 91 D2
Giens 112 A3
Giéres 104 A3, 112 A1
Giessen 80 B2
Giessubel 81 D2, 82 A2
Gieten 67 C2
Giethoorn 67 C2
Gievnjegoikka 5 C3, 11 C1
Giffaumont 88 B2
Gifford 57 C2
Gifhorn 69 C2
Gifhorn-Kästorf 69 C2
Gifhorn-Wilsche 69 B/C2
Gif-sur-Yvette 85 C1/2
Gige 128 A/B2
Gigean 110 B3
Gigen 140 B2
Giglio Porto 116 A3
Gignac 110 B3/2
Gijón 151 D1, 152 A1
Gil 155 D2
Gilàu 97 D3, 140 B1
Gildeskal 14 B1
Gilena 172 A2
Gillberga 45 C1
Gilleleje 49 D3, 50 A2
Gilleleje 72 A1
Gillenfeld 80 A3
Gillhovs Kapell 34 C3
Gillingham 63 D2
Gillingham 65 C3, 77 C1
Gillstad 45 C2
Gilserberg 81 C2
Gilserberg-Moischeid 81 C2
Gimat 109 C2
Gimdalen 30 A3, 35 C2
Gimigliano 122 B2
Gimileo 153 C/D2
Gimnón 147 C2/3
Gimo 40 B3
Gimont 109 C2/3, 155 C/D1
Gimsøy 8 B2
Ginasservis 111 D2/3, 112 A3
Ginestar 163 C2
Ginestra degli Schiavoni 119 D2/3, 120 A2
Ginosa 121 C2
Ginostra 125 D1
Giói 120 A3
Gioia dei Marsi 119 C2
Gioia del Colle 121 C2
Gioia Sannítica 119 D2/3
Gioia Táuro 122 A3
Gioiosa Iónica 122 B3
Gioiosa Marea 125 C1/2
Giornico 105 D2
Giovinazzo 121 B/C2, 136 A3
Girbovu 135 D1
Girecourt-sur-Durbion 89 D2
Girifalco 122 B2
Girnic 135 C1
Giromagny 89 D3, 90 A3
Girona/Gerona 156 B2
Gironella 156 A2
Gironville-sous-les-Côtes 89 C1
Girvan 56 B2
Girvan 54 A3, 55 D2
Gisburn 59 D1, 60 B2
Gisira Pagana 125 C3
Gislaved 50 B1
Gislaved 72 A1
Gislev 53 C1/2
Gisley 9 B/C1

Gisors 77 D3, 87 C1
Gisselås 29 D3, 35 C1
Gisselfeld 53 D1
Gissi 119 D2
Gisslarbo 39 D3, 40 A3, 46 B1
Gisstrask 31 C1
Gistad 46 B2
Gistain 155 C2
Gistel 78 A1
Gistrup 48 B1/2
Giswil 105 C1
Githion 148 B3
Gittelde 68 B3
Giubega 135 D2
Giubega 140 B2
Giulesti 140 B2
Giulianova 119 C1
Giurgeni 141 C/D2
Giurgiu 141 C2
Giussano 105 D3, 106 A3
Give 48 B3, 52 B1
Givet 79 C2/3
Givors 103 D3
Givry 78 B2
Givry 103 D1
Givry-en-Argonne 88 B1
Givskud 48 B3, 52 B1
Gizdavac 131 C/D3
Gizeux 86 B3
Gizycko (Lötzen) 73 C2
Gizzeria 122 A2
Gizzeria Lido 122 A2
Gjælen 14 B1
Gjæsingen 28 B2
Gjendebu 37 C2
Gjendesheim 37 C2
Gjengstøl 36 A2
Gjengstøa 32 B1
Gjerdvik 36 A2
Gjerlev 48 B2
Gjermundshamn 42 A1
Gjern 48 B2/3
Gjerrild 49 C2
Gjerstad 43 C2
Gjersvik 29 C1
Gjesås 38 B2
Gjestal 42 A2
Gjesvær 5 D1
Gjevillvasshytta 33 C2
Gjeving 43 C/D3, 44 A2
Girokaster 142 A2
Gjirokastër 148 A1
Gjøl 48 B1
Gjølme 28 A3, 33 C2
Gjøra 32 B3
Gjørslev 50 A3, 53 D1
Gjøvdal 43 C2
Gjøvik 38 A2
Gjøvik 9 D1
Gjueševo 139 C2
Gjueševo 140 A/B3
Gla (Arne) 147 C2
Gladdenstedt 69 C2
Gladenbach 80 B2
Gladstad 14 A3
Glaisin 69 C1
Glamis 57 C1
Glamis Castle 57 C1
Glamoč 131 D2, 132 A2
Glamsbjerg 52 B1
Glandieu 104 A3
Glan-Münchweiler 80 A3, 90 A1
Glanshammar 46 B1
Glarus 105 D1, 106 A1
Glasgow 56 B2
Glasgow 54 B2/3, 55 D1
Glashütte 83 C2
Glashütten 127 C1
Glassdrummond 58 A1
Glastonbury 63 D2
Glauchau 82 B2
Glava 45 C1
Glava Glasbruk 45 C1
Glavanovci 139 C1
Glavatičevo 132 B3
Glavnik 138 B1
Gledić 134 B3
Gledica 133 D3, 134 A3
Gleichen-Bremke 81 D1
Glein 14 A2
Gleina 82 A1
Gleinstätten 127 C1
Gleisdorf 127 C/D1
Gleisdorf 96 A3
Gleissenberg 92 B1

Glen 34 A/B2
Glenariffe 56 A3
Glenarm 56 A3
Glenbar 56 A2
Glencoe 56 A/B1
Glencolumkille 55 C2
Glendalough 58 A2
Glenluce 56 B3
Glenrothes 57 C1
Glenties 55 C2
Gleschendorf 53 C3
Glesne 43 D1
Gletsch 105 C2
Glenicke 70 B3
Glifa 147 C1
Glifa 148 B2
Glifáda 148 B2
Glifáda 147 D2
Glíki 142 B3
Glimåkra 50 B2
Glimminge 50 B2
Glimmingehus 50 B3
Glina 127 D3, 131 C1
Glinka 71 D3
Glissjöberg 34 B3
Glitterheim 37 C2
Gliwice (Gleiwitz) 96 B2
Globino 99 D3
Globočica 138 B2
Glod'any 99 B/C3
Gloggnitz 94 A3
Glogovac 138 B1
Glogovica 135 C2
Glogovnica 127 D2
Głogów (Glogau) 71 C/D3
Głogów (Glogau) 96 A/B1
Glomfjord 14 B1
Glommen 49 D2, 50 A1
Glommen 72 A1
Glommerstrask 16 A3
Glomminge 51 D2
Glonn 92 A3
Glória 164 A/B2
Glosa 29 C/D3, 34 B1/2
Gløshaug 29 B/C2
Glos-la-Ferrière 86 B1
Glóssa 147 D1
Glossbo 40 A1
Glossop 59 D2, 61 B/C3
Glote 34 A3
Glottegei 33 C3, 37 D1
Glottertal 90 B2/3
Glotvola 33 D3
Gloucester 63 D1, 64 A2
Glöwen 69 D2
Gložan 129 C3, 133 C1
Głubczyce (Leobschütz) 96 B2
Głubokoe 74 B3
Głuchowo 71 D3
Glücksburg 52 B2
Glückstadt 52 B3, 68 B1
Glud 48 B3, 52 B1
Gluggvatnet 14 B3
Gluha Bukovica 132 A/B2
Gluhov 99 D1/2
Glumsø 53 D1
Glun 111 C1
Glusci 133 C1
Glusk 99 C1
Glyngøre 48 A2
Glynn 56 A3
Glypha 146 B2
Gmund 126 A/B1
Gmund 93 D2
Gmund 96 A2
Gmund am Tegernsee 92 A3
Gmunden 93 C3
Gmunden 96 A3
Gnarp 35 D3
Gnarrenburg-Kuhstedt 68 A1
Gnarrenburg-Karlshöfen 68 A1
Gnarrenburg 68 A1
Gnas 127 D1
Gnesta 47 C1
Gnevsdorf 69 D1
Gniew 73 B/C2/3
Gniezno 72 B3
Gnisvard 47 C/D3
Gnjilane 138 B2
Gnjilane 140 A3
Gnocchetta 115 C1
Gnoien 53 D3
Gnosjö 50 B1

Goathland — Grängesberg

Goathland 61 D1
Goatteluobbal 10 B1/2
Goč 134 B3
Goce Delčev 140 B3
Goch 67 C3, 79 D1
Gochsheim 81 D3
Göd 95 D3
Góda 83 D1
Godall 162 B2
Godalming 64 B3, 76 B1
Godby 41 C/D3
Godeč 139 D1
Godeč 140 B3
Godegård 46 A2
Godejord 29 C2
Godelleta 169 C1
Goderville 77 C3
Godiasco 113 D1
Godisa 128 B2
Godmanchester 65 B/C2
Godolló 97 C3
Godović 126 B2
Godre 128 B2
Godshill 76 B2
Godstone 65 C3, 76 B1
Godus 133 C2
Goes 78 B1
Góglio 105 C2
Gogolewo 71 C1
Göhlsdorf 69 D2/3, 70 A2/3
Göhrde 69 C2
Göhren 82 B2
Goirle 79 C1
Góis 158 A/B3
Góito 106 B3
Goizueta 153 D1, 154 A1
Gojani Epërm 138 A2
Gokels 52 B3
Göksholm 46 B1
Gol 37 C/D3
Golā 37 D2
Gola 128 A2
Golada 150 B2
Golańcz 71 D2
Golby 41 C/D3
Golchen 70 A1
Golczewo 71 B/C1
Goldap 73 C/D2
Goldbach 81 D1/2
Goldbeck 69 D2
Goldberg 69 D1
Goldelund 52 B2
Goldenbaum 70 A1
Goldenstedt 68 A2
Golegã 164 B1
Golemo Selo 139 C1
Golenice 70 B2
Goleniów (Gollnow) 70 B1
Goleniów (Gollnow) 72 A3
Golfe Juan 112 B3
Golfo Aranci 123 D1
Golle 128 B2
Gollersdorf 94 A/B2
Gollhofen 81 D3, 91 D1
Gollin 70 A2
Golling an der Salzach 93 C3
Göllingen 81 D1, 82 A1
Gollmitz 70 A/B1
Gollonboc 142 B1
Golmayo 153 D3, 161 D1
Golmés 155 D3, 163 D1
Golpejas 159 D2
Golssen 70 A3
Golubac 135 B/C2
Golubac 140 A2
Golubinci 133 D1, 134 A1
Golubinja 132 B2
Golubovec 127 D2
Golzow 69 D3
Golzow 70 B2
Golzow 70 B2
Gomadingen 91 C2
Gomagoi 106 B2
Gomara 153 D3, 161 D1
Gomaringen 91 C2
Gombrén 156 A2
Gomel' 99 C/D1
Gomesende 150 B3
Gomeznarro 161 C1
Gomezserracín 160 B1
Gommern 69 D3
Gomolava 133 C/D1, 134 A1
Gompertshausen 81 D2
Gomphoi 143 C3

Gonçalo Bocas 159 B/C2
Goncelin 104 A3
Gondelsheim 90 B1
Gondershausen 80 A3
Gondfélés 158 A1
Gondo [Brig] 105 C2
Gondomar 158 A1/2
Gondomar 150 A3
Gondrecourt-le-Château 89 C2
Gönen 149 D1
Gonesse 87 D1
Gonfaron 112 A3
Goni 123 D3
Gonnesa 123 C3
Gönnheim 90 B1
Gönni 143 D3
Gonnord 86 A3, 100 B1
Gönnos 143 D3
Gonnosfanàdiga 123 C3
Gonnosnò 123 C2/3
Goninhães 150 A3, 158 A1
Gonyü 95 C3
Gonzaga 114 B1
Goodwood House 76 B1
Goole 61 C2
Goor 67 C3
Göpfritz an der Wild 94 A2
Goppenstein 105 C2
Göppingen 91 C2
Goppollen 38 A1
Gopshus 39 C2
Gor 173 D2
Góra 71 D3
Gora 127 D3, 131 C1
Goračići 133 D2/3, 134 A3
Gorafe 173 C/D1
Goraiolo 114 B2, 116 A1/2
Goraiolo 114 B2, 116 A1
Góra Kalwaria 73 C3, 97 C1
Goražde 133 C3
Gorcsöny 128 B2/3
Gördalen 38 B1
Gordaliza del Pino 152 A2
Gordes 111 D2
Gördes 149 D2
Górdola 105 D2
Gordon 57 C2
Gordona 105 D2, 106 A2
Gordoncillo 152 A3
Gordoxola 153 C1
Gorebridge 57 C2
Gorey 63 D3, 85 C1
Gorey 58 A3
Gorga 169 D2
Gorga 118 B2
Gorges de Daluis 112 B2
Gorges de Galamus 156 B1
Gorges de Kakouetta 108 A/B3, 154 B1
Gorges de l'Asco 113 D2/3
Gorges de l'Ardèche 111 C2
Gorges de la Restonica 113 D3
Gorges du Daoulas 84 B2
Gorges du Fier 104 A2/3
Gorges du Lot 110 A1
Gorges du Toul Gonlic 84 B2
Gorges Supérieures du Cians 112 B2
Görgeteg 128 A2
Gorgómilos 142 B3
Gorgonzola 105 D3, 106 A3
Gorgopótamos 147 B/C1
Gorica 130 B2
Gorica 131 D3, 132 A3
Goričan 127 D2, 128 A2
Goriče 126 B2
Goricy 75 D2
Gorinchem 66 B3
Goring 65 C3
Gorino Ferrarese 115 C1
Göritz 69 D3
Göritz 70 B1
Gorizia 126 A/B2
Gorki 75 C3
Gorleben 69 C2
Gorleston 65 D1/2
Görlev 49 C3, 53 C1
Gorlice 97 C2
Görlitz 96 A1
Görlitz 83 D1
Gormaz 153 C3, 161 C1

Gorna Koznica 139 D2
Gorni Cibăr 135 D3
Gornja Briska 137 D2
Gornja Bukovica 133 C/D2, 134 A2
Gornja Čađjavica 133 C1
Gornjak 134 B2
Gornja Klina 138 B1
Gornja Ljubovida 133 C2
Gornja Ljuta 132 B3
Gornjane 135 C2
Gornja Radgona 127 D2
Gornja Radgona 96 A3
Gornja Stubičke Toplice 127 D2
Gornja Toplica-Vrujci 133 D2, 134 A2
Gornja Trepča 133 D2, 134 A2/3
Gornja Tuzla 133 B/C2
Gornje Gadimlje 138 B2
Gornje Jelenje 127 B/C3, 130 B1
Gornje Morakovo 137 D1
Gornje Zimlje 132 B3
Gornji Banjani 133 D2, 134 A2
Gornji Grad 127 C2
Gornji Hrgovi 132 B1
Gornji Klasnić 127 D3, 131 C1
Gornji Kneginec 127 D2
Gornji Kokoti 137 D2
Gornji Komarevo 127 D3, 131 C1
Gornji Kosinj 130 B1/2
Gornji Lapac 131 C2
Gornji Malovan 131 D2/3, 132 A2
Gornji Milanovac 133 D2, 134 A2
Gornji Podgradci 131 D1, 132 A1
Gornji Ribnik 131 D2, 132 A2
Gornji Šeher 131 D1, 132 A1
Gornji Vakuf 132 A2
Gornji Žabar 132 B1
Gorno Nerezi 138 B2
Goro 115 C1
Gorodec 98 B2
Gorodenka 98 B3
Gorodišče 99 D3
Gorodnja 99 D1/2
Gorodok 98 B3
Gorodok 97 D2, 98 A2/3
Gorohov 97 D1, 98 B2
Górowo Iławeckie (Landsberg) 73 C2
Gorredijk-Kortezwaag 67 C2
Gorron 86 A2
Gorsium 128 B1
Gorssel 67 C3
Gortyn 146 B3
Görvik 30 A2/3, 35 C1
Görzke 69 D3
Górzna 71 D1
Gorzów Wielkopolski (Landsberg) 71 C2
Gorzów Wielkopolski (Landsberg) 72 A3
Górzyca 70 B2
Gorzyń 71 C2
Gosaldo 107 C2
Gosau 93 C3
Göschenen 105 D1/2
Gościkowo 71 C3
Gościm 71 C2
Gosdorf 127 D1/2
Gosforth 59 C1, 60 A1
Gösing an der Mariazellerbahn 94 A3
Goslar 69 B/C3
Goslar-Hahndorf 69 B/C3
Goslar-Hahnenklee 68 B3
Goslar-Oker 69 B/C3
Gospić 130 B2
Gospodinci 129 D3
Gosport 76 B1
Gossa 69 D3, 82 B1
Gössater 45 D2
Gossau 91 C3
Gössenheim 81 C3
Gössl 93 C3
Gössnitz 82 B2

Gossweinstein 82 A3
Gossweinstein-Behringersmühle 82 A3
Gostivar 138 B2/3
Gostivar 140 A3
Göstling an der Ybbs 96 A3
Göstling an der Ybbs 93 D3
Gostomia 71 D1/2
Gostyń 71 D3
Gostyń 72 B3, 96 B1
Goszczanowo 71 C2
Göta 45 C3
Götafors 50 B1
Göteborg 45 C3
Göteborg 72 A1
Götene 45 D2
Gotha 81 D2
Gothem 47 D3
Gotlunda 46 B1
Gottby 41 C3
Gottingen 69 D1, 70 A1
Göttingen 81 C/D1
Gottlob 129 D2/3
Gottne 30 B3
Gottröra 40 B3
Gottsbüren 81 C1
Gottwaldov 95 C1
Gottwaldov 96 B2
Götzendorf an der Leitha 94 B3
Götzis 91 C3, 106 A1
Gouarec 84 B2
Gouda 66 A3
Goudargues 111 C2
Gouesnou 84 A2
Gouffre de Padirac 109 D1
Goulaine 86 A/B3, 101 C1
Goumé 146 B2
Gouménissa 143 D1
Goumois 89 D3, 104 B1
Gouneau 109 C2
Goûra 147 B/C2
Gourdon 108 B1
Gourin 84 B2
Gournay 87 D1
Gournay-en-Bray 77 D3
Gournay-sur-Aronde 78 A3
Gourock 56 B1/2
Gouveia 158 B2
Gouveias 159 B/C2
Gouvià 142 A3
Gouvinhas 158 B1/2
Gouzon 102 A2
Govedari 139 D2
Govedari 136 B1
Govérnolo 114 B1
Goviller 89 C2
Goyatz 70 B3
Gozd 126 B2
Gozdnica 83 D1
Gozdowice 70 B2
Gozée 78 B2
Gozón 151 D1
Gozzano 105 C/D3
Grab 133 C3, 137 D1
Grab 137 C2
Grăben 69 D3
Graben-Neudorf 90 B1
Grabenstätt 92 B3
Grábo 45 C3
Grábórg 51 D2
Grabovac 131 D3, 132 A3
Grabovac 133 D1/2, 134 A2
Grabovci 133 D1, 134 A1
Grabovica 135 C2
Grabovica 131 D3, 132 A3
Grabow 69 C1
Grabowhöfe 69 D1, 70 A1
Grabowno 71 D1/2
Grabrovnica 128 A2/3
Gračac 131 C2
Gračac 134 B3
Graça do Divor 164 B2
Gračanica 138 B1/2
Gračanica 132 B1
Gračanica 133 C2
Gracay 102 A1
Grad 127 D1
Gradac 132 A3, 136 B1
Gradac 133 D3, 134 A3
Gradac 133 C3
Gradačac 132 B1
Gradani 137 D2
Gradara 115 D2, 117 C1
Graddis fjellstue 15 C1
Graddö 41 C3

Gradec 127 D2/3
Gradec 135 D2
Gradefes 152 A2
Grades 126 B1
Gradevo 139 D2
Gradignan 108 B1
Grädinari 135 B/C1
Gradine 139 D1
Gradisca d'Isonzo 126 A2/3
Gradišče 127 D2
Gradište 128 B3
Gradište 133 B/C1
Gradište 139 C2
Gradižsk 99 D3
Grado 126 A3
Grado 151 D1
Grádoli 116 B3, 118 A1
Gradsko 139 C3
Gradskovo 135 C2
Graena 173 C2
Grafelfing 92 A2/3
Grafenau 93 C1/2
Grafenau-Haus 93 C2
Grafenberg 82 A3
Grafenhainichen 69 D3
Grafenhausen 90 B3
Grafenrheinfeld 81 D3
Grafenroda 81 D2
Grafenschlag 93 D2, 94 A2
Grafentonna 81 D1
Grafenwöhr 82 A/B3
Graffer 32 B3, 37 C1
Grafing 92 A/B2/3
Grafsnas 45 C3
Graglia 105 C3
Gragnano 119 D3
Grahovo 126 B2
Grahovo 137 C1/2
Graine 65 C3
Graja de Campalbo 163 C3, 169 D1
Grajal de Campos 152 A2
Grajewo 73 D3, 98 A1
Gram 52 B1
Gramada 135 C/D3
Gramais 106 B1
Gramat 109 D1
Gramkow 53 C3
Grammatikón 147 D2
Gramméni Oxiá 146 B1
Grammichele 125 C3
Grampound 62 B3
Gramsbergen 67 C2
Gramsh 142 A/B1
Gramzow 70 B1/2
Gran 38 A2
Granabeg 58 A2
Granada 173 C2
Granàs 15 C3
Granäsen 30 A2, 35 C/D1
Granátula de Calatrava 167 C2
Granberget 31 D2
Granberget 30 A1/2
Granbergsliden 16 A3
Granbergstråsk 16 A3
Granboda 41 D3
Grancey-le-Château 88 B3
Grandas de Salime 151 C1
Grandcamp-les-Bains 76 A3, 86 A1
Grand Canyon du Verdon 112 A2/3
Grand Champ 85 C3
Grand-Couronne 77 C3, 86 B1
Grand Croix 104 B3, 112 B1
Grandes Grottes 84 A2
Grand-Fougeray 85 D3
Grándola 164 B3
Grand Phare 84 B3
Grandrieu 110 B1
Grand-Rozoy 88 A1
Grands Goulets 111 D1
Grandson 104 B1
Grandvillars 89 D3, 90 A3
Grandvilliers 77 D3
Grané 14 B3
Granén 154 B3
Granera 156 A3
Grangärde 39 D3
Grangemouth 57 B/C1/2
Grange-over-Sands 59 C/D1, 60 B2
Grängesberg 39 D3

Granges-de-Crouhens — 37 — Grotte de Labouiche

Granges-de-Crouhens 109 C3, 155 C1/2
Granges-sur-Vologne 89 D2
Granges-sur-Aube 88 A2
Grangshyttan 39 D3
Grangsjo 35 D3
Grängsjo 40 A1
Granheim 37 C3
Granhult 51 C1
Granhult 17 C1
Granieri 125 C3
Graninge 30 A/B3, 35 D2
Gräningen 69 D2
Granitsa 146 B1
Granja 158 A2
Granja 165 C3
Granja de Iniesta 168 B1
Granja de Moreruela 151 D3, 159 D1
Granja de Torrehermosa 166 A3
Granjinha 158 B2
Grankulla 25 C3
Grankullavik 51 D1
Granliden 31 D1
Granna 46 A3
Grannäs 15 C3
Grannas 15 D3
Granollers 156 A3
Grañón 153 C2
Granön 31 C2
Granön 29 D2, 30 A1
Granschutz 82 B1
Granschütz-Grimma 82 B1
Gransee 70 A2
Gransee 72 A3
Gränsgärd 15 D3
Gransherad 43 C1, 44 A1
Gransjö 30 A3, 35 D2
Gransjö 30 B1
Gransjo 16 B2
Gransjon 38 B2/3
Gransjoríset 30 B1
Gränssjo 15 B/C3
Grantham 61 D3, 64 B1
Grantown-on-Spey 54 B2
Granträsk 17 C2
Granträsk 16 B3
Granträskmark 16 B3
Grantshouse 57 D2
Granvik 24 B3
Granvika 33 D3
Granville 85 D1
Granvin 36 B3
Granyena de les Garrigues 155 C3, 163 C1
Grao de Sagunto 162 B3, 169 D1
Grasbakken 7 C2
Gräsberg 39 D3
Grasellenbach-Wahlen 81 C3
Gräsgård 51 D2
Grasleben 69 C3
Grasleben-Twülpstedt 69 C2/3
Graslotten 29 C3, 34 A/B1
Grasmark 38 B3
Grasmere 57 C3, 60 B1
Grasmyr 31 C2
Graso 40 B2
Grassano 120 B2
Grassau 92 B3
Grasse 112 B3
Grässjö 35 C2
Graested 49 D3, 50 A2
Grästen 52 B2
Grästorp 45 C2
Gratangen 9 D2
Gratens 109 C3, 155 D1
Grätneset 14 B2
Gräträsk 16 A3
Gratteri 124 B2
Gratwein 127 C1
Graulhet 109 D2
Graus 155 C2/3
Graustern 83 D1
Grauthelfer 42 B2
Grávalos 153 D3, 154 A3
Gravanes 32 A3, 36 B1
Gravberget 38 B2
Gravdal 8 B2
Gravdal 42 A3
Grave 66 B3
Gravedona 105 D2, 106 A2
Gravéggia 105 C/D2

Graveide 43 C1
Gravelines 77 D1
Gravellona Toce 105 C/D2/3
Gravelotte 89 C1
Gravendal 39 C/D3
Grävenwiesbach 80 B2
Gravesend 65 C3
Gravfjorden 14 A3, 29 B/C1
Graviá 147 C1
Grävika 36 A3
Gravina di Catánia 125 D2
Gravina in Púglia 120 B2
Gravmark 20 A1, 31 D2
Gravouna 145 C1
Gray 89 C3
Grayan-et-l'Hôpital 100 B3
Grays 65 C3
Graz 127 C1
Graz 96 A3
Grazalema 172 A2
Grčarice 127 C3
Grdelica 139 C1
Gréalou 109 D1
Great Ayton 61 C1
Great Driffield 61 D2
Great Dunmow 65 C2/3
Great Harwood 59 D1, 60 B2
Great Malvern 63 D1, 64 A2
Great Missenden 64 B3
Great Rowsley 61 C3, 64 A1
Great Shelford 65 C2
Great Torrington 63 B/C2
Great Witley 59 D3, 64 A2
Great Yarmouth 65 D1/2
Grebbestad 44 B2
Grebenac 134 B1
Grebenau 81 C2
Grebenstein 81 C1
Gréccio 117 C3, 118 B1
Greda 127 D2
Greding 92 A1
Greding-Kraftsbuch 92 A1
Gredstedbro 52 A1
Greencastle 58 A1
Greenlaw 57 C/D2
Greenloaning 56 B1
Greenock 56 B2
Greenock 54 A2/3, 55 D1
Greenore 58 A1
Grefrath 79 D1
Grefsgård 37 C3
Gréggio 105 C3
Greifenburg 126 A1
Greifenstein-Allendorf 80 B2
Greiffenberg 70 B2
Greifswald 72 A2
Greillenstein 94 A2
Grein 93 D2
Grein 96 A2/3
Greipstad 43 B/C3
Greiz 82 B2
Grèmersdorf 53 C3
Grenå 49 C2
Grenade 108 B2
Grenade-sur-l'Adour 108 B2
Grenäs 29 D3, 35 C1
Grenåskilen 29 D3, 30 A2, 35 C1
Grenchen 105 B/C1
Grenier-Montgon 102 B3
Greningen 29 D3, 35 C2
Grenoble 104 A3
Grense-Jakobselv 7 D2
Gréoux-les-Bains 111 D2, 112 A2/3
Greenhorst 53 D3
Gressåmoen 29 C2
Gresse 69 C1
Gresslivollen 33 D2
Gressoney la Trinité 105 C3
Gressoney-Saint-Jean 105 C3
Gressvik 44 B1
Gresten 93 D3
Gretna Green 57 C3, 60 B1
Grettstadt 81 D3
Greussen 81 D1, 82 A1
Greux 89 C2
Grevbäck 45 D2, 46 A2

Greve 114 B3, 116 B2
Greven 69 C1
Greven 67 D3
Grevená 143 C2
Grevená 148 A/B1
Grevenbroich-Gustorf 79 D1, 80 A1
Grevenbroich 79 D1, 80 A1
Grevenition 142 B3
Grevenka 99 D2
Grevenmacher 79 D3
Greven-Reckenfeld 67 D3
Grevesmühlen 53 C3, 69 C1
Greve Strand 49 D3, 50 A3, 53 D1
Grevie 49 D2, 50 A2
Grey Abbey 56 A3
Greystoke 57 C3, 60 B1
Greystones 58 A2
Grez-en-Bouère 86 A2/3
Grèzes 109 D1
Grgar 126 B2
Grieben 69 D2
Griegos 162 A2
Gries 126 A1
Griesalp [Reichenbach im Kandertal] 105 C2
Gries am Brenner 107 C1
Griesbach 93 C2
Griesen 91 D3, 92 A3
Griesheim 80 B3
Gries in Sellrain 107 C1
Grieskirchen 93 C2
Griesstadt 92 B3
Griffen 127 C1/2
Grignan 111 C1/2
Grígno 107 C2
Grignols 108 B2
Grigoriopol' 141 D1
Grijó 159 C1
Grijó 158 A2
Grjota 152 B3
Grijpskerk 67 C1
Grillby 40 B3, 47 C1
Grimaldi 122 A/B2
Grimaud 112 A3
Grimdaler 43 C2
Grimmentz [Sierre] 105 C2
Grime's Grave 65 C2
Grimeton 49 D1, 50 A1
Grimma 82 B1
Grimmared 49 D1, 50 A1
Grimmaímalp, Kurheim [Oey-Diemtigen] 105 C2
Grimsäs 50 B1
Grimsbu 33 C3, 37 D1
Grimsby 61 D2/3
Grimsdalshytta 33 C3, 37 D1
Grimslöv 51 B/C2
Grimsmark 31 D1/2
Grimsmyrheden 39 C2
Grimstad 43 C3
Grimstad 32 B2
Grindaheim 37 C2
Grinde 36 B2
Grindelwald 105 C2
Grinder 38 B2
Grindheim 42 B3
Grindjord 9 D2
Grindsted 48 A3, 52 A/B1
Grinkiškis 73 D2
Grinneröd 45 C3
Griñón 160 B3
Grip 32 A/B2
Gripenberg 46 A3
Gripport 89 C2
Gripsholm 47 C1
Grisel 154 A3
Grisignano di Zocco 107 C3
Grisolles 108 B2
Grisslehamn 41 C3
Grisvåg 32 B2
Grizzana 114 B2, 116 B1
Graznovo 75 D3
Grljan 135 C3
Grljevac 131 D3
Grobæk 48 B2
Gröbenzell 92 A2
Gröbers 82 B1
Grobjina 73 C1
Grobming 93 C3
Gröbzig 69 D3, 82 A/B1
Grocka 133 D1, 134 B1/2
Grodby 47 C1

Grödig 93 B/C3
Grödinge 47 C1
Groditsch 70 B3
Gröditz 83 C1
Grodno 73 D2/3, 98 A1
Grodzisk Mazowiecki 73 C3, 97 C1
Grodzisk Wielkopolski 71 B3
Groenlo 67 C3
Groesbeek 67 B/C3
Grohote 131 C3
Groitzsch 82 B1
Groix 84 B3
Grojec 73 C3, 97 C1
Grolanda 45 D3
Grollejac 108 B1
Grollboo 67 C2
Grömbach 90 B2
Grömitz 53 C3
Grömitz-Cismar 53 C3
Gromo Santa Maria 106 A2
Grona 32 B3, 37 C1
Grönahög 45 D3
Gronau 67 C3
Gronau-Epe 67 C3
Gronau (Leine) 68 B3
Grönbo 16 B3
Gronbua 37 C2
Grondal 36 A2
Grondalen 38 A/B1
Grondalen 33 D2, 34 A2
Gronenbach 91 D3
Grong 28 B2
Grönhögen 51 D2
Grönhögen 72 B1
Gröningen 91 C/D1
Gröningen 67 C1
Gröningen 69 C3
Gronlia 14 B3
Gronligrotten 14 B2
Grønnes 32 A2
Grønningen 28 A3, 33 C1
Grono [Castione-Arbedo] 105 D2, 106 A2
Gronøysetra 33 C3, 37 D1
Grönskåra 51 C1
Grönskär 72 B1
Gronvik 42 A2
Grönviken 35 C2
Gronvollfoss 43 C/D1, 44 A1
Groomsport 56 A3
Grootegast 67 C1
Gropello Cairoli 105 D3, 113 D1
Groppo San Giovanni 114 A1
Goroud 43 D2, 44 A1
Grosbois-en-Montagne 88 B3
Grosbreuil 100 A2
Grösio 106 B2
Grośnica 134 B2
Grossa 113 D3
Grossalmerode 81 C1
Grossalsleben 69 C3
Grossarl 126 A1
Grossbodungen 81 D1
Grossbothen 82 B1
Grossbottwar 91 C1
Gross Buchholz 69 D2
Grossdobritz 83 C1
Gross-Dölln 70 A2
Grossefehn 67 D1
Grossefehn-Bagband 67 D1
Grossefehn-Strackholt 67 D1
Grossenbrode 53 C2/3
Grossenehrich 81 D1, 82 A1
Grossengottern 81 D1
Grossenhain 83 C1
Grossenhain 96 A1
Grossenkneten 67 D2, 68 A2
Grossenkneten-Sage 67 D2, 68 A2
Grossenluder 81 C2
Grossenlupnitz 81 D1/2
Grossensee 68 B1
Grossenstein 82 B2
Grossenwiehe 52 B2
Gross-Enzersdorf 94 B2
Grossereix 101 C2
Grosserlach 91 C1

Grosser Rachel 93 C1
Grosseto 116 B3
Grossfurra 81 D1
Gross Gastrose 70 B3
Gross-Gerau 80 B3
Gross-Gerungs 93 D2
Grosshansdorf 53 B/C3, 68 B1
Grossharthau 83 C1
Grosshartmannsdorf 83 C2
Grosshartmannsdorf 127 D1
Grossheide 67 D1
Grossheimschuh 127 C1
Grossheubach 81 C3
Grosshöchstetten 105 C1
Grosskayma 82 A/B1
Grosskirchheim 107 D1, 126 A1
Gross Koris 70 A3
Gross-Kreutz 69 D2/3, 70 A2/3
Grosskrut 94 B2
Gross-Leine 70 B3
Gross Lieskow 70 B3
Grosslittgen 79 D3, 80 A3
Grossmehring 92 A2
Gross-Miltzow 70 A1
Grossmugl 94 B2
Grossnaundorf 83 C1
Gross-Nemerow 70 A1
Gross Oesingen 69 B/C2
Gross-Ossig 70 B3, 83 D1
Grossostheim 81 C3
Gross-Pankow 69 D2
Grosspertholz 93 D2
Grosspetersdorf 127 D1
Grossraming 93 D3
Grossräschen 83 C1
Grossreifling 93 D3
Gross Reken 67 C3
Gross Rietz 70 B3
Grossrinderfeld 81 C3
Grossrohrsdorf 83 C1
Grossrosenburg 69 D3
Grossrosseln 89 D1, 90 A1
Gross-Salitz 53 C3, 69 C1
Gross-Sankt Florian 127 C1
Gross Särchen 83 C/D1
Grossschirma 83 C2
Gross Schönebeck 70 A2
Grossschönau 83 D2
Grossschweinbarth 94 B2
Gross Schwülper 69 B/C3
Gross-Siegharts 94 A2
Grosssölk 93 C3
Grosssolt 52 B2
Grossthiemig 83 C1
Gross-Umstadt 81 C3
Grosswarasdorf 94 B3
Gross Warnow 69 C1
Grossweikersdorf 94 A2
Gross-Wellie 69 D2
Gross-Welzin 69 C1
Gross-Werzin 69 D2
Grosswilfersdorf 127 D1
Gross-Wittensee 52 B2/3
Gross Wokern 53 D3, 69 D1
Grosswudicke 69 D2
Gross-Ziethen 70 B2
Grostenquin 89 D1
Grosuplje 127 B/C2/3
Grotavær 9 C1
Grotfjord 4 A2
Grötingen 35 C2
Grotli 32 A/B3, 37 C1
Grotlingbo 47 D3
Grotnesdalen 4 A2
Grotta Azzurra 119 C/D3
Grotta di Bossea 113 C2
Grotte di Nettuno 123 C2
Grotta di Tiberio 119 C3
Grotte 121 C2/3
Grottaglie 121 C2/3
Grottaminarda 119 D3, 120 A2
Grottammare 117 D2/3
Grotta Zinzulusa 121 D3
Grotte 124 B2/3
Grotte de Clamouse 110 B2
Grotte de Dargilan 110 B2
Grotte de l'Apothicairerie 84 B3
Grotte de la Sainte Baume 111 D3
Grotte de Labouiche 109 D3, 155 D1, 156 A1

Grotte de Médous — Hagen-Hohenlimburg

Grotte de Médous Grymyr 38 A2/3 Guérande 85 C3 Gunnarvattnet 29 C/D2 Haaksbergen 67 C3
109 B/C3, 155 C1 Grynberget 30 A2 Guéret 102 A2 Gunnebo 46 B3 Haan 80 A1
Grotte de Niaux 155 D2, Gryt 47 C2/3 Guérigny 102 B1 Gunnilbo 39 D3, 40 A3 Haapajärvi 21 D1, 22 A1
156 A1 Gryta 32 B1 Guesa 154 B2 Günselsdorf 94 B3 Haapajarvi 27 C2
Grotte de Pech Merle Gryte 28 B3, 33 D1 Guéthary 108 A3, 154 A1 Gunsleben 69 C3 Haapa-Kimola 25 D2,
109 D1 Grytgöl 46 B2 Gueugnon 103 C1/2 Gunsta 40 B3 26 B2
Grotte des Demoiselles Grythyttan 39 C/D3 Guglia 114 B2, 116 A/B1 Güntersberge 69 C3, Haapakoski 20 B2
110 B2 Grytnäs 47 C2 Guglingen 91 C1 81 D1, 82 A1 Haapakoski 22 B3
Grotte di Catullo 106 B3 Grytsjö 29 D1 Guglionesi 119 D2, 120 A1 Guntersblum 80 B3 Haapakumpu 13 C2/3
Grotte di Castro 116 B3, Grytstorp 46 B2 Gugutka 145 D1, 145 D3 Guntersdorf 94 A2 Haapala 26 B2
118 A1 Grzebienisko 71 D2 Gühlen Glienicke 69 D2, Guntin de Pallares 150 B2 Haapala 27 C1
Grotte du Loup 108 B3, Grzmiąca 71 D1 70 A2 Guntramsdorf 94 B2/3 Haapalahti 23 D2
155 C1 Gschwend 91 C1 Guia 170 A2 Günzburg 91 D2 Haapaloso 23 D3
Grotteria 122 A/B3 Gstaad 104 B2 Guia 158 A3, 164 A1 Gunzenhausen 91 D1 Haapaluoma 30 B3
Grotte Santo Stéfano Gsteig b. Gstaad [Gstaad] Guichen 85 D2 Günzerode 81 D1 Haapamäki 21 D1/2,
117 C3, 118 A1 104 B2 Guide Post 57 D2/3 Gurahont 97 D3, 22 A1/2
Grottes de Bétharram Guadalhortuna 173 C1 Guidizzolo 106 B3 140 A/B1 Haapamäki 21 C3
108 B3, 155 B/C1 Guadalajara 161 C2 Guidônia Montecélio Gura Humorului 141 C1 Haapamäki 22 B2
Grottes de Crozon 84 A2 Guadalaviar 162 A2/3 118 B2 Guralatch-Alp [Illanz] Haapamäki 23 C3
Grottes de Trabuc 110 B2 Guadalcanal 166 A3 Guiglia 114 B1/2, 105 D2, 106 A2 Haaparanta 13 C3
Grottes d'Oxocelhaya Guadalcázar 172 A1 116 A/B1 Gura Văii 35 C1/2 Haapasaari 26 B3
108 B3, 155 C1 Guadalest 169 D2 Guignes 87 D2 Gura Zlata 135 D1 Haapasalmi 23 D3
Grettingen 28 A2, 33 C1 Guadalix de la Sierra Guijo 166 B2/3 Gurgazo 113 D3, 123 D1 Haapavaara 23 D1
Gröttole 120 B2 161 B/C2 Guijo de Avila 159 D2 Guri i zi 137 D2 Haapavesi 18 A3, 21 D1,
Grouw 66 B1/2 Guadalmez 166 B2 Guijuelo 159 D2 Gurk 126 B1 22 A1
Grova 43 C2 Guadalmina 172 A3 Guildford 64 B3, 76 B1 Gurrea de Gállego 154 B3 Haapovaara 23 D2/3
Grovdalsbu 32 B2/3 Guadalupe 166 B1 Guillaumes 112 B2 Gurs 108 B3, 154 B1 Haapsalu 74 A1
Gröveldalsvallen 34 A3 Guadamur 160 B3, 167 C1 Guillena 171 D1 Gusborn 69 C2 Haar 92 A2/3
Grovels fjellstation 34 A3 Guadarrama 160 B2 Guillestre 112 A/B1 Gušče 127 D3, 131 C/D1 Haaraaoja 18 B3
Grovfjord 9 C/D2 Guadix 173 C2 Guimara 153 B/C3 Gusendos de los Oteros Haarada 21 D2, 22 A2
Grovseter 37 C2 Guagno 113 D3 Guimarães 158 A1 152 A2 Haarajoki 22 B3
Grožnjan 126 B3, 130 A1 Guájar Alto 173 C2 Guimiliau 84 B2 Gusev 73 C/D2 Haarajoki 25 D2, 26 A2
Grua 38 A3 Gualachulain 56 A/B1 Guînes 77 D1 Gusinje 137 D2, 138 A1/2 Haarasaajo 12 A3, 17 D2
Grubbe 40 A1 Gualchos 173 C2 Gungamp 84 B2 Gusmar 142 A2 Haarbach 93 C2
Grubbe 30 B2, 35 D1 Gualda 161 D2 Guintamilla 151 D2 Guspin 123 C3 Haarinla 21 D2, 22 A2
Grubben 14 B3 Gualdo Tadino 115 D3, Guipavas 84 A2 Gussago 106 B3 Haarlem 66 A2
Gruben 33 D3 117 C2 Guipry 85 D3 Gusselby 39 D3, 46 A/B1 Haroinen 24 B2
Grubišno Polje 128 A3 Gualtieri 114 B1 Guirguillano 153 D2, Gussing 127 D1 Haataja 19 C1
Grubo 69 D3 Guarcino 119 C2 154 A2 Gussola 114 A1 Haavisto 25 C2
Gruda 137 C2 Guarda 158 B2 Guisando 160 A3 Gusswerk 94 A3 Habach 92 A3
Grude 131 D3, 132 A3 Guardamar del Segura Guisborough 61 C1 Gustav Adolf 39 C3 Habartice 83 D1/2
Grudovo 141 C3 169 C3, 174 B1 Guiscard 78 A3 Gustavsberg 45 C2 Habas 108 A3, 154 B1
Grudziądz 73 B/C3 Guardamiglio 113 D1, Guise 78 B3 Gustavsberg 47 D1 Habay-la-Neuve 79 C3
Grue Finnskog 38 B2 114 A1 Guisséry 84 A1/2 Gustavsfors 45 C1 Habkern [Interlaken-West]
Gruffelingen 79 D2 Guardas Viejas 173 D2 Guissona 155 C3, 163 C1 Gusten 69 C/D3 105 C1/2
Gruissan 110 B3, 156 B1 Guardavalle 122 B3 Gutiriz 150 B1 Gustorf 79 D1, 80 A1 Hablingbo 47 D3
Gruja 135 D2 Guardea 117 C3, 118 A/B1 Gultres 108 B1 Gustrow 53 D3, 69 D1 Habo 45 D3
Grumbach 83 C1/2 Guardia 120 A2 Gujan-Mestras 108 A1 Gusum 46 B2 Hábol 45 C2
Grumento Nova 120 B3 Guardia de Ares 155 C2 Gulbene 74 A2 Gutenbach 90 B2/3 Habsburg [Schinznach
Grumo Appula 121 C2 Guardia de Noguera Gulbovken 34 B2 Gutengerndorf 70 A2 Bad] 90 B3
Grums 45 C/D1 155 D3 Guldborg 53 D2 Gutenstein 94 A3 Habscheid 79 D2/3
Grunau im Almtal 93 C3 Guardiagrele 119 C/D1 Gulen 36 A2/3 Gutersloh 68 A3 Háby 44 B2
Grünbach am Schneeberg Guardialfiera 119 D2, Gulgofjorden 7 C1 Gutierre Muñoz 160 A/B2 Hachenburg 80 B2
94 A3 120 A1 Gullabo 51 C/D2 Guttannen [Innertkirchen] Hacinas 153 C3
Grünberg 81 C2 Guardia Perticara 120 B3 Gullane 57 C1 105 C2 Hackås 34 B2
Grünburg 93 D3 Guardia Sanframondi Gullänget 31 C3 Guttaring 126 B1 Hackeberga 50 B3
Grundagssätern 34 A3 119 D2/3 Gullaskruv 51 C1 Guvåg 8 B2 Hadamar 80 B2
Grundfors 15 C3, 29 D1 Guardiola de Berga 156 A2 Gullbre 36 B3 Guyhirn 65 C1/2 Hadanberg 30 B2/3, 35 D1
Grundfors 30 B1 Guardistallo 114 B3, Gulleråsen 39 D2 Gvardejsk (Tapiau) 73 C2 Haddenham 65 C2
Grundforsen 38 B1 116 A2 Gullholmen 9 C2 Gvarv 43 C/D2, 44 A1 Haddington 57 C1/2
Grundsjö 35 C3 Guardo 152 A2 Gullholmen 44 B3 Gvozd 137 D1 Haddon Hall 61 C3, 64 A1
Grundsjö 30 A2 Guarena 165 D2, 166 A2 Gullon 16 A3 Gwda Wielka 71 D1 Hademstorf 68 B2
Grundsund 44 B3 Guarrate 159 D1, 160 A1 Gullingen 46 B3 Gwiezdżin 71 D1 Hadersdorf am Kamp 94 A2
Grundsunda 31 C3 Guarromán 167 C/D3 Gullspång 45 D2, 46 A1/2 Gy 89 C3 Haderslev 52 B1
Grundsunda 41 D3 Guasa 154 B2 Gullstein 32 B2 Gyál 95 D3, 129 C1 Haderup 48 A/B2
Grundtjärn 30 B3, 35 D1 Guasila 123 D3 Gullük 149 D2 Gyékényes 128 A2 Hadleigh 65 C/D2
Grundträsk 16 B3 Guastalla 114 B1 Gulpen 79 D2 Gyldensten 48 B3, 52 B1 Hadmersleben 69 C3
Grundträsk 16 A3 Gubbio 115 D3, 117 C2 Gulsele 30 B2, 35 D1 Gyljen 17 C2 Hadrian's Wall 57 C/D3,
Grundträsk 16 A3 Gubbträsk 15 D3 Gulsvik 37 D3 Gyllene Uttern 46 A3 60 B1
Grundträskliden 16 A3 Gubernevac 134 B3 Gültz 70 A1 Gylling 48 B3, 52 B1 Hadsel 8 B2
Grundvattnet 16 B2/3 Gubin 70 B3 Gulze 69 C1 Gyltvik 9 C3 Hadselsand 8 B2
Grüneberg 70 A2 Gubin 72 A3, 96 A1 Gulzow 53 D3, 69 D1 Gyomrö 129 C1 Hadsten 48 B2
Grünendeich 68 B1 Guča 133 D3, 134 A3 Gumboda 31 D2 Gyöngyös 97 C3 Hadsund 48 B2
Grünewald 83 C1 Guča Gora 132 A/B2 Gumiel de Hizán 153 C3, Gyönk 128 B2 Hadžići 132 B2/3
Grünewalde 83 C1 Guchen 155 C2 161 B/C1 Györ 95 C3 Haedington 65 C3
Grungedal 42 B1 Gudar 162 B2 Gummark 31 D1 Györ 96 B3 Haeggeriset 38 B1
Grünhain 82 B2 Gudavac 131 C1 Gummarksnoret 31 D1 Györvár 128 A1 Haelen 79 D1
Grünheide 70 B2/3 Guddal 36 A2 Gummenen 104 B1 Gysinge 40 A2/3 Haffkrug-Scharbeutz 53 C3
Grünkraut 90 A3 Gudensberg 81 C1 Gummersbach 80 A1/2 Gyttorp 46 A1 Hafslo 36 B2
Grunnfarnes 9 C1 Gudhem 45 D2/3 Gummersbach-Derschlag Gyula 97 C3, 140 A1 Hafstad 32 B2
Grunnfjord 4 A2 Gudhjém 51 D3 80 A/B1/2 Gyulafirátót 128 B1 Haga 38 A2
Grunnferfjorden 8 B2 Gudhjem 72 A2 Gumpelstadt 81 D2 Gyulakeszi 128 A1 Haga 34 B2
Grunow 70 B3 Gudme 53 C2 Gumpersdorf 92 B2 Gyulevész 128 A1 Hagafoss 37 C3
Grünsfeld 81 C3 Gudmuntorp 50 B3 Gumpoldskirchen 94 B2/3 Gyvasshytta 42 B2 Hagan 127 D2/3
Grünstadt 80 B3, 90 B1 Gudow 69 C1 Gumtow 69 D2 Hagaström 40 A/B2
Grüntal 70 A/B2 Gudse 48 B3, 52 B1 Gumüldür 149 D2 Hagby 51 D2
Gruomba 15 D1/2 Gudumbro 48 A2 Gunarasfürdö 128 B2 Hage 33 C2
Grupčin 138 B2 Gudvangen 36 B3 Gundelfingen 91 D2 **H** Hage 67 D1
Grutness 54 A1 Guebwiller 89 D2/3, 90 A3 Gundelsheim 91 C1 Hagebök 53 C/D3
Gruvberget 40 A1/2 Gué-d'Hossus 78 B3 Gundertshausen Hægebostad 42 B3
Gruyères 104 B2 Guéhenno 85 C2/3 93 B/C2/3 Haacht 79 C1/2 Hægeland 43 B/C3
Gruža 134 B2/3 Guéjar-Sierra 173 C2 Gundheim 80 B3 Haademeeste 74 A1 Hagelstadt 92 B1/2
Grycksbo 39 D2 Guémar 90 A2 Gundinci 132 B1 Haag 92 B2 Hagen 80 A1
Gryfice 72 A/B2 Guéméné-Penfao 85 D3 Gunnarn 30 B1 Haag 93 D2/3 Hagen 67 D3
Gryfino 72 A3 Guémené-sur-Scorff 84 B2 Gunnarsberg 15 D3 Haag am Hausruck 93 C2 Hagen 68 A1
Gryfino 70 B1 Gueñes 153 C1 Gunnarsbyn 17 C2 Haahainen 22 B1 Hagen-Hohenlimburg
Gryllefjord 9 C1 Guer 85 C2/3 Gunnarskog 38 B3 80 A2

Hagenow — Hasborn

Hagenow 69 C1
Hagenwerder 83 D1
Hagétaubin 108 B3, 154 B1
Hagetmau 108 B2/3
Hagfors 39 C3
Häggås 30 A1
Häggåsen 30 B3, 35 D2
Häggdånger 35 D3
Häggenäs 29 D3, 34 B1/2
Häggnäset 29 D2
Häggsåsen 34 B2
Häggsjöbrånna 29 C3, 34 A1
Häggsjomon 30 B2, 35 D1
Haggsjon 29 D2, 34 B1
Haglebu 37 D3
Hagley 59 D3, 64 A2
Hagnilstene 33 C3
Hagondange 89 C1
Hagshult 50 B1
Hagsta 40 A/B2
Haguenau 90 A/B2
Håhellerhytta 42 B2
Hahn 80 A3
Hahnbach 82 A3, 92 A1
Hahnenklee-Bockswiese 68 B3
Hahót 128 A2
Haiger 80 B2
Haigerloch 90 B2
Haijaa 24 B1
Haikela 23 D1
Hailsham 77 B/C1
Hailuoto 18 A2
Haina-Löhlbach 81 C1
Hainburg an der Donau 94 B2
Hainburg an der Donau 96 B2/3
Hainfeld 96 A3
Hainfeld 94 A2/3
Hainichen 83 B/C2
Hajala 24 B2/3
Hajdúböszörmény 97 C3
Hajdučica 134 B1
Hajnówka 73 D3, 98 A1
Hajós 129 C2
Hakadal 38 A3
Håkafot 29 D2
Håkantorp 45 C2/3
Hakasuo 19 C3
Hakenberg 70 A2
Hakenstedt 69 C3
Håkjerringnes 9 D1
Hakkas 16 B1
Hakkenpää 24 A2
Häkkilä 21 D2, 22 A2
Häkkilä 22 B3
Häkkiskylä 21 C3
Hakkstabben 5 C2
Häknäs 31 C2/3
Hakokylä 19 D3
Hakulinranta 18 B2
Halaesa 125 C2
Hålaforsen 30 A2/3, 35 D1
Halámky 93 D1/2
Hålandsosen 42 A/B2
Halasadiki iskola 129 C/D2
Halászi 95 C3
Halbe 70 A/B3
Halbenrain 127 D1/2
Hålberg 16 A3
Halberstadt 69 C3
Halblech-Buching 91 D3
Halblech-Trauchgau 91 D3
Halbturn 94 B3
Halbturn 96 B3
Hald Ege 48 B2
Halden 44 B1
Haldensleben 69 C3
Haldenwang 91 D3
Halesworth 65 D2
Halfing 92 B3
Halgö 47 C2
Halhjem 42 A1
Halifax 59 D1/2, 61 C2
Halikarnassos 149 D2/3
Halikko 24 B3
Halila 23 C1
Haljala 74 A1
Halk 52 B1/2
Halkia 25 D2, 26 A2
Halkivaha 24 B2
Halkokumpu 22 B3
Halkosaari 20 B2
Hall 47 D2

Hälla 30 B2, 35 D1
Hällabrottet 46 A1
Hälland 29 C3, 34 A2
Hallapuro 21 C2
Hallaryd 50 B2
Hallaskar 36 B3
Hällävaara 19 C2/3
Hallbergmoos 92 A2
Hallbo 40 A1
Hallbybrunn 46 B1
Halle 44 B1/2
Halle 82 B1
Halle 68 A3
Halle 78 B2
Hällefors 39 C/D3
Hälleforsnäs 46 B1
Halle-Hörste 67 D3, 68 A3
Hallein 93 C3
Hallekis 45 D2
Hallen 29 C/D3, 34 B2
Hallen 29 D3, 30 A2, 35 C1
Hallen 34 B2
Hallenberg 80 B1
Hallenberg-Hesborn 80 B1
Hallencourt 77 D2
Halle-Neustadt 82 A/B1
Hallerud 45 D2, 46 A2
Hällesjö 30 A3, 35 C2
Hallestad 46 B2
Hällevadsholm 44 B2
Hallevik 51 C2/3
Hälleviksstrand 44 B3
Hällfjället 29 C3, 34 A2
Hallfors 16 B3
Halls 25 C1, 26 A1
Hallila 25 D2, 26 A2
Hallingby 37 D3
Hallingskeid 36 B3
Hallinmäki 22 B3
Hall in Tirol 107 C1
Hallnäs 15 D2
Hällnäs 40 B2
Hällnäs 31 C1/2
Hallsberg 46 A1
Hallschlag 79 D2
Hallshuk 47 D2
Hällsjö 30 B3, 35 D2
Hallstad 45 D3
Hallstahammar 40 A3, 46 B1
Hallstatt 93 C3
Hallstatt 96 A3
Hallstavik 41 B/C3
Hällstugan 39 C1
Halltal 107 C1
Halluin 78 A2
Hällvattnet 30 A2, 35 C1
Hallviken 29 D3, 35 C1
Halma 79 C3
Halmeniemi 26 B1/2
Halmepera 21 D1, 22 A1
Halmeu 97 D3, 98 A3
Halmrast 37 D3, 38 A2
Halmstad 49 D2, 50 A2
Halmstad 72 A1
Halna 45 D2, 46 A2
Halne 37 C3
Halos 147 C1
Halosenniemi 18 A2
Hals 32 B2
Hals 49 B/C1/2
Hals 9 C1
Hals 28 B2
Halsa 14 B1
Halsanaustan 32 B2
Hälsingfors 31 C2
Halskov 53 C1
Halsnøykloster 42 A1
Halstead 65 C2
Halstedkloster 53 C2
Halstenbek 52 B3, 68 B1
Halsua 21 C1/2
Hälta 45 C3
Haltdalen 33 D2
Haltern 67 C/D3
Haltern-Hamm 67 C/D3
Halttula 18 A1/2
Haltwhistle 57 C/D3, 60 B1
Hälva 27 D1
Halver 80 A1
Ham 78 A3
Hamalainen 12 B2
Hamar 38 A2
Hamarhaug 42 A1
Hamarinpera 18 A1
Hamarneset 14 B2

Hamarøy 14 A/B2
Hamarøy 9 C2/3
Hambergen 68 A1
Hambühren 68 B2
Hamburg 68 B1
Hamburg-Kirchwerder 68 B1
Hamburgsund 44 B2
Hambye 86 A/B1
Hamdorf 52 B3
Hämeenkyro (Tavastkyro) 24 B1
Hämeenlinna (Tavastehus) 25 C2
Hamelerwald 68 B3
Hameln 68 B3
Hamersleben 69 C3
Hamidiye 145 D3
Hamilton 56 B2
Hamina (Fredrikshamn) 26 B2
Haminalahti 22 B2
Haminanmäki 25 D1, 26 A/B1
Hamlagro 36 A/B3
Hamlagrosen 36 A/B3
Hamlepera 21 D1, 22 A1
Hamm 67 D3, 80 B1
Hammar 46 A2
Hammarby 40 A2
Hammarland 41 C3
Hammarn 39 C/D3, 45 D1
Hammarnäs 29 D3, 34 B2
Hammaro 45 D1
Hammarsbyn 39 C2
Hammarstrand 30 A3, 35 C2
Hammaslahti 23 D3
Hamm-Bockum-Hövel 67 D3, 80 B1
Hamme 78 B1
Hammel 48 B2/3
Hammelburg 81 C/D3
Hammelburg-Gauaschach 81 C/D3
Hammelspring 70 A2
Hamme-Mille 79 C2
Hammenhog 50 B3
Hammer 28 B2, 33 D1, 34 A1
Hammer 28 B2
Hammer 28 B2
Hammerdal 29 D3, 35 C1
Hammerfest 5 C1, 6 A1
Hammershøj 48 B2
Hammershus 51 D3
Hammerum 48 A/B3
Hamm-Heessen 67 D3, 80 B1
Hamminkeln 67 C3
Hamminkeln-Brünen 67 C3
Hamminkeln-Dingden 67 C3
Hamm-Pelkum 67 D3, 80 B1
Hamm 32 B1
Hammbukt 5 D2, 6 A2
Hamnedet 4 B2
Hamnes 28 B2
Hamnes 4 B2/3
Hamningberg 7 D1
Hamnøy 8 A3
Hamnsund 9 C2/3
Hamnsundet 14 A3
Hamnvågernes 4 A3, 9 D1, 10 A1
Hamvik 9 C/D2
Hamoir 79 C2
Hampetorp 46 B1
Hamra 39 D1
Hamrängefjärden 40 A/B2
Hamremoen 43 D1
Hamstreet 77 C1
Hamula 22 A/B2
Hamula 22 B2
Hamzali 139 D3
Hån 45 C1
Hana 7 C2
Hanau 81 C3
Hanau-Grossauheim 81 C3
Hanau-Steinheim 81 C3
Handen 47 C/D1
Handewitt 52 B2
Handlová 95 D2
Handlová 96 B2
Handog 29 D3, 34 B2
Handol 29 B/C3, 34 A2

Handrup 67 D2
Handsjö 34 B3
Handstein 14 A2
Handsverk 37 C/D2
Hanerau-Hademarschen 52 B3
Hanestad 33 D3
Hangaskylä 20 B3
Hangasmäki 25 C2
Hangastenmaa 26 B1
Hangelsberg 70 B2/3
Hänger 50 B1
Hanhikoski 12 B3
Hanhimaa 11 D3, 12 A1/2
Hanhivirta 23 C3
Hanho 21 C3
Haniá/Chaniá 149 B/C3
Hani i Hotit 137 D2
Hankamäki 23 C2
Hankamäki 22 B3
Hankasalmen asema 22 A/B3
Hankasalmi 22 A3
Han Knežica 131 D1
Hanko bad 44 B1
Hanko/Hango 24 B3
Hannas 46 B3
Hännila 27 C1
Hännila 21 D3, 22 A2/3
Hänninen 19 D1
Hanniskylä 21 D3, 22 A3
Hannover 68 B2/3
Hannukainen 11 C3, 12 A2
Hannumäki 17 C1
Hannuspera 18 B2
Hannusranta 19 C3
Hannut 79 C2
Hano 51 C2/3
Hanøy kapell 9 B/C2
Han Pijesak 133 C2
Hanshagen 53 C3, 69 C1
Hansjö 39 C/D1/2
Hansnes 4 A2
Hanstedreservatet 48 A1
Hanstedt (Harburg) 68 B1
Hanstedt-Velgen 68 B2
Hanstholm 48 A1
Han-sur-Lesse 79 C2/3
Han-sur-Mied 89 D1
Hantäla 24 B2
Hantháza 129 C/D1
Haou 108 A3, 154 B1
Haparanda / Haaparanta 17 D2/3, 18 A1
Haparanda hamn 17 D3, 18 A1
Häppälä 21 D3, 22 A3
Haptrásk 16 B2
Hara 39 C3
Hara 74 A1
Häradsbygden 39 D2
Haranes 28 B1
Haras du Pin 86 B1
Harbach 93 D2
Harbak 28 A2
Harbergsdalen 29 D1
Harbo 40 B3
Harboøre 48 A2
Harburg 91 D2
Harburg-Ebermergen 91 D2
Härby 52 B1/2
Harcourt 77 C3, 86 B1
Hardegarijp 67 B/C1
Hardegsen 68 B3, 81 C1
Hardelot-Plage 77 D2
Hardenberg 67 C2
Harderwijk 66 B2/3
Hardeshøj 52 B2
Hardheim 81 C3
Hardheim-Bretzingen 81 C3, 91 C1
Hardom 25 D2, 26 A/B2
Hardt (Rottweil) 90 B2
Hareid 36 A/B1
Harelbeke 78 A2
Haren 67 C/D2
Haren 67 C1/2
Haren-Rütenbrock 67 C2
Haren-Wesuwe 67 C/D2
Hareskov 49 D3, 50 A3, 53 D1
Harestad 45 C3
Harestua 38 A3
Harewood 61 C2
Harewood House 61 C2
Harfleur 77 B/C3

Harg 40 B3
Hargnies 79 C3
Hargshamn 40 B3
Harhala 25 C1
Haringvlietdam (Uitwateringssluizen) 66 A3
Harivaara 23 D2
Harjakangas 24 A/B1
Harjakopski 24 B1
Harjankylä 20 B3
Harjänvatsa 25 C3
Harjavalta 24 B1
Harjula 18 B1
Harjumaa 26 B1
Harjunkylä 20 A/B2
Harjunmaa 22 B3
Harjunpää 24 A1
Harjunsalmi 25 D1, 26 A1
Härkäneya 21 C1
Härkäny 128 B3
Härkeberga 40 A/B3
Härkinvaara 23 C2/3
Härkmeri 20 A3
Härkmyran 16 B2
Härkönen 17 D2, 18 A1
Harlech 59 C3, 60 A3
Harleston 65 C2
Härlev 50 A3, 53 D1
Harlingen 66 B1/2
Harlösa 50 B3
Harlow 65 C3
Harlunda 51 B/C2
Harma 20 B2
Harma 19 D1
Harmaalamranta 21 D2, 22 A2
Harmainen 25 D1, 26 A1
Harmanec 95 D1/2
Harmånger 35 D3
Harmänkylä 19 D3
Harmanli 141 C3
Harmanmäki 19 C3
Härmas 129 C1
Harmer Hill 59 D3
Harndrup 48 B3, 52 B1
Harnekop 70 B2
Härnes 28 A2
Härnes 32 A2
Harnosand 35 D2/3
Haro 153 C2
Häromfa 128 A2
Harpe 25 D3, 26 A3
Harpefoss 37 D2
Harpenden 64 B2/3
Harplinge 49 D2, 50 A2
Harpstedt 68 A2
Harrejaure 16 B1
Harrelv 7 C1/2
Harrogate 61 C2
Harrogate 54 B3
Harrold 64 B2
Harrow 64 B3
Harrsjö 15 C3
Harrsjöhöjden 29 D2, 30 A1
Harrsjon 29 D2
Harrström 20 A2/3
Harrvik 15 C3
Härryda 45 C3, 49 D1
Harsa 39 D1, 40 A1
Harsefeld 68 B1
Harsewinkel 67 D3, 68 A3
Härsjöen 33 D2/3
Harskirchen 89 D1, 90 A1
Harsleben 69 C3
Harsprånget 16 A/B1
Harstad 9 C2
Harsum 68 B3
Harsvik 28 A2
Harta 129 C2
Hartberg 127 D1
Hartberg 96 A3
Harte 35 D3
Hartenholm 52 B3
Hartennes-et-Taux 88 A1
Hartha 82 B1
Hartland 62 B2
Hartlepool 61 D1
Hartmannsdorf 82 B2
Hartola 25 D1, 26 A1
Hartola 26 B2
Hartosenpää 26 B1
Harvaluoto 24 B3
Harvasstua 14 B3, 29 D1
Harwich 65 C2
Harzgerode 82 A1
Hasborn 80 A3

Haseldorf 40 Henningen

Haseldorf **68** B1
Häselgehr **106** B1
Haselund **52** B2
Haselünne **67** D2
Häsjö **30** A3, **35** C2
Häsjö Gamla **30** A3, **35** C2
Haskovo **141** C3
Haslach **90** B2
Haslach an der Mühl **93** C2
Hasle **51** D3
Hasle [Hasle-Rüegsau] **105** C1
Haslemere **64** B3, **76** B1
Haslemoen **38** B2
Haslev **53** D1
Haslev **72** A2
Hasmark **49** C3, **53** C1
Hasnon **78** A2
Hasparren **108** B3, **155** C1
Hassel **35** C/D3
Hassela **35** C/D3
Hasselfelde **69** C3, **81** D1, **82** A1
Hasselfors **46** A1
Hassel (Hoya) **68** A/B2
Hasselö **47** B/C3
Hasselt **79** C1/2
Hasselt **67** C2
Hasselvik **28** A3, **33** C1
Hassfurt **81** D3
Hassi **25** D1, **26** A1
Hässjö **35** D3
Hassleben **81** D1, **82** A1
Hässleholm **50** B2
Hässleholm **72** A1
Hasslöer **45** D2
Hasslö **51** C2
Hassloch **90** B1
Hæstad **14** A2
Hästbacka **21** B/C1
Hästbo **40** A/B2
Hastersboda **41** D3
Hästholmen **46** A2
Hastière-Lavaux **79** C2
Hastings **77** C1
Hästö **24** B3
Hästveda **50** B2
Hasvik **5** C2
Haté **94** A2
Hateg **140** B1/2
Hatfield **61** C2/3
Hatfield **65** B/C3
Hatherleigh **63** C2
Hathersage **61** C3, **64** A1
Hatsola **27** C1
Hattem **67** C2
Hatten **90** B1/2
Hatten-Kirchhatten **67** D2, **68** A2
Hattevik **32** B1
Hattfjelldal **14** B3
Hatting **48** B3, **52** B1
Hattingen **80** A1
Hattlinghus **28** B2
Hattstedt **52** A/B2
Hattula **25** C2
Hattuselkonen **23** D1
Hattuvaara **23** D2
Hattuvaara **23** D1
Hatulanmäki **22** B1
Hatvan **97** C3
Hatzfeld **80** B1/2
Haubourdin **78** A2
Haudères, Les [Sion] **105** C2
Haudo **24** A2
Hauenstein **90** B1
Haugastøl **37** C3
Hauge **42** A3
Haugen **37** D2
Haugen **33** D3
Haugesund **42** A2
Haugfoss **43** D1
Haugfoss **43** C2
Haughom **42** B3
Haugnes **9** C1
Haugsdorf **94** A2
Haugseter **37** C/D2
Hauho **25** C2
Haukå **36** A2
Haukanmaa **21** D3, **22** A3
Haukedal **36** B2
Haukeland **36** A3
Haukeligrend **42** B1
Haukeliseter **42** B1
Haukijärvi **24** B1
Haukijärvi **19** C2

Haukilahti **21** C2
Haukilahti **19** D3
Haukimäki **22** B1/2
Haukinemi **23** B/C2
Haukipudas **18** A2
Haukitaipale **12** A3, **18** A/B1
Haukivuori asema **22** B3
Haukivuori **22** B3
Hauklappi **27** C1
Hauknes / Andfiska **14** B2
Haundorf-Obererlbach **91** D1
Haunetal **81** C2
Haunia **24** B1
Haurida **46** A3
Haus **36** A3
Haus **93** C3
Hausach **90** B2
Hausern **90** B3
Hausham **92** A3
Hausjärvi **25** C/D2, **26** A2
Hauske **42** A2
Hausmannstätten **127** C1
Haustreisa **14** B3
Hausvik **42** B3
Hautajärvi **13** C3
Hautakylä **21** C2
Hautecombe **104** A3
Hautefort **101** C3
Hauteluce **104** B3
Haute-Nendaz [Sion] **104** B2
Hauterives **103** D3
Hauteville-Lompnès **103** D2, **104** A2
Hautjärvi **25** D2, **26** A2
Hautmont **78** B2
Hautomäki **22** B2
Hauzenberg **93** C2
Hauzenberg-Germannsdorf **93** C2
Hauzenberg-Oberneureuth **93** C2
Havant **76** A1
Håvberget **39** D3
Havdhem **47** D3
Havdrup **49** D3, **50** A3, **53** D1
Havelange **79** C2
Havelberg **69** D2
Havelte **67** C2
Havelterberg **67** C2
Häven **39** D1
Haverdal **49** D2, **50** A2
Haverfordwest **62** B1
Haverfordwest **55** D3
Haverhill **65** C2
Haverö **35** B/C3
Haverödal **41** B/C3
Håverud **45** C2
Håvilsrud **38** B3
Havířov **96** B2
Havixbeck **67** D3
Havla **46** B2
Havlíčkův Brod **96** A2
Havlingstugan **34** A3
Havnbjerg **52** B2
Havndal **48** B2
Havneby **52** A2
Havnse **49** C3, **53** C1
Havnsund **32** A3
Havola **27** B/C2
Havøysund **5** D1, **6** A1
Havsa **141** C3
Havsnäs **30** A2
Havsnäs **30** A2, **35** C1
Havstenssund **44** B2
Havtorsbygget **39** C1
Havumäki **21** D3, **22** A3
Hawarden **59** C/D2, **60** B3
Hawes **59** D1, **60** B2
Hawick **57** C2
Hawick **54** B3
Hawkhurst **77** C1
Haworth **59** D1, **61** B/C2
Hayange **89** C1
Haydon Bridge **57** D3, **60** B1
Hayfield **59** D2, **61** B/C3
Hayingen **91** C2
Hayle **62** A3
Hay-on-Wye **63** C1
Haywards Heath **76** B1
Hazas de Cesto **153** C1
Hazebrouck **78** A2
Hazlov **82** B3

Headcorn **65** C3, **77** C1
Heager **48** A3
Heanor **61** D3, **65** C1
Heathfield **77** B/C1
Heathrow **64** B3
Hebnes **42** A2
Heby **40** A3
Hèches **109** C3, **155** C1
Hechingen **91** C2
Hecho **154** B2
Hechtel **79** C1
Hechtthausen **52** B3, **68** A/B1
Heckelberg **70** B2
Heckington **61** D3, **64** B1
Hecklingen **69** C3
Hedalen **37** D3
Hedared **45** C3
Hédauville **78** A3
Hedberg **16** A3
Hedby **39** D2
Heddal **43** C/D1, **44** A1
Hedderen **42** B2
Hede **34** A3
Hede **45** B/C2
Hédé **85** D2
Hedehusene **49** D3, **50** A3, **53** D1
Hedemora **40** A2/3
Heden **15** D3
Hedenäset **17** D2
Hedensted **48** B3, **52** B1
Hedersleben **82** A1
Hedersleben **69** C3
Hedervár **95** C3
Hedesunda **40** A2
Hedeviken **34** A/B3
Hedlo **36** B3
Hedmark **30** B1
Hedon **61** D2
Hee **48** A3
Heede **67** D2
Heek **67** C3
Heemstede **66** A2/3
Heer **79** C/D2
Heer-Agimont **79** C2/3
Heerbrugg **91** C3
Heerde **67** C2
Heerenveen **66** B2
Heerhugowaaard **66** A/B2
Heerlen **79** D2
Heesch **66** B3
Heeslingen **68** B1
Heestrand **44** B2
Heeze **79** C1
Hegge **37** C/D2
Heggenes **37** D2
Heggmo **14** B2
Heggstad **28** B2, **33** D1
Hegrœ **28** B3, **33** D1
Hegset **33** D2
Hegyeshalom **94** B3
Hegyfalu **94** B3, **128** A1
Heia **4** A3, **9** D1, **10** A1
Heia **28** B2
Heidal **37** D1/2
Heiddorf **69** C1/2
Heide **52** A/B3
Heideck **92** A1
Heidelberg **90** B1
Heiden **67** C3
Heiden **91** C3
Heidenau **68** B1
Heidenau **83** C1/2
Heidenheim **91** D2
Heidenheim (Gunzenhausen) **91** D1
Heidenheim-Hechlingen **91** D1
Heidenreichstein **93** D1/2, **94** A1/2
Heidenrod **80** B3
Heidenrod-Geroldstein **80** B3
Heidenrod-Laufenselden **80** B2/3
Heiderscheid **79** D3
Heigenbrücken **81** C3
Heikendorf **52** B2/3
Heikkila **19** D1
Heikkurila **27** C1
Heiland **43** C2
Heilbronn **91** C1
Heiligenberg **91** C3
Heiligenblut **107** D1, **126** A1
Heiligengrabe **69** D1/2

Heiligenhafen **53** C2/3
Heiligenhaus **80** A1
Heiligenkreuz im Lafnitztal **127** D1
Heiligenkreuz **94** A/B2/3
Heiligenstadt-Burggrub **82** A3
Heiligenstadt **81** D1
Heiligkreuzsteinach **81** B/C3, **90** B1
Heiloo **66** A2
Heilsbronn **91** D1
Heiltz-le-Maurupt **88** B1
Heim **32** B1
Heimbach **80** A3
Heimbach (Schleiden) **79** D2
Heimburg **69** C3
Heimdal **28** A3, **33** C1/2
Heimentingen **91** D2/3
Heimola **13** B/C2
Heimseta **36** A2
Heinäaho **22** B2
Heinälammi **25** B/C1
Heinämaa **25** D2, **26** A2
Heinäperä **22** B1
Heinäpohja **21** D2, **22** A2
Heinävaara **23** C2
Heinävaara **23** D3
Heinäveden asema **23** C3
Heinävesi **23** C3
Heinersdorf **70** B2
Heinersreuth (Bayreuth) **82** A3
Heinienni **26** B1
Heinijärvi **18** A3
Heinikoski **18** A1
Heinisuo **18** B1
Heinjoki **24** B2
Heinlahti **26** B2/3
Heino **67** C2
Heinola **25** D1/2, **26** A1/2
Heinolan maalaiskunta **25** D1/2, **26** B1/2
Heinolanperä **18** A3
Heinoniemi **23** C3
Heinoo **24** B1
Heinsberg **79** D1
Heinsberg-Karken **79** D1
Heinsburg-Randerath **79** D1
Heintaival **22** A/B2/3
Heist-op-den-Berg **79** C1
Heitersheim **90** A3
Heituinlahti **26** B2
Hejde **47** D3
Hejlsminde **52** B1
Hejnice **83** D2
Hejnsvig **48** A/B3, **52** A/B1
Hejnum **47** D2
Hekal **142** A2
Hel **73** B/C2
Helags fjällstation **34** A2
Helbra **82** A1
Heldburg **81** D2
Heldon **79** D1
Heldrungen **82** A1
Helechal **166** B2
Helfenberg **93** C/D2
Helfštýn **95** C1
Helgådalen **28** B3, **33** D1
Helgeli **4** B2/3
Helgenæs **46** B3
Helgeroa **43** D2, **44** A2
Helgheim **36** B2
Helgøy **4** A2
Helgøy **38** A2
Helgum **30** A3, **35** D2
Helgum **30** A/B3, **35** D2
Heligfjäll **30** A1
Heliport (Scilly Isles) **62** A3
Hell **28** A/B3, **33** C/D1
Hella **36** B2
Helland **32** B2
Helland **32** A2/3
Helland **42** A2
Helland **9** C3
Hellandsbygd **42** B1
Hellanmaa **20** B2
Hellarmo **15** C1
Helle **43** D2, **44** A2
Helle **42** B2
Helle **8** A3
Helle **42** A2
Helleland **42** A3

Hellemobotn **9** C3
Hellendoorn **67** C2
Hellenthal **79** D2
Hellenthal-Hollerath **79** D2
Hellenthal-Losheim **79** D2
Hellenthal-Reifferscheid **79** D2
Hellesøy **36** A3
Hellested **50** A3, **53** D1
Hellesvik **14** A2
Hellesylt **32** A3, **36** B1
Hellevad **52** B2
Hellevik **36** A2
Hellevoetsluis **66** A3
Heligvær **8** B3
Hellin **168** B2/3
Hellmonsodt **93** D2
Hellnes **4** B2
Hello **24** A3, **41** D3
Hellvik **42** A3
Helmbrechts **82** A2/3
Helmdon **65** C2
Helmond **79** C1
Helmsdale **54** B1/2
Helmsley **61** C2
Helmstedt **69** C3
Helnæs By **52** B2
Helnessund **8** B3
Helppi **12** A2, **17** D1
Helsingborg **49** D3, **50** A2/3
Helsingborg **72** A1
Helsinge **49** D3, **50** A2/3
Helsinger **72** A1
Helsinki **24** A2
Helsinki/Helsingfors **25** C/D3, **26** A3
Helsinki-Kivenlahti **25** C3
Helsinki-Soukka **25** C3
Helsinki-Tapiola **25** C3
Helsinki-Vuosaari **25** D3, **26** A3
Helston **62** A/B3
Heltersberg **90** A1
Helvécia **129** C1
Hemau **92** A1
Hemel Hempstead **64** B3
Hemer **80** B1
Hemfurt-Ederese **81** C1
Hemhofen **81** D3, **82** A3
Héming **89** D1/2, **90** A2
Hemingbrough **61** C2
Hemling **31** B/C2
Hemmesta **47** D1
Hemmet **48** A3, **52** A1
Hemmingen **68** B3
Hemmingen **31** C1
Hemmingsmark **16** B3
Hemmonranta **23** B/C2
Hemmoor **52** A/B3, **68** A1
Hemnebygda **36** B1
Hemnes **38** A3, **44** B1
Hemnesberget **14** B2
Hemsbach **80** B3
Hemse **47** D3
Hemse **72** B1
Hemsedal **37** C3
Hemsjö **35** C2
Hemsjö **51** C2
Hemslingen **68** B2
Hemsön **35** D2
Henån **45** B/C3
Hénanbihen **85** C2
Henarejos **162** A3, **169** B/C1
Hendaye **154** A1
Hendset **32** B2
Hendy **63** C1
Hengelo **67** C3
Hengelo **67** C3
Hengersberg **93** B/C2
Hénin-Liétard **78** A2
Henley-in-Arden **64** A2
Henley on Thames **64** B3
Hennan **35** C3
Henndorf am Wallersee **93** C3
Henneberg **81** D2
Hennebont **84** B3
Hennef **80** A2
Hennef-Uckerath **80** A2
Henne Strand **48** A3, **52** A1
Hennickendorf **70** A3
Hennigsdorf **70** A2
Henning **28** B2, **33** D1
Henningen **69** C2

Henningsvær 41 Hochspeyer

Henningsvær 8 B2
Hennstedt 52 B3
Hennstedt 52 B3
Hénoville 77 D2
Henri-Chapelle 79 D2
Henrichemont 87 D3
Henriksfjäll 15 C3, 29 D1
Hensås 37 C2
Henstedt-Ulzburg 52 B3, 68 B1
Henstridge 63 D2
Henvälen 34 A2
Hepolanperä 17 D3, 18 A1
Heppenheim 80 B3
Herad 42 B3
Heradsbygd 38 A/B2
Heraion 147 C2
Heraion 147 C3
Herajärvi 25 C/D1, 26 A1
Herajoki 25 C2
Herajoki 23 D2
Heraklea 143 C1
Herålec 94 A1
Herand 36 B3
Heraniemi 23 D2
Herbault 86 A/B3
Herbertingen 91 C2/3
Herbés 163 C2
Herbesthal 79 D2
Herbignac 85 C3
Herbitzheim 89 D1, 90 A1
Herbolzheim 90 A/B2
Herborn 80 B2
Herbrechtingen-Hausen 91 D2
Herbrechtingen 91 D2
Herbstein 81 C2
Herce 153 D2/3
Herceg Novi 137 C2
Herceqovac 128 A3
Hercegszántó 129 C2/3
Herdla 36 A3
Herdorf 80 B2
Herdwangen-Schönach 91 C3
Héréchou 109 C3, 155 C1
Hereford 63 D1
Herefoss 43 C3
Herencia 167 D1
Herend 128 B1
Herentals 79 C1
Hérépian 110 B3
Herfolge 50 A3, 53 D1
Herford 68 A3
Herguijuela 166 A2
Héricourt 89 D3
Héricourt-en-Caux 77 C3
Hérimoncourt 89 D3, 90 A3
Heringen 81 D1, 82 A1
Heringen-Widdershausen 81 D2
Heringsdorf 53 C3
Herisau 91 C3, 105 D1
Hérisson 102 B2
Herk-de-Stad 79 C1/2
Herland 36 A2
Herleshausen-Nesselroden 81 D1/2
Herleshausen 81 D1/2
Herlufmagle 53 D1
Hermagor 126 A2
Hermannsburg 68 B2
Hermannshof 53 D3
Hermansjo 30 B3, 35 D1
Hermansjo 30 B3, 35 D1
Hermansverk 36 B2
Hérmedes de Cerrato 152 B3, 160 B1
Herment 102 A/B3
Hermeskeil 80 A3
Hermisende 151 C3
Hermitage Castle 57 C2
Hermsdorf 82 A/B2
Hermsdorf 83 C2
Hernani 153 D1, 154 A1
Herne 80 A1
Herne Bay 65 D3, 77 C1
Hernes 28 A3, 33 C1
Herning 48 A/B3
Heroldsberg 82 A3, 92 A1
Heroldstatt-Ennabeuren 91 C2
Herøy 14 A2
Herpf 81 D2
Herråkra 51 C1
Herrala 25 D2, 26 A2

Herramélluri 153 C2
Herräng 41 C3
Herraskylä 21 C3
Herre 43 D2, 44 A1
Herredsgrensen 14 B1
Herrenberg 91 B/C2
Herrenchiemsee 92 B3
Herrera 172 A/B2
Herrera de Alcántara 165 C1
Herrera del Duque 166 B2
Herrera de los Navarros 162 A/B1
Herrera de Pisuerga 152 B2
Herrera de Valdecañas 152 B3
Herreros 153 D3, 161 C/D1
Herreros 151 D2/3
Herreros de Suso 160 A2
Herreruela 165 C1
Herrestad 45 C2
Herrhamra 47 C1/2
Herrieden 91 D1
Herrieden-Neunstetten 91 D1
Herringbotn 14 B2/3
Herrischried 90 B3
Herritslev 53 D2
Herrljunga 45 C3
Herrnhut 83 D1/2
Herro 34 B3
Herröskatan 41 D3
Herrsching 92 A3
Herrskog 30 B3, 35 D2
Herrstein 80 A3
Herrvík 47 D3
Herry 87 D3, 102 B1
Hersbruck 82 A3, 92 A1
Herschbach 80 B2
Herschbach 80 B2
Herscheid 80 B1
Herselt 79 C1
Hersin-Coupigny 78 A2
Herstal 79 C2
Herstmonceux Castle 77 C1
Hersvik 36 A2
Herte 40 A1
Herten 67 C/D3, 80 A1
Hartford 65 C3
Hervás 159 D3
Hervideros de Fuensanta 167 C2
Herxheim 90 B1
Herxheim 80 B3, 90 B1
Herzberg 68 B3, 81 D1
Herzberg 70 A3, 83 C1
Herzberg 69 D1
Herzberg 70 A2
Herzberg 72 A3, 96 A1
Herzberg-Scharzfeld 81 D1
Herzberg-Sieber 69 B/C3, 81 D1
Herzebrock 67 D3, 68 A3
Herzfelde 70 B2
Herzlake 67 D2
Herzogenaurach 81 D3, 91 D1, 92 A1
Herzogenbuchsee 105 C1
Herzogenburg 94 A2
Herzsprung 69 D2
Hesdin 77 D2
Hesel 67 D1
Heskestad 42 A/B3
Hesnæs 53 D2
Hesperange 79 D3
Hessdalen 33 D2
Hesselagergård 53 C2
Hessen 69 C3
Hesseneck-Kailbach 81 C3, 91 C1
Hessisch Lichtenau 81 C1
Hessisch Oldendorf-Hemeringen 68 A/B3
Hessisch Oldendorf 68 A/B3
Hessisch Oldendorf-Fischbeck 68 A/B3
Hessvík 42 A1
Hestedt 69 C2
Hestenesøyri 36 A/B1
Hestmon 14 A2
Hestnes 32 B1
Hestøy 14 A2
Hestra 50 B1
Hestra 46 A3
Hestvika 32 B1

Hetekylä 18 B2
Hetlevik 36 A3
Hettstedt 69 C3, 82 A1
Hetzerath 79 D3, 80 A3
Heubach 91 C2
Heubach 81 D2, 82 A2
Heudebouville 76 B3, 86 A/B1
Heusden 79 C1
Heustreu 81 D2
Heusweiler 89 D1, 90 A1
Heves 97 C3
Hévíz 128 A1/2
Hevlin 94 B2
Hevosoja 26 B2
Hexham 57 D3, 60 B1
Hexham 54 B3
Heyrieux 103 D3
Heysham 59 C/D1, 60 B2
Heysham 54 B3
Heytsbury 63 D2, 64 A3
Hidasnémeti 97 C2
Hiddenhausen 68 A3
Hieflau 93 D3
Hiendelaencina 161 C2
Hiersac 101 C3
Hiers-Brouage 100 B2
Hietakangas 13 B/C2
Hietakylä 22 B3
Hietama 21 D3, 22 A3
Hietana 25 D2, 26 A/B2
Hietanen 26 B1
Hietanen 17 D1
Hietaniemi 13 C2
Hietaniemi 19 C1
Hietaniemi 11 D2/3, 12 B1
Hietaniemi 26 B1
Hietaperä 19 D3
Hietoinen 25 D2, 26 A2
Hiettanen 17 D1
Higham Ferrers 64 B2
Highworth 64 A3
High Wycombe 64 B3
Higrav 8 B2
Higuera 159 D3, 166 A1
Higuera de Arjona 167 C3, 172 B1
Higuera de Calatrava 167 C3, 172 B1
Higuera de la Serena 166 A2
Higuera de la Sierra 165 D3, 171 C1
Higuera de las Dueñas 160 A/B3
Higuera de Llerena 165 D3, 166 A3
Higuera de Vargas 165 C2/3
Higuera la Real 165 D3
Higueras 162 B3
Higueruela 169 C2
Higueruela 163 C3, 169 D1
Higueruelas 162 B3, 169 C1
Hihnavaara 13 C2
Hidenkirnut 12 A3
Hidenkylä 21 D1, 22 A1
Hiilinki 21 C/D2
Hiirkyliä 23 C1
Hiirola 26 B1
Hiisijärvi 19 C3
Hiiskoski 23 D2
Hiitela 25 D2, 26 A2
Hijar 162 B1/2
Hikiä 25 C/D2, 26 A2
Hilchenbach 80 B1/2
Hildburghausen 81 D2
Hilden 80 A1
Hilders 81 D2
Hildesheim 68 B3
Hilgertshausen-Tandern-Hilgertshausen 92 A2
Hilgertshausen-Tandern 92 A2
Hillared 45 D3
Hille 68 A3
Hillebola 40 B2
Hillegom 66 A2/3
Hiller 28 B1
Hillerød 49 D3, 50 A3
Hillerød 72 A1/2
Hillerse 68 B2/3
Hillerstorp 50 B1
Hilleshamn 9 D2
Hillesheim 79 D2, 80 A2
Hillestad 43 D1, 44 A1

Hilli 21 C1
Hillilä 21 C1
Hillmersdorf 70 A3
Hillosensalmi 26 B2
Hillingsberg 45 C1
Hillsborough 56 A3
Hilltown 58 A1
Hilpoltstein 92 A1
Hilter 67 D3
Hiltunen 19 D1
Hilvarenbeek 79 C1
Hilversum 66 B3
Hilzingen 90 B3
Himalansaari 27 B/C1
Himanka 21 C1
Himankakylä 21 C1
Himara 142 A2
Himberg 94 B2/3
Himbergen 69 C2
Himeshåza 128 B2
Himki 75 D2
Himmelberg 126 B1
Himmelpforten 68 B1
Hinckley 65 C2
Hindås 45 C3
Hindås 72 A1
Hindelang 91 D3
Hindelbank 105 C1
Hindeloopen 66 B2
Hindenberg 70 A2
Hindersby 25 D2, 26 B2
Hindersón 17 C3
Hinderwell 61 C1
Hindhead 64 B3, 76 B1
Hindley 59 D2, 60 B2/3
Hindon 63 D2, 64 A3
Hindrem 28 A3, 33 C1
Hindseter 37 C2
Hinganmaa 12 B2
Hingham 65 C/D2
Hinkapera 18 B3, 21 D1, 22 A1
Hinnerjoki 24 A/B2
Hinnerup 48 B2
Hinneryd 50 B2
Hinojal 159 C3, 165 D1, 166 A1
Hinojales 165 D3, 171 C1
Hinojos 171 C/D2
Hinojosa 161 D2, 162 A2
Hinojosa de la Sierra 153 D3
Hinojosa de Duero 159 C2
Hinojosa de San Vicente 160 A3
Hinojosa del Valle 165 D2/3, 166 A2/3
Hinojosa del Duque 166 B2/3
Hinojosas de Calatrava 167 C2
Hinova 135 D2
Hinrichshagen 53 D3
Hinrichshagen 70 A1
Hinte 67 C/D1
Hinte-Loppersum 67 C/D1
Hinterhornbach 91 D3, 106 B1
Hinterhein [Thusis] 105 D2, 106 A2
Hinterriss 92 A3
Hintersee 93 C3
Hintersee 70 B1
Hinterstoder 93 C/D3
Hinterthal 92 B3, 126 A1
Hintertux 107 C1
Hinterzarten 90 B3
Hinthaara/Hindhår 25 D2/3, 26 A3
Hinx 108 A2
Hio 150 A2/3
Hippolytushoef 66 B2
Hirlău 141 C1
Hirrlingen 91 B/C2
Hirschaid 81 D3, 82 A3
Hirschau 82 A/B3, 92 A/B1
Hirschbach 82 A3, 92 A1
Hirschberg 82 A2
Hirschfelde 83 D2
Hirschhorn 91 B/C1
Hirsilä 25 C1
Hirsingue 89 D3, 90 A3
Hirsjärvi 25 C2
Hirson 78 B3
Hirsova 141 C/D2
Hirtshals 44 A3, 48 B1

Hirvaanmäki 21 D2, 22 A2
Hirvas 12 A3
Hirvaskoski 19 C2
Hirvaskylä 21 D3, 22 A3
Hirvasperä 18 A2/3
Hirvasvaara 13 C3
Hirveakuaru 12 B2
Hirvela 18 B2
Hirvelä 19 D3, 23 D1
Hirvelä 26 B2
Hirvenlahti 25 D1, 26 B1
Hirvensalmi 26 B1
Hirviäkuru 12 B2
Hirvihaara 25 D2, 26 A2
Hirvijarvi 20 B3
Hirvijarvi 25 C1
Hirvijarvi 22 B1
Hirvijarvi 17 C2
Hirvijoki 20 B2
Hirvikylä 21 C3
Hirvilahti 22 B2
Hirvimäki 21 D3, 22 A3
Hirvirangas 21 D3, 22 A3
Hirvisalo 25 D1/2, 26 B1/2
Hirvivaara 23 D2
Hirvlax 20 B2
Hirwaun 63 C1
Hirzenhain 81 C2
Hisar 149 D2
Hishult 50 B2
Hisøy 43 C3
Hissjon 31 C/D2
Hita 161 C2
Hitchin 64 B2
Hits/Hittiinen 24 B3
Hittarp 49 D3, 50 A2
Hitterdal 33 D2
Hittisau 91 C/D3
Hitzacker 69 C2
Hitzendorf 127 C1
Hitzkirch 105 C1
Hiukkajoki 27 D1
Hjäggsjo 31 C2
Hjallerup 48 B1
Hjaltanstorp 35 C3
Hjaltevad 46 A/B3
Hjardemal Klit 48 A1
Hjartdal 43 C1
Hjelle 37 C2
Hjelle 32 A3, 36 B1
Hjelle 36 B1
Hjellebotn 28 B2
Hjellestad 36 A3
Hjelmelandsvågen 42 A2
Hjelmset 14 A3, 28 B1
Hjerkinn 33 C3, 37 D1
Hjerm 48 A2
Hjerpsted 52 A2
Hjerting 48 A3, 52 A1
Hjo 45 D2/3, 46 A2
Hjøllund 48 B3
Hjolmo 36 B3
Hjørring 48 B1
Hjorte 52 B1
Hjorted 46 B3
Hjortkvarn 46 B2
Hjortnäs 39 D2
Hjortsberga 51 B/C1
Hjortskarmoen 14 B3
Hjulsjo 39 D3
Hlinky 82 B3
Hlohovec 95 C2
Hlohovec 96 B2
Hluboká nad Vltavou 93 D1
Hluboš 83 C3
Hluk 95 C1
Hmel'nickij 98 B3
Hmelnik 99 C3
Hnanice 94 A2
Hoberg 29 C3, 34 A1
Hobol 38 A3, 44 B1
Hobro 48 B2
Hoburgen 47 C/D3
Hochberg 81 C/D3
Hochborn 52 B3
Hochdorf 105 C1
Hochenschwand 90 B3
Hochenschwand-Tiefenhäusern 90 B3
Hochfelden 90 A2
Hochfilzen 92 B3
Hochheim-Irmelshausen 81 D2
Hochkirch 83 D1
Hochosterwitz 126 B1
Hochsölden 107 B/C1
Hochspeyer 90 B1

Höchst 81 C3
Hochstadt 90 B1
Höchstädt 91 D2
Höchstädt 82 B3
Höchstadt an der Aisch 81 D3
Höchstenbach 80 B2
Hochwolkersdorf 94 B3
Hockenheim 90 B1
Hockeroda 82 A2
Hocksjö 30 A2, 35 C1
Hodal 33 D3
Hoddesdon 65 C3
Hoddevika 36 A1
Hodenhagen 68 B2
Hodkovice nad Mohelkou 83 D2
Hódmezővásárhely 129 D2
Hódmezővásárhely 97 C3, 140 A1
Hodnet 59 D3, 60 B3
Hodonín 94 B1/2
Hodonín 96 B2
Hodorov 97 D2, 98 A3
Hodoš 96 A/B3
Hodoš 127 D1
Hodošan 127 D2, 128 A2
Hoedekenskerke 78 B1
Hoek van Holland 66 A3
Hoemsbu 32 B3
Hoenderloo 66 B3
Hoensbroek 79 D2
Hof 82 A/B2
Hof 80 B2
Hof 38 B2
Hof am Leithagebírge 94 B3
Hofbieber 81 C2
Hofbieber-Kleinsassen 81 C2
Höfer 68 B2
Hofgeismar 81 C1
Hofgeismar-Hümme 81 C1
Hofheim 81 D3
Hofheim 80 B3
Hofkirchen im Mühlkreis 93 C2
Hofles 28 B1
Hofors 40 A2
Höganäs 49 D2/3, 50 A2
Höganäs 72 A1
Högberget 16 A3
Högbo 40 A2
Hogboda 45 C1
Högby 51 D1
Högby 72 B1
Högbynäs 29 D2, 30 A2
Hogerud 45 C1
Högfjällshotellet 39 C1
Hogfors 39 D3
Hogfors 40 A3
Högnabba 21 B/C1/2
Høgheden 15 D2
Høgheden 16 A3
Höghult 46 B3
Högklint 47 D3
Högkulla 31 C1
Högland 31 C2
Höglekardalen 34 B2
Höglunda 30 A3, 35 C2
Högnäset 30 A1
Hogndalen 15 B/C1
Hognerud 45 C1
Hognes 28 B1
Hognfjord 9 C2
Högsåra 24 B3
Högsäter 38 B3
Högsäter 45 C1
Högsäter 45 C2
Högsby 51 D1
Hogsby 72 B1
Hogset 32 A/B2
Hogsjö 46 B1
Hogsta 29 C/D3, 34 B2
Högvälen 34 A3
Högyész 128 B2
Hohberg 90 B2
Hohburg 82 B1
Hoheinöd 90 A1
Hohenaltheim 91 D2
Hohenaspe 52 B3
Hohenau 94 B2
Hohenberg 94 A3
Hohenberg-Krusemark 69 D2
Hohenbrünzow 70 A1
Hohenbucko 70 A3

Hohenburg 92 A1
Hohenburg-Mendorferbuch 92 A1
Hohenems 91 C3, 106 A1
Hohenfels 92 A1
Hohenfurch 91 D3
Hohengüstow 70 B1
Hohenhameln 68 B3
Höhenkirchen 92 A3
Hohenleipisch 83 C1
Hohenleuben 82 B2
Hohenlinden 92 A/B2
Hohenlockstedt 52 B3
Hohenmölsen 82 B1
Hohen Neuendorf 70 A2
Hohenpeissenberg 91 D3, 92 A3
Hohengolding-Sulding 92 B2
Hohenpriessnitz 82 B1
Hohenroda 81 C/D2
Hohensaaten 70 B2
Hohenschwangau 91 D3
Hohenseeden 69 D3
Hohenseefeld 70 A3
Hohenstein-Bernloch 91 C2
Hohenstein-Ernstthal 82 B2
Hohentauern 93 D3
Hohenthann 92 B2
Hohenwarsleben 69 C3
Hohenwarth 92 B1
Hohenwarth 94 A2
Hohenwarthe 69 D3
Hohenwart (Schrobenhausen) 92 A2
Hohenwestedt 52 B3
Hohenziatz 69 D3
Hohn 52 B3
Höhn 80 B2
Hohne 68 B2
Höhnstedt 82 A1
Hohnstein 83 C1/2
Hohnstorf 69 C1
Höhr-Grenzhausen 80 A/B2
Holwacht 53 C3
Holoká 23 D3
Hoisko 21 C2
Højby 49 C/D3
Højer 52 A2
Højerup 50 A3, 53 D1
Hojniki 99 C1/2
Hojreby 53 C2
Højslev Stationsby 48 B2
Hojsova Stráž 93 C1
Hok 45 D3, 46 A3, 50 B1
Hökasen 40 A3, 46 B1
Hokka 26 B1
Hokkaskylä 21 C3
Hokksund 43 D1
Hokmark 31 D1
Hokon 50 B2
Hököpinge 50 A3
Hokovce 95 D2
Hokstad 28 B3, 33 D1
Hol 37 C3
Hol 45 C3
Holaforsen 30 A2/3, 35 D1
Holand 15 B/C1
Holand 29 C2
Holand 14 A/B2
Holand 9 C2
Holbæk 49 D3, 53 D1
Holbeach 61 D3, 65 C1
Holckenhagen 53 C1
Holdorf 67 D2
Holdorf-Gramke 67 D2
Hole 42 A2
Hole 43 D1
Holeby 53 C2
Holen 44 B1
Holen 33 C3, 37 D1
Holešov 95 C1
Holevik 36 A2
Holguera 159 C3, 165 D1, 166 A1
Holíč 94 B2
Holick 40 B1
Holja 25 C1
Holjäkka 23 C2
Holjes 38 B2
Holkestad 8 B3
Hollabrunn 94 A2
Hollabrunn 96 A/B2
Holland-on-Sea 65 C3

Hollandsche Veld 67 C2
Hollandse brug 66 B2/3
Hollås 28 B2, 33 D1
Holle 68 B3
Holleben 82 A/B1
Höllen 43 B/C3
Hollenbach 92 A2
Hollenegg 127 C1
Hollenstedt 68 B3
Hollenstedt 68 B1
Hollfeld 82 A3
Hollingsholm 32 A2
Hölloch 105 D1
Hollola 25 D2, 26 A2
Hollsand 29 D2
Hollum 66 B1
Hölviksnas 50 A3
Holm 57 C2
Holm 20 B1/2
Holm 14 B2
Holm 35 C2
Holm 30 B3, 35 D1/2
Holm 9 B/C1/2
Holm 52 B3
Holm 14 A3, 28 B1
Holm 32 A2
Holm 75 C2
Holmajärvi 10 A3
Holmbukt 4 B2
Holme 36 A/B1/2
Holme 65 B/C2
Holmec 127 C2
Holmedal 42 A1
Holmegård 53 D1
Holmegíl 45 B/C1
Holmer 37 D3, 38 A2
Holmen 4 B3, 10 B1
Holmenkollen 38 A3
Holmes Chapel 59 D2, 60 B3, 64 A1
Holmesletta 4 A2
Holmestrand 43 D1/2, 44 A/B1
Holmfirth 61 C2/3
Holmfors 16 B3
Holmisperá 21 D2, 22 A2
Holmön 20 A1, 31 D2
Holmsbu 43 D1, 44 B1
Holmsjö 51 C2
Holmsjo 30 B2, 35 D1
Holmsta 30 A3, 35 C/D2
Holmstad 8 B2
Holmstrand 30 A3, 35 C/D2
Holmsund 20 A1, 31 D2
Holmsvattnet 31 D1
Holmsveden 40 A1
Holmträsk 30 B2, 35 D1
Holmträsk 31 C1
Holmträsk 31 C1
Holmträsk 16 B3
Holmvassdalen 14 B3
Holm-Žirkovskij 75 C3
Holo 47 C1/2
Holopenić 74 B3
Holoydal 33 D3
Holsbybrunn 46 A3, 51 C1
Holsen 36 B2
Holsengsetra 28 B2
Holsljunga 49 D1, 50 A1
Holstebro 48 A2
Holsted 48 A3, 52 A/B1
Holsteinborg 53 C1/2
Holsworthy 62 B2
Holt 65 C1
Holt 59 D2, 60 B3
Holte 49 D3, 50 A3, 53 D1
Holten 67 C3
Holtet 38 B2
Holtet 44 B2
Holtinkylä 18 B2
Holubov 93 D1/2
Holum 42 B3
Holungen 81 D1
Holungsøy 33 B/C3, 37 D1
Holvik 28 B2
Holvik 43 C1
Holwerd 66 B1
Holyhead 58 B2
Holyhead 55 D2/3
Holywell 59 C2, 60 A/B3
Holywood 56 A3
Holzappel 80 B2
Holzdorf 70 A3
Holzengel 81 D1, 82 A1
Holzgau 106 B1

Holzgerlingen 91 C2
Holzhausen (Hofgeismar) 81 C1
Holzheim 91 D2
Holzkirchen 92 A3
Holzminden 68 B3
Holzminden-Neuhaus 68 B3
Holzthaleben 81 D1
Holzweissig 82 B1
Homberg 79 D1, 80 A1
Homberg 81 C1/2
Homberg 81 C2
Hombornes 14 A3
Homburg 89 D1, 90 A1
Homburg-Einöd 89 D1, 90 A1
Homesh 138 A3
Homelste 14 A3
Hommelvik 28 A/B3, 33 C1
Hommersåk 42 A2
Homps 110 A3, 156 B1
Homstad 28 B2
Hondarribia 154 A1
Hondón de las Nieves 169 C3
Hondón de los Frailes 169 C3
Hondschoote 78 A1
Hanefoss 38 A3, 43 D1
Honfleur 77 B/C3
Hong 49 C3, 53 C1
Hongsand 28 A2
Hongset 14 A3
Hongsee 52 B3
Honiton 63 C2
Honkajärvi 20 A3
Honkajoki 20 B3
Honkakoski 24 B1
Honkakoski 22 B1/2
Honkalahti 27 C2
Honkamukka 13 C2
Honkaranta 21 D2, 22 A2
Honkilahti 24 B2
Honko 20 B3
Honkola 25 B/C2
Honningsvåg 36 A1
Honningsvåg 5 D1, 6 B1
Honnstad 32 B2
Hono 45 B/C3, 49 C/D1
Honrubia 168 B1
Honrubia de la Cuesta 153 C3, 161 B/C1
Honseby 5 C1/2
Hontalbilla 160 B1
Hontanar 160 B3, 167 C1
Hontanaya 161 C3, 167 D1, 168 A1
Hontangas 153 B/C3, 160 B1
Hontianska Vrbica 95 D2
Hontianske Nemce 95 D2
Hontianske Nemce 96 B2/3
Hontianske Tesáre 95 D2
Hontoba 161 C2
Hontomin 153 C2/3
Hontovaara 23 D2
Hontoria de la Cantera 153 C3
Hontoria del Pinar 153 C3, 161 C1
Höntto 23 D2
Hoofdddorp 66 A2/3
Hoogersmilde 67 C2
Hoogeveen 67 C2
Hoogeezand-Sappemeer 67 C1
Hoogkerk 67 C1
Hoog-Soeren 66 B3
Hoogstede 67 C2
Hoogstraten 79 C1
Hook 64 B3, 76 A/B1
Höör 50 B3
Hoor 72 A1/2
Hoorn 66 B2
Hopelandsjøen 36 A3
Hopen 32 B1
Hopen 9 C3
Hopen 28 A2
Hoppegarten 70 B2
Hoppenrade 53 D3, 69 D1
Hopperstad 36 B2
Hoppula 12 B3
Hopseidet 6 B1
Hopsten 67 D2
Hopsten-Schale 67 D2
Hoptrup 52 B1/2

Hora Svatého Šebestiána 83 C2
Horaždovice 93 C1
Horb am Neckar 90 B2
Horb-Dettingen 90 B2
Horbelev 53 D2
Herby 49 C1
Hörby 50 B3
Hörby 72 A1/2
Horcajada de la Torre 161 D3
Horcajo de las Torres 160 A2
Horcajo de los Montes 166 B1
Horcajo de la Rivera 159 D2/3, 160 A2/3
Horcajo de Montemayor 159 D2/3
Horcajo de Santiago 161 C3, 167 D1, 168 A1
Horcajo-Medianero 159 D2, 160 A2
Horche 161 C2
Horda 50 B1
Hordabø 36 A3
Horelice 83 C/D3
Hořesedly 83 C3
Hořeslia 37 D3
Horezu 140 B2
Horgen 105 D1
Horgertshausen 92 A/B2
Horgoš 129 D2
Horgoš 140 A1
Horhausen 80 A2
Horía 141 D2
Hořice na Šumavě 93 C/D2
Höringhausen 81 C1
Horjul 126 B2
Horka 83 D1
Hörken 39 D3
Horley 65 B/C3, 76 B1
Hormakumpu 11 D3, 12 A2
Hormigos 160 B3
Hormilleja 153 D2
Hormisto 24 A/B1
Horn 46 B3
Horn 14 A2
Horn 14 A3
Horn 37 D3, 38 A2
Horn 94 A2
Horn 96 A2
Hornachos 165 D2, 166 A2
Hornachuelos 166 B3, 172 A1
Horná Mariková 95 C1
Horná Stubňa 95 D1/2
Hornbach 89 D1, 90 A1
Horn-Bad Meinberg 68 A3
Hornbæk 49 D3, 50 A2
Hornberg 90 B2
Hornberga 39 C/D1
Hornburg 69 C3
Horncastle 61 D3, 65 C1
Horndal 40 A2/3
Horndal 9 C3
Horndean 76 A1
Horne 52 B2
Horneburg 68 B1
Hörnefors 31 C2
Horné Lefantovce 95 C2
Hornhausen 69 C3
Horní Bečva 95 C1
Horní Bobrová 94 A/B1
Horní Cerekev 94 A1
Horní Jiřetín 83 C2
Horní Lideč 95 C1
Horní Lomná 95 D1
Hornindal 32 A3, 36 B1
Hørning 48 B3
Hörningsholm 47 C1
Horní Planá 93 C2
Horní Slavkov 82 B3
Horní Stropnice 93 D2
Horní Vltavice 93 C1
Hornmyr 30 B1
Hornnes 43 B/C3
Horno 70 B3
Hornos 168 A3
Hornoy 77 D3
Hornsea 61 D2
Hornsje 38 A1
Hörnsjo 31 C2
Hornslet 49 B/C2
Hornsved 49 D3
Hornu 78 B2
Hörnum 52 A2

Hornum — Ifjord

Hornum 48 B2
Horný Tisovník 95 D2
Horo 20 A3
Horoí 99 D2
Horonkylä 21 D2, 22 A2
Hořovice 83 C3
Hořovičky 83 C3
Horred 49 D1, 50 A1
Horrmundsvalla 39 C1
Horschen Althorschen 81 C1
Horsdal 14 B1
Horsens 48 B3, 52 B1
Horsforth 61 C2
Horsgard 32 A/B2
Horsham 76 B1
Horsham Saint Faith 65 C1
Harsholm 49 D3, 50 A3, 53 D1
Horsingen 69 C3
Horská Kvilda 93 C1
Horsmaanaho 23 C2
Horsnes 4 A/B3, 10 A1
Horšovský Týn 82 B3, 92 B1
Horst 79 D1
Horst 52 B3, 68 B1
Hörstel 67 D2/3
Hörstel-Dreierwalde 67 D2/3
Horstmar 67 D3
Horta 158 B2
Horta de Sant Joan 163 C2
Horten 43 D2, 44 B1
Hortigüela 153 C3
Hortlax 16 B3
Horton 59 D1, 60 B2
Horton 63 C/D2
Horvè 49 C3, 53 C1
Horvik 51 C2/3
Hosanger 36 A3
Hosbach 81 C3
Hoscheid 79 D3
Hosen 28 A2
Hosenfeld 81 C2
Hosenfeld-Hainzell 81 C2
Hosingen 79 D3
Hosio 18 B1
Hosjö 39 D2, 40 A2
Hospental 105 D2
Hospice de France 155 C2
Hospital 155 C2
Hospital de Órbigo 151 D2
Hospitalet de Llobregat 156 A3
Hossa 19 D2
Hossa 11 D3, 12 A2
Hossegor 108 A2/3
Hössjö 31 C2
Hössjön 30 A2, 35 C1
Hossmo 51 D2
Hössna 45 D3
Hostalric 156 B3
Hostanäs 25 C3
Hostens 108 B1
Hostěradice 94 B1
Hosterías de Ordesa 155 C2
Hostikka 27 C2
Hostomice 83 C3
Hoston 28 A3, 33 C2
Hostoppen 29 D2, 35 C1
Hosťouň 82 B3, 92 B1
Hostrup 48 B1
Hotagen 29 D2, 34 B1
Hotedršica 126 B2/3
Hötensleben 69 C3
Hotimsk 99 D1
Hotin 98 B3
Hoting 30 A2
Hotkovo 75 D2
Hotton 79 C2
Hou 49 C1
Houdain 78 A2
Houdan 87 C1
Houdelaincourt-sur-Ornair 89 C2
Houdremont 79 C3
Houécourt 89 C2
Houeillès 108 B2
Houffalize 79 C/D3
Houghton le Spring 57 D3, 61 C1
Houlgate 76 B3, 86 A/B1
Hourtin 100 B3
Hourtin-Plage 101 C3
Houthalen 79 C1
Houtsala 24 A3

Houtskär 24 A3, 41 D3
Houtskari 24 A3, 41 D3
Hov 48 B3
Hov 46 A2
Hov 14 A2
Hova 45 D2, 46 A2
Hovåg 43 C3
Hovdala 50 B2
Hovde 43 C2/3
Hovden 8 B1/2
Hovden 42 B1/2
Hove 48 A2
Hove 76 B1
Hovedgård 48 B3
Hövelhof 68 A3
Hoven 48 A3, 52 A1
Hovenäset 44 B2
Hoverport 77 D1
Hovet 42 B2
Hovet 37 C3
Hověží 95 C1
Hoviksnäs 45 C3
Hoviland 37 D3, 38 A2
Hovin 43 C1
Hovlös 17 C2
Hovmantorp 51 C2
Hovmantorp 72 A/B1
Hovreslia 37 D3
Hovslått 45 D3, 46 A3
Howard 61 C2
Howden 61 C2
Howth 58 A2
Höxter 68 B3
Höxter-Fürstenau 68 A/B3
Höxter-Godelheim 68 B3, 81 C1
Hoya 68 A2
Hoya-Gonzalo 168 B2
Hoya Gonzalo 160 B2
Hoyanger 36 A/B2
Hoydal 36 B1
Høydal 36 A2
Høydalsmo 43 C1/2
Hoyerswerda 83 C/D1
Hoyerswerda 96 A1
Høyholm 14 A3
Høykkylä 21 C2
Hoylake 59 C2, 60 A/B3
Høylandet 28 B1/2
Hoym 69 C3
Hoyocasero 160 A2
Hoyos 159 C3
Hoyos del Espino 160 A2/3
Hoytia 21 D3, 22 A3
Hoyuelos de la Sierra 153 C3
Hrachoviště 93 D1
Hradec Králové 96 A2
Hrádek 94 B2
Hrádek nad Nisou 83 D2
Hranice 82 B2
Hranice 95 C1
Hranice 96 B2
Hrasnica 132 B3
Hrastnik 127 C2
Hrastovlje 126 B3
Hfensko 83 D2
Hrge 132 B2
Hrob 83 C2
Hroboňovo 95 C3
Hronov 95 D1/2
Hronská Dúbrava 95 D2
Hronský Beňadik 95 D2
Hrotovice 94 A1
Hroznětín 82 B2
Hrtkovci 133 C/D1, 134 A1
Hrubieszów 97 D1, 98 A2
Hrubý Šúr 95 C2
Hrušovany nad Jevišovkou 94 B1/2
Hrustovača pečina 131 D1/2
Hrvace 131 D3
Huaröd 50 B3
Huarte Araquil 153 D2, 154 A1/2
Hubberholme 59 D1, 60 B2
Huben 107 D1
Hückelhoven 79 D1
Hückeswagen 80 A1
Hucknall 61 D3, 65 C1
Hucksjöåsen 30 A3, 35 C2
Hucqueliers 77 D2
Huddersfield 61 C2
Huddinge 47 C1
Huddunge 40 A3
Hude 68 A2

Hude-Wüsting 68 A2
Hudiksvall 40 B1
Huecas 160 B3
Huedin 97 D3, 140 B1
Huélago 173 C1/2
Huélamo 162 A3
Huelgoat 84 B2
Huelma 173 C1
Huelva 171 C2
Huéneja 173 D2
Huercal-Overa 174 A1/2
Huérmeces 153 B/C2
Huerta de Arriba 153 C3
Huerta del Marquesado 162 A3
Huerta del Rey 153 C3, 161 C1
Huerta de Valdecarábanos 161 C3, 167 C/D1
Huertahernando 161 D2
Huérteles 153 D3
Huertezuela 167 C2/3
Huerto 155 B/C3
Huesa 167 D3, 168 A3, 173 C1
Huesa del Común 162 B2
Huesca 154 B3
Huéscar 168 A3, 173 D1
Huete 161 D3
Huétor-Tájar 172 B2
Hüfingen 90 B3
Huglfing 92 A3
Hugulia 37 D2
Huhdasjärvi 26 B2
Huhmarkoski 20 B2
Huhtamo 24 B2
Huhtiankylä 21 D3
Huhtilampí 23 D3
Huhus 23 D2
Huikko 21 D3, 22 A3
Huikola 18 B3
Huissinkylä 20 B2
Huittinen 24 B2
Huizen 66 B3
Hukanmaa 11 C3
Hukkajärvi 23 D1
Hukkula 23 C2
Hulán 39 C2
Hulin 95 C1
Huljala 25 D2, 26 A2
Hullarvd 46 A3
Hüllhorst-Schnathorst 68 A3
Hullsjön 35 C/D3
Hulsig 44 B3, 49 C1
Hulst 78 B1
Hulsund 28 A3, 33 C1
Hult 46 A3
Hulta 41 D2/3
Hultafors 45 C3
Hultanäs 51 C1
Hulterstad 51 D2
Hultsbruck 46 B2
Hultsfred 46 B3, 51 C/D1
Hultsjö 51 C1
Hum 135 C3
Hum 137 C1
Humada 152 B2
Humalajoki 21 C2
Humanes 161 C2
Humbécourt 88 B2
Humble 53 C2
Humenné 97 C2, 98 A3
Humes 89 C2/3
Humilladero 172 B2
Humlebæk 49 D3, 50 A3
Humlum 48 A2
Hummelholm 31 C2
Hummelshain 82 A2
Hummeltal 82 A3
Hummelvik 32 B1
Hummelvik 4 B2
Humppi 21 C/D2
Humppila 24 B2
Hundåla 14 A2
Hundberg 4 A3, 10 A1
Hundeidvik 32 A3, 36 B1
Hundeluft 69 D3
Hundested 49 D3
Hundested 72 A1
Hundholmen 9 C2
Hundisburg 69 C3
Hundorp 37 D2
Hundslund 48 B3
Hundsnes 42 A2
Hundvik 36 A1

Hundvin 36 A3
Hunedoara 140 B1/2
Hünengraber 67 D2, 68 A2
Hünfeld 81 C2
Hünfelden 80 B2
Hünfelden-Kirberg 80 B2
Hunge 35 B/C2
Hungen 81 C2
Hungen-Villingen 81 C2
Hungerford 64 A3
Huningue 90 A3
Hunmanby 61 D2
Hunnebostrand 44 B2
Hunnes 36 A1
Hunstanton 65 C1
Huntingdon 65 B/C2
Huntly 54 B2
Hunxe 67 C3, 79 D1, 80 A1
Huopanankoski 21 D2, 22 A2
Huorso 9 C3
Huostan 22 B1
Hupstedt 81 D1
Hurbanovo 95 C3
Hurdal 38 A2
Hures-la-Parade 110 B2
Hurezani 140 B2
Huriel 102 A/B2
Hurissalo 27 C1
Hurskaala 22 B3
Hurst Green 77 C1
Hurtgenwald 79 D2
Hurth 80 A2
Hurttala 27 C2
Huruksela 26 B2
Hurum 37 C2
Hurup 48 A2
Hurva 50 B3
Husá 29 C3, 34 A1
Husaby 45 D2
Husbands Bosworth 64 B2
Husby 40 A2
Husby 14 A2
Husby-Långhundra 40 B3
Husi 141 C/D1
Husinec 93 C1
Huskasnas 35 C3
Husnes 42 A1
Husøy 36 A2
Hust 97 D2/3, 98 A3
Hustad 32 A2
Hustopečé 94 B1
Husu 27 C2
Husum 31 C3
Husum 52 A/B2
Husvik 28 B2
Husvika 14 A2/3
Hutisko Solanec 95 C1
Hutovo 136 B1
Hüttau 93 C3
Hüttenberg 127 B/C1
Hüttenberg-Rechtenbach 80 B2
Hutthurm 93 C2
Hutton Cranswick 61 D2
Hutton Rudby 61 C1
Hüttschlag 126 A1
Huttula 27 B/C1
Huttula 27 C2
Huttula 21 D3
Huttwil 105 C1
Hutunvaara 23 D2
Huuhanaho 27 B/C1
Huuhkaala 27 C1
Huuki 11 C3
Huutijärvi 25 C1
Huutokoski 22 B3
Huutokoski 23 C2
Huutoniemi 6 B3
Huuvari 25 D2, 26 A2
Huy 79 C2
Hvalba 55 C1
Hvalpsund 48 B2
Hvar 131 C3, 136 A1
Hvaščevka 75 D3
Hverringe 49 C3, 53 C1
Hvidbjerg 48 A2
Hvide Sande 48 A3
Hvitsten 38 A3, 44 B1
Hvittingfoss 43 D1/2, 44 A1
Hvojnaja 75 C/D1
Hvožďany 83 C3, 93 C1
Hycklinge 46 B3
Hyde 59 D2, 60 B3
Hyen 36 A2

Hyenville 85 D1
Hyères 112 A3
Hylestad 42 B2
Hylla 28 B2/3, 33 D1
Hyllekrog 53 C/D2
Hyllestad 36 A2
Hyllinge 53 D1
Hyllinge 50 A2
Hyllingsvollen 33 D2
Hyltebruk 50 B1
Hyltebruk 72 A1
Hynnekleiv 43 C3
Hyödynkylä 21 D2, 22 A2
Hyönölä 25 C2/3
Hypämäki 23 C3
Hypiö 12 B3
Hyppeln 44 B3
Hyräkäs 18 B2/3
Hyrla 25 D3, 26 A3
Hyrov 97 D2, 98 A3
Hyry 18 A/B1
Hyrynsalmi 19 C3
Hyssna 45 C3, 49 D1
Hythe 77 C1
Hythe 76 A1
Hytölä 21 D3, 22 A3
Hytti 27 C2
Hyttikoski 18 B3
Hyttön 40 B2
Hyväniemi 19 C1
Hyvikkälä 25 C2
Hyvinkää (Hyvinge) 25 C2, 26 A2
Hyvölänranta 18 B3
Hyypiänniemi 23 C3
Hyypiö 12 B3
Hyyppa 20 B3
Hyyrylä 25 C1

I

Iacobeni 141 C1
Iam 134 B1
Iasi 141 C1
Iasmos 145 C1
Ibahernando 166 A1
Ibarrangelu 153 D1
Ibbenbüren 67 D3
Ibdes 161 D1, 162 A1
Ibeas de Juarros 153 C2
Ibestad 9 C/D2
Ibi 169 C/D2
Ibieca 155 B/C2/3
Ibiza 157 D3
Ibriktepe 145 D3
Ibros 167 D3, 173 C1
Ichenhausen 91 D2
Ichtershausen 81 D2, 82 A2
Ickworth House 65 C2
Ičña 99 D2
Idanha a Nova 159 B/C3, 165 C1
Idar-Oberstein 80 A3
Idbacka 30 A2
Idd 44 B1/2
Iden 69 D2
Idiazabal 153 D1/2
Idivuoma 10 B2
Idkerberget 39 D2
Idoméni 139 C3, 143 D1
Idra 147 D3
Idra 148 B2
Idre 34 A3
Idrija 126 B2
Idse 42 A2
Idstein 80 B2/3
Idstein-Wörsdorf 80 B2/3
Idvattnet 30 B1
Idvor 133 D1, 134 A/B1
Iecava 73 D1, 74 A2
Ielsi 119 D2, 120 A1
Ieper 78 A2
Ierissos 144 B2
Ierissós 149 B/C1
Ieropigi 142 B2
Iérzu 123 D2
Ieselnita 135 C1/2
Iesi 115 D3, 117 D2
Ifanes 151 D3, 159 C/D1
Iffeldorf 92 A3
Iffezheim 90 B2
Ifjord 6 B1

Ifta 81 D1
Igal 128 B2
Igalo 137 C2
Iga Vas 126 B3
Igea 153 D3, 154 A3
Igelfors 46 B2
Igensdorf 82 A3
Igerov 14 A3
Iggelheim 90 B1
Iggesund 40 A/B1
Iggön 40 B2
Iglesias 152 B2
Iglésias 123 C3
Igling 91 D2/3
Igls 107 C1
Ignaberga 50 B2
Igorre 153 C/D1
Igoumenitsa 142 A/B3
Igoumenitsa 148 A1
Igrane 131 D3, 132 A3, 136 B1
Igrejinha 164 B2
Igrexa 151 B/C1
Igriés 154 B2
Igualada 155 D3, 156 A3, 163 D1
Igualeja 172 A2/3
Iguoña 151 D2
Iguerande 103 C2
Ihamaniemi 23 C3
Iharosberény 128 A2
Ihlienworth 52 A3, 68 A1
Ihlow 67 D1
Ihode 24 A2
Iholdy 108 B3, 155 C1
Ihotunlahti 22 B1
Ihringen 90 A2/3
Ii 18 A2
Iijärvi 6 B3
Iinattijärvi 19 C2
Iironranta 21 C2
Iiruu 21 C2
Iisalmi 22 B1
Iisvesi 22 B3
Iittala 25 C2
Iitti 26 B2
Iitto 10 B2
Iittula 24 B3
Iivantiira 19 D3
IJmuiden 66 A2
IJsselmuiden 67 B/C2
IJzendijke 78 A1
Ika 126 B3, 130 A1
Ikaalinen 24 B1
Ikast 48 B3
Ikervár 128 A1
Ikkala 21 C3
Ikkala 25 C2/3
Ikkelajärvi 20 B3
Ikornnes 32 A3, 36 B1
Ikosenniemi 18 B2
Ilandža 134 B1
Ilanz 105 D1, 106 A1
Ilava 95 C1
Ilavainen 24 A1/2
Ilawa 73 C3
Il Bivio 114 B2, 116 B1
Il Castagno 114 B3, 116 A2
Ilche 155 C3
Ilchester 63 D2
Ile d'Aix 101 C2
Ilfracombe 63 B/C2
Ilhavo 158 A2
Ilia 140 B1
Il'ičevsk 141 D1
Ilidža 132 B2/3
Iliókastron 147 C/D3
Ilirska Bistrica 126 B3
Iljanvaara 23 D1
Iljino 75 C2
Ilkeston 61 D3, 65 C1
Ilkley 59 D1, 61 C2
Illana 161 C3
Illano 151 C1
Illar 173 D2
Illats 108 B1
Illereichen-Altenstadt 91 D2
Illerkirchberg 91 C/D2
Illertissen 91 D2
Illescas 160 B3
Ille-sur-Têt 156 B1
Illfeld-Wiegersdorf 81 D1
Illfurth 89 D3, 90 A3
Illiers 86 A/B2
Illingen 91 B/C1

Illkirch Graffenstaden 90 A2
Illmitz 94 B3
Illo 24 B1/2
Illora 173 B/C2
Illueca 154 A3, 162 A1
Illmajoki 20 B2/3
Ilmenau 81 D2, 82 A2
Ilminster 63 D2
Ilmola 17 D2, 18 A1
Ilmolahti 21 D2, 22 A2
Ilok 129 C3, 133 C1
Ilola/Illby 25 D2/3, 26 A2/3
Ilomantsi 23 D2/3
Ilosjoki 21 D2, 22 A2
Ilowa 83 D1
Ilowiec 71 D1
Ilsede 68 B3
Ilsenburg 69 C3
Ilseng 38 A2
Ilshofen 91 C1
Ilsko 48 B2/3
Ilvesjoki 20 B3
Ilveskorpi 18 A3
Ilz 127 D1
Imatra 27 C2
Imeno 127 C2
Imera 124 B2
Imera 143 C2
Imeron 145 C1
Imfors 30 A2/3, 35 C1
Imingen 37 C3
Immala 27 C1/2
Immeln 50 B2
Immenhausen-Holzhausen 81 C1
Immenreuth 82 A3
Immenstaad 91 C3
Immenstadt 91 D3
Immingham 61 D2
Imola 115 C2, 116 B1
Imón 161 C/D1/2
Imotski 131 D3, 132 A3
Impéria 113 C2
Imphy 102 B1
Impio 19 B/C1
Impruneta 114 B2/3, 116 B2
Imsenden 38 A1
Imst 106 B1
Ina 21 C2
Inari 23 D2
Inari (Anar) 6 B3
Inarinkongäs 5 D3, 6 A3, 11 D1
Inca 157 C2
Inchenhofen 92 A2
Incisa in Val d'Arno 115 B/C2/3, 116 B2
Incisioni rupestri (Parco Nazionale) 106 B2
Indal 35 D3
Inden 79 D2
Inderdalen 14 B2
Indija 133 D1, 134 A1
Indija 140 A2
Indre Arna 36 A3
Indre Billefjord 5 D2, 6 A1/2
Indre Brenna 5 D1/2, 6 A/B1
Indre Fræna 32 A2
Indre Leirpollen 5 D2, 6 A1/2
Indre Matre 42 A1
Ineu 97 C3, 140 A1
Infantado 164 A2
Ingå/Inkoo 25 C3
Ingå station 25 C3
Ingatestone 65 C3
Ingatorp 46 A/B3
Ingdalen 28 A3, 33 C1
Ingedal 44 B1
Ingelfingen 91 C1
Ingelheim 80 B3
Ingelmunster 78 A1/2
Ingelstad 51 C2
Ingelstad 72 A/B1
Ingersheim 89 D2, 90 A2/3
Ingleton 59 D1, 60 B2
Ingliston 57 C2
Ingolstadt 92 A2
Ingolstadt-Dünzlau 92 A2
Ingolstadt-Unsernherrn 92 A2
Ingøy 5 C1

Ingrandes-sur-Loire 85 D3, 86 A3
Inguiniel 84 B2
Ingulec 99 D3
Ingulsvatn 29 C1/2
Ingurotoso 123 C3
Ingvallsbenning 39 D3, 40 A2/3
Ingwiller 90 A1/2
Inha 21 C3
Iniesta 168 B1
Inió 24 A3, 41 D2
Inke 128 A2
Inkee 19 C1
Inkere 24 B2/3
Inkerilä 26 B2
Innala 21 C3
Innansjön 31 D1
Inndyr 14 B1
Innerkrems 126 B1
Innerleithean 57 C2
Inneraltimo 30 B2, 35 D1
Innertavle 20 A1, 31 D2
Innerthal [Siebnen-Wangen] 105 D1
Innertkirchen 105 C1/2
Innervillgraten 107 D1
Innfjorden 32 A3
Innhavet 9 C3
Innsbruck 107 C1
Innset 33 C2
Innset 9 D2
Inntorget 14 A3
Innvik 32 A3, 36 B1
Inói 147 D2
Inowrocław 72 B3
Ins 104 B1
Insenos 45 C3, 49 D1
Insingen 91 D1
Insjön 39 D2
Insjön 30 B1
Iñsko 71 C1
Instefjord 36 A2/3
Insurăţei 141 C2
Interlaken 105 C1/2
Întorsura Buzăului 141 C1/2
Intra 105 D2/3
Intróbio 105 D2, 106 A2
Inveraray 56 A/B1
Inveraray 54 A2, 55 D1
Invergarry 54 A2, 55 D1
Inverkeithor 57 C1
Inverkeitheing 57 C1
Inverness 54 B2
Inveruno 105 D3
Inverurie 54 B2
Inviken 29 D2
Inzell 92 B3
Inzersdorf im Kremstal 93 C3
Ioánnina 142 B3
Ioánnina 148 A1
Ioniškis 73 D1
Ios 149 C3
Ipáti 146 B1
Ipazter 153 D1
Ipel'ský Sokolec 95 D2/3
Iphofen 81 D3
Ipolytarnóc 97 C2/3
Ipsala 149 C1
Ipsala 145 D1, 145 D3
Ipsheim 81 D3, 91 D1
Ipsos 142 A3
Ipsoús 146 B3
Ipswich 65 C2
Iráklía 139 D3, 144 A1
Iráklio/Iráklion 149 C3
Irañeta 153 D2, 154 A1/2
Irdning 93 C/D3
Iregszemcse 128 B2
Irig 133 D1, 134 A1
Irinovac 131 C1
Irissarry 108 B3, 155 C1
Irixo 150 B2
Irixoa 150 B1
Irjanne 24 A1/2
Irninniemi 19 D1
Ironbridge 59 D3, 64 A1/2
Irrel 79 D3
Iršava 97 D2/3, 98 A3
Irschenberg 92 A/B3
Irsina 120 B2
Iruecha 161 D1/2
Iruelos 159 C2
Irún 154 A1
Irura 153 D1, 154 A1

Irurita 108 A3, 154 A1
Irurzun 154 A1/2
Irvine 56 B2
Irxleben 69 C3
Isaba 154 B2
Isaccea 141 D2
Isane 36 A1
Isaris 146 B3
Isbister 54 A1
Isbre 5 B/C2
Iscar 160 B1
Isca sullo Iónio 122 B2
Ischgl 106 B1
Ischia 119 C3
Ischia di Castro 116 B3, 118 A1
Ischitella 120 B1
Iscroni 135 D1
Isdes 87 D3
Ise 44 B1
Iselle 105 C2
Iseltwald 105 C1/2
Isenbüttel 69 C2/3
Iseo 106 A/B3
Isérables [Riddes] 104 B2
Iserlohn 80 B1
Iserlohn-Letmathe 80 A/B1
Isernhagen 68 B2
Isérnia 119 C/D2
Isfjorden 32 B2/3
Ishem 137 D3
Isigny-sur-Mer 76 A3, 85 D1
Isili 123 D2/3
Iskola 24 A2/3
Iskrec 139 D1
Iskrovci 139 D1
Iskuras 5 D3, 6 A3, 11 D1
Isla Canela 170 B2
Isla Cristina 170 B2
Isla Ravena 157 C1/2
Isle of Whithorn 56 B3, 60 A1
Isle of Whithorn 54 A/B3, 55 D2
Isles-sur-Suippes 88 B1
Ismaning 92 A2
Ismantorpsborg 51 D2
Isnäs 25 D2/3, 26 A3
Isnestoften 5 C2
Isny 91 D3
Iso-Anio 25 D1/2, 26 A1/2
Iso-Evo 25 C/D2, 26 A2
Isohaara 17 D2/3, 18 A1
Isohalme 13 C3
Isojoki (Storå) 20 B3
Isokumpu 19 C1/2
Isokylä 20 B2
Isokylä 18 A/B3
Isokylä 17 C1
Isokylä 13 B/C3
Isokylä 21 C2
Isokyro (Storkyro) 20 B2
Isola 112 B2
Isolàccia 106 B2
Isola d'Asti 113 C1
Isola del Cantone 113 D1
Isola del Gran Sasso d'Italia 117 D3, 119 C1
Isola del Liri 119 C2
Isola della Scala 107 B/C3
Isola delle Femmine 124 B1
Isola di Capo Rizzuto 122 B2
Isola Dovarese 106 B3
Isola Fossara 115 D3, 117 C2
Isola Rossa 123 C1
Isona 155 D3
Isonieni 20 B3
Isoperä 24 B3
Iso-Rahi 24 A2, 41 D2
Isorella 106 B3
Isovol 156 A2
Ispagnac 110 B2
Isperih 141 C2
Ispica 125 C/D3
Ispra 105 D3
Ispringen 90 B1/2
Issakkä 23 B/C1
Isselburg 67 C3
Isselburg-Werth 67 C3
Issenheim 89 D2/3, 90 A3
Issigeac 109 C1
Issime 105 C3
Issogne 105 C3

Issoire 102 B3
Issoncourt 89 C1
Issoudun 102 A1
Issum 79 D1
Is-sur-Tille 88 B3
Issy-l'Évêque 103 C1
Ist 130 B2
Istán 172 A3
Istanbul 149 D1
Istarske Toplice 126 B3, 130 A1
Isterberg-Wengsel 67 C/D2/3
Isthmía 147 C2
Istia d'Ombrone 116 B3
Istiaia 147 C1
Istibanja 139 C2
Istiéa 147 C1
Istok 138 A1
Istra 75 D2
Istrask 16 B2/3
Istres 111 C/D3
Istunmäki 22 A/B2/3
Istvánd 128 A/B2
Isuerre 154 B2
Itä-Ahtari 21 C2/3
Itä-Aure 21 B/C3
Itä-Karttula 22 B2
Itäkoski 22 B1/2
Itäkylä 21 C2
Itálica 171 D1
Itäranta 19 B/C3, 22 B1
Itéa 147 C2
Itéa 143 D3
Ithäki (Vathi) 146 A2
Ithäki (Vathi) 148 A2
Iti 147 B/C1
Iti Oros 146 B1
Itrabo 173 C2
Itri 119 C2/3
Ittenhausen 91 C2
Ittenheim 90 A2
Itterbeck 67 C2
Ittervoort 79 D1
Ittireddu 123 C/D2
Ittiri 123 C1/2
Itzehoe 52 B3
Itzgrund-Kaltenbrunn 81 D3, 82 A3
Ivacevići 98 B1
Ivajlovgrad 141 C3
Ivajlovgrad 145 D3
Ivalon Matti 11 D2, 12 B1
Iván 94 B3, 128 A1
Ivančice 94 B1
Ivančici 132 B2
Ivanec 127 D2
Ivangorod 74 B1
Ivangrad 137 D1, 138 A1
Ivanić Grad 127 D3
Ivanjci 127 D2
Ivanjica 133 D3, 134 A3
Ivanjica 140 A2
Ivanjska 131 D1, 132 A1
Ivanka pri Nitre 95 C2
Ivankovo 129 B/C3, 132 B1
Ivano-Frankovsk 97 D2, 98 B3
Ivanovice na Hané 94 B1
Ivanovka 141 D1
Ivanovo 97 D1, 98 B1
Ivanovo Selo 128 A3
Ivanska 128 A3
Ivarrud 14 B3
Ivars de Noguera 155 C3
Ivars d'Urgell 155 D3, 163 D1
Iveland 43 C3
Iven 70 A1
Ivenack 70 A1
Iversfjord 7 B/C1
Ivira 144 B1
Ivje 74 A3
Ivla 50 B2
Ivorra 155 C3, 163 C1
Ivoy-le-Pré 87 D3
Ivrea 105 C3
Ivry-en-Montagne 103 C/D1
Ivry-la-Bataille 87 C1
Ivybridge 63 C3
Iwuy 78 A2
Ixworth 65 C2
Izalzu 108 A3, 154 B2
Izarra 153 C2
Izbište 134 B1

Izborsk — Jönköping-Huskvarna

Izborsk 74 B2
Izeda 151 C3, 159 C1
Izegem 78 A1/2
Izjaslav 98 B2
Izmail 141 D2
Izmir 149 D2
Iznájar 172 B2
Iznalloz 173 C1/2
Iznatoraf 167 D3, 168 A3
Izola 126 A/B3
Izsák 129 C1
İz Veli 130 B2
Izvor 139 C2
Izvor 139 D2
Izvor 139 C3
Izvor 138 B3
Izvor 140 A3
Izvor 140 A3
Izvor Buna 132 B3, 137 B/C1
Izzetiyye 145 D3

J

Jaahdyspohja 21 C3
Jaajoki 21 C/D2
Jaakarikämppä 18 B1
Jaakonvaara 23 D2
Jaala 26 B2
Jaalanka 19 C2
Jaalanka 19 B/C3
Jaama 23 D3
Jaama 74 B1
Jääskonkylä 12 A2/3, 17 D1
Jaatila 12 A3
Jabalera 161 C/D3
Jabaloyas 163 C3
Jabalquinto 167 C3, 173 C1
Jabarella 154 B2
Jabbeke 78 A1
Jablanac 130 B1/2
Jablan Do 137 C2
Jablanica 132 A/B3
Jablanica 135 C3
Jablanovac 127 D2/3
Jablonec nad Nisou 83 D2
Jablonica 95 C2
Jablonna 71 D3
Jablonné v Podještědí 83 D2
Jablonov 97 D2, 98 B3
Jabugo 165 D3, 171 C1
Jabuka 133 D1, 134 A/B1
Jabuka 133 C3
Jabukovac 135 C2
Jabukovac 127 D3, 131 C1
Jabukovik 139 C1
Jaca 154 B2
Jachenau 92 A3
Jáchymov 82 B2
Jackarby 25 D3, 26 A3
Jackvik 15 D2
Jade 67 D1, 68 A1
Jäder 47 B/C1
Jäderfors 40 A2
Jade-Schweiburg 67 D1, 68 A1
Jádraás 40 A2
Jadraque 161 C2
Jaén 167 C3, 173 C1
Jagel 52 B2
Jagerspris 49 D3, 53 D1
Jaegervatn 4 A2/3
Jagnjilo 134 B2
Jagodzin 83 D1
Jagotin 99 D2
Jagow 70 B1
Jagstshausen 91 C1
Jagszell 91 D1
Jahkolä 25 C/D2, 26 A2
Jahnsfelde 70 B2
Jahodná 95 C2/3
Jahorina 132 B3
Jahroma 75 D2
Jajce 131 D2, 132 A2
Ják 127 D1
Jakabszállás 129 C1/2
Jäkälävaara 19 C1
Jakimovo 135 D3
Jakkukylä 18 B2
Jakkula 20 B2

Jákna 16 A2
Jákó 128 A2
Jakobsbakken 15 C1
Jakobsberg 47 C1
Jakobstad/Pietarsaari 20 B1
Jakokoski 23 D2/3
Jakoruda 140 B3
Jakovo 139 D3
Jakšić 128 B3
Jalance 169 C2
Jalasjärvi 20 B3
Jalasjoki 24 B2
Jalhay 79 D2
Jaligny 103 B/C2
Jalkala 22 B3
Jallais 86 A3, 100 B1
Jalón 169 D2
Jaluna 22 B2
Jamali 23 D2
Jamas 19 D3, 23 C1
Jambol 141 C3
Jameln 33 D2
Jamena 133 C1
Jametz 79 C3
Jamijärven asema 24 B1
Jamijärvi 24 B1
Jamikow 70 B1/2
Jaminkipohja 25 C1
Jámjo 51 C/D2
Jampo 72 B1
Jamm 74 B1
Jämmerdal 38 B3
Jamnička Kiselica 127 D3
Jamnvallen 34 B3
Jamoigne 79 C3
Jampoľ 98 B2
Jampoľ 99 C3
Jampsä 19 D1
Jamsä 25 D1, 26 A1
Jamsä 21 C1
Jämsänkoski 25 D1, 26 A1
Jamshög 51 B/C2
Jämtkrogen 35 C2/3
Jämtön 17 C2/3
Jamu Mare 134 B1
Janakkala 25 C2
Janče 138 A/B3
Jandelsbrunn 93 C2
Janiškylä 26 B1
Janiszowice 71 C3
Jani 131 D2, 132 A2
Janja 133 C1/2
Janjevo 138 B1/2
Janjina 136 B1
Jänkä 21 C2
Jänkälä 13 C2
Jänkänalusta 10 A3
Jänkisjärvi 17 C2
Jankkila 7 C2/3
Jankov 83 D3
Jánoshalma 129 C2
Jánoshalma 97 C3
Jánosháza 96 B3
Jánosháza 128 A1
Jánossomorja 94 B3
Janova Lehota 95 D2
Janovice nad Uhlavou 93 C1
Janów Lubelski 97 C/D1, 98 A2
Jänschwalde 70 B3
Jansjö 30 A/B3, 35 D1
Jansjö 30 A/B3, 35 D1
Jänsmässholmen 29 C3, 34 B1
Janzé 85 D2
Jäpäsen 39 D1/2
Jäppilä 22 B3
Jaraba 161 D1, 162 A1/2
Jaraco 169 D2
Jarafuel 169 C2
Jaraicejo 159 D3, 166 A1
Jaraiz de la Vera 159 D3
Jarak 133 C/D1, 134 A1
Jarandilla de la Vera 159 D3
Jaray 153 D3, 161 D1
Järbo 40 A2
Jarcevo 75 C3
Jard-sur-Mer 100 A2
Jaren 38 A2
Jarfjordbotn 7 D2
Jargeau 87 C2/3
Jarhoinen 12 A3, 17 D1
Jarkovac 134 B1
Jarkvissle 35 C/D2
Jarläsa 40 B3

Jarlovo 139 D2
Jarmolincy 98 B3
Jarna 39 C2
Järna 47 C1
Jarnac 101 C3
Järnäs 31 C3
Järnäsklubb 31 C3
Järnboås 39 D3, 46 A1
Järnforsen 51 C1
Järnmalm gruvor 10 B3
Järnskog 38 B3, 45 C1
Jarny 89 C1
Jarocin 72 B3, 96 B1
Jaroměř 96 A/B1/2
Jaroměřice 94 A1
Jaroslavice 94 B2
Jaroslav 97 D2, 98 A2
Jarošov nad Nežárkou 93 D1
Járpás 45 C2
Järpen 29 C3, 34 A/B2
Järpliden 38 B2
Järplund 52 B2
Järplund-Weding 52 B2
Jarque 154 A3, 162 A1
Jarrow 57 D3, 61 C1
Järsnäs 46 A3
Järvberget 30 B2, 35 D1
Jarvelä 25 D2, 26 A2
Jarvelanranta 19 D3
Järvenpää 25 D2, 26 A2
Järvenpää 20 A/B3
Järvenpää 22 B1
Järvenpää 25 C1
Järvenpää 27 C1
Järvenpää 23 C2
Järvenpää 23 D2
Järvenpää 11 C3, 12 A2
Järvensuu 7 C3
Järvikylä 18 B3
Järvikylä 21 C/D1
Järvikylä 21 C1
Järvinen 25 D2, 26 A/B2
Jarvirova 12 A2, 17 D1
Järvsjö 30 B1
Järvsö 40 A1
Järvtjärn 31 D1
Jarzeł 86 A3
Jasáskö 41 C2
Jasenak 127 C3, 130 B1
Jasenica 131 C1
Jasenice 131 C2
Jasenjani 132 B3
Jasenovac 128 A3, 131 D1, 132 A1
Jasenovo 133 D3, 134 A3
Jasenovo 134 B1
Jasieñ 71 C3
Jasika 134 B3
Jasin'a 97 D2, 98 A3
Jaskyňa Izbica 95 D1/2
Jaslo 97 C2
Jastrebarsko 127 C/D3
Jastrowie 71 D1
Jastrowie 72 B3
Jastrzębie-Zdrój 96 B2
Jászalsószentgyörgy 129 D1
Jászberény 97 C3
Jászladány 129 D1
Jatabe 153 C1
Játar 173 B/C2
Játiva 169 D2
Jattendal 35 D3
Jättensjö 35 C3
Jättöla 25 C3
Jatuni 11 C2
Jatznik 70 B1
Jauge 108 B1
Jaulin 154 B3, 162 B1
Jaulnay 101 C1
Jaunay-Clan 101 C1
Jaun [Broć-Fabrique] 104 B2
Jaunjelgava 73 D1, 74 A2
Jaunpiebalga 74 A2
Jaunsaras 154 A1
Jaurakainen 18 B2
Jaurakkajärvi 19 C2
Jaurrieta 155 C2
Jausiers 112 A/B2
Jävali 38 A/B3, 44 B1
Javarus 12 B3
Jävea 169 D2
Javenitz 69 C2
Javerlhac 101 C3
Javier 155 C2

Javierregay 154 B2
Javierrelatre 154 B2
Javorani 131 D2, 132 A1/2
Javorov 97 D2, 98 A2
Jävre 16 B3
Jävrebodarna 16 B3
Javron 86 A2
Jawor (Jauer) 96 B1
Jaworzno 97 B/C2
Jayena 173 C2
Jazak 133 C/D1, 134 A1
Jazbina 127 D2
Jaželbicy 75 C1/2
Jebjerg 48 A/B2
Jedburgh 57 C2
Jedburgh 54 B3
Jedlina 82 B3
Jedľové Kostoľany 95 D2
Jedovnice 94 B1
Jędrzejów 97 C1
Jedrzychowice 71 D3
Jeesio 11 D3, 12 B2
Jeesiöjärvi 11 D3, 12 A2
Jegunovce 138 B2
Jekabpils 74 A2
Jekimovići 75 C3
Jektevik 42 A1
Jelah 132 B1/2
Jelašnica 135 C3
Jelenec 95 C2
Jelenia Góra (Hirschberg) 96 A1
Jelenin 71 C3
Jelgava 73 D1, 74 A2
Jelling 48 B3, 52 B1
Jels 52 B1
Jelsa 42 A2
Jelsa 136 A1
Jelšane 126 B3
Jemappes 78 B2
Jemgum 67 D1
Jemgum-Ditzum 67 D1
Jemnice 94 A1
Jena 82 A2
Jenbach 92 A3
Jeneč 83 C/D3
Jenikovo 71 C1
Jenlian 78 B2
Jenneret 79 C2
Jensäsvoll 33 D2
Jenzat 102 B2
Jeppo/Jepua 20 B2
Jeresa 169 D2
Jeres del Marquesado 173 C2
Jerez de la Frontera 171 D2
Jerez de los Caballeros 165 D3
Jerggul (Holmestrand) 5 D3, 6 A3, 11 D1
Jergucati 142 A/B2/3
Jérica 162 B3, 169 C/D1
Jerichow 69 D2
Jérica 71 D3
Jerki 75 C/D3
Jerslev 48 B1
Jerstad 8 B2
Jerte 159 D3
Jerup 44 B3, 49 C1
Jérusalem 78 B3
Jerxheim 69 C3
Jesberg 81 C1/2
Jesenice 126 B2
Jesenice 83 D3
Jesenice 83 C3
Jesenice 96 A3
Jeseník 96 B2
Jeseritz 69 C2
Ješín 83 C/D2
Jésolo 107 D3
Jessen 70 A3
Jessheim 38 A3
Jessnitz 69 D3, 82 B1
Jesteburg 68 B1
Jestřebí 83 D2
Jetnemsstugan 29 D1
Jettingen 90 B2
Jettingen-Scheppach 91 D2
Jetzendorf 92 A2
Jeumont 78 B2
Jevenstedt 52 B3
Jever 67 D1
Jevišovice 94 A1
Jevnaker 38 A3
Jevremovac 133 C1, 134 A1/2

Jezerane 130 B1
Jezerce 138 B2
Jezero 131 D2, 132 A2
Jezersko 126 B2
Jiana 135 D2
Jibou 97 D3, 140 B1
Jičín 96 A1/2
Jieprenjákkštugan 9 D2
Jieznas 73 D2, 74 A3
Jihlava 96 A2
Jihlava 94 A1
Jijona 169 D2/3
Jillesnaĺe 15 D2/3
Jílové u Prahy 83 D3
Jiltjer 15 D3
Jimbolia 140 A1
Jimena 167 D3, 173 C1
Jimena de la Frontera 172 A3
Jince 83 C3
Jindřichovice 82 B2
Jindřichovice pod Smrkem 83 D1/2
Jindřichův Hradec 93 D1
Jindřichův Hradec 96 A2
Jinošov 94 B1
Jiřetín pod Jedlovou 83 D2
Jiříkov 83 D1/2
Jirkov 83 C2
Jirueque 161 C2
Jistebnice 83 D3, 93 D1
Joachimshof 69 D2
Joachimsthal 70 A/B2
Joachimsthal 93 D2
Jochberg 92 B3
Jock 17 C1
Jockas 27 C1
Jódar 167 D3, 173 C1
Jodoigne 79 C2
Joensuu 23 D3
Joensjo 14 B3
Joeström 15 C3
Jögeva 74 A1
Johannelund 31 C1/2
Johannestorp 16 B2
Johanngeorgenstadt 82 B2
Johannisfors 40 B2
Johannisholm 39 C2
Johanniskirchen 92 B2
Johansfors 51 C2
Johnsbach 93 D3
Johnstone 56 B2
Johovac 132 B1
Johstadt 83 B/C2
Joigny 88 A2
Joinville 88 B2
Jokela 25 C/D2, 26 A2
Jokela 25 C1, 26 A1
Jokela 12 A3, 17 D1
Jokela 12 B3
Jokelä 22 B1
Jokelffjord 5 B/C2
Jokijärvi 22 B2
Jokijärvi 19 C2
Joki-Kokko 18 B2
Jokikunta 25 C2/3
Jokikylä 18 A1
Jokikylä 21 D1, 22 A1
Jokikylä 20 A2, 31 D3
Jokikylä 21 C1
Jokikylä 19 C3
Jokikylä 20 B3
Jokilampi 19 C1
Jokinemi 25 C2
Jokioinen 25 B/C2
Jokipera 20 B2
Jokipii 20 B3
Jokitörma 6 B3
Jokivarsi 21 C3
Jokkmokk 16 A/B1/2
Jokue 25 D2, 26 B2
Jolanda di Savòia 115 C1
Jolanki 12 A3, 17 D1
Jeldalshytta 33 C2
Joloskylä 18 B2
Jomala 41 C/D3
Jemna 38 B2
Jönåker 47 B/C2
Jonasvollen 33 D3
Jonava 73 D2, 74 A3
Jonchery-sur-Vesle 88 A1
Joncy 103 C1/2
Jondal 36 B3
Jönköping 45 D3, 46 A3
Jönköping-Huskvarna 45 D3, 46 A3

Jönköping-Norahammar — Kamen

Jönköping-Norahammar 45 D3
Jönköping 72 A1
Jönköping-Huskvarna 72 A1
Jonku 19 C2
Jonquières 111 C2
Jons 103 D2/3
Jonsa 22 B2
Jonsberg 47 C2
Jonstorp 49 D2, 50 A2
Jonzac 100 B3
Jorairātar 173 C2
Jorba 155 D3, 156 A3, 163 D1
Jordbru 9 B/C3
Jordbru 47 C/D1
Jordbrugrotten 14 B2
Jordensdorf 53 D3
Jordet 38 B1
Jordfallet 5 C2
Jorgastak 5 D3, 6 A3, 11 D1
Jork 68 B1
Jörlanda 45 C3
Jormlien 29 C1
Jormua 19 C3
Jormvattnet 29 C/D1
Joroinen 22 B3
Jørpeland 42 A2
Jorquera 169 B/C2
Jørstad 28 B2
Josa 162 B2
Jošanica 135 C3
Jošanica 134 B2
Jošanička Banja 134 B3
Josipdol 127 C3, 130 B1
Josipovac 128 B3
Josnes 87 C3
Jössefors 38 B3, 45 C1
Josselin 85 C2
Jossgrund-Burgjoss 81 C2/3
Jössinghamn 42 A/B3
Jessund 28 A/B2
Jessund 28 A2/3, 33 C1
Jostedal 36 B2
Jostølen 32 B1/2
Jotkajávvre 5 C/D2/3, 6 A2
Jou 158 B1
Joucou 156 A1
Joué-sur-Erdre 85 D3
Jouet-sur-l'Aubois 102 B1
Jougné-Remouchamps 79 C/D2
Joukio 27 D1
Joukokyiä 19 C2
Joure 66 B2
Jousen 20 B1
Jou-sous-Monjou 110 A1
Joutsa 25 D1, 26 A/B1
Joutsenmäki 23 C3
Joutseno 27 C2
Joutsjärvi 13 C3
Joux-la-Ville 88 A3
Jouy-le-Châtel 87 D1/2, 88 A1/2
Jouy-le-Potier 87 C3
Jovan 30 B1
Jevík 4 A3
Joyeuse 111 C1/2
Juanáset 35 C3
Juankoski 23 C2
Juan-les-Pins 112 B3
Jübek 52 B2
Jubera 153 D2
Jublains 86 A2
Jubrique 172 A3
Juchen 79 D1
Juchsen 81 D2
Judeberg 42 A2
Judenau 94 A2
Judenburg 127 B/C1
Judenburg 96 A3
Judinsalo 25 D1, 26 A1
Juelsminde 48 B3, 52 B1
Juf [Thusis] 106 A2
Juggijaur 16 B1
Jugon 85 C2
Jugorje 127 C3
Juhnov 75 D3
Juhtimäki 25 B/C1
Juillac 101 C3
Juist 67 C1
Jukajärvi 27 C1
Jukkasjärvi 10 A/B3
Juktfors 15 D3

Jukua 19 C1
Juläsen 35 C3
Jule 29 C2
Jülich 79 D2
Juliénas 103 D2
Julita 46 B1
Julmatt lammit 21 D2, 22 A2
Jumaliskylä 19 D3
Jumeaux 102 B3
Jumesniemi 24 B1
Jumièges 77 C3
Jumilhac-le-Grand 101 D3
Jumilla 169 D2/3
Juminen 22 B1/2
Jumisko 13 C3
Jumkil 40 B3
Juncal 164 A1
Juncosa de les Garrigues 163 C1
Juneda 155 C/D3, 163 C/D1
Jung 45 C/D2
Jungdalshytta 37 C3
Junget 48 B3, 52 B1
Jungfraujoch BE/VS 105 C2
Jungsund 20 A2, 31 D3
Junik 138 A2
Juniville 78 B3, 88 B1
Junkerdal 15 C1
Junkerträsk 16 B2
Junnikkala 27 C1
Junnonoja 18 B3
Junosuando 11 B/C3
Junqueira 159 C1
Junsele 30 A/B2, 35 D1
Junttilanvaara 19 D2
Juntusranta 19 D2
Juojärvi 23 C3
Juoksengi 17 D1/2
Juoksenki 12 A3, 17 D1/3
Juokslahti 26 A1
Juokuanvaara 17 D2/3, 18 A1
Juonto 19 D3
Juorkuna 18 B2
Juornaankylä 25 D2, 26 A2
Juotasniemi 12 B3
Jurançon 108 B3, 154 B1
Juratiški 74 A3
Jurbarkas 73 D2
Juré 103 C2
Jurignac 101 C3
Jurilovca 141 D2
Jurjevo 130 B1
Jürmala 73 D1, 74 A2
Jurmo 24 A2, 41 D2
Jurmo 24 A3
Jurmu 19 C2
Juromenha 165 C2
Jur pri Bratislave 95 B/C2
Jurgues 86 A1
Jurunkbron 15 C1
Jurva 20 B2/3
Jurvala 27 C2
Jurvansalo 21 D2, 22 A2
Jussac 110 A1
Jussey 89 C3
Juta 128 B2
Jüterbog 70 A3
Jüterbog 72 A3, 96 A1
Jutis 15 D2
Jutrosin 71 D3
Juujärvi 12 B3
Juuka 23 C2
Juuma 13 C3
Juupajoki 25 C1
Juupakylä 21 B/C3
Juurikka 23 D3
Juunkkalahtl 23 C1
Juurikkamäki 23 C2/3
Juustovaara 12 A2, 17 D1
Juutinen 22 B1
Juutinva A 19 D3
Juva (Jockas) 27 C1
Juvigny-le-Tertre 85 D1/2, 86 A1/2
Juvigny-sous-Andaine 86 A2
Juvola 23 C3
Juvvasshytta 37 C2
Juzennecourt 88 B2
Jyderup 49 C3, 53 C1
Jylänginjokt 21 D1, 22 A1
Jylha 22 A/B2
Jylha 21 C1

Jylhämä 18 B3
Jyllinge 49 D3, 50 A3, 53 D1
Jyllinkoski 20 B3
Jyrkänkoski 19 D1
Jyrkkä 22 B1
Jyväskylä 21 D3, 22 A3

K

Kaakamo 17 D2/3, 18 A1
Kaalimaa 11 D2, 12 B1
Kaamanen 6 B3
Kaamasen Kievari 6 B3
Kaamasmukka 6 B3
Kaanaa 25 C1
Kaanaa 25 D2, 26 A2
Käapälä 26 B2
Kaarakkala 22 B1
Kaaresuvanto 11 B/C2
Kaarina 24 B2/3
Käärmelehto 12 A/B2
Kaarnalampí 23 C3
Kaarnijärvi 12 B3
Kaarssen 69 C1/2
Kaarst 79 D1, 80 A1
Kaartilankoski 27 C1
Kaava 6 B2
Kaavankylä 26 B2
Kaavi 23 C2
Kabbala 25 D3, 26 A/B3
Käbdalis 16 A/B2
Kabelvåg 8 B2
Kač 129 D3, 133 D1, 134 A1
Kačanička Kisura 138 B2
Kačanik 138 B2
Kačarevo 133 D1, 134 B1
Kačikol 138 B1
Kácov 83 D3
Kaczkowo 71 D3
Kaczory 71 D2
Kadañ 83 C2
Kadarkút 128 A/B2
Käddis 31 C/D2
Kadrifakovo 139 C2/3
Kaenkoski 23 D2
Käfjord 5 C2
Käfjord 5 D1, 6 A/B1
Kafjord 4 B3
Käfjordbotn 4 B3, 10 B1
Kagarlyk 99 D2
Käge 31 D1
Kägeröd 50 A2/3
Kagul 141 D1
Kahl 81 C3
Kahla 82 A2
Kahtava 18 A3, 21 C1
Kaíafas 146 B3
Kaíbing 127 D1
Kaidankylä 25 C1
Kainach bei Voitsberg 127 C1
Kainasto 20 B3
Kaindorf 127 D1
Kainulasjärvi 17 C1
Kainuunkylä 17 D2
Kainuunmäki 22 B1
Kaipiaiinen 26 B2
Kaipola 25 D1, 26 A1
Kairala 12 B2
Kaisajoki 17 D2, 18 A1
Kaisepakte 10 A2
Kaisers 106 B1
Kaisersbach 91 C1
Kaisersesch 80 A2/3
Kaiserslautern 90 A/B1
Kaiserstuhl (Weíach-Kaiser-stuhl) 90 B3
Kaiser-Wilhelm-Koog 52 A3
Kaisheim 91 D2
Kaitainen 27 C2
Kaitainen 22 B3
Kaitainsalmi 19 C3
Kaitajärvi 12 A3, 17 D2
Kaitjärvi 26 B2
Kaitsor 20 B2
Kaitum 10 A3
Kaitumjaurestugorna 9 D3
Kaivanto 19 B/C3
Kaivomäki 26 B1
Kajaani 19 C3

Kajama 21 D2, 22 A2
Kajanki 11 C2/3
Kajava 19 D1
Kajo 23 C2
Kakanj 132 B2
Kakavi 142 B3
Käkela 19 C2
Kakerbeck 69 C2
Käkilahti 18 B3
Kakolewo 71 D3
Kakoúri 147 B/C3
Kakovatos 146 B3
Kakriala 26 B2
Kakskerta 24 B3
Kälä 25 D1, 26 B1
Kalačė 138 A1
Kalak 6 B1
Kalakoski 20 B3
Kalamäkion 143 D3, 144 A3
Kalamäkion 144 A3
Kalamaríá 143 D2, 144 A2
Kalámata 146 B3
Kalámata 148 B2/3
Kalambäka 148 B1
Kalambäka 143 C3
Kalambäkion 144 B1
Kalamítsion 144 B2
Kálamos 147 D2
Kálamos 146 A1
Kalándra 144 A2/3
Kalándra 148 B1
Kalá Nerá 144 A3
Kalantí 24 A2
Kalapódion 147 C1
Kalaras 141 D1
Kälarme 30 A3, 35 C2
Kalávrita 146 B2
Kalávrita 148 B2
Kalawa 71 C2/3
Kalax 20 A3
Kalbach-Veitsteinbach 81 C2
Kalbe 69 C2
Kalce 126 B2/3
Käld 128 A1
Kaldfarnes 9 C1
Kaldfíord 4 A3
Kaldhusseter 32 A3, 36 B1
Kaldjord 9 B/C2
Kaldväg 9 C2/3
Kalefeld-Echte 68 B3
Kälek 83 C2
Kaleköy 149 C1
Kalela 24 B2
Kälen 35 C3
Kaléndzion 146 B2
Kaléndzion 142 B3
Kalenič 134 B3
Kalesija 133 C2
Kaleva 24 B2/3
Kalhovd 43 C1
Kali 143 C/D1
Kali 130 B2
Kaliani 147 C2
Kálímnos 149 D3
Kalindría 139 D3, 143 D1, 144 A1
Kalinin 75 D2
Kaliningrad (Königsberg) 73 C2
Kalinkovičí 99 C1
Kalinovik 132 B3
Kalinovka 99 C3
Kalisz 72 B3, 96 B1
Kalisz Pomorski 71 C1
Kalives 145 C1/2
Kalivia 146 B2/3
Kalix 17 C2/3
Kalixforsbron 10 A3
Kaljazin 75 D2
Kalje 127 C3
Kaljula 27 C1
Kaljumen 27 D1
Kalkar 67 C3
Kalkar-Grieth 67 C3
Kalkberget 30 A2
Kalkbruk 25 D3, 26 A3
Kalkhorst 53 C3
Kalkkiainen 13 B/C3
Kalkkineh 17 D2, 18 A1
Kalkkinen 25 D1, 26 A1
Kall 79 D2
Kall 29 C3, 34 A1
Kalla 51 D1
Kallax 17 C3
Kallback 25 D3, 26 A3

Kallby 45 D2
Källebacken 45 D3, 46 A3
Kallenhardt 80 B1
Källered 45 C3, 49 D1
Källerstad 50 B1
Kalleryd 50 B1
Kalletal 68 A3
Kalletal-Langenholzhausen 68 A3
Kallinge 51 C2
Kallioaho 22 A3
Kalliokylä 21 D1, 22 A/B1
Kalliola 25 D2, 26 A2
Kallioniemi 21 D2, 22 A2
Kalliosalmi 12 B3
Kallipéfki 143 D2/3
Kallislahti 27 C1
Kallithéa 143 D2/3
Kallithéa 144 A2
Kallithéa 146 B3
Kallmora 39 D1
Kallmünz 92 A/B1
Kallmünz-Rohrbach 92 A/B1
Kallo 11 D3, 12 A2
Kallom 30 B3, 35 D2
Kallon 15 D3
Kalloni 147 C/D3
Kalloni 149 C1/2
Kallrör 29 C3, 34 A1
Kallsedet 29 C3, 34 A1
Kallsjö 49 D1, 50 A1
Kallsta 29 D3, 34 B1/2
Kalltråsk 20 A3
Kallunge 47 D3
Kallunki 13 C3
Kallvik 47 C2
Kallvik 40 B1
Kallvik 9 C2
Kallviken 31 D1/2
Kalmankalltio 11 D2, 12 A1
Kalmar 51 D2
Kalmar 72 B1
Kalmari 21 D2
Kalmavirta 21 D3, 22 A3
Kalmomäki 23 B/C1
Kalmthout 78 B1
Kalna 135 C3
Kálna nad Hronom 95 D2
Kalnocems 73 D1, 74 A2
Kalnik 127 D2
Kalo 49 C2
Kalochórion 143 B/C2
Kalocsa 129 C2
Kalocsa 96 B3
Kalógria 146 A2
Kalókastron 144 A1
Kalonérion 143 C2
Kalón Nerón 146 B3
Kalótichon 145 C1
Kalotina 139 D1
Kalovka 75 C2
Káloz 128 B1
Kalpáki 142 B3
Kalpió 19 C3
Kals 107 D1, 126 A1
Kalsdorf bei Graz 127 C1
Kälsjärv 17 C2
Kalsk 71 C3
Kaltbrunn 105 D1, 106 A1
Kaltenkirchen 52 B3, 68 B1
Kaltennordheim 81 D2
Kaluderovo 134 B1
Kaludra 138 A1
Kaluga 75 D3
Kalundborg 49 C3, 53 C1
Kaluš 97 D2, 98 A3
Kalvåg 36 A1/2
Kalvanja 73 D2
Kalvatan 32 A3, 36 B1
Kalvbacken 30 B2, 35 D1
Kalvehave 53 D2
Kalvhögen 30 A2, 35 C1
Kalvia 21 B/C1
Kalvitsa 26 B1
Kalvola 25 C2
Kalvsvik 51 C2
Kalvträsk 31 C1
Kalwang 93 D3
Kalydón 146 B2
Käm 128 A1
Kamarankylä 19 D3, 23 C/D1
Kämari 21 D2, 22 A2
Kämari 143 D3, 144 A3
Kamarina 146 A1
Kamen 67 D3, 80 A/B1

Kamen' 74 B3
Kamenari 137 C2
Kámena Voúrla 147 C1
Kamenec 73 D3, 98 A1
Kamenec-Podol'skij 98 B3
Kamenica 133 C/D2, 134 A2
Kamenica 135 C3
Kamenica 139 C/D2
Kamenica 138 B1/2
Kamenice nad Lipou 93 D1
Kamenický Šenov 83 D2
Kameničná 95 C3
Kamenka 99 C3
Kamenka 99 D3
Kamenka 141 D1
Kamenka-Bugskaja 97 D2, 98 A/B2
Kamen'-Kašírskij 73 D3, 97 D1, 98 B2
Kamenný Újezd 93 D1/2
Kameno Pole 140 B3
Kamenščak 127 D2
Kamenskoé 131 D3, 132 A3
Kamenskoé 128 A3
Kamenz 83 C1
Kami 21 B/C1
Kamienica 71 D2
Kamieniec 71 D3
Kamień Pomorski 72 A2
Kamlunge 17 C2
Kammela 24 A2, 41 D2
Kammenniemi 25 C1
Kammerforst 81 D1
Kamnik 127 B/C2
Kamnik 96 A3
Kamøyvær 5 D1, 6 B1
Kampen 52 A2
Kampen 66 B2
Kampevoll 9 D1
Kamp-Lintfort 79 D1, 80 A1
Kampor 130 B1
Kamsjön 31 C1/2
Kamula 21 D1, 22 A1
Kamýk nad Vltavou 83 D3
Kanal 126 A/B2
Kanala 21 C1/2
Kanália 143 D3, 144 A3
Kanálion 146 A1
Kanallákion 146 A1
Kanan 15 C3
Kandel 90 B1
Kandern 90 A3
Kandersteg 105 C2
Kandestederne 44 A/B3, 49 C1
Kándia 147 C3
Kandíla 146 A1
Kandíla 147 B/C3
Kanev 99 D2/3
Kanfanar 130 A1
Kangaasvieri 21 C1
Kangadion 146 A/B2
Kangas 18 A3, 21 C1
Kangas 20 B2
Kangasaho 21 C2
Kangasala 25 C1
Kangashäkki 21 D3, 22 A3
Kangaskylä 18 B3
Kangaskylä 21 C1
Kangaskylä 21 C/D2
Kangaslahti 23 B/C2
Kangaslampi 23 C3
Kangasniemi 22 A/B3
Kangasvieri 21 C1
Kangosfors 11 C3
Kangosjärvi 11 C3
Kania 71 C1
Kanina 142 A2
Kanjiža 129 D2
Kankaankylä 21 C1
Kankaanpää 24 B1
Kankaanpaa 21 C3
Kankainen 22 B3
Kankainen 21 D3, 22 A3
Kankari 18 B3
Kankari 20 B3
Kankenseter 38 B2
Känna 50 B2
Kannakka 19 C1
Kannas 19 C/D2
Kannonkoski 21 D2, 22 A2
Kannonsaha 21 D2, 22 A2
Kannus 21 C1
Kannusjärvi 26 B2
Kannuskoski 26 B2

Kanona 133 D3, 134 A3
Kanpezu-Santi Kurtz 153 D2
Kansákangas 21 C1
Kanstad 9 C2
Kantala 22 B3
Kanteemaa 24 B2
Kantokylä 18 A3, 21 C1
Kantola 19 C3
Kantomaanpää 12 A3, 17 D2
Kantornes 4 A3, 10 A1
Kantti 20 B3
Kantvik 25 C3
Kanunki 24 B2
Kánya 128 B2
Kaonik 132 B2
Kapandrition 147 D2
Kaparéllion 147 C2
Kapela 128 A2/3
Kapellen 94 A3
Kapellen 78 B1
Kapelln 94 A2
Kapfenberg 94 A3
Kapfenberg 96 A3
Kapfenstein 127 D1
Kapitan Andreevo 145 D2
Kaplice 93 D2
Kaplice 96 A2
Kaporin 134 B2
Kaposfö 128 A/B2
Kaposszekcsö 128 B2
Kaposvár 128 B2
Kaposvár 96 B3
Kapp 38 A2
Kappamora 47 D1
Kappel 53 C2
Kappel 80 A3
Kappel am Albis [Baar] 105 C/D1
Kappel-Grafenhausen 90 A2
Kappeln 52 B2
Kappelshamn 47 D2
Kappelshamn 73 B/C1
Kappelskär 41 C3
Kapperapalo 11 D2, 12 A1
Kappl 106 B1
Kápponís 18 B2
Kaprun 107 D1, 126 A1
Kapsas 147 B/C3
Kapsochóra 144 A/B2
Káptalanfa 128 A1
Kaptol 128 B3
Kapusta 12 A3, 17 D2
Kapuvár 94 B3
Kapuvár 96 B3
Kápylä 18 A3
Kapysalo 22 B2
Karabiga 149 D1
Karaburun 149 C/D2
Karacabey 149 D1
Karacasu 149 D2
Karaincirli 145 D2
Karakasım 145 D3
Karan 133 D2, 134 A2/3
Karankmäki 22 B1
Karanova 149 D2/3
Karasjok 5 D3, 6 A3, 11 D1
Karatmanovo 139 C2/3
Karats 16 A1
Karatu 25 C3
Káravos 147 D2
Karavukovo 129 C3
Karbäcken 30 A1/2
Karben 81 B/C2/3
Karbenning 40 A3
Kärberg 46 A1/2
Kärbole 35 C3
Karby 48 A2
Karcag 97 C3, 140 A1
Kardámila 149 C2
Kardašova Řečice 93 D1
Karđeljevo (Ploče) 136 B1
Kardev 80 A2/3
Kardis 17 D1
Karditsa 143 C3
Karditsa 148 B1
Kardoskút 129 D2
Kärdzali 141 C3
Käremo 51 D1/2
Karesuando 11 B/C2
Kargowa 71 C3
Kärhamn 5 C1/2
Karhe 25 B/C1
Karhi 21 B/C1
Karhila 21 C3

Karhujärvi 13 C3
Karhukangas 18 A3
Karhula 26 B2
Karhulankylä 21 C3
Karhunoja 24 B2
Karhunpesäkivi 6 B3
Kariá 143 D2/3
Kariá 147 C2
Kariá 146 A1
Kariá 147 C3
Kariai 147 C1
Kariai 144 B2
Kariai 147 C3
Kariani 144 B1/2
Karifai 144 B1
Karigasniemi 5 D3, 6 A/B3, 11 D1
Karíhaiqi 9 C2
Karijoki 20 A3
Karilanmaa 25 D1, 26 A1
Karinainen 24 B2
Käringön 44 B3
Karinkanta 18 A2
Karinusbua 38 A/B1
Karise 50 A3, 53 D1
Karisjärvi 25 C2/3
Karis/Karjaa 25 C3
Karitena 146 B3
Karitsa 143 D3, 144 A3
Karjala 24 A/B2
Karjalaisenniemi 19 C1
Karjalohja 25 C3
Karjanlahti 20 B2
Karjenkoski 20 A3
Karjenniemi 25 C1/2
Karjula 25 C1
Kärkajoki 12 B2
Karkalmpi 25 D1, 26 A1
Karkalou 146 B3
Karkalou 148 B2
Karkiskyla 21 C1
Karkkaala 21 D3, 22 A3
Karkkila (Hogfors) 25 C2
Karkku 24 B1
Karkola 25 C2
Karkola 25 D2, 26 A2
Karlá 20 A3
Karlby 24 A3, 41 D3
Karlebottn 7 C2
Karleby/Karlela 20 B1
Karlholmsbruck 40 B2
Karl-Marx-Stadt (Chemnitz) 82 B2
Karlobag 130 B2
Karlovac 127 C3
Karlovasion 149 D2
Karlovčić 133 D1, 134 A1
Karlovo 140 B3
Karlovy Vary 82 B2/3
Karlsbäck 31 C2
Karlsbad-Langensteinbach 90 B1/2
Karlsberg 39 D1
Karlsborg 17 C2/3
Karlsborg 46 A2
Karlsby 46 A2
Karlsfeld 92 A2
Karlshamn 51 C2
Karlshamn 72 A1
Karlshausen 79 D3
Karlshofen 68 A1
Karlshuld 92 A2
Karlskoga 46 A1
Karlskron 92 A2
Karlskrona 51 C2
Karlskrona 72 B1
Karlskron-Pobenhausen 92 A2
Karlslunde Strand 49 D3, 50 A3, 53 D1
Karlsöy 4 A/B2
Karlsro 16 B2
Karlsruhe 90 B1
Karlstad 45 D1
Karlstadt 4 A3, 9 D1
Karlstadt 81 C3
Karlstadt-Wiesenfeld 81 C3
Karlstein 94 A1/2
Karlštejn 83 C/D3
Karlsten 15 D3
Karlstift 93 D2
Karlstift 96 A2
Karmacs 128 A1
Karmanovo 75 D2/3
Karmansbo 39 D3
Karna 21 D2, 22 A2
Karna 21 C2

Kärnare 140 B3
Karnevaara 11 C3
Karnin 70 B1
Karnobat 141 C3
Karoro 126 A3
Karow 69 D1
Kärpankylä 19 D1
Karpenísion 146 B1
Karperón 143 C2/3
Kärra 49 D1, 50 A1
Karrantza 153 C1
Kärrbo 40 A3, 47 B/C1
Karrebæksminde 53 D1/2
Karrgruvan 40 A3
Karsaikkovara 22 B1
Karsama 18 B3
Karsamäki 21 D1, 22 A1
Karsanlahti 22 B2
Karsava 74 B2
Karsbo 51 D2
Karsikas 21 D1, 22 A1
Karsko 71 C2
Kärsta 40 B3, 47 D1
Karstadt 69 D2
Kärsto 42 A2
Karstorp 51 C2
Karstula 21 C2
Kartavoll 42 A3
Kartérion 142 B3
Kártjevuolle 9 D3
Karttula 22 B2
Kartuzy 72 B2
Karuna 24 B3
Karungi 17 D2, 18 A1
Karunki 17 D2, 18 A1
Karup 48 B2
Karvala 21 C2
Karvaselka 11 D2, 12 B1
Karväskylä 21 D2, 22 A2
Kärvatn 32 B2
Karvia 20 B3
Karvik 9 D1
Karvik 4 B2
Karvila 23 C3
Karvio 23 C3
Karvoskylä 21 D1, 22 A1
Karvsör 20 B2
Käs 48 B1
Kasala/Kasabole 20 A3
Kasatakka 9 C3
Käseberga 50 B3
Kasejovice 83 C3, 93 C1
Kasendorf 82 A3
Kasfjord 9 C1/2
Kašin 75 D2
Kašina 127 D2/3
Kasiniemi 25 C1, 26 A1
Kaskei 27 C2
Kasker 15 D2
Kaski 27 C1
Kaskinen (Kaskö) 20 A3
Kasko 20 A3
Kasmá 19 C/D1
Kasnas 24 B3
Käspakás 145 C3
Kašperské Hory 93 C1
Kassa 17 D1
Kassándria 144 A2
Kassel 81 C1
Kassijärvi 7 C3
Kassiöpi 142 A3
Kassitera 145 D1
Kassope 146 A1
Kastanea 143 D2
Kastaneá 143 C/D2
Kastaneá 147 B/C2
Kastaneá 147 B/C2
Kastaneá 143 C3, 146 B1
Kastaneá 148 B2
Kastanea 148 B2
Kastaneá 148 B1/2
Kastaneá 145 D2
Kastani 142 B3
Kastav 126 B3, 130 A1
Kastellaun 80 A3
Kastéllion 147 C1
Kältel Stari 131 C3
Kastélyosdombó 128 A/B2/3
Kasterlee 79 C1
Kastl 92 A1
Kastlósa 51 D2
Kastorf 53 C3, 69 C1
Kástorf (Gifhorn) 69 C2
Kastoria 143 C2
Kastoria 148 A/B1
Kastórion 146 B3

Kastrákion 147 C2
Kästron 147 D1
Kästron 147 C2
Kástron tis Oréas 143 D3
Kastrup 49 D3, 50 A3, 53 D1
Kasukkala 27 C2
Kaszczor 71 C/D3
Katafa 127 D1, 128 A1
Katajamäki 23 C1/2
Katajamäki 22 B3
Katajamäki 22 B/2
Katákolon 146 A3
Katákolon 148 A3
Kataloinen 25 C/D2, 26 A2
Katápola 149 C3
Kátaselet 16 A/B3
Katavothra 143 C3
Katelbogen 53 D3, 69 D1
Katerini 143 D2
Katerma 19 D3, 23 D1
Katholm 49 C2
Katinhänta 24 A2
Kätkäsuvanto 11 C2/3
Katkävaara 12 A3, 17 D2
Kätkesuando 11 C2/3
Katlanovo 139 C2
Katlanovska Banja 139 C2
Káto Achaía 146 B2
Káto Achaía 148 A/B2
Káto Alepochórion 143 D3, 144 A3
Káto Alepochórion 147 C2
Káto Almiri 147 C2
Katochi 146 A2
Káto Drosini 145 D1
Káto Figália 146 B3
Káto Gotzéa 144 A3
Káto Klinai 143 C1
Káto Makrinoú 146 B2
Káto Nevrokópion 144 B1
Káto Orfaná 143 D3
Káto Tithoréa 147 C1
Katoúna 146 A1
Káto Vérmion 143 C2
Katovice 93 C1
Katowice 96 B2
Katrinenberg 40 A1/2
Katrineholm 46 B1/2
Kats 66 A3, 78 B1
Katsikás 142 B3
Katsikko 12 B2
Kattarp 49 D2/3, 50 A2
Kattbo Norra 39 C2
Kattelus 21 C3
Katthammarsvik 47 D3
Kattila-aho 23 D3
Kattilainen 26 B2
Kattilanmäki 23 C3
Kattilasaari 17 D2
Kattisavan 30 B1
Kattisberg 31 C1
Kattistrask 31 C1
Katunci 139 D3
Katusice 83 D2
Katwijk 66 A3
Katymár 129 C2
Katzelsdorf 94 B2
Katzenelnbogen 80 B2
Katzhütte 82 A2
Katzweiler 80 A/B3, 90 A1
Kaub 80 B3
Kaufbeuren 91 D3
Kaufbeuren-Neugablonz 91 D3
Kaufering 91 D2/3
Kaufungen 81 C1
Kauhajärvi 21 B/C2
Kauhajärvi 20 B3
Kauhajoki 20 B3
Kauhava 20 B2
Kaukalampi 25 D2, 26 A2
Kauklahti 25 C3
Kaukola 21 B/C3
Kaukola 24 B3
Kaukonen 11 D3, 12 A2
Kaukuri 24 B3
Kaulinranta 17 D2
Kaulio 26 B2
Kaulsdorf 82 A2
Kaunas 73 D2, 74 A3
Kauniainen/Grankulla 25 C3
Kaunissaari 26 B3
Kaupanger 36 B2
Kauppila 20 A3
Kauppila 26 B2

Kauppilanmäki — 48 — Kirchdorf

Kauppilanmäki 22 B1
Kaurajärvi 20 B2
Kaurissalo 24 A2, 41 D2
Kauronkylä 19 D3
Kausala 25 D2, 26 B2
Kaušany 141 D1
Kaustby 21 C1
Kaustinen (Kaustby) 21 C1
Kautokeino 11 C1
Kauttua 24 B2
Kautzen 94 A1
Kavadarci 139 C3, 143 C1
Kavadarci 140 A3
Kavaje 137 D3
Kavak 149 D1
Kavála 149 C1
Kavála 144 B1
Kavarna 141 D3
Kavčik 145 D3
Kävlinge 50 A3
Kávos 142 A3
Kavoúri 147 D2
Kawcze 71 D3
Kaxás 29 C3, 34 B1
Kaxholmen 45 D3, 46 A3
Käylä 13 C3
Käymäjärvi 11 C3
Kayna 82 B1/2
Käyrämö 12 B2
Käyrämö 12 B3
Kaysersberg 89 D2, 90 A2
Kazanci 131 D2
Kažani 138 B3, 143 B/C1
Kazanlăk 141 C3
Kazatin 98 C2/3
Kazincbarcika 97 C2/3
Kaźmierz 71 D2
Kbely 83 D3
Kdyně 93 B/C1
Kéa 149 C2
Kebnekaise fjällstation 9 D3
Kecel 129 C2
Kecskemét 129 C/D1
Kecskemét 97 C3, 140 A1
Kédainiai 73 D2, 74 A3
Kédange-sur-Canner 89 C/D1
Kédros 143 C3, 146 B1
Kędzierzyn-Koźle 96 B2
Kefalárion 147 C2
Kefalárion 147 C3
Kéfalos 149 D3
Kefenrod 81 C2
Kefermarkt 93 D2
Kehl 90 A/B2
Kehl-Bodersweier 90 B2
Kehl-Goldscheuer 90 A/B2
Kehnert 69 D3
Kehrig 80 A2
Kehrig 70 B3
Kehro 25 B/C2
Keighley 59 D1, 61 C2
Keihärinkoski 21 D2, 22 A2
Keihäskoski 24 B2
Keikya 24 B1/2
Keila 74 A1
Keills 56 A1/2
Keimola 25 C3, 26 A3
Keinäsperi 18 B2
Keipene 73 D1, 74 A2
Keisala 21 C2
Keisanmäki 26 B2
Keistió 24 A3, 41 D2
Keitele 21 D2, 22 A2
Keitelepohja 21 D2, 22 A2
Keith 54 B2
Kekäleniemi 27 D1
Kekkila 21 D2, 22 A2
Kelankylä 18 B1
Kelberg 80 A2
Kelbra 81 D1, 82 A1
Kelč 95 C1
Kelchsau 92 B3
Kelcyre 142 A2
Kelcyre 148 A1
Keléd 128 A1
Keleviz 128 A2
Kelheim 92 A/B1
Kelheim-Weilenburg 92 A1/2
Keljonkangas 21 D3, 22 A3
Kelkheim (Taunus) 80 B3
Kelkkala 24 B3
Kell 80 A3
Kella 81 D1
Kélla 143 C1/2
Kellahti 24 A1

Kellarpelto 27 C1
Kellenhusen 53 C3
Kellinghusen 52 B3
Kellmünz 91 D2
Kello 18 A2
Kellokoski 25 D2, 26 A2
Kelloniemi 13 B/C3
Kelloselkä 13 C3
Kelmé 73 D2
Kelontekemä 11 D3, 12 A/B2
Kelottijärvi 10 B2
Kelso 57 C/D2
Kelsterbach 80 B3
Kelstrup Strand 52 B1
Keltiäinen 25 C2
Keltti 26 B2
Kelujärvi 12 B2
Kelva 23 D2
Kelvedon 65 C2/3
Kemberg 69 D3
Kembs 90 A3
Kemence 95 D2/3
Kemeneshögyész 95 C3, 128 A1
Kemer 149 D2
Kémes 128 B3
Kemi 17 D3, 18 A1
Kemihaaran rajavartioasema 13 C1
Kemijärvi 12 B3
Kemilä 19 D1
Keminmaa 17 D2/3, 18 A1
Kemin maalaiskunia 17 D2/3, 18 A1
Keminvaara 19 C2
Kemnath 92 B1
Kemnath 82 A3
Kempele 18 A/B2
Kempen-Hülsd 79 D1
Kempenich 80 A2
Kempen-Niederrhein 79 D1
Kempfeld-Katzenloch 80 A3
Kempten (Allgäu) 91 D3
Kempten-Sankt Mang 91 D3
Kempthal 90 B3
Kendal 59 D1, 60 B1/2
Kendal 54 B3
Kenderes 129 D1
Kendrikón 139 D3, 143 D1, 144 A1
Kéndron 146 A/B2
Kenespahta 6 B2
Kengis 17 C/D1
Kengyel 129 D1
Kenilworth 64 A2
Kenmare 55 C3
Kenmore 54 B2
Kenmore 56 B1
Kennacraig 56 A2
Kenraalinkylä 23 D3
Kentford 65 C2
Kenton 63 C3
Kenzingen 90 A/B2
Kepno 96 B1
Kepsut 149 D1
Keramidion 143 D3, 144 A3
Keramitsa 142 B3
Keramoti 145 C1
Keräntöjärvi 11 C3
Kraséa 143 C2
Kerasóna 142 B3
Kerás-Sieppi 11 C2/3, 12 A1
Keratéa 147 D2/3
Kerava (Kervo) 25 D3, 26 A3
Kérazan 84 A3
Kerdilion Oros 144 A/B1
Kerekegyháza 129 C1
Kerepes 95 D3
Kerimäki 27 D1
Kerimíemi 27 C1
Kériolet 84 B2/3
Kerion 146 A3
Kerion 148 A2
Kerisalo 22 B3
Kerjean 84 A/B2
Kerken-Nieukerk 79 D1
Kerkétion Oros 143 C3
Kerkhove 78 B2
Kerkineon 143 D3
Kerkíni 139 D3, 144 A1
Kérkira 142 A3

Kérkira 148 A1
Kerkkoo 25 D2/3, 26 A2/3
Kerkola 24 B2
Kerkonkoski 22 B2
Kerkrade 79 D2
Kerma 23 C3
Kermaria 85 B/C1/2
Kernascléden 84 B2
Kernhof 94 A3
Kernovo 74 B1
Kerns [Kerns-Kägiswil] 105 C1
Kernuz 84 A3
Kerpen 79 D2, 80 A2
Kerpen-Blatzheim 79 D2, 80 A2
Kerpen-Türnich 79 D2, 80 A2
Kershoefoot 57 C3
Kersilo 12 B2
Kerta 128 A1
Kerteminde 53 C1
Kértezi 146 B2
Kerttuankylä 21 B/C2
Kervo 25 D3, 26 A3
Kesälahti 27 D1
Kesan 145 D3
Kesan 149 C/D1
Kesäranta 27 C1
Kesariani 147 D2
Keselyüs 129 C2
Kesilo 25 D1, 26 B1
Keskijärvi 23 D3
Keskikylä 18 A2/3
Keskikylä 21 C2
Keskikylä 20 B3
Keskikylä 18 D1
Keskikylä 18 A3
Keskinen 19 D3
Keskipiiri 18 A2
Keski-Posio 19 C1
Kes'ma 75 D1
Kesova Gora 75 D2
Kesseli 23 D1
Kesti 20 A/B3
Kestilä 18 B3
Kestilä 18 A2
Keswick 57 C3, 60 B1
Keswick 54 B3
Keszeg 95 D3
Keszthely 128 A1/2
Keszthely 96 B3
Ketomella 11 C2, 12 A1
Ketrávaara 19 D2
Kętrzyn (Rastenburg) 73 C2
Ketsch 90 B1
Kettering 64 B2
Kettershausen 91 D2
Kettlewell 59 D1, 60 B2
Kéty 128 B2
Ketzin 70 A2
Keula 81 D1
Keuruu 21 C3
Kevelaer 67 C3, 79 D1
Kevelaer-Winnekendonk 67 C3, 79 D1
Kevi 129 D3
Kevo 6 B2
Keynsham 63 D2
Keyritty 23 B/C2
Kežmarok 97 C2
Kiani 145 D1, 145 D3
Kiannanniemi 19 D2
Kiáton 147 C2
Kiáton 148 B2
Kibæk 48 A3
Kiberg 7 D2
Kičevo 138 B3
Kičevo 140 A3
Kidderminster 59 D3, 64 A2
Kidlington 65 C2/3
Kidwelly 62 B1
Kiefelsfelden 92 B3
Kiehtaja 19 C2
Kiekinkoski 23 D1
Kieksiäisvaara 17 C/D1
Kiel 52 B3
Kielajoki 6 B3
Kielce 97 C1
Kielder 57 C2
Kiellatupa 6 B3
Kienberg 92 B3
Kienitz 70 B2
Kiental [Reichenbach im Kandertal] 105 C2

Kieri 17 D2
Kierinki 12 A/B2
Kierspe 80 A/B1
Kierun 15 C/D1
Kiesen 105 C1
Kiesila 26 B1/2
Kiesima 22 A/B2
Kietävälä 27 C1
Kietävälä 27 C1
Kietz 70 B2
Kiev 99 C2
Kifino Selo 132 B3, 137 C1
Kifisiá 147 D2
Kifisiá 148 B2
Kifisos 148 B2
Kifisos 147 C2
Kifjord 6 B1
Kihlanki 11 C3
Kihnio 20 B3
Kihnión asema 20 B3
Kihtelysvara 23 D3
Kiikala 25 C2/3
Kiikka 24 B1
Kiikoinen 24 B1
Kiilisjarvi 17 C2
Kiilopään-Eräkeskus 12 B1
Kiimavaara 19 D3
Kiiminki 18 B2
Kiiskila 21 C1
Kiiskila 27 C1
Kiistala 11 D3, 12 A1/2
Kijevo 132 B3
Kijevo 131 C2
Kijevo 138 B1/2
Kikinda 129 D3
Kikinda 140 A1
Kikorze 71 C1
Kil 46 A1
Kil 45 D1
Kil 43 D2, 44 A2
Kila 46 B2
Kila 45 C1
Kilafors 40 A1
Kila/Kiila 24 B3
Kilane 43 C/D2, 44 A1/2
Kilás 147 C3
Kilb 94 A2
Kilberget 16 B3
Kilberry 56 A2
Kilboghamn 14 B2
Kilborn 9 C2
Kilbride 58 A2
Kilchattan 56 A/B2
Kilchrenan 56 A1
Kilcreggan 56 B1/2
Kilcullen 55 D3
Kile 44 B2
Kilebygd 43 D2, 44 A1
Kilen 43 C2
Kilja 141 D2
Kilingi-Nõmme 74 A1
Kilkee 55 C3
Kilkeel 58 A1
Kilkenny 55 D3
Kilkinkylä 26 B1
Kilkis 143 D1, 144 A1
Killarney 55 C3
Killearn 56 B1
Killeberg 50 B2
Killin 56 B1
Killiney 58 A2
Killingi 10 A3
Killini 146 A2
Killinkoski 21 C3
Killnick 58 A3
Killorglín 55 C3
Killough 58 A1
Killyleagh 58 A1
Kilmacolm 56 B2
Kilmaluag 54 A2
Kilmarnock 54 A/B3, 55 D1
Kilmarnock 56 B2
Kilmartin 56 A1
Kilmelford 56 A1
Kilmory 56 A2
Kilmory 56 A2
Kilmuckridge 58 A3
Kilminver 56 A1
Kilpisjärvi 10 B1
Kilpua 18 A3
Kilsmo 46 B1
Kilsyth 56 B1/2
Kilvakkala 24 B1
Kilvenaapa 18 B1
Kilvo 16 B1
Kilwinning 56 B2
Kimbolton 64 B2

Kimi 147 D1
Kimi 149 B/C2
Kiminki 21 C2
Kimito/Kemió 24 B3
Kimméria 145 C1
Kimo 20 B2
Kimola 25 D2, 26 B2
Kimonkylä 25 D2, 26 B2
Kimry 75 D2
Kimstad 46 B2
Kinahmo 23 C2
Kincardine on Forth 57 B/C1
Kindberg 94 A3
Kindelbruck 81 D1, 82 A1
Kinderásen 34 B2
Kinding 92 A1
Kinéta 147 D2
Kineton 64 A2
Kingarth 56 A/B2
Kinghorn 57 C1
Kingisepp 74 B1
Kingsbarn 57 C1
Kingsberg 40 A2
Kingsbridge 63 C3
Kingsclere 65 C3, 76 B1
King's Lynn 65 C1
Kings Thorn 63 D1
Kingston 64 B3, 76 B1
Kingston upon Hull 61 D2
Kingswear 63 C3
Kingion 59 C/D3, 63 C1
Kinisjärvi 12 A2, 17 D1
Kinkton 56 A1
Kinloch 54 A2, 55 D1
Kinlochleyen 54 A2, 55 D1
Kinloch Rannoch 54 B2, 55 D1
Kinn 37 D3
Kinn 9 C1
Kinna 49 D1, 50 A1
Kinna 72 A1
Kinnared 50 A/B1
Kinnarp 45 D3
Kinnarumma 45 C3, 49 D1
Kinna-Skene 49 D1, 50 A1
Kinna-Skene 72 A1
Kinnegad 55 D2
Kinni 26 B1
Kinnula 21 C/D2
Kinnulanlahtí 22 B2
Kinroo-Kessenich 79 D1
Kinross 57 C1
Kinsale 55 C3
Kinsarvik 36 B3
Kintaus 21 D3, 22 A3
Kintus 24 B1
Kiónion 146 A2
Kiosque 155 C2
Kiparissia 146 B3
Kipárissos 143 D3
Kipfenberg 92 A1
Kipi 142 B3
Kipina 18 B3
Kipourion 143 C2/3
Kippel [Goppenstein] 105 C2
Kipuford 56 B3, 60 A1
Kippinge 53 D2
Kirakkajärvi 7 C2/3
Kirakkakóngas 6 B3
Kirakka-Olli 7 C2
Kirazli 149 D1
Kirbymoorside 61 C2
Kirchardt 91 C1
Kirchbach 126 A2
Kirchbach in Steiermark 127 C1
Kirchberg 91 C/D1
Kirchberg 80 A3
Kirchberg 82 B2
Kirchberg am Wagram 94 A2
Kirchberg am Wechsel 94 A3
Kirchberg am Walde 93 D2
Kirchberg an der Pielach 94 A2/3
Kirchberg an der Raab 127 C/D1
Kirchberg in Tirol 92 B3
Kirchberg [Kirchberg-Alchenflüh] 105 C1
Kirchberg (Regen) 93 C1/2
Kirchdorf 68 A2
Kirchdorf 93 B/C2
Kirchdorf 94 A3, 127 C1

Kirchdorf 53 C3
Kirchdorf an der Krems 93 C/D3
Kirchdorf an der Krems 96 A3
Kirchdorf (Freising) 92 A2
Kirchdorf im Wald 93 C1
Kirchehrenbach 82 A3
Kirchendemenreuth 82 B3
Kirchenlamitz 82 A/B3
Kirchen-Sieg 80 B2
Kirchhain 81 C2
Kirchheilingen 81 D1
Kirchheim 91 C1
Kirchheim 81 C3
Kirchheim-Bolanden 80 B3
Kirchheim (Hersfeld) 81 C2
Kirchheim im Innkreis 93 C2
Kirchheim unter Teck 91 C2
Kirchhundem 80 B1
Kirchhundem-Oberhundem 80 B1
Kirchhundem-Rahrbach 80 B1/2
Kirchhundem-Albaum 80 B1
Kirchlauter 81 D3
Kirchlinteln-Sehlingen 68 B2
Kirchlinteln 68 B2
Kirchroth 92 B1
Kirchschlag in der Buckligen Welt 94 B3
Kirchweidach 92 B2/3
Kirchzarten 90 B3
Kircubbin 56 A3
Kiriákion 147 C2
Kirişi 75 C1
Kirjais 24 A/B3
Kirjakala 24 B3
Kirjala 24 B3
Kirkağaç 149 D2
Kirkambeck 57 C3, 60 B1
Kirkbride 57 C3, 60 A/B1
Kirkby in Ashfield 61 D3, 65 C1
Kirkby Lonsdale 59 D1, 60 B2
Kirkby Stephen 57 D3, 60 B1
Kirkcaldy 57 C1
Kirkcaldy 54 B2
Kirkcolm 56 A3
Kirkconnel 56 B2
Kirkcowan 56 B3
Kirkcudbright 56 B3, 60 A1
Kirkeby 52 A2
Kirkeby 28 B3, 33 D1
Kirkehamn 42 B3
Kirkehavn 53 C1/2
Kirke Hvalsø 49 D3, 53 D1
Kirkenær 38 B2
Kirkenes (Kirkkoniemi) 7 C/D2
Kirkham 59 D1, 60 B2
Kirki 145 D1
Kirkintilloch 56 B2
Kirkjubøur 55 C1
Kirkkonummi/Kyrkslått 25 C3
Kirkkopahta 11 C3, 12 A2
Kirk Michael 58 B1
Kirknesvågen 28 B2, 33 D1
Kirkoswald 57 C3, 60 B1
Kirkoswald 56 B2
Kirkpatrick 57 C3, 60 B1
Kirkton 57 C2
Kirkton of Largo 57 C1
Kirkvollen 33 D2
Kirkwall 54 B1
Kirkwhelpington 57 D3
Kirn 80 A3
Kirnički 141 D1/2
Kirnujärvi 17 C1
Kirov 75 D3
Kirovograd 99 D3
Kirovsk 75 C1
Kirra 147 C2
Kirriemuir 57 C1
Kirton-in-Lindsey 61 D3
Kirtorf 81 C2
Kiruna 10 A3
Kiruna-Tuolluvaara 10 A3
Kisa 46 B3
Kisbér 95 C3
Kisbér 96 B3

Kisela Voda 138 B2
Kiseljak 132 B2
Kiseljak 133 C2
Kishajmás 128 B2
Kisiljevo 134 B1/2
Kišinjev 141 D1
Kiskassa 128 B2/3
Kisko 25 B/C3
Kiskomárom 128 A2
Kiskörös 129 C2
Kiskörös 97 C3
Kiskundorozsma 129 D2
Kiskunfélegyháza 129 D1/2
Kiskunfélegyháza 97 C3, 140 A1
Kiskunhalas 97 C3, 140 A1
Kiskunhalas 129 C2
Kiskunlacháza 129 C1
Kiskunmajsa 129 C/D2
Kiskunmajsa 97 C3, 140 A1
Kismaros 95 D3
Kisoroszi 95 D3
Kissakoski 26 B1
Kissala 27 D1
Kissámos (Kastéllion) 148 B3
Kissanlahti 23 C1/2
Kisslegg 91 C3
Kisslegg-Waltershofen 91 C3
Kistanje 131 C2
Kistelek 129 D2
Kisterenye 97 C3
Kistrand 5 D2, 6 A1
Kisújszállás 129 D1
Kisújszállás 97 C3, 140 A1
Kisurisstugan 9 D3
Kisvárda 97 C/D2/3, 98 A3
Kiszkowo 71 D2
Kiszombor 129 D2
Kitee 23 D3
Kiteenlahti 23 D3
Kitinoja 20 B2
Kitka 19 C/D1
Kitkiöjärvi 11 C3
Kitkiojoki 11 C3
Kitrinópetrас 145 D1, 145 D3
Kitsi 23 D2
Kittelfjäll 15 C3, 29 D1
Kittilä 11 D3, 12 A2
Kittlitz 83 B1
Kittsee 94 B2/3
Kitula 25 C3
Kituperä 18 B3, 22 B1
Kitzbühel 92 B3
Kitzingen 81 D3
Kitzscher 82 B1
Kiukainen 24 B1/2
Kiuruvesi 22 B1
Kivarinjärvi 19 C2
Kivercy 98 B2
Kivérion 147 C3
Kivesjärvi 19 C3
Kiveslahti 19 B/C3
Kivijärvi 21 D2, 22 A2
Kivijärvi 18 B2
Kivik 50 B3
Kivik 72 A2
Kivikangas 21 C2
Kivikylä 24 A2
Kivilahti 23 D2
Kivilompolo 12 A3, 17 D2
Kivinieni 26 B2/3
Kiviöli 74 A/B1
Kivipaja 27 C1
Kiviperä 19 D1
Kiviranta 19 D1
Kivisuo 26 A1
Kivivaara 23 D1
Kivivaara 19 C2
Kivivaara 23 D3
Kivotós 143 C2
Kjækan 5 C2/3
Kjårnes 9 C3
Kjeldebotn 9 C2
Kjeldobu 37 B/C3
Kjellerup 48 B2
Kjengsnes 9 C2
Kjennsvasshytta 14 B2
Kjerrengvoll 33 D2
Kjerret 38 B3
Kjerringøy 8 B3
Kjerringvåg 32 B1
Kjerringvik 9 C2

Kjerringvik 43 D2, 44 A/B1/2
Kjerringvik 28 B3, 33 D1
Kjerstivika 28 B2
Kjevik 43 C3
Kjølen 44 B1
Kjøli turisthytte 33 D2
Kjellefjord 6 B1
Kjølsdal 36 A1
Kjølstad 28 B1
Kjoltan 15 C1
Kjøpmannskjer 43 D2, 44 B1
Kjøpsvik 9 C2/3
Kjørsvik 32 B1
Kjorvihytta 15 C1
Kjosen 43 C2, 44 A1
Kjul 14 A3
Kjulaås 47 B/C1
Kjustendil 139 D2
Kjustendil 140 B3
Klábu 28 B2
Kl'ačno 95 D1
Kladanj 133 B/C2
Kláden 69 C/D2
Kládesholmen 44 B3
Kladnica 133 D3, 134 A3
Kladnica 139 D1/2
Kladnice 131 C3
Kladno 83 C3
Kladno 96 A2
Kladovo 135 C/D2
Kladruby 82 B3
Klagenfurt 126 B2
Klagenfurt 96 A3
Klägerup 50 A/B3
Klagstorp 50 B3
Klaipėda (Memel) 73 C2
Klaksvik 55 C1
Klamila 26 B2
Klampénborg 49 D3, 50 A3, 53 D1
Klana 126 B3
Klanac 130 B2
Klanjec 127 D2
Klanxbüll 52 A2
Klappe 34 B2
Kläppen 16 A3
Kläppsjo 30 B2, 35 D1
Kläppsjo 30 B2, 35 D1
Klarabro 38 B2
Klarup 48 B1/2
Klašnice 131 D1, 132 A1
Klášterec 83 C2
Kláštor pod Znievom 95 D1
Klatovy 93 C1
Klatovy 96 A2
Klaukkala 25 C3
Klaus an der Pyhrnbahn 93 C/D3
Klausenleopoldsdorf 94 A2/3
Klauvnes 4 B2
Klazienaveen 67 C2
Kleemola 21 C1
Klegod 48 A3
Kleinarl 126 A1
Kleinau 69 C2
Klein Bademeusel 70 B3, 83 D1
Klein Berssen 67 D2
Kleinblittersdorf 89 D1, 90 A1
Kleingießhübel 82 A2
Kleingleidnitz 126 B1
Kleinhaugsdorf 94 A2
Klein-Koschen 83 C1
Kleinkrausnik 70 A3
Klein Lüben 69 D2
Klein-Machnow 70 A2/3
Klein-Muckrow 70 B3
Klein-Mühlingen 69 D3
Kleinmünchen 93 D2
Klein Oscherslében 69 C3
Kleinpaschleben 69 D3
Kleinrinderfeld 81 C3
Kleinsaubernitz 83 D1
Kleinwelka 83 D1
Kleinwusterwitz 69 D2
Kleiv 37 D3
Kleiva 9 B/C2
Kleive 32 A/B2
Kleivegrend 43 C2
Klek 129 D3
Klek 136 B1
Klemensker 51 D3
Klemetinvaara 19 C3

Klemetsrud 38 A3
Klemetstad 5 D2, 6 A2
Klenak 133 C1, 134 A1
Klenčí 92 B1
Klenica 71 C3
Klenka 139 C2
Klenovica 130 B1
Klepci 132 A/B3, 136 B1
Klepp 42 A2
Kleppen 28 B3, 33 D1, 34 A1
Kleppestø 36 A3
Kleptow 70 B1
Kletnja 99 D1
Klettbach 82 A2
Klettgau-Bühl 90 B3
Klettgau-Erzingen 90 B3
Klettwitz 83 C1
Klevar 43 D1, 44 A1
Kleve 67 C3
Klevshult 50 B1
Kličev 99 C1
Kličevac 134 B1
Klening 127 C1
Klietz 69 D2
Klimatiá 142 B3
Kliment 141 C2/3
Klimovičì 99 D1
Klimovo 99 D1
Klimovsk 75 D3
Klimpfjäll 29 D1
Klin 75 D2
Klina 138 A1
Klinča Selo 127 D3
Klinci 99 D1
Klinga 28 B2
Klingenberg 9 C3
Klingenmünster 90 B1
Klingenthal 82 B2
Klinteberg 49 C3, 53 C1
Klintehamn 47 D3
Klintehamn 72 B1
Klintholm 53 D2
Kliplev 52 B2
Klippan 50 A2
Klippan 72 A1
Klippen 15 C2
Klis 131 C/D3
Klisóura 143 C2
Klisóura 142 B3
Klisóura 148 A1
Klisura 139 C1
Klisura 139 D2
Klitmøller 48 A1/2
Klitten 83 D1
Klitten 39 C1
Kljaci 131 C3
Kljajičevo 129 C3
Kljake 131 C3
Kljasticy 74 B2/3
Ključ 131 D2, 132 A2
Klobouky 94 B1
Klobuck 96 B1
Klobuk 131 D3, 132 A3, 136 B1
Klockarberg 39 D2
Klockow 69 D1, 70 A1
Klockow 70 A/B1
Klockrike 46 A3
Klodawa 71 C2
Klöden 70 A3
Klodzko (Glatz) 96 B1/2
Klöfta 38 A3
Klokarstua 38 A3, 43 D1, 44 B1
Klokočevac 135 C2
Klokočevci 128 B3
Klokočov 95 D1
Klokot 138 B2
Kloosterburen 67 C1
Kloosterhaar 67 C2
Kloosterzande 78 B1
Klopot 70 B3
Klos 138 A3
Klöse 31 C2
Kloštar 128 A2/3
Kloštar Ivanić 127 D3
Kloster-Birnau 91 C3
Klosterfelde 70 A2
Klostermansfeld 82 A1
Klosterneuburg 94 B2
Klosterreichenbach 90 B2
Klosters 106 A1
Kloster Sankt Trudpert 90 A/B3
Kloster Zinna 70 A3
Kloten 39 D3

Kloten 90 B3
Klotten 80 A3
Klötze 69 C2
Klovborg 48 B3
Kløven 32 B1
Kloventrask 16 B3
Klöveskög 45 C2
Kløvfors 14 B3
Klövsjö 34 B3
Klubbfors 16 B3
Klubbukt 5 C/D1/2, 6 A1
Kluczbork 96 B1
Kluczewo 71 C/D1
Kluess 53 D3, 69 D1
Klukshäckren 29 C3, 34 A/B2
Klupe 132 A1/2
Klüsserath 80 A3
Klutmark 31 D1
Klutz 53 C3
Knaben gruver 42 B2/3
Knåda 39 D1, 40 A1
Knaften 31 C1
Knap-dale 56 A2
Knapstad 38 A3, 44 B1
Knared 50 B2
Knaresborough 61 C2
Knarrevik 36 A3
Knarsdale 57 C3, 60 B1
Knarvik 36 A3
Knebel 49 C2/3
Kneippbyn 47 D3
Knetzgau 81 D3
Kneža 140 B2/3
Knežak 126 B3
Kneževi Vinogradi 129 C3
Kneževo 128 B3
Knežina 133 B/C2
Knežmost 83 D2
Knić 134 B2/3
Kničanin 129 D3, 133 D1, 134 A1
Knighton 59 C/D3
Knin 131 C2
Knislinge 50 B2
Knittelfeld 127 C1
Knittelfeld 96 A3
Knittlingen 90 B1
Knivsta 40 B3
Knížecí Pláně 93 C1
Knjaževac 135 C3
Knjaževac 140 A2
Knock 57 C/D3, 60 B1
Knokke-Heist 78 A1
Knoppe 35 D3
Knorr End 59 C/D1, 60 B2
Knowle 64 A2
Knüllwald 81 C1/2
Knüllwald-Remsfeld 81 C1/2
Knutby 40 B3
Knuthenborg 53 C/D2
Knutsford 59 D2, 60 B3, 64 A1
Knutsvik 42 A2
Koarholanmäki 19 C3, 22 B1
Kobarid 126 A/B2
Kobbevåg 4 A3, 10 A1
Kobbfoss 7 C3
København 49 D3, 50 A3, 53 D1
København 72 A2
Kobenz 127 C1
Koberg 45 C3
Koberín-Gondorf 80 A2
Koblenz 80 A/B2
Koblenz 90 B3
Kobrin 73 D3, 97 D1, 98 A/B1
Kobylanka 70 B1
Kobylin 71 D3
Kočani 139 C2
Kočani 140 A/B3
Koceljevo 133 D2, 134 A2
Kočerin 132 A3
Kočerinovo 139 D2
Kočerov 99 C2
Kočevje 127 C3
Kočevska Reka 127 C3
Kochel am See 92 A3
Kochel-Walchensee 92 A3
Kočov 82 B3
Kocs 95 C3
Kocsér 129 D1
Kocsola 128 B2
Kodal 43 D2, 44 A1

Kode 50 Koskenkylä

Kode 45 C3
Kodër Shëngjergji 137 D2, 138 A2
Kodesjärvi 20 B3
Kodiksalm 24 A/B2
Kodisjoki 24 A2
Kodnitz 82 A3
Koekange 67 C2
Köfering (Regensburg) 92 B1
Köflach 127 C1
Köflach 96 A3
Køge 72 A2
Koge 49 D3, 50 A3, 53 D1
Kogel 69 D1
Kohiseva 22 B3
Kohlberg 82 B3
Kohma 23 C2
Kohtavaara 23 C1/2
Koijärvi 25 C2
Koikkala 27 C1
Koikul 16 B2
Köinge 49 D1, 50 A1
Koirakoski 22 B1
Koiramännikko 12 A2/3
Koiravaara 23 C1
Koisjärvi 25 C3
Koitila 19 C1
Koitsanlahti 27 D1
Koivistonkylä 21 D3, 22 A3
Koivu 18 A1
Koivula 13 C2
Koivumaa 12 A2/3, 17 D1
Koivumäki 21 C2
Koivumäki 23 C3
Koivumäki 22 B2
Koivuniemi 18 A/B1
Koivuvaara 23 D2/3
Koja 10 A3
Kojan 29 C3, 34 A2
Kojanlahti 23 C2/3
Kojetin 95 C1
Kojola 20 B2
Kojonperä 24 B2
Kojsko 126 A/B2
Kokar 24 A3, 41 D3
Kokašice 82 B3
Kokava nad Rimavicou 97 C2
Kokelv 5 D1, 6 A1
Kokemäki (Kumo) 24 B1/2
Kokheden 16 B2
Kokin Brod 133 D3, 134 A3
Kokkila 24 B3
Kokkila 25 C2
Kökkini Ekklisía 143 B/C3
Kokkinókastro 147 D1
Kokkinó Neró 143 D3, 144 A3
Kokkinopilós 143 D2
Kokkokylä 18 B1
Kokkola 25 C1
Kokkolahti 23 C3
Kokkola/Karleby 20 B1
Kokkoniemi 19 D2
Kokkosenlahti 27 B/C1
Kokkovaara 12 A2
Koklé 142 B1
Köklot 20 A2, 31 D3
Kokonvaara 23 C2
Kokofin 83 D2
Kokory 95 C1
Kokra 126 B2
Kokşeby 53 D2
Kokşijde-Bad 78 A1
Kokträsk 16 A3
Kola 38 B3
Kola 131 D1/2, 132 A1
Kolan 130 B2
Kolari 134 B2
Kolari 12 A2
Kolárovo 95 C3
Kolárovo 96 B3
Kolásen 29 C3, 34 A1
Kolašin 137 D1
Kolbäck 40 A3, 46 B1
Kolbaskowo 70 B1
Kolbermoor 92 B3
Kolbnitz 126 A1
Kolbu 38 A2
Kolby Kås 49 C3, 53 C1
Kolchikón 144 A1/2
Koldby 48 A2
Kolding 48 B3, 52 B1
Koler 16 B3
Kolerträsk 16 B3

Kölesd 128 B2
Kolho 21 C3
Koli 23 D2
Kolin 83 D3
Kolin 96 A2
Kolind 49 C2
Kolindrós 143 D2
Kolinec 93 C1
Kolingared 45 D3
Kolka 73 C/D1
Kolkanranta 27 C1
Kolkku 21 D2, 22 A2
Kolkonjärvi 19 C1
Kolkonpää 27 C1
Kolkontaipale 23 B/C3
Kolkwitz 70 B3
Kollaja 18 B2
Kölleda 82 A1
Kollerschlag 93 C2
Kollerud 39 B/C3
Kollinai 147 B/C3
Kolltveit 36 A3
Kollum 67 C1
Kolma 22 B3
Kolmikanta 18 B3
Kolmjärv 17 C2
Kolm-Saigurn 107 D1, 126 A1
Köln 80 A2
Kolno 73 C3, 98 A1
Köln-Porz 80 A2
Köln-Rondorf 80 A2
Kolo 73 B/C3, 96 B1
Kolobrzeg (Kolberg) 72 B2
Kolodistoe 99 C3
Kolomyja 97 D2, 98 B3
Kolonje 142 A2
Koloveč 83 B/C3, 93 C1
Kolovrat 133 C3
Kolpino 75 B/C1
Kolppi 20 B1
Kolsätter 34 B3
Kolsillre 35 B/C3
Kölsjön 35 C3
Kolsko 71 C3
Kelstrup 53 C1
Kolsva 39 D3, 40 A3, 46 B1
Kolta 95 D3
Kolu 21 C2/3
Kolunić 131 C2
Kolvaa 24 B2
Kolvereid 28 B1
Kolvrá 48 B2
Komádi 97 C3, 140 A1
Komagfjord 5 C2
Komagvær 7 D2
Komagvik 4 A2
Koman 137 D2, 138 A2
Komarin 99 C2
Komárno 96 B3
Komárno 95 C3
Komárom 95 C3
Komárom 96 B3
Kombótion 146 A1
Komen 126 B3
Komi 25 B/C1
Komin 127 D2
Komiža 136 A1
Komjatice 95 C2
Komló 128 B2
Kömlöd 95 C3
Kommelhaug 9 C2
Komménon 146 A1
Kommerniemi 27 C1
Kominá 143 C2
Komninón 143 C2
Komoran 138 B1/2
Komorniki 71 D3
Komossa 20 B2
Kompakka 23 D3
Kompelusvaara 17 C1
Kömpöc 129 D2
Komrat 141 D1
Komsomol'skoe 99 C2/3
Komu 21 D1, 22 A1
Komula 23 C1
Komulanköngas 19 C3
Konak 134 B1
Konakovo 75 D2
Konarevo 133 D3, 134 A/B3
Konás 29 C3, 34 A1
Končanica 128 A3
Kondás 145 C3
Kondopoúli 145 C3
Kondovázena 146 B2/3

Kondrovo 75 D3
Konëprusy 83 C3
Kong 53 D2
Konga 51 C2
Köngäs 5 D3, 6 A/B3, 11 D1
Kongas 6 B2
Köngäs 12 B3
Köngäs 11 D3, 12 A1/2
Kongasmäki 19 C3
Kongens gruve 43 D1, 44 A1
Kongenshus Hede 48 B2
Kongensvoll 28 A3, 33 C1
Kongeparken 42 A2
Konginkangas 21 D2, 22 A2
Kongsberg 43 D1, 44 A1
Kongsbergseter 43 C1
Kongselva 9 B/C2
Kongsfjord 7 C1
Kongsli 10 A1
Kongsmoen 29 B/C1
Kongsness 36 B2
Kongsvinger 38 B3
Kongsvoll 33 C3, 37 D1
Koniarovce 95 C2
Königerode 82 A1
Königsberg 81 D3
Königsbronn 91 D2
Königsbrück 83 C1
Königsbrunn 91 D2
Königsdorf 92 A3
Königsee 82 A2
Königsfeld im Schwarzwald 90 B2
Königshütte 69 C3
Königslutter 69 C3
Königsmoos-Wagenhofen 92 A2
Königstein 80 B2/3
Königstetten 94 A/B2
Königswärtha 83 D1
Königswiesen 93 D2
Königswinter 80 A2
Königswinter-Oberpleis 80 A2
Königs-Wusterhausen 70 A3
Königs-Wusterhausen 72 A3
Konin 72 B3, 96 B1
Koningsbosch 79 D1
Konispoli 142 A3
Kónitsa 142 B2
Kónitsa 148 A1
Konjavo 139 D2
Konjevrate 131 C3
Konjic 132 B3
Konjsko 137 C1/2
Konken 80 A3, 90 A1
Könnern 69 D3, 82 A1
Konnersreuth 82 B3
Konnerud 43 D1, 44 A1
Konnevesi 21 D3, 22 A3
Konni 20 B2
Konnuslahti 22 B3
Könölä 17 D2, 18 A1
Konolfingen 105 C1
Konopištĕ 83 D3
Konopište 139 C3, 143 C1
Konotop 71 C3
Konotop 71 C1
Konotop 99 D2
Konradsreuth 82 A2
Konská 97 C1
Konsko 139 C3, 143 D1
Konsmo 42 B3
Konstanz 91 C3
Konstanz-Dettingen 91 C3
Kontich 78 B1
Kontinjoki 19 C3, 22 B1
Kontiolahti 23 D2
Kontiomäki 19 C3
Kontiomäki 22 B1
Kontioranta 23 D2/3
Kontiovaara 23 D2
Kontiovaara 23 D2
Kontkala 23 C3
Kontojärvi 12 A3
Kontókalion 142 A3
Konttajärvi 12 A3, 17 D1
Konttila 18 B1
Konttimäki 21 D3
Konz 79 D3
Konzell 92 B1
Köortila 24 A1

Kopačevo 129 C3
Kopanica 71 C3
Kopardal 14 A2
Koparnes 36 A1
Koper 126 B3
Kopernitz 70 A2
Kopervik 42 A2
Kópidaza 94 B3
Kopidlno 83 D2
Kopilovci 135 D3
Köping 46 B1
Köpinge 50 B3
Köpingebro 50 B3
Köpingsvik 51 D1
Kopisto 18 A3
Koplik 137 D2
Köpmanholmen 31 B/C3
Köpmannebro 45 C2
Koporice 138 B1
Koposperi 21 D1, 22 A1
Koppang 38 A1
Koppangen 4 B3
Kopparberg 39 D3
Koppelo 23 C1
Kopperi 28 B3, 33 D1
Kopporn 38 B3, 45 C1
Kopravaara 23 C/D2
Koprivna 132 B1
Koprivnica 128 A2
Koprivnica 135 C2
Koprivnice 96 B3
Koprivnik 127 C3
Kopsa 18 A3
Kopti 99 D2
Koráče 132 B1
Korahosenniemi 19 C/D1
Koraj 133 C1
Korakiána 142 A3
Korapela 11 D3, 12 A1
Koravenkylä 21 C1
Korbach 81 C1
Korbeva 139 C1/2
Korbovo 135 D2
Korbulić 138 B2
Korçë 142 B2
Korçe 148 A1
Korčula 136 B1
Korczyców 71 B/C3
Kordel 79 D3, 80 A3
Korec 98 B2
Korentokylä 19 C2
Korentovaara 23 D1
Körfos 147 C2/3
Korgen 14 B2
Koria 26 B2
Koridallos 143 C3
Korifi 143 C2
Korinth 53 C2
Körinthos 147 C2
Körinthos 147 C2
Koriseva 23 D2
Korissos 143 C2
Korita 136 B1
Korita 137 C1
Korithion 146 A2
Koritnica 135 C3, 139 C1
Kortnik 133 D3, 134 A3
Korjukovka 99 D1/2
Korkana 19 D3
Korkatti 18 A3
Korkea 23 D1
Korkeakangas 23 D3
Korkeakoski 25 C1
Korkeaoja 24 B1
Korkeela 25 C/D1, 26 A1
Korkeporten 5 D1
Korkiamaa 17 D2, 18 A1
Körle 81 C1
Körmend 127 D1
Körmend 96 B3
Kormu 25 C2
Kormu 18 B3
Korneuburg 94 B2
Körnik 71 D3
Kornsjø 45 B/C2
Kornstad 32 A2
Kornwestheim 91 C1/2
Kornye 95 C/D3
Koromačno 130 A1
Koróni 148 B3
Korónia 147 C2
Koroneísía 146 A1
Koronoúda 143 D1, 144 A1
Koronowo 72 B3
Koropion 148 B2

Koropion 147 D2
Köroshegy 128 B1
Korospohja 25 D1, 26 A1
Korosten 99 C2
Körostetétlen 129 D1
Korostyšev 99 C2
Korotovo 75 D1
Korovatići 99 C1
Korpela 11 D3, 12 A1
Korperich 79 D3
Korpi 21 C1
Korpi 24 A2
Korpi 24 B2
Korpijärvi 26 B1
Korpijoki 21 D1, 22 A1
Korpikä 17 C2
Korpikoski 26 B1
Korpikylä 17 D2, 18 A1
Korpilahti 21 D3, 22 A3
Korpilombolo 17 C1
Korpilomopoio 12 A3, 17 D1
Korpimäki 23 C2
Korpinen 22 B2
Korppera 21 C2
Korpo/Korppoo 24 A3
Korpoström 24 A3
Korppinen 21 D2, 22 A2
Kors 32 B3, 37 C1
Korsä 40 A2
Korsbäck 20 A2
Korsberga 45 D2/3, 46 A2
Korsberga 51 C1
Korsbyn 31 B/C2
Korsen 28 B2
Korsfjord 5 C2
Korshamn 42 B3
Korshavn 44 B1/2
Korsholm/Mustasaari 20 A2
Korsmo 38 A/B3
Korsmyrbränna 29 D3, 35 C1/2
Korsnäs 39 D2
Korsnäs 20 A2
Korsnes 9 C2
Korsö 24 A2/3, 41 D2
Korsar 53 C1
Korssjøen 33 D3
Korssjon 31 D1/2
Korsträsk 16 B3
Korsu 23 D1
Korsun'-Ševčenkovskij 99 D3
Kosvetten 28 A3, 33 C2
Kort 21 B/C3
Kortejärvi 21 C2
Kortekangas 22 B1
Kortesalmi 25 D1, 26 B1
Kortesjärvi 20 B2
Kortevaara 19 D3, 23 D1
Kortgene 78 B1
Kortrijk 78 A2
Kortteinen 23 C2
Kor'ukovka 99 D1/2
Korvala 12 B3
Korvanniemi 19 C3
Korvenkylä 18 A/B2
Korvenkylä 21 C1
Korweiler 80 A3
Koryčany 94 B1
Korytnica-kúpele 95 D1
Kos 149 D3
Kosančić 139 C1
Kosava 135 D2
Kösching 92 A2
Koscian 71 D3
Koščal 72 B3, 96 B1
Kościerzyna 72 B2
Kose 74 A1
Kosel 138 B3, 142 B1
Košetice 83 D3, 93 D1
Košice 83 D3
Košice 97 C2
Kosieczyn 71 C3
Kosierz 71 C3
Kosjeric 133 D2, 134 A2
Kosjeric 140 A2
Koška 128 B3
Koskama 11 D3, 12 A/B2
Koskeby/Koskenkylä 20 B2
Koskela 18 B3
Koskenjoki 21 D1, 22 A/B1
Koskenkorva 20 B2/3
Koskenkylä/Forsby 25 D2, 26 A2
Koskenkylä 24 B2
Koskenkylä 25 B/C2

Koskenkylä — 51 — Kuha

Koskenkylä 17 D2, 18 A1
Koskenlaskupaikka 19 D3
Koskenmäki 19 D3
Koskenmylly 25 D1, 26 A/B1
Koskenniska 6 B3, 11 D1
Koskenpää 21 D3, 22 A3
Koskenperä 21 D1, 22 A1
Koski 24 B2
Koski 24 B3
Koski 25 D2, 26 A2
Koski 25 C3
Koskimäki 20 B2/3
Koskue 20 B3
Koskullskulle 16 B1
Kosman 133 C3
Kosmás 147 C3
Kosmonosy 83 D2
Kosola 20 B2
Kosola 27 C/D1
Kosov 97 D2, 98 B3
Kosovo Polje 138 B1
Kosovrasti 138 A3
Kosovska Kamenica 138 B1/2
Kóspallag 95 D3
Kossdorf 83 C1
Kössen 92 B3
Kost 83 D2
Kosta 51 C1/2
Kósta 147 C3
Kosta 72 B1
Kostajnica 127 D3, 131 C/D1
Kostálkov 94 A1
Kostarno 12 B3
Kostanjevac 127 C3
Kostanjevica 127 C3
Kostebrau 83 C1
Kostelec 93 D1
Kostelec na Hané 94 B1
Kostelec nad Černými Lesy 83 D3
Kostelec nad Labem 83 D2/3
Kostenec 140 B3
Koštice 83 C2
Kostinbrod 139 D1
Kostojevići 133 C2, 134 A2
Kostojac 134 B1/2
Kostrina 97 D2, 98 A3
Kostrzyn 70 B2
Kostrzyn 71 D2/3
Kosťukovičì 99 D1
Kosturino 139 C/D3, 143 D1
Kosula 23 C3
Koszalin (Köslin) 72 B2
Kőszeg 94 B3, 127 D1
Koszyce 71 D1/2
Kotajärvi 19 D3, 23 D1
Kotajärvi 18 B2
Kotala 13 C2
Kotala 21 C3
Kotalanperä 18 B2
Kotamaa 12 B2
Kótas 143 B/C2
Kotasalmi 23 B/C2
Kotel 141 C3
Köthen 69 D3
Kotikylä 22 B2
Kotila 19 C3
Kotiranta 19 D2
Kotka 26 B2/3
Kotor 137 C2
Kotoriba 128 A2
Kotorsko 132 B1
Kotor Varoš 131 D2, 132 A1/2
Kotovsk 99 C3
Kotovsk 141 D1
Kotrónia 145 D1, 145 D3
Kötschach 107 D1/2, 126 A1/2
Köttsjon 30 A3, 35 C2
Kötz 91 D2
Kotzting 92 B1
Koutália 143 D1
Koufós 144 B2/3
Kouhi 21 D3, 22 A3
Koukounariés 147 D1
Koúkoura 147 C2
Koúmanis 146 B2/3
Koura 20 B2/3
Koufím 83 D3
Kouroútas 146 A2/3
Koutaniemi 19 C3

Koutojärvi 17 D2
Koutsochéra 146 B2/3
Koutsócheron 143 D3
Koutus 12 A3, 17 D1
Kouva 19 C1
Kouvola 26 B2
Kovačevci 139 D2
Kovačica 133 D1, 134 A/B1
Kovačica 140 A2
Kovářská 83 B/C2
Koveľ 97 D1, 98 B2
Kovelahti 24 B1
Kovero 23 D3
Kovero 24 A2
Kovero 24 B1
Koversada 130 A1
Kovíij 129 D3, 133 D1, 134 A1
Kovin 134 B1
Kovin 140 A2
Kovjoki 20 B1/2
Kovra 34 B2
Köyceğiz 149 D3
Köyhäjoki 21 C1
Köyhänperä 21 D1, 22 A1
Köyliö 24 B2
Köyliönkylä 24 B2
Kozáni 143 C2
Kozáni 148 B1
Kozarac 129 B/C3
Kozarac 131 D1, 132 A1
Kozármisleny 128 B2
Kozelec 99 D2
Kozeľsk 75 D3
Kozica 131 D3, 132 A3, 136 B1
Kozienice 97 C1, 98 A2
Kozi Hrádek 93 D1
Kozina 126 B3
Kozje 127 C2
Kožlany 83 C3
Kožluk 133 C2
Kozly 83 C2
Kozmice 83 D3
Kozojedy 83 C3
Kozolupy 83 C3
Kozuchów 71 C3
Kožuhe 132 B1
Kráåkkio 24 B1/2
Kräckelbäcken 39 C1
Krackow 70 B1
Kraddsele 15 C/D2/3
Kraftsdorf 82 A/B2
Kragenæs 53 C2
Kragero 43 D2, 44 A2
Krágl 71 D1
Kragujevac 134 B2
Kragujevac 140 A2
Krahne 69 D3
Kraiburg 92 B2
Kraichtal 90 B1
Krajenka 71 D1
Krajková 82 B2/3
Krajkovac 135 B/C3
Krajn 137 D2
Krajné 95 C2
Krajnik Dolny 70 B2
Kråkberget 8 B2
Kråken 31 C3
Krakhella 36 A2
Krækkjahytta 37 C3
Kráklingbo 47 D3
Kráklivollen 33 C2
Krákmo 9 C3
Krakovec 83 C3
Kraków 97 C2
Krakow am See 53 D3, 69 D1
Krákshult 46 B3
Krákstad 38 A3, 44 B1
Králíky 96 B2
Kraľea Sutjeska 132 B2
Kraľevica 126 B3, 130 B1
Kraľevo 134 B3
Kraľevo 140 A2
Kraľovany 95 D1
Kraľov Brod 95 C2/3
Kralovice 83 C3
Kralupy nad Vltavou 83 D2/3
Kralupy nad Vltavou 96 A2
Králův Dvůr 83 C3
Kramfors 30 B3, 35 D2
Kramnitse 53 C2
Krampen 94 A3
Krampenes 7 C/D2

Krampfer 69 D2
Kråmvik 43 C1
Kramvik 7 D2
Kranéa 143 C3
Kranéa Deskátis 143 C2/3
Kranenburg 67 B/C3
Kranevo 141 D3
Krångede 30 A3, 35 C2
Kranichfeld 82 A2
Kranídion 147 C3
Kranj 126 B2
Kranj 96 A3
Kranjska Gora 96 A3
Kranjska Gora 126 B2
Kransvik 14 B1
Krapiel 71 C1
Krapina 127 D2
Krapinske Toplice 127 D2
Krapikowice 96 B1/2
Krasélov 93 C1
Krašíc 127 C3
Krasilov 98 B3
Kráslava 74 A/B2/3
Kraslice 82 B2
Krasná Hora 83 D3
Krasná Lípa 83 D2
Krašnik 97 C/D1, 98 A2
Krásno 82 B3
Krasnoe 75 C3
Krasnogorodskoe 74 B2
Krasnoiľsk 98 B3
Krasnoje Selo 74 B1
Krásno nad Kysucou 95 D1
Krasnopole 99 D1
Krasnopólje 74 B3
Krasno Polje 130 B1
Krasnye Okny 141 D1
Krasnyj 75 C3
Krasnyj Holm 75 D1
Krasnystaw 97 D1, 98 A2
Kratovo 140 A3
Kratovo 139 C2
Kraubath 127 C1
Krauchenwies 91 C3
Krautheim 91 C1
Krautscheid (Prüm) 79 D3
Kraváfe 83 D2
Kravarsko 127 D3
Křeódin 133 D1, 134 A1
Kreba 83 D1
Krefeld 79 D1, 80 A1
Kreien 69 D1
Kreien 69 D1
Kreiensen 68 B3
Kreischa 83 C2
Krej Lura 138 A2
Krekilä 21 C1
Křelovice 83 D3, 93 D1
Kremenčug 99 D3
Kremenec 98 B2
Kremenica 143 C1
Kremges 99 D3
Kremikovci 139 D1
Kremincy 97 D2, 98 A/B3
Kremmen 70 A2
Kremna 133 C2/3
Kremnica 95 D2
Krems an der Donau 94 A2
Krems an der Donau 96 A2
Kremsbrücke 126 A/B1
Kremsmünster 93 C/D2/3
Klemže 93 D1
Krepoliin 135 B/C2
Krepsko 71 D1
Kreševo 132 B2/3
Kresna 139 D2/3
Kressberg-Mariakappeí 91 D1
Kressbronn 91 C3
Krestcy 75 C1
Kréstena 146 B3
Kretinga 73 C2
Kreuth 92 A3
Kreuzau 79 D2
Kreuzen 126 A/B2
Kreuzen 93 D2
Kreuzenstein 94 B2
Kreuzlingen 91 C3
Kreuztal 80 B2
Kreuztal-Krombach 80 B1/2
Kreuzwirt 94 A3, 127 D1
Kria Vrisí 143 D2
Kričev 99 D1
Kričevci 127 D2
Kriebstein 82 B1
Krieglach 94 A3

Kriegsfeld 80 B3
Krien 70 A1
Kriená 147 D2
Krimml 107 D1
Krimpen aan de Lek 66 A3
Klinec 83 D2
Kringlevasshytta 42 B2
Krionéri 146 B2
Krionérion 147 C2
Kripan 153 D2
Kristallopigi 142 B2
Kristdala 51 D1
Kristdala 72 B1
Kristianopel 72 B1
Kristianopel 51 D2
Kristiansand 43 C3
Kristiansand-Randesund 43 C3
Kristianstad 50 B2/3
Kristianstad 72 A1
Kristiansund 32 A/B2
Kristiinankaupunki 20 A3
Kristineberg 39 B/C1
Kristineberg 16 A3
Kristinefors 38 B2
Kristinehamn 45 D1, 46 A1
Kristinehov 50 B3
Kristinestad (Kristiinankau-punki) 20 A3
Kristóni 143 D1, 144 A1
Kristvalla 51 D1/2
Kristvik 28 A/B3, 33 C/D1
Kriva Feja 139 C1/2
Krivajevici 132 B2
Kriváň 97 C2
Kriva Palanka 140 A3
Kriva Palanka 139 C2
Krivelj 135 C2
Krivi Vir 135 C3
Krivodol 135 D3
Krivoe Ózero 99 C3
Krivogaštani 138 B3, 143 C1
Krivoj Rog 99 D3
Křívoklát 83 C3
Krivolak 139 C3
Kríž 127 D3
Křižanov 94 A/B1
Križevci 127 D2
Križevci 127 D2
Križišće 127 B/C3, 130 B1
Krk 130 B1
Krka 127 C3
Krmčine 130 B2
Krnjeuša 131 C1/2
Krnjevo 134 B2
Krnov 96 B2
Krobia 71 D3
Krobielewko 71 C2
Kroderen 43 D1
Krögis 83 C1
Krognes 7 D1
Krogsbølle 49 C3, 53 C1
Krokan 43 C1
Krokedal 38 A3, 44 B1
Krokek 46 B2
Krokelv 5 D1, 6 A1
Kroken 14 B3
Kroken 4 A3
Kroken 36 B2
Kroken 43 C/D2, 44 A2
Kroken 36 B2
Kroken 33 D3
Krokfors 15 C3
Krokhaug 33 C3, 37 D1
Kroknás 34 B3
Krokom 29 D3, 34 B2
Kroksätra 38 B2
Krokselvmoen 14 B2
Kroksjo 31 C/D2
Kroksjo 30 B1
Krokstad 28 A3, 33 C2
Krokstadelva 43 D1, 44 A1
Krokstrand 44 B2
Krokträsk 17 C2
Krokvåg 30 A3, 35 C2
Krokvik 10 A3
Krolevec 99 D2
Królpa 82 A2
Kroměříž 95 C1
Kroměříž 96 B2
Krompachy 97 C2
Kronach 82 A2/3
Kronberg 80 B2/3
Kronburg 91 D3
Kronoberg 51 C1
Kronoby/Kruunupyy 20 B1

Kronogård 16 A3
Kronogård 16 A2
Kronshagen 16 A/B1
Kronstagen 52 B3
Kronštort 93 D2
Kropelin 53 D3
Kropp 52 B2/3
Kroppenstedt 69 C3
Kroppstädt 69 D3, 70 A3
Krościenko 97 D2, 98 A3
Krośniewice 73 C3, 97 B/C1
Krosno 97 C2, 98 A2/3
Krosno Odrzańskie (Cros-sen) 72 A3, 96 A1
Krosno Odrzańskie (Cros-sen) 71 C3
Krossbu 37 C2
Krosstitz 82 B1
Krotoszyn 96 B1
Króv 80 A3
Krovili 145 D1
Krpimen 138 B1
Krabě 138 A3, 142 A1
Kršan 126 B3, 130 A1
Krško 127 C2
Krstac 137 C1
Krstatice 131 D3, 132 A3
Krstinja 127 D3, 131 C1
Krstu 129 D2
Kříny 94 B1
Kruden 69 C/D2
Krue i Fushës 137 D2
Kruft 80 A2
Kruishoutem 78 B1/2
Kruje 137 D3, 138 A3
Krumbach 91 D2
Krumbach Markt 94 A/B3
Krummesse 53 C3, 69 C1
Krummhörn 67 C1
Krummhorn-Greetsiel 67 C1
Krummhörn-Rysum 67 C1
Krun 92 A3
Krupa 131 C2
Krupa 131 D2, 132 A1/2
Krupac 139 D1
Krupaja 135 B/C2
Krupanj 133 C2
Krupina 95 D2
Krupiště 139 C2
Krupka 83 C2
Krupki 74 B3
Krusá 52 B2
Krušcica 132 B2
Krušcica 134 B1
Krušcica 131 D2, 132 A2
Kruse 137 D2
Krušedol Selo 133 D1 134 A1
Kruševac 134 B3
Kruševac 140 A2
Kruševo 138 B3, 143 C1
Krutá 14 B3
Kruth 89 D2/3, 90 A3
Krutvarm 14 B3
Kruusila 25 B/C3
Kryckeltjärn 31 C2
Krylbo 40 A3
Krynica 97 C2
Krystallgrotten 14 B2
Krzęcin 71 C2
Krzemieniewo 71 D1
Krzepielow 71 C/D3
Krzeszyce 71 C2
Krzystkowice 71 C3
Krzywin 71 D3
Krzyž 71 C2
Książ Wielkopolski 71 D3
Kšinná 95 C/D2
Kuaejoki 21 C2
Kubbe 30 B3, 35 D1
Kubinka 75 D3
Kúbis 106 A1
Kubrať 141 C2
Kučevo 140 A2
Kučevo 135 C2
Kuchen 91 C2
Kuchl 93 C3
Kuçi 142 A2
Kučište 138 A1
Kuddby 46 B2
Kuerlinkant 11 C3, 12 A2
Kufstein 92 B3
Guggeboda 51 C2
Kuggören 18 B1
Kuha 18 B1

Kuhakoski — Labin

Kuhakoski 27 C1
Kuhala 27 C1/2
Kuhlhausen 69 D2
Kuhmalahti 25 C1
Kuhmo 19 D3, 23 C1
Kuhmoinen 25 D1, 26 A1
Kühren 82 B1
Kühtai 107 B/C1
Kuikka 21 D3, 22 A3
Kuikkaperä 18 B2
Kuikkavaara 19 C2/3
Kuikooaho 22 B2
Kuinre 66 B2
Kuisma 23 D2
Kuittila 23 D1
Kuitula 26 B1
Kuivainen 27 C1
Kuivajärvi 19 D3
Kuivajärvi 25 D1, 26 B1
Kuivakangas 17 D2
Kuivalahti 24 A1
Kuivaniemi 18 A1/2
Kuivanto 25 D2, 26 A2
Kuivasjärvi 18 A/B2
Kuivasjärvi 20 B3
Kukasajärvi 12 A/B2
Kukasajärvi 17 C/D2
Kukaskylä 21 D2, 22 A2
Kukés 138 A2
Kukés 140 A3
Kukkalampi 23 D2
Kukko 21 C2
Kukkola 17 D2, 18 A1
Kukkolankoski 17 D2, 18 A1
Kukljica 130 B2
Kukonkylä 21 C3
Kukujevi 133 C1
Kula 129 C3
Kula 135 C2/3
Kula 140 A/B2
Kula 149 D2
Kulata 139 D3, 144 A1
Kuldiga 73 C1
Kulennoinen 27 D1
Kulen Vakuf 131 C2
Kulho 23 D3
Kulhuse 49 D3
Kulina 135 B/C3
Kulju 25 C1
Kulla 24 B3
Kullaa 24 B1
Kulladal 50 A3
Kullavik 45 C3, 49 D1
Kullo 25 D3, 26 A3
Küllstedt 81 D1
Kulltorp 50 B1
Kulmbach 82 A3
Kuloharju 19 C1
Kuløyholmen 42 A1
Külsheim 81 C3
Kultala 12 B1
Kultima 11 C2
Kulvemäki 22 B1
Kumane 129 D3
Kumanica 133 D3, 134 A3
Kumanovo 139 C2
Kumanovo 140 A3
Kumhausen-Niederkam 92 B2
Kumiseva 21 D1, 22 A1
Kumla 40 A3
Kumla 46 A1
Kumlinge 24 A3, 41 D2/3
Kummelby 46 B2
Kummerow 69 D1, 70 A1
Kümmersbruck-Köfering 92 A/B1
Kumo 24 B1/2
Kumpula 21 C2
Kumpumäki 21 D2, 22 A2
Kumpuranta 23 C3
Kumpuselkä 21 D2, 22 A2
Kumpuvaara 18 B1
Kumrovec 127 C/D2
Kundal 74 A/B1
Kundl 92 A/B3
Kunes 6 B1/2
Kungälv 45 C3
Kungas 21 C1
Kungsängen 47 C1
Kungsåra 40 A3, 47 C1
Kungsäter 49 D1, 50 A1
Kungsbacka 49 D1, 50 A1
Kungsbacka 72 A1
Kungsfors 40 A2
Kungshamn 44 B2

Kungslena 45 D3
Kungsör 46 B1
Kunhegyes 129 D1
Kunhegyes 97 C3, 140 A1
Kuni 20 B2
Kuninkaanlähde 24 B1
Kun'ja 75 C2
Kunna 14 B1
Kunnasniemi 23 C/D2
Kunovice 95 C1
Kunovo 139 C1
Kunowo 71 D3
Kunrau 69 C2
Kunštát 94 B1
Kunszentmárton 129 D1
Kunszentmárton 97 C3, 140 A1
Kunszentmiklós 129 C1
Kunžak 93 D1, 94 A1
Künzelsau 91 C1
Künzing 93 C2
Kuohatti 23 C1
Kuohenmaas 25 C1
Kuohijoki 25 C1, 26 A1
Kuohu 21 D3, 22 A3
Kuoksajärvi 12 A/B3
Kuoksu 10 B3
Kuolio 19 C1
Kuollejaur 16 A2
Kuomiokoski 26 B1
Kuona 21 D1, 22 A1
Kuopio 22 B2
Kuoppala 21 C/D2/3
Kuoppaniva 5 D3, 6 A/B3, 11 D1
Kuoppilasjoki 6 B2
Kuora 23 D2
Kuorasjärvi 20 B3
Kuorevaara 23 C2
Kuorpak 16 A1
Kuorsumaa 24 B1
Kuortane 21 C2
Kuortti 26 B1
Kuosku 13 C2
Kup 128 A1
Kupari 137 C1/2
Kupci 134 B3
Kupferzell 91 C1
Kupinovo 133 D1, 134 A1/2
Kupiškis 73 D1/2, 74 A2/3
Kuplu 146 D1, 145 D3
Kuppenheim 90 B2
Kupres 131 D2, 132 A2
Küps 82 A2/3
Kupusina 129 C3
Kurbnesh 138 A2/3
Kurd 128 B2
Kurejoki 21 C2
Kurenlahti 27 C2
Kurgolovo 74 B1
Kurhila 25 D2, 26 A2
Kurikankylä 20 B3
Kurikka 20 B3
Kufim 94 B1
Kurisjärvi 25 C2
Kurjala 23 B/C3
Kurjenkylä 21 B/C3
Kirkela 25 B/C3
Kurkikylä 19 C2
Kurkimäki 22 B2
Kurkkio 11 D3, 12 A1
Kürnach 81 D3
Kurolanlahti 22 B2
Kurort Jonsdorf 83 D2
Kurort Kipsdorf 83 C2
Kurów 97 C1, 98 A2
Kurravaara 10 A3
Kurrokvejk 15 D2
Kuršenai 73 D1/2
Kursu 13 C3
Kuršumlija 138 B1
Kuršumlija 140 A3
Kuršumlijska Banja 138 B1
Kurtakko 11 C3, 12 A2
Kurtbey 145 D3
Kurten 80 A1
Kurtti 19 C2
Kurtto 19 C2/3
Kuru 25 C1
Kuru 25 C/D2, 26 A2
Kurujärvi 12 B2
Kurvinen 19 D2
Kusadak 134 B2
Kusadasi 149 D2
Kušalino 75 D2
Kusel 80 A3, 90 A1

Kusey 69 C2
Kusmark 31 D1
Küsnacht 105 D1
Küssjön 31 C2
Küssnacht am Rigi 105 C1
Kustavi 24 A2, 41 D2
Kutas 128 A2
Kutemainen 21 D2, 22 A2
Kutemajärvi 22 B3
Kutenholz 68 B1
Kutila 25 C2
Kutina 128 A3
Kutjaurestugan 9 C/D3
Kutjevo 128 B3
Kutlovo 134 B2
Kutná Hora 83 D3
Kutno 73 C3, 97 C1
Kutrikko 13 C3
Kuttainen 11 C2
Kuttanen 11 C2
Kuttura 12 B1
Kuttusoja 13 C2
Küty 94 B2
Kutzleben 81 D1, 82 A1
Kuukasjärvi 18 B1
Kuuksenvaara 23 D2/3
Kuuminainen 24 A1
Kuumu 19 D3
Kuurila 25 C2
Kuurtola 19 C/D2
Kuusaa 21 D1, 22 A1
Kuusaa 21 D3, 22 A3
Kuusajärvi 11 D3, 12 A2
Kuusajoki 11 D3, 12 A2
Kuusamo 19 D1
Kuusankoski 26 B2
Kuusijärvi 18 B1
Kuusijärvi 19 C2
Kuusijärvi 21 C3
Kuusikko 17 D2, 18 A1
Kuusilahti 17 C1
Kuusiranta 18 B3
Kuusivaara 12 B3
Kuusjärvi 23 C2/3
Kuusjoki 24 B2
Kuuskanlahti 19 C3
Kuuslathi 22 B2
Kuvansi 22 B3
Kuvšinovo 75 C/D2
Kuženkino 75 C2
Kuzma 127 D1
Kuzmin 133 C1
Kuzmecovka 74 B2
Kużnica Żelichowska 71 C2
Kvål 28 A3, 33 C2
Kvåle 42 B3
Kvalfjord 5 C2
Kvalnes 15 B/C1
Kvalnes 8 B3
Kvalnes 8 B2
Kvalnesodden 14 A2
Kvaløyhamn 14 A2
Kvaløyseter 28 A2
Kvaløysletta 4 A2/3
Kvalsund 5 C1/2, 6 A1
Kvalsund 36 A1
Kvalsvik 36 A1
Kvalvåg 42 A1
Kvalvåg 32 B2
Kvam 37 D2
Kvam 28 B2
Kvammen 36 A2
Kvammen 32 B2
Kvamskogen 36 A3
Kvamsøy 36 B2
Kvænangsbotn 5 C3
Kvænangstua 5 C2/3
Kvanlöse 49 D3, 53 D1
Kvannås 9 D1
Kvanndal 36 B3
Kvanne 32 B2
Kvannli 14 B3, 29 C1
Kvånum 45 D2/3
Kvarnåsen 31 C1
Kvarnberg 39 D1
Kværndrup 53 C1/2
Kvarnsö 34 B3
Kvarntorp 46 A/B1
Kvarsebo 47 B/C2
Kvås 42 B3
Kvelde 43 D2, 44 A1
Kvelia 29 C2
Kvellandstrand 42 B3
Kvemoen 29 C2
Kvenvær 32 B1
Kvernaland 42 A2
Kvernes 32 A/B2

Kvernhusvik 28 A3, 33 C1
Kvernland 28 A2
Kvernstad 50 B3
Kvevlax/Koivulahti 20 A/B2
Kvicksund 46 B1
Kvig 8 B3
Kvikkjokk 15 D1
Kvikne 33 C2/3
Kvikne 37 D2
Kvilda 93 C1
Kvillsfors 51 C1
Kvimo 20 B2
Kvinen 42 B2
Kvinesdal 42 B3
Kvinlog 42 B3
Kvipt 43 C2
Kvisle 30 B3, 35 D2
Kvissleby 35 D3
Kvistbro 46 A1
Kvisvik 32 B2
Kvitberget 5 C2, 6 A1
Kviteseid 43 C2
Kviting 14 A2
Kvitingen 36 A3
Kvitnes 7 C1
Kvitsand 14 B3
Kvitsøy 42 A2
Kvittingen 42 B3
Kwidzyń (Marienwerder) 73 C2/3
Kwilcz 71 C2
Kybartai 73 D2
Kycklingvattnet 29 C/D2
Kyellmyra 38 B2
Kyjov 94 B1
Kyjov 96 B2
Kyläinpää 20 B2
Kylämä 25 D1, 26 A1
Kylaniemi 27 C1/2
Kylänlahti 23 C/D2
Kylasaari 24 A1
Kyleakin 54 A2, 55 D1
Kyle of Lochalsh 54 A2, 55 D1
Kyllaj 47 D2
Kyllburg 79 D3
Kylmäkoski 25 C2
Kylmälä 18 B3
Kylmämäki 22 B3
Kylören 31 C3
Kymbo 45 D3
Kymentaka 25 D2, 26 B2
Kymönkoski 21 D2, 22 A2
Kyngas 18 B2
Kynsipera 19 C1
Kynsivaara 19 C1
Kynšperk nad Ohří 82 B3
Kypäräjärvi 23 C3
Kypärävaara 19 C/D3
Kypäsjärvi 17 C2
Kyritz 69 D2
Kyritz 72 A3
Kyrkäs 29 D3, 34 B2
Kyrkesund 44 B3
Kyrkhult 51 C2
Kyrkjebø 36 A2
Kyrkjestølane 37 C2
Kyrksæterøra 32 B2
Kyrö 24 B2
Kyrönlahti 25 B/C1
Kyröskoski 24 B1
Kyrping 42 A1
Kyrsvä 27 C1
Kysucké Nové Mesto 95 D1
Kysucký Lieskovec 95 D1
Kytäjä 25 C2
Kytäkylä 18 A/B3, 21 D1, 22 A1
Kytömäki 19 C3
Kyyjärvi 21 C2
Kyynämöinen 21 D3, 22 A3
Kyynärö 25 C1, 26 A1
Kyynelniemi 7 C3

L

Laa an der Thaya 94 B2
Laaben 94 A2
La Adrada 160 A/B3
Laage 53 D3

La Aguilera 153 B/C3, 160 B1
Laaja 19 C2
Laajaranta 21 D2/3, 22 A2/3
Laajoki 24 B2
Laakamäki 22 B2
Laakirchen 93 C3
La Alameda 153 D3, 161 D1
La Alameda 167 C2
La Alameda de la Sagra 160 B3
La Alameda de Gardón 159 C2
La Alberca 159 D2
La Alberguería de Argañán 159 C2/3
La Albuera 165 C/D2
La Aldehuela 159 D2, 160 A2
La Algaba 171 D1
La Aliseda de Tormes 159 D3, 160 A2/3
La Almarcha 161 D3, 168 B1
La Almolda 155 B/C3, 162 B1
La Almunia de Doña Godina 155 C3, 163 C1
Laamala 27 C1
Laamala 27 C1
Laanila 12 B1
La Antilla 171 B/C2
Laasala 21 C2
Laatzen 68 B3
Laax [Valendas-Sagogn] 105 D1, 106 A1
La Baconnière 85 D2, 86 A2
Labajos 160 B2
La Balme-les-Grottes 103 D2
La Baña 151 C2/3
La Bañeza 151 D2
La Barca de la Florida 171 D2
Labarde 108 B1
La Barraque-Saint-Jean 110 A2
La Barre-de-Monts 100 A1
La Barre-en-Ouche 86 B1
La Barrosa 171 D3
La Barthe-de-Neste 109 C3, 155 C1
La Bassée 78 A2
Labastide-Beauvoir 109 D3, 155 D1
Labastide-Clairence 108 B3, 155 C1
La Bastide-des-Jourdans 111 D2
Labastide-d'Anjou 109 D3, 156 A1
La Bastide-de-Bousignac 109 D3, 156 A1
La Bastide-de-Sérou 109 D3, 156 D1
Labastide-Murat 109 D1
La Bastide-Puylaurent 110 B1
Labastide-Rouairoux 110 A3
Labastide-Saint-Pierre 108 B2
La Bastie 111 D2
Labata 155 B/C2/3
La Bâtie-Neuve 112 A1/2
Lábatlan 95 D3
La Baule 85 C3, 100 A1
La Baule-Escoublac 85 C3
Labayen 154 A1
La Bazoché-Gouet 86 B2
Łabędzie 71 C1
L'Abeele 78 A2
La Bégude-Blanche 112 A2
La Bégude-de-Mazenc 111 C1
Labejau 109 D2
La Belle Étoile 88 A2
Labenne 108 A3, 154 A1
La Bérarde 112 A1
Laberweinting 92 B2
Laberweinting-Hofkirchen 92 B2
L'Aber-Wrac'h 84 B2
Labin 130 A1

Labinot-Fushë — Lamborn

Labinot-Fushë 138 A3, 142 A1
La Bisbal d'Empordà 156 B2
La Bisbal de Falset 163 C1
Lablachère 111 C1/2
Lábod 128 A2
Laboe 52 B2/3
Labouheyre 108 A2
La Bouille 77 C3, 86 B1
La Bourboule 102 B3
Laboutarié 109 D2, 110 A2
La Bouteille 78 B3
La Bóveda de Toro 159 D1, 160 A1
Labrède 108 B1
La Bresse 89 D2, 90 A3
La Bretagne 77 C3, 86 B1
La Bretesche 85 C3
La Brillanne 111 D2, 112 A2
Labrit 108 B2
Labroye 77 D2
Labruguière 110 A3
L'Absie 100 B1/2
Laburgade 109 D2
Lac 137 D3
La Cabrera 161 C2
La Caillère 100 B1/2
La Caletta 123 C3
La Caletta 123 D1/2
Lacalm 110 A1
La Calmette 111 C2
La Calzada de Béjar 159 D2/3
La Calzada de Oropesa 160 A3, 166 B1
La Campana 172 A1
La Canal 169 D2
Lacanau 108 A1
Lacanau-Océan 108 B1
La Canourgue 110 B1/2
La Canya 156 B2
La Capelle 78 B3
Lacapelle-Marival 109 D1
Laçarak 133 C1
La Carlota 172 A1
La Carolina 167 D3
Lacarre 108 B3, 155 C1
Lacaune 110 A2
La Cava 163 C2
La Cavalerie 110 B2
Lacave 109 D1
La Caze 110 B2
Lacco Ameno 119 C3
Lacedónia 120 A2
La Celle 102 A3
La Celle-en-Morvan 103 C1
La Cellera de Ter 156 B2
La Celle-Saint-Avant 101 C1
La Cerca 153 C2
La Chaise-Dieu 103 C3
La Chaize-le-Vicomte 101 C1
La Chamba 103 C3
La Chambre 104 A3
Lachamp 101 D3, 102 A3
Lachanás 144 A1
Lachanás 148 B1
La Chapelaude 102 A/B2
La Chapelle-Gauthier 87 D2
La Chapelle-Saint Blaise 86 B3, 101 C1
La Chapelle-en-Serval 87 D1
La Chapelle-Glain 86 A/B3
La Chapelle-Laurent 102 B3
La Chapelle 79 C3
La Chapelle d'Angillon 87 D3
La Chapelle-la-Reine 87 D2
La Chapelle 85 C2/3
La Chapelle-en-Vercors 111 D1
La Chapelle-sur-Erde 85 D3, 100 A1
La Chapelle-en-Valgaude-mard 112 A1
La Chapelle-Rainsouin 86 A2
La Chapelle-Saint-Laurent 100 B1

Lachapelle-sous-Rouge-mont 89 D3, 90 A3
Láchar 173 C2
La Charce 111 D1/2
La Charité-sur-Loire 87 D3, 102 B1
La Chartre-sur-le-Loir 86 B3
La Châtaigneraie 100 B1
La Châtre 102 A1/2
La Chaussée-sur-Marne 88 B1
La Cheminée 89 D3, 104 B1
Lachen 105 D1
Lachendorf 68 B2
La Cheppe 88 B1
La Chèze 85 C2
La Cierva 161 D3, 162 A3
La Ciotat 111 D3
Lácísled 134 B3
La Cité 110 A3, 156 A/B1
Lackeby 51 D2
Lackó 45 D2
La Clayette 103 C2
La Clusaz 104 A/B2/3
La Cluse-et-Mijoux 104 A/B1
Lacock 63 D2, 64 A3
La Codoñera 163 B/C2
La Codosera 165 C2
La Colle-Saint-Michel 112 A2
La Coma 155 D2/3, 156 A2
Lacona 116 A3
Láconi 123 D2
La Coquille 101 D3
La Coronada 166 A2
La Corte 165 D3, 171 C1
La Côte-Saint-André 103 D3
Lacourt 100 A/B2
La Coucourde 111 C1
La Couronne 111 C/D3
Lacourt 108 B3, 155 C1/2
La Courtine-le Trucq 102 A3
La Couvertoirade 110 B2
Lacq 108 B3, 154 B1
La Crèche 101 C2
La Croisière 101 C2
Lacroix-Barrez 110 A1
La Croix-Haute 111 D1
La Croixille 85 D2
La Croix-Laurent 85 D3
La Croix-Saint-Ouen 87 D1
La Crosetta 107 D2
Lacrouzette 110 A2/3
La Cumbre 165 D1, 166 A1
Lacunza 153 D2, 154 A1/2
La Cure 104 A2
Lad 128 A/B2
Ladánybene 129 C1
Ladapeyre 102 A2
Ladbergen 67 D3
Ladby 53 C1
Láddejákkstugán 9 C3
Ladelund 52 A/B2
Ladenburg 80 B3, 90 B1
Ladendorf 94 B2
Ladero 153 D2
Ladignac-le-Long 101 D3
Ladispoli 118 A2
Ladne Vode 134 B2
Ladoeiro 158 B3, 165 C1
Ladoñ 87 D2
Ladoye-sur-Seille 104 A1
La Drée 103 C1
Laer 67 D3
Laerru 123 C1
La Espina 151 D1
La Estrella 160 A3, 166 B1
La Fajolle 156 A1
La Farga de Moles 155 D2
La Fatarella 163 C1/2
La Felguera 151 D1, 152 A1
La Felipa 168 B2
La Fère 78 A3
La Ferrière-sous-Jougne 104 A/B1
La Ferrière 101 C1
La Ferrière-sur-Risle 86 B1
La Ferrière-en-Parthenay 101 C1
La Ferté-Alais 87 D2
La Ferté-Bernard 86 B2

La Ferté-Beauharnais 87 C3
La Ferté-Fresnel 86 B1
La Ferté-Gaucher 88 A1
La Ferté-Imbault 87 C3
La Ferté-Macé 86 A2
La Ferté-Milon 87 D1, 88 A1
La Ferté-Saint-Aubin 87 C3
La Ferté-Saint-Cyr 87 C3
La Ferté-sous-Jouarre 87 D1, 88 A1
La Ferté-Vidame 86 B2
La Feuillée 77 D3
Laffrey 111 D1, 112 A1
La Flèche 86 A3
La Florida 151 C/D1
Lafnitz 94 A3, 127 D1
La Fotelaie 76 A3, 85 D1
La Fouilllade 109 D2
La Fourche 86 B2
Lafrançaise 108 B2
La Franqui 110 A/B3, 156 B1
La Fregneda 159 C2
La Fresneda 163 C2
La Frette 103 D3
La Frontera 161 D2/3
La Frua 105 C2
La Fuliola 155 D3, 163 D1
La Gacilly 85 C3
La Galera del Pla 163 C2
Laganadi 122 A3, 125 D1/2
La Garde 110 B1
La Garde-Freinet 112 A3
Lagares 158 B2/3
Lagares 158 A2
La Garganta 159 D3
La Garnache 100 A1
Lagaro 114 B2, 116 B1
La Garonnette 112 A/B3
La Garriga 156 A3
La Garrovilla 165 D2
Lage 68 A3
La Gendretière 87 C3, 101 D1, 102 A1
Lageosa 158 B2
Lägerdorf 52 B3, 68 B1
Lagfors 35 D2
Laggars 20 B2
Laginá 143 D1/2, 144 A1/2
La Ginebrosa 163 B/C2
La Gineta 168 B2
Lagnieu 103 D2
Lagny-sur-Morin 87 D1
Lago 122 A2
Lagóa 170 A2
Lagóa 159 C1
Lagoeça 159 C1/2
Lagonegro 120 B3
Lagonisi 147 D2/3
Lagor 108 B3, 154 B1
Lagorce 111 C1/2
Lagos 170 A2
Lagosanto 115 C1
Lagów 71 C3
La Grafouillère 102 A3, 109 D1
Lagran 153 D2
La Granada 165 D3, 171 C1
La Granadella 163 C1
La Grand Combe 111 B/C2
La Grand Croix 103 C3
La Grande Motte 111 C3
La Granja d'Escarp 163 C1
La Granjuela 166 B3
Lagrasse 110 A3, 156 B1
La Grave-en-Oisans 112 A1
La Gravelle 85 D2
La Groise 78 B3
Lägsta 30 B2, 35 D1
La Guarda 166 A2
La Guàrdia Lada 155 C3, 163 C1
La Guardia 161 C3, 167 D1
La Guardia de Jaén 173 C1
Laguarres 155 C2/3
Laguarta 155 C2
Laguenne 102 A3
Laguépie 109 D2
La Guerche-de-Bretagne 86 A2/3
Lagueruela 163 C2

Laguiole 110 A1
Laguna de Cameros 153 D3
Laguna de Duero
152 A/B3, 160 A1
Laguna del Marquesado 162 A3
Laguna de Negrillos 151 D2/3
Lagunarrota 155 C3
Lagunilla 159 D3
Lagunilla del Jubera 153 D2
La Haba 166 A2
La Haye-Descartes 101 C/D1
La Haye-du-Puits 76 A3, 85 D1
La Haye-Pesnel 86 A/B1
Lähdejänkkä 12 A3, 17 D2
Lähden 67 D2
Lahdenkyla 21 C3
Lahdenpera 21 C/D2
Lahenpaa 17 C1
La Hermida 152 B1
La Herrera 167 D3, 168 A3
La Herreria 168 B2
Laheycourt 88 B1
La Higuera 169 D2
La Hiniesta 151 D3, 159 D1
La Hinojosa 161 D3, 168 A/B1
Lahn 67 D2
Lahnajarvi 17 C1
Lahnajarvi 25 C3
Lahnakoski 21 B/C1
Lahnalahti 22 B3
Lahnanen 21 D1, 22 A1
Lahnasjarvi 22 B1
Lahnasuando 17 C1
Lahntal 80 B2
Lahntal-Caldern 80 B2
Laholm 50 A2
Laholm 72 A1
Laholuoma 20 B3
La Horcajada 159 D2, 160 A2
La Horra 152 B3, 160 B1
La Houssoye 77 D3, 87 C1
Lahovaara 23 C2
La Hoz de la Vieja 162 B2
Lahr-Reichenbach 90 B2
Lahr/Schwarzwald 90 B2
Lahstedt 68 B3
Lahteenkyla 24 B2
Lahti 25 D2, 26 A2
Lahti 24 A2
Lahtianta 18 A3
Lahtolahti 23 C2
La Huerce 161 C1/2
La Hulpe 78 B2
La Hutte 86 B2
Laichingen 91 C2
Laichingen-Feldstetten 91 C2
Laichingen-Machtolsheim 91 C2
L'Aigle 86 B1
La Iglesuela 160 A3
La Iglesuela del Cid 162 B2
Laignes 88 B3
Laiguéglia 113 C2
L'Aiguillon-sur-Mer 101 C2
Laihlá 20 B2
Laikko 27 D1
Laimbach am Ostrong 93 D2
Laimoluokta 10 A2
Lainate 105 D3
Lainio 10 B3
Lairg 54 A/B1/2
La Iruela 167 D3, 168 A3, 173 C/D1
Laisbäck 15 D3
La Isla 152 A1
La Isleta de Escullos 174 A2
Laissac 110 A2
Laisstugan 15 C2
Laista 142 B2/3
Laisvall 15 D2
Laisvallsby 15 D2
Laitela 24 B3
Laitila 25 D2, 26 A2
Laitikkala 25 C1/2
Laitila 24 A2
Laivajarvi 17 D2, 18 A1

Laives 103 D1
Láives/Leifers 107 C2
La Jana 163 C2
La Javie 112 A2
Lajkovac 133 D2, 134 A2
Lajksjo 30 A2
La Jonchère-Saint-Maurice 101 D2
La Joncosa 163 C1
La Jonquera 156 B2
Lajosmizse 129 C1
Lakaluoma 21 B/C2
Lakaniemi 21 C2
Lakasjo 30 B2, 35 D1
Lakatnik 139 D1
Lakaträsk 16 B2
Lakavica 139 C3
Lgkie 71 D1
Lakion 149 D2/3
Lakka 142 A3
Lakkópetra 146 A/B2
Lakócsa 128 B3
Lakolk 52 A1/2
Lakomäki 21 D2, 22 A2
Laksävik 32 B1
Lakselv 5 D2, 6 A2
Lakshola 9 C3
Laktaši 131 D1, 132 A1
La Lantejuela 172 A2
La Lapa 165 D2/3
Lálas 146 B3
L'Albagés 155 C3, 163 C1
L'Albenc 103 D3
Lalbenque 109 D2
La Léchère 105 C2/3
Lalić 129 C3
La Lima 114 B2, 116 A1
Lalín 150 B2
Lalinci 133 D2, 134 A2
Lalinde 109 C1
La Línea de la Concepción 172 A3
La Llacuna 155 D3, 156 A3, 163 D1
Lalley 111 D1
Lalling 93 C1/2
Lalm 37 D1
La Lóggia 113 B/C1
La Losilla 153 D3
La Loupe 86 B2
Lalouvesc 103 C3, 111 C1
La Louvière 78 B2
L'Alpe-d'Huez 112 A1
Laluenga 155 C3
Lalueza 154 B3, 162 B1
La Lusiana 172 A1
Laluque 108 A2
Lam 93 B/C1
Lama 150 A3, 158 A1
La Machine 102 B1
La Maddalena 123 D1
Lama dei Peligni 119 C2
Lamagistère 109 C2
Lamaids 102 A2
La Maielletta 119 C1
La Mailleraye-sur-Seine 77 C3
La Malène 110 B2
Lamalou-les-Bains 110 A/B3
Lama Mocogno 114 B2, 116 A1
Lamanère 156 B2
Lamanon 111 D2
Lamanche 89 C2
La Marina 169 C3
Lamarosa 164 B2
Lamarque 100 B3, 108 B1
La Martella 120 B2
Lamas de Mouro 150 B3
Lamas d'Olo 158 B1
Lamastre 111 C1
La Mata 160 B3, 167 C1
La Mata 169 C3, 174 B1
La Mata de los Olmos 162 B2
La Mata de Monteagudo 152 A2
La Mata de Morella 162 B2
La Matilla 160 B1/2
La Maucarrière 101 C1
Lambach 93 C2/3
Lamballe 85 C2
Lambesc 111 D2/3
Lámbia 146 B2
Lámbia 148 B2
Lamborn 39 D2, 40 A2

Lambourn — Lárimna

Lambourn 64 A3
Lambrecht 90 B1
Lamegal 159 C2
Lamego 158 B2
La Membrolle-sur-Choisille 86 B3
L'Ametlla de Mar 163 C/D2
L'Ametlla de Montsec 155 C/D3
Lamézia Terme 122 A/B2
Lamía 147 C1
La Miela 161 C2
La Mine 76 A/B3, 85 D1, 86 A1
Lamington 57 C2
Lamland 41 C/D3
Lamlash 56 A2
Lammasaho 22 B2
Lammaspera 21 C3
Lammhult 51 C1
Lammhult 72 A1
Lammi 21 C2
Lammi 25 C/D2, 26 A2
Lamminmäki 22 B3
Lamminperä 18 B1/2
Lammu 23 C3
La Molina 156 A2
La Monoie 109 B/C3, 155 C2
La Monnerie-le-Montel 103 B/C2
La Morera 165 D2
La Morte 111 D1, 112 A1
Lamorteau 79 C3
La Mothe 110 B1/2
La Mothe-Achard 100 A1/2
Lamothe-Cassel 109 D1
La Mothe-Saint-Héraye 101 C2
Lamotte-Beuvron 87 C3
La Motte-Chalancon 111 D1
La Motte-du-Caire 112 A2
Lampaanjärvi 22 B2
Lampaluoto 24 A1, 41 D1
Lampaul 84 A2
Lampeland 43 D1
Lamperila 22 B2
Lampertheim 80 B3
Lampeter 63 C1
Lampinsaari 18 A3
Lampiselkä 12 B2
L'Ampolla 163 C2
Lamposaari 27 C2
Lamppi 24 A1
Lamprechtshausen-Kirchendorf 92 B3
Lämsänkylä 19 D1
Lamsfeld 70 B3
Lamspringe 68 B3
Lamstedt 52 A/B3, 68 A1
Lamstedt-Grossenhain 68 A1
Lamu 18 B3, 21 D1, 22 A1
La Muda 107 C/D2
La Mudarra 152 A3, 160 A1
La Muela 154 A/B3, 162 A1
La Mure 111 D1, 112 A1
Lamure-sur-Azergues 103 C2
La Musara 163 D1
Lana 107 C2
Lanabükt 7 D2
Lanaja 154 B3, 162 B1
Lanarce 111 B/C1
Lanark 57 B/C2
La Nava 165 D3, 171 C1
La Nava de Ricomalillo 160 A3, 166 B1
La Nava de Santiago 165 D2
Láncara 151 C2
Lancaster 59 D1, 60 B2
Lancaster 54 B3
Lanchester 57 D3, 61 C1
Lanciano 119 D1
Lancin 103 D3
Landåsen 37 D3, 38 A2
Landau 92 B2
Landau in der Pfalz 90 B1
Landcross 62 B2
Landeck 106 B1
Landedo 151 C3
Landensberg 91 D2

Landerneau 84 A2
Landersfjorden 6 B1
Landeryd 50 B1
Landesbergen 68 A2
Landete 163 C3, 169 D1
Landévant 84 B3
Landin 69 D2
Landivisiau 84 A/B2
Landivy 85 D2
Landkirchen 53 C2
Landl 92 B3
Landön 29 D3, 34 B1
Landquart 106 A1
Landrecies 78 B2/3
Landres 89 C1
Landriano 105 D3, 106 A3
Landsberg 82 B1
Landsberg am Lech 91 D2/3
Landsbro 51 C1
Landshut 92 B2
Landskrona 49 D3, 50 A3
Landskrona 72 A1/2
Landstuhl 90 A1
Landvetter 45 C3, 49 D1
Lanestosa 153 C1
La Neuville 78 A2
Laneuville-sur-Meuse 79 C3
Langa 160 A2
Långå 34 A3
Langå 48 B2
Langadás 144 A1/2
Langa de Duero 153 C3, 161 C1
Langa del Castillo 163 C1
Langádia 146 B3
Langadikia 144 A2
Långåminne 20 A2
Langangen 43 D2, 44 A1/2
Långared 45 C3
Långaröd 50 B3
Långås 49 D1/2, 50 A1
Langasjö 51 C2
Långau 94 A1/2
Langayo 152 B3, 160 B1
Långbacken 30 B1/2
Langballig 52 B2
Långban 39 C3
Långbergsöda 41 D2/3
Långbo 39 D1, 40 A1
Langdorf 93 C1
Langeac 102 B3, 110 B1
Langeais 86 B3
Langebæk 53 D2
Langedijk 66 A/B2
Långedrag 45 C3, 49 D1
Långelmäki 25 C1
Langelsheim 68 B3
Langen 80 B3
Langen 52 A3, 68 A1
Langen 106 B1
Langen 33 D3
Langenaltheim 91 D1/2, 92 A1/2
Langenargen 91 C3
Langenau 91 D2
Langenbach (Freising) 92 A2
Langenberg 68 A3
Langenburg 91 C1
Langeneichstädt 82 A1
Langenenslingen 91 C2
Langenes 8 B1
Langenfeld 80 A2
Langenfeld 80 A1
Langenfeld (Scheinfeld) 81 D3
Långenfeld 106 B1
Langenhagen 68 B2
Langenhahn 80 B2
Langenhorn 52 A2
Langenlois 94 A2
Langenmosen 92 A2
Langen-Neuenwalde 52 A3, 68 A1
Langenneutnach 91 D2
Langenselbold 81 C2/3
Langenthal 105 C1
Langenwang 94 A3
Langenwetzendorf 82 B2
Langenzenn 81 D3, 91 D1
Langeoog 67 D1
Langernyve 59 C2, 60 A3
Langerwehe 79 D2
Langesi 36 A1
Langeskov 53 C1

Langese 53 B/C1
Langesund 43 D2, 44 A2
Langevåg 36 B1
Langevåg 42 A1
Langewahl 70 B3
Langewiesen 81 D2, 82 A2
Langfjell 14 B2
Langfjord 5 C2
Langfjordbotn 7 C2
Långflon 38 B2
Långforsselet 17 C2
Langhamn 9 D1
Långhed 40 A1
Langhirano 114 A1
Langholm 57 C3
Langholm 54 B3
Langhuso 36 B3
Länglingen 30 A2, 35 C1
Langlöt 51 D2
Långnäs 40 A2
Långnäs 41 D3
Langnes 9 D1
Lango 53 C2
Langogne 110 B1
Langon 108 B1
Langor 49 C3
Langport 63 D2
Langouaid 92 B2
Langraiz 153 C/D2
Langreo 151 D1
Langres 89 C3
Långron 31 C3
Langrune-sur-Mer 76 B3, 86 A1
Långsådalen 29 C3, 34 A1
Langsåvoll 28 B3, 33 D1
Langschlag 93 D2
Långsel 17 C2
Långsel 17 C2
Långsele 30 A1
Långsele 31 C/D1
Långsele 30 B3, 35 D1
Långsele 30 B3, 35 D1
Långsele 30 A/B3, 35 D2
Långserud 45 C1
Långset 14 A/B2
Långshyttan 40 A2
Långsjön 16 B2
Långsjön 47 D1
Långskog 35 D3
Langstrand 5 C1
Långträsk 16 B3
Långträsk 31 C1
Långträsk 17 B/C3
Långträsk 17 D2
Långudden 15 D2
Languídic 84 B3
Languillla 161 C1
Langula 81 D1
Langvatn 14 B3
Långvattnet 15 D3
Långvattnet 30 B2, 35 D1
Långvattnet 31 C1
Langvattnet 31 C2
Långvik 25 C3
Långviksmon 31 C2
Långvinds bruk 40 B1
Langwedel 68 A2
Langwedel-Etelsen 68 A2
Langweid 91 D2
Langwies 106 A1
Lanhezes 150 A3, 158 A1
Lanildut 84 A2
Lanivet 62 B3
Lanjarón 173 C2
Länke 28 A/B3, 33 C/D1
Länkipohja 25 C1, 26 A1
Lanklaar 79 C/D1
Lankojärvi 12 A3, 17 D1
Lankoori 24 A1
Lanmeur 84 B1/2
Lanna 47 C1
Lanna 46 A1
Lännahom 40 B3
Lannavaara 10 B3
Lannéanou 84 B2
Lannemezan 109 C3, 155 C1
Lannevesi 21 D3, 22 A3
Lannilis 84 A2
Lannion 84 B1
La Nocle-Maulaix 103 C1
Lanouaille 101 C3
Lansån 17 C2
Länsi-Aure 21 B/C3
Länsikoski 19 D1
Länsikoski 17 D2, 18 A1

Länsikylä 21 C2
Länsi-Teisko 25 C1
Länsi-Vuokko 23 C2
Lansjärv 17 C1
Lanslebourg-Mont-Cenis 104 B3
Lanslevillard 104 B3
Lanta 109 D3, 155 D1
Lantadilla 152 B2
Lantto 19 D3
Lanuéjols 110 B2
La Nuncia 169 D2
Lanusei 123 D2
Lanvéoc 84 A2
Lanvollon 85 B/C1/2
Lány 83 C3
Lanz 69 C2
Lanz 108 A3, 154 A1
Lanza 150 B1/2
Lanzahíta 160 A3
Lanžhot 94 B2
Lanzo d'Intelvi 105 D2, 106 A2
Lanzo Torinese 105 C3
Laon 78 B3
Laons 86 A/B1/2
La Pac 168 B3, 174 A1
La Pacaudière 103 C2
Lapad 137 C1
Lápafő 128 B2
Lapajärvi 13 C3
Lapalisse 103 C2
La Pallice 101 C2
Lapalluoto 18 A3
La Palma del Condado 171 C1/2
Lapalud 111 C2
La Palud-sur-Verdon 112 A2/3
Lapani 142 B2
La Parra 165 D2
La Parra de las Vegas 161 D3, 168 B1
La Parrilla 152 B3, 160 B1
Lápas 146 A/B2
La Patte-d'Oie 87 C/D1
La Pedraja de Portillo 160 A/B1
La Pedriza 173 B/C1/2
La Peraleja 161 D3
Laperdiguera 155 C3
La Pernelle 76 B3
La Péruse 101 C2
La Pesquera 168 B1
La Petite-Pierre 89 D1, 90 A1/2
La Petrizia 122 B2
Lapeyrode 108 B2
Lapeyrouse 103 D2
Lapeza 173 C2
Lapford 63 C2
Lapinhelvetti 11 C3
La Pinilla 161 C1
Lapinjärvi/Lappträsk 25 D2, 26 B2
Lapinjärvi 21 D2, 22 A2
Lapinjoki 24 A1/2
Lapinkylä 25 C3
Lapinlahti 22 B2
Lapinneva 20 B3
La Plagne 104 B3
La Plama 174 B1
La Plama d'Ebre 163 C1
La Platja d'Aro 156 B2/3
La Plaza 151 D1
Lapleau 102 A3
Laplje Selo 138 B1/2
Laplume 109 C2
Lapoblación 153 D2
La Pobla de Cérvoles 163 D1
La Pobla de Lillet 156 A2
La Pobla de Massaluca 163 C1/2
La Pobletta de Bellvei 155 D2
La Pola de Gordón 151 D2, 152 A2
La Portella 155 C3, 163 C1
La Portellada 163 C2
Lapoutroie 89 D2, 90 A2
La Póveda de Soria 153 D3
Lapovo 134 B2
Lappago/Lappach 107 C1
Lappajärvi 21 C2
Lappalaisten kesätuvat 11 C2

Läppe 46 B1
Lappea 17 D1
Lappeenranta (Villanstrand) 27 C2
Lappers 25 C3
Lappersdorf 92 B1
Lappersdorf-Hainsacker 92 B1
Lappfjärd/Lappväärti 20 A3
Lappfors 20 B1/2
Lapphaugen 9 D2
Lappi 24 A2
Lappi 19 D2
Lappila 25 D2, 26 A2
Lappo 20 B2
Lappo 24 A3, 41 D2
Lappohja/Lappvik 24 B3
Lappoluobbal 5 C3, 11 C1
Lapporten 9 D2, 10 A2
Lappträsk 16 A3
Lappvattnet 31 D1
Laprade 110 A3
Lapradelle 156 A1
La Preste 156 A/B2
La Primaube 110 A2
Laprugne 103 C2
Läpseki 149 D1
Lapua (Lappo) 20 B2
La Puebla 157 C2
La Puebla de los Infantes 166 B3, 172 A1
La Puebla de Montalbán 160 B3, 167 C1
La Puebla de Valdavia 152 B2
La Puebla de Híjar 162 B1
La Puebla de Fantova 155 C2
La Puebla de Roda 154 B2
La Puebla de Cazalla 171 D2
La Puebla de Almoradiel 167 D1, 168 A1
La Puebla de Valverde 162 B3
La Puebla del Río 171 D2
La Puerta 161 D2
La Puerta de Segura 168 A3
La Punta 113 D3
La Punta 123 C3
Lăpuşna 141 C1
Lăpuşnicel 135 C1
La Puye 101 D2
Lapväärtii 20 A3
Lapy 73 D3, 98 A1
Laqueuille 102 B3
L'Aquila 117 D3, 119 C1
La Rábita 173 C2
Laracha 150 A1
Laragh 58 A2
Laragne-Montéglin 111 D2, 112 A2
La Rambla 172 B1
Larbert 56 B1/2
L'Arboç 156 A3, 163 D1
L'Arbresle 103 C/D2/3
Lärbro 47 D2
Lärbro 73 B/C1
Larceveau-Arros-Cibits 108 A3, 154 B1
Larchant 87 D2
Larche 101 D3, 109 D1
Larche 112 B2
Lârdal 43 C2
Lærdalsoyrí 37 B/C2
Lardaro 106 B2
Larderello 114 B3, 116 A2
Lardero 153 D2
Lardos 149 D3
Lardosa 158 B3
La Reale 123 C1
Laredo 153 C1
Laredorte 87 C1
Laredo 110 A3, 156 B1
La Regeserie 86 A3
Laren 67 C3
Laren 66 B3
La Réole 108 B1
Largentière 111 C1
Largs 56 B2
La Riaille 112 B1
Lariano 118 B2
La Riba 163 C1
La Riba de Escalote 161 C1
La Riera de Gaià 163 C1/2
Lárimna 147 C/D1/2

La Rinconada

La Rinconada 171 D1
Larino 119 D2, 120 A1
Lárisa 143 D3
Lárisa 148 B1
La Rixouse 104 A2
Larkhall 56 B2
Larkollen 44 B1
L'Armentera 156 B2
Larmor-Plage 84 B3
Larne 56 A3
Larne 54 A3, 55 D2
La Robla 151 D2, 152 A2
La Roca de la Sierra 165 D2
La Roche-aux-Fées 86 A/B2/3
La Rochebeaucourt-et-Argentine 101 C3
La Roche-Bernard 85 C3
La Roche-Chalais 101 C3
La Rochecourbon 100 B2/3
La Roche-Derrien 84 B1
La Roche-des-Arnauds 111 D1, 112 A1/2
La Roche-en-Brénil 88 A/B3
La Roche-en-Ardenne 79 C2/3
La Rochefoucauld 101 C3
La Roche-Jagu 84 B1
La Rochelle 101 C2
La Roche-Posay 101 D1
La Rochepot 103 C/D1
La Rocherolle 101 D1, 102 A1
La Roche-sur-Yon 100 A/B1
La Roche-sur-Foron 104 A2
La Rochette 104 A3
Larochette 79 D3
La Roche-Vineuse 103 D2
La Roda 168 B2
La Roda 151 C1
La Roda de Andalucía 172 A/B2
La Roë 85 D2
Laroles 173 C/D2
La Romana 169 C3
La Romieu 109 C2
Laroquebrou 109 D1, 110 A1
Laroque-d'Olmes 109 D3, 156 A1
La Roque-Sainte-Marguerite 110 B2
Laroque-Timbaut 109 C2
Larouco 151 C2
Larraga 154 A2
Larraona 153 D2
Larrasοña 108 A3, 154 A2
Larrate 153 C2
Larrau 108 A3, 154 B1
Larrazet 109 C2
Larrêt 89 C3
Larseng 4 A3
Larsmo/Luoto 20 B1
Larsnes 36 A1
Larumbe 154 A1/2
Laruns 108 B3, 154 B1/2
Larv 45 C/D3
Larva 167 D3, 168 A3, 173 C1
Larvik 43 D2, 44 A1/2
Larvik 42 A2
Lärz 69 D1, 70 A1
La Sabina 157 D3
La Sagrada 159 D2
La Sainte-Baume 111 D3
Lasalle 110 B2
La Salvetat-sur-Agout 110 A3
La Salvetat-Peyrales 110 A2
Läsänkoski 26 B1
Las Arenas 152 A/B1
Lasarte 153 D1, 154 A1
La Saulce 111 D1/2, 112 A2
La Sauve-Majeure 108 B1
Las Bordas 155 C2
Låsby 48 B3
Las Cabezadas 161 C2
Las Cabezas de San Juan 171 D2
Las Caldas 151 D1
Las Casas 154 B3

Lascaux (fermées) 108 B1
Lascellas 155 C3
Lascelle 110 A1
Lascuarre 155 C2/3
Las Cuerlas 162 A2
Las Cuevas de Cañart 162 B2
La Seca 160 A1
Lasel 79 D3
La Selle-sur-le-Bied 87 D2
La Selva 119 C2
La Selva 163 C1
La Sénia 163 C2
La Sentiu de Sió 155 D3, 163 C/D1
La Serre 102 A3
La Seu d'Urgell 155 D2
La Seyne-sur-Mer 111 D3, 112 A3
Las Fraguas 153 D3, 161 C/D1
Lasgraisses 109 D2
Las Herencias 160 A3, 166 B1
Las Illas 156 B2
Lasinja 127 D3
Lasko 71 C2
Laško 127 C2
Las Labores 167 D1/2
Las Machorras 110 B3
Las Majadas 161 D3
Las Mesas 168 A1
Las Navas del Marqués 160 B2
Las Navas de la Concepción 166 A/B3, 172 A1
Las Negras 174 A2
La Solana 167 D2, 168 A2
La Source 87 C3
La Souterraine 101 D2
Lasovo 135 C3
Las Parras de Castellote 162 B2
Laspaúles 155 C2
Las Pedroñeras 168 A1
Las Pedrosas 154 B3
Las Peralosas 167 C2
La Spézia 114 A2
Las Preses 156 B2
Las Rotas 169 D2
Las Rozas 152 B2
Las Rozas de Madrid 160 B2
Lassahn 69 C1
Lassay 86 A2
Lassee 94 B2
Lassekrog 35 C3
Lasseube 108 B3, 154 B1
Lassigny 78 A3
Lassia 24 B1
Lassing 93 D3
Lassnitz 126 B1
Lasswade 57 C2
Lastanosa 155 C3, 163 B/C1
Lastebasse 107 C2/3
Lastic 102 A/B3
Las Torcas 161 D3
Lastours 110 A3, 156 A/B1
Lastovo 136 A1
Lastra a Signa 114 B2, 116 B1/2
Lastras de Cuéllar 160 B1
Lastres 152 A1
Lastringe 47 C2
Lastrup 67 D2
Lastukoski 23 C2
Lastva 137 C1
La Suze-sur-Sarthe 86 A/B2/3
Las Veguillas 159 D2
Las Ventas 153 C2
Las Ventas con Peña Aguilera 167 C1
Las Ventas de San Julián 160 A3
Las Ventas de Retamosa 160 B3
Las Vertientes 173 D1
Las Vilás de Tubó 155 C2
Las Villas de Benicasim 163 C3
La Tala 159 D2
La Talaudière 103 C3
La Terrasse-sur-Dorlay 103 C/D3
Laterza 121 C2

La Teste 103 C/D3
La Teste 108 B1
Lathen 67 D2
Latheron 54 B1
La Thuile 104 B3
Lathus 101 D2
Latiana 121 D2/3
Latikberg 30 B1
Latillé 101 C1/2
Latina 118 B2
Latisana 107 D3, 126 A3
La Toba 161 C2
Latops-bruk 46 A1
La Torre 160 A2
La Torre de Esteban Hambrán 160 B3
La Torre de Cabdella 155 D2
La Torre de l'Espanyol 163 C1/2
La Torresaviñan 161 D2
La Tour-Blanche 101 C3
La Tour-d'Aigues 111 D2
La Tour-d'Auvergne 102 B3
Latour-de-France 156 B1
La Tour-du-Pin 103 D3, 104 A3
Latovano 25 B/C2
La Tranche-sur-Mer 100 A/B2
La Tremblade 101 C3
Latresne 108 B1
La Trimouille 101 D2
La Trinité-sur-Mer 85 B/C3
La Trinité-Porhoët 85 C2
La Trinité 63 D3, 85 C1
La Trique 100 B1
Latrónico 120 B3, 122 A1
Latronquière 109 D1, 110 A1
Latschau 106 A1
Latterbach [Oey-Diemtigen] 105 C2
Lattuna 13 C2
La Tuca 155 C/D2
La Turballe 85 C3
Latva 18 A/B3
Latva 19 B/C2
Latvaset 21 D1, 22 A1
Lau 47 D3
Laubach 80 A3
Laubach 81 C2
Laubrières 85 D2
Laubsdorf 70 B3, 83 D1
Laucha 82 A1
Lauchhammer 83 C1
Lauchhammer 96 A1
Lauda-Königshofen 81 C3, 91 C1
Laudal 42 B3
Lauder 57 C2
Laudio 153 C1
Lauenbruck 68 B1/2
Lauenburg 69 C1
Lauenen [Gstaad] 104 B2
Lauf 82 A3, 92 A1
Laufach 81 C3
Laufen 90 A3
Laufen 92 B3
Laufenburg 90 B3
Laufenburg 90 B3
Lauffen am Neckar 91 C1
Laugerie 109 C1
Laugharne 62 B1
Laugnac 109 C2
Lauhankyla 24 B1/2
Lauhovd 43 C1
Lauingen 91 D2
Laujar de Andarax 173 D2
Laukaa 21 D3, 22 A3
Laukansalo 23 C3
Lauker 16 A/B3
Laukka 18 B2/3
Laukka-aho 23 C2
Laukkala 22 A/B2
Laukuluspa 10 A3
Laukvik 8 B3
Laukvik 4 A2
Laukvik 8 B2
Laukvik 5 C2
La Umbría 165 D3, 171 C1
Launceston 62 B3
La Unión 174 B1
La Unión de Campos 152 A3
Launois 78 B3

Launonen 25 C2
Laupen 104 B1
Laupheim 91 C2
Laurbjerg 48 B2
Laureana di Borrello 122 A3
Laurenburg 80 B2
Laurenzana 120 B3
Lauria 120 B3, 122 A1
Laurière 101 D2
Laurino 120 A3
Lauris-sur-Durance 111 D2
Laurito 120 A3
Lauritsala 27 C2
Lausanne 104 B2
Lauscha 82 A2
Laussonne 111 B/C1
Lauta 83 C1
Lautamaa 17 D2, 18 A1
Lautaporras 25 C2
Lautela 25 B/C2
Lautenbach 89 D2, 90 A3
Lautenbach 90 B2
Lauter 47 D2
Lauter 82 B2
Lauterbach 81 C2
Lauterbourg 90 B1
Lauterbrunnen 105 C2
Lauterecken 80 A3
Lauterhofen 92 A1
Lauterhohn-Traunfeld 92 A1
Lauterstein 91 C2
Lautertal 81 D2, 82 A2
Lautertal 81 C2
Lautertal-Gadernheim 81 B/C3
Lautiosaari 17 D3, 18 A1
Lautrec 109 D2, 110 A2
Lauttakulma 25 C1
Lauttavaara 19 C2
Lauvareid 42 A1
Lauvåsen 37 D2
Lauvåsen 37 D2
Lauve 43 D2, 44 A1/2
Lauvnes 42 B3
Lauvoy 28 A2, 33 C1
Lauvsjølia 29 C2
Lausvnes 28 B2
Lauvstad 36 A/B1
Lauvuskylä 23 C1
Lauzerte 108 B2
Lauzun 109 C1
La Vachey 104 B3
Lavagna 113 D2
La Vaivre-de-Seveux 89 C3
Laval 86 A2
Lavala 19 D2
Laval-Atger 110 B1
Lavamünd 127 C2
Lavamüng 96 A3
Lavangen 9 D2
La Vansa 155 D2
Lávara 145 D1, 145 D3
Lavardac 109 C2
Lavardin 86 B3
Lavau 87 D3
Lavatur 109 D2
Lavaveix-les-Mines 102 A2
La Vecilla 152 A2
La Vega 152 B1
Lavelanet 109 D3, 156 A1
La Vellés 159 D2
Lavello 120 B2
Laven 48 B3
Lavena-Ponte Tresa 105 D2
Lavenham 65 C2
Laveno-Mombello 105 D2/3
La Ventosa 161 D3
La Veredilla 167 C2
Lavergne 108 B1
La Verna 115 C2/3, 116 B2
Lavezzola 115 C1
Lavia 24 B1
Laviana 151 D1, 152 A1
Laviano 120 A2
La Victoria 172 A/B1
La Vid 153 C3, 161 C1
Lavid de Ojeda 152 B2
La Vidola 159 C1/2
La Vieille-Lyre 86 B1
Lavik 36 A/B3
Lavik 36 A2
Lavik 9 D1
La Vilella Baixa 163 C1

Le Boréon

La Villa 116 A3
La Villa 107 C2
La Villa de Don Fadrique 167 D1, 168 A1
La Villa/Stern 107 C2
La Villedieu-en-Fontenette 89 C3
La Villedieu 101 C2
La Villedieu 102 A3
La Villedieu-du-Clain 101 C2
La Villetelle 102 A2
Lavinio Lido di Enea 118 B2
Lavis 107 C2
La Visaille 104 B3
Lavit 109 C2
Lävong 14 A/B2
Lavos 158 A3
La Voulte-sur-Rhône 111 C1
Lavoûte-Chilhac 102 B3
Lavra 159 C1
Lavre 164 B2
Lávrion 147 D3
Lavrio 149 B/C2
Lavry 74 B2
Lavsjö 30 A2
La Wantzenau 90 A/B2
Lawy 71 B/C2
Laxá 46 A1/2
Laxbäcken 30 A1
Laxe 150 A1
Laxede 16 B2
Laxenburg 94 B2/3
Laxey 58 B1
Laxo 54 A1
Laxsjö 29 D3, 34 B1
Laxsjön 35 D2
Laxtjärn 39 C3
Laxton 61 C3, 64 B1
Laxvik 49 D2, 50 A2
Laxviken 29 D3, 34 B1
Layana 155 C2
La Yesa 162 B3, 169 C1
Layliäinen 25 C2
Layna 161 D2
Layos 160 B3, 167 C1
Layrac 109 C2
Laytown 58 A2
La Yunta 162 A2
Laz 84 B2
Laza 150 B3
La Zaida 162 B1
Lazarádes 143 C2
Lazarevac 133 D2, 134 A2
Lazarevo 129 D3, 134 A1
Lazaropole 138 A/B3
La Zarza de Pumareda 159 C1/2
La Zénia 169 C3, 174 B1
Lazéč 133 C2/3
Lazise 106 B3
Lazkao 153 D1/2
Lázně-Kynžvart 82 B3
Laznica 135 C2
Lazonby 57 C3, 60 B1
Lazzaro 122 A3, 125 D2
Leadenham 61 D3, 64 B1
Leadhills 57 B/C2
Leányvár 95 D3
Leatherhead 64 B3, 76 B1
Leba 72 B2
Lebach 89 D1, 90 A1
Le Ballon 86 A/B2
Lebane 139 C1
Le Barcarès 156 B1
Le Barp 108 B1
Lebbeke 78 B1
Le Beage 111 C1
Le Beausset 111 D3, 112 A3
Le Bec-Hellouin 77 C3, 86 B1
Lebeña 152 B1
Lébénymiklós 95 C3
Lebesby 6 B1
Le Bettex 104 B3
Le Biot 86 A1/2
Le Biot 104 B2
Le Blanc 101 C1
Le Bleymard 110 B1/2
Le Bois 104 B3
Le Boisie 108 B2
Le Bonhomme 89 D2, 90 A2
Le Boréon 112 B2

Lębork (Lauenburg)

Lębork (Lauenburg) 72 B2
Le Boulou 156 B2
Le Bourg 109 D1
Le Bourg-d'Oisans 112 A1
Le Bourget 87 D1
Le Bourget-du-Lac 104 A3
Le Bourgneuf-la-Forêt 85 D2, 86 A2
Le Bourg-Saint-Léonard 86 B1
Le Breuil 103 C2
Lebrija 171 D2
Le Brugeron 103 C3
Le Bugue 109 C1
Le Buisson 110 B1
Le Buisson-Cussac 109 C1
Lebus 70 B2/3
Le Busseau 100 B1/2
Leça da Palmeira 158 A1
Le Canadel-sur-Mer 112 A3
Le Castella 122 B2
Le Cateau 78 B3
Le Catelet 78 A3
Le Caylar 110 B2
Lecce 121 D3
Lecco 105 D3, 106 A2/3
Lece 138 B1
Lécera 162 B1
Lech 106 B1
Lechago 163 C2
L'Échalp 112 B1
Le Chambon-Feugerolles 103 C3
Le Chambon-sur-Lignon 103 C3, 111 C1
Le Champ-Saint-Père 101 C2
Le Château-d'Oléron 101 C2
Le Châtelard 104 A3
Le Châtelet-en-Brie 87 D2
Le Châtelet-en-Berry 102 A1
Le Châtellier 86 A1/2
Lechbruck 91 D3
Lechená 146 A2
Le Cheylard 111 C1
Le Chiavche 114 B1
Lechlade 64 A3
Lechovice 94 B1/2
Leči 73 C1
Leciñena 154 B3, 162 B1
Leck 52 A/B2
Le Collet-de-Dèze 110 B2
Le Colombier 111 C1
Le Conquet 84 A2
Le Creusot 103 C1
Le Croisic 85 C3
Le Crotoy 77 D2
Lectoure 109 C2
Lecumbeni 153 D1/2, 154 A1
Lecumberri 108 B3, 155 C1
Łęczyca 71 C1
Łęczyca 73 C3, 97 B/C1
Ledaña 168 B1
Ledanca 161 C2
Ledbury 63 D1, 64 A2
Ledeč nad Sázavou 83 D3
Ledenika 135 D3, 139 D1
Lederzeele 77 D1
Le Désert 112 A1
Ledesma 159 D2
Ledesma de Soria 153 D3, 161 D1
Ledeuix 108 B3, 154 B1
Lédignan 111 C2
Leding 31 B/C3
Lednice 94 B2
Lednické Rovne 95 C1
Le Donjon 103 C2
Le Dorat 101 D2
Lędyczek 71 D1
Lee 48 B2
Leeds 61 C2
Leeds 54 B3
Leegebruch 70 A2
Leek 59 D2, 61 B/C3, 64 A1
Leek 67 C1/2
Leenane 55 C2
Leende 79 C1
Leer 67 D1
Leerbeek 78 B2
Leerdam 66 B3

Leer-Loga 67 D1
Leese 68 A2
Leeuwarden 66 B1
Leezen 52 B3, 68 B1
Le Faou 84 A2
Le Faouët 84 B2
Le Ferriere 118 B2
Lefinnlia 32 B3, 37 C1
Lefka 145 D2
Lefkadition 146 B1
Lefkás 146 A1
Lefkás 148 A2
Lefkimmi 148 A1
Lefkimmi 142 A3
Lefkón 139 D3, 144 A1
Léfktra 146 B3
Léfktré 147 C2
Léfktra 148 A/B2
Le Fleix 109 C1
Le Folgoët 84 A2
Le Fond-de-France 104 A3
Le Fossat 109 D3, 155 D1
Le Fousseret 109 C3, 155 D1
Le Fromental 110 B1
Leganes 160 B2/3
Leganiel 161 C3
Legarda 153 D2
Legarda 154 A2
Logau 91 D3
Le Gault-Perche 86 B2
Legazpi 153 D1/2
Legden 67 C3
Légé 100 A1
Legionowo 73 C3
Legnago 107 C3
Legnano 105 D3
Legnica (Liegnitz) 96 B1
Légny 103 C/D2
Legoland 48 B3, 52 B1
Legorreta 153 D1
Legrad 128 A2
Le Grand-Bourg 101 D2, 102 A2
Le Grand-Lemps 103 D3
Le Grand-Lucé 86 B2/3
Le Grand-Pressigny 101 D1
Le Grau-du-Roi 111 C3
Legreña 147 D3
Le Gua 100 B3
Léguevin 108 B3, 155 C1
Legutio 153 D2
Le Havre 76 B3
Lehčevo 135 D3
Le Hérie-la-Viéville 78 B3
Lehesten 82 A2
Lehmajoki 20 B2
Lehmen 80 A2
Lehmikumpu 17 D2, 18 A1
Lehmivaara 23 C1
Lehmo 23 D3
Lehndorf 82 B2
Lehnice 95 C2/3
Lehnin 69 D3, 70 A3
Le Hohwald 89 D2, 90 A2
Le Houga 108 B2
Lehrberg 91 D1
Lehre 69 C3
Lehre-Flechtorf 69 C3
Lehrte 68 B2/3
Lehrte-Hämelerwaid 68 B3
Lehrte-Immensen 68 B2/3
Lehtimäki 21 C2
Lehtiníemi 13 C3
Lehtoi 23 D3
Lehtola 19 C/D3
Lehtopera 21 D1/2, 22 A1/2
Lehtovaara 19 C1/2
Lehtovaara 12 B2
Lehtovaara 23 D2, 23 D1
Lehtovaara 19 D2
Lehtovaara 19 C3, 22 B1
Lehva 98 B1
Leibnitz 96 A3
Leibnitz 127 C1
Leicester 65 C1/2
Leiden 66 A3
Leidenborn 79 D3
Leiferde 69 B/C2/3
Leigh 59 D2, 60 B3
Leighton Buzzard 64 B2
Leikanger 36 A1
Leikanger 36 A1
Leikanger 36 B2
Leimen 90 B1
Leimrieth 81 D2

Leine 37 C2
Leinefelde 81 D1
Leinesodden 14 A2
Leinfelden-Echterdingen 91 C2
Leingarten 91 C1
Leini 105 C3, 113 B/C1
Leino 19 C2
Leino 27 C2
Leinovaara 23 C/D3
Leinstrand 28 A3, 33 C1/2
Leioa 153 C1
Leipämäki 23 C3
Leipheim 91 D2
Leipovaara 19 C2
Leipojärvi 16 B1
Leipzíg 82 B1
Leira 32 B2
Leira 28 A3, 33 C1
Leira 37 D2/3
Leiranger 8 B3
Leirbakk 29 C2
Leirbotn 5 C2
Leiret 38 A/B2
Leirfjord 14 A2
Leiria 158 A3, 164 A1
Leiro 150 B2
Leirosa 158 A3
Leirosen 14 A/B2
Leirvåg 9 C1
Leirvassbu 37 C2
Leirvik 36 A2
Leirvik 28 B1
Leirvik 28 A2/3, 33 C1
Leirvik 42 A1
Leirvik 55 C1
Leirvika 14 B2
Leisnig 82 B1
Leissigen 105 C2
Leiston 65 D2
Leith 57 C1/2
Leitzersdorf 94 B2
Leitzkau 69 D3
Leivonmäki 26 A/B1
Leivonmäki 23 C3
Leixlip 58 A2
Leiza 153 D1, 154 A1
Leizen 69 D1
Leka 14 A3, 28 B1
Lekåsa 45 C3
Leketio 153 D1
Lekenik 127 D3
Lekeryd 46 A3
Leknes 32 A3, 36 B1
Leknes 8 B2
Łęknica 83 D1
Leksand 39 D2
Leksberg 45 D2
Leksvik 28 A3, 33 C1
Lekvattnet 38 B3
Le Lardin 101 C3, 108 B1
Le Lauzet-Ubaye 112 A2
Le Lavandou 112 A3
Lel'čicy 99 C2
Le Levancher 104 B2
Le Liège 87 B/C3, 101 D1
Le Lion-d'Angers 86 A3
Lelkendorf 53 D3, 69 D1, 70 A1
Lellainen 24 B2
Le Locle 104 B1
Le Logis du Pin 112 A2/3
Le Lonzac 102 A3
Le Loroux-Bottereau 86 A3, 101 C1
Le Louroux-Béconnais 85 D3, 86 A3
Le Luc 112 A3
Le Lude 86 B3
Lelystad 66 B2
Lem 48 A3
Lem 48 A2
Le Malzieu-Ville 110 B1
Le Mans 86 B2
Le Mas 112 B2
Le Mas-d'Agenais 109 B/C2
Le Mas-d'Azil 108 B3, 155 C1
LEMASNAUMA 110 A2
Le Mayet-de-Montagne 103 C2
Le May-sur-Èvre 85 D3, 86 A3, 100 B1
Lembach 90 A/B1
Lemberg 89 D1, 90 A1
Lemberk 83 D2

Lembeye 108 B3, 155 C1
Lembruch 68 A2
Le Mechenin 101 C3
Le Mêle-sur-Sarthe 86 B2
Le Ménil 89 C2
Le Merlerault 86 B1/2
Lemesjö 31 C2
Le Mesnil-Herman 86 A/B1
Lemförde 68 A2
Lemgo 68 A3
Lemgow-Schmarsau 69 C2
Lemi 27 C2
Lémie 104 B3, 112 B1
Lemierzyce 71 B/C2
Le Mirandol 109 D1
Lemke (Nienburg-Weser) 68 A2
Lemlahti 24 A1
Lemland 41 D3
Lemmenjoki 6 B3, 11 D2
Lemmer 66 B2
Lemnia 141 C1
Le Moline 113 D1, 114 A1
Le Monastier-sur-Gazeille 111 B/C1
Le Monêtier-les-Bains 112 A1
Le Monêtier-Allemont 111 D2, 112 A2
Le Mont-Dore 102 B3
Le Montenvers 104 B2/3
Le Montet 102 B2
Le Mont-Saint-Michel 85 D1/2
Le Moustier 109 C1
Lempäälä 25 C1
Lempdes 102 B3
Lempyy 22 B3
Lemu 24 A/B2
Le Muret 108 A/B1/2
Le Muy 112 A3
Lemvig 48 A2
Lena 38 A2
Lena 151 D1
Lenart 127 D2
Lencloître 101 C1
Lencouacq 108 B2
Lend 107 D1, 126 A1
Lendava 127 D2
Lendinara 115 C1
Lendínez 167 C3, 172 B1
Lendrup Strand 48 B2
Lendum 49 B/C1
Le Neubourg 77 C3, 86 B1
Lengau 92 B3, 107 D1
Lengdorf 92 B2
Lengefeld 83 C2
Lengenfeld 81 D1
Lengenfeld 94 A2
Lengenfeld 82 B2
Lengenwang 91 D3
Lengerich 67 D3
Lengerich 67 D2
Lenggries 92 A3
Lenggries-Vorderriss 92 A3
Lengronne 86 A1
Lengyeltóti 128 A/B2
Lenhovda 51 C1
Lenhovda 72 B1
Leningrad 74 B1
Lenk im Simmental 105 B/C2
Lenkovcy 98 B2
Lennartsfors 45 C1
Lennestadt-Altenhunden 80 B1
Lennestadt-Elspe 80 B1
Lennestadt-Kirchveischede 80 B1
Lenningen-Schopfloch 91 C2
Lennoxtown 56 B1/2
Leno 106 B3
Lenola 119 C2
Le Nouvion-en-Thiérache 78 B3
Lenovac 135 C3
Lens 78 A2
Lens 78 B2
Lensahn 53 C3
Lensvik 28 A3, 33 C1
Lenti 127 D2
Lentiira 19 D3
Lenting 92 A2
Lentini 125 D3
L'Enveja 163 C2
Lenvik 9 D1

Le Prada

Lenzburg 90 B3, 105 C1
Lenzen 69 C2
Lenzerheide/Lai [Tiefencastel] 106 A1
Lenzkirch 90 B3
Leoben 93 D3, 127 C1
Leoben 96 A3
Leobersdorf 94 B3
Leofreni 118 B1
Leogang 92 B3
Léognan 108 B1
Leominster 59 D3
Léon 108 B2
León 151 D2, 152 A2
Leonberg 91 C2
Léoncel 111 D1
Leondárion 146 B3
Leonding 93 D2
Leonessa 117 C/D3, 118 B1
Leonforte 125 C2
Leonidion 147 C3
Leonidion 148 B2/3
Leonstein 93 D3
Leonte 150 B3, 158 A/B1
Leontíon 146 B2
Leopoldov 95 C2
Leopoldsburg 79 C1
Leopoldshagen 70 B1
Leovo 141 D1
Leoz 154 A2
Lepaa 25 C2
Le Palais 84 B3
Le Paly 85 C2
Le Pas 110 A2
Lepe 171 C2
Le Péage-de-Roussillon 103 D3
Lepel' 74 B3
Lepenski Vir 135 C2
Le Perray-en-Yvelines 87 C1/2
Le Perrier 100 A1
Le Perron 86 B2
Le Perthus 156 B2
Lepetane 137 C2
Lepikkomäki 23 C3
Lepikontorppa 22 B2
L'Épine 88 B1
Le Pin-en-Mauges 85 D3, 86 A3, 100 B1
Le Pin-la-Garenne 86 B2
Lepistönmäki 20 B2
Le Planey 104 B3
Le Plessis-Belleville 87 D1
Lepoglava 127 D2
Le Poiré-sur-Vie 100 A1
Le Pondy 102 B1
Le Pont-de-Beauvoisin 104 A3
Le Pont-de-Claix 111 D1
Le Pont-de-Montvert 110 B2
Le Pont du Travo 113 D3
Le Pontet 100 B3
Le Pontet 111 C2
Le Pontet 104 A3
Le Ponthou 84 B2
Le Porge 108 A1
Le Port-Boulet 86 B3, 101 C1
Le Portel 77 D1/2
Leposavići 138 B1
Le Pouldu 84 B3
Le Pouliguen 85 C3, 100 A1
Lépoura 147 D2
Lépoura 149 B/C2
Le Pouzin 111 C1
Leppäjärvi 11 C2
Leppäkoski 25 C1, 26 A1
Leppäkoski 25 C2
Leppälä 27 C2
Leppäla 6 B2
Leppälahti 23 C3
Leppälahti 22 B2
Leppälahti 21 D3, 22 A3
Leppälänkylä 21 C2
Leppämäki 23 B/C3
Leppärinne 23 D1
Leppäselkä 21 D2, 22 A2
Leppävesi 21 D3, 22 A3
Leppävirta 22 B3
Leppiaho 18 B1
Leppin 69 C2
Leppiniemi 18 B2/3
Le Prada 109 B/C2

Lépreon 146 B3
Lepsa 141 C1
Lepsala 25 D1, 26 B1
Lepséry 128 B1
Leptokaria 143 D2
Le Puy 110 B1
Le Puy-Notre-Dame 101 C1
Le Quesnoy 78 B2
Léquile 121 D3
Lerbäck 46 A1/2
Lerberg 43 D1
Lerberget 49 D2/3, 50 A2
Lercara Friddi 124 B2
Lerchenborg 49 C3, 53 C1
Lerdal 45 C2
Lerdala 45 D2
L'Erée 63 D3
Le Repas 85 D1
Lerga 154 A2
Lérica 114 A2
Lérida / Lleida 155 C3, 163 C1
Lerin 153 D2, 154 A2
L'Erkelsbrugge 77 D1, 78 A1/2
Lerkil 49 D1, 50 A1
Lerma 153 B/C3
Lermon 29 C2
Lermoos 91 D3
Lerna 147 C3
Le Rocher-Mézangers 86 A2
Lérouville 89 C1
Le Roux 112 B1
Le Rozier 110 B2
Lerrain 89 C2
Lerum 45 C3
Lerum 72 A1
Le Russey 89 D3, 104 B1
Lerwick 54 A1
Les 155 C2
Les Abrets 103 D3, 104 A3
Lesaca 108 A3, 154 A1
Les Aix-d'Angillon 87 D3, 102 B1
Les Ajustons 110 B1
Lešak 134 B3, 138 B1
Les Ancizes-Comps 102 B2
Les Andelys 77 C/D3, 87 C1
Lesani 138 B3, 142 B1
Les Arcs 104 B3
Les Arcs-sur-Argens 112 A3
Le Saret 108 B3, 155 C1
Les Aubiers 100 B1
Le Sauze 112 A/B2
Les Avellanes 155 C3
Les Baux 111 C2
Les Bertins 87 D3, 102 B1
Les Billaux 108 B1
Les Bordes 87 D3
Les Borges Blanques 155 D3, 163 C/D1
Les Borges del Camp 163 D1/2
Les Bouchoux 104 A2
Lesbury 57 D2
Les Cabanes-de-Lapalme 110 A/B3, 156 B1
Les Cabannes 155 D2, 156 A1
Les Cabòries 156 A3
L'Escala 156 B2
Les Calanche 113 D3
Les Cammazés 109 D3
Lescar 108 B3, 154 B1
L'Escarène 112 B2
Lesce 126 B2
Lešce 127 C3, 130 B1
Les Clots 112 A1
Les Contamines-Montjoie 104 B3
Les Cortalets 156 B2
Lescun 108 B3, 154 B1/2
Les Deux Alpes 112 A1
Les Eaux-Chaudes 108 B3, 154 B1/2
Les Échelles 104 A3
Le Sel-de-Bretagne 85 D2
Lesencefalu 128 A1
Les Escaldes 155 D2, 156 A2
Les Essarts 101 C1
Les Estables 111 C1
Les Étangs 89 C/D1

Les Eyzies-de-Tayac 109 C1
Les Farguettes 110 A2
Les Fins 104 B1
Les Forges 85 D2
Les Forges 85 C2
Les Fourgs 104 B1
Les Gets 104 B2
Les Goudes 111 D3
Les Halles 103 C3
Les Hayons 76 B3
Les Herbiers 100 B1
Les Hôpitaux-Neufs 104 A/B1
Lésina 120 A1
Les Islettes 88 B1
Lesja 32 B3, 37 C1
Lesjaskog 32 B3, 37 C1
Lesjaverk 32 B3, 37 C1
Lesjöfors 39 C3
Leskelä 18 B3
Leskova 138 A1
Leskovac 139 C1
Leskovac 140 A3
Leskovice 83 D3, 93 D1, 94 A1
Leskovik 135 C3
Leskoviku 142 B2
Les Lèches 109 C1
Leslie 57 C1
Les Llosses 156 A2
Les Lucs-sur-Boulogne 100 A1
Lesmahagow 56 B2
Les Matelles 110 B2
Les Mazures 79 B/C3
Les Mées 111 D2, 112 A2
Les Ménuires 104 B3
Les Mésnuls 87 C1
Lesmont 88 B2
Les Moutiers-les-Mauxfaits 100 A/B2
Lešna 83 D1/2
Lešná 95 C1
Lešnica 133 C1/2
Leśniów Wielki 71 C3
Lesnoe 141 D1
Lesnoe 75 D1
Les Ollières-sur-Eyrieux 111 C1
Les Oluges 155 C3, 163 C1
Les Ormes 101 C1
Lesosavan 19 D2
Les Pargots 104 B1
Lesparre-Médoc 100 B3
L'Espérou 110 B2
Les Pieux 76 A3
Les Pilles 111 D2
Les Planes d'Hostoles 156 B2
L'Espluga Calba 155 D3, 163 D1
L'Espluga de Francolí 163 D1
Les Ponts-de-Cé 86 A3
L'Espunyola 156 A2
Les Quatre-Bras 78 B2
Lesquin 78 A2
L'Esquirol 156 A/B2
Les Riceys-Haut 88 B2
Les Roches 86 A2
Les Rosaires 85 C2
Les Rosiers 86 A3
Les Rousses 104 A2
Les Sables-d'Olonne 100 A2
Lessach 126 B1
Les Salles-du-Gardon 111 B/C2
Les Salles-sur-Verdon 112 A2/3
Lessay 76 A3, 85 D1
Lessebo 51 C2
Lessebo 72 A/B1
Les Settons 88 A3, 103 C1
Les Sièges 88 A2
Lessines 78 B2
Les Sornières 85 D3, 100 A1
L'Estany 156 A2
L'Estartit 156 B2
Lestelle-Bétharram 108 B3, 154 B1
Les Ternes 110 A/B1
Lesterps 101 D2
Les Thilliers-en-Vexin 77 D3, 87 C1

Lestijärvi 21 C1
L'Estréchure 110 B2
Les Trois Moutiers 101 C1
Lesund 32 B2
Lesura 135 D3
Les Vans 111 C2
Les Vignes 110 B2
Leszno 71 D3
Leszno 72 B3, 96 B1
L'Étac 63 D3, 85 C1
Letchworth 65 B/C2
Le Teil 111 C1
Le Teilleul 85 D2, 86 A2
Le Temple-de-Médoc 108 A1
Le Temple-de-Bretagne 85 D3
Letenye 128 A2
Le Theil-sur-Huisne 86 B2
Le Thillot 89 D2/3
Le Thor 111 C/D2
Le Thoronet 112 A3
Letičev 99 B/C3
Letino 119 D2
Letkés 95 D3
Letku 25 C2
Le Touquet-Paris-Plage 77 D2
Le Tourne 108 B1
Le Touvet 104 A3
Letovanić 127 D3
Letovice 94 B1
Le Translav 77 D2
Le Trayas 112 B3
Le Tréport 76 B2
Le Truel 110 A2
Letsbo 35 C3
Letschin 70 B2
Letter 88 B2/3
Letterkenny 55 C/D2
Lettingsvollan 33 D3
Letur 168 B3
Letuš 127 C2
Letux 162 B1
Letzlingen 69 C2
Leuben 83 C1
Leubingen 82 A1
Léuca 121 D3
Leuchars 57 C1
Leuglay 88 B3
Leugnies 78 B2
Leukerbad [Leuk] 105 C2
Leuk Stadt 105 C2
Leuna 82 B1
Leušen 141 D1
Leutenbach 91 C1/2
Leutenberg 82 A2
Leutershausen 91 D1
Leutkirch 91 C/D3
Leutkirch-Friesenhofen 91 D3
Leutkirch-Gebrazhofen 91 C/D3
Leutkirch-Herlazhofen 91 C/D3
Leutschach 127 C2
Leuven 79 C2
Leuze 78 B2
Levadía 147 C2
Levajok fajištue 6 B2
Levákyla 22 B3
Le Val André 85 C2
Le Val Richer 76 B3, 86 B1
Levan 142 A2
Lévane 115 C3, 116 B2
Levänen 27 C2
Levang 43 D2, 44 A2
Levanger 28 B3, 33 D1
Levanjska Varoš 128 B3, 132 B1
Levanpelto 24 B1
Levanto 25 D2, 26 A2
Lévanto 113 D2, 114 A2
Lévanzo 124 A2
Lévaranta 12 B3
Levasoki 24 A1
Leveld 37 C3
Leven 57 C1
Leven 54 B2
Levene 45 C2
Levens 112 B2
Levens Hall 59 D1, 60 B2
Leverano 121 D3
Leveråsvallen 34 B3
Le Verdon-sur-Mer 100 B3
Leverkusen 80 A1/2
Leverkusen-Opladen 80 A1

Le Vernet 112 A2
Le Vernet-la-Varenne 102 B3
Levet 102 A1
Le Veurdre 102 B1
Levice 95 D2
Levice 96 B2/3
Lévico Terme 107 C2
Levide 47 D3
Lévidion 146 B3
Levie 113 D3
Levier 104 A1
Le Vieux Bourg 85 C/D2
Le Vigan 110 B2
Le Vigean 108 B1
Le Vigen 101 C3
Lévignac 108 B2/3
Levignen 87 D1
Levijoki 21 C2
Le Ville 115 C3, 117 C2
Le Vivier-sur-Mer 85 D2
Levonperä 21 C/D1, 22 A1
Levo oja 18 B2
Levroux 101 D1, 102 A1
Levski 141 B/C3
Lewes 76 B1
Lewice 71 C2
Leyburn 59 D1, 61 C2
Leyburn 54 B3
Leymen 90 A3
Leysin 104 B2
Lezajsk 97 C/D2, 98 A2
Lezama 153 C1/2
Lezardrieux 84 B1
Lézat-sur-Lèze 108 B3, 155 C1
Lezay 101 C2
Lezhë 137 D3
Lézignan-Corbières 110 A3, 156 B1
Lezimir 133 C1
Lézinnes 88 A/B3
Lezo 153 D1, 154 A1
Lezoux 102 B2/3
Lezuza 168 B2
L.Guardia 150 A3
L'Herbaudière 100 A1
L'Herbergement 101 C1
L'Hermet 110 A2
L'Hôpital-du-Grosbois 89 C3, 104 A1
L'Hospitalet 156 A1/2
L'Hospitalet de l'Infant 163 D2
Lia 28 B3, 33 D1
Lia 9 B/C1/2
Liabo 32 B2
Liabygda 32 A3, 36 B1
Liancourt 87 D1
Lianoklàdian 146 B1
Liapádes 142 A3
Liart 78 B3
Liarvåg 42 A2
Liatorp 50 B2
Liatorp 72 A1
Liaunet 28 B1
Libáň 83 D2
Libčeves 83 C2
Libĕchov 83 D2
Libelice 127 C2
Liber 151 C2
Liberec 83 D2
Liberec 96 A1
Libĕšice 83 D2
Libeznice 83 D2/3
Libin 79 C3
Libochovice 83 C2
Libofshë 142 A1
Libohova 142 A/B2
Libourne 108 B1
Liboussou 109 C1
Librazhd 138 A3, 142 B1
Librilla 169 D3
Libros 163 C3
Libuň 83 D2
Lič 127 C3, 130 B1
Licata 124 B3
Licenza 118 B1/2
Liceras 161 C1
Lich 81 B/C2
Lichás 147 C1
Lichères-prés-Aigremont 88 A3
Lichfield 64 A1
Lichtenau 94 A2
Lichtenau 90 B2
Lichtenau 81 C1

Lichtenau-Atteln 81 B/C1
Lichtenau-Kleinenberg 81 C1
Lichtenberg 82 A2
Lichtenborn 79 D3
Lichtenegg 94 A/B3
Lichtenfels-Goddelsheim 81 B/C1
Lichtenfels 82 A3
Lichtenfels-Sachsenberg 81 B/C1
Lichtensteig 105 D1, 106 A1
Lichtenstein-Unterhausen 91 C2
Lichtenstein 82 B2
Lichtenstein 91 C2
Lichtenvoorde 67 C3
Lička Kaldrma 131 C2
Lički Jasenica 130 B1
Lički Osik 130 B2
Ličko Lešće 130 B1
Ličko Petrovo Selo 131 C1
Licodia Eubea 125 C3
Licu-Alberey 108 A3, 154 B1
Licques 77 D1
Lid 42 B1
Lid 39 C3
Lida 73 D2, 74 A3
Lidar 37 C/D2
Liden 35 D2
Liden 30 A1
Lidgatu 30 A/B3, 35 D1/2
Lidhult 50 B1/2
Lidhult 72 A1
Lidice 83 C/D3
Lidingö 47 C/D1
Lidköping 45 D2
Lido Azzurro 121 C3
Lido degli Estensi 115 C1
Lido dei Pini 118 B2
Lido delle Nazioni 115 C1
Lido di Camaiore 114 A2, 116 A1
Lido di Copanello 122 B2
Lido di Jésolo 107 D3, 126 A3
Lido di Metaponto 121 C3
Lido di Mortelle 122 A3, 125 D1
Lido di Portonuovo 120 B1, 136 A2/3
Lido di Siponto 120 B1
Lido di Tarquinia 118 A1
Lido di Volano 115 C1
Lidón 162 A2
Lidorìkion 146 B1/2
Lido Silvana 121 C3
Lidsjöberg 29 D2
Lidzbark Warmiński (Heils- berg) 73 C2
Liebenau 93 D2
Liebenau (Nienburg-Weser) 68 A2
Liebenthal 70 A2
Liebenwalde 70 A2
Liebertswolkwitz 82 B1
Lieboch 127 C1
Liebschütz 82 A2
Liebstadt 83 C2
Liechtensteinlamm 126 A1
Liedakkala 17 D2, 18 A1
Liédena 155 C2
Lidenpohja 21 C3
Liedon asema 24 B2
Lieg 80 A3
Liège 79 C2
Liehittäja 17 C/D2
Liekokylä 18 B1
Lieksa 23 D2
Lielax 24 B3
Lien 29 C3, 34 B1
Lienen 67 D3
Lienen-Kattenvenne 67 D3
Lienz 107 D1, 126 A1
Liepāja 73 C1
Liepimä 11 C3, 12 A1
Liepimäjärvi 11 C3, 12 A1
Liépvre 89 D2, 90 A2
Lier 79 B/C1
Lierbyen 43 D1
Liérganes 153 B/C1
Lierstall 80 A2
Liesa 154 B2/3
Liesborn 67 D3, 68 A3, 80 B1

Liesjärvi

Liesjärvi 21 C3
Lieskau 83 C1
Lieskovec 95 D2
Lieso 25 C2, 26 A2
Liesse 78 B3
Liessel 79 D1
Liestal 90 A3
Liesti 141 C2
Lieteksavo 10 A3
Lietlahti 22 B3
Lieto 24 B2
Liétor 168 B2
Lietzen 70 B2
Lieurey 77 C3, 86 B1
Lieusaint 87 D2
Lievestuore 21 D3, 22 A3
Lievikoski 24 B1
Lievoperä 18 B3
Liezen 93 D3
Liezen 96 A3
Liffol-le-Grand 89 C2
Lifjell Turisthotell 43 C1/2, 44 A1
Lifton 62 B3
Ligardes 109 C2
Ligares 159 C2
Ligatne 73 D1, 74 A2
Ligescourt 77 D2
Lignan 105 C3
Lignano Pineta 126 A3
Lignano Sabbiadoro 126 A3
Ligné 86 A3
Ligneuville 79 D2
Lignières 102 A1
Ligny-en-Barrois 89 C1/2
Ligny-en-Brionnais 103 C2
Ligny-le-Châtel 88 A2/3
Ligny-le-Ribault 87 C3
Ligönchio 114 A2, 116 A1
Ligoúrion 147 C3
Ligueil 101 D1
Lihjamo 21 C3
Lihme 48 A2
Lihostavľ 75 D2
Lihula 74 A1
Liikasenvaara 13 C/D3
Liikavaara 16 B1
Liimattala 22 B3
Liinamaa 20 B2
Liinanki 12 A3, 17 D1/2
Lipantönkkä 20 B2
Liitonjoki 21 D2, 22 A2
Liittoperä 21 D1, 22 A1
Lijeva Rijeka 137 D1/2
Likenäs 39 B/C2
Liklé 147 C1
L'Île Bouchard 101 C1
L'Île Rousse 113 D2
Lilienfeld 94 A2/3
Lilienthal 68 A2
Lilienthal-Worpswede 68 A1/2
Liljanovo 139 D3
Liljedal 45 C/D1
Liljendal 25 D2, 26 A2
Lillå 16 B2
Lilla Edet 45 C3
Lillåfors 16 B2
Lilland 9 C2
Lillby 20 B1/2
Lille 78 A2
Lillebonne 77 C3
Lillefjord 5 D1, 6 A1
Lillehammer 38 A1/2
Lillehamn 42 B3
Lilleidet 8 B2
Lille Lerresfjord 5 C2
Lilleng 9 C2
Lillerød 49 D3, 50 A3, 53 D1
Lillers 77 D2, 78 A2
Lillesand 43 C3
Lille Skensved 49 D3, 50 A3, 53 D1
Lillestrøm 38 A3
Lillevollen 28 B3, 33 D1
Lillholmsjön 29 D3, 34 B1
Lillholmträsk 31 C1
Lillkågeträsk 31 D1
Lillkyro 20 B2
Lillmalö 24 B3
Lillmörtsjo 35 C3
Lillo 161 C3, 167 D1, 168 A1
Lillögda 30 B1/2
Lillpite 16 B3

Lillsaivis 17 C2
Lillselet 17 C1/2
Lillström 35 D3
Lillsved 47 D1
Lillviken 15 C2
Lillviken 29 D2, 30 A2
Lima 39 C2
Limanowa 97 C2
Limátola 119 D3
Limay 87 C1
Limbach (Mosbach) 81 C3, 91 C1
Limbach-Oberfrohna 82 B2
Limbaži 73 D1, 74 A2
Limburg an der Lahn 80 B2
Limedsforsen 39 C2
Limenária 145 B/C2
Limenária 149 C1
Limerick (Luimneach) 55 C3
Limes 106 B2
Limhamn 50 A3
Limin 144 B1
Liminka 18 A2/3
Limin Litokhórou 143 D2
Limínpuro 19 B/C3
Limmared 45 D3
Limmared 72 A1
Limmen 66 A2
Limni 147 C/D1
Limni Ilíki 147 C/D2
Limni Ioánninon 144 A1/2
Limni Kerkínis 139 D3, 144 A1
Limoges 101 C2/3
Limogne 109 D1/2
Limoise 102 B1
Limone Piemonte 112 B2
Limonest 103 D2/3
Limone sul Garda 106 B3
Limours 87 C2
Limoux 110 A3, 156 A1
Limpias 153 C1
Lin 138 A/B3, 142 B1
Lina älv 16 B1
Linanäs 47 D1
Linards 101 D3
Linares 167 D3, 173 C1
Linares de la Sierra 165 D3, 171 C1
Linares de Mora 162 B3
Linares de Ríofrio 159 D2
Linás de Broto 155 B/C2
Lincluden Abbey 57 C3
Lincoln 61 D3, 64 B1
Lindå 82 A2
Lindärva 45 D2
Lindås 36 A3
Lindåskroken 43 D1, 44 A1
Lindau 69 D3
Lindau 52 B2/3
Lindau (Bodensee) 91 C3
Linde 48 A2
Lindelse 53 C2
Linden 81 D2
Lindenberg im Allgäu 91 C3
Lindenberg 48 B2
Lindenfels 81 B/C3
Lindenhayn 82 B1
Lindern 67 D2
Linderød 50 B3
Lindesberg 39 D3, 46 A/B1
Lindesnäs 39 C/D2/3
Lindesnes 42 B3
Lindfors 39 C3, 45 D1
Lindholmen 40 B3, 47 C/D1
Lindholm Høje 48 B1
Lindisfarne 57 D2
Lindlar 80 A1/2
Lindö 46 B2
Lindome 45 C3, 49 D1
Lindos 149 D3
Lindoso 150 B3, 158 A/B1
Lindow 70 A2
Lindsdal 51 D2
Lindwedel-Hope 68 B2
Liné 83 C3
Lingbo 40 A1/2
Linge 32 A3, 36 B1
Lingen 67 D2
Lingen-Brögbern 67 D2
Lingen-Estringen 67 D2
Linghed 39 D2, 40 A2
Lingsläto (Barnens ö) 41 C3

Linguaglossa 125 D2
Linhamari 25 C3
Linkenheim-Hochstetten 90 B1
Linkka 17 D2
Linköping 46 B2
Linkuva 73 D1, 74 A2
Linthwaíte 57 C1/2
Linna 21 C/D3
Linnankylä 20 B3
Linnankylä 21 D2/3, 22 A2/3
Linnerud 38 A/B2
Linneryd 51 C2
Linnes 38 B1
Linnes 29 C/D2, 34 B1
Linnés Hammarby 40 B3
Linnich 79 D1/2
Linsell 34 B3
Linthal 105 D1, 106 A1
Linthe 69 D3, 70 A3
Linton 65 C2
Lintorpet 38 B2
Lintula 11 D3, 12 A1/2
Linxe 108 B2
Linyola 155 D3, 163 D1
Linz 93 D2
Linz 96 A2
Linz am Rhein 80 A2
Lion 76 B3, 86 A1
Lioni 120 A2
Lipari 125 C/D1
Lipe 134 B2
Lipenec 83 C2
Liperi 23 C3
Lipiany 71 B/C2
Lipica 126 B3
Lipik 128 A3
Lipinki Łużyckie 71 C3, 83 D1
Lipinvaara 23 C1
Lipka 71 D1
Lipkany 98 B3
Lipkovo 138 B2
Lipljan 138 B2
Lipník nad Bečvou 95 C1
Lipno 71 D3
Lipno 73 C3
Lipno nad Vltavou 93 D2
Lipolist 133 C1
Lipomo 105 D3, 106 A3
Liposthey 108 A2
Lipovac 140 A1
Lipovac 135 C3
Lipovac 133 C1
Lipovec 99 C3
Lipovo Polje 130 B1/2
Lippetal 67 D3, 80 B1
Lippetal-Herzfeld 67 D3, 80 B1
Lippetal-Lipporg 67 D3, 80 B1
Lippó 128 B3
Lippstadt 68 A3, 80 B1
Lippstadt-Benninghausen 67 D3, 68 A3, 80 B1
Lippstadt-Horste 68 A3, 80 B1
Liptál 95 C1
Liptovská Lúžna 95 D1
Liptovská Osada 95 D1
Liptovská Teplá 95 D1
Liptovský Mikuláš 97 C2
Lipúvka 94 B1
Liqenas 142 B1/2
Lirla 162 B3, 169 C/D1
Lirkia 147 C3
Lis 138 A3
Lisac 132 A2
Lisboa 164 A2
Lisburn 56 A3
Lisburn 54 A3, 55 D2
Liseleje 49 D3
Liselund 53 D2
Líšeň 94 B1
Lisiera 107 C3
Lisieux 77 B/C3, 86 B1
Lisina 134 B3
Liskeard 62 B3
L'Isle-Adam 87 C/D1
L'Isle d'Abeau 103 D3
L'Isle-de-Noé 109 C3, 155 C1
L'Isle-en-Dodon 109 C3, 155 C/D1
L'Isle-Jourdain 101 C/D2

L'Isle-Jourdain 109 C2/3, 155 D1
L'Isle-sur-la-Sorgue 111 C/D2
L'Isle-sur-le-Doubs 89 D3
L'Isle-sur-Serein 88 A3
Lisle-sur-Tarn 109 D2
Lisma 11 D2, 12 A/B1
Lismanaapa 12 B2
Lišnja 131 D1, 132 B3
Lišov 93 D1
Lisovičí 132 B1/2
Lispeszentadorján 127 D2, 128 A2
Lisse 66 A3
Lisskogsåsen 39 C2
Lissus 137 D3
List 52 A2
Lista 142 B3
Listed 51 D3
Listerby 51 C2
Lística 132 A3
Listrac-Médoc 100 B3, 108 A/B1
Lit 29 D3, 34 B2
Litava 95 D2
Litcham 65 C1
Litchfield 65 C3, 76 B1
Liteň 83 C3
Lit-et-Mixe 108 B2
Lithakiá 146 A3
Liti 143 D1/2, 144 A1/2
Litice 83 C3
Litija 127 C2
Litlos 42 B1
Litmanièmi 23 C2/3
Litobratřice 94 B1
Litochoron 143 D2
Litoměřice 83 C2
Litoměřice 96 A1
Litschau 93 D1
Litslena 40 B3, 47 C1
Litsnäset 29 D3, 34 B2
Littiäinen 17 D2
Littlehampton 76 B1
Little Moreton Hall 59 D2, 60 B3, 64 A1
Little Petherick 62 B3
Littleport 65 C2
Little Walsingham 65 C1
Litvinov 83 C2
Litvínov 96 A1
Liubkova 135 C2
Liukkuinen 23 D2
Liumseter 37 D2
Livaderon 143 C2
Livádion 144 A2
Livádion 143 C/D2
Livanátai 147 C1
Livarot 86 B1
Livártzion 146 B2
Livata 118 B2
Livek 126 A/B2
Liverá 143 C2
Livernon 109 D1
Liverpool 59 C/D2, 60 B3
Livigno 106 B2
Livingston 57 C2
Liviojärvi 17 C1
Livno 131 D3, 132 A2/3
Livo 18 B2
Livo 48 B2
Livold 127 C3
Livonniska 19 C1
Livonsaari 24 A2
Livorno 114 A3, 116 A2
Livorno Antignano 114 A3, 116 A2
Livorno Ferráris 105 C3
Livorno Quercianeila 114 A3, 116 A2
Livron-sur-Drôme 111 C1
Livry-Gargan 87 D1
Lixheim 89 D1, 90 A2
Lizartza 153 D1, 154 A1
Lizoáin 154 A2
Lizy-sur-Ourcq 87 D1
Lizzano 121 C3
Lizzano in Belvedere 114 B2, 116 A1
Lizzola 106 A/B2
Ljady 74 B1
L'jalovo 75 D2
Ljig 133 D2, 134 A2
Ljones 15 C1
Ljørdal 38 B1
Ljosheim 38 A1/2

Llanymynech

Ljosland 42 B2
Ljuban 75 C1
Ljubaništa 142 B1
Ljubaševka 99 C3
Ljuben 140 B3
Ljubija 131 D1
Ljubimec 145 D2
Ljubimec 141 C3
Ljubin 138 B2
Ljubina 132 B2
Ljubinić 133 D2, 134 A2
Ljubinje 137 C1
Ljubiš 133 D3, 134 A3
Ljubljana 126 B2
Ljubno 127 C2
Ljubojno 143 B/C1
Ljubojno 148 A1
Ljubomí 97 D1, 98 A2
Ljubomí 97 D1, 98 A2
Ljubostinja 134 B3
Ljuboviĵa 133 C2
Ljubuški 132 A3, 136 B1
Ljubytino 75 C1
Ljudinovo 75 D3
Ljugarn 73 B/C1
Ljugarn 47 D3
Ljung 45 C/D3
Ljungå 35 C2
Ljungaverk 35 C3
Ljungby 50 B1/2
Ljungby 72 A1
Ljungbyhed 50 A/B2/3
Ljungbyholm 51 D2
Ljungbyholm 72 B1
Ljungdalen 34 A2
Ljungsarp 45 D3
Ljungsbro 46 B2
Ljungskile 45 C3
Ljusá 17 B/C2
Ljusfallshammar 46 B2
Ljusfors 46 B2
Ljusliden 15 C3, 29 D1
Ljusne 40 A/B1
Ljusnedalen 34 A3
Ljusterö 47 D1
Ljustorp 35 D2/3
Ljusträsk 16 A/B2/3
Ljusvattnet 31 D1
Lutice 133 D2, 134 A2
Ljutoglava 138 B2
Ljutomer 127 D2
Ladorre 155 C2
Lladurs 155 D3, 156 A2
Llafranc 156 B2
Llagostera 156 B2/3
Llamas de la Ribera 151 D2
Llanarmon Dyffryn Ceiriog 59 C3, 60 A3
Llanbadarn-Fynydd 59 C3
Llanberis 59 C2, 60 A3
Llancà 156 B2
Llandeilo 63 C1
Llandinabo 63 D1
Llandovery 63 C1
Llandrindod Wells 59 C3
Llandudno 59 C2, 60 A3
Llandyssul 62 B1
Llanelli 63 B/C1
Llanera 151 D1
Llanerchymedd 58 B2
Llanes 152 A/B1
Llanfaethlu 58 B2
Llanfair Caereinion 59 C3
Llanfairfechan 59 C2, 60 A3
Llanfarian 59 C3
Llanfihangel Ystrad 63 B/C1
Llanfyllin 59 C3
Llangadock 63 C1
Llangefni 58 B2
Llangoed 59 C2, 60 A3
Llangollen 59 C2/3, 60 A/B3
Llangranóg 62 B1
Llangurig 59 C3
Llanidloes 59 C3
Llanrhystyd 59 C3
Llanrwst 59 C2, 60 A3
Llansteffan 62 B1
Llanthaedri ym Mochnant 59 C3, 60 A3
Llanthony Priory 63 C1
Llantrisant 63 C1/2
Llanwrda 63 C1
Llanwrtyd Wells 63 C1
Llanymynech 59 C3

Llardecans — 59 — Louvois

Llardecans 163 C1
Llavorsi 155 C2
Lledó 156 B2
Lleida/Lérida 155 C3, 163 C1
Llera 165 D2/3, 166 A3
Llerena 165 D3, 166 A3
Llers 156 B2
Lles 155 D2, 156 A2
Llessui 155 D2
Llimiana 155 D3
Llinars de l'Aigua d'Ora 155 D2/3, 156 A2
Llívia 156 A2
Lloret de Mar 156 B3
Lloseta 157 C2
Llovio 152 A1
Llubi 157 C2
Llucmajor 157 C2
Llwyngwril 59 C3
Llyswen 63 C1
Lnaře 83 C3, 93 C1
Lo 30 B3, 35 D2
Lo 78 A1
Löa 39 D3
Loanhead 57 C2
Loano 113 C2
Loarre 154 B2
Lobau 83 D1
Löbau 96 A1
Lobbach-Waldwimmersbach 91 B/C1
Lobbæk 51 D3
Lobeira 150 B3
Lobejün 69 D3, 82 A/B1
Lobenstein 82 A2
Lobera de Onsella 154 B2
Loberol 50 B3
Lobez 71 C1
Lobios 150 B3
Lobn'A 75 D2
Löbnitz 82 B1
Löbnitz 53 D3
Lobón 165 D2
Lobor 127 D2
Loburg 69 D3
Lobzenica 71 D1
Locana 105 B/C3
Locarno 105 D2
Locate di Triulzi 105 D3, 106 A3
Lochaline 56 A1
Lochalín 54 A2, 55 D1
Lochboisdale 54 A2, 55 D1
Lochbuie 56 A1
Lochcarron 54 A2
Lochdonhead 56 A1
Lochearnhead 56 B1
Lochem 67 C3
Loches 101 D1
Lochgelly 57 C1
Lochgilphead 56 A1
Lochgilphead 54 A2, 55 D1
Lochgoilhead 56 B1
Lochinver 54 A1/2
Lochmaben 57 C3
Lochmaddy 54 A2
Lochowice 71 C3
Lochranza 56 A2
Lochwinnoch 56 B2
Lockerbie 57 C3
Lockne 34 B2
Locknevi 46 B3
Löcknitz 70 B1
Locksta 30 B2
Locmaria 84 B3
Locmariaquer 85 C3
Locminé 85 C2/3
Locorotondo 121 C2
Locri 122 A/B3
Locri Epizefiri 122 A3
Locronan 84 A2
Loctudy 84 A2/3
Lodares de Osma 153 C3, 161 C1
Lodby 46 B2
Löddekopinge 50 A3
Lødding 28 B1
Lodè 123 D2
Lodènau 83 D1
Lodenice 83 C3
Lodensleben 82 A1
Løderup 50 B3
Loderups strandbad 50 B3
Lodève 110 B2
Lodi 106 A3
Lødingen 9 C2

Lodosa 153 D2
Lødøse 45 C3
Łódź 73 C3, 97 C1
Loeches 161 C2/3
Loen 32 A3, 36 B1
Loenen 67 B/C3
Løfallstrand 42 A1
Lofer 92 B3
Löffingen 90 B3
Lofsdalen 34 A3
Loftahammar 47 B/C3
Lofthouse 59 D1, 61 C2
Lofthus 36 B3
Lofthus 9 C3
Loftus 61 C1
Loga 42 B3
Logatec 126 B2/3
Logdeå 31 C2/3
Logišin 98 B1
Logodaš 139 D2
Logow 69 D2
Log pod Mang 126 A/B2
Lograto 106 A/B3
Logron 86 A/B2
Logroño 153 D2
Logrosán 166 A/B1
Logstein 28 A3, 33 C1
Løgstør 48 B2
Loguivy-Plougras 84 B2
Løgumkloster 52 A/B2
Lohals 53 C2
Lohärad 41 B/C3
Lohberg 93 C1
Lohéac 85 C/D2/3
Lohiaanta 19 C1
Lohijärvi 12 A3, 17 D2
Lohijoki 21 D1, 22 A1
Lohikoski 27 C1
Lohiniva 12 A2, 17 D1
Lohja (Lojo) 25 C3
Lohjan asema 25 C3
Lohmar 80 A2
Lohmar-Wahlscheid 80 A2
Lohmen 83 C1/2
Lohmen 53 D3, 69 D1
Löhnberg 80 B2
Löhnberg-Niederhausen 80 B2
Lohne 68 A3
Lohne 67 D2, 68 A2
Lohnsburg 93 C2
Lohnsfeld 80 B3, 90 B1
Loholn 15 D2
Lohr 81 C3
Lohra 80 B2
Lohsa 83 D1
Lohtaja 21 C1
Lohvica 99 D2
Loiano 114 B2, 116 B1
Loiching 92 B2
Loiching-Wendelskirchen 92 B2
Loimaa 24 B2
Loimaan maalaiskunta 24 B2
Lóiri 123 D1
Loivos 150 B3, 158 B1
Loja 172 B2
Lojev 99 C/D1/2
Lojsta 47 D3
Løjt Kirkeby 52 B2
Loka Brunn 39 C/D3, 45 D1, 46 A1
Lokakylä 21 D2, 22 A2
Lokalahti 24 A2
Lokca 95 D1
Loke 34 B2
Løken 37 D2
Løken 38 A3
Løkeng 5 B/C2
Loker 78 A2
Lokeren 78 B1
Loket 82 B2/3
Lokka 13 C2
Løkken 28 A3, 33 C2
Lökken 48 B1
Løkkipera 21 C1
Loknja 74 B2
Loksa 74 A1
Lokve 126 B2
Lokve 127 C3, 130 B1
Lollar 80 B2
Lom 37 C1
Lom 135 D3
Lom 140 B2
Lomajärvi 11 D3, 12 B2
Lomåsen 29 D3, 34 B1

Lomåsen 29 D3, 34 B1
Lombardore 105 C3, 113 B/C1
Lombez 109 C3, 155 D1
Lombheden 17 C2
Lomello 113 D1
Lomen 37 C2
Lominchar 160 B3
Lomma 50 A3
Lommatzsch 83 C1
Lomme 78 A2
Lommel 79 C1
Lomnice 82 B2/3
Lomnice nad Lužnicí 93 D1
Lompolo 11 D2/3, 12 A1
Lomsjö 30 A/B2
Lomza 73 C/D3, 98 A1
Lonato 106 B3
Lončari 132 B1
Lončarica 128 A3
Londinières 76 B3
London 65 C3
Londonderry (Derry) 54 A3, 55 D2
Lonevåg 36 A3
Longanikos 146 B3
Longanikos 148 B2
Longare 107 C3
Longares 163 C1
Longarone 107 D2
Long Compton 64 A2
Long Eaton 61 D3, 65 C1
Longeau 89 C3
Longega/Zwischenwasser 107 C1/2
Longeville 100 A2
Longeville-les-Saint-Avold 89 D1
Longford 55 C/D2
Longformacus 57 C2
Longhorsley 57 D2
Longjumeau 156 A1
Longlaville 79 C/D3
Longleat House 63 D2, 64 A3
Longlier 79 C3
Long Melford 65 C2
Longnes 87 C1
Longnor 59 D2, 61 C3, 64 A1
Longny-au-Perche 86 B2
Longobucco 122 B1
Longpont 87 D1, 88 A1
Longpré-les-Corps-Sainte 77 D2
Longré 101 C2
Longridge 59 D1, 60 B2
Longroiva 159 B/C2
Long Stratton 65 C2
Long Sutton 65 C1
Longton 59 D2, 60 B3, 64 A1
Longtown 57 C3, 60 B1
Longué 86 A3
Longueville-sur-Scie 77 C3
Longuyon 79 C3
Longvic 88 B3, 103 D1
Longwy 79 C/D3
Lonigo 107 C3
Lonin 28 A2
Löningen 67 D2
Lönningen-Wachtum 67 D2
Lonja 128 A3, 131 D1
Lonkka 19 D2
Lonnewitz 83 C1
Lonny 79 B/C3
Lönsboda 50 B2
Lönsboda 72 A1
Lonsdal 15 C1
Lanset 33 C2/3
Lonset 32 A2
Lons-le-Saunier 103 D1, 104 A1/2
Lønstrup 48 B1
Loon op Zand 66 B3, 79 C1
Loon-Plage 77 D1
Loosdorf 94 A2
Lopar 130 B1
Lopare 133 C1/2
Lopătari 141 C2
Lopática 138 B3, 143 C1
Lopera 167 C3, 172 B1
Loporzano 154 B2/3
Loppa 4 B2
Loppersum 67 C1
Loppi 25 C2
Loqueffret 84 B2

Lora de Estepa 172 A/B2
Lora del Río 171 D1, 172 A1
Loranca del Campo 161 D3
Loranca de Tajuña 161 C2
Lorás 29 D3, 35 C1
Lorca 174 A1
Lorch 91 C2
Lorch 80 B3
Lordosa 158 B2
Loreley 80 B3
Lorentzweiler 79 D3
Lorenzago di Cadore 107 D2
Lorenzana 151 D2, 152 A2
Lorenzo 113 D3
Loreo 115 C1
Loreto 117 D2, 130 A3
Loreto Aprutino 119 C1
Lórev 129 C1
Lorgues 112 A3
Lórica 122 B2
Lorient 84 B3
Loriga 158 B3
Loriguilla 162 B3, 169 C1
Loriol-sur-Drôme 111 C1
Lormes 88 A3, 103 C1
Loro Ciuffenna 115 C3, 116 B2
Loro Piceno 115 D3, 117 D2
Lorquí 169 D3
Lorquin 89 D1/2, 90 A2
Lörrach 90 A3
Lorrez-le-Bocage 87 D2
Lorris 87 D2/3
Lorsch 80 B3
Lörudden 35 D3
Lorup 67 D2
Lorvão 158 A3
Los 39 D1
Losa del Obispo 162 B3, 169 C1
Los Alares 166 B1
Los Alcázares 174 B1
Los Arañones 154 B2
Los Arcos 153 D2
Los Balbases 152 B2/3
Los Barrios de Bureba 153 C2
Los Barrios 172 A3
Los Berengueles 173 C2
Los Cerralbos 160 A/B3
Los Corrales 172 A2
Los Corrales de Buelna 152 B1
Los Cortijos 167 C1/2
Loscos 162 A/B2
Løset 38 A1
Loshamn 42 B3
Losheim 79 D3, 80 A3, 90 A1
Los Hinojosos 167 D1, 168 A1
Loshult 50 B2
Los Marines 165 D3, 171 C1
Los Martínez 169 C3, 174 B1
Los Molares 171 D2
Los Molinos 160 B2
Los Morenos 166 B3
Los Navalmorales 160 A/B3, 166 B1
Los Navalucillos 160 A/B3, 166 B1
Løsning 48 B3, 52 B1
Los Olmos 162 B2
Losomäki 23 C2
Losovaara 19 C2
Los Palacios y Villafranca 171 D2
L'Ospedale 113 D3
Los Rábanos 153 D3, 161 D1
Lossa / Finne 82 A1
Los Santos 159 D2
Los Santos de la Humosa 161 C2
Los Santos de Maimona 165 D2/3
Lossburg 90 B2
Losse 108 B2
Losser 67 C3
Lossiemouth-Branderburgh 54 B2
Lössnitz 82 B2

Lossvik 9 C3
Lostwithiel 62 B3
Los Valencianos 174 A/B1
Los Villares 173 C1
Los Villares de Soria 153 D3
Los Yébenes 167 C1
Lot 51 D1
Lote 36 B1
Loten 42 A2
Løten 38 A2
Lotorp 46 B2
Lotte 67 D2/3
Lottefors 40 A1
Löttorp 51 D1
Lotyň 71 D1
Lotzorai 123 D2
Louargat 84 B2
Loubeyrat 102 B2
Loučeň 83 D2
Loučím 93 C1
Loucka 95 C1
Loudéac 85 C2
Loudes 103 C3, 110 B1
Loudun 101 C1
Loué 86 A2
Loue 17 D2, 18 A1
Louejärvi 12 A3
Louejoki 12 A3, 17 D2
Loughborough 65 C1
Loughbrickland 58 A1
Loughgall 58 A1
Loughor 63 C1
Lougratte 109 C1
Louhans 103 D1
Louhossoa 108 B3, 155 C1
Loukee 26 B1
Loukeinen 23 C2
Loukkojärvi 18 B2
Louko 20 B3
Loukolampi 22 B3
Loukusa 19 C1
Loulay 100 B2
Loulé 170 B2
Louny 83 C2
Louny 96 A1/2
Lourdes 108 B3, 155 C1
Lourdios-Ichère 108 B3, 154 B1
Louredo 150 B3, 158 A/B1
Lourenzá 151 C1
Loures 164 A2
Loures-Barousse 109 C3, 155 C1
Lourical 158 A3
Lourinhã 164 A1/2
Lóuros 146 A1
Lourosa 158 B3
Lourosa 158 A2
Loury 87 C2
Lousã 158 A3
Lousa 164 A2
Lousada 158 A1
Lousame 150 A2
Louth 58 A1
Louth 61 D3
Loutrá 145 D2
Loutrá 144 A/B2/3
Loutrá 144 A1/2
Loutrá Aridéas 143 C1
Loutrá Edipsoú 147 C1
Loutrá Eleftheróñ 144 B1/2
Loutrá Eleftheróñ 149 C1
Loutrá Ipátis 146 B1
Loutrá Irmínís 146 A2
Loutrá Kaïtsis 146 B1
Loutrá Kaïáfas 146 B3
Loutrá Kaïáfas 148 A/B2
Loutrá Killínis 146 A2
Loutráktion 147 C2
Loutráktion 146 A1
Loutrá Sidirókastrou 139 D3, 144 A1
Loutrá Smokóvou 146 B1
Loutrá Vólvis 144 A2
Loutrón 146 A1
Loutrón Elénis 147 C2
Loutrós 145 D1, 145 D3
Loutrós 143 D3
Loútsa 147 D2
Louveigné 79 C/D2
Louvie-Juzon 108 B3, 154 B1
Louviers 76 B3, 86 B1
Louvigné du-Désert 86 A/B2
Louvois 88 A/B1

Louvres

Louvres 87 D1
Lövånger 31 D1
Lovanperä 21 D1, 22 A1
Lövås 30 B2
Lövas 43 D1/2, 44 A1
Lovasbereny 95 D3, 128 B1
Löväsen 30 A3, 35 C2
Lövászpatona 95 C3, 128 A/B1
Lövberg 29 D1
Lövberga 30 A2, 35 C1
Lövdalen 34 A/B2
Loveč 140 B3
Løvenborg 49 C/D3, 53 C/D1
Lövere 106 B3
Lövero 106 B2
Lövestad 50 B3
Loviisa/Lovisa 25 D2/3, 26 B2/3
Lovinac 131 C2
Lovište 136 A/B1
Lövnäs 39 C1
Lövnäs 30 A1
Lövö 94 B3
Lövosice 83 C2
Løvoyen 33 D2
Lovran 126 B3, 130 A1
Lovreč 126 B3, 130 A1
Lovreč 131 D3, 132 A3
Lovrenc na Pohorju 127 C2
Løvrødsvollen 33 C/D2
Lövsjön 39 D2/3
Lövsta 35 B/C2
Lövstabruk 40 B2
Lövstrand 30 A1
Lövtjärn 40 A2
Lovund 14 A2
Lövvattnet 31 D1
Lövvik 35 D2
Lövvik 30 A2
Lövvik 35 D2
Lowdham 61 C3, 64 B1
Löwenberg 70 A2
Löwenstein 91 C1
Lowestoft 65 D2
Łowicz 73 C3, 97 C1
Łowicz Wałecki 71 C1
Loxstedt 68 A1
Loxstedt-Bexhövede 68 A1
Loxstedt-Dedesdorf 68 A1
Loxstedt-Stotel 68 A1
Löytana 21 D2, 22 A2
Löytövaara 19 C1
Löyttymäki 25 C/D2, 26 A2
Löytynmäki 22 B2
Lož 126 B3
Lozen 139 D1
Łozice 70 B2
Łoznica 133 C2
Loznicy 75 C2
Lozõac 131 C3
Lozovik 134 B2
Lozoya 160 B2
Lozoyuela 161 C2
Lozzo di Cadore 107 D2
Luarca 151 C1
Lubań (Lauban) 83 D1
Lubań (Lauban) 96 A1
Lubanowo 70 B2
L'ubar 99 C2
Lübars 69 D3
Lubartów 97 D1, 98 A2
Lubasz 71 D2
Lübbecke 68 A3
Lübben 70 B3
Lübben 72 A3, 96 A1
Lübbenau 70 B3
Lubczyna 70 B1
Lübeck 53 C3, 69 C1
Lübeck-Travemünde 53 C3
Lubenec 83 C3
Lubersac 101 C3
Lubia 153 D3, 161 D1
Lubiatowo 71 C1/2
Lubiesz 71 C/D1
Lubieszewo 71 C1
Lubīn 71 D3
Lubin 96 B1
Lublin 97 D1, 98 A2
Lubliniec 96 B1
Lubniewice 71 C2
Lubno 71 D1
Lubny 99 D2
Lubochňa 95 D1
Luboń 71 D2/3

Lubosz 71 C/D2
Lubowo 71 D1
Lubrín 174 A2
Lubrza 71 C3
Lubsko 71 B/C3
Lübtheen 69 C1
Luby 82 B2
Lübz 69 D1
Lucainena 173 C/D2
Lucainena de las Torres 173 D2, 174 A2
Lucan 58 A2
Lúcar 173 D1/2
Luçay-le-Mâle 101 D1
Lucca 114 A/B2, 116 A1
Lučë 127 C2
Lucelle [Alle] 89 D3, 90 A3
Lucena 172 B1/2
Lucena de Jalón 155 C3, 163 B/C1
Lucena del Cid 162 B3
Lucena del Puerto 171 C2
Lucenay-l'Évêque 103 C1
Luc-en-Diois 111 D1
Lučenec 97 C2/3
Luceni 155 C3, 163 B/C1
Lucens 104 B1/2
Lucera 120 A1
Luchente 169 D2
Luché-Pringé 86 A/B3
Lüchow 69 C2
Luciana 167 C2
Lučice 133 D3, 134 A/B3
Lucignano 115 C3, 116 B2
Lucillo 151 D2
Lucillos 160 A/B3
Lucito 119 D2
Luck 97 D1, 98 B2
Lucka 82 B1
Luckau 70 A/B3
Luckau 72 A3, 96 A1
Luckenwalde 72 A3, 96 A1
Luckenwalde 70 A3
Lucksta 35 D3
Lückstedt 69 C2
Lúčky Kúpele 95 D1
Luco de Bordón 162 B2
Luco dei Marsi 119 C2
Luçon 101 C2
Ludbreg 127 D2
Lüdenscheid 80 A/B1
Lüderitz 69 D2
Lüdersdorf 53 C3, 69 C1
Lüdge-Elbrinxen 68 A/B3
Lüdge-Rischenau 68 A/B3
Ludgershall 64 A3, 76 A1
Ludgo 47 C2
Ludiente 162 B3
Lüdinghausen 67 D3
Ludlow 59 D3
Ludomy 71 D2
Ludus 97 D3, 140 B1
Ludvika 39 D3
Ludwigsau 81 C2
Ludwigsau-Ersrode 81 C2
Ludwigsburg 91 C1/2
Ludwigschorgast 82 A3
Ludwigsdorf 83 D1
Ludwigsfelde 70 A3
Ludwigshafen am Rhein 80 B3, 90 B1
Ludwigshafen am Bodensee 91 C3
Ludwigslust 69 C1
Ludwigsstadt 82 A2
Ludza 74 B2
Luelmo 159 D1
Luesia 154 B2
Luesma 163 C1/2
Lug 137 C1
Lug 129 C3
Lug 133 C1
Luga 74 B1
Lugagnano Val d'Arda 114 A1
Lugán 152 A2
Lugano 105 D2
Lugar Nuevo 167 C3
Lugar Nuevo de Fenollet 169 D2
Lugau 82 B2
Lügde 68 A/B3
Lugendorf 94 A2
Lugi 71 C2
Lugnano in Teverina 117 C3, 118 A/B1
Lugnarohögen 50 A2

Lugnås 45 D2
Lugnvik 30 B3, 35 D2
Lugnvik 29 D3, 34 B2
Lugny 103 D2
Lugo 115 C2, 116 B1
Lugo 150 B2
Lugoj 140 A1/2
Lugones 151 D1
Lugros 173 C2
Lugueros 152 A2
Lugugnana 107 D3, 126 A3
Luhaĉovice 95 C1
Luhalahti 24 B1
Luhanka 25 D1, 26 A1
Luhe-Wildenau 82 B3, 92 B1
Luhtapohja 23 D2
Luhtikylä 25 D2, 26 A2
Luikonlahti 23 C2
Luino 105 D2
Luiro 13 B/C2
Luisenthal 81 D2
Lújar 173 C2
Luka 132 B3
Lúka 95 C2
Luka 136 B1
Luka 136 B1
Luka 130 B2
Luka 135 C2
Luka-Barskaja 99 C3
Lukácsháza 94 B3, 127 D1
Lukare 133 D3, 138 A1
Lukavac 132 B2
Lukavac 132 B3, 137 C1
Lukavec 83 D3, 93 D1
Lukavica 132 B1
Lukičevo 129 D3, 134 A1
Lukkarila 22 B2
Lukkaroinen 18 A3
Lukkovict 127 C2
Lukovit 140 B3
Lukovo 135 C3
Lukovo 134 B3, 138 B1
Lukovo 138 A3, 142 B1
Lukovo-Šugarje 130 B2
Lukovska Banja 134 B3, 138 B1
Lukow 73 D3, 97 C/D1, 98 A1/2
Luksefjelł 43 D2, 44 A1
Lula 123 D2
Luleå 17 C3
Lumbarda 136 B1
Lumber 155 C2
Lumbrales 159 C2
Lumbreras 153 D3
Lumbres 77 D1/2
Lumijoki 18 A2/3
Lumio 113 D2
Lummelunda 47 D2
Lummelunds bruk 47 D2
Lummimetsa 18 A3
Lummukka 21 B/C2
Lumparland 41 D3
Lumpiaque 155 C3, 163 C1
Lumsheden 40 A2
Luna 154 B2/3
Lunano 115 C2, 117 C1/2
Lunas 110 B2
Lund 50 A/B3
Lund 28 B1
Lund 53 D1/2
Lund 72 A2
Lunda 40 B3, 47 C1
Lundbäck 31 D1
Lunde 30 B3, 35 D2
Lunde 37 D2
Lunde 43 C/D2, 44 A1
Lunde 37 D3
Lunde 36 B2
Lundeborg 53 C2
Lundeby 44 B1
Lundebyvollen 38 B2
Lunden 52 A/B3
Lundenes 9 C1
Lunderseter 38 B3
Lunderskov 48 B3, 52 B1
Lundkålen 29 D3, 34 B2
Lundmoen 37 D2/3
Lundsberg 45 D1, 46 A1
Lundsbrunn 45 D2
Lundsjön 29 D3, 34 B1
Lünebach 79 D3
Lüneburg 68 B1
Lunel 111 C2/3
Lünen 67 D3, 80 A1

Lunestedt 68 A1
Lunéville 89 D2
Lungern 105 C1
Lungro 122 A1
Lungsjön 30 A3, 35 C1
Luninec 98 B1
Lunkkaus 13 C2
Lunnäset 34 A3
Lunndörrstugan 34 A2
Lünne 67 D2
Lunow 70 B2
Lunz am See 93 D3
Luogosanto 123 D1
Luoma-aho 21 C2
Luopa 20 B3
Luopajärvi 20 B3
Luopioinen 25 C1
Luoppoperä 19 C2
Luostanlinna 23 C2
Laosu 11 C3, 12 A2
Luotola 27 B/C2
Luovankylä 20 A/B3
Lupac 135 C1
Lupeni 135 D1
Lupeni 140 B2
Lupiac 109 B/C2/3
Lupiana 161 C2
Lupiñen 154 B2/3
Lupión 167 D3, 173 C1
Lupoglav 127 D3
Lupoglav 126 B3, 130 A1
Luppa 82 B1
Luque 172 B1
Lúras 123 D1
Lurbe-Saint-Christau 108 B3, 154 B1
Lurcy-Lévy 102 B1
Lure 89 D3
Lureuil 101 D1
Lurgrotte 127 C1
Luri 113 D2
Luroy 14 A2
Lury-sur-Arnon 102 A1
Lušci Palanka 131 C1/2
Lüsens 107 C1
Luserna San Giovanni 112 B1
Lusévera 126 A2
Lushnjë 142 A1
Lusi 25 D1, 26 A/B1
Lusiana 107 C3
Lusignan 101 C2
Lusigny-sur-Barse 88 B2
Lus-la-Croix-Haute 111 D1
Lusminiki 19 D1
Luso 158 A2/3
Lusón/Lüsen 107 C1
Luspa 10 B2
Luss 56 B1
Lussac 108 B1
Lussac-les-Châteaux 101 C/D2
Lussac-les-Églises 101 C2
Lussan 111 C2
Lustad 28 B2, 33 D1, 34 A1
Lustenau 91 C3
Luštënice 83 D2
Luster 36 B2
Lutago/Luttach 107 C1
Lutherstadt-Wittenberg 69 D3
Lutherstadt-Wittenberg 72 A3
Lütjenburg 53 C3
Lutnes 38 B2
Lutol Suchy 71 C3
Luton 64 B2
Luton Hoo 64 B2/3
Lutry 104 B2
Lutta 24 A2
Lütte 69 D3
Lutter am Barenberge 68 B3
Lutterworth 65 C2
Lützelbourg 89 D1, 90 A2
Lützen 82 B1
Lutzerath 80 A3
Lutzmannsburg 94 B3
Lützow 53 C3, 69 C1
Luujoki 18 A1
Luukkola 27 C1
Luukkonen 27 C1
Luumäen asema 27 C2
Luurmäki 27 B/C2
Luupujoki 22 B1

Maarssen

Luupuvesi 22 B1
Luusniemi 22 B3
Luusua 12 B3
Luutalahti 23 D3
Luvia 24 A1
Luvos 16 A1
Luxembourg 79 D3
Luxeuil-les-Bains 89 D3
Luxey 108 B2
Luyego 151 D2
Luyères 88 B2
Luynes 86 B3
Luz 170 B2
Luz 170 A2
Lužani 132 A/B1
Luzarches 87 D1
Luzás 155 C2/3
Luzenac 155 D2, 156 A1
Luzern 105 C1
Lužki 74 B3
Luzo 158 A2/3
Luzón 161 D2
Luz-Saint-Sauveur 155 C2
Luzy 103 C1
Luzzara 114 B1
Luzzi 122 A/B1
L'vov 97 D2, 98 A2
Lwówek 71 C/D2
Lychen 70 A1/2
Lycke 45 B/C3
Lyckeby 51 C2
Lyčkovo 75 C1/2
Lycksele 31 C1
Lydd 77 C1
Lydham 59 C/D3
Lydney 63 D1
Lye 47 D3
Lyestad 45 D2, 46 A2
Lygna 38 A2
Lykínto 23 C1
Lykkja 37 C2
Lykkja 37 C3
Lykosoura 146 B3
Lyly 25 C1
Lylykkylä 19 C2
Lylyvaara 23 D2
Lyme Regis 63 C/D2/3
Lymington 76 A1
Lyndhurst 76 A1
Lyne 48 A3, 52 A1
Lyngdal 43 D1
Lyngdal 42 B3
Lynger 43 C/D3, 44 A2
Lyngseidet 4 B3
Lyngsnes 28 B1
Lyngvaer 8 B2
Lynton 63 C2
Lye 52 B2
Lyökki 24 A2, 41 D2
Lyon 103 D3
Lyons-la-Forêt 77 D3, 87 C1
Lysá nad Labem 83 D2/3
Lysá pod Makytou 95 C1
Lysebotn 42 B2
Lysekil 44 B2/3
Lysekloster 36 A3
Lysnes 9 D1
Lyseysund 28 A2/3, 33 C1
Lyss 104 B1
Lystrup 48 B2/3
Lysvík 39 C3
Lysvoll 9 C2
Lytham 59 C/D1/2, 60 B2
Lytham Saint Anne's 59 C1/2, 60 B2
Lyxaberg 30 B1

M

Maakeski 25 D1, 26 A1
Maalahti 20 A2, 31 D3
Maalismaa 18 B2
Maam Cross 55 C2
Maaninka 22 B2
Maaninkavaara 13 C3
Maanselkä 23 C1
Maarala 27 C1
Maaria 24 B2
Maarianhamina 41 C/D3
Maarianvaara 23 C2
Maarlanperä 21 D1, 22 A1
Maarssen 66 B3

Maaseik 79 D1
Maaselka 19 D3
Maasholm 52 B2
Maasholm-Maasholm-Bad 52 B2
Maasmechelen 79 C/D1/2
Maassluis 66 A3
Maastricht 79 C/D2
Maattala 21 C1
Maattalanvaara 19 D1
Maavesi 22 B3
Mablethorpe 61 D3, 65 C1
Macael 173 D2, 174 A1/2
Mação 164 B1
Maccagno 105 D2
Macchiagòdena 119 D2
Macchiaréddu 123 D3
Macclesfield 59 D2, 60 B3, 64 A1
Maceda 150 B2/3
Macedo de Cavaleiros 151 C3, 159 C1
Maceira 158 B2
Maceira 158 A3, 164 A1
Macelj 127 D2
Macerata 117 D2
Maceráta Féltria 115 C2, 117 C1
Machault 88 B1
Machecoul 100 A1
Macherádon 146 A2/3
Machilly 104 A/B2
Machliny 71 D1
Machrihanish 56 A2
Machynlleth 59 C3
Macieira 158 A1
Mácin 141 D2
Macinaggio 113 D2
Mácine 115 D3, 117 D2
Mačkat 133 C/D3, 134 A3
Macken 80 A2/3
Mackenrode 81 D1
Mačkovci 127 D1
Macocha 94 B1
Macomér 123 C2
Mâcon 103 D2
Macon 78 B3
Macotera 160 A2
Macquenoise 78 B3
Macroom 55 C3
Macugnaga 105 C2
Mačul'niki 75 C3
Macure 131 C2
Madángsholm 45 D3
Madaras 129 C2
Maddalena 112 B1
Maddalena Spiàggia 123 D3
Maddaloni 119 D3
Made 66 A/B3
Madeira 158 B3, 164 B1
Madekoski 18 B2
Maderuelo 161 C1
Madésimo 105 D2, 106 A2
Madetkoski 12 B1/2
Madlan 42 A2
Madona 74 A2
Madonna del Bosco 115 C1
Madonna delle Grázie 112 B2
Madonna della Neve 117 D3, 118 B1
Madonna della Pace 118 B2
Madonna di Campíglio 106 B2
Madonna di Ponte [Brissago] 105 D2
Madonna di Tirano 106 B2
Madrid 161 B/C2/3
Madridejos 167 D1
Madrid El Pardo 160 B2
Madrigal 161 C1
Madrigal de la Vera 159 D3, 160 A3
Madrigal de las Altas Torres 160 A2
Madrigalejo 166 A2
Madrígalejo del Monte 153 C3
Madriguera 161 C1
Madrigueras 168 B1/2
Madrona 160 B2
Madroñera 166 A1
Madžarovo 145 D2
Maella 163 C1/2

Maenkylä 21 C/D3
Maentaka 24 B2
Maesteg 63 C1
Maeztu 153 D2
Mafalda 119 D2
Maffordhámm 5 C1
Mafra 164 A2
Magacela 166 A2
Magalas 110 B3
Magallón 154 A3, 162 A1
Magán 160 B3, 167 C1
Magaña 153 D3
Magasa 106 B3
Magaz de Cepeda 151 D2
Magdala 82 A2
Magdeburg 69 C/D3
Magenta 105 D3
Magerholm 32 A3, 36 B1
Magesq 108 B2
Maggia [Ponte Brolla] 105 D2
Maghera 54 A3, 55 D2
Maglone 115 C3, 117 C2
Maglaj 132 B2
Maglavit 135 D2
Magleby 53 C2
Maglehem 50 B3
Magliano de'Marsi 119 C1/2
Magliano in Toscana 116 B3
Magliano Sabina 117 C3, 118 B1
Maglić 133 D3, 134 A3
Máglie 121 D3
Magnac-Laval 101 C2
Magnières 89 D2
Magnor 38 B3
Magny-Cours 102 B1
Magny-en-Vexin 77 D3, 87 C1
Mágocs 128 B2
Magolsheim 91 C2
Magouládes 142 A3
Maguelone 110 B3
Maguilla 166 A3
Magura 135 C/D3
Magura 138 B2
Magusteiro 150 B3, 158 B1
Magyaratád 128 B2
Magyaregregy 128 B2
Magyarfalva 94 B3
Magyarkeszi 128 B1/2
Magyarnecske 128 B2/3
Magyarnándor 95 D3
Magyarszék 128 B2
Mahide 151 D3, 159 C1
Mahlsdorf 69 C2
Mahora 168 B2
Mahovo 127 D3
Mähring 82 B3
Maials 163 C1
Măicănești 141 C2
Maicas 162 B2
Maîche 89 D3, 104 B1
Máida 122 B2
Máida Marina 122 A/B2
Maiden Castle 63 D2/3
Maidenhead 64 B3
Maiden Newton 63 D2
Maidstone 65 C3, 77 C1
Maienfeld 106 A1
Maiero 115 C1
Mäierus 141 C1
Maignelay 78 A3
Maijanen 12 A2/3, 17 D1
Mailhac-sur-Benaize 101 C2
Maillat 103 D2, 104 A2
Maillezais 100 B2
Mailly-la-Ville 88 A3
Mailly-le-Camp 88 B2
Mainar 163 C1
Mainburg 92 A2
Mainburg-Lindkirchen 92 A2
Mainhardt 91 C1
Mainemi 26 B1
Mainleus 82 A3
Mainleus-Buchau 82 A3
Mainsat 102 A2
Maintenon 87 C2
Mainua 19 C3, 22 B1
Mainz 80 B3
Maiorca 158 A3
Maiorga 164 A1

Maiori 119 D3
Mairena del Aljarafe 171 D1/2
Mairena del Alcor 171 D1/2
Mairos 151 C3, 158 B1
Maisach 92 A2
Maisey-le-Duc 88 B3
Maison Forestière 113 D2/3
Maison-Rouge 87 D2, 88 A2
Maisons-Laffitte 87 C1
Maissau 94 A2
Maisse 87 D2
Maissin 79 C3
Maitenbeth 92 B2
Maivala 27 C1
Maizières-lès-Vic 89 D1/2
Maizières-lès-Metz 89 C1
Maja 127 D3, 131 C1
Majadahonda 160 B2
Majadas 159 D3, 166 A1
Majaelrayo 161 C2
Majava 19 C1
Majavastuovanto 13 C2
Majavatn 14 B3, 29 C1
Majdan 129 D2
Majdanpek 135 C2
Majilovac 134 B1/2
Majkić Japra 131 C1
Majovakylä 18 B1
Makarska 131 D3, 132 A3, 136 A/B1
Makeevskoe 75 D2
Mäkela 25 D2, 26 A2
Mäkkylä 21 C3
Makkola 21 D3, 22 A3
Makó 129 D2
Makó 97 C3, 140 A1
Makolè 127 C/D2
Makov 95 D1
Makov 96 B2
Makovac 138 B1
Makovo 139 B/C3, 143 C1
Makrakómi 146 B1
Makrakómi 148 B2
Mäkri 145 D1
Makriammos 145 C1/2
Makrinoú 146 B2
Makriráchi 146 B1
Maksamaa 20 B2
Maksatíha 75 D2
Maksnemi 17 D3, 18 A1
Mat 43 B3
Malå 16 A3
Malà 173 C2
Mala Brštjanica 128 A3
Mala Cista 131 C2/3
Malacky 94 B2
Malacky 96 B2
Málaga 172 B2
Málaga del Fresno 161 C2
Malagón 167 C2
Malaguilla 161 C2
Malahide 58 A2
Malahvianvaara 19 D3
Mala Višera 75 C1
Malaja Viska 99 D3
Mala Kladuša 131 C1
Mala Krsna 134 B2
Malalbergo 115 C1
Mala Mitrovica 133 C1
Malanquilla 154 A3, 161 D1, 162 A1
Malarby 24 B3
Malarhusens strandbad 50 B3
Malåska 18 B3
Mala Subotica 127 D2
Malaucène 111 D2
Malaunay 77 C3
Malavaara 13 C3
Malax (Maalahti) 20 A2, 31 D3
Malborghetto 126 A2
Malbork (Marienburg) 73 C2
Malborn 80 A3
Malbuisson 104 A1
Malcésine 106 B3
Malchin 69 D1, 70 A1
Malching 93 C2
Malchow 69 D1
Malcocinado 166 A3
Maldegem 78 B1
Maldon 65 C3
Malè 106 B2

Malefougasse 111 D2, 112 A2
Malemort-sur-Corrèze 101 D3
Mælen 28 B2
Malente 53 C3
Malérás 51 C1
Malesco 105 C/D2
Malesherbes 87 D2
Malesina 147 C1
Malestroit 85 C3
Maletičevo 134 B1
Malexander 46 A3
Malfa 125 C1
Malga Mare 106 B2
Malgrat de Mar 156 B3
Malhadas 151 D3, 159 C1
Malham 59 D1, 60 B2
Malhu 21 D3
Mali Borak 133 D2, 134 A2
Malicorne-sur-Sarthe 86 A3
Mali Derdap 135 C1/2
Mali Idoš 129 C/D3
Malìjai 112 A2
Mälilla 51 C/D1
Mälilla 72 B1
Mali Lošinj 130 A/B2
Malin 83 D3
Malin 99 C2
Malingsbo 39 D3
Malinska 130 B1
Maliq 142 B1/2
Mališevo 138 B2
Maliskylä 21 D1, 22 A1
Mali Zvornik 133 C2
Malijasalmi 23 C2/3
Maljevac 127 D3, 131 C1
Maljovica 139 D2
Malkara 149 D1
Malkenes 42 A1
Mäkkila 23 C3
Malko Gradište 145 D2
Malko Tărnovo 141 C3
Mallaig 54 A2, 55 D1
Mällängssta 39 D1, 40 A1
Mallemort 111 D2
Mallén 154 A3
Mallersdorf-Pfaffenberg 92 B2
Malles Venosta/Mals 106 B1/2
Malling 48 B3
Mallinkainen 25 C2, 26 A2
Malliss 69 C1/2
Mallnitz 126 A1
Mallow 55 C3
Mallusjoki 25 D2, 26 A2
Malm 28 B2
Malmäsen 38 B1
Malmbäck 46 A3
Malmberget 16 B1
Malmédy 79 D2
Malmesbury 63 D1, 64 A3
Malmköping 47 B/C1
Malmo 50 A3
Malmo 72 A2
Malmon 44 B2
Malmslatt 46 B2
Malnate 105 D3
Malnes 8 B2
Malo 107 C3
Malojaroslavec 75 D3
Maloja [St.-Moritz] 106 A2
Malo Konjari 138 B3, 143 C1
Malo-les-Bains 77 D1, 78 A1
Malonty 93 D2
Malorita 73 D3, 97 D1, 98 A2
Malovátu 135 D1/2
Mäloy 36 A1
Malpartida 160 A2
Malpartida de Cáceres 165 D1
Malpartida de la Serena 166 A2
Malpartida de Plasencia 159 D3
Malpartida de Corneja 159 D2, 160 A2
Malpas 59 D2, 60 B3
Malpica 160 B3, 167 B/C1
Malpica 158 B3, 165 C1
Malpica de Arba 154 A/B2

Malpica de Bergantiños 150 A1
Malsch 90 B1/2
Malschwitz 83 D1
Målselv 4 A3, 9 D1
Målsetsløl 36 B2/3
Malsfeld 81 C1
Malšice 93 D1
Malsjö 45 C1
Malsmés 4 A3, 9 D1
Målsryd 45 C/D6
Malstedt 68 A/B1
Malta 126 A/B1
Malta 159 C2
Maltai 103 C1
Maltbränna 31 C1
Maltby 61 D3
Malterdingen 90 A/B2
Malterhausen 70 A3
Maltesholm 50 B3
Malton 61 C2
Maluenda 162 A1
Mælum 43 D2, 44 A1
Malung 39 C2
Malungen 35 D3
Malungen 38 A2
Malungsfors 39 C2
Maluszów 71 C2/3
Malva 152 A3, 159 D1, 160 A1
Malveira 164 A2
Malveira da Serra 164 A2
Malvik 28 A3, 33 C1/2
Malý Krtíš 95 D2
Malženice 95 C2
Mamaia Băi 141 D2
Mamarrosa 158 A2
Mambrillas de Lara 153 C3
Mamers 86 B2
Mammendorf 92 A2
Mamming 92 B2
Mammola 122 A/B3
Mamoiada 123 D2
Mamolar 153 C3
Mamone 123 D2
Mamonovo (Heiligenbeil) 73 C2
Mamuras 137 D3
Manacor 157 C/D2
Manacore 120 B1
Manamansalo 19 B/C3
Mañaria 153 D1
Mañaria 134 B2
Mănăstirea Tismana 135 D1
Manastir Morača 137 D1
Mancera de Arriba 160 A2
Mancera de Abajo 160 A2
Mancha Real 167 D3, 173 C1
Manchester 59 D2, 60 B3
Manchita 165 D2, 166 A2
Manchones 162 A1/2
Manciano 116 B3, 118 A1
Manciet 108 B2
Mancourt-sur-Orne 89 C1
Mandal 42 B3
Mändalen 32 A3
Mandanici 125 D2
Mándas 123 D3
Mandatoriccio 122 B1
Mandeyona 161 C/D2
Mandello del Lário 105 D2/3, 106 A2/3
Manderscheid 80 A3
Mandling 93 C3, 126 A/B3
Mando 52 A1
Mandoúdion 147 D1
Mándras 147 D2
Mandres-la-Côte 89 C2
Mandrica 145 D1, 145 D3
Mandúria 121 D3
Mane 111 D2
Mane 109 C3, 155 D1
Manerba del Garda 106 B3
Mañeru 154 A2
Mäneset 28 B1
Mänesis 146 B3
Manetin 83 C3
Maneviči 98 B2
Mánfa 128 B2
Manfredónia 120 B1
Mangalia 141 D2
Mångana 145 C1
Mangen 38 B3
Mångsbodarna 39 C2
Mangskog 38 B3, 45 C1

Mangualde 158 B2
Manhay 79 C2
Manheulles 89 C1
Maniago 107 D2, 126 A2
Maninghem-au-Mont 77 D2
Manisa 149 D2
Manises 169 D1
Manjärv 16 B3
Manjaur 31 C1
Mank 94 A2
Mankala 25 D2, 26 B2
Månkarbo 40 B3
Mankila 18 A/B3
Manlleu 156 A2
Männa 147 C2
Mannersdorf an der Rabnitz 94 B3
Mannersdorf am Leithage-birge 94 B3
Mannervaara 23 D3
Mannheim 80 B3, 90 B1
Mannikkö 17 C1
Männikkö̈vaara 19 B/C1
Mannila 24 B2
Manningtree 65 D2
Mannseter̈bakken 33 D3
Manojlovac slap 131 C2
Manolás 146 A2
Manoppello 119 C1
Manosque 111 D2, 112 A2
Manresa 156 A3
Mansarés 158 A2
Månsåsen 34 B2
Manschnow 70 B2
Mansfeld 82 A1
Mansfield 61 D3, 65 C1
Mansilla 153 C3
Mansilla de las Mulas 152 A2
Mansle 101 C2
Mansoniemi 24 B1
Månsta 39 C1
Månstrask 16 A3
Manteigas 158 B2/3
Mantel 82 B3
Mantes 87 C1
Mantgum 66 B1/2
Manthelan 101 D1
Mantiel 161 D2
Mantila 20 B3
Mantineia 147 B/C3
Mäntlahti 26 B2
Mantorp 46 A/B2
Mäntorp 30 A1
Mäntova 106 B3, 114 B1
Mäntsälä 25 D2, 26 A2
Mänttä 21 C3
Mäntyharju 26 B1
Mäntyharjun asema 26 B1
Mäntyjärvi 19 C1
Mäntyjärvi 12 A3, 17 D1
Mäntylahti 22 B2
Mäntyläńpera 18 A3
Mäntylarvi 23 C2
Mäntyluoto 24 A1, 41 D1
Mäntypää 12 B1
Mäntyvaara 17 C1
Manzac-sur-Vern 101 C3, 109 C1
Manzalvos 151 C3
Manzanal de Arriba 151 C/D3
Manzanares 167 D2
Manzanares el Real 160 B2
Manzaneda 151 C2
Manzaneque 160 B3, 167 C1
Manzanera 162 B3
Manzanilla 171 C1/2
Manzat 102 B2
Manziana 118 A1
Maoča 132 B1
Maqellaré 138 A3
Maqueda 160 B3
Mara 162 A1
Maracena 173 C2
Maradik 133 D1, 134 A1
Maråkerby 40 A/B1
Maranchón 161 D2
Maranello 114 B1
Marano 114 B2, 116 A/B1
Marano di Nàpoli 119 C/D3
Marano Lagunare 126 A3
Marans 100 B2
Märäsesti 141 C1

Marateca 164 A/B2
Marathéa 143 C3
Marathías 146 B2
Marathón 147 D2
Marathópolis 146 B3
Maraye-en-Othe 88 A2
Marazion 62 A3
Marazoleja 160 B2
Marazovel 161 C/D1
Marbach 91 C1
Marbach an der Donau 93 D2, 94 A2
Marbache 89 C1
Märbacka 39 C3
Marbella 172 A3
Marboz 103 D2
Märbu 43 C1
Marburg 81 B/C2
Marburg-Cappel 81 B/C2
Marby 34 B2
Marc 155 D2
Marça 163 C1/2
Marcali 128 A2
Marcaltö 95 C3, 128 A1
Marčana 130 A1
Marcaria 114 B1
Marcelová 95 C3
Marcén 154 B3
Marcena 107 B/C2
Marcenais 101 C3, 108 B1
Marcenat 102 B3
Mårčevo 135 D3
March 65 C2
Marchais 78 B3
Marchamalo 161 C2
Marchaux 89 C3, 104 A1
Marche-en-Famenne 79 C2/3
Marchegg 94 B2
Marchegg 96 B2/3
Marchena 172 A2
Marchenoir 86 A/B3
Marcheprime 108 A/B1
March-Hugstetten 90 A/B2/3
Marchiennes 78 A2
Marchtrenk 93 C/D2
Marciac 109 B/C3, 155 C1
Marciana 116 A3
Marciana Marina 116 A3
Marcianise 119 D3
Marcigny 103 C2
Marcilhac-sur-Celé 109 D1
Marcillac-la-Croze 109 D1
Marcillac-la-Croisille 102 A3
Marcillac-Vallon 110 A1/2
Marcillat-en-Combraille 102 B2
Marcilloles 103 D3
Marcilly-en-Gault 87 C3
Marcilly-sur-Eure 86 A/B1
Marcilly-sur-Seine 88 A2
Marck 77 D1
Marckolsheim 90 A2
Marco 107 B/C3
Marco de Canaveses 158 A/B1/2
Marcoing 78 A2/3
Mårdaklev 50 A1
Mar de Cristal 174 B1
Marden 63 D1
Mardié 87 C2/3
Mårdsel 16 B2
Mardsjö 30 A1/2
Märdsund 29 C/D3, 34 B2
Mære 28 B2, 33 D1
Marécottes, Les 104 B2
Marèges 102 A3
Mareilly-en-Villette 87 C3
Mareilly-le-Hayer 88 A2
Marennes 100 B2/3
Maresquel 77 D2
Maretz 78 A/B3
Mareuil 101 C3
Mareuil-en-Brie 88 A1
Mareuil-le-Port 88 A1
Mareuil-sur-Ourcq 87 D1
Mareuil-sur-Ay 88 A1
Mareuil-sur-Arnon 102 A1
Mareuil-sur-Lay 101 C2
Marevo 75 C2
Margam 63 C1
Margarition 142 B3
Margate 65 C3, 76 B1
Margaux 108 B1
Margerie 88 B2

Margés 103 D3
Margherita di Savòia 120 B1, 136 A3
Marghita 97 D3, 140 B1
Margone 104 B3, 112 B1
Margonin 71 D2
Margut 79 C3
Maria 173 D1, 174 A1
Maria Alm am Steinernen Meer 92 B3, 126 A1
Maria de Huerva 154 B3, 162 B1
Maria de la Salud 157 C2
Maria Elend 126 B2
Mariager 48 B2
Maria Laach 80 A2
Marialva 159 B/C2
Maria Neustift 93 D3
Marianka 94 B2
Mariannelund 46 B3
Mariannelund 72 B1
Marianópoli 124 B2
Mariánské Lázně 82 B3
Mariapfarr 126 B1
Maria Saal 126 B1/2
Maria Taferl 93 D2, 94 A2
Maria-ter-Heide 79 B/C1
Maria Wörth 126 B2
Mariazell 94 A3
Mariazell 96 A3
Maribo 53 C/D2
Maribor 127 C/D2
Maribor 96 A3
Marica 141 C3
Marieberg 17 C2
Marieberg 46 A1
Marieby 34 B2
Mariedamm 46 A2
Mariefred 47 C1
Mariehamn (Maarianhamina) 41 C/D3
Marieholm 50 A/B3
Marieholm 50 B1
Marielyst 53 D2
Mariembourg 78 B3
Marienberg 83 C2
Marienberg 53 D2
Marienhagen 68 B3
Marienheide 80 A1
Marienmünster Bredenborn 68 A3
Marienmünster 68 A3
Mariental 69 C3
Marienvelde 67 C3
Mariestad 45 D2
Marifjøra 36 B2
Marignane 111 D3
Marigny 86 A/B1
Marigny-le-Châtel 88 A2
Marija Bistrica 127 D2
Marikostinovo 139 D3, 144 A1
Marin 150 A2
Marina 131 C3
Marina del Cantone 119 D3
Marina di Alberese 116 A/B3
Marina di Amendolara 120 B3, 122 B1
Marina di Andora 113 C2
Marina di Badolato 122 B2/3
Marina di Belvedere 122 A1
Marina di Castagneto Donoràtico 114 B3, 116 A2
Marina di Carrara 114 A2
Marina di Camerota 120 A3
Marina di Campo 116 A3
Marina di Castellaneta 121 C3
Marina di Cécina 114 A/B3, 116 A2
Marina di Chieuti 119 D2, 120 A1
Marina di Fuscaldo 122 A1
Marina di Gàiro 123 D2
Marina di Gioiosa Iònica 122 B3
Marina di Grosseto 116 A3
Marina di Lícola 119 C3
Marina di Mancaversa 121 D3
Marina di Maratea 120 A/B3, 122 A1
Marina di Massa 114 A2, 116 A1
Marina di Novàglie 121 D3

Marina di Orosei 123 D2
Marina di Palma 124 B3
Marina di Pisa 114 A2/3, 116 A2
Marina di Pietrasanta 114 A2, 116 A1
Marina di Ragusa 125 C3
Marina di Sant'Antònio 122 B3
Marina di Sorso 123 C1
Marina di Torre Grande 123 C2
Marina di Vasto 119 D1/2
Marina Gorka 99 C1
Marina San Giovanni 121 D3
Marina San Vito 119 D1
Marina Schiavonea 122 B1
Marina d'Albo 113 D2
Marine de Meria 113 D2
Marine De Porticciolo 113 D2
Marine de Sisco 113 D2
Marines 124 B2
Marines 77 D3, 87 C1
Marines 162 B3, 169 D1
Mæringsdalen 33 B/C2
Maringues 102 B2
Marinha Grande 158 A3, 164 A1
Marinhais 164 A/B2
Marinkainen 21 B/C1
Marino 118 B2
Mariol 102 B2
Mariotto 120 B2
Maristova 37 C2
Marjaliza 167 C1
Marjamaa 74 A1
Marjaniemi 18 A2
Marjoniemi 25 D1, 26 A1/2
Marjotaipale 25 D1, 26 B1
Marjovaara 23 D3
Mark 30 A1
Marka 14 B1
Markabygd 28 B3, 33 D1
Markaryd 50 B2
Markaryd 72 A1
Markdorf 91 C3
Markee 70 A2
Markelo 67 C3
Marken 20 B2
Markersdorf 82 B2
Market Deeping 64 B1
Market Drayton 59 D2/3, 60 B3, 64 A1
Market Harborough 64 B2
Markethill 58 A1
Market Rasen 61 D3
Market Weighton 61 D2
Markgrafneusiedl 94 B2
Markgrafpieske 70 B3
Markgröningen 91 C1/2
Markina Xemein 153 D1
Markiniz 153 D2
Märkisch Buchholz 70 A/B3
Markitta 17 B/C1
Markkina 10 B2
Mark-Kleeberg 82 B1
Markkleeberg 82 B1
Markkula 21 C1
Marklöhe-Lemke 68 A2
Marknesé 66 B2
Markneukirchen 82 B2
Markó 128 B1
Markópoulon 147 D2
Markovac 134 B1
Markovac 134 B2
Markovgrad 138 B3, 143 C1
Markovičevo 134 B1
Markranstädt 82 B1
Marksuhl 81 D2
Markt Allhau 127 D1
Marktbergel 81 D3, 91 D1
Markt Berolzheim 91 D1
Markt Bibart 81 D3
Markt Erlbach 81 D3, 91 D1
Marktheidenfeld 81 C3
Markt Indersdorf 92 A2
Marktjärn 35 C2/3
Marktl 92 B2
Marktleugast 82 A2/3
Marktleuthen 82 B3
Markt Nordheim-Herbolzheim 81 D3, 91 D1

Marktoberdorf 91 D3
Marktoberdorf-Leuterschach 91 D3
Markt Piesting 94 A/B3
Marktredwitz 82 B3
Markt Rettenbach 91 D3
Marktrodach 82 A2
Markt Sankt Martin 94 B3
Markt Sankt Florian 93 D2
Markt Schwaben 92 A/B2
Markušica 129 B/C3
Markvarec 94 A1
Marl 67 C3, 80 A1
Marlborough 64 A3
Marle 78 B3
Marlieux 103 D2
Marlishausen 81 D2, 82 A2
Marlow 64 B3
Marlow 53 D3
Marma 40 B2
Marmagne 103 C1
Marmande 109 B/C1
Marmara 149 D1
Marmaris 149 D3
Marmaverken 40 A1
Marmeleiro 158 B3, 164 B1
Marmelete 170 A2
Marmirolo 106 B3
Marmolejo 167 C3, 172 B1
Marmorbyn 46 B1
Marmore 117 C3, 118 B1
Marmoutier 89 D1/2, 90 A2
Marnach 79 D3
Marnay 89 C3, 104 A1
Marne 52 A3
Marne-la-Vallée 87 D1
Märnes 14 B1
Mannheim 80 B3
Marnitz 69 D1
Maroilles 78 B2/3
Maroldsweisach 81 D2/3
Marolles-les-Braults 86 B2
Maromme 77 C3
Marone 106 B3
Marónia 145 C/D1
Mårosjö 30 A3, 35 C2
Maroslele 129 D2
Maróstica 107 C3
Marotta 115 D2, 117 D1/2
Mårøyfjord 6 B1
Marpingen 80 A3, 90 A1
Marquartstein 92 B3
Marquion 78 A2
Marquise 77 D1
Maradi 115 C2, 116 B1
Marrasjärvi 12 A3, 17 D1
Marraskoski 12 A3
Marratxi 157 C2
Mars 111 C1
Marsac-en-Livradois 103 C3
Marsaglia 113 D1
Marsala 124 A2
Marsango 107 C3
Marsannay-la-Côte 88 B3, 103 D1
Marsanne 111 C1
Marsberg-Bredelar 81 B/C1
Marsberg-Essentho 81 B/C1
Marsberg-Meerhof 81 C1
Marsberg-Westheim 81 C1
Marsciano 117 C3
Marseillan 110 B3
Marseille 111 D3
Marseille-en-Beauvaisis 77 D3
Marseilles-les-Aubigny 102 B1
Marshfield 63 D1/2, 64 A3
Mårsia 117 D3
Mårsico 120 A/B3
Mårsico Nuovo 120 A/B3
Marsjarv 17 C2
Mars-la-Tour 89 C1
Marsliden 29 D1
Marslovice 83 D3
Massac-sur-Tarn 109 D2
Marsta 40 B3, 47 C1
Marsal 53 C2
Marstein 32 B3, 37 C1
Marstrand 44 B3
Marsvinsholm 50 B3
Märsylä 21 C1

Marszow — Meissen

Marszow 71 C3, 83 D1
Marta 116 B3, 118 A1
Martano 121 D3
Martel 109 D1
Martelange 79 C/D3
Mártély 129 D2
Mártensboda 31 D1
Martfeld 68 A2
Martfű 129 D1
Marthon 101 C3
Martiago 159 C2
Martignacco 126 A2
Martigné 86 A2
Martigné-Briand 86 A3, 101 B/C1
Martigné-Ferchaud 86 A3
Martigny 104 B2
Martigny-les-Bains 89 C2
Martigues 111 C/D3
Martiherrero 160 A2
Matikkala 22 B2
Martim Longo 170 B1
Martimo 17 D2, 18 A1
Martimporra 151 D1, 152 A1
Martin 95 D1
Martin 96 B2
Martina Franca 121 C2
Martina (Martinsbruck) [Scuol-Tarasp] 106 B1
Martinci 133 C1
Martín de la Jara 172 A2
Martín del Río 162 B2
Martín de Yeltes 159 C/D2
Martinet 155 D2, 156 A2
Martínez 160 A2
Martín Muñoz de las Posadas 160 A/B2
Martinniemi 18 A2
Martinon 147 C1/2
Martinroda 81 D2, 82 A2
Martinsberg 93 D2, 94 A2
Martinšćica 130 A1
Martinsicuro 117 D3
Martinska 131 C3
Mártis 123 C1
Martizay 101 D1
Martjanci 127 D1/2
Mart janovo 75 B/C2
Martock 63 D2
Martofte 49 C3, 53 C1
Martonoš 129 D2
Martonvásár 23 C2
Martonvásár 95 D3, 129 C1
Martorell 156 A3
Martos 172 B1
Martres-de-Veyre 102 B3
Martres-Tolosane 109 C3, 155 D1
Martron 101 C3
Martti 13 C2
Marttila 25 C2
Marttila 24 B2
Marttisenjärvi 22 B1
Marum 67 C1/2
Marunowo 71 D2
Marvão 165 C1
Marvejols 110 B1
Marvik 42 A2
Marxheim 91 D2, 92 A2
Marxwalde 70 B2
Marxzell 90 B1/2
Máry 24 B2/3
Maryport 57 C3, 60 A1
Maryport 54 B3
Marzabotto 114 B2, 116 B1
Marzahna 69 D3, 70 A3
Marzahne 69 D2
Marzocca 115 D2/3, 117 D2
Masalcoreig 155 C3, 163 C1
Masamagrell 169 D1
Mas-Cabardes 110 A3, 156 A/B1
Máscali 125 D2
Masculuca 125 D2
Mascaraque 160 B3, 167 C1
Mascarenhas 151 C3, 159 C1
Mas de Barberans 163 C2
Mas de las Matas 162 B2
Masdenverge 163 C2
Masegoso 168 B2

Masegoso de Tajuña 161 D2
Maselheim 91 C2
Masella 156 A2
Máseres 5 D1, 6 B1
Masera 105 C2
Masevaux 89 D3, 90 A3
Masfjorden 36 A3
Masham 61 C2
Masi 5 C3, 11 C1
Maside 150 B2
Masi Torello 115 C1
Mäskenaïve 15 D3
Maskjok 7 C2
Masku 24 A/B2
Maslacq 108 B3, 154 B1
Maslenica 131 B/C2
Maslinica 131 C3
Masllorenc 163 D1
Maso Corto 106 B1
Másomák 21 D2, 22 A2
Másov 5 D1, 6 A1
Masquefa 156 A3
Massa 114 A2, 116 A1
Massa Fiscàglia 115 C1
Massafra 121 C2
Massagettes 102 B3
Massa Lombarda 115 C1/2, 116 B1
Massa Lubrense 119 D3
Massalubrense 119 D3
Massa Marittima 114 B3, 116 A2
Massa Martana 117 C3, 118 B1
Massanet de la Selva 156 B3
Massanet de Cabrenys 156 B2
Massarosa 114 A2, 116 A1
Massat 155 C2
Massay 87 C3, 102 A1
Massbach-Poppenlauer 81 D2/3
Massello 112 B1
Masseret 101 D3
Masseria 107 C1
Masseria/Maiern 107 C1
Masseria Piede Rocca 119 C2
Massiube 109 C3, 155 C1
Massiac 102 B3
Massing 92 B2
Masslingen 34 A2
Masterby 47 D3
Masterelv 5 D1, 6 A1
Mastocka 50 B2
Masua 123 C3
Masueco 159 C1/2
Masungsbyn 10 B3
Másvik 4 A2
Maszewo 71 B/C3
Maszewo 71 C1
MATABUENA 160 B2
Mata de Alcántara 159 C3, 165 C/D1
Mata de Cuéllar 160 B1
Matala 18 A1
Matalalahti 22 B1
Matalascañas 171 C2
Matamala de Almazán 153 D3, 161 D1
Mata Mourisca 158 A3, 164 A1
Matanza 152 A2/3
Matanza de Soria 153 C3, 161 C1
Matapozuelos 160 A1
Matara 23 C2
Mataramäki 22 B3
Mataraselkä 12 B2
Mataró 156 B3
Matarredonda 172 A1/2
Mataruška Banja 133 D3, 134 A/B3
Matasvaara 23 C2
Matejce 139 B/C2
Matlice 115 D3, 117 C/D2
Matera 121 B/C2
Materija 126 B3
Mateševo 137 D1
Mátészalka 97 D3, 98 A3
Matet 162 B3, 169 D1
Mateus 158 B1
Matfen 57 D3, 61 B/C1
Matfors 35 D3

Matha 101 C2
Mathay 89 D3
Mathildedal 24 B3
Mathopen 36 A3
Mathry 62 B1
Mati 147 D2
Matignon 85 C2
Matilla de los Caños del Río 159 D2
Matino 121 D3
Mätion 145 D3
Mätion 147 B/C2/3
Matka 138 B2
Matkakoski 17 D2, 18 A1
Matkaniva 18 A3
Matkavaara 19 C3
Matku 25 B/C2
Matlock 61 C3, 64 A1
Matnäset 34 B2
Matočina 145 D2
Matojärvi 17 D2
Matos 158 A3
Matosinhos 158 A1/2
Matour 103 C2
Matrand 38 B3
Matre 36 A3
Matrei am Brenner 107 C1
Matreier Tauernhaus 107 D1
Matrei in Osttirol 107 D1
Mätsäkansa 25 C1/2
Matsdal 15 C3
Mattaincourt 89 C2
Mattarello 107 C2
Matterod 50 B2
Mattersburg 94 B3
Mattighofen 93 C2/3
Mattila 19 D1
Mattilanmäki 13 C3
Mattilanpera 18 A3
Mattinata 120 B1
Mattinen 24 A2
Mattisudden 18 B1/2
Matton 29 C3, 34 B2
Mattón 40 A2/3
Mattsmyra 39 D1
Mättsund 17 C3
Matulji 126 B3, 130 A1
Matute 153 C/D2
Matvejevskaja-Harčevn'a 75 C1
Maubeuge 78 B2
Maubourguet 108 B3, 155 C1
Maubranche 102 A/B1
Mauchline 56 B2
Mauer 90 B1
Mauerkirchen 93 C2
Mauern 92 A/B2
Mauguio 111 B/C3
Maukkula 23 D3
Maula 17 D2, 18 A1
Maulbronn 90 B1
Maulde 78 A/B2
Maulé 87 C1
Mauléon-Licharre 108 A3, 154 B1
Maulévrier 100 B1
Maunola 27 C1
Maunu 10 B2
Maunu 10 B2
Maunujärvi 12 A2
Maunula 18 A/B2
Maura 38 A3
Maurach 92 A3, 107 C1
Maure-de-Bretagne 85 C2/3
Maureilhan 110 B3, 156 B1
Mauriac 102 A3
Maurnes 9 C2
Mauron 85 C2
Maurs 110 A1
Maurset 36 B3
Maurstad 36 A1
Mauru 18 B1
Maurumaa 24 A2, 41 D2
Maury 156 B1
Mausoléo 113 D2
Maussac 102 A3
Maussane 111 C2
Mausundvær 32 B1
Mautern an der Donau 94 A2
Mauterndorf 126 B1
Mauterndorf 96 A3

Mautern in Steiermark 93 D3, 127 C1
Mauth 93 C1/2
Mauthausen 93 D2
Mauth-Finsterau 93 C1
Mauvezin 109 C2
Mauzé-sur-le-Mignon 100 B2
Mauzun 102 B3
Mavas 15 C1
Mavrélion 143 C3
Mavrodéndrion 143 C2
Mavrothálassa 144 B1
Mavrovi Hanovi 138 B3
Mavrovo 138 B3
Mavrovoúnion 143 D3
Maxhütte-Haidhof 92 B1
Maxial 164 A2
Maxmo (Maksamaa) 20 B2
Mayalde 159 D1
Maybole 56 B2
Mayen 80 A2
May-en-Multien 87 D1
Mayenne 86 A2
Mayerhofen 107 D1, 126 A1
Mayet 86 B3
Mayorga 152 A3
Mayránpera 18 A3
Mayrhofen 107 C1
Mavry 21 C2
Mazagón 171 C2
Mazaleón 163 C2
Mazamet 110 A3
Mazara del Vallo 124 A2
Mazarákia 142 B3
Mazarambroz 160 B3, 167 C1
Mazarete 161 D2
Mazaricos 150 A2
Mazarulleque 161 C/D3
Mázaszászvár 128 B2
Mazaterón 153 D3, 161 D1
Maze 86 A3
Mazeikiai 73 C/D1
Mazères 109 D3, 155 D1, 156 A1
Mazérolles 108 B3, 154 B1
Mazeyrolles 109 C1
Mazerolles-en-Gâtine 101 C2
Mazin 131 C2
Mazion 142 B2
Mazirbe 73 C/D1
Mazsalaca 73 D1, 74 A2
Mazuecos 161 C3
Mazuelo de Muñó 152 B2/3
Mažurani 130 B2
Mazzarino 125 C3
Mazzarrà Sant'Andrea 125 D2
Mazzarrone 125 C3
Mchy 71 D3
Mealhada 158 A2/3
Méan 79 C2
Meana Sardo 123 D2
Meaño 150 A2
Meåstrand 30 A3, 35 C2
Meathas Truim (Edgeworthstown) 55 C/D2
Meaulne 102 B1/2
Meaux 87 D1
Meåvollan 33 D2
Mebygda 29 C2
Mecerreyes 153 C3
Mechelen 78 B1
Mechernich 79 D2, 80 A2
Mecina 173 C2
Meckenbeuren 91 C3
Meckenheim 80 A2
Mecklenburg 53 C3, 69 C1
Meco 161 C2
Méda 158 B2
Medak 131 B/C2
Medåker 46 B1
Meddo 67 C3
Mede 113 C/D1
Medebach 80 B1
Medeja 126 B3, 130 A1
Medelby 52 B2
Medelim 159 B/C3
Medellín 165 D2, 166 A2
Medemblik 66 B2
Medena Selišta 131 D2
Médénec 83 C2
Medesano 114 A1
Medevi 46 A2

Medewitz 69 D3
Medgidia 141 D2
Medhamn 45 D1
Mediana 135 C3
Mediana de Aragón 154 B3, 162 B1
Medias 97 D3, 140 B1
Medicina 115 C1/2
Medina Azahara 166 B3, 172 A1
Medinaceli 161 D1/2
Medina de las Torres 165 D3
Medina del Campo 160 A1
Medina de Pomar 153 C2
Medina de Ríoseco 152 A3
Medina-Sidonia 171 D3
Medinci 128 B3
Medinilla 159 D2
Mediona 155 D3, 156 A3, 163 D1
Medjurede 133 D3, 134 A3
Medkovec 135 D3
Medle 31 D1
Médole 106 B3
Medrano 153 D2
Medskogen 38 B2
Medskogsbygget 34 A3
Medstugan 29 B/C3, 33 D1, 34 A1
Medulin 130 A1
Medumajdan 131 C1
Meduno 107 D2, 126 A2
Medveda 134 B3
Medveda 139 B/C1
Medveda 140 A3
Medved os 95 C3
Medvida 131 C2
Medvode 126 B2
Medvodje 126 B2
Medyn' 75 D3
Medzibrod 95 D1/2
Medzilaboce 97 C2, 98 A3
Medžitlija 143 C1
Meeder 81 D2, 82 A2
Meerane 82 B2
Meerbeck 68 A3
Meerbusch 79 D1, 80 A1
Meerle 79 C1
Meersburg 91 C3
Meerssen 79 C/D2
Mefjordbotn 9 D1
Megála Kalívia 143 C3
Megáli Panagía 144 B2
Megáli Vólvi 144 A1/2
Megalochórion 143 C3
Megalopolis 146 B3
Megara 147 D2
Megara 148 B2
Mégaron 143 C2
Megève 104 B3
Megina 161 D2, 162 A2
Meglecy 75 D1
Mehadia 135 C1
Mehamn 7 B/C1
Mehedeby 40 B2
Méhoudin 86 A2
Mehringen 69 C3
Mehring (Trier) 80 A3
Mehrstetten 91 C2
Mehun-sur-Yèvre 87 C/D3, 102 A1
Mehuš 9 C1
Meigle 57 C1
Meijel 79 D1
Meilen 105 D1
Meilhan 108 B2
Meillant 102 A/B1
Meimoa 159 B/C3
Méina 105 D3
Meine 69 C2/3
Meinersen 68 B2
Meinerzhagen 80 A/B1
Meinerzhagen-Valbert 80 B1
Meineweh 82 B1
Meinhardt-Frieda 81 D1
Meiningen 81 D2
Meira 151 C1
Meiringen 105 C1/2
Meis 150 A2
Meisburg 79 D3, 80 A3
Meisenheim 80 A/B3
Meisingset 32 B2
Meissen 83 D2
Meissen 96 A1

Meitingen 64 Mielslahti

Meitingen **91** D2
Mejorada **160** A3
Mejorada del Campo **161** C2/3
Mel **107** C/D2
Melago/Melag **106** B1
Mlaje **133** D3, **138** A1
Melalahti **19** C3
Melangseidet **4** A3, **9** D1, **10** A1
Melás **143** C2
Melbeck **68** B1/2
Melbourne **61** C3, **64** A/B1
Melbu **8** B2
Melby **49** D3
Meldal **33** C2
Méldola **115** C2, **117** C1
Meldorf **52** A/B3
Melegnano **105** D3, **106** A3
Melen **29** B/C3, **34** A1
Melen **29** B/C3, **34** A1
Melenci **129** D3
Melendugno **121** D3
Meleta **114** B3, **116** A/B2
Meleti **114** A1
Mélezet **112** A/B1
Melfi **120** A/B2
Melfjorden **14** B2
Melgaco **150** B3
Melgar de Arriba **152** A2/3
Melgar de Fernamental **152** B2
Melgar de Tera **151** D3
Melgar de Yuso **152** B2/3
Melhus **32** B2
Melhus **28** A3, **33** C2
Melick **79** D1
Mélida **154** A2
Melide **150** B2
Melides **164** A3
Meligalás **146** B3
Melíki **143** D2
Melilli **125** D3
Mélisey **89** D3
Mélissa **145** C1
Melissi **143** C2/3
Melissourgós **144** A2
Meliti **143** C1
Mélito di Porto Salvo **122** A3, **125** D2
Melivia **145** C1
Meliviá **143** D3, **144** A3
Melk **94** A2
Melk **96** A2/3
Melkoniemi **27** D1
Melksham **63** D2, **64** A3
Mellajärvi **12** A3, **17** D2
Mellakoski **12** A3, **17** D2
Mellansel **30** B3
Mellansjo **35** C3
Mellansjo **17** C3
Mellansvartbäck **31** C2
Mellbystrand **50** A2
Melle **68** A3
Melle **101** C2
Melle-Buer **68** A3
Mellen **69** C2
Melle-Neuenkirchen **68** A3
Mellense **70** A3
Melleray **86** B2
Melle-Riemsloh **68** A3
Mellerud **45** C2
Mellerup **48** B2
Mellifont Abbey **58** A1/2
Mellilä **24** B2
Mellingen **82** A2
Mellingen **90** B3
Mellingsmoen **29** C1
Mellösa **46** B1
Mellrichstadt **81** D2
Mellrichstadt-Bahra **81** D2
Melnica **134** B2
Melnice **130** B1
Mělnické Vtelno **83** D2
Mělník **83** D2
Melnik **139** D3
Mělník **96** A1/2
Melo **158** B2
Melón **150** B2/3
Melpers **81** D2
Melrand **84** B2
Melrose **57** C2
Melsomvik **43** D2, **44** A/B1
Melstrásk **16** B3
Melsungen **81** C1
Meltaus **12** A3

Meltausjoki **12** A/B3
Meltingen **28** A/B3, **33** C1
Meltola **25** C3
Meltola **27** C2
Melton Mowbray **64** B1
Meltosjärv **12** A3, **17** D2
Melun **87** D2
Melun-Sénart **87** D2
Melvich **54** B1
Mélykút **129** C2
Melzo **105** D3, **106** A3
Mem **46** B2
Memaliaj **142** A2
Membrilla **167** D2
Membrio **165** C1
Memëlishti **142** B1
Memmelsdorf **81** D3, **82** A3
Memmingen **91** D3
Memmingen-Steinheim **91** D3
Memurubu **37** C2
Menaggio **105** D2, **106** A2
Menai Bridge **59** B/C2, **60** A3
Ménâtriguens **155** C3, **163** C1
Menars **86** A/B3
Menasalbas **160** B3, **167** C1
Menat **102** B2
Menata **115** C1
Mendavia **153** D2
Mende **110** B1
Mende **129** C1
Menden **80** B1
Mendenitsa **147** C1
Menden-Lendringsen **80** B1
Mendibieu **108** A/B3, **154** B1
Mendig **80** A2
Mendiga **164** A1
Mendigorría **154** A2
Mendrisio **105** D2/3
Ménéac **85** C2
Menemen **149** D2
Menen **78** A2
Menetou-Salon **87** D3, **102** A/B1
Ménétréol-sur-Sauldré **87** D3
Ménétréol-sur-Sancerre **87** D3
Menfi **124** A2
Ménfőcsanak **95** C3
Mengabril **166** A2
Mengamuñoz **160** A2
Mengara **115** D3, **117** C2
Mengen **91** C3
Mengerskirchen **80** B2
Mengeš **126** B2
Mengibar **167** C3, **173** C1
Mengkofen-Weichshofen **92** B2
Menidion **146** A1
Ménigoute **101** C2
Menkijärvi **21** C2
Mennecy **87** D2
Menonen **25** B/C2
Mens **111** D1, **112** A1
Mensignac **101** C3
Menslage **67** D2
Mentana **118** B2
Menthon-Saint-Bernard **104** A3
Menton **112** B2/3
Méntrida **160** B3
Menz **70** A2
Méounes-les-Montrieux **112** A3
Meppel **67** C2
Meppen **67** D2
Meppen-Helte **67** D2
Meppen-Versen **67** C/D2
Mequinenza **163** C1
Mer **87** C3
Mera **150** B1
Meråker **28** B3, **33** D1
Meranges **156** A2
Merano/Meran **107** C1/2
Merasjarvi **11** C3
Merasjarvi **10** B3
Merate **105** D3, **106** A3
Mercadal **157** C1
Mercatale **115** C3, **117** C2

Mercatino Conca **115** C/D2, **117** C1
Mercato San Severino **119** D3
Mercato Saraceno **115** C2, **117** C1
Merceana **164** A2
Mercus **155** D2, **156** A1
Merdrignac **85** C2
Mere **63** D2, **64** A3
Merelim **150** A3, **158** A1
Merenlahti **27** C2
Mérens-les-Vals **156** A1/2
Méréville **87** C2
Mergozzo **105** C/D2
Méribel-les-Allues **104** B3
Meric **145** D3
Mérida **165** D2, **166** A2
Mérigon **108** B3, **155** C1
Merijärvi **18** A3
Merikarvia **24** A1
Merilännen **21** C1/2
Merimäsku **24** A2
Mérin **94** A1
Mering **91** D2, **92** A2
Merjärv **20** B1
Merkenes **15** C1
Merkine **73** D2, **74** A3
Merklin **83** C3, **93** C1
Merlara **107** C3, **115** B/C1
Merlimont-Plage **77** D2
Mern **53** D2
Mernye **128** B2
Merošina **135** C3
Mersch **79** D3
Merseburg **82** B1
Mersevát **128** A1
Mers-les-Bains **76** B2
Mertajärv **10** B2
Mertendorf **82** A1
Merthyr Tydfil **63** C1
Mertingen **91** D2
Mértola **170** B1
Merton **63** C2
Mertzwiller **90** A1/2
Méru **77** D3, **87** C1
Merufe **150** A/B3
Mervans **103** D1
Mervillé **78** A2
Merxheim **80** A3
Méry-sur-Oise **87** C/D1
Méry-sur-Seine **88** A2
Merzamemín **125** D3
Merzdorf **70** A3
Merzenich **79** D2
Merzenstein **93** D2
Merzig **79** D3, **80** A3
Merzig-Besseringen **79** D3
Merzig-Brotdorf **79** D3, **80** A3
Mes **137** D2
Mesagne **121** D2/3
Mesão Frio **158** B1/2
Mesas de Ibor **159** D3, **166** A/B1
Meschede **80** B1
Meschede-Calle **80** B1
Meschede-Eversberg **80** B1
Meschede-Freienohl **80** B1
Meschede-Remblinghausen **80** B1
Meschers-sur-Gironde **100** B3
Mescoules **109** C1
Meščovsk **75** D3
Mesegar **160** B3, **167** C1
Mešeišta **138** B3, **142** B1
Meselefors **30** A/B1
Mesenikólas **143** C3
Mesía **150** B1
Mesić **134** B1
Mesinge **49** C3, **53** C1
Meskjer **4** A3, **9** D1
Meskusvaara **19** C/D1
Meslay-du-Maine **86** A2
Mesnalien **38** A1/2
Mesnières-en-Bray **76** B3
Mesocco [Castiōne-Ar-bedo] **105** D2, **106** A2
Mesochóra **143** C3
Mésola **115** C1
Mesolóngion **146** A/B2
Mesón do Vento **150** A/B1
Mesones **161** C2
Mesones de Isuela **154** A3, **162** A1
Mesopótamon **142** B3

Mesoraca **122** B2
Mespelbrunn **81** C3
Messac **85** D3
Messaur **16** B1
Messdorf **69** C2
Messei **86** A1/2
Messejana **164** B3, **170** A1
Messel **81** B/C3
Messelt **38** A1
Messene **146** B3
Méssia **144** B1
Messigny **88** B3
Messina **122** A3, **125** D1
Messina Divieto **125** D1
Messina Mili Marina **122** A3, **125** D2
Messina Sparta **122** A3, **125** D1
Messina Torre Faro **122** A3, **125** D1
Messini **146** B3
Messini **148** B2/3
Messkirch **91** C3
Messkirch-Rohrdorf **91** C3
Messtetten **91** C2
Mestanza **167** C2
Mestilä **24** B2
Mestin **69** D1
Město-Touškov **83** C3
Mestrino **107** C3
Mesvres **103** C1
Metajna **130** B2
Metaljka **133** C3
Metallikón **143** D1, **144** A1
Metamórfosis **144** A/B2
Metanópoli **105** D3, **106** A3
Metapontum **121** C3
Metaxás **143** C2
Metelen **67** C/D3
Meteóra **143** C3
Méthana **147** D3
Methil **57** C1
Methóni **143** D2
Methven **57** C1
Metković **136** B1
Metlika **127** C3
Metnitz **126** B1
Metnitz **96** A3
Mętno **70** B2
Metóchion **146** A2
Metovnica **135** C2
Metsakylä **19** C2
Metsäkylä **25** C2
Metsäkylä **18** A3
Metsäkylä **26** B2
Metsälä **19** C1/2
Metsälä **20** A3
Metsämaa **24** B2
Metsolahti **21** D3, **22** A3
Métsovon **143** B/C3
Mettälä **26** B2
Mettendorf (Bitburg) **79** D3
Mettet **79** C2
Mettingen **67** D2/3
Mettlach **79** D3
Mettlach-Orscholz **79** D3
Mettlach-Weiten **79** D3
Mettmann **80** A1
Metz **89** C1
Metzdorf **70** B2
Metzervisse **89** C1
Metzingen **91** C2
Moucon **85** C3
Meulan **87** C1
Meung-sur-Loire **87** C3
Meurville **88** B2
Meuselwitz **82** B1
Mevagissey **62** B3
Mevassvika **28** B2
Mexborough **61** D3
Mexilhoeira Grande **170** A2
Meximieux **103** D2
Meyenburg **69** D1
Meymac **102** A3
Meyrargues **111** D2/3
Meyrin [Vernier-Meyrin] **104** A2
Meyrueís **110** B2
Meyssac **102** A3, **109** D1
Mezalocha **154** A/B3, **162** A/B1
Mezdra **140** B3
Méze **110** B3
Mežgorje **97** D2, **98** A3
Mézidon **86** A1

Mézières-en-Brenne **101** C1
Mézières-sur-Issoire **101** D2
Mézilhac **111** C1
Mézilles **87** D3, **88** A3
Mézin **109** C2
Mezőberény **97** C3, **140** A1
Mezőcsókonya **128** A/B2
Mezőfalva **129** C1
Mezőhék **129** D1
Mezőkövesd **97** C3
Mezőörs **95** C3
Mezőszilas **128** B1
Mezőtúr **129** D1
Mezőtúr **97** C3, **140** A1
Mezquita de Jarque **162** B2
Mezzana **106** B2
Mezzani **114** A1
Mezzano **107** C2
Mezzaselva/Mittewald **107** C1
Mezzoiuso **124** B2
Mezzoldo **106** A2
Mezzolombardo **107** B/C2
Miajadas **166** A2
Mialet **101** D3
Miami Platja **163** D2
Miasteczko Krajeńskie **71** D2
Miastko **72** B2
Michalovce **97** C2, **98** A3
Michalovy Hory **82** B3
Michelau im Steigerwald **81** D3
Michelau in Oberfranken **82** A2/3
Michelbach Markt **94** A2
Micheldorf in Oberöster-reich **93** C/D3
Michelfeld (Schwäbisch Hall) **91** C1
Michelsneukirchen **92** B1
Michelstadt **81** C3
Michendorf **70** A3
Michion **146** B2
Michorzewo **71** D2/3
Mickelstrásk **31** C/D2
Mičurin **141** C/D3
Mid-Calder **57** C2
Middalsbu **42** B1
Middelfart **78** B1
Middelfart **48** B3, **52** B1
Middelharnis **66** A3
Middelharnis-Sommelsdijk **66** A3
Middelkerke-Bad **78** A1
Middelstum **67** C1
Middenmeer **66** B2
Middleham **59** D1, **61** C2
Middlesbrough **61** C2
Middleton **59** D1, **60** B2
Middleton **59** D2, **60** B2/3
Middleton-in-Teesdale **57** D3, **60** B1
Middleton Stoney **65** C2
Middlewich **59** D2, **60** B3, **64** A1
Midéa **147** C3
Midhurst **76** B1
Midlum **52** A3, **68** A1
Midões **158** B2/3
Midsund **32** A2
Midtgulen **36** A1/2
Midtleger **42** B1
Midtli **38** B1/2
Midtskogberget **38** B1/2
Midvágur **55** C1
Mid Yell **54** A1
Miechów **97** C1/2
Miedes **162** A1
Miedes de Atienza **161** C1
Międzybórz **71** D1
Międzychód **71** C2
Międzyrzecz **71** C2
Międzyrzec Podlaski **73** D3, **97** D1, **98** A1
Międzyrzecze **72** A/B3
Miehikkälä **27** C2
Miehlen **80** B2/3
Miejska Górka **71** D3
Miekojärvi **17** C2
Miélan **109** C3, **155** C1
Mielec **97** C2
Mielęcin **71** D2
Mielęcin **71** B/C2
Mielslahti **19** C3

Mieluskylä — Mold

Mieluskylä 18 A3, 21 D1
Miengo 152 B1
Mierasjärvi 6 B2/3
Mieraslompolo 6 B2
Miercurea-Ciuc 141 C1
Mieres 156 B2
Mierlo 151 D1
Mierlo 79 C1
Miesakjaurestugan 9 D2
Miesbach 92 A3
Mieste 69 C2
Miesterhorst 69 C2
Mieszkowice 70 B2
Mietingen 91 C2
Mietinkylä 27 C1/2
Mieto 20 B3
Mietoinen 24 A2
Miettilä 27 D1
Mifol 142 A2
Migennes 88 A2
Migliarino 114 A2, 116 A1/2
Migliaro 115 C1
Migliónico 120 B2/3
Migné 101 C1
Migueláñez 160 B1/2
Miguel Esteban 167 D1, 168 A1
Miguelturra 167 C2
Mihai-Viteazu 141 D2
Mihajlovac 134 B2
Mihajlovac 135 C2
Mihajlovgrad 135 D3
Mihaľkovo 75 D1
Mihályfa 128 A1
Mihályi 94 B3
Mihla 81 D1
Miluranta 21 D1, 22 A1
Mijares 160 A3
Mijas 172 B2/3
Mijoux 104 A2
Mikaševiči 99 B/C1
Mikinai 147 C3
Mikkeli (Saint Michel) 26 B1
Mikkelvik 4 A2
Mikkola 12 B2
Mikleuš 128 B3
Mikonos 149 C2
Mikosszéplak 128 A1
Mikrevo 139 D3
Mikrókambos 143 D1, 144 A1
Mikromíla 144 B1
Mikrón Choríon 146 B1
Mikrón Deríon 145 D1, 145 D3
Mikrópolis 144 B1
Mikrothivai 143 D3, 147 C1
Mikróvalton 143 C2
Mikulášovice 83 D1/2
Mikulincy 98 B3
Mikulino 75 D2
Mikulov 96 B2
Mikulov 94 B2
Mikulov 83 C2
Mikulovice 96 B2
Milagres 158 A3, 164 A1
Milagro 154 A2
Miłaków 71 C3
Milano 159 C2
Milano 105 D3, 106 A3
Milano Marittima 115 C2, 117 C1
Milàs 149 D2
Milatovac 135 C2
Milazzo 125 D1
Milborne Port 63 D2
Mildenhall 65 C2
Miléai 144 A3
Milena 124 B2
Mileševo 133 C/D3
Miletići 130 B2
Mileto 122 A2
Miletos 149 D2
Milevsko 83 D3, 93 D1
Milford 64 B3, 76 B1
Milford Haven 62 B1
Milford Haven 55 D3
Milhão 151 C3, 159 C1
Mili 147 C3
Mili 147 D1
Milići 133 C2
Milićin 83 D3
Milin 83 C3
Milina 147 C1

Milis 123 C2
Militello in Val di Catánia 125 C3
Milјutino 74 B1
Mill 66 B3
Millana 161 D2
Millançay 87 C3
Millares 169 C1/2
Milas 156 B1
Millau 110 B2
Millésimo 113 C2
Millevaches 102 A3
Millisle 56 A3
Millom 59 C1, 60 A/B2
Millom 54 B3
Millport 56 B2
Millstatt 126 A/B1
Milly 87 D2
Milmarcos 161 D2, 162 A2
Milmersdorf 70 A2
Milna 131 C/D3
Milna 131 C/D3, 136 A1
Milnathort 57 C1
Milngavie 56 B2
Milnthorpe 59 D1, 60 B2
Miločer 137 C2
Milohnić 130 A/B1
Milos 149 C3
Miloševac 132 B1
Miloševa Kula 135 C2
Miloševa Kula 140 A2
Milošev Do 133 D3, 134 A3, 137 D1
Miloševo 135 C2
Miloslavci 139 C1
Milot 137 D3
Milovidy 98 B1
Milow 69 D2
Miltach 92 B1
Miltenberg 81 C3
Milton Keynes 64 B2
Miltutinovac 135 C2
Milverton 63 C2
Mimizan 108 B2
Mimizan-Plage 108 B2
Mimoň 83 D2
Minack Theatre 62 A3
Mina de São Domingos 170 B1
Miñana 153 D3, 161 D1
Minas de Oro Romanas 151 C1
Minas de Rio Tinto 171 C1
Minástrea 141 C2
Minaya 168 B1/2
Minde 164 A/B1
Mindelheim 91 D2/3
Minden 68 A3
Mindin 85 C3, 100 A1
Mindnes 14 A3
Mindszent 129 D2
Mindtangen 14 A2/3
Minehead 63 C2
Mineo 125 C3
Minerbe 107 C3
Minérbio 115 B/C1
Minerbio 113 D2
Minerve 110 A3, 156 B1
Minervino Murge 120 B2
Minfeld 90 B1
Minglanilla 168 B1
Mingorría 160 A/B2
Mináto 114 B2/3, 116 A2
Miničevo 135 C3
Minkio 25 B/C2
Minne 35 B/C3
Minnesund 38 A2
Miño 150 B1
Miño de San Esteban 153 C3, 161 C1
Minsk 74 B3
Miñsk Mazowiecki 73 C3, 97 C1, 98 A1
Minster 65 C3, 76 B1
Minsterley 59 D3
Minturnae 119 C3
Minturno 119 C3
Modonica 71 C3
Miokovičevo 128 A3
Miolans 104 A3
Mionica 133 D2, 134 A2
Mionnay 103 D2
Mos 108 A1
Mira 107 D3
Mira 143 D3
Mira 162 A3, 169 C1
Mira 158 A2

Mirabeau 111 D2
Mirabel 159 C/D3, 165 D1, 166 A1
Mirabella 119 D3, 120 A2
Mirabella Imbaccari 125 C3
Mirador Fito 152 A1
Miradoux 109 C2
Miraflores de la Sierra 160 B2
Miralrío 161 C2
Miramar 158 A2
Miramare 115 D2, 117 C1
Miramas 111 C/D3
Mirambeau 100 B3
Mirambel 162 B2
Miramont-de-Guyenne 109 C1
Miranda de Arga 154 A2
Miranda de Ebro 153 C2
Miranda del Castañar 159 D2
Miranda do Corvo 158 A3
Miranda do Douro 159 C/D1
Mirande 109 C3, 155 C1
Mirandela 159 B/C1
Mirandilla 165 D2, 166 A2
Mirándola 114 B1
Mirano 107 C/D3
Mirantes 151 D2
Miravci 139 C3, 143 D1
Miraveche 153 C2
Miravet 163 C2
Miravete 162 B2
Miré 86 A3
Mirebeau-en-Poitou 101 C1
Mirebeau-sur-Bèze 89 C3
Mirecourt 89 C2
Mirepoix 109 D3, 156 A1
Mireval 110 B3
Mirgorod 99 D2
Miribel 103 D2/3
Mirkov 82 B3
Mirna 127 C2/3
Mirna Peč 127 C3
Mironovka 99 D2/3
Mirosławiec 71 C1
Mirošov 83 C3
Mirotice 93 C1
Mirovice 83 C3, 93 C1
Mirow 69 D1, 70 A1
Mirtišk 145 D1
Mirto Crosia 122 B1
Mirtófiton 144 B1
Mirueña 160 A2
Misano Adriático 115 D2, 117 C1
Misburg 68 B2/3
Misi 12 B3
Misilmeri 124 B2
Miske 129 C2
Miskolc 97 C3
Miškovići 130 B2
Mislata 169 D1
Mislina 136 B1
Mišnjak 130 B1/2
Missanello 120 B3
Missila 22 B1
Missillac 85 C3
Mistelbach 94 B2
Mistelbach 96 B2
Mister 8 B3
Misterbianco 125 D2
Misterhem 33 D3
Misterhult 46 B3, 51 D1
Mistorf 53 D3, 69 D1
Mistrás 147 B/C3
Mistrás 148 B2/3
Mistretta 125 C2
Mistros 147 D2
Misurina 107 D2
Misvær 15 C1
Mitanderfors 38 B3
Mitikas 146 A1
Mitilíni 149 C/D2
Mitrašinci 139 D2/3
Mitrópolis 143 C3
Mitrovac 133 C2
Mittådalen 34 A2
Mittelberg 106 B1
Mittelberg 91 D3, 106 B1
Mittelbiberach 91 C2/3
Mittel-Neufnach 91 D2
Mittenwald 92 A3
Mittenwalde 70 A3
Mittenwalde 70 A/B1/2

Mitterbach am Erlaufsee 94 A3
Mitterding 93 C2
Mitterdorf an der Raab 127 C1
Mitterdorf im Steir.Salz-kammergut 93 C3
Mittersheim 89 D1, 90 A1/2
Mittersill 107 D1
Mitterteich 82 B3
Mitterweissenbach 93 C3
Mittet 32 A/B2
Mittewald an der Drau 107 D1, 126 A1
Mittweida 82 B1/2
Mitwitz 82 A2
Mizil 141 C2
Mjallby 51 C2/3
Mjallom 30 B3
Mjävatn 43 C3
Mjoback 49 D1, 50 A1
Mjoensestra 33 C3
Mjohult 49 D2/3, 50 A2
Mjolan 17 C2
Mjolby 46 A2
Mjolfjell 36 B3
Mjolkarlia 14 B3
Mjolkbäcken 15 B/C2
Mjomna 36 A3
Mjondalen 43 D1, 44 A1
Mjørlund 38 A2
Mjosebo 51 D1
Mjosjoby 31 C2
Mjösund 24 B3
Mjoträsk 17 C2
Mladá Boleslav 83 D2
Mladá Boleslav 96 A1/2
Mladá Vožice 83 D3, 93 D1
Madenovac 133 D2, 134 B2
Mladenovac 140 A2
Mladenovo 129 C3, 133 C1
Madikovine 132 B2
Mlado Nagoričane 139 C2
Mladotice 83 C3
Mlawa 73 C3
Mlini 137 C1/2
Mliniště 131 D2, 132 A2
Mních 93 D1
Mnichov 82 B3
Mníchovice 83 D3
Mnichovo Hradiště 83 D2
Mníšek 83 C2
Mníšek pod Brdy 83 D3
Mo 30 A3, 35 C1
Mo 44 B2
Mo 32 B2
Mo 30 A3, 35 D2
Mo 45 C1/2
Mo 36 A3
Mo 37 D2, 38 A1/2
Mo 43 C1/2
Mo 38 A/B2
Moan 29 C3, 34 B2
Moaña 150 A2/3
Moarottaja 19 C1
Moat of Ur 56 B3, 60 A1
Moče 95 D3
Mocejón 160 B3, 167 C1
Mochales 161 D2
Mochov 83 D3
Mochtin 93 C1
Mochy 71 C/D3
Möckern 69 D3
Mockfjärd 39 D2
Mockmühl 91 C1
Mockmühl-Züttlingen 91 C1
Mockrehna 82 B1
Mockträsk 17 B/C3
Moclín 173 C2
Modane 104 B3, 112 A/B1
Modbury 63 C3
Módena 114 B1
Módica 125 C3
Modigliana 115 C2, 116 B1
Mödling 94 B2/3
Modra 95 C2
Modran 132 B1
Modrany 83 D3
Modrava 93 C1
Modriča 132 B1
Modrište 138 B3

Modruš 130 B1
Modrý Kameň 95 D2
Modrze 71 D3
Modugno 121 C2
Moeche 150 B1
Moelingen 79 C/D2
Moelv 38 A2
Moen 28 B3, 33 D1, 34 A1
Moen 28 B3, 33 D1
Moen 4 A3, 9 D1
Moena 107 C2
Moers 79 D1, 80 A1
Mofalla 45 D2, 46 A2
Moffat 57 C2
Mogadouro 159 C1
Mogelténder 52 A2
Mogen 43 C1
Mogente 169 C2
Möggió Udinese 126 A2
Mogglingen 91 C2
Mogila 138 B3, 143 C1
Mogilev 74 B3
Mogilev-Podol'skij 99 C3
Möglia 114 B1
Mogliano Veneto 107 D3
Moglica 142 B1/2
Mogón 167 D3, 168 A3, 173 C/D1
Mogor 150 B1
Mogorić 131 B/C2
Mógoro 123 C3
Moguer 171 C2
Mohács 129 B/C2/3
Moharras 168 B2
Moheda 51 C1
Mohedas 159 D3
Mohedas de la Jara 166 B1
Mohelnice 96 B2
Mohko 23 D1
Mohne-Gunne 80 B1
Mohnesee-Korbecke 80 B1
Moholm 45 D2, 46 A2
Mohorn 83 C1/2
Mohorte 161 D3
Mohrkirchl 52 B2
Moi 42 B3
Moi 42 B3
Moi 135 D1
Moía 156 A2/3
Móie 115 D3, 117 D2
Moikipaa 20 A2, 31 D3
Moimenta 151 C3
Moimenta da Beira 158 B2
Moimenta de Mac Dão 158 B2
Mo i Rana 14 B2
Moirans 103 D3, 104 A3
Moirans-en-Montagne 104 A2
Moisakula 74 A1
Moisdon-la-Rivière 86 A3
Moisiovaara 19 D3
Moissac 109 C2
Moisselles 87 D1
Moisund 43 B/C3
Moita 113 D3
Moita 164 A2
Moita 158 A/B3
Moita dos Ferreiros 164 A1/2
Moja 47 D1
Mojácar 174 A2
Mojados 160 A/B1
Mojkovac 137 D1
Mojstrana 126 B2
Møklevika 29 C1
Möklinta 40 A3
Mokošica 137 C1
Mokra Gora 133 C3
Mokreš 135 D3
Mokrice 127 C/D3
Mokrin 129 D2/3
Mokro 132 B2
Mokronog 127 C2/3
Mokro Polje 131 C2
Mokrós 144 B1
Moksy 21 C2
Mol 129 D3
Mol 79 C1
Molacillos 151 D3, 159 D1
Mola di Bari 121 C2
Molare 113 C1
Molaretto 104 B3, 112 B1
Molat 130 B2
Molbergen 67 D2
Mold 59 C2, 60 B3

Moldava v Krušných horách — 66 — Montemayor

Moldava v Krušných horách **83** C2
Molde **32** A2
Moldara **28** A2/3, **33** C1
Moldava Nouă **135** C1/2
Moldava Nouă **140** A2
Moldova Veche **135** B/C1/2
Moldrup **48** B3, **52** B1
Moldvik **5** B/C2
Molesme **88** B2/3
Molesworth **64** B2
Molezuelas de la Carballeda **151** D3
Molfetta **121** B/C2, **136** A3
Moliden **30** B3
Molières **108** B2
Moliets-et-Maa **108** B2
Molina Aterno **119** C1
Molina de Aragón **161** D2, **162** A2
Molina de Segura **169** D3
Molina di Ledro **106** B2/3
Molinella **115** C1
Molinicos **168** B2/3
Molini di Tures/Mühlen **107** C1
Molino **112** B3
Molinos **162** B2
Molinos de Duero **153** C/D3
Molins de Rei **156** A3
Moliterno **120** B3
Molitg **156** A/B1/2
Molivdosképastos **142** B2
Moljeryd **51** C2
Molkojärvi **12** A2
Molkokongas **12** A2/3, **17** D1
Molkom **39** C3, **45** D1
Mollans-sur-Ouveze **111** D2
Möllbrücke **126** A1
Mölle **49** D2, **50** A2
Møllebogen **28** B1
Molledo **152** B1
Möllenbeck **70** A1
Möllenhagen **70** A1
Mollerussa **155** D3, **163** C/D1
Mollet del Vallès **156** A3
Móllia **105** C3
Molliens-Vidame **77** D2/3
Mollina **172** B2
Mollisjok **5** D3, **6** A2
Mollis [Näfels-Mollis] **105** D1, **106** A1
Mölln **69** C1
Möllö **156** A/B2
Mollösund **44** B3
Mölltorp **45** D2, **46** A2
Molnári **128** A2
Melnarodden **8** A3
Mölnbo **47** C1
Melnbukt **28** A3, **33** C1
Mölndal (Göteborg) **45** C3, **49** D1
Mölndal (Göteborg) **72** A1
Mölnlycke **45** C3, **49** D1
Molodečno **74** A3
Mólos **147** C1
Molov **88** B3
Molpe (Moikipää) **20** A2, **31** D3
Molschleben **81** D1/2
Molsheim **90** A2
Molunat **137** C2
Molve **128** A2
Molveno **106** B2
Molvízar **173** C2
Mománo **112** B3
Momarken **38** A3, **44** B1
Mombaróccio **115** D2, **117** C1
Mombaruzzo **113** C1
Mombeja **164** B3, **170** B1
Mombeltrán **160** A3
Momblona **161** D1
Mombus **81** C3
Mombuey **151** D3
Momčilgrad **141** C3
Momlingen **81** C3
Mommark **52** B2
Mommila **25** D2, **26** A2
Momo **105** D3
Momrak **43** C2
Momyr **28** A2

Monà **20** B2
Monachil **173** C2
Monaco **112** B2/3
Monaghan **54** A3, **55** D2
Monamolín **58** A3
Monàs **20** B1/2
Monasterace Marina **122** B3
Monasterio de Rodilla **153** C2
Monasterio de Cristo **151** C1
Monasterio de Lluc **157** C2
Monasterio de Poblet **163** D1
Monasterio de Yuste **159** D3
Monasterio de las Huelgas **153** C2
Monasterio de Vega **152** A2/3
Monasterio de Leyre **155** C2
Monasterio de Piedra **161** D1, **162** A1
Monasterio El Paular **160** B2
Monasterio Montserrat **156** A3
Monasterio San Salvador **157** C2
Monasterio Santes Creus **163** C1
Monasterio San Miguel de Escalade **152** A2
Monastir **123** D3
Monastirákon **146** A1
Monastyriska **97** D2, **98** B3
Monbahus **109** C1
Monbrun **109** C2/3
Moncada **169** D1
Moncalieri **113** B/C1
Moncalvillo de Huete **161** D3
Moncalvo **113** C1
Monção **150** A3
Moncarapacho **170** B2
Monceau **78** B2
Mönchdorf **93** D2
Mönchengladbach **79** D1
Mönchio delle Corti **114** A2, **116** A1
Monchique **170** A2
Monchy-Humières **78** A3
Monclar-de-Quercy **109** D2
Moncófar **163** B/C3, **169** D1
Moncontour-de-Bretagne **85** C2
Moncontour-de-Poitou **101** C1
Moncoutant **100** B1
Monda **172** A/B2/3
Mondariz **150** A2/3
Mondariz-Balneario **150** A3
Mondéjar **161** C3
Mondicourt **77** D2, **78** A2
Mondim de Basto **158** B1
Mondolfo **115** D2, **117** D1/2
Mondoñedo **151** B/C1
Mondorf-les-Bains **79** D3
Mondoubleau **86** B2
Mondoví **113** C2
Mondragón **111** C2
Mondragone **119** C3
Mondsee **93** C3
Monéglia **113** D2
Monegrillo **154** B3, **162** B1
Monein **108** B3, **154** B1
Monemvasía **148** B3
Moneo **153** C2
Monesi **113** C2
Monesiglio **113** C2
Monesterio **165** D3, **166** A3
Monestier-de-Clermont **111** D1
Monestiés **109** D2, **110** A2
Moneva **162** B1/2
Monfalcone **126** A3
Monfero **150** B1
Monflanquin **109** C1
Monfort **109** C2
Monforte **165** C2

Monforte **158** B3, **165** C1
Monforte de Lemos **150** B2
Monforte de Moyuela **162** B2
Monforte del Cid **169** C3
Monforte San Giorgio **125** D1/2
Mongħídoro **114** B2, **116** B1
Mongiana **122** A/B3
Mongiardino Ligure **113** D1
Mongstad **36** A3
Monguelfo/Welsberg **107** C/D1
Monguillem **108** B2
Monheim **80** A1
Moni Agías Lávras **146** B2
Moniaive **56** B2/3
Monica **133** D2, **134** A2
Moni Chiliandariou **144** B2
Mönichkirchen **94** A3
Mon Idée **78** B3
Moni Elónis **147** C3
Monifieth **57** C1
Moniga del Garda **106** B3
Moni Ikosifinissis **144** B1
Monikie **57** C1
Moni Loukoú **147** C3
Moni Megistis Lávras **144** B2
Moni Osíou Louká **147** C2
Monistrol **156** A3
Monistrol-d'Allier **110** B1
Monistrol-sur-Loire **103** C3
Monkebude **70** B1
Monmouth **63** D1
Monnai **86** B1
Monnaie **86** B3
Monni **23** D2/3
Monni **25** C2, **26** A2
Monnickendam **66** B2
Monninkylä **25** D2, **26** A2
Monó Agíos Ioánnis **144** A/B1
Monola **27** B/C2
Monópoli **121** C2
Monor **129** C1
Monor **97** C3, **140** A1
Monóvar **169** C3
Monpazier **109** C1
Monreal **154** A2
Monreal **80** A2
Monreal del Campo **163** C2
Monreal del Llano **168** A1
Monreale **124** B2
Monroy **165** D1, **166** A1
Monroyo **163** C2
Mons **78** B2
Mons **112** A/B3
Monsagro **159** D/C2
Monsanto **159** C3
Monsaraz **165** C3
Monschau **79** D2
Monschau-Imgenbroich **79** D2
Monschau-Kalterherberg **79** D2
Monségur **108** B1
Monsélice **107** C3
Monsheim **80** B3
Monsheim **91** B/C1/2
Monsols **103** C2
Monsted **48** B2
Monsterås **51** D1
Monsterås **72** B1
Monsteroy **42** A2
Monsummano Terme **114** B2, **116** A1
Montabaur **80** B2
Montaberner **169** D2
Montagnac **110** B3
Montagnana **107** C3
Montagny **103** C2
Montagut de Fluvià **156** B2
Montaigu **101** C1
Montaigu-de-Quercy **109** C2
Montaiguët-en-Forez **103** C2
Montaigut-en-Combraille **102** B2
Montaigut-sur-Save **108** B2
Montalba-d'Amélie **156** B2
Montalba-le-Château **156** B1

Montalbán **162** B2
Montalbán de Córdoba **172** B1
Montalbanejo **161** D3, **168** A/B1
Montalbano Elicona **125** D2
Montalbano Iónico **120** B3
Montalbo **161** D3, **168** A1
Montaltos **168** B2
Montalcino **115** B/C3, **116** B2
Montaldo di Cósola **113** D1
Montalegre **150** B3, **158** B1
Montalivet-les-Bains **101** C3
Montallegro **124** B2/3
Montalto delle Marche **117** D2/3
Montalto di Castro **116** B3, **118** A1
Montalto Marina **116** B3, **118** A1
Montalto Pavese **113** D1
Montalto Uffugo **122** A1
Montalvão **165** C1
Montalvo **164** B1
Montalvo **164** A/B3
Montamarta **151** D3, **159** D1
Montán **162** B3
Montañana **155** C2/3
Montanara **106** B3, **114** B1
Montanaro **105** C3, **113** C1
Montana [Sierre] **105** C2
Montánchez **165** D2, **166** A2
Montanejos **162** B3
Montaner **108** B3, **155** C1
Montano Antilia **120** A3
Montargil **164** B2
Montargis **87** D2
Montarì **25** D2, **26** A2
Montastruc **109** C3, **155** C1
Montastruc-la-Conseillère **109** D2
Montauban **108** B2
Montauban-de-Bretagne **85** C2
Montauriol **109** D3, **155** D1
Montázzoli **119** D2
Montbard **88** B3
Montbazens **110** A1
Montbazon **86** B3, **101** C/D1
Montbéliard **89** D3
Montbenoît **104** B1
Montblanc **163** C1
Montbovon **104** B2
Montbozon **89** C/D3
Montbras **89** C2
Montbrison **103** C3
Montbron **101** C3
Montbrun **101** D3
Montbrun-les-Bains **111** D2
Montceau-les-Mines **103** C1
Montceaux-les-Provins **88** A1/2
Montcenis **103** C1
Montchanin-les-Mines **103** C1
Montcornet **78** B3
Montcuq **108** B2
Montdardier **110** B2
Mont-de-Marsan **108** B2
Montdidier **78** A3
Monteagudo **161** D3, **162** A3, **168** B1
Monteagudo **154** A3
Monteagudo de las Vicarías **161** D1
Monteaguido del Castillo **162** B2
Montealegre **152** A3
Montealegre del Castillo **169** D2
Montearagón **160** A/B3, **166** B1
Monte Argentário **116** B3
Montebello Iónico **122** A3, **125** D2

Montebello Veronese **107** C3
Montebelluna **107** C/D3
Montébilloy **87** D1
Montebourg **76** B3
Montebruno **113** D1/2
Montecalvo Irpino **119** D3, **120** A2
Monte Carlo **112** B2/3
Montecarotto **115** D3, **117** D2
Montecastrilli **117** C3, **118** B1
Montecatini Terme **114** B2, **116** A1
Montecatini Val di Cécina **114** B3, **116** A2
Montecchio Emilia **114** A/B1
Montecchio Maggiore **107** C3
Montécchio **115** D2, **117** C1
Monte Creignone **115** C2, **117** C1
Montenich **108** B2
Montechiaro d'Asti **113** C1
Monte Claro **165** C1
Monte Clerigo **170** A2
Monte Colombo **115** D2, **117** C1
Montecorvino Rovella **119** D3, **120** A2
Montecreto **114** B2, **116** A1
Monte da Pedra **165** B/C1
Montederramo **150** B2/3
Montedermo **150** B2/3
Monte de Trigo **165** C3
Monte di Prócida **119** C3
Montedoro **124** B2
Montefalco **117** C3
Montefalcone di Val Fortore **119** D2, **120** A1/2
Montefalcone nel Sánnio **119** D2
Montefano **117** D2
Montefiascone **117** B/C3, **118** A1
Montefiorino **114** B2, **116** A1
Monteflávio **118** B1/2
Monteforte d'Alpone **107** C3
Monteforte Irpino **119** D3
Montefrio **172** B2
Montegaida **107** C3
Montegiordano Marina **120** B3, **122** B1
Montegiorgio **117** D2
Monte Gordo **158** B3, **165** B/C1
Montegranaro **117** D2, **130** A3
Montegrotto Terme **107** C3
Montehermoso **159** C3
Montejaque **172** A2
Montejicar **173** C1
Montejo **153** C2
Montejo **159** D2
Montejo De la Vega **153** C3, **161** B/C1
Montejo de la Sierra **161** C2
Montejo de Tiermes **161** C1
Montelanico **118** B2
Montelavar **164** A2
Montel-de-Gelat **102** B2
Monteleone di Puglia **120** A2
Monteleone d'Orvieto **117** B/C3
Monteleone di Spoleto **117** C/D3, **118** B1
Montelepre **124** A/B2
Montélimar **111** C1
Montella **119** D3, **120** A2
Montellano **171** D2, **172** A2
Montelupo Fiorentino **114** B2, **116** A/B1/2
Montemaggiore Belsito **124** B2
Montemagno **113** C1
Montemarano **119** D3, **120** A2
Montemarcello **114** A2
Montemayor **172** B1

Montemayor de Pililla — Mosa

Montemayor de Pililla 152 B3, 160 B1
Montemboeuf 101 C3
Montemerano 116 B3, 118 A1
Montemésola 121 C2/3
Montemiletto 119 D3, 120 A2
Montemilone 120 B2
Montemolín 165 D3, 166 A3
Montemónaco 117 D3
Montemor o Novo 164 B2
Montemor-o-Velho 158 A3
Montemurlo 114 B2, 116 A/B1
Montemurro 120 B3
Montendre 101 B/C3
Montenegro de Cameros 153 D3
Montenero 114 A3, 116 A2
Montenero di Bisáccia 119 D2, 120 A1
Montenero Sabino 117 C3, 118 B1
Montepiano 114 B2, 116 B1
Monte Picayo 162 B3, 169 D1
Montépilloy 87 D1
Montepulciano 115 C3, 116 B2
Monteras 159 C/D1/2
Monterchi 115 C3, 117 C2
Monterde 162 A1/2
Monterde 162 A2
Monte Real 158 A3, 164 A1
Montereale 117 D3, 119 B/C1
Montereale Valcellina 107 D2, 126 A2
Montereau-Faut-Yonne 87 D2
Monte Redondo 158 A3, 164 A1
Monterénzio 114 B2, 116 B1
Monteriggioni 114 B3, 116 B2
Monte Romano 116 B3, 118 A1
Monteroni d'Arbia 114 B3, 116 B2
Monteroni di Lecce 121 D3
Monterosi 118 A/B1
Monterosso al Mare 114 A2
Monterosso Almo 125 C3
Monterotondo 118 B1/2
Monterotondo Marittimo 114 B3, 116 A2
Monterrei 151 B/C3
Monterroso 150 B2
Monterrubio de Demanda 153 C3
Monterrubio de la Serena 166 B2
Monterrubio de la Sierra 159 D2
Monterubbiano 117 D2
Montesa 169 C2
Monte Salgueiro 150 B1
Monte San Biagio 119 C2
Monte San Giovanni Incárico 119 C2
Montesano Salentino 121 D3
Montesano Scalo 120 A/B3
Montesano sulla Marcellana 120 A/B3
Monte San Savino 115 C3, 116 B2
Monte Sant'Angelo 120 B1
Monte San Vito 115 D3, 117 D2
Montesárchio 119 D3
Montescaglioso 121 B/C2/3
Montesclaros 160 A3
Montese 114 B2, 116 A1
Montesilvano Marina 119 C1
Montespértoli 114 B3, 116 A/B2
Montespluga 105 D2, 106 A2

Montesquieu-Volvestre 108 B3, 155 C1
Montesquiou-sur-Losse 109 C3, 155 C1
Montes Velhos 164 B3, 170 A/B1
Monteux 111 C/D2
Montevarchi 115 C3, 116 B2
Montevécchio 123 C3
Montevécchio 123 C3
Monteverde 120 A2
Monteverdi Marittimo 114 B3, 116 A2
Montezémolo 113 C2
Montfaucon 85 D3, 100 B1
Montfaucon 88 B1
Montfaucon-en-Velay 103 C3
Montferrat 112 A3
Montfleur 103 D2, 104 A2
Montfort 79 D1
Montfort-en-Chalosse 108 A/B2
Montfort-l'Amaury 87 C1
Montfort-sur-Boulzane 156 A1
Montfort-sur-Meu 85 C2
Montfort-sur-Risle 77 C3, 86 B1
Montfranc 110 A2
Montgai 155 D3, 163 D1
Montgaillard 108 B3, 155 C1
Montgenèvre 112 A/B1
Montgomery 59 C3
Montguyon 101 C3
Monthermé 79 C3
Monthey 104 B2
Monthois 88 B1
Monthureux-sur-Saône 89 C2
Monti 123 D1
Monticchio Bagni 120 A2
Monticelli d'Ongina 114 A1
Monticelli Terme 114 A1
Montichiari 106 B3
Monticiano 114 B3, 116 B2
Montiel 167 D2, 168 A2
Montier-en-Der 88 B2
Montieri 114 B3, 116 A/B2
Montiers-sur-Saulx 89 C2
Montiglio 113 C1
Montignac 101 C3, 108 B1
Montigny 89 D2, 90 A2
Montigny-le-Roi 89 C2
Montigny-sur-Canne 103 C1
Montigny-sur-Aube 88 B2
Montijo 165 D2
Montijo 164 A2
Montilla 172 B1
Montillana 173 C1
Montivilliers 77 B/C3
Montizón 167 D3, 168 A3
Montjay 111 D2
Montjean-sur-Loire 86 A3
Montlhéry 87 D2
Montlieu-la-Garde 101 C3
Mont-Louis 156 A2
Montluçon 102 B2
Montluel 103 D2
Montmarault 102 B2
Montmartin-sur-Mer 85 D1
Montmédy 79 C3
Montmélian 104 A3
Montmeyan 112 A3
Montmeyran 111 C1
Montmirail 86 B2
Montmirail 88 A1
Montmirey-le-Château 89 C3, 103 D1, 104 A1
Montmoreau-Saint-Cybard 101 C3
Montmorency 87 D1
Montmorillon 101 D2
Montmort 88 A1
Montmuran 85 C/D2
Montóggio 113 D1/2
Montoir-de-Bretagne 85 C3
Montoire-sur-le-Loir 86 B3
Montoito 165 C2/3
Montolieu 110 A3, 156 A1
Montorio 153 B/C2

Montório al Vomano 117 D3, 119 C1
Montório nei Frentani 119 D2, 120 A1
Montoro 167 C3, 172 B1
Montpellier-le-Vieux 110 B2
Montpellier 110 B3
Montpézat 109 C3, 155 D1
Montpezat 111 C2
Montpezat-de-Quercy 109 D2
Montpezat-sous-Bauzon 111 C1
Montpon-Ménestérol 109 B/C1
Montpont-en-Bresse 103 D2
Montridon-Labessonnié 110 A2
Montréal 110 A3, 156 A1
Montréal-de-Gers 109 B/C2
Montréjeau 109 C3, 155 C1
Montrésor 86 A/B3, 101 C1
Montresta 123 C2
Montret 103 D1
Montreuil-aux-Lions 87 D1, 88 A1
Montreuil-Bellay 101 C1
Montreuil-sur-Mer 77 D2
Montreux 104 B2
Montrevault 85 D3, 100 B1
Montrevel-en-Bresse 103 D2
Montrichard 86 A/B3
Montricoux 109 D2
Montroc 104 B2
Mont-roig del Camp 163 D2
Montrond 104 A1
Montrond-les-Bains 103 C3
Montrose 54 B2
Montrottier 104 A2/3
Montroy 169 C/D1
Mont-Saint-Vincent 103 C1
Montsalvy 110 A1
Montsauche 88 A3, 103 C1
Montsaunès 109 C3, 155 D1
Mont-Saxonnex 104 B2
Montsecret 86 A1
Montségur 156 A1
Montseny 156 A/B3
Montsoreau 86 A/B3, 101 C1
Mont-sous-Vaudrey 103 D1, 104 A1
Monts-sur-Guesnes 101 C1
Montsûrs 86 A2
Montuenga 160 A/B2
Montuïri 157 C2
Monturque 172 B1
Monumento a Colón 171 C2
Monza 105 D3, 106 A3
Monze 110 A3, 156 B1
Monzón 155 C3
Monzón de Campos 152 B3
Moorenweis 92 A2
Moormerland-Warsingsfehn 67 D1
Moormeriand 67 D1
Moormerland-Oldersum 67 D1
Moormeriand-Neermoor 67 D1
Moosbach 82 B3
Moosbrunn 94 B3
Moosburg 92 A/B2
Moosinning 92 A2
Moos-Langenisarhofen 92 B2
Moosthenning 92 B2
Mór 95 C3, 81 B1
Mór 96 B3
Mora 160 B3, 167 C1
Mora 164 B2
Mora 39 C/D2
Mora 39 D2
Moracz 70 B1

Móra d'Ebre 163 C2
Mora de Rubielos 162 B3
Mora de Santa Quiteria 168 B2
Moradillo de Roa 153 B/C3, 160 B1
Moraes 159 C1
Morąg 73 C2
Mórahalom 129 D2
Moraira 169 D2
Moraitika 142 A3
Moral 161 C1
Mora la Nova 163 C2
Moral de Calatrava 167 D2
Moral de la Reina 152 A3
Moraleda de Zafayona 172 B2
Moraleja 159 C3
Moraleja del Vino 159 D1
Morales 161 C1
Morales del Vino 159 D1
Morales de Toro 152 A3, 160 A1
Morales de Valverde 151 D3
Moralina 159 D1
Moralzarzal 160 B2
Moraña 150 A2
Morannes 86 A3
Morano Cálabro 120 B3, 122 A1
Morano sul Po 105 C3, 113 C1
Morárp 49 D3, 50 A2
Morasverdes 159 C/D2
Morata 174 B1
Morata de Jalón 154 A3, 162 A1
Morata de Jiloca 162 A1
Morata de Tajuña 161 C3
Moratalla 168 B3
Moratilla de los Meleros 161 C2
Moravče 127 C2
Moravita 134 B1
Moravská Nová Ves 94 B2
Moravské Budějovice 94 A1
Moravské Budějovice 96 A2
Moravské Lieskové 95 C1/2
Moravske Toplice 127 D1/2
Moravský Ján 94 B2
Moravský Krumlov 94 B1
Morbach 80 A3
Morbach-Gonzerath 80 A3
Morbegno 106 A2
Morbisch am See 94 B3
Mörbylånga 51 D2
Mörbylånga 72 B1
Morcenx 108 A2
Morciano di Romagna 115 D2, 117 C1
Morcillo 159 C3
Morcone 119 D2
Morcote 105 D2/3
Morcuera 161 C1
Mordelles 85 D2
Morecambe 59 D1, 60 B2
Moreda 173 C1/2
Morée 86 A/B2/3
Morehampstead 63 C3
Moreira 158 A1
Moreira do Rei 158 A/B1
Mårekvam 37 C2/3
Morella 163 B/C2
Moreni 141 C2
Moreruela de Tábara 151 D3, 159 D1
Morés 154 A3, 162 A1
Möres 123 C2
Morestel 103 D3, 104 A3
Moreton in Marsh 64 A2
Moret-sur-Loing 87 D2
Moretta 112 B1
Moreuil 78 A3
Morez 104 A2
Morfasbukten 9 D2/3
Morfasso 113 D1, 114 A1
Mórfion 142 B3
Morgat 84 A2
Morgedal 43 C1/2
Morges 104 B2
Morgex 104 B3
Morgins [Troistorrents] 104 B2

Morgny 77 D3, 87 C1
Morgongåva 40 A3
Morgovejo 152 A2
Morhange 89 D1
Mørholmen 43 C3
Mori 106 B3
Moriani-Plage 113 D3
Moriaunet 28 A2, 33 C1
Morienval 87 D1
Moriles 172 B1/2
Morillas Zubilana 153 C2
Morille 159 D2
Morillejo 161 D2
Morillo de Monclús 155 C2
Morin 138 A2
Morina 138 A2
Morina 140 A3
Moringen 68 B3, 81 C1
Moringen-Fredelsloh 68 B3
Moripen 43 C3
Moritzburg 83 C1
Moriville 89 D2
Möriärv 17 C2
Morkarla 40 B3
Morke 49 C2
Morken 28 A2, 33 C1
Morkkäperä 12 B3
Mörkö 47 C1/2
Morkov 49 C3, 53 C/D1
Morkovice 95 B/C1
Mørkret 38 B1
Mørkri 37 B/C2
Morl 82 A/B1
Morlaàs 108 B3, 154 B1
Morlaix 84 B2
Morlanne 108 B3, 154 B1
Mörlen 80 B2
Morley 61 C2
Mörlunda 51 C/D2
Morlunda 72 B1
Mormanno 120 B3, 122 A1
Mormant 87 D2
Mornant 103 D3
Mornay-Berry 102 B1
Mornesi 113 C/D1
Mornsheim 91 D1/2, 92 A1/2
Moročno 98 B2
Morón 17 C3
Morón de Almazán 161 D1
Morón de la Frontera 172 A2
Moror 155 C/D3
Moros 161 D1, 162 A1
Morosaglia 113 D2/3
Morovič 133 C1
Morozzo 113 B/C2
Morpeth 57 D2/3
Morpeth 54 B3
Morðalssvíken 30 B3
Morriston 63 C1
Mörrum 51 C2
Morsains 88 A1
Morsbach 80 B2
Morsch 90 B1
Morsil 29 C3, 34 A/B2
Mersvikbotn 9 C3
Mortagne-au-Perche 86 B2
Mortagne-sur-Sèvre 100 B1
Mortagne-sur-Gironde 100 B3
Mortágua 158 A2/3
Mortain 85 D1/2, 86 A1/2
Mortara 105 D3, 113 C/D1
Mortberg 16 B2
Morteau 104 B1
Montegliano 126 A2
Mortemart 101 D2
Mortenshals 4 A3, 9 D1
Mortensjordet 5 D1, 6 A/B1
Mortenstund 29 C2
Mortfors 46 B3, 51 D1
Mortrée 86 B2
Mörtsjön 29 D3, 34 B1
Mortsund 8 B2/3
Mörtträsk 16 B2
Morup 49 D2, 50 A1
Morups Tånge 49 D2, 50 A1
Moryń 70 B2
Morzine 104 B2
Morzyczyn 71 B/C1
Mos 150 A2
Mosa 26 B2

Mosätt — Muuruvesi

Mosätt 34 B3
Mosbach 91 C1
Mosbach-Neckarelz 91 C1
Mosby 43 C3
Mosca 151 C3, 159 C1
Moscardón 162 A3
Moscavide 164 A2
Moščenička Draga 126 B3, 130 A1
Moschendorf 127 D1
Moschófiton 143 C3
Moschopótamos 143 D2
Mosel 82 B2
Mosina 71 D3
Mosiny 71 D1
Mosjøen 14 A/B2/3
Moskaret 33 C3, 37 D1
Moskog 36 A/B2
Moskosel 16 A2
Moskuvaara 12 B2
Moskva 75 D2/3
Moso in Passiria/Moos in Passeiert. 107 C1
Mosonmagyaróvár 95 B/C3
Mosonmagyaróvár 96 B3
Mosonszolnok 94 B3
Mosorin 129 D3, 133 D1, 134 A1
Mošovce 95 D1
Mosqueruela 162 B2/3
Moss 44 B1
Mossala 24 A3
Mosstraäsk 30 B2, 35 D1
Mossebo 50 B1
Mossiberg 39 C1
Mössingen 91 C2
Mössingen-Bad Sebastians-weiler 91 C2
Mosso Santa Maria 105 C3
Mosstrand 43 C1
Most 83 C2
Most 96 A1
Mostad 8 A3
Mostar 132 B3
Moster 126 B2
Moster 42 A1
Mosterhamn 42 A1
Mosterøy 42 A2
Mostiska 97 D2, 98 A2
Most na Soči 126 B2
Mostøl 42 B1
Móstoles 160 B3
Mostrim 55 C/D2
Mosty 73 D3, 98 B1
Mosty 71 B/C1
Mosty u Jablunkova 95 D1
Mosvik 28 B3, 33 D1
Mota de Altarejos 161 D3, 168 B1
Mota del Cuervo 167 D1, 168 A1
Mota del Marqués 152 A3, 160 A1
Motala 46 A2
Motešice 95 C1/2
Motherwell 56 B2
Möthlow 69 D2, 70 A2
Motilla del Palancar 168 B1
Motilleja 168 B2
Mötingelserget 30 A/B1
Motjärnshyttan 39 C3
Motnik 127 C2
Motovun 126 B3, 130 A1
Motril 173 C2
Moura 135 D1
Motta 107 C3
Motta di Livenza 107 D3
Motta Montecorvino 119 D2, 120 A1
Motta San Giovanni 122 A3, 125 D2
Motta Visconti 105 D3
Motten-Kothen 81 C2
Möttingen 91 D2
Möttola 121 C2
Möttönen 21 C2
Mötzing-Schönach 92 B1/2
Mou 48 B2
Mouchamps 100 B1
Mouchan 109 C2
Mouchard 104 A1
Moudon 104 B1/2
Moúdros 145 C3
Mouflers 77 D2
Mougon 101 C2

Mouhijärvi 24 B1
Mouilleron-en-Pareds 100 B1
Moulay 86 A2
Mouleydier 109 C1
Mouliherne 86 A/B3
Moulin-Mage 110 A2
Moulin-Neuf 109 D3, 156 A1
Moulins 102 B1/2
Moulins-Engilbert 103 C1
Moulin-la-Marche 86 B2
Moulismes 101 D2
Moult 86 A1
Mountain Ash 63 C1
Moura 165 C3
Mourão 165 C3
Moure 150 A3, 158 A1
Mourenx 109 C3, 155 C1
Mourèze 110 B3
Mouriès 139 D3, 143 D1, 144 A1
Mouriès 111 C2/3
Mourikon 147 D2
Mouriscas 164 B1
Mourmelon-le-Grand 88 B1
Mouroniho 158 B3
Mourujärvi 13 C3
Mouscron (Moeskroen) 78 A2
Moussey 89 D1/2, 90 A2
Moustey 108 B2
Moustier 109 C1
Moustiers-Sainte-Marie 112 A2
Mouthe 104 A1/2
Mouthier-Haute-Pierre 104 A1
Mouthoumet 110 A3, 156 B1
Moutier 104 B1
Moûtiers 104 B3
Moutiers-au-Perche 86 B2
Mouton 100 B3
Moux 88 A/B3, 103 C1
Moux 110 A3, 156 B1
Mouy-de-l'Oise 77 D3, 87 D1
Mouzákion 146 B2/3
Mouzákion 143 C3
Mouzay 79 C3
Mouzon 79 C3
Møvik 36 A3
Moville 54 A3, 55 D2
Moxhe 79 C2
Moyenvic 89 D1
Moyeuvre-Grande 89 C1
Möykky 20 B3
Möykkyiä 18 A3
Möykkylänperä 18 B3
Moyuela 162 B1/2
Možajsk 75 D3
Mozárbez 159 D2
Mozgovo 135 C3
Mózia 124 A2
Mozirje 127 C2
Mozoncillo 160 B1/2
Mozyr' 99 C1
Mozzánica 106 A3
Mrągowo 73 C2/3
Mrakovica 131 D1, 132 A1
Mramor 135 C3
Mramorak 134 B1
Mratinje 133 C3, 137 C1
Mrazoviç 131 C1
Mrčajevci 133 D2, 134 A2/3
Mrežičko 139 C3, 143 C1
Mrkalji 133 C2
Mrkonjić Grad 131 D2, 132 A2
Mrkopalj 127 C3, 130 B1
Mrzla Vodice 127 C3, 130 B1
Mšec 83 C2/3
Mšené-lázně 83 C2
Mšeno 83 D2
Mstislavl' 75 C3
Mszczonów 73 C3, 97 C1
Múccia 115 D3, 117 C/D2
Much 80 A2
Muchamiel 169 D3
Mucheln 82 A1
Much Wenlock 59 D3
Mucientes 152 A/B3, 160 A1

Mucka 83 D1
Mücke-Flensungen 81 C2
Mücke-Nieder-Ohmen 81 C2
Mudanya 149 D1
Mudau 81 C3, 91 C1
Müddersheim 79 D2, 80 A2
Müden (Aller) 68 B2
Muel 154 A/B3, 162 A/B1
Muelas del Pan 151 D3, 159 D1
Mués 153 D2
Muga de Sayago 159 C/D1
Mugaire 108 A3, 154 A1
Mugardos 150 B1
Muge 164 A/B2
Mügeln 83 B/C1
Mügeln 70 A3
Muggensturm 90 B1/2
Muggia 126 B3
Mugla 149 D2/3
Mugron 108 B2
Mühlacker 90 B1
Muhlbach am Hochkönig 93 C3, 107 D1, 126 A1
Mühlbach-sur-Münster 89 D2, 90 A3
Mühlbeck 69 D3, 82 B1
Mühlberg 83 C1
Mühlberg 81 D2
Mühldorf 94 A2
Mühldorf 92 B2
Mühlen Eichsen 53 C3, 69 C1
Mühlhausen (Höchstadt) 81 D3
Mühlhausen 81 D2
Mühlhausen (Neumarkt) 92 A1
Mühlhausen 81 D1
Muhlungen 91 C3
Muhltai 80 B3
Mühltorff 82 A/B2
Muhola 21 D2, 22 A2
Muhos 18 B2/3
Muhr 126 A1
Muhr 91 D1
Muiden 66 B2/3
Muides-sur-Loire 87 C3
Muiños 150 B3
Muirkirk 56 B2
Muir of Ord 54 A/B2
Muittan 21 D2/3
Mujdžići 131 D2, 132 A2
Mujejärvi 23 C1
Mukačevo 97 D2, 98 A3
Mukařov 83 D3
Mukkajärvi 17 C1/2
Mukkavaara 16 B1
Mukkavaara 13 C2
Mula 14 B2
Mula 169 B/C3, 174 A/B1
Mulda 83 C2
Mulfingen 91 C1
Mülheim 80 A1
Mulhouse 89 D3, 90 A3
Muljula 23 D3
Mulkwitz 83 D1
Mullaghboy 56 A3
Mullerup 49 C3, 53 C1
Müllheim 90 A3
Müllhyttan 46 A1
Mullingar 55 D2
Mullrose 70 B3
Mullsjö 45 D3
Mullsjö 31 C2
Mulrany 55 C2
Mulsanne 86 B2/3
Multia 21 C3
Multra 30 B3, 35 D2
Munakka 20 B2
Munapirtti 26 B2/3
Münchberg 82 A2/3
Müncheberg 70 B2
Müncheberg 72 A3
München 92 A2
Münchenbernsdorf 82 A/B2
Münchhausen (Marburg) 80 B2
Münchsmünster 92 A2
Münchweiler an der Ro-dalbe 90 A1
Mundbœci 153 D1
Mundal 36 B2
Munden 81 C1

Münden-Hedemünden 81 C1
Munderfing 93 C2/3
Munderkingen 91 C2
Mundesley 65 D1
Mundford 65 C2
Mundheim 42 A1
Mune 126 B3
Münebrega 162 A1
Munera 168 A2
Mungia 153 C1
Muniesa 162 B2
Munilla 153 D3
Munka-Ljungby 50 A2
Munkbyn 35 C3
Munkedal 45 B/C2
Munkedalss bruk 45 B/C2
Munkflohögen 29 D3, 34 B1
Munkfors 39 C3
Munktorp 40 A3, 46 B1
Munne 26 B2
Münnerstadt 81 D2
Muñogalindo 160 A2
Muñopedro 160 B2
Muñopepe 160 A2
Muñotello 160 A2
Muñoveros 160 B1/2
Munsala 20 B2
Münsingen 91 C2
Münsingen 105 C1
Münsingen-Bremelau 91 C2
Münsingen-Buttenhausen 91 C2
Munsö 47 C1
Munster 68 B2
Münster 67 D3
Münster 105 C2
Munster 89 D2, 90 A2/3
Münster-Alvern 68 B2
Münster-Breloh 68 B2
Münster-Hiltrup 67 D3
Münstermaifeld 80 A2
Münster-Nienberge 67 D3
Münster-Oerrel 68 B2
Münster-Sprakel 67 D3
Münstertal 90 B3
Münster-Wolbeck 67 D3
Munsvattnet 29 D2
Muntele Mic 135 C1
Münzkirchen 93 C2
Muodoslompolo 11 C3
Muonio 11 C3, 12 A1
Muotkajärvi 11 C2
Muotkan Ruoktu 6 B3
Muotkavaara 11 C3, 12 A1/2
Murakeresztúr 128 A2
Murakka 25 D1, 26 A/B1
Murañ 97 C2
Muras 150 B1
Muraszemenye 127 D2
Murat 102 B3, 110 A1
Murata 119 C2
Muratli 149 D1
Murat-sur-Vèbre 110 A2
Murau 126 B1
Murau 96 A3
Muravera 123 D3
Murazzano 113 C2
Murazzo 112 B2
Murça 159 B/C2
Murça 158 B1
Murchante 154 A3
Murci 116 B3, 118 A1
Murcia 169 C3, 174 B1
Mur-de-Barrez 110 A1
Mur-de-Bretagne 85 B/C2
Mur-de-Sologne 87 C3
Mureck 127 D1/2
Muresenii Bîrgăului 97 D3, 140 B1
Muret 108 B3, 155 C1
Murg 105 D1, 106 A1
Murgaševo 138 B3, 143 C1
Murgeni 141 C/D1
Murgia 153 C/D2
Muri 105 C1
Murias de Paredes 151 D2
Muriel Viejo 153 C3, 161 C1
Murieta 153 D2
Murillo de Gállego 154 B2
Murillo de Río Leza 153 D2
Murillo el Fruto 154 A2
Murino 137 D1, 138 A1

Mürlenbach 79 D2/3, 80 A3
Murnau am Staffelsee 92 A3
Muro 157 C2
Muro 113 D2
Muro de Aguas 153 D3
Muro de Alcoy 169 D2
Muro en Cameros 153 D2/3
Murol 102 B3
Murole 25 C1
Muro Lucano 120 A2
Muron 100 B2
Muros 150 A2
Muros de Nalón 151 D1
Murowána Gošlina 71 D2
Murre 138 A3
Murrhardt 91 C1
Murronkylä 18 B3
Murska Sobota 127 D1/2
Murska Sobota 96 A/B3
Mursko Središće 127 D2
Murtas 173 C2
Murtede 158 A2/3
Murten 104 B1
Murter 131 C3
Murtfu 129 D1
Murtino 139 D3, 143 D1, 144 A1
Murto 18 B2
Murtoinen 22 A/B3
Murtolahti 22 B2
Murtomäki 22 B1
Murtomäki 22 A/B2
Murtosa 158 A2
Murtovaara 19 D1
Murueta 153 D1
Murum 45 D3
Muruvik 28 A/B3, 33 C/D1
Murvica 130 B2
Murviel-les-Beziers 110 B3
Murzsteg 94 A3
Murzynowo 71 C2
Murzzuschlag 94 A3
Murzzuschlag 96 A3
Müsch 79 D2, 80 A2
Musetesti 135 D1
Musetrene 37 D2
Museums-Jernbane 28 A3, 33 C2
Musile di Piave 107 D3
Muskiz 153 C1
Musko 47 C/D1/2
Müsov 94 B1
Mussalo 26 B2/3
Musselburgh 57 C2
Musselkanaal 67 C2
Mussidan 109 C1
Mussomeli 124 B2
Mussy-sur-Seine 88 B2
Mustafa Kemalpasa 149 D1
Müstair [Zernez] 106 B2
Mustajärvi 21 C3
Mustajärvi 20 B3
Mustajärvi 25 D1/2, 26 A1/2
Mustajoki 24 B1
Mustamaa 20 B2
Mustamaa 18 B3
Mustavaara 19 C2
Mustila 26 B2
Mustinlahti 23 C2/3
Mustio 25 C3
Muston asema 25 C3
Mustia 74 A1
Mustolanmäki 23 C1
Mustolanmutka 19 C3, 23 B/C1
Mustvee 74 A/B1
Mušutište 138 B2
Muta 127 C2
Mutala 25 C1
Mutalahti 23 D3, 23 D1/2
Mutanj 133 D2, 134 A2
Mutriku 153 D1
Mutterstadt 90 B1
Mutzig 90 A2
Mutzschcn 82 B1
Muuga 74 A1
Muurame 21 D3, 22 A3
Muurasjarvi 21 D1, 22 A1
Muurikkala 27 C2
Muurla 24 B3
Muurola 12 A3
Muurola 27 B/C2
Muuruvesi 23 C2

Muusko 12 B3
Muxagata 159 B/C2
Muxia 150 A1
Muzillac 85 C3
Mužla 95 D3
Mužlja 129 D3, 134 A1
Muzzana del Turgnano 126 A3
Mycielin 71 C3
Myckelasen 34 B2
Myckelgensjö 30 B2/3, 35 D1
Myckelsjö 35 D2/3
Myckle 31 D1
Mycklebostad 9 D1
Myckling 35 D3
Myennes 87 D3
Myggenäs 45 B/C3
Myggsjö 39 C/D1
Myhinpää 22 B3
Myjava 95 C2
Mykenai 147 C3
Mykland 36 B2
Mykland 43 C3
Myklebostad 8 B3
Myklebust 36 B2
Myllperä 21 D2, 22 A2
Myllyklä 25 C2
Myllykoski 26 B2
Myllykoski 20 B2
Myllykylä 25 C3
Myllykylä 12 B2
Myllylahti 19 D2
Myllymaa 24 B1
Myllymäki 21 C3
Myllperä 18 A3
Myllperä 21 D2, 22 A2
Mynamäki 24 A/B2
Mynttilä 26 B1
Myössäjärvi 6 B3
Myran 38 B3, 45 C1
Myrdal 36 B3
Myre 8 B1
Myreng 37 D2
Myrheden 16 B2
Myrheden 16 B3
Myrholen 39 D2
Myrkky 20 A3
Myrland 9 C2
Myrland 8 A/B2
Myrlandshaugen 9 D2
Myrlia 4 A3, 10 A1
Myrmoen 33 D2
Myrskylä/Mörskom 25 D2, 26 A2
Myrvang 9 C2
Myrviken 34 B2
Mysen 44 B1
Myšlenice 97 C2
Myšlibořz 70 B2
Myssjö 34 B2
Myssjön 35 D3
Mysuseter 37 D1/2
Myto 83 C3

N

Nå 36 B3
Naamanka 19 C1/2
Naamankylä 18 B3
Naamijoki 12 A3, 17 D1
Naantali (Nådendal) 24 A/B2/3
Naappila 25 C1
Naarajärvi 22 B3
Naarden 66 B2/3
Näärinki 27 B/C1
Naarjoki 24 A/B2
Naartijärvi 17 D2
Naarva 23 D2
Naas 55 D2/3
Näätämö 7 C2
Näätänmaa 23 C3
Näätävaara 19 D2
Naatula 24 B2
Nabbelund 51 D1
Nabburg 82 B3, 92 B1
Načeradec 83 D3
Náchod 96 A/B1/2
Nacimiento 173 D2
Nacka 47 D1
Näckådalen 39 C1
Nacksäsen 29 D2

Nådab 97 C3, 140 A1
Nadalj 129 D3
Nadarzyce 71 D1
Nádasdladány 128 B1
Naddvik 37 C2
Nadela 150 B2
Nådendal 24 A/B2/3
Nådlac 140 A1
Nadrijan 129 D2
Nadvornaja 97 D2, 98 A/B3
Näfels [Näfels-Mollis] 105 D1, 106 A1
Nafpaktos 146 B2
Náfplion 147 C3
Nafplion 148 B2
Nafria la Llana 153 D3, 161 C1
Naggen 35 C3
Nago 106 B2/3
Nagold 90 B2
Nagold-Hochdorf 90 B2
Nagu/Nauvo 24 A3
Nagyargencs 95 C3, 128 A1
Nagyatád 128 A2
Nagyatád 96 B3
Nagybajom 128 A2
Nagybaracska 129 C2
Nagycenk 94 B3
Nagydorog 129 B/C2
Nagygyimót 95 C3, 128 A/B1
Nagyhalász 97 C3, 98 A3
Nagyharsány 128 B3
Nagyigmánd 95 C3
Nagykanizsa 128 A2
Nagykanizsai 96 B3
Nagykaponak 128 A1
Nagykáta 129 C/D1
Nagykáta 97 C3, 140 A1
Nagykőnyi 128 B2
Nagykőrös 129 C/D1
Nagykörü 129 D1
Nagylak 129 D2
Nagylengyel 128 A1/2
Nagymágocs 129 D2
Nagymaros 95 D3
Nagyoroszi 95 D3
Nagyszénás 129 D2
Nagyvāzsony 128 B1
Naharros 161 D3
Nahrstedt 69 C/D2
Nahwinden 82 A2
Naidás 135 B/C1
Naila 82 A2
Nailloux 109 D3, 155 D1, 156 A1
Nailsworth 63 D1, 64 A3
Nairn 54 B2
Naisjärv 17 C2
Naizin 85 C2
Najac 109 D2
Nájera 153 D2
Nakkala 11 C2
Naklo 126 B2
Naklo nad Notecią 72 B3
Nakovo 129 D3
Nakskov 53 C2
Nalda 153 D2
Nalden 29 D3, 34 B2
Näljänkä 19 C2
Nalkki 19 C3
Nälles/Nals 107 C2
Nalliers 100 B2
Naltijärvi 11 D2, 12 A1
Nalzen 109 D3, 155 D1/2, 156 A1
Nalžovské Hory 93 C1
Namborn 80 A3, 90 A1
Nambroca 160 B3, 167 C1
Namdalseid 28 B2
Namdö 47 D1
Náměšt' nad Oslavou 94 A/B1
Namlos 91 D3, 106 B1
Namnå 38 B2
Namport-Saint-Martin 77 D2
Namsos 28 B2
Namsvassgardan 29 C1
Namur 79 C2
Namysłów 96 B1
Nancy 89 C1/2
Nandlstadt 92 A2
Nangis 87 D2
Nannestad 38 A3

Nans-les-Pins 111 D3
Nantes 85 D3, 100 A1
Nanteuil-le-Haudoin 87 D1
Nantiat 101 C2
Nantrow 53 D3
Nantua 103 D2, 104 A2
Nantwich 59 D2, 60 B3, 64 A1
Nåousa 143 C/D2
Nåousa 148 B1
Napajedla 95 C1
Papapiiri 12 A3
Nápola 124 A2
Napoli 119 C/D3
Napp 8 A/B2
Narai 127 D1
Narberth 62 B1
Nårbo 42 A2/3
Nærbo 42 A2/3
Narbonne 110 A/B3, 156 B1
Narbonne-Plage 110 B3, 156 B1
Narbuvollen 33 D3
Narcao 123 C3
Narcy 87 D3, 102 B1
Nard 128 B3
Nardò 121 D3
Nårhila 21 D2, 22 A2
Narila 22 B3
Narkaus 12 B3
Narken 17 C1
Narni 117 C3, 118 B1
Naro 124 B3
Naroč' 74 A3
Narodiči 99 C2
Naro-Fominsk 75 D3
Narón 150 B1
Naroy 28 B1
Nåroy 36 B3
Narey 36 B3
Narpes (Närpiö) 20 A3
Narpiö 20 A3
Narppa 21 C1
Narrillos de Rebollar 160 A2
Narros del Castillo 160 A2
Nårsäkkälä 27 D1
Narsen 39 C2/3
Nærsnes 38 A3, 43 D1, 44 B1
Narta 128 A3
Nartesalo 27 C1
Nårunga 45 C3
Naruska 13 C2
Narva 25 B/C1
Narva 25 D1, 26 A1
Narva 74 B1
Nårvijoki 20 A3
Narvik 9 D2
Narvik-Ankenes 9 D2
Narzole 113 C1/2
Nås 41 C/D2
Nås 34 B2
Nås 30 A/B3, 35 D2
Næs 53 D2
Nasåker 30 A3, 35 D1/2
Nåsåud 97 D3, 140 B1
Nasberg 39 D1
Nås bruk 40 A3
Nasby 51 D2
Našec 138 A/B2
Naset 35 C3
Naset 29 D2
Naset 45 C3, 49 D1
Naset 39 D1
Nashult 51 C1
Nåšice 128 B3
Naske 30 B3
Nasland 31 C2
Naso 125 C1/2
Nassau 80 B2
Nassenfels 92 A2
Nassenheide 70 A2
Nassereith 91 D3, 106 B1
Nassja 46 A2
Nassjö 46 A3
Nassjö 30 A2/3, 35 C1
Nassjo 72 A1
Nassundet 45 D1, 46 A1
Nastan 136 A1
Natangsjo 30 A1
Nastätten 80 B2/3
Nastelsjö 34 B3
Nåsti 24 A2
Nastola 25 D2, 26 A2
Næstved 53 D1/2

Näsum 51 B/C2
Näsviken 40 A1
Natalinci 134 B2
Naters 105 C2
Nattavaara by 16 B1
Nattavaara station 16 B1
Nattheim 91 D2
Nattraby 51 C2
Naturnö/Naturns 107 B/C1/2
Naturreservatet 49 C2
Naucelle 110 A2
Nauders 106 B1
Nauen 70 A2
Nauen 72 A3
Naul 58 A2
Naulaperä 19 C2
Naulavaara 23 C1
Naumburg 82 A1
Naumburg 81 C1
Naundorf 83 C2
Naundorf 70 A3, 82 B1
Naunhof 82 B1
Narura 18 B2
Naustbukk 4 A2
Naustbukta 28 B1
Naustdal 36 A2
Nauste 32 B2
Nausterstea 33 C3
Naustvilla 32 B3, 37 C1
Nauthella 42 A1
Nautijauŕ 16 A1
Nautsund 36 A2
Nauviale 110 A1
Nåva 38 B3, 45 C1
Nava 151 D1, 152 A1
Navacarros 159 D2/3
Navacepeda de Tormes 160 A2/3
Navacepedilla de Corneja 160 A2
Navacerrada 167 C2
Navacerrada 160 B2
Navaconcejo 159 D3
Nava de Arévalo 160 A2
Nava de Béjar 159 D2
Nava de la Asunción 160 B1/2
Nava del Rey 160 A1
Nava de Roa 152 B3, 160 B1
Nava de Sotrobal 160 A2
Navafria 160 B2
Navahermosa 160 B3, 167 C1
Naval 155 C2/3
Navalagamella 160 B2
Navalcaballo 153 D3, 161 D1
Navalcán 160 A3
Navalcarnero 160 B3
Navaleno 153 C3, 161 C1
Navales 159 D2, 160 A2
Navalilla 160 B1
Navalmanzano 160 B1
Navalmoral de la Mata 159 D3, 166 A/B1
Navalmoralejo 160 A3, 166 B1
Navalón 169 C2
Navalonguilla 159 D3
Navalperal de Pinares 160 B2
Navalpino 167 B/C2
Navaluenga 160 A2
Navalvillar de Ibor 166 B1
Navalvillar de Pela 166 A/B2
Navamorcuende 160 A3
Navan (An Uaimh) 55 D2
Navarcles 156 A3
Navardún 155 C2
Navares de las Cuevas 160 B1
Navarredondilla 160 A2
Navarrénx 108 B3, 154 B1
Navarres 169 C2
Navarrete 153 D2
Navarrete del Río 163 C2
Navás 156 A2
Navasa 154 B2
Navascués 154 A/B2
Navas de Estena 167 C1
Navas de Jorquera 168 B1/2
Navas del Madroño 165 D1

Navas del Rey 160 B2/3
Navas de Oro 160 B1
Navas de San Juan 167 D3
Navas de Tolosa 167 D3
Navasfrías 159 C3
Navata 156 B2
Navatrasierra 166 B1
Nave 106 B3
Nave 159 C2/3
Nave de Haver 159 C2
Navelkvarn 47 C2
Navelli 117 D3, 119 C1
Navelsaker 32 A3, 36 B1
Náverdal 33 C2
Naverede 29 D3, 35 C2
Naverkärret 39 D3, 46 B1
Naverllden 16 A3
Naverrys 18 B1
Naverstad 44 B2
Naves 104 B3
Navès 155 D3, 156 A2
Naves 102 A3
Naveta d'Es Tudóns 157 C1
Navezuelas 166 B1
Navia 151 C1
Navia de Suarna 151 C2
Navilly 103 D1
Navioci 133 B/C1/2
Navis 107 C1
Navit 5 B/C2/3
Navodari 141 D2
Na Xamena 169 D2
Náxos 149 C2/3
Nay 108 B3, 154 B1
Nayland 65 C2
Nazaré 164 A1
Nazija 75 C1
Nazilli 149 D2
Nderfushe 137 D3, 138 A2/3
Ndroci 137 D3, 142 A1
Néa Anchialos 143 D3, 144 A3
Néa Artáki 147 D2
Néa Epidavros 147 C3
Néa Fókea 144 A2
Néai Kariai 143 D3
Néa Iraklitsa 144 B1
Néa Kallikrátia 144 A2
Néa Kallisti 145 C1
Néa Karváli 145 B/C1
Néa Kerdilia 144 B1
Néa Máditos 144 A/B2
Néamákri 147 D2
Néa Messangala 143 D2/3
Néa Michanióna 143 D2, 144 A2
Néa Moudaniá 144 A2
Néa Moudaniá 148 B1
Néant-sur-Yvel 85 C2
Néa Péramos 144 B1
Néa Plagiá 144 A2
Neápolis 143 C2
Neápolis 148 A/B1
Néa Potidea 144 A2
Néa Psará 147 D2
Néa Psará 148 B2
Néa Róda 144 B2
Néa Sánda 145 D1
Néa Sánda 149 C1
Néa Skiöni 144 A2/3
Néa Ténedos 144 A2
Neath 63 C1
Néa Tríglia 144 A2
Néa Víssi 145 D2/3
Néa Zichni 144 B1
Néa Zichni 149 B/C1
Nebel 52 A2
Nebelin 69 C/D2
Nebljusi 131 C2
Neboliči 75 C1
Nebra 82 A1
Nebreda 153 C3
Nečemice 83 C2
Neckarbischofsheim 91 C1
Neckargemünd 90 B1
Neckargerach 91 C1
Neckarsulm 91 C1
Neckartailfingen 91 C2
Neckenmarkt 94 B3
Necrópoli Etrusca 114 B2, 116 B1
Necrópoli Pantálica 125 D3
Necrópolis Romana 171 D1
Nečtiny 83 C3
Nečujam 131 C3
Neda 150 B1

Nedalens turisthytta — Newton Abbot

Nedalens turisthytta 33 D2
Nedansjö 35 D3
Nedaški 99 C2
Neded 95 C3
Nedelišče 127 D2
Nederbrakel 78 B2
Nederby 48 A/B2
Nederveti/Alaveteli 21 B/C1
Nederweert 79 C/D1
Nedlitz 69 D3
Nedre Eggedal 43 D1
Nedre Fläsjön 17 C2
Nedrefosshytta 5 B/C3, 10 B1
Nedre Gärdsjö 39 D2
Nedre Heimdalen 37 C/D2
Nedre Kuouka 16 B1/2
Nedre Parakka 10 B3
Nedre Soppero 10 B3
Nedre Tolládal 15 B/C1
Nedre Voljakkala 17 D2, 18 A1
Nedstrand 42 A2
Neede 67 C3
Needham Market 65 D2
Neerpelt 79 C1
Nees By 48 A2
Neetze 69 C1
Nefyn 58 B2/3
Negådes 142 B3
Negenborn 68 B3
Negorci 139 C3, 143 D1
Negotin 135 C2
Negotin 140 B2
Negotino 139 C3
Negovanovci 135 D2
Negredo 161 C2
Negreira 150 A2
Nègrepelisse 109 D2
Negresti-Oaș 97 D3, 98 A3
Negru Vodă 141 D2
Nehvonniemi 23 D1/2
Neiden 7 C2
Neila 153 C3
Neistenkangas 12 A3, 17 D1
Neitisuando 10 B3
Neittävä 18 B3
Nejdek 82 B2
Neksø 51 D3
Neksø 72 A/B2
Nelas 158 B2
Nelidovo 75 C2
Neljäntuulen tupa 6 B3
Nellimo 7 C3
Nellingen 91 C2
Nellingen 91 C2
Nelson 59 D1, 60 B2
Nelvik 32 B1/2
Neman (Ragnit) 73 C2
Němčice 93 B/C1
Neméa 147 C2/3
Neméa 147 C2/3
Nemesszalók 128 A1
Nemesvid 128 A2
Németkér 129 C2
Nemila 132 B2
Nemirov 99 C3
Nemours 87 D2
Nemšová 95 C1
Nenagh 55 C3
Nendeln 106 A1
Nennhausen 69 D2
Nensjö 30 B3, 35 D2
Nentershausen 81 C/D1/2
Nentershausen 80 B2
Nenthead 57 D3, 60 B1
Nenzing 106 A1
Neochórion 143 C3
Neochórion 146 A2
Neochórion 144 A3
Neochórion 146 A2
Neochórion 145 D1, 145 D3
Néon Ginekókastron 143 D1, 144 A1
Néon Kavaklíon 145 C1
Néon Monastírion 143 D3, 146 B1
Néon Petritsi 139 D3, 144 A1
Néos Marmarás 144 B2
Neós Páos 146 B2
Nepas 153 D3, 161 D1
Nepi 117 C3, 118 B1

Nepomuk 83 C3, 93 C1
Nepomuk 96 A2
Nérac 109 C2
Neráida 143 C2
Neráida 142 B3
Neratovice 83 D2
Nerău 129 D2/3
Nerdal 32 B2
Néré 101 C2
Neresheim 91 D2
Neresnica 135 C2
Nereta 73 D1, 74 A2
Nereto 117 D3
Nerezine 130 A2
Nerežišče 131 D3
Neringa 73 C2
Néris-les-Bains 102 B2
Nerja 173 C2
Nerkoo 22 B2
Nermo 38 A1
Néronde 103 C2/3
Nérondes 102 B1
Nerpío 168 B3
Nersingen 91 D2
Nerskogen 33 C2
Nerva 171 C1
Nervesa della Battaglia 107 D3
Nes 36 A/B2
Nes 38 A2
Nes 9 C2
Nes 29 B/C2
Nes 66 B1
Nes 37 D3
Nes 37 D3
Nes 36 B2
Nes 38 A3
Nes 29 C2
Nes 42 A1/2
Nes 32 B2
Nes 55 C1
Nesan 29 C1
Nasaseter 29 C1
Nesbøsjøen 36 A3
Nesbyen 37 D3
Neschholz 69 D3, 70 A3
Neschwitz 83 D1
Nesebǎr 141 C3
Neset 4 B2
Nesflaten 42 B1
Nesheim 36 B3
Nesland 43 C2
Nesland 42 B2
Nesland 8 A3
Neslandsvatn 43 C/D2, 44 A2
Nesna 14 A/B2
Nesodden 38 A3
Nesoddtangen 38 A3
Nesperal 158 A/B3, 164 B1
Nespereira 158 A/B2
Nespereira 150 B2
Nes Røstlandet 8 A3
Nesseby 7 C2
Nesselwang 91 D3
Nesse-Nessmersiel 67 D1
Nesso 105 D2/3, 106 A2
Nestání 147 C3
Nestar 152 B2
Nastavoll 33 C3, 37 D1
Nestelbach bei Graz 127 C1
Nesterov 97 D2, 98 A2
Nestín 129 C3, 133 C1
Neston 59 C2, 60 B3
Nestórion 142 B2
Nestórion 148 A1
Nesttun 36 A3
Nesvíz 98 B1
Neteka 131 C2
Netlandsnes 42 B3
Netolice 93 D1
Netphen 80 B2
Netretić 127 C3
Nettancourt 88 B1
Nettersheim-Tondorf 79 D2, 80 A2
Nettersheim 79 D2, 80 A2
Nettetal 79 D1
Nettetal-Kaldenkirchen 79 D1
Nettetal-Lobberich 79 D1
Nettlebed 64 B3
Nettuno 118 B2
Netvoříce 83 D3
Netzschkau 82 B2
Neualbernreuth 82 B3

Neubörger 67 D2
Neubrandenburg 70 A1
Neubrandenburg 72 A3
Neubruck 70 B3
Neubrunn (Marktheidenfeld) 81 C3
Neu Büddenstedt 69 C3
Neubukow 53 D3
Neubulach 90 B2
Neuburg 92 A2
Neuburg am Inn 93 C2
Neuburg-Zell 92 A2
Neuburxdorf 83 C1
Neuchâtel 104 B1
Neudau 127 D1
Neudenau 91 C1
Neudingen 90 B3
Neudorf 82 B2
Neudorf-Platendorf 69 C2
Neudrossenfeld 82 A3
Neuenburg 90 B1/2
Neuenbürttelsau 91 D1
Neuendorf 79 D2
Neuenhagen 70 A/B2
Neuenhaus 67 C2
Neuenkirchen 68 A2
Neuenkirchen 67 D2
Neuenkirchen 68 B2
Neuenkirchen 67 D3
Neuenkirchen-Vörden 67 D2
Neuenkirchen 52 A3
Neuenmarkt 82 A3
Neuenrade 80 B1
Neuensalz 82 B2
Neuenstein 91 C1
Neuenstein-Aua 81 C2
Neuental-Zimmersrode 81 C1/2
Neuenweg 90 A/B3
Neuerburg 79 D3
Neue Schleuse 69 D2
Neufahrn 92 B2
Neufahrn (Freising) 92 A2
Neufahrn-Piegendorf 92 B2
Neuf-Brisach 90 A3
Neufchâteau 89 C2
Neufchâteau 79 C3
Neufchâtel-en-Bray 77 D3
Neufchâtel-sur-Aisne 78 B3
Neufelder 93 C2
Neugattersleben 69 D3
Neugersdorf 83 D1/2
Neuharlingersiel 67 D1
Neuhaus 82 A3
Neuhaus 52 A/B3, 68 A1
Neuhaus 69 C1
Neuhaus 82 A2
Neuhausen 83 C2
Neuhausen am Rheinfall 90 B3
Neuhausen ob Eck 91 B/C3
Neuhaus-Schierschnitz 82 A2
Neuhof 81 C2
Neuhofen an der Krems 93 D2
Neuillé-Pont-Pierre 86 B3
Neuilly-le-Réal 102 B2
Neuilly-l'Évêque 89 C2/3
Neuilly-Saint-Front 87 D1, 88 A1
Neu-Isenburg 80 B3
Neukalen 69 D1, 70 A1
Neukirch 83 D1
Neukirchen 52 A2
Neukirchen 81 C2
Neukirchen am Walde 93 C2
Neukirchen an der Enknach 93 B/C2
Neukirchen bei Sulzbach-Rosenberg 82 A3, 92 A1
Neukirchen bei Heilig Blut 92 B1
Neukirchen-Balbini 92 B1
Neukirchen-Vluyn 79 D1, 80 A1
Neukloster 53 D3, 69 C/D1
Neu Kosenow 70 A/B1
Neulengbach 94 A2
Neulietzegoricke 70 B2
Neulikko 19 C2
Neulingen-Bauschlott 90 B1

Neulise 103 C2
Neu Lübbenau 70 B3
Neulusheim 90 B1
Neum 136 B1
Neumagen-Dhron 80 A3
Neumarkt 92 A1
Neumarkt am Wallersee 93 C3
Neumarkt an der Ybbs 93 D2
Neumarkt an der Raab 127 D1
Neumarkt im Mühlkreis 93 D2
Neumarkt im Hausruckkreis 93 C2
Neumarkt in Steiermark 126 B1
Neumarkt-Sankt Veit 92 B2
Neu-Moresnet 79 D2
Neumünster 52 B3
Neunagelberg 93 D2
Neunburg 92 B1
Neunburg-Kemnath 92 B1
Neung-sur-Beuvron 87 C3
Neunkirch 90 B3
Neunkirchen 94 A3
Neunkirchen 80 B2
Neunkirchen 81 C3
Neunkirchen-Seelscheid 80 A2
Neunkirchen-Wiebelskir-chen 89 D1, 90 A1
Neunkirchen 89 D1, 90 A1
Neunkirchen am Brand 82 A3
Neunkirchen 96 A/B3
Neuötting 92 B2
Neupetershain 83 C1
Neupölla 94 A2
Neureichenau-Altreichenau 93 C2
Neuried-Ichenheim 90 A/B2
Neuruppin 69 D2, 70 A2
Neuruppin 72 A3
Neusäss 91 D2
Neuschoo 67 D1
Neuschwanstein 91 D3
Neusiedl am See 94 B3
Neuss 79 D1, 80 A1
Neussargues 102 B3, 110 A/B1
Neustadt 81 C2
Neustadt 81 C3
Neustadt 53 C3
Neustadt 80 A2
Neustadt 83 C/D1/2
Neustadt 82 A2
Neustadt 69 D2
Neustadt am Rennsteig 81 D2, 82 A2
Neustadt am Rübenberge-Schneeren 68 B2
Neustadt am Rübenberge-Mandelsloh 68 B2
Neustadt am Rübenberge-Mardorf 68 A/B2
Neustadt am Rübenberge 68 B2
Neustadt am Kulm 82 A3
Neustadt am Rübenberge-Eilvese 68 B2
Neustadt am Rübenberge-Dudensen 68 B2
Neustadt an der Waldnaab 82 B3
Neustadt an der Weinstrasse 90 B1
Neustadt an der Donau 92 A2
Neustadt an der Aisch 81 D3
Neustadt bei Coburg 82 A2
Neustadtl-Geinsheim 90 B1
Neustadtl-Glewe 69 C1
Neustift im Stubaital 107 C1
Neu St. Johann [Nesslau-Neu St. Johann] 105 D1, 106 A1
Neustrelitz 70 A1
Neustrelitz 72 A3
Neustupov 83 D3
Neu-Ulm 91 C/D2
Neu-Ulm-Pfuhl 91 C/D2
Neuves-Maisons 89 C2

Neuveville, La 104 B1
Neuvic 101 C3, 109 C1
Neuvic-d'Ussel 102 A3
Neuville 78 B2/3
Neuville-aux-Boix 87 C2
Neuville-de-Poitou 101 C1
Neuville-en-Condroz 79 C2
Neuville-lès-Decize 102 B1
Neuville-sur-Saône 103 D2
Neuville-sur-Ain 103 D2
Neuvilly-en-Argonne 88 B1
Neuvola 22 B3
Neuvosenmiemi 19 C3
Neuvy-Pailloux 102 A1
Neuvy-Saint-Sépulchre 102 A1/2
Neuvy-Sautour 88 A2
Neuvy-sur-Barangeon 87 D3
Neuvy-sur-Loire 87 D3
Neu-Wendischthun 69 C1
Neuwied 80 A2
Neuwiller 90 A2
Neu Wulmstorf 68 B1
Neuzelle 70 B3
Neu-Zittau 70 A/B2/3
Névache 112 A1
Nevade 140 A2
Nevegal 107 D2
Neveklov 83 D3
Nevel' 74 B2
Nevernes 14 A3
Nevers 102 B1
Nevesinje 132 B3, 137 C1
Nevest 131 C3
Neviano 121 D3
Neviano degli Arduini 114 A1
Nevlunghavn 43 D2, 44 A2
New Abbey 57 C3, 60 A1
New Alresford 65 C3, 76 B1
Newark-on-Trent 61 C/D3, 64 B1
Newbiggin-by-the-Sea 57 D2/3
Newborough 58 B2
Newbridge 63 C1
Newbridge-on-Wye 59 C3, 63 C1
Newburgh 57 C1
Newbury 65 C3, 76 B1
Newby Bridge 59 C/D1, 60 B2
Newcastle 58 A1
Newcastle 58 A2
Newcastle Emlyn 62 B1
Newcastleton 57 C2/3
Newcastle-under-Lyme 59 D2, 60 B3, 64 A1
Newcastle upon Tyne 57 D3, 61 C1
Newcastle upon Tyne 54 B3
New Cumnock 56 B2
Newenden 77 C1
Newent 63 D1, 64 A2
New Galloway 56 B3
Newgrange 58 A1/2
Newhaven 76 B1
New Holland 61 D2
New Luce 56 B3
Newlyn East 62 B3
Newmarket 65 C2
New Mills 59 D2, 61 B/C3
Newnham 63 D1, 64 A2/3
Newport 62 B1
Newport 59 D3, 64 A1
Newport 65 C2
Newport 63 C/D1
Newport 76 B1/2
Newport-on-Tay 57 C1
Newport Pagnell 64 B2
Newquay 62 B3
New Quay 58 B3, 62 B1
New Radnor 59 C3
New Romney 77 C1
New Ross 55 D3
Newry 54 A3, 55 D2
Newry 58 A1
New Scone 57 C1
Newstead Abbey 61 D3, 65 C1
Newton 59 D2, 60 B3
Newtonabbey 56 A3
Newton Abbot 63 C3

Newton Ferrers 71 Norra Tannflo

Newton Ferrers 63 C3
Newton Hamilton 58 A1
Newtonmore 54 B2, 55 D1
Newton Stewart 54 A/B3, 55 D2
Newton Stewart 56 B3
Newtown 59 C3
Newtownards 56 A3
Newtownbutler 54 A3, 55 D2
Nexon 101 C3
Nezavertajlovka 141 D1
Nežin 99 D2
Nianfors 40 A1
Niannoret 40 A1
Niaux 155 D2, 156 A1
Nibbiano 113 D1
Nibe 48 B1/2
Nicaj-Shale 137 D2, 138 A2
Nicastro 122 A/B2
Niccone 115 C3, 117 C2
Nice 112 B3
Nichelino 112 B1
Nickelsdorf 94 B3
Nickelsdorf 96 B3
Nicolint 134 B1
Nicolosi 125 D2
Nicosia 125 C2
Nicótera 122 A2/3
Nicótera Marina 122 A2/3
Nidda 81 C2
Nidda-Eichelsdorf 81 C2
Nidderau 81 C2/3
Nideck 89 D2, 90 A2
Nideggen 79 D2
Nidri 146 A1
Nidrion 146 A1
Nidzica (Neidenburg) 73 C3
Niebla 171 C1/2
Niebüll 52 A2
Niederaichbach 92 B2
Niederanven 79 D3
Niederaula 81 C2
Niederbipp 105 C1
Niederbobritzsch 83 C2
Niederbronn-les-Bains 90 A1
Niederfell 80 A2
Niederfreulen 79 D3
Niederfnow 70 B2
Niedergurig 83 D1
Niederheimbach 80 B3
Niederkassel 80 A2
Niederkrüchten 79 D1
Niederlahnstein 80 A/B2
Niederlandin 70 B2
Niedernai 90 A2
Niederndodeleben 69 C3
Nieder-Olm 80 B3
Niederorschel 81 D1
Nieder-Ramstadt 80 B3
Niedersachswerfen 81 D1
Nieder-Seifersdorf 83 D1
Niederstetten 91 C1
Niederstotzingen 91 D2
Niedersulz 94 B2
Niederurnen [Nieder- und Oberurnen] 105 D1, 106 A1
Niederviehbach-Lichtensee 92 B2
Niederwölz 126 B1
Niederzier 79 D2
Niederzissen 80 A2
Niedoradz 71 C3
Niegosław 71 C2
Nieheim 68 A3
Niekursko 71 D2
Niel 78 B1
Niella Tànaro 113 C2
Niemegk 69 D3, 70 A3
Niemela 13 C3
Niemela 6 B2
Niemela 7 B/C2
Niemenkylä 20 B2/3
Niemenkylä 24 B1
Niemi 24 A1, 41 D1
Niemica 71 B/C1
Niemis 17 D2
Niemisel 17 C2
Niemisjärvi 21 D3, 22 A3
Niemistenkylä 25 D1, 26 A/B1
Niemisvesi 21 C3
Nienborstel 52 B3

Nienburg 68 A/B2
Nienburg 69 D3
Nienburg-Holtorf 68 A/B2
Nienburg-Langendamm 68 A/B2
Nienhagen 68 B2
Niepart 71 D3
Niepruszewo 71 D2/3
Nierstein 80 B3
Niesi 12 B2/3
Niesky 83 D1
Niesky 96 A1
Niestetal 81 C1
Nietsak 16 B1
Nieul 101 C2
Nieul-le-Dolent 100 A1/2
Nieul-sur-l'Autise 100 B2
Nieuw-Amsterdam 67 C2
Nieuweburg 66 B2
Nieuwe-Pekela 67 C2
Nieuwerbrug 66 A/B3
Nieuwerkerk 66 A3, 78 B1
Nieuweschans 67 C/D1
Nieuw-Heeten 67 C2/3
Nieuwkoop 66 A/B3
Nieuwleusen 67 C2
Nieuwolda 67 C1
Nieuwpoort 66 B3
Nieuwpoort 78 A1
Nieuwpoort-Bad 78 A1
Nieuw-Schoonebeek 67 C2
Nieva 160 B2
Niewisch 70 B3
Nigrán 150 A3
Nigrita 144 A1
Nigrita 148 B1
Nihajlovgrad 140 B2/3
Nihajlovgrad 135 D3
Niinikoski 25 D2, 26 A2
Niinilahti 21 D2, 22 A2
Niinimäki 23 C3
Niinimäki 21 D1, 22 A1
Niinisaari 27 C1
Niinisalo 24 B1
Niinivesi 22 A/B2
Niirala 23 D3
Niittylahti 23 D3
Niitynpää 24 B2
Nijar 173 D2, 174 A2
Nijbroek 67 C2/3
Nijmeni 133 C1
Nijveven 67 C2
Nijkerk 66 B3
Nijmegen 66 B3
Nijverdal 67 C2/3
Nikaranpera 21 D3, 22 A3
Nikea 143 D3
Niki 143 D3
Nikifóros 144 B1
Nikinci 133 D1, 134 A1
Nikisiani 144 B1
Nikisiani 149 C1
Nikitas 144 B2
Nikitsch 94 B3
Nikkala 17 D2/3, 18 A1
Nikkaluokta 10 A3
Nikkaroinen 25 D1, 26 A1
Nikkeby 4 B2
Nikkila 25 D3, 26 A3
Nikolaev 97 D2, 98 A3
Nikolaevo 74 B1
Nikoličevo 135 C2
Nikolince 134 B1
Nikol'skoe 75 D1
Nikopol 140 B2
Nikopolis 146 A1
Nikópolis 144 A1
Nikopolis 146 A1
Nikšić 137 C/D1
Nilakkavuoma 10 A3
Nilivaara 17 B/C1
Nilivaara 11 D3, 12 A2
Nilsebu 42 B2
Nilsiä 23 B/C2
Nîmes 111 C2
Nimis 126 A2
Nin 130 B2
Nine 158 A1
Ninfä 118 B2
Ninove 78 B2
Niort 100 B2
Nipen 9 C2
Nipivatn 5 C2
Niš 135 C3
Niš 140 A3
Nisa 165 C1
Nisäkion 142 A3

Niscemi 125 C3
Niška Banja 135 C3
Niskalehto 19 C1
Niskankorpi 21 C1
Niskanpaa 17 D2
Niskanperä 12 A/B3
Niska-Pietilä 27 C/D1/2
Nisko 97 C1/2, 98 A2
Niskos 20 B3
Nissan-lez-Enserune 110 B3, 156 B1
Nissedal 43 C2
Nissinvaara 19 D1
Niton 76 B2
Nitra 95 C2
Nitra 96 B2/3
Nitrianske Pravno 95 D1/2
Nitrianske Rudno 95 D2
Nitry 88 A3
Nittedal 38 A3
Nittel 79 D3
Nittenau 92 B1
Nittendorf-Etterzhausen 92 B1
Nittkvarn 39 D3
Nittsjö 39 D2
Nittylahti 22 B2
Niukkala 27 D1
Nivå 49 D3, 50 A3
Niva 19 D3
Niva 18 B2
Nivala 21 C/D1
Nivala 12 B2
Nivankyla 12 A/B3
Nivelles 78 B2
Nivnice 95 C1
Niwica 83 D1
Niwska 71 C3
Nizy-le-Comte 78 B3
Nizza Monferrato 113 C1
Njakaure 16 B2
Njallejaur 16 A/B3
Njavve 15 D1, 16 A1
Njeguševo 129 C/D3
Njetsavare 16 B1
Njivice 126 B3, 130 B1
Njunjes 16 A1
Njunjesstugàn 15 D1
Njurundabommen 35 D3
Njutånger 40 A/B1
Noailles 77 D3, 87 C/D1
Noailles 101 D3, 109 D1
Noäin 154 A2
Noasco 104 B3
Nobbele 51 C2
Noblejas 161 C3
Nocé 86 B2
Noceda 151 C/D2
Nocera Inferiore 119 D3
Nocera Tirinese 122 A2
Nocera Umbra 115 D3, 117 C2
Noceto 114 A1
Nochten 83 D1
Noci 121 C2
Nociglia 121 D3
Nocina 153 C1
Nocito 154 B2
Nodalo 153 D3, 161 C/D1
Nodeland 43 C3
Nodinge 45 C3
Nods 104 A/B1
Noépoli 120 B3, 122 B1
Noeux-les Mines 78 A2
Noevci 139 D1
Noez 160 B3, 167 C1
Nofuentes 153 C2
Nogales 165 D2
Nogara 107 B/C3
Nogaro 108 B2
Nogent-en-Bassigny 89 C2
Nogent-l'Artaud 88 A1
Nogent-le-Roi 87 C2
Nogent-le-Rotrou 86 B2
Nogent sur Oise 87 D1
Nogent-sur-Seine 88 A2
Nogent-sur-Vernisson 87 D3
Nógrád 95 D3
Nograles 161 C1
Nogueira de Ramuin 150 B2
Noguera 162 A2
Nogueras 162 A/B1/2
Nogueruelas 162 B3
Nohant 102 A1
Nohfelden 80 A3

Noia 150 A2
Noidans-le-Ferroux 89 C3
Noirétable 103 C2/3
Noirmont, Le 89 D3, 104 B1
Noirmoutier-en-l'Île 100 A1
Noja 153 C1
Nojamaa 27 C1
Nojewo 71 D2
Nokia 25 B/C1
Nokka 25 D1, 26 B1
Nol 45 C3
Nola 119 D3
Nolay 153 D3, 161 D1
Nolay 103 C/D1
Noli 113 C2
Nolmyra 40 B3
Nolvik 15 C3
Nombela 160 B3
Nomécourt 88 B2
Noméry 89 C1
Noméxy 89 D2
Nompatedes 153 D3, 161 D1
Nompatelize 89 D2, 90 A2
Nonancourt 86 A/B1
Nonant-le-Pin 86 B1/2
Nonántola 114 B1
Nonaspe 163 C1
None 112 B1
Nonnenhorn 91 C3
Nonnweiler 80 A3
Nonnweiler-Primstal 80 A3, 90 A1
Nontron 101 C/D3
Nonza 113 D2
Noordbergum 67 B/C1
Noordeinde 66 B2
Noordwijk 66 A3
Noordwijkerhout 66 A3
Noordwolde 67 C2
Noormarkku (Norrmark) 24 A1
Nopala 26 B2
Nopankylä 20 B2/3
Noposenaho 21 C2
Noppo 25 C2
Nor 40 A1
Nor 35 C2
Nor 38 B2/3
Nora 30 B3, 35 D2
Nora 46 A1
Nora 123 D3
Nørager 48 B2
Norainkylä 20 B3
Norberg 40 A3
Nórchia 116 B3, 118 A1
Nórcia 117 D3
Nordagutu 43 D2, 44 A1
Nordana 35 D2
Nordanå 35 D3
Nordanåker 30 A3, 35 C1/2
Nordanås 15 C3
Nordanås 30 B2
Nordanholen 39 D2
Nordankal 30 A2, 35 C1
Nordansjo 30 A1
Nordansjo 30 A1
Nordausques 77 D1
Nordberg 32 B3, 37 C1
Nordborg 52 B2
Nordbotn 32 B1
Nordby 38 A/B1
Nordby 48 A3, 52 A1
Nordby 49 C3
Nordby Bruk 38 A3
Nordbytn 16 B3
Norddal 32 A3, 36 B1
Norddal 36 A2
Norddyrøy 32 B1
Nordeide 36 A/B2
Norden 16 A/B2
Norden 67 C/D1
Nordendorf 91 D2
Nordenham 68 A1
Nordenham-Esenshamm 68 A1
Norden-Norddeich 67 C1
Norderåsen 29 D3, 34 B1
Norderhov 38 A3, 43 D1
Norderney 67 C1
Norderö 29 D3, 34 B2
Norderstapel 52 B2/3
Norderstedt 52 B3, 68 B1

Nordfjordbotn 4 A3, 9 D1, 10 A1
Nordfjordeid 36 A/B1
Nordfold 9 B/C3
Nord-Frøya 32 B1
Nordgard 33 D3
Nordhalben 82 A2
Nordhallen 29 C3, 34 A1
Nordhallen 29 C3, 34 A1
Nordhastedt 52 B3
Nordhausen 81 D2
Nordheim 32 B2
Nordheim vor der Rhön 81 D2
Nordholz 52 A3, 68 A1
Nordholz-Spieka 52 A3, 68 A1
Nordhorn 67 C2
Nordhorn-Brandlecht 67 C2
Nordhus 5 C2
Nordingra 30 B3
Nordkisa 38 A3
Nordkjosbotn 4 A3, 10 A1
Nordkrekling 28 B1
Nordland 8 A3
Nordlandskorsen 28 B1
Nord-Lenangen 4 B2
Nordli 14 B3
Nordlingen 91 D1/2
Nordlysobservatoriet 4 A3
Nordmaling 31 C2/3
Nordmannset 5 D1, 6 A1
Nordmannset 5 D1, 6 B1
Nordmannvik 6 B1
Nordmark 39 C3
Nordmela 9 C1
Nordmesøy 14 A1/2
Nord-Odal 38 A/B2
Nordomsjön 39 C1
Nordre Osen 38 B1
Nordsand 9 C1
Nord-Sel 33 C3, 37 D1
Nordseter 38 A1
Nordsinni 37 D3
Nordsjö 40 A1
Nordsjö 40 A1
Nordsjö 30 A2, 35 C1
Nordsjona 14 B2
Nordskaget 32 B1
Nordskot 8 B3
Nord-Statland 28 B2
Nordstremmen 68 B3
Nord-Stensvattnet 30 A2, 35 C1
Nordstrand-Süden 52 A2
Nordstrand-Süderhafen 52 A2
Nordvågen 5 D1, 6 B1
Nordværnes 14 B1
Nordvik 24 B3
Nordvik 14 A2
Nordvik 32 B1
Nordvika 32 B1
Nordwalde 67 D3
Nore 43 C1
Norg 67 C2
Norges-la-Ville 88 B3
Norham 57 D2
Norheimsund 36 A/B3
Nerholm 43 C3
Norinkylä 20 B3
Norma 118 B2
Nornäs 39 C1
Noroy-le-Bourg 89 C/D3
Norppa 21 C1
Norra Bergnäs 15 D2
Norra Drängsmark 31 D1
Norra Finnskoga 38 B2
Norra Fjällnäs 15 C3
Norra Flymen 51 C2
Norra Hede 34 A3
Norra Holmnäs 16 A3
Norråker 29 D2, 30 A1
Norra Klagshamn 50 A3
Norra Kölviken 45 C1
Norrala 40 A/B1
Norra Möckleby 51 D2
Norra Nordsjö 31 C2
Norra Ny 39 C2
Norra polcirkeln 17 C2
Norra Rörum 50 B2/3
Norra Sandsjö 46 A3, 51 C1
Norra Sunderbyn 17 C3
Norra Tannflo 30 A/B3, 35 D1/2

Norra Tresund — Nyvik

Norra Tresund 30 A1
Norra Umstrand 15 D3
Norra Unnaryd 45 D3
Norra Vallgrund 20 A2, 31 D3
Norra Vånga 45 D2/3
Norrbäck 30 B1
Norrbacka 16 A3
Norrboda 40 B2
Norrboda 39 D1/2
Norrboda 41 D3
Norrby 30 B1
Norrby 31 C1
Norrbyn 39 D1
Norrbyn 31 B/C3
Norrbyn 31 C2/3
Norre Åby 52 B1
Nørre Alslev 53 D2
Nørre Arup 48 A/B1/2
Nørre Broby 53 B/C1
Nørre Knudstrup 48 B2
Nørre Nebel 48 A3, 52 A1
Nørre Snede 48 B3
Nørresundby 48 B1
Nørre Vorupør 48 A2
Norrfjärden 16 B3
Norrfjärden 20 A1, 31 D2
Norrfjärden 35 D3
Norrfors 31 C2
Norrfors 30 B2
Norrgård 31 C1
Norrhult-Klavreström 51 C1
Norrhult-Klavreström 72 A/B1
Norrián 17 C2
Norrköping 46 B2
Norrmark 24 A1
Norrmesunda 30 B3, 35 D1
Norrmjöle 31 C2
Norrnas 20 A3
Norrow Water Castle 58 A1
Norrsjö 29 D2
Norrskedika 40 B2/3
Norrsunda 40 B3, 47 C1
Norrsundet 40 A/B2
Norrtälje 41 C3
Norrvik 30 B1
Nors 48 A1/2
Norsholm 46 B2
Norsjö 31 C1
Norsjövallen 31 C1
Norsminde 49 B/C3
Norstedlaseter 37 C2
Norten-Hardenberg 81 C/D1
Northallerton 61 C1/2
Northam 62 B2
Northampton 64 B2
North Berwick 57 C1
Northeim 68 B3, 81 C/D1
Northeim-Hohnstedt 68 B3
Northeim-Sudheim 68 B3, 81 C/D1
Northleach 63 D1, 64 A2/3
North Newbald 61 D2
North Petherton 63 C/D2
North Somercotes 61 D3
North Sunderland 57 D2
North Tawton 63 C2
North Tidworth 64 A3, 76 A1
North Walsham 61 D3, 65 C1
Northwich 59 D2, 60 B3, 64 A1
Northwold 65 C2
Nortorf 52 B3
Nortrup 67 D2
Nort-sur-Erde 85 D3
Norvalahti 12 A/B3
Norvasalmi 12 B3
Nörvenich 79 D2, 80 A2
Norwich 65 C1/2
Nos 32 A3, 36 B1
Nosen 37 C/D3
Nesenseter 37 C3
Nosovka 39 D2
Noss 9 C1
Nossa Senhora da Esperança 165 C2
Nossa Senhora do Cabo 164 A3
Nossa Senhora d'Ajuda 165 C2
Nossebro 45 C3
Nössemark 45 C1
Nossen 83 C1

Nossentiner Hütte 69 D1
Nösund 44 B3
Noszlop 128 A1
Notaresco 117 D3, 119 C1
Nötbolandet 31 C3
Notmarktskov 52 B2
Noto 24 A3
Noto 125 D3
Noto Antica 125 D3
Notodden 43 D1, 44 A1
Notre Dame 112 B2
Notre-Dame de la Salette 111 D1, 112 A1
Notre-Dame-de-Monts 100 A1
Notre-Dame-d'Aspres 86 B1/2
Notre-Dame-du Mai 111 D3, 112 A3
Notre-Dame-de-Sanilhac 101 D3, 109 C1
Notre-Dame des Fontaines 113 B/C2
Natterøy 43 D2, 44 B1
Nottingham 61 D3, 65 C1
Nottuln 67 D3
Nottuln-Appelhülsen 67 D3
Nottuln-Darup 67 D3
Nouan-le-Fuzelier 87 C3
Nouans-les-Fontaines 101 C1
Nougaroulet 109 C2
Nousiainen 24 B2
Nousu 13 C2
Nouvion-en-Ponthieu 77 D2
Nova 127 D1/2, 128 A2
Nova Baña 95 D2
Nova Brežnica 138 B2
Nova Bukovica 128 B3
Nová Bystřice 93 D1, 94 A1
Novaci 133 D2, 134 A2
Novaci 143 C1
Novaci 140 B2
Nova Crnja 129 D3
Nová Dubnica 95 C1
Novafeltria 115 C2, 117 C1
Nova Gorica 126 B2
Nova Gradiška 128 A3, 131 D1, 132 A1
Nová Hospoda 93 C1
Novaja Praga 99 D3
Novaja Ušica 98 B3
Nova Kasaba 133 C2
Nováky 95 D2
Novales 154 B3
Nova Levante/Welschnofen 107 C2
Novalja 130 B2
Nova Pazova 133 D1, 134 A1
Nová Pec 93 C2
Nova Ponente/Deutschnofen 107 C2
Novara 105 D3
Novara di Sicilia 125 D2
Nová Říše 94 A1
Nova Sela 132 A3, 136 B1
Nova Siri 120 B3
Nova Siri Stazione 121 B/C3
Novate Mezzola 105 D2, 106 A2
Nova Topola 131 D1, 132 A1
Nova Varoš 133 D3, 134 A3
Nova Vas 126 B3
Nova Zagora 141 C3
Nové Hrady 93 D2
Novelda 169 C3
Novellara 114 B1
Nové Mesto nad Váhom 95 C2
Nové Město pod Smrkem 83 D2
Nové Mesto nad Váhom 96 B2
Nové Mitrovice 83 C3, 93 C1
Noventa di Piave 107 D3
Noventa Vicentina 107 C3
Novés 160 B3
Nové Sady 95 C2
Nové Strašecí 83 C3
Nové Zámky 95 C3

Nové Zámky 96 B3
Novgorod 75 C1
Novgorodka 99 D3
Novgorodka 74 B2
Novgorod-Severskij 99 D1
Novi-Bečej 129 D3
Novi di Modena 114 B1
Novi-Dojran 139 D3, 143 D1, 144 A1
Noviercas 153 D3, 161 D1
Novigrad 126 A/B3, 130 A1
Novigrad 131 B/C2
Novigrad Podravski 128 A2
Novi Iskăr 139 D1
Novij Bug 99 D3
Novi Karlovci 133 D1, 134 A1
Novi Kneževac 129 D2
Novi Ligure 113 D1
Novillas 155 C3
Novi Marof 127 D2
Novi Marof 96 A/B3
Novion-Porcien 78 B3
Novi Pazar 133 D3, 138 A1
Novi Pazar 140 A3
Novi Pazar 141 C3
Novi Sad 140 A2
Novi Sad 129 D3, 133 D1, 134 A1
Novi Seher 132 B2
Novi Slankamen 133 D1, 134 A1
Novi Vinodolski 130 B1
Novoarhangel'sk 99 D3
Novo Brdo 138 B1
Novograd-Volynskij 99 B/C2
Novogrudok 98 B1
Novo Korito 135 C3
Nóvoli 114 B2, 116 B1
Novo Mesto 127 C3
Novo Miloševo 129 D3
Novomirgorod 99 D3
Novopetrovskoe 75 D2
Novopolock 74 B3
Novoržev 74 B2
Novosele 142 A2
Novoselica 98 B3
Novo Selo 135 D2
Novo Selo 139 D3
Novosokol'niki 74 B2
Novoukraïnka 99 D3
Novovolyns'k 97 D1, 98 A2
Novozavidovskij 75 D2
Novo Zvečevo 128 A3
Novozybkov 99 D1
Novska 128 A3, 131 D1
Nový Bor 83 D2
Nový Hrozenkov 95 C1
Nový Jičín 96 B2
Nový Knín 83 D3
Nový Přerov 94 B2
Nový Rychnov 94 A1
Nowa Dęba 97 C1/2, 98 A2
Nowa Sól (Neusalz) 72 B3, 96 A1
Nowa Sól (Neusalz) 71 C3
Nowe 73 B/C3
Nowe Bielawy 71 C3
Nowe Biskupice 70 B3
Nowe Miasteczko 71 C3
Nowe Warpno 70 B1
Nowe Worowo 71 C1
Nowiny Wielkie 71 C2
Nowogard 71 C1
Nowogard 72 A2/3
Nowogród Bobrzański 71 C3
Nowy Dwór Gdański 73 C2
Nowy Dwór Mazowiecki 73 C3
Nowy Sącz 97 C2
Nowy Tomyśl 71 C/D3
Noyal 85 C2
Noyalo 85 C3
Noyant 86 B3
Noyant-de-Touraine 101 C1
Noyant-la-Plaine 86 A3, 101 B/C1
Noyelles-sur-Mer 77 D2
Noyen-sur-Sarthe 86 A2/3
Noyers 88 A3
Noyers-sur-Cher 86 A/B3, 101 C1

Noyers-sur-Jabron 111 D2, 112 A2
Noyon 78 B3
Nozay 85 D3
Nozeroy 104 A1
Nuaillé 100 B1
Nuasjärvi 12 A3, 17 D1
Nuasniemi 12 A3, 17 D1
Nueil-sur-Argent 100 B1
Nuenen 79 C1
Nueno 154 B2
Nuestra Señora de Cura 157 C2
Nuestra Señora de la Peña de Fra 159 D2
Nueva 153 C1
Nueva 152 A1
Nueva Carteya 172 B1
Nuévalos 162 A1
Nuevo Baztán 161 C2/3
Nughedu Santa Vittória 123 C/D2
Nuijamaa 27 C2
Nuits 88 B3
Nuits-Saint-Georges 103 D1
Nukari 25 C/D2, 26 A2
Nules 163 B/C3, 169 D1
Nulles 163 C1
Nulvi 123 C1
Numana 117 D2, 130 A3
Numancia 153 D3, 161 D1
Numansdorp 66 A3
Numbrecht 80 A2
Nummela 25 C3
Nummenkylä 25 C2
Nummenpää 25 C2/3
Nummi 25 C3
Nummi 24 A/B2
Nummijarvi 20 B3
Nummikoski 20 B3
Numminen 25 D2, 26 A2
Nummi-Pusula 25 C2/3
Nunchritz 83 C1
Nuneaton 64 A2
Nunnanen 11 D2, 12 A1
Nunnanlahti 23 C2
Nunnington 61 C2
Nuño Gómez 160 A/B3
Nuñomoral 159 C/D2/3
Nunsdorf 70 A3
Nunspeet 66 B2
Nuojua 18 B3
Nuoksujärvi 17 C1
Nuoramoinen 25 D1, 26 A1
Nuorgam (Njuorggam) 6 B2
Nuoritta 18 B2
Nuoro 123 D2
Nuorpiniemi 6 B2
Nuortikon 16 B1
Nuorunka 19 C1
Nuottionranta 17 D2
Nuraghe Seruci 123 C3
Nuraghe su Nuraxi 123 C/D3
Nuragus 123 D2/3
Nurallao 123 D2
Nuraminis 123 D3
Nuria 156 A2
Nurmas 26 B1
Nurmes 23 C1
Nurmeskylä 23 C1
Nurmesperä 21 D1, 22 A1
Nurmijärvi 23 D1/2
Nurmijärvi 25 C2/3, 26 A2/3
Nurmo 20 B2
Nürnberg 82 A3, 91 D1, 92 A1
Nürnberg-Fischbach 92 A1
Nürnberg-Katzwang 91 D1, 92 A1
Nurri 123 D2/3
Nürtingen 91 C2
Nus 105 C3
Nusco 119 D3, 120 A2
Nusfjord 8 A/B2/3
Nušnas 39 D2
Nusplingen 91 B/C2
Nussdorf am Inn 92 B3
Nuštar 129 C3, 133 C1
Nüsttal-Morles 81 C2
Nutheim 43 C1
Nuttuperä 21 D1, 22 A1
Nuuatila 18 B3
Nuuksujärvi 11 B/C3

Nuupas 18 B1
Nuutajärvi 25 B/C2
Nuutilanmäki 27 B/C1
Nuvsvåg 6 C2
Nuvvus 6 B2
Nvutänger 40 A/B1
Nya Bastuselet 16 A3
Nyadal 35 D2
Nyåker 31 C2
Nyåkern 34 B3
Nyåkerstjärn 31 C2
Nyalka 95 C3
Nyárlőrinc 129 D1
Nybäck 31 D1
Nybble 45 D1, 46 A1
Nybergsund 38 B1
Nyborg 53 C1
Nybro 51 D2
Nybro 72 B1
Nybro 29 D3, 35 B/C2
Nyby 30 B1/2
Nyby 20 A2
Nyby 53 D2
Nybyn 30 B3, 35 D2
Nybyn 17 C2
Nydala 50 B1
Nye 51 C1
Nyergesújfalu 95 D3
Nygård 38 A2
Nygård 9 D1
Nygard 38 A1
Nygården 14 B3
Nyhammar 39 D3
Nyhamnsläge 49 D2, 50 A2
Ny Hellesund 43 C3
Nyhem 30 A3, 35 C2
Ny Hesselager 53 C1/2
Nyhyttan 39 D3, 46 A1
Nyirábràny 97 C/D3, 98 A3, 140 A/B1
Nyirád 128 A1
Nyirbátor 97 C/D3, 98 A3
Nyíregyháza 97 C3
Nykäla 22 B3
Nykarleby (Uusikaarlepyy) 20 B1
Nyker 51 D3
Nykirke 37 D3, 38 A2
Nykirke 43 D2, 44 B1
Nyköbing 53 D2
Nyköbing 48 A2
Nyköbing 49 D3
Nyköping 47 C2
Nykroppa 40 A3
Nykroppa 39 C3, 45 D1, 46 A1
Nyksund 8 B1
Nykvåg 8 B2
Nykvarn 47 C1
Nyland 30 B3, 35 D2
Nyland 31 C3
Nyland 31 C2
Nyland 30 B3, 35 D2
Nyliden 31 C2
Nymburk 83 D2/3
Nymindegab 48 A3, 52 A1
Nymo 4 B2
Nymoen 38 B1
Nymoen 14 B2
Nynäshamn 47 C2
Nyon 104 A2
Nyons 111 D2
Nyord 53 D2
Nýřany 83 C3
Nyrola 21 D3, 22 A3
Nýrsko 93 C1
Nyrud 7 C3
Nysa (Neisse) 96 B1/2
Nysäter 45 C1
Nysätern 34 A2/3
Nyseter 37 D2
Nyster 32 B3, 37 C1
Nyster 33 C2/3
Nyseter 38 B1
Nyskoga 38 B2
Nyskolla 38 A1
Nyslott 27 C1
Nyss 53 D2
Nystad 24 A2, 41 D2
Nysted 53 D2
Nystrand 16 B3
Nsund 45 D1, 46 A1
Nytjärn 30 B2, 35 D1
Nytorp 17 C1
Nyträsk 31 D1
Nyúl 95 C3
Nyvik 30 A3, 35 C2

Nyvik — Olofström

Nyvik 29 C1
Nyvoll 5 C2

O

Oakengates 59 D3, 64 A1
Oakham 64 B1/2
Oanes 42 A2
Obalj 132 B3
Oban 56 A1
Oban 54 A2, 55 D1
Obanos 154 A2
O Barco 151 C2
Obbola 20 A1, 31 D2
Obdach 127 C1
Obejo 166 B3
Oberammergau 92 A3
Oberasbach 82 A3, 91 D1, 92 A1
Oberau 92 A3
Oberaula 81 C2
Oberaurach-Kirchaich 81 D3
Oberaurach-Unterschleichach 81 D3
Oberbergkirchen 92 B2
Oberbodnitz 82 A2
Ober-Cunnersdorf 83 D1/2
Oberdachstetten 91 D1
Oberderdingen-Flehingen 90 B1
Oberdrauburg 107 D1, 126 A1
Oberelsbach 81 D2
Oberfeistritz 127 C/D1
Obergrafendorf 94 A2
Obergunzburg 91 D3
Obergurgl 107 B/C1
Oberhaching 92 A3
Oberharmersbаch 90 B2
Oberhausen 80 A1
Oberhof 81 D2
Oberhofen am Thunersee 105 C1/2
Oberibеrg [Schwyz] 105 D1
Oberkappel 93 C2
Oberkirch 90 B2
Oberkochen 91 D2
Oberkotzau 82 A/B2
Oberlahnstein 80 A/B2
Oberland 81 C2
Oberlungwitz 82 B2
Obermassfeld-Grimmenthal 81 D2
Obermehler 81 D1
Obermodern 90 A1/2
Obernai 90 A2
Obernberg am Brenner 107 C1
Obernberg am Inn 93 C2
Obernburg 81 C3
Oberdorf 90 B2
Oberndorf 52 A/B3, 68 A1
Oberndorf am Lech 91 D2
Oberndorf an der Melk 94 A2/3
Oberndorf bei Salzburg 92 B3
Obernkirchen 68 A3
Obernzenn 81 D3, 91 D1
Oberoderwitz 83 D1/2
Oberort 93 D3
Oberpframmern 92 A3
Oberpöring 92 B2
Ober-Ramstadt 81 B/C3
Oberreute 91 C/D3
Oberriet 106 A1
Oberröblingen 82 A1
Oberrot 91 C1
Oberschweinbach 92 A2
Obersinn 81 C2/3
Oberstaufen 91 C/D3
Oberstdorf 91 D3
Oberstenfeld 91 C1
Obersulm 91 C1
Obersüssbach-Obermünchen 92 A/B2
Obertilliach 107 D1/2, 126 A1/2
Obertrubach 82 A3
Obertrum am See 93 C3
Oberursel 80 B2/3

Obervellach 126 A1
Oberviechtach 82 B3, 92 B1
Oberwart 127 D1
Oberwart 96 A/B3
Oberweiler (Bitburg) 79 D3
Oberweissbach 82 A2
Oberwesel 80 B3
Oberweser-Gieselwerder 81 C1
Oberweser-Oedelsheim 81 C1
Oberwiesenthal 82 B2
Oberwölz 126 B1
Obidos 164 A1
Obilić 138 B1
Obing 92 B3
Obing-Frabertsham 92 B3
Objaljai 74 A2
Objat 101 D3
Obladis 106 B1
Obljaj 127 D3, 131 C1
Obninsk 75 D3
Obod 137 D2
Obodovka 99 C3
O Bolo 151 C2
Obón 162 B2
Oborniki 71 D2
Oborniki 72 B3
Obornjača 129 D3
Oborovo 127 D3
Obory 83 C/D3
Obra 71 C3
Obrenovac 133 D1/2, 134 A2
Obrenovac 140 A2
Obreż 133 D1, 134 A1
Obrigheim 91 C1
Obrov 126 B3
Obrovac 131 C2
Obrovac 131 D3
Obrovac 129 C3, 133 C1
Obršani 138 B3, 143 C1
Obrtići 133 C2/3
Obryta 71 B/C1/2
Obrzycko 71 D2
Obsteig 106 B1
Obudovac 132 B1
Obuhov 99 C/D2
Ocaña 161 C3, 167 D1
Ocana 113 D3
Occhiobello 115 C1
Occimiano 113 C1
Očevlja 132 B2
Ochagavia 108 A3, 154 B2
Ochandiano 153 D1/2
Ochiltree 56 B2
Ochla 71 C3
Ochsenfurt 81 D3
Ochsenfurt-Hopferstadt 81 D3
Ochsenhausen 91 C2/3
Ochtendung 80 A2
Ochtrup 67 C/D3
Očihov 83 C2/3
Ockelbo 40 A2
Öckerö 44 B3
Ockholm 52 A2
Ocrkavlje 132 B3
Ócsa 95 D3, 129 C1
Ócsény 129 C2
Öcsöd 129 D1
Octeville 76 A3
Octeville-sur-Mer 76 B3
Öd 34 B2
Odåkra 49 D3, 50 A2
Odda 42 B1
Odden 4 B3
Odder 48 B3
Oddesund 48 A2
Odeborg 45 C2
Odeceixe 170 A1
Odeleite 170 B2
Odelzhausen 92 A2
Odemira 170 A1
Ödemis 149 D2
Odén 155 D2/3
Odena 155 D3, 156 A3, 163 D1
Odensbacken 46 B1
Odensberg 45 D3
Odense 53 C1
Odensjo 50 B1/2
Oderberg 70 B2
Odernheim 80 A/B3
Oderzo 107 D3
Ödeshög 46 A2

Odessa 141 D1
Odestugu 45 D3, 46 A3
Odiáxere 170 A2
Odiham 64 B3, 76 A/B1
Ödis 52 B1
Odivelas 164 A2
Odivelas 164 B3
Odkarby 41 C/D2/3
Odkarby 41 C/D2/3
Ödlandstö 42 A3
Odoev 75 D3
Odón 162 A2
Odoorh 67 C2
Odorheiu Secuiesc 141 C1
Odra 127 D3
Odsted 48 B3, 52 B1
Odzaci 129 C3
Odžak 133 C3, 137 D1
Odžak 132 B1
Oebisfelde 69 C2
Oechsen 81 D2
Oed 93 D2
Oederan 83 C2
Oeffelt 67 B/C3
Oegstgeest 66 A3
Oeiras 164 A2
Oelde 67 D3
Oelde-Stromberg 67 D3, 68 A3
Oelsig 70 A3, 83 C1
Oelsnitz 82 B2
Oelsnitz 82 B2
Oelze 81 D2, 82 A2
Oelzschau 82 B1
Oensingen 105 C1
Oer-Erkenschwick 67 D3, 80 A1
Oettingen 91 D1
Oetzen-Stöcken 69 C2
Ofarne 40 A1
Ofena 117 D3, 119 C1
Offenbach 90 B1
Offenbach am Main 81 B/C3
Offenbach-Hundheim 80 A3
Offenberg 92 B1/2
Offenburg 90 B2
Offenhausen 82 A3, 92 A1
Offenseealm 93 C3
Offerberg 40 A1
Offerdal 29 C/D3, 34 B1
Offersøy 9 C2
Offida 117 D2/3
Offingen 91 D2
Ofte 43 C1/2
Ofte 42 B3
Ofterschwang 91 D3
Oftringen [Aarburg-Oftringen] 105 C1
Ogardy 71 C2
Ogéviller 89 D2
Oggevatn 43 C3
Oggiono 105 D3, 106 A3
Ogliara 119 D3, 120 A2
Ogliastro Cilento 120 A3
Ogna 42 A3
Ognica 70 B2
Ogoja 139 D1
Ogorele 75 C1
Ogradena 135 C1/2
Ogre 73 D1, 74 A2
Ogrosen 70 B3
O Grove 150 A2
Ogulin 127 C3, 130 B1
Ohanes 173 D2
Ohensaari 24 A/B2
Ohey 79 C2
Ohkola 25 D2, 26 A2
Ohlstadt 92 A3
Ohn 29 D2, 30 A2, 35 C1
Ohrduf 81 D2
Ohrid 138 B3, 142 B1
Öhringen 91 C1
Ohtaanniemi 23 C2
Ohtanajärvi 17 C1
Ohtinen 25 C2
Ohtola 21 C3
Oia 150 A3
Öiä 158 A2
Oiartzun 153 D1, 154 A1
Oijärvi 18 B1
Oijusluoma 19 D1
Oikarainen 12 B3
Oikemus 21 C1
Oimbra 150 B3
Oinaala 25 C2

Oinas 12 B3
Oinasjärvi 25 C2
Oinasjärvi 22 B1
Oinaskylä 21 D2, 22 A2
O Incio 151 C2
Oiniadai 146 A2
Oinoskylä 21 C/D2
Oion 153 D2
Oiron 101 C1
Oirschot 79 C1
Oiselay-et-Grachaux 89 C3
Oisemont 85 C1/2
Oitti 25 C/D2, 26 A2
Oittila 21 D3
Oix 156 B2
Oja 20 B1
Oja 47 D3
Ojakkalа 25 C3
Oakyla 21 D1, 22 A1
Ojakylä 21 D1, 22 A1
Ojakylä 18 A/B3
Ojakylä 18 B2
Ojakylä 18 A3, 21 C1
Ojakylä 18 B3
Ojala 21 B/C2
Ojanperä 18 B3
Ojanperä 21 D1, 22 A1
Ojarvi 29 D2, 35 B/C1
Oje 39 C2
Ojebyn 16 B3
Ojén 172 A3
Ojós 169 D3
Ojos Negros 162 A2
Ojung 39 D1
Ojurås 39 D2
Okehampton 63 C2/3
Okkelberg 28 B3, 33 D1
Okkenhaug 28 B3, 33 D1
Oklaj 131 C2/3
Okno 51 D1
Okol 137 D2, 138 A2
Okoli 127 D3
Okonek 71 D1
Okruglica 139 C1
Oksajärvi 11 B/C3
Oksakoski 21 C2
Oksava 21 D1, 22 A1
Oksbol 48 A3, 52 A1
Oksby 48 A3, 52 A1
Økseidet 11 C1
Oksendalsøra 32 B2
Oksendrup 53 C1/2
Oksengard 15 C1
Oksfjord 5 C2
Oksna 38 A2
Oksnes 8 B1
Oksnes 28 B2
Oksneshamn 9 B/C2
Okstad 28 A/B3, 33 C/D2
Oksvoll 28 A3, 33 C1
Okt'abr'skij 99 C1
Okučani 128 A3, 131 D1, 132 A1
Okulovka 75 C1
Olalhas 164 B1
Olalla 163 C2
Olargues 110 A3
Olazagutía 153 D2
Olba 162 B3
Olbernhau 83 C2
Olbersdorf 83 D2
Olbersleben 82 A1
Olbia 123 D1
Olby 102 B3
Olching 92 A2
Oldeboorn 66 B2
Oldebroek 66 B2
Oldeide 36 A1
Oldemarkt 67 B/C2
Olden 36 B1
Oldenburg 67 D1, 68 A1/2
Oldenburg 53 C3
Oldenswort 52 A2/3
Oldenzaal 67 C2/3
Olderdakken 4 B3, 10 A1
Olderdalen 4 B3
Olderfjord 5 D1/2, 6 A1
Oldernes 5 D2, 6 A2
Oldervik 4 A3, 9 D1, 10 A1
Oldervik 14 B2
Oldervik 4 A2/3
Oldham 59 D2, 60 B2/3
Oldisleben 82 A1
Oldsum 52 A2
Oleby 39 B/C3
Oledo 158 B3
Oleggio 105 D3

Oleiros 158 B3, 164 B1
Oleiros 150 A2
Oleiros 150 B1
Ølen 42 A1
Olesa de Montserrat 156 A3
Oleśnica (Oels) 96 B1
Oletta 113 D2
Olette 156 A2
Olevsk 99 B/C2
Olfen 67 D3, 80 A1
Olgod 48 A3, 52 A1
Olhain 78 A2
Olhalvo 164 A2
Olhão 170 B2
Olhava 18 A2
Oliana 155 C3
Olias 172 B2
Olías del Rey 160 B3, 167 C1
Olib 130 B2
Oliena 123 D2
Oliete 162 B2
Oligirtos 143 D3
Olimpiás 143 C2
Olimpiás 144 B2
Olimpiás 143 C2
Olingen 79 D3
Olingsskog 39 C1
Oliola 155 C3
Olite 154 A2
Olius 155 D3, 156 A2
Oliva 169 D2
Oliva de la Frontera 165 C3
Oliva de Mérida 165 D2, 166 A2
Oliva de Plasencia 159 D3
Olivadi 122 B2
Olival 158 A3, 164 B1
Olivarella 125 D1/2
Olivares 171 D1
Olivares de Duero 152 B3, 160 B1
Olivares de Júcar 161 D3, 168 B1
Oliveira de Frades 158 A/B2
Oliveira de Azeméis 158 A2
Oliveira do Bairro 158 A2
Oliveira do Hospital 158 B3
Olivella 156 A3
Olivenza 165 C2
Olivèse 113 D3
Olivet 87 C2/3
Olivone [Biasca] 105 D2
Olkamangi 17 D1
Olkkajärvi 12 B3
Olkusz 97 C2
Olla de Altea 169 D1
Ollebacken 29 D3, 34 B1
Olleria 169 C/D2
Ollerton 61 C3, 64 B1
Olli 21 C2
Olliergues 103 C3
Ollikkala 26 B1
Ollila 25 B/C2
Ollila 13 C3
Ollilanniemi 19 C/D3
Ollolä 23 D3
Ollsta 29 D3, 35 B/C1
Ollsta 29 D3, 35 B/C1/2
Olme 45 D1, 46 A1
Olmeda de la Cuesta 161 D3
Olmeda del Rey 161 D3, 168 B1
Omedilla de Alarcón 168 B1
Olmedilla de Eliz 161 D3
Olmedillo de Roa 152 B3, 160 B1
Olmedo 160 A/B1
Olmedo 123 C1/2
Olmi Cappella 113 D2
Olmillos de Sasamón 152 B2
Olmillos de Castro 151 D3, 159 D1
Olmo 115 C3, 116 B2
Olmo al Brembo 106 A2
Olmos de la Picaza 152 B2
Olney 64 B2
Olocau 162 B3, 169 D1
Olocáu del Rey 162 B2
Olofsbo 49 D2, 50 A1
Olofstors 31 C2/3
Olofström 51 B/C2
Olofström 72 A1

Olombrada — Oskarström

Olombrada 160 B1
Olomouc 96 B2
Olonne-sur-Mer 100 A2
Olonzac 110 A3, 156 B1
Oloron-Sainte-Marie 108 B3, 154 B1
Olost 156 A2
Olot 156 B2
Olovo 132 B2
Olpe 80 B1/2
Olšany u Prostějova 94 B1
Olsater 39 C3, 45 D1
Olsberg 80 B1
Olsberg-Bigge 80 B1
Olsborg 4 A3, 9 D1
Olsbrücken 80 A/B3, 90 A1
Olsene 78 A/B1/2
Olseröd 50 B3
Olserud 45 C/D2
Olshammar 46 A2
Olši 94 B1
Olsker 51 D3
Olsrud 4 A3, 10 A1
Olst 67 C2/3
Olsvik 14 A3, 28 B1
Olsztyn (Allenstein) 73 C2/3
Oltedal 42 A2
Olten 90 B3, 105 C1
Oltenita 141 C2
Oltre Vara 114 A2
Oltyně 93 D1
Olula de Castro 173 D2
Olvasjärvi 18 B2
Ølve 42 A1
Olvega 153 D3, 154 A3, 161 D1
Olveiroa 150 A2
Olvenstedt 69 C3
Olvera 172 A2
Olvés 162 A1
Olympia 146 B3
Olynthos 144 A2
Olzai 123 D2
Omagh 54 A3, 55 D2
Ombersley 59 D3, 64 A2
Omeath 58 A1
Omegna 105 C2/3
Omellóns 155 D3, 163 D1
Omenamäki 23 C1
Omiš 131 D3
Omišalj 126 B3, 130 B1
Ommen 67 C2
Omoljica 133 D1, 134 B1
Omonville-la-Rogue 76 A3
Omossa/Metsälä 20 A3
Omsjö 30 B2/3, 35 D1
Omurtag 141 C3
Ön 34 B3
Ön 36 A2
Oña 153 C2
Onano 116 B3, 118 A1
Onara 107 C3
Oñati 153 D1/2
Onchan 58 B1
Onda 162 B3, 169 D1
Ondara 169 D2
Ondarroa 153 D1
Ondfejov 83 D3
Ondres 108 A3, 154 A1
Onéglia 113 C2
Onesse-et-Laharie 108 A2
Ongstad 8 B2
Onhult 46 B3
Onil 169 C2
Onis 152 A1
Onkamaa 26 B2
Onkamo 23 D3
Onkamo 13 C3
Onkeroinen 25 D2, 26 A2
Onkijoki 24 B2
Onkiniemi 25 D1, 26 A/B1
Onnaing 78 B2
Ønnesmark 31 D1
Onnestad 50 B2/3
Onningeby 41 C/D3
Onno 105 D2/3, 106 A2
Onøy 14 A2
Onsaker 37 D3, 38 A2/3
Onsevig 53 C2
Onskan 30 B3, 35 D1
Onslunda 50 B3
Onslovice 94 A1
Onstwedde 67 C2
Ontaneda 152 B1
Onteniente 169 C/D2
Ontiñena 155 C3, 163 C1
Ontojoki 19 C/D3, 23 C1
Onttola 23 C/D3
Ontur 169 B/C2
Önusberg 16 B3
Onzonilla 151 D2, 152 A2
Oombergen 78 B2
Ooperi 20 B2
Oostburg 78 B1
Oost-Cappel 78 A1/2
Oostduinkerke-Bad 78 A1
Oosterend 78 A1
Oosterbeek 66 B3
Oosterend 66 B1
Oosterhesselen 67 C2
Oosterhout 66 A/B3, 79 C1
Oosterwolde 67 C2
Oosthuizen 66 B2
Oostkamp 78 A1
Oostmalle 79 C1
Oostvleteren 78 A1/2
Oostvoorne 66 A3
Oostwold 67 C1
Ootmarsum 67 C2
Opalenica 71 D3
Opaljenik 133 D3, 134 A3
Opatija 126 B3, 130 A1
Opatovac 129 C3, 133 C1
Opatovská Vez 95 D2
Opava 96 B2
Ope 29 D3, 34 B2
Openica 138 B3, 142 B1
Opi 119 C2
O Pino 150 B2
Oplenac 133 D2, 134 B2
Opočka 74 B2
Opole (Oppeln) 96 B1
Opoul-Périlos 156 B1
Opovo 133 D1, 134 A1
Oppach 83 D1
Oppbodarna 34 B3
Oppdal 33 C2/3
Oppeano 107 C3
Oppeby 46 B3
Oppeby (Nyköping) 47 C2
Oppegård 38 A2
Oppegård 38 A3, 44 B1
Oppeid 9 C2/3
Oppenau 90 B2
Oppenheim 80 B3
Opphaug 28 A3, 33 C1
Oppheim 36 B3
Opphus 38 A1
Oppido Lucano 120 B2
Oppido Mamertina 122 A3
Oppin 82 B1
Opponitz 93 D3
Oppsjö 30 B3, 35 D2
Oppstryn 32 A3, 36 B1
Oppurg 82 A2
Oprisor 135 D2
Oprtalj 126 B3, 130 A1
Opshaugvik 32 A3, 36 B1
Opusztaszer 129 D2
Opuzen 136 B1
Ör 51 C1
ÖR 44 B1/2
Öra 45 D3
Öra 4 B2
Ora/Auer 107 C2
Orada 165 C2
Orada 165 C3
Oradour-sur-Glane 101 D2
Oradour-sur-Vayres 101 D3
Orago 105 D3
Orahova 131 D1, 132 A1
Orahovac 138 A/B2
Orahovac 140 A3
Orahovica 128 B3
Oraison 111 D2, 112 A2
Orajärvi 12 A3, 17 D1
Orajärvi 12 B2
Orakylä 12 B2
Orange 111 C2
Orani 123 D2
Oranienbaum 69 D3
Oranienburg 70 A2
Oranienburg 72 A3
Orašac 139 C1
Orašac 137 B/C1
Orašac 133 D2, 134 A/B2
Orasi 137 D2
Orasi 113 D3
Orašje 133 B/C1
Oråstie 140 B1
Oratoire 112 A1

Orava 20 B2
Oravais/Oravainen 20 B2
Oravala 26 B2
Oravankylä 21 D1, 22 A1
Oravasaan 21 D3, 22 A3
Oravi 23 C3
Oravikoski 22 B3
Oravisalo 23 C3
Oravita 135 C1
Oravita 140 A2
Oravívaara 19 C3
Oravská Lesná 95 D1
Oravská Polhora 95 D1
Oravská Polhora 97 C2
Oravské Veselé 95 D1
Oravský Podzámok 95 D1
Orba 169 D2
Orbaiceta 108 B3, 155 C1/2
Orbæk 53 C1
Orbaneja del Castillo 153 B/C2
Orbassano 112 B1
Orbe 104 B1/2
Orbec 86 B1
Orberga 46 A2
Orbetello 116 B3
Orby 49 D1, 50 A1
Orca 158 B3
Orcajo 162 A2
Orcau 155 D2/3
Orce 173 D1
Orcera 168 A3
Orchamps 103 D1, 104 A1
Orchamps-Vennes 104 B1
Orches 101 C1
Orcheta 169 D2
Orchies 78 A2
Orchomenós 147 C2
Orchomenos 147 B/C3
Orchomenos 147 C2
Orcières 112 A1
Orcines 102 B2/3
Orcival 102 B3
Ordes 150 A/B1/2
Ordino 155 D2, 156 A2
Ordizia 153 D1/2
Ordona 120 A1/2
Öre 42 B3
Öre 31 C2/3
Öre 39 D1/2
Orea 162 A2
Orebić 136 B1
Örebro 46 A1
Örebygård 53 C/D2
Oredež 74 B1
Öregesckertö 129 C2
Öreglak 128 A/B2
Öregrund 40 B2/3
Örehoved 53 D2
Örei 147 C1
Orellana de la Sierra 166 A/B2
Orellana la Vieja 166 A/B2
Ören 149 D2/3
Oreovica 134 B2
Öreryd 50 B1
Örés 154 B2
Oreskovica 134 B2
Orestiás 145 D3
Öretjärndalen 30 A3, 35 C2
Orford 65 D2
Organya 155 C2
Orgaz 160 B3, 167 C1
Orgeew 141 D1
Orgelet-le Bourget 103 D2, 104 A2
Örgenvika 37 D3
Orgères-en-Beauce 87 C2
Orgiano 107 C3
Orgon 111 C/D2
Örgösolo 123 D2
Orgovány 129 C1/2
Orhaneli 149 D1
Oria 121 D2/3
Oria 173 D1, 174 A1
Orient 157 C2
Origny-Sainte-Benoîte 78 A/B3
Orihuela 169 C3, 174 B1
Orihuela del Tremedal 162 A2
Orikon 142 A2
Oriku 142 A2
Orimatilla 25 D2, 26 A2
Orimiemi 24 B2
Orimieni 23 C/D2

Orinnoro 22 B3
Orio 153 D1
Oriola 164 B3
Oriolo 120 B3, 122 B1
Oripää 24 B2
Oristano 123 C2
Öriszentpéter 127 D1
Oriveden asema 25 C1
Orivesi 25 C1
Örjäes 158 B3
Orjahovo 140 B2
Orasjärvi 17 D2
Orjavik 32 A2
Örje 45 B/C1
Orjiva 173 C2
Orkanger 28 A3, 33 C2
Örkelljunga 50 B2
Örkelljunga 72 A1
Örkelsjöhytta 33 C3
Örkény 129 C1
Orkény 97 C3, 140 A1
Orkland 28 A3, 33 C2
Orlamünde 82 A2
Orland 28 A3, 33 C1
Orlate 138 B2
Orléans 87 C2/3
Orlec 130 A1
Orlík nad Vltavou 83 C/D3, 93 C/D1
Orljane 135 C3, 139 C1
Orljani 138 B1
Orlovat 129 D3, 133 D1, 134 A/B1
Orlu 156 A1
Örma 143 C1
Ormaiztegi 153 D1/2
Ormaryd 46 A3
Ormea 113 C2
Ormemyr 43 C/D1, 44 A1
Orménion 145 D2
Ormes 87 C2/3
Ormhult 50 B2
Ormilla 144 A2
Ormos 143 D2, 144 A2
Ormos Panagías 144 B2
Ormos Prinou 145 B/C1/2
Ormoš 127 D2
Ormskirk 59 D2, 60 B2/3
Ornaisons 110 A3, 156 B1
Ornans 104 A1
Ornäs 39 D2
Örnes 14 B1
Orneta 73 C2
Örnhöj 48 A2/3
Orno 47 D1
Örnskoldsvik 31 C3
Oroix 108 B3, 155 C1
Orolík 129 C3, 133 C1
Orom 129 D2/3
Orón 153 C2
Oron-la-Ville [Oron] 104 B2
Oropesa 160 A3, 166 B1
Oropesa de Mar 163 C3
Ororbia 154 A2
Orosei 123 D2
Orosháza 129 D2
Orosháza 97 C3, 140 A1
Oroso 150 A/B2
Oroszlány 95 C/D3
Oroszló 128 B2
Orotelli 123 D2
Oroz-Betelu 108 B3, 155 C2
Orozko 153 C1
Orphin 87 C2
Orpieme 111 D2
Orrefors 51 C1/2
Orrefors 72 B1
Örrestad 42 A3
Orrios 162 B2
Orroli 123 D2/3
Orrskog 40 B2
Orrviken 34 B2
Orsa 39 D1/2
Orša 74 B3
Orsago 107 D2/3
Orsara di Puglia 120 A1/2
Orsay 87 C/D1/2
Orsbäck 31 C2
Örsebo 46 B3
Orsennes 101 D2, 102 A2
Orserum 46 A3
Orsia 105 C3
Orsières 104 B2
Orsje 51 C2
Örslev 49 C3, 53 C1

Örslevkloster 48 B2
Örsnes 32 A2/3
Orsogna 119 C/D1
Orsoja 135 D3
Orsomarso 120 B3, 122 A1
Orsova 135 C1/2
Orsova 140 A/B2
Örspuszta 128 B1
Örsta 36 B1
Örsted 52 B1
Örsted 49 B/C2
Örsundsbro 40 B3
Orta 105 C3
Ortaklar 149 D2
Orta Nova 120 A/B1/2
Orte 117 C3, 118 B1
Ortenberg-Selters 81 C2
Ortenburg-Iglbach 93 C2
Ortenburg-Wolfachau 93 C2
Orth an der Donau 94 B2
Orth an der Donau 96 B3
Orthez 108 A/B3, 154 B1
Orthovouniou 143 C3
Ortigosa 153 D3
Ortiguera 150 B1
Ortilla 154 B2/3
Ortisei/Sankt Ulrich 107 C2
Ortişoara 140 A1
Ortnevik 36 B2
Orto 113 D3
Ortolano 117 D3, 119 C1
Örtomta 46 B2
Orton 57 C3, 60 B1
Ortona 119 D1
Ortona dei Marsi 119 C2
Ortrand 83 C1
Örträsk 31 C2
Ortsjö 35 D3
Ortueri 123 C/D2
Orubica 131 D1, 132 A1
Örum 49 C2
Örum 48 B2
Örune 123 D2
Orusco 161 C3
Orvella 43 C1, 44 A1
Orvieto 117 C3, 118 A1
Orville 89 B/C3
Orvinio 118 B1
Orzinuovi 106 A3
Osa 36 B3
Osa de la Vega 161 C/D3, 168 A1
Osanica 135 C2
Osann-Monzel 80 A3
Os Anxeles 150 A2
Osara 24 B1
O Saviñao 150 B2
Osbruk 50 B1
Osburg 79 D3, 80 A3
Ösby 50 B2
Ösby 72 A1
Oščadnica 95 D1
Oschatz 83 B/C1
Oschatz 96 A1
Oschersleben 69 C3
Öschiri 123 D1
Osdalssetter 38 A/B1
Os de Balaguer 155 C3
Öse 42 B2
Öse 48 A3, 52 A1
Osečina 133 C2
Osečná 83 D2
Oseja 154 A3, 162 A1
Oseja de Sajambre 152 A1
Osek 83 C2
Osenovo 139 D2
Osera 154 B3, 162 B1
Oset 38 A1
Oset 37 C/D3
Osidda 123 D2
Osieczna 71 D3
Osiek nad Notecią 71 D2
Osiglia 113 C2
Osijek 129 B/C3
Osilnica 127 C3
Osilo 123 C1
Osimo 117 D2
Osinów Dolny 70 B2
Osipaonica 134 B2
Osipovići 99 C1
Osječenica 137 C1
Oskar 51 C/D2
Oskarshamn 51 D1
Oskarshamn 72 B1
Oskarström 72 A1
Oskarström 50 A1/2

Oslany — Pääjärvi

Oslany 95 D2
Oslättfors 40 A2
Oslavany 94 B1
Oslavička 94 A1
Osli 94 B3
Oslo 38 A3
Oslos 48 A/B1/2
Osma 12 A/B2/3
Osma 153 C2
Osmakova 135 C3
Os Milagres do Medo 150 B3
Os'mino 74 B1
Ošmjany 74 A3
Osmo 47 C1/2
Osnabrück 67 D3
Osnäs 24 A2, 41 D2
Ošno Lubuskie 70 B2
Osoppo 107 D2, 126 A2
Osor 130 A1/2
Osor 156 B2
Osorno 152 B2
Ospedaletti 113 B/C2/3
Ospitale di Cadore 107 D2
Ospiталetto 106 B3
Oss 66 B3
Ossa 144 A1
Ossa de Montiel 168 A2
Ossauskoski 18 A1
Osseby-Garn 40 B3, 47 D1
Ossés 108 B3, 155 C1
Ossi 123 C1/2
Ossiach 126 B2
Ossmannstedt 82 A1/2
Osso 155 C3, 163 C1
Ossun 108 B3, 155 C1
Ostanå 50 B2
Ostanbäck 31 D1
Ostanberg 24 B3
Ostanbjörke 39 C3
Ostansjo 15 D2
Ostansjo 39 C1
Ostansjo 16 A2
Ostansjo 46 A1
Ostansjo 40 A/B1
Ostanvik 39 D1
Oštarije 127 C3, 130 B1
Ostaškov 75 C2
Ostatija 133 D3, 134 A3
Ostavall 35 C3
Ostbevern 67 D3
Østbirk 48 B3
Östbjörka 39 D2
Ostby 30 B2, 35 D1
Ostby 38 B1
Østbyn 35 C3
Østbyn 35 C2
Østbyn 31 D2
Osted 49 D3, 53 D1
Osteel 67 D1
Ostellato 115 C1
Ostelsheim 90 B2
Ostenfeld 52 B2
Ostenholz 68 B2
Østerbo 37 B/C3
Osterburg 69 D2
Osterburken 91 C1
Osterby 53 C2
Østerby 48 A3
Østerby 49 C1
Österbybruk 40 B3
Österbymo 46 A3
Österbymo 72 B1
Östercappeln 67 D2/3, 68 A2/3
Österdalälsen 14 B2
Österfärnebo 40 A2/3
Österforse 30 A/B3, 35 D2
Östergraninge 30 B3, 35 D2
Österhaninge 47 D1
Österhankmo 20 B2
Osterheide-Osternholz 68 B2
Osterhofen 93 B/C2
Osterhofen-Obergessenbach 92 B2
Osterholz-Scharmbeck 68 A1
Oster Hurup 49 B/C2
Østerhus 42 A/B2
Osterild 48 A1/2
Oster Jølby 48 A2
Øster Karup 50 A2
Osterlarls 51 D3
Øster Legum 52 B2
Österlovsta 40 B2

Østermarie 51 D3
Østermark 20 A3
Ostermiething 92 B3
Östernoret 30 B2
Østerö 20 B2
Osterode 68 B3
Osterode-Dorste 68 B3, 81 D1
Oster-Ohrstedt 52 B2
Oster Ritjemjåkk 9 D3
Ostersele 31 C2
Oster Själevad 31 B/C3
Österslov 50 B2
Øster Sonnarslöv 50 B3
Österstråsjö 35 C3
Österstrand 30 B2
Österström 35 C/D2/3
Östersund 29 D3, 34 B2
Östersundom 25 D3, 26 A3
Österunda 40 A/B3
Östervåla 40 B3
Östervallskog 38 B3, 45 C1
Öster Vrå 48 B1
Österwieck 69 C3
Osterzell 91 D3
Ostffyasszonyfa 94 B3, 128 A1
Ostfildern 91 C2
Østhammar 40 B2/3
Ostheim 81 D2
Osthofen 80 B3
Östia 118 A/B2
Ostiano 106 B3
Östiglia 114 B1
Ostiz 108 A3, 154 A2
Östloning 35 D2/3
Ostmark 38 B2/3
Ostmarkum 30 B3
Östnäs 20 A1, 31 D2
Ostomsjon 39 C1
Ost or 99 C/D2
Östorög 71 D2
Östra 115 D3, 117 D2
Östra Ämtervik 39 C3, 45 C/D1
Östraby 50 B3
Östrach 91 C3
Ostrach-Habsthal 91 C2/3
Östra Ed 47 B/C3
Östra Eknö 47 B/C3
Östra Frölunda 50 A1
Östra Galåbodarna 34 B2
Östra Grevie 50 A3
Östra Hjogghöle 31 D1
Östra Husby 46 B2
Östra Karup 50 A2
Östra Ljungby 50 A2
Östra Malmagen 33 D2/3, 34 A2/3
Östra Näsberget 39 C2
Östrand 16 B2/3
Östra Ny 46 B2
Östra Ryd 46 B2
Östra Sjulsmark 31 D2
Östra Stugusjo 35 C2/3
Östra Torsås 51 C1/2
Östrau 83 C1
Östrau 82 B1
Östrava 96 B2
Östrelj 131 C2
Ostriconi 113 D2
Östringen 90 B1
Östritz 83 D1/2
Öströda (Osterode) 73 C3
Östrog 98 B2
Östrołeka 73 C3, 98 A1
Östromsjon 39 C1
Östropole 71 D1
Östrošickij Gorodok 74 B3
Östrov 74 B2
Östrov 141 C2
Östrov 82 B2
Östrovačice 94 B1
Östrov nad Oslavou 94 A1
Östrov u Macochy 94 B1
Östrowice 71 C1
Östrowiec 70 B2
Östrowiec Świętokrzyski 97 C1
Östrów Mazowiecka 73 C3, 98 A1
Östrów Wielkopolski 96 B1
Östružac 131 C1
Ostružnica 133 D1, 134 A1/2
Ostryna 73 D2/3, 74 A3, 98 B1

Ostseebad Ahrenshoop 53 D2/3
Ostseebad Boltenhagen 53 C3
Ostseebad Dierhagen 53 D3
Ostseebad Graal-Müritz 53 D3
Ostseebad Kühlungsborn 53 D3
Ostseebad Nienhagen 53 D3
Ostseebad Prerow 53 D2/3
Ostseebad Prerow 72 A2
Ostseebad Rerik 53 D3
Ostseebad Wustrow 53 D3
Ostseebad Zingst 53 D2/3
Ostuni 121 C/D2
Ostvik 31 D1
Östvika 29 C1
Osuna 172 A2
Oswestry 59 C3, 60 B3
Oszkó 128 A1
Osztopán 128 B2
Ota 164 A2
Otalampi 25 C3
Otamo 24 A1
Otanmäki 18 B3, 22 B1
Otava 26 B1
Otavice 131 C3
Oteiza 153 D2, 154 A2
Oteo 153 C1/2
Oteren 4 A3, 10 A1
Oterma 18 B3
Otero de Bodas 151 D3
Otero de las Dueñas 151 D2
Oterstranda 14 B1
Otervik 14 A3, 28 B1
Oteševo 142 B1
Othéry 63 D2
Otiñar 173 C1
Otivar 173 C2
Otley 61 C2
Otlo 28 A/B3, 33 C/D1
Otnes 38 A1
Otočac 130 B1
Otočec 127 C3
Otofta 50 A/B3
Otok 133 C1
Otoka 131 C1
Otorowo 71 D2
Otrokovice 95 C1
Otrokovice 96 B2
Otta 37 D1/2
Ottana 123 D2
Ottaviano 119 D3
Ottenby 72 B1
Ottendorf-Okrilla 83 C1
Ottenhofen 90 B2
Ottenschlag 94 A2
Ottensheim im Mühlkreis 93 D2
Ottenstein 68 B3
Otterbach 80 B3, 90 A/B1
Otterbäcken 45 D2, 46 A1/2
Otterberg 80 B3, 90 A/B1
Otterburn 57 D2
Otterburn 54 B3
Otter Ferry 56 A1/2
Otterfing 92 A3
Otterlo 66 B3
Otterndorf 52 A3, 68 A1
Ottersberg 68 A2
Ottersøy 28 B1
Ottersweier 90 B2
Otterup 49 C3, 53 C1
Ottervattnet 31 C2
Ottervik 28 B2
Ottery Saint Mary 63 C2
Ottevény 95 C3
Ottmarsheim 90 A3
Ottnang 93 C2/3
Ottobeuren 91 D3
Ottobiano 105 D3, 113 D1
Ottobrunn 92 A2/3
Ottone 113 D1
Ottonträsk 31 C2
Ottrau 81 C2
Ottsjo 29 C3, 34 A2
Ottsjön 29 D3, 34 B1
Ottweiler 89 D1, 90 A1
Otvöskonyi 128 A2
Otxandio 153 D1/2
Otyń 71 C3
Otzberg-Lengfeld 81 C3

Ötztal-Bahnhof 106 B1
Ouanne 88 A3
Ouarville 87 C2
Oucques 86 A/B3
Ouddorp 66 A3
Oudenga 67 B/C1/2
Oudenaarde 78 B2
Oude-Pekela 67 C1/2
Oudeschild 66 B2
Oudeschoot 67 B/C2
Oudewater 66 B3
Oudon 86 A3
Ougney 89 C3, 103 D1, 104 A1
Ouguela 165 C2
Ouistreham 76 B3, 86 A1
Oulainen 18 A3
Oulanka 13 C3
Oulchy-le-Château 88 A1
Oulins 87 C1
Oullins 103 D3
Oulujoki 18 A/B2
Oulunsalo 18 A2
Oulu (Uleåborg) 18 A/B2
Oulx 112 B1
Oundle 64 B2
Oura 150 B3, 158 B1
Ouranópolis 144 B2
Ourense 150 B2
Ourique 170 A1
Ourol 150 B1
Ourondo 158 B3
Ouroux-en-Morvan 88 A3, 103 C1
Ouroux-sur-Saône 103 D1
Ourville-en-Caux 77 C3
Ousse 108 B3, 154 B1
Ousson-sur-Loire 87 D3
Outakoski 6 B2
Outarville 87 C2
Outeiro 151 C3, 159 C1
Outeiro 151 B/C1
Outeiro 150 A3, 158 A1
Outeiro de Rei 150 B1
Outes 150 A2
Outokumpu 23 C2/3
Outovaara 12 B3
Ouville-la-Rivière 77 C2/3
Ouzouer-le-Marché 87 C2/3
Ouzouer-sur-Loire 87 D3
Ovada 113 C1
Ovågen 36 A3
Ovanåker 39 D1, 40 A1
Ovanmyra 39 D2
Ovar 158 A2
Ovča 133 D1, 134 A/B1
Ovčar Banja 133 D2, 134 A2/3
Ovče Polje 139 C2/3
Övedskloster 50 B3
Ovelgönne 68 A1
Ovelgönne-Oldenbrock 68 A1
Overalve 35 C3
Overammer 30 A3, 35 C2
Overang 29 C3, 34 A1
Overås 32 B2
Overath 80 A2
Overby 49 C3
Overbyod 10 A1
Överhörnäa 47 C1
Over Feldborg 48 A2
Övergård 48 B2
Övergård 4 A3, 10 A1
Överhogdal 34 B3
Överijse 79 B/C2
Over Jerstal 52 B1/2
Överkalix 17 C2
Överlännas 30 B3, 35 D2
Overlida 49 D1, 50 A1
Overloon 79 D1
Övermalax 20 A2
Övermark (Ylimarkku) 20 A3
Overmere 78 B1
Övero 41 D3
Over Simmelkær 48 A/B2
Överstin Nyiand 31 C2
Overton 59 C/D2/3, 60 B3
Övertorneå 17 D2
Övertorneå 17 D2
Överturingen 34 B3
Overum 46 B3
Övesholm 50 B3
Ovidiopol' 141 D1
Ovidiu 141 D2

Oviedo 151 D1
Oviglio 113 C1
Oviken 34 B2
Ovindoli 119 C1
Ovitsby 25 C3
Ovodda 123 D2
Ovra 30 A2, 35 C/D1
Övre Åbyn 31 D1
Övre Årdal 37 C2
Övre Åstbru 38 A1
Övre Björknäs 15 C3
Övrebo 43 B/C3
Övrebo 43 B/C3
Övre Brännträsk 16 B2
Övrebygd 42 A2/3
Övre Espedal 42 A2
Övre Granberg 16 B3
Övre Grundsel 16 B3
Övre Kildal 4 B3
Övre Långträsk 16 A3
Övre Moen 42 B2
Övrenes 5 D2, 6 A2
Övre Nyland 31 C2
Övre Parakka 10 B3
Övre Rendal 33 D3
Övre Sirdal 42 B2
Övre Soppero 10 B2/3
Övre Svartlå 16 B2
Övre Tväråselet 16 B3
Övronnaz [Riddes] 104 B2
Övrué 99 C2
Övstebo 42 A1
Övstestol 32 A3, 37 B/C1
Övtočiči 137 C/D2
Övtrup 48 A3, 52 A1
Owen 91 C2
Owingen (Überlingen) 91 C3
Owinska 71 D2
Öwschlag 52 B2/3
Oxabäck 49 D1, 50 A1
Oxberg 39 C1/2
Oxelösund 47 C2
Oxford 65 C3
Oxie 50 A3
Oxilithos 147 D1/2
Oxkangar 20 B2
Oxnered 45 C2
Oxsjön 35 C3
Oy 43 C2
Oyace 104 B3
Oyan 33 C/D3
Oyangen 28 A3, 33 C1
Oyarzún 153 D1, 154 A1
Øye 32 B2
Øye 32 A3, 36 B1
Øyenkilen 44 B1
Øyer 37 D2, 38 A1
Øyestranda 42 B3
Øyfjell 43 C1
Øyhelle 8 B2
Øyjord 8 B3
Oy-Mittelberg 91 D3
Øynan 37 C2/3
Øynes 9 C2
Øynes 15 C1
Øyonnax 104 A2
Øyra 5 C2
Øyriéres 89 C3
Øysang 43 D2, 44 A2
Øyslebe 42 B3
Øystad Moskusgård 9 D2
Øystese 36 B3
Oyten 68 A2
Oyten-Bassen 68 A2
Oyten-Schanzendorf 68 A2
Oyteti Stalin (Kuçovë) 142 A1
Øyungen 38 A1
Øyvatnet 9 C2
Oza dos Rios 150 B1
Ozalj 127 C3
Ozarići 99 C1
Ozd 97 C2/3
Ozeta 153 D2
Ozieri 123 C/D2
Ozora 128 B1/2
Ozzano Monferrato 113 C1

P

Pääaho 19 C2
Pääjärvi 21 C2

Paaki 76 Partinello

Paaki 19 C3
Paakkila 23 C2
Paakkola 17 D2, 18 A1
Paalasmaa 23 C2
Pàarp 49 D3, 50 A2/3
Pääsinniemi 25 D1, 26 A1
Paaso 25 D1, 26 B1
Paatela 27 C1
Paattinen 24 B2
Paatus 6 B2
Paavola 18 A3
Paavonvaara 23 D3
Pabianice 97 C1
Pabillònis 123 C3
Pabneukirchen 93 D2
Pâbo 45 D3
Pabrade 74 A3
Paceco 124 A2
Pacentro 119 C1/2
Pachino 125 D3
Pačir 129 C3
Pack 127 C1
Paço de Sousa 158 A1/2
Paços de Ferreira 158 A1
Pacov 83 D3, 93 D1
Pacsa 128 A1/2
Pacy-sur-Eure 86 B1
Padankoski 25 C1, 26 A1
Padasjoki 25 D1, 26 A1
Padborg 52 B2
Padej 129 D3
Padene 131 C2
Padenghe sul Garda 106 B3
Paderborn 68 A3, 81 B/C1
Paderborn-Sande 68 A3
Paderborn-Schloss Neu-haus 68 A3, 80 B1
Paderborn-Wewer 68 A3, 80 B1
Padern 156 B1
Paderne 170 A2
Paderne 150 B1
Paderne de Allariz 150 B2/3
Padiham 59 D1, 60 B2
Padina 133 D1, 134 B1
Padina 141 C2
Padinska Skela 133 D1, 134 A1
Padirac 109 D1
Pádola 107 D2
Pádova 107 C3
Padragkút 128 A/B1
Padrela 150 B3, 158 B1
Padrenda 150 B3
Pádria 123 C2
Padron 150 A2
Padru 123 D1
Padstow 62 B3
Padul 173 C2
Padula 120 A/B3
Paduli 119 D3, 120 A2
Padva 24 B3
Paesana 112 B1
Paese 107 D3
Paestum 120 A3
Pag 130 B2
Pagânica 117 D3, 119 C1
Pagânico 114 B3, 116 B2/3
Pagny-sur-Meuse 89 C1/2
Pagode-de-Chanteloup 86 B3
Pagoúria 145 C1
Pago Veiano 119 D2/3, 120 A2
Paguera 157 C2
Paharova 17 C1
Páhi 129 C2
Pahkakoski 18 B2
Pahkakumpu 13 C3
Pahkala 21 C1
Pahkasalo 18 A3
Páhl 92 A3
Pahtaoja 18 A1
Pahuvaara 19 D2
Paialvo 164 B1
Paião 158 A3
Paide 74 A1
Paijärvi 26 B2
Pailhès 109 D3, 155 D1
Paillart 77 D3
Paimbœf 85 C3, 100 A1
Paimio (Pemar) 24 B2/3
Paimpol 84 B1
Paimpont 85 C2
Painsalo 22 B1

Painswick 63 D1, 64 A2/3
Painten 92 A1
Paio Pires 164 A2
Paipòrta 169 D1
Paisco 106 B2
Paisley 56 B2
Paistivuoma 12 A2, 17 D1
Paisua 22 B1
Paittasjärvi 11 C2
Päiväjoki 12 B3
Päiväkunta 21 D3, 22 A3
Päivälä 23 C3
Pajala 17 C1
Pajares 153 D3
Pajares 161 C2
Pajares de los Oteros 152 A2
Pajarón 162 A3, 168 B1
Pajaroncillo 162 A3, 168 B1
Pajujärvi 22 B2
Pajukoski 23 C1
Pajulankylä 26 B1
Pajuniemi 18 A2
Pajuskylä 22 B2
Päkä 127 D2, 128 A2
Pakaa 25 D2, 26 A2
Pakarila 22 A/B3
Pakinainen 24 A3
Pakisvaara 12 A3, 17 D2
Pakkala 25 C1
Pakola 12 A2
Pakoslav 71 D3
Pakoštane 131 B/C2/3
Pákozd 128 B1
Pakrac 128 A3
Paks 129 C2
Paks 96 B3
Paksumaa 6 B3
Paksuniemi 10 A/B3
Palacios de Benaver 152 B2
Palacios de la Sierra 153 C3
Palacios de Sanabria 151 C3
Palacios del Sil 151 C/D2
Palaciosubios 160 A2
Paladru 103 D3, 104 A3
Palafrugell 156 B2
Palagiano 121 C2
Palagonia 125 C3
Paláia 114 B3, 116 A2
Palaiseau 87 C/D1/2
Palamás 143 C/D3
Palamonastíri 143 C3
Palamós 156 B2/3
Pälâng 17 C2/3
Palanga 73 C1/2
Palanzano 114 A1/2, 116 A1
Palárikovo 95 C2/3
Palas de Rei 150 B2
Palata 119 D2, 120 A1
Palatítsia 143 D2
Palatna 138 B1
Palau 123 D1
Palau Sverdera 156 B2
Palavas-les-Flots 110 B3
Palazuelos 161 C/D2
Palazzo Adriano 124 B2
Palazzo del Pero 115 C3, 117 B/C2
Palazzolo Acréide 125 C/D3
Palazzolo sull'Oglio 106 A3
Palazzolo Vercellese 105 C3, 113 C1
Palazzo San Gervásio 120 B2
Palazzuolo sul Sénio 115 C2, 116 B1
Pälbole 20 A1, 31 D2
Paldiski 74 A1
Pale 132 B2/3
Paleá Epídavros 147 C3
Palena 119 C2
Palencia 152 B3
Palenciana 172 B2
Palenzuela 152 B3
Paleochóra 148 B3
Paleochórion 144 B2
Paleokastrítsa 142 A3
Paleokastrítsa 148 A1
Paleómonastíri 143 C3
Paleópírgos 146 B2
Paleópolis 145 C/D2
Palermo 124 B1/2

Palermo Acqua dei Corsari 124 B2
Palermo-Mondello 124 B1
Páleros 146 A1
Palestrina 118 B2
Palheíros 158 B1
Palheíros da Tocha 158 A3
Palheíros de Quiaios 158 A3
Palhoça 158 A2
Páli 94 B3
Pali 125 C2
Paliano 118 B2
Palič 129 C/D2
Palikkala 24 B2
Palinges 103 C2
Palinuro 120 A3
Palionéllini 143 D2
Paliouriá 143 C2/3
Palioúrion 144 B2/3
Palioúrion 148 B1
Paliseul 79 C3
Palvuk 132 A2
Paljakanpuisto 19 C3
Paljakka 19 C3
Paljakka 19 C2
Paljakka 26 B1/2
Paljakka 19 D1
Paljakka 30 A/B3, 35 D2
Páljorda 14 A/B3
Pälkäne 25 C1
Pälkem (Vitträsk) 17 B/C2
Palkisoja 12 B1
Pallagorio 122 B2
Pallanza 105 D2/3
Pallares 165 D3, 166 A3
Pallaruelo de Monegros 155 B/C3, 162 B1
Pallastunturi 11 C3, 12 A1
Palling 92 B3
Pallini 147 D2
Pallonen 23 D2
Palma 164 B2/3
Palma Campánia 119 D3
Pálmaces de Jadraque 161 C2
Palma del Rio 172 A1
Palma de Mallorca 157 C2
Palma di Montechiaro 124 B3
Palmanova 126 A2/3
Palma Nova 157 C2
Palmela 164 A2
Palmeral de Elche 169 C3
Palm 122 A3
Palmižana 131 C3, 136 A1
Pälnostugan 9 D2
Palo 12 A3, 17 D1
Palo 113 C2
Palo del Colle 121 C2
Palojärvi 11 C2
Palojärvi 12 A3, 17 D1
Palojärvi 12 B3
Palojoensuu 11 C2
Palokangas 22 B3
Palokastér 142 A2
Palokki 23 C3
Palolompolo 12 A3, 17 D1
Palomaa 6 B3
Palomäki 23 C2
Palomar de Arroyos 162 B2
Palomares del Campo 161 D3
Palomas 165 D2, 166 A2
Palombara Sabina 118 B1/2
Palomera 161 D3
Palonselkä 11 D3, 12 A2
Palonurmi 23 C2
Paloperä 13 C3
Paloperä 11 C3, 12 A2
Palos de la Frontera 171 C2
Paloselkä 11 D3, 12 A2
Palosenjärvi 22 B1
Palosenmäki 21 D3, 22 A3
Palovaara 18 B1
Pals 156 B2
Palsasuo 10 B2
Palsasuo 6 B3
Pälsboda 46 A/B1
Pälsböle 25 C3
Palsgård 48 B3, 52 B1
Palsselkä 12 B2
Paltamo 19 C3
Paltanen 22 B3
Paltaniemi 19 C3
Pältsastugorna 10 A1

Palù di Férsina 107 C2
Palus 24 A/B1
Paluzza 107 D2, 126 A2
Pämark 24 A/B1
Pambukovica 133 D2, 134 A2
Pamhagen 94 B3
Pamigtkowo 71 D2
Pamiers 109 D3, 155 D1, 156 A1
Pamilo 23 D2
Pamparato 113 C2
Pampelonne 110 A2
Pampilhosa 158 B3
Pampilhosa do Botão 158 A3
Pamplona/Iruñea 154 A2
Panagíá 147 D2
Panagía 145 C1/2
Panagijúrište 140 B3
Panajé 142 A2
Panassac 109 C3, 155 C1
Pancarlen 112 B1
Pančarevo 139 D1
Pančevo 133 D1, 134 A/B1
Pančevo 140 A2
Pancorbo 153 C2
Pancrudo 162 A/B2
Pandino 106 A3
Pandrup 48 B1
Panelía 24 A/B1/2
Panenský Týnec 83 C2
Panes 152 B1
Panevéggio 107 C2
Panevėžys 73 D2, 74 A2/3
Pangbourne 64 B3
Paničište 139 D2
Panillo 155 C2
Panissières 103 C2/3
Paniza 163 C1
Panka 22 B2
Pankajärvi 23 D1/2
Pankakoski 23 D2
Pankasz 127 D1
Panker 53 C3
Panni 120 A2
Pannonhalma 95 C3
Panoias 159 B/C2
Panoias 164 B3, 170 A1
Panórama 144 A2
Pantäne 20 B3
Panticosa 154 B2
Pantoja 160 B3
Pantón 150 B2
Pantila 20 B3
Páola 122 A1/2
Pápa 95 C3, 128 A1
Pápa 96 B3
Páparis 146 B3
Paparotti 126 A2
Papasídero 120 B3, 122 A1
Pápateszér 95 C3, 128 B1
Papenburg 67 D2
Papenburg-Aschendorf 67 D2
Papinniemi 23 D3
Pappás 139 D3, 144 A1
Pappenheim 91 D1, 92 A1
Pappenheim 81 D2
Pappilanvaara 19 C3
Pappinen 25 D1, 26 A1
Pappinen 24 B2
Papráča 133 C2
Papradno 95 C/D1
Papusuo 18 B3, 22 B1
Parábita 121 D3
Paračin 134 B3
Paračin 140 A2
Paracuellos de Jiloca 162 A1
Paracuellos 162 A3, 168 B1
Paracuellos de Jarama 161 C2
Parada de Cunhos 158 B1
Parada de Rubiales 159 D1/2, 160 A1/2
Parada do Sil 150 B2
Paradas 171 D2, 172 A2
Paradaseca 151 C2
Paradela 150 B2
Paradela 150 B3, 158 B1
Paradísía 146 B3
Paralía 143 D2
Paralía 146 B2
Paralía Avlídos 147 D2
Paralía Iríon 147 C3

Paralía Kímis 147 D1
Paralía Skotínis 143 D2
Paralía Tiroú 147 C3
Parálion Ástros 147 C3
Parálion Ástros 148 B2
Parakovo 138 B1/2
Paramó 85 C1/2
Paramio 151 C3
Paramithiá 142 B3
Páramo 150 B2
Páramo del Sil 151 C2
Paranéstion 145 B/C1
Paranhos 158 B2
Parantala 21 D3, 22 A3
Parapótamos 142 B3
Paravóla 146 B1
Paray-le-Monial 103 C2
Parcent 169 D2
Parcé-sur-Sarthe 86 A3
Parchen 69 D2/3
Parchim 69 D1
Parcoul 101 C3
Parczew 73 D3, 97 D1, 98 A2
Pardilla 153 C3, 161 B/C1
Pardubice 96 A2
Parede 164 A2
Paredes 160 B3
Paredes 158 A1/2
Paredes de Coura 150 A3
Paredes de Nava 152 B3
Paredes de Siguença 161 C/D1
Paredes de Viadores 158 A/B2
Pareja 161 D2
Parentis-en-Born 108 A2
Parey 69 D2/3
Párga 142 B3
Párga 148 A1
Pargas 24 B3
Pargas/Parainen 24 B3
Pargny-sur-Saulx 88 B1
Parhalahti 18 A3
Parigné-l'Evêque 86 B2/3
Parikkala 27 D1
Paris 87 D1
Parisot 109 D2
Parissavaara 23 D2
Pärjänsuo 19 B/C2
Parkajoki 11 C3
Parkalompolo 11 C3
Parkano 20 B3
Parkkila 19 C2
Parkkila 26 B1
Parkkila 21 D1, 22 A1
Parkkima 21 D1, 22 A1
Parkku 25 C1
Parkstetten 92 B1/2
Parkua 19 C3, 22 B1
Parla 160 B3
Parlan 16 A1/2
Parma 114 A1
Parma-San Pancrázio 114 A1
Parndorf 94 B3
Párnica 95 D1
Parnu 74 A1
Párnu-Jaagupi 74 A1
Parola 25 C2
Parona di Valpolicella 106 B3
Páros 149 C2/3
Parowa 83 D1
Parque da Pena 164 A2
Parracombe 63 C2
Párraskärsa 10 A3
Parres 152 A/B1
Parsau 69 C2
Parsberg 92 A1
Parsberg-Willenhofen 92 A1
Parsdorf 92 A2
Parsęcko 71 D1
Parsów 70 B1
Parstein 70 B2
Partaharju 22 B3
Partakko 6 B3
Partakoski 27 C1/2
Partaloa 173 D1/2, 174 A1
Partanna 124 A2
Partenen 106 B1
Partenstein 81 C3
Parthenay 101 C1
Parthénion 147 C3
Partille (Göteborg) 45 C3
Partinello 113 D3

Partinico — Perivólion

Partinico 124 A/B2
Partizani 133 D2, 134 A2
Partizanske Vode 133 C3, 134 A3
Partizánske 95 C/D2
Partos 134 B1
Pårup 48 B3
Parviainen 19 C2
Pârvomaj 141 B/C3
Päryd 72 B1
Päryd 51 D2
Parzân 155 C2
Pasaia 153 D1, 154 A1
Pasakoy 145 D1, 145 D3
Pasalú 21 D2, 22 A2
Pasayiğit 145 D3
Pascani 141 C1
Pas de Cère 110 A1
Pas-en-Artois 78 A2
Pasewalk 70 B1
Pasewalk 72 A3
Pasi 26 B2
Pasiano di Pordenone 107 D2/3
Pasikovci 128 A3, 131 D1
Påskallavik 51 D1
Påskallavik 72 B1
Pasmajarvi 12 A2, 17 D1
Pašman 130 B2
Passail 127 C1
Passais 86 A2
Passau 93 C2
Passau 96 A2
Passau-Heining 92 B2
Passetto 115 C1
Passignano sul Trasimeno 115 C3, 117 C2
Passó 158 B2
Passopisciaro 125 D2
Passos 158 B1
Passow 69 D1
Passow 70 B1/2
Passugg [Chur] 106 A1
Påstena 119 D2
Påstena 119 C2
Pasto 20 B3
Pastorello 114 A1
Pastores 159 C2
Pastoriza 151 C1
Pastow 53 D3
Pastrana 161 C2
Pastricciola 113 D3
Pastriz 154 B3, 162 B1
Pasvalis 73 D1, 74 A2
Pata 95 C2
Pataholm 51 D1
Pataias 164 A1
Patajoki 25 D1, 26 A1
Patana 21 C2
Påtas 135 C1
Patay 87 C2
Pateley Bridge 61 C2
Pateniemi 18 A2
Patergassen 126 B1
Patergassen 96 A3
Paterna 169 D1
Paterna del Campo 171 C1
Paterna de la Madera 168 B2
Paterna del Río 173 D2
Paterna de Rivera 171 D3
Paternion 126 B1/2
Paternò 125 C2
Paternópoli 119 D3, 120 A2
Patersdorf 93 B/C1
Pathhead 57 C2
Patini 143 B/C3, 146 A1
Patiópoulon 146 A1
Påtîrlagele 141 C2
Patitírion 147 D1
Patokoski 12 A3
Patonieni 13 C3
Patoniva 6 B2
Patos 142 A2
Patos 148 A1
Patosh Fshat 142 A2
Påtra/Påtrai 146 B2
Påtra/Påtrai 148 B2
Påtrica 119 B/C2
Patrikka 23 D3
Patrington 61 D2
Pattada 123 D2
Pattensen 68 B3
Pattensen-Schulenburg 68 B3
Patterdale 57 C3, 60 B1

Patti 125 C/D1/2
Pattijoki 18 A3
Pattikkå 10 B2
Pattikkäkoski 10 B2
Pâtulele 135 D2
Påty 95 D3
Pau 108 B3, 154 B1
Pauillac 100 B3
Paukarlahti 22 B3
Paukkaja 23 D2
Paul 158 B3
Pauland 30 B1
Paularo 107 D2, 126 A2
Paulhac-en-Margeride 110 B1
Paulhaguet 103 B/C3
Paulhan 110 B3
Paulilátino 123 C2
Paulinenaue 69 D2, 70 A2
Paull 61 D2
Paullo 105 D3, 106 A3
Pauls 163 C2
Pausa 82 A/B2
Pausele 30 B1
Pauträsk 30 B1
Pauvres 78 B3
Pavia 105 D3, 106 A3, 113 D1
Pavia 164 B2
Pavias 162 B3, 169 D1
Pavilly 77 C3
Paviłosta 73 C1
Pávliani 147 B/C1
Pavlica 133 D3, 134 A/B3
Pavlikeni 141 C3
Pavlikov 83 C3
Pávlos 147 C1/2
Pavlovsk 74 B1
Pavullo nel Frignano 114 B2, 116 A1
Påwesin 69 D2, 70 A2
Pawłowice 71 D3
Pawłowo Żońskie 71 D2
Payerne 104 B1
Paymogo 165 C3, 170 B1
Payrac 109 D1
Pazardžik 140 B3
Pazin 126 B3, 130 A1
Paziols 156 B1
Pazo de Irijoa 150 B1
Pazos de Borbén 150 A2/3
Peacehaven 76 B1
Peal de Becerro 167 D3, 168 A3, 173 C1
Peania 147 D2
Péaule 85 C3
Peč 138 A1
Peč 140 A3
Pečane 131 C2
Péccioli 114 B3, 116 A2
Pécel 95 D3
Pečenjevce 139 C1
Pechão 170 B2
Pechea 141 C1/2
Pechern 83 D1
Pechina 173 D2
Peči 131 C2
Pečigrad 131 C1
Pečinci 133 D1, 134 A1
Pecka 133 C2
Peckatel 70 A1
Pečky 83 D3
Pęcław 71 D3
Pecorara 113 D1
Pecorone 120 B3, 122 A1
Pečory 74 B2
Pécs 128 B2
Pečska Banja 138 A1
Pécsvárad 128 B2
Pěčurice 137 D2
Pedaso 117 D2
Pederoa 107 C1/2
Pederobbà 107 C2/3
Pedersöre/Pietarsaaren maalaiskunta 20 B1
Pederstrup 53 C2
Pedescala 107 C3
Pedorido 158 A2
Pedrafita do Cebreiro 151 C2
Pedra Furada 158 A1
Pedrajas 153 D3, 161 D1
Pedrajas de San Esteban 160 B1
Pedralba 169 C1
Pedralva de la Pradería 151 C3

Pedras Salgadas 150 B3, 158 B1
Pedraza 160 B1/2
Pedraza de Alba 159 D2, 160 A2
Pedreguer 169 D2
Pedreira 150 B1
Pedreña 153 B/C1
Pedrera 172 A2
Pedro Abad 167 C3, 172 B1
Pedroche 166 B3
Pedrogão Grande 158 A/B3, 164 B1
Pedrogão Pequeno 158 A/B3, 164 B1
Pedrógão 165 C3
Pedrogão 159 B/C3
Pedrógão 158 A3, 164 A1
Pedrola 155 C3, 163 C1
Pedro Martínez 173 C1
Pedro Muñoz 167 D1, 168 A1
Pedrosa de Duero 152 B3, 160 B1
Pedrosa del Rey 152 A2
Pedrosillo de los Aires 159 D2
Pedrosillo el Ralo 159 D2
Pedroso 153 D1
Pedroso de Acim 159 C3, 165 D1
Peebles 57 C2
Peel 58 B1
Peel 54 A3, 55 D2
Peera 10 B1/2
Pefkion 147 C1
Pefkotón 139 C3, 143 C1
Pega 159 C2
Pegalajar 173 C1
Pegau 82 B1
Peggau 127 C1
Pegnitz 82 A3
Pego 169 D2
Pegões Velhos 164 A/B2
Peguilote 107 C3
Peñčevo 139 D2/3
Pehula 24 B1
Peine 68 B3
Peine-Stederdorf 68 B3
Peinikanniemi 19 D1
Péio 106 B2
Peipohja 24 B1/2
Peira-Cava 112 B2
Peisey-Nancroix 104 B3
Peissen 69 D3
Peissenberg 92 A3
Peiting 91 D3
Peitz 70 B3
Pekankylä 19 D3
Pekanpää 17 D2
Pekkala 12 B3
Pekkula 23 D3
Peklino 99 D1
Pelahustán 160 A/B3
Pelariga 158 A3
Pelarrodríguez 159 D2
Pelasgia 147 C1
Pelayos de la Presa 160 B2/3
Pelczyce 71 C2
Peleas de Arriba 159 D1
Pélekas 142 A3
Peletá 147 C3
Pelhřimov 83 D3, 94 A1
Pelhřimov 96 A2
Pelilla 159 D1/2
Pelinnaion 143 C3
Pelkikangas 21 B/C2
Pelkoperä 18 A/B3
Pelkosenniemi 12 B2
Pella 44 B1
Pella 143 D1/2
Pélla 143 D1/2
Pellegrino Parmense 114 A1
Pellegrue 108 B1
Pellérd 128 B2
Pellesmäki 22 B2
Pellevoisin 101 D1
Pellingen 79 D3, 80 A3
Pellinki/Pellinge 25 D3, 26 A3
Pello 12 A3, 17 D1
Pello 12 A3, 17 B1
Pellosniemi 26 B1
Pellossalo 27 C/D1

Pellworm-Ostersiel 52 A2
Pellworm-Waldhusen 52 A2
Peloche 166 B2
Pelso 18 B3
Peltokangas 21 C2
Peltosalmi 22 B1
Peltovuoma 11 C2, 12 A1
Pélussin 103 D3
Pemar 24 B2/3
Pembridge 59 D3
Pembroke 62 B1
Pembroke 55 D3
Pembroke Dock 62 B1
Pemfling-Grafenkirchen 92 B1
Pempelijärvi 17 C1
Penacova 158 A3
Peñafiel 152 B3, 160 B1
Penafiel 158 A1/2
Peñaflor 172 A1
Peñaflor de Hornija 152 A3, 160 A1
Penagos 153 B/C1
Penaguião 158 B1/2
Peñalba 155 C3, 163 C1
Peñalba de San Esteban 153 C3, 161 C1
Peñalén 161 D2
Peñalsordo 166 B2
Penalva do Castelo 158 B2
Peñalver 161 C2
Penamacor 159 B/C3
Peñaranda de Duero 153 C3, 161 C1
Peñaranda de Bracamonte 160 A2
Peñarroya-Pueblonuevo 166 B3
Peñarroya de Tastavins 163 C2
Peñarrubia 172 A2
Penarth 63 C2
Peñascosa 168 A/B2
Peñas de San Pedro 168 B2
Peñausende 159 D1
Penc 95 D3
Pencader 62 B1
Penchard 87 D1
Pendagil 146 B1/2
Pendálofos 143 B/C2
Pendápolis 144 B1
Pendine 62 B1
Pendueles 152 B1
Penedono 158 B2
Penela 158 A3
Pénestin 85 C3
Pengerjoki 21 D3
Penhale 62 A/B3
Penhas Juntas 151 C3, 159 C1
Peniche 164 A1
Penicuik 57 C2
Penig 82 B2
Peninki 21 D1/2, 22 A1/2
Peñíscola 163 C2/3
Penistone 61 C2/3
Penkridge 59 D3, 64 A1
Penkun 70 B1
Penmaenmawr 59 C2, 60 A3
Penmarch 84 A3
Pennabilli 115 C2, 117 C1
Pennala 25 D2, 26 A2
Pennapiedimonte 119 C1
Penne 117 D3, 119 C1
Penne 42 B3
Penningby 41 C3
Peno 75 C2
Pearon de Ilach 169 D2
Penrhyndeudraeth 59 C2/3, 60 A3
Penrith 57 C3, 60 B1
Penrith 54 B3
Penryn 62 B3
Pensala 20 B2
Pentinniemi 18 B1
Penttajä 17 C/D1
Pentti 26 B2
Penttilänlahti 22 B2
Penttilänvaara 19 D1
Pen-y-groes 58 B2, 60 A3
Penzance 62 A3
Penzberg 92 A3
Pénzesgyőr 128 B1
Penzlin 70 A1
Pepelište 139 C3

Pépinster 79 D2
Pepovo 71 D3
Peqin 142 A1
Pér 95 C3
Pera Boa 158 B3
Peracense 162 A2
Perachóra 147 C2
Perafita 158 A1
Perafita 156 A2
Perä-Hyyppa 20 B3
Peral 158 B3, 165 B/C1
Perala 20 A3
Peralada 156 B2
Peralbillo 167 C2
Peral de Arlanza 152 B3
Peraleda de la Mata 159 D3, 160 A3, 166 B1
Peraleda de Zaucejo 166 A2/3
Peraleda de San Román 159 D3, 160 A3, 166 B1
Peralejos de las Truchas 161 D2, 162 A2
Perales del Alfambra 162 B2
Perales del Puerto 159 C3
Perales de Tajuña 161 C3
Peralta 154 A2
Peralta de Alcofea 155 C3
Peralta de la Sal 155 C3
Peraltilla 155 C3
Peralva 170 B2
Peralveche 161 D2
Pérama 147 D2
Pérama 142 B3
Peramola 155 C3
Perä-Musku D3
Peranka 19 D2
Peränkylä 24 A1
Perä-Posio 19 C1
Perarolo 107 C3
Perarolo di Cadore 107 D2
Perarrúa 155 C2
Peräseinäjoki 20 B3
Peräsilta 25 C1
Perast 137 C2
Perat 142 B2
Perat 148 A1
Perazancas 152 B2
Perbál 95 D3
Perchtoldsdorf 94 B2
Percy 86 A/B1
Perdasdefogu 123 D3
Perdiguera 154 B3, 162 B1
Pérdika 142 B3
Pérdika 147 D3
Pérdika 142 B3
Péréa 143 D2, 144 A2
Perecín 97 D2, 98 A3
Peredo 159 C1
Pereg 129 C1
Pereiro 170 B1
Pereiro de Aguiar 150 B2
Peréjaslav-Hmel'nickij 99 D2
Perelhal 150 A3, 158 A1
Peremyšl' 75 D3
Peremyšl'any 97 D2, 98 A/B2/3
Perevolok 74 B1
Pérfugas 123 C1
Perg 93 D2
Perga 99 C2
Pérgine Valdarno 115 C3, 116 B2
Pérgine Valsugana 107 C2
Pérgola 115 D3, 117 C2
Perguia 125 C2
Perho 21 C2
Peri 106 B3
Periam 140 A1
Periana 172 B2
Périers 76 A3, 85 D1
Pérignac 100 B3
Périgné 101 C2
Périgueux 101 D3
Periklia 139 C3, 143 D1
Perilla de Castro 151 D3, 159 D1
Perillo 150 A/B1
Perino 113 D1
Perisor 135 D2
Peristerá 144 A2
Perithórion 144 B1
Perivol 139 C/D2
Perivólion 142 B2/3

Perjasica 78 **Piliscsaba**

Perjasica 127 C3, 133 B/C1
Perkam 92 B1/2
Perkata 129 C1
Perkiömäki 20 B2
Perkupa 97 C2
Perl 79 D3
Perl-Borg 79 D3
Perleberg 69 D2
Perlez 129 D3, 133 D1, 134 A1
Perlez 140 A2
Perly [Genève] 104 A2
Permantokoski 12 B3
Permeti 142 B2
Pernancha de Cima 164 B2
Pernå/Pernaja 25 D2/3, 26 A2/3
Pernarec 83 B/C3
Pernek 94 B2
Pernes 164 A/B1
Pernes-les-Fontaines 111 C/D2
Pernik 139 D1/2
Pernik 140 B3
Pernink 82 B2
Pernio (Bjärnå) 24 B3
Perniön asema 24 B3
Pernitz 94 A3
Pernitz 96 A3
Pernoo 26 B2
Pernu 19 C1
Peroguarda 164 B3
Peroniel del Campo 153 D3, 161 D1
Péronne 78 A3
Perorrubio 161 B/C1
Perosa Argentina 112 B1
Pérouges 103 D2
Perpignan 156 B1
Perranporth 62 B3
Perrecy-les-Forges 103 C1/2
Perrero 112 B1
Perreux 103 C2
Perrigny-sur-Loire 103 C2
Perros-Guirec 84 B1
Persac 101 C/D2
Persberg 39 C3, 45 D1
Persenbéug 93 D2
Pershagen 47 C1
Pershore 63 D1, 64 A2
Persi 113 D1
Persnäs 51 D1
Persön 17 C3
Perštejn 83 B/C2
Perstorp 50 B2
Perstorp 72 A1
Pertengo 105 C/D3, 113 C1
Perth 57 C1
Perth 54 B2
Perthes 88 B2
Pertisau 92 A3
Perttaus 12 A/B2/3
Pertteli 24 B2/3
Pertula 25 C2/3
Pertuis 111 D2/3
Pertunmaa 26 B1
Pertusa 155 B/C3
Peruc 83 C2
Peručac 133 C2
Perúgia 115 C3, 117 C2
Perunkajärvi 12 B3
Perušić 130 B2
Péruwelz 78 B2
Pervijze 78 A1
Pervomajsk 99 D3
Perwez 79 C2
Pesadas de Burgos 153 C2
Pésaro 115 D2, 117 C1
Pescantina 106 B3
Pešćanyi Brod 99 C/D3
Pescara 119 C/D1
Pescasseroli 119 C2
Péschici 120 B1
Peschiera del Garda 106 B3
Péscia 114 B2, 116 A1
Pescina 119 C2
Pescolanciano 119 D2
Pescopagano 120 A2
Pescopennataro 119 D2
Pesco Sannita 119 D3, 120 A2
Pescueza 159 C3, 165 D1
Peshkëpija 142 A2
Peshkopi 138 A3

Peshkopi 140 A3
Pesiökylä 19 C2
Pesiönranta 19 C2
Pesmes 89 C3, 103 D1, 104 A1
Pesočani 138 B3, 142 B1
Pesoz 151 C1
Pesquera de Duero 152 B3, 160 B1
Pessac 108 B1
Pessalompolo 12 A3, 17 D2
Pessáni 145 D1, 145 D3
Pessegueiro do Vouga 158 A2
Pessione 113 C1
Pessoux 79 C2
Pestä 142 B3
Peštani 142 B1
Pesteana Jiu 135 D1
Peštera 140 B3
Pestisani 135 D1
Pestovo 75 D1
Pešurići 133 C2/3
Peszéradacs 129 C1
Petacciato Marina 119 D2
Petäiskylä 23 C1
Petäjäjärvi 18 B1
Petäjäkangas 18 B2
Petäjakylä 21 D2, 22 A2
Petäjämäki 22 B3
Petäjäskoski 12 A3
Petäjäskoski 18 A3
Petäjävaara 19 C3
Petäjavesi 21 D3, 22 A3
Petalax (Petolahti) 20 A2, 31 D3
Pétange 79 D3
Petanjci 127 D2
Petar u Sumi 126 B3, 130 A1
Pétas 146 A1
Petäys 22 B1
Peteranec 128 A2
Peterborough 65 B/C2
Peterhead 54 B2
Peterlee 61 D1
Petersberg-Marbach 81 C2
Petersburg 4 A3, 10 A1
Petersfield 76 A/B1
Petershagen-Ovenstädt 68 A2/3
Petershagen-Windheim 68 A2/3
Petershagen 68 A2/3
Petershagen 70 B2/3
Petershausen 92 A2
Peterstow 63 D1
Petiknäs 31 C1
Petikträsk 16 A3
Petilia Policastro 122 B2
Petin 151 C2
Petit-Fossard 87 D2
Petit-Mars 85 D3
Petkula 12 B2
Petkus 70 A3
Petlovača 133 C1
Petolahti 20 A2, 31 D3
Pétra 143 D2
Petra 157 C2
Petragalla 120 B2
Petralia Soprana 125 C2
Petralia Sottana 125 C2
Petrálona 144 A2
Petraná 143 C2
Petrčane 130 B2
Petrel 169 C2/3
Petrele 137 D3, 138 A3, 142 A1
Petrella Liri 119 B/C2
Petrella Salto 117 D3, 118 B1
Petrella Tifernina 119 D2
Petreto-Bicchisano 113 D3
Petrič 139 D3, 144 A1
Petrijanec 127 D2
Petrijevci 128 B3
Petrikov 99 C1
Petrinja 127 D3
Petrodvorec 74 B1
Petröec 139 B/C2
Petrokrepost' 75 C1
Pétrola 168 B2
Petronà 122 B2
Petronell-Carnuntum 94 B2
Petrosani 140 B2
Petroúlion 143 C3

Petroússa 144 B1
Petrovaara 23 C2
Petrovac 134 B2
Petrovac 137 C/D2
Petrovac 140 A2
Petrovaradin 129 D3, 133 D1, 134 A1
Petrovčić 133 D1, 134 A1
Petrovice 83 D3, 93 D1
Petrovice 83 C2
Petrovice 93 C1
Petrovice 83 C3, 93 C1
Petrovo 75 D1
Petrovo Selo 135 C2
Petruma 23 C3
Petržalka 94 B2
Petsäki 146 B2
Petschow 53 D3
Petsmo 20 A/B2
Petsund 38 A3
Pettäikkö 18 B3
Pettbol 40 B3
Pettenbach 93 C3
Petting 92 B3
Pettorano sul Gizio 119 C2
Pettorazza Grimani 107 C3, 115 C1
Petworth 76 B1
Peuerbach 93 C2
Peuerbach 96 A2
Peulje 131 C2
Peura 18 A1
Peurajärvi 18 B1
Peuralinna 21 C2
Peurasuovanto 12 B2
Peuravaara 19 C3
Peutaniemi 19 D2
Pevensey 77 C1
Pewsey 64 A3, 76 A1
Peyrat-le-Château 102 A2/3
Peyrebrune 109 D1
Peyrehorade 108 A3, 154 B1
Peyrolles-en-Provence 111 D2/3
Pézenas 110 B3
Peznok 95 B/C2
Pezuela de las Torres 161 C2
Pfaffendorf 70 B3
Pfaffenhofen 91 D2
Pfaffenhofen-Tegernbach 92 A2
Pfaffenhofen 92 A2
Pfaffenhofen 107 B/C1
Pfaffenhoffen 90 A1/2
Pfaffikon 105 D1
Pfäffikon 90 B3, 105 D1
Pfaffing 92 B2/3
Pfaffing-Springlbach 92 B2/3
Pfafflar 106 B1
Pfalzgrafenweiler 90 B2
Pfarnkirchen 92 B2
Pfatter 92 B1
Pfatter-Geisling 92 B1
Pfeffenhausen 92 A/B2
Pfinztal-Berghausen 90 B1
Pföring-Forchheim 92 A1/2
Pforzheim 90 B1/2
Pfreimd 82 B3, 92 B1
Pfrontstetten-Tigerfeld 91 C2
Pfronten 91 D3
Pfullendorf 91 C3
Pfullendorf-Denkingen 91 C3
Pfullingen 91 C2
Pfungstadt 80 B3
Pfyn [Felben-Wellhausen] 91 B/C3
Phalsbourg 89 D1, 90 A2
Phare de Cordouan 101 C3
Phare de Pertusato 123 D1
Pheneos 146 B2
Pherai 143 D3
Philippeville 78 B2
Philippi 144 B1
Philippsburg 90 B1
Philippsreut 93 C1/2
Philippsreut 96 A2
Philippsthal-Heimbolds-hausen 81 C/D2
Philippsthal (Werra) 81 C/D2

Phlious 147 C2
Phoenike 142 A3
Phyäselkä 23 D3
Phyhämaa 24 A2, 41 D2
Physkeis 146 B2
Piacenza 113 D1, 114 A1
Piádena 106 B3, 114 A1
Piagge 115 D2, 117 C1/2
Piamprato 105 C3
Piana 113 D3
Piana Crixia 113 C2
Piana degli Albanesi 124 B2
Pianazzo 105 D2, 106 A2
Piancáldoli 115 B/C2, 116 B1
Pian Castagna 113 C1/2
Piancastagnáio 116 B3
Piandelagotti 114 B2, 116 A1
Pian della Mussa 104 B3
Piandimeleto 115 C2, 117 C2
Pianella 119 C1
Pianella 114 B3, 116 B2
Pianello Val Tidone 113 D1
Pianezza 112 B1
Piano del Re 112 B1
Piano Laceno 119 D3, 120 A2
Pianoro 114 B2, 116 B1
Pianottoli-Caldarello 113 D3
Pians 106 B1
Piansano 116 B3, 118 A1
Pias 165 C3, 170 B1
Piasecznik 71 C1
Piaseczno 70 B2
Piasek 70 B2
Piaski 71 D3
Piastre 114 B2, 116 A1
Piatra-Neamt 141 C1
Piazza 107 C2
Piazza al Serchio 114 A2, 116 A1
Piazza Armerina 125 C2/3
Piazza Brembana 106 A2
Piazzo 116 B3
Piazzola sul Brenta 107 C3
Pibrac 108 B2/3, 155 C1
Picán 126 B3, 130 A1
Picão 158 B2
Picão 158 B2
Picasent 169 D1
Piccovagia 113 D3
Picerno 120 A2
Picher 69 C1
Pickering 61 C/D2
Pico 119 C2
Picón 167 C2
Picquigny 77 D2
Piecnik 71 D1
Piedicavallo 105 C3
Piedicotre-di-Gaggio 113 D3
Piedicroce 113 D3
Piediluco 117 C3, 118 B1
Piedimonte Etneo 125 D2
Piedimonte Matese 119 D2
Piedimulera 105 C2
Piedipaterno 117 C3, 118 B1
Piedivalle 117 D3
Pie di Via 114 A1
Piedrabuena 167 C2
Piedrafita 151 D2
Piedrahíta 160 A2
Piedralaves 160 A3
Piedras Albas 159 C3, 165 C1
Piedratajada 154 B3
Piegaro 115 C3, 117 C2/3
Piehnik 18 A3
Pieksämäki 22 B3
Pieksänlahti 27 C1
Pielavesi 22 B2
Pielppajärven lapin kirkko 6 B3
Pielungo 107 D2, 126 A2
Piene-Basse 112 B2
Pieńsk 83 D1
Pienza 115 C3, 116 B2
Piera 156 A3, 163 D1
Pieroval 54 B1
Pierowall 54 B1
Pierre 103 D1
Pierre-Buffière 101 C3

Pierrefeu-du-Var 112 A3
Pierrefitte-Nestalas 108 B3, 155 C1/2
Pierrefitte-sur-Aire 89 C1
Pierrefonds 87 D1
Pierrefontaine-les-Varans 89 D3, 104 B1
Pierrefort 110 A1
Pierrelatte 111 C2
Pierroton 108 B1
Piertinaure 16 A1/2
Piesaskylä 21 D3, 22 A3
Piesau 82 A2
Piesjoki 6 B2/3
Pieski 71 C2/3
Piesť any 95 C2
Piesť any 96 B2
Pietracamela 117 D3, 119 C1
Pietralba 113 D2
Pietra Ligure 113 C2
Pietralunga 115 C/D3, 117 C2
Pietramelara 119 C/D2/3
Pietramontecorvino 119 D2, 120 A1
Pietraperzia 125 C2
Pietrapórzio 112 B2
Pietrarója 119 D2
Pietrasanta 114 A2, 116 A1
Pieve al Toppo 115 C3, 116 B2
Pieve del Cáiro 113 D1
Pieve di Bono 106 B2
Pieve di Cadore 107 D2
Pieve di Livinallongo 107 C2
Pieve di Soligo 107 D2/3
Pieve di Teco 113 C2
Pievepélago 114 B2, 116 A1
Pieve Santo Stéfano 115 C2/3, 117 B/C2
Pieve Tesino 107 C2
Pieve Torina 115 D3, 117 C/D2
Pieve Vécchia 106 B3
Pigal 145 C1
Pigai 143 C3
Pigai 148 A/B1
Pigna 113 B/C2
Pignataro Maggiore 119 C3
Pignola 120 B2/3
Pihkainmäki 22 B2
Pihkala 18 B3
Pihlajálahti 27 C1
Pihlajálahti 25 C1
Pihlajamäki 19 C3
Pihlajavaara 23 D2, 23 D1
Pihlajaveden-asema 21 C3
Pihlajavesi 21 C3
Pihlava 24 A1
Pihtipudas 21 D2, 22 A2
Pihtsulku 21 C3
Pihtsöskordsi 4 B3, 10 B1
Pikkiö (Pikis) 24 B2/3
Pilijärvi 10 B3
Pilo 23 D2
Pippola 18 B3, 22 A1
Piipsjärvi 18 A3
Piispa 23 C2
Piispajärvi 19 D2
Pittisjarvi 18 B1
Pikajärvi 12 A/B3
Pikalevo 75 C1
Pikalji 137 D2
Piks 24 B2/3
Pikkarala 18 B2
Pikkavaara 13 C3
Pikkujaakko 16 B1
Pikku-Kulus 12 B3
Pila 115 C/D1
Pila 104 B3
Pila Canale 113 D3
Pilas 171 D2
Pila (Schneidemühl) 71 D1/2
Pila (Schneidemühl) 72 B3
Pilastri 114 B1
Pilat-Plage 108 B1
Piléa 143 D2, 144 A2
Pilgrimstad 34 B2
Pili 147 D2
Pilion 147 D1
Pilion Óros 143 D3, 144 A3
Pilis 129 C1
Piliscsaba 95 D3

Pilisszentkereszt — Pohjola

Pilisszentkereszt **95** D3
Pilisvörösvár **95** D3
Pilka **71** C2
Pille-l'Ardit **108** B2
Pillingsdorf **82** A2
Piloña **152** A1
Pilori **143** C2
Pilpala **25** C2
Pilsach-Dietkirchen **92** A1
Pilštanj **127** C2
Pilsting **92** B2
Pilträsk **16** A/B2,3
Piña de Campos **152** B2/3
Pina de Ebro **154** B3, **162** B1
Piñar **173** C1/2
Pinarejo **168** A/B1
Pinarejos **160** B1
Pinarello **113** D3
Pinarhisar **141** C3
Pinay **103** C2
Píncara **115** C1
Pincehely **128** B2
Pineda **161** D3
Pineda de la Sierra **153** C2/3
Pineda de Mar **156** B3
Pinela **151** C3, **159** C1
Piñel de Arriba **152** B3, **160** B1
Pinell de Solsonés **155** D3
Pinerolo **112** B1
Pineto **119** C1
Piney **88** B2
Pinggau **94** A3
Pinhal Novo **164** A2
Pinhão **158** B1/2
Pinheiro **150** B3, **158** A1
Pinheiro Grande **164** B1
Pinhel **159** C2
Pinilla de los Barruecos **153** C3
Pinilla del Olmo **161** D1
Pinilla de los Moros **153** C3
Pinilla de Molina **161** D2, **162** A2
Pinjainen/Billnäs **25** C3
Pinkafeld **94** A3, **127** D1
Pinneberg **52** B3, **68** B1
Pino **151** D3, **159** D1
Pino **113** D2
Pino del Río **152** A/B2
Pino do Val **150** A2
Pinofranqueado **159** C3
Pinols **102** B3, **110** B1
Piñor **150** B2
Pinos de Miramar **163** D2
Pinoso **169** C3
Pinos Puente **173** C2
Pinsaguel **108** B3, **155** C1
Pinseque **154** A/B3, **162** A/B1
Pinsk **98** B1
Pintamo **19** C2
Pintano **154** B2
Pinto **161** B/C3
Pinzano al Tagliamento **107** D2, **126** A2
Pinzio **159** C2
Pinzolo **106** B2
Pióbbico **115** C/D3, **117** C2
Piojarvi **27** C1
Piombino **116** A3
Pionsat **102** B2
Pioppo **124** B2
Pióraco **115** D3, **117** C/D2
Piossasco **112** B1
Piotrków Trybunalski **97** C1
Piove di Sacco **107** C3
Piovene-Rocchette **107** C3
Pióvera **113** C/D1
Pioz **161** C2
Pipriac **85** C/D3
Piquerasi **142** A2
Piqueras **162** A2
Piqueras **161** D3, **168** B1
Piran **126** A/B3
Piras **123** D1/2
Pirciato **125** C1
Pireás/Pireéfs **147** D2
Pireás/Pireéfs **148** B2
Pirgadikia **144** B2
Pirgi **144** B1
Pirgi **143** C2
Pirgi **149** C2
Pirgos **146** A/B3

Pirgos **143** D2, **144** A2
Pirgos **147** B/C1
Piriac-sur-Mer **85** C3
Pirin **139** D3
Pirjatin **99** D2
Pirkkala **25** C1
Pirmasens **90** A1
Pirna **83** C2
Pirna **96** A1
Pirok **138** B2
Pirompré **79** C3
Pirot **135** C/D3, **139** C/D1
Pirot **140** B3
Pirovac **131** C3
Pirrttikoski **12** B3
Pirsógianni **142** B2
Pirsógianni **148** A1
Pirttijärvi **24** A1
Pirttijärvi **23** D3
Pirttikoski **18** A3
Pirttikoski **25** C2
Pirttikylä **20** A2/3
Pirttikylä **21** C3
Pirttimäki **23** B/C1
Pirttimäki **22** B1
Pirttimäki **22** B2
Pirttinen **20** B2
Pirttiniemi **21** C1
Pirttiniemi **17** C1
Pirttivara **19** D2
Pirvtivaara **23** D2/3
Pirttivuopio **10** A3
Pisa **12** A3
Pisa **23** C2
Pisa **114** A2, **116** A1/2
Pisak **131** D3, **132** A3
Pisana **107** C3
Pisany **100** B3
Pisarovina **127** D3
Pisa Tirrénia **114** A3, **116** A2
Pišća **73** D3, **97** D1, **98** A2
Pisciatello **113** D3
Pisciotta **120** A3
Piscu Vechi **135** D2/3
Pisek **93** C/D1
Pisek **96** A2
Pishkash **138** A3, **142** B1
Pisía **147** C2
Piškorevci **128** B3, **132** B1
Pisodérion **143** C1/2
Pisogne **106** B3
Pissos **108** B2
Pisticci **120** B3
Pisto **19** D2
Pistóia **114** B2, **116** A1
Pisz (Johannisburg) **73** C3, **98** A1
Pitäjänmäki **21** D1, **22** A1
Pitarque **162** B2
Piteå **16** B3
Pite-Ältertattnet **16** B3
Piteå-Munksund **16** B3
Pitesti **140** B2
Pithagórion **149** D2
Pithiviers **87** C/D2
Pitigliano **116** B3, **118** A1
Pitillas **154** A2
Pitkäaho **26** B1
Pitkäjärvi **24** B2
Pitkala **27** C/D1
Pitkälahti **22** B2
Pitkälahti **23** C3
Pitkälahti **27** C1
Pitkälahti **22** B2/3
Pitkäluoto **24** A2, **41** D2
Pitkäsalo **21** C2
Pitlochry **54** B2
Pitomaća **128** A2/3
Pitres **173** C2
Pitsund **16** B3
Pittenweem **57** C1
Pitvaros **129** D2
Pivka **126** B3
Pivnica **128** A3
Pivnice **129** C3
Pivski Manastir **133** C3, **137** C1
Pizarra **172** B2
Pizzighettone **106** A3
Pizzo **122** A2
Pizzolato **124** A2
Pizzoli **117** D3, **119** B/C1
Pjätteryd **50** B2
Pjelax **20** A3
Pjesker **16** A3
Pjesörn **31** C1

Plaaz **53** D3, **69** D1
Plabennec **84** A2
Pla de San Tirs **155** C2
Plaffeien [Fribourg] **104** B1
Plaisance **110** A2
Plaisance-du-Gers **108** B3, **155** C1
Pláka **147** C3
Plameira **150** A2
Plan **155** C2
Plana **137** C1
Planá **82** B3
Plána **144** B2
Planá nad Lužnicí **93** D1
Plaňany **83** D3
Pláncios **107** C1/2
Plancoet **85** C2
Plan-de-Baix **111** D1
Plandište **134** B1
Plan d'Orgon **111** C/D2
Plan-du-Lac **104** B2
Plan-du-Var **112** B2
Planes **169** D2
Planfoy **103** C3
Planica **126** B2
Plánce **93** C1
Planina **127** C2
Planina **126** B2
Planina **126** B2
Planinica **135** C2
Plankenfels **82** A3
Planoles **156** A2
Plános **146** A2
Plans-sur-Bex, Les [Bex] **104** B2
Plasencia **159** D3
Plasencia del Monte **154** B2
Plasenzuela **165** D1, **166** A1
Plasiá **143** D3
Plaški **130** B1
Plassen **38** B1/2
Plášt'ovce **95** D2
Plasy **83** C3
Plat **137** C1/2
Platak **126** B3
Platamón **143** D2
Platamón **145** B/C1
Platamona Lido **123** C1
Platanía **122** A/B2
Plataniá **147** C/D1
Platanía **144** B1
Plataniá **148** B2
Plátanos **148** B3
Plátanos **147** C1
Plátanos **143** D2
Plátanos **146** B1
Plátanos **146** B3
Platanótopos **144** B1
Platanoúsa **142** B3
Platanóvrisi **146** B3
Platariá **142** A/B3
Plate **69** C1
Plateau **147** C/D2
Plati **143** D2
Plati **122** A3
Plati **145** C3
Platičevo **133** C/D1, **134** A1
Platikambos **143** D3
Platischis **126** A2
Platistomon **146** B1
Platta (Medel) [Disentis/Mustér] **105** D1/2
Plattling **92** B2
Plau **69** D1
Plau **72** A3
Plaue **81** D2, **82** A2
Plauen **82** B2
Plav **138** A1
Plava Laguna **126** A/B3, **130** A1
Plavca **130** B1
Plave **126** A/B2
Plavecký Mikuláš **95** C2
Plavisevita **135** C2
Plavna **135** C2
Plavnica **137** D2
Plawce **71** D3
Playa de Oropesa **163** C3
Playa de Pineda **163** C2
Playa de San Juan **169** D3
Playa de Tabernes **169** D2
Pleaux **102** A3, **110** A1
Pleine-Fougères **85** D2
Pleinfeld **91** D1, **92** A1

Pleiskirchen **92** C2
Plélan-le-Grand **85** C2
Plélan-le-Petit **85** C2
Plémet **85** C2
Plenas **162** B2
Pléneuf-Val-André **85** C2
Plenita **135** D2
Plérin **85** C2
Pleš **134** B3
Plešćenícy **74** B3
Plešín **133** D3, **134** A3
Plessé **85** C/D3
Plestin-les-Grèves **84** B1/2
Pleszew **72** B3, **96** B1
Pleterje **127** C3
Pleternica **128** B3, **132** B1
Plettenberg **80** B1
Pleubian **84** B1
Pleumartín **101** D1
Pleuron **146** B2
Pleurs **88** A1/2
Pleven **140** B3
Pleyben **84** B2
Pleystein **82** B3
Pliego **169** B/C3, **174** A/B1
Pliešovce **95** D2
Pliezhausen **91** C2
Plitvice **131** C1
Plitvička Jezera **131** C1
Plitvički Ljeskovac **131** C1
Plavinjas **73** D1, **74** A2
Pljevlja **133** C3
Ploaghe **123** C1/2
Plobsheim **90** A2
Plochingen **91** C2
Plock **73** C3
Ploemeur **84** B3
Ploermel **85** C2
Ploiesti **141** C2
Plomárion **149** C2
Plombières-les-Bains **89** D2
Plomin **130** A1
Płoń **53** C3
Plonéour-Lanvern **84** A2/3
Plonévez-du-Faou **84** B2
Płońsk **73** C3
Płońsko **71** C2
Plössberg **82** B3
Plössberg-Schönficht **82** B3
Plostina **135** D1
Ploty **71** C1
Plou **162** B2
Plouagat **85** B/C2
Plouaret **84** B2
Plouay **84** B2
Ploubalay **85** C2
Plœuc-sur-Lié **85** C2
Ploudalmézeau **84** A2
Plouescat **84** A1/2
Plouézec **85** B/C1
Plougasnou **84** B1/2
Plougastel-Daoulas **84** A2
Plougonven **84** B2
Plougouernast **85** C2
Plougouerneau **84** A2
Plouha **85** C1/2
Plouharnel **84** B3
Plouhinec **84** A2
Plouigneau **84** B2
Ploumanac'h **84** B1
Plouray **84** B2
Plovdiv **140** B3
Plozévet **84** A2
Plumelec **85** C3
Plumlov **94** B1
Plumpton **57** C3, **60** B1
Plunge **73** C1/2
Pluvigner **85** B/C3
Plužina **135** C3
Plužine **133** C3, **137** C1
Plymouth **63** B/C3
Plzeň **83** C3
Plzeň **96** A2
Pniewy **72** B3
Pniewy **71** D2
Pobar **153** D3
Pobĕžovice **82** B3, **92** B1
Pobla de Claramunt **155** D3, **156** A3, **163** D1
Pobla del Duc **169** D2
Pobla de Segur **155** D2
Pobladura del Valle **151** D3
Poblete **167** C2
Poboleda **163** C/D1

Pobrdje **133** D3, **134** A3, **138** A1
Počátky **94** A1
Počep **99** D1
Pochlarn **94** A2
Počinok **75** C3
Počitelj **132** A/B3, **136** B1
Pockau **83** C2
Pocking **93** C2
Pocking **92** A3
Pocklington **61** C/D2
Poco do Inferno **158** B2/3
Počúta **133** C/D2, **134** A2
Podberez'je **75** B/C2
Podboňanský Rohozec **83** C2/3
Podboňany **83** C2/3
Podborove **75** C/D1
Podbro **126** B2
Podčetrtek **127** C2
Podčetrtek **127** C2
Poddĕbrady **83** D3
Poddĕbrady **96** A2
Podence **151** C3, **159** C1
Podensac **108** B1
Podersdorf am See **94** B3
Podgajci Posavski **133** C1
Podgajcy **97** D2, **98** B3
Podgaje **71** D1
Podgora **131** D3, **132** A3, **136** B1
Podgorač **128** B3
Podgoraca **135** C2/3
Podgorić **128** A3
Podgorica **127** B/C2
Podgorje **126** B3
Podgrab **133** B/C3
Podgrad **126** B3
Podhum **131** D3, **132** A3
Podivin **94** B1/2
Podkoren **126** B2
Podkova **145** C1
Podlapača **131** C2
Podlugovi **132** B2
Podnanos **126** B3
Podnovilje **132** B1
Podochórion **144** B1
Podol'sk **75** D3
Podpĕč **126** B2/3
Podráśnica **131** D2, **132** A2
Podravska Moslavina **128** B3
Podravska Slatina **128** B3
Podravske Sesvete **128** A2
Podromanija **133** B/C2
Podsreda **127** C2
Podsused **127** D3
Podturen **127** D2
Podujevo **138** B1
Podujevo **140** A3
Podvelež **132** B3
Podvinje **132** B1
Podvoločisk **98** B3
Podvrška **135** C2
Pogar **132** B2
Poggiardo **121** D3
Poggibonsi **114** B3, **116** B2
Póggio a Caiano **114** B2, **116** A/B1
Poggiodomo **117** C3, **118** B1
Póggio Mirteto **117** C3, **118** B1
Póggio Moiano **118** B1
Póggio Renático **115** B/C1
Póggio Rusco **114** B1
Póggio Valleversa **113** C1
Poggstall **94** A2
Pogny **88** B1
Pogoniani **142** B2
Pogorzela **71** D3
Pogradec **142** B1
Pogradec **148** A1
Pohja **25** C1
Pohja **21** D2, **22** A2
Pohjälahti **18** B1
Pohjalahti **25** C1
Pohja-Lankila **27** C1
Pohjankylä **24** B3
Pohjansaha **24** A1
Pohja/Pojo **25** B/C3
Pohjasenvaara **12** A2
Pohjaslahti **21** C3
Pohjois-Ii **18** A2
Pohjoislahti **21** C3
Pohjoisranta **18** A1/2
Pohjola **25** D1, **26** A1

Pohořelice — Porto Botte

Pohořelice 94 B1
Pohořelice 96 B2
Pohoří na Šumavě 93 D2
Pohtimolampi 12 A3
Poiana Mare 135 D2/3
Poiana Teiului 141 C1
Poiares 158 A3
Poijula 19 C2
Poikajurv 12 A/B3
Poikelus 25 C1
Poikko 24 A2/3
Poikmetsä 25 C/D2, 26 A2
Point Sublime 110 B2
Poio 150 A2
Poirino 113 C1
Poisieuy 102 A1
Poissy 87 C1
Poitiers 101 C1/2
Poix 77 D3
Poix-Terron 79 B/C3
Pojan 142 A1/2
Pojanluoma 20 B2/3
Pojate 134 B3
Pokka 11 D2, 12 B1
Pokkola 24 B2
Pokljuka 126 B2
Pokupsko 127 D3
Pol 151 C1
Pola 75 C1/2
Polače 136 B1
Pola de Allande 151 C1
Pola de Somiedo 151 D1
Polajewo 71 D2
Poláky 83 C2
Polán 160 B3, 167 C1
Polari 130 A1
Polch 80 A2
Polczyn-Zdrój 71 C1
Polczyn-Zdrój 72 B2/3
Poleñino 154 B3
Polesella 115 C1
Polessk (Labiau) 73 C2
Polesskoe 99 C2
Polgár 97 C3
Polgárdi 96 B3
Polgárdi 128 B1
Polhov Gradec 126 B2
Polia 122 A/B2
Poliani 146 B3
Poliçan 142 A2
Poliçani 142 B2
Poliçani 148 A1
Policastrello 122 A1
Police 70 B1
Polichnítos 149 C2
Policko 71 C2
Poličnik 130 B2
Policoro 121 C3
Polidendron 143 D2
Poligiros 144 A2
Poligiros 148 B1
Polignac 103 C3, 110 B1
Polignano a Mare 121 C2
Poligny 104 A1
Polikastron 143 D1
Polikastron 148 B1
Polistena 122 A3
Politiká 147 D1/2
Polizzi Generosa 124 B2
Polja 22 B2
Poljak 130 B2
Poljana 134 B2
Poljana 127 C2
Poljana 128 A3
Poljanak 131 C1
Poljane Gorenja Vas 126 B2
Poljčane 127 C2
Polje 132 B1
Poljica 136 A1
Poljice 132 B2
Poljice Popovo 137 C1
Polla 120 A2/3
Pölläkkä 22 B3
Pölläkkä 23 C3
Pöllau 94 A3, 127 D1
Polle 68 B3
Polleben 82 A1
Pollenço 157 C2
Pollenfeld 92 A1
Pollenzo 113 C1
Pollfoss 32 B3, 37 C1
Pollhagen 68 A2/3
Póllica 120 A3
Polling 92 B2
Polling 92 A3
Pollos 160 A1
Pöllwitz 82 B2

Polmak (Pulmanki) 7 B/C2
Polná 94 A1
Polne 71 D1
Polock 74 B3
Polonkyla 19 D1/2
Polonnoe 99 B/C2
Polopos 173 C2
Polpero 62 B3
Polruan 62 B3
Polsingen-Döckingen 91 D1
Polski Gradec 141 C3
Polski Trâmbeš 141 C3
Polso 21 C2
Pöls ob Judenburg 126 B1
Pöltsamaa 74 A1
Polttila 24 A2
Poluspera 18 A3
Polvela 23 C2
Polvenkylä 20 B3
Polverigi 115 D3, 117 D2
Polvijärvi 23 C2
Polvinnen 19 C2
Polz 69 C2
Polzela 127 C2
Pomar 155 C3, 163 C1
Pomarance 114 B3, 116 A2
Pomarão 170 B1
Pomarez 108 A/B2/3, 154 B1
Pomárico 120 B2/3
Pomarkku (Påmark) 24 A/B1
Pomáz 95 D3
Pombal 158 A3, 164 B1
Pomer 154 A3, 161 D1, 162 A1
Pomézia 118 B2
Pomezi nad Ohří 82 B3
Pomigliano d'Arco 119 D3
Pómio 18 A1
Pommersfelden 81 D3
Pomorie 141 C3
Pomošnaja 99 D3
Pomoy 89 C/D3
Pompei 119 D3
Pompei Scavi 119 D3
Pompignan 110 B2
Pomposa 115 C1
Pomssen 82 B1
Poncé-sur-le-Loir 86 B3
Poncin 103 D2
Pondeménton 139 D3, 144 A1
Pondokeraséa 139 D3, 144 A1
Ponferrada 151 C2
Poniec 71 D3
Ponikovica 133 D2, 134 A2/3
Pons 100 B3
Ponsa 25 C1
Ponsacco 114 B3, 116 A2
Ponso 107 C3
Pont 104 B3
Pontacq 108 B3, 155 C1
Pontailler-sur-Saône 89 C3, 104 A1
Pont-à-Marcq 78 A2
Pont-à-Mousson 89 C1
Pontão 158 A3, 164 B1
Pontardawe 63 C1
Pontarion 102 A2
Pontarlier 104 A/B1
Pontassieve 115 B/C2, 116 B1/2
Pontaubault 86 A/B2
Pont-Audemer 77 C3, 86 B1
Pontaumur 102 B2
Pont-Authou 77 C3, 86 B1
Pont-Aven 84 B2/3
Pontavert 78 B3
Pont Canavese 105 C3
Pont-Carral 108 B1
Pontcharra 104 A3
Pontchâteau 85 C3
Pont-Croix 84 A2
Pont-d'Ain 103 D2
Pont d'Arc 111 C2
Pont-de-Dore 102 B2/3
Pont-de-Labeaume 111 C1
Pont-de-la-Maye 108 B1
Pont-de-l'Arche 76 B3, 86 B1
Pont-de-l'Isère 111 C1
Pont de Molins 156 B2

Pont-de-Pany 88 B3
Pont-de-Rhodes 109 D1
Pont-de-Roide 89 D3, 104 B1
Pont-de-Salars 110 A2
Pont d'Espagne 155 C2
Pont de Suert 155 C2
Pont de Tréboul 110 A1
Pont-de-Vaux 103 D2
Pont-de-Veyle 103 D2
Pont-d'Ouilly 86 A1
Pont-du-Château 102 B2/3
Pont-du-Gard 111 C2
Pont-du-Loup 112 B3
Pont du Roi 155 C2
Ponte 105 C/D2
Ponte a Elsa 114 B2/3, 116 A2
Ponte a Moriano 114 A/B2, 116 A1
Ponte Arche 106 B2
Ponteareas 150 A3
Pontebba 126 A2
Ponte Caffaro 106 B3
Pontecagnano 119 D3, 120 A2
Ponte-Caldelas 150 A2
Ponte Castirla 113 D3
Ponteceno di sopra 113 D1, 114 A1
Ponte-Ceso 150 A1
Pontecesures 150 A2
Pontecorvo 119 C2
Ponte da Barca 150 A3, 158 A1
Pontedassio 113 C2
Ponte de Lima 150 A3, 158 A1
Ponte dell'Olio 113 D1, 114 A1
Pontedera 114 B2/3, 116 A2
Ponte de Sor 164 B1/2
Pontedeume 150 B1
Pontedeva 150 B3
Ponte di Barbarano 107 C3
Ponte di Ferro 117 C3
Ponte di Legno 106 B2
Ponte di Nava 113 C2
Ponte di Piave 107 D3
Pontefract 61 D2
Pontegrande 105 C2
Pontelagoscuro 115 C1
Ponteland 57 D3, 61 C1
Pontelandolfo 119 D2/3
Ponte Leccia 113 D2/3
Pontelongo 107 C3
Ponte Nelle Alpi 107 D2
Ponte Nossa 106 A2/3
Pont-en-Royans 103 D3, 111 D1
Ponte-Nuovo 113 D2/3
Pontenure 114 A1
Pontenx-les-Forges 108 A2
Pontepetrì 114 B2, 116 A1
Ponterwyd 59 C3
Pontes 158 A3, 164 B1
Ponte Sampaio 150 A2
Ponte San Nicolò 107 C3
Ponte San Pietro 106 A3
Pontesbury 59 D3
Pont-et-Massène 88 B3
Ponte Tresa 105 D2
Pontevedra 150 A2
Pontével 164 A2
Pontevico 106 B3
Pont-Farcy 85 D1, 86 A1
Pontfaverger-Moronvilliers 88 B1
Pontgibaud 102 B2/3
Pont-Hébert 76 B3, 86 A/B1
Ponthierry 87 D2
Ponticino 115 C3, 116 B2
Pontigny 88 A2/3
Pontigou 86 A/B3
Pontinia 118 B2
Pontinvrea 113 C2
Pöntio 21 C1
Pontivy 85 B/C2
Pont-l'Abbé 84 A2/3
Pont, Le 104 A/B1/2
Pont-l'Evêque 76 B3, 86 B1
Pontlevoy 86 A/B3
Pontoise 87 C1

Ponton 106 B3
Pontones 168 A3
Pontons 155 D3, 156 A3, 163 D1
Pontonx-sur-l'Adour 108 A2
Pontorson 85 D2
Pontrémoli 114 A2
Pontresina 106 A2
Pontrhyffendigaid 59 C3
Pontrieux 84 B1/2
Pontrilas 63 D1
Ponts 155 C3
Pont-Sainte-Maxence 87 D1
Pont-Saint-Esprit 111 C2
Pont-Saint-Martin 105 C3
Pont-Saint-Pierre 76 B3, 86 A/B1
Ponts-de-Martel, Les 104 B1
Ponts-de-Sains 78 B3
Pontsó 11 D3, 12 A1
Pontsónlahti 23 C/D3
Pont-sur-Yonne 87 D2, 88 A2
Pontvallain 86 B3
Pontypool 63 C1
Pontypridd 63 C1
Ponza 118 B3
Ponzone 113 C1/2
Poola 20 A/B2
Poole 63 D2/3, 76 A1
Popel'n'a 99 C2
Poperinge 78 A2
Pópoli 119 C1
Popovac 134 B2/3
Popovaĉa 127 D3
Popova Šapka 138 B2
Popovica 135 C2
Popovica 140 B3
Popowo 141 C3
Popowo Kościelne 71 D2
Poppel 79 C1
Poppenhausen 81 D3
Poppenhausen 81 C2
Poppi 115 C2, 116 B2
Poprad 97 C2
Pópulo 158 B1
Populónia 114 A/B3, 116 A2/3
Poraovaara 13 B/C3
Porches 170 A2
Porcia 107 D2
Porcuna 167 C3, 172 B1
Pordenone 107 D2
Pordic 85 C2
Poreč 126 A/B3, 130 A1
Poreč'je 75 D2/3
Porhov 74 B2
Pori (Björneborg) 24 A1
Poříčí nad Sázavou 83 D3
Porjus 16 A/B1
Porkenäs 20 B1
Porkkakylät 21 D3
Porkkala 25 C3
Porknäs 20 B1
Porla 46 A1
Porlammi 25 D2, 26 A2
Porlezza 105 D2, 106 A2
Porlock 63 C2
Pornainen 25 D2/3, 26 A2/3
Pornássio 113 C2
Pornbach 92 A2
Pornic 85 C3, 100 A1
Pornichet 85 C3, 100 A1
Pornóapáti 127 D1
Porokylä 23 C1
Pörölanmäki 22 B3
Póros 147 D3
Porozina 130 A1
Poras 25 C2
Porosakoski 25 C/D1/2, 26 A1/2
Porrassalmi 26 B1
Porrentruy 89 D3, 90 A3
Porreres 157 C2
Porretta Terme 114 B2, 116 A/B1
Porriño 150 A3
Porsangmoen 5 D2, 6 A2
Pörsänmäki 22 B2
Porsgrunn 43 D2, 44 A1
Porsgrunn-Brevik 43 D2, 44 A1/2

Porsgrunn-Eidanger 43 D2, 44 A1
Porsgrunn-Heistad 43 D2, 44 A1/2
Porsifors 16 B2
Porspoder 84 A2
Portadown 58 A1
Portadown 54 A3, 55 D2
Portaferry 54 A3, 55 D2
Portaferry 58 A1
Portaje 159 C3, 165 D1
Portalegre 165 C1/2
Portalrubio de Guadamajud 161 D3
Portalrubio 162 A/B2
Portals Vells 157 C2
Port Appin 56 A1
Portaŕa 143 D3, 144 A3
Portás 150 A2
Port Askaig 56 A2
Port Askaig 54 A2/3, 55 D1
Porta Westfalica-Barkhausen 68 A3
Portbail 76 A3, 85 D1
Port Bancarès 156 B1
Portbou 156 B2
Port Camargue 111 C3
Port Carlisle 57 C3, 60 A/B1
Port d'Agres 110 A1
Port-de-Bouc 111 C3
Port-de-la-Meule 100 A1
Port-de-Lanne 108 B3, 155 C1
Port-de-Piles 101 C1
Port de San Miguel 157 D3
Port Dinorwic 59 B/C2, 60 A3
Porté 156 A2
Porte de la Creu 157 D3
Portel 165 C3
Portel-des-Corbières 110 A3, 156 B1
Portell de Morella 162 B2
Port Ellen 56 A2
Port Ellen 54 A3, 55 D1
Port-en-Bessin 76 B3, 86 A1
Port Ercole 116 B3
Port Erin 58 B1
Port Erin 54 A3, 55 D2
Portese 106 B3
Portet-d'Aspet 109 C3, 155 C/D1/2
Portets 108 B1
Port-Eynon 62 B1
Portezuelo 159 C3, 165 D1
Port Glasgow 56 B2
Port-Grimaud 112 A3
Porthcawl 63 C1/2
Porthleven 62 A/B3
Porth Mellin 62 A/B3
Porticcio 113 D3
Pórtico 119 D3
Portico di Romagna 115 C2, 116 B1
Portile de fier (Eisernes Tor) 135 C1/2
Portilla de la Reina 111 C3
Portillo 160 B3
Portimão 170 A2
Portimo 18 B1
Portimojärvi 17 D2
Portinatx 157 D3
Portinho da Arabida 164 A2/3
Portishead 63 D1/2
Port-Joinville 100 A1
Port Lamont 56 A/B2
Port-la-Nouvelle 110 A/B3, 156 B1
Port Laoise 55 D3
Port-Leucate 156 B1
Port Logan 56 A/B3
Port-Louis 84 B3
Portmadoc 59 C2/3, 60 A3
Portman 174 B1
Portmarnock 58 A2
Portnacroish 56 A1
Portnaguran 54 A1
Portnahaven 54 A3, 55 D1
Port Navalo 85 C3
Porto 113 D3
Porto 151 C3
Porto 158 A1/2
Porto Azzurro 116 A3
Porto Botte 123 C3

Portobuffolè — Prissac

Portobuffolè 107 D2/3
Pôrto Carras 144 B2
Porto Cerésio 105 D2/3
Porto Cervo 123 D1
Porto Cesáreo 121 D3
Pôrto Chéli 147 C3
Porto·Colom 157 C1/2
Porto Conte 123 C2
Porto Covo 164 A3, 170 A1
Porto Cristo 157 C1
Porto d'Ascoli 117 D2/3
Porto de Lagos 170 A2
Porto de Mós 164 A1
Porto di Brenzone 106 B3
Porto do Son 150 A2
Porto Empédocle 124 B3
Portoferráio 116 A3
Portofino 113 D2
Port of Menteith 56 B1
Port of Ness 54 A1
Porto Garibaldi 115 C1
Portogruaro 107 D3, 126 A3
Pôrto Lágo 145 C1
Porto Levante 115 C1
Porto Levante 125 C/D1
Portomaggiore 115 C1
Porto Mantovano 106 B3
Portomarín 150 B2
Porto Maurízio 113 C2
Portomouro 150 A2
Portom (Pirttikylä) 20 A2/3
Portonovo 150 A2
Porto Palma 123 C3
Porto Palo 124 A2
Portopalo 125 D3
Porto Petro 157 D2
Porto·Pollo 113 D3
Porto Potenza Picena 117 D2, 130 A3
Pôrto Ráfti 147 D2
Porto Recanati 117 D2, 130 A3
Portorož 126 A/B3
Porto San Giórgio 117 D2, 130 A3
Porto Sant'Elpídio 117 D2, 130 A3
Porto Santo Stéfano 116 B3
Portoscuso 123 C3
Porto Tolle 115 C1
Porto Torres 123 C1
Porto·Vecchio 113 D3
Portovénere 114 A2
Portovesme 123 C3
Portopatrick 56 A3
Portree 54 A2
Port-Sainte-Marie 109 C2
Port-Saint-Louis-du-Rhône 111 C3
Port Saint Mary 58 B1
Port-Saint-Père 85 D3, 100 A1
Pörtschach am Wörther See 126 B2
Portsmouth 76 A1
Port Soderick 58 B1
Portsonachan 56 A1
Port-sur-Saône 89 C3
Port Talbot 63 C1
Porttikoski 12 B2
Portugalete 153 C1
Portumna 55 C3
Portunhos 158 A3
Port-Vendres 156 B2
Port William 56 B3
Porvoo/Borgå 25 D3, 26 A3
Porzuna 167 C2
Posada 152 A1
Posada 123 D1/2
Posada de Valdeón 152 A1
Posadas 166 B3, 172 A1
Posav Bregi 127 D3
Poschiavo 106 B2
Posedarje 131 B/C2
Poseidon 147 D3
Poshnjë 142 A1
Pósina 107 C3
Posio 19 C1
Positano 119 D3
Possagno 107 C3
Possåsen 38 B2
Possendorf 83 C2
Possneck 82 A2

Posta 117 D3, 118 B1
Póstal 107 C2
Posta Piana 120 B2
Postau 92 B2
Postavy 74 A3
Postbauer-Heng 92 A1
Postiglione 120 A2/3
Postioma 107 D3
Postira 131 D3
Post-maw 62 B1
Postmeet 6 B1
Postojna 126 B3
Postojnska Jama 126 B3
Postoloprty 83 C2
Postřižín 83 D2
Posušje 131 D3, 132 A3
Poteaux 79 D2
Potenza 120 B2
Potenza Picena 117 D2, 130 A3
Potes 152 B1
Potka 4 B3
Potkraj 131 D3, 132 A3
Potoci 131 D2
Potok 127 D3
Potós 145 C2
Potríes 168 D2
Potsdam 70 A2/3
Potsdam 72 A3
Pottendorf 94 B3
Pottenstein 94 A3
Pottenstein 82 A3
Pöttmes 92 A2
Potton 65 B/C2
Potůčky 82 B2
Pouancé 86 A3
Pouan-les-Vallées 88 A/B2
Pougny 104 A2
Pougues-les-Eaux 102 B1
Pouillé 100 B2
Pouilley-les-Vignes 89 C3, 104 A1
Pouillon 108 A3, 154 B1
Pouilly-en-Auxois 88 B3, 103 C1
Pouilly-sous-Charlieu 103 C2
Pouilly-sur-Loire 87 D3, 102 B1
Pouilly-sur-Saône 103 D1
Poulaines 87 C3, 101 D1, 102 A1
Pouldreuzic 84 A2
Poule-lès-Écharmeaux 103 C2
Poúlithra 147 C3
Poulltaouen 84 B2
Poulton-le-Fylde 59 C/D1, 60 B2
Pourcieux 111 D3, 112 A3
Pourión 144 A3
Pourrain 88 A3
Pouru 21 C3
Pousa Flores 158 A3, 164 B1
Poussu 19 D1
Pouttula 20 B2
Pouxeux 89 D2
Pouyastruc 109 B/C3, 155 C1
Pouy-de-Touges 109 C3, 155 D1
Pouzauges 100 B1
Pouzilhac 111 C2
Považská Bystrica 95 D1
Považská Bystrica 96 B2
Poveda de la Sierra 161 D2
Povíglio 114 B1
Povino Polje 133 C3, 137 D1
Povlja 131 D3, 132 A3
Povljana 130 B2
Povoa 165 C3
Póvoa de Lanhoso 150 B3, 158 A1
Póvoa de Santo Adrião 164 A2
Póvoa de Varzim 158 A1
Póvoa e Meadas 165 C1
Powalice 71 C1
Powerscourt Gardens 58 A2
Poyatos 161 D2
Pöylä 24 B3
Pöyry 26 B1
Poysdorf 94 B2
Pöyta 24 B2

Poza de la Sal 153 C2
Poza de la Vega 152 A/B2
Pozal de Gallinas 160 A1
Pozaldez 160 A1
Pozalmuro 153 D3, 161 D1
Pozán de Vero 155 C3
Požarevac 134 B2
Požarevac 140 A2
Pozdeň 83 C2
Požega 133 D2/3, 134 A2/3
Požega 140 A2
Pozeranje 138 B2
Poznań 71 D2/3
Poznań 72 B3
Pozo Alcón 173 D1
Pozoamargo 168 B1
Pozoantiguo 152 A3, 159 D1, 160 A1
Pozoblanco 166 B3
Pozo-Cañada 168 B2
Pozo de Guadalajara 161 C2
Pozo de la Serna 167 D2, 168 A2
Pozohondo 168 B2
Pozo-Lorente 169 B/C2
Pozondón 162 A2
Pozofice 94 B1
Pozorrubio 161 C3, 167 D1, 168 A1
Pozos de Hinojo 159 C2
Požrzadlo 71 C3
Pozuel de Ariza 161 D1
Pozuel del Campo 162 A2
Pozuelo 168 B2
Pozuelo de Aragón 154 A3, 162 A1
Pozuelo de Alarcón 160 B2
Pozuelo de Calatrava 167 C2
Pozuelo de la Orden 152 A3, 160 A1
Pozuelo del Rey 161 C2/3
Pozuelo de Zarzón 159 C3
Pozuelos de Calatrava 167 C2
Pozza di Fassa 107 C2
Poźzadło Wielke 71 C1
Pozzallo 125 C3
Pozzolengo 106 B3
Pozzomaggiore 123 C2
Pozzo San Nicola 123 C1
Pozzuoli 119 C3
Pozzuolo 115 C3, 116 B2
Prača 133 B/C3
Prachatice 93 C1
Prachatice 96 A2
Pracht 80 A/B2
Prackenbach 92 B1
Prada 151 C2
Prádanos de Ojeda 152 B2
Pradejón 153 D2
Pradell de la Teixeta 163 C/D1/2
Pradelles 110 B1
Prades 163 D1
Prades 156 A/B1/2
Prades-le-Lez 110 B2
Pradiélis 126 A2
Pradilla de Ebro 155 C3
Pradillo 153 D3
Pradléves 112 B2
Prado del Rey 171 D2, 172 A2
Pradoluengo 153 C2
Prados Redondos 162 A2
Pragelato 112 B1
Pragersko 127 C/D2
Prägraten 107 D1
Praha 83 D3
Praha 96 A2
Prahecq 101 B/C2
Prahovo 135 C2
Praia a Mare 120 B3, 122 A1
Praia da Rocha 170 A2
Praia de Mira 158 A2
Praia de Vieira 158 A3, 164 A1
Praia do Areia Branca 164 A1/2
Praia do Guincho 164 A2
Praia Grande 164 A2
Praiboíno 106 B3
Pralognan-la-Vanoise 104 B3

Pra Loup 112 A2
Prämanda 142 B3
Prameny 82 B3
Pranjani 133 D2, 134 A2
Prapatnica 131 C3
Praranger 104 B3
Prarayé 105 C2/3
Prasiá 146 A/B1
Prášily 93 C1
Prástkulla 24 B3
Prasto 41 D3
Præstø 53 D2
Præstø 72 A2
Pratau 69 D3
Prat de Comte 163 C2
Pratdip 163 C/D2
Prat-et-Bonrepaux 109 C3, 155 D1
Prati di Tivo 117 D3, 119 C1
Pratjau 53 C3
Prato 114 B2, 116 B1
Prato all'Isarco/Blumau 107 C2
Prato Cárnico 107 D2, 126 A2
Prato della Résia 126 A2
Prátola 119 D3, 120 A2
Prátola Pelígna 119 C1/2
Pratolino 114 B2, 116 B1
Pratomagno/Prastmann 107 C/D1
Prato Nevoso 113 C2
Prats de Lluçanès 156 A2
Prats-de-Mollo-la-Preste 156 B2
Prauthoy 89 C3
Pravdinsk (Friedland) 73 C2
Pravia 151 D1
Prazzo 112 B2
Přebí 127 C1
Přebuc 82 B2
Přechac 108 B2
Prechtal 90 B2
Précigné 86 A3
Prečistoe 75 C3
Précy-sous-Thil 88 B3
Predáppio 115 C2, 117 B/C1
Predazzo 107 C2
Preddvor 126 B2
Predeal 141 C2
Predejane 139 C1
Predesti 135 D2
Predgrad 127 C3
Predin 94 A1
Preding 127 C1
Predlitz 126 B1
Predlitz 96 A3
Predmier 95 D1
Přední Výtoň 93 C/D2
Predolje 137 C1
Predosa 113 C1
Predošćca 130 A1
Pré-en-Pail 86 A2
Preetz 53 B/C3
Préfailles 85 C3, 100 A1
Pregarten 93 D2
Pregarten 96 A2
Pregnana 105 D3
Pregrada 127 D2
Preignac 108 B1
Preili 74 A2
Preixens 155 D3, 163 D1
Préjano 153 D3
Prekaj 131 C/D2
Preko 130 B2
Prekonośka Pećina 135 C3
Preljina 133 D2, 134 A2/3
Prelog 127 D2
Premana 105 D2, 106 A2
Premantura 130 A1
Premeno 105 D2
Přemery 88 A3, 102 B1
Premiá de Mar 156 A/B3
Premnitz 69 D2
Prémontré 78 A3
Premuda 130 B2
Prenčov 95 D2
Prenjas 138 A3, 142 B1
Prenzlau 70 B1
Prenzlau 72 A3
Přerov 96 B2
Přerov 95 C1
Pré-Saint-Didier 104 B3
Prescot 59 D2, 60 B3

Prese, Le 106 B2
Preševo 139 B/C2
Presicce 121 D3
Presjeka 137 C1
Preslav 141 C3
Prešov 97 C2
Prespa 128 A3
Pressac 101 C2
Pressath 82 A/B3
Pressath-Hessenreuth 82 A/B3
Pressbaum 94 A2
Presseck 82 A2/3
Pressel 82 B1
Pressig 82 A2
Prestatyn 59 C2, 60 A3
Presteigne 59 C/D3
Prestesetra 29 C2
Přeštice 83 C3, 93 C1
Přeštice 96 A2
Preston 59 D1/2, 60 B2
Prestwick 56 B2
Pretor 142 B1
Pretorin 119 C1
Prettin 70 A3, 82 B1
Pretzier 69 C2
Pretzsch 70 A3
Pretzschemdorf 83 C2
Preuilly-sur-Claise 101 D1
Preussisch-Oldendorf-Holzhausen 68 A3
Preussisch-Oldendorf 68 A3
Preusslitz 69 D3
Prévenchères 110 B1
Préveranges 102 A2
Préveza 146 A1
Préveza 148 A2
Prezelle 69 C2
Prezid 126 B3
Prez-vers-Noréaz [Rosé] 104 B1
Přgometi 131 C3
Priamza del Bierzo 151 C2
Priay 103 D2
Priběta 95 C/D3
Priboj 133 C3
Priboj 139 C1
Priboj 133 C1/2
Pribovce 95 D1
Příbram 83 C3
Příbram 96 A2
Prichsenstadt 81 D3
Prichsenstadt-Neuses 81 D3
Pričinović 133 C1, 134 A1
Pridvorci 132 B3
Pridvorica 133 D3, 134 A3
Pridvorica 138 B1
Priego 161 D2
Priego de Córdoba 172 B1/2
Priekopa 95 D1
Priekule 73 C1
Prienai 73 D2
Prien am Chiemsee 92 B3
Prieros 70 A/B3
Priestewitz 83 C1
Prievidza 95 D2
Prievidza 96 B2
Prignano Cilento 120 A3
Prigradica 136 A1
Prigrevica 129 C3
Prijeboj 131 C1
Prijedor 131 C1
Prijepolje 133 C3
Příkop 138 B3, 143 C1
Prilika 133 D3, 134 A3
Priluka 131 D3, 132 A2
Priluki 99 D2
Přímda 82 B3
Primel-Trégastel 84 B1
Primišlje 127 C3, 131 B/C1
Primolano 107 C2
Primorsko 141 C3
Primošten 131 C3
Princetown 63 C3
Prinsehytta 37 C/D2
Prinzersdorf 94 A2
Priolo Gargallo 125 D3
Prioro 152 A2
Prisad 139 B/C3, 143 C1
Prisečnice 83 C2
Prišjan 139 C1
Prismala 20 B2
Prisoje 131 D3, 132 A3
Prissac 101 C2

Priština 82 Quiévrain

Priština 138 B1
Priština 140 A3
Prittriching 91 D2
Priterbe 69 D2
Pritzier 69 C1
Pritzwalk 69 D1/2
Privas 111 C1
Priverno 118 B2
Priviaka 130 B2
Priviaka 133 C1
Prizren 138 B2
Prizren 140 A3
Prizzi 124 B2
Prnjavor 132 A/B1
Prnjavor 133 C1
Probištip 139 C2
Probstzella 82 A2
Prócchio 116 A3
Prócida 119 C3
Prodo 117 C3, 118 A/B1
Pródromos 143 D1
Pródromos 146 A1
Pródromos 147 C2
Proença a Nova 158 B3, 164 B1
Proença-a-Velha 158 B3
Proevska Banja 139 C2
Profítis 144 A2
Prohor Pčinjski 139 C2
Prokópion 147 D1
Prokuplje 135 B/C3, 139 B/C1
Prokuplje 140 A3
Prolom 138 B1
Prómachi 143 C1
Promachón 139 D3, 144 A1
Promajna 131 D3, 132 A3
Promírion 147 C/D1
Promona 131 C2
Pronstorf 53 C3
Propiac-les-Bains 111 D2
Propriano 113 D3
Prosek 138 A3
Prosigk 69 D3, 82 B1
Prosiměřice 94 A/B1
Proskinás 147 C1
Prosotsáni (Pirsópolis) 144 B1
Prosotsáni (Pirsópolis) 149 B/C1
Prossedi 119 B/C2
Prosselsheim 81 D3
Prostějov 94 B1
Prostějov 96 B2
Protić 131 D2, 132 A2
Protivanov 94 B1
Protivin 93 D1
Prottes 94 B2
Prötzel 70 B2
Prousós 146 B1
Provadija 141 C3
Provatón 145 D1, 145 D3
Provença 164 A3, 170 A1
Provenchères-lès-Darney 89 C2
Provenchères-sur-Fave 89 D2, 90 A2
Provés/Proveis 107 B/C2
Provins 88 A2
Provo 133 D1, 134 A1/2
Prozor 132 A2/3
Prozoroки 74 B3
Prudhoé 57 D3, 61 C1
Prudnik (Neustadt) 96 B2
Prulláns 155 D2, 156 A2
Prüm 79 D2
Prun 106 B3
Pruna 172 A2
Prunelli di-Fiumorbo 113 D3
Přunéřov 83 C2
Prunetta 114 B2, 116 A1
Prunisor 135 D2
Prusac 131 D2, 132 A2
Prušce 71 D2
Pruszków 73 C3, 97 C1
Prut 141 D1
Prutting 92 B3
Prutz 106 B1
Pružany 73 D3, 98 B1
Pružen 53 D3, 69 D1
Pružina 95 D1
Przasnysz 73 C3
Przechlewo 71 D1
Przelewice 71 C2
Przemęt 71 D3

Przemocze 71 B/C1
Przemyśl 97 D2, 98 A2
Przewóz 83 D1
Pržno 137 C2
Przybiernów 70 B1
Przybychowo 71 D2
Przybymierz 71 C3
Przylęg 71 C2
Przytoczna 71 C2
Psačá 139 C2
Psachná 147 D1/2
Psárion 146 B3
Psárion 147 C2
Psathópirgos 146 B2
Pskov 74 B2
Pšov 83 C3
Pšovlky 83 C3
Pszczew 71 C2
Ptaszkowo 71 D3
Pteleós 147 C1
Ptéri 146 B2
Púč 99 C1/2
Ptoion 147 C/D2
Ptolemaís 143 C2
Ptolemais 148 B1
Ptuj 96 A3
Ptuj 127 D2
Ptujska Gora 127 D2
Puanunsuo 19 D1
Pucarevo 132 A2
Puchberg am Schneeberg 94 A3
Puchheim 92 A2
Púchov 95 C/D1
Púchov 96 B2
Pucioasa 141 C2
Pučišća 131 D3
Puck 72 B2
Puckeridge 65 C2
Pudarica 130 B1/2
Pudasjärvi Kurenalus 18 B2
Puddletown 63 D2
Puderbach (Neuwied) 80 A/B2
Puebla de Alcocer 166 B2
Puebla de Alfindén 154 B3, 162 B1
Puebla de Almenara 161 C3, 167 D1, 168 A1
Puebla de Albortón 162 B1
Puebla de Arenoso 162 B3
Puebla de Beleña 161 C2
Puebla de Benifasar 163 C2
Puebla de Brollón 151 B/C2
Puebla de Don Rodrigo 167 B/C2
Puebla de Don Fadrique 168 A3, 173 D1
Puebla de Eca 161 D1
Puebla de Guzmán 171 B/C1
Puebla de la Calzada 165 D2
Puebla de la Reina 165 D2, 166 A2
Puebla del Caramiñal 150 A2
Puebla de Lillo 152 A1/2
Puebla del Maestre 165 D3, 166 A3
Puebla del Príncipe 167 D2, 168 A2
Puebla del Prior 165 D2, 166 A2
Puebla del Salvador 168 B1
Puebla de Obando 165 D2
Pueblade Parga 150 B1
Puebla de Sanabria 151 C3
Puebla de Sancho Pérez 165 D3
Puebla de Trives 151 C2
Puebla de Valles 160 B3
Puebla de Vallbona 169 C/D1
Puebla de Yeltes 159 D2
Pueblanueva 160 A3, 166 B1
Puebla San Miguel 163 C3
Puebla Tornesa 163 C3
Puéchabon 110 B2
Puendeluña 154 B2/3
Puente-Almuhey 152 A2
Puente de Domingo Flórez 151 C2
Puente de Génave 167 D3, 168 A3

Puente de la Reina 154 A2
Puente del Congosto 159 D2
Puente de Montañana 155 C2/3
Puente Duero 152 A3, 160 A1
Puentedura 153 C3
Puente Genil 172 A/B1/2
Puententenrusa 152 B1
Puente Nuevo 172 A2
Puente Romano 159 C3, 165 C/D1
Puentevea 150 A2
Puente-Viesgo 152 B1
Puerte Cabrera 157 D2
Puerto de Alcudia 157 C2
Puerto de Andratx 157 C2
Puerto de Burriana 163 C3, 169 D1
Puerto de Campos 157 D2
Puerto de Motril 173 C2
Puerto de Pollença 157 C2
Puerto de Santa Cruz 166 A1
Puerto de San Vicente 166 B1
Puerto de Sóller 157 C2
Puerto de Vega 151 C1
Puerto Lápice 167 D1
Puertollano 167 C2
Puerto Lumbreras 174 A1
Puertomingalvo 162 B3
Puerto Moral 165 D3, 171 C1
Puerto Real 171 D3
Puerto Serrano 171 D2, 172 A2
Puget-Théniers 112 B2
Puget-Ville 112 A3
Pugnac 100 B3, 108 B1
Puhos 23 D3
Puhos 19 C2
Puichéric 110 A3, 156 B1
Puig 169 D1
Puigcerdá 156 A2
Puigpuñent 157 C2
Puig-reig 156 A2
Puigverd de Lleida 155 C3, 163 C1
Puiseaux 87 D2
Puisieux 78 A2/3
Puisserguier 110 A/B3, 156 B1
Puivert 109 D3, 156 A1
Pujera 172 A2/3
Pujols-sur-Dordogne 108 B1
Pukaro/Pockar 25 D2, 26 B2
Pukavik 51 C2
Puke 138 A2
Pukiš 133 C1
Pukkila 25 D2, 26 A2
Pula 130 A1
Pula 123 C/D3
Pulaj 137 D2/3
Pulawy 97 C1, 98 A2
Pulborough 76 B1
Púlfero 126 A2
Pulgar 160 B3, 167 C1
Pulheim 79 D1/2, 80 A1/2
Pulheim-Sinnersdorf 79 D1, 80 A1/2
Pulheim-Stommeln 79 D1, 80 A1/2
Pulju 11 D2, 12 A1
Pulkau 94 A2
Pulkkavita 13 C2
Pulkkila 18 B3
Pulkkila 25 D1/2, 26 A1/2
Pulkkinen 21 C2
Pulkonkoski 22 B2
Pullach 92 A2/3
Pullenreuth 82 A/B3
Pulliala 26 B1
Pulpi 174 A1
Pulsa 27 C2
Pulsano 121 C3
Pulsnitz 83 C1
Pultusk 73 C3
Pultusk 97 C1, 98 A2
Pulversheim 89 D3, 90 A3
Pumpsaint 63 C1
Punat 130 B1
Punkaharju 27 D1
Punkaharjun asema 27 D1

Punkalaidun 24 B2
Punkasalmi 27 D1
Punkka 26 B1
Punta Ala 116 A3
Punta Krìža 130 A/B2
Punta Secca 125 C3
Punta Skala 130 B2
Punta Umbría 171 C2
Punt-Chamues-ch, La 106 A2
Punxín 150 B2
Puokio 19 C3
Puolakkavaara 12 B2
Puolanka 19 C2
Puolitaival 11 C2
Puolivàli 22 B2
Puoltikasvaara 10 B3
Polouspera 18 A3
Puotila 24 A2
Puottaure 16 B2
Pupnatska Luka 136 A/B1
Puračić 132 B2
Puralankyla 21 D2, 22 A2
Puranuvaara 19 C1
Puras 19 D2
Purchena 173 D2
Purgen-Stoffen 91 D3
Purgg 93 C/D3
Purgstall 93 D2/3, 94 A2/3
Purkersdorf 94 A/B2
Purkijaur 16 A1
Purmerend 66 B2
Purmo 20 B1/2
Purmojärvi 21 B/C2
Purnumukka 12 B1
Purnuvaara 10 B3
Purontaka 21 C1
Purroy de la Solana 155 C3
Purujosa 154 A3, 162 A1
Purullena 173 C2
Puschwitz 83 D1
Puškin 74 B1
Puškinskie 74 B2
Püspökladány 97 C3, 140 A1
Pussay 87 C2
Pussemange 79 C3
Pusterwald 126 B1
Pustevny 95 C/D1
Pustoška 74 B2
Pusula 25 C2/3
Puszczykowo 71 D3
Pusztamagyaród 128 A2
Pusztamérges 129 C/D2
Pusztaszabolcs 129 C1
Pusztaszemes 128 B1/2
Pusztavám 95 C3, 128 B1
Putaja 24 B1
Putanges-Pont-Écrepin 86 A1
Puthossalo 23 D3
Putifigari 123 C2
Putignano 121 C2
Putikko 27 D1
Putivl' 99 D2
Putkela 23 D2/3
Putkilahti 25 D1, 26 A1
Putkivaara 18 B1
Putlitz 69 D1
Putna 98 B3
Putous 6 B2
Putte 78 B1
Puttelange-lès-Farchwiller 89 D1, 90 A1
Putten 66 B3
Püttlingen 89 D1, 90 A1
Putula 25 D2, 26 A2
Putzu Idu 123 C2
Puukari 23 C1
Puukkoinen 25 D1, 26 A1
Puukkokumpu 18 A1
Puuluoto 17 D2/3, 18 A1
Puumala 27 C1
Puuppola 21 D3, 22 A3
Puutikkala 25 C1
Putossalmi 22 B2/3
Puuteenpera 17 D3, 18 A1
Puydroward 100 B2
Puy-Guillaume 102 B2
Puylagarde 109 D2
Puylaroque 109 D2
Puylaurens 109 D3
Puy-l'Évêque 108 B1
Puymiélan 109 C1
Puymirol 109 C2
Puyoó 108 A3, 154 B1
Puyravault 100 B2

Puzol 169 D1
Pwllheli 58 B3
Pwllheli 55 D3
Pyhäjärvi 12 B2/3
Pyhäjärvi 21 D1, 22 A1
Pyhäjärvi 6 A/B3, 11 D1
Pyhäjoki 24 B2
Pyhäjoki 18 A3
Pyhäkylä 19 C2
Pyhältö 26 B2
Pyhänkoski 18 A3
Pyhäntä 18 B3, 21 D1, 22 A1
Pyhäntä 19 C3
Pyhäntaka 25 D2, 26 A2
Pyhäportti 18 A/B1
Pyhäranta 24 A2, 41 D2
Pyhäsalmi 21 D1, 22 A1
Pyhäselkä 23 D3
Pyhra 94 A2
Pyhtää/Pyttis 26 B2/3
Pylälahti 21 D2, 22 A2
Pyle 63 C1/2
Pylkönmäki 21 C3
Pylväänälä 22 A/B3
Pyntäinen 24 A/B1
Pyöli 24 B2
Pyöli 25 C3
Pyöree 22 B1
Pyörni 20 B2/3
Pyrbaum 92 A1
Pyrrönperä 21 D1, 22 A1
Pyrzyce 70 B1/2
Pyšely 83 D3
Pytalovo 74 B2
Pyttbua 32 B3, 37 C1
Pyydyskylä 21 D2/3, 22 A2/3
Pyykkölanvaara 19 C/D3
Pyyli 23 C3
Pyyrinlahti 21 D2, 22 A2/3

Q

Qeparoi 142 A2
Quadrazaes 159 C3
Quaglietta 120 A2
Quakenbrück 67 D2
Qualiano 119 C3
Quarré-les-Tombes 88 A3
Quart 105 B/C3
Quart d'Onyar 156 B2
Quarteira 170 A/B2
Quarto d'Altino 107 D3
Quartu Sant'Elena 123 D3
Quédillac 85 C2
Quedlinburg 69 C3
Queensferry 57 C1/3
Quejada 150 A3, 158 A1
Queipo 171 D2
Queis 82 B1
Quejo 153 C1
Quel 153 D2/3
Quelaines 86 A2
Quelfes 170 B2
Quellendorf 69 D3
Queluz 164 A2
Quemada 153 C3, 161 C1
Quend 77 D2
Quenstedt 69 C3, 82 A1
Queralbs 156 A2
Quercianella 114 A3, 116 A2
Querença 170 B2
Querfurt 82 A1
Quérigut 156 A1
Quero 167 D1, 168 A1
Querol 163 C1
Quéron 85 D1
Querschied 89 D1, 90 A1
Quesa 169 C2
Quesada 167 D3, 168 A3, 173 C1
Quesnoy-sur-Deûle 78 A2
Questembert 85 C3
Quettehou 76 B3
Quetzdölsdorf 82 B1
Queyrac 100 B3
Quiaios 158 A3
Quiberon 84 B3
Quiberville 77 C2/3
Quickborn 52 B3, 68 B1
Quiévrain 78 B2

Quiévrechain — 83 — Ratasjärvi

Quiévrechain 78 B2
Quiliano 113 C2
Quillan 156 A1
Quillebeuf-sur-Seine 77 C3
Quimerch 84 A/B2
Quimper 84 A/B2
Quimperlé 84 B2/3
Quincoces de Yuso 153 C2
Quinéville 76 B3
Quingey 104 A1
Quinson 112 A3
Quinta do Anjo 164 A2
Quintana de la Serena 166 A2
Quintana del Puente 152 B3
Quintana del Marco 151 D3
Quintanaloranco 153 C2
Quintanapalla 153 C2
Quintanar de la Sierra 153 C3
Quintanar del Rey 168 B1
Quintanar de la Orden 167 D1, 168 A1
Quintana Redonda 153 D3, 161 D1
Quintanarraya 153 C3, 161 C1
Quintana y Congosto 151 D2/3
Quintanilha 151 C3, 159 C1
Quintanilla de Trigueros 152 B3
Quintanilla de Arriba 152 B3, 160 B1
Quintanilla de la Mata 153 B/C3
Quintanilla Sobresierra 153 C2
Quintanilla de las Torres 152 B2
Quintanilla de San García 153 C2
Quintanilla de Abajo 152 B3, 160 B1
Quintela de Leirado 150 B3
Quintin 85 C2
Quinto 162 B1
Quintos 165 C3, 170 B1
Quinzano d'Oglio 106 A/B3
Quiroga 151 C2
Quirra 123 D3
Quissac 111 B/C2
Quistello 114 B1
Qukes 138 A3, 142 B1
Qytet Stalin (Kuçovë) 142 A1
Qytet Stalin (Kuçovë) 148 A1

R

Raaattama 11 C2/3, 12 A1
Raab 93 C2
Raabs an der Thaya 94 A1/2
Raahe (Brahestad) 18 A3
Raajärvi 12 B3
Raakku 13 C3
Raakkyla 23 C/D3
Raalte 67 C2
Raanujärvi 12 A3, 17 D1
Raappananmäki 19 C3
Raate 19 D2/3
Raattama 11 C2/3, 12 A1
Raatti 23 C2
Rab 130 B1/2
Rabac 130 A1
Rabacal 158 A3
Råback 45 D2
Rábade 150 B1
Rábafuzes 127 D1
Rábahidvég 128 A1
Rabanal del Camino 151 D2
Rabanera del Pinar 153 C3
Rábano 152 B3, 160 B1
Rábano de Sanabria 151 C3
Rabastens 109 D2
Rabastens-de-Bigorre 109 B/C3, 155 C1

Rabbalshede 44 B2
R'abcevo 75 C3
Rabenau 81 C2
Rabenstein 94 A2/3
Råberg 30 B1
Rabi 93 C1
Rąbino 71 C1
Rabiša 135 C/D3
Råbjerg Mile 44 A/B3, 49 C1
Rabka 97 C2
Rabrovo 134 B2
Rabrovo 139 C/D3, 143 D1
Rabštejn 94 A/B1
Rabuiese 126 B3
Råby-Rönö 47 C2
Rača 94 B2
Rača 134 B2
Rača 133 C2
Rača 138 B1
Račale 121 D3
Racalmuto 124 B2
Răcari de Sus 135 D2
Răcășdia 135 B/C1
Racconigi 113 C1
Rače 127 C/D2
Račat 147 C1
Rachecourt-sur-Marne 88 B2
Răches 78 A2
Racibórz (Ratibor) 96 B2
Racimierz 70 B1
Račinovci 133 C1
Račišče 136 A/B1
Racja vas 126 B3
Räckeve 129 C1
Racksund 15 D2
Racot 71 D3
Råda 39 C3
Råda 45 C/D2
Rada de Haro 168 A1
Radalj 133 C2
Radanovići 137 C2
Rădăuți 98 B3
Radawnica 71 D1
Radcliffe 59 D2, 60 B2/3
Radda in Chianti 114 B3, 116 B2
Raddusa 125 C2
Råde 44 B1
Radeberg 83 C1
Radebeul 83 C1
Radeburg 83 C1
Radeče 127 C2
Radęcin 71 C2
Radehov 97 D1/2, 98 B2
Rädelsbråten 38 B2
Radenbeck (Gifhorn) 69 C2
Radenci 127 D2
Radenthein 126 B1
Radevormwald 80 A1
Radice 139 C/D3
Radicófani 116 B3
Radicóndoli 114 B3, 116 A/B2
Radjovce 138 B2
Radimlije 132 B3, 136 B1
Radiumbad Brambach 82 B2/3
Radlje ob Dravi 127 C2
Radljevo 133 D2, 134 A2
Rådmansö 41 C3
Radmer an der Hasel 93 D3
Radmirje 127 C2
Radnevo 141 C3
Radnica 71 C3
Radnice 83 C3
Radoboj 127 D2
Radoinja 133 C/D3, 134 A3
Radolfzell 91 C3
Rådom 30 A3, 35 D2
Radom 97 C1
Radomir 139 D1/2
Radomsko 97 C1
Radomyšl' 99 C2
Radomyšl 93 C1
Radona 161 D1
Radonice 83 C2
Radošina 95 C2
Radošovce 95 B/C2
Radoszyce 97 C2, 98 A3
Radotín 83 D3
Radovesice 83 C2
Radovići 137 C2

Radoviš 139 C3
Radoviš 140 A/B3
Radovljica 126 B2
Radovnica 139 C2
Radowo Wielkie 71 C1
Radstadt 93 C3, 126 A1
Radstock 63 D2, 64 A3
Raduč 131 C2
Răducăneni 141 C/D1
Radujevac 135 D2
Raduń 73 D2, 74 A3
Raduša 138 B2
Radviliškis 73 D2
Radwanów 71 C3
Radzyń Podlaski 73 D3, 97 D1, 98 A1/2
Raesfeld 67 C3
Ráfales 163 C2
Raffadali 124 B2/3
Rafina 147 D2
Rafjord 7 C1
Rafnes 43 C2
Rafsbotn 5 C2
Raftsjöhöjden 29 D3, 34 B1
Ragazzola 114 A1
Rågeleie 49 D3, 50 A2
Rågelin 69 D2, 70 A2
Raggsjo 31 C1
Raggsteinhyta 37 C3
Raglan 63 D1
Raglicy 75 B/C1
Rágol 173 D2
Ragösen 69 D3
Ragow 70 B3
Rågsveden 39 C2
Raguhn 69 D3
Ragunda 30 A3, 35 C2
Ragusa 125 C3
Råhällan 40 A2
Rahden 68 A2
Rahikka 20 B3
Rahikkala 27 C1
Rahkonen 21 C1
Rahnlavaara 23 C2
Råholt 38 A3
Rahov 97 D2/3, 98 A3
Rahula 26 B1
Raiano 119 C1/2
Rajala 24 B2
Raikuu 23 C3
Raima 22 B2
Rain 91 D2, 92 A2
Rainbach im Mühlkreis 93 D2
Rain-Bayerdilling 91 D2, 92 A2
Raippaluoto 20 A2, 31 D3
Raippo 27 C2
Rainz de Veiga 150 B3
Raisälä 13 C3
Raisdorf 52 B3
Raisio (Reso) 24 B2/3
Raisjavrre 5 C3, 11 B/C1
Raiskio 18 B1
Raistimäki 21 D3, 22 A3
Raitapera 21 C2
Raitoo 25 C2
Raittijärvi 10 B1
Raiutula 6 B3
Rajac 133 D3, 134 A3
Rajadell 155 D3, 156 A3, 163 D1
Raja-Jooseppi 13 C1
Rajala 12 B2
Rajalahti 24 B3
Rajamäki 25 C2
Rajavartioasema 19 D1
Rajcza 95 D1
Raje 138 A2
Rajec 95 D1
Rajec-Jestřebí 94 B1
Rajhrad 94 B1
Rajić 128 A3, 131 D1, 132 A1
Rajka 95 B/C3
Raka 127 C2/3
Rakalj 130 A1
Rakeie 38 B3
Rakek 126 B3
Rakicke 142 B1/2
Rakita 139 D1
Rakitnica 128 A2
Rakkestad 44 B1
Rakneset 14 A2
Rákos 129 D2
Rakov 74 A/B3

Raková 95 D1
Rakova Bara 135 C2
Rakovac 132 A1
Rakovica 131 C1
Rakovica 135 C3
Rakovník 83 C3
Rakovnik 96 A2
Rakovski 140 B3
Råkvåg 28 A3, 33 C1
Rakvere 74 A1
Raldon 107 B/C3
Ralja 133 D1/2, 134 A/B2
Ralsko 83 D2
Ram 134 B1
Ramacastañas 160 A3
Ramacca 125 C2/3
Rämälä 26 B1
Ramales de la Victoria 153 C1
Ramalhal 164 A2
Ramanj 15 D1/2
Ramatuelle 112 A3
Ramberg 8 A2/3
Ramberg 90 B1
Rambervillers 89 D2
Rambo 31 C2
Rambouillet 87 C2
Rambucourt 89 C1
Ramerupt 88 B2
Ramešk 75 D2
Ramin 70 B1
Ramirás 150 B3
Ramkvilla 51 C1
Ramlingen-Ehlershausen 68 B2
Rämmen 39 C3
Rammsjo 30 A3, 35 C2
Ramnäs 40 A3
Rámine 44 B2
Ramnous 147 D2
Rampillon 87 D2
Ramså 9 C1
Ramsau 92 B3
Ramsberg 39 D3
Ramsbottom 59 D2, 60 B2
Ramsele 30 A2/3, 35 C1
Ramsele 31 C2
Ramsen 80 B3, 90 B1
Ramsey 58 B1, 60 A1/2
Ramsey 65 C2
Ramsey 54 A/B3, 55 D2
Ramsgate 65 C3, 76 B1
Ramshyttan 39 D2/3
Rämshyttan-turist station 39 D2/3
Ramsjö 35 C3
Ramsöö 24 B1
Ramstadlandet 28 A/B1
Ramstein-Miesenbach 90 A1
Ramsund 9 C2
Ramsvik 8 B3
Ramundberget 34 A2
Ramvik 35 D2
Ramygala 73 D2, 74 A3
Råna 42 A3
Rana 9 C2
Rana 9 C3
Ranalt 107 C1
Ranas 40 B3
Ränåsfoss 38 A3
Rance 78 B2/3
Ránchio 115 C2, 117 C1
Rancířov 94 A1
Randaberg ferjekai 42 A2
Randabygd 32 A3, 36 B1
Rândalen 34 A3
Randalsvollen 15 C2
Randan 102 B2
Randazzo 125 C/D2
Randbøl 48 B3, 52 B1
Randbøl Hede 48 B3, 52 B1
Randegg 93 D3
Randen 32 B3, 37 C/D1
Randers 48 B2
Randijaur 16 A1
Randin 150 B3
Randsfjord 38 A3
Randsundet 34 A3
Randsverk 37 C/D2
Rånea 17 C2
Ranensletta 28 B2
Ranes 32 B2
Rånes 86 A2
Ranft 105 C1
Rangendingen 91 B/C2

Rangsby 20 A3
Rangsdorf 70 A3
Ranhados 158 B2
Ranheim 28 A3, 33 C1
Ranis 82 A2
Rankinen 18 A3
Rankovići 132 A/B2
Rankweil 106 A1
Rannankyla 21 D1, 22 A1
Ranna-Pungeria 74 B1
Rannelanda 45 C2
Rannoch Station 56 B1
Rannungen 81 D3
Ranovac 134 B2
Ransarstugan 14 B3, 29 D1
Ransäter 39 C3, 45 D1
Ransbach-Baumbach 80 B2
Ransjo 34 B3
Ransta 40 A3
Ranstadt 81 C2
Ranta 6 B3
Rantajärvi 17 D1
Rantakangas 21 C2
Rantakyla 26 B1
Rantala 26 B2
Rantasalmen asema 23 C3
Rantasalmi 23 C3
Rantsila 18 B3
Ranttila 5 D3, 6 A3, 11 D1
Rantum 52 A2
Rantzau 53 C3
Ranua 18 B1
Ranum 48 B2
Rånvassbotn 9 C2
Ranzo 113 C2
Rao 151 C2
Raon-l'Etape 89 D2, 90 A2
Rapakkojoki 22 B1
Rapala 25 D1, 26 A1
Rapallo 113 D2
Rapla 74 A1
Rapolano Terme 115 C3, 116 B2
Rapolla 120 A/B2
Raposa 164 B2
Raposeira 170 A2
Rapoula 159 C2/3
Rapperswil 105 D1
Räpplinge 51 D1/2
Rappy 109 D3, 156 A1
Rapsäni 143 D3
Rapukkätän 9 C/D3
Ras 133 D3, 134 A3, 138 A1
Rasal 154 B2
Räsälä 22 B/3
Rasbo 40 B3
Rascafría 160 B2
Rasdorf 81 C2
Raseborg 25 C3
Raseiniai 73 D2
Ráševica 134 B3
Rasimäki 22 B1
Rasines 153 C1
Rasinkyla 19 C2/3
Rasinperä 18 B3
Rasivaara 23 D3
Råsjö 35 C3
Raška 133 D3, 134 A/B3
Raška 140 A2/3
Raskršće 132 B2/3
Raslina 131 C3
Rasno 132 A3
Rasovo 135 D3
Rasquera 163 C2
Rassina 115 C2/3, 116 B2
Rast 135 D2/3
Rastabynes 5 C2
Rastatt 90 B1/2
Rasteby 4 A/B3, 10 A1
Rastede 67 D1, 68 A1
Rastenfeld 94 A2
Rasteš 138 B3
Rasti 11 D3, 12 A2
Rasti 23 D3
Rastičevo 131 D2, 132 A2
Rastina 129 C2/3
Rastinkyla 23 C/D1
Rastovac 137 C/D1
Rastow 69 C1
Råstrand 15 D3
Rasueros 160 A2
Rasvåg 42 B3
Ratan 20 A1, 31 D2
Ratan 34 C3
Ratasjärvi 12 A3, 17 D2

Ratasvuoma — Reuerstadt Stavenhagen

Ratasvuoma 12 A3, 17 D2
Rateče 126 B2
Ratekau 53 C3
Rathcoole 58 A2
Rathdrum 58 A2/3
Rathenow 69 D2
Rathfriland 58 A1
Rath Luirc (Charleville) 55 C3
Rathnew 58 A2
Rathsweiler 80 A3
Ratibořské Hory 83 D3, 93 D1
Ratikylä 20 B3
Ratingen 80 A1
Ratiškovice 94 B1
Ratkov 129 C3
Ratno 73 D3, 97 D1, 98 A/B2
Ratoath 58 A2
Rattelsdorf 81 D3
Rattenberg 92 A/B3
Rattendorf 126 A2
Rattersdorf 94 B3
Rattersdorf 96 B3
Rattosjärvi 12 A3, 17 D1
Rättvik 39 D2
Ratu 20 A1, 31 D2
Ratula 25 D2, 26 A/B2
Ratula 26 B2
Ratzdorf 70 B3
Ratzeburg 53 C3, 69 C1
Ratzlingen 69 C2/3
Raubling 92 B3
Raudanjoki 12 B3
Raudaskylä 21 C1
Raudasmäki 21 C1
Raudeberg 36 A1
Raudnes 42 A1/2
Rauduskylä 11 D3, 12 A1/2
Raufoss 38 A2
Rauha 27 C2
Rauhala 11 C3, 12 A1/2
Rauhaniemi 27 C1
Rauhellern 37 C3
Rauhenbrach-Unterstein-bach 81 D3
Rauland 43 C1
Rauland fjellstoge 43 C1
Raulhac 110 A1
Rauma (Raumo) 24 A2
Raumo 24 A2
Rauris 107 D1, 126 A1
Rauscedo 107 D2, 126 A2
Rauschenberg (Marburg) 81 C2
Rausjedalssetra 33 D3
Raustel 43 C3
Rautajärvi 25 C1
Rautalampi 22 B3
Rautapera 7 C3
Routas 10 A3
Rautasluspe 10 A2/3
Rautavaara 23 C1/2
Rautila 24 A2
Rautio 18 A3, 21 C1
Rautionmäki 21 D2/3, 22 A2/3
Rautjärvi 27 C/D1
Rautu 24 B1
Rautuvaara 11 C3, 12 A2
Rauvantaipalle 23 C2
Rauvatn 14 B2
Rauville-la-Bigot 76 A3
Rava 130 B2
Ravadaskongäs 11 D2
Ravan 132 B2
Ravanica 134 B2
Ravanusa 124 B3
Rava-Russkaja 97 D2, 98 A2
Ravatn 14 B3
Ravattila 27 C2
Ravča 131 D3, 132 A3, 136 B1
Ravel 102 B2/3
Ravello 119 D3
Ravelsnes 4 B2
Raven 127 D2
Ravenglass 59 C1, 60 A1/2
Ravenhorst 53 D3
Ravenna 115 C2, 117 C1
Ravenna Casal Borsetti 115 C1
Ravenna Ghibullo 115 C2, 117 C1

Ravenna Lido di Sävio 115 C2, 117 C1
Ravenna Lido di Classe 115 C2, 117 C1
Ravenna Marina Romea 115 C1
Ravenna Marina di Ravenna 115 C1/2
Ravenna Mezzano 115 C1/2
Ravenna Punta Marina 115 C1/2, 117 C1
Ravenna Sant'Alberto 115 C1
Ravensburg-Eschach 91 C3
Ravensburg-Weingarten 91 C3
Ravensburg-Weingarten-Taldorf 91 C3
Ravijoki 27 B/C2
Ravioskorpi 25 D1, 26 A1
Rävlanda 45 C3, 49 D1
Ravna Dubrava 139 C1
Ravna Gora 127 C3, 130 B1
Ravnastua 5 D3, 6 A2/3
Ravne na Koroškem 127 C2
Ravni 132 B3
Ravniš 134 B3
Ravnje 133 C1
Ravno 131 D3, 132 A2/3
Ravnstrup 48 B2
Ravsted 52 B2
Rawa Mazowiecka 73 C3, 97 C1
Rawicz 96 B1
Rawtenstall 59 D1/2, 60 B2
Rayleigh 65 C3
Räyrinki 21 C2
Räyskälä 25 C2
Ražana 133 D2, 134 A2
Ražanac 130 B2
Razboj 131 D1, 132 A1
Razbojna 134 B3
Razdelʹnaja 141 D1
Razdol 140 B3
Razdol 139 D3
Razdrto 126 B3
Razgrad 141 C2/3
Ražice 93 C/D1
Razlog 139 D2
Razlog 140 B3
Räzvani 141 C2
Re 105 D2
Reading 64 B3
Real 158 A2
Réalmont 110 A2
Réaumur 100 B1
Réaup 109 B/C2
Rébais 87 D1, 88 A1
Rébénacq 108 B3, 154 B1
Rebild 48 B2
Rebild Bakker Nat.Park 48 B2
Rebirechioulet 109 C3, 155 C1
Rebolledo de la Torre 152 B2
Rebollo de Duero 161 C/D1
Rebollosa de Jadraque 161 C2
Rebordelo 151 C3, 159 B/C1
Recanati 117 D2
Récane 75 C2
Recas 160 B3
Recco 113 D2
Recea 135 D2
Recey-sur-Ource 88 B3
Rechnitz 94 B3, 127 D1
Rečica 127 C/D3
Rečica 99 C1
Recke 67 D2
Reckendorf 81 D3
Recklinghausen 67 C/D3, 80 A1
Reclaw 70 B1
Recoaro Terme 107 C3
Recogne 79 C3
Recologne 89 C3, 104 A1
Recoules-Prévinquières 110 A/B2
Recuerda 161 C1
Reculver 65 C3, 76 B1

Recz 71 C1
Redalen 38 A2
Redange 79 D3
Redcar 61 C1
Redditch 59 D3, 64 A2
Redefin 69 C1
Redekin 69 D2
Redessan 111 C2
Redhill 65 B/C3, 76 B1
Redice 137 D1
Rédics 127 D2
Rédics 96 B3
Redinha 158 A3
Redon 85 C3
Redondela 150 A2/3
Redondo 165 C2
Redruth 62 A/B3
Redslared 50 A1
Reedham 65 D2
Rees 67 C3
Reeth 59 D1, 61 B/C1/2
Reetz 69 D3
Reetz 69 D1/2
Reffannes 101 C2
Reftele 50 B1
Refugio Club Alpino 160 A3
Regalbuto 125 C2
Regen 93 C1
Regensburg 92 B1
Regenstauf 92 B1
Reggello 115 C2/3, 116 B2
Réggio di Calábria Catafório 122 A3, 125 D2
Réggio di Calábria 122 A3, 125 D1/2
Réggio di Calábria Péllaro 122 A3, 125 D2
Reggiolo 114 B1
Réggio nell'Emilia 114 B1
Reghin 97 D3, 140 B1
Regis Breitingen 82 B1
Regna 46 B2
Regnitzlosau 82 B2
Regny 103 C2
Régua 158 B1/2
Reguengo de Fetal 158 A3, 164 A1
Reguengo Grande 164 A1/2
Reguengos de Monsaraz 165 C3
Rehau 82 B2
Rehberg 69 D2
Rehburg-Loccum 68 A/B2
Rehburg-Loccum-Bad Reh-burg 68 A/B2
Rehden 68 A2
Rehlingen 89 D1
Rehlingen-Bäringen 79 D3
Rehna 53 C3, 69 C1
Rehula 27 C2
Reichelsheim 81 C3
Reichenau 91 C3
Reichenau an der Rax 94 A3
Reichenau [Reichenau-Ta-mins] 105 D1, 106 A1
Reichenbach im Kandertal 105 C2
Reichenbach 82 B2
Reichenbach (Roding) 92 B1
Reichenbach-Steegen 80 A3, 90 A1
Reichenbach 83 D1
Reichenberg 70 B2
Reichenberg (Würzburg) 81 C/D3
Reichenfels 127 C1
Reichenthal 93 D2
Reichertshausen 92 A2
Reichertshofen 92 A2
Reichmannsdorf 82 A2
Reichshof-Denklingen 80 A/B2
Reichshof-Eckenhagen 80 B1/2
Reichshoffen 90 A1
Reigada 159 C2
Reigate 65 B/C3, 76 B1
Reignac 100 B3
Reignac 101 C3
Reijolanmäki 23 D3
Reila 24 A2, 41 D1/2
Reillo 161 D3, 162 A3, 168 B1

Reims 88 A1
Rein 28 A3, 33 C1
Reina 166 A3
Reinach 105 C1
Reinbek 68 B1
Reine 8 A3
Reinfeld 53 C3, 69 B/C1
Reinfjord 4 B2
Reingard 14 B1
Reinhardshagen-Veckerha-gen 81 C1
Reinhardtsgrimma 83 C2
Reinheim 33 C3, 37 D1
Reinheim 81 B/C3
Reinli 37 D3
Reinosa 152 B1/2
Reinøysund 7 C/D2
Reinsfeld 80 A3
Reinskar 4 A2
Reinskareng 14 B3
Reinsnos 42 B1
Reinsvoll 38 A2
Reisbach 92 B2
Reisbach-Haberskirchen 92 B2
Reischach (Altötting) 92 B2
Reisjärvi 21 C1
Reiskirchen 81 B/C2
Reistad 38 A3, 43 D1
Reitan 32 B3, 37 C1
Reitan 33 D2
Reitano 125 C2
Reite 9 D1/2
Reit im Winkl 92 B3
Reitkalli 26 B2
Reittiö 22 B2
Reitzenhain 83 C2
Rejas 153 C3, 161 C1
Rejmyre 46 B2
Rejsby 52 A1
Rekeland 42 A3
Reken 67 C3
Rekhulet 17 C2
Rekijoki 25 B/C2/3
Rekikoski 24 B2
Rekivaara 23 D3
Rekovac 134 B3
Rekowo 70 B1
Rekvik 4 A2/3
Reliquias 170 A1
Reljinac 134 B3
Relletti 18 A3
Relleu 169 D2
Remagen 80 A2
Rémalard 86 B2
Remchingen 90 B1
Remda 82 A2
Remdalen 29 A3
Remeskylä 21 D1, 22 A/B1
Remich 79 D3
Remiremont 89 D2
Remmarbäcken 30 B2/3, 35 D1
Remmaren 30 B2, 35 D1
Remmen 34 B3
Remolinos 155 C3, 163 B/C1
Remollon 112 A2
Remoulins 111 C2
Remplin 53 D3, 69 D1, 70 A1
Remscheid 80 A1
Rémuzat 111 D2
Rena 38 A1/2
Rena 166 A2
Renaison 103 C2
Renåländet 29 D2, 35 C1
Renäseter 38 A1
Renazé 85 D3
Renchen 90 B2
Rendal 32 B2
Rendalen fjellstue 38 A1
Rende 122 A1/2
Rendina 144 A/B2
Rendina 146 B1
Rendo 159 C2/3
Rendsburg 52 B3
Renedo 152 B3, 160 A/B1
Renedo de Valdavia 152 B2
Renera 161 C2
Renescure 77 D1, 78 A2
Renesse 66 A3
Renfors 31 C1
Renfrew 56 B2
Renginion 147 C1
Rengonkylä 20 B3

Rengsdorf 80 A2
Rengsjö 40 A1
Reni 141 D2
Renieblas 153 D3, 161 D1
Renko 25 C2
Renkomäki 25 D2, 26 A2
Renkum 66 B3
Rennebu 33 C2
Rennerod 80 B2
Rennerstshofen 91 D2, 92 A2
Rennertshöfen-Ammerfeld 91 D2, 92 A2
Rennes 85 D2
Rennes-les-Bains 110 A3, 156 A1
Renningen 91 B/C2
Rennweg 126 A/B1
Rens 52 B2
Rensjon 30 A3, 35 C1
Rensjon 10 A2/3
Rensved 34 B2
Rentjärn 16 A3
Renträsk 16 A3
Renvallen 16 A3
Renviken 16 A3
Reocín 152 B2
Répcelak 94 B3, 128 A1
Repki 99 D1/2
Replot/Raippaluoto 20 A2, 31 D3
Repojoki 11 D2, 12 B1
Reposaari 24 A1, 41 D1
Reppen 14 B1
Repušnica 135 C3
Repvåg 5 D1, 6 A/B1
Recuejo 151 C3
Requena 169 C1
Réquista 110 A2
Reriz 158 B2
Resana 107 C3
Resanovci 131 C2
Resarö 47 D1
Resavica 135 B/C2
Resavska-pećina 135 C2
Resele 30 B3, 35 D1/2
Resen 138 B3, 142 B1
Resende 158 B2
Résia 106 B1
Résia/Reschen 106 B1
Resita 135 C1
Resita 140 A2
Resko 71 C1
Resmo 51 D2
Resnié 133 D1, 134 A1/2
Resö 44 B2
Reso 24 B2/3
Ressons-sur-Matz 78 A3
Restábal 173 C2
Restad 45 C2
Restelica 138 A/B2
Resuttano 125 B/C2
Retamal 166 A2
Retamar 173 D2, 174 A2
Retamosa 166 A/B1
Retamoso 160 A3, 166 B1
Retascón 163 C1/2
Rethel 78 B3
Rethem 68 B2
Réthimnon 149 C3
Retiendas 161 C2
Retiers 86 A2/3
Retiro 165 C2
Retjons 108 B2
Retkovci 129 B/C3, 132 B1
Retortillo 159 C2
Retortillo de Soria 161 C1
Retournac 103 C3
Rétság 95 D3
Rettenberg 91 D3
Rettenegg 94 A3
Reuerta 153 C3
Reuerta de Bullaque 167 C1
Retunen 23 C2
Retz 94 A2
Retzow 69 D1
Reuden 69 D3
Reudnitz 82 B2
Reugny 86 B3
Reugny 102 B2
Reuilly 102 A1
Reus 163 D1/2
Reusel 79 C1
Reuterstadt Stavenhagen 70 A1

Reuti (Hasliberg) [Brünig-Hasliberg] 105 C1/2
Reutlingen 91 C2
Reutlingen-Gonningen 91 C2
Reutte 91 D3
Reutuaapa 18 B1
Rev 51 D2
Revel 109 D3
Reventin-Vaugris 103 D3
Révère 114 B1
Revest-du-Bion 111 D2
Révfülöp 128 A/B1
Revholmen 44 B1
Revigny-sur-Ornain 88 B1
Revilla del Campo 153 C2/3
Revin 79 B/C3
Revine 107 D2
Revište 95 D2
Revlingen 33 D3
Revnice 83 C/D3
Revó 107 B/C2
Revonlahti 18 A3
Revsnes 36 B2
Revsnes 9 C2
Revsnes 28 A2, 33 C1
Revsneshamn 5 D1, 6 A1
Revsund 35 B/C2
Rexbo 39 D2
Reynel 89 C2
Rézekne 74 A2
Rezepin 72 A3
Rezepin 70 B3
Rezina 99 C3
Reznos 153 D3, 161 D1
Rezzato 106 B3
Rezzo 113 C2
Rezzoáglio 113 D1/2
Rgošte 135 C3
Rgotina 135 C2
Rgotina 140 A/B2
Rhade 67 C3
Rhälänmäki 22 B1
Rhauderfehn-Westrhauderfehn 67 D1/2
Rhauderfehn-Burlage 67 D2
Rhauderfehn-Collinghorst 67 D1
Rhaunen 80 A3
Rhayader 59 C3
Rheda-Wiedenbrück 68 A3
Rhede 67 C3
Rhede (Ems) 67 D2
Rheden 67 C3
Rheinau [Altenburg-Rheinau] 90 B3
Rheinau-Freistett 90 B2
Rheinbach 80 A2
Rheinbach-Hilberath 80 A2
Rheinberg 79 D1, 80 A1
Rheinberg-Borth 67 C3, 79 D1, 80 A1
Rheinböllen 80 A/B3
Rheine 67 D3
Rheineck 91 C3
Rheine-Mesum 67 D3
Rheinfelden 90 A/B3
Rheinfelden 90 A/B3
Rheinhausen 90 A2
Rheinsberg 70 A2
Rheinstetten-Mörsch 90 B1
Rheinzabern 90 B1
Rhèmes-Notre-Dame 104 B3
Rhenen 66 B3
Rhens 80 A/B2
Rhiconich 54 A1
Rhinow 69 D2
Rho 105 D3
Rhosllannerchrugog 59 C/D2, 60 B3
Rhumspringe 81 D1
Rhyl 59 C2, 60 A3
Riace 122 B3
Riace Marina 122 B3
Riaguas de San Bartolomé 161 C1
Riákia 143 D2
Riala 41 B/C3, 47 D1
Rialto de Noguera 155 C2
Riaño 152 A2
Rians 111 D2/3
Rianxo 150 A2
Riaza 161 C1

Ribadavia 150 B2/3
Ribadelago 151 C3
Ribadeo 151 C1
Riba de Saelices 161 D2
Ribadesella 152 A1
Ribadumia 150 A2
Ribaflecha 153 D2
Ribaforada 154 A3
Ribagorda 161 D2/3
Ribamar 164 A2
Ribarce 140 B3
Ribarci 139 C2
Ribare 134 B3
Riba-roja d'Ebre 163 C1
Ribarredonda 161 D2
Ribarroja 169 C/D1
Ribarroja del Turia 169 C/D1
Ribarska Banja 134 B3
Ribas 155 C2/3
Ribas 152 B3
Ribas de Sil 151 C2
Ribatajada 161 D2/3
Ribchester 59 D1, 60 B2
Ribe 52 A1
Ribeauvillé 89 D2, 90 A2
Ribécourt 78 A3
Ribeira 150 A2
Ribeira de Fraguas 158 A2
Ribeira de Pena 158 B1
Ribeira de Piquín 151 C1
Ribeiradio 158 A2
Ribemont 78 A/B3
Ribera 124 B2
Ribera Alta 173 C1
Ribérac 101 C3
Ribera de Cardós 155 C2
Ribera del Fresno 165 D2, 166 A2
Ribesalbes 162 B3
Ribes de Freser 156 A2
Ribnica 132 B2
Ribnica 127 C3
Ribnica 126 B3
Ribnica na Pohorju 127 C3
Ribnik 131 B/C2
Ribnik 127 C3
Ribnitz-Damgarten 53 D3
Ribnitz-Damgarten 72 A2
Ribolla 114 B3, 116 A/B2/3
Ribota 161 C1
Ricadi 122 A2
Ričany 83 D3
Riccall 61 C2
Riccia 119 D2, 120 A1
Riccio 115 C3, 117 B/C2
Riccione 115 D2, 117 C1
Richelieu 101 C1
Rich Hill 58 A1
Richisau [Glarus] 105 D1
Richmond 61 C1
Rickenbach-Willaringen 90 B3
Rickleå 20 A1, 31 D2
Rickling 52 B3
Rickmansworth 64 B3
Ricla 155 C3, 163 C1
Ricote 169 D3
Ridaśjärvi 25 C/D2, 26 A2
Riddarhyttan 39 D3
Riddes 104 B2
Ridica 129 C2/3
Ridsdale 57 D2/3
Riebnesluspen 15 D2
Riečnica 95 D1
Riec-sur-Bélon 84 B3
Riedau 93 C2
Riede 68 A2
Riedenburg 92 A1
Riedenburg-Meihern 92 A1
Riedenhaim 81 C/D3, 91 C1
Rieden-Vilshofen 92 B1
Riedhausen 91 C3
Ried im Innkreis 93 C2
Ried im Innkreis 96 A2/3
Ried im Oberinntal 106 B1
Riedlingen 91 C2
Riedstadt-Wolfskehlen 80 B3
Riegelsberg 89 D1, 90 A1
Riegersburg 127 D1
Riegersburg 94 A1/2
Riegersdorf 126 B2
Riego de la Vega 151 D2

Riekofen-Taimering 92 B1/2
Rielasingen-Worblingen 90 B3
Riello 151 D2
Rielves 160 B3, 167 C1
Riemst 79 C2
Rieneck 81 C3
Riénsena 152 A1
Rieponlahti 22 B2
Riepsdorf 53 C3
Riesa 83 C1
Riesa 96 A1
Rieschweiler-Mühlbach 90 A1
Rieseby 52 B2
Riese Pio X 107 C3
Riesi 125 C3
Riessen 70 B3
Rieste 67 D2
Riestedt 82 A1
Rietavas 73 C2
Rietbad [Nesslau-Neu St. Johann] 105 D1, 106 A1
Rietberg 68 A3
Rietberg-Mastholte 68 A3
Rietheim-Weilheim 90 B3
Rieti 117 C3, 118 B1
Rietschen 83 D1
Rieumes 109 C3, 155 D1
Rieupeyroux 110 A2
Rieutord 111 C1
Rieutort-de-Randon 110 B1
Rieux 108 B3, 155 C1
Rieux-Minervois 110 A3, 156 B1
Rievaulx Abbey 61 C2
Riez 112 A2
Riezlern 91 D3, 106 B1
Rifiano/Riffian 107 C1/2
Rifugio del Teodulo 105 C2
Riga 73 D1, 74 A2
Rigács 128 A1
Riggisberg [Thurnen] 105 C1
Rignac 110 A1/2
Rignano Flaminio 118 B1
Rignano Garganico 120 A1
Rigney 89 C3, 104 A1
Rigny-Ussé 86 B3, 101 C1
Rigolato 107 D2, 126 A2
Rihtniemi 24 A2, 41 D1/2
Riihikoski 24 B2
Riihimäki 25 C2, 26 A2
Riihiniemi 25 D1, 26 B1
Riihivaara 23 D1
Riihivaara 19 D3, 23 D1
Riihivalkama 25 C2
Riihivuori 21 D3, 22 A3
Riiho 24 B1
Riiho 21 C3
Riikonkumpu 11 D3, 12 A2
Riipi 12 B2
Riipi 20 A/B3
Riipisenvaara 12 A3, 17 D1
Riisikkala 25 C2
Riisipere 74 A1
Ristavesi 23 B/C2
Riitiala 24 B1
Rijeka 126 B3, 130 A1
Rijeka 127 C3, 131 C1
Rijeka Crnojevića 137 D2
Rijssen 67 C2/3
Rikkgransen 9 D2
Rila 139 D2
Rillé 86 B3
Rillo 162 B2
Rilly-sur-Loire 86 A/B3
Rilski Manastir 139 D2
Rilski Manastir 140 B3
Rima 105 C3
Rimala 20 A/B2
Rimasco 105 C3
Rimaucourt 89 C2
Rimavská Sobota 97 C2
Rimbach (Kötzing) 92 B1
Rimbo 40 B3
Rimeize 110 B1
Rimella 105 C2/3
Rimforsa 46 B3
Rimini 115 D2, 117 C1
Rimmi-Viserba 115 D2, 117 C1
Rimmilä 25 C2
Rimnicu Sǎrat 141 C2
Rimnicu Vilcea 140 B2

Rimont 108 B3, 155 C1
Rimpar 81 C/D3
Rimske Toplice 127 C2
Rincón de la Victoria 172 B2
Rincón de Soto 154 A2
Rindal 33 B/C2
Rindarøy 32 A2
Rinde 36 B2
Rinella 125 C1
Ringarum 46 B2
Ringe 53 C1
Ringebu 37 D2
Ringelai 93 C2
Ringen 28 A3, 33 C2
Ringkøbing 48 A3
Ringmer 76 B1
Ringnäs 39 C1
Ringnes 37 D3
Ringselet 15 D2
Ringsted 49 D3, 53 D1
Ringvattnet 29 D2
Ringwood 76 A1
Rinkaby 50 B3
Rinna 46 A2
Rinoväg 9 C2
Rintala 20 B2
Rinteln 68 A3
Rinteln-Steinbergen 68 A3
Rio 151 C2
Riobianco/Weissenbach 107 C1
Riocavado de la Sierra 153 C3
Riocerenzo 153 C2
Rio de Mel 158 B2
Rio de Moinhos 164 B1
Rio de Mouro 164 A2
Riodeva 163 C3
Rio di Pusteria/Mühlbach 107 C1
Rio dos Moinhos 165 C2
Riofrio 172 B2
Riofrio 160 A2
Rio Frio 151 C3, 159 C1
Riofrio del Llano 161 C1/2
Riogordo 172 B2
Rioja 173 D2
Riola di Vergato 114 B2, 116 B1
Riola Sardo 123 C2
Riolobos 159 C B/D3, 165 D1, 166 A1
Riolo Terme 115 C2, 116 B1
Riom 102 B2
Romagnore 114 A2
Rio Maior 164 A1
Riomar 163 C/D2
Rio Marina 116 A3
Rio Mau 158 A1
Riom-ès-Montagnes 102 B3
Rion 146 B2
Rion 148 B2
Rion-des-Landes 108 A2
Rionegro del Puente 151 D3
Rionero in Vúlture 120 A/B2
Rionero Sannítico 119 C2
Riópar 168 A2/3
Ríos 151 C3
Riosa 151 D1
Rio Saliceto 114 B1
Rioscuro 151 D2
Rioseco 153 C/D3, 161 C1
Rioseco de Tapia 151 D2
Riospaso 151 D1/2
Riotord 103 C3
Riotorto 151 C1
Rio Torto 151 C3, 158 B1
Riovéggio 114 B2, 116 B1
Rioz 89 C3
Rip 83 C/D2
Ripač 131 C1
Ripacándida 120 A/B2
Ripanj 133 D1/2, 134 A2
Riparbella 114 B3, 116 A2
Ripatransone 117 D2
Ripley 61 D3, 65 C1
Ripley 61 C2
Ripoll 156 A2
Ripon 61 C2
Ripon 54 B3
Riposto 125 D2
Rippig 79 D3

Ripsa 47 C1/2
Riqueval 78 A3
Risan 137 C2
Risarven 39 D1, 40 A1
Risbäck 30 B2/3, 35 D1
Risbäck 29 D1, 30 A1
Risberg 39 C2
Risberg 31 C1
Risbrunn 34 B3
Risca 63 C1
Riscle 108 B2/3
Risco 166 B2
Rise 29 D3, 34 B1
Riseberga kloster 46 A1
Risede 29 D2
Riseley Common 64 B3, 76 A/B1
Risliden 31 C1
Risnes 36 A2
Risnes 42 B3
Risnes 36 A3
Rišňovce 95 C2
Risogrund 17 C2/3
Risøhall 20 B1
Risør 43 D2/3, 44 A2
Risøyhamn 9 C1
Rispešcia 116 B3
Rissa 35 C2
Ristedt 69 C2
Risteli 23 C1
Risti 74 A1
Ristiina 26 B1
Ristijärvi 19 C3
Ristijärvi 25 C1, 26 A1
Ristikangas 22 A3
Ristilä 13 C3
Ristilampi 12 B3
Ristinge 53 C2
Ristinkylä 23 C3
Ristimeni 24 B3
Ristonmannikkö 12 B2
Ristovac 139 C2
Ristrask 20 A1, 31 D2
Ristrask 30 B1
Ristretu 135 D2/3
* Ristretu 140 B2
Risudden 17 D2
Risulahti 27 C1
Risum-Lindholm 52 A2
Risuperä 21 C2
Ritakoski 6 B1
Ritini 143 D2
Ritopek 133 D1, 134 B1
Rittaryla 19 C3
Ritterhude 68 A1/2
Rittersdorf 79 D3
Rittersgrun 82 B2
Ritzerow 70 A1
Ritzleben 69 C2
Riudecols 163 D1/2
Riudòms 163 D1/2
Riutta 21 C1
Riuttala 24 B1
Riuttala 22 B2
Riuttaskylä 21 C3
Riutula 6 B3
Riva-Bella 76 B3, 86 A1
Riva del Garda 106 B2/3
Riva di Túres/Rain-Taufers 107 C1
Rivalta di Torino 112 B1
Rivanazzano 113 D1
Rivarolo Canavese 105 C3
Rivarolo Mantovano 114 A/B1
Rive-de-Gier 103 C/D3
Riverbukt 5 C2
Rivergaro 113 D1, 114 A1
Rives 103 D3, 104 A3
Rivesaltes 156 B1
Rivières-le-Bois 89 C3
Rivière-sur-Tarn 110 B2
Rivignano 107 D2/3, 126 A3
Rivisóndoli 119 C2
Rivoli 112 B1
Rivolta d'Adda 106 A3
Rixheim 90 A3
Rixö 44 B2
Rizai 147 C3
Rizárion 143 C1
Rizoma 143 C3
Rizomata 143 D2
Rijkan 43 C1
Riječá 132 B2
Ro 35 D2
Roa 38 A3

Røa 86 Roslin

Røa 38 B1
Roa 152 B3, 160 B1
Roade 64 B2
Roaldkvam 42 A1
Roan 28 A2
Roån 30 A2, 35 C/D1
Roana 107 C2/3
Roanne 103 C2
Roasjö 45 C3, 49 D1
Roavvegiedde 6 B2
Röbäck 31 C/D2
Röbbio 105 D3
Robecco d'Oglio 106 A/B3
Röbel 69 D1, 70 A1
Röbel 72 A3
Reberg 28 A3, 33 C1
Robert-Espagne 88 B1
Robertsfors 31 D2
Robič 126 A/B2
Robin Hood's Bay 61 D1
Rob Roy's Cave 56 B1
Robleda 159 C2/3
Robledillo de Gata 159 C3
Robledillo de Mohernando 161 C2
Robledillo de Trujillo 165 D1/2, 166 A1/2
Robledo 168 A/B2
Robledo 151 C2
Robledo de Chavela 160 B2
Robledo de Corpes 161 C2
Robledo del Mazo 160 A3, 166 B1
Robledollano 166 A/B1
Robles 151 D2, 152 A2
Röblingen 82 A1
Robliza de Cojos 159 D2
Robregordo 161 C2
Robres 154 B3
Robres del Castillo 153 D2/3
Roč 126 B3, 130 A1
Rocafort de Queralt 155 C3, 163 C1
Rocamadour 109 D1
Roccabianca 114 A1
Roccadàspide 120 A3
Rocca di Mezzo 119 C1
Rocca di Neto 122 B2
Rocca di Papa 118 B2
Roccafranca 106 A3
Roccagorga 118 B2
Roccalbegna 116 B3
Roccalumera 125 D2
Rocca Màssima 118 B2
Roccamena 124 A/B2
Roccamonfina 119 C2/3
Roccanova 120 B3
Rocca Pia 119 C2
Rocca Priora 115 D2/3, 117 D2
Roccaraso 119 C2
Rocca San Casciano 115 C2, 116 B1
Roccasecca 119 C2
Roccasicura 119 C/D2
Rocca Sinibalda 117 C3, 118 B1
Roccastrada 114 B3, 116 B2
Roccaverano 113 C1/2
Roccavione 112 B2
Roccella Ionica 122 B3
Roccelletta del Véscovo di Squillace 122 B2
Rocchetta Sant'Antònio 120 A2
Rocha 170 A2
Rochdale 59 D2, 60 B2
Rochebloine 111 C1
Roche-Bonne 111 C1
Rochebrune 104 B3
Rochechouart 101 D2/3
Roche d'Oëtre 86 A1
Rochefort 79 C2/3
Rochefort-en-Terre 85 C3
Rochefort-en-Yvelines 87 C2
Rochefort-Montagne 102 B3
Rochefort-sur-Loire 86 A3
Rochefort-sur-Mer 100 B2
Roche, La [Bulle] 104 B1/2
Rochemaure 111 C1
Rochemolles 112 B1
Rochers de Ham 85 D1, 86 A1

Rocheservière 100 A1
Rochester 65 C3, 77 C1
Rochetaillée-sur-Aujon 88 B3
Rochetaillée 103 D2
Rochford 65 C3
Rochlitz 82 B1
Rociana del Condado 171 C2
Rockanje 66 A3
Rockcliffe 56 B3, 60 A1
Rockenhausen 80 B3
Rockesholm 46 A1
Rockhammar 46 B1
Rockmyrheden 15 D3
Rockneby 51 D1/2
Ročov 83 C2
Rocroi 78 B3
Rød 28 B1
Róda 142 A3
Rodach 81 D2
Rodach-Mährenhausen 81 D2
Roda de Isábena 155 C2
Roda de Ter 156 A2
Rodal 32 B2
Rodalben 90 A1
Rodanäs 31 C2
Rodange 79 D3
Rodberg 28 A3, 33 C1
Rødberg 37 C/D3
Rødby 53 C2
Rødbyhavn 53 C2
Rødding 48 A2
Rødding 52 B1
Rödeby 51 C2
Rodeiro 150 B2
Rødekro 52 B2
Rodel 54 A2
Rodellar 155 C2
Rodelund 48 B3
Roden 67 C1/2
Ródenas 162 A2
Rodenes 38 A/B3, 44 B1
Rodenkirchen 68 A1
Rodenkirchen-Rondorf 80 A2
Rödental-Oeslau 82 A2
Rödermark-Ober-Roden 81 B/C3
Rodewisch 82 B2
Rodez 110 A2
Rodheim vor der Höhe 80 B2
Rødhus 48 B1
Rodiá 143 D3
Rodiá 146 B3
Rodicorro 151 D2, 152 A2
Rodi Gargànico 120 B1
Roding 92 B1
Rödingbäck 15 C2
Rödinghausen 68 A3
Rödinghamusen-Bieren 68 A3
Roding-Neubäu 92 B1
Rödingsträsk 16 B2
Rödingtråsk 31 B/C1
Rødkærsbro 48 B2
Rodleben 69 D3
Rödmyra 40 A1
Rodolivos 144 B1
Rodón 29 D3, 34 B2
Rodópolis 139 D3, 143 D1, 144 A1
Ródos 149 D3
Rodøy 14 A/B1
Rødsand 9 C1
Rødsjøseter 28 A3, 33 C1
Redsvollen 33 D3
Rødtangen 43 D1, 44 B1
Rødungstøl 37 C3
Rödvattnet 30 B2, 35 D1
Rødven 32 A2
Rødvig 53 D1
Roermond 79 D1
Roeselare 78 A1/2
Roetgen 79 D2
Ro Ferrara 115 C1
Röfors 46 A1/2
Rogač 131 C3
Rogaća 133 D2, 134 A2
Rogačev 99 C1
Rogačica 139 C1/2
Rogačica 133 C2
Rogalin 71 D3
Rogåsen 69 D3
Rogaška Slatina 127 C2

Rogatec 127 C/D2
Rogatica 133 C3
Rogatin 97 D2, 98 A/B3
Rogätz 69 D3
Rogenstugan 34 A3
Roggel 79 D1
Roggenburg 91 D2
Roggiano Gravina 122 A1
Rogliano 122 A/B2
Rognan 32 B1/2
Rognan 15 C1
Rogne 32 A2
Rognes 33 C2
Rogny 87 D3
Rögoi 146 A1
Rogoznica 131 C3
Rogožno 71 D2
Rogsta 34 B2
Rogsta 40 B1
Rohan 85 C2
Rohr 81 D2
Rohr 92 A/B2
Rohrau 94 B2/3
Rohrbach an der Lafnitz 94 A3, 127 D1
Rohrbach in Oberösterreich 93 C2
Rohrbach in Oberösterreich 96 A2
Rohrbach-les-Bitche 89 D1, 90 A1
Rohrbach-les-Dieuze 89 D1, 90 A1/2
Rohrbeck 70 A3
Rohrdorf 90 B2
Rohrnbach 93 C2
Roigheim 91 C1
Rois 150 A2
Roisel 78 A3
Roismala 24 B1
Roitzsch 82 B1
Roitzsch 82 B1
Roivanen 12 B1
Rojales 169 C3, 174 B1
Rojan 34 B3
Rojas 153 C2
Rojdåfors 38 B2
Röjdåsen 38 B2/3
Röjeråsen 39 D2
Rojtokmuzsaj 94 B3
Rök 46 A2
Roke 50 B2
Rokitnica 71 C3
Røkkum 32 B2
Røkland 15 C1
Roknäs 16 B3
Rokovci 129 C3, 133 B/C1
Rokowo Szczecinskie 71 D1
Röksta 30 B3
Rokuankansallispuisto 18 B3
Rokycany 83 C3
Rokycany 96 A2
Rokytnice 95 C1
Rolampont 89 C2
Rolandstorpet 29 C/D1/2
Rold 48 B2
Røldal 42 B1
Rolde 67 C2
Rolfs 17 C2/3
Rollstorp 49 D1, 50 A1
Rolica 164 A1
Rollag 43 D1
Rollán 159 D2
Rolle 104 A/B2
Rolleville 77 B/C3
Rollos de Arriba 168 B3, 174 A1
Rollot 78 A3
Rollset 28 B3, 33 D2
Rolvsåg 36 A3
Relvåg 14 A2
Rolvsey 44 B1
Roma 47 D3
Roma 118 B2
Roma 72 B1
Roma-Fiumicino 118 A2
Roma-Focene 118 A2
Roma-Fregene 118 A2
Romagnano Sèsia 105 C3
Romaklosier 47 D3
Romaldkirk 57 D3, 61 B/C1
Roma-Lido di Castel Fusano 118 A/B2

Roma-Lido di Óstia 118 A/B2
Roman 141 C1
Romana 123 C2
Romancos 161 C2
Romanillos de Medinaceli 161 D1
Romano Alto 107 C3
Romanones 161 C2
Romanshorn 91 C3
Romans-sur-Isère 103 D3, 111 C/D1
Romedal 38 A2
Romenay 103 D2
Romeral 161 C3, 167 D1
Römerstein 91 C2
Romfo 32 B2/3
Romhány 95 D3
Romhild 81 D2
Romilly-sur-Seine 88 A2
Rommenäs 38 B3, 45 C1
Romny 99 D2
Romont 104 B1/2
Romorantin-Lanthenay 87 C3
Romppala 23 D2
Romrod 81 C2
Romsey 76 A1
Romsila 24 B3
Rømskoq 38 B3, 45 C1
Romstad 28 B2
Røn 37 C/D2
Rönäs 14 B2/3
Roncade 107 D3
Roncal 154 B2
Roncegno 107 C2
Ronce-les-Bains 101 C2/3
Roncesvalles 108 B3, 155 C1
Ronchamp 89 D3
Ronchi dei Legionari 126 A3
Ronciglione 117 C3, 118 A1
Ronco 115 C2, 117 C1
Ronco Canavese 105 C3
Ronco Scrivia 113 D1
Ronda 172 A2
Rondablikk 37 D1/2
Rondanina 113 D1/2
Rønde 49 C2
Rondelli 114 B3, 116 A2/3
Rondvassbu 33 C3, 37 D1
Ronehamn 47 D3
Rønfe 158 A1
Rong 36 B3
Rongesund 36 A3
Ronkaispèrä 21 D1, 22 A1
Rönkönvaara 23 C3
Rönnäng 44 B3
Ronnäs 16 A3
Rönnberg 16 A3
Rønne 51 D3
Rønne 72 A2
Ronneburg 82 B2
Ronneby 51 C2
Ronneby 72 A/B1
Ronnebyhamn 51 C2
Rønnede 53 D1
Rönneshytta 46 A2
Ronnholm 31 C3
Ronnholm 20 A2
Rönninge 47 C1
Rönniiden 18 A3
Rönnön 29 C3, 34 B1
Ronnynklä 21 D2, 22 A2
Ronö 47 B/C2
Ronsberg 91 D3
Ronse 78 B2
Rensvik 32 B1/2
Ronta 115 B/C2, 116 B1
Rönta 23 C2
Roodeschool 67 C1
Roola 24 A3
Roosendaal 78 B1
Roosinpohja 21 C3
Ropeid 42 A1/2
Ropenkätan 15 B/C3
Roperuelos del Páramo 151 D2/3
Ropinsalmi 10 B2
Ropotovo 138 B3
Roppen 106 B1
Roquebillière 112 B2
Roquebrun 110 A/B3
Roquecourbe 110 A2/3
Roquefort 108 B2

Roquefort-sur-Soulzon 110 A/B2
Roquemaure 111 C2
Roquesteron 112 B2
Roquetaillade 108 B1
Roquetas de Mar 173 D2
Roquetes 163 C2
Roquevaire 111 D3
Rörbäck 17 C2/3
Rörbacksnäs 38 B1/2
Rørby 49 C3, 53 C1
Rore 131 D2
Roreto Chisone 112 B1
Rørholt 43 D2, 44 A2
Röron 44 B3
Rörön 34 B2
Røros 33 D2/3
Rørøy 14 A3
Rorschach 91 C3
Rørstad 9 B/C3
Rorvattnet 29 C/D2, 34 B1
Rørvig 49 D3
Rorvik 51 C1
Rørvík 28 B1
Rørvík 28 A3, 33 C1
Rosà 107 C3
Rosal 150 A3
Rosala 24 B3
Rosa, La [Ospizio Bernina] 106 B2
Rosal de la Frontera 165 C3, 171 B/C1
Rosans 111 D2
Rosário 170 B1
Rosarno 122 A3
Roscanvel 84 A2
Rosche 69 C2
Roscoff 84 B1
Roscommon 55 C2
Roscrea 55 C/D3
Rose 122 A/B1
Rose 137 C2
Rosegg 126 B2
Rosell 163 C2
Roselle 116 B3
Rosenberg 91 C/D1
Rosenburg 94 A2
Rosendahl 67 C/D3
Rosendahl-Darfeld 67 D3
Rosendahl-Holtwick 67 C/D3
Rosendahl-Höpingen 67 D3
Rosendahl-Osterwick 67 C/D3
Rosendal 42 A1
Rosendal 28 B1
Rosenfeld 90 B2
Rosenfors 51 C/D1
Rosengarten 91 C1
Rosengarten 68 B1
Rosenheim 92 B3
Rosenholm 49 B/C2
Rosenow 70 A1
Rosenthal 81 C2
Rosenthal 83 C2
Rosentorp 39 D1
Rosersberg 40 B3, 47 C1
Roses 156 B2
Roseto degli Abruzzi 119 C1
Roseto Valfortore 119 D2, 120 A1
Rösheim 90 A2
Rösia 114 B3, 116 B2
Rosia Jiu 135 D1
Rosice 94 B1
Rosières-en-Blois 89 C2
Rosières-en-Santerre 78 A3
Rosiers-d'Égletons 102 A3
Rosignano Marittimo 114 A/B3, 116 A2
Rosignano Solvay 114 A/B3, 116 A2
Rosinedal 31 C2
Rosiorii de Vede 140 B2
Rositz 82 B1/2
Roskilde 49 D3, 50 A3, 53 D1
Roskilde 72 A2
Roski slap 131 C2/3
Rosko 71 D2
Roskovec 142 A1/2
Röslau 82 A/B3
Roslavl' 75 C3
Røslev 48 A/B2
Roslin 57 C2

Rosmaninhal — Ry

Rosmaninhal 159 C3, 165 C1
Røsnæs Kloster 49 C3, 53 C1
Rosnay-l'Hopital 88 B2
Rosny-sur-Seine 87 C1
Rosolina 115 C1
Rosolina Mare 107 D3, 115 C1
Rosolini 125 C/D3
Rosoman 139 C3
Rosporden 84 B2
Rosrath 80 A2
Rossa [Castione-Arbedo] 105 D2, 106 A2
Rossano 122 B1
Rossas 158 A2
Rossenes 36 A3
Rossfjord 4 A3, 9 D1
Rosshaupten 91 D3
Rosshyttan 40 A3
Rossiglione 113 C1/2
Rossillon 103 D2, 104 A3
Rossio do São do Tejo 164 B1
Rossia 81 D1, 82 A1
Rossland 36 A3
Rosslare 58 A3
Rosslare Harbour 58 A3
Rosslare Harbour 55 D3
Rosslau 69 D3
Rossleben 82 A1
Rossleithen 93 D3
Rossón 30 A2, 35 C1
Ross-on-Wye 63 D1
Rossow 69 D2
Rossow 70 A1
Røssvik 9 C3
Rosswein 83 C1
Røst 36 A1
Rostadalen 10 A1
Rostahytta 10 A1
Rostånga 50 B2/3
Rostarzewo 71 D3
Rostassac 108 B1
Roštin 95 B/C1
Rostock 53 D3
Rostock 72 A2
Rostock-Petersdorf 53 D3
Rostock-Warnemünde 53 D3
Rostrenen 84 B2
Rostrevor 58 A1
Rostrup 48 B2
Rostudel 84 A2
Rösund 25 C3
Røsvassbukt 14 B2
Røsvik 9 C3
Rosvik 17 B/C3
Rosvoll 32 B2
Roszke 129 D2
Rot 39 C1
Rot 91 C/D3
Rota 9 C3
Rota 171 C/D2/3
Rota Greca 122 A1
Rot am See 91 C/D1
Rot am See-Brettheim 91 D1
Roteberg 39 D1, 40 A1
Rotello 119 D2, 120 A1
Rot-Ellwangen 91 C3
Rotenburg 81 C1/2
Rotenburg 68 B2
Rotenburg-Mulmshorn 68 A/B1/2
Rotgla 169 C/D2
Roth 79 D2
Roth 80 B2
Roth 92 A1
Rötha 82 B1
Rotha 82 A1
Rothbury 57 D2
Röthelstein 94 A3, 127 C1
Rothemühl 70 B1
Röthenbach (Allgäu) 91 C/D3
Röthenbach im Emmental [Signau] 105 C1
Röthenbuch 81 C3
Rothenburg 83 D1
Rothenburg ob der Tauber 91 D1
Rothenfels 81 C3
Rothenklempenow 70 B1
Rothenthurm 127 B/C1
Rotherham 61 D3

Rothesay 56 A/B2
Rothesay 54 A2/3, 55 D1
Rotonda 120 B3, 122 A1
Rotondella 120 B3
Rótova 169 D2
Rotsjö 30 A3, 35 C2
Rotsund 4 B2/3
Rott 92 B3
Rott 91 D3, 92 A3
Rottach-Egern 92 A3
Rottangen 9 C3
Rottäs 32 B2
Röttenbach 91 D1, 92 A1
Rottenbach 82 A2
Rottenbuch 91 D3, 92 A3
Rottenburg 92 B2
Rottenburg 91 B/C2
Rottenburg-Bad Niedernau 91 B/C2
Rottenburg-Ergenzingen 90 B2
Rottendorf (Würzburg) 81 D3
Rottenmann 93 C3
Rotterdam 66 A3
Rotthalmünster 93 C2
Rottingen 81 C/D3, 91 C1
Rottleberode 81 D1, 82 A1
Rottmersleben 69 C3
Rottne 51 C1
Rottnemon 38 B3
Rottneros 39 B/C3
Rottofreno 113 D1, 114 A1
Rottweil 90 B2
Roturas 166 A/B1
Rötviken 29 C/D2, 34 B1
Rötz 92 B1
Roubaix 78 A2
Rouchovany 94 A/B1
Roudnice nad Labem 83 C/D2
Roudouallec 84 B2
Rouen 77 C3
Rouffach 89 D2, 90 A3
Rouffignac 101 D3, 109 C1
Rougé 85 D3
Rougemont 89 D3
Roughsike 57 C3
Rougnac 101 C3
Rouillac 101 C2/3
Roujan 110 B3
Roukala 21 C1
Roukalahti 23 C3
Roulans 89 C3, 104 A1
Roundwood 58 A2
Roupy 78 A3
Rouravaara 11 D3, 12 A1/2
Rousinov 94 B1
Roussac 101 C2
Rouvignies 78 A/B2
Rouvray 88 A/B3
Rouvroy-sur-Audry 78 B3
Rouy 103 B/C1
Rovakka 17 D1
Rovala 13 C2
Rovala 12 B3
Rovaniemi 12 A/B3
Rovanjska 131 B/C2
Rovanpää 11 D3, 12 A/B2
Rovanpää 12 A3, 17 D1
Rovanperä 11 D3, 12 A2
Rovastinaho 18 B1
Rovato 106 A/B3
Rovensko pod Troskou 83 D2
Roverbella 106 B3
Roveredo in Piano 107 D2, 126 A2
Roveredo [Lugano] 105 D2
Rovereto 107 B/C2/3
Rovere Veronese 107 B/C3
Rövershagen 53 D3
Roverud 38 B3
Roviai 147 C1
Rovigo 115 C1
Rovinari 135 D1
Rovinj 130 A1
Rovinjsko Selo 130 A1
Rovišće 128 A2/3
Rovisuvanto 5 D3, 6 A/B3, 11 D1
Rovno 98 B2
Rovon 103 D3, 104 A3
Röw 70 B2
Rowardennan 56 B1
Roxburgh 57 C2

Roxenbaden 46 B2
Roxförde 69 C2
Royal Leamington Spa 64 A2
Royal Tunbridge Wells 65 B/C3, 76 B1
Royan 100 B3
Royat 102 B3
Roybon 103 D3
Roye 78 A3
Royères-de-Vassivières 102 A2
Røyken 38 A3, 43 D1, 44 B1
Røykenvik 38 A2
Røykkä 25 C2/3
Røymoen 32 B3
Røyrvik 29 C1
Røysheim 37 C1/2
Røysing 28 B2
Royston 65 C2
Røyttä 17 D3, 18 A1
Røytvoll 14 A3, 28 B1
Royuela 162 A2/3
Rožaj 138 A1
Rožaj 140 A3
Rozalén del Monte 161 C3
Rožan 73 C3, 98 A1
Rožanki 71 C2
Róza Wielka 71 D1/2
Rozay-en-Brie 87 D1/2
Rožďalovice 83 D2
Roženski manastir 139 D3
Rozières-sur-Mouzon 89 C2
Rozkoš 94 A1
Rožmberk nad Vltavou 93 D2
Rožmitál pod Třemšínem 83 C3
Rožňava 97 C2
Rožnov 98 B3
Rožnov pod Radhoštěm 95 C1
Rozoy-sur-Serre 78 B3
Roztoky 83 D2/3
Rozvadov 82 B3
Rrešen 138 A2/3
Rrogozhinë 137 D3, 142 A1
Ruabon 59 C/D2/3, 60 B3
Ruanes 165 D1, 166 A1
Rubbestad 9 D1
Rubbestadneset 42 A1
Rübenau 83 C2
Rubeži 137 C/D1
Rubiá 151 C2
Rubián 150 B2
Rubí de Bracamonte 160 A1
Rubielos Bajos 168 B1
Rubielos de la Cérida 163 C2
Rubielos de Mora 162 B3
Rubiera 114 B1
Rubik 137 D3
Rubjerg Knude 48 B1
Rublacedo de Abajo 153 C2
Rucava 73 C1
Ruchocice 71 D3
Ruda 51 D1
Rudanka 132 B1
Rudanmaa 24 B1
Rudbol 52 A2
Ruddington 61 D3, 65 C1
Rude 127 C/D3
Ruden 127 C2
Rüdenhausen 81 D3
Rüdersdorf 70 A/B2
Rüdersdorf 72 A3
Ruderting 93 C2
Rüdesheim 80 B3
Rüdesheim-Assmannshausen 80 B3
Rudíkov 94 A1
Rudilla 162 B2
Rudina 135 D1
Rüdingsdorf 70 A3
Rudinice 137 C1
Rudki 97 D2, 98 A2/3
Rudkøbing 53 C2
Rudná 83 C/D3
Rudna Glava 135 C2
Rudnica 133 C3
Rudina 134 B3, 138 B1
Rudnik 133 D2, 134 A2

Rudnik 138 B1
Rüdnitz 70 A2
Rudnja 75 C3
Rudo 133 C3
Rudolstadt 82 A2
Rudozem 140 B3
Rudsgrend 43 C1
Rudskoga 45 D1/2, 46 A1
Ruds Vedby 49 C3, 53 C1
Rue 77 D2
Rueda 160 A1
Rueda de Jalón 155 C3, 163 C1
Rueda de la Sierra 161 D2, 162 A2
Rueil-Malmaison 87 C/D1
Ruelle-sur-Touvre 101 C3
Ruerrero 152 B2
Ruesta 154 B2
Ruffano 121 D3
Ruffec 101 C2
Ruffieu 104 A2
Ruffieux 104 A3
Rúfina 115 B/C2, 116 B1
Rugby 65 C2
Rugeley 59 D3, 64 A1
Ruggstorp 51 D1
Rugles 86 B1
Rugsund 36 A1
Ruguilla 161 D2
Ruhallen 40 A3
Rühen 69 C2
Ruhkapéra 21 D1, 22 A1
Ruhla 81 D2
Ruhlow 70 A1
Ruhmannsfelden 93 B/C1
Ruhpolding 92 B3
Ruhpolding-Seehaus 92 B3
Ruhstorf 93 C2
Ruhstorf-Schmidham 93 C2
Ruhvana 27 D1
Ruidera 167 D2, 168 A2
Ruinas 123 C2
Ruinen 67 C2
Ruinerwold 67 C2
Ruines-en-Margeride 110 B1
Ruissalo 24 B2/3
Ruivães 150 B3, 158 B1
Riijena 74 A1/2
Ruka 19 D1
Rukajarvi 19 D1
Rukkisenpera 18 A3
Ruhtlo 39 D1
Rülzheim 90 B1
Rum 128 A1
Ruma 133 D1, 134 A1
Ruma 140 A2
Rumburk 96 A1
Rumburk 83 D2
Rumenka 129 D3, 133 C/D1, 134 A1
Rumigny 78 B3
Rumilly 104 A2/3
Rumilly-en-Cambrésis 78 A2/3
Rummukkala 23 C3
Rumo 23 C1
Rumont 89 C1
Rumpu 27 C2
Rumšiškes 73 D2, 74 A3
Runcorn 59 D2, 60 B3
Runde 36 A1
Rundhaug 4 A3, 9 D1, 10 A1
Rundmoen 15 B/C2
Rundvik 31 C3
Runemo 40 A1
Rungsted 49 D3, 50 A3, 53 D1
Runkaus 18 A1
Runni 22 B1
Runsten 51 D2
Ruohokangas 13 C1
Ruohola 18 B1/2
Ruokojärvi 12 A2, 17 D1
Ruokojärvi 17 C1/2
Ruokolahti 27 C1/2
Ruokotaipale 27 C1
Ruolahti 25 D1, 26 A1
Ruoms 111 C1/2
Ruona 21 C2
Ruona 18 B1
Ruonajärvi 12 A2/3, 17 D1

Ruoppaköngas 11 C/D3, 12 A1
Ruopsa 12 B3
Ruorasmäki 25 D1, 26 B1
Ruosniemi 24 A1
Ruotanen 21 D1, 22 A1
Ruoti 120 A/B2
Ruotinkula 21 D3, 22 A3
Ruotsalo 21 B/C2
Ruotsinkylä 26 B2
Ruotsinpyhtää/Strömfors 26 B2
Ruotten 19 C/C2
Ruovesi 21 C3
Rupa 126 B3
Rupakivi 13 C3
Rupea 141 B/C1
Ruppendorf 83 C2
Ruppichteroth 80 A2
Rupt-sur-Moselle 89 D2/3
Rus 167 D3, 173 C1
Rušani 128 A3
Rúscio 117 C3, 118 B1
Rusdal 42 B3
Ruše 127 C2
Ruse 141 C2
Rusele 30 B1
Rusetu 141 C2
Ruševo 128 B3, 132 B1
Rushden 64 B2
Rushtar 138 A2
Rusi 25 D1, 26 A/B1
Rusinowo 71 C1
Rusinowo 71 D1/2
Ruskamen 131 D3
Ruske 30 A/B2, 35 D1
Ruskeala 25 D1, 26 A1
Ruskeala 25 C3
Ruski Krstur 129 C3
Rusko 24 B2
Ruskola 24 B3
Rusko Selo 129 D3
Ruksele 31 C1
Ruskträsk 31 C1
Rusovce 94 B2/3
Russelsheim 80 B3
Russelurt 5 C2
Russelv 4 B2
Russenes 5 D1/2, 6 A1
Russhaugen 9 C2
Russi 115 C2, 117 B/C1
Russkaja 98 B3
Rust 94 B3
Rustefjelbma 7 C1/2
Rusteseter 32 B3, 37 C1
Rustrel 111 D2
Ruszów 83 D1
Rutalahti 21 D3, 22 A3
Rutalahti 25 D1/2, 26 A2
Rutava 24 B2
Rute 172 B2
Rutesheim 91 B/C2
Ruthen 80 B1
Rutherglen 56 B2
Ruthin 59 C2, 60 A3
Ruthwell 57 C3, 60 A1
Rüti 105 D1
Rutigliano 121 C2
Rutino 120 A3
Rutledal 36 A2
Rutna 16 B1
Ruto 20 B2
Rutvik 17 C3
Ruuhijärvi 25 D2, 26 A2
Ruuhijärvi 12 A3, 17 D1
Ruuhimäki 21 D3, 22 A3
Ruukki 18 A3
Runaa 23 D2
Ruunala 25 B/C2
Ruurlo 67 C3
Ruutana 22 B1
Ruutana 25 C1
Ruuvaoja 13 C2
Ruvallen 34 A2
Ruvanaho 13 C3
Ruvaslahti 23 C2
Ruvo del Monte 120 A2
Ruvo di Puglia 120 B2, 136 A3
Ruza 75 D2/3
Ružany 73 D3, 98 B1
Ružić 131 C3
Ružín 99 C2/3
Ružinci 135 D3
Ružomberok 95 D1
Ružomberok 97 C2
Ry 48 B3

Rybnica — Sainte-Énimie

Rybnica 99 C3
Rybnik 96 B2
Rychnov 83 D2
Rychtářov 94 B1
Ryczywół 71 D2
Rydaholm 50 B1
Rydal 45 C3, 49 D1
Rydboholm 45 C3, 49 D1
Ryde 76 B1/2
Rydet 49 D1, 50 A1
Rydland 38 A1
Rydöbruk 50 A/B1
Rydsgård 50 B3
Rydsnäs 46 A3
Rydzyna 71 D3
Rye 48 B3
Rye 77 C1
Rygg 36 B1/2
Rygge 44 B1
Ryggefjord 5 D1, 6 A1
Ryggesbo 39 D1, 40 A1
Ryhälä 27 C1
Rykene 43 C3
Rykroken 33 C3, 37 D1
Rymättylä 24 A3
Ryningsnäs 51 D1
Rynkäinen 20 B3
Rynkänpuoli 18 B1
Rynoltice 83 D2
Ryönanjoki 22 B1
Ryphusseter 33 C3, 37 D1
Rypin 73 C3
Ryppefjord 5 C1, 6 A1
Ryr 45 C2
Rysjedalsvåg 36 A2
Ryssa 39 C/D2
Ryssby 50 B1/2
Ryssdal 36 B1/2
Rytilahti 13 C3
Rytinki 19 C1
Rytky 22 B1/2
Rytkynperä 18 A3, 21 D1, 22 A1
Ryttylä 25 C2, 26 A2
Ryumgård 49 C2
Rzeczenica 71 D1
Rzęśnica 70 B1
Rzeszów 97 C2, 98 A2
Ržev 75 C/D2

S

Sääksjärvi 21 C2
Sääksjärvi 25 D2, 26 A2
Sääksjärvi 20 B1/2
Sääksjärvi 24 B1
Sääksjärvi 25 D2, 26 B2
Sääksmäki 25 C2
Saal 53 D3
Saal 92 A/B1
Saalbach 92 B3, 126 A1
Saalburg 82 A2
Saaldorf 82 A2
Saaldorf-Surheim 92 B3
Saales 89 D2, 90 A2
Saalfeld 82 A2
Saalfelden am Steinernen Meer 92 B3
Saamen 104 B2
Säänijärvi 27 B/C2
Saaramaa 26 B2
Saarbrücken-Dudweiler 89 D1, 90 A1
Saarbrücken 89 D1, 90 A1
Saarburg 79 D3
Saarela 23 D1
Saarenkirkko 27 D1
Saarenkylä 21 D2, 22 A2
Saarenmaa 24 A1/2
Säärenperä 18 A2
Saaresmäki 22 B1
Saari 27 D1
Saari 25 D2, 26 A2
Saarihariju 19 B/C1
Saarijärvi 24 B1
Saarijärvi 21 D2/3, 22 A2/3
Saari-Kämä 18 B1
Saarikas 21 D3, 22 A3
Saarikoski 10 B2
Saarikoski 18 A3
Saarikylä 19 D2
Saarilampi 21 D3, 22 A3
Saarimäki 23 C1

Saario 23 D3
Saaripudas 11 C3
Saariselkä 12 B1
Saarivaara 19 D3
Saarivaara 23 C2
Saarivaara 23 D3
Saariouas 89 D1, 90 A1
Saarmund 70 A3
Saarwellingen 89 D1, 90 A1
Saas Almagell [Stalden-Saas] 105 C2
Saasenheim 90 A2
Saas Fee [Stalden-Saas] 105 C2
Saas Grund [Stalden-Saas] 105 C2
Sääskilahti 19 B/C1
Säävalä 18 B2
Sabac 133 C1, 134 A1
Sabac 140 A2
Sabadell 156 A3
Säbäoani 141 C1
Säbärat 108 B3, 155 C1
Sabaudia 118 B2/3
Sabbioneta 114 B1
Sabero 152 A2
Sabile 73 D1
Sabiñánigo 154 B2
Sabinov 97 C2
Sabiote 167 D3, 173 C1
Šabla 141 D2/3
Sables-d'Or-les-Pins 85 C1/2
Sablé-sur-Sarthe 86 A3
Sablonnières 88 A1
Sæbe 32 A3, 36 B1
Sabóia 170 A1
Sæbø (Øvre Eidfjord) 36 B3
Sæbøvik 42 A1
Sabres 108 B2
Sabrosa 158 B1
Sabugal 159 C3
Sæby 49 C1
Sacavém 164 A2
Sacecorbo 161 D2
Sacedón 161 C/D2
Saceruela 167 B/C2
Sachsenbrunn 81 D2, 82 A2
Sachsendorf 70 B2
Sachsenhagen 68 A/B2/3
Sachsenheim 91 C1
Sachsenheim-Hohenhaslach 91 C1
Sachy 79 C3
Sacile 107 D2
Sacra di San Michele 112 B1
Sacramenia 152 B3, 160 B1
Săcueni 97 C/D3, 140 A/B1
Sada 150 B1
Sădaba 155 C2
Sada de Sanguesa 155 C2
Sadelkow 70 A1
Sadjem 16 B1
Sadovec 140 B3
Sądów 70 B3
Sadská 83 D3
Sadvaluspen 15 D2
Sady 71 D2
Saelices 161 C3, 167 D1, 168 A1
Saelices de Mayorga 152 A2/3
Saelices del Río 152 A2
Saelices el Chico 159 C2
Saepinum 119 D2
Saerbeck 67 D3
Saetre 38 A3, 43 D1, 44 B1
Saeul 79 D3
Safara 165 C3
Šafárikovo 97 C2
Säffle 45 C1
Saffron Walden 65 C2
Safonovo 75 C3
Safov 94 A1/2
Safsnäs 39 C3
Saga 28 A3, 33 C1
Sagar 83 D1
S'Agaró 156 B3
Sågen 39 C3
Sagiáda 142 A3
Sagides 161 D1/2
Sägliden 34 A3

Sågmyra 39 D2
Sagone 113 D3
Sagra 169 D2
Sagrado 126 A3
Sagres 170 A2
Sagu 24 B3
Sagunto 162 B3, 169 D1
Sagvåg 42 A1
Sågvår 128 B1
Sahagún 152 A2
Sahalahti 25 C1
Sahankylä 20 B3
Sahinpuro 23 B/C2
Sahloinen 21 D3, 22 A3
Šahovskaja 75 D2
Sahrajärvi 21 D3
Sahún 155 C2
Sahy 95 D2/3
Sahy 96 B3
Saignelégier 89 D3, 104 B1
Saignes 102 A3
Saija 13 C2/3
Saija 25 C1
Saikan 22 B2
Saillagouse 156 A2
Saillans 111 D1
Saimen 23 C3
Sain-Bel 103 C/D2/3
Sains-du-Nord 78 B3
Saint-Affrique 110 A2
Saint-Agnan-en-Vercors 111 D1
Saint-Agnant 100 B2
Saint Agnes 62 B3
Saint-Agrève 111 C1
Saint-Aignan-sur-Cher 86 A/B3, 101 C1
Saint-Aignan 109 C2
Saint-Aigulin 101 C3
Saint-Alban-sur-Limagnole 110 B1
Saint Albans 64 B3
Saint-Alvère 109 C1
Saint-Amand-les-Eaux 78 A/C2
Saint-Amand-de-Vendôme 86 B3
Saint-Amand-sur-Fion 88 B1
Saint-Amand-Mont-Rond 102 A/B1
Saint-Amand-de-Puisaye 87 D3
Saint-Amans-des-Cots 110 A1
Saint-Amans-la-Lozère 110 B1
Saint-Amans-Soult 110 A3
Saint-Amant-Roche-Savine 103 C3
Saint-Amant-Tallende 102 B3
Saint-Amant-de-Boixe 101 C2/3
Saint-Amarin 89 D2/3, 90 A3
Saint-Ambroix 111 C2
Saint-Amé 89 D2
Saint-Amour 103 D2
Saint-Andiol 111 C2
Saint-André-d'Hébertot 77 B/C3, 86 B1
Saint-André-de-Valborgne 110 B2
Saint-André-de-Najac 109 D2
Saint-André-les-Alpes 112 A2
Saint-André-de-l'Eure 86 A/B1
Saint-André-sur-Cailly 76 B3
Saint-André-le-Bouchoux 103 D2
Saint-André-de-Corcy 103 D2
Saint-André-de-Cubzac 108 B1
Saint-André-de-Sangonis 110 B2/3
Saint Andrews 57 C1
Saint Andrews 54 B2
Saint-Angel 102 A3
Saint Anne 63 D3
Saint-Anthème 103 C3
Saint-Antoine-de-Ficalba 109 C2

Saint-Antoine 108 B1
Saint-Antoine 113 D3
Saint-Antonin-Noble-Val 109 D2
Saint-Août 102 A1
Saint-Arcons-d'Allier 103 B/C3, 110 B1
Saint-Arnoult-en-Yvelines 87 C2
Saint Asaph 59 C2, 60 A3
Saint-Astier 101 C3
Saint-Auban-sur-l'Ouvèze 111 D2
Saint-Auban 112 A/B2
Saint-Aubin-du-Cormier 86 A/B2
Saint-Aubin-sur-Aire 89 C1/2
Saint-Aubin-de-Blaye 100 B3
Saint-Aubin-sur-Mer 76 A/B2/3
Saint-Aubin-d'Aubigné 85 D2
Saint-Augustin 102 A3
Saint-Aulaye 101 C3
Saint Austell 62 B3
Saint Austell-Fowey 62 B3
Saint-Avit 102 A/B2
Saint-Avold 89 D1
Saint-Aygulf 112 A/B3
Saint-Bard 102 A2
Saint-Bauzille-de-Putois 110 B2
Saint-Béat 109 C3, 155 C2
Saint-Beauzély 110 A2
Saint Bees 57 C3, 60 A1
Saint-Benin-d'Azy 102 B1
Saint-Benoît-en-Woèvre 89 C1
Saint-Benoît-du-Sault 101 C/D1
Saint-Benoît-en-Diois 111 D1
Saint-Benoît-en-Woèvre 87 D1
Saint-Bertrand-de-Comminges 109 C3, 155 C1
Saint-Blaise-la-Roche 89 D2, 90 A2
Saint Blazey 62 B3
Saint-Blin 89 C2
Saint-Bonnet-le-Froid 103 C3
Saint-Bonnet-le-Courreau 103 C3
Saint-Bonnet-près-Riom 102 B2
Saint-Bonnet-le-Château 103 C3
Saint-Bonnet-de-Joux 103 C2
Saint-Bonnet-en-Champsaur 112 A1
Saint-Bonnet-de-Bellac 101 D2
Saint-Bonnet-sur-Gironde 100 B3
Saint Boswells 57 C2
Saint-Branchs 86 B3, 101 D1
Saint Brelade 63 D3, 85 C1
Saint-Brévin-les-Pins 85 C3, 100 A1
Saint-Briac-sur-Mer 85 C1/2
Saint-Brice-en-Coglès 86 A2
Saint-Brieuc 85 C2
Saint-Broing-les-Moines 88 B3
Saint-Calais 86 B2/3
Saint-Cannat 111 D2/3
Saint-Caradec 85 C2
Saint-Cast 85 C1/2
Saint-Céré 109 D1
Saint-Cernin 102 A3, 110 A1
Saint-Cézaire-sur-Siagne 112 B3
Saint-Chamant 102 A3
Saint-Chamas 111 C/D3
Saint-Chamond 103 C3
Saint-Chély-d'Aubrac 110 A1
Saint-Chély-d'Apcher 110 B1

Saint-Chéron 87 C2
Saint-Chinian 110 A3
Saint-Christophe-en-Brionnais 103 C2
Saint-Christoly-Médoc 100 B3
Saint-Christophe-du-Ligneron 100 A1
Saint-Christol-lès-Alès 111 C2
Saint-Christophe-le-Chaudry 102 A1/2
Saint-Christophe-le-Jajolet 86 A/B1/2
Saint-Christophe-en-Bazelle 87 C3, 101 D1, 102 A1
Saint-Ciers-sur-Gironde 100 B3
Saint-Cirq-Lapopie 109 D1
Saint-Clair-sur-Epte 77 D3, 87 C1
Saint-Clar 109 C2
Saint-Clar-de-Rivière 108 B3, 155 C1
Saint-Claud-sur-le-Son 101 C2
Saint-Claude-sur-Bienne 104 A2
Saint Clears 62 B1
Saint Colmbier 85 C3
Saint-Côme-d'Olt 110 A1
Saint-Constant 110 A1
Saint-Cosme-en-Vairais 86 B2
Saint-Cricq-Chalosse 108 B2/3, 154 B1
Saint-Cyprien 109 C1
Saint-Cyprien-Plage 156 B1/2
Saint-Cyr-du-Vaudreuil 76 B3, 86 A/B1
Saint-Cyr-en-Talmondais 101 C2
Saint-Cyr-l'École 87 C1
Saint-Cyr-les-Vignes 103 C3
Saint-Cyr-sur-Menthon 103 D2
Saint-Cyr-sur-Mer 111 D3
Saint-Dalmas-le-Selvage 112 B2
Saint David's 62 A/B1
Saint David's 55 D3
Saint Day 62 B3
Saint-Denis-de-Gastines 85 D2, 86 A2
Saint-Denis 110 A3, 156 A1
Saint-Denis-sur-Sarthon 86 A2
Saint-Denis 85 C1
Saint-Denis-d'Oléron 101 C2
Saint-Denis-en-Bugey 103 D2
Saint-Denis-d'Anjou 86 A3
Saint-Didier-sur-Chalaronne 103 D2
Saint-Didier-en-Velay 103 C3
Saint-Dié 89 D2, 90 A2
Saint-Dier-d'Auvergne 102 B3
Saint-Disdier 111 D1, 112 A1
Saint-Dizier 88 B2
Saint-Dizier-Leyrenne 102 A2
Saint Dogmaels 62 B1
Saint-Donat 102 B3
Saint-Dyé-sur-Loire 87 C3
Sainte-Adresse 76 B3
Sainte-Anne-d'Auray 85 C3
Sainte-Anne 86 B2
Sainte-Bazeille 108 B1
Sainte-Cécile 103 C/D2
Sainte-Croix 111 D1
Sainte-Croix-Volvestre 108 B3, 155 C1
Sainte-Croix-en-Plaine 90 A3
Sainte-Engrâce 108 A/B3, 154 B1
Sainte-Énimie 110 B2

Sainte-Eulalie-en-Born

Sainte-Eulalie-en-Born **108 B2**
Sainte-Feyre **102 A2**
Sainte-Foy-de-Longas **109 C1**
Sainte-Foy-l'Argentière **103 C3**
Sainte-Foy-la-Grande **109 B/C1**
Sainte-Gauburge-Sainte-Colombe **86 B1/2**
Sainte-Gemme-la-Plaine **100 B2**
Sainte-Geneviève-sur-Argence **110 A1**
Sainte-Hélène **108 A/B1**
Sainte-Hermine **100 B2**
Sainte-Jalle **111 D2**
Sainte-Livrade-sur-Lot **109 C2**
Saint-Élix-Theux **109 C3, 155 C1**
Sainte-Lucie-di-Tallano **113 D3**
Sainte-Marguerite **77 C2/3**
Sainte-Marie-de-Ré **101 C2**
Sainte-Marie-de-Vars **112 A/B1**
Sainte-Marie-aux-Mines **89 D2, 90 A2**
Sainte-Marie-de-Campan **109 C3, 155 C1**
Sainte-Marie-et-Sicché **113 D3**
Sainte-Maure-de-Touraine **101 C1**
Sainte-Maxime-sur-Mer **112 A3**
Sainte-Menehould **88 B1**
Sainte-Mère-Eglise **76 B3**
Saint-Émilion **108 B1**
Sainte-Montaine **87 D3**
Sainte-Odile **90 A2**
Saintes **100 B3**
Sainte-Sévère-sur-Indre **102 A2**
Saintes-Maries-de-la-Mer **111 C3**
Saint-Esteben **108 B3, 155 C1**
Saint-Estèphe **100 B3**
Sainte-Suzanne **86 A2**
Sainte-Thorette **102 A1**
Saint-Étienne-de-Montluc **85 D3, 100 A1**
Saint-Étienne-en-Dévoluy **111 D1, 112 A1**
Saint-Étienne-les-Orgues **111 D2, 112 A2**
Saint-Étienne-de-Baïgorry **108 B3, 155 C1**
Saint-Étienne-du-Grès **111 C2**
Saint-Étienne-de-Saint-Geoirs **103 D3**
Saint-Étienne-de-Tinée **112 B2**
Saint-Étienne-de-Lugdarès **110 B1**
Saint-Étienne-Vallée-Française **110 B2**
Saint-Étienne **103 C3**
Saint-Fargeau **87 D3**
Saint-Félicien **103 C/D3, 111 C1**
Saint-Félix-Lauragais **109 D3**
Saint-Félix **100 B2**
Saint-Félix-de-Sorgues **110 A/B2**
Saint-Fiacre **84 B2**
Saintfield **56 A3**
Saint Fillans **56 B1**
Saint-Firmin-en-Valgodemar **112 A1**
Saint-Florent **113 D2**
Saint-Florent-le-Vieil **85 D3**
Saint-Florent-sur-Cher **102 A1**
Saint-Florentin **88 A2**
Saint-Florent-des-Bois **101 C1/2**
Saint-Flour **110 B1**
Saint-Flovier **101 D1**

Saint-Fort-sur-le-Né **101 C3**
Saint-Fort-sur-Gironde **100 B3**
Saint-François-Longchamp **104 A/B3**
Saint-Front-sur-Lémance **109 C1**
Saint-Fulgent **101 C1**
Saint-Gabriel-Brécy **76 B3, 86 A1**
Saint-Galmier **103 C3**
Saint-Gaudens **109 C3, 155 C1**
Saint-Gaultier **101 D1**
Saint-Gein **108 B2**
Saint-Gély-du-Fesc **110 B2**
Saint-Genès-Champespe **102 B3**
Saint-Genest-Malifaux **103 C3**
Saint-Gengoux-le-National **103 C/D1/2**
Saint-Geniès-de-Malgoirès **111 C2**
Saint-Geniez-d'Olt **110 A/B1/2**
Saint-Genis-Laval **103 D3**
Saint-Genis-de-Saintonge **100 B3**
Saint-Genis-Pouilly **104 A2**
Saint-Génis-des-Fontaines **156 B2**
Saint-Genix-sur-Guiers **104 A3**
Saint-Geoire-en-Valdaine **104 A3**
Saint-Georges-sur-Loire **86 A3**
Saint-Georges-de-Luzençon **110 A/B2**
Saint-Georges-en-Couzan **103 C3**
Saint-Georges-du-Vièvre **77 C3, 86 B1**
Saint-Georges de Didonne **100 B3**
Saint-Georges-sur-la-Prée **87 C3, 102 A1**
Saint-Georges-du-Bois **86 B2**
Saint-Georges-de-Reneins **103 D2**
Saint-Geours-de-Maremme **108 B2/3**
Saint-Gérard-le-Puy **102 B2**
Saint-Gérard **79 C2**
Saint-Germain-de-Confolens **101 C/D2**
Saint-Germain-de-Joux **104 A2**
Saint-Germain-l'Herm **103 B/C3**
Saint-Germain-de-Calberte **110 B2**
Saint-Germain-Laval **103 C2/3**
Saint-Germain-Lembron **102 B3**
Saint-Germain-des-Fossés **102 B2**
Saint-Germain-du-Plain **103 D1**
Saint-Germain-du-Bois **103 D1**
Saint-Germain-lès-Arlay **103 D1, 104 A1**
Saint-Germain-Lespinasse **103 C2**
Saint-Germain-les-Belles **101 D3**
Saint-Germain-en-Laye **87 C1**
Saint Germans **62 B3**
Saint-Germé **108 B2/3**
Saint-Germer-de-Fly **77 D3**
Saint-Gervais-sur-Mare **110 A/B2/3**
Saint-Gervais-d'Auvergne **102 B2**
Saint-Gervais-les-Bains **104 B2/3**
Saint-Gildas-de-Rhuys **85 C3**

Saint-Gildas-des-Bois **85 C3**
Saint-Gilles **111 C2/3**
Saint-Gilles-Croix-de-Vie **100 A1**
Saint-Gingolph **104 B2**
Saint-Girons **108 B3, 155 C1/2**
Saint-Girons **108 B2**
Saint-Gobain **78 A3**
Saint-Goin **108 B3, 154 B1**
Saint-Gordan **87 D3**
Saint-Gorgon-Main **104 A/B1**
Saint-Gravé **85 C3**
Saint-Guénolé **84 A3**
Saint-Guilhem-le-Désert **110 B2**
Saint-Héand **103 C3**
Saint Helens **59 D2, 60 B3**
Saint Helier **63 D3, 85 C1**
Saint-Herbot **84 A2**
Saint-Hilaire **110 A3, 156 A1**
Saint-Hilaire-de-Court **87 C3, 102 A1**
Saint-Hilaire-du-Harcouet **85 D2**
Saint-Hilaire-de-Villefranche **100 B2/3**
Saint-Hilaire-des-Loges **100 B2**
Saint-Hilaire-Fontaine **103 C1**
Saint-Hilaire-Cottes **77 D2, 78 A2**
Saint-Hilaire-le-Grand **88 B1**
Saint-Hilaire-Bonneval **101 C3**
Saint Hippolyte **89 D3, 104 B1**
Saint-Hippolyte-du-Fort **110 B2**
Saint-Honorat **112 B3**
Saint-Honoré-les-Bains **103 C1**
Saint-Hubert **79 C3**
Saint Ives **62 A3**
Saint Ives **65 C2**
Saint-James **86 A2**
Saint-Jaques **105 C3**
Saint-Jean-aux-Bois **87 D1**
Saint-Jean-Brévelay **85 C2/3**
Saint-Jean-de-Luz **108 A3, 154 A1**
Saint-Jean-de-Verges **109 D3, 155 D1, 156 A1**
Saint-Jean-d'Angle **100 B2/3**
Saint-Jean-de-Bournay **103 D3**
Saint-Jean-d'Angély **100 B2**
Saint-Jean-de-Côle **101 D3**
Saint-Jean-de-Losne **103 D1**
Saint-Jean-de-Daye **76 B3, 86 A/B1**
Saint-Jean-de-Monts **100 A1**
Saint-Jean-d'Illac **108 A/B1**
Saint-Jean-du-Doigt **84 B1/2**
Saint-Jean-du-Gard **110 B2**
Saint-Jean-du-Bruel **110 B2**
Saint-Jean-de-Sixt **104 A/B2/3**
Saint-Jean-de-Maurienne **104 A/B3**
Saint-Jean-de-Barrou **110 A3, 156 B1**
Saint-Jean-de-Maruéjols **111 C2**
Saint-Jean-de-Linières **86 A3**
Saint-Jean-de-Fos **110 B2**
Saint-Jean-en-Royans **111 D1**
Saint-Jean-le-Centenier **111 C1**

Saint-Martin-de-Seignanx

Saint-Jean-le-Priche **103 D2**
Saint-Jean-le-Thomas **85 D1**
Saint-Jean-les-Deux-Jumeaux **87 D1**
Saint-Jean-la-Bussière **103 C2**
Saint-Jean-Poutge **109 C2**
Saint-Jean-Pied-de-Port **108 B3, 155 C1**
Saint-Jean-Rohrbach **89 D1, 90 A1**
Saint-Jean-Soleymieux **103 C3**
Saint-Jean-sur-Erve **86 A2**
Sainte-Jeoire **104 B2**
Saint-Jeure-d'Ay **103 D3**
Saint John **63 D3, 85 C1**
Saint John's Chapel **57 D3, 60 B1**
Saint Johns **58 B1**
Saint-Jores **76 A3, 85 D1**
Saint-Jouan-de-l'Isle **85 C2**
Saint-Jouin-de-Marnes **101 C1**
Saint-Juéry **110 A2**
Saint-Julien Boutières **111 C1**
Saint-Julien-l'Ars **101 C2**
Saint-Julien-du-Sault **88 A2**
Saint-Julien-en-Quint **111 D1**
Saint-Julien-Molin-Molette **103 C/D3**
Saint-Julien-en-Genevois **104 A2**
Saint-Julien-de-l'Escap **100 B2**
Saint-Julien-sur-le-Suran **103 D2, 104 A2**
Saint-Julien-Beychevelle **100 B3**
Saint-Julien-le-Faucon **86 B1**
Saint-Julien-Chapteuil **111 C1**
Saint-Julien-en-Born **108 B2**
Saint-Julien-en-Beauchêne **111 D1**
Saint-Junien **101 D2**
Saint Just **62 A3**
Saint-Just-en-Chevalet **103 C2**
Saint-Just-en-Chaussée **77 D3**
Saint-Juste-Ibarre **108 A3, 154 B1**
Saint-Justin **108 B2**
Saint-Just-sur-Loire **103 C3**
Saint Keverne **62 B3**
Saint-Lambert-du-Lattay **86 A3, 100 B1**
Saint-Lary **155 C2**
Saint-Lary **109 C2**
Saint-Laurent-en-Grandvaux **104 A2**
Saint-Laurent-sur-Saône **103 D2**
Saint-Laurent-des-Eaux **87 C3**
Saint-Laurent-du-Pont **104 A3**
Saint-Laurent-de-Mûre **103 D3**
Saint-Laurent-sur-Gorre **101 D3**
Saint-Laurent **89 D2**
Saint-Laurent-sur-Mer **76 A/B3, 86 A1**
Saint-Laurent-d'Aigouze **111 C2/3**
Saint-Laurent-en-Caux **77 C3**
Saint-Laurent-de-Neste **109 C3, 155 C1**
Saint-Laurent-de-la-Cabrérisse **110 A3, 156 B1**
Saint-Laurent-de-Chamousset **103 C3**
Saint-Laurent-des-Autels **86 A/B3, 101 C1**

Saint-Laurent-de-Cerdans **156 B2**
Saint-Laurent-et-Benon **100 B3**
Saint-Laurent-sur-Sèvre **100 B1**
Saint-Laurent-les-Bains **110 B1**
Saint-Laurent-de-la-Salanque **156 B1**
Saint-Laurent-en-Gâtines **86 B3**
Saint-Léger-sous-Beuvray **103 C1**
Saint-Léger-sous-Cholet **85 D3, 100 B1**
Saint-Léger-en-Yvelines **87 C1/2**
Saint-Léger-des-Vignes **102 B1**
Saint-Léger-sur-Dheune **103 C/D1**
Saint-Léon **109 D3, 155 D1**
Saint-Léonard-de-Noblat **101 D2/3**
Saint-Léonard-des-Bois **86 A2**
Saint-Leu-d'Esserent **77 D3, 87 D1**
Saint-Lizier **108 B3, 155 C1**
Saint-Lô **85 D1**
Saint-Louis **90 A3**
Saint-Loup-de-Fribois **86 A/B1**
Saint-Loup-de-la-Salle **103 D1**
Saint-Loup-de-Naud **87 D2, 88 A2**
Saint-Loup-sur-Dorat **86 A2/3**
Saint-Loup-sur-Semouse **89 C/D2/3**
Saint-Lunaire **85 C1/2**
Saint-Lys **108 B3, 155 C1**
Saint-Macaire **108 B1**
Saint-Maclou **77 C3, 86 B1**
Saint-Magne **108 B1**
Saint-Maixent-l'École **101 C2**
Saint-Malo **85 C1/2**
Saint-Mamest **109 C1**
Saint-Mamet-la-Salvetat **110 A1**
Saint-Marcel **103 D1**
Saint-Marcel-de-Careiret **111 C2**
Saint-Marcellin **103 D3**
Saint-Marcet **109 C3, 155 C1**
Saint-Marc-sur-Seine **88 B3**
Saint-Mard-de-Réno **86 B2**
Saint-Mars-la-Jaille **86 A/B3**
Saint-Martain-la-Rivière **101 C/D2**
Saint-Martial-d'Artenset **109 B/C1**
Saint-Martin-Osmonville **76 B3**
Saint-Martin-de-Ré **101 C2**
Saint-Martin-en-Campagne **76 B2**
Saint-Martin-en-Haut **103 C3**
Saint-Martin-d'Estréaux **103 C2**
Saint-Martin-d'Auxigny **87 D3, 102 A1**
Saint-Martin **110 B2/3**
Saint-Martin-d'Ablois **88 A1**
Saint-Martin-du-Puy **88 A3**
Saint-Martin-en-Bresse **103 D1**
Saint-Martin-de-Londres **110 B2**
Saint-Martin-de-Valamas **111 C1**
Saint-Martin-de-Seignanx **108 B3, 155 C1**

Saint-Martin-de-Crau — Sallingsund

Saint-Martin-de-Crau **111** C2/3

Saint-Martin-Valmeroux **102** A3, **110** A1

Saint-Martin-la-Méanne **102** A3

Saint-Martin-sur-Ouanne **87** D3

Saint-Martin-d'Ardèche **111** C2

Saint-Martin-Vésubie **112** B2

Saint-Martin-des-Besaces **85** D1, **86** A1

Saint-Martin-du-Var **112** B2

Saint-Martin-d'Oney **108** B2

Saint-Martin-d'Oydes **109** D3, **155** D1, **156** A1

Saint-Martin-de-Boscher-ville **77** C3

Saint-Martin-d'Entraunes **112** B2

Saint-Martory **109** C3, **155** D1

Saint-Mathieu **101** D3

Saint-Mathieu **84** A2

Saint-Mathurin **86** A3

Saint-Matré **108** B2

Saint-Maurice-Navacelles **110** B2

Saint-Maurice-sur-Aveyron **87** D3

Saint-Maurice-de-Ventalon **110** B2

Saint-Maurice-les-Charen-cey **86** B2

Saint-Maurice-sur-Moselle **89** D2/3, **90** A3

Saint-Maurin **109** C2

Saint Mawes **62** B3

Saint-Maximin-la-Sainte-Baume **111** D3, **112** A3

Saint-Médard-de-Guizières **108** B1

Saint-Médard-en-Jalles **108** B1

Saint-Méen-le-Grand **85** C2

Saint-Menoux **102** B1/2

Saint-Mesmin **100** B1

Saint Michael's Mount **62** A3

Saint-Michel-en-Grève **84** B1/2

Saint-Michel-Chef-Chef **85** C3, **100** A1

Saint-Michel-de-Castelnau **108** B2

Saint-Michel-de-Maurienne **104** B3, **112** A1

Saint-Michel-en-l'Herm **101** C2

Saint-Michel-Mont-Mercure **100** B1

Saint-Michel **109** C3, **155** C1

Saint-Mihiel **89** C1

Saint-Montant **111** C1/2

Saint-Nazaire **85** C3, **100** A1

Saint-Nazaire-le-Désert **111** D1

Saint-Nazaire-en-Royans **103** D3, **111** D1

Saint-Nectaire **102** B3

Saint Neots **64** B2

Saint-Nicolas-du-Pélem **84** B2

Saint-Nicolas-de-la-Grave **109** C2

Saint-Nicolas-de-Port **89** C/D2

Saint-Nicolas-de-Redon **85** C3

Saint-Omer **77** D1

Saint-Pair-sur-Mer **85** D1

Saint-Palais **108** A3, **154** B1

Saint-Palais-sur-Mer **100** B3

Saint-Papoul **109** D3, **156** A1

Saint-Pardoux-la-Rivière **101** D3

Saint-Parres-lès-Vaudes **88** B2

Saint-Paul-Cap-de-Joux **109** D2/3

Saint-Paul-de-Fenouillet **156** B1

Saint-Paul-de-Jarrat **109** D3, **155** D1/2, **156** A1

Saint-Paul-de-Varax **103** D2

Saint-Paul-des-Landes **110** A1

Saint-Paul-et-Valmalle **110** B2/3

Saint-Paulien **103** C3, **110** B1

Saint-Paul-lez-Durance **111** D2

Saint-Paul-le-Jeune **111** C2

Saint-Paul-lès-Dax **108** A2

Saint-Paul-sur-Ubaye **112** B2

Saint-Paul-Trois-Châteaux **111** C2

Saint-Pé-de-Bigorre **108** B3, **155** B/C1

Saint-Pée-sur-Nivelle **108** A3, **154** A1

Saint-Péravy-la-Colombe **87** C2

Saint-Péray **111** C1

Saint-Père **88** A3

Saint-Père-en-Retz **85** C3, **100** A1

Saint Peter Port **63** D3

Saint-Péver **84** B2

Saint-Pey-d'Armens **108** B1

Saint Philbert-de-Bouaine **100** A1

Saint-Philbert-de-Grand-Lieu **100** A1

Saint-Pierre-sur-Dives **86** A/B1

Saint-Pierre **110** A2

Saint-Pierre-en-Port **77** C3

Saint-Pierre-les-Bois **102** A1

Saint-Pierre-le-Moûtier **102** B1

Saint-Pierre-Église **76** B3

Saint-Pierre-de-Fursac **101** D2

Saint-Pierre-du-Chemin **100** B1

Saint-Pierre-de-la-Fage **110** B2

Saint-Pierre-des-Nids **86** A2

Saint-Pierreville **111** C1

Saint-Pierre-de-Chignac **101** D3, **109** C1

Saint-Pierre-de-Chartreuse **104** A3

Saint-Pierre-sur-Mer **110** B3, **156** B1

Saint-Pierre-Toirac **109** D1

Saint-Pierre-de-Boeuf **103** D3

Saint-Pierre-d'Entremont **104** A3

Saint-Pierre-d'Oléron **101** C2

Saint-Pierre-Chérignat **101** D2, **102** A2

Saint-Pierre-sur-Orthe **86** A2

Saint-Pierre-Quiberon **84** B3

Saint-Pierre-à-Champ **101** B/C1

Saint-Plancard **109** C3, **155** C1

Saint-Pois **85** D1

Saint-Poix **85** D2

Saint-Pol-de-Léon **84** B1/2

Saint-Polgues **103** C2

Saint-Pol-sur-Ternoise **77** D2

Saint-Pol-sur-Mer **77** D1, **78** A1

Saint-Pons **110** A3

Saint-Porchaire **100** B2/3

Saint-Pourçain-sur-Besbre **103** C2

Saint-Pourçain-sur-Sioule **102** B2

Saint-Priest-des-Champs **102** B2

Saint-Priest-Laprugne **103** C2

Saint-Privat **102** A3

Saint-Privat-d'Allier **110** B1

Saint-Privé **87** D3

Saint-Prix **111** C1

Saint-Puy **109** C2

Saint-Quay-Portrieux **85** C1/2

Saint-Quentin-les-Anges **85** D3, **86** A3

Saint-Quentin **78** A3

Saint-Rambert-en-Bugey **103** D2, **104** A2

Saint-Rambert-sur-Loire **103** C3

Saint-Rambert-d'Albon **103** D3

Saint-Raphaël **112** B3

Saint-Remèze **111** C2

Saint-Rémy-du-Plain **85** D2

Saint-Rémy-sur-Dore **103** B/C2

Saint-Rémy-de-Provence **111** C2

Saint-Rémy **86** A1

Saint-Rémy **109** B/C1

Saint Renan **84** A2

Saint-René **85** C2

Saint-Revérien **88** A3, **102** B1

Saint-Riquier **77** D2

Saint-Romain-de-Colbosc **77** C3

Saint-Romain-de-Jalionas **103** D3

Saint-Romans **103** D3, **111** D1

Saint-Rome-de-Cernon **110** A/B2

Saint-Rome-de-Tarn **110** A2

Saint-Saëns **76** B3

Saint-Samson-la-Poterie **77** D3

Saint-Satur **87** D3

Saint-Saturnin **102** B3

Saint-Saturnin-d'Apt **111** D2

Saint-Saud-Lacoussière **101** D3

Saint-Saulge **102** B1

Saint-Sauves-d'Auvergne **102** B3

Saint-Sauveur-de-Monta-gut **111** C1

Saint-Sauveur-le-Vicomte **76** A3

Saint-Sauveur **100** A1

Saint-Sauveur-en-Puisaye **87** D3, **88** A3

Saint-Sauveur-Lendelin **85** D1

Saint-Sauveur-sur-Tinée **112** B2

Saint-Savin **100** B3

Saint-Savin **101** D1/2

Saint-Savin **108** B3, **155** C1/2

Saint-Savinien **100** B2

Saint-Seine-en-Bâche **103** D1, **104** A1

Saint-Seine-l'Abbaye **88** B3

Saint-Sernin-sur-Rance **110** A2

Saint-Servan-sur-Mer **85** C1/2

Saint-Sever **108** B2

Saint-Sever-Calvados **85** D1

Saint-Severin **101** C3

Saint-Soupplets **87** D1

Saint-Sulpice **109** D2

Saint-Sulpice-sur-Lèze **108** B3, **155** C1

Saint-Sulpice-de-Favières **87** C/D2

Saint-Sulpice-les-Feuilles **101** C2

Saint-Sylvestre-sur-Lot **109** C2

Saint-Symphorien **108** B1/2

Saint-Symphorien-d'Ancel-les **103** D2

Saint-Symphorien-de-Lay **103** C2

Saint-Symphorien-sur-Col-ise **103** C3

Saint-Symphorien-d'Ozon **103** D3

Saint-Thégonnec **84** B2

Saint-Thibault **88** B3

Saint-Thibéry **110** B3

Saint-Thiébault **89** C2

Saint-Trivier-de-Courtes **103** D2

Saint-Trivier-sur-Moignans **103** D2

Saint-Trojan-les-Bains **101** C2/3

Saint-Tropez **112** A3

Saint-Urcize **110** A/B1

Saint-Vaast-la-Hougue **76** B3

Saint-Valéry-en-Caux **77** C2/3

Saint-Valéry-sur-Somme **77** D2

Saint-Vallier **103** D3

Saint-Vallier-de-Thiey **112** B3

Saint-Vaury **102** A2

Saint-Venant **78** A2

Saint-Véran **112** B1

Saint-Vincent-de-Connezac **101** C3

Saint-Vincent **105** C3

Saint-Vincent-de-Tyrosse **108** B2/3

Saint-Vincent-sur-Jabron **111** D2

Saint-Vit **89** C3, **104** A1

Saint-Vivien-de-Médoc **100** B3

Saint-Wandrille **77** C3

Saint-Yan **103** C2

Saint-Ybars **108** B3, **155** C1

Saint-Yorre **102** B2

Saint-Yrieix-la-Perche **101** C3

Saint-Yrieix-le-Déjalat **102** A3

Saint-Yvy **84** B2

Saint-Zacharie **111** D3

Sainville **87** C2

Sairakkala **25** D2, **26** A2

Sairinen **24** A2

Saissac **110** A3, **156** A1

Saivomuotka **11** C2/3

Sajaniemi **25** C2

Sajkaš **129** D3, **133** D1, **134** A1

Sajvis **17** D2/3

Säkäjärvi **27** B/C2

Sakarétsi **146** A1

Sakiai **73** D2

Säkinmäki **22** A/B3

Säkkila **13** C3

Sakrihei **14** B2

Saksala **24** B2

Sakservik **15** C1

Sakskøbing **53** D2

Saksnes **32** B2

Saksumdal **37** D2, **38** A1/2

Säkylä **24** B2

Sala **40** A3

Sal'a **95** C2

Salacgriva **73** D1, **74** A2

Salach **91** C2

Sala Consilina **120** A3

Salahmi **22** B1

Salamajärvi **21** C2

Salamanca **159** D2

Salamis **147** D2

Salandra **120** B2/3

Salanki **11** D2, **12** A1

Salantai **73** C1/2

Salaparuta **124** A2

Salar **172** B2

Salardú **155** D2

Salas **151** D1

Salàs **155** D2

Salaš **135** C2

Salas Altas **155** C3

Salas de los Infantes **153** C3

Salaspils **73** D1, **74** A2

Salau **155** C2

Salavaux [Avenches] **104** B1

Salberg **31** C2

Salberget **31** C1

Salbertrand **112** B1

Salbohed **40** A3

Salbris **87** C3

Salceda de Caselas **150** A3

Salching **92** B2

Salcia **135** D2

Salčininkai **73** D2, **74** A3

Salcombe **63** C3

Šalcuta **135** D2

Saldaña **152** A/B2

Saldeana **159** C2

Saldón **162** A3

Saldus **73** C/D1

Sale **59** D2, **60** B3

Sale **113** D1

Saleby **45** C/D2

Salem **91** C3

Salemertal **91** C3

Salemi **124** A2

Salen **56** A1

Salen **28** B1

Sälen **39** C1

Salen **54** A2, **55** D1

Salen **54** A2, **55** D1

Salenpää **26** B2

Salernes **112** A3

Salerno **119** D3

Salers **102** A/B3, **110** A1

Salettes **110** B1

Salford **59** D2, **60** B3

Salgen-Hausen **91** D2

Salgótarján **97** C3

Salgueiro **158** B3, **165** C1

Salguero de Juarros **153** C2

Salhus **36** A3

Sali **130** B2/3

Sälice Salentino **121** D3

Sälice Terme **113** D1

Salientes **151** D2

Saliers **111** C2/3

Salies-de-Béarn **108** A3, **154** B1

Salies-du-Salat **109** C3, **155** D1

Salignac **108** B1

Salihi **149** D2

Salillas **154** B3

Salillas de Jalón **155** C3, **163** B/C1

Salinas **151** D1

Salinas **161** D3, **162** A3, **168** B1

Salinas **169** C2/3

Salinas **155** C2

Salinas de Hoz **155** C2/3

Salinas de Jaca **154** B2

Salinas del Manzano **162** A3

Salinas de Léniz **153** D2

Salinas de Oro **153** D2, **154** A2

Salinas de Pisuerga **152** B2

Salin-de-Giraud **111** C3

Saline di Volterra **114** B3, **116** A2

Salinillas de Burebа **153** C2

Salinkäs **25** D2, **26** A2

Salin-les-Thermes **104** B3

Salins-les-Bains **104** A1

Salir **170** B2

Salir do Porto **164** A1

Salisbury **76** A1

Salizzole **107** C3

Salka **95** D3

Sälkastugorna **9** D3

Salla **13** C3

Salla **127** C1

Sallanches **104** B2/3

Sallent **156** A2/3

Sallent de Gállego **154** B2

Salles **108** A/B1

Salles-Curan **110** A2

Salles-sous-Bois **111** C1/2

Salles-sur-l'Hers **109** D3, **155** D1, **156** A1

Saligast **83** C1

Sallingsund **48** A2

Sällsjö 29 C3, 34 B2
Salmchâteau 79 D2
Salmenkylä 22 B3
Salmentaka 25 C1
Salmerón 161 D2
Salmi 21 B/C2
Salmiech 110 A2
Salmijärvi 11 C3, 12 A2
Salmijärvi 19 C2
Salminen 19 C/D1
Salminen 22 B2/3
Salmivaara 13 C3
Salmtal 80 A3
Salò 106 B3
Salo 24 B3
Salobre 168 A2
Salobrena 173 C2
Saloinen 25 C2, 26 A2
Saloinen 18 A3
Salo-Issakka 27 C2
Salokylä 23 C3
Salo-Miehikkälä 26 B2
Salomó 163 C1
Salona 131 C/D3
Salon-de-Provence 111 D2/3
Saloniki 142 B3
Salonta 97 C3, 140 A1
Saloranta 27 C1
Salorino 165 C1
Salornay-sur-Guye 103 C/D2
Salorno/Salurn 107 C2
Salou 163 C2
Salpakangas 25 D2, 26 A2
Salreu 158 A2
Salsadella 163 C2
Salsan 34 B2
Salsbruket 28 B1
Salses 156 B1
Salsomaggiore Terme 114 A1
Salsta 40 B3
Salt 156 B2
Saltash 62 B3
Saltburn-by-the-Sea 61 C1
Saltbuvik 28 B2
Saltcoats 56 B2
Saltfleet 61 D3
Saltoluokta fjällstation 9 D3
Saltsjöbaden 47 D1
Saltum 48 B1
Saltveit 42 A1/2
Saltvik 40 B1
Saltvik 51 D1
Saltvik 41 C/D2/3
Saludécio 115 D2, 117 C1
Salussola 105 C3
Saluzzo 112 B1
Salvacañete 162 A3
Salvada 165 B/C3, 170 B1
Salvador 159 C3
Salvador de Zapardiel 160 A1/2
Salvages 110 A2/3
Salvagnac 109 D2
Salvaleón 165 D2/3
Salvaterra de Miño 150 A3
Salvaterra de Magos 164 A2
Salvaterra do Extremo 159 C3, 165 C1
Salvatierra de Santiago 165 D1, 166 A1/2
Salvatierra de Esca 154 B2
Salvatierra de los Barros 165 D2/3
Salviac 108 B1
Salvig 49 C3, 53 C1
Salzbergen 67 D2/3
Salzburg 93 B/C3
Salzderhelden 68 B3
Salzfurtkapelle 69 D3, 82 B1
Salzgitter 68 B3
Salzgitter Bad 68 B3
Salzgitter-Gebhardshagen 68 B3
Salzgitter-Lebenstedt 68 B3
Salzgitter-Thiede 69 B/C3
Salzhausen 68 B1
Salzhemmendorf 68 B3
Salzhemmendorf-Lauenstein 68 B3
Salzkotten 68 A3, 80 B1
Salzmünde 82 A1

Salzwedel 69 C2
Salzweg 93 C2
Sama de Langreo 151 D1, 152 A1
Samadet 108 B2/3, 154 B1
Samarina 142 B2
Samassi 123 C3
Samatan 109 C3, 155 D1
Sambiase 122 A/B2
Sambini 86 A/B3
Samboal 160 B1
Sambor 97 D2, 98 A2
Sambuca di Sicilia 124 A/B2
Sambuci 118 B2
Samedan 106 A2
Samekappelet 6 B1
Samer 77 D2
Sámi 146 A2
Sámi 148 A2
Samikón 146 B3
Sammakko 17 B/C1
Sammakkovaara 23 C2
Sammakkovaara 23 C1
Sammaljoki 24 B1/2
Sämmarlappastugan 15 D1
Sammatti 25 C3
Sammichele di Bari 121 C2
Samminmaja 24 B1
Samnanger 36 A3
Samnaun [Scuol-Tarasp] 106 B1
Samobor 127 C/D3
Samodreža 138 B1
Samoëns 104 B2
Samokov 138 B3
Samokov 138 B3
Samokov 139 D2
Samokov 140 B3
Samone 105 C3
Samora Correia 164 A2
Samorín 95 C2/3
Samoš 134 B1
Samos 151 C2
Sámos 149 D2
Samothráki (Chora) 145 C/D2
Samper de Calanda 162 B1/2
Samper del Salz 162 B1
Sampéyre 112 B1/2
Sampieri 125 C3
Samsjölandet 30 A/B2
Samswegen 69 C3
Samugheo 123 C/D2
San Adrián 153 D2, 154 A2
San Adrián de Juarros 153 C2/3
San Agustín 161 C2
San Agustín de Llusanés 156 A2
San Amaro 150 B2
San Andrés del Rabanedo 151 D2, 152 A2
San Andrés del Congosto 161 C2
San Aniol de Finestres 156 B2
San Antolín 151 C1/2
San Antonio Abad 169 D2
San Asensio 153 D2
Sanauja 155 C3
San Bartolomé de Pinares 160 B2
San Bartolomeo al Mare 113 C2
San Bartolomeo in Galdo 119 D2, 120 A1
San Bartolomé de las Abiertas 160 A3, 166 B1
San Bartolomé de la Torre 171 C1
San Baudilio de Llusanés 156 A2
San Benedetto 118 B2
San Benedetto in Alpe 115 C2, 116 B1
San Benedetto del Tronto 117 D2/3
San Benedetto Po 114 B1
San Benito 166 B2
San Bernardino [Castione-Arbedo] 105 D2, 106 A2
San Biágio Platani 124 B2
San Biágio di Callalta 107 D3
San Biase 119 D2

San Biase 120 A3
San Bonifácio 107 C3
San Bou 157 C1
San Bruno 119 D2
San Carlo 124 B2
San Carlos 157 D3
San Carlos del Valle 167 D2, 168 A2
San Carlo (Val Bavona) [Ponte Brolla] 105 D2
San Casciano in Val di Pesa 114 B2/3, 116 B2
San Casciano dei Bagni 116 B3
San Cassiano 107 C2
San Cassiano/Sankt Kassian 107 C2
San Cataldo 124 B2
San Cataldo 121 D3
San Cataldo 119 C2
San Cebrián de Mazote 152 A3, 160 A1
San Cebrián de Castro 151 D3, 159 D1
San Cebrián de Mudá 152 B2
San Cebrián de Campos 152 B3
Sancelles 157 C2
Sancergues 87 D3, 102 B1
Sancerre 87 D3
San Cesáreo 118 B2
San Cesário di Lecce 121 D3
Sancey-le-Grand 89 D3, 104 B1
Sancheville 87 C2
Sanchidrián 160 A/B2
San Chirico Raparo 120 B3
San Chirico Nuovo 120 B2
Sanchonuño 160 B1
San Ciprello 124 A/B2
San Ciprián 150 B1
San Ciprián de Viñas 150 B2/3
San Cipriano Picentino 119 D3, 120 A2
San Cipriano d'Aversa 119 C3
San Claudio al Chienti 117 D2
San Clemente 115 B/C2, 116 B1
San Clemente 157 C1
San Clemente 168 A/B1
Sancoins 102 B1
San Colombano al Lambro 106 A3, 113 D1
San Costantino Albanese 120 B3, 122 A/B1
San Cristóbal de Cuéllar 160 B1
San Cristóbal de Cea 150 B2
San Cristóbal de la Cuesta 159 D2
San Cristóbal de Entreviñas 151 D3, 152 A3
San Cristóbal de la Polantera 151 D2
San Cristóbal 157 C1
San Cristóbal de la Vega 160 A/B2
Sancti-Spíritus 159 C2
Sancti-Spíritus 166 B2
Sand 31 C2
Sand 42 A1/2
Sand 38 A3
Sanda 43 C2
Sanda 41 D3
Sandamèri 146 B2
San Damiano d'Asti 113 C1
San Damiano Macra 112 B2
Sandane 36 B1/2
San Daniele Po 114 A1
San Daniele del Friuli 107 D2, 126 A2
Sandanski 139 D3
Sandanski 139 D3
Sandanski 140 B3
Sandared 45 C3
Sandarne 40 B1
Sandås 30 B1
Sandau 69 D2
Sandbach 59 D2, 60 B3, 64 A1

Sandbackshult 51 D1
Sandbank 56 B1/2
Sandberg 81 D2
Sandbukt 4 B2
Sandbukta 28 A/B2, 33 C/D1
Sandby 51 D2
Sandby 53 C2
Sanddal 36 B2
Sande 36 A2
Sande 43 D1, 44 A1
Sande 36 B1/2
Sande 36 B1/2
Sande 37 B/C2
Sande 67 D1
Sandefjord 43 D2, 44 A/B1
Sandeggen 4 A3
Sande-Gödens 67 D1
Sandeid 42 A1
Sandemar 47 D1
San Demétrio ne'Vestini 117 D3, 119 C1
San Demétrio Corone 122 B1
Sandersdorf 69 D3, 82 B1
Sandersleben 69 C3, 82 A1
Sandersrollen 37 D3
Sandfors 31 D1
Sandgate 65 C3, 76 B1
Sandhamn 47 D1
Sandhaug 42 B1
Sandhead 56 A/B3
Sandhem 45 D3
Sandiás 150 B3
Sandillon 87 C3
Sandim 151 C3, 159 B/C1
Sandim 158 A2
Sandl 93 D2
Sandland 4 B2
Sandmo 29 C2
Sandnäset 35 C2
Sandnäset 34 B2
Sandnes 8 B2
Sandnes 9 C2
Sandnes 9 C1
Sandnes 42 A2
Sandnessjøen 14 A2
Sando 30 B3, 35 D2
Sando 159 D2
Sandomierz 97 C1, 98 A2
San Dónaci 121 D3
San Donà di Piave 107 D3
San Donato Val di Comino 119 C2
Sándorfalva 129 D2
Sandösund 43 D2, 44 B1/2
Sandoval de la Reina 152 B2
Sandown 76 B2
Sandøy 32 A2
Sandrigo 107 C3
Sandringham 65 C1
Sandsbråten 43 D1
Sandsbro (Vaxjo) 51 C1
Sandsele 15 D3
Sandset 8 B2
Sandshamn 36 A1
Sandsjö 39 D1
Sandsjö 15 D3
Sandsjö 30 B1
Sandslån 30 B3, 35 D2
Sandstad 32 B1
Sandstedt 68 A1
Sandtangen 7 C2
Sandtorg 9 C2
Sandur 55 C1
Sandvarp 30 B3, 35 D2
Sandvatn 42 B3
Sandve 42 A2
Sandvig 51 C3, 51 D3
Sandvik 9 D1
Sandvik 46 A3
Sandvik 4 A3
Sandvik 51 D1
Sandvika 38 A3, 43 D1
Sandvika 32 B2
Sandvika fjellstue 28 B3, 33 D1, 34 A1
Sandvika fjellstue 28 B3, 33 D1, 34 A1
Sandvika (Nordli) 29 C2
Sandviken 29 C2/3, 34 A1
Sandviken 40 A2
Sandviken 29 D3, 34 B1
Sandviken 16 A1
Sandvikvåg 42 A1
Sandwich 65 C3, 76 B1

Sandy 64 B2
San Emiliano 151 D2
Säner 44 B1
San Esteban de Pravia 151 D1
San Esteban de Gormaz 153 C3, 161 C1
San Esteban de Nogales 151 D3
San Esteban del Valle 160 A3
San Esteban de Valdueza 151 C2
San Esteban del Molar 151 D3, 152 A3
San Fele 120 A2
San Felice Circeo 118 B3
San Felice sul Panaro 114 B1
San Felice/Sankt Felix 107 C2
San Felices 153 D3
San Felices de los Gallegos 159 C2
San Ferdinando 122 A3
San Ferdinando di Púglia 120 B1/2
San Fernando de Henares 161 C2
San Fernando 171 D3
San Fernando 157 D3
San Fili 122 A1/2
San Foca 121 D3
San Francesco 117 C3, 118 B1
San Francesco 119 D1
San Francisco Javier 157 D3
San Fratello 125 C2
San Fulgencio 169 C3, 174 B1
Sánga 30 B3, 35 D2
San Gabriele 115 C1
San Galgano 114 B3, 116 B2
San García de Ingelmos 160 A2
Sangarcia 160 B2
Sangarrén 154 B3
Sángas 147 C3
Sangatte 77 D1
San Gavino Monreale 123 C3
San Gémini 117 C3, 118 B1
San Genésio 105 D3, 106 A3, 113 D1
Sangerhausen 82 A1
San Germano Vercellese 105 C3
San Giácomo delle Segnate 114 B1
San Giácomo d'Acri 122 B1
San Giácomo/Sankt Jakob 107 C1
San Giácomo 112 B2
San Giácomo di Véglia 107 D2
San Gimignano 114 B3, 116 A/B2
San Ginésio 115 D3, 117 D2
Sanginjoki 18 B2
Sanginjoki 18 B2
Sanginkylä 18 B2
San Giórgio di Lomellina 105 D3, 113 D1
San Giórgio di Livenza 107 D3, 126 A3
San Giórgio della Richinvelda 107 D2, 126 A2
San Giórgio Lucano 120 B3
San Giórgio del Sánnio 119 D3, 120 A2
San Giórgio a Cremano 119 D3
San Giórgio di Piano 114 B1
San Giórgio in Bosco 107 C3
San Giórgio Iónico 121 C3
San Giórgio 115 D2, 117 C1
San Giórgio la Molara 119 D2/3, 120 A2
San Giórgio di Nogaro 126 A3

San Giovanni in Persiceto

San Giovanni in Persiceto 114 B1
San Giovanni Bianco 106 A2/3
San Giovanni a Piro 120 A3
San Giovanni Suérgiu 123 C3
San Giovanni 107 C1
San Giovanni in Fiore 122 B2
San Giovanni Ilarione 107 C3
San Giovanni Rotondo 120 B1
San Giovanni/Sankt Johann 107 C1
San Giovanni Sinis 123 C2
San Giovanni Reatino 117 C3, 118 B1
San Giovanni in Croce 114 A1
San Giovanni 107 C2
San Giovanni Gémini 124 B2
San Giovanni Valdarno 115 C3, 116 B2
Sangis 17 D2
San Giuliano Terme 114 A/B2, 116 A1/2
San Giuseppe Jato 124 B2
San Giustino 115 C3, 117 C2
San Giusto Canavese 105 C3
San Godenzo 115 C2, 116 B1
San Gregório 117 D3, 119 C1
San Gregório da Sàssola 118 B2
San Gregório Magno 120 A2
San Gregorio 150 B3
Sanguesa 155 C2
San Guido 114 B3, 116 A2
Sanguinet 108 A1
Sanguntento 107 C3
Sani 144 A2
Sanica Gornja 131 D2
San Ignacio de Loyola 153 D1
San Ildefonso o la Granja 160 B2
Sanitz 53 D3
San Javier 169 C3, 174 B1
San Joan de Villatorrrada 156 A3
San Jorge 163 C2
San Jorge 169 D2
San José 172 B1
San José 174 A2
San José 169 D2
San Juan Bautista 152 B3
San Juan Bautista 157 D3
San Juan de Nieve 151 D1
San Juan de la Peña 154 B2
San Juan de los Terreros 174 A1/2
San Juan de la Nava 160 A2
San Juan de Aznalfarache 171 D1/2
San Juan de Mozarrifar 154 B3, 162 B1
San Juan de Alicante 169 D3
San Juan del Olmo 160 A2
San Juan del Puerto 171 C2
San Juano 157 C2
Sänkimäki 22 B2
Sanksnäs 15 D3
Sankt Aegyd am Neuwalde 94 A3
Sankt Andrä 94 A/B2
Sankt Andrä 127 C1
Sankt Andrä 96 A3
Sankt Andreasberg 69 C3
Sankt Anton am Arlberg 106 B1
Sankt Anton an der Jessnitz 94 A3
Sankt Augustin 80 A2
Sankt Blasien 90 B3
Sankt Donat 126 B1/2
Sankt Englmar 92 B1
Sankt Gallen 93 D3

Sankt Gallenkirch 106 A/B1
Sankt Gangloff 82 A/B2
Sankt Georgen an der Stiefing 127 C1
Sankt Georgen an der Gusen 93 D2
Sankt Georgen am Reith 93 D3
Sankt Georgen ob Judenburg 126 B1
Sankt Georgen im Attergau 93 C3
Sankt Gilgen 93 C3
Sankt Goar 80 B3
Sankt Goarshausen 80 B3
Sankt Ibb 49 D3, 50 A3
Sankt Ingbert 89 D1, 90 A1
Sankt Jakob bei Mixnitz 94 A3, 127 C1
Sankt Johann im Pongau 93 C3, 126 A1
Sankt Johann in der Haide 127 D1
Sankt Johann in Tirol 92 B3
Sankt Johann am Tauern 93 D3, 126 B1
Sankt Johann in Walde 107 D1, 126 A1
Sankt Johann am Tauern 96 A3
Sankt Lambrecht 126 B1
Sankt Leonhard im Pitztal 106 B1
Sankt Leonhard am Forst 94 A2
Sankt Lorenzen am Wechsel 94 A3
Sankt Lorenzen im Lesachtal 107 D1/2, 126 A1/2
Sankt Marein am Pickelbach 127 C/D1
Sankt Marein im Murztal 94 A3
Sankt Margarethen 52 B3
Sankt Margarethen an der Raab 127 C/D1
Sankt Margarethen im Burgenland 94 B3
Sankt Margen 90 B3
Sankt Martin am Grimming 93 C3
Sankt Michaelisdonn 52 A/B3
Sankt Michael in Obersteiermark 93 D3, 127 C1
Sankt Michael im Burgenland 127 D1
Sankt Michael im Lungau 126 B1
Sankt Michael in Obersteiermark 96 A3
Sankt Münster-Sprakel 67 D3
Sankt Nikolai im Sölktal 126 B1
Sankt Olof 50 B3
Sankt Oswald in Freiland 127 C1
Sankt Oswald bei Freistadt 93 D2
Sankt Pankraz 93 D3
Sankt Paul 127 C1/2
Sankt Peter-Ording 52 A3
Sankt Pölten 94 A2
Sankt Pölten 96 A2/3
Sankt Ruprecht an der Raab 127 C1
Sankt Stefan an der Gail 126 A2
Sankt Stefan im Rosental 127 C/D1
Sankt Valentin 93 D2
Sankt Veit an der Glan 126 B1
Sankt Veit an der Gölsen 94 A2/3
Sankt Veit an der Glan 96 A3
Sankt Veit in Defereggen 107 D1
Sankt Veit im Mühlkreis 93 C/D2
Sankt Vith 79 D2
Sankt Wendel 80 A3, 90 A1
Sankt Willibald 93 C2

Sankt Wolfgang im Salzkammergut 93 C3
Sankt Wolfgang 92 B2
San Lazzaro di Sàvena 114 B1/2
San Leo 115 C2, 117 C1
San Leonardo in Passiria 107 C1
San Leonardo de Siete Fuéntes 123 C2
San Leonardo de Yague 153 C3, 161 C1
San Leone 124 B3
San Lorenzo de Descardazar 157 C1/2
San Lorenzo Bellizzi 120 B3, 122 B1
San Lorenzo a Merse 114 B3, 116 B2
San Lorenzo in Campo 115 D3, 117 C2
San Lorenzo in Banale 106 B2
San Lorenzo al Mare 113 C2
San Lorenzo Nuovo 116 B3, 118 A1
San Lorenzo de Calatrava 167 C2/3
San Lorenzo de El Escorial 160 B2
San Lorenzo de la Parrilla 161 D3, 168 B1
Sanlúcar de Guadiana 170 B1
Sanlúcar de Barrameda 171 C/D2
Sanlúcar la Mayor 171 D1/2
San Lúcido 122 A2
San Lugano 107 C2
San Luis de Sabinillas 172 A3
Sanluri 123 C3
San Mames de Campos 152 B2
San Marcello Pistoiese 114 B2, 116 A1
San Marcial 159 D1
San Marco 120 A3
San Marco Argentano 122 A1
San Marco dei Cavoti 119 D2/3, 120 A1/2
San Marco in Làmis 120 A/B1
San Marino 115 C/D2, 117 C1
San Marino 130 B1
San Martín de Pusa 160 A/B3, 166 B1
San Martín de la Vega del Alberche 160 A2
San Martín del Pedroso 151 C3, 159 C1
San Martín de la Vega 161 C3
San Martín de Maldá 155 D3, 163 D1
San Martín de Moncayo 154 A3, 162 A1
San Martín de Valdeiglesias 160 B2/3
San Martín de Montalbán 160 B3, 167 C1
San Martín 172 A3
San Martín 151 C3
San Martín de Boniches 162 A3, 168 B1
San Martín 159 C2
San Martín del Pimpollar 160 A2/3
San Martín del Río 163 C2
San Martín de Unx 154 A2
San Martín del Rey Aurelio 111 D3
San Martino di Castrozza 107 C2
San Martino Buon Albergo 107 B/C3
San Martino di Cellina 107 D2, 126 A2
San Martino 107 C2/3
San Martino in Río 114 B1
San Martino in Pènsilis 119 D2, 120 A1
San Martino di Lota 113 D2

Santa Clara de Louredo

San Mateo 163 C2
San Mateo 169 D2
San Mateo de Gállego 154 B3, 162 B1
San Maurízio Canavese 105 C3, 113 B/C1
San Máuro Forte 120 B3
San Máuro Torinese 113 C1
San Menáio 120 B1
San Michele al Tagliamento 107 D3, 126 A3
San Michele all'Adige 107 C2
San Michele di Ganzaría 125 C3
San Michele 107 D3, 126 A3
San Michele Salentino 121 C/D2
San Michele 115 D2/3, 117 C/D2
San Michele 118 B2
San Miguel 157 D3
San Miguel de Serrezuela 160 A2
San Miguel de Valero 159 D2
San Miguel del Arroyo 160 B1
San Miguel de Bernúy 160 B1
San Miguel de Aguayo 152 B1/2
San Miguel de Salinas 169 C3, 174 B1
San Millán de San Zadornil 153 C2
San Millán de la Cogolla 153 C2
San Millán de Lara 153 C3
San Muñoz 159 D2
Sannäs 44 B2
Sannazzaro de' Burgondi 113 D1
Sannicandro di Bari 121 C2
Sannicandro Gargánico 120 A1
San Nicola dell'Alto 122 B2
San Nicola da Crissa 122 A/B2
San Nicolás del Puerto 166 A3, 171 D1, 172 A1
San Nicolò Gerrei 123 D3
San Nicolò di Comélico 107 D2
San Nicolò Ferrarese 115 C1
San Nicolò d'Arcidano 123 C3
Sannidal 43 D2, 44 A2
Sannsjölandet 29 D3, 35 B/C2
Sanok 97 C/D2, 98 A2/3
San Pablo 167 C1
San Pancrázio/Sankt Pankraz 107 B/C2
San Pancrázio Salentino 121 D3
San Pantaleo 123 D1
San Pantaleón de Losa 153 C2
San Páolo di Civitate 120 A1
San Pedro 168 B2
San Pedro Alcántara 172 A3
San Pedro Bercianos 151 D2
San Pedro del Pinatar 169 C3, 174 B1
San Pedro de la Nave 151 D3, 159 D1
San Pedro de Latarce 152 A3, 159 D1, 160 A1
San Pedro de Mérida 165 D2, 166 A2
San Pedro de Palmiches 161 D2
San Pedro Manrique 153 D3
San Pelayo de Guareña 159 D2
San Pellegrino Terme 106 A3
San Piero in Bagno 115 C2, 116 B1

San Piero Patti 125 C/D2
San Pietro 125 C3
San Pietro in Casale 114 B1
San Pietro in Palazzi 114 A/B3, 116 A2
San Pietro in Valle 117 C3, 118 B1
San Pietro/Sankt Peter 107 C1
San Pietro Vara 113 D2, 114 A2
San Pietro Vernótico 121 D3
San Polo d'Enza 114 A/B1
San Polo di Piave 107 D3
Sanquhar 56 B2
San Quirico d'Orcia 115 C3, 116 B2
San Rafael 160 B2
San Rafael 169 D2
San Rafael del Río 163 C2
San Remo 113 C2
San Román 160 A3
San Román de la Cuba 152 A2/3
San Román de Cameros 153 D2/3
San Rómolo 113 B/C2
San Roque 172 A3
San Roque de Riomiera 153 C1
San Rufo 120 A3
Sansa 156 A1/2
Sansac-de-Marmiesse 110 A1
San Sadurniño 150 B1
San Salvatore Monferrato 113 C1
San Salvo 119 D1/2
San Saturnino de Osormort 156 A/B2
San Savino 115 C3, 117 C2
San Sebastián de los Reyes 161 C2
San Sebastián de los Ballesteros 172 A/B1
San Sebastiano 106 B3
San Sebastiano Curone 113 D1
San Secondo Parmense 114 A1
Sansepolcro 115 C3, 117 C2
San Severino Lucano 120 B3, 122 A1
San Severino Marche 115 D3, 117 D2
San Severo 120 A1
San Silvestre de Guzmán 170 B1/2
Sanski Most 131 D1
Sansol 153 D2
San Sosti 122 A1
San Sperate 123 C/D3
Santa Amalia 165 D2, 166 A2
Santa Ana 165 D1, 166 A1/2
Santa Ana 164 B3
Santa Ana de Cambas 170 B1
Santa Ana do Campa 164 B2
Santa Ana la Real 165 D3, 171 C1
Santa Bárbara de Nexe 170 B2
Santa Bárbara de Padrões 170 B1
Santa Bárbara 163 C2
Santa Bárbara de Casa 165 C3, 171 C1
Santa Calobra 157 C2
Santacara 154 A2
Santa Catarina da Fonte do Bispo 170 B2
Santa Caterina di Pittinuri 123 C2
Santa Caterina Valfurva 106 B2
Santa Caterina Villarmosa 125 B/C2
Santa Cesárea Terme 121 D3
Santa Cilia de Jaca 154 B2
Santa Clara de Louredo 164 B3, 170 B1

Santa Clara a Nova

Santa Clara a Nova **170** A/B1
Santa Clara a Velha **170** A1
Santa Coloma de Gramanet **156** A3
Santa Coloma de Farnés **156** B2
Santa Coloma **153** D2
Santa Coloma de Queralt **155** C3, **163** C1
Santa Colomba de Somoza **151** D2
Santa Comba Dão **158** A/B2/3
Santa Comba **150** A1/2
Santa Comba de Rossas **151** C3, **159** C1
Santa Cristina de Valmadrigal **152** A2
Santa Croce Camerina **125** C3
Santa Croce sull'Arno **114** B2, **116** A1/2
Santa Croce del Sannio **119** D2
Santa Croce di Magliano **119** D2, **120** A1
Santa Cruz **164** A/B3, **170** A1
Santa Cruz **164** A2
Santa Cruz **170** B1
Santa Cruz da Trapa **158** A/B2
Santa Cruz de Grio **162** A1
Santa Cruz de la Serós **154** B2
Santa Cruz de Mudela **167** D2
Santa Cruz del Retamar **160** B3
Santa Cruz de Moya **163** C3, **169** D1
Santa Cruz de Pinares **160** A/B2
Santa Cruz de Nogueras **162** A/B2
Santa Cruz de la Sierra **166** A1
Santa Cruz de los Cáñamos **167** D2, **168** A2
Santa Cruz de la Zarza **161** C3
Santadi **123** C3
Santa Doménica Talao **120** B3, **122** A1
Santa Doménica Vittória **125** C/D2
Santa Elena **167** D3
Santa Elena de Jamuz **151** D2/3
Santa Elisabetta **124** B2
Santaella **172** A/B1
Santa Eufémia Lamézia **122** A/B2
Santa Eufémia d'Aspromonte **122** A3
Santa Eufemia **166** B2
Santa Eugenia **157** C2
Santa Eulàlia **165** C2
Santa Eulalia de Oscos **151** C1
Santa Eulalia la Mayor **154** B2/3
Santa Eulalia **152** A1
Santa Eulalia **153** D2/3
Santa Eulalia **163** C2
Santa Eulalia del Río **157** D3
Santa Eulalia de Gállego **154** B2
Santa Fé **156** B3
Santafé **173** C2
Santa Fiora **116** B3
Santa Gadea del Cid **153** C2
Santa Galdana **157** C1
Sant'Agata sul Santerno **115** C1/2, **116** B1
Sant'Agata sui Due Golfi **119** D3
Sant'Agata di Púglia **120** A2
Sant'Agata di Èsaro **122** A1
Sant'Agata Féltria **115** C2, **117** C1
Sant'Agata di Militello **125** C2

93

Sant'Agata del Bianco **122** A3
Sant'Agata de Goti **119** D3
Santa Gertrude/Sankt Gertraud **106** B2
Sant'Agostino **114** B1
Santahamina/Sandhamn **25** D3, **26** A3
Santa Inés **169** D2
Santa Iria **165** C3, **170** B1
Santa Justa **164** B2
Santa Lecina **155** C3, **163** C1
Santa Leocádia **158** B2
Santa Liestra y San Quilez **155** C2
Santa Linya **155** C/D3
Santa Luce **114** B3, **116** A2
Santa Lucia del Mela **125** D1/2
Santa Lucia **123** D2
Santa Luzia **170** A1
Santa Maddalena/Sankt Magdalena **107** D1
Santa Magdalena de Pulpis **163** C2/3
Santa Margalida **157** C2
Santa Margarida de Montbui **155** D3, **156** A3, **163** D1
Santa Margarida da Coutada **164** B1
Santa Margarida da Serra **164** B3
Santa Margarida do Sado **164** B3
Santa Margherita di Belice **124** A2
Santa Margherita Ligure **113** D2
Santa Margherita **123** C/D3
Santa Maria di Licodia **125** C2
Santa Maria della Strada **119** D2
Santa Maria di Neápolis **123** C3
Santa Maria di Merino **120** B1
Santa Maria del Cedro **122** A1
Santa Maria di Porto Novo **117** D2, **130** A3
Santa Maria degli Angeli **115** D3, **117** C2
Santa Maria a Vico **119** D3
Santa Maria la Palma **123** C1/2
Santa Maria a Piè di Chienti **117** D2, **130** A3
Santa Maria della Versa **113** D1
Santa Maria Maggiore **105** C/D2
Santa Maria Rezzonico **105** D2, **106** A2
Santa Maria Navarrese **123** D2
Santa Maria del Campo **152** B3
Santa Maria de Campo Rus **168** A/B1
Santa Maria de Oló **156** A2
Santa Maria de Mercadillo **153** C3
Santa Maria de Melque **160** B3, **167** C1
Santa Maria del Páramo **151** D2
Santa María la Real de Nieva **160** B2
Santa Maria de las Hoyas **153** C3, **161** C1
Santa Maria de Huerta **161** D1
Santa Maria de Merlès **156** A2
Santa Maria del Taro **113** D2
Santa Maria del Val **161** D2
Santa Maria al Bagno **121** D3
Santa Maria di Siponto **120** B1
Santa Maria Cápua Vétere **119** C/D3

Santa Maria d'Anglona **120** B3
Santa Maria de Sando **159** D2
Santa Maria de Cayón **152** B1
Santa Maria de Naranco **151** D1
Santa Maria im Münstertal [Zernez] **106** B2
Santa Maria de Riaza **161** C1
Santa Maria de Meyà **155** D3
Santa Maria de los Caballeros **159** D2/3, **160** A2
Santa Maria **157** C2
Santa Marina del Rey **151** D2
Santa Marina de Valdeón **152** A1
Santa Marina **151** D1
Santa Marina Salina **125** C1
Santa Marinella **118** A2
Santa Marta **165** D2
Santa Marta **168** B2
Santa Marta de Magasca **165** D1, **166** A1
Santana **164** A2/3
Santana da Serra **170** A1
Sant'Anastasia **119** D3
Sant'Anatòlia di Narco **117** C3, **118** B1
Santander **153** B/C1
Sant'Andrea Frius **123** D3
Sant'Andrea **123** D3
Sant'Andrea Bagni **114** A1
Sant'Andrea Bonagia **124** A2
Sant Andreu de Llavaneres **156** B3
Santandria **157** C1
Sant'Angelo **119** C3
Sant'Angelo in Vado **115** C2/3, **117** C2
Sant'Angelo in Lizzola **115** D2, **117** C1
Sant'Angelo Lodigiano **105** D3, **106** A3, **113** D1
Sant'Angelo a Fasanella **120** A3
Sant'Angelo di Brolo **125** C1/2
Sant'Angelo **120** B2
Sant'Angelo dei Lombardi **120** A2
Sant'Angelo in Formis **119** C/D3
Sant'Angelo **122** B1
Santa Ninfa **124** A2
Sant'Anna Arresi **123** C3
Sant'Anna d'Alfaedo **106** B3
Sant'Anna di Valdieri **112** B2
Sant'Antimo **115** B/C3, **116** B2/3
Sant'Antioco **123** C3
Sant'Antioco di Bisàrcio **123** C1/2
Sant'António Morignone **106** B2
Sant Antoni de Calonge **156** B2/3
Sant'António **123** D1
Sant'António di Santadi **123** C2/3
Santanyi **157** D2
Santa Olalla del Cala **165** D3, **166** A3, **171** D1
Santa Olalla **160** B3
Santa Pau **156** B2
Santa Pola **169** C/D3
Santa Pola del Este **169** D3
Sant'Apollinare in Classe **115** C2, **117** C1
Santa Ponça **157** C2
Santar **158** B2
Sant'Arcàngelo **120** B3
Santarcángelo di Romagna **115** C/D2, **117** C1
Santarém **164** A/B1/2
Santa Severa **118** A2
Santa Severa **113** D2
Santa Severina **122** B2
Santas Martas **152** A2

Sant Salvador de Guardiola

Santa Sofia **115** C2, **116** B1
Santa Sofia d'Epiro **122** B1
Santa Sofia **164** B2
Santa Susana **165** C2
Santa Suzana **164** B2/3
Santa Tegra **150** A3
Santa Teresa di Riva **125** D2
Santa Teresa Gallura **123** D1
Santa Valburga/Sankt Walburg **107** B/C2
Santa Victoria do Ameixial **165** C2
Santa Vitória **164** B3, **170** B1
Santa Vittória in Matenano **117** D2
Sant Bartomeu del Grau **156** A2
Sant Carles de la Ràpita **163** C2
Sant Celoni **156** B3
Sant Cugat de Vallés **156** A3
Santed **162** A2
Sant'Elia a Pianisi **119** D2, **120** A1
Sant'Elia Fiumerapido **119** C2
Sant Elm **157** C2
San Telmo **165** C3, **171** C1
Sant'Elpidio a Mare **117** D2, **130** A3
Sártena **113** C1
Santenay **103** C/D1
Santéramo in Colle **121** C2
Santesteban **108** A3, **154** A1
Sant'Eufémia a Maiella **119** C1
Sant'Eutizio **117** D3
Sant Feliu de Pallerols **156** B2
Sant Feliu de Llobregat **156** A3
Sant Feliu de Codines **156** A3
Sant Feliu de Guíxols **156** B3
Sant Feliu Sasserra **156** A2
Sant Genis de Vilasar **156** A/B3
Sant Gregori **156** B2
Santhià **105** C3
Sant Hilari Sacalm **156** B2
Santiago **150** A2
Santiago **158** B2
Santiago de Alcántara **165** C1
Santiago de la Ribera **169** C3, **174** B1
Santiago de la Puebla **160** A2
Santiago de Calatrava **172** B1
Santiago de la Espada **168** A3
Santiago del Campo **165** D1, **166** A1
Santiago do Escoural **164** B2
Santiago do Cacém **164** A/B3, **170** A1
Santiago Maior **165** C2
Santiago Millas **151** D2
Santibáñez de Tera **151** D3
Santibáñez de Ayllón **161** C1
Santibáñez de Béjar **159** D2
Santibáñez de la Peña **152** B2
Santibáñez de Vidriales **151** D3
Santibáñez Zarzaguda **153** B/C2
Santibáñez el Alto **159** C3
Sant'Ilário d'Enza **114** A/B1
Santillana **152** B1
Santillana de Campos **152** B2
Santiponce **171** D1
San Tirso de Abres **151** C1
Santiso **150** B2

Santisteban del Puerto **167** D3, **168** A3
Santiuste de San Juan Bautista **160** B1/2
Santiz **159** D1/2
Sant Jaume dels Domenys **156** A3, **163** D1
Sant Joan de les Abadesses **156** A2
Sant Julià de Lória **155** D2
Sant Llorenç de Morunys **155** D2/3, **156** A2
Sant Llorenç Savall **156** A3
Sant Martí d'Empúries **156** B2
Sant Martí de Llémena **156** B2
Sant Martí Sarroca **156** A3, **163** D1
Sant Martí Sasgayolas **155** D3, **163** D1
Sant Martí de Maldà **155** D3, **163** D1
Sant Martí Sapresa **156** B2
Sant Michel **26** B1
Santo Aleixo **165** C3
Santo Aleixo **165** C2
Santo Amador **165** C3
Santo Amaro **165** C2
Santo André **164** A3, **170** A1
Santo Antão **164** A2
Santo António das Areias **165** C1
Santo Cruz del Comercio **172** B2
Santo Domingo de la Calzada **153** C2
Santo Domingo de Silos **153** C3
Santo Estévão **164** A2
Santo Estévão **170** B2
Santo Estévão **159** B/C3
Santok **71** C2
Santolesa **162** B2
Santomera **169** C3, **174** B1
Sant'Omobono Imagna
Santoña **153** C1
Santo Pietro-di-Tenda **113** D2
Santoresso **151** D1
Santo Spirito **121** C2, **136** A3
Santo Stéfano Belbo **113** C1
Santo Stéfano di Camastra **125** C2
Santo Stéfano di Cadore **107** D2
Santo Stéfano d'Aveto **113** D1
Santo Stéfano di Magra **114** A2
Santo Stéfano Quisquina **124** B2
Santo Stino di Livenza **107** D3, **126** A3
Santo Tirso **158** A1
Santo Tomás **157** C1
Santo Tomé **167** D3, **168** A3, **173** C1
Santovenia **151** D3
Santovka **95** D2
Sant Pau de Segúries **156** A/B2
Santpedor **156** A3
Sant Pere de Ronda **156** B2
Sant Pere de Riudebitlles **155** D3, **156** A3, **163** D1
Sant Pere de Torelló **156** A2
Sant Pere de Ribes **156** A3, **163** D1
Sant Pere Pescador **156** B2
Sant Pol de Mar **156** B3
Sant Privat d'En Bas **156** A/B2
Sant Quintí de Mediona **155** D3, **156** A3, **163** D1
Sant Quirze de Besora **156** A2
Sant Sadurní de l'Heura **156** B2
Sant Sadurní d'Anoia **156** A3
Sant Salvador de Guardiola **156** A3, **163** D1

Sant Salvador de Toló

Sant Salvador de Toló 155 D3
Santuário d'Oropa 105 C3
Santuario de Aránzazu 153 D2
Santuário Hera Lacinia 122 B2
Santu Lussúrgiu 123 C2
Santurde 153 C2
Santurdejo 153 C2
Santurtzi 153 C1
Sant Vicenç 155 D2, 156 A2
Sant Vicenç de Castellet 156 A3
San Valentino in Abruzzo Citeriore 119 C1
San Valentino alla Muta/ Sankt Valentin 106 B1
San Venanzo 117 C3
San Vicente de Toranzo 152 B1
San Vicente del Raspeig 169 D3
San Vicente de la Barquera 152 B1
San Vicente de Alcántara 165 C1
San Vigilio/Sankt Vigil 107 B/C2
San Vigilio/Sankt Vigil 107 C1/2
San Vincenzo 114 A/B3, 116 A2
San Vincenzo Valle Roveto 119 C2
San Vitero 151 D3, 159 C1
San Vito 123 D3
San Vito al Tagliamento 107 D2/3, 126 A2/3
San Vito Chietino 119 D1
San Vito dei Normanni 121 D2
San Vito di Cadore 107 D2
San Vito lo Capo 124 A1/2
San Vito Romano 118 B2
San Vittore delle Chiuse 115 D3, 117 C2
Sanxay 101 C2
Sanxenxo 150 A2
Sanza 120 A3
San Zeno Naviglio 106 B3
San Zenone degli Ezzelini 107 C3
Sanzoles 159 D1
São Barnabé 170 A/B1/2
São Bartolomeu dos Galegos 164 A1/2
São Bartolomeu de Messines 170 A2
São Bartolomeu da Serra 164 A/B3, 170 A1
São Bento 150 A3
São Brás de Alportel 170 B2
São Braz 165 C3, 170 B1
São Braz de Regedouro 164 B3
São Cristovão 164 B2/3
São Domingos 164 B3, 170 A1
São Felix 158 B2
São Félix da Marinha 158 A2
São Francisco da Serra 164 A/B3
São Gregorio 164 B2
São Gregorio 150 B3
São Jacinto 158 A2
São João da Madeira 158 A2
São Joaninho 158 A/B2
São João da Ribeira 164 A1/2
São João da Serra 158 A2
São João do Monte 158 A2
São João das Lampas 164 A2
São João da Pesqueira 158 B1/2
São João dos Caldeireiros 170 B1
São João da Venda 170 B2
São João de Tarouca 158 B2
São Leonardo 165 C3

São Lourenço de Mamporcão 165 C2
São Lourenço 164 A2
São Lourenço 151 B/C3, 158 B1
São Luís 170 A1
São Mamede de Riba Tua 158 B1
São Manços 165 B/C3
São Marcos da Ataboeira 170 B1
São Marcos do Campo 165 C3
São Marcos da Serra 170 A1/2
São Martinho 158 A/B3
São Martinho 164 B2
São Martinho 158 B1
São Martinho das Amoreiras 170 A1
São Martinho do Porto 164 A1
São Mateus 164 B2
São Matias 164 B2
São Matias 164 B3
São Miguel de Poiares 158 A3
São Miguel do Pinheiro 170 B1
São Miguel de Machede 165 B/C2
São Miguel de Acha 158 B3
São Pedro de Muel 164 A1
São Pedro da Torre 150 A3
São Pedro da Cadeira 164 A2
São Pedro de Solis 170 B1
São Pedro do Sul 158 B2
São Pedro 151 C3, 159 C1
São Quintino 164 A2
Saorge 112 B2
São Romão 165 C2
São Romão 158 B2/3
São Romão 164 B2
São Sebastião de Gommes Aires 170 A/B1
São Sebastião dos Carros 170 B1
São Simão 164 A2
São Teotónio 170 A1
São Tiago 159 C1
São Torcato 158 A1
Saou 111 C/D1
São Vicente 165 C2
São Vicente da Beira 158 B3
Sápai 145 D1
Sápai 149 C1
Saparevo banja 139 D2
Sapataria 164 A2
Sapiãos 150 B3, 158 B1
Sapolno 71 D1
Sappada 107 D2, 126 A2
Sappee 25 C1/2
Sappee 25 C/D1, 26 A1
Sappen 4 B3
Sappesede 15 D3
Sappisaasi 10 B3
Sapri 120 A3, 122 A1
Sapsalampi 21 C3
Saques 154 B2
Sara 20 B3
Saraby 5 C2, 6 A1
Sarajärvi 19 C1
Sarajärvi 27 C/D1
Sarajevo 132 B2
Sarakina 143 C2
Saramo 23 C1
Saramon 109 C3, 155 C1
Sarande 142 A3
Sarande 148 A1
Sarandinovo 138 B3, 143 C1
Saraorci 134 B2
Säräsiniemi 18 B3
Sarata 141 D1
Sarbia 71 D2
Sarbinowo 70 B2
Särbogård 129 B/C1
Sarche 106 B2
Sardara 123 C3
Sardas 154 B2
Sardoal 164 B1
Sare 108 A3, 154 A1
Šarengrad 129 C3, 133 C1
Šarenik 133 D3, 134 A3

Sarentino/Sarnthein 107 C1/2
Sarezzo 106 B3
Sargans 105 D1, 106 A1
Sári 129 C1
Sariano 114 B1
Saricaali 145 D1, 145 D3
Sari-di-Porto-Vecchio 113 D3
Sari d'Orcino 113 D3
Sa Riera 156 B2
Sarigöl 149 D2
Sariñena 155 B/C3, 162 B1
Šarišáp 95 D3
Sarjankylä 21 C/D1, 22 A1
Sarjankylä 21 D2, 22 A2
Särjäsjaurestugan 15 C1
Sarkamäki 23 B/C3
Särkela 13 C2/3
Särkela 19 C1
Särkeresztés 128 B1
Särkeresztúr 128 B1
Särkijärvi 11 C3, 12 A1
Särkijärvi 19 D3, 23 C1
Särkijärvi 18 B/C2
Särkijärvi 18 B1
Särkikylä 21 C2
Särkilahti 25 D1, 26 A1
Särkilahti 27 C/D1
Särkiluoma 19 D1
Särkimo 20 B2
Särkisalmi 27 D1
Särkisalo 21 D2, 22 A2
Särkisalo/Finby 24 B3
Särkivaara 23 C2
Sarkola 24 B1
Sarköy 149 D1
Sarlat-la-Canéda 108 B1
Sarleinsbach 93 C2
Sarliac-sur-l'Isle 101 D3
Šarmasu 97 D3, 140 B1
Särmellek 128 A2
Sarmijärvi 7 C3
Sarmingstein 93 D2
Särna 39 C1
Sarnadas 158 B3, 165 C1
Sarnaheden 38 B1
Sarnano 115 D3, 117 D2
Sarnen 105 C1
Sárnico 106 A3
Sarno 119 D3
Sarnow 70 A1
Sarnowa 71 D3
Sarny 98 B2
Sáró 49 D1, 50 A1
Sarone 107 D2
Saronis 147 D3
Saronno 105 D3
Sárosd 129 B/C1
Sarovce 95 D2
Sarpsborg 44 B1
Sarralbe 89 D1, 90 A1
Sarrance 108 B3, 154 B1
Sarras 103 D3
Sarratella 163 C3
Sarraz, La 104 B1/2
Sarreaus 150 B3
Sarrebourg 89 D1, 90 A2
Sarreguemines 89 D1, 90 A1
Sarre-Union 89 D1, 90 A1
Sarria 151 B/C2
Sarrión 162 B3
Sarroca de Bellera 155 D2
Sarroca de Segre 155 C3, 163 C1
Sarroch 123 C/D3
Sarron 108 B3, 154 B1
Sársina 115 C2, 117 C1
Sarstedt 68 B3
Sárszentlőrinc 128 B2
Sárszentmiklós 129 B/C1
Sartaguda 153 D2
Sartène 113 D3
Särti 144 B2
Sartilly 85 D1
Sartirana Lomellina 113 C1
Saruhanli 149 D2
Sarule 123 D2
Sárvár 128 A1
Sárvár 96 B3
Sarvás 129 C3
Sarvela 20 B3
Sarvijoki 20 A/B2
Sarvikas 21 C3
Sarvikumpu 23 C3

Sarvinki 23 D2/3
Sarvisalo 27 D1
Sarvisvaara 16 B1
Sarvsalo 25 D3, 26 A3
Sarvsjön 34 A2/3
Sarzana 114 A2
Sarzeau 85 C3
Sarzedas 158 B3, 165 C1
Sarzedo 158 B2
Sás 128 A3, 131 D1
Sasa 139 C2
Sasamón 152 B2
Sasca-Română 135 C1
Sásd 128 B2
Sasi 24 B1
Sasina 131 D1
Šašov 95 D2
Sassali 12 B2
Sassano 120 A3
Sassari 123 C1
Sássari Argentiera 123 C1
Sássari La Corte 123 C1
Sássari Palmadula 123 C1
Sássari Stintino 123 C1
Sassello 113 C2
Sassenage 104 A3
Sassenberg 67 D3
Sassenburg-Neudorf-Platendorf 69 C2
Sassenburg-Westerbeck 69 C2
Sassetta 114 B3, 116 A2
Sassnitz 72 A2
Sassocórvaro 115 C/D2, 117 C1/2
Sassoferrato 115 D3, 117 C2
Sassoleone 115 B/C2, 116 B1
Sasso Marconi 114 B2, 116 B1
Sassuolo 114 B1
Sastago 162 B1
Šaštinske Stráže 94 B2
Sas van Gent 78 B1
Satanov 98 B3
Satão 158 B2
Säter 45 D2
Säter 39 D2/3, 40 A2
Sæter 32 A2
Saterland-Scharrel 67 D2
Saterland-Strücklingen 67 D1/2
Satilla 45 C3, 49 D1
Satillieu 103 C/D3
Satolas 103 D3
Sátoraljaújhely 97 C2
Šatornja 133 D2, 134 A/B2
Šatov 94 A2
Satow 53 D3
Šatrabrunn 40 A3
Sátrai 145 C1
Sætran 9 C2
Sætran 9 C2
Satriano di Lucánia 120 A2/3
Satrup 52 B2
Satry 75 C2
Sättähaugvoll 33 C/D2
Sattajärvi 17 C/D1
Sattajärvi 17 D2, 18 A1
Sattanen 12 B2
Satteins 106 A1
Sattel [Sattel-Aegeri] 105 D1
Sattledt 93 C2/3
Sättna 35 D3
Satulung 97 D3, 140 B1
Satu Mare 97 D3, 98 A3
Sa Tuna 156 B2
Saubach 82 A1
Saubusse 108 B2/3
Saúca 161 D2
Saucats 108 B1
Saucedilla 159 D3, 166 A1
Saucelle 159 C2
Sauda 42 A/B1
Saudal 15 D2
Saudasjøen 42 A/B1
Saudron 89 C2
Sauerbrunn 94 B3
Sauerbach 92 A3
Saugon 100 B3
Saugues 110 B1
Saujon 100 B3
Saukkojärvi 18 B1

Savikylä

Saukkokoski 10 B2
Saukkola 21 D3, 22 A3
Saukkola 25 C3
Saukkola 17 D2, 18 A1
Saukkoperukka 23 C1
Saukkoriipi 12 A3, 17 D1
Saukonkylä 21 C2
Saukonpera 24 B1
Saukonsaari 27 C1
Sauland 43 C1
Saulce-sur-Rhône 111 C1
Sauldorf-Krumbach 91 C3
Saulgau 91 C3
Saulges 86 A2
Saulgrub 92 A3
Saulieu 88 B3, 103 C1
Saulkrasti 73 D1, 74 A2
Sault 111 D2
Sault-Brénaz 103 D2, 104 A3
Sault-de-Navailles 108 B3, 154 B1
Saulx 89 C/D3
Saulxures-sur-Moselotte 89 D2
Saulzet 102 B2
Saumur 86 A3, 101 C1
Saunajärvi 23 D1
Saunajoki 24 B1
Saunakyla 20 B3
Saunakylä 21 C2
Saunakylä 21 C/D2
Saunavaara 12 B2/3
Saundersfoot 62 B1
Sauoy 32 B1
Sauquillo de Paredes 161 C1
Saura 14 B1
Saura 14 A2
Saurat 155 D2, 156 A1
Saurce 102 B3
Šauris 107 D2, 126 A2
Saussy 88 B3
Sausvatin 14 A3
Saut du Doubs 104 B1
Sauvagnat 102 B2/3
Sauve 110 B2
Sauveterre-de-Rouergue 110 A2
Sauveterre-de-Béarn 108 A3, 154 B1
Sauveterre-de-Guyenne 108 B1
Sauviat-sur-Vige 101 D2, 102 A2
Sauvo (Sagu) 24 B3
Sauxillanges 102 B3
Sauze d'Oulx 112 B1
Sauzet 108 B1/2
Sauzé-Vaussais 101 C2
Sauzon 84 B3
Sava 121 C/D3
Savalberget 33 C3, 37 D1
Savaloja 18 A/B3
Sävar 20 A1, 31 D2
Sävast 17 C3
Savastepe 149 D1
Savci 127 D2
Save 45 C3
Savedalen 45 C3
Savelli 117 D3, 118 B1
Savelli 122 B1/2
Savenahó 25 D1, 26 A/B1
Savenay 85 C/D3
Säveni 98 B3
Saverdun 109 D3, 155 D1, 156 A1
Saverne 89 D1, 90 A2
Savero 26 B2
Sävi 24 B1
Sávia 22 B2
Saviaño 23 C1
Saviantaipale 22 B2
Savigliano 113 B/C1
Savignac-les-Eglises 101 D3
Savignano di Rigo 115 C2, 117 C1
Savignano Irpino 120 A2
Savignano sul Rubicone 115 C2, 117 C1
Savigné-l'Évêque 86 B2
Savigny 114 B2, 116 B1
Savigny-sur-Braye 86 B2/3
Savijärvi 23 D1
Savijoki 25 D2, 26 A2
Savikylä 23 C1

Savilahti 27 C1/2
Saviñán 154 A3, 162 A1
Savina Voda 138 A1
Saviniemi 25 C2
Savino Selo 129 C3
Savio 21 D3, 22 A3
Sávio 115 C2, 117 C1
Saviore d'Adamello 106 B2
Saviselkä 21 D1, 22 A1
Savitaipale 27 C2
Sävja 40 B3
Sævlandsvik 42 A2
Savnik 137 D1
Savo 25 C1
Savo 25 C1
Savognin [Tiefencastel] 106 A2
Sávoly 128 A2
Savona 113 C2
Savonkylä 21 C2
Savonlinna (Nyslot) 27 C1
Savonranta 23 C3
Sævrásvágl 36 A3
Sävsjö 51 C1
Sävsjö 72 A1
Sävsjön 31 C1
Sävsjön 39 C/D3
Sävsjöström 51 C1
Savudrija 126 A3
Savukoski 13 C2
Savulahti 22 B2
Sawley Abbey 59 D1, 60 B2
Sawston 65 C2
Sax 169 C2
Saxdalen 39 D3
Saxmundham 65 D2
Saxnäs 29 D1
Saxnas 15 D3
Sayat 102 B2/3
Sayatón 161 C2/3
Sayda 83 C2
Saynaja 19 D1
Säynätsalo 21 D3, 22 A3
Sayneinen 23 C2
Saynejärvi 23 D3
Säynelahti 23 C3
Säytsjärvi 6 B3
Sazes de Lorvão 158 A3
Sazonovo 75 D1
Sborino 145 D3
Scaër 84 B2
Scăiești 135 D2
Scalasaig 56 A1
Scalasaig 54 A2, 55 D1
Scalby 61 D2
Scalea 120 B3, 122 A1
Scaletta Zanclea 122 A3, 125 D2
Scálzeri 107 C2/3
Scampa 138 A3, 142 A1
Scandale 122 B2
Scandiano 114 B1
Scandicci 114 B2, 116 B1/2
Scandolara Ravara 114 A1
Scanno 119 C2
Scano di Montiferro 123 C2
Scansano 116 B3
Scanzano 121 C3
Scăpău 135 D2
Scarborough 61 D2
Scardovari 115 C/D1
Scarinish 54 A2, 55 D1
Scário 120 A3
Scarino 116 A3
Scarmafigi 112 B1
Scarperia 114 B2, 116 B1
Scarva 58 A1
Scauri 119 C3
Šćepan Polje 133 C3
Scey-sur-Saône 89 C3
Schaafheim 81 C3
Schaan 105 D1, 106 A1
Schachendorf 127 D1
Schackenborg 52 A2
Schadeleben 69 C3
Schaffhausen 90 B3
Schafstadt 82 A1
Schaftlarn 92 A3
Schagen 66 A/B2
Schalkau 81 D2, 82 A2
Schampau [Wiggen] 105 C1
Schanz 91 D3
Schapbach 90 B2
Scharbeutz 53 C3

Scharbeutz-Gleschendorf 53 C3
Scharbeutz-Haffkrug 53 C3
Schärding 93 C2
Schärding 96 A2
Scharfling 93 C3
Scharnebeck 69 C1
Scharnitz 92 A3, 107 C1
Schartau 69 C/D2
Schattwald 91 D3
Schauenstein 82 A2
Schechingen 91 C1/2
Scheelenborg 49 C3, 53 C1
Scheemda 67 C1
Scheessel 68 B1/2
Schefflenz 91 C1
Schéggia 115 D3, 117 C2
Scheibbs 94 A3
Scheibenberg 82 B2
Scheidegg 91 C3
Scheifling 126 B1
Scheifling 96 A3
Scheinfeld 81 D3
Schelklingen 91 C2
Schellerten 68 B3
Schemmerhofen-Aufhofen 91 C2
Schenefeld 52 B3
Schenklengsfeld 81 C2
Schermbeck 67 C3, 80 A1
Schermen 69 D3
Schernsdorf 70 B3
Scherpenzeel 66 B3
Scherpenzeel 66 B2
Schesslitz 82 A3
Scheveningen 66 A3
Scheyern 92 A2
Schiedam 66 A3
Schieder-Schwalenberg 68 A3
Schierke 69 C3
Schierling 92 B2
Schierling-Eggmühl 92 B1/2
Schiermonnikoog 67 C1
Schiers 106 A1
Schiffdorf 68 A1
Schiffdorf-Wehdel 68 A1
Schifferstadt 90 B1
Schildau 82 B1
Schildow 70 A2
Schillingsfürst 91 D1
Schilpário 106 B2
Schiltach 90 B2
Schio 107 C3
Schirmeck 89 D2, 90 A2
Schirndling 82 B3
Schitu-Duca 141 C1
Schkeuditz 82 B1
Schkölen 82 A1/2
Schköna 69 D3, 82 B1
Schlabendorf 70 A/B3
Schladen 69 C3
Schladming 93 C3, 126 B1
Schladming 96 A3
Schlagsdorf 53 C3, 69 C1
Schlangen 68 A3
Schlangenbad 80 B3
Schleching 92 B3
Schleiden 79 D2
Schleiden-Gemünd 79 D2
Schleife 83 D1
Schleitheim [Schaffhausen] 90 B3
Schleiz 82 A2
Schleswig 52 B2
Schleusingen 81 D2
Schlieben 70 A3
Schliersee 92 A3
Schliersee-Valepp 92 A/B3
Schlitz 81 C2
Schlitz-Willofs 81 C2
Schlossvippach 82 A1
Schloss Wildegg 94 A/B2
Schlotheim 81 D1
Schluchsee 90 B3
Schlüchtern 81 C2
Schlüsselfeld 81 D3
Schmalkalden 81 D2
Schmallenberg-Dorlar 80 B1
Schmallenberg 80 B1
Schmallenberg-Fredeburg 80 B1
Schmelz 90 A1
Schmidmühlen 92 A/B1
Schmiedeberg 70 B1/2

Schmiedeberg 83 C2
Schmiedefeld 81 D2
Schmölln 82 B2
Schmölln 70 B1
Schnackenburg 69 C2
Schnaitsee 92 B2/3
Schnaittach 82 A3, 92 A1
Schnaittenbach-Kemnath 82 B3, 92 B1
Schnaittenbach 82 A/B3, 92 B1
Schneeberg 82 B2
Schnega 69 C2
Schneidlingen 69 C3
Schneizelreuth-Melleck 92 B3
Schnelldorf 91 D1
Schneverdingen 68 B2
Schneverdingen-Heber 68 B2
Schoenberg 79 D2
Schöffengrund 80 B2
Schöftland 105 C1
Schofweg 93 C2
Scholen-Anstedt 68 A2
Schollene 69 D2
Schöllkrippen 81 C3
Schöllnach 93 C2
Schömberg 90 B2
Schöna 83 B/C1
Schonach 90 B2
Schönaich 91 C2
Schönau 93 B/C3
Schönau-Unterzeitlarn 92 B2
Schönbach 93 D2
Schönbeck 70 A1
Schönberg 93 C2
Schönberg 53 C2/3
Schönberg 53 C3, 69 C1
Schönberg-Schönberger-strand 53 C2/3
Schönbrunn 81 D2, 82 A2
Schönebeck 69 D3
Schönebeck 69 D2
Schöneben 93 C2
Schöneck 82 B2
Schönecken 79 D2/3
Schönefeld 70 A2/3
Schönenberg-Kübelberg 90 A1
Schöneuche 70 A/B2
Schönewalde 70 A3
Schönfeld 94 B2
Schönfeld 70 A/B2
Schöngau 91 D3
Schöngleina 82 A2
Schönhausen 69 D2
Schönheide 82 B2
Schöningen 69 C3
Schönsee 82 B3, 92 B1
Schönthal 92 B1
Schonungen 81 D3
Schonungen-Löffelsterz 81 D3
Schönwald 90 B2/3
Schönwald (Rehau) 82 B2/3
Schönwalde am Bungsberg 53 C3
Schönwalde 70 A2
Schönwalde 70 A/B3
Schoonobeek 67 C2
Schoonhoven 66 A/B3
Schoonloo 67 C2
Schoonoord 67 C2
Schopfheim 90 A/B3
Schopfheim-Gersbach 90 B3
Schopfloch (Dinkelsbühl) 91 D1
Schopfloch 90 B2
Schöppenstedt 69 C3
Schöppingen 67 D3
Schora 69 D3
Schörfling am Attersee 93 C3
Schondorf 91 C2
Schortens 67 D1
Schoten 78 B1
Schotten 81 C2
Schramberg 90 B2
Schrecksbach 81 C2
Schrems 93 D2
Schrick 94 B2
Schriesheim 80 B3, 90 B1
Schrobenhausen 92 A2

Schröcken 106 B1
Schrozberg 91 C/D1
Schrozberg-Leuzendorf 91 D1
Schruns 106 A1
Schuby 52 B2
Schulenburg (Leine) 68 B3
Schulzendorf 70 B2
Schulzhytta 28 B3, 33 D2
Schupfheim 105 C1
Schuttertal 90 B2
Schuttertal-Schweighausen 90 B2
Schüttorf 67 D2/3
Schützen am Gebirge 94 B3
Schwaan 53 D3
Schwabach 91 D1, 92 A1
Schwabach-Grossschwar-zenlohe 91 D1, 92 A1
Schwabhausen bei Dachau 92 A2
Schwäbisch Hall 91 C1
Schwäbisch Gmünd 91 C2
Schwabmünchen 91 D2
Schwadorf 94 B2/3
Schwaförden 68 A2
Schwalmstadt-Treysa 81 C2
Schwalmstadt-Ziegenhain 81 C2
Schwalmtal 81 C2
Schwanau-Ottenheim 90 A/B2
Schwanebeck 70 A1
Schwanberg 127 C1
Schwanden 105 D1, 106 A1
Schwandorf 92 B1
Schwanebeck 69 C3
Schwanenstadt 93 C2/3
Schwanewede 68 A1
Schwanewede-Meyenburg 68 A1
Schwanfeld 81 D3
Schwangau 91 D3
Schwanheide 69 C1
Schwanstetten-Schwand 92 A1
Schwarme 68 A2
Schwarmstedt 68 B2
Schwarza 81 D2
Schwarza 82 A2
Schwarzach 81 D3
Schwarzach 92 B1/2
Schwarzach im Pongau 107 D1, 126 A1
Schwarzau am Steinfelde 94 A/B3
Schwarzau im Gebirge 94 A3
Schwarzbach 81 D2
Schwärzelbach-Neuwirths-haus 81 C2/3
Schwarzenau 94 A2
Schwarzenbach 82 A2
Schwarzenbach 82 A/B2/3
Schwarzenbach (Neustadt) 82 A/B3
Schwarzenbek 69 B/C1
Schwarzenberg 82 B2
Schwarzenborn 81 C2
Schwarzenborn 79 D3, 80 A3
Schwarzenburg 104 B1
Schwarzenfeld 92 B1
Schwarzheide 83 C1
Schwarzhofen-Zangenstein 92 B1
Schwarzsee [Fribourg] 104 B2
Schwarzwaldalp [Meirin-gen] 105 C1/2
Schwaz 92 A3, 107 C1
Schwechat 94 B2
Schwechat 96 B2/3
Schwedt 72 A3
Schwedt 70 B2
Schwefelberg Bad [Fri-bourg] 105 B/C1/2
Schwegenheim 90 B1
Schweich 79 D3, 80 A3
Schweickershausen 81 D2/3
Schweinfurt 81 D3
Schweinitz 70 A3
Schweinitz 69 D3

Schweinrich 69 D1/2, 70 A1/2
Schweitenkirchen-Sunz-hausen 92 A2
Schwelm 80 A1
Schwemsal 69 D3, 82 B1
Schwendi 91 C/D2
Schwenningen (Stockach) 91 C2/3
Schwepnitz 83 C1
Schwerin 69 C1
Schwerte 80 A/B1
Schwetzingen 90 B1
Schweyen 89 D1, 90 A1
Schwiesau 69 C2
Schwinkendorf 53 D3, 69 D1, 70 A1
Schwülper 69 B/C2/3
Schwyz 105 D1
Sciacca 124 A2
Sciàves 107 C1
Sciàves/Schabs 107 C1
Scicli 125 C3
Sciez 104 A/B2
Scilla 122 A3, 125 D1
Šćit 132 A2/3
Šćitarjevo 127 C3
Scòarta 135 D1
Scoarta 140 B2
Scodra 137 D2
Scogitti 125 C3
Scole 65 C2
Scone Palace 57 C1
Scopello 105 C3
Scorbé-Clairvaux 101 C1
Scordia 125 C3
Šćors 99 D2
Scorzè 107 C/D3
Scotch Corner 57 D3, 61 C1
Scoter 61 D3
Scourie 54 A1
Scrabster 54 B1
Šćučin 73 D2/3, 74 A3, 98 B1
Scunthorpe 61 D2/3
Scuol 106 B1
Seaca de Pădure 135 D2
Seaford 76 B1
Seaham 61 D1
Seamer 61 D1/2
Seascale 59 D1, 60 B1/2
Seaton 63 C2/3
Sebergham 57 C3, 60 B1
Sebersdorf 127 D1
Sebes 140 B1
Sebestov 94 B1
Sebež 74 B2
Sebnitz 83 C/D1/2
Seč 83 C3, 93 C1
Sečanj 134 B1
Sečanj 140 A2
Secășeni 135 C1
Secastilla 155 C2/3
Secca Grande 124 B2
Séchault 88 B1
Seckach 91 C1
Seckau 127 C1
Seclin 78 A2
Secondigny 101 B/C1/2
Secorún 155 B/C2
Sečovce 97 C2
Secugnago 106 A3, 113 D1
Seda 165 B/C2
Seda 73 C1
Sedan 79 C3
Sedano 153 B/C2
Sedbergh 59 D1, 60 B2
Seddülbahir 149 C1
Sedella 172 B2
Sedemte Prestola 139 D1
Séderon 111 D2
Sedgefield 57 D3, 61 C1
Sédico 107 C/D2
Sédilo 123 C/D2
Sédini 123 C1
Sedlare 138 B2
Sedlčany 83 D3
Sedlec 83 C2
Sedlice-Prčice 83 D3, 93 D1
Sedlice 93 C1
Sedlitz 83 C1
Sedrina 106 A3
Sedrun 105 D1/2
Šeduva 73 D2

Sedzère — Šiauliai

Sedzère 108 B3, 155 B/C1
See 83 D1
Seebach 126 B1
Seebeck 70 A2
Seebenstein 94 A/B3
Seeboden 126 A1
Seefeld 92 A3
Seefeld 94 A/B2
Seefeld in Tirol 92 A3, 107 C1
Seeg 91 D3
Seegrehna 69 D3
Seehaus 93 C3
Seehausen 69 C3
Seehausen 69 D2
Seeheim-Jugenheim 80 B3
Seelingstadt 82 B2
Seelow 70 B2
Seelscheid 80 A2
Seelze 68 B2/3
Seeon-Seebruck 92 B3
Seerhausen 83 C1
Sées 86 B2
Seesen 68 B3
Seesen-Grossrhüden 68 B3
Seeshaupt 92 A3
Seetal 126 B1
Seevetal 68 B1
Seewald-Besenfeld 90 B2
Seewiesen 94 A3
Séez 104 B3
Seferihisar 149 D2
Seffern 79 D3
Sefkerin 133 D1, 134 A1
Segalstad bru 37 D2, 38 A1
Segarcea 140 B2
Segart 162 B3, 169 D1
Seged 131 C3
Segeletz 69 D2
Segelnes 9 D2
Segelvik 4 B2
Segerstad 51 D2
Segesd 128 A2
Segesta 124 A2
Seggiano 115 C3, 116 B2/3
Seglinge 41 D3
Seglora 45 C3, 49 D1
Segmon 45 C1
Segni 118 B2
Segonzac 101 C3
Segorbe 162 B3, 169 D1
Segovia 160 B2
Segrate 105 D3, 106 A3
Segré 86 A3
Segrie 86 A/B2
Segura 159 C3, 165 C1
Segura de la Sierra 168 A3
Segura de León 165 D3
Segura de los Baños 162 B2
Sehnde 68 B3
Seia 158 B2/3
Seiches-sur-le-Loir 86 A3
Seida 7 C2
Seiersberg 127 C1
Seierstad 28 B1/2
Seignelay 88 A2/3
Seignosse 108 B2/3
Seikka 21 D1, 22 A1
Seilhac 102 A3
Seillans 112 A3
Seimsdal 37 C2
Seimsfoss 42 A1
Seinäjoki 20 B2
Seini 97 D3, 98 A3
Seinsheim 81 D3
Seipäjärvi 12 B2
Seira 155 C2
Seissan 109 C3, 155 C1
Seitajärvi 13 C2
Seitenoikea 19 C3
Seitenstetten Markt 93 D3
Seitlax 25 D3, 26 A3
Seivika 32 B2
Seixal 164 A2
Seixo 158 B2
Seixo de Gatães 158 A3
Sejerby 49 C3, 53 C1
Sejersløv 48 A2
Sejlflod 48 B1/2
Sekkemo 5 B/C2
Šekovići 133 C2
Sel 37 D1/2
Sel 30 B3
Selaño 152 A1
Selänssalmi 19 C1

Selåntaus 21 D2, 22 A2
Selb 82 B3
Selbu 28 B3, 33 D2
Selby 61 C2
Selca 131 D3, 132 A3, 136 A1
Selce 127 C3, 130 B1
Selcè 137 D2
Sel'co 99 D1
Selcuk 149 D2
Selde 48 A/B2
Selen 28 A/B2, 33 C1
Selendi 149 D2
Selenica 142 A2
Selent 53 C3
Sélestat 90 A2
Selet 30 A3, 35 C2
Selet 17 B/C3
Seleuš 134 B1
Selevac 134 B2
Selfjord 8 A2/3
Selgua 155 C3
Seli 143 C2
Selianitika 146 B2
Seligenstadt 81 C3
Seligenthal 81 D2
Selimiye 149 D2
Selinunte 124 A2
Selishte 138 A3
Selište 135 C2/3
Seližarovo 75 C2
Selja 39 C2
Seljänkulma 24 B2
Selje 36 A1
Seljelvnes 4 A3, 10 A1
Seljesåsen 21 C1
Seljestad 42 B1
Seljord 43 C1/2
Selkälä 13 C3
Selkentjakkstugan 29 D1
Selkirk 57 C2
Sella 107 C2
Sella 169 D2
Sella di Corno 117 D3, 118 B1
Sellafield 59 C1, 60 A1
Sellano 117 C3
Sellasia 147 C3
Sellerich 79 D2
Selles-sur-Cher 87 C3, 101 D1, 102 A1
Sellières 103 D1, 104 A1
Sellrain 107 C1
Sellye 128 B3
Selm 67 D3, 80 A1
Selm-Bork 67 D3, 80 A1
Selmes 165 B/C3
Selmsdorf 53 C3, 69 C1
Selnes 28 B2
Selnes 28 A2, 33 C1
Selnes 9 C2
Selnica 127 C2
Selommes 86 A/B3
Selongey 88 B3
Sélonnet 112 A2
Selseng 36 B2
Selsey 76 B1
Selsingen 68 A/B1
Selsjön 30 B3, 35 D2
Selters 80 B2
Selters-Niederselters 80 B2
Seltjärn 30 B2/3, 35 D1
Seltz 90 B1/2
Selva 113 D1
Selva 157 C2
Selva di Cadore 107 C2
Selva di Progno 107 C3
Selva di Val Gardena 107 C2
Selvåg 32 B1
Selvik 36 A2
Selvik 43 D1, 44 A/B1
Selvino 106 A3
Sembadel 103 C3
Sembrancher 104 B2
Semeljci 128 B3
Semenic 135 C1
Semenovka 99 D1
Semič 127 C3
Semily 83 D2
Seminara 122 A3
Semizovac 132 B2
Semlow 53 D3
Semmenstedt 69 C3
Semoine 88 A/B1/2
Sem'onovka 99 D2/3
Semoutiers 88 B2

Šempeter 127 C2
Semproniano 116 B3, 118 A1
Semriach 127 C1
Sem (Semsbyen) 43 D2, 44 A/B1
Semur-en-Auxois 88 B3
Sena 155 C3, 163 C1
Sena 151 D2
Senales/Schnals 106 B1
Sénarpont 77 D2/3
Senas 111 D2
Šenčur 126 B2
Senden 67 D3
Senden 91 D2
Sendenhorst 67 D3
Sendim 159 C1
Senec 95 C2
Senec 96 B2/3
Sénéghe 123 C2
Senés 173 D2
Senftenberg 94 A2
Senftenberg 83 C1
Senftenberg 96 A1
Senhora da Atalaia 164 A2
Senhora da Graça dos Padrões 170 B1
Senhora das Neves 164 B3, 170 B1
Senica 95 C2
Senica 96 B2
Senigallia 115 D2, 117 D1/2
Sénis 123 C/D2
Senise 120 B3
Senj 130 B1
Senje 134 B2
Senjski Rudnik 135 B/C2
Senlis 87 D1
Sennecey-le-Grand 103 D1
Sennen 62 A3
Senno 74 B3
Sénnori 123 C1
Sennybridge 63 C1
Senohrad 95 D2
Senonches 86 B2
Senones 89 D2, 90 A2
Senorbi 123 D3
Senožeče 126 B3
Senrjošt 126 B2
Sens-de-Bretagne 85 D2
Sens-sur-Yonne 88 A2
Senta 129 D2/3
Senta 140 A1
Sentmerada 155 D2
Šentilj 127 C/D1/2
Šentjanž 127 C2
Šentjernej 127 C3
Šentjur 127 C2
Šentrupert 127 C2
Šentvid 126 B2
Šentvid na Slemenu 127 C2
Seoane 151 C2
Seoane Vello 150 B2
Seon 90 B3, 105 C1
Šepak 133 C2
Sepänkylä 27 C1
Šepetovka 98 B2
Sépey, Le 104 B2
Sępólno Krajeńskie 72 B3
Šeppälä 25 C2
Seppos-le-Bas 89 D3, 90 A3
Septèmes-les-Vallons 111 D3
Septemvrijci 135 D3
Septeuil 87 C1
Septfonds 87 D3
Septfonds 109 D2
Sepulcro-Hilario 159 D2
Sepúlveda 160 B1
Sequals 107 D2, 126 A2
Sequeros 159 D2
Seraincourt 78 B3
Seraing 79 C2
Serapicos 151 B/C3, 158 B1
Seravezza 114 A2, 116 A1
Sercaia 141 B/C1
Sercœur 89 D2
Sered 95 C2
Sered 96 B2/3
Seredina-Buda 99 D1
Seredka 74 B1
Seregélyes 128 B1
Seregno 105 D3, 106 A3
Sérent 85 C3

Serfaus 106 B1
Sergines 88 A2
Seriate 106 A3
Sérifontaine 77 D3, 87 C1
Sérigny 100 B2
Serina 106 A2/3
Serino 119 D3, 120 A2
Serinye 156 B2
Sermaize-les-Bains 88 B1
Sérmide 114 B1
Sermoneta 118 B2
Sernache dos Alhos 158 A3
Sernancelhe 158 B2
Serón 173 D2
Serón de Nágima 153 D3, 161 D1
Serós 155 C3, 163 C1
Serpa 165 C3, 170 B1
Serpins 158 A3
Serpuhov 75 D3
Serra 164 B1
Serra 162 B3, 169 D1
Serrabonne 156 B1/2
Serracapriola 119 D2, 120 A1
Serrada 107 C2/3
Serrada 160 A1
Serra da Boa Fé 164 B2
Serra de El-Rei 164 A1
Serradell 155 D2
Serradifalco 124 B2
Serradilla 159 D3, 165 D1, 166 A1
Serradilla del Arroyo 159 C2
Sérrai 144 A1
Serral 155 C3, 163 C1
Serramanna 123 C/D3
Serramazzoni 114 B2, 116 A1
Serranillos 160 B3
Serranillos 160 A2/3
Serra Nova 157 C2
Serrant 86 A3
Serra Orrios 123 D2
Serra San Bruno 122 B2/3
Serrastretta 122 B2
Serravalle 117 C/D3
Serravalle di Chienti 115 D3, 117 C2
Serravalle Scrivia 113 D1
Serre 120 A2
Serrejón 159 D3, 166 A1
Serrenti 123 C/D3
Serres 111 D1/2
Serres-sur-Arget 109 D3, 155 D1/2, 156 A1
Serri 123 D3
Serrières 103 D3
Sersale 122 B2
Sertã 158 A/B3, 164 B1
Sertig Dörfli [Davos Frauenkirch] 106 A1
Servance 89 D3
Serverette 110 B1
Sérvia 143 C2
Servian 110 B3
Serviana 142 B3
Servigliano 117 D2
Sesa 154 B3
Sešćinskij 75 C3
Sesena 161 B/C3
Sesimbra 164 A3
Seskaro 17 D3
Šešklón 143 D3, 144 A3
Sesma 153 D2
Sessa Aurunca 119 C3
Sessa Cilento 120 A3
Ses Salines 157 D2
Sesslach 81 D2/3
Sesta Godano 113 D2, 114 A2
Šestanovac 131 D3, 132 A3
Sestao 153 C1
Sestino 115 C2/3, 117 C2
Sesto Calende 105 D3
Sesto Fiorentino 114 B2, 116 B1
Šéstola 114 B2, 116 A1
Sesto San Giovanni 105 D3, 106 A3
Sestriere 112 B1
Sestri Levante 113 D2
Sestrunj 130 B2
Sestu 123 D3
Sesvete 127 D3

Séta 147 D1/2
Setcases 156 A2
Sète 110 B3
Setenil 172 A2
Seter 33 D3
Setermoen (Bardu) 9 D1
Seternes 32 A2
Setervik 28 A2
Setil 164 A2
Setiles 162 A2
Setsä 15 C1
Setskog 38 B3
Séttima 113 D1, 114 A1
Séttimo Torinese 113 C1
Séttimo Vittone 105 C3
Settle 59 D1, 60 B2
Setúbal 164 A2
Seubersdorf 92 A1
Seui 123 D2
Seulingen 81 D1
Seurre 103 D1
Sevalla 40 A3
Sevaster 142 A2
Sevelen 105 D1, 106 A1
Sevenoaks 65 C3, 76 B1
Sevénum 79 D1
Sever 158 A2
Séverac-le-Château 110 B2
Severin na Kupi 127 C3, 130 B1
Séveso 105 D3, 106 A3
Sévétin 93 D1
Sevettijärvi (Tševetjävri) 7 C2/3
Sévignacq 108 B3, 154 B1
Sevilla 171 D1/2
Sevilleja de la Jara 166 B1
Sevlievo 141 B/C3
Sevnica 127 C2
Sewekow 69 D1, 70 A1
Sewen 89 D3, 90 A3
Sexcles 102 A3, 109 D1
Seyches 109 C1
Seyda 70 A3
Seyne-les-Alpes 112 A2
Seyssel 104 A2
Seysses 108 B3, 155 C1
Sežana 126 B3
Sézanne 88 A1/2
Sezimovo Ústí 93 D1
Sezulfe 151 C3, 159 C1
Sezze 118 B2
Sfércia 115 D3, 117 D2
Sferro 125 C2
Sfîntu Gheorghe 141 D2
Sfîntu Gheorghe 141 C1
Sforzacosta 115 D3, 117 D2
's-Gravenhage 66 A3
Sgùrgola 118 B2
Shaftesbury 63 D2
Shaldon 63 C3
Shanklin 76 B2
Shannon Airport 55 C3
Shap 57 C3, 60 B1
's-Heerenberg 67 C3
Sheerness 65 C3
Sheffield 61 C3
Shefford 64 B2
Shemri 138 A2
Shëngjergji 138 A3, 142 A1
Shëngjin 137 D2/3
Shepqi 142 A1
Shepton Mallet 63 D2
Sherborne 63 D2
Sherburn 61 D2
Sherburn-in-Elmet 61 D2
Sheringham 61 D3, 65 C1
's-Hertogenbosch 66 B3, 79 C1
Shieldaig 54 A2
Shijak 137 D3, 142 A1
Shipdham 65 C1/2
Shipley 61 C2
Shipston on Stour 64 A2
Shiroka 137 D2
Shkodër 137 D2
Shoeburyness 65 C3
Shoreham-by-Sea 76 B1
Shorwell 76 B2
Shotley 65 C2
Shrewsbury 59 D3
Shupenzë 138 A3
Siamanna-Siapiccia 123 C2
Siátista 143 C2
Siátista 148 B1
Šiauliai 73 D1/2

Sibari 97 Skålö

Sibari 122 B1
Sibbesse 68 B3
Sibbhult 50 B2
Sibbo/Sipoo 25 D3, 26 A3
Sibenik 131 C3
Sibenj 132 B1
Sibiu 140 B1/2
Sibnica 133 D2, 134 A2
Sibo 40 A1
Šibovska 132 A/B1
Sibratsgfäll 91 D3
Sičevo 135 C3
Siciny 71 D3
Siculiana 124 B3
Siculiana Marina 124 B3
Šid 133 C1
Sidárion 142 A3
Siddeburen 67 C1
Sideby/Sipyy 20 A3
Sidensjö 30 B3
Siderño 122 A/B3
Sidirókastron 139 D3, 144 A1
Sidirókastron 146 B3
Sidirón 145 D1, 145 D3
Sidmouth 63 C2/3
Sidskogen 39 D1, 40 A1
Siebe 11 C1/2
Siebeldingen 90 B1
Siebnen [Siebnen-Wangen] 105 D1
Siecq 101 C2/3
Siedenburg 68 A2
Siedenlangenbeck 69 C2
Siedlce 73 D3, 97 C1, 98 A1
Siedlice 71 C1
Siedlisko 71 C3
Siegbach 80 B2
Siegburg 80 A2
Siegen 80 B2
Siegenburg 92 A2
Siegen-Eiserfeld 80 B2
Siegen-Hüttental 80 B2
Sieghartskirchen 94 A2
Siegsdorf 92 B3
Siekierki 70 B2
Siekkinen 19 C1/2
Sielow 70 B3
Siemczyno 71 C/D1
Siemiatycze 73 D3, 98 A1
Sien 80 A3
Siena 114 B3, 116 B2
Sieniawa 71 C2/3
Sieppijärvi 12 A2, 17 D1
Sieradz 96 B1
Sieraków 71 C2
Sierck-les-Bains 79 D3
Sierndorf 94 A/B2
Sierning 93 D3
Siero 151 D1, 152 A1
Sierpc 73 C3
Sierra 168 B2
Sierra de Fuentes 165 D1, 166 A1
Sierra de Luna 154 B3
Sierra de Yeguas 172 A2
Sierra Engarcerán 163 C3
Sierre 105 C2
Sierro 173 D2
Siétamo 154 B3
Siete Iglesias de Trabancos 160 A1
Sieversdorf 69 D2
Sieverstedt 52 B2
Sievi 21 C1
Sievin asema 21 C1
Sifjord 9 C/D1
Sigdal 43 D1
Sigean 110 A/B3, 156 B1
Sigena 155 C3, 163 C1
Sigerfjord 9 C2
Sigersvoll 42 B3
Siggebohyttan 39 D3, 46 A1
Siggelkow 69 D1
Siggjarvåg 42 A1
Sighetu Marmatiei 97 D3, 98 A3
Sighișoara 97 D3, 140 B1
Sigillo 115 D3, 117 C2
Sigmaringen 91 C2/3
Sigmundsherberg 94 A2
Signa 114 B2, 116 B1/2
Signau 105 C1
Signes 111 D3, 112 A3
Signy-l'Abbaye 78 B3

Signy-le-Petit 78 B3
Sigogne 101 C3
Sigonce 111 D2, 112 A2
Sigridsbu 43 C/D1
Sigtuna 40 B3, 47 C1
Sigüero 113 D2
Sigüenza 161 D2
Sigués 154 B2
Sigurdsristningen 47 B/C1
Sihtuuna 17 D2, 18 A1
Siikäinen 24 A1
Siikajärvi 19 C2
Siikajoki 18 A2
Siika-Kama 18 B1
Siikakoski 26 B2
Siikala 25 C2
Siikalainen 19 D1
Siikalampi 18 B1
Siikamäki 22 B3
Siikasaari 23 C3
Siikava 26 B2
Siikavaara 23 D2
Siilinjärvi 22 B2
Siimes 12 A2, 17 D1
Siitama 25 C1
Siivikko 19 C2
Sijarinska Banja 139 B/C1
Sikás 29 D3, 35 C1
Sikeå 31 D2
Sikéa 144 B2
Sikéa 143 C3
Sikfors 16 B3
Sikfors 39 D3
Siki 144 A3
Sikiá 144 B2
Sikiá 146 A1/2
Sikidallseter 37 C/D2
Sikkerlia 38 A2
Sikkola 11 D3, 12 A1/2
Siklós 128 B3
Siknäs 17 C2/3
Sikory 71 D1
Sikoúrion 143 D3
Sikovuono 6 B3
Sikselberg 31 C1
Sikselet 15 D2
Siksjo 30 B1/2
Siksjo 30 B1
Siksjön 16 A3
Siksjonas 30 A1
Sikyon 147 C2
Sil 30 A2, 35 C1
Sila 14 A/B2
Silale 73 C/D2
Silandro/Schlanders 106 B2
Silánus 123 C2
Silba 130 B2
Silbaš 129 C3
Silberstedt 52 B2
Silberstedt-Esperstoft 52 B2
Silbertal 106 A/B1
Silennieux 78 B2
Siles 168 A3
Silfiac 84 B2
Siligo 123 C2
Silió 152 B1
Siliqua 123 C3
Silistra 141 C2
Silvri 149 D1
Siljan 43 D2, 44 A1
Siljansfors 39 C2
Siljansnäs 39 D2
Siljeåsen 29 D2, 30 A2
Silkeborg 48 B3
Silken 39 D3
Silla 114 B2, 116 A/B1
Silla 169 D1
Sillamjaé 74 B1
Sillano 114 A2, 116 A1
Sillanpää 25 C2
Sillans-la-Cascade 112 A3
Silleda 150 B2
Sillé-le-Guillaume 86 A2
Sillerud 45 C1
Sillery 88 A/B1
Silli 145 B/C1
Sillan 107 D1
Silloth 57 C3, 60 A1
Sille 35 C/D2
Silmutjoki 21 D2/3, 22 A3
Šilo 130 B1
Sils 156 B2/3
Silsand 9 D1
Silsjönäs 30 A2, 35 C1
Siltaharju 12 B1

Siltakylä/Broby 26 B2/3
Siltavaara 23 C1
Silute 73 C2
Silva 150 A1
Silvacane 111 D2
Silvakkajoki 17 D2, 18 A1
Silvåkra 50 B3
Silvaien 14 A2
Silvana Mansio 122 B2
Silvaplana [St. Moritz] 106 A2
Silvares 158 B3
Silvberg 39 D2
Silverberg 15 C3
Silverdalen 46 B3
Silves 170 A2
Silvi 119 C1
Silvalde 158 A2
Silz 106 B1
Simanala 23 C3
Simancas 152 A3, 160 A1
Simandre 103 D1
Šimanovci 133 D1, 134 A1
Simasåg 94 B3, 128 A1
Simat de Valldigna 169 D2
Simavik 5 C2
Simáxis 123 C2
Simbach 92 B2
Simbach 93 B/C2
Simbach-Haunersdorf 92 B2
Simbario 122 B2
Simeå 40 A1
Simeonovo 139 D1
Simeri-Crichi 122 B2
Simi 149 D3
Simiane-la-Rotonde 111 D2
Simin Han 133 B/C2
Simltli 139 D2
Simltli 140 B3
Simlångsdalen 72 A1
Simlångsdalen 50 A/B2
Simleu-Silvanlei 97 D3, 140 B1
Simlinge 50 B3
Simmelsdorf 82 A3
Simmerath 79 D2
Simmerath-Einruhr 79 D2
Simmerath-Steckenborn 79 D2
Simmern 80 A3
Simmertal 80 A3
Simo 18 A1
Simola 27 C2
Simonby 24 B3
Simonfa 128 B2
Simoniemi 17 D3, 18 A1
Simonkylä 17 D3, 18 A1
Simonneau 101 C3
Simonsberg 52 A2
Simonstorp 46 B2
Simonswald 90 B2/3
Simontornya 128 B1/2
Simópoulon 146 B2
Simore 109 C3, 155 C1
Simpele 27 D1
Simpiänniemi 26 B1
Simplon [Brig] 105 C2
Simpnäs 41 C3
Simrishamn 50 B3
Simrishamn 72 A2
Simsk 75 B/C1
Simskäla 41 D2
Simuni 130 B2
Sinabelkirchen 127 D1
Sinac 130 B1
Sinaia 141 C2
Sinalunga 115 C3, 116 B2
Sinarádes 142 A3
Sinarcas 163 C3, 169 D1
Sindal 48 B1
Sindelfingen 91 C2
Sindia 123 C2
Sindirgi 149 D1/2
Sindos 143 D2, 144 A2
Sines 164 A3, 170 A1
Sinetta 12 A3
Sineu 157 C2
Singen 90 B3
Singhofen 80 B2
Singistugorna 9 D3
Singö 41 C3
Singra 163 C2
Singsas 33 C2
Singusdal 43 C2
Siniscóla 123 D2

Sinj 131 D3
Sinlabajos 160 A2
Sinn 80 B2
Sinnai 123 D3
Sinnes 42 B2
Sinnes 32 B2
Sinnicolau Mare 129 D2
Sinnicolau Mare 140 A1
Sinntal 81 C2
Sinntal-Jossa 81 C2/3
Sinntal-Oberzell 81 C2
Sinntal-Sterbfritz 81 C2
Sinsheim 91 B/C1
Sint-Anthonis 67 B/C3, 79 D1
Šintava 95 C2
Sint-Eloois 78 A2
Sint-Joris-Winge 79 C2
Sint Nicolaasga 66 B2
Sint-Niklaas 78 B1
Sint-Oedenrode 79 C1
Sint-Pieters-Kapelle 78 A1
Sintra 164 A2
Sint-Truiden 79 C2
Sinzheim 90 B2
Sinzig 80 A2
Siófok 128 B1
Siófok 96 B3
Sion 104 B2
Sion-les-Mines 85 D3
Sion-sur-l'Océan 100 A1
Siorac-en-Périgord 109 C1
Sip 135 C1/2
Sipola 18 B3
Šipovo 131 D2, 132 A2
Sippola 26 B2
Siprage 132 A2
Siracusa 125 D3
Siradan 109 C3, 155 C1/2
Siran 109 D1, 110 A1
Siresa 154 B2
Siret 98 B3
Sirevåg 42 A3
Sirig 129 D3
Sirjorda 14 A/B3
Sirkka 11 D3, 12 A2
Sirkkakoski 12 A3, 17 D1
Sirkkamäki 21 D3, 22 A3
Sirma fjellstue 6 B2
Sirmione 106 B3
Sirmium 133 C1, 134 A1
Sirnihtä 23 C2
Sirno 19 C1
Široka Kula 131 B/C2
Široko Polje 128 B3
Sirolo 117 D2, 130 A3
Sirotino 74 B3
Siruela 166 B2
Sirvintos 73 D2, 74 A3
Sisak 127 D3
Sisamón 161 D1/2
Šišan 130 A1
Sisante 168 B1
Sisatto 24 B1
Sisco 113 D2
Šišenci 135 C2
Sišicy 99 B/C1
Šišljavić 127 D3
Sissa 114 A1
Sissach 90 A/B3
Sissala 21 C2
Sissola 23 D2
Sissonne 78 B3
Sistelo 150 A/B3
Sisteron 111 D2, 112 A2
Sistiana 126 A/B3
Sistranda 32 B1
Sitasjaurestugorña 9 D3
Sitas käte 9 D2/3
Sitges 156 A3
Sitia 149 C3
Sitneš 132 A1
Sitnica 131 D2, 132 A2
Sitno 131 C1
Sitno 71 D1
Sitojauresstugan 16 A1
Sitrama 151 D3
Sittard 79 D1/2
Sittensen 68 B1
Sitter 28 B2
Sittingbourne 65 C3, 77 C1
Sitzendorf 82 A2
Sitzendorf an der Schmida 94 A2
Sitzenroda 82 B1
Siuntio/Sjundeå 25 C3
Siuro 24 B1

Siurua 18 B1/2
Siurunmaa 12 B2
Siusi/Seis 107 C2
Sivac 129 C3
Sivakkajoki 17 D2, 18 A1
Sivakkavaara 23 C1
Sivakkavaara 23 C2
Siverskij 74 B1
Siviri 144 A2
Sivota 142 A/B3
Sivres 146 A1
Sivry 78 B2/3
Sixpenny Handley 63 D2
Sixt 104 B2
Siyílli 145 D3
Sizergh Castle 59 D1, 60 B2
Sizun 84 A/B2
Sjålevad 31 B/C3
Själlarim 16 B2
Sjenica 133 D3, 134 A3
Sjenica 140 A2/3
Sjenićak Lasinjski 127 D3
Sjoa 37 D2
Sjöåsen 28 B2
Sjöberg 30 A1
Sjobo 50 B3
Sjöbo 72 A2
Sjöbotten 31 D1
Sjöbrännet 31 C1
Sjöfallsstugan 9 D3
Sjöholt 32 A3
Sjöli 38 A1
Sjömarken 45 C3
Sjönhagen 14 B2
Sjörring 48 A2
Sjörup 48 B2
Sjösanden 39 D1
Sjö Slott 40 B3
Sjötofta 50 B1
Sjötorp 45 D2
Sjöutnas 29 D1/2
Sjövegan 9 D1
Sjövik 45 C3
Sjulnäs 15 D3
Sjulsmark 30 A/B1
Sjuntorp 45 C3
Sjursheim 9 D2
Sjursvollen 33 D2
Sjusjøen 38 A1
Skå 47 C1
Skäbu 37 D2
Skåde 48 B3
Skademark 31 C3
Skafidä 146 A3
Skafsä 43 C2
Skaftet 46 B3
Skaftung 20 A3
Skag 41 C2/3
Skaga 14 A2
Skage 28 B2
Skagen 44 B3
Skagshamn 31 C3
Skagstad 8 B3
Skaidi 5 D2, 6 A1
Skaite 16 B1
Skaiti 15 C1
Skatthytta 15 C1
Skala 147 C1
Skála 146 A2
Skala Kallirächis 145 B/C2
Skala Leptokaríäs 143 D2
Skala Marion 145 B/C2
Skålan 34 B2/3
Skaland 9 C/D1
Skåla Oropoú 147 D2
Skála Oropoú 148 B2
Skåla Rachoniou 145 C1/2
Skalat 98 B3
Skålbygge 39 D1
Skålderviken 49 D2, 50 A2
Skåldo 25 B/C3
Skålevik 43 C3
Skalica 95 B/C1/2
Skalice 83 D2
Skalitó 95 D1
Skallely 7 D2
Skallinge 49 D1, 50 A1
Skallingen 48 A3, 52 A1
Skallsjön 30 A3, 35 C1
Skallskog 39 D2
Skalluvaara 6 B2
Skalmé 95 D1
Skalmodalen 14 B3
Skalmsjo 30 B3, 35 D1
Skalnå 82 B3
Skålö 39 C2

Skalochórion 143 C2
Skaloti 144 B1
Skals 48 B2
Skålsjön 39 D1, 40 A1
Skælsker 53 C1
Skalstugan 28 B3, 33 D1, 34 A1
Skálvik 14 A3, 28 B1
Skamningsbanke 52 B1
Skamsdalshytta 32 B3, 37 C1
Skån 35 C3
Skandáli 145 C3
Skanderborg 48 B3
Skånes Fagerhult 50 B2
Skånes Värsjö 50 B2
Skåne-Tranås 50 B3
Skåningsbukt 4 A2
Skänninge 46 A2
Skanör-Falsterbo 50 A3
Skansbacken 39 C/D2
Skansen 28 B3, 33 D1
Skansen 28 A2, 33 C1
Skånsholm 30 A1
Skåpafors 45 C2
Sköpe 71 C3
Skar 9 C2
Skar 15 C1
Skara 45 D2
Skåran 31 D2
Skåråsen 34 A3
Skærbæk 52 A1/2
Skarberget 9 C2
Skærberget 38 B2
Skärblacka 46 B2
Skare 130 B1
Skåre 45 D1
Skare 42 B1
Skåren 14 A3
Skaret 4 B2
Skåret 38 B1
Skärhamn 44 B3
Skärkdalen 34 A2
Skärlöv 51 D2
Skarmunken 4 A3
Skarnes 38 B3
Skarpdalsvollen 28 B3, 33 D2
Skärplinge 40 B2
Skarpnåtö 41 C2
Skarp Salling 48 B2
Skärså 40 A/B1
Skärsnäs 50 B2
Skarstad 9 C2
Skarstein 9 C1
Skarsvåg 5 D1
Skarult 50 B3
Skärvagen 34 A3
Skarvfjordhamn 5 C1
Skarvsjöby 30 B1
Skarvvik 5 D1, 6 A1
Skarżysko-Kamienna 97 C1
Skattkärr 45 D1
Skattungbyn 39 D1
Skatval 28 A/B3, 33 C/D1
Skatvik 9 D1
Skau 28 A3, 33 C1
Skaugvoll 14 B1
Skaule 15 C2
Skaulo 10 B3
Skaun 28 A3, 33 C2
Skavdal 9 C1
Skævinge 49 D3, 50 A3
Skavnakk 4 B2
Skavvik 5 D1, 6 A1
Skeberg 39 D2
Skebobruk 41 B/C3
Skebokvarn 47 B/C1
Skeda udde 46 B2
Skedbrostugan 34 A3
Skede 46 A3, 51 C1
Skedevi 46 B2
Skedsmokorset 38 A3
Skee 44 B2
Skegness 61 D3, 65 C1
Skegrie 50 A3
Skei 36 B2
Skei 32 B2
Skei 14 A3, 28 B1
Skeie 42 B3
Skela 133 D1, 134 A1/2
Skelde 52 B2
Skellefteå 31 D1
Skelleftehamn 31 D1
Skelleftestrand 31 D1
Skelmorlie 56 B2

Skelund 48 B2
Skender Vakuf 131 D2, 132 A2
Skeppshamn 35 D3
Skeppshult 50 B1
Skeppshult 72 A1
Skeppsvik 20 A1, 31 D2
Skeppsvik 41 C3
Skerninge 53 C2
Skerries 58 A2
Sketaj 137 D3
Ski 38 A3, 44 B1
Skiathos 147 D1
Skiathos 148 B1/2
Skibbereen 55 C3
Skibby 49 D3, 53 D1
Skibotn 4 B3, 10 A1
Ski-Center 147 C1/2
Skidra 143 C/D1/2
Skidstuga 15 C3
Skien 43 D2, 44 A1
Skillefjordnes 5 C2
Skillingaryd 50 B1
Skillingaryd 72 A1
Skillinge 50 B3
Skillingmark 38 B3
Skinnarbu 43 C1
Skinnskatteberg 39 D3
Skipagurra 7 C2
Skiperón 142 A3
Skipmannvik 15 C1
Skipnes 8 B1/2
Skipness 56 A2
Skipsea 61 D2
Skipstadsand 44 B1/2
Skipton 59 D1, 61 B/C2
Skipton 54 B3
Skiptvet 44 B1
Skíro 51 C1
Skíros 149 C2
Skirva 43 C1
Skiti 143 D3, 144 A3
Skivarp 50 B3
Skive 48 A/B2
Skivjane 138 A2
Skivsjön 31 C2
Skjåholmen 5 C1, 6 A1
Skjåk 32 B3, 37 C1
Skjåmoen 14 B2/3
Skjånes 7 C1
Skjånes 14 B2
Skjärberger 9 C2
Skjærhalden 44 B2
Skjåvik 14 B3
Skjeberg 44 B1
Skjee 43 D2, 44 A/B1
Skjeggedal 43 C2
Skjelåvollen 33 D3
Skjeljavik 42 A1
Skjellelv 9 D1/2
Skjelnes 4 A3
Skjelten 32 A2/3
Skjern 48 A3
Skjersholmane 42 A1
Skjerstad 15 C1
Skjervøy 4 B2
Skjevik 28 B2
Skjold 42 A1/2
Skjoldehamn 9 C1
Skjolden 37 C2
Skjomen 9 D2
Skjotningberg 6 B1
Sklabiña 95 D1
Sklithron 143 C2
Skoby 40 B3
Skočivir 143 C1
Škocjanska Jama 126 B3
Skodje 32 A3
Skodsborg 49 D3, 50 A3, 53 D1
Skødstrup 49 B/C2
Skofije 126 B3
Škofja Loka 126 B2
Škofljica 126 B2
Skog 40 A1
Skogaby 50 A/B2
Skogadalsbøen 37 C2
Skogalegerseter 37 D2
Skogalund 45 D1, 46 A1
Skogavarni 5 D2, 6 A2
Skogboda 41 D3
Skoger 43 D1, 44 A1
Skogfoss 7 C3
Skoghall 45 D1
Skoghult 51 C/D1
Skogly 7 C3
Skogmo 14 A3

Skogn 28 B3, 33 D1
Skognes 4 A3
Skogså 17 C2
Skogsby 51 D2
Skogstad 37 C2
Skogstorp 49 D2, 50 A1
Skogstorp 46 B1
Skogli 71 D2
Skokloster 40 B3
Sköldinge 46 B1
Sköldvik 25 D3, 26 A3
Skole 97 D2, 98 A3
Skollenborg 43 D1, 44 A1
Sköllersta 46 A/B1
Skóllis 146 B2
Skóllis 148 A/B2
Skoltebyen 7 C2
Skölvene 45 D3
Skongseng 14 B2
Skópelos 147 D1
Skópelos 148 B2
Skopiá 147 C1
Skopje 138 B2
Skopje 140 A3
Skorenovac 134 B1
Skorica 135 B/C3
Skorkid 33 C1/2
Skórka 71 D1
Skorovassgruver 29 C1/2
Skorovatn 29 C1/2
Skørped 30 B3, 35 D1/2
Skørping Stationsby 48 B2
Skorstad 28 B2
Skotfoss 43 D2, 44 A1
Skotoússa 139 D3, 144 A1
Skoträsk 15 D3
Skotsely 43 D1
Skotterud 38 B3
Skottevik 43 C3
Skottorp 50 A2
Skoulikariá 146 A1
Skoutári 144 A1
Skovballe 53 C2
Skovby 52 B2
Skovby 52 B1/2
Skovby 48 B3, 52 B1
Skovde 45 D2
Skovlund 48 A3, 52 A1
Skrå 139 C3, 143 D1
Skrad 127 C3
Skradin 131 C3
Skradinski buk 131 C3
Skrämesto 36 A3
Skramträsk 31 D1
Skramstad 9 C3
Skrea 49 D2, 50 A1
Skredsvik 45 B/C2
Skreia 38 A2
Skreland 43 B/C2
Skridulaupbu 32 A3, 37 B/C1
Skrittskog 24 B3
Skriveri 73 D1, 74 A2
Skrolsvik 9 C1
Skromberga 50 A3
Skrova 8 B2
Skruv 51 C2
Skucku 34 B2
Skudeneshavn 42 A2
Skule 30 B3
Skulerud 38 A3, 44 B1
Skulgam 4 A2/3
Skulsfjord 4 A2
Skultorp 45 D2
Skultuna 40 A3
Skummeslövsstrand 50 A2
Skurdalen 37 C3
Skurträsk 31 C2
Skupup 50 B3
Skute 37 D3, 38 A2
Skutskär 40 B2
Skutvik 9 B/C3
Skutvik 4 A3, 9 B1
Skvira 99 C2/3
Skwierzyna 72 A/B3
Skwierzyna 71 C2
Skyarp 50 A/B1
Skyberg 37 D3, 38 A2
Skýcov 95 D2
Skyllberg 46 A1/2
Skyttmon 30 A3, 35 C1/2
Skyttorp 40 B3
Slabce 83 C3
Slabinja 127 D3, 131 D1
Sládečkovce 95 C2
Sládkovičovo 95 C2
Slagelse 53 C1

Slagnäs 15 D3
Slagstad 9 C1
Slaidburn 59 D1, 60 B2
Slanci 133 D1, 134 A/B1
Slancy 74 B1
Slane 58 A1/2
Slangespier 37 D2
Slangerup 49 D3, 50 A3, 53 D1
Slánic 141 C2
Slano 136 B1
Slaný 83 C2/3
Slapany 82 B3
Slastad 38 B3
Slatina 133 D2, 134 A2
Slatina 127 D2
Slatina 127 D2
Slatina 138 B2
Slatina 133 D2/3, 134 A3
Slatina 132 B1
Slatina 131 D1, 132 A1
Slatina 140 B2
Slatina-Timiš 135 C1
Slatine 131 C3
Slatinski Drenovac 128 B3
Slättäkra 49 D2, 50 A1/2
Slättevik 42 A2
Slätthög 51 B/C1
Slättholen 8 B2
Slättmon 35 D2
Slätton 35 B/C2
Slattum 38 A3
Slättvik 9 B/C3
Slavgorod 99 C/D1
Slavičín 95 C1
Slavina 133 C1/2, 134 A2
Slavinja 135 D3, 139 D1
Slavkov u Brna 94 B1
Slavonice 94 A1
Slavonska Požega 128 B3
Slavonske Bare 128 B3
Slavonski Brod 132 B1
Slavonski Kobaš 132 A/B1
Slavonski Šamac 132 B1
Slavotin 135 D3
Slavuta 98 B2
Slawa 71 C1
Slawa 71 C3
Slawno 72 B2
Slawoborze 71 C1
Sleaford 61 D3, 64 B1
Sleen 67 C2
Sleights 61 D1
Sleihage 78 A1
Slemmested 38 A3, 43 D1
Slemeset 14 A2
Sleng 16 A2/3
Sletta 5 C2
Sletta 9 D1
Sletteristrand 48 B1
Slač 95 D2
Slač-küpele 95 D2
Sliedrecht 66 A/B3
Sligo 55 C2
Slimnitsa 142 B2
Slinde 36 B2
Slindon 76 B1
Slipra 28 A/B3, 33 C/D1
Slipsiktugan 29 D1
Slipstensjon 31 C1
Slisåne 139 B/C1
Slite 47 D/2
Slite 73 B/C1
Sliven 141 C3
Slivnica 139 D1
Slivnica 127 C/D2
Šljivovica 133 C2/3
Slobodka 99 C3
Slobodzeja 141 D1
Slobozia 141 C2
Slochteren 67 C1
Slöinge 49 D2, 50 A1/2
Slonim 98 B1
Slonowice 71 C1
Slońsk 70 B2
Sloten 66 B2
Slotten 5 D1, 6 A1
Slottet 36 A3
Slottsbron 45 C/D1
Slough 64 B3
Sloup 94 B1
Slovac 133 D2, 134 A2
Slovåg 36 A3
Slovenj gradec 127 C2
Slovenj gradec 96 A3
Slovenska Bistrica 96 A3
Slovenska Bistrica 127 C2
Slovenská Ľupča 95 D2

Slovenské Ďarmoty 95 D2
Slovenske Konjice 127 C2
Słubice 70 B3
Sluck 99 B/C1
Sluderno/Schluderns 106 B1/2
Sluis 78 A/B1
Šluknov 83 D1/2
Slunj 131 C1
Słupsk (Stolp) 72 B2
Slušovice 95 C1
Slussen 45 B/C2/3
Smadalaro 47 D1
Smådalseter 37 C2/3
Smådalsetter 37 C2
Smage 32 A2
Smålandsstenar 50 B1
Smålandsstenar 72 A1
Smalfjord 7 C1
Smardzewo 71 C3
Šmarje 127 C2
Šmarješke Toplice 127 C2/3
Smartno 126 B2
Šmartno ob Paki 127 C2
Šmartno ob Paki 127 C2
Småvatna 29 C1
Smečno 83 C2/3
Smedås 33 D3
Smedby 51 D2
Smedby 51 D2
Smedeč 93 C/D1
Smederevo 134 B2
Smederevo 140 A2
Smederevska Palanka 140 A2
Smederevska Palanka 134 B2
Smedjebacken 39 D3
Smedjeviken 29 C3, 34 A1
Smedjeviken 29 C3, 34 A1
Smedsbo 39 D2
Smedsbyn 17 C2/3
Smedstorp 50 B3
Smela 99 D3
Smeland 43 C2
Smelror 7 D1
Smessenbroek 78 B1/2
Smigádi 145 D1
Smigiel 71 D3
Šmiklavž 127 C2
Smilčić 131 B/C2
Smilde 67 C2
Smiljan 130 B2
Smilovci 139 D1
Šmilowo 71 D1/2
Smiltene 73 D1, 74 A2
Smines 8 B1/2
Smines 28 B1
Sminthi 145 C1
Smjadovo 141 C3
Smogasjøen 32 B1
Smögen 44 B2
Smøhamn 36 A1/2
Šmojlovo 74 B2
Smojmirovo 139 D3
Smokovliani 136 B1
Smokvica 136 A1
Smokvica 139 C3, 143 D1
Smolence 95 C2
Smolensk 75 C3
Smolice 71 D3
Smoljan 140 B3
Smoljanovci 135 D3
Smolnica 70 B2
Smorfjord 5 D1/2, 6 A1
Smorgon' 74 A3
Smørliseter 37 C2
Smorten 8 B2
Smygehann 50 B3
Snäckgårdsbaden 47 D2/3
Snaith 61 C2
Snappertuna 25 C3
Snaptun 48 B3, 52 B1
Snarby 4 A2/3
Snåre 20 B1
Snåsa 28 B2
Sn'atyn 98 B3
Snedsted 48 A2
Sneek 66 B2
Snébjerg 48 A3
Snekkersten 49 D3, 50 A2/3
Snerta 38 B1
Snertinge 49 C3, 53 C1
Snesudden 16 B2
Snillfjord 28 A3, 33 C1/2

Snina 97 C/D2, 98 A3
Snjegotina 132 A1
Snöberg 35 C3
Snede 53 C2
Snefjord 5 D1, 6 A1
Snogebæk 51 D3
Soave 107 C3
Sober 150 B2
Søberg 8 B2
Sobernheim 80 A/B3
Soběslav 93 D1
Soběslav 96 A2
Sobotište 95 C2
Sobotka 83 D2
Sobra 136 B1
Sobradillo 159 C2
Sobrado 150 B1/2
Sobral da Adiça 165 C3, 171 B/C1
Sobral de Abilheira 164 A2
Sobral de Monte Agraço 164 A2
Sobral do Campo 158 B3
Sobreira Formosa 158 B3, 164 B1
Sobrón 153 C2
Søby 53 B/C2
Soča 126 B2
Sočanica 138 B1
Soccia 113 D3
Sochaczew 73 C3, 97 C1
Sochaux 89 D3, 90 A3
Sochós 144 A1
Soci 115 C2, 116 B1/2
Socovos 168 B3
Socuéllamos 167 D1/2, 168 A1/2
Sodalen 35 D2/3
Sodankylä 12 B2
Söderåkra 51 D2
Söderala 40 A1
Söderarm 41 C3
Söderås 39 D2
Söderbärke 39 D3
Söderby Karl 41 C3
Söderfors 40 B2
Söderhamn 40 A/B1
Söderhamn-Stugsund 40 A/B1
Söderhögen 34 B3
Söderköping 46 B2
Söderlångvik 24 B3
Södertälje 47 C1
Söderudden 20 A2, 31 D3
Södervik 31 C/D2
Sodra 31 D1
Södra Brännträsk 16 B3
Södra Finnskoga 38 B2
Södra Harads 16 B2
Södra Leringen 35 C2/3
Södra Löten 38 B2
Södra Noret 30 B2
Södrany 45 C/D1
Södra Sandby 50 B3
Södra Sandby 51 D2
Södra Sandvik 35 C3
Södra Skärvången 29 D3, 34 B1
Södra Sunderbyn 17 C3
Södra Tannflo 30 A/B3, 35 D1/2
Södra Tresund 30 A1
Södra Unnaryd 50 B1
Södra Vallgrund 20 A2, 31 D3
Södra Vi 46 B3
Sodražica 127 B/C3
Sødrng 49 B/C2
Sodupe 153 C1
Soest 66 B3
Soest 67 D3, 80 B1
Sofádes 143 C/D3
Sofaditikos 143 C/D3
Sofiero 49 D3, 50 A2
Sofija 139 D1
Sofija 140 B3
Sofikón 148 B2
Sofikón 147 C2/3
Søfteland 36 A3
Sofuentes 155 C2
Søgel 67 D2
Sogliano al Rubicone 115 C2, 117 C1
Sóglio [St. Moritz] 106 A2
Sogndal 36 B2
Sogndalstrand 42 A3
Søgne 43 B/C3

Sognefjellhytta 37 C2
Soham 65 C2
Sohland 83 D1
Söhlde-Hoheneggelsen 68 B3
Söhlde-Nettlingen 68 B3
Sohren 80 A3
Soidinvaara 19 C3, 23 C1
Soignies 78 B2
Soini 21 C2
Soinilansalmi 23 B/C3
Soinlahti 22 B2
Soinlahti 22 B1
Soissons 88 A1
Soivio 19 D1
Soizy-aux-Bois 88 A1
Sojtör 128 A2
Sokaľ 97 D1, 98 A/B2
Söke 149 D2
Sokli 13 C2
Soklot 20 B1
Sokna 37 D3
Sokndal 42 A3
Soknedal 33 C2
Soko Banja 135 C3
Soko Banja 140 A2
Sokojärvi 23 D2
Sokolac 133 C2
Sokolac 131 D2, 132 A2
Sokółka 73 D3, 98 A1
Sokolov 82 B2/3
Sokołów Podlaski 73 D3, 98 A1
Sola 23 C2
Sola 42 A2
Solagna 107 C3
Solana de Béjar 159 D3
Solana de los Barros 165 D2
Solana del Pino 167 C2/3
Solana de Rioalmar 160 A2
Solanillos del Extremo 161 C/D2
Solares 153 C1
Solarino 125 D3
Solarussa 123 C2
Solberg 30 B2, 35 D1
Solberg 15 D2
Solberga 46 A3
Solberget 16 B1
Solca 98 B3
Solčava 127 C2
Sol'ci 74 B1/2
Solda/Sulden 106 B2
Solden 107 B/C1
Soldeu 155 D2, 156 A1/2
Soleggen 37 C1/2
Solem 28 A/B3, 33 C/D2
Solenzara 113 D3
Solera 173 C1
Solera de Gabaldón 161 D3, 168 B1
Solesmes 78 A/B2
Soleto 121 D3
Solferino 106 B3
Solfonn 42 B1
Solf/Sulva 20 A2, 31 D3
Solheim 36 A3
Solheimsstul 37 C3
Solheimsvik 42 B1
Solignac 101 C3
Soligorsk 99 B/C1
Solin 131 C/D3
Soline 130 B2
Solingen 80 A1
Solitude 91 C2
Solivella 155 C3, 163 C1
Solkan 126 B2
Solkei 27 C1/2
Söll 92 B3
Sollacaro 113 D3
Sollana 169 D1/2
Sollebrunn 45 C3
Sollefteå 30 B3, 35 D2
Sollenau 94 B3
Sollentuna 47 C1
Söller 157 C2
Sollerön 39 D2
Sollia 37 D1/2, 38 A1
Söllichau 69 D3, 82 B1
Solliden 51 D1
Solliès-Pont 112 A3
Sollihøgda 38 A3, 43 D1
Solms 80 B2
Solms-Oberndorf 80 B2
Solmyra 39 D3, 40 A3
Solna 47 C1

Solnečnogorsk 75 D2
Solnes 7 C/D2
Solnje 138 B2
Solofra 119 D3, 120 A2
Solojärvi 6 B3
Sološnica 95 B/C2
Solothurn 105 C1
Solotvina 97 D3, 98 A3
Solpke 69 C2
Solre-le-Château 78 B2/3
Solre-sur-Sambre 78 B2
Solrød Strand 49 D3, 50 A3, 53 D1
Solsem 28 B1
Sølsnes 32 A2
Solsona 155 D3, 156 A2
Solstad 4 A3, 9 D1
Solstadström 46 B3
Solsvik 36 A3
Solt 129 C1
Solt 96 B3
Soltau 68 B2
Soltendieck 69 C2
Soltvadkert 129 C2
Solumshamn 35 D3
Solund 36 A2
Solunto 124 B2
Sölvesborg 51 B/C2/3
Sölvesborg 72 A1
Solvorn 36 B2
Solynieve 173 C2
Soma 149 D1/2
Sømådal 33 D3
Somberek 129 B/C2
Sombernon 88 B3
Sombor 129 C3
Sombreffe 79 B/C2
Someenjärvi 26 B1
Someren 79 C/D1
Somerleyton Hall 65 D2
Somerniemi 25 C2
Somero 25 B/C2
Someronkylä 18 A3
Somerovaara 18 B2
Somerton 63 D2
Somino 75 D1
Sommacampagna 106 B3
Somma Lombardo 105 D3
Sommariva del Bosco 113 C1
Sommarö 24 B3
Sommarset 9 C3
Sommatino 124 B3
Sommen 46 A3
Sommengy-Tahure 88 B1
Sommerda 82 A1
Sommerland 48 A3
Sommersted 52 B1
Sommesous 88 B1/2
Somme-Tourbe 88 B1
Sommières 111 C2
Sommières-du-Clain 101 C2
Somo 153 C1
Somogyapáti 128 B2
Somogyszob 128 A2
Somogyvár 128 B2
Somolinos 161 C1
Somosierra 161 C1/2
Somozas 150 B1
Sompuis 88 B1/2
Sompujärvi 18 A1
Son 44 B1
Son 150 A2
Sonceboz [Sonceboz-Sombeval] 89 D3, 104 B1
Soncillo 153 B/C2
Soncino 106 A3
Sóndalo 106 B2
Sondby 25 D3, 26 A3
Søndeled 43 C2, 44 A2
Senderborg 52 B2
Sender Broby 53 B/C1
Senderby 52 B2
Senderby 53 C/D2
Sender Dalby 50 A3, 53 D1
Sender Felding 48 A3
Senderhav 52 B2
Sender-Havrig 48 A3
Senderho 52 A1
Sender Kirkeby 53 D2
Sender Kongerslev 48 B2
Sender Omme 48 A3, 52 A/B1
Sender Onsild 48 B2
Sendershausen 81 D1, 82 A1

Søndersø 49 B/C3, 53 B/C1
Senderup 48 B3, 52 B1
Sendervig 48 A3
Sóndrio 106 A2
Sonega 164 A3, 170 A1
Soneja 162 B3, 169 D1
Songeons 77 D3
Sonka 12 A3
Sonkaja 23 D2/3
Sonkajärvi 22 B1
Sonkakoski 22 B1
Sonkamuotka 11 C2/3
Sonkkä 23 C3
Sonkovo 75 D1/2
Sonneberg 82 A2
Sonneborn 81 D1/2
Sonnefeld 82 A2/3
Sonnewalde 70 A3, 83 C1
Sonnino 119 B/C2
Sonntag 106 A/B1
Sonogno [Tenero] 105 D2
Son Parc 157 C1
Sonsbeck 67 C3, 79 D1
Sonseca 160 B3, 167 C1
Son Servera 157 C1
Sonstorp 46 B2
Sonta 129 C3
Sontheim 91 D2
Sontheim 91 D3
Sonthofen 91 D3
Sontra 81 C/D1
Sontra-Wichmannshausen 81 C/D1
Soörmarkku 24 A1
Sopeira 155 C2
Sopela 153 C1
Sopje 128 B3
Sopočani 133 D3, 138 A1
Soponya 128 B1
Sopot 133 D2, 134 A/B2
Sopotnica 138 B3, 143 B/C1
Sopotu Nou 135 C1
Soppela 13 B/C3
Sopron 94 B3
Sopron 96 B3
Sopronhorpács 94 B3
Sor 133 C2
Sora 119 C2
Soragna 114 A1
Soråker 35 D3
Soraluze 153 D1
Sorano 116 B3, 118 A1
Sør-Arnøy 14 B1
Sør-Aukra 32 A2
Sorbara 114 B1
Sorbas 174 A2
Sorbo 42 A2
Sorbole 35 D3
Sorbollano 113 D3
Sörbolo 114 A/B1
Sorby 39 C3
Sørbygden 35 C2
Sorbyn 17 C2
Sore 108 B2
Soréd 95 C/D3, 128 B1
Søre Herefoss 43 C3
Sereidet 4 A2
Sør Eldaseter 37 D1/2
Søren 17 C2
Sörenberg [Schüpfheim] 105 C1
Sore Osen 38 B1
Soresina 106 A3
Sørèze 109 D3
Sørfjärden 35 D3
Sørfjorden 9 C2
Sørfjordmoen 9 C3
Sørflarke 30 B3, 35 D1
Sør-Flatanger 28 A2
Sørford 9 D1
Sørfors 31 C2
Sørfors 29 D1/2, 30 A1
Sørforsa 40 A/B1
Sør-Frøya 32 B1
Sorges 101 D3
Sørgjæslingan 28 A1
Sørgono 123 D2
Sorgues-sur-l'Ouvèze 111 C2
Sørgutvik 14 A3, 28 B1
Sori 113 D2
Soria 153 D3, 161 D1
Soriano Cálabro 122 A/B2
Soriano nel Cimino 117 C3, 118 A1

Sorihuela del Guadalimar 167 D3, 168 A3
Soría 25 C1
Sørjær 28 A2
Sørjushytta 127 D1
Sorka 75 D1
Sørkedalen 38 A3
Sorken 33 D3
Sørkjosen 4 B2/3
Sør-Lenangen 4 A/B2
Sørli 9 D1
Sørli 29 C2
Sørli 9 C2
Sörliden 30 B1
Sörmark 38 B3
Sørmarka 28 A2
Sormás 128 A2
Sörmjöle 31 C2
Sorno 14 B3
Sørmo 9 D2
Sornac 102 A3
Sornesøy 14 A1/2
Sorno 83 C1
Soro 49 C/D3, 53 C/D1
Sørodden 14 A3
Soroki 99 C3
Soroksár 95 D3, 129 C1
Sørreisa 9 D1
Sorrento 119 D3
Sørrollnes 9 C2
Sorsa 18 B3
Sorsakoski 22 B3
Sorsele 15 D3
Sörsidan 17 C3
Sörsjon 39 B/C1
Sørskjomen 9 D2
Sorso 123 C1
Sørstranmen 4 B2
Sort 155 C2
Sortelha 159 B/C3
Sortino 125 D3
Sørtjärn 34 B3
Sortland 9 C2
Sør-Tverrfjord 4 B2
Sørum 37 D3, 38 A2
Sørumsand 38 A3
Sorunda 47 C1/2
Sörup 52 B2
Sørvägen 8 A3
Sörvallen 34 A3
Sörvær 5 B/C1
Sörväroy 8 A3
Sörvattnet 34 A3
Sørvik 9 C/D1/2
Sörvika 33 D3
Sörviken 34 B3
Sörviken 30 A2/3, 35 C1
Sorzano 153 D2
Sos 109 B/C2
Sösdala 50 B2/3
Sos del Rey Católico 155 C2
Sosés 155 C3, 163 C1
Sošice 127 C3
Sösjö 35 C2
Sosnica 99 D2
Sosnowiec 97 B/C2
Soso 18 B2/3
Sospel 112 B2
Sospiro 114 A1
Sossoniemi 19 D1
Söstanj 127 C2
Sostka 99 D1/2
Sot 133 C1
Sotaseter 37 C1/2
Sot de Chera 162 B3, 169 C1
Sotés 153 D2
Soteska 127 C3
Sotillo de las Palomas 160 A3
Sotillo del Rincón 153 D3
Sotillo de la Adrada 160 A/B3
Sotillo de la Ribera 153 B/C3, 160 B1
Sotin 129 C3, 133 C1
Sotka 18 B2/3
Sotkajärvi 18 B2/3
Sotkamo 19 C3, 23 C1
Sotkuma 23 C2/3
Sotobañado y Priorato 152 B2
Soto de la Vega 151 D2
Soto del Barco 151 D1
Soto de los Infantes 151 D1
Soto del Real 160 B2

Soto de Luiña 151 D1
Soto de Sajambre 152 A1
Soto de San Esteban 153 C3, 161 C1
Sotodosos 161 D2
Soto en Cameros 153 D2
Sotogrande Complejo Urbanístico 172 A3
Sótony 128 A1
Sotopalacios 153 C2
Sotos 161 D3
Sotoserrano 159 D2
Soto y Amio 151 D2
Sotres 111 C3
Sotresgudo 152 B2
Sotta 113 D3
Sottaren 14 A2
Sottens [Moudon] 104 B2
Sotteville-sur-Mer 77 C2/3
Sottomarina 107 D3
Sottrum 68 A/B2
Sottunga 41 D3
Sotuélamos 168 A2
Souain-Perthes-lès-Hurlus 88 B1
Soual 109 D3, 110 A3
Souchez 78 A2
Soúda 149 B/C3
Soudé 88 B1/2
Soueix 108 B3, 155 C2
Souesmes 87 C/D3
Soufflion 145 D1, 145 D3
Sougné-Remouchamps 79 C/D2
Souillac 109 D1
Souilly 89 C1
Soukainen 24 A2
Soulac-sur-Mer 100 B3
Soulaines-Dhuys 88 B2
Soulatge 156 B1
Soulaucourt-sur-Mouzon 89 C2
Soulgé-le-Bruant 86 A2
Soúlion 146 B2
Soulópoulon 142 B3
Soultz 89 D2/3, 90 A3
Soultz-sous-Forêts 90 B1
Soumoulou 108 B3, 155 B/C1
Soúnion 147 D3
Souppes-sur-Loing 87 D2
Souprosse 108 B2
Souquet 108 A2
Source de la Loue 104 A1
Source du Lison 104 A1
Sourdeval 85 D1, 86 A1
Sourdun 88 A2
Soure 158 A3
Sournia 156 B1
Soúrpi 147 C1
Sourton 63 C2/3
Sousceyrac 109 D1
Souselo 158 A2
Soustons 108 B2
Southam 65 C2
Southampton 76 B1
Southborough 65 C3, 77 B/C1
South Brent 63 C3
South Cave 61 D2
Southend 56 A2
Southend-on-Sea 65 C3
Southerness 57 C3, 60 A1
South Hayling 76 A1
Southminster 65 C3
South Molton 63 C2
Southport 59 C/D2, 60 B2
South Shields 57 D3, 61 C1
South Shields 54 B3
Southwell 61 C3, 64 B1
South Willingham 61 D3, 65 B/C1
Southwold 65 D2
Souto 164 B1
Souto da Carpalhosa 158 A3, 164 A1
Souto da Casa 158 B3
Souto Maior 158 B1
Soutomaior 150 A2
Souvála 147 D2/3
Souvigné 86 B3
Souvigny 102 B2
Souzel 165 C2
Souzelas 158 A3
Sevassli 28 A3, 33 C2
Sovata 141 B/C1

Sövdeborg 50 B3
Sover 107 C2
Soverato 122 B2
Sovereto 120 B2, 136 A3
Soveria Mannelli 122 B2
Sövestad 50 B3
Sovetsk (Tilsit) 73 C2
Søvik 32 A3, 36 B1
Sowia Góra 71 C2
Söyrinki 21 C2
Sozopol 141 C3
Spa 79 D2
Spačince 95 C2
Spadafora 125 D1
Spaichingen 90 B2/3
Spaj 135 C3, 139 C1
Spakenburg 66 B3
Spalding 61 D3, 65 C1
Spálené Poříčí 83 C3
Spalt 91 D1, 92 A1
Spängen 50 A/B2/3
Spángenäs 46 B3
Spangenberg 81 C1
Spangereid 42 B3
Španovica 128 A3
Spantekow 70 A1
Sparanise 119 C3
Sparbu 28 B2/3, 33 D1
Sparreholm 47 C1
Spárta 147 C2
Spárti 147 C3
Spárti 148 B2/3
Spartilas 142 A3
Spas 138 B3, 143 C1
Spas-Demensk 75 C/D3
Spáta 147 D2
Speicher 79 D3, 80 A3
Speichersdorf 82 A3
Speke 38 B3, 45 C1
Spekedalssestra 33 D3
Spelle-Venhaus 67 D2
Spello 115 D3, 117 C2/3
Spenge 68 A3
Spennymoor 57 D3, 61 C1
Spenshult 50 A1
Spentrup 48 B2
Sperchiás 146 B1
Sperenberg 70 A3
Sperlinga 125 C2
Sperlonga 119 C3
Sperone 124 A2
Spétsai 147 C3
Speyer 90 B1
Spezzano Albanese 122 A/B1
Spezzano della Sila 122 B2
Spiegelau 93 C1/2
Spiegelberg 91 C1
Spiekeroog 67 D1
Spielfeld 127 C1/2
Spiez 105 C1/2
Spiggen 17 C3
Spigno Monferrato 113 C1/2
Spilamberto 114 B1
Spile 142 A2
Spileon 143 C2/3
Spileon 145 D2
Spiliá 143 D3
Spilimbergo 107 D2, 126 A2
Spilion 149 C3
Spillersboda 41 C3
Spilling 42 B3
Spillum 28 B2
Spilsby 61 D3, 65 C1
Spinazzola 120 B2
Spincourt 89 C1
Spinetta Marengo 113 C1
Spinoso 120 B3
Špionica 132 B1
Spira 15 D2
Špišić-Bukovica 128 A3
Spišská Belá 97 C2
Spišská Nová Ves 97 C2
Spital am Pyhrn 93 D3
Spital am Semmering 94 A3
Spitterstulen 37 C2
Spittal an der Drau 126 A1
Spitz 94 A2
Spjald 48 A3
Spjærøy 44 B1/2
Spelkavik 32 A3
Spjutsbygd 51 C2
Spjutsund 25 D3, 26 A3
Spjutvik 9 C2
Split 131 C3

Splügen [Thusis] 105 D2, 106 A2
Spodnje Hoče 127 C/D2
Spodnji Brnik 126 B2
Spodsbjerg 53 C2
Špogi 74 A2
Špola 99 D3
Spolaita 146 A1
Spoleto 117 C3, 118 B1
Spolrem 14 B3
Spondigna/Spondinig 106 B2
Sponvika 44 B1/2
Spornitz 69 C/D1
Spotorno 113 C2
Spottrup 48 A2
Spraitbach 91 C1/2
Sprakensehl 69 B/C2
Spreenhagen 70 B2/3
Spreewitz 83 D1
Spremberg 83 D1
Spremberg 96 A1
Sprendlingen (Bingen) 80 B3
Spresiano 107 D3
Springe 68 B3
Springliden 16 A3
Spruga [Ponte Brolla] 105 D2
Spuhlija 127 D2
Spuž 137 D2
Spydeberg 38 A3, 44 B1
Squillace 122 B2
Squinzano 121 D3
Srbac 132 A1
Srbica 138 B1
Srbobran 129 D3
Srbobran 140 A1/2
Srbrenik 132 B1
Srebnoe 99 D2
Srebrenica 133 C2
Središče 127 D2
Središte 141 C2
Srem 72 B3, 96 B1
Srem 71 D3
Sremska Kamenica 129 D3, 133 D1, 134 A1
Sremska Mitrovica 133 C1
Sremska Rača 133 C1
Sremski Karlovci 129 D3, 133 D1, 134 A1
Sreser 136 B1
Srnetica 131 D2
Srni 93 C1
Srnice 132 B1
Sroczyn 71 D2
Środa Wielkopolska 71 D3
Srpska Crnja 129 D3
Srpske Moravice 127 C3
Srpski-Itebej 140 A1/2
Srpski Miletić 129 C3
Staatz 94 B2
Stabbestad 43 D2, 44 A2
Stabbforsmoen 14 B3
Staby 48 A2
Stachy 93 C1
Stackmora 39 D1/2
Staddjakkstugorna 15 C/D1
Stade 68 B1
Stadecken-Elsheim 80 B3
Stadensen-Breitenhees 69 B/C2
Stadil 48 A2/3
Stadl an der Mur 126 B1
Stadsås 30 A1
Stadskanaal 67 C2
Stadtallendorf 81 C2
Stadtbergen 91 D2
Stadthagen 68 A3
Stadtilm 82 A2
Stadtkyll 79 D2
Stadtlauringen-Ballingshausen 81 D3
Stadtlauringen-Wettringen 81 D3
Stadtlauringen 81 D2/3
Stadtlengsfeld 81 D2
Stadtlohn 67 C3
Stadtoldendorf 68 B3
Stadtprozelten 81 C3
Stadtroda 82 A2
Stadtschlaining 94 B3, 127 D1
Stadtsteinach 82 A2/3
Stadium 52 A/B2
Ståfa 105 D1

Staffans 17 D2/3
Staffanstorp 50 A/B3
Staffelstein 81 D3, 82 A3
Stáffolo 115 D3, 117 D2
Stafford 59 D3, 60 B3, 64 A1
Staggträsk 15 D3
Stágira 144 B2
Stagno 114 A3, 116 A2
Stahovica 127 B/C2
Stai 38 A1
Stainach 93 C/D3
Staindrop 57 D3, 61 C1
Staines 64 B3
Stainville 89 B/C2
Stainz 127 C1
Staíti 122 A3
Staitz 82 B2
Stajičevo 129 D3, 133 D1, 134 A1
Stakevci 135 C3
Stakknes 32 B2
Stakkvik 4 A2
Stalać 134 B3
Stålboga 47 C1
Stalbridge 63 D2
Štalcerji 127 C3
Stalden [Stalden-Saas] 105 C2
Stalham 65 D1
Stalheim 36 B3
Stall 107 D1, 126 A1
Stallarholmen 47 C1
Ställberg 39 D3
Ställdalen 39 D3
Stallogargo 5 C1/2, 6 A1
Stalltjärnstugan 29 C3, 34 A1
Stallwang 92 B1
Stalmine 59 C/D1, 60 B2
Stalowa Wola 97 C1, 98 A2
Stamford 64 B1/2
Stamford Bridge 61 C3
Stammham 92 A1/2
Stamná 146 A2
Stamnes 36 A3
Stamora-Germană 134 B1
Stams 106 B1
Stamséter 32 B3, 37 C1
Stamsried 92 B1
Stamsund 8 B2
Stanari 132 B1
Standal 32 A3, 36 B1
Standnes 36 A2
Stånga 47 D3
Stånga 72 B1
Stange 38 A2
Stangerode 69 C3, 82 A1
Stanghella 107 C3, 115 C1
Stangnes 9 C/D1
Stangvik 32 B2
Stanhope 57 D3, 61 B/C1
Stanišić 129 C2/3
Stanisławów 73 C3, 97 C1, 98 A1
Štanjel 126 B3
Stanke Dimitrov 139 D2
Stanko Dimitrov 140 B3
Štankov 83 B/C3, 93 B/C1
Stankovci 131 C2/3
Stanley 57 C1
Stanós 144 A/B2
Stanovice 82 B2/3
Stans 92 A3, 107 C1
Stans 105 C1
Stansted Airport 65 C2
Stansted Mountfitchet 65 C2
St. Antonien-Castels [Küblis] 106 A1
Stanzach 91 D3, 106 B1
Stapar 129 C3
Stapelburg 69 C3
Stapelford Park 64 B1
Staphorst 67 C2
Stappogiedde 7 B/C1
Stara Baška 130 B1
Stara Bystrica 95 D1
Stara Gradina 128 A3
Stara Gradiška 131 D1, 132 A1
Staraja Russa 75 C1/2
Staraja Toropa 75 C2
Staraja Ušica 98 B3
Starakonstantinov 98 B2/3
Stara Lubianka 71 D1
Stará L'ubovňa 97 C2

Stara Moravica 129 C3
Stara Novalja 130 B2
Stara Pazova 133 D1, 134 A1
Stará Role 82 B2
Stará Turá 95 C2
Staravina 139 C3, 143 C1
Stará Voda 82 B3
Stara Woda 71 C3
Stara Zagora 141 C3
Stare Czarnowo 70 B1
Stare Długie 71 C3
Stare Drawsko 71 C/D1
Staré Hory 95 D1/2
Staré Město u Uherské Hradiště 95 C1
Staré Oseeczno 71 C2
Staré Sedlo 83 C/D3, 93 C/D1
Stargard Szczeciński 71 C1
Stargard Szczeciński 72 A3
Stárheim 36 A1
Stari Banovci 133 D1, 134 A1
Stari Bar 137 D2
Starica 75 D2
Stari-Đojran 139 D3, 143 D1, 144 A1
Stari Farkašić 127 D3
Starigrad 131 D3, 136 A1
Starigrad 130 B1
Stari Gradac 128 A2/3
Starigrad-Paklenica 130 B2
Stari Jankovci 129 C3, 133 C1
Stari Lec 134 B1
Stari Log 127 C3
Stari Majdan 131 D1
Stari Mikanovci 128 B3, 132 B1
Stari Trg 127 C3
Starnberg 92 A3
Stærnes 43 D1
Starno 51 C2
Starodub 99 D1
Starogard 71 C1
Starogard Gdański 72 B2
Starokazač'e 141 D1
Staro Nagoričane 139 C2
Staro Orjahovo 141 C/D3
Staro Petrovo Selo 128 A3, 131 D1, 132 A1
Starosiedle 70 B3
Starše 127 D2
Starsiedel 82 B1
Starup 48 A3, 52 A1
Stary Chwalim 71 D1
Stary Hrozenkov 95 C1
Staryje Dorogi 99 C1
Stary Sambor 97 D2, 98 A3
Stary Plzenec 83 C3
Stary Tomyšl 71 C/D2/3
Stassfurt 69 C3
Staszów 97 C1
Stathelle 43 D2, 44 A1/2
Statrásk 16 B2
St-Aubin [Gorgier-St-Aubin] 104 B1
Staudach-Egerndach 92 B3
Staufen 90 A3
Staupåmoen 14 B1
Staurust 32 B3, 37 C1
Stavanger 42 A2
Stavarmon 30 B3, 35 D1
Stave 9 C1
Stavelot 79 D2
Staven 28 A2, 33 C1
Stavenisse 66 A3, 78 B1
Staveren 66 B2
Stavern 43 D2, 44 A2
Stavišce 99 C3
Stavkirke 37 C3
Stavn 48 B1/2
Stavnäs 45 C1
Stávoli Gnivizza 126 A2
Stavre 35 C2
Stavre 28 C/D3, 34 B1/2
Stavreviken 35 D3
Stavrodrómiion 146 B3
Stavrós 144 B2
Stavrós 143 D3
Stavrós 146 A2
Stavrós 147 D2
Stavrós 148 B1
Stavroúpolis 145 C1

Stavsjö — 101 — Strangford

Stavsjö 38 A2
Stavsjö bruk 46 B2
Stavsnäs 47 D1
Stawiski 73 C/D3, 98 A1
St.-Blaise 104 B1
St.-Cergue 104 A2
Steare 43 C2
Stebleva 138 A3, 142 B1
Stechelberg [Lauterbrunnen] 105 C2
Štěchovice 83 D3
Steckborn 91 C3
Ste-Croix 104 B1
Steeg 106 B1
Steenbergen 66 A3, 78 B1
Steenbergen 67 C1/2
Steenderen 67 C3
Steenvoorde 78 A2
Steenwijk 67 C2
Stefănești 98 B3
Stefani 146 A1
Steffenberg-Niedereisenhausen 80 B2
Stegaros 43 C1
Stegaurach 81 D3
Stege 53 D2
Stege 72 A2
Stegeborg 46 B2
Stegelitz 69 D3
Stegersbach 127 D1
Stehag 50 B3
Steige 89 D2, 90 A2
Steigen 8 B3
Steigertal 81 C2
Steigra 82 A1
Steikvasslí 14 B2
Steimbke 68 B2
Steimbke-Lichtenhorst 68 B2
Stein 92 B3
Stein 91 D1, 92 A1
Stein 107 D1, 126 A1/2
Steinach 82 A2
Steinach am Brenner 107 C1
Steinakirchen am Forst 93 D2/3
Stein am Rhein 91 B/C3
Steinau 81 C2
Steinau 52 A3, 68 A1
Steinau-Ulmbach 81 C2
Steinbach 83 C2
Steinbach am Wald 82 A2
Steinbach (Giessen) 81 B/C2
Steinbach-Hallenberg 81 D2
Steinbergdalshytta 37 B/C3
Steinbergkirche 52 B2
Steinbueng 33 C2
Steinbukt 6 B1
Steine 28 B1
Steine 36 B3
Steinebrück 79 D2
Steinen 90 A3
Steinestø 36 A3
Steinfeld 67 D2, 68 A2
Steinfort 79 D3
Steinfurt-Borghorst 67 D3
Steingaden 91 D3
Steingaden-Wies 91 D3
Steinhagen 68 A3
Steinhausen-Rottum 91 C3
Steinhausen 80 B1
Steinheid 82 A2
Steinheim 4 A3, 9 D1
Steinheim 68 A3
Steinheim 91 C/D2
Steinhöfel 70 B2/3
Steinhorst 68 B2
Steinbach [Schwanden] 105 D1, 106 A1
Steinigtwolmsdorf 83 D1
Steinkjer 28 B2, 33 D1
Steinkjer 29 B/C2
Steinkyrkja 33 C3, 37 D1
Steinland 8 B1/2
Steinløysa 32 B2
Steinsåsen 33 D2/3
Steinsdorf 70 B3
Steinshamn 32 A2
Steinsland 36 A/B3
Steinsland 14 B2
Steinslandsseter 36 A/B2/3
Stein [Stein-Säckingen] 90 B3

Steinsvik 36 A1
Steinsvollen 4 A2
Steinvik 38 A1
Steinwiesen 82 A2
Steisslingen 91 B/C3
Stelle 68 B1
Stemshaug 32 B2
Stemwede 68 A2
Stemwede-Levern 68 A2/3
Stemwede-Twiehausen 68 A2/3
Stená Pétras 143 D2
Stenåsa 51 D2
Stenay 79 C3
Stenbacken 10 A2
Stenbjerg 48 A2
Stenbrohult 50 B2
Stendal 69 D2
Stenderup 48 B3, 52 B1
Stengårdshult 45 D3
Stenhammar 45 C/D2
Stenhamra 47 C1
Sténico 106 B2
Steni Dirfíos 147 D1/2
Steningestrand 49 D2, 50 A2
Stenis 39 C2
Stenje 142 B1
Stenkullen 45 C3
Stenlille 49 C/D3, 53 C/D1
Stenløse 49 D3, 50 A3, 53 D1
Stennammar 46 B1
Stennäs 31 B/C2
Stenopós 145 C1
Stensdalsstugorna 34 A2
Stensjö 30 A3, 35 C2
Stensjön 46 A3
Stenstorp 45 D2/3
Stenstrand 15 C/D3
Stenstrask 16 A3
Stenstrup 53 C2
Stensund 16 A3
Stensund 31 C1
Stensund 15 D2
Stensund 15 D3
Stentrásk 16 A/B2
Stenudden 15 D2
Stenungsund 45 C3
Stenvadet 39 C1
Stepanci 139 B/C3
Stephanskirchen (Rosenheim) 92 B3
Stępień 71 D1
Stepnica 70 B1
Stepojević 133 D2, 134 A2
Sterley 69 C1
Stérna 147 C3
Stérnai 149 B/C3
Sternberg 53 D3, 69 D1
Sternenfels 90 B1
Sterringi 32 B3, 37 C1
Sterup 52 B2
Stęszew 71 D3
Stęszew 72 B3, 96 B1
Štětí 83 D2
Stetten am kalten Markt 91 C2/3
Steutz 69 D3
Stevanovac 137 D1
Stevenage 65 B/C2
Stewarton 56 B2
Steyerberg 68 A2
Steyning 76 B1
Steyr 93 D2/3
Steyr 96 A3
Steyregg 93 D2
St. Gallen 91 C3
Stia 115 C2, 116 B1
Štiavnik 95 D1
Stichtse brug 66 B2/3
Stickney 61 D3, 65 C1
Stična 127 C2/3
Stiege 69 C3, 81 D1, 82 A1
Stiens 66 B1
Stift Göttweig 94 A2
Stigen 38 B1
Stigen 45 C2
Stigliano 120 B3
Stigsjö 35 D2/3
Stigtomta 47 C2
Stiklestad 28 B3, 33 D1
Stilis 147 C1
Stilis 148 B2
Stilla 5 C2
Stilling 48 B3
Stilo 122 B3

Stilton 64 B2
Stimánga 147 C2
St.-Imier 89 D3, 104 B1
Štimlje 138 B2
Štimlје 140 A3
Stíra de Vale 97 D3, 140 B1
Stindåpen 135 C1
Štip 120 A3
Štip 139 C3
Štip 140 A3
Stipshausen 80 A3
Stíra 149 C2
Stirling 54 B2
Stirling 56 B1
Štírovačа 130 B1/2
Štit 145 D2
Štítar 133 C1
Štitary 94 A1
Štivan 130 A1
Štivica 132 A1
Stjärnhov 41 C1
Stjärrnorp 46 B2
Stjärnsund 40 A2
Stjärnsund 46 A2
Stjern 28 A2
Stjerneobservatoriet 4 B3, 10 A/B1
Stjørdal 28 A/B3, 33 D1
Stjørna 28 A3, 33 C1
St.-Luc [Sierre] 105 C2
St. Margrethen 91 C3
St.-Maurice 104 B2
St. Moritz 106 A2
St. Niklaus 105 C2
Stø 8 B1
Stobi 139 C3
Stobno 71 D2
Stobreč 131 C/D3
Stoby 50 B2
Stocka 35 D3
Stockach 91 C3
Stöckalp [Sarnen] 105 C1
Stockaryd 51 C1
Stockbäcken 16 B3
Stockbridge 64 A3, 76 A1
Stöcke 31 C/D2
Stockelsdorf 53 C3
Stocken 44 B3
Stockerau 94 B2
Stockerau 96 A/B2
Stockholm 47 C1
Stockport 59 D2, 60 B3
Stocksjö 31 C/D2
Stockton-on-Tees 61 D1
Stod 28 B2
Stod 83 C3
Stöde 35 C/D3
Stödtlen 91 D1
Stoetze-Hohenzethen 69 C2
Stoholm 48 B2
Stokeasay Castle 59 D3
Stoke Ferry 65 C2
Stoke-on-Trent 59 D2, 60 B3, 64 A1
Stokesley 61 D1
Stokkasjøen 14 A3
Stokke 43 D2, 44 A/B1
Stokkebro 49 C2
Stokkemarke 53 C2
Stokkvágen 14 A2
Stokmarknes 8 B2
Stoky 94 A1
Stolac 132 B3, 137 B/C1
Stolacy 98 B1
Stolberg 81 D1, 82 A1
Stolberg 79 D2
Stolberg-Gressenich 79 D2
Stolberg-Zeifall 79 D2
Stöle 43 D2, 44 A2
Stølen 33 C3
Stølen 32 B2
Stolensetra 33 C3
Stolin 98 B1/2
Stollberg 82 B2
Stolpe 70 B2
Stolpen 83 C1
Stolvizza 126 A2
Stolzenau 68 A2
Stolzenau-Nendorf 68 A2
Stolzenhain 70 A3
Stömnon 143 D3
Störne 45 C1
Stomorska 131 C3
Ston 136 B1
Stonařov 94 A1

Stone 59 D2/3, 60 B3, 64 A1
Stonehaven 54 B2
Stonehenge 64 A3, 76 A1
Stongfjorden 36 A2
Stonglandseidet 9 C/D1
Stonnesbotn 9 D1
Stony Stratford 64 B2
Stopanj 134 B3
Støpen 45 D2
Storå 9 C2/3
Storå 39 D3
Storå 20 B3
Stora Anna 47 B/C2
Stora Blåsjön 29 C/D1
Storabränna 29 D2, 34 B1
Stora Dyrön 44 B3
Stora Laxemar 51 D1
Stora Mellby 45 C3
Stora Mellösa 46 B1
Storån 35 B/C3
Stora Olofsholm 47 D2
Stora Råda 45 D2, 46 A1
Storås 33 C2
Storåsen 30 A3, 35 C2
Storåsen 29 D3, 34 B1
Stora Skedvi 39 D2, 40 A2
Stora Stensjon 29 C2, 34 B1
Stora Sundby 46 B1
Stora Vika 47 C2
Storbacka 20 B2
Storbeck 69 D2, 70 A2
Storberg 16 A3
Storberget 17 C1
Storbergvika 29 C/D2
Storborgaren 30 B2, 35 D1
Storbränna 29 D3, 34 B1
Storbudalsetra 33 C2
Storbukt 5 C/D1, 6 A1
Storby 41 C3
Stordal 32 A3, 36 B1
Stordal 28 B3, 33 D1/2
Stordalselv 4 A3, 10 A1
Støre 127 C2
Storebro 46 B3
Storebru 36 A2
Store Darum 52 A1
Store Heddinge 50 A3, 53 D1
Store Heddinge 72 A2
Storekorsnes 5 C2
Storelv 5 C1
Stor-Elvdal 38 A1
Storelvoll 33 D2
Store Merløse 49 D3, 53 D1
Store Molvik 7 C1
Støren 33 C2
Storeng 4 B2
Storenga 15 C1
Storerikvollen 33 D2
Store Skagester 37 D2
Storeskarhotel 37 C3
Storestølen 37 C3
Storfinntrásk 16 B3
Størfjäten 34 A3
Storfjord 4 A3, 10 A1
Storfors 45 D1, 46 A1
Storforshei 14 B2
Storfosna 28 A3, 33 C1
Storfossen 9 D2
Storglomvassbrakka 14 B1
Storhögen 29 D3, 35 B/C1/2
Storholseter 37 D2
Storholmsjön 29 D3, 34 B1
Storholmsjön 29 D3, 34 B1
Storjord 15 B/C1
Storjorda 14 B1
Storjuktan 15 D3
Storjungfrun 40 B1
Storklappvallen 34 A2
Storkow 70 B3
Storkow 71 C1
Storkyro 20 B2
Storli 4 A3, 9 D1
Storli 32 B2
Storli 4 A3, 9 D1
Storlien 28 B3, 33 D1/2
Storlien 28 B3, 33 D1/2, 34 A2
Storlögdå 30 B2
Stormark 31 D1
Stormoen 15 C1
Stormvloedkering 66 A3, 78 B1

Stormyren 15 D3
Stornarella 120 A/B2
Stornäs 29 D1
Stornes 9 C1/2
Stornorrfors 31 C2
Stornoway 54 A1
Storo 106 B3
Storoddan 32 B1/2
Storodegårdseter 38 A2
Storohamn 17 C3
Storožinec 98 B3
Storrensjön 29 B/C3, 34 A1
Storrödtjärnstugan 34 A3
Storresta 53 C/D3
Storsand 38 A3, 44 B1
Storsand 16 B2
Storsandsjö 31 C1/2
Storsätern 34 A3
Storsävartrask 31 C1
Storsele 30 A/B1
Storselsjöy 14 A1/2
Storsjö 34 A2
Storsjön 30 B2
Storsjön 40 A1
Storskog 7 C/D2
Storslett 9 C3
Storslett (Nordreisa) 4 B2/3
Storsteinnes 4 A3, 10 A1
Storsteinnes 14 B3
Storsund 16 B3
Storträsk 16 A/B3
Storulvåns fjällstation 28 B3, 33 D2, 34 A2
Storulvsjön 35 C3
Storuman 15 D3
Storvedjan 17 C2
Storvik 5 C1, 6 A1
Storvik 5 C2
Storvik 4 B2
Storvik 40 A2
Storvist 20 B2
Storvollen 4 A2
Storvollseter 32 B3, 37 C1
Storvreta 40 B3
Stössen 82 A/B1
Stötten am Auerberg 91 D3
Stötterheim 81 D1, 82 A1
Stouby 48 B3, 52 B1
Stourbridge 59 D3, 64 A2
Stourhead House 63 D2, 64 A3
Stourport-on-Severn 59 D3, 64 A2
Støvring 48 B2
Stow 57 C2
Stowmarket 65 C/D2
Stow on the Wold 64 A2
Stožec 93 C1/2
Stra 107 C3
Straach 69 D3
Strabane 54 A3, 55 D2
Stracia 122 A3
Stracin 139 C2
Straczno 71 D1
Stradalovo 139 D2
Strada San Zeno 115 C2, 116 B1
Stradbroke 65 C2
Stradella 113 D1
Stradella 106 B3
Straden 127 D1
Straelen 79 D1
Stragari 133 D2, 134 B2
Straiton 56 B2
Strakonice 93 C1
Strakonice 96 A2
Strålsnäs 46 A2
Stralsund 72 A2
Strambino 105 C3
Strand 31 C2
Strand 14 B2
Strand 42 A2
Strand 9 C2
Stranda 32 A3, 36 B1
Strandåker 31 C2
Strandalshytta 42 B2
Strandby 49 C1
Strande 52 B2
Strandebarm 36 A/B3
Strandheje 5 D2, 6 A2
Strandlykkja 38 A2
Stranduddеn 45 D1, 46 A1
Strandval 28 B1
Strandvik 42 A1
Strangford 58 A1

Strangford — Surgères

Strangford 54 A3, 55 D2
Strängnäs 47 C1
Strängnäs 30 B1
Strangolagalli 119 C2
Strängsjö 46 B2
Strängsund 35 B/C2/3
Stráni 95 C1
Stranice 127 C2
Stránoma 146 B1/2
Stranorlar 55 C/D2
Stranraer 54 A3, 55 D2
Stranraer 56 A/B3
Strasbourg 90 A/B2
Strasburg 70 A/B1
Strašice 83 C3
Strašín 93 C1
Straškov-Vodochody 83 C/D2
Strášsa 39 D3
Strassberg (Sigmaringen) 91 C2
Strassburg 126 B1
Strassenhaus 80 A2
Strass im Zillertal 92 A3, 107 C1
Strass in Steiermark 127 C1/2
Strasskirchen 92 B1/2
Strasswalchen 93 C3
Straszów 83 D1
Stratford Saint-Mary 65 C/D2
Stratford-upon-Avon 64 A2
Strathaven 56 B2
Strathblane 56 B1/2
Strathyre 56 B1
Stratoníki 144 B2
Stratónion 144 B2
Stratos 146 A1
Stratton 62 B2
Strau 126 B2
Straubenhardt-Conweiler 90 B2
Straubing 92 B1/2
Straum 14 B2
Straum 32 B1
Straumbu 33 C3, 37 D1
Straume 36 A/B3
Straume 43 C1
Straume 8 B2
Straume 43 C/D2, 44 A1/2
Straumen 28 B1
Straumen 32 B1/2
Straumen 9 C2
Straumen 4 A3, 9 D1
Straumen 14 B1
Straumfjordnes 4 B2
Straumsbotn 9 D1
Straumshamn 36 B1
Straumshella 4 A3
Straumsli 4 A3, 10 A1
Straumsnes 9 C/D1
Straumsnes 8 B2
Straupitz 70 B3
Strausberg 70 B2
Straussfurt 81 D1, 82 A1
Stráž 82 B3
Straža 134 B1
Straža 127 C3
Straže 127 D2
Stražeele 78 A2
Strážek 94 B1
Strazilovo 133 D1, 134 A1
Stražkovice 93 D1/2
Stráž nad Nežárkou 93 D1
Strážnice 95 C1
Strážný 93 C1/2
Strážný 96 A2
Strážov 93 C1
Stráž pod Ralskem 83 D2
Streatley 65 C3
Strečno 95 D1
Street 63 D2
Strehaia 135 D2
Strehaia 140 B2
Strehla 83 C1
Střekov 83 C2
Strekov 95 D3
Strem 127 D1
Strembo 106 B2
Strendene 14 B3
Strengberg 93 D2
Strengelvåg 8 B1
Strengen 43 C2, 44 A1
Strenggjerdet 14 A2
Strensall 61 C2

Stresa 105 D2/3
Stretford 59 D2, 60 B3
Streufdorf 81 D2
Strezimirovci 139 C1
Strezovce 138 B1
Strib 48 B3, 52 B1
Striberg 46 A1
Stříbrná Skalice 83 D3
Stříbro 82 B3
Stridback 16 B3
Strigno 107 C2
Strigova 127 D2
Strijbeek 79 C1
Střílky 95 B/C1
Strimasund 15 C2
Strinda 94 A3
Strindmoen 28 B2
Strmac 128 A3, 131 D1
Strmen 128 A3, 131 D1
Strmica 131 C2
Strmílov 93 D1, 94 A1
Strobl 93 C3
Ströby 50 A3, 53 D1
Strofiliá 147 D1
Strofiliá 148 B2
Strojkovce 139 C1
Strøm 38 B3
Ström 31 C2
Strömbacka 35 C/D3
Stromberg 80 B3
Strömboli 125 D1
Strömeferry 54 A2, 55 D1
Strömfors 16 B3
Strömfors 16 A3
Strömfors 31 D1
Stromi 24 B1
Strömma 47 D1
Strömma 24 B3
Strömma 41 C2/3
Strömmen 34 A3
Strömmen 28 B2/3, 33 D1
Strömmen 33 C3
Strømmen 38 A3
Strömmen 5 D1, 6 A1
Strömnäs 30 A2, 35 C1
Stromness 54 B1
Strompdalen 29 C1
Strömsberg 40 B2
Strömsbro (Gävle) 40 B2
Strömsbruk 35 D3
Strömsholm 40 A3, 46 B1
Strömnäs 30 A3, 35 C2
Strömsnas 17 C2
Strömsnäsbruk 50 B2
Strömsoddbyggda 37 D3
Strömstad 44 B2
Strömsund 29 D2/3, 30 A2, 35 C1
Strömsund 15 D3
Strömsund 17 C2
Strona 105 C2/3
Stronachlachar 56 B1
Stróngoli 122 B2
Stronsdorf 94 B2
Stroobrugge 78 B1
Stroppiana 105 C/D3, 113 C1
Strøsvik 14 B1
Stroud 63 D1, 64 A3
Štrpce 138 B2
Struer 48 A2
Struga 70 B1
Struga 138 A/B3, 142 B1
Strullendorf 81 D3, 82 A3
Strumica 139 D3
Strumica 140 A/B3
Strunjan 126 A/B3
Struppen 4 A3, 10 A1
Struth 81 D1
Strüth (Loreley) 80 B3
Strycksele 31 C1/2
Stryj 97 D2, 98 A3
Stryken 38 A3
Stryn 32 A3, 36 B1
Strzelce Krajeńskie 71 C2
Strzelce Opolskie 96 B1/2
Strzelno 72 B3
Strzmiele 71 C1
Stubbekøbing 53 D2
Stubbekøbing 72 A2
Stubberup 49 C3, 53 C1
Stubbuden 16 B1
Stuben 106 B1
Stubenberg 93 C2
Štubik 135 C2
Stubline 133 D2, 134 A2
Studená 94 A1

Studena 145 D2
Studena 139 C1
Studena 139 D1/2
Studenci 131 D3, 132 A3
Studenica 133 D3, 134 A/B3
Studenzen 127 C/D1
Studsvik 47 C2
Stuer 69 D1
Stugudal 33 D2
Stuguflaten 32 B3, 37 C1
Stuguliseter 33 C3, 37 D1
Stugun 30 A3, 35 C2
Stuhlingen-Grimmelshofen 90 B3
Stühlingen 90 B3
Stuhr 68 A2
Stuhr-Brinkum 68 A2
Stuhr-Seckenhausen 68 A2
Stuibenfall 106 B1
Stulln 92 B1
Stülpe 70 A3
Stumiaga 106 B2
Stumila 37 D2/3, 38 A2
Stumsnas 39 D2
Stuoraoaivve 5 C3, 11 C1
Stupari 132 B2
Stupava 94 B2
Stupinigi 112 B1
Stupnik 127 D3
St. Urban 105 C1
Sturefors 46 B2
Sturko 51 C2
Sturno 119 D3, 120 A2
Štúrovo 95 D3
Štúrovo 96 B3
St-Ursanne 89 D3, 90 A3, 104 B1
Sturup 50 B3
Sturzelbronn 90 A1
Stutensee-Blankenloch 90 B1
Stuttgart 91 C2
Stuvland 14 A/B2
Stvolny 83 C3
Styggberget 35 C3
Styggdalen 14 B3, 29 C1
Styggedalen 4 A/B3, 10 A1
Stymphalos 147 C2
Stypułów 71 C3
Styri 38 A2/3
Styrkesnes 9 C3
Styrmannsto 4 A/B2
Styrnäs 30 B3, 35 D2
Styrso 45 C3, 49 D1
Styvoll 43 D2, 44 A1
Su 155 D3, 156 A2
Suances 152 B1
Suaningi 17 C1
Suaredda 123 D1
Suave Mar 150 A3, 158 A1
Subate 74 A2
Subbersta 30 B3, 35 D2
Subbiano 115 C3, 116 B2
Subiaco 118 B2
Subotica 129 C2
Subotica 140 A1
Subotište 133 D1, 134 A1
Sučany 95 D1
Suceava 141 C1
Sučevići 131 C2
Suchá Hora 97 C2
Suchaŉ 71 C1
Suchdol nad Lužnicí 93 D1/2
Sucina 169 C3, 174 B1
Sückau 69 C1
Suckow 69 D1
Sučuraj 132 A3, 136 B1
Suda 75 D1
Sudanell 155 C3, 163 C1
Sudbe 43 C1
Sudbrookmerland 67 D1
Sudbrookmerland-Moordorf 67 D1
Sudbury 65 C2
Suddesjaur 16 A2
Suderbrarup 52 B2
Suderburg 69 B/C2
Süderlügum 52 A2
Suddidin 67 C3
Sudok 16 B2
Sudoměřice u Bechyně 93 D1
Sudovaja Višn'a 97 D2, 98 A2
Sudovec 127 D2

Süd-Rätansbyn 34 B3
Sueca 169 D2
Suellacabras 153 D3
Suelli 123 D3
Sueros de Cepeda 151 D2
Suèvres 87 C3
Sugag 140 B1/2
Sugenheim-Deutenheim 81 D3
Sugères 102 B3
Sugnet 39 C1
Suha 132 B2
Suha Punta 130 B1/2
Suhinići 75 D3
Suhl 81 D2
Suhlendorf 69 C2
Suho Polje 133 C1
Suhopolje 128 A3
Suhostrel 139 D2
Suhr 90 B3, 105 C1
Suica 131 D3, 132 A2/3
Sujavaara 11 C2
Suinula 25 C1
Suinula 25 C1, 26 A1
Suippes 88 B1
Sukarrieta 153 D1
Sukeva 22 B1
Sukobin 137 D2
Sukošan 130 B2
Sükösd 129 C2
Sukovo 139 C/D1
Suksela 24 B2
Sukth 137 D3, 142 A1
Sul 28 B3, 33 D1
Sula 32 B1
Sul'a 95 D2
Sulă 35 D3
Sulby 58 B1
Suldal 42 B1/2
Sulechów 71 C3
Sulęcin 71 C2
Sulejów 97 C1
Suleskar 42 B2
Sulesund 36 B1
Sulgen 91 C3
Sulibórz 71 C1
Sulikow 83 D1
Sulina 141 D2
Sulingen 68 A2
Sulitjelma 15 C1
Sulkava 22 B2
Sulkava 27 C1
Sulkava 25 D2, 26 A2
Sulkavanjarvi 21 D2, 22 A2
Sulkavanjarvi 22 B1/2
Sulkavapera 21 D1, 22 A1
Sully 103 C1
Sully-sur-Loire 87 D3
Sulmona 119 C1/2
Sulseter 37 D2
Sultanice 145 D2
Sulviken 29 C3, 34 A1
Sulysáp 129 C1
Sulz 90 B2
Sulzano 106 B3
Sulzbach 89 D1, 90 A1
Sulzbach 91 C2
Sulzbach am Main 81 C3
Sulzbach-Laufen 91 C1
Sulzbach-Rosenberg 82 A3, 92 A1
Sulzdorf-Oberessfeld 81 D2
Sutzemos-Einsbach 92 A2
Sulzfeld am Main 81 D3
Sumacárcel 169 C2
Sumartin 131 D3, 132 A3, 136 A1
Sumbilla 108 A3, 154 A1
Šumburk 83 D2
Sumeg 128 A1
Sumeg 96 B3
Šumen 141 C3
Sumainen 21 D3, 22 A3
Sumiswald [Sumiswald-Grünen] 105 C1
Sumjači 75 C3
Summa 26 B2
Sumony 128 B2/3
Sumperк 96 B2
Sumsa 19 D3
Sumstad 28 A2
Sünching 92 B1/2
Sund 8 A3
Sund 30 B3
Sund 35 C3
Sund 14 B1

Sund 41 D3
Sundborn 39 D2, 40 A2
Sundby 20 B1
Sunde 32 B1
Sunde 42 A1
Sunderland 61 D1
Sundern 80 B1
Sundern-Allendorf 80 B1
Sundern-Endorf 80 B1
Sundern-Hachen 80 B1
Sundet 29 C3, 34 A1
Sundklakk 8 B2
Sundlisætra 33 C2
Sundö 31 C2
Sundom 17 C3
Sundom 20 A2, 31 D3
Sunds 48 A/B2/3
Sundsbo 32 A2
Sundsfjord 14 B1
Sundsjö 35 B/C2
Sundsjöasen 35 B/C2
Sundsker 28 A2
Sundsvl 43 C2
Sundsvall 35 D3
Sundsvall-Selånger 35 D3
Sundsvall-Stockvik 35 D3
Sundsvoll 14 A3
Sundvollen 38 A3, 43 D1
Suni 123 C2
Sunja 127 D3, 131 C/D1
Sunnan 28 B2
Sunnanhed 39 D1/2
Sunnansjo 15 C3
Sunnansjo 31 C2
Sunnansjo 39 D3
Sunndal 36 A2
Sunndalsøra 32 B2
Sunne 39 C3
Sunne 34 B2
Sunnemo 39 C3
Sunnenberg 45 C/D2
Sunnersta 30 B2, 35 D1
Suo-Anttila 27 C2
Suodenniemi 24 B1
Suojanperä 7 C3
Suojoki 20 A/B3
Suolahti 21 D3, 22 A3
Suolovuobme 5 C3
Suomasema 25 C1
Suomela 25 C2/3
Suomen keskipiste 18 B3
Suomenniemi 26 B1
Suomijärvi 20 B3
Suomusjärvi 25 C3
Suomussalmi 19 D2
Suomunjoki 22 B3
Suoniala 27 C2
Suoniemi 24 B1
Suonnankylä 19 C1
Suontaka 24 A2
Suontee 22 B3
Suonttajärvi 11 C2
Suopajärvi 12 A/B3
Suopelto 25 D1, 26 A1
Suopelto 21 D2, 22 A2
Suorajärvi 19 D1
Suorva 9 D3
Šuošjavrre 5 D3, 6 A3, 11 C1
Suostola 12 B2
Suotukylä 21 D1, 22 A1
Suovaara 23 C2
Suovanlahti 21 D2, 22 A2
Superbagnères 155 C2
Superbesse 102 B3
Super Nendaz [Sion] 104 B2
Supersano 121 D3
Supetar 131 C/D3
Supetarska Draga 130 B1
Supino 119 B/C2
Süplingen 69 C3
Šuplja Stijeno 133 C3
Suppingen 69 C3
Supru 7 C3
Süptitz 82 B1
Supuru de Jos 97 D3, 140 B1
Surahammar 40 A3
Surany 95 C2/3
Suraz 75 B/C3
Suraz 99 D1
Surčin 133 D1, 134 A1
Surd 128 A2
Surdulica 139 C1
Surdulica 140 A3
Surgères 100 B2

Surhuisterveen

Surhuisterveen 67 C1
Süria 156 A2/3
Surier 104 B3
Şurlan 138 B2
Surnadalsøra 32 B2
Surnuinmäki 22 B3
Sursee 106 C1
Surte 45 C3
Surwold 67 D2
Sury-ès-Bois 87 D3
Susa 112 B1
Susak 130 A2
Susch 106 B1
Suscinio 85 C3
Susegana 107 D2/3
Sušice 93 C1
Sušice 96 A2
Susikas 25 C2
Süssen 91 C2
Susten [Leuk] 105 C2
Susteren 79 D1
Sustrum 67 D2
Susurluk 149 D1
Sutesti 141 C2
Sutivan 131 C/D3
Sutjeska 134 B1
Sutjeska 132 B2
Sutkavankylä 21 C3
Sutme 29 D1
Sutomore 137 D2
Sutri 117 C3, 118 A1
Sútrio 107 D2, 126 A2
Sutterton 61 D3, 65 C1
Suttó 95 D3
Sutton 65 C2
Sutton Coldfl. 64 A2
Sutton in Ashfield 61 D3, 65 C1
Sutton on Sea 61 D3, 65 C1
Sutton Scotney 65 C3, 76 B1
Suttrop 80 B1
Suurikylä 27 D1
Suurimäki 22 B2
Suurlahti 27 C1
Suur-Miehikkälä 27 B/C2
Suur-Saimaa 27 C1/2
Suutala 21 C2/3
Suutarinkylä 18 B3
Suvanto 12 B2
Suvantokumpu 11 D3, 12 B2
Suva Reka 138 B2
Suvereto 114 B3, 116 A2
Suvodol 138 B3
Suvorov 75 D3
Suvorovo 75 D2
Suwałki 73 D2
Suze-la-Rousse 111 C2
Suzzara 114 B1
Svabensverk 39 D2, 40 A1/2
Svaipavalle 15 C2
Švajcernica 129 B/C3
Svaljava 97 D2, 98 A3
Svalov 50 A3
Svanavattnet 30 A2
Svaneholm 50 B3
Svaneke 51 D3
Svaneke 72 A/B2
Svanesund 45 C3
Svängsta 51 C2
Svanningen 29 D2
Svannäs 16 A2
Svanninge 53 B/C2
Svansele 29 D2
Svansele 31 C1
Svanskog 45 C1
Svanstein 17 D1
Svanström 31 D1
Svanvik 7 C/D3
Svappavaara 10 B3
Svardnes 7 D1/2
Svardsjö 39 D2, 40 A2
Svarstad 43 D2, 44 A1
Svartå 46 A1
Svarta 47 C2
Svartback 26 B2/3
Svartberg 17 C2
Svartbyn 17 C2
Svarthamarster 37 D2
Svarthugen 33 D3
Svarttinge 46 B2
Svartisdalen 14 B2
Svartliden 31 C1
Svartlöga 41 C3, 47 D1

Svartnäs 40 A2
Svartnäs 14 B1
Svartnäs 7 D1/2
Svartoståden 17 C3
Svartvik 35 D3
Svarvar 20 A2
Sv'ataja Vol'a 98 B1
Svatsumj 37 D2
Sved 29 C3, 34 B1
Sved 29 C3, 34 B1
Svedala 50 A/B3
Svedala 72 A2
Svedasai 73 D2, 74 A2/3
Svedja 40 A1
Svedjan 16 B3
Svedje 29 D2, 30 A1/2
Svedje 31 C3
Sveg 34 B3
Sveindal 42 B3
Sveio 42 A1
Svelgen 36 A1/2
Svelvik 38 A3, 43 D1, 44 B1
Svenarum 46 A3, 50 B1
Svencionys 74 A3
Svendborg 53 C2
Svene 43 D1
Svenes 43 C3
Svenljunga 50 A/B1
Svenljunga 72 A1
Svennevad 46 A/B1/2
Svenningvik 14 B3
Svensby 4 A3
Svensbygd 50 B1
Svensbyn 16 B3
Svenshögen 45 C3
Svenskby 24 B3
Svenstavik 34 B2
Svenstorp 50 A/B3
Svenstrup 48 B1/2
Svedja 145 C2/3
Sveta Marija 136 B1
Sveta Nedelja 127 D3
Sveta Petka 135 B/C2/3
Sveti Areh 127 C2
Sveti Arhandel 138 B2
Sveti Arhandel 131 C2
Sveti Bogorodica 138 A/B3, 142 B1
Sveti Janez 126 B2
Sveti Jovan Bigorski 138 A/B3
Sveti Jurij 127 D1
Svetilović 99 D1
Sveti Martin 131 D3
Sveti Naum 142 B1
Sveti Naum 148 A1
Sveti Nikita 138 B2
Sveti Nikola 137 D2
Sveti Nikole 139 C2
Sveti Pantelejmon 138 B2
Sveti Rok 131 C2
Sveti Stefan 137 C2
Světlík 93 D2
Svetlogorsk 99 C1
Svetlovodsk 99 D3
Svetozarevo 140 A2
Svetozarevo 134 B2
Svetozar Miletić 129 C3
Svetvinčenat 130 A1
Svihov 83 C3, 93 C1
Svilajnac 134 B2
Svilajnac 140 A2
Sviland 42 A2
Svilengrad 145 D2
Svilengrad 141 C3
Svindal 44 B1
Svindalen 9 C1
Svineng 5 D3, 6 A3, 11 D1
Svines 14 A2
Svinesund 44 B1/2
Svinevoll 43 D2, 44 A/B1
Svinhult 46 A/B3
Svinica 135 C2
Sviniště 138 B3, 143 B/C1
Svinnegarn 40 A3, 47 C1
Svinninge 47 D1
Svinninge 49 C3, 53 C1
Svinvik 32 B2
Svištov 141 C2/3
Svitavy 96 B2
Svode 139 C1
Svodin 95 D3
Svoge 139 D1
Svoge 140 B3
Svolvær 8 B2
Svora 36 A/B1

Svorkmo 28 A3, 33 C2
Svortemyr 36 A2
Svrčinovec 95 D1
Svrljig 135 C3
Svrljig 140 A2/3
Svukuriset 33 D3
Svulrya 38 B2
Swadlincote 64 A1
Swaffham 65 C1/2
Swaffham Prior 65 C2
Swalmen 79 D1
Swanage 63 D3, 76 A2
Swansea 63 C1
Swarzędz 71 D2
Sweetheart Abbey 57 C3, 60 A1
Świdnica 71 C3
Świdnica (Schweidnitz) 96 B1
Świdwin 72 B2/3
Świdwin 71 C1
Świebodzin 71 C3
Świebodzin 72 A/B3, 96 A1
Świecie 72 B3
Świętno 71 C3
Swindon 64 A3
Swineshead 61 D3, 65 B/C1
Świnoujście (Swinemünde) 72 A2
Swinton 57 D2
Swisttal-Essig 80 A2
Swobnica 70 B2
Swords 58 A2
Syčovka 75 C/D2/3
Sydänmaa 20 B3
Sydänmaa 24 A2
Sydänmaa 24 B1
Sydänmaankylä 21 D1, 22 A1
Sydmo 24 B3
Sydnæs 42 A1
Sygnesand 36 B2
Sykaräinen 21 C1
Syke 68 A2
Syke-Barrien 68 A2
Syke-Heiligenfelde 68 A2
Sykkylven 32 A3, 36 B1
Sylling 43 D1
Sylstationen 33 D2, 34 A2
Syltefjord 7 C1
Syltevikmyra 7 D1
Sylt-Ost-Keitum 52 A2
Sylvana 25 B/C2
Sylvanès 110 A2
Synsiö 22 A/B3
Sypniewo 71 D1
Sypniewo 71 D1
Syrau 82 B2
Syri 21 C1
Syrja 23 C3
Syrjantaka 25 C2, 26 A2
Sysma 25 D1, 26 A1
Syssleback 38 B2
Syston 64 B1
Syterstugan 15 C2
Syt'kovo 75 C2
Syväjärvi 12 B2
Syväjärvi 11 B/C2
Syvalahti 23 C3
Syvänniemi 22 B2
Syvänsi 22 B3
Svyde 36 A1
Svydsnes 36 A1
Syvinki 21 C3
Syvsten 49 B/C1
Syyspohja 27 C1
Szabadbattyán 128 B1
Szabadhidvég 128 B1
Szabadszállás 129 C1
Százálly 128 B2
Szakcś 128 B2
Szakmár 129 C2
Szalánta 128 B2/3
Szalkszentmárton 129 C1
Szamocin 71 D2
Szamotuly 71 D2
Szántód 128 B1
Szany 95 C3
Szarvas 129 D1
Szarvas 97 C3, 140 A1
Százhalombatta 95 D3, 129 C1
Szczecinek (Neustettin) 71 D1

Szczecinek (Neustettin) 72 B2/3
Szczecin (Stettin) 72 A3
Szczecin (Stettin) 70 B1
Szczekociny 97 C1
Szczerców 97 B/C1
Szczuczarz 71 C2
Szczuczyn 73 D3, 98 A1
Szczytno (Ortelsburg) 73 C3
Szederkény 128 B2/3
Szeged 129 D2
Szeged 97 C3, 140 A1
Szeghalom 97 C3, 140 A1
Szegvár 129 D2
Székesfehérvár 128 B1
Székesfehérvár 96 B3
Székkutas 129 D2
Szekszárd 129 C2
Szekszárd 96 B3
Szemerecsornyé 127 D2, 128 A2
Szend 95 C3
Szentendre 95 D3
Szentes 129 D2
Szentes 97 C3, 140 A1
Szentgotthàrd 127 D1
Szentkút 95 C3
Szentlászló 128 B2
Szentlőrinc 128 B2
Szentmártonkáta 129 C1
Szenyér 128 A2
Szerencs 97 C2/3
Szigetszentmiklós 95 D3, 129 C1
Szigetszentmiklós 95 D3, 129 C1
Szigetújfalu 129 C1
Szigetvár 128 B2
Szígliget 128 A1
Szil 95 B/C3
Szilvágy 127 D1, 128 A1/2
Szlichtynogowa 71 D3
Szob 95 D3
Szolnok 129 D1
Szolnok 97 C3, 140 A1
Szőlősgyörök 128 B2
Szombathely 127 D1, 128 A1
Szombathely 96 B3
Szomor 95 D3
Szőny 95 C3
Szprotawa (Sprottau) 96 A1
Szuloik 128 A2
Szwecja 71 D1
Szydłowo 71 D1/2

T

Tå 40 A1
Taalintehdas 24 B3
Taapajärvi 12 A2, 17 D1
Taasia 25 D2, 26 B2
Taatsijarvi 11 D2, 12 A/B1
Taaurainen 19 D1
Taavetti 27 B/C2
Tab 128 B1/2
Tabanera de Cerrato 152 B3
Tabanovce 139 C2
Tábara 151 D3, 159 D1
Taberg 45 D3
Tabernas 173 D2
Tabernas 154 B3
Tabernes de Valldigna 169 D2
Taberno 174 A1
Tabiano Terme 114 A1
Taboada 150 B2
Taboadela 150 B2/3
Taboado 158 B1/2
Tàbor 93 D1
Tábor 96 A2
Taborska Jama 127 B/C2/3
Tabua 158 B3
Tabuaço 158 B2
Tabuenca 154 A3, 162 A1
Taby 47 C1
Täby station (Vallentuna) 47 C1
Tàc 128 B1
Taceno 105 D2, 106 A2
Tačev 97 D3, 98 A3

Tallsjö

Tachertíng 92 B2/3
Tacherting-Peterskirchen 92 B2/3
Tachov 82 B3
Tackåsen 39 D1
Tacken 69 D1/2
Tacktom 24 B3
Tadcaster 61 D2
Tadène 45 C2
Taeniula 12 B3
Tafalla 154 A2
Tafjord 32 A3, 36 B1
Tafteå 31 C3
Tafteå 20 A1, 31 D2
Tåganes 42 A2
Tågarp 50 A3
Tåggia 113 C2
Tagliacozzo 119 B/C1/2
Taglio di Po 115 C1
Tagnon 78 B3
Tågsjoberg 30 A2, 35 C/D1
Tågsjoberg 30 A2, 35 C/D1
Tahkoranta 22 B3
Tahtela 25 C3
Tahtela 12 B2
Tahuli 155 D2
Tähüs 155 C2
Tai di Cadore 107 D2
Tailleboürg 100 B2/3
Taimoniemi 21 D2, 22 A2
Tain 54 B2
Tainijoki 18 B1
Taininiemi 18 B1
Tain-l'Hermitage 103 D3, 111 C1
Taipale 12 B3
Taipale 24 B1
Taipale 18 A2
Taipale 22 B2
Taipaleenharjü 18 B2
Taipaleenkylä 21 B/C3
Taipaleensuu 11 C3
Taipalsaari 27 C2
Taipana 126 A2
Taipas 158 A1
Taiskirchen im Innkreis 93 C2
Taivalkoski 19 C1/2
Taivalmaa 20 B3
Taivassalo 24 A2
Tajmiste 138 B3
Tajov 95 D2
Tajueco 153 C/D3, 161 C1
Takácsi 95 C3, 128 A1
Takévoisi 4 A3, 9 D1, 10 A1
Takene 45 D1
Takkula 25 C3
Takkula 24 B2
Taklax 20 A2/3
Takovo 133 D2, 134 A2
Taksony 95 D3, 129 C1
Talamanca 157 D3
Talamantes 154 A3, 162 A1
Talamona 106 A2
Talamone 116 B3
Talana 123 D2
Talarn 155 D2/3
Talarrubias 166 B2
Talavàn 159 C/D3, 165 D1, 166 A1
Talavera 155 C3, 163 C1
Talavera de la Reina 160 A3, 166 B1
Talavera la Real 165 D2
Talayuela 159 D3
Talayuelas 163 C3, 169 D1
Talcy 87 C3
Tales 162 B3, 169 D1
Talgarth 63 C1
Talhadas 158 A2
Tàliga 165 C2
Talla 115 C3, 116 B2
Tallaght 58 A2
Tallard 112 C2
Tallàs 15 D3
Tallåsen 38 B2
Tallberg 39 D2
Tallberg 31 C2
Tallberget 17 C2
Taller 108 A2
Tallhed 39 D1
Tallinn 74 A1
Talljärv 17 C2
Tallnäs 15 D2
Talloires 104 A3
Tallsjö 30 B2

Tallsund — Terque

Tallsund 16 A3
Tallträsk 30 B1
Tallträsk 31 C/D1
Tällträsk 16 B3
Talluskylä 22 B2
Talmont 100 A2
Talmont 100 B3
Tal'noe 99 C/D3
Talsi 73 D1
Tälsmark 20 A1, 31 D2
Taluspera 18 A3
Talvadas 6 B2
Talviainen 25 C1
Talvik 5 C2
Talvikstua 5 C2
Talybont 59 C3
Tamajón 161 C2
Tamame 159 D1
Tamames 159 D2
Tamanhos 158 B2
Tämara 152 B3
Tamarinda 157 C1
Tamarite de Litera 155 C3
Tamäsi 128 B2
Tamási 96 B3
Tambach-Dietharz 81 D2
Tâme 31 D1
Tammela 25 C2
Tammela 19 D1
Tammerfors 25 C1
Tammijärvi 25 D1, 26 A1
Tammilahti 25 D1, 26 A/B1
Tammisilta 24 B2/3
Tamnay-en-Bazois 103 C1
Tamnes 33 D2
Tampere (Tammerfors) 25 C1
Tamsweg 126 B1
Tämta 45 C3
Tamurejo 166 B2
Tamworth 64 A1/2
Tana Bru 7 C2
Tanagärd 7 C1
Tanägra 147 D2
Tanai/Thanai 106 B1
Tanarange 42 A2
Tancarville 77 C3
Tändärei 141 C2
Tanderagee 58 A1
Tando 39 C2
Tandsbyn 34 B2
Tandsjöborg 39 D1
Tängaberg 49 D1, 50 A1
Tanganheira 164 A3, 170 A1
Tängböle 29 C3, 34 A1/2
Tangen 42 A/B1
Tangen 38 B3
Tangen 44 B1
Tangen 5 C2
Tangen 38 A2
Tänger 39 D2, 40 A2
Tangerhütte 69 D2
Tangermünde 69 D2
Tangleger 33 C3, 37 D1
Tangsjöstugan 38 B1
Tängvattnet 15 C2/3
Tanhua 12 B2
Taninges 104 B2
Tankapirtti 12 B1
Tankavaaran kultakylä 12 B1
Tankolampi 21 D3, 22 A3
Tanlay 88 A/B3
Tann 81 D2
Tanna 82 A2
Tannäker 50 B1
Tannäs 34 A3
Tannay 88 A3
Tanndalen 34 A3
Tanne 69 C3, 81 D1
Tannenbergsthal 82 B2
Tannesberg 82 B3, 92 B1
Tannhausen (Aalen) 91 D1
Tannheim 91 D3
Tannheim (Biberach) 91 D3
Tannila 18 B2
Tann (Pfarrkirchen) 92 B2
Tannsjön 30 A2/3, 35 C1
Tannvik 33 B/C1/2
Tanowo 70 B1
Tantallon Castle 57 C1
Tantonville 89 C2
Tantow 70 B1
Tanttila 25 C/D2, 26 A2
Tanum 44 B2

Tanumshede 44 B2
Tanus 110 A2
Tanvald 83 D2
Taormina 125 D2
Tapa 74 A1
Tapale 24 B2
Tapaninkylä 19 D3
Tapfheim 91 D2
Tápia de Casariego 151 C1
Tápióbicske 129 C1
Tápiógyörgye 129 D1
Tapioles 151 D3, 152 A3, 159 D1
Tapionkylä 12 A3
Tapionniemi 12 B3
Tápiószele 129 D1
Tápiószentmárton 129 C/D1
Tápiószőlős 129 D1
Tapojärvi 11 C3
Tapojoki 11 C3
Tapolca 128 A1
Tapolca 96 B3
Tapolcafő 128 A1
Tapperskar 14 B2
Taps 52 B1
Tar 126 A/B3, 130 A1
Taracena 161 C2
Taradell 156 A2
Taraklija 141 D1
Taramundi 151 C1
Tarancón 161 C3
Tarancueña 161 C1
Táranto 121 C3
Táranto Talsano 121 C3
Tarare 103 C2
Taraš 129 D3
Tarašča 99 C3
Tarascon 111 C2
Tarascon-sur-Ariège 155 D2, 156 A1
Tarasp-Fontana [Scuol-Tarasp] 106 B1
Taravilla 161 D2
Tarazona 154 A3
Tarazona de Guareña 160 A1/2
Tarazona de la Mancha 168 B1/2
Tärbæk 49 D3, 50 A3, 53 D1
Tarbena 169 D2
Tarbert 56 A2
Tarbert 54 A2/3, 55 D1
Tarbert 54 A2
Tarbert 55 C3
Tarbes 108 B3, 155 C1
Tarbet 56 B1
Tarbet 54 A2, 55 D1
Tarcento 126 A2
Tarčin 132 B3
Tardajos 153 B/C2
Tardajos de Duero 153 D3, 161 D1
Tardelcuende 153 D3, 161 D1
Tardets-Sorholus 108 A/B3, 154 B1
Tardienta 154 B3
Tardobispo 159 D1
Tärendo 17 C1
Tarfalastugan 9 D3
Targon 108 B1
Târgovişte 141 C3
Tarhapää 21 C3
Tariego 152 B3
Tarifa 171 D3
Tarján 95 D3
Tarleton 59 D2, 60 B2
Tarm 48 A3
Tarmstedt 68 A1/2
Tärnaby 15 C3
Tarnala 27 D1
Tärnamo 15 C3
Tärnasjöstugan 15 C2
Tärnet 7 D2
Tarnobrzeg 97 C1, 98 A2
Tarnów 97 C2
Tarnów 71 B/C2
Tarnówka 71 D1
Tarnowo 71 D2
Tarnowo Podgórne 71 D2
Tärnsjo 40 A3
Tärrivik 6 B1
Tärnvik 8 B3
Taroda 161 D1
Tarouca 158 B2

Tarp 52 B2
Tarporley 59 D2, 60 B3
Tarquínia 116 B3, 118 A1
Tarraälvshyddan 15 D1
Tarragona 163 C2
Tärrajaur 16 A2
Tarraluoppalstugorna 15 D1
Tärrega 155 C3, 163 C1
Tarrekaisestugan 15 D1
Tarrés 163 D1
Tarroja de Segarra 155 C3, 163 C1
Tärs 48 B1
Tärs 53 C2
Tarsele 30 A2, 35 C/D1
Társia 122 A/B1
Tartanedo 161 D2, 162 A2
Tártano 106 A2
Tartas 108 A/B2
Tärttäsesti 141 C2
Tartu 74 A/B1
Tarusa 75 D3
Tarutino 141 D1
Tarvaala 21 D2/3, 22 A2/3
Tarvainen 24 A/B2
Tarvasjoki 24 B2
Tarvin 59 D2, 60 B3
Tarvisio 126 A/B2
Tarvisio 96 A3
Tarvola 21 C2
Tasch 105 C2
Täsjö 30 A2
Täsnad 97 D3, 140 B1
Tasov 94 A/B1
Tasovčići 132 A/B3, 136 B1
Tasovice 94 A/B1/2
Tass 129 C1
Tassin-la-Demi-Lune 103 D2/3
Tästrup 49 D3, 50 A3, 53 D1
Tát 95 D3
Tata 95 C/D3
Tataháza 129 C2
Tatarbunary 141 D1
Tatárszentgyörgy 129 C1
Tátorp 45 D2, 46 A2
Tattershall 61 D3, 65 B/C1
Tatton Hall 59 D2, 60 B3
Tau 42 A2
Tauberbischofsheim 81 C3
Taucha 82 B1
Tauer 70 B3
Taufkirchen an der Pram 93 C2
Taufkirchen 92 B2
Taufkirchen 92 B2
Taulé 84 B2
Taulignan 111 C1/2
Taulu 25 D1, 26 A1
Taunton 63 C2
Taunusstein 80 B3
Taurage 73 C/D2
Taurianova 122 A3
Taurisano 121 D3
Tauste 155 C3
Tauves 102 B3
Tauvo 18 A2/3
Tavankut 129 C2
Tavannes 89 D3, 104 B1
Tavarnelle Val di Pesa 114 B3, 116 B2
Tavasbarlang 128 A1
Tavascan 155 C2
Tavastehus 25 C2
Tavastila 26 B2
Tavastkenkä 18 B3, 22 A/B1
Tavastkyro 24 B1
Taveiro 158 A3
Tavela 19 C/D1
Tavelsjö 31 C2
Taverna 122 B2
Taverna Piccinini 117 D3
Tavernelle 115 C3, 117 C2/3
Tavernelle 114 A2, 116 A1
Tavernes 112 A3
Tavérnola Bergamasca 106 A/B3
Tavérnole sul Mella 106 B3
Taverny 87 C/D1
Taviano 121 D3
Tavíkovice 94 A/B1
Tavira 170 B2

Tavistock 63 B/C3
Tavoleto 115 D2, 117 C1
Taxan 30 A2, 35 C1
Taxenbach 107 D1, 126 A1
Tayinloan 56 A2
Taynuilt 56 A1
Tayport 57 C1
Tayvallich 56 A1
Tazones 152 A1
Tczew 73 B/C2
Tealby 61 D3
Teana 120 B3
Teano 119 C3
Teba 172 A2
Tébar 168 B1
Tebay 57 C3, 59 D1, 60 B1
Tebeljevo 127 C2
Tecklenburg 67 D3
Teckomatorp 50 A3
Tecuci 141 C1
Teeriranta 19 D2
Teerivaara 19 B/C1
Teersalo 24 A2/3
Teesside 61 D1
Tégea 147 C3
Tegelen 79 D1
Tegelsmora 40 B2/3
Tegelträsk 30 B2, 35 D1
Tegernau 90 A/B3
Tegernsee 92 A3
Teggiano 120 A3
Téglio 106 B2
Tegneby 44 B3
Tehi 25 D1, 26 A1
Teichel 82 A2
Teichwolframsdorf 82 B2
Teigen 4 A/B2
Teigen 32 B3, 37 C1
Teignmouth 63 C3
Teijo 24 B3
Teillet 110 A2
Teisendorf 92 B3
Teiska 25 C1
Teisnach 93 B/C1
Teistungen 81 D1
Teixeiro 150 B1/2
Teixoso 158 B3
Tejadillos 162 A3
Tejado 153 D3, 161 D1
Tejares 160 B1
Tejeda de Tiétar 159 D3
Tejn 51 D3
Tekeriš 133 C2
Tekija 135 C1/2
Tekija 133 C2
Tekirdağ 149 D1
Tekovské Ĺužany 95 D2
Teksodal 28 A2/3, 33 C1
Tekučica 132 B1
Telavåg 36 A3
Telč 94 A1
Telč 96 A2
Telenešty 141 D1
Telese 119 D3
Telford 59 C3, 64 A1
Telfs 107 B/C1
Telgte 67 D3
Telheira 170 A1
Teljo 23 D1
Telkkälä 18 B1
Tellancourt 79 C3
Tellingstedt 52 B3
Telnes 14 B1/2
Telnice 94 B1
Telőcs 158 B1
Telšiai 73 C/D1/2
Telti 123 D1
Teltow 70 A2/3
Telve 107 C2
Tembleque 161 C3, 167 D1
Temelin 93 D1
Temenica 127 C2/3
Temerin 129 D3
Temerin 140 A2
Temkino 75 D3
Temmes 18 A/B3
Tempelseter 37 D3
Témpio Pausánia 123 D1
Templeuve 78 A2
Templin 70 A2
Templin 72 A3
Temse 78 B1
Temska 135 C3, 139 C1
Tenala/Tenhola 24 B3
Tenay 103 D2, 104 A2/3
Ten Boer 67 C1
Tenbury Wells 59 D3

Tenby 62 B1
Tence 103 C3, 111 C1
Tende 112 B2
Tendilla 161 C2
Tenebrón 159 C2
Tengen 90 B3
Tengen-Watterdingen 90 B3
Tenhuilt 45 D3, 46 A3
Tenigerbad [Rabius-Surrein] 105 D1/2
Teningen 90 A/B2
Tenja 129 C3
Tennenbronn 90 B2
Tennevoll 9 D2
Tennilä 25 D2, 26 A2
Tennilä 12 B3
Tenno 106 B2
Tennsjö 30 B2
Tennskjær 4 A3
Tennstrand 8 B2
Tennvalen 14 A2
Tensta 40 B3
Tenterden 77 C1
Tentúgal 158 A3
Teo 150 A2
Teora 120 A2
Teovo 138 B3
Tepasto 11 D3, 12 A1
Tepelené 142 A2
Tepelené 148 A1
Teplá 82 B3
Teplice 83 C2
Teplice 96 A1
Teplingan 28 B1
Tepsa 11 D3, 12 A/B2
Teralahti 25 C1
Téramo 117 D3, 119 C1
Ter Apel 67 C2
Terborg 67 C3
Terchová 95 D1
Terchovà 135 C1
Teregova 135 C1
Terehovka 99 D1
Teremia Mare 129 D2/3
Terena 165 C2
Terento/Terenten 107 C1
Terese 162 B3, 169 C1
Teresa de Cofrentes 169 C2
Terešov 83 C3
Terespol 73 D3, 97 D1, 98 A1
Terezín 83 C2
Terezino Polje 128 A2/3
Tergnier 78 A3
Terheiden 66 A/B3, 79 C1
Terjärv/Teerijärvi 21 C1
Terlet 67 B/C3
Terlizzi 120 B2, 136 A3
Termahovka 99 C2
Termas de Monfortinho 159 C3
Terme 122 A/B1
Terme di Brénnero/Brennerbad 107 C1
Terme di Casteldória 123 C1
Terme di Lurisia 113 B/C2
Terme di Miradolo 105 D3, 106 A3, 113 D1
Terme di Sárdara 123 C3
Terme di Valdieri 112 B2
Terme Luigiane 122 A1
Termeno/Tramin 107 C2
Termes 155 C/D3, 163 C1
Termes 110 A3, 156 B1
Termes de Orion 156 B2/3
Termignon 104 B3
Terminiers 87 C2
Termini Imerese 124 B2
Terminón 153 C2
Termoli 119 D2, 120 A1
Termunten 67 C1
Ternant 88 B3, 103 D1
Terndrup 48 B2
Ternell 79 D2
Terneuzen 78 B1
Terni 117 C3, 118 B1
Ternitz 94 A3
Ternopol' 98 B3
Terpani 142 A2
Térpillos 139 D3, 143 D1, 144 A1
Terpnäs 143 C3
Terpnás 148 A1
Terpsithéa 146 B1/2
Terque 173 D2

Terracina 105 Todal

Terracina 119 B/C2/3
Terrades 156 B2
Terradillos de Templarios 152 A2
Terrák 29 B/C1
Terralba 123 C2/3
Terranho 158 B2
Terranova da Sibari 122 B1
Terranova di Pollino 120 B3, 122 A/B1
Terranuova Bracciolini 115 C3, 116 B2
Terras do Bouro 150 B3, 158 A1
Terrasini 124 A1/2
Terrassa 156 A3
Terrasson-la-Villedieu 101 C3, 108 B1
Terrateig 169 D2
Terravecchia 122 B1
Terrer 162 A1
Terriente 162 A3
Terrinches 167 D2, 168 A2
Terrugem 164 A2
Tersløse 49 C3, 53 C/D1
Tertenia 123 D2/3
Teruel 162 A/B2/3
Tervahauta 24 B1
Tervajoki 20 B2
Tervakoski 25 C2
Tervala 21 D3, 22 A3
Tervavaara 19 C2
Tervel 141 C2
Tervo 22 B2
Tervola 17 D2, 18 A1
Tervolan asema 17 D2, 18 A1
Terz 94 A3
Terzone San Pietro 117 D3, 118 B1
Tésa 95 D2/3
Tešanj 132 B1/2
Teschendorf 70 A2
Tesijoki 25 D2, 26 B2/3
Teslić 132 B1/2
Tesserete [Lugano] 105 D2
Tessin 53 D3
Tessy-sur-Vire 85 D1
Testa del Gargano 120 B1, 136 A2/3
Testa dell'Acqua 125 C/D3
Tét 95 C3
Tetbury 63 D1, 64 A3
Teterow 53 D3, 69 D1, 70 A1
Teterow 72 A2
Teteven 140 B3
Teti 123 D2
Tetovo 138 B2
Tetovo 140 A3
Tetrálofon 143 C2
Tettau 82 A2
Tettnang 91 C3
Tettnang-Langnau 91 C3
Teublitz 92 B1
Teuchern 82 B1
Teufen 91 C3
Teufenbach 126 B1
Teulada 123 C3
Teulada 169 D2
Teupitz 70 A3
Teunajarvi 17 C1
Teurajarvi 12 A2
Teuro 25 C2
Teusajaurestugorna 9 D3
Teuschnitz 82 A2
Teutleben 81 D2
Teutschenthal 82 A1
Teuva (Östermark) 20 A3
Tevaniemi 24 B1
Tevansjo 35 C3
Tevánto 25 C2
Tevel 128 B2
Tewkesbury 63 D1, 64 A2
Thal 81 D2
Thale 69 C3
Thalfang 80 A3
Thalgau 93 C3
Thalheim 82 B2
Thalkirch [Versam-Safien] 105 D2, 106 A1/2
Thalmässing 92 A1
Thame 64 B3
Thann 89 D3, 90 A3
Thannhausen 91 D2
Thaon 76 B3, 86 A1
Thaon-les-Vosges 89 D2

Tharandt 83 C1/2
Thárros 123 C2
Tharsis 171 C1
Thásos 145 C1
Thásos 145 C1
Thásos 149 C1
Thaxted 65 C2
Thaya 94 A1/2
Thayngen 90 B3
Theddlethorpe Saint Helen 61 D3
Thedinghausen 68 A2
Theessen 69 D3
Theilenhofen-Dornhausen 91 D1
Theix 85 C3
Themar 81 D2
The Mumbles 63 C1
Thénezay 101 C1
Thenon 101 D3, 109 C1
Theodorákion 143 D1
Theodóriana 143 B/C3
Theológos 147 C1
Theológos 145 C2
Théoule-sur-Mer 112 B3
Thermes-d'Armagnac 108 B2/3
Thérmi 143 D2, 144 A2
Thermisía 147 D3
Thérmon (Kefalóvrison) 146 B1/2
Thermopylai 147 C1
Thérmos 146 B1/2
Thernberg 94 A/B3
Thérouanne 77 D2
Thespiaí 147 C2
Thesprōtikón 142 B3
Thessaloníki 143 D2, 144 A2
Thessaloníki 148 B1
Thetford 65 C2
Theth 137 D2, 138 A2
The Trossachs 56 B1
Theux 79 D2
Thevet-Saint-Julien 102 A1
Thézan 110 A3, 156 B1
Thèze 108 B3, 154 B1
Thiaucourt-Regniéville 89 C1
Thiberville 86 B1
Thibie 88 B1
Thiéblemont-Farémont 88 B1/2
Thiendorf 83 C1
Thiene 107 C3
Thierhaupten 91 D2, 92 A2
Thierhaupten-Baar 91 D2, 92 A2
Thierhaupen-Unterbaar 91 D2
Thiers 103 B/C2
Thiersheim 82 B3
Thiesi 123 C2
Thiézac 110 A1
Thionville 89 C1
Thira 149 C3
Thiron 86 B2
Thirsk 61 D2
Thisóa 146 B3
Thisted 48 A2
Thisví 147 C2
Thivai 147 C/D2
Thivai 148
Thiviers 101 D3
Thizy 103 C2
Thoirette 103 D2, 104 A2
Thoissey 103 D2
Thoisy-la-Berchère 88 B3, 103 C1
Tholen 78 B1
Tholey-Theley 80 A3, 90 A1
Tholón 146 B3
Thomatal 126 B1
Thonac 109 C1
Thônes 104 A/B2/3
Thonon-les-Bains 104 B2
Thorame-Basse 112 A2
Thorame-Haute 112 A2
Thorens-Glières 104 A2
Thorigné-sur-Dué 86 B2
Thorigny-sur-Oreuse 88 A2
Thorikón 147 D3
Thörl 94 A3
Thornaby-on-Tees 61 D1
Thornbury 63 D1

Thorne 61 C2
Thorney 65 C1/2
Thornhill 57 B/C2
Thornhill 54 B3
Thornton 59 C/D1, 60 B2
Thorsager 49 C2
Thorsø 48 B2
Thouarcé 86 A3, 100 B1
Thouars 101 C1
Thourie 85 D2/3
Thoúrion 145 D3
Thrapston 64 B2
Threave Castle 56 B3, 60 A1
Threshfield 59 D1, 61 B/C2
Thués-les-Bains 156 A2
Thueyts 111 C1
Thuin 78 B2
Thuir 156 B1/2
Thun 105 C1
Thungen 81 C3
Thurey 103 D1
Thurles 55 C/D3
Thurnau 82 A3
Thurøby 53 C2
Thursby 57 C3, 60 B1
Thurso 54 B1
Thury-Harcourt 86 A1
Thusis 105 D1, 106 A1
Thyborøn 48 A2
Thyregod 48 B3
Thyrnau 93 C2
Tiarp 45 D3
Tibănești 141 C2
Tibble 47 C1
Tibro 45 D2, 46 A2
Tickhill 61 C3
Ticleni 135 D1
Tidaholm 45 D3
Tidan 45 D2
Tidersrum 46 B3
Tido 46 B1
Tiedra 152 A3, 160 A1
Tiefenbach 93 C2
Tiefenbach 92 B1
Tiefenbronn 90 B1/2
Tiefencastel 106 A1/2
Tiefensee 70 B2
Tiel 66 B3
Tielt 78 A1
Tiemassâan 23 B/C3
Tienen 79 C2
Tierga 154 A3, 162 A1
Tiermas 154 A/B2
Tierp 40 B2
Tierzo 161 D2, 162 A2
Tiffauges 100 B1
Tigănasi 135 C2
Tigănești 141 C2
Tighnabruaich 56 A2
Tignes 104 B3
Tigy 87 C/D3
Tihany 128 B1
Tihilä 21 D1, 22 A/B1
Tihusnïemi 22 B3
Tihvin 75 C1
Tiingvoll 32 B2
Tiistenjoki 20 B2
Tiitilänkylä 22 A/B2
Tijesno 131 C3
Tijola 173 D2
Tikkakoski 21 D3, 22 A3
Tikkala 21 D3, 22 A3
Tikkala 23 D3
Tilburg 79 C1
Tilbury 65 C3
Til-Châtel 88 B3
Tilh 108 A/B3, 154 B1
Tilkainen 24 B2
Tillberga 40 A3, 46 B1
Tilleda 82 A1
Tillicoultry 57 B/C1
Tillières-sur-Avre 87 B/C1
Tilllikkala 26 B1
Tilly 101 C2
Tilly-sur-Seulles 76 B3, 86 A1
Tiltrëm 28 A2/3, 33 C1
Tim 48 A2/3
Timau 107 D2, 126 A2
Timbonás 38 B3
Timelkam 93 C3
Timfristós 146 B1
Timișoara 140 A1
Timmele 45 D3
Timmendorfer Strand 53 C3
Timmernabben 51 D1

Timmersdala 45 D2
Timmervik 45 C2
Timoniemi 19 D3
Timrå 35 D3
Tinåhely 58 A3
Tinajas 161 D2/3
Tinalhas 158 B3, 165 C1
Tinca 97 C3, 140 A1
Tinchebray 86 A1
Tineo 151 C/D1
Tingley 52 B2
Tingsryd 51 C2
Tingsryd 72 A/B1
Tingstäde 47 D2
Tingvatyn 42 B3
Tinizong (Tinzen) [Tiefen-castel] 106 A2
Tinjan 126 B3, 130 A1
Tinnoset 43 C1, 44 A1
Tinnye 95 D3
Tinos 149 C2
Tintagel 62 B3
Tintăreni 135 D2
Tinténiac 85 C/D2
Tintern Abbey 63 D1
Tintern Parva 63 D1
Tintigny 79 C3
Tione di Trento 106 B2
Tipasjarvi 23 C1
Tipasjoki 23 C1
Tipasoja 23 C1
Tipperary 55 C3
Tirane 137 D3, 138 A3, 142 A1
Tirano 106 B2
Tiraspol' 141 D1
Tire 149 D2
Tire 149 C3
Tirgo 153 C2
Tirgoviște 141 C2
Tirgu Bujor 141 C/D1
Tirgu Cărbunești 135 D1
Tirgu Frumos 141 C1
Tirgu Jiu 140 B2
Tirgu Jiu 135 D1
Tirgu Lăpuș 97 D3, 140 B1
Tirgu Mureș 97 D3, 140 B1
Tirgu Neamț 141 C1
Tirgu Ocna 141 C1
Tirgu Secuiesc 141 C1
Ting 163 C2
Tiriolo 122 B2
Tirli 116 A3
Tirmo 25 D3, 26 A3
Tirnăveni 97 D3, 140 B1
Tirnavos 148 B1
Tirnavos 143 D3
Tirpersdorf 82 B2
Tirrénia 114 A3, 116 A2
Tirro 6 B3
Tirschenreuth-Wondreb 82 B3
Tirschenreuth 82 B3
Tirstrup 49 C2
Tirtefauten 167 C2
Tirvys 147 C3
Tiscar 167 D3, 168 A3, 173 C/D1
Tisleidalen 37 D3
Tismana 135 D1
Tišnov 94 B1
Tišnov 96 B2
Tisselskog 45 C2
Tistrup 48 A3, 52 A1
Tisvildeleje 49 D3, 50 A2/3
Tiszaalpar 129 D1
Tiszabecs 97 D3, 98 A3
Tiszabő 129 D1
Tiszafoldvár 129 D1
Tiszafüred 97 C3
Tiszakécske 129 D1
Tiszaroff 129 D1
Tiszasüly 129 D1
Tiszatenyő 129 D1
Tiszavárkony 129 D1
Tiszavasvárl 97 C3
Titaguas 162 A/B3, 169 C1
Titane 147 C2
Titel 129 D3, 133 D1, 134 A1
Tithoréa 147 C1/2
Titisee-Neustadt 90 B3
Tito 120 A/B2
Titograd 137 D2
Titova Korenica 131 C1/2
Titova Mitrovica 138 B1
Titova Mitrovica 140 A3

Titova pećina 131 D2, 132 A2
Titov Drvar 131 C2
Titovo Užice 133 D2/3, 134 A2/3
Titovo Užice 140 A2
Titovo Velenje 96 A3
Titovo Velenje 127 C2
Titov Veles 139 C3
Titov Veles 140 A3
Titran 32 B1
Tittelsnes 42 A1
Titting 92 A1
Tittling 93 C2
Tittmoning 92 B3
Tittmoning-Wiesmühl 92 B3
Titu 141 C2
Titulcia 161 C3
Titz 79 D1
Titz-Rödingen 79 D1/2
Tiuccia 113 D3
Tiukurova 13 C3
Tiukuvaara 10 D3, 12 A2
Tiurajärvi 11 C3, 12 A2
Tiurana 155 C3
Tivat 137 C2
Tived 46 A2
Tivenys 163 C2
Tiverton 63 C2
Tivissa 163 C2
Tivoli 118 B2
Tivsjon 35 C2
Tizac-de-Courton 108 B1
Tizzano 113 D3
Tizzano Val Parma 114 A1
Tjäkkelesjugan 14 B3, 29 D1
Tjalder 47 D2/3
Tjallingen 34 A2
Tjallmo 46 A/B2
Tjälme 10 A2
Tjämotis 16 A1
Tjaereborg 48 A3, 52 A1
Tjärn 30 B2, 35 D1
Tjärnberg 16 A3
Tjärnkullen 29 D1
Tjärnmyrberget 29 D2, 30 A1
Tjärno 44 B2
Tjäro 51 C2
Tjaruträsk 17 C2
Tjåurek 10 A3
Tjeldnes 9 C2
Tjeldstø 36 A3
Tjeldsund 9 C2
Tjele 48 B2
Tjelle 32 B2
Tjentište 133 B/C3
Tjernet 14 B3
Tjock/Tiukka 20 A3
Tjolmen 14 B3
Tjolöholm 49 D1, 50 A1
Tjøme 43 D2, 44 B1
Tjøme 43 D2, 44 B1
Tjønnefoss 43 C2
Tjørholm 42 B2
Tjørnarp 50 B2/3
Tjøtta 14 A2/3
Tjourensjugan 29 C2, 34 A1
Tjuda 24 B3
Tjugum 36 B2
Tjuonajäkk 10 A3
Tjurko 51 C2
Tkon 130 B2/3
Tlmače 95 D2
Tlumač 97 D2, 98 B3
Tlumačov 95 C1
Toano 114 B2, 116 A1
Toba 81 D1
Tobarra 168 B2
Tobed 163 C1
Tobelmatal 127 C1
Tobermory 56 A1
Tobermochl 56 A1
Tobo 40 B2/3
Toboada 150 B2
Tøbolič 130 B1
Tobru 38 A2
Toby 20 A/B2
Tocane-Saint-Apre 101 C3
Tocha 158 A3
Tocina 171 D1
Töcksfors 45 C1
Tocón 172 B2
Todal 32 B2

Todal 106 Torsansalo

Todal 32 B2
Todi 117 C3
Todmorden 59 D1/2, 60 B2
Todolella 162 B2
Todorovo 131 C1
Todtmoos 90 B3
Todtnau 90 B3
Todtnau-Todtnauberg 90 B3
Toem 150 B2
Tøffedal 45 C2
Tofta 47 D3
Toftaholm 50 B1
Tofte 43 D1, 44 B1
Toftlund 52 B1/2
Töging am Inn 92 B2
Tohmajärvi 23 D3
Tohmo 12 B3
Toholampi 21 C1
Toija 25 B/C3
Toijala 25 C2
Toikkala 26 B2
Toivakka 21 D3, 22 A3
Toivakka 18 B1
Toivala 22 B2
Toiviaiskylä 21 D1, 22 A/B1
Toivola 26 B1
Tojby 20 A2/3
Tojšići 133 B/C2
Tokačka 145 C/D1
Tokaj 97 C3
Tokod 95 D3
Tököl 95 D3, 129 C1
Tolbuhin 141 C/D2/3
Toledo 160 B3, 167 C1
Tolentino 115 D3, 117 D2
Tolfa 118 A1
Tolg 51 C1
Tolga 33 D3
Tolinas 151 D1
Tolja 18 B1
Tolkee 23 D1
Tolkkinen/Tolkis 25 D3, 26 A3
Tollarp 50 B3
Tollarp 72 A1/2
Tollered 45 C3
Tollesbury 65 C3
Tølløse 49 D3, 53 D1
Töllsjö 45 C3
Tolmačevo 74 B1
Tolmezzo 107 D2, 126 A2
Tolmin 126 B2
Tolmin 96 A3
Tolna 129 C2
Tolnanémedi 128 B2
Toločin 74 B3
Tolofón 146 B2
Tolón 147 C3
Tolón 148 B2
Tolonen 12 B1
Tolonen 12 A3
Tolosa 153 D1, 154 A1
Tolosa 165 C1
Tolosenmäki 23 D3
Tolox 172 A2
Tolpaniemi 19 D1
Tolsburgen 47 D3
Tolsby 45 C1
Tolskepp 46 B2
Tolstoe 98 B3
Tolva 19 C1
Tolva 155 C3
Tolvanniemi 19 C1
Tolve 120 B2
Tomar 164 B1
Tomaševac 129 D3, 133 D1, 134 A/B1
Tomaŝevo 137 D1
Tomašica 131 D1
Tomášikovo 95 C2/3
Tomašovka 97 D1, 98 A2
Tomašpol' 99 C3
Tomaszów Mazowiecki 97 C1
Tombeboeuf 109 C1
Tomelilla 50 B3
Tomelilla 72 A2
Tomelloso 167 D2, 168 A2
Tomiño 150 A3
Tommerdalen 28 A3, 33 C1
Tommernes 9 C3
Tommerup 53 B/C1
Tommerup Stationsby 52 B1

Tämmerväg 32 B2
Tömörd 94 B3, 127 D1, 128 A1
Tompa 129 C2
Tomra 32 A2/3
Tomter 38 A3, 44 B1
Tón 95 C3
Tona 156 A2/3
Tonara 123 D2
Tonbridge 65 C3, 77 B/C1
Tondela 158 B2
Tonder 52 A2
Tongeren 79 C2
Tongue 54 A/B1
Tönisvorst 79 D1
Tonjum 37 B/C2
Tonkopuro 13 C3
Tonnay-Boutonne 100 B2
Tonnay-Charente 100 B2
Tonneins 109 C2
Tonnerre 88 A3
Tönnersjö 50 A2
Tonnes 14 A/B2
Tonnet 39 C3
Tönning 52 A3
Tonquédec 84 B1/2
Tonasen 37 D3
Tensberg 43 D2, 44 B1
Tonstad 42 B3
Toopanjoki 23 C2
Topares 168 B3, 173 D1, 174 A1
Topas 159 D1/2
Topchin 70 A3
Töpen 82 A2
Topeno 25 C2
Toplane 137 D2, 138 A2
Toplet 135 C1
Topli Do 135 D3
Toplita 141 C1
Topola 133 D2, 134 B2
Topol'čani 138 B3, 143 C1
Topol'čany 95 C2
Topol'čany 96 B2
Topol'čianki 95 D2
Topolovac 127 D3
Topol'ovátu Mare 140 A1
Topolovgrad 141 C3
Topolšica 127 C2
Toponár 128 B2
Toporów 71 C3
Töppeln 82 B2
Topsham 63 C2/3
Topusko 127 D3, 131 C1
Toques 150 B2
Tora de Riubregós 155 D3, 163 D1
Torajärvi 25 C2
Toral de los Guzmanes 151 D2/3, 152 A2/3
Toral de los Vados 151 C2
Torás 162 B3, 169 C1
Torasalo 23 C3
Torasjärvi 17 C1
Toras-Sieppi 11 C3, 12 A1
Toravaara 19 D2
Torbali 149 D2
Torbay 63 C3
Törbole 106 B2/3
Torbolè 17 C2
Torcello 107 D3
Torcy-le-Grand 76 B3
Torda 129 D3
Tordehumos 152 A3, 160 A1
Tordellego 162 A2
Tordera 156 B3
Tordesillas 152 A3, 160 A1
Tordesilos 162 A2
Tordillos 159 D2, 160 A2
Tordoia 150 A1
Tordómar 152 B3
Tore 17 C2
Töreboda 45 D2, 46 A2
Toreby 53 D2
Torekov 49 D2, 50 A2
Torekov 72 A1
Torella de'Lombardi 119 D3, 120 A2
Torella del Sannio 119 D2
Torellò 156 A2
Toreno 151 C2
Torestorp 49 D1, 50 A1
Torfinnsbu 37 C2
Torfou 100 B1
Torgåsmon 39 C2
Torgau 82 B1

Torgau 96 A1
Torgelow 70 B1
Torhamn 51 C/D2
Torhamn 72 B1
Torhout 78 A1
Torhus 32 A2
Torigni-sur-Vire 85 D1, 86 A1
Torija 161 C2
Torki 162 A3
Torino 113 B/C1
Torino di Sangro Marina 119 D1
Toriseva 21 C3
Toritto 121 C2
Torittu 25 D1, 26 A1
Torjul 32 B2
Torla 155 C2
Torlengua 161 D1
Torljane 138 B1
Tormänen 12 B1
Tormänki 12 A3, 17 D1
Tormänmäki 19 C3
Tormantos 153 C2
Tormasenvuara 19 D1
Tormäsjärvi 12 A3, 17 D2
Tormini 106 B3
Tormua 19 D2
Tornado 164 A1
Tornadizos de Ávila 160 A/B2
Tornavacas 159 D3
Tornby 38 B3, 45 C1
Torneå 17 D2, 18 A1
Tørnes 9 C3
Torres 28 A2, 33 C1
Torneträsk 10 A2
Tornevik 46 B2/3
Torning 48 B2
Tornio (Torneå) 17 D2, 18 A1
Tornjós 129 D3
Torno 105 D3, 106 A2/3
Tornos 162 A2
Toro 152 A3, 159 D1, 160 A1
Toró 47 C2
Tőrökkoppány 128 B2
Törökszentmiklós 129 D1
Törökszentmiklós 97 C3, 140 A1
Toroni 149 B/C1
Toroni 144 B2/3
Toropec 75 C2
Torp 51 D1
Torp 41 C3
Torp 41 C3
Torpa 50 B2
Torpa 46 A3
Torpa 45 D3
Torpa 37 D2/3
Torpë 123 D1/2
Torpo 37 C3
Torpoint 62 B3
Torppa 21 C1/2
Torpsbruk 51 C1
Torpshammar 35 C3
Torquemada 152 B3
Torraca 120 A3
Torralba 123 C2
Torralba 161 D3
Torralba de Aragón 154 B3
Torralba de los Sisones 162 A2
Torralba de Oropesa 160 A3, 166 B1
Torralba de Burgo 153 C3, 161 C1
Torralba de Calatrava 167 C2
Torralba del Rio 153 D2
Torralbilla 163 C1
Torrão 164 B3
Torrbölc 31 C2
Torre 150 A3, 158 A1
Torre Alhàquime 172 A2
Torre a Ma 121 C2, 136 A/B3
Torre Annunziata 119 D3
Torrerarévalo 153 D3
Torre Astura 118 B2
Torre Baja 163 C3
Torrebeleña 161 C2
Torre Beretti 113 C1
Torreblacos 153 C3, 161 C1
Torreblanca 163 C3

Torreblanca 172 B3
Torreblascopedro 167 D3, 173 C1
Torrebruna 119 D2
Torrecaballeros 160 B2
Torrecampo 166 B2/3
Torre Canne 121 C2
Torre-Cardela 173 C1
Torrechiva 162 B3
Torrecilla 161 D3
Torrecilla de la Orden 160 A1
Torrecilla del Rebollar 162 A/B2
Torrecilla del Monte 153 C3
Torrecilla de Alcañiz 163 B/C2
Torrecilla de Valmadrid 154 B3, 162 B1
Torrecilla de la Jara 160 A3, 166 B1
Torrecilla de los Ángeles 159 C3
Torrecilla en Cameros 153 D2/3
Torrecillas de la Tiesa 166 A1
Torrecuadrada de los Valles 161 D2
Torrecuadradilla 161 D2
Torre das Vargens 164 B1/2
Torre de Arcas 163 C2
Torre de Don Miguel 159 C3
Torre de Dona Chama 151 C3, 159 C1
Torre de Embesora 163 C3
Torre de Endoménech 163 C3
Torre de Hércules 150 A/B1
Torre de Juan Abad 167 D2, 168 A2
Torre de la Higuera 171 C2
Torre de las Arcas 162 B2
Torre del Bierzo 151 D2
Torre del Campo 167 C3, 173 B/C1
Torre del Compte 163 C2
Torre del Greco 119 D3
Torre del Lago Puccini 114 A2, 116 A1
Torre del Mar 172 B2
Torredembarra 163 C1/2
Torre de Miguel Sesmero 165 D2
Torre do Moncorvo 159 C1/2
Torre de'Passeri 119 C1
Torre di Bari 123 D2
Torredonjimeno 167 C3, 173 B/C1
Torrefarrera 155 C3, 163 C1
Torregáveta 119 C3
Torregrossa 155 C/D3, 163 C/D1
Torrehermosa 161 D1
Torre Horadada 169 C3, 174 B1
Torreiglesias 160 B2
Torreira 158 A2
Torrejoncillo 159 C3, 165 D1
Torrejoncillo del Rey 161 D3
Torrejón del Rey 161 C2
Torrejón de la Calzada 160 B3
Torrejón de Ardoz 161 C2
Torrejón el Rubio 159 D3, 165 D1, 166 A1
Torrelaguna 161 C2
Torrelameu 155 C3, 163 C1
Torrelapaja 153 D3, 154 A3, 161 D1, 162 A1
Torre la Ribera 155 C2
Torrelavega 152 B1
Torrellas 154 A3
Torrelobatón 152 A3, 160 A1
Torrelodones 160 B2
Torre los Negros 162 A/B2
Torremaggiore 120 A1
Torremanzanas 169 D2
Torremayor 165 D2
Torremegia 165 D2

Torre Melissa 122 B2
Torremezzo di Falconara 122 A2
Torre Mileto 120 A1
Torremocha 163 C2
Torremocha 165 D1, 166 A1
Torremocha del Pinar 161 D2
Torremolinos 172 B2/3
Torremontalbo 153 D2
Torremormojón 152 A/B3
Torrenieri 115 C3, 116 B3
Torrenostra 163 C3
Torrente 169 D1
Torrente de Cinca 155 C3, 163 C1
Torrenueva 167 D2
Torrenueva 173 C2
Torreorgaz 165 D1, 166 A1
Torre Orsàia 120 A3
Torre-Pacheco 174 B1
Torre Pedrera 115 C/D2, 117 C1
Torre Péllice 112 B1
Torre Pelosa 123 C1
Torrereperogil 167 D3, 173 C1
Torrequebradilla 167 C/D3, 173 C1
Torrequemada 165 D1, 166 A1
Torres 167 D3, 173 C1
Torresandino 152 B3, 160 B1
Torre Santa Caterina 123 D3
Torre Santa Sabina 121 D2
Torre Santa Susanna 121 D3
Torres Cabrera 166 B3, 172 B1
Torrescárcela 160 B1
Torres de Albarracín 162 A2
Torres de Albánchez 168 A3
Torres de Berellén 154 B3, 162 A/B1
Torres de la Alameda 161 C2
Torres del Obispo 155 C3
Torres del Rio 153 D2
Torres de Segre 155 C3, 163 C1
Torres Novas 164 B1
Torres Vedras 164 A2
Torretta 124 B1/2
Torretta 114 B1
Torretta Granitola 124 A2
Torrevelilla 163 B/C2
Torrevieja 169 C3, 174 B1
Torre Vignola 123 D1
Torrflonas 35 B/C3
Torricella 121 C3
Torricella Peligna 119 C/D2
Torrico 160 A3, 166 B1
Torri del Benaco 106 B3
Torri di Quartesolo 107 C3
Torriglia 113 D1/2
Torrijas 162 B3
Torrijo de la Cañada 154 A3, 161 D1, 162 A1
Torrijo del Campo 163 C2
Torrijos 160 B3
Torring 48 B3, 52 B1
Torrita 117 D3, 118 B1
Torrita di Siena 115 C3, 116 B2
Torrita Tiberina 117 C3, 118 B1
Torrivara 17 C1
Torro 25 C2
Torroella de Fluvià 156 B2
Torroella de Montgrí 156 B2
Torrox 172 B2
Torrubia 161 D2, 162 A2
Torrubia de Soria 153 D3, 161 D1
Torrubia del Campo 161 C3, 167 D1, 168 A1
Torrubio del Castillo 161 D3, 168 B1
Torvål 39 D2
Torsåker 30 B3, 35 D2
Torsåker 40 A2
Torsansalo 27 C/D1

Torsås — 107 — Trojane

Torsås 51 D2
Torsbo 45 D3
Torsborg 34 A2
Torsbua 32 B3, 37 C1
Torsby 39 C3
Torsby 39 B/C3
Torsenget 33 C2
Torsfjärden 29 D2
Torshälla 46 B1
Torshavn 55 C1
Torsholma 24 A3, 41 D2
Torsken 9 C1
Torslanda 45 C3
Torsminde 48 A2
Torsmo 39 D1
Torsnes 44 B1
Torsö 45 D2
Torstrup 48 A3, 52 A1
Torsvåg 4 A2
Torsvid 45 D2, 46 A1/2
Törtel 129 D1
Tortellà 156 B2
Torteval 63 D3
Tortinmäki 24 B2
Tórtola 161 D3, 168 B1
Tórtola de Henares 161 C2
Tórtoles 160 A2
Tortolì 123 D2
Tortona 113 D1
Tórtora 120 B3, 122 A1
Tortorella 120 A3
Tortoreto Lido 117 D3
Tortorici 125 C2
Tortosa 163 C2
Tortosendo 158 B3
Tortuera 162 A2
Tortuna 40 A3, 47 B/C1
Toruń 73 B/C3
Torup 72 A1
Torup 50 A1
Torup 50 A/B3
Torup Strand 48 B1
Tor Vaianica 118 B2
Torvastad 42 A2
Torvik 36 A1
Torvikbukt 32 B2
Torvikbygd 36 B3
Torvinen 12 B2
Torviscón 173 C2
Torvoila 25 C1/2
Torvund 36 A2
Torzok 75 D2
Torzym 71 C3
Tosantos 153 C2
Tosas 156 A2
Tosborn 14 A3, 29 C1
Toscana Nueva 168 A/B3, 173 D1
Toscolano-Maderno 106 B3
Tosen 14 A3, 29 C1
Tosno 75 C1
Tosos 162 A/B1
Tossa de Mar 156 B3
Tossåsen 34 A2
Tossåsen 34 B2
Tossavanlahti 21 D2, 22 A2
Tosse 45 C2
Tosse 108 B2/3
Tossignano 115 C2, 116 B1
Tost 155 C2
Tostamaa 74 A1
Tostedt 49 D1, 50 A1
Tostedt 68 B1
Tószeg 129 D1
Totalán 172 B2
Totana 169 B/C3, 174 A/B1
Totanés 160 B3, 167 C1
Tôtes 77 C3
Tótkomlós 129 D2
Tótkomlós 97 C3, 140 A1
Totland 76 A1/2
Totland 36 A1
Tetlandsvik 42 A/B2
Totnes 63 C3
Totra 40 A/B2
Tettdal 28 B2
Tottenham 65 C3
Tottijärvi 24 B1
Totton 76 A1
Tötvázsonv 128 B1
Touça 159 B/C2
Toucy 88 A3
Touët-sur-Var 112 B2
Touffou 101 C1/2

Toul 89 C1/2
Toulon 111 D3, 112 A3
Toulon-sur-Allier 102 B2
Toulon-sur-Arroux 103 C1
Toulouse 109 D3, 155 D1
Tourcoing 78 A2
Tour de la Parata 113 D3
Tour Laffon 108 B3, 155 C1/2
Tourlaville 76 A3
Tournai 78 A/B2
Tournan-en-Bric 87 D1
Tournay 109 C3, 155 C1
Tournevite 101 C3
Tournoël 102 B2
Tournon 103 D3, 111 C1
Tournon-d'Agenais 109 C2
Tournon-Saint-Martin 101 D1
Tournus 103 D1/2
Touro 158 B2
Touro 150 B2
Tourouvre 86 B2
Tours 86 B3
Tours de Merle 102 A3, 109 D1, 110 A1
Tourtoirac 101 D3
Tourula 24 B2
Tourves 111 D3, 112 A3
Toury 87 C2
Tous 169 C2
Touvedo 150 A/B3, 158 A1
Touvois 100 A1
Toužim 82 B3
Tovačov 95 C1
Tovariševo 129 C3
Tovarnik 133 C1
Tovdal 43 C2
Tovik 32 A2
Tovik 9 C2
Tovsala 24 A2
Towcester 64 B2
Tow Law 57 D3, 61 C1
Town Yetholm 57 D2
Toxótai 145 C1
Töyrenpera 21 D2, 22 A2
Toysa 21 C3
Toysänperä 21 D3, 22 A3
Tózar 173 C2
Tözeggyármajor 94 B3
Trabada 151 C1
Trabanca 159 C1
Trabazos 151 C3, 159 C1
Traben-Trarbach 80 A3
Trabia 124 B2
Trabotivište 139 D2
Trachà 147 C3
Tracy-le-Val 78 A3
Tradate 105 D3
Trädet 45 D3
Trafoi 106 B2
Tragacete 161 D2/3, 162 A2/3
Trahiá 147 C3
Traid 162 A2
Traiguera 163 C2
Trainel 88 A2
Traiskirchen 94 B3
Traismauer 94 A2
Traitsching 92 B1
Trakai 73 D2, 74 A3
Trakiszki 73 D2
Trakošćan 127 D2
Trakee 55 C3
Traelleborg 53 C1
Trælnes 14 A3
Tramacastiel 163 C3
Tramariglio 123 C2
Tramayes 103 C/D2
Tramelan 89 D3, 104 B1
Tramnitz 69 D2
Tramonti di Sopra 107 D2, 126 A2
Tramonti di Sotto 107 D2, 126 A2
Tramore 55 D3
Tramutola 120 B3
Trån 139 C/D1
Trán 140 B3
Trana 14 A2
Tranås 46 A3
Tranby 43 D1
Trancoso 158 B2
Trandal 32 A3, 36 B1
Tranderup 53 C2
Tranebjerg 49 C3, 53 C1

Tranekær Slot 53 C2
Tranemo 50 B1
Tranemo 72 A1
Tranent 57 C2
Tranevåg 42 B3
Trangdalen 5 C2
Trangmon 29 D1/2
Trängsviken 29 C/D3, 34 B2
Tranhult 50 B1
Trani 120 B2, 136 A3
Tranøy 9 D1
Tranøy 9 C2
Trans 85 D2
Transtrand 39 C2
Tranum 48 B1
Tranvik 41 D3
Trapaga 153 C1
Trăpani 124 A2
Trăpani Fulgatore 124 A2
Trăpani Marausa 124 A2
Trăpani Rilievo 124 A2
Trappes 87 C1
Trasvd 50 B2
Trascý 72 A1
Trasacco 119 C2
Traskvik 20 A3
Tráslovslåge 49 D1, 50 A1
Trasmiras 150 B3
Trasobares 154 A3, 162 A1
Traspinedo 152 B3, 160 B1
Trassem 79 D3
Tråstölen 37 B/C3
Tratalias 123 C3
Traun 93 D2
Traunreut 92 B3
Traunstein 92 B3
Tråvad 45 C/D2/3
Travagliato 106 B3
Traversella 105 C3
Traversetolo 114 A1
Travnik 132 A2
Travnik 127 B/C3
Trawsfynydd 59 C3, 60 A3
Trazegnies 78 B2
Trazo 150 A1/2
Trbovlje 127 C2
Trbovlje 96 A3
Trbuk 132 B1/2
Trearddur Bay 58 B2
Trébago 153 D3
Trebaseleghe 107 C/D3
Trebatice 95 C2
Trebatsch 70 B3
Trebbin 70 A3
Trebeñ 69 C2
Trebenice 83 C2
Trèbes 110 A3, 156 A/B1
Trébeurden 84 B1
Třebíč 94 A1
Třebíč 96 A2
Trebinje 137 C1
Trebisacce 120 B3, 122 B1
Trebnje 127 C2/3
Treboñ 93 D1
Treboñ 83 C2/3
Treboñ 96 A2
Tréboul 84 A2
Trebsen 82 B1
Trebujena 171 D2
Trebur-Geinsheim 80 B3
Trecastagni 125 D2
Trecastle 63 C1
Trecate 105 D3
Trecenta 115 B/C1
Tredegar 63 C1
Tredozio 115 C2, 116 B1
Treffurt 81 D1
Trefnant 59 C2, 60 A3
Tregaron 59 C3, 63 C1
Trégastel-Plage 84 B1
Tregde 42 B3
Tregnano 107 C3
Tregony 62 B3
Tréguier 84 B1
Trégunec 84 B2/3
Trehörna 46 A2/3
Trehörningen 31 C2
Trehörningsjo 31 C2
Tréia 115 D3, 117 D2
Trei Ape 135 C1
Treib 105 D1
Treignac 102 A3
Treilles 110 A3, 156 B1
Treis 80 A2/3
Trekanten 51 D2
Trekilen 29 D3, 34 B1

Trekljano 139 C/D1/2
Trekljano 139 C/D1/2
Trelan 85 D3
Trélazé 86 A3
Trelech 62 B1
Trélechamp 104 B2
Trelleborg 50 A/B3
Trelleborg 72 A2
Trélon 78 B3
Tremelkow 139 D1/2
Tremes 164 A1
Tremezzo 105 D2, 106 A2
Tremmen 69 D2, 70 A2
Trémorel 85 C2
Tremošná 83 C3
Tremp 155 D2/3
Trenčianska Turná 95 C1/2
Trenčianska Teplá 95 C1
Trenčianske Teplice 95 C1
Trenčín 95 C1
Trenčín 96 B2
Trendelburg 81 C1
Trendelburg-Deisel 81 C1
Trengereid 36 A3
Trenta 126 B2
Trento 107 C2
Treon 86 A/B1/2
Trepča 137 D1, 138 A1
Trepča 138 B1
Trepča 127 D3
Trepido 122 A2
Treponti 106 B3
Treppeln 70 B3
Trepuzzi 121 D3
Treriksröset 10 A/B1
Trescore Balneário 106 A3
Tresenda 106 B2
Tresfjord 32 A3
Tresjuncos 161 C/D3, 168 A1
Tresnuraghes 123 C2
Trespaderne 153 C2
Tresparrett Posts 62 B2/3
Třešt' 94 A1
Trets 111 D3
Tretten 37 D2, 38 A1
Tretten 4 B2/3
Treuchtlingen 91 D1, 92 A1
Treuen 82 B2
Treuenbrietzen 70 A3
Treuenbrietzen 72 A3, 96 A1
Treungen 43 C2
Treveléz 173 C2
Trevenzuolo 106 B3
Tréves 110 B2
Trevi 117 C3
Treviana 153 C2
Trévières 76 A/B3, 85 D1, 86 A1
Treviglio 106 A3
Trevignano Romano 118 A/B1
Trevi nel Lázio 119 B/C2
Treviño 153 D2
Treviso 107 D3
Treviso Bresciano 106 B3
Trevol 102 B1/2
Trévoux 103 D2
Trézelles 103 B/C2
Trezzano san Naviglio 105 D3, 106 A3
Trezzo sull'Adda 106 A3
Trgovište 139 C2
Trhové Mýto 95 C3
Trhové Sviny 93 D1/2
Trhový Štěpánov 83 D3
Triacastela 151 C2
Triaize 101 C2
Triana 116 B3
Trianda 149 D3
Triaucourt-en-Argonne 88 B1
Tribaldos 161 C3
Tribanj Kruščica 130 B2
Tribano 107 C3
Triberg 90 B2
Tricárico 120 B2
Tricase 121 D3
Tricase Porto 121 D3
Tricerro 105 C3, 113 C1
Tricésimo 126 A2
Trichiana 107 C/D2
Tricot 78 A3
Triebel 82 B2
Trieben 93 D3

Trieben 96 A3
Triebes 82 B2
Triefenstein-Lengfurt 81 C3
Triel-sur-Seine 87 C1
Triengen [Triengen-Winikon] 105 C1
Trier 79 D3, 80 A3
Trier-Ehrang 79 D3, 80 A3
Trierweiler 79 D3
Trieste 126 B3
Trie-sur-Baïse 109 C3, 155 C1
Triftern 93 B/C2
Trigaches 164 B3
Triggiano 121 C2
Triglitz 69 D1/2
Trigonon 143 B/C1/2
Trigueros 171 C1/2
Trigueros del Valle 152 B3, 160 A/B1
Trijebine 133 D3, 134 A3, 138 A1
Trijeque 161 C2
Trikala 147 C2
Trikala 143 C3
Trikala 148 B1
Trikérion 147 C1
Trilj 131 D3
Trillevallen 29 C3, 34 A2
Trillo 161 D2
Trindade 159 C1
Trindade 164 B3, 170 B1
Tring 64 B3
Trinitá 113 C2
Trinitá d'Agultu e Vignola 123 C1
Trinitápoli 120 B1/2
Trinité 113 D3
Trino 105 C3, 113 C1
Triolo 152 B2
Triona 113 C2
Tripi 147 B/C3
Tripolis 147 B/C3
Tripolis 148 B2
Triponzo 117 C3
Tripótama 146 B2
Tripótamon 146 B1
Tripótamos 144 B2
Tripoteau 108 B1
Trippstadt 90 A/B1
Triptis 82 A2
Triste 154 B2
Trittau 68 B1
Trittenheim 80 A3
Trivento 119 D2
Trivero 105 C3
Trivigno 120 B2
Trizac 102 A/B3
Trjavna 141 C3
Trnava 96 B2
Trnava 95 C2
Trnjani 132 B1
Trnovec nad Váhom 95 C2
Trnovo 132 B3
Trnovo 126 A/B2
Troarn 76 B3, 86 A1
Trobajo del Camino 151 D2, 152 A2
Trobitz 83 C1
Trochtelfingen 91 C2
Trodje 40 B2
Troenëe 53 C2
Trofa 158 A1
Tofarello 113 C1
Trofors 14 B3
Trogaset 37 D3
Trogen 92 A/B2
Trogen 91 C3
Trogir 131 C3
Trogstad 38 A3, 44 B1
Trøgstad (Skjønhaug) 38 A3, 44 B1
Tróia 120 A1
Tróia 164 A2/3
Tróia 149 C1
Troina 125 C2
Troisdorf 80 A2
Troisdorf-Sieglar 80 A2
Trois-Ponts 79 D2
Troissereux 77 D3
Troisvierges 79 D3
Trois-Villes 108 A3, 154 B1
Troizen 147 D3
Trojan 140 B3
Trojane 96 A/3
Trojane 127 C2

Trojanova Tabla

Trojanova Tabla 135 C2
Troldhede 48 A3
Troldkirken 48 B1/2
Trolla 28 A3, 33 C1
Trollberget 16 A2
Trolleholm 50 A/B3
Trolle-Ljungby 50 B2/3
Trollerud 14 B3
Trollhättan 45 C2/3
Trollheimshytta 33 B/C2
Trollholmsundet 5 D2, 6 A2
Trollkirke 32 A2
Trollsved 35 D3
Tromello 105 D3, 113 D1
Tromsdalen 4 A3
Tromsnes 37 D2, 38 A1
Tromsø 4 A3
Tromvik 4 A2
Troncedo 155 C2
Tronchón 162 B2
Tronco 151 C3, 158 B1
Trondheim 28 A3, 33 C1
Trondjord 4 A2
Trones 29 C1
Tronhus 37 C/D2
Trönninge 50 A2
Tröno 40 A1
Tronoša 133 C2
Tronsjø 33 C/D3
Tronstad 43 D1
Trontveit 43 C2
Tronvik 28 A3, 33 C1
Tronvik 28 A/B3, 33 C1
Tronzano Vercellese 105 C3
Troo 86 B3
Troon 56 B2
Tropea 122 A2
Trópea 146 B3
Tropeaüchos 143 C1/2
Tropojë 138 A2
Trosa 47 C2
Trosky 83 D2
Trošmarija 127 C3, 130 B1
Trossingen 90 B2/3
Tröstau 82 A/B3
Trostberg 92 B3
Trosterud 38 B3, 45 C1
Trostjanec 99 C3
Trotvik 38 B3
Troubitson 146 B3
Trou de Bozouls 110 A1/2
Trouville-sur-Mer 76 B3, 86 B1
Troviscal 158 B3, 164 B1
Trowbridge 63 D2, 64 A3
Troyes 88 A/B2
Trpanj 136 B1
Trpezi 138 A1
Trpinja 129 C3
Trsat 126 B3, 130 A/B1
Tršice 95 C1
Trstena 139 C1
Trstená 97 C2
Trstenik 136 B1
Trstenik 138 B1
Trstenik 134 B3
Trsteno 137 B/C1
Trstice 95 C3
Trstin 95 C2
Tručevsk 99 D1
Trubia 151 D1
Trubjela 137 C1
Trubschachen 105 C1
Truchas 151 C/D2/3
Truébano 151 D2
Trujillanos 165 D2, 166 A2
Trujillo 166 A1
Trun 105 D1
Trun 86 A/B1
Truro 62 B3
Trusești 98 B3
Trustrup 49 C2
Trutnov 96 A/B1
Truvbacken 29 C3, 34 B1/2
Trvaala 21 D3, 22 A3
Tryggelev 53 C2
Trypiti 144 B2
Tryserum 46 B3
Trysil (Innbygda) 38 B1
Trzac 131 C1
Trzcianka 71 D2
Trzcianka 72 B3
Trzciel 71 C2/3
Trzcińsko Zdrój 70 B2
Trzebicz 71 C2
Trzebiechów 71 C3
Trzebiel 70 B3, 83 D1

Trzebiez 70 B1
Trzebnica 96 B1
Trzec 127 D2
Trzemeszno Lubuskie 71 C2
Tržič 126 B2
Tržič 96 A3
Trzin 126 B2
Tsa, Cabane de la 105 C2
Tsamandás 142 B3
Tsangaráda 144 A3
Tsangaráda 148 B1
Tsaritsáni 143 D3
Tsarkasiános 146 A2
Tschernitz 83 D1
Tševetjävri 7 C2/3
Tsielekjåkkstugan 15 D1
Tsotilion 143 C2
Tsoukalochóri 143 C2
Tua 28 B2, 33 D1
Tubba 37 C3
Tubbergen 67 C2
Tubilla del Agua 153 B/C2
Tübingen 91 C2
Tübingen-Unterjesingen 91 C2
Tubize 78 B2
Tubre/Taufers 106 B1/2
Tučapy 93 D1
Tučepi 131 D3, 132 A3, 136 B1
Tuchan 156 B1
Tucheim 69 D3
Tüchen 69 D2
Tuchola 72 B3
Tuckur 20 B2
Tuczno 71 C/D1/2
Tuddal 43 C1
Tuddal Høyjellshotell 43 C1
Tudela 154 A3
Tudela de Duero 152 B3, 160 B1
Tudelilla 153 D2
Tudweiliog 58 B3
Tuéjar 162 A/B3, 169 C1
Tuenno 107 B/C2
Tufjord 5 C1, 6 A1
Tufsingdalen 33 D3
Tuft 43 D1, 44 A/B1
Tufter 5 C1
Tuhañ 83 D2
Tuhkakyla 23 B/C1
Turi 150 A3
Tuiskula 20 B3
Tuixén 155 D2, 156 A2
Tuk 131 C2
Tukums 73 D1
Tula 123 C/D1
Tulare 138 B1
Tulce 71 D2/3
Tulcea 141 D2
Tul'čin 99 C3
Tulette 111 C2
Tullamore 55 D2/3
Tulle 102 A3
Tullebølle 53 C2
Tulleråsen 29 D3, 34 B1
Tullgarn 47 C1/2
Tullins 103 D3, 104 A3
Tulln 94 A/2
Tulln 96 A/B2
Tulppio 13 C2
Tumba 47 C1
Tumbo 46 B1
Tumleberg 45 C3
Tun 45 C2
Tuna 46 B3
Tunaberg 47 C2
Tunadal 35 D3
Tuna Hastberg 39 D2/3
Tunåsen 30 A2/3, 35 C1
Tune 49 D3, 50 A3, 53 D1
Tune 44 B1
Túnel de Lizarraga 153 D2, 154 A2
Tunes 158 B1
Tunes 170 A2
Tungaseter 32 B3, 37 C1
Tungastølen 36 B2
Tungenés 42 A2
Tunkkari 21 C1/2
Tunnhovd 37 C3
Tunnila 27 C1
Tunnsjø kapell 29 C1
Tunnsjø-Røyrvik 29 C1
Tune 49 C3
Tunsjön 30 B3, 35 D2

Tunstall 59 D2, 60 B3, 64 A1
Tuntenhausen 92 B3
Tuntenhausen-Hohentann 92 A/B3
Tuohikotti 26 B2
Tuohikyla 13 C3
Tuohittu 24 B3
Tuomimäki 13 C3
Tuomioja 18 A3
Tuomiperä 21 D1, 22 A1
Tuorila 24 A1
Tuorlahti 24 A2, 41 D2
Tuoro sul Trasimeno 115 C3, 117 C2
Tuovilanlahti 22 B2
Tuplice 70 B3, 83 D1
Tupos 18 A/B2
Tuppuravaara 23 D1
Tuppurinmäki 22 B3
Turalíči 133 C2
Tufany 94 B1
Turany 95 C2/3
Turbe 132 A2
Turbenthal 90 B3
Turbigo 105 D3
Turburea 135 D1/2
Turčianske Teplice 95 D1/2
Turcifal 164 A2
Turda 97 D3, 140 B1
Turégano 160 B1/2
Turek 72 B3, 96 B1
Turenki 25 C2
Turenne 101 D3, 109 D1
Turgutlu 149 D2
Turhala 22 B1
Turi 121 C2
Turi 74 A1
Turija 129 D3
Turija 135 B/C2
Turiš 169 C1
Turjak 127 B/C2/3
Turje 128 A1
Turka 97 D2, 98 A3
Türkeve 129 D1
Turkhauta 25 C2, 26 A2
Turku/Åbo 24 B2/3
Turleque 167 D1
Turnau 94 A3
Turnberry 56 B2
Turnditch 61 C3, 64 A1
Turnhout 79 C1
Turnitz 94 A3
Turnov 83 D2
Turnov 96 A1
Turnu Măgurele 140 B2
Turón 173 C/D2
Turrach 126 B1
Turre 174 A2
Turri 123 C/D2/3
Turriers 112 A2
Turrillas 173 D2, 174 A2
Tursa 24 B2
Tursi 120 B3
Turtagrø 37 C2
Turtel 139 C2/3
Turtola 12 A3, 17 D1
Turzovka 95 D1
Tusa 125 C2
Tusby 25 D2/3, 26 A2/3
Tuscánia 116 B3, 118 A1
Tušilović 127 C3, 131 C1
Tussenhausen 91 D2/3
Tustervatn 14 B2/3
Tutaryd 50 B1/2
Tutin 138 A1
Tutin 140 A3
Tutjunniemi 23 C/D3
Tutrakan 141 C2
Tuttlingen 90 B3
Tuttlingen-Möhringen 90 B3
Tutzing 92 A3
Tuuhonen 21 C3
Tuukkala 26 B1
Tuulenkyla 20 B3
Tuulimäki 19 C3
Tuulos 25 C2, 26 A2
Tuunajärvi 24 B1
Tuupovaara 23 D3
Tuurala 20 B2
Tuusjärvi 23 C2
Tuuski 26 B3
Tuusmäki 23 B/C3
Tuusniemi 23 C2
Tuusula (Tusby) 25 D2/3, 26 A2/3

Tuv 37 C3
Tuv 14 B1
Tuvas 20 A3
Tuve 45 C3
Tuven 14 B2/3
Tuvträsk 31 B/C1
Tuxford 61 C3, 64 B1
Tuzi 137 D2
Tuzla 132 B2
Tuzla 149 C1
Tuzly 141 D1
Tvååker 49 D1, 50 A1
Tvaråback 31 C2
Tvarålund 31 C2
Tvaråmark 20 A1, 31 D2
Tvaråträsk 15 D3
Tvårdica 141 C3
Tvärminne 24 B3
Tved 49 C2/3
Tvedestrand 43 C3
Tveit 43 C3
Tveit 36 B3
Tveita 36 A3
Tverra 14 B2
Tverråmo 15 C1
Tverrelvdalen 5 C2
Tvervik 14 B1
Tversted 44 A3, 48 B1
Tving 51 C2
Tvrdošovce 95 C2/3
Tweede Exloërmond 67 C2
Tweedmouth 57 D2
Twello 67 C3
Tweng 126 A/B1
Twimberg 127 C1
Twimberg 96 A3
Twist 67 C2
Twistetal-Berndorf 81 C1
Twistringen 68 A2
Twistringen-Heiligenloh 68 A2
Twist-Schöninghsdorf 67 C2
Two Bridges 63 C3
Tychy 96 B2
Tydal 33 D2
Tyfjord 7 C1
Tyfors 39 C3
Tygelsjo 50 A3
Tyin 37 C2
Tyinholmen 37 C2
Tykarp 50 B2
Tykkölä 25 C1/2
Tyldurn 28 B1/2
Tylldal 33 C/D3
Tylösand 49 D2, 50 A2
Tylösand 72 A1
Tylstrup 48 B1
Tyn 93 D1
Tyndaris 125 D1/2
Tyndero 35 D3
Tyndrum 56 B1
Tyndrum 54 A2, 55 D1
Tynemouth 54 B3
Tynemouth 57 D3, 61 C1
Tyngsjö kapell 39 C3
Tynnelső 47 C1
Tynnerås 30 A3, 35 C1
Tynset 33 C/D3
Typpo 18 A3, 21 C1
Typpyrä 12 A3, 17 D1
Tyramäki 19 C2
Tyrävaara 19 C2
Tyrella 58 A1
Tyreso 47 D1
Tyringe 50 B2
Tyristrand 43 D1
Tyriänsaari 23 D2
Tyrnävä 18 B3
Tyrvänto 25 C2
Tyry 25 D1, 26 A1
Tysres 9 C2
Tysse 36 A3
Tyssebotn 36 A3
Tyssedal 42 B1
Tystberga 47 C2
Tysvær 42 A2
Tyttbo 40 A3
Tyvela 19 C1
Tywyn 59 C3
Tykkluoto 18 A2
Tyynismaa 21 B/C2
Tzummarum 66 B1

U

Ub 133 D2, 134 A2
Übach-Palenberg 79 D2
Ubbergen 66 B3
Ubeda 167 D3, 173 C1
Übelbach-Markt 127 C1
Überlingen 91 C3
Ubide 153 D1/2
Ubli 137 C1
Ubli 137 D2
Ubli 136 A1
Ubli 137 D2
Ubrique 172 A2
Ubstadt-Weiher 90 B1
Uceda 161 C2
Ucero 153 C3, 161 C1
Uchard 108 B2
Uchaud 111 C2
Uchte 68 A2
Uchte-Woltringhausen 68 A2
Uchtspringe 69 C/D2
Uckange 89 C1
Uckfield 76 B1
Uckro 70 A3
Ucria 125 C2
Udalla 153 C1
Udbina 131 C2
Udby 53 D2
Udby 49 B/C2
Uddebo 50 B1
Uddeholm 39 C3
Uddevalla 45 C2
Uden 66 B3, 79 C1
Uder 81 D1
Udested 82 A1
Udine 126 A2
Udine Paparotti 126 A2
Udovo 139 C3, 143 D1
Udvar 129 B/C3
Uebigau 83 C1
Ueckermünde 70 B1
Ueckermünde 72 A2/3
Uedem 67 C3, 79 D1
Uehlfeld 81 D3
Uelsen 67 C2
Uelzen 69 C2
Uelzen-Holdenstedt 69 C2
Uetendorf 105 C1
Uetersen 52 B3, 68 B1
Uettingen 81 C3
Uetze 68 B2
Uetze-Dollbergen 68 B2/3
Uetze-Hänigsen 68 B2
Uffenheim 81 D3, 91 D1
Uffenheim-Langensteinach 81 D3, 91 D1
Ugále 73 C1
Ugao 138 A1
Ugao 153 C1
Ugento 121 D3
Ugerløse 49 C/D3, 53 D1
Uggiano la Chiesa 121 D3
Ugglarp 49 D2, 50 A1/2
Uggleheden 38 B2
Ugilar 173 C/D2
Ugine 104 A/B3
Ugljan 130 B2
Ugljane 131 D3
Ugljarevo 134 B3
Ugljevik 133 C1/2
Ugra 75 D3
Ugulvik 36 B2
Uharte 154 A2
Uherské Hradiště 95 C1
Uherské Hradiště 96 B2
Uherský Brod 96 B2
Uherský Brod 95 C1
Uherský Ostroh 95 C1
Uhingen 91 C2
Uhlingen-Birkendorf 90 B3
Uhlířské Janovice 83 D3
Uhlstadt 82 A2
Uhříněves 83 D3
Uhrovec 95 C/D2
Uhyst 83 D1
Uig 54 A2
Uimaharjú 23 D2
Uimaniemi 12 A/B2
Uimila 25 D2, 26 B2
Uithoorn 66 A/B3
Uithuizen 67 C1
Ujhartyán 129 C1
Uji i ftohët 142 A2

Újpetre — 109 — Vahalahti

Újpetre 128 B2/3
Újście 71 D2
Ujsoly 95 D1
Újszász 129 D1
Ujué 154 A2
Ukkola 23 D2
Ukmerge 73 D2, 74 A3
Ukna 46 B3
Ukonvaara 23 C2
Ula 43 D2, 44 A1/2
Uland 35 D2
Ul'anka 95 D2
Ulbjerg 48 B2
Ulceby 61 D2
Ulcinj 137 D2
Uldum 48 B3, 52 B1
Ulea 169 D3
Uleåborg 18 A/B2
Ulebergshamn 44 B2
Ulefoss 43 D2, 44 A1
Uleila del Campo 173 D2, 174 A2
Uléze 138 A3
Ulfborg 48 A2
Ulice 83 C3
Uljanik 128 A3
Uljanovka 99 C3
Ul'janovo 75 D3
Uljma 140 A2
Uljma 134 B1
Ulkuvaara 11 C3, 12 A1/2
Ullånger 30 B3, 35 D2
Ullapool 54 A2
Ullared 72 A1
Ullared 49 D1, 50 A1
Ullatti 17 C1
Ullava 21 C1
Ullbergstråsk 16 A3
Ulldecona 163 C2
Ulldemolins 163 C/D1
Ullensvang 36 B3
Ulleren 38 A/B3
Ullerslev 53 C1
Ullerup 52 B2
Ullervad 45 D2
Üllés 129 D2
Ullfors 40 B2/3
Ullisjaur 15 C3
Üllő 95 D3, 129 C1
Ullsfjord 4 A3
Ulm 91 C/D2
Ulme 164 B1
Ulmen 80 A2/3
Ulmtal 80 B2
Ulog 132 B3
Uleybukt 4 B2
Ulricehamn 45 D3
Ulricehamn 72 A1
Ulrichen 105 C2
Ulrichsberg 93 C2
Ulrichstein 81 C2
Ulrika 46 B3
Ulriksfors 29 D2/3, 30 A2, 35 C1
Ulsberg 33 C2
Ulsnes 37 D2/3
Ulsta 54 A1
Ulsted 49 B/C1
Ulsteinvik 36 A1
Ulstrup 48 B2
Ultrasniemi 27 D1
Ulvan 32 B1
Ulvangen 14 A2
Ulvåsa 46 A2
Ulverston 59 C1, 60 B2
Ulvestad 36 B2
Ulvik 36 B3
Ulvila (Ulvsby) 24 A1
Ulvinsalon Luonnonpuisto 23 D1
Ulvkälla (Sveg) 34 B3
Ulvoberg 30 B1
Ulvöhamn 31 B/C3
Ulvsås 29 D3, 34 B1
Ulvsby 24 A1
Ulvshyttan 39 D2/3
Ulvsjön 35 C3
Ulvsväg 9 C2
Umag 126 A3
Uman' 99 C3
Umasjö 15 C2
Umbértide 115 C3, 117 C2
Umbrático 122 B1/2
Umbukta fjellstue 14 B2
Umbarì 134 B2
Umeå 31 C/D2
Ume-Ersmark 20 A1, 31 D2

Umetić 127 D3, 131 C1
Umfors 15 C2
Umhausen 106 B1
Umin Dol 139 B/C2
Umka 133 D1, 134 A1/2
Ummeljoki 26 B2
Ummendorf 69 C3
Ummerstadt 81 D2
Umnäs 15 C3
Umpferstedt 82 A1/2
Uña 161 D3
Uña de Quintana 151 D3
Unaja 24 A2
Unari 12 A/B2
Unbyn 17 C3
Uncastillo 155 C2
Unciti 154 A2
Undenäs 45 D2, 46 A2
Undersåker 29 C3, 34 A2
Undersåker 29 C3, 34 A2
Undersvik 40 A1
Undheim 42 A2/3
Undredal 36 B3
Undués de Lerda 155 C2
Uneča 99 D1
Unelänperä 18 B3
Unečov 83 C3
Ungeny 141 C1
Ungerdorf 127 C/D1
Unhais da Serra 158 B3
Unhošt' 83 C3
Unije 130 A2
Unimäki 23 B/C3
Unirea 135 D2
Unna 80 B1
Unna Allakasstugorna 9 D2
Unquera 152 B1
Unstad 8 B2
Untamala 20 B2
Untamala 24 A2
Unterach 93 C3
Unterageri [Baar] 105 D1
Unterdiefurt 92 B2
Untergriesbach 93 C2
Unterhaching 92 A2/3
Unterhochsteg 91 C3
Unterloibl 126 B2
Unterlüss 68 B2
Untermeitingen 95 D2
Untermünkheim 91 C1
Unterneukirchen 92 B2
Unterpinswang 91 D3
Unterpremstätten 127 C1
Unterreichenbach (Calw) 90 B2
Unternet 92 B2/3
Unterschlachten [Altdorf] 105 D1
Unterschleissheim 92 A2
Unterschneidheim-Zöbin-gen 91 D1
Unterschwaningen 91 D1
Untersiemau 81 D2/3, 82 A2/3
Untersteinach 82 A3
Untertauern 126 A1
Unterwasser [Nesslau-Neu St. Johann] 105 D1, 106 A1
Unterweid 81 D2
Unterweissenbach 93 D2
Unterwössen 92 B3
Untorp 39 C1
Upavon 64 A3, 76 A1
Upega 113 B/C2
Upininkai/Obinàs 25 C3
Uplengen 67 D1
Uplengen-Remels 67 D1
Upper Tean 59 D2/3, 61 B/C3, 64 A1
Uppgränna 46 A3
Upphärad 45 C3
Uppingham 64 B2
Upplands-Väsby 47 C1
Uppsala 40 B3
Uppsala-Gamla Uppsala 40 B3
Uppsala-Sunnersta 40 B3
Uppsalje 39 C2
Uppsete 36 B3
Upton upon Severn 63 D1, 64 A2
Ur 156 A2
Uraújfalu 94 B3, 128 A1
Uramonkyla 23 C1
Uras 123 C2/3
Urbach 91 C2

Urbánia 115 C/D2/3, 117 C2
Urbeis 89 D2, 90 A2
Urbino 115 D2, 117 C2
Urbiola 153 D2
Urbise 103 C2
Urçay 102 B1
Urda 167 C1
Urdari 135 D1
Urdian 153 D2
Urdiales del Páramo 151 D2
Urdos 154 B2
Urduliz 153 C1
Urduña 153 C2
Ure 8 B2/3
Urepel 108 A3, 154 A1
Ureterp 67 C1/2
Ureheiluopisto 27 D1
Urheiluopisto 21 C2
Urheiluopisto 25 D2, 26 A2
Urheiluopisto 25 D2, 26 A2
Uriage-les-Bains 104 A3, 112 A1
Uricani 135 D1
Urizaharra 153 D2
Urjala 25 B/C2
Urjalan asema 25 C2
Urk 66 B2
Urla 149 D2
Urmatt 89 D2, 90 A2
Urmenor 174 B1
Urmince 95 C2
Urnäsch 105 D1, 106 A1
Urnes 36 B2
Urnieta 153 D1, 154 A1
Uroševac 138 A/B2
Uroševac 140 A3
Urovica 135 C2
Urrácal 173 D1/2
Urraca-Miguel 160 B2
Urrea de Gaén 162 B1/2
Urrea de Jalón 155 C3, 163 C1
Urretxu 153 D1
Urroz 154 A2
Urrugne 108 A3, 154 A1
Ursberg 91 D2
Ursensollen 82 A3, 92 A1
Urshult 51 C2
Urshult 72 A1
Urspringen (Marktheiden-feld) 81 C3
Ursviken 31 D1
Urtimjaur 16 B1
Urtoče 131 C2
Urtuella 153 C1
Urte 156 A2
Utrueñas 160 B1
Uruñuela 153 D2
Ururi 119 D2, 120 A1
Urville-Nacqueville 76 A3
Urzainqui 154 B2
Urziceni 141 C2
Urzicuta 135 D2
Urzulei 123 D2
Usagre 165 D3, 166 A3
Usanos 161 C2
Ušće 133 D3, 134 A/B3
Ušće 140 A2
Uscio 113 D2
Used 162 A2
Usedom 70 B1
Useldange 79 D3
Usellus 123 C2
Useras 163 B/C3
Usingen 80 B2
Usini 123 C1/2
Usk 63 D1
Uskali 23 D3
Uskedal 42 A1
Uskoplje 137 C2
Uskudar 149 D1
Uslar 68 B3, 81 C1
Uslar-Schönhagen 68 B3, 81 C1
Usmate Velate 105 D3, 106 A3
Ussàssai 123 D2
Ussat-les-Bains 155 D2, 156 A1
Ussé 86 B3, 101 C1
Usseau 100 B2
Usséglio 104 B3, 112 B1
Ussel 102 A3
Ussel 102 B3, 110 A1
Usson-du-Poitou 101 C2
Usson-en-Forez 103 C3

Usson-les-Bains 156 A1
Ustaoset 37 C3
Ustaritz 108 A3, 154 A1
Ust'-Čorna 97 D2, 98 A3
Ust'-Dunajsk 141 D2
Ušték 83 D2
Uster 90 B3, 105 D1
Ustibar 133 C3
Ústica 128 A3, 131 D1, 132 A1
Ústica 124 B1
Ustikolina 133 C3
Usti nad Labem 83 C2
Usti nad Labem 96 A1
Usti nad Orlicí 96 B2
Ustipráča 133 C3
Ustjužna 75 D1
Ustka 72 B2
Ust'-Luga 74 B1
Ustrzyki Górne 97 D2, 98 A3
Usurbil 153 D1, 154 A1
Uszód 129 C2
Uta 123 C/D3
Utajärvi 18 B3
Utåker 42 A1
Utaklev 8 B2
Utande 161 C2
Utanen 18 B3
Utanlandsjo 31 C3
Utansjö 35 D2
Utbjoa 42 A1
Utebo 154 B3, 162 B1
Utelle 112 B2
Utena 73 D2, 74 A3
Utersum 52 A2
Uterý 82 B3
Uthaug 28 A3, 33 C1
Utiel 169 D1
Utifallan 31 C2
Utlängan 51 C/D2/3
Utne 36 B3
Uto 47 D1/2
Utóhus 47 C1
Utomalven 40 A/B2/3
Utorgoš 74 B1
Utrecht 66 B3
Utrera 171 D2
Utrilla 161 D1
Utrillas 162 B2
Utsikten 42 B1
Utsjoki (Ohtsejohka) 6 B2
Utskor 8 B1/2
Utstein Kloster 42 A2
Uttendorf 93 C2
Uttendorf 107 D1, 126 A1
Uttenweiler 91 C2
Uttenweiler-Ahlen 91 C2
Utterliden 16 A3
Uttermossa 20 A3
Uttersberg 39 D3
Uttersjöbacken 31 D1
Utterslev 53 C2
Utti 26 B2
Uttoxeter 59 D2/3, 61 C3, 64 A1
Utula 27 C1
Utvalnas 40 B2
Utvik 36 B1/2
Utvorda 28 B2
Uuao 23 D2/3
Uukuniemi 27 D1
Uura 19 C3
Uurainen 21 D3, 22 A3
Uuro 20 B3
Uusikaupunki (Nystad) 24 A2, 41 D2
Uusikylä 19 C3
Uusikylä 25 D2, 26 A2
Uusi-Lavola 27 C2
Uusi-Värtsila 23 D3
Uva 19 C3
Uvac 133 C3
Uväg 8 B2
Uvaly 83 D3
Uvdal 37 C3
Uxheim 79 D2, 80 A2
Uza 108 B2
Uzdin 129 D3, 133 D1, 134 A/B1
Uzès 111 C2
Uzeste 108 B1/2
Užgorod 97 C/D2, 98 A3
Uzin 99 C2
Uznach 105 D1, 106 A1
Uztárroz 154 B2

Uzunköprü 145 D3

V

Vå 43 B/C1
Va 50 B3
Vaaiasalmi 22 B2/3
Vaajakoski 21 D3, 22 A3
Vaajasalmi 22 B2/3
Vaakio 19 C2
Vaaksy 25 D2, 26 A2
Vaala 18 B3
Vaalajärvi 12 B2
Vaalijala 22 B3
Vaalimaa 27 C2
Vaals 79 D2
Väänälänranta 22 B2
Vaania 25 D2, 26 A2
Vääräkoski 21 C3
Vaarankylä 19 C1
Vaaranniva 19 C2
Vaaraperä 19 D1
Vaaraslahti 22 B2
Vaasa/Vasa 20 A2, 31 D3
Vaassen 67 B/C3
Väätäiskylä 21 C3
Vaattojärvi 12 A2, 17 D1
Vabalninkas 73 D1, 74 A2
Vabre 110 A2
Vabres-l'Abbaye 110 A2
Väc 95 D3
Väc 97 B/C3
Vacha 81 D2
Váchartyán 95 D3
Väckelsäng 51 C2
Vácklax 24 A3
Vacov 93 C1
Vacqueyras 111 C2
Vad 39 C3
Vada 114 A/B3, 116 A2
Vada 139 D2
Vaddo 41 C3
Vaderstad 46 A2
Vadheim 36 A2
Vadillo de la Guareña 159 D1, 160 A1
Vadillo de la Sierra 160 A2
Vadla 42 B2
Vado 114 B2, 116 B1
Vadocondes 153 C3, 161 C1
Vado Ligure 113 C2
Vadsberg 46 B1/2
Vadskinn 9 C1
Vadsø 7 C2
Vadstena 46 A2
Vaduz [Schaan] 105 D1, 106 A1
Vaektarstua 33 D2
Vafeíka 145 C1
Vafiochórion 143 D1
Väg 43 D2, 44 A2
Väg 95 B/C3, 128 A1
Väga 42 A2
Vågaholmen 14 B1
Vägåmo 33 B/C3, 37 D1
Vägan 33 B/C1
Vägan 9 D1
Vaganac 131 C1
Vägen 29 C1/2
Vägersjon 30 A3, 35 C2
Vagge 7 C2
Vaggerlose 53 D2
Vaggeryd 46 A3, 50 B1
Vaggeryd 72 A1
Vågla 147 C2
Vagland 32 B2
Våglia 114 B2, 116 B1
Vågnes 4 A2/3
Vägnhärad 47 C2
Vagos 158 A2
Vägsele 30 B1
Vägsjöfors 39 B/C3
Vägslid 42 B1
Vägsodden 14 A3
Vägstranda 32 A2/3
Vägueira 158 A2
Vägur 55 C1
Vähäjoki 18 A1
Vähäkängas 18 A3, 21 C1
Vähäkyrö 20 B2
Vahalahti 23 D3

Vähäniva 11 C2
Vahanka 21 C2
Vähä-Vuoto 18 B2
Vaheri 25 D1, 26 A1
Vähikkälä 25 C2
Vahterpää 26 B3
Vahto 24 B2
Vaiamonte 165 C2
Vaiano 114 B2, 116 B1
Vaiges 86 A2
Vaihingen 91 B/C1
Vailly-sur-Aisne 78 A/B3
Vailly-sur-Sauldie 87 D3
Vaimosuo 19 D1
Vainikkala 27 C2
Vairano Scalo 119 C2
Väisälä 22 B3
Vaisaluoktastugan 9 D3
Vaison-la-Romaine 111 C/D2
Valte 89 C3
Vaivo 23 C3
Väjern 44 B2
Vajkijaur 16 A/B1
Vajmat 16 A2
Vajska 129 C3
Vajszló 128 B3
Vajta 129 B/C2
Vaxa 142 A2
Vakern 39 C2/3
Vakerskogen 39 C2/3
Vækker 5 D2, 6 A2
Vakkerstølen 32 B3, 37 C1
Vakkola 25 D2, 26 A2
Vakkotavarestugan 9 D3
Vakkuri 20 B2
Vaksdal 36 A3
Vaksliden 16 A3
Vál 95 D3, 129 B/C1
Valada 164 A2
Väládalen 29 C3, 34 A2
Valadouro 151 B/C1
Valajanaapa 18 B1
Valajaskoski 12 A3
Valalta 130 A1
Valandovo 139 C/D3, 143 D1
Valanhamn 4 B2
Valanida 143 C2/3
Valareña 155 C3
Valaská Belá 95 D1/2
Válaskaret 33 C2
Valašské Klobouky 95 C1
Valašské Meziříčí 95 C1
Valašské Meziříčí 96 B2
Válástugan 34 A2
Valay 89 C3, 104 A1
Valberg 112 B2
Valberg 45 C/D1
Valberg 8 B2
Valbom 159 C2
Valbona 162 B3
Valbondione 106 A/B2
Valbone 137 D2, 138 A2
Valbonnais 111 D1, 112 A1
Valbo-Ryr 45 C2
Valbuena de Duero 152 B3, 160 B1
Valburg 66 B3
Válcani 129 D2
Valcarlos 108 B3, 155 C1
Välcedrám 135 D3
Välcedrám 140 B2
Valchiusella 106 C3
Valdagno 107 C3
Valdahon 89 D3, 104 A/B1
Valdaj 75 C1/2
Val-d'Ajol 89 D2/3
Valdalen 33 D3
Valdanzo 153 C3, 161 C1
Valdaracete 161 C3
Valdealgorfa 163 C2
Valdeande 153 C3, 161 C1
Valdearenas 161 C2
Valdeavellano de Tera 153 D3
Valdeaveruelo 161 C2
Valdecaballeros 166 B1/2
Valdecabras 161 D3
Valdecañas de Tajo 159 D3, 166 A1
Valdecastillo 152 A2
Valdeconcha 161 C2
Valdefinjas 159 D1, 160 A1
Valdeflores 171 C/D1
Valdefuentes 165 D1/2, 166 A1/2

Valdeganga 168 B2
Valdeganga de Cuenca 161 D3, 168 B1
Valdehúncar 159 D3, 166 A/B1
Valdelacasa 160 A3, 166 B1
Valdelacasa 159 D2
Valdelageve 159 D2/3
Valdelarco 165 D3, 171 C1
Valdelateja 153 B/C2
Valdelinares 162 B2/3
Valdelosa 159 D1/2
Valdeltorno 163 C2
Valdemadéra 153 D3
Valdemaluque 153 C3, 161 C1
Valdemanco del Esteras 166 B2
Valdemárpils 73 C/D1
Valdemars Slot 53 C2
Valdemarsvik 46 B2/3
Valdemeca 162 A3
Valdemorillo 160 B2
Valdemorillo de la Sierra 162 A3
Valdemoro 161 B/C3
Valdemoro-Sierra 162 A3
Valdenarros 153 C3, 161 C1
Valdenebro 153 C3, 161 C1
Valdenebro de los Valles 152 A3
Valdenoceda 153 C2
Valdenuño Fernández 161 C2
Valdeolivas 161 D2
Valdeolmillos 152 B3
Valdepeñas 167 D2
Valdepeñas de Jaén 173 C1
Valdepolo 152 A2
Valderas 152 A3
Valdérice 124 A2
Valderès 110 A2
Valderrobres 163 C2
Valderrodrigo 159 C2
Val de Santo Domingo 160 B3
Valdesaz 161 C2
Valdesimonte 160 B1
Valdespina 152 B3
Valdestillas 160 A1
Valdeteja 152 A2
Valdetorres 165 D2, 166 A2
Valdeverdeja 160 A3, 166 B1
Valdevimbre 151 D2, 152 A2
Valdezcaray 153 C2/3
Valdieri 112 B2
Valdilecha 161 C3
Val d'Isère 104 B3
Val-d'Izé 86 A2
Valdobbiádene 107 C2/3
Val do Dubra 150 A1/2
Val Dorizzo 106 B2/3
Valdoviño 150 B1
Valdsreflya 37 C2
Valdunquillo 152 A3
Valdurna/Durnholz 107 C1
Vale 63 D3
Valea Marculuĩ 135 D2
Valebo 43 D2, 44 A1
Valebru 37 D2
Vale de Cambra 158 A2
Vale de Cavalos 164 B1/2
Vale de Figueira 164 B1
Vale de Guiso 164 B3
Vale de Prazeres 158 B3
Vale de Salgueiro 151 C3, 159 B/C1
Vale de Santiago 164 B3, 170 A1
Vale de Santarém 164 A2
Vale de Vargo 165 C3, 170 B1
Vale do Peso 165 C1
Vale Frechoso 159 C1
Valega 158 A2
Valéggio sul Mincio 106 B3
Valen 42 A1
Valen 5 C/D1, 6 A1
Valença 158 B1/2
Valença do Minho 150 A3

Valençay 87 C3, 101 D1, 102 A1
Valence 111 C1
Valence-d'Agen 109 C2
Valence-d'Albigeois 110 A2
Valence-en-Brie 87 D2
Valence-sur-Baïse 109 C2
Valence 169 D1
Valencia de Alcántara 165 C1
Valencia de Don Juan 151 D2, 152 A2
Valencia de las Torres 165 D3, 166 A3
Valencia de Mombuey 165 C3
Valencia del Ventoso 165 D3
Valenciennes 78 B2
Valénii de Munte 141 C2
Valensole 111 D2, 112 A2
Valentano 116 B3, 118 A1
Valenza 113 C1
Venezuela 167 C3, 172 B1
Valenzuela de Calatrava 167 C2
Väler 38 B2
Väler 44 B1
Valera de Abajo 161 D3, 168 B1
Valera de Arriba 161 D3, 168 B1
Valérien 87 D2
Valer'jany 99 B/C1
Valevåg 42 A1
Valevatn 42 B2
Vale Verde 159 C2
Valeyrac 100 B3
Valezim 158 B3
Valfábbrica 115 D3, 117 C2
Valfarta 155 B/C3, 163 B/C1
Valfermoso de Tajuña 161 C2
Valflaunès 110 B2
Valga 150 A2
Valga 74 A2
Valgañón 153 C2
Valgorge 111 C1
Valgrisanche 104 B3
Valguarnera Caropepe 125 C2
Valhelhas 158 B2/3
Valhermoso 161 D2
Valjoki 27 B/C2
Valjoki 18 B1
Valikangas 12 B3
Vali-Kannus 21 C1
Valikoski 17 D2
Välikylä 21 C1
Valimítika 146 B2
Válitalo 12 B2
Valittula 25 D1, 26 A1
Väliug 135 C1
Vali-Viirre 21 C1
Valjevo 133 D2, 134 A2
Valjevo 140 A2
Valjok fjellstue 6 B2
Valjunquera 163 C2
Valkeajärvi 21 C3
Valkeakoski 25 C1/2
Valkeala 26 B2
Valkeallahti 21 C3
Valkeamäki 27 C1
Valkeavaara 27 D1
Valkeiskylä 22 B1
Valkeiskylä 23 B/C2
Valkenburg-Houthem 79 D2
Valkenswaard 79 C1
Valkininkai 73 D2, 74 A3
Valko/Valkom 25 D2/3, 26 B3
Vall 47 D3
Valla 46 B1
Valla 29 D3, 34 B2
Vallada 169 C2
Valladolid 152 A/B3, 160 A1
Vallåkra 49 D3, 50 A3
Vallamediana 153 D2
Vallanca 163 C3
Vallarsa 107 C3
Vallarvatnet 29 C1
Vallata 120 A2

Vallavik 36 B3
Vallbo 29 C3, 34 A2
Vallbona d'Anoia 155 D3, 156 A3, 163 D1
Vallda 49 D1, 50 A1
Valldal 32 A3, 36 B1
Vall d'Alba 163 C3
Valdemosa 157 C2
Vall de Uxó 162 B3, 169 D1
Valle 14 B1
Valle 42 B2
Valle 42 B3
Vallecas 161 C2/3
Valle Castellana 117 D3, 119 C1
Valle Cerrina 113 C1
Vallecorsa 119 C2
Vallecrósia 112 B2/3
Valle d'Alesani 113 D3
Valle de Abdalagís 172 B2
Valle de Cerrato 152 B3
Valle de la Serena 166 A2
Valle de los Caidos 160 B2
Valle de Matamoros 165 D3
Valle de Mena 153 C1
Valle de Santa Ana 165 D3
Valledolmo 124 B2
Valledória 123 C1
Valleiry 104 A2
Valle Lomellina 105 D3, 113 C1
Vallelunga Pratameno 124 B2
Vallen 17 C3
Vallen 31 D1
Vallen 30 A2, 35 C/D1
Vallendar 80 A/B2
Vallentuna 47 C/D1
Vallepietra 119 B/C2
Vallerås 39 C2
Valleraugue 110 B2
Vallermosa 123 C3
Vallespinosa 155 C3, 163 C1
Vallès/Vals 107 C1
Vallet 86 A3, 101 C1
Valleviken 47 D2
Valley 58 B2
Valfogona de Ripollès 156 A2
Valfogona de Riucorb 155 C3, 163 C1
Vallgorguina 156 B3
Vallibona 163 C2
Valli del Pasúbio 107 C3
Vallières 102 A2
Vallières 104 A2/3
Vallières-les-Grandes 86 A/B3
Valli Mocenighe 107 C3, 115 C1
Vallioniemi 13 C3
Vallmoll 163 C1
Valle 50 A3, 53 D1
Valleby 50 A3, 53 D1
Vallo della Lucánia 120 A3
Valloire 104 A/B3, 112 A1
Vallombrosa 115 C2, 116 B1/2
Vallon-en-Sully 102 B2
Vallon-Pont-d'Arc 111 C2
Vallorbe 104 A/B1/2
Vallorcine 104 B2
Vallouse 112 A1
Valley 43 D2, 44 B1
Vallrun 29 D3, 34 B1
Valls 163 C1
Vallset 38 A2
Vallsjärv 17 C1
Vallsta 40 A1
Vallter 156 A2
Valluhn 69 C1
Vallvik 40 B1
Valmaña 155 C3, 163 C1
Valmanya 156 B2
Valmiera 73 D1, 74 A2
Valmojado 160 B3
Valmont 77 C3
Valmontone 118 B2
Valne 29 D3, 34 B2
Való 40 B2/3
Valognés 76 A3
Valongo 158 A1/2
Válor 173 C2
Valoria la Buena 152 B3, 160 B1

Valøy 28 A/B1
Valpaços 151 C3, 158 B1
Valpalmas 154 B2/3
Valpelline 104 B3
Valperga 105 C3
Valpiana 114 B3, 116 A2
Valpovo 128 B3
Valpperi 24 B2
Valprato Soana 105 C3
Valpromaro 114 A2, 116 A1
Valpuesta 153 C2
Valras-Plage 110 B3, 156 B1
Valréas 111 C2
Valsavaranche 104 B3
Valseca 160 B2
Valsemé 76 B3, 86 B1
Valsequillo 166 B3
Valset 28 A3, 33 C1
Valsinni 120 B3
Valsjöbyn 29 C/D2, 34 B1
Valsjon 35 C3
Valskog 46 B1
Valskrå 28 B2
Vals-les-Bain 111 C1
Valsneset 28 A2/3, 33 C1
Valsøybotn 32 B2
Valsøyfjord 32 B2
Vals-Platz [Ilanz] 105 D2, 106 A2
Valstad 45 D3
Valstagna 107 C3
Val-Suzon 88 B3
Valtesinikon 146 B3
Válti 143 D1, 144 A1
Valtice 94 B2
Valtierra 154 A2/3
Valtimo 23 C1
Valtola 26 B1/2
Valtopina 115 D3, 117 C2
Valtorna 106 A2
Váltos 145 D3
Valtournanche 105 C2/3
Valtueña 161 D1
Valtura 130 A1
Valun 130 A1
Valverde 153 D3, 154 A3
Valverde 167 C2/3
Valverde de Leganés 165 C2
Valverde de Llerena 166 A3
Valverde de Júcar 161 D3, 168 B1
Valverde de la Vera 161 C3
Valverde de Burguillos 165 D3
Valverde de Majano 160 B2
Valverde del Fresno 159 C3
Valverde del Camino 171 C1
Valverdejo 161 D3, 168 B1
Valvträsk 17 C2
Vämartveit 43 C1
Vamdrup 52 B1
Vámhus 39 C1/2
Vamlingbo 47 D3
Vamlingbo 72 B1
Vammala/Tyrvää 24 B1
Vámosmikola 95 D3
Vámosszabadi 95 C3
Vampula 24 B2
Vamvakóu 143 D3
Vamvakóu 147 C3
Vanaja 25 C2
Vanaja 22 B3
Vanäs 50 B2
Vanault-les-Dames 88 B1
Vandans 106 A1
Vandburg 47 D3
Vandel 48 B3, 52 B1
Vandellòs 163 C/D2
Vandenesse 103 C1
Vandóies/Vintl 107 C1
Vandoma 158 A1/2
Vändträsk 16 B3
Vane-Åsaka 45 C3
Vänersborg 45 C2
Vänersnäs 45 C2
Vang 45 C1
Vang 37 C2
Vang 51 D3
Vänge 50 B2
Vangeli 30 A2, 35 C1
Vangshylla 28 B2/3, 33 D1
Vangsnes 36 B2
Vangsvik 9 D1

Vanhakirkko — Velika Mučna

Vanhakirkko 21 C3
Vanhakylä 27 C1/2
Vanhakylä 20 A/B3
Vanhala 26 B1
Vanhamäki 26 B1
Vanha-Pihlajavesi 21 C3
Vanjaurback 31 B/C1/2
Vanjaurträsk 31 C2
Vännacka 45 C1
Vannakammen 4 A2
Vannareid 4 A2
Vännäs 31 C2
Vännäsberget 17 C2
Vännäsby 31 C2
Vannavalen 4 A/B2
Vannes 85 C3
Vannes-le-Châtel 89 C2
Vannes-sur-Cosson 87 C/D3
Vannfors 31 C2
Vannväg 4 A/B2
Våno 24 B3
Vanonen 26 B2
Vanouvelles 156 A3
Vansäter 40 A1
Vansbro 39 C2
Vanse 42 B3
Vansjö 34 B3
Vantaa/Vanda 25 C3, 26 A3
Vantholm 47 C1
Vanttaja 19 D1
Vanttausjärvi 12 B3
Vanttauskoski 12 B3
Vanttila 24 B2
Vanvik 8 B3
Vanvik 42 A/B1
Vanvikan 28 A3, 33 C1
Vanylven 36 A1
Vapuv 109 D2
Vapavaara 19 D1
Vaplan 29 D3, 34 B2
Vàprio d'Adda 106 A3
Vaqueiros 170 B1/2
Vara 45 C2/3
Varades 85 D3
Varages 111 D3, 112 A3
Varajärvi 12 A3, 17 D2
Varajoki 19 D3
Varaklani 74 A2
Varala 26 B2
Varaldsøy 42 A1
Varallo 105 C3
Varamobaden 46 A2
Varangerbotn 7 C2
Varano de'Melegari 114 A1
Varaždin 127 D2
Varaždin 96 A/B3
Varaždinske Toplice 127 D2
Varazze 113 C2
Varberg 49 D1, 50 A1
Varberg 72 A1
Värbica 141 C3
Värby 47 C1
Varchentin 69 D1, 70 A1
Vårda 146 A2
Varde 48 A3, 52 A1
Vardište 133 C3
Varde 7 D1/2
Vårdo 41 D3
Vårdomb 129 B/C2
Vårdsberg 46 B2
Varejoki 17 D2, 18 A1
Varel 67 D1, 68 A1
Varel-Conneforde 67 D1
Varel-Dangast 67 D1, 68 A1
Varen 109 D2
Varengeville-sur-Mer 77 C2/3
Varenna 105 D2, 106 A2
Varennes-en-Argonne 88 B1
Varennes-Saint-Sauveur 103 D2
Varennes-sur-Amance 89 C2/3
Varennes-sur-Allier 102 B2
Varennes-sur-Usson 102 B3
Varennes sur Seine 87 D2
Vares 132 B2
Varese 105 D3
Varese Ligure 113 D2, 114 A2
Varetz 101 D3
Vårgårda 45 C3

Vargas 152 B1
Vargeneset 9 C2
Vargfjord 9 C2
Vargön 45 C2
Varhaug 42 A3
Varigotti 113 C2
Varilhes 109 D3, 155 D1, 156 A1
Varin 95 D1
Våring 45 D2
Våris 143 C2
Variskylä 19 C3
Varislahti 23 C2
Varistaipale 23 C3
Varize 87 C2
Varjakka 18 A2
Varkaus 22 B3
Vårkiza 147 D2
Varland 43 C1
Värli 4 A3, 10 A1
Värmbol 46 B1/2
Värmdo 47 D1
Värmlands Bro 45 C1
Varmo 27 D1
Varmo 107 D2/3, 126 A2/3
Värmskog 45 C1
Varna 141 C/D3
Varnamo 72 A1
Värnamo 50 B1
Varnæs 52 B2
Varnhem 45 D2
Varndorf 83 D2
Varntresk 14 B2/3
Varnum 45 D3
Väröbacka 49 D1, 50 A1
Varois-et-Chaignot 88 B3
Väröslöd 128 A/B1
Varpa 23 D2
Varpaisjärvi 22 B2
Varpalota 128 B1
Varpalota 96 B3
Varpanen 26 B1
Varparanta 23 C3
Varpasalo 23 C3
Varpnes 28 B2
Varpsjö 30 A2
Varpula 20 B2
Varpuselkä 13 C3
Varpuvaara 13 C3
Varrel 68 A2
Vårrio 13 C2
Värrionpirtti 13 C2
Varsåd 128 B2
Värsäs 45 D2, 46 A2
Värsec 135 D3, 139 D1
Varsi 114 A1
Varsseveld 67 C3
Värsta 40 B3, 47 C1
Vartdal 36 B1
Varteig 44 B1
Vartiala 23 B/C2
Vartiala 23 C2
Vartius 19 D3
Vartofta 45 D3
Vartsala 24 B3
Vartsila 23 D3
Varuträsk 31 D1
Varvara 144 B2
Varvaria 131 C2/3
Varvarín 134 B3
Varvekstugan 15 C/D1
Varvik 28 A3, 33 C1
Varvikko 13 C3
Varzi 113 D1
Varzo 105 C2
Varzy 88 A3
Vås 35 C3
Vasad 129 C1
Vasaniemi 12 B2
Vasara 19 C/D2
Vasarainen 24 A2
Vasarapera 19 C1
Vasarás 147 C3
Vásárosnaménÿ 97 D2/3, 98 A3
Vascœuil 76 B3
Våse 45 D1
Vase 45 D1
Vaset 37 C/D2/3
Vasilákion 146 B3
Vasilikä 144 A2
Vasiliki 147 D1
Vasiliki 146 A1
Vasiliki 148 A2
Vasilikón 142 B2
Vasilikón 147 D2
Vasilikós 146 A3

Vasil'kov 99 C2
Vaski 18 A2
Vaskijärvi 25 C2
Vaskio 24 B2/3
Vaskivesi 21 C3
Vaskuu 21 C3
Vasles 101 C1/2
Vaslui 141 C1
Vassbo 42 A/B2/3
Vassbotten 9 C/D2
Vassbottnfjell 15 C1
Vassbotten 44 B2
Vassdal 9 D2
Vassdal 43 D2, 44 A1
Vassdalsvik 14 B1
Vassenden 37 D2
Vassenden 36 B2
Vassendvik 42 A2
Vassmoen 28 B2
Vassmolösa 51 D2
Vassnäs 35 C3
Vasstrand 46 A3
Vassy 86 A1
Vassy-sous-Pisy 88 A/B3
Vasszentmihály 127 D1
Västanå 30 A3, 35 C2
Västanå 31 C3
Västanbäck 30 A1
Västanbäck 35 C2
Västanfjärd 24 B3
Västanhede 40 A2
Västannas 17 C2
Västansjö 15 C3
Västansjö 30 B1
Västansjö 35 D3
Vastbyn 29 D3, 34 B1
Västeranga 41 D3
Väster Arnas 39 C2
Västerås 31 C2
Västerås 40 A3, 46 B1
Västeråsen 30 A3, 35 C2
Västerby 39 D2/3, 40 A2
Väster Fägelvik 45 C1
Västerfärnebo 40 A3
Västerfjäll 15 D1
Västergarn 47 D3
Västergissjo 31 C2/3
Västerhaninge 47 C/D1
Västerhaninge-Tungelsta 47 C1
Väster Husby 46 B2
Västerlandsjo 31 C3
Västerlandsjo 31 C3
Västermyckeläng 39 C1
Västernyliden 31 C2
Väster Ritjomjåkk 9 D3
Västerrotfina 38 B3
Västerstråsjö 35 C3
Västervåla 40 A3
Västervik 46 B3
Västervik 72 B1
Västilä 25 C1, 26 A1
Vastila 26 B2
Västinki 21 C/D2
Västinniemi 23 C2
Västland 40 B2
Vasto 119 D1
Vastogirardi 119 C/D2
Västra Amtervik 39 C3, 45 C/D1
Västra Bodarna 45 C3
Västra Hjoggböle 31 D1
Västra Lainijuar 16 A3
Västra Örnsjö 30 A1
Västra Sjulsmark 31 D2
Västra Skedvi 39 D3, 46 B1
Västra Stugusjo 35 C2
Västra Tunhem 45 C2
Västsjön 29 C3, 34 B1
Västvattnet 30 A3, 35 C1
Vasvár 128 A1
Vasvár 96 B3
Vat 128 A1
Vataala 23 D3
Vatan 102 A1
Vate 47 D3
Vaterholm 28 B3, 33 D1
Vathi 139 D3, 143 D1, 144 A1
Vathi 146 A1
Vathi 147 D2
Vathilakkos 143 D1/2
Vathitopos 144 B1
Vatin 134 B1
Vatjusjärvi 18 A3, 21 D1, 22 A1
Vatland 42 B3

Vatnås 43 D1
Vatne 43 C3
Vatne 32 A2/3
Vatne 43 C3
Vatne 36 B1
Vatnet 14 A/B2
Vatnhamn 5 C1/2
Vatnstraum 43 C3
Vato 41 C3
Vatochronon 143 B/C2
Vatlolakkos 143 C2
Vatopédi 144 B2
Vatra Dornei 141 C1
Vatry 88 B1
Vats 42 A1/2
Vattholma 40 B3
Vattila 24 B2
Vattis [Bad Ragaz] 105 D1, 106 A1
Vattnäs 39 D2
Vattráng 35 D3
Vattukylä 18 A3, 21 D1, 22 A1
Vau 164 A1
Vauchamps 88 A1
Vauclair 88 A3, 103 C1
Vaucouleurs 89 C2
Vaud 104 B3
Vaugneray 103 C/D3
Vau i Dejës 137 D2
Vauldalen 33 D2
Vaulruz 104 B2
Vaumoise 87 D1
Vausseroux 101 C2
Vautorte 86 A2
Vauvenargues 111 D3
Vauvert 111 C2
Vaux 88 A3
Vaux-en-Beaujolais 103 C/D2
Vaux-le-Vicomte 87 D2
Vavdos 144 A2
Väversunda 46 A2
Vaxholm 47 D1
Växjö 51 C1
Växjö 72 A1
Växtorp 50 A2
Vayla 6 B3
Vaylänpää 17 D1
Vayrac 109 D1
Vayrylä 19 C3
Vaystaja 12 A3, 17 D2
Vazzola 107 D3
Vean 32 B2
Veberöd 50 B3
Veblungsnes 32 A/B3
Vebomark 31 D1
Vebron 110 B2
Vechelde 69 B/C3
Vechta 67 D2, 68 A2
Vechta-Langförden 67 D2, 68 A2
Vecinos 159 D2
Veckholm 47 C1
Vecsés 95 D3, 129 C1
Vedavägen 42 A2
Vedbæk 49 D3, 50 A3, 53 D1
Vedde 49 C3, 53 C/D1
Veddige 49 D1, 50 A1
Vedelago 107 C3
Vederslöv 51 C2
Vedeseta 106 A2/3
Vedavåg 46 A/B1
Vedra 150 A2
Vedum 45 C3
Veendam 67 C1/2
Veenhuizen 67 C2
Veere 78 B1
Vegacervera 151 D2, 152 A2
Vega de Espinareda 151 C2
Vega de Infanzones 151 D2, 152 A2
Vegadeo 151 C1
Vega de Pas 153 B/C1
Vega de Tera 151 D3
Vega de Valcarce 151 C2
Vega de Valdetronco 152 A3, 160 A1
Veganzones 160 B1/2
Vegaquemada 152 A2
Vegarienza 151 D2
Vegårshei 43 C2
Vegas de Matute 160 B2
Vegasetra 33 B/C3
Vegby 45 D3

Vegger 48 B2
Veggli 43 C1
Veghel 66 B3, 79 C1
Véglie 121 D3
Veguillas 161 C2
Vegusdal 43 C3
Vehanen 24 A2
Vehkajärvi 25 C1, 26 A1
Vehkalahti 25 D1, 26 B1
Vehkaperä 21 C2
Vehkasalo 25 D1, 26 B1
Vehkataipale 27 C2
Vehlow 69 D2
Vehmaa 24 A2
Vehmalainen 24 B2
Vehmasjärvi 22 B1
Vehmasmäki 22 B2/3
Vehmersalmi 23 B/C2
Vehnä 21 D3, 22 A3
Vehu 21 C2/3
Vehuvarpe 24 B1
Veidholmen 32 B1
Veidnesklubben 6 B1
Veigy-Foncenex 104 A2
Veihtivaara 19 D3
Veikars 20 A/B2
Veikkola 25 C3
Veinö 28 B2, 33 D1
Veines 7 C1
Veinge 50 A2
Veio 118 B2
Veiros 165 C2
Veitsch 94 A3
Veitserveza 11 D3, 12 A1/2
Veitshöchheim 81 C/D3
Veitsiluoto 17 D3, 18 A1
Veitsivuoma 12 A2, 17 D1
Vejano 118 A1
Vejbystrand 49 D2, 50 A2
Vejen 48 B3, 52 B1
Vejer de la Frontera 171 D3
Vejers Strand 48 A3, 52 A1
Vejle 48 B3, 52 B1
Vejprty 83 B/C2
Vejrup 48 A3, 52 A1
Vejstrup 53 C2
Vejti 128 B3
Vekara 27 C1
Veksino 75 C2
Vekso 49 D3, 50 A3, 53 D1
Velaatta 25 C1
Velada 160 A3
Velagici 131 D2
Velaine 79 B/C2
Vela Luka 136 A1
Velanda 45 C3
Velandia 146 A1
Velaóra 146 A/B1
Velayos 160 A/B2
Velbert 80 A1
Velbert-Langenberg 80 A1
Velburg 92 A1
Velburg-Prönsdorf 92 A1
Veldemelen 28 B2
Velden 79 D1
Velden 92 B2
Velden 82 A3
Velden am Wörthersee 126 B2
Veldwezelt 79 C2
Veldzigt 78 B1
Velefique 173 D2
Velemér 127 D1
Velen 67 C3
Velence 129 B/C1
Velen-Ramsdorf 67 C3
Velešin 93 D2
Velešta 138 A/B3, 142 B1
Velestinon 143 D3
Vélez Blanco 174 A1
Vélez de Benaudalla 173 C2
Vélez Málaga 172 B2
Vélez Rubio 174 A1
Vélia 120 A3
Veličani 137 B/C1
Velika 128 A/B3
Velika Gorica 127 D3
Velika Greda 134 B1
Velika Ilova 132 A1
Velika Ivanča 133 D2, 134 A/B2
Velika Kladuša 127 D3, 131 C1
Velika Kopanica 132 B1
Velika Kopašnica 139 C1
Velika Kruša 138 A/B2
Velika Mučna 128 A2

Velika Pisanica — Vidin

Velika Pisanica 128 A3
Velika Plana 134 B2
Velika Sablanica 138 A1
Velike Bonjince 139 C1
Velike Lašče 127 B/C3
Veliki Bastaji 128 A3
Velike Luki 75 B/C2
Veliki Gaj 134 B1
Veliki Grđevac 128 A3
Veliki Izvor 135 C2/3
Veliki Popović 134 B2
Veliki Prolog 131 D3, **132** A3, 136 B1
Veliki Radić 131 C1
Veliki Radinci 133 C1, **134** A1
Veliki Zaton 137 C1
Veliki Zdenci 128 A3
Veliko Crniće 134 B2
Veliko Gradište 134 B1
Veliko Gradište 140 A2
Veliko Orašje 134 B2
Velikoploskoe 141 D1
Veliko Selo 134 B2
Veliko Središte 134 B1
Veliko Târnovo 141 C3
Veliko Trgovišće 127 D2
Velilla de Cinca 155 C3, **163** C1
Velilla de Ebro 162 B1
Velilla de Guardo 152 A2
Velilla de los Ajos 161 D1
Velilla de Medinaceli **161** D1/2
Velilla de San Esteban **153** C3, 161 C1
Veli Lošinj 130 A/B2
Velingrad 140 B3
Veliž 75 C3
Veljun 127 C3, 131 C1
Velká Biteš 94 B1
Velká Černoc 83 C2/3
Velká Dobrá 83 C3
Velká Hleďsebe 82 B3
Vel'ká Mača 95 C2
Vel'ká Maňa 95 C2
Velká nad Veličkou 95 C1/2
Velké Bílovice 94 B1/2
Vel'ké Bošany 95 C2
Velké Březno 83 C2
Velké-Hledsebe 82 B3
Vel'ké Kapušany 97 C/D2, **98** A3
Velké Karlovice 95 C1
Vel'ké Kostoľany 95 C2
Vel'ké Leváre 94 B2
Vel'ké Ludince 95 D3
Velké Meziříčí 94 A1
Velké Meziříčí 96 A/B2
Velké Němčice 96 B2
Velké Němčice 94 B1
Velké Pavlovice 94 B1
Vel'ké Pole 95 D2
Vel'ké Přílepy 83 D3
Vel'ké Ripňany 95 C2
Vel'ké Rovné 95 D1
Vel'ké Zálužie 95 C2
Velké Žernoseky 83 C2
Velkua 24 A2/3
Velkuanmaa 24 A2/3
Velký Bor 93 C1
Vel'ký Krtíš 95 D2
Vellahn 69 C1
Vellberg 91 C1
Velleia 114 A1
Velles 101 D1, 102 A1
Velletri 118 B2
Vellevans 89 D3, 104 B1
Vellinge 50 A3
Vellinge 72 A2
Vellisca 161 C3
Velliza 152 A3, 160 A1
Velo Veronese 107 C3
Velpke 69 C2/3
Velsen 66 A2
Velsvik 36 A1
Velta 38 B2
Velten 70 A2
Veltrusy 83 C/D2
Velvary 83 C/D2
Velvendós 143 C2
Vemb 48 A2
Vemdalen 34 B3
Vemdalsskalet 34 B3
Véménd 128 B2
Vemhån 34 B3
Vemmenäs 53 C2

Vemundvik 28 B2
Vena 46 B3
Venabygd 37 D2
Venaco 113 D3
Venafro 119 C2
Venaja 24 B2
Venarey-les-Laumes 88 B3
Venaria 112 B1
Venarotta 117 D3
Venasca 112 B1/2
Venas di Cadore 107 D2
Venåsen 37 D2
Venasque 111 D2
Venässter 37 D2
Venčane 133 D2, 134 A2
Vence 112 B3
Venda Nova 150 B3, **158** B1
Vendargues 110 B2/3
Vendas Novas 164 B2
Vendays 100 B3
Vendel 40 B3
Vendesund 14 A3, 28 B1
Vendeuvre-du-Poitou **101** C1
Vendeuvre-sur-Barse 88 B2
Vendôme 87 B/C3
Vendehetto 18 B3
Venejärvi 12 A2
Venejärvi 12 B3
Venejoki 23 C/D2
Venekoski 21 D3, 22 A3
Vénès 110 A2
Venesjärvi 24 B1
Veneskoski 24 B1
Veneskoski 20 B2
Venetmäki 22 B3
Venetpalo 21 D1, 22 A1
Venetti 12 A2, 17 D1
Venézia 107 D3
Venézia-Alberoni 107 D3
Venézia-Burano 107 D3
Venézia-Cavallino 107 D3
Venézia-Fusina 107 D3
Venézia-Lido 107 D3
Venézia-Malamocco **107** D3
Venézia-Mestre 107 D3
Venézia-Murano 107 D3
Venézia-Pellestrina 107 D3
Venézia-Punta Sabbioni **107** D3
Venézia-San Pietro in Volta **107** D3
Vengsøy 4 A2
Venialbo 159 D1
Venjan 39 C2
Venlo 79 D1
Venna 145 C/D1
Vennesla 43 C3
Venngarn 40 B3, 47 C1
Venosa 120 B2
Venraij 79 D1
Vent 106 B1
Venta de Arraco 108 A3, **154** B1/2
Venta de Baños 152 B3
Venta del Baúl 173 D1/2
Venta del Charco 167 C3
Venta del Moro 169 D1
Venta de Zuriza 154 B2
Ventala 20 B2
Ventanilla 152 B2
Ventanueva 151 C1/2
Ventas de Huelma 173 C2
Ventas de Zafarraya 172 B2
Ventimiglia 112 B2/3
Ventnor 76 B2
Ventosa 164 A2
Ventosa de la Sierra 153 D3
Ventosa del Río Almar **159** D2, 160 A2
Ventosa de Pisuerga **152** B2
Ventotène 119 C3
Ventrosa 153 C/D3
Ventry 55 C3
Ventspils 73 C1
Venturina 114 B3, 116 A2
Venzone 126 A2
Veolia 37 C/D2
Vép 127 D1, 128 A1
Veprovac 129 C3
Vepsä 18 B2
Vepsä 23 C1
Vera 28 B3, 33 D1, 34 A1
Vera 129 C3

Vera 174 A2
Vera Cruz de Marmelar **165** C3
Vera de Bidasoa 108 A3, **154** A1
Vera de Moncayo 154 A3, **162** A1
Verbánia 105 D2/3
Verbas 142 A2
Verberie 87 D1
Verbicaro 122 A1
Verbier [Le Châble] 104 B2
Vercelli 105 C/D3
Vercel-Villedieu 89 D3, **104** A/B1
Verchen 70 A1
Verdaches 112 A2
Verdalsøra 28 B3, 33 D1
Verdello 106 A3
Verden 68 A/B2
Verden-Dauelsen 68 A/B2
Verdens Ende 43 D2, **44** B1/2
Verdikoússa 143 C3
Verdonnet 88 B3
Verdu 155 C3, 163 C1
Verdun-sur-Garonne **108** B2
Verdun-sur-le-Doubs **103** D1
Verdun-sur-Meuse 89 C1
Verea 150 B3
Verea 75 D3
Veresegyház 95 D3
Verfeil 109 D2/3
Vergato 114 B2, 116 B1
Vergel 169 D2
Vergeletto [Ponte Brolla] **105** D2
Verges 156 B2
Vergiate 105 D3
Vergina 143 D2
Vergons 112 A2
Vergt 109 C1
Verhnedvinsk 74 B2/3
Verhovina 97 D2, 98 B3
Veria 148 B1
Veria 143 D2
Verin 151 B/C3
Veringenstadt 91 C2
Verkenseter 33 C3, 37 D1
Verket 38 A3, 43 D1, 44 B1
Verl 68 A3
Verla 26 B2
Verma 32 B3, 37 C1
Vermala (Montana) [Mon-tana-Vermala] 105 C2
Vermand 78 A3
Vermenton 88 A3
Vermiglio 106 B2
Vermiosa 159 C2
Vermoil 158 A3, 164 A/B1
Vermoim 158 A1
Vermosh 137 D1/2
Vermuntila 24 A2
Vernantes 86 A/B3
Vernasca 114 A1
Vernazza 114 A2
Vern-d'Anjou 86 A3
Vernefice 83 D2
Vernet 109 D3, 155 D1
Vernet-les-Bains 156 A/B2
Verneuil 88 A1
Verneuil-sur-Avre 86 B1/2
Vèrnio 114 B2, 116 B1
Verniolle 109 D3, 155 D1, **156** A1
Vérnole 121 D3
Vernon 87 C1
Vernou-en-Sologne 87 C3
Vernoux-en-Vivarais **111** C1
Verny 89 C1
Verócemaros 95 D3
Verolanuova 106 B3
Verolengo 105 C3, 113 C1
Véroli 119 C2
Verona 107 B/C3
Verrabotn 28 A3, 33 C1
Verran 28 B2/3, 33 D1
Verrastrand 28 A/B2/3, **33** C/D1
Verres 105 C3
Verrey-sous-Salmaise **88** B3
Verride 158 A3
Verrière 109 C1

Verrières 101 C2
Verrières, Les 104 B1
Verrone 105 C3
Vers 109 D1
Versailles 87 C1
Versam [Versam-Safien] **105** D1, 106 A1
Versmold 67 D3
Versmold-Peckeloh 67 D3
Versoix 104 A2
Ver-sur-Mer 76 B3, 86 A1
Verteillac 101 C3
Vértesacsa 95 D3, 128 B1
Vértesboglár 95 D3, **128** B1
Verteuil-d'Agenais **109** C1/2
Vertheuil 100 B3
Vertijevka 99 D2
Vertus 88 A1
Verúcchio 115 C2, 117 C1
Verum 50 B2
Verveln 46 B3
Verviers 79 D2
Vervins 78 B3
Verwood 63 D2, 76 A1
Veržej 127 D2
Verzino 122 B1/2
Verzuolo 112 B1
Vesajärvi 24 B1
Vesala 18 B2
Vešala 138 B2
Vesamäki 22 A/B2
Vesanka 21 D3, 22 A3
Vesanto 21 D2, 22 A2
Vescovato 106 B3
Vèse 128 A2
Ves'egonsk 75 D1
Veseli nad Lužnicí 93 D1
Veselí nad Moravou 95 C1
Vésenaz [Genève] 104 A2
Vesijärvi 20 A3
Vesilahti 25 C1
Vésio 106 B3
Vesivehmaa 25 D2, 26 A2
Veskoniemi 6 B3
Vesmajärvi 11 D3, 12 A/B2
Vesoul 89 C3
Vespolate 105 D3
Vessigebro 49 D1/2, 50 A1
Vestby 38 A3, 44 B1
Vestby 38 A3
Vestbygd 9 C2
Vestenanova 107 C3
Vesterby 48 B1
Vester Egesborg 53 D2
Vester Hassing 48 B1
Vestere Havn 49 C1
Vestertana 6 B1
Vester Torup 48 B1
Vester Vedsted 52 A1
Vestervig 48 A2
Vestfossen 43 D1, 44 A1
Vestmanna 55 C1
Vestmarka 38 B3
Vestnes 9 C1
Vestnes (Helland) 32 A2/3
Vestola 24 B1
Vestone 106 B3
Vestra Harg 46 A/B2
Vestra Malmagen 33 D2
Vestra Torsås 51 B/C2
Vestra Torup 50 B2
Vestre Gausdal 37 D2
Vestre Jakobselv 7 C2
Vestvågen 14 A2
Veszprém 128 B1
Veszprém 96 B3
Veszprémvarsány 95 C3, **128** B1
Veteli-Kainu 21 C1/2
Veteren 37 D3
Vétheuil 87 C1
Vetlanda 46 A3, 51 C1
Vetlanda 72 A/B1
Vetlefjord 36 B2
Vetovo 141 C2
Vetralla 117 B/C3, 118 A1
Vetrino 141 C3
Větrný Jeníkov 94 A1
Vetschau 70 B3
Vetsikko 6 B2
Vettré 44 B2
Vettelschoß 80 A2
Vetti 37 C2
Vetto 114 A1/2
Vettweiss 79 D2, 80 A2

Veules-les-Roses 77 C2/3
Veulettes-sur-Mer 77 C3
Veum 43 C2
Veurne 78 A1
Veuves 87 B/C3
Vevelstad 14 A3
Vevey 104 B2
Vévi 143 C1/2
Vevring 36 A2
Vexala 20 B1/2
Veynes 111 D1, 112 A1/2
Veyre-Monton 102 B3
Vez 87 D1
Vezdemarbán 152 A3, **159** D1, 160 A1
Vézelay 88 A3
Vézelise 89 C2
Vézenobres 111 C2
Vezins 100 B1
Vezins-de-Lévezou 110 A2
Vezza d'Oglio 106 B2
Vezzani 113 D3
Vezzano 107 B/C2
Vezzano sul Cróstolo **114** B1
Vi 35 D3
Viadana 114 B1
Viade de Baixo 150 B3, **158** B1
Viadotto Itália 120 B3, **122** A1
Viaduc de Garabit 110 B1
Viaduc des Fades 102 B2
Viaduc du Viaur 110 A2
Viais 100 A1
Viana de Cega 152 A/B3, **160** A1
Viana do Alentejo 164 B3
Viana do Bolo 151 C3
Viana do Castelo 150 A3, **158** A1
Vianda de la Vera 159 D3
Vianden 79 D3
Viane 110 A2
Vianen 66 B3
Vianta 22 B2
Viantie 17 D3, 18 A1
Viaréggio 114 A2, 116 A1
Viarouge 110 A2
Vias 110 B3
Viasvesi 24 A1
Viator 173 D2
Vibo Marina 122 A2
Viborg 48 B2
Vibo Valentia 122 A2
Vibraye 86 B2
Viby 49 D3, 50 A3, 53 D1
Viby 48 B3
Vic 156 A2
Vič 127 C2
Vicar 173 D2
Vicarello 114 A/B3, 116 A2
Vicari 124 B2
Vicchio 115 B/C2, 116 B1
Vicdessos 155 D2, 156 A1
Vicedo 150 A1
Vic-en-Bigorre 108 B3, **155** C1
Vicenza 107 C3
Vic-Fézensac 109 C2
Vichtenstein 93 C2
Vichy 102 B2
Vickan 49 D1, 50 A1
Vickieby 51 D2
Vic-le-Comte 102 B3
Vic-le-Fesq 111 C2
Vico 113 D3
Vico del Gargano 120 B1
Vico Equense 119 D3
Vicovaro 118 B2
Vic-sur-Cère 110 A1
Victoria 140 B1/2
Vidago 150 B3, 158 B1
Vidais 164 A1
Vidángoz 154 B2
Vidauban 112 A3
Vida Vättern 46 A2/3
Viddal 32 A3, 36 B1
Vide 158 B3
Videbæk 48 A3
Videferre 150 B3, 158 B1
Videle 141 C2
Videm 127 C3
Videm 127 D2
Vidigueira 164 B3
Vidin 135 D2
Vidin 140 B2

Vidomja — Villamanrique de Tajo

Vidomja 73 D3, 98 A1
Vidor 107 C2/3
Vidrà 156 A2
Vidra 141 C1
Vidra 141 C2
Vidreres 156 B3
Vidsel 16 B2/3
Vidstrup 48 B1
Viduševac 127 D3, 131 C1
Vidzy 74 A3
Viechtach 92 B1
Vieillevigne 100 A/B1
Vieira 158 A3, 164 A1
Vieira 150 B3, 158 A/B1
Viejenäs 15 D2
Vieki 23 C1/2
Vielank 69 C1
Viella 108 B3, 155 B/C1
Viella 155 C/D2
Vielle-Brioude 102 B3
Vielmesmakke 29 D1
Vielmur-sur-Agout 109 D2/3, 110 A2/3
Vielsalm 79 D2
Viels-Maisons 88 A1
Viemerö 20 B2
Vienand 28 B3, 33 D1
Vienenburg 69 C3
Vienne 103 D3
Viereck 70 B1
Vieremä 22 B1
Viereth-Trunstadt 81 D3
Vierhouten 66 B2/3
Vierlingsbeek 67 B/C3, 79 D1
Viernheim 80 B3, 90 B1
Vierraden 70 B2
Viersen 79 D1
Vierville-sur-Mer 76 A/B3, 86 A1
Vierzon 87 C3, 102 A1
Vieselbach 82 A1/2
Viesimo 23 D3
Viesite 74 A2
Vieste 120 B1, 136 A2
Vietas turistanläggning 9 D3
Vietgest 53 D3, 69 D1
Vietri di Potenza 120 A2
Vietri sul Mare 119 D3
Vieux-Boucau-les-Bains 108 B2
Vieux-Genappe 78 B2
Vievis 73 D2, 74 A3
Vif 111 D1
Vig 49 C/D3, 53 C/D1
Viganj 136 B1
Vigarano Mainarda 115 B/C1
Vigàsio 106 B3
Vigeland 42 B3
Vigeois 101 D3
Vigévano 105 D3
Vigge 34 B2
Vigge 35 C/D3
Viggiano 120 B3
Viggiù 105 D2/3
Viglesdalshytta 42 A/B2
Vigmostad 42 B3
Vignale Monferrato 113 C1
Vignanello 117 C3, 118 A/B1
Vigneulles-lès-Hattonchâtel 89 C1
Vignola 114 B1/2
Vignole 107 C/D2
Vignory 88 B2
Vigny 87 C1
Vigo 150 A2/3
Vigo di Cadore 107 D2
Vigo di Fassa 107 C2
Vigolo Vattaro 107 C2
Vigone 112 B1
Vigonza 107 C3
Vigo Rendena 106 B2
Vigrestad 42 A3
Vigsnæs 53 D2
Viguera 153 D2
Vigy 89 C/D1
Vihals 32 B1/2
Vihanninkylä 21 C2/3
Vihantasalmi 26 B1
Vihanti 18 A3
Vihiers 86 A3, 100 B1
Vihren 139 D2/3
Vihtajärvi 22 B2
Vihtalahti 21 D3, 22 A3

Vihtamo 19 C3
Vihtari 23 C3
Vihtasuo 23 C2
Vihtavuori 21 D3, 22 A3
Vihteljärvi 24 B1
Vihti 25 C3
Vihtijärvi 25 C2
Vii 22 B2
Viiala 25 C1/2
Viinamäki 23 B/C1
Viiniemi 23 D1
Viinijärvi 23 C3
Viinikka 20 B2
Viinikoski 18 B2
Viiperi 21 C1
Viirinkylä 12 B3
Viisarimäki 21 D3, 22 A3
Viitaila 25 D2, 26 A2
Viitajärvi 21 D2, 22 A2
Viitala 20 B2/3
Viitamäki 21 D1, 22 A/B1
Viitaniemi 23 C2
Viitapohja 25 C1
Viitaranta 19 C1
Viitasaari 21 D2, 22 A2
Viitavaara 19 C/D3
Viitavaara 19 D3
Vik 9 B/C2
Vik 14 A3, 28 B1
Vik 50 B3
Vik 40 B3
Vika 39 D2, 40 A2
Vika 28 B3, 33 D1
Vika 38 B1
Vika 33 D2
Vika 12 B3
Vikajärvi 12 B3
Vikan 32 B1/2
Vikane 44 B1
Vikanes 36 A3
Vikarbodarna 35 D3
Vikarbyn 39 D2
Vike 35 C2
Vike 36 A3
Vikebukt 32 A2/3
Vikebygd 42 A1
Vikedal 42 A1/2
Viken 49 D3, 50 A2
Viken 29 C1/2
Viken 35 C3
Viken (Ramsjö) 35 C3
Viker 46 A1
Viker 37 D3
Vikersund 43 D1
Vikeså 42 A3
Vikestad 14 A3, 28 B1
Vikevåg 42 A1
Vikevåg 42 A2
Vikholmen 14 A2
Vikingstad 46 B2
Vikjo 42 A2
Vikmanshyttan 39 D2/3, 40 A2/3
Vikna 28 B1
Viknel 15 C2
Vikran 9 C1
Vikran 4 A3
Viksdalen 36 A/B2
Viksjö 35 D2
Viksjöfors 39 D1, 40 A1
Viksmon 30 A/B3, 35 D2
Viksøyri 36 B2
Viksta 40 B3
Viktoriakyrkn 15 C3
Vila Alva 164 B3
Vilaboa 150 A2
Vila Boim 165 C2
Vilac 155 C/D2
Vila Chã 158 B1
Vila Cortez 158 B2
Vila Cova de Lixa 158 A/B1
Vlada 156 A2
Viladamat 156 B2
Viladecáns 156 A3
Vila de Estrela 158 B2
Vila de Frades 164 B3
Vila de Rei 158 A/B3, 164 B1
Vila do Bispo 170 A2
Vila do Conde 158 A1
Viladráu 156 A/B2/3
Vila Fernando 159 C2
Vila Fernando 165 C2
Vila Flôr 159 C1
Vila Franca das Naves 158 B2
Vila Franca de Xira 164 A2

Vilafranca del Penedès 156 A3, 163 D1
Vilagarcia de Arousa 150 A2
Vilaka 74 B2
Vila kapell 15 B/C2
Vilalba dels Arcs 163 C2
Vilallor 155 C2
Vilalonga de Ter 156 A2
Vilamaior 150 B1
Vilamarín 150 B2
Vilameá 151 C1
Vila Meã 158 A/B1
Vilamitjana 155 D2/3
Vilamós 155 C2
Vilamur 155 C2
Vilâni 74 A/B2
Vilank 19 D2/3
Vilanova d'Apicat 155 C3, 163 C1
Vila Nova da Baronia 164 B3
Vila Nova da Rainha 164 A2
Vila Nova de Paiva 158 B2
Vilanova de Bellpuig 155 D3, 163 D1
Vila Nova de Cerveira 150 A3
Vila Nova de Famalicão 158 A1
Vila Nova de Gaia 158 A1/2
Vila Nova de Ourém 158 A3, 164 B1
Vila Nova de Milfontes 170 A1
Vila Nova de Foz Côa 159 C2
Vilanova de la Barca 155 C3, 163 C1
Vilanova de Sau 156 A/B2
Vilanova de les Avellanes 155 C/D3
Vilanova de Meià 155 D3
Vilanova de L'Aguda 155 C3
Vilanova de Arousa 150 A2
Vilanova i la Geltrú 156 A3, 163 D1
Vilaodríz 151 C1
Vilapouca 150 A/B2
Vila Pouca de Aguiar 158 B1
Vila Praia de Ancora 150 A3, 158 A1
Vilar 164 A2
Vilarandelo 151 C3, 158 B1
Vilar de Amargo 159 C2
Vilar de Barrio 150 B3
Vilar de Maçada 158 B1
Vilar de Santos 150 B3
Vilardevós 151 C3
Vilar do Paraíso 158 A2
Vilar d'Ossos 151 C3, 159 C1
Vila Real 158 B1
Vila Real de Santo António 170 B2
Vilares 158 B1
Vilar Formoso 159 C2
Vilarinho 158 A3
Vilarinho da Castanheira 159 B/C1/2
Vilarinho das Axenhas 159 B/C1
Vilarinho de Galegos 159 C1
Vilarinho de Samardã 158 B1
Vilariño de Conso 151 C3
Vilarouco 158 B2
Vila Ruiva 164 B3
Vila-sacra 156 B2
Vilasantar 150 B1/2
Vila Sêca 158 A1
Vila Sêca 158 A3
Vilassar de Mar 156 A/B3
Vila Velha de Ródão 158 B3, 165 C1
Vilaverd 163 C1
Vila Verde 151 B/C3, 158 B1
Vila Verde 150 A3, 158 A1
Vila Verde de Ficalho 165 C3, 170 B1
Vila Viçosa 165 C2
Vilches 167 D3
Vildbjerg 48 A2/3

Vilejka 74 A3
Vilgertshofen-Stadl 91 D3
Vilhelmina 30 A1
Vilia 147 D2
Vilikkala 24 B3
Viljakkala 24 B1
Viljandi 74 A1
Viljaniemi 25 D2, 26 A2
Viljevo 128 B3
Viljolaht 23 C3
Vilkija 73 D2
Vilkjärvi 27 C2
Villa Adriana 118 B2
Villabáñez 152 B3, 160 B1
Villa Bartolomea 107 C3, 114 B1
Villabate 124 B2
Villablanca 170 B2
Villablino 151 D2
Villabrázaro 151 D3
Villacadima 161 C1
Villacañas 161 C3, 167 D1
Villa Carlotta 105 D2, 106 A2
Villacarrillo 153 B/C1
Villacarrillo 167 D3, 168 A3
Villa Castelli 121 C2
Villacastín 160 B2
Villach 126 B2
Villach 96 A3
Villacid de Campos 152 A3
Villacidro 123 C3
Villaciervos 153 D3, 161 D1
Villaconancio 152 B3
Villaconejos 161 C3
Villaconejos de Trabaque 161 D2/3
Villada 152 A2/3
Villadangos del Páramo 151 D2
Villa del Prado 160 B3
Villa del Rey 159 C3, 165 C/D1
Villa del Río 167 C3, 172 B1
Villadepera 151 D3, 159 D1
Villa de Ves 169 D2
Villadiego 152 B2
Villadose 115 C1
Villadóssola 105 C2
Villaeles de Valdavia 152 B2
Villaescusa la Sombría 153 C2
Villaescusa 159 D1, 160 A1
Villaescusa de Haro 168 A1
Villa Estense 107 C3, 115 C1
Villaester 152 A3
Villafáfila 151 D3, 152 A3, 159 D1
Villafamés 163 C3
Villafeliche 162 A1
Villafier 151 D3, 152 A3
Villaferrueña 151 D3
Villaflor 160 A2
Villaflores 160 A2
Villafrades de Campos 152 A3
Villafranca del Cid 162 B2
Villafranca de los Barros 165 D2, 166 A2
Villafranca del Bierzo 151 C2
Villafranca del Campo 163 C2
Villafranca de Ebro 154 B3, 162 B1
Villafranca de Bon Any 157 C2
Villafranca de Duero 160 A1
Villafranca-Montes de Oca 153 C2
Villafranca de Córdoba 167 C3, 172 B1
Villafranca in Lunigiana 114 A2
Villafranca Piemonte 112 B1
Villafranca de los Caballeros 167 D1
Villafranca di Verona 106 B3
Villafranca 154 A2
Villafranca Tirrena 125 D1

Villafrati 124 B2
Villafrechos 152 A3
Villafruela 152 B3
Villafuerte 152 B3, 160 B1
Villafuertes 153 B/C3
Villagalijo 153 C2
Villagarcia de Campos 152 A3, 160 A1
Villagarcia de la Torre 165 D3, 166 A3
Villagarcia del Llano 168 B1
Villagatón 151 D2
Villaggio Amendola 120 A/B1
Villaggio di Capo Ferrato 123 D3
Villaggio Moschella 120 B2
Villaggio Mancuso 122 B2
Villaggio Turistico Ostuni Marina 121 D2
Villaggio Turistico Capo Rizzuto 122 B2
Villagómez la Nueva 152 A3
Villagonzalo 165 D2, 166 A2
Villagrains 108 B1
Villagrande Strisàili 123 D2
Villagrande 117 D3, 119 B/C1
Villaharta 166 B3
Villahände 25 D2, 26 A2
Villahermosa 167 D2, 168 A2
Villahermosa del Río 162 B3
Villahizán de Treviño 152 B2
Villahoz 152 B3
Villaines-en-Duesmois 88 B3
Villaines-la-Juhel 86 A2
Villaines-les-Rochers 86 B3, 101 C1
Villajoyosa 169 D2/3
Villala 23 C/D3
Villala 27 C2
Villaiar de los Comuneros 152 A3, 160 A1
Villalba 124 B2
Villalba 150 B1
Villalba Baja 162 A/B2
Villalba de los Barros 165 D2
Villalba de la Lampreana 151 D3, 152 A3, 159 D1
Villalba de la Sierra 161 D3
Villalba de los Alcores 152 A3
Villalba de Guardo 152 A2
Villalba de los Llanos 159 D2
Villalba de los Morales 162 A2
Villalba del Alcor 171 C1/2
Villalba del Rey 161 D2/3
Villalcázar de Sirga 152 B2
Villalcón 152 A2
Villademiro 152 B2/3
Villalengua 154 A3, 161 D1, 162 A1
Villalgordo del Júcar 168 B1/2
Villalgordo del Marquesado 161 D3, 168 A1
Villa Literno 119 C3
Villalobos 152 A3
Villalón de Campos 152 A3
Villalonga 169 D2
Villalpando 152 A3
Villalpardo 168 B1
Villalube 151 D3, 152 A3, 159 D1, 160 A1
Villaluenga del Rosario 172 A2
Villalumbroso 152 A/B3
Villálvaro 153 C3, 161 C1
Villalvérnia 113 D1
Villamalea 168 B1
Villamañán 151 D2, 152 A2
Villamanín 151 D2, 152 A2
Villamanrique 167 D2, 168 A2
Villamanrique de la Condesa 171 D2
Villamanrique de Tajo 161 C3

Villamanta — Vilshofen

Villamanta 160 B3
Villamar 123 C/D3
Villamarchante 169 C/D1
Villamartín 171 D2
Villamartín de Campos 152 B3
Villamartín de Don Sancho 152 A2
Villamartín de Valdeorras 151 C2
Villamassàrgia 123 C3
Villamayor 159 D2
Villamayor de Santiago 161 C3, 167 D1, 168 A1
Villamayor de Calatrava 167 C2
Villamayor de Gállego 154 B3, 162 B1
Villambistia 153 C2
Villamblard 109 C1
Villamediana 153 D2
Villamejil 151 D2
Villameriel 152 B2
Villamesias 166 A1/2
Villamiel de la Sierra 153 C3
Villamiel de Toledo 160 B3, 167 C1
Villaminaya 160 B3, 167 C1
Villa Minozzo 114 A/B2, 116 A1
Villamizar 152 A2
Villamor de Cadozos 159 D1
Villamoronta 152 B2
Villamuelas 160 B3, 167 C1
Villamuriel de Campos 152 A3
Villamuriel de Cerrato 152 B3
Villa Napoleone 116 A3
Villandraut 108 B1/2
Villandry 86 B3
Villanova 121 C/D2
Villanova 112 B1
Villanova d'Asti 113 C1
Villanovafranca 123 C/D3
Villanova Monteleone 123 C2
Villanova Mondoví 113 C2
Villanova Strisàili 123 D2
Villanova Truschedu 123 C2
Villanova Tulo 123 D2
Villantério 105 D3, 106 A3, 113 D1
Villanubia 154 B2
Villanubia 152 A3, 160 A1
Villanueva 153 D2, 154 A2
Villanueva del Campo 152 A3
Villanueva de San Juan 172 A2
Villanueva de Gumiel 153 C3, 161 C1
Villanueva de Duero 152 A3, 160 A1
Villanueva de Gormaz 161 C1
Villanueva de Alcolea 163 C3
Villanueva de la Cañada 160 B2
Villanueva de Oscos 151 C1
Villanueva de Alcardete 161 C3, 167 D1, 168 A1
Villanueva de Castellón 169 D2
Villanueva de Cameros 153 D3
Villanueva del Arzobispo 167 D3, 168 A3
Villanueva de la Concepción 172 B2
Villanueva de San Carlos 167 C2
Villanueva de la Sierra 159 C3
Villanueva de Córdoba 167 B/C3
Villanueva del Duque 166 B3
Villanueva de Argaño 152 B2
Villanueva de los Infantes 167 D2, 168 A2
Villanueva de Viver 162 B3

Villanueva de los Castillejos 171 B/C1
Villanueva de Henares 152 B2
Villanueva de Gállego 154 B3, 162 B1
Villanueva de Guadamajud 161 D3
Villanueva de San Mancio 152 A3
Villanueva de la Fuente 168 A2
Villanueva del Río Segura 169 D3
Villanueva de Algaidas 172 B2
Villanueva de las Manzanas 151 D2, 152 A2
Villanueva de la Jara 168 B1
Villanueva de la Serena 166 A2
Villanueva de la Reina 167 C3, 173 B/C1
Villanueva de Bogas 161 B/C3, 167 C/D1
Villanueva de Alcorón 161 D2
Villanueva del Trabuco 172 B2
Villanueva de las Cruces 171 C1
Villanueva de Sigena 155 C3, 163 C1
Villanueva del Fresno 165 C3
Villanueva del Rey 166 B3
Villanueva del Río 171 D1
Villanueva de Tapia 172 B2
Villanueva del Aceral 160 A2
Villanueva de las Minas 171 D1
Villanueva del Huerva 162 A/B1
Villanueva de las Torres 173 C1
Villanueva del Pardillo 160 B2
Villanueva del Rosario 172 B2
Villa Nuova 115 C2, 117 C1
Villány 128 B3
Villa Opicina 126 B3
Villapalacios 168 A2
Villapiana Lido 120 B3, 122 B1
Villa Potenza 115 D3, 117 D2
Villaputzu 123 D3
Villaquejida 151 D3, 152 A3
Villaquilambre 151 D2, 152 A2
Villaralto 166 B3
Villarcayo 153 C2
Villard-Bonnot 104 A3, 112 A1
Villard-de-Lans 103 D3, 111 D1
Villardebelle 110 A3, 156 A/B1
Villar de Cañas 163 C2/3
Villar de Cañas 161 D3, 168 A1
Villar de Chinchilla 169 B/C2
Villar de Ciervo 159 C2
Villardeciervos 151 D3
Villar de Cobeta 161 D2
Villar de Domingo García 161 D3
Villardefrades 152 A3, 160 A1
Villar de Gallimazo 160 A2
Villar de Horno 161 D3
Villar de la Encina 161 D3, 168 A1
Villar del Águila 161 D3
Villar del Arzobispo 162 B3, 169 C1
Villar de la Yegua 159 C2
Villar del Buey 159 D1
Villar del Cobo 162 A2/3
Villar del Humo 162 A3, 168 B1

Villar del Infantado 161 D2
Villar de los Navarros 162 A/B1/2
Villar del Olmo 161 C3
Villar del Pedroso 160 A3, 166 B1
Villar del Rey 165 C/D2
Villar del Río 153 D3
Villar del Salz 162 A2
Villar del Saz de Navalón 161 D3
Villar de Maya 153 D3
Villar de Peralonso 159 C/D2
Villar de Rena 166 A2
Villàrdiga 152 A3, 159 D1, 160 A1
Villardompardo 167 C3, 172 B1
Villarejo de Fuentes 161 D3, 168 A1
Villarejo de Medina 161 D2
Villarejo de Salvanés 161 C3
Villarejo de Montalbán 160 A/B3, 167 B/C1
Villa Rendena 106 B2
Villarente 152 A2
Villares de Yeltes 159 C2
Villares del Saz 161 D3, 168 A1
Villaretto 112 B1
Villargordo del Cabriel 169 C1
Villargordo 167 C3, 173 C1
Villarino 159 C1
Villarluengo 162 B2
Villarmayor 159 D2
Villarmuerto 159 C2
Villa Romana del Casale 125 C2/3
Villarosa 125 C2
Villar Perosa 112 B1
Villarquemado 163 C2
Villarramiel 152 A3
Villarrasa 171 C1/2
Villarreal 165 C2
Villarreal de San Carlos 159 D3, 165 D1, 166 A1
Villarreal de los Infantes 163 B/C3, 169 D1
Villarreal de la Canal 154 B2
Villarrín de Campos 151 D3, 152 A3, 159 D1
Villarrobledo 168 A1/2
Villaronga de los Pinares 162 B2
Villarroya 153 D3
Villarroya de la Sierra 154 A3, 162 A1
Villarrubia de los Ojos 167 D2
Villarrubia de Santiago 161 C3
Villarrubio 161 C3
Villars-lès-Blamont 89 D3, 90 A3, 104 B1
Villars-les-Dombes 103 D2
Villars-sur-Ollon 104 B2
Villarta 168 B1
Villarta de los Montes 166 B2
Villarta de San Juan 167 D2
Villasalto 123 D3
Villasana de Mena 153 C1
Villasandino 152 B2
Villa San Giovanni 122 A3, 125 D1
Villa Santa Maria 119 D2
Villa Sant'António 117 D3
Villasante 153 C1/2
Villa Santina 107 D2, 126 A2
Villasayas 161 D1
Villasbuenas de Gata 159 C3
Villaseca de la Sagra 160 B3, 167 C1
Villaseca de Arciel 153 D3, 161 D1
Villaseco de los Gamitos 159 D2
Villaseco de los Reyes 159 D1/2
Villasequilla de Yepes 160 B3, 167 C1
Villasilos 152 B2

Villasimius 123 D3
Villasmundo 125 D3
Villasor 123 C/D3
Villasrubias 159 C3
Villastar 163 C3
Villastellone 113 B/C1
Villa Superiore 114 B1
Villasur de Herreros 153 C2
Villatobas 161 C3, 167 D1
Villatore 160 A2
Villatoya 169 D1
Villatuerta 153 D2, 154 A2
Villaurbana 123 C2
Villava 154 A2
Villavaliente 169 B/C2
Villavallelonga 119 C2
Villavelayo 153 C3
Villavendimio 152 A3, 159 D1, 160 A1
Villaverde 161 B/C2/3
Villaverde de Íscar 160 B1
Villaverde de Guadalimar 168 A2/3
Villaverde del Río 171 D1
Villaverde del Ducado 161 D2
Villaverde de Arcayos 152 A2
Villaverde de Trucios 153 C1
Villaverde de Medina 160 A1
Villaverde y Pasaconsol 161 D3, 168 B1
Villavicencio de los Caballeros 152 A3
Villaviciosa de Córdoba 166 B3, 172 A1
Villaviciosa 152 A1
Villaviciosa de la Ribera 151 D2
Villaviciosa de Odón 160 B2/3
Villavieja 162 B3, 169 D1
Villavieja del Lozoya 161 B/C2
Villavieja de Yeltes 159 C2
Villaviudas 152 B3
Villa Vomano 117 D3, 119 C1
Villayón 151 C1
Villdalsseter 38 A/B1
Villé 89 D2, 90 A2
Villebaudon 86 A1
Villebois-Lavalette 101 C3
Villebert 102 B2
Villechenève 103 C2/3
Villecomtal-sur-Arros 109 B/C3, 155 C1
Villecomtal 110 A1
Villedaigne 110 A3, 156 B1
Villedieu-les-Poêles 86 A/B1
Villedieu-sur-Indre 101 D1, 102 A1
Villedômain 101 C1
Villedoux 100 B2
Ville-en-Tardenois 88 A1
Villefagnan 101 C2
Villefort 110 B1/2
Villefranche-de-Lauragais 109 D3, 155 D1
Villefranche de Longchat 108 B1
Villefranche-de-Rouergue 109 D2
Villefranche-du-Périgord 109 C1
Villefranche-de-Conflent 156 A/B1/2
Villefranche-Saint-Phal 87 D2, 88 A2
Villefranche 109 C3, 155 C1
Villefranche 102 B2
Villefranche-de-Panat 110 A2
Villefranche-d'Albigeois 110 A2
Villefranche-sur-Cher 87 C3
Villefranche-sur-Saône 103 D2
Villegas 152 B2
Villegly 110 A3, 156 B1
Villel 163 C3
Villel de Mesa 161 D1/2

Villemaur-sur-Vanne 88 A2
Villemontais 103 C2
Villemorien 88 B2
Villemur-sur-Tarn 109 D2
Villena 169 C2
Villenaux la Grande 88 A2
Villenave 108 A/B2
Villeneuve 109 D1/2
Villeneuve 104 B3
Villeneuve 104 B2
Villeneuve-de-Berg 111 C1
Villeneuve-de-Marsan 108 B2
Villeneuve-lès-Avignon 111 C2
Villeneuve-la-Guyard 87 D2
Villeneuve-l'Archevêque 88 A2
Villeneuve-les-Bordes 87 D2
Villeneuve-sur-Lot 109 C2
Villeneuve-Saint-Georges 87 D1
Villeneuve-sur-Tarn 110 A2
Villeneuve-Saint-Martin 87 C1
Villeneuve-sur-Yonne 88 A2
Villeneuve-sur-Allier 102 B1
Villeneuve-sur-Vère 109 D2
Villentrois 87 C3, 101 D1
Villepinte 109 D3, 156 A1
Villequier-Aumont 78 A3
Villeréal 109 C1
Villerías 152 A3
Villeromain 86 A/B3
Villerouge-Termenès 110 A3, 156 B1
Villers-Bocage 86 A1
Villers-Bocage 77 D2
Villers-Bretonneux 78 A3
Villers-Carbonnel 78 A3
Villers-Cotterêts 87 D1, 88 A1
Villers-devant-Orval 79 C3
Villersexel 89 D3
Villers-la-Montagne 79 D3
Villers-la-Ville 79 B/C2
Villers-sur-Mer 76 B3, 86 A/B1
Villerville 76 B3, 86 B1
Villers-sur-Meuse 89 C1
Villesèque 108 B2
Villes-sur-Auzon 111 D2
Ville-sur-Illon 89 C2
Ville-sur-Tourbe 88 B2
Villevalier 88 A2
Villeveyrac 110 B3
Ville-Vieille 112 B1
Villiers-Charlemagne 86 A2/3
Villiers-Saint-Georges 88 A2
Villiers-Saint-Benoît 87 D3, 88 A3
Villikkala 26 B2
Villimpenta 107 B/C3, 114 B1
Villingen-Schwenningen 90 B3
Villingsberg 46 A1
Vilmanstrand 27 C2
Vilmar-Aumenau 80 B2
Vilmergen 90 B3, 105 C1
Villoldo 152 B2
Villora 162 A3, 168 B1
Villores 162 B2
Villoría 159 D2, 160 A2
Villoslada de Cameros 153 D3
Villotta 107 D2/3, 126 A2/3
Villovela de Pirón 160 B1/2
Vilshärad 49 D2, 50 A2
Vilmikkala 21 D2, 22 A2
Vilnius 73 D2, 74 A3
Vilpiano/Vilpian 107 C2
Vilppula 21 C3
Vils 48 A2
Vils 91 D3
Vilsbiburg 92 B2
Vilsburg-Wolferding 92 B2
Vilseck 82 A3
Vilshofen 93 C2

Vilshult 51 B/C2
Vilslev 52 A1
Vilsund 48 A2
Vilusi 137 C1
Vilvoorde 78 B1/2
Vimbodi 163 D1
Vimianzo 150 A1
Vimieiro 164 B2
Vimioso 151 C3, 159 C1
Vimmerby 46 B3
Vimmerby 72 B1
Vimoutiers 86 B1
Vimpeli (Vindala) 21 C2
Vimperк 93 C1
Vimperk 96 A2
Vinac 131 D2, 132 A2
Vinaceite 162 B1
Vinádio 112 B2
Vinadi [Scuol-Tarasp] 106 B1
Vinaixa 155 D3, 163 D1
Vinaroz 163 C2
Vinas 39 C/D2
Vinay 103 D3
Vinca 156 B1/2
Vinča 133 D1, 134 A/B1
Vincelles 88 A3
Vinchiaturo 119 D2
Vinci 114 B2, 116 A1/2
Vinciarello 122 B3
Vindala 21 C2
Vindelkroken 15 C2
Vindeln 31 C2
Vinderup 48 A2
Vindsvik 42 A/B2
Vinebre 163 C1/2
Viñegra de Moraña 160 A2
Vines 36 B3
Vinga 44 B3, 49 C1
Vingåker 46 B1
Vingelen 33 C/D3
Vingen 36 A1
Vingrau 156 B1
Vingstad 4 A3, 10 A1
Vinhais 151 C3, 159 C1
Vinica 95 D2
Vinica 139 C2
Vinica 127 C3
Viniegra de Arriba 153 C/D3
Viniegra de Abajo 153 C3
Vinišce 131 C3
Vinište 135 D3
Vinje 43 B/C1
Vinje 36 B3
Vinje 8 B2
Vinje 9 D1
Vinjeøra 32 B2
Vinju Mare 135 D2
Vinju Mare 140 B2
Vinkiä 25 C1, 26 A1
Vinkkila 24 A2
Vinkovci 129 C3, 133 C1
Vinliden 30 B1
Vinnäset 17 C2
Vinne 28 B3, 33 D1
Vinni 21 C2
Vinnica 99 C3
Vinogradov 97 D2/3, 98 A3
Vinon 47 D2
Vinon-sur-Verdon 111 D2, 112 A2/3
Vinovo 113 B/C1
Vinsa 17 C1
Vinslöv 50 B2
Vinsternes 32 B2
Vinstra 37 D2
Vintervollen 7 D2
Vintjärn 40 A2
Vintrosa 46 A1
Viñuela 172 B2
Viñuela 167 C2
Viñuela de Sayago 159 D1
Viñuelas 161 C2
Vinuesa 153 D3
Vipava 126 B3
Vipiteno/Sterzing 107 C1
Vir 130 B2
Vira 131 C3, 136 A1
Virdois 21 C3
Vire 85 D1, 86 A1
Vireda 46 A3
Virenoja 25 D2, 26 A2
Vireši 74 A2
Virestad 50 B2
Vireux-Molhain 79 C3

Virfurile 97 D3, 140 B1
Virginia 54 A3, 55 D2
Virieu-le-Grand 104 A3
Virieu-sur-Bourbre 103 D3, 104 A3
Virine 134 B2
Virisen 15 C3
Virje 128 A2
Virkkala/Virkby 25 C3
Virkkula 19 D1
Virkkunen 19 C1
Virklund 48 B3
Virksund 48 B3, 52 B1
Virmaanpää 22 B2
Virmaila 25 D1, 26 A1
Virmutjoki 27 C1
Virojoki 27 C2
Virolahti 27 C2
Virovitica 128 A3
Virpazar 137 D2
Virpiniemi 18 A2
Virranniemi 13 C3
Virrat (Virdois) 21 C3
Virsbо 40 A3
Virserum 51 C1
Virtaa 25 D1, 26 A1
Virtala 21 C2
Virtaniemi 7 C3
Virton 79 C3
Virtopu 135 D2
Virtsu 74 A1
Virttaa 24 B2
Vis 136 A1
Visagу 97 D3, 140 B1
Visala 19 C1
Visan 111 C2
Visbek 67 D2, 68 A2
Visby 47 D2/3
Visby 72 B1
Visé 79 C/D2
Visegräd 95 D3
Višegrad 133 C3
Višegradska Banja 133 C2/3
Viseu 158 B2
Viseul de Sus 97 D3, 98 A/B3
Višići 136 B1
Visiedo 162 A/B2
Visingso 45 D3, 46 A3
Viskafors 45 C3, 49 D1
Viskan 35 C3
Viskinge 49 C3, 53 C1
Vislanda 51 B/C2
Vislanda 72 A1
Visnes 42 A2
Višnja Gora 127 C2/3
Višnjan 126 B3, 130 A1
Višnjica 127 D2
Višňové 94 A/B1
Visnums-Kil 45 D1, 46 A1
Viso del Marqués 167 D2/3
Visoka 133 D3, 134 A3
Visoki Dečani 138 A1/2
Visoko 132 B2
Visone 113 C1
Visp 105 C2
Viš Revúca 95 D1
Vissefjärda 51 C2
Vissefjärda 72 B1
Visselhövede-Wittorf 68 B2
Visselhövede 68 B2
Vissinéa 143 C2
Vissinía 143 C2
Visso 115 D3, 117 D2/3
Vissoie [Sierre] 105 C2
Vistabella 163 C1
Vistabella del Maestrazgo 162 B3
Vistasstugan 9 D2/3
Vistdal 32 B2
Vistheden 16 B3
Visthus 14 A3
Vistnes 14 A3
Vistoft 49 C2/3
Visuvesi 21 C3
Visz 128 B1/2
Vita 124 A2
Vitäfors 17 C2
Vitakyia 21 D2, 22 A2
Vitanen 18 B3
Vitanje 127 C2
Vitanovac 134 B3
Vitebsk 74 B3
Vitemöl'a 99 D1
Vitemölla 50 B3
Viterbo 117 C3, 118 A1

Vitez 132 B2
Vithkuqi 142 B2
Vitigudino 159 C2
Vitina 138 B2
Vitina 146 B3
Vitina 132 A3, 136 B1
Vitis 93 D2, 94 A2
Vitis 96 A2
Vitlycke 44 B2
Vitna 74 A1
Vitolište 139 C3, 143 C1
Vitomirica 138 A1
Vitoševac 135 B/C3
Vitovlje 131 D2, 132 A2
Vitré 86 A/B2
Vitrey-sur-Mance 89 C3
Vitry-aux-Loges 87 D2/3
Vitry-en-Artois 78 A2
Vitry-en-Perthois 88 B1
Vitry-la-Ville 88 B1
Vitry-le-François 88 B1/2
Vitsa 142 B3
Vitsai 27 C2
Vitsakumpu 11 D3, 12 A2
Vitsand 39 B/C2/3
Vitsikkovuoma 12 A2/3, 17 D1
Vitskøl Kloster 48 B2
Vittangi 10 B3
Vittaryd 50 B1
Vitteaux 88 B3
Vittel 89 C2
Vittiko 13 C3
Vittinge 40 A/B3
Vittjärn 38 B3
Vittjärv 17 B/C2
Vittória 125 C3
Vittório Véneto 107 D2
Vitträsk (Pålkem) 16 B2
Vittsjö 50 B2
Vittskovle 50 B3
Vitulázio 119 C/D3
Vitvattnet 17 C2
Vitvattnet 34 B3
Viù 104 B3, 112 B1
Viuf 48 B3, 52 B1
Viuhkola 26 B2
Viuruniemi 23 C3
Vivario 113 D3
Viveiro 150 B1
Vivel del Río Martín 162 B2
Viveli 36 B3
Viver 162 B3, 169 C/D1
Viver 156 A2
Viverols 103 C3
Viveros 168 A2
Viviere 112 B2
Viviers 111 C1
Viviers-les-Montagnes 110 A3
Vivonne 101 C2
Vivungi 10 B3
Vizcaínos 153 C3
Vize 141 C3
Vizié 133 C1
Vizille 111 D1, 112 A1
Vižinada 126 B3, 130 A1
Vižnica 98 B3
Vizovice 95 C1
Vizvár 128 A2
Vizzavon 113 D3
Vizzini 125 C3
Vjaz'ma 75 D3
Vjetrenica 137 B/C1
Vlaardingen 66 A3
Vlachokeraséa 146 A1
Vlachokeraséa 148 A2
Vlachokerasiá 147 B/C3
Vlachovice 95 C1
Vlachovo Březí 93 C1
Vlădeni 141 C1
Vladičin Han 139 C1
Vladimirci 133 C/D1/2, 134 A2
Vladimirovac 134 B1
Vladimirskij Tupik 75 C3
Vladimir-Volynskij 97 D1, 98 A/B2
Viagtwedde 67 C2
Vlajkovac 134 B1
Vlaole 135 C2
Vlasenica 133 C2
Vlasiá 146 B2
Vlašići 130 B2
Vlašim 83 D3
Vlasina Okruglica 139 C1
Vlasotince 139 C1

Vlasotince 140 A3
Vlásti 143 C2
Vlčany 95 C2/3
Vlichón 146 A1
Vlieland 66 B1
Vlissingen 78 B1
Vlkava 83 D2
Vlochós 143 C/D3
Vlonkyiä 24 B3
Vloré 142 A2
Vloré 148 A1
Vlotho 68 A3
Vlotho-Valdorf 68 A3
Vná [Scuol-Tarasp] 106 B1
Vo 106 B3
Vobarno 106 B3
Vočin 128 A3
Vöcklabruck 93 C3
Vöcklabruck 96 A3
Vöcklamarkt 93 C3
Vodice 131 C3
Vodice 126 B3
Vodhany 93 C/D1
Vodhany 96 A2
Vodnjan 130 A1
Vodo Cadore 107 D2
Vodskov 48 B1
Voer 49 B/C2
Voerde 67 C3, 79 D1, 80 A1
Voergärd 49 B/C1
Voersá 49 C1
Vogatsikón 143 C2
Vogelsang 70 A2
Voghera 113 D1
Vognill 33 C2/3
Vogogna 105 C2
Vogoŝca 132 B2
Vogt 91 C3
Vogtareuth 92 B3
Vogtsburg-Burkheim 90 A2/3
Vogué 111 C1
Vohburg 92 A2
Vohdensaari 24 A2, 41 D2
Vohenstrauss 82 B3
Vohl-Herzhausen 81 C1
Vohonjoki 19 B/C1
Vohrenbach 90 B3
Vohringen 91 D2
Vöhringen (Horb) 90 B2
Void 89 C1/2
Voikkaa 26 B2
Voikosk 26 B1/2
Voineasa 140 B2
Voiron 103 D3, 104 A3
Voise 87 C2
Voiteur 103 D1, 104 A1
Voitsberg 127 C1
Voitsdorf 93 C3
Vojakkala 25 C2
Vojakkala 17 D2, 18 A1
Vojens 55 B1
Vojka 133 D1, 134 A1
Vojnić 127 C/D3, 131 C1
Vojnice 95 D3
Vojnik 127 C2
Vojtjajaure kapell 15 C3
Volary 93 C1/2
Volax 144 B1
Volda 36 B1
Volden 37 C/D2
Volden 33 C/D2
Volders 107 C1
Volendam 66 B2
Volenice 93 C1
Volhov 75 C1
Volimai 148 A2
Volimai 146 A2
Volissós 149 C2
Volkach 81 D3
Volkenschwand 92 A/B2
Völkermarkt 127 B/C2
Völkermarkt 96 A3
Volklingen 89 D1, 90 A1
Volkmarsen 81 C1
Volkmarsen-Ehringen 81 C1
Volkovija 138 A/B3
Volkovysk 73 D3, 98 B1
Vollan 4 A3, 10 A1
Vollen 33 B/C1/2
Vollen 38 A3, 43 D1
Vollenhove 67 B/C2
Vollersode 68 A1
Vollerwiek 52 A3
Vollmoen 29 C1/2

Vollore-Montagne 103 C2/3
Vollrathsruhe 53 D3, 69 D1
Vollseter 32 A3, 36 B1
Vollsjö 50 B3
Volmadonna 113 C1
Volmsjö 30 B2
Volnes 14 A2
Volokolamsk 75 D2
Volos 148 B1
Vólos 143 D3, 144 A3
Volosovo 74 B1
Volot 75 B/C2
Volovec 97 D2, 98 A3
Voložin 74 A3
Volpago del Montello 107 C/D3
Volpiano 105 C3, 113 C1
Volpke 69 C3
Volpriehausen 68 B3, 81 C1
Voltaggio 113 D1
Volta Mantovana 106 B3
Volterra 114 B3, 116 A2
Voltage-Hosckel 67 D2
Voltti 20 B2
Volturara Appula 119 D2, 120 A1
Volturara Irpina 119 D3, 120 A2
Volvic 102 B2
Volx 111 D2, 112 A2
Volyně 93 C1
Vônitsa 146 A1
Vonnas 103 D2
Vonoćk 94 B3, 128 A1
Voorthuizen 66 B3
Vorau 94 A3, 127 D1
Vorá/Voyri 20 B2
Vorbaśe 48 A/B3, 52 B1
Vorchdorf 93 C3
Vorde 48 B2
Vorden 67 C3
Vordernberg 93 D3
Vordingborg 53 D2
Voré 137 D3, 142 A1
Voreppe 104 A3
Vorey 103 C3
Vormsi 74 A1
Vormträsk 31 C1
Vorna 18 B3
Vorn'any 74 A3
Vorpbukt 28 A2, 33 C1
Voskopoje 142 B2
Voskresenskoe 75 C1
Voskresenskoe 75 C1
Vosne-Romanée 88 B3, 103 D1
Vosočka Ržana 135 D3, 139 D1
Voss 36 B3
Votice 83 D3
Votice 96 A2
Votonósion 143 B/C3
Voué 88 A/B2
Vouillé 101 C1/2
Voula 147 D2
Vouliagméni 147 D2
Voulx 87 D2
Vounargoú 146 A3
Vouneul-sur-Vienne 101 C1
Vourvouroú 144 B2
Voutenay-sur-Cure 88 A3
Vouvant 100 B2
Vouvray 86 B3
Vouvry 104 B2
Vouzela 158 A/B2
Vouzeron 87 D3, 102 A1
Vouziers 88 B1
Voúzion 147 B/C1
Vouzon 87 C3
Voves 87 C2
Voxna 39 D1
Voxna 39 D1
Voz 126 B3, 130 B1
Vozomediano 154 A3, 161 D1, 162 A1
Vrá 50 B2
Vrá 48 B1
Vrabča 139 D1
Vráble 95 C/D2
Vraca 135 D3, 139 D1
Vraca 140 B3
Vračev Gaj 134 B1
Vračevšnica 133 D2, 134 A/B2

Vracov

Vracov 95 B/C1
Vrádal 43 C2
Vráliosen 43 C2
Vrana 131 C2
Vrana 130 A1
Vranduk 132 B2
Vrángö 45 C3, 49 D1
Vranić 133 D1/2, 134 A2
Vranishti 142 A2
Vranja Stena 139 D2
Vranje 139 C1/2
Vranje 126 B3, 130 A1
Vranje 140 A3
Vranjina 137 D2
Vranjska Banja 139 C1/2
Vranov 94 A1
Vranovice 94 B1
Vransko 127 C2
Vrapče Polje 137 D1, 138 A1
Vrata 135 D2
Vratarnica 135 C3
Vratěnín 94 A1
Vrátna 95 D1
Vratna 135 C2
Vratnica 138 B2
Vratnjanske Kapike 135 C2
Vratno 127 D2
Vráv 135 D2
Vražogrnac 135 C2
Vrba 134 B3
Vrbanja 133 C1
Vrbanja 131 D1, 132 A1
Vrbas 129 C3
Vrbljan 131 D2, 132 A2
Vrbnica 138 A2
Vrbnik 130 B1
Vrboska 131 D3, 136 A1
Vrbovce 95 C2
Vrbové 95 C2
Vrbovec 127 D2/3
Vrbovsko 127 C3, 130 B1
Vrchlabí 96 A1
Vrčin 133 D1, 134 A/B1/2
Vrdnik 133 C/D1, 134 A1
Vreden 67 C3
Vreden-Ammeloe 67 C3
Vreeland 66 B3
Vrees 67 D2
Vrejlev Kirke 48 B1
Vrela 138 A1
Vrelo 135 C3
Vrelo 131 C1
Vrena 47 B/C2
Vreoci 133 D2, 134 A2
Vřesovice 95 B/C1
Vrésthena 147 C3
Vreta 24 B3
Vreta Kloster 46 B2
Vretstorp 46 A1
Vrginmost 127 D3, 131 C1
Vrgorac 131 D3, 132 A3, 136 B1
Vrhnika 126 B2
Vrhovine 130 B1
Vrhpolje 131 D2
Vries 67 C2
Vriezenveen 67 C2
Vriezenveensewijk 67 C2
Vrigstad 51 B/C1
Vrigstad 72 A1
Vrin [Ilanz] 105 D2, 106 A1/2
Vrlika 131 C2/3
Vrmdža 135 C3
Vrnjačka Banja 134 B3
Vrnjačka Banja 140 A2
Vrnograč 127 D3, 131 C1
Vronderón 142 B1/2
Vrosina 142 B3
Vrosina 148 A1
Vroutek 83 C2/3
Vrpolje 131 C3
Vrpolje 128 B3, 132 B1
Vršac 134 B1
Vršac 140 A2
Vrsar 130 A1
Vrsi 130 B2
Vrška-Čuka 135 C3
Vrtoče 131 C2
Vrutky 95 D1
Vrutok 138 B2/3
Všeruby 93 B/C1
Všetaty 83 D2
Vsetín 95 C1
Vsetín 96 B2

Vuarrens [Yverdon] 104 B1/2
Vučedol 129 C3, 133 C1
Vučijak 132 A/B1
Vučitrn 138 B1
Vučje 139 C1
Vučje Luka 132 B2
Vučkovec 127 D2
Vučkovica 134 B2
Vuffiens-le-Château 104 B2
Vught 66 B3, 79 C1
Vuka 128 B3
Vukovar 129 C3
Vukovina 127 D3
Vuku 80 B3, 33 D1
Vulaines 88 A2
Vulcan 135 D1
Vulkanešty 141 D1/2
Vulpera [Scuol-Tarasp] 106 B1
Vulturesti 141 C1
Vuno 142 A2
Vuoggatjälme 15 C1/2
Vuohijärvi 26 B2
Vuohiniemi 25 C2
Vuohtomäki 21 D1, 22 A1
Vuojärvi 12 B2
Vuojelahti 22 B3
Vuokatti 19 C3, 23 C1
Vuokko 23 C2
Vuolenkoski 25 D2, 26 A/B2
Vuolijoki 18 B3
Vuolijoki 25 C1/2
Vuolle 21 C1
Vuollerim 16 B2
Vuomahytta 10 A2
Vuomajärvi 17 D2
Vuonajäkk 10 A3
Vuonatjviken 15 D2
Vuonislahti 23 D2
Vuontisjarvi 11 C2, 12 A1
Vuontisjoki 11 C2, 12 A1
Vuorenkylä 25 D1, 26 A1
Vuorenmaa 24 B2
Vuorenmaa 22 B3
Vuoreslahti 19 C3
Vuorijärvi 20 B3
Vuorilahti 21 D2, 22 A2
Vuorimäki 22 B1
Vuoriniemi 27 D1
Vuosalmi 27 C1
Vuoskojaure 10 A2
Vuostimo 13 B/C3
Vuostinojärvi 12 B3
Vuotnainen 25 C2
Vuotner 16 A3
Vuotso 12 B1
Vuottas 17 C2
Vuottolahti 19 C3, 22 B1
Vuotunki 19 D1
Vyčapy 94 A1
Vydor 74 B2
Vydropušsk 75 D2
Vy-lès-Lure 89 D3
Vyóni 17 D1/2
Vyra 74 B1
Vyrica 74 B1
Vyškov 96 B2
Vyškov 94 B1
Vyskytná 94 A1
Vyšnij Voloček 75 D2
Vyšnij Kubín 95 D1
Vysoká Libyně 83 C3
Vysoká pri Morave 94 B2
Vysokoje 73 D3, 98 A1
Vysokovsk 75 D2
Vyšší Brod 93 D2
Vystupoviči 99 C2

W

Waabs 52 B2
Waakirchen 92 A3
Waal (Kaufbeuren) 91 D3
Waalwijk 66 B3
Waben 77 D2
Wabern 81 C1
Wąbrzeźno 73 C3
Wachau 82 B1
Wachtendonk 79 D1
Wächtersbach 81 C2

Wackersdorf 92 B1
Wackersleben 69 C3
Waddesdon 64 B2/3
Waddeweitz-Dommatzen 69 C2
Wadebridge 62 B3
Wadenswil 105 D1
Wadern 80 A3, 90 A1
Wadern-Nunkirchen 80 A3, 90 A1
Wadersloh 67 D3, 68 A3
Wadersloh-Liesborn 67 D3, 68 A3, 80 B1
Wadowice 97 C2
Wagenfeld 68 A2
Wagenfeld-Förlingen 68 A2
Wagenfeld-Ströhen 68 A2
Wageningen 66 B3
Waghäusel-Kirrlach 90 B1
Waghäusel-Wiesental 90 B1
Waging am See 92 B3
Wagrain 93 C3, 126 A1
Wagrowiec 71 D2
Wagrowiec 72 B3
Wahlsdorf 70 A3
Wahlstedt 52 B3
Waiblingen 91 C2
Waidhaus 82 B3
Waidhofen an der Thaya 94 A1/2
Waidhofen an der Ybbs 93 D3
Waidhofen an der Thaya 96 A2
Waidhofen an der Ybbs 96 A3
Waidring 92 B3
Waimes 79 D2
Wainfleet All Saints 61 D3, 65 C1
Wainhouse Corner 62 B2/3
Waischenfeld 82 A3
Waizenkirchen 93 C2
Wakefield 61 C2
Walbrzych (Waldenburg) 96 B1
Walchsee 92 B3
Walcz (Deutsch Krone) 71 D1
Walcz (Deutsch Krone) 72 B3
Wald 92 B1
Wald 105 D1
Waldachtal-Lützenhardt 90 B2
Waldböckelheim 80 A/B3
Waldbreitbach 80 A2
Waldbröl 80 A/B2
Waldbrunn 80 B2
Waldeck 81 C1
Waldeck-Höringhausen 81 C1
Waldeck-Sachsenhausen 81 C1
Waldems-Esch 80 B2/3
Waldenbuch 91 C2
Waldenburg 90 A3, 105 C1
Waldenburg 82 B2
Waldenburg-Obersteinbach 91 C1
Waldershof 82 B3
Waldfischbach-Burgalben 90 A1
Waldheim 82 B1
Waldighoffen 89 D3, 90 A3
Wald im Pinzgau 107 D1
Waldkappel 81 C1
Waldkappel-Gehau 81 C1
Waldkirch 90 B2/3
Waldkirchen 93 C2
Waldkirchen-Böhmzwiesel 93 C2
Waldkraiburg 92 B2
Wald-Michelbach-Unter-Schönmattenwag 81 C3, 91 B/C1
Wald Michelbach 81 B/C3, 90 B1
Waldmöhr 89 D1, 90 A1
Waldmünchen 92 B1
Waldowice 71 C2
Waldsassen 82 B3
Waldshut-Tiengen 90 B3
Wald (Sigmaringen) 91 C3
Waldsolms 80 B2

Waldthurn 82 B3
Waldwisse 79 D3
Walenstadt 105 D1, 106 A1
Walferdange 79 D3
Walkendorf 53 D3
Walkenried 81 D1
Walkensdorf 127 D1
Wall 57 D3, 60 B1
Wall 70 A2
Wallasey 59 C2, 60 B3
Walldorf 90 B1
Walldorf 81 D2
Walldorf (Gross-Gerau) 80 B3
Walldürn 81 C3, 91 C1
Walldürn-Altheim 81 C3, 91 C1
Wallendorf 82 B1
Wallenfels 82 A3
Wallenhorst 67 D2/3
Wallerfangen 89 D1
Wallersdorf 92 B2
Wallerstein 91 D1/2
Wallers-Trélon 78 B3
Wallertheim 80 B3
Wallingford 65 C3
Wallington Hall 57 D3
Wallsbüll 52 B2
Walmer 65 C3, 76 B1
Walsall 59 D3, 64 A1/2
Walsrode 68 B2
Walsrode-Ebbingen 68 B2
Walsrode-Kirchboitzen 68 B2
Walsrode-Westenholz 68 B2
Waltenhofen 91 D3
Waltenhofen-Martinszell 91 D3
Waltenshausen 81 D2
Waltham Abbey 65 C3
Walting-Pfünz 92 A1/2
Walton on the Naze 65 C2/3
Waltrop 67 D3, 80 A1
Wambeek 79 B/C2
Wamel 66 B3
Wamin 77 D2
Wanderup 52 B2
Wandlitz 70 A2
Wanfried 81 D1
Wangels 53 C3
Wangenheim 81 D1/2
Wangen im Allgäu-Neura-vensburg 91 C3
Wangen im Allgäu 91 C3
Wangerland 67 D1
Wangerland-Hohenkirchen 67 D1
Wangerland-Hooksiel 52 A3, 67 D1
Wangerland-Minsen 52 A3, 67 D1
Wangerooge 67 D1
Wankendorf 52 B3
Wanna 52 A3, 68 A1
Wanroij 66 B3, 79 D1
Wansford 64 B2
Wanssum 79 D1
Wantage 64 A3
Wanzleben 69 C3
Wippenveld 67 C2
Wapnica 71 C1
Warboys 65 C2
Warburg 81 C1
Warburg-Bonenburg 81 C1
Warburg-Ossendorf 81 C1
Warburg-Scherfede 68 A2
Wardenburg 67 D2, 68 A2
Ware 65 C2/3
Waregem 78 A/B2
Wareham 63 D2/3
Waremme 79 C2
Waren 69 D1, 70 A1
Waren 72 A3
Warendorf 67 D3
Warendorf-Freckenhorst 67 D3
Warendorf-Milte 67 D3
Warffum 67 C1
Warfusée-Abancourt 78 A3
Warin 53 D3, 69 C/D1
Wark 57 D3
Warkworth 57 D2
Warmenhuizen 66 A/B2
Warmensteinach 82 A3

Warminster 63 D2, 64 A3
Warmsen-Bohnhorst 68 A2
Warneton 78 A2
Warnice 70 B2
Warnow 53 D3, 69 D1
Warrenpoint 58 A1
Warrington 59 D2, 60 B3
Warsow 69 C1
Warstein 80 B1
Warstein-Allagen 80 B1
Warstein-Belecke 80 B1
Warstein-Suttrop 80 B1
Warszawa 73 C3, 97 C1
Wartberg im Mürztal 94 A3
Wartburg 81 D2
Wartenberg 92 A/B2
Wartenberg-Berglern 92 A/B2
Warth 106 B1
Warthe 70 A1
Wartin 70 B1
Warwick 64 A2
Wasbek 52 B3
Wasen im Emmental 105 C1
Washington 57 D3, 61 C1
Waspik 66 B3
Wasselonne 90 A2
Wassen 105 D1/2
Wassenaar 66 A3
Wasserauen 105 D1, 106 A1
Wasserbillig 79 D3
Wasserburg 92 B2/3
Wasserburg (Bodensee) 91 C3
Wasserburg-Attel 92 B3
Wasserleben 69 C3
Wasserlosen-Schwemmels-bach 81 D3
Wassertrüdingen 91 D1
Wassigny 78 B3
Wassy-sur-Blaise 88 B2
Wasungen 81 D2
Watchet 63 C2
Waterford (Port Lairge) 55 D3
Waterloo 78 B2
Waterville 55 C3
Watervliet 78 B1
Watford 64 B3
Watlington 64 B3
Watten 77 D1
Wattendorf 82 A3
Watten 107 C1
Watton 65 C2
Wattwil 105 D1, 106 A1
Waulsort 79 C2
Wavignies 77 D3
Wavre 79 B/C2
Waxweiler 79 D3
Wechingen 91 D1/2
Wechingen-Fessenheim 91 D1/2
Wechmar 81 D2
Wechselburg 82 B1/2
Weckersdorf 82 A/B2
Wedde 67 C2
Weddingstedt 52 A/B3
Wedel 68 B1
Wedelsburg 52 B1
Wedemark 68 B2
Wedemark-Bissendorf 68 B2
Wedemark-Elze 68 B2
Weedon 64 B2
Weelde-Statie 79 C1
Weener 67 D1
Weerselo 67 C2/3
Weert 79 C/D1
Weesen 105 D1, 106 A1
Weesp 66 B2/3
Weeze 67 C3, 79 D1
Weferlingen 69 C3
Wegberg 79 D1
Wegberg-Arsbeck 79 D1
Wegeleben 69 C3
Węgliniec 83 D1
Węgorzewo (Angerburg) 73 C2
Węgorzyno 71 C1
Węgrzynie 71 C3
Wegscheid 93 C2
Wegscheid 94 A3
Wehingen 90 B2
Wehr 90 B3
Wehretal 81 D1

Wehrheim

Wehrheim 80 B2
Wehr (Mayen) 80 A2
Weichensdorf 70 B3
Weichselboden 94 A3
Weida 82 B2
Weiden 82 B3
Weidenbach (Feuchtwangen) 91 D1
Weidenberg 82 A3
Weiden-Rothenstadt 82 B3
Weidenstetten 91 C/D2
Weidenthal 90 B1
Weikendorf 94 B2
Weikersdorf am Steinfelde 94 A/B3
Weikersheim 81 C/D3, 91 C1
Weil am Rhein 90 A3
Weilburg 80 B2
Weil der Stadt 91 B/C2
Weiler-Simmerberg 91 C3
Weilerswist 79 D2, 80 A2
Weilerswist-Lommersum 79 D2, 80 A2
Weilheim 91 C2
Weilheim in Oberbayern 92 A3
Weilmünster-Laubuseschbach 80 B2
Weilmünster 80 B2
Weilrod-Altweilnau 80 B2
Weilstetten 91 B/C2
Weimar 82 A1/2
Weinböhla 83 C1
Weinfelden 91 C3
Weingarten 90 B1
Weinheim 80 B3, 90 B1
Weinsberg 91 C1
Weischlitz 82 B2
Weisen 69 D2
Weisenbach 90 B2
Weisendorf 81 D3
Weiskirchen 79 D3, 80 A3, 90 A1
Weismain 82 A3
Weissach 91 B/C2
Weissagk 70 B3
Weissandt-Gölzau 69 D3, 82 B1
Weissbach bei Lofer 92 B3
Weissbriach 126 A1/2
Weissenbach am Attersee 93 C3
Weissenbach am Lech 91 D3
Weissenberg 83 D1
Weissenborn-Lüderode 81 D1
Weissenborn 81 D1
Weissenbrunn 82 A2/3
Weissenburg in Bayern 91 D1, 92 A1
Weissenburg-Rothenstein 91 D1, 92 A1
Weissenburg 105 C2
Weissenfels 82 A/B1
Weissenhorn 91 D2
Weissenkirchen in der Wachau 94 A2
Weissensee 81 D1, 82 A1
Weissenstadt 82 A3
Weissenthurm 80 A2
Weissewarthe 69 D2
Weissig 83 C1
Weissig 83 C1
Weisskirchen in Steiermark 127 C1
Weisstannen [Mels] 105 D1, 106 A1
Weisswasser 83 D1
Weitendorf 53 D3
Weitersfeld 94 A2
Weitersfelden 93 D2
Weiterstadt 80 B3
Weitin 70 A1
Weitnau 91 D3
Weitnau-Siebratshofen 91 D3
Weitnau-Wengen 91 D3
Weitra 93 D2
Weitramsdorf-Weidach 81 D2, 82 A2
Weiz 127 C1
Weiz 96 A3
Wejherowo 72 B2
Welbourn 61 D3, 64 B1
Wellaune 82 B1

Welle 68 B1
Wellendingen (Rottweil) 90 B2
Wellerlooij 79 D1
Wellheim 92 A1/2
Wellheim-Biesenhard 92 A2
Wellingborough 64 B2
Wellington 63 C2
Wellington 59 D3, 64 A1
Wells 63 D2
Wells next-the-Sea 65 C1
Wels 93 C2
Wels 96 A2/3
Welschbillig 79 D3
Welschenrohr [Gänsbrunnen] 105 C1
Welshpool 59 C3
Welsleben 69 C/D3
Weltenburg 92 A1/2
Wolver 67 D3, 80 B1
Welwyn Garden City 65 B/C3
Welzheim 91 C1/2
Welzow 83 C1
Wem 59 D3, 60 B3
Wembach 90 B3
Wemding 91 D1/2
Wemperhardt 79 D2/3
Wemyss Bay 56 B2
Wemyss Bay 54 A2/3, 55 D1
Wendelsheim (Alzey) 80 B3
Wenden 80 B2
Wendlingen am Neckar 91 C2
Wendover 64 B3
Wenduine 78 A1
Weng bei Admont 93 D3
Wengen 105 C2
Wenigzell 94 A3
Wennigsen 68 B3
Wenningstedt 52 A2
Wennington 59 D1, 60 B2
Wenns 106 B1
Wendorf bei Hamburg 68 B1
Wenzenbach 92 B1
Weobley 63 D1
Wépion 79 C2
Werbach 81 C3
Werben 70 B3
Werben 69 D2
Werbig 70 A3
Werbomont 79 C2
Werdau 82 B2
Werder 70 A2/3
Werdohl 80 B1
Werfen 93 C3
Werl 80 B1
Werlte 67 D2
Wermelskirchen 80 A1
Wermsdorf 82 B1
Wernau 91 C2
Wernberg-Köblitz 82 B3, 92 B1
Werne 67 D3, 80 A/B1
Werneck 81 D3
Werneuchen 70 A/B2
Wernhout 79 C1
Wernigerode 69 C3
Wernshausen 81 D2
Wertach 91 D3
Wertheim 81 C3
Wertheim-Nassig 81 C3
Wertheim-Reichholzheim 81 C3
Werther 68 A3
Wertingen 91 D2
Wesel 67 C3, 79 D1, 80 A1
Weselberg 90 A1
Wesel-Bislich 67 C3
Wesel-Büderich 67 C3, 79 D1, 80 A1
Wesenberg 70 A1
Wesendorf 69 C2
Wesendorf-Wahrenholz 69 C2
Wesenufer 93 C2
Wespe 67 C2/3
Wesselburen 52 A3
Wesseling 80 A2
Wessem 79 D1
Wessling 92 A2/3
Wessobrunn 91 D3, 92 A3

West-Auckland 57 D3, 61 C1
West Bay 63 D2/3
West Bromwich 59 D3, 64 A2
West Burton 59 D1, 61 B/C2
Westbury 63 D2, 64 A3
West-Calder 57 C2
Westerndé-Bad 78 A1
Westerbok 67 C2
Westerburg 80 B2
Westerham 65 C3, 76 B1
Westerhausen 69 C3
Westerheim (Munsingen) 91 C2
Westerhever 52 A2/3
Westerholt 67 D1
Westerkappeln 67 D2/3
Westerland 52 A2
Westerstede-Ihausen 67 D1
Westerstede 67 D1
Westerstede-Tarburg 67 D1
Westerstetten 91 C2
Westerwalsede 68 A/B2
Westerwalsede-Süderwalsede 68 B2
Westfehmann-Petersdorf 53 C2
Westgate on Sea 65 C3, 76 B1
West Hartlepool 61 D1
Westhausen 91 D1/2
Westheim-Ostheim 91 D1
Westhofen 80 B3
Westkapelle 78 A1
West Kilbride 56 B2
West Linton 57 C2
West-Looe 62 B3
West Lulworth 63 D3
West-Mersea 65 C3
Weston-super-Mare 63 C/D2
Westoverledingen 67 D1/2
Westport 55 C2
West Tanfield 61 C2
West Tarbert 56 A2
West-Terschelling 66 B1
West Town 76 A1
West Wycombe 64 B3
Wetherby 61 D2
Wetter 80 B2
Wetteren 78 B1
Wetterzeube 82 B1/2
Wettin 82 A1
Wettingen 90 B3
Wettringen 67 D3
Wetwang 61 D2
Wetzikon 105 D1
Wetzlar 80 B2
Wetzleinsdorf 94 B2
Wevelgem 78 A2
Wewelsfleth 52 B3, 68 B1
Wexford 58 A3
Wexford 55 D3
Weybridge 64 B3, 76 B1
Weyerbusch 80 A2
Weyer Markt 93 D3
Weyer Markt 96 A3
Weyersheim 90 A/B2
Weyhausen (Gifhorn) 69 C2
Weyhe 68 A2
Weyhe-Leeste 68 A2
Weyhill 64 A3, 76 A1
Weymouth 63 D3
Weyregg am Attersee 93 C3
Wezep 67 B/C2
Whalley 59 D1, 60 B2
Whalton 57 D3
Wharram le-Street 61 D2
Wheddon Cross 63 C2
Whipsnade Zoo 64 B2/3
Whitburn 57 B/C2
Whitburn 54 B2/3
Whitby 61 D1
Whitchurch 59 D2/3, 60 B3
Whitchurch 65 C3, 76 B1
Whitebeck 54 B3
Whitehall 54 B1
Whitehaven 54 B3
Whitehaven 57 C3, 60 A1
Whitehead 56 A3
Whitehouse 56 A2
Whithorn 56 B3, 60 A1

Whiting Bay 56 A2
Whitley Bay 57 D3, 61 C1
Whitstable 65 C/D3, 77 C1
Whitstone 62 B/C3
Whittingham 57 D2
Whittington 59 C/D3, 60 B3
Whittlesey 65 C2
Wichmannshausen 81 C/D1
Wichów 71 C3
Wick 54 B1
Wickede 80 B1
Wickford 65 C3
Wickham 76 B1
Wickham Market 65 C2
Wicklow 58 A2
Wicklow 55 D3
Wickwar 63 D1, 64 A3
Widecombe-in-the-Moor 63 C3
Widnes 59 D2, 60 B3
Widuchowa (Fiddichow) 70 B2
Wiechowo 71 C1
Wiedenbrück 68 A3
Wiedensede 67 D1, 68 A1
Wiehe 82 A1
Wiehl 80 A2
Wieleń 71 C/D2
Wielenbach 92 A3
Wieleń Polny 71 C/D2
Wielichowo 71 D3
Wieluń 96 B1
Wien 96 B2/3
Wien 94 B2
Wiener Neustadt 94 B3
Wiener Neustadt 96 A/B3
Wienhausen 68 B2
Wiepke 69 C2
Wierden 67 C2/3
Wieren 69 C2
Wiernsheim 90 B1/2
Wierzbięcin 71 C1
Wierzbno 71 B/C1
Wierzchowo 71 D1
Wies 127 C1/2
Wiesau-Schönhaid 82 B3
Wiesbaden 80 B3
Wiesbaden-Naurod 80 B3
Wieselburg 93 D2
Wiesen 81 C3
Wiesenburg 69 D3
Wiesenfelden-Hotzelsdorf 92 B1
Wiesenfelden 92 B1
Wiesensteig 91 C2
Wiesenthal 81 D2
Wiesenttal-Streitberg 82 A3
Wieslautern 90 A/B1
Wiesloch 90 B1
Wiesmath 94 A1
Wiesmoor 67 D1
Wietmarschen 67 C/D2
Wietmarschen-Lohne 67 C/D2
Wietze 68 B2
Wietze-Jeversen 68 B2
Wietzen 68 A2
Wietzendorf 68 B2
Wiewierz 71 D3
Wigan 59 D2, 60 B2/3
Wiggen 106 C1
Wiggensbach 91 D3
Wigton 57 C3, 60 B1
Wigtown 56 B3, 60 A1
Wijchen 66 B3
Wijhe 67 C2
Wil 91 C3
Wilburgstetten 91 D1
Wilczkowice 69 D3
Wildalpen 93 D3
Wildbad-Calmbach 90 B2
Wildbad im Schwarzwald 90 B2
Wildberg 90 B2
Wildberg 70 A1
Wildberg 69 D2, 70 A2
Wildeck 81 C1/2
Wildeck-Hönebach 81 C/D2
Wildeck-Richelsdorf 81 D1/2
Wildenberg 92 A/B2
Wildenbruch 70 A3
Wildendürnbach 94 B2

Winsen (Luhe)

Wildenhain 83 C1
Wildenthal 82 B2
Wildervank 67 C2
Wildeshausen-Kleinenkneten 68 A2
Wildeshausen 68 A2
Wildetaube 82 B2
Wildflecken-Neuwildflecken 81 C/D2
Wildflecken-Oberbach 81 C2
Wildon 127 C1
Wildpoldsried 91 D3
Wilfersdorf 94 B2
Wilhamstead 64 B2
Wilhelmsthal 64 B2
Wilhelm-Pieck-Stadt Guben 70 B3
Wilhelm-Pieck-Stadt Guben 72 A3, 96 A1
Wilhelmsburg 96 A3
Wilhelmsburg 94 A2
Wilhelmsdorf 91 C3
Wilhelmshaven 67 D1, 68 A1
Wilhelmshaven-Sengwarden 52 A3, 67 D1
Wilhelmsthal 82 A2
Wilhelmsdorf 81 D3, 91 D1
Wilkau-Hasslau 82 B2
Wilkowo Polskie 71 D3
Willebadessen 68 A3, 81 C1
Willebadessen-Peckelsheim 81 C1
Willebroek 78 B1
Willemstad 66 A3
Willenhall 59 D3, 64 A2
Willgottheim 90 A2
Willingen 80 B1
Willingen-Usseln 80 B1
Willingshausen 81 C2
Willisau 105 C1
Willton 63 C2
Willofs (Lauterbach) 81 C2
Willstätt 90 B2
Wilmslow 59 D2, 60 B3, 64 A1
Wilnsdorf 80 B2
Wilnsdorf-Rudersdorf 80 B2
Wilsickow 70 B1
Wilstedt 68 A1/2
Wilster 52 B3
Wilsum 67 C2
Wilthen 83 D1
Wiltingen 79 D3
Wilton 63 D2, 64 A3, 76 A1
Wilton House 63 D2, 64 A3, 76 A1
Wiltz 79 D3
Wimbledon 65 B/C3
Wimborne Minster 63 D2
Wimereux 77 D1
Wimmenau 90 A1
Wimpassing an der Leitha 94 B3
Wincanton 63 D2
Winchcombe 63 D1, 64 A2
Winchelsea 77 C1
Wincheringen 79 D3
Winchester 76 B1
Windach 91 D2/3, 92 A2/3
Windeck-Herchen 80 A2
Windeck-Rosbach 80 A/B2
Windermere 59 C/D1, 60 B1/2
Windermere 54 B3
Windesheim 80 B3
Windischeschenbach 82 B3
Windischgarsten 93 D3
Windischgarsten 96 A3
Windorf 93 C2
Windorf 93 C2
Windsbach 91 D1
Windsor 64 B3
Wingham 65 C3, 76 B1
Wingst 52 A/B3, 68 A1
Winhoering 92 B2
Winkel 89 D3, 90 A3
Winklarn 92 B1
Winklern 107 D1, 126 A1
Winnenden 91 C1/2
Winschoten 67 C1/2
Winsen 68 B2
Winsen (Luhe) 68 B1

Winsen-Meissendorf 118 Zafferana Etnea

Winsen-Meissendorf 68 B2
Winsen-Pattensen 68 B1
Winsford 59 D2, 60 B3, 64 A1
Winslow 64 B2
Winster 61 C3, 64 A1
Winsum 66 B1/2
Winsum 67 C1
Winterberg 80 B1
Winterberg-Altastenberg 80 B1
Winterberg-Niedersfeld 80 B1
Winterberg-Siedlinghausen 80 B1
Winterfeld 69 C2
Winterswijk 67 C3
Winterthur 90 B3
Winterton 61 D2
Wintrich 80 A3
Wintzenheim 89 D2, 90 A2/3
Wipperdorf 81 D1
Wipperfürth 80 A1
Wipperfürth-Klüppelberg 80 A1
Wippingen 67 D2
Wippra 82 A1
Wirdum 67 C/D1
Wirges 80 B2
Wirksworth 61 C3, 64 A1
Wirsberg 82 A3
Wisbech 65 C1/2
Wischhafen 52 B3, 68 B1
Wismar 53 C3
Wissant 77 D1
Wissembourg 90 B1
Wissen 80 B2
Wistedt 68 B1
Witankowo 71 D1
Witham 65 C2/3
Witheridge 63 C2
Withern 61 D3, 65 C1
Withernea 61 D2
Witney 64 A3
Witnica 70 B2
Witnica 71 B/C2
Witry-lès-Reims 88 A/B1
Wittdün 52 A2
Wittelshofen 91 D1
Witten 80 A1
Wittenberge 69 D2
Wittenburg 69 C1
Witterda 81 D1/2, 82 A1
Wittibreut 93 B/C2
Wittichenau 83 C/D1
Wittighausen-Unterwittighausen 81 C3
Wittingen 69 C2
Wittingen-Knesebeck 69 C2
Wittingen-Ohrdorf 69 C2
Wittislingen 91 D2
Wittlich 80 A3
Wittmund 67 D1
Wittmund-Ardorf 67 D1
Wittmund-Burhafe 67 D1
Wittmund-Carolinensiel 67 D1
Wittmund-Harlesiel 67 D1
Wittorf 68 B2
Wittstock 69 D1/2
Wittstock 72 A3
Witzenhausen 81 C1
Witzin 53 D3, 69 D1
Witzke 69 D2
Wiveliscombe 63 C2
Wivenhoe 65 C/D2/3
Wizernes 77 D1
Włocławek 73 C3
Włodawa 97 D1, 98 A2
Włoszakowice 71 D3
Włoszczowa 97 C1
Wöbbelin 69 C1
Woburn 64 B2
Woerden 66 B3
Woerth-sur-Sauer 90 A/B1
Wohlen 90 B3, 105 C1
Wohratal-Wohra 81 C2
Wohrden 52 A/B3
Wojaszyce 71 C1
Woking 64 B3, 76 B1
Wokingham 64 B3
Woldegk 70 A1
Wolfach 90 B2
Wolfegg 91 C3
Wolfen 69 D3, 82 B1

Wolfenbüttel 69 C3
Wölfersheim-Berstadt 81 C2
Wölfersheim 81 B/C2
Wolfhagen 81 C1
Wolfhagen-Istha 81 C1
Wolframs-Eschenbach 91 D1
Wolfrathshausen 92 A3
Wolfsberg 127 C1
Wolfsberg 96 A3
Wolfsburg 69 C2/3
Wolfsburg-Hehlingen 69 C2/3
Wolfsfeld 79 D3
Wolfshagen 70 A1
Wolfstein 80 A3
Wolgast 72 A2
Wolhusen 105 C1
Wolin 70 B1
Wolkenstein 83 B/C2
Wolkersdorf 94 B2
Wolkisch 83 C1
Wolkramshausen 81 D1
Wollaston 64 B2
Wollin 69 D3
Wöllstadt 81 B/C2
Wollstein 80 B3
Wolmirstedt 69 C/D3
Wolnzach 92 A2
Wolnzach-Geroldshausen 92 A2
Wołowe Lasy 71 D2
Wolpertshausen 91 C1
Wolpertswende 91 C3
Wolsfeld 79 D3
Wolsingham 57 D3, 61 C1
Wolsztyn 71 C/D3
Wolsztyn 72 B3, 96 B1
Woltersdorf 70 A/B2
Woltersdorf 69 C2
Wolvega 67 B/C2
Wolverhampton 59 D3, 64 A1/2
Wolvertem 78 B1/2
Wolverton 64 B2
Wolviston 61 D1
Wombwell 61 D2/3
Wommels 66 B1/2
Woodbridge 65 C2
Woodenbridge 58 A3
Woodhall Spa 61 D3, 65 B/C1
Woodstock 65 C2/3
Woofferton 59 D3
Wooler 57 D2
Woore 59 D2, 60 B3, 64 A1
Wootton Bassett 63 D1, 64 A3
Wootz 69 C2
Worb 105 C1
Worbis 81 D1
Worcester 59 D3, 63 D1, 64 A2
Wörgl 92 B3
Workington 57 C3, 60 A1
Worksop 61 D3, 65 C1
Workum 66 B2
Wörlitz 69 D3
Wormhoudt 77 D1, 78 A1/2
Worms 80 B3
Worms-Pfeddersheim 80 B3
Worpswede 68 A1/2
Wörstadt 80 B3
Wörschach 93 C/D3
Wört 91 D1
Wörth 81 C3
Wörth 92 B1
Wörth 107 D1, 126 A1
Wörth am Rhein 90 B1
Wörth-Büchelberg 90 B1
Worthing 76 B1
Wotton under Edge 63 D1, 64 A3
Woudenberg 66 B3
Wragby 61 D3, 64 B1
Wredenhagen 69 D1
Wremen 52 A3, 68 A1
Wrentham 65 D2
Wrestedt 69 C2
Wrexham 59 C/D2, 60 B3
Wriedel-Lintzel 68 B2
Wriezen 70 B2
Wróblewo 71 D2

Wrocław (Breslau) 96 B1
Wrohm 52 B3
Wroniawy 71 C/D3
Wronki 71 D2
Wronki 72 B3
Wroughton 64 A3
Wroxham 65 C1
Września 72 B3, 96 B1
Wschowa 71 D3
Wulfen 69 D3
Wulfersdorf 69 D1
Wülfershausen 81 D2
Wülfrath 80 A1
Wulften 68 B3, 81 D1
Wullersdorf 94 A/B2
Wünnenberg 80 B1
Wünnenberg-Haaren 80 B1
Wünnenberg-Fürstenberg 81 B/C1
Wünschendorf 82 B2
Wünsdorf 70 A3
Wunsiedel 82 B3
Wunstorf 68 B2
Wunstorf-Steinhude 68 B2
Wuppertal 80 A1
Wurmlingen 90 B3
Wurmannsquick 92 B2
Würselen 79 D2
Wurzbach 82 A2
Würzburg 81 C/D3
Wurzen 82 B1
Wust 69 D2
Wüstenrot-Neuhütten 91 C1
Wusterhausen 69 D2
Wustermark 70 A2
Wustermarke 70 A3
Wusterwitz 69 D2/3
Wustrau 70 A2
Wustrow 70 A1
Wustrow 69 C2
Wuustwezei 79 C1
Wybelsum 67 C1
Wyhl 90 A2
Wyk auf Föhr 52 A2
Wymondham 65 D2
Wymondham 64 B1
Wyrzysk 71 D1/2
Wysoka 71 D1/2
Wysoka 71 C3
Wyszków 73 C3, 98 A1
Wyszogród 73 C3
Wyszyna 97 C1

X

Xanten 67 C3, 79 D1
Xanten-Marienbaum 67 C3
Xànthi 145 C1
Xánthi 149 C1
Xermade 150 B1
Xermaménil 89 D2
Xerta 163 C2
Xertigny 89 D2
Xesteda 150 A1
Xeve 150 A2
Xidéika 147 C3
Xilagani 145 C1
Xilókastron 147 C2
Xilókastron 148 B2
Xinón Nerón 143 C2
Xinzo de Limia 150 B3
Xironda 150 B3
Xove 150 B1
Xunqueira de Ambía 150 B3
Xunqueira de Espadañedo 150 B2

Y

Yablúnka 95 C1
Yanci 108 A3, 154 A1
Yanguas 153 D3
Yarmouth 76 A1/2
Yataǧan 149 D2
Yate 63 D1/2, 64 A3
Yátova 169 C1
Ybbs an der Donau 93 D2

Ybbsitz 93 D3
Ychoux 108 A2
Ydrefors 46 B3
Yebes 161 C2
Yebra 161 C2/3
Yebra de Basa 154 B2
Yecla 169 C2
Yecla de Yeltes 159 C2
Yélamos de Arriba 161 C2
Yelo 161 D1
Yelverton 63 C3
Yémeda 162 A3, 168 B1
Yeniköy 149 D1
Yenne 104 A3
Yeovil 63 D2
Yepes 161 B/C3, 167 C/D1
Yerville 77 C3
Yesa 155 C2
Yeste 168 B3
Yetminster 63 D2
Ygos-Saint-Saturnin 108 B2
Ygrande 102 B2
Ykspihlaja 20 B1
Ylä-Kintaus 21 D3, 22 A3
Ylä-Kolkki 21 C3
Yläköngas 6 B2
Ylä-Kuolna 5 D3, 6 A3, 11 D1
Ylä Kuona 23 C3
Ylä-Luosta 23 C2
Ylämaa 27 C2
Ylämylly 23 C3
Ylane 24 B2
Ylä-Uura 19 C3
Ylä-Valtimo 23 C1
Ylihärmä 20 B2
Yli-Ii 18 B2
Ylijärvi 27 C2
Yli-Kärppä 18 B1
Ylikiiminki 18 B2
Yli-Körkö 12 B3
Ylikulma 25 B/C3
Yli-Kurki 19 C2
Ylikylä 23 C1
Ylikylä 20 A3
Ylikylä 20 B2
Ylikylä 21 C2
Ylikylä 20 B3
Yli-Lesti 21 C1/2
Yli-Livo 19 B/C1/2
Ylimarkku 20 A3
Yli-Muonio 11 C3
Yli-Nampa 12 B3
Ylinenjoja 18 A3
Yli-Olhava 18 A/B2
Ylipää 18 B3
Ylipää 21 C2
Ylipää 18 B3
Ylipää 18 A2/3
Ylipää 21 D1, 22 A1
Ylipää 18 A3
Yli-Paakkola 17 D2, 18 A1
Ylisevä 20 B3
Yli-Siuraua 18 B1/2
Ylistaro 20 B2
Ylistaron 20 B2
Yli-Tannila 18 B2
Ylitornio (Övertorneå) 17 D2
Yli-Uros 18 B2/3
Ylivesi 27 C1
Ylivieska 18 A3, 21 C1
Yli-Viirre 21 C1
Yli-Vuotto 18 B2
Ylläsjärvi 11 C/D3, 12 A2
Yllivalli 20 B3
Ylöjärvi 25 C1
Ylträ 21 C3
Ylvingen 14 A3
Ymonville 87 C2
Yngsjö 50 B3
Ynnesdal 36 A2/3
Yonne 104 B2
York 61 C2
York 54 B3
Yoxford 65 D2
Ypäjä 24 B2
Ypäjän asema 24 B2
Yport 77 C3
Yppäri 18 A3
Yrouä 21 C1
Ypykkävaara 19 D3
Yrbovski 133 D1, 134 A1
Yritaperä 19 C2
Yrkje 42 A2

Yrouerre 88 A3
Yrttivaara 17 C1
Yset 33 C2/3
Ysgubor-y-coed 59 C3
Ysjö 30 A2, 35 C1
Yssingeaux 103 C3, 111 C1
Ystad 50 B3
Ystad 72 A2
Ystebrød 42 A3
Ysterbe 36 A2
Ystrad-Rhondda 63 C1
Ytre Arna 36 A3
Ytre Årnes 9 D1
Ytre Billefjord 5 D2, 6 A1/2
Ytre Brenna 5 D1, 6 B1
Ytre Enebakk 38 A3, 44 B1
Ytre Flåbygd 43 C2
Ytre Fræna 32 A2
Ytre Kårvik 4 A2
Ytre Kjæs 5 D1, 6 B1
Ytre Korsnes 6 B1
Ytre Laksvatn 4 A3, 10 A1
Ytre Mannskarvik 5 D1, 6 A/B1
Ytre Oppedal 36 A2
Ytre Snillfjord 33 B/C1/2
Ytre Veines 5 D2, 6 A1
Ytterån 29 D3, 34 B2
Ytterberg 34 B3
Ytter Bodane 45 C2
Ytterby 47 D1
Ytterby (Kungälv) 45 C3
Ytterbyn 17 C2/3
Ytteresse 20 B1
Ytterfors 30 B1
Ytterhogdal 34 B3
Ytterjeppo 20 B2
Yttermalung 39 C2
Yttermark 20 A3
Ytterocke 29 C3, 34 B2
Ytterøy 28 B3, 33 D1
Yttersjö 31 C2
Ytterstmark 31 C/D2
Yttertällmo 30 B2, 35 D1
Yttertällmo 30 B2, 35 D1
Ytterturingen 34 B3
Yttervik 15 C3
Yttilä 24 B2
Yuncos 160 B3
Yunquera 172 A2
Yunquera de Henares 161 C2
Yverdon-les-Bains 104 B1
Yvetot 77 C3
Yvoire 104 A/B2
Yvonand 104 B1
Yvré-l'Évêque 86 B2
Yxnerum 46 B2
Yxsjö 30 B2
Yxskaftkälen 29 D3, 35 C1
Yyteri 24 A1
Yzeron 103 C/D3

Z

Zaanstad 66 A/B2
Zaatzke 69 D1/2
Żabali 129 D3, 134 A1
Żabali 140 A2
Żabari 134 B2
Zabin 71 C1
Ząbkowice Śląskie 96 B1
Zabłaće 131 C3
Żablati 93 C1
Żableće 131 D2, 132 A2
Żabljak 137 D2
Żabljak 133 C3, 137 D1
Żabno 71 D3
Żabno 127 D2
Zabok 127 D2
Żabór 71 C3
Zaborowice 71 D3
Żabowo 71 C1
Żabrežje 133 D1, 134 A1/2
Zabrze (Hindenburg) 96 B2
Zacháro 146 B3
Zacharzyn 71 D2
Zachow 69 D2, 70 A2
Zadar 130 B2
Zadvarje 131 D3, 132 A3
Zafarraya 172 B2
Zafferana Etnea 125 D2

Zafra — Żytowań

Zafra 165 D3
Żaga 126 A2
Żagań (Sagan) 83 D1
Żagań (Sagan) 96 A1
Zagarise 122 B2
Zagarolo 118 B2
Zagorá 144 A3
Zagorá 148 B1
Zagorje 127 C2
Zagra 172 B2
Zagreb 127 D3
Zagrilla 172 B1
Żagubica 135 C2
Żagubica 140 A2
Żagvozd 131 D3, 132 A3
Zahara 172 A2
Zahara de los Atunes 171 D3
Żahinos 165 C3
Żahna 69 D3, 70 A3
Żáhoň 93 D1
Żáhorská Ves 94 B2
Żahrádka 83 D3
Żahrádka 83 C3
Żaidín 155 C3, 163 C1
Żajača 133 C2
Żajas 138 B3
Żajcevo 75 D2/3
Żaječar 140 A/B2
Żaječar 135 C2/3
Żaječov 83 C3
Żajezda 127 D2
Żajezierze 71 C1
Żákamenné 95 D1
Żákas 143 C2
Żákinthos 146 A2/3
Żákinthos 148 A2
Żakopane 97 C2
Żakros 149 C3
Żakrzewo 71 D1
Żakupy 83 D2
Żalaapáti 128 A1/2
Żalabaksa 127 D1/2
Żalabér 128 A1
Żalaegerszeg 128 A1
Żalaegerszeg 96 B3
Żalahalάp 128 A1
Żalakaros 128 A2
Żalakomár 128 A2
Żalalövő 127 D1
Żalamea de la Serena 166 A2
Żalamea la Real 171 C1
Żalaszabar 128 A2
Żalaszántó 128 A1
Żalaszentbalάzs 128 A2
Żalaszentgrót 128 A1
Żalaszentiván 128 A1
Żalaszentmihάly 128 A1/2
Żaláta 128 B3
Żalatárnok 128 A2
Żalău 97 D3, 140 B1
Żalavár 128 A2
Żalduendo 153 C2
Żalduondo 153 D2
Żalec 127 C2
Żaleščiki 98 B3
Żalese 75 D1
Żalla 153 C1
Żall Reç 138 A2
Żaltbommel 66 B3
Żalużnica 130 B1
Żamárdi 128 B1
Żamarra 159 C2
Żambra 172 B1/2
Żambrańa 153 C2
Żambrów 73 D3, 98 A1
Żambujeira do Mar 170 A1
Żamęcin 71 C2
Żámoly 95 D3, 128 B1
Żamora 159 D1
Żamoşć 97 D1, 98 A2
Żandov 83 D2
Żandvoort 66 A2
Żanglivérion 144 A2
Żaniemyśl 71 D3
Żánka 128 B1
Żaorejas 161 D2
Żaostrog 132 A3, 136 B1
Żapfendorf 82 A/B3
Żάppion 143 D3
Żapponeta 120 B1
Żaprešić 127 D3
Żaragoza 154 B3, 162 B1
Żarasai 74 A2/3
Żaratán 152 A/B3, 160 A1

Żarautz 153 D1
Żarcilla de Ramos 168 B3, 174 A1
Żarki Wielki 83 D1
Żarkos 143 C/D3
Żarkovskij 75 C2/3
Żárnesti 141 C2
Żarnovica 95 D2
Żarnowo 70 B1
Żaroúchla 146 B2
Żarratón 153 C2
Żarrentin 69 C1
Żary (Sorau) 71 C3, 83 D1
Żary (Sorau) 96 A1
Żarza Capilla 166 B2
Żarza de Alange 165 D2, 166 A2
Żarza de Montánchez 165 D1/2, 166 A1/2
Żarza de Tajo 161 C3
Żarzadilla de Totana 168 B3, 174 A1
Żarza la Mayor 159 C3, 165 C/D1
Żarzuela 161 D3
Żarzuela del Monte 160 B2
Żarzuela del Pinar 160 B1
Żás 150 A1
Żasavica 133 C1
Żasieki 70 B3
Żaškov 99 C3
Żásmuky 83 D3
Żastavna 98 B3
Żatec 96 A1/2
Żatec 83 C2
Żatom 71 C2
Żaton 130 B2
Żaton 136 B1
Żaton 131 C3
Żatonie 71 C3
Żatouna 146 B3
Żavala 137 B/C1
Żavala 136 A1
Żavalje 131 C1
Żavattarello 113 D1
Żavidov 83 C3
Żavidovići 132 B2
Żavlaka 133 C2
Żavrč 127 D2
Żawada 71 C3
Żawidów 83 D1
Żawiercie 97 C1/2
Żażina 127 D3
Żazrivá 95 D1
Żbaraż 98 B2/3
Żbarzewo 71 D3
Żbąszyń 71 C3
Żbehy 95 C2
Żbiroh 83 C3
Żborov 97 D2, 98 B2/3
Żbraslav 83 D3
Żbraslavice 83 D3
Żdala 128 A2
Żdánice 94 B1
Żd'ár 83 C3
Żd'ár 83 C2
Żd'árec 94 B1
Żd'ár nad Sázavou 96 A/B2
Żdenac 127 C3, 130 B1
Żdenčina 127 D3
Żdiby 83 D2/3
Żdice 83 C3
Żdounky 95 C1
Żdrelac 130 B2
Żdrelo 134 B2
Żdunje 138 B2/3
Żeanuri 153 C/D1
Żebrák 83 C3
Żechin 70 B2
Żechlinerhütte 70 A1/2
Żeddam 67 C3
Żeddiani 123 C2
Żednik 129 C2/3
Żeebrugge 78 A1
Żeeland 66 B3
Żegama 153 D2
Żegar 131 C2
Żegra 138 B2
Żegulja 137 C1
Żehdenick 70 A2
Żehlendorf 70 A2
Żehren 83 C1
Żeil am Main 81 D3
Żeilfeld 81 D2
Żeist 66 B3
Żeitlarn 92 B1

Żeitz 82 B1
Żele 78 B1
Żelenika 137 C2
Żelenograd 75 D2
Żelenogradsk (Cranz) 73 C2
Żeletava 94 A1
Żelezná Ruda 93 C1
Żeleznica 139 D1/2
Żelezník 133 D1, 134 A1/2
Żelezniki 126 B2
Żeleznodorożnyj (Gerdauen) 73 C2
Żelezný Brod 83 D2
Żelhem 67 C3
Żeliezovce 95 D2/3
Żelin 126 B2
Żelina 127 D2
Żélion 147 C1
Żeliv 83 D3, 94 A1
Żeljuša 132 B3
Żell 80 A3
Żella-Mehlis 81 D2
Żell am Harmersbach 90 B2
Żell am Moos 93 C3
Żell am See 107 D1, 126 A1
Żell am Ziller 107 C1
Żell im Wiesental 90 A/B3
Żellingen 81 C3
Żelnava 93 C2
Żeltingen-Rachtig 80 A3
Żeltweg 127 C1
Żelzate 78 B1
Żemblaku 142 B2
Żeme 105 D3, 113 C1
Żemen 139 D2
Żemendorf 94 B3
Żemné 95 C3
Żemun 133 D1, 134 A1
Żemun 140 A2
Żenica 132 B2
Żennor 62 A3
Żenting 93 C2
Żepče 132 B2
Żepernick 70 A2
Żerbst 69 D3
Żerf 79 D3, 80 A3
Żeri 114 A2
Żermatt 105 C2
Żernez 106 B1/2
Żero Branco 107 D3
Żerpenschleuse 70 A2
Żerqan 138 A3
Żervaske 142 B1
Żestoa 153 D1
Żetel 67 D1
Żetel-Neuenburg 67 D1
Żeulenroda 82 A/B2
Żeuthen 70 A2/3
Żeven 68 A/B1
Żevenaar 67 C3
Żevenbergen 66 A3, 79 C1
Żevenbergschen Hoek 66 A3
Żévio 107 C3
Żgierz 73 C3, 97 C1
Żgornja Kungota 127 C2
Żgornji Duplek 127 C/D2
Żgorzelec 83 D1
Żgorzelec 96 A1
Żgurovka 99 D2
Żgurovo 139 D2
Żiar nad Hronom 95 D2
Żibello 114 A1
Żibreira 159 C3, 165 C1
Żiča 133 D3, 134 A/B3
Żicavo 113 D3
Żidani Most 127 C2
Żidlochovice 94 B1
Żiegendorf 69 D1
Żiegenrück 82 A2
Żieleniewo 71 C2
Żielona Góra (Grünberg) 71 C3
Żielona Góra (Grünberg) 72 A/B3, 96 A1
Żiemendorf 69 C2
Żiemetshausen 91 D2
Żierau 69 C2
Żierikzee 66 A3, 78 B1
Żiersdorf 94 A2
Żierzow 69 C/D1
Żiesar 69 D3
Żihle 83 C3
Żilina 95 D1

Żilina 96 B2
Żilly 69 C3
Żiloti 145 C1
Żiltendorf 70 B3
Żilupe 74 B2
Żimnicea 141 C2
Żinal 105 C2
Żinkgruvan 46 A2
Żiontza 153 D1
Żirc 128 B1
Żirchow 70 B1
Żirn 126 B2
Żirl 107 C1
Żirndorf 81 D3, 82 A3, 91 D1, 92 A1
Żirovnica 126 B2
Żirovnice 93 D1, 94 A1
Żislow 69 D1
Żistersdorf 94 B2
Żistersdorf 96 B2
Żisterzienserstift 127 C1
Żitiště 129 D3
Żitkovac 135 C3
Żitkovići 99 C1
Żitni Potok 139 B/C1
Żitomír 99 C2
Żitorada 135 C3, 139 C1
Żitsa 142 B3
Żittau 83 D2
Żittau 96 A1
Żivinice 132 B2
Żivogošće 131 D3, 132 A3, 136 B1
Żizdra 75 D3
Żizenhausen-Mahlspüren 91 C3
Żlatá Koruna 93 D1/2
Żlatar 127 D2
Żlatar Bistrica 127 D2
Żlatarevo 139 D3, 143 D1, 144 A1
Żlaté Moravce 95 D2
Żlatica 140 B3
Żlatná na Ostrove 95 C3
Żlatna Panega 140 B3
Żlatograd 145 C1
Żlatokop 139 C2
Żlatorog 126 B2
Żletovo 139 C2
Żliechov 95 D1
Żíne 135 C3
Żlobin 99 C1
Żlocieniee 72 B3
Żlocieniec 71 C1
Żlokučane 138 A1
Żlonice 83 C2
Żlot 135 C2
Żlotów 71 D1
Żlutice 83 C3
Żmajevac 129 C3
Żmajevo 129 C3
Żman 130 B2
Żminj 130 A1
Żnamenka 99 D3
Żnin 72 B3
Żnojmo 96 A/B2
Żnojmo 94 A1/2
Żoagli 113 D2
Żobern 94 A/B3
Żoblitz 83 C2
Żocca 114 B2, 116 A/B1
Żodino 74 B3
Żoetermeer 66 A3
Żofingen 105 C1
Żogno 106 A3
Żohor 94 B2
Żola Predosa 114 B1/2
Żölkow 69 D1
Żollikofen 105 C1
Żolling 92 A2
Żoločev 97 D2, 98 B2/3
Żoloutošá 99 D2/3
Żólwino 71 C1
Żoni 145 D3
Żonza 113 D3
Żorbig 69 D3, 82 B1
Żorita 166 A1/2
Żorita de la Frontera 160 A2
Żorita del Maestrazgo 162 B2
Żorneding 92 A2/3
Żornotza 153 D1
Żossen 70 A3
Żotes del Páramo 151 D2/3
Żoutkamp 67 C1
Żrenjanin 129 D3, 134 A1

Żrenjanin 140 A2
Żrin 127 D3, 131 C1
Żrínyivár 128 B2
Żrmanja Vrelo 131 C2
Żrnovci 139 C2
Żruč nad Sázavou 83 D3
Żrze 138 A/B2
Żsámbék 95 D3
Żschopau 83 B/C2
Żschorlau 82 B2
Żschornewitz 69 D3
Żschortau 82 B1
Żubia 173 C2
Żubieta 154 A1
Żubiri 108 A3, 154 A1/2
Żubki Białostockie 73 D3, 98 A1
Żuč 134 B3, 138 B1
Żucaina 162 B3
Żudaire 153 D2
Żuera 154 B3
Żufre 165 D3, 171 C/D1
Żug 105 C/D1
Żugarramurdi 108 A3, 154 A1
Żuheroa 172 B1
Żuidhorn 67 C1
Żuidlaren 67 C1/2
Żuidwolde 67 C2
Żújar 173 D1
Żukowice 71 C3
Żuljana 136 B1
Żulpich 79 D2, 80 A2
Żumaia 153 D1
Żumarraga 153 D1
Żumerinka 99 C3
Żundert 79 C1
Żungri 122 A2
Żuñiga 153 D2
Żuoz 106 A/B2
Żupanja 133 B/C1
Żupčići 133 C3
Żur 138 A/B2
Żurgena 174 A1/2
Żürich 90 B3, 105 D1
Żürich 66 B1/2
Żurow 53 D3, 69 C1
Żurs 106 B1
Żurzach 90 B3
Żusmarshausen 91 D2
Żusmarshausen-Horgau 91 D2
Żusow 53 D3
Żuta Lokva 130 B1
Żutphen 67 C3
Żužemberk 127 C3
Żvečan 138 B1
Żvikov 93 D1
Żvikovec 83 C3
Żvikovské Podhradí 93 D1
Żvirče 127 C3
Żvole 94 B1
Żvolen 95 D2
Żvolen 97 B/C2
Żvolenská Slatina 95 D2
Żvonce 139 C/D1
Żvorník 133 C2
Żwardoń 95 D1
Żwardoń 96 B2
Żwartenbroek 78 B2
Żwartsluis 67 C2
Żweedorf 53 D3
Żweibrücken 89 D1, 90 A1
Żweibrücken-Mörsbach 89 D1, 90 A1
Żweilütschinen 105 C2
Żweisimmen 104 B2
Żwenkau 82 B1
Żwesten 81 C1/2
Żwettl an der Rodl 93 D2
Żwettl / Niederösterreich 93 D2, 94 A2
Żwettl / Niederösterreich 96 A2
Żwevezele 78 A1
Żwickau 82 B2
Żwiefalten 91 C2
Żwiesel 93 C1
Żwingen 90 A3
Żwingendorf 94 B2
Żwochau 82 B1
Żwoleń 97 C1, 98 A2
Żwolle 67 C2
Żwönitz 82 B2
Żyrardów 73 C3, 97 C1
Żytowań 70 B3